12판

RAVEN

생명과학

아토즈

Twelfth Edition

CORE CONCEPT **A to Z**

BIOLOGY

RAVEN, JOHNSON, MASON, LOSOS, DUNCAN 저

12판 **RAVEN**

생명과학 아토즈

유시욱 편역

McGraw Hill

교문사

Biology, 12th Edition (Essentials Edition)

1 2 3 4 5 6 7 8 9 10 GMS 20 21

Original: Biology, 12th Edition © 2020
By Peter Raven, George Johnson, Kenneth Mason, Jonathan Losos, Tod Duncan
ISBN 978-1-260-16961-4

This authorized Korean translation edition is published by Gyomoonsa. in arrangement with McGraw-Hill Education Korea, Ltd. This edition is authorized for sale in the Republic of Korea.

This book is exclusively distributed by Gyomoonsa.

When ordering this title, please use ISBN 978-89-363-2211-3

Printed in Korea

저자 소개

Peter Raven 박사는 미주리 식물원의 이사이며, 세인트루이스에 있는 워싱턴 대학교의 식물학 교수이다. 국제적으로 인정받는 열대 식물학 정원의 연구 프로그램을 감독하고 있는데, 이는 멸종위기에 처한 열대 서식지의 연구 및 보존에 크게 기여하고 있다. 그는 열대 보존 분야의 식물 연구를 통해 MacArthur Fellowship을 포함하여 수많은 영예와 상을 받았으며, 17권의 교과서와 400편 이상의 논문을 썼고, 미국립과학학술원(NAS)과 국립연구위원회의 회원이다.

George Johnson 박사는 뉴햄프셔의 다트머스 대학교에 진학했고 캘리포니아 주의 스탠포드 대학원을 졸업한 후, 세인트루이스에 있는 워싱턴 대학교의 의과 대학 교수로 인구 유전학과 진화학을 연구하며 50편 이상의 논문을 저술했다. 현재 워싱턴 대학의 명예 교수로서 학부생들에게 생물학과 유전학을 가르치고 있다. Raven과 함께 저술한 생명과학 교과서들은 미국 전 지역에서 인정받는 대학교 교재로 사용되고 있을 뿐만 아니라 30년 동안 그가 저술한 생물학 교과서로 300만 명 이상의 학생들이 배웠다.

Kenneth Mason은 현재 아이오와 대학교의 생물학과에서 교수로 재직하고 있다. 캔자스 대학교에서 전임교원으로서 유전학 연구실을 설계 및 설립한 후 유전학을 가르쳤으며, 양서류의 색소에 관한 책을 출판함으로써 연구자로서의 그의 학문적 위치를 자리매김하였다. 이후 퍼듀 대학교에서 대규모의 생명과학입문 과정을 성공적으로 개발하고 발전시켰으며, 미국립과학재단(NSF)의 지원으로 다른 교수진과 협력 하에 혁신적인 생물학, 화학 및 물리학 과정을 개발하였다. 그의 아내는 아이오와 대학교에서 대학 총장을 역임하였는데, 이 대학에서 그는 생명과학입문과 인간유전학을 가르쳤다. 그는 생명과학 연구에 뛰어난 업적을 이룬 학자들의 모임인 Phi Sigma의 회원이다.

Jonathan Losos는 현재 워싱턴 대학교 생물학과의 교수로 재직하고 있다. William H. Danforth 상을 수상한 저명한 학자로서 세인트루이스 동물원 및 미주리 식물원과 제휴하여 생물다양성 연구를 발전시키는데 헌신하는 학술 센터인 Living Earth Collaborative를 이끌고 있다. 그의 연구는 도마뱀의 적응방산 양상과 진화적 다양성에 중점을 두고 있다. 미국립과학학술원(NAS)과 미국예술과학협회(AAAS)의 회원이며, Daniel Giraud Elliot Medal을 비롯한 여러 상을 수상했다. 그는 또한 John Guggenheim 및 David and Lucile Packard Foundations로부터 연구기금을 받았고, 200편 이상의 과학 논문을 출판했으며, 2권의 책을 저술했다.

Tod Duncan은 현재 콜로라도 덴버 대학의 임상 조교수이다. 일반생물학 및 생명과학실험을 담당하고 있으며, 일반 미생물학, 바이러스학, 암생물학, 의학미생물학 및 세포생물학 등을 가르쳤다. 영국의 East Anglia 대학에서 식물 분자 및 세포생물학에 중점을 둔 세포생물학 학사 학위를 받고, 세포주기 조절에 대한 연구로 박사 학위를 수여했다. 박사 후 연구원으로 초파리 및 체외에서 DNA 알킬화 손상의 분자 및 생화학적 기작에 대한 연구를 하였다. 현재 그는 다양한 인구통계학으로부터 1학년 신입생들의 유지 및 성공에 영향을 미치는 요인에 관심을 두고 있다. 그는 콜로라도 주 볼더에서 에디와 헨리라는 2마리의 그레이트 데인 품종의 반려견과 함께 살고 있다.

편역자 서문

지구상에 인류가 출현한 이래로 과학적 산물은 인간의 물질적 토대뿐만 아니라 정신적 영역에까지 커다란 영향을 미치고 있습니다. 특히 현대사회에서 생명과학 분야는 눈부시게 발전하여 건강한 삶을 지키는 데 기여하고 있습니다. 생명과학은 작게는 분자 단위부터 크게는 지구 전체의 생태계를 다루는 학문이기에 그 내용이 워낙 방대한데다가, 매년 엄청난 양의 새로운 자료들이 추가되기에 학생들이 공부하는 데 어려움을 겪기도 합니다. 이러한 때에 전면적으로 개정·보완된 'Raven 생명과학 12판'을 완역하게 되었고, 이를 바탕으로 생명과학의 주요 개념과 원리를 정리하여 '생명과학 아토즈'를 출판하게 되었습니다.

이 책의 토대가 되는 'Raven 생명과학'은 미국에서 1986년에 처음 출간된 이후 근 40년 동안 주요 대학에서 생명과학 교과서로 사용되어 왔으며, 지금까지 꾸준하게 수많은 독자층을 확보한 스테디셀러입니다. 그러나 생명과학의 모든 주제에 대해 풍부한 배경지식과 사례를 들어 설명하다 보니, 생명과학을 교양 또는 전공 기초로 공부하려는 학생들에겐 다소 부담이 될 수도 있어서 이 책을 구성하게 되었습니다.

'생명과학 아토즈'는 생명과학을 이해하는 데 필수적인 개념과 원리를 15개 주제별로 묶어 한 학기용 교재로 사용할 수 있도록 만들었습니다. 각 장의 말미에는 '핵심 개념 요약'을 넣어서 본문에서 공부한 내용을 다시 정리할 수 있도록 하였고, '연습문제'를 정답형 객관식과 서술형 주관식으로 나누어서 스스로 평가할 수 있도록 하였습니다. 따라서 이 책은 생명과학 및 생명공학을 전공으로 하는 학생들뿐만 아니라 농학, 식품학, 환경학, 보건학, 의학 등의 생명과학적 지식과 사고력이 필요한 관련 학과 학생들에게 좋은 길잡이가 될 것으로 생각합니다. 또한 생명과학을 강의하는 교수님과 강사님들에게도 좋은 텍스트가 되리라 확신합니다. 다만 이 책에 포함되지 못한 일부 주제 및 설명이 부족한 부분에 대해서는 완역된 'Raven 생명과학 12판'을 참조하시길 바랍니다.

이 책에 사용된 생명과학 용어는 교육부에서 발행한 편수자료를 우선으로 참조하여 고등학교 교육과정과의 연계성을 유지하였고, 편수자료에 제시되지 않은 용어는 한국생물과학협회에서 편찬한 '생물학용어집' 및 전공 서적을 참조하여 많이 사용되는 용어들을 선택하였습니다. 그러나 일부 새로운 용어에 대해선 최근의 추세에 따라 원어 발음을 기본으로 하여 정하였고, 한자어보다는 우리말로 표현하기 위해 노력하였습니다. 광범위한 주제를 축약하고 정리하는 과정에서 의도치 않은 오류를 줄이고자 노력하였음에도 부족한 부분이 많을 것으로 예상합니다. 독자 여러분의 양해를 구하며, 의견을 주시면 적극적으로 수정·반영될 수 있도록 노력하겠습니다.

현재 교육 현장의 많은 선생님과 학생들이 코로나바이러스감염증(COVID)－19로 인해 강의 및 학습에 어려움을 겪고 있습니다. 긴 진화의 시각으로 볼 때 인류는 끊임없이 질병과 전쟁을 치러왔으며, 이번 팬데믹도 결국 극복될 것으로 생각합니다. '위기'는 곧 '기회'이기도 하기에 생명과학은 더욱더 발전할 것으로 기대하며, 모쪼록 이 책이 생명과학을 공부하는 학생들에게 조금이나마 보탬이 되기를 희망합니다. 끝으로, 이 책이 출판되기까지 초안을 만들어 주신 각 분야의 전문 교수님들과 좋은 책을 만들기 위해 같이 고민하고 해결해주신 교문사 관계자분들께 감사의 말씀을 드립니다.

2021년 8월

유시욱 드림

차례

6 생명공학과 유전체학

7 진화

8 생물의 다양성

9 식물의 구조와 기능

10 동물의 구조와 행동

11 동물의 신경계와 내분비계

12 동물의 조절 및 유지

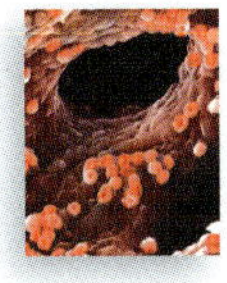

13 동물의 순환 및 면역

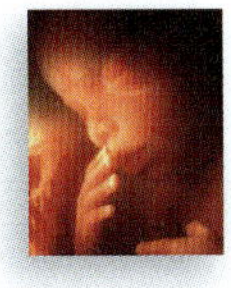

14 생식과 발생

15 생태학

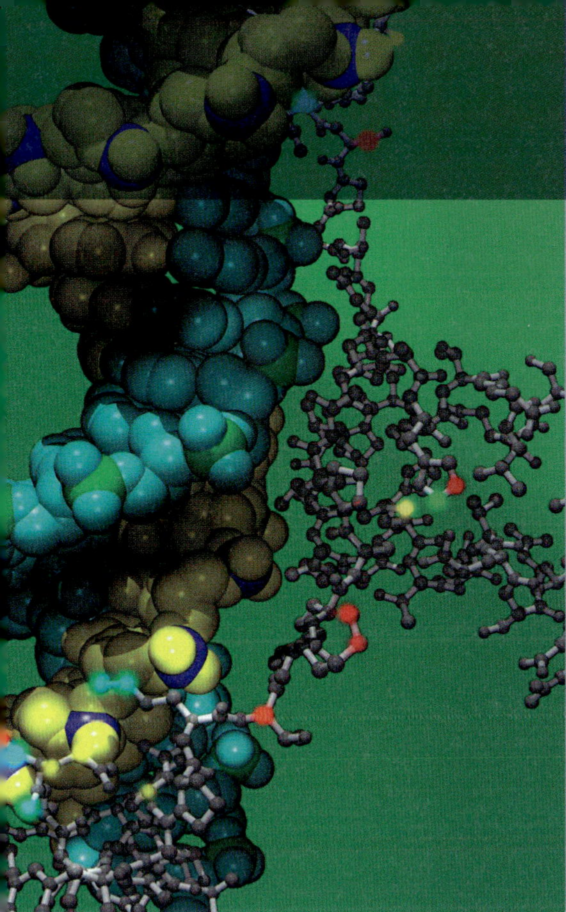

1

생명체의 구성 물질

도입

약 125억 년 전에 거대한 폭발로 인해 우주가 생겨나면서 별과 행성이 만들어지고, 약 45억 년 전에 지구가 탄생한 것으로 추정된다. 지구상에 생명체가 나타난 것은 약 35억 년 전으로, 이후 출현한 생물들의 다양성이 증가하면서 현재의 생물계가 이루어지기 시작하였다. 지구상에 살고 있는 생명의 특성을 이해하기 위해서는 먼저 모든 생명의 단위체를 구성하는 물질들의 성질을 이해할 필요가 있다.

1.1 생명과학

현재 생명과학 연구는 역사상 가장 흥미로운 시점에 와 있다. 이는 자연계에 대한 정보와 지식이 최초의 재조합 DNA 분자 합성 이후 지난 42년 동안 폭발적으로 증가하였으며, 그에 따라 과거에는 상상도 할 수 없던 수많은 의문에 대해 해답을 제시할 수 있게 되었기 때문이다.

생명의 정의

생명이란 무엇인가? 누구나 달리는 말과 움직이는 자동차를 생물과 무생물로 구분할 수 있지만, 그 이유를 설명하기란 쉽지 않다. 이는 단순히 움직인다고 해서 살아 있는 것은 아니기 때문이다. 생명을 하나의 문장으로 정의할 수는 없지만 모든 생명체는 다음에 제시하는 7가지 특징을 공통으로 지니고 있다.

1. **세포 구조**: 모든 생명체는 하나 혹은 그 이상의 세포로 이루어져 있다. 눈으로 관찰할 수 없을 정도로 작은 세포는 생명의 모든 기본적인 활동을 수행한다. 그리고 각 세포는 주위 환경으로부터 자신을 구분 짓는 경계인 막으로 둘러싸여 있다.
2. **체계의 복잡성**: 생명체의 구조는 복잡하며 고도로 체계화되어 있다. 우리의 몸은 매우 다양한 세포들로 이루어져 있으며, 각

세포는 수많은 복잡한 분자 구조물들을 지니고 있다.

3. **감수성**: 생명체는 자극에 대하여 반응을 한다. 식물은 빛이 있는 쪽으로 자라고, 어두운 방으로 들어가면 우리 눈의 동공은 확장된다.
4. **성장, 발생 및 생식**: 생명체는 자라고 생식할 수 있으며, 자손에게 유전물질을 물려주면서, 자손이 부모와 닮게 된다.
5. **에너지 이용**: 생명체는 에너지를 이용하여 생명을 유지하며 살아간다.
6. **항상성**: 생명체는 주변 환경과는 다른 내부 조건을 비교적 일정하게 유지하는데, 이를 **항상성**(homeostasis)이라고 한다.
7. **진화적 적응**: 생명체는 다른 개체들이나 무생물적 환경과 상호작용을 하며, 이들은 생물의 생존에 영향을 준다. 이를 통하여 생명체는 환경에 적응하면서 진화한다.

생명계의 계층 구조

생명계를 이루는 다양한 생물들은 여러 단계에 걸친 계층 구조로 이루어져 있다(**그림 1.1**).

1. **세포와 세포소기관**: 세포 단계에서 물질의 기본 요소인 **원자**(atom)는 서로 결합하여 분자(molecule)를 이룬다. **세포**(cell) 내에서 복잡한 구조의 분자들은 서로 결합하여 막으로 둘러싸인 단위체인 **세포소기관**(organelle)이라는 작은 구조물을 이룬다. 세포는 생명의 기본 단위가 되며, 박테리아는 단세포이지만 모든 동물과 식물 그리고 대다수의 균류 및 조류는 하나 이상의 세포로 구성된 다세포 생물이다.
2. **생명체를 이루는 조직, 기관 및 기관계**: 복잡한 다세포 생물에서 세포는 3단계의 구조를 이룬다. 가장 기본적인 단계인 **조직**(tissue)은 기능적 단위로 작용하는 유사한 세포들의 집단이다. 이런 조직들이 모여 **기관**(organ)을 형성하며, 이 기관들이 모여 **기관계**(organ system)를 형성한다.
3. **개체군과 생물군집**: **개체군**(population)은 같은 장소에서 생활하는 같은 종의 집단을 의미한다. 개체군을 이루는 생물 **종**(species)은 생김새가 비슷하며 서로 교배할 수 있다. 개체군이 모여 구성하는 단계를 **생물군집**(biological community)이라 하며, 이 군집은 한 장소에 서식하는 모든 종의 개체군들로 구성된다.
4. **생태계**: 생물계의 가장 높은 계층은 하나의 군집과 이들이 생활

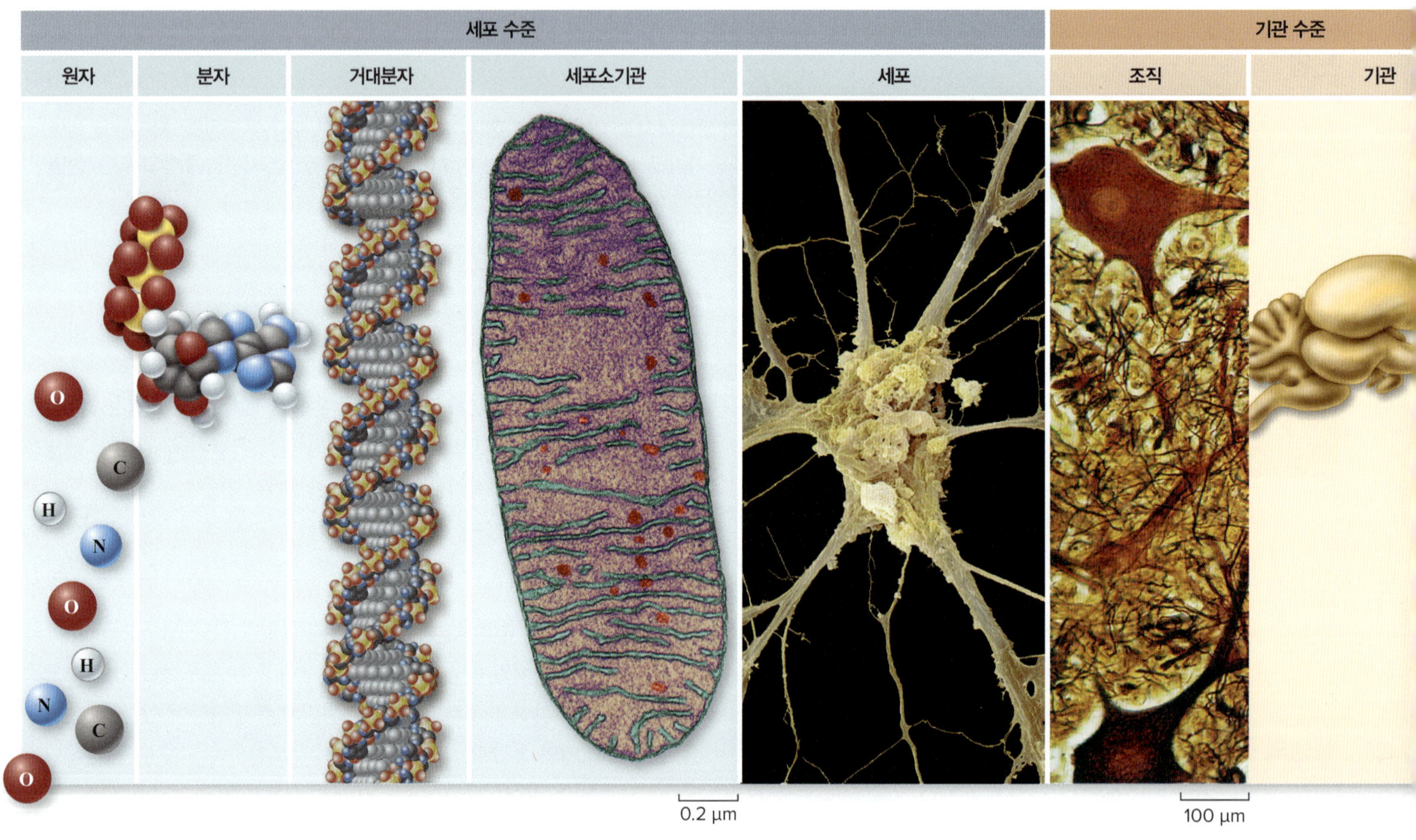

하는 물리적 서식지로 이루어지며, 이를 **생태계**(ecosystem)라 한다. 그 예로 산림 생태계를 이루는 생물군집은 토양, 물 그리고 대기와 다양한 방식으로 상호작용을 한다.

5. **생물권**: 지구 전체를 하나의 생태계로 볼 수 있으며, 이를 **생물권**(biosphere)이라고 한다.

생물계의 계층적 단계에서는 상위로 갈수록 하위 단계에서 발생하는 많은 상호작용으로 인해 새로운 특성들이 만들어질 수 있다. 이를 **창발성**(emergent properties)이라 하는데, 생물계에는 이러한 특성들이 너무 많기에 "생명"을 간단하게 정의하는 것은 쉽지 않다.

생명과학의 5대 핵심 개념

1. **생물은 화학 및 물리 법칙의 적용을 받는다.** 생물은 이미 알려진 화학적 · 물리적 원리에 따라 작동한다. 그 예로 식물에서 물의 이동은 물의 기본 화학 구조에 의존하고, 신장은 삼투압 기계이며, 생태계의 에너지 흐름과 물질 순환은 열역학 법칙에 의해 좌우된다.
2. **구조는 기능을 결정한다.** 분자, 세포, 조직 및 기관의 적절한 기능은 구조에 달려 있다. 특정 구조의 기능을 알면 다른 상황에서 발견되는 유사한 구조의 기능을 유추할 수 있다. 만약 환경에 의해 그 구조가 변하면 기능이 파괴된다.
3. **생명계는 에너지와 물질을 변화시킨다.** 단일 세포로부터 가장 높은 수준의 생물 구성단위인 생물권에 이르기까지 생물계는 끊임없이 에너지를 필요로 한다. 이 생물권의 근원이 되는 에너지원은 태양이다.
4. **생명계는 정보 교환에 의존적이다.** 생명 시스템에서 가장 명백한 형태의 정보는 DNA(deoxyribonucleic acid)로 운반되는 유전정보이다(표지 사진 참조). 한 세대에서 다음 세대로의 삶의 연속성(유전)은 세포의 DNA를 딸세포에 충실하게 복사하는 것에 달려 있다. 세포를 지정하는 DNA 명령어의 전체 세트를 유전체(genome)라고 한다.
5. **진화는 생명의 단일성과 다양성을 설명한다.** 오늘날 지구상에

그림 1.1 생물계의 계층적 구조.
생물은 가장 단순한 원자에서부터 복잡한 다세포 생물에 이르기까지 계층적 구조를 이루고 있다. 원자는 분자를, 분자는 세포소기관과 같은 좀 더 복잡한 구조를 형성한다. 이러한 것들은 차례로 다른 기능을 하는 세부 체계들을 구성한다. 세포는 조직을 이루고, 조직들은 기관과 기관계를 구성한다. 이러한 생물계의 체계화는 개체에서 개체군, 군집, 생태계 그리고 마지막으로 생물권으로 확장된다.

존재하는 모든 생물체는 약 35억 년 전의 간단한 세포에서 유래한다. 그 생물체의 특성 중 일부는 진화 역사를 통해 현재까지 보전되어 있다. 진화 과정을 통한 지구상 생물의 방대한 다양성에도 불구하고, 유전정보를 DNA에 저장하는 것은 모든 생물에게서 공통적이다.

1.2 원자와 화학결합의 성질

모든 물질은 질량을 가지고 일정한 공간을 차지하고 있으며, 극히 작은 입자인 원자로 이루어져 있다.

원자의 구조를 이루는 중심핵과 전자

원자와 같이 작은 물체는 터널링 현미경(tunneling microscopy)과 같은 복잡한 기기를 이용하여 간접적으로 관찰할 수 있다. 보어(Niels Bohr)는 모든 원자가 핵과 그 주위를 돌고 있는 전자구름으로 이루어져 있다고 제안하였다. 각 원자의 중심에는 작고 밀도가 높은 핵(nucleus)이 위치하며, 핵은 중성자(neutron)와 양성자(proton)로 이루어져 있다(**그림 1.2**).

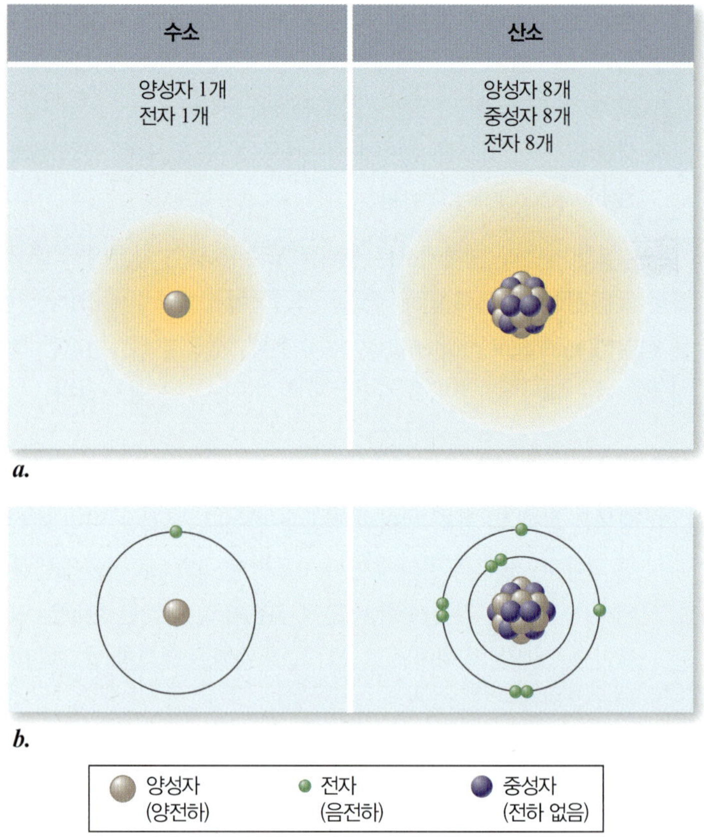

그림 1.2 원자의 기본 구조. 모든 원자는 양성자와 중성자로 이루어진 원자핵을 가진다. 예외로 가장 작은 원자인 수소는 원자핵에 1개의 양성자를 가지고 중성자는 없다. 산소는 일반적으로 8개의 양성자와 8개의 중성자를 가진다. 이 그림은 간단한 보어의 원자 모델로, 전자가 비교적 먼 거리에서 원자핵 주위를 돌고 있다. ***a.*** 원자는 전자구름을 가지는 원자핵으로 나타냈다. ***b.*** 전자들이 다른 에너지준위에 있음을 보여준다.

원자번호와 원소

원자의 핵에서 양성자와 중성자는 극히 짧은 거리에서만 작용하는 힘으로 서로 붙어 있다. 양성자는 양(+)전하를 띠지만 중성자는 전하를 띠지 않으며, 전자는 음(−)전하를 띤다. 일반적으로 하나의 원자는 각 양성자당 하나씩의 전자를 가지므로 전기적으로 중성이다. 원자는 양성자의 수로 나타내는 원자번호로 구분하며, 한 원자의 화학적 성질은 전자의 수와 그 배열로 인해 결정된다. 동일한 원자번호(양성자의 수가 같음)를 가지며 동일한 화학적 특성을 지닌 물질을 원소(element)라 하며, 일반적인 화학적 방법으로 더 작은 물질로 나누어지지 않는다.

전자

원자핵의 양전하는 그 주위의 다양한 거리에 위치한 음전하를 띠는 전자들에 의하여 중화된다. 이때 원자핵 주위의 전자들이 위치한 영역을 **궤도**(orbital)라 한다. 동일한 수의 양성자와 전자를 가지는 원자는 전기적으로 중성이다. 이러한 전자들은 전체적으로 전하를 띠지 않으므로 중성원자(neutral atom)라 한다.

이때 원자핵의 인력을 초과하는 어떤 힘이 작용한다면 원자는 하나 혹은 그 이상의 전자들을 잃게 된다. 반대로 어떤 경우에는 원자가 전자를 추가로 얻기도 한다. 전자의 수가 양성자의 수와 같지 않은 원자를 이온(ion)이라 하며, 이들은 전하를 띠게 된다. 전자보다 더 많은 양성자를 가지는 원자는 전체적으로 양전하를 띠기 때문에 **양이온**(cation)이라고 한다. 예를 들어 소듐 원자(Na)가 전자 하나를 잃으면 +1의 전하를 띠는 소듐 이온(Na^+)이 된다. 양성자의 수가 전자보다 적은 원자는 전체적으로 음전하를 띠기 때문에 **음이온**(anion)이라고 한다. 예를 들어 염소 원자(Cl)가 하나의 전자를 얻으면 −1의 전하를 띠는 염소이온(Cl^-)이 된다.

동위원소

한 원소의 모든 원자는 같은 수의 양성자를 갖지만, 이들의 중성

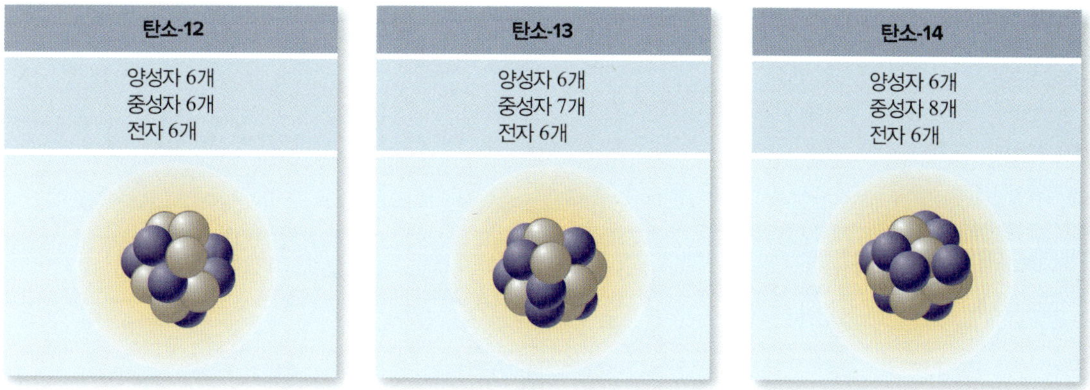

그림 1.3 가장 흔한 탄소의 3가지 동위원소.
한 원소의 동위원소는 서로 중성자 수가 다르다.

자 수는 다를 수 있다. 이와 같이 서로 다른 수의 중성자를 가지는 원소를 **동위원소**(isotope)라고 한다. 자연계의 대부분 원소는 여러 가지 동위원소들의 혼합물로 존재한다. 예를 들어 6개의 양성자를 지니고 있는 탄소 원자(C)는 **그림 1.3**에서 보는 것처럼 3가지의 동위원소로 이루어져 있다. 지구상에서 발견되는 99% 이상의 탄소는 6개의 중성자를 가지는 동위원소이다. 이 동위원소의 전체 질량은 12(양성자 6개와 중성자 6개)이므로 ^{12}C(carbon-12)로 나타내기도 한다. 그리고 나머지 탄소의 대부분은 7개의 중성자를 가지는 동위원소 ^{13}C(carbon-13)이다. 가장 희귀한 탄소 동위원소는 6개의 양성자와 8개의 중성자를 가지는 ^{14}C로, 다른 2가지 동위원소들과는 달리 불안정하므로 핵이 분열하여 더 낮은 원자번호를 가지는 원소로 바뀌려는 경향이 있다. 이러한 핵분열에서는 상당한 양의 에너지가 방출되는데, 이를 방사성 붕괴(radioactive decay)라고 하며, 이러한 동위원소를 **방사성 동위원소**(radioactive isotope)라고 한다.

원자의 에너지 준위

손에 쥐고 있는 사과는 그 위치로 인하여 위치에너지(potential energy)를 가진다. 사과를 떨어뜨리면 그의 위치에너지가 감소하지만, 이를 빌딩 꼭대기로 가져가면 위치에너지가 증가한다. 전자도 위치와 관련된 위치에너지를 가진다. 핵의 인력에 대항하고 전자를 더 먼 궤도로 이동시키기 위해서는 에너지의 유입이 필요하며, 이는 전자의 위치에너지를 증가시킨다.

원자에서 전자들은 특정한 **에너지 준위**(energy level)를 지니는데, 이는 특정한 양의 에너지를 의미하는 **양자**(quantum)에 해당하며 K, L, M, N 등으로 나타낸다. 모든 원자는 계단식의 위치에너지 값을 갖는데, 이는 핵에서 특정 거리에 있는 여러 궤도에 전자가 위치하기 때문이다(**그림 1.4**). 하나의 전자가 가지는 에너지양은 핵에서의 거리와 관련이 있으므로 핵에서 동일한 거리에 있는 전자들은 서로 다른 궤도를 차지하고 있더라도 동일한 에너지를 가진다.

화학반응이 일어나면 전자는 한 원자에서 다른 원자로 전달될 수 있다. 이러한 반응에서 전자의 상실을 **산화**(oxidation), 전자의 획득을 **환원**(reduction)이라 하며, 이러한 방식을 통해 이동할 경우 전자의 위치에너지가 유지된다.

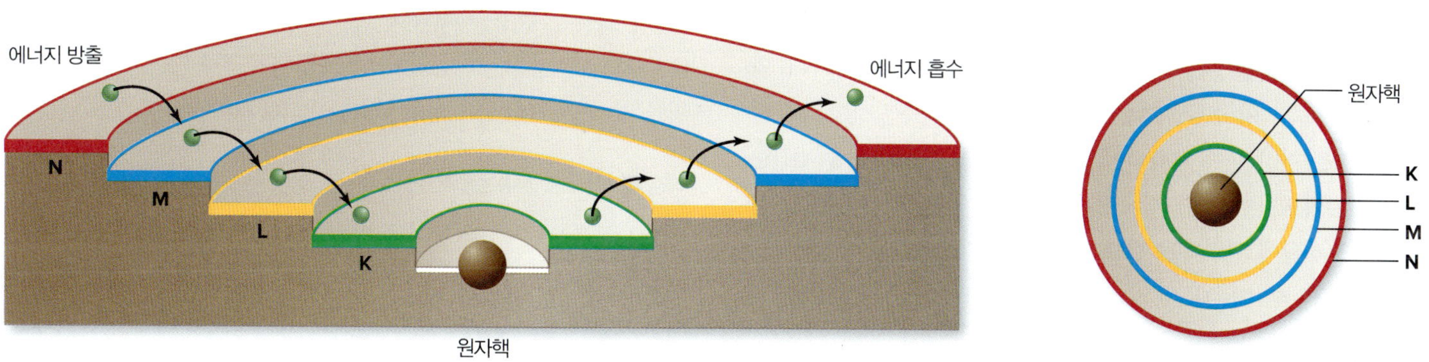

그림 1.4 전자의 에너지준위.
전자는 위치에너지를 가진다. 전자가 에너지를 흡수하면 원자핵에서 더 멀고 더 높은 에너지준위로 이동한다. 전자가 에너지를 방출하면 원자핵에 가깝고 더 낮은 에너지준위로 떨어진다.

표 1.1	결합과 상호작용	
결합명	상호작용의 근거	세기
공유결합	전자쌍 공유	강함
이온결합	반대 전하의 인력	↑
수소결합	H 원자 공유	
소수성 상호작용	극성물질이 존재할 때 분자의 소수성 부위에 가해지는 힘	↓
반데르발스 인력	반대되는 극성 전자구름에 의한 원자들 간의 약한 인력	약함

화학결합의 성질

여러 원자가 에너지에 의해 안정된 결합으로 연결된 것을 분자(molecule)라고 하며, 한 분자가 한 가지 이상의 원소를 포함할 때 이를 화합물(compound)이라 한다. 분자에서 원자들은 화학결합(chemical bond)에 의하여 연결된다. 이온결합(ionic bond)은 정반대의 전하를 띠는 원자들이 서로 끌어당겨 생겨나고, 공유결합(covalent bond)은 하나 이상의 전자쌍을 두 원자가 공유할 때 형성된다. 그 밖에 원자들의 상호작용에 의해서도 결합이 생겨난다(**표 1.1**).

이온결합에 의한 결정 형성

소금은 염화소듐(NaCl) 분자로, 원자들이 이온결합으로 연결되어 격자구조를 이룬다(**그림 1.5**). 소듐은 11개의 전자를 가지는데 2개는 가장 낮은 에너지 준위(K)에 있고, 8개는 다음 준위(L)에, 1개는 최외각 준위(M)에 위치한다. 짝을 이루지 못한 1개의 최외각 전자는 짝을 이루지 못한 전자를 가진 다른 원자와 결합하여 안정된 전자 배열을 얻으려고 한다. 소듐 원자가 다른 원자에 최외각 전자를 빼앗기면 양전하를 띠는 소듐 이온(Na^+)이 형성된다.

금속성의 소듐과 기체성의 염소를 함께 섞으면 빠르고 강하게 반응하여 소듐 원자는 염소에게 전자를 내어 주고 Na^+와 Cl^- 이온이 형성되면서 전기적으로 중성인 NaCl이라는 이온 화합물(ionic compound)을 생성하게 된다. NaCl을 물에 넣으면 물 분자의 전기적 인력이 소금 결정에서 이온들의 결합력을 끊어 소금이 Na^+와 Cl^- 이온으로 녹아 소금물이 된다.

생물계는 항상 물이 포함되어 있는 체계이기 때문에 이온 결정보다는 이온이 더 중요하게 작용한다. 생물계에서 중요한 이온으로는 세포 신호전달에 관여하는 칼슘 이온(Ca^{2+})과 신경 충격의 전도에 관여하는 포타슘 이온(K^+) 및 소듐 이온(Na^+) 등을 들 수 있다.

공유결합의 세기

공유결합(covalent bond)의 세기는 공유된 전자의 수에 의해 좌우된다. 따라서 두 원자가 두 쌍의 전자를 공유하여 8전자 규칙(octet rule)을 만족시키는 2중결합은 전자 한 쌍을 공유하는 단일결합보다 더 강하다. 실제로 단일결합보다 2중결합을 자르는 데 더 많은 에너지가 요구되며, 가장 강한 공유결합은 3중결합으로, 2개의 질소 원자가 연결되어 질소 분자(N_2)를 형성할 때 나타난다.

공유결합은 화학식에서 원자기호를 연결하는 선으로 나타내는데, 이때 두 원자 사이에 연결된 각 선은 한 쌍의 전자를 공유한다는 것을 의미한다. 수소 기체와 산소 기체의 구조식은 각각 H－H와 O＝O로 나타내고, 분자식은 H_2와 O_2이다. 질소 기체(N_2)는 3중결합을 지녀 구조식은 N≡N로 나타낸다(**그림 1.6**).

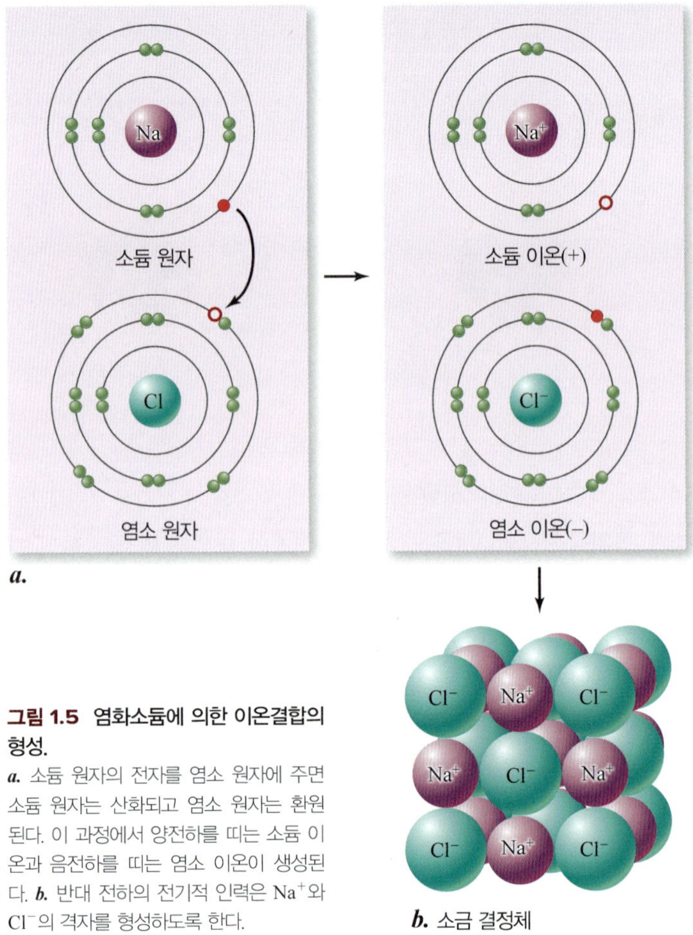

그림 1.5 염화소듐에 의한 이온결합의 형성.
a. 소듐 원자의 전자를 염소 원자에 주면 소듐 원자는 산화되고 염소 원자는 환원된다. 이 과정에서 양전하를 띠는 소듐 이온과 음전하를 띠는 염소 이온이 생성된다. *b.* 반대 전하의 전기적 인력은 Na^+와 Cl^-의 격자를 형성하도록 한다.

극성과 비극성 공유결합

원자들은 전자에 대한 친화력을 나타내는 **전기음성도**(electron negativity)에서 차이를 나타낸다. 일반적으로 원소 주기율표의 왼쪽에서 오른쪽으로 갈수록 전기음성도가 증가하고 아래에서 위로 갈수록 증가한다. 따라서 오른쪽 맨 위의 원소들이 가장 높은 전기음성도를 나타낸다.

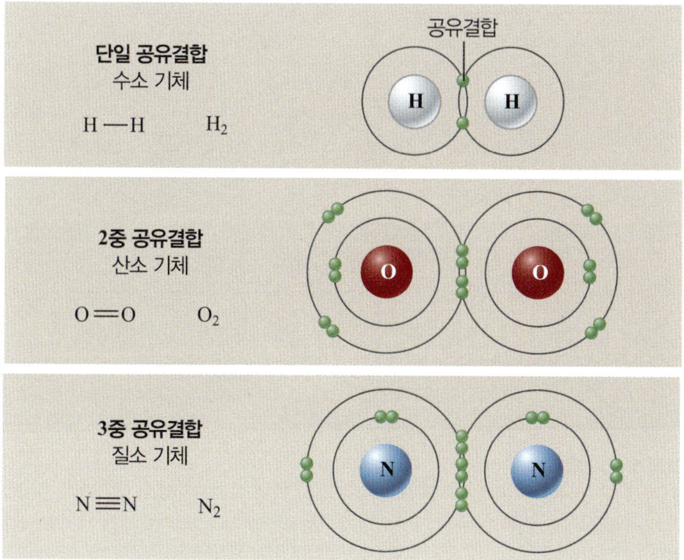

그림 1.6 H_2 ,O_2, N_2의 공유결합.

예를 들어 2개의 수소 혹은 2개의 산소 원자처럼 같은 원자들 사이에서는 전자에 대한 친화력이 같으므로 전자들이 동등하게 공유되는데, 이러한 결합을 **비극성 공유결합**(nonpolar covalent bond)이라 하며, 그 결과 생겨난 화합물인 H_2나 O_2를 비극성 분자라고 한다.

전기음성도가 매우 다른 원자들은 전자를 동등하게 공유하지 않는다. 공유된 전자는 전기음성도가 더 큰 원자 쪽에 더 가까이 위치하고 전기음성도가 작은 원자에 덜 가까이 위치하는 경향을 보인다. 이 경우 분자 자체는 전기적으로 중성(동일한 수의 양성자와 전자)이지만, 전하의 분포는 균일하지 않다. 이러한 불균등 분포 때문에 전기음성도가 더 큰 원자 근처에 부분적인 음전하 영역이 생기고, 전기음성도가 더 작은 원자 근처에 부분적인 양전하 영역이 생긴다. 이를 **극성 공유결합**(polar covalent bond)이라고 하며, 이렇게 형성된 분자를 극성 분자라 한다. 생체 분자에서 몇몇 중요한 원자들의 상대적인 전기음성도를 고려하여 결합의 극성을 예측할 수 있다(**표 1.2**). 탄소와 수소의 전기음성도 차이는 낮아 무시될 수 있으므로 탄소(C)와 수소(H)의 결합은 비극성으로 간주하고, 물은 산소 원자 주위에 많은 전자가 집중되어 있으므로 극성분자이다.

표 1.2 주요 원자들의 상대적인 전기음성도

원자	전기음성도
O	3.5
N	3.0
C	1.5
H	1.1

1.3 물의 특성과 산, 염기

생명은 육지로 확산되기 전까지 20억 년 동안 물속에서 진화하였으며, 현재도 물은 생명에 필수적 화합물이다. 생체의 2/3가 물로 이루어져 있고, 모든 생물은 생장과 증식을 위하여 생체 내부 혹은 외부에 물이 풍부한 환경을 필요로 한다. 따라서 열대우림에 생명이 풍성하고 메마른 사막에 생명이 거의 없는 것은 우연이 아니다.

수소결합을 용이하게 하는 물 분자의 구조

물(H_2O)은 1개의 산소 원자와 2개의 수소 원자가 단일 공유결합으로 연결된 단순한 분자 구조를 가진다(**그림 1.7**). 물 분자는 쌍을 이루지 못한 전자가 없고 순전하(net electrical charge)를 띠지 않기 때문에 매우 안정된 분자이다. 물 분자의 구조에서 2개의 공유결합은 양 끝에 부분적인 전하를 지니는데, δ^-는 산소 끝에 위치하고, δ^+는 수소 끝에 위치한다. 이러한 전하들은 2개의 음전하와 2개의 양전하가 서로 거의 같은 거리에 있는 정사면체 구조로 안정된 배열의 특징을 보여준다(**그림 1.7** 참조).

물의 가장 중요한 화학적 성질은 약한 결합인 **수소결합**(hydrogen bond)인데, 이는 산소의 전기음성도가 수소보다 훨씬 더 크기 때문에 나타난다. 이들 두 원자 간의 결합에 나타나는 매우 높은 극성으로 인해 인접한 2개의 물 분자에서 부분적인 음전하를 띠는 산소 원

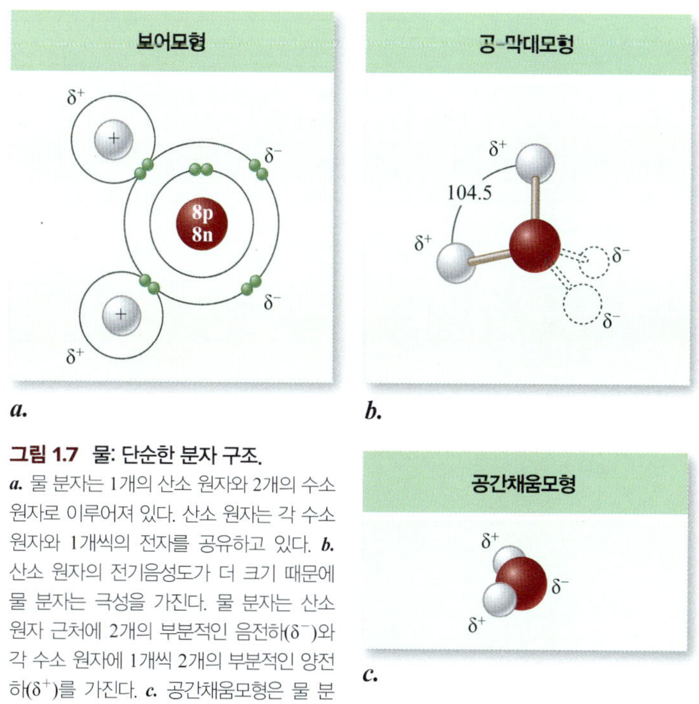

그림 1.7 물: 단순한 분자 구조. ***a.*** 물 분자는 1개의 산소 원자와 2개의 수소 원자로 이루어져 있다. 산소 원자는 각 수소 원자와 1개씩의 전자를 공유하고 있다. ***b.*** 산소 원자의 전기음성도가 더 크기 때문에 물 분자는 극성을 가진다. 물 분자는 산소 원자 근처에 2개의 부분적인 음전하(δ^-)와 각 수소 원자에 1개씩 2개의 부분적인 양전하(δ^+)를 가진다. ***c.*** 공간채움모형은 물 분자가 어떻게 보일 수 있는지를 나타낸다.

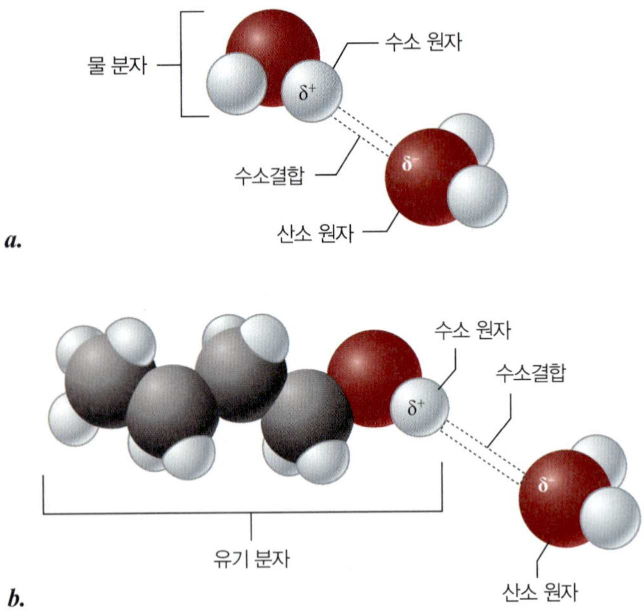

그림 1.8 수소결합의 구조.
a. 2개의 물 분자들 사이의 수소결합. *b.* 유기 분자(*n*-부탄올)와 물 분자 사이의 수소결합. *n*-부탄올의 수소 원자는 물의 산소 원자와 수소결합을 형성한다. 이러한 수소결합은 수소 원자보다 전기음성도가 더 큰 원자와 만나면 언제나 가능하다(**표 1.2** 참조).

그림 1.9 응집력.
소금쟁이와 같은 일부 곤충들은 물 위를 걸을 수 있다. 물의 표면장력이 한 다리의 힘보다 더 크기 때문에 소금쟁이는 물에 가라앉기보다 물 표면에서 미끄러지듯이 움직일 수 있다. 물의 높은 표면장력은 물 분자들 사이의 수소결합에 의해 생겨난다.

자(O)와 부분적인 양전하를 띠는 수소 원자(H) 사이에 약한 결합이 나타나게 된다(**그림 1.8**). 수소결합의 강도는 공유결합의 5~10%에 불과하지만, 다수의 수소결합은 DNA와 단백질의 구조 형성에 매우 중요하게 작용하며, 생물계에서 대부분의 화학반응에 관여한다.

물 분자의 응집력

물 분자들이 지닌 극성으로 인해 물 분자들은 서로 끌어당기는데, 이를 물 분자의 응집력(cohesion force)이라 한다. 각 수소결합은 미약하고 일시적이므로 평균 10^{-11}초 동안만 유지된다. 그러나 다수의 결합이 함께 작용한다면 큰 힘을 발휘할 수 있기에, 물의 수소결합은 물의 중요한 물리적 특성들과 관련이 있다(**표 1.3**).

물의 응집력은 적절한 온도에서 기체가 아닌 액체 상태를 유지시킨다. 물의 응집력은 **표면장력**(surface tension)과도 관련이 있는데, 작은 곤충들이 물 위를 걸을 수 있는 것은 공기와 접하는 표면의 물 분자들이 아래쪽의 분자들과 수소결합을 형성하기 때문에 가능한 현상이다(**그림 1.9**).

물 분자의 부착력

물 분자는 극성으로 인해 다른 극성 분자에 끌려가기도 하는데, 이를 부착력(adhesive force)이라 한다. 물은 수소결합을 형성할 수 있는 모든 물질에 부착할 수 있기 때문에, 극성 분자를 포함하는 물질들은 물에 젖고, 비극성 분자(예, 오일)로 이루어진 물질들은 물에 젖지 않게 된다.

표 1.3 물의 특성

특성	설명	생명에 이로운 예
응집력	수소결합이 물 분자들을 뭉치게 한다.	잎이 뿌리에서 물을 끌어 올린다. 종자가 부풀고 발아한다.
높은 비열	수소결합이 끊어질 때 열을 흡수하고 형성될 때 열을 방출하여 온도 변화를 최소화한다.	물은 생명체와 환경의 온도를 안정화한다.
높은 기화열	다수의 수소결합이 끊어져야 물이 증발된다.	물의 증발은 몸 표면의 온도를 낮춘다.
얼음의 낮은 밀도	얼음 결정에서 물 분자는 수소결합 때문에 비교적 멀리 떨어져 있다.	얼음은 물보다 밀도가 낮으므로 호수의 물이 다 얼지 않아 물고기와 다른 생명체들이 겨울에 생존할 수 있다.
용해도	극성인 물 분자는 이온이나 극성 화합물을 끌어당겨 이들을 물에 녹인다.	많은 분자들이 세포 내로 자유롭게 이동하여 다양한 화학반응이 일어날 수 있도록 한다.

물 분자가 표면에 전하를 띠는 물질에 끌려 모세관 현상이 나타난다. 좁은 지름을 가지는 유리관을 비커 속의 물에 담그면 관 속의 물은 비커의 물 높이보다 더 높이 올라가는데, 이는 물이 유리 표면에 부착되어 위로 올라가는 힘이 물을 아래로 끌어내리려는 중력보다 강하기 때문에 나타나는 현상으로, 관이 좁을수록 물과 유리 사이의 정전기적 힘이 커서 물은 더 높이 올라간다(**그림 1.10**).

물의 특성

물은 높은 비열과 기화열을 통해 온도를 조정한다. 물은 액체 상태일 때보다 고체인 얼음에서 밀도가 더 낮은 특이한 성질을 지닌다. 물은 극성 분자들의 용매로 작용하고 비극성 분자들을 모으는 효과를 가진다. 이러한 물의 모든 특성들은 물의 극성 때문에 생겨난다.

물의 높은 비열로 인한 온도 유지

어떤 물질의 온도는 개개의 분자들이 얼마나 빨리 움직이는지를 나타내는 척도이다. 물 분자들은 수소결합으로 인해 서로 연결되어 있는데, 이러한 수소결합을 끊으려면 많은 양의 열에너지가 필요하다. 따라서 물은 높은 **비열**(specific heat)을 지닌다. 비열은 어떤 물질 1 g의 온도를 1℃ 변화시키는 데 필요한 열의 양을 의미하며, 어떤 물질이 열을 흡수하거나 방출할 때 온도의 변화에 대해 얼마나 견딜 수 있는지를 나타내는 척도이다. 즉 비열이 크면 더 느리게 가열되고 더 오랫동안 온도가 유지된다. 극성 물질은 수소결합을 형성하는 경향이 있으므로 극성이 높을수록 비열이 높아진다.

물의 비열(1 calories/g/℃)은 탄소화합물의 2배이며, 철(Fe)보다는 9배나 높다. 물의 높은 비열로 인해 물의 함량이 높은 생물은 내부 온도를 비교적 일정하게 유지할 수 있다. 또한 세포 내에서 일어나는 화학반응에서 생기는 열을 흡수하여 세포의 파괴를 막는다.

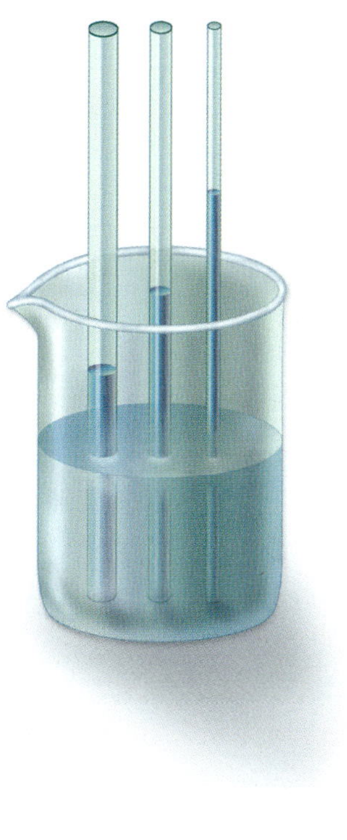

그림 1.10 부착력.
모세관 현상은 좁은 유리관의 물을 주변 물 높이보다 더 높게 상승시킨다. 이는 물이 유리관 표면에 부착되어 중력의 힘보다 더 강하게 물을 위로 끌어올리기 때문이다. 유리관의 직경이 좁을수록 일정량의 물이 부착할 수 있는 표면적이 더 커지므로 물은 유리관에서 더 높이 올라간다.

물의 높은 기화열과 얼음의 밀도

기화열(heat of vaporization)은 1 g의 물질을 액체에서 기체로 바꾸는 데 필요한 에너지 양을 나타낸다. 물을 액체에서 기체로 바꾸려면 많은 수소결합을 끊는 데 필요한 에너지(열의 형태)가 요구되며, 그 에너지의 양은 대략 586 cal 정도이다. 표면에서 물이 증발하면 그 표면은 식게 되는데, 많은 생물은 땀을 흘리는 것과 같은 증발을 통해 과다한 체열을 방출한다.

낮은 온도에서 물 분자들은 결정형 격자로 고정되어 고체인 얼음을 형성한다. 흥미롭게도 얼음에서 수소결합은 물 분자들을 비교적 멀리 떨어져 있게 하므로 얼음의 밀도는 액체인 물보다 낮게 되어 얼음이 물에 뜰 수 있게 되는 것이다. 만약 물이 이러한 특성을 가지지 않는다면, 지구상의 대부분 물은 얼음 상태로 가라앉게 되고, 극히 일부만이 표면에서 녹게 될 것이다. 물이 아래에서 위로가 아닌, 위에서 아래로 얼도록 하는 얼음의 부력은 생태계에서 중요한 역할을 한다. 겨울 호수에서는 얼음이 표면에 떠 있기 때문에 얼음 아래의 물은 액체 상태를 유지하고 물고기와 다른 생물들이 얼지 않고 살 수 있게 된다.

이온과 극성 분자들의 이동을 돕는 물의 용매 특성

물 분자는 이온이나 극성 분자와 같이 전하를 가지는 물질 주위로 가까이 몰려드는 성질이 있다. 예를 들면 설탕(sucrose)은 극성 하이드록실기(−OH)를 가지는 분자들로 이루어져 있는데, 설탕 결정이 물에 빨리 녹는 것은 물 분자들이 설탕 분자의 각 하이드록실기와 수소결합을 형성하기 때문이다. 이러한 특성을 용해성(solublity)이라 하며, 이때 물은 용매(solvent) 그리고 설탕은 용질(solute)이 된다. 결정에서 설탕 분자가 떨어져 나오면 물 분자들이 그 주위에 몰려들어 수화껍질(hydration shell)을 형성하여 다른 설탕 분자와 다시 결합하는 것을 막아주게 된다. 수화껍질은 Na^+와 Cl^- 등의 이온 주위에도 형성된다(**그림 1.11**).

비극성 분자의 응집

물 분자들은 항상 최대한의 수소결합을 형성하는 경향을 보이며, 수소결합을 형성하지 않는 기름과 같은 비극성 분자들이 물에 들어오면, 물 분자들은 이를 배척하려는 특성을 보인다. 이때 기름의 비극성 분자들은 서로 응집하여 덩어리를 형성하는데, 물과의 접촉을 피하는 이러한 비극성 분자의 성질을 **소수성**(hydrophobic)이라고 한다. 그에 비해 물과 쉽게 수소결합을 형성하는 극성 분자들의 특성

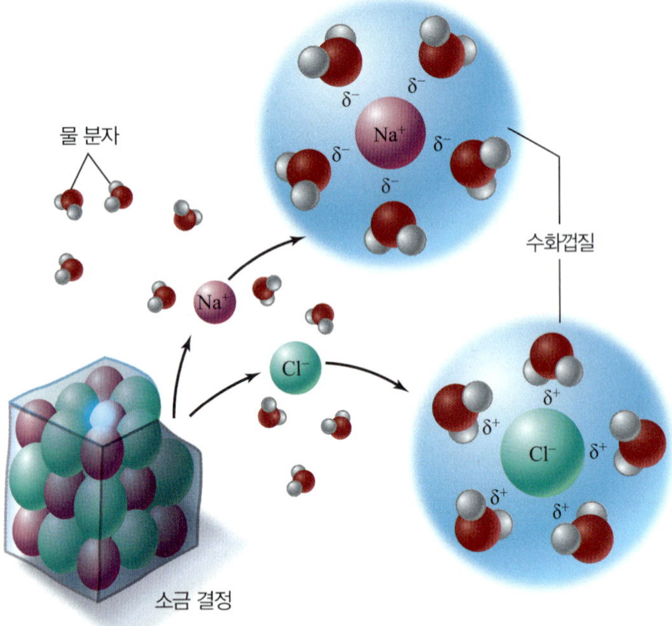

그림 1.11 소금이 물에 녹는 이유.
소금 결정이 물에 녹으면 Na^+와 Cl^-가 소금 격자에서 떨어지며 물 분자에 의해 둘러싸인다. 물 분자의 부분적인 음전하 극은 양전하를 띠는 Na^+ 주변으로 배치되고, 물 분자의 부분적인 양전하 극은 음전하를 띠는 Cl^- 주변으로 배치된다. 이처럼 수화껍질로 둘러싸인 Na^+와 Cl^-는 소금 격자로 다시 돌아갈 수 없다.

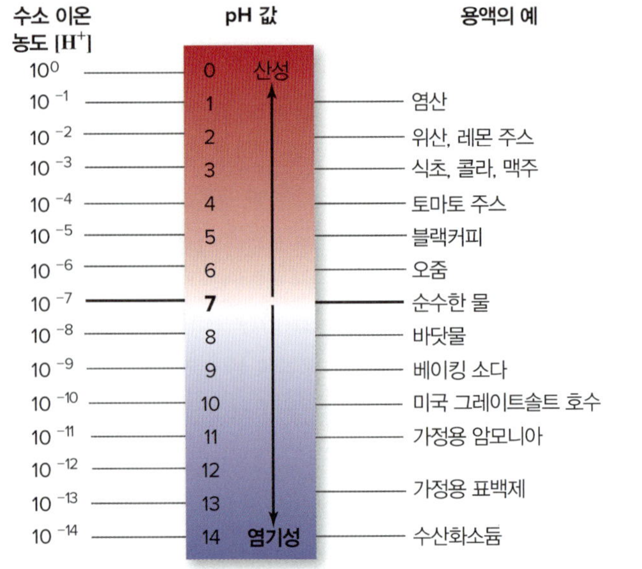

그림 1.12 pH 척도.
용액의 pH값은 수소 이온의 농도를 나타낸다. 용액의 pH가 7 이하이면 산성이고, 7 이상이면 염기성이다. pH는 로그함수이므로, pH 1의 차이는 수소 이온 농도의 10배 차이를 나타낸다. 따라서 레몬 주스는 토마토 주스보다 100배 더 산성이고, 바닷물은 pH 7인 순수한 물보다 10배 더 염기성이다.

은 **친수성**(hydrophilic)이라고 한다.

물에서 비극성 분자들이 응집하는 성질을 **소수성 배제**(hydrophobic exclusion)라고 하며, 물은 분자의 소수성 부위가 강제로 뭉쳐지게 하여 이 분자들이 특정 형태를 취하도록 해준다. 비극성 분자와 물의 상호작용은 생명계에서 매우 중요하며, 이러한 물의 특성은 단백질, DNA, 그리고 생체막의 구조에도 영향을 미친다.

산과 염기

용액에서 수소 이온(H^+)과 수산화 이온(OH^-)의 농도를 산성과 염기성으로 나타낸다. 10^{-7} mol/L의 $[H^+]$를 가지는 순수한 물은 중성이다. 모든 이온은 물 분자가 해리될 때 H^+와 OH^-는 동일한 양으로 생성된다.

그림 1.12에서 보는 것처럼 용액의 수소 이온 농도를 나타내는 pH 단위에서 pH는 "power of hydrogen"의 약자로, 용액에서 수소 이온 농도의 음성 로그 함수로 나타낸다.

$$pH = -\log [H^+]$$

물에서 10^{-7} mol/L의 $[H^+]$는 pH 7에 해당한다. 이것이 pH 단위에서 H^+와 OH^- 간의 균형을 이루는 중성점(neutral point)이다. 이러한 균형은 물이 해리될 때 동일한 양의 H^+와 OH^-가 생성되기 때문에 나타난다. pH 단위는 로그값이므로 1의 차이는 $[H^+]$의 10배 차이를 나타낸다. 따라서 pH 4를 가지는 용액은 pH 5의 용액보다 10배의 $[H^+]$를 가지며, pH 6의 용액보다 100배의 $[H^+]$를 가진다.

산(acid)은 물에 녹으면 $[H^+]$를 증가시켜 pH를 낮추는 물질이다. 산성이 강할수록 더 많은 수소 이온을 생성하여 pH가 더 낮아진다. 예를 들면 사람 위액에 풍부한 염산(HCl)은 물에서 완전히 이온화된다. 10^{-1} mol/L의 HCl은 10^{-1} mol/L의 H^+를 생성하여 pH 1의 용액을 만든다. 물에 녹으면 H^+와 결합하여 $[H^+]$를 낮추는 물질을 **염기**(base)라고 한다. 따라서 염기성(알카리) 용액의 pH는 7 이상이다. 수산화소듐(NaOH)과 같은 매우 강한 염기의 pH는 12 이상이고, 암모니아와 표백제 등은 대부분 pH가 높으며 세제로 사용된다.

pH 변화를 최소화하는 완충용액

살아있는 세포의 내부와 다세포 생물 주위의 pH는 거의 중성인 7에 가깝다. 대부분 효소의 활성은 pH에 매우 민감하기 때문에, pH가 조금만 변해도 구조가 바뀌어 활성을 잃어버린다. 생명체에서 일어나는 화학반응에서는 끊임없이 산과 염기가 생성되며, 동물은 먹이를 먹을 때 산성 혹은 염기성 물질들을 섭취한다. H^+와 OH^- 농도의 변화에도 불구하고, 생물체의 pH는 **완충액**(buffer)에 의해 비교적 일정한 수준으로 유지된다(**그림 1.13**). 완충액은 생물체 내에서 pH 변화를 최소화시키는 용액으로, 염기가 첨가되면 수소 이온을 방출하고 산이 첨가되면 수소 이온을 흡수한다.

생물체에서 대부분의 완충액은 산과 염기가 짝으로 이루어져 있

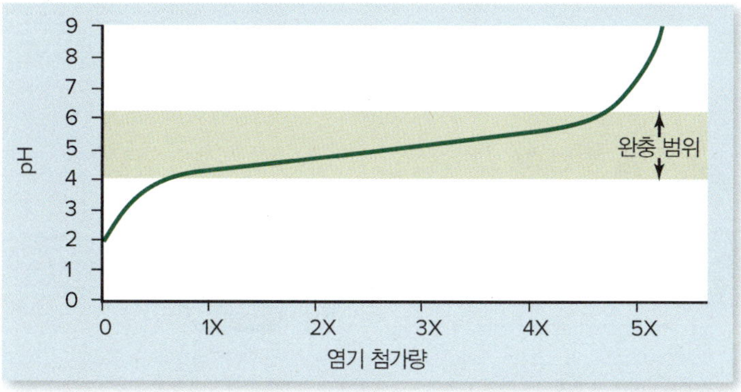

그림 1.13 pH 변화를 최소화시키는 완충액.
용액에 염기를 가하면 산의 일부를 중화시켜 pH 값이 올라간다. 따라서 pH 곡선이 오른쪽으로 갈수록 더 많은 염기가 소요되고 pH가 점점 높아진다. 완충액은 pH 곡선이 아주 천천히 높아지거나 낮아지는 구간을 형성하는데, 이를 완충액의 완충 범위라고 부른다.

는 것이 특징이다. 사람의 혈액에서 중요한 완충액은 산성인 탄산과 염기성인 중탄산염이 산-염기 짝으로 이루어져 있다. 이들 2가지 물질들은 한 쌍의 가역반응으로 상호작용하는데, 이산화탄소(CO_2)와 물(H_2O)이 결합하여 탄산(H_2CO_3)을 생성하고, 다음으로 탄산이 해리되어 중탄산이온(HCO_3^-)과 H^+을 생성한다. 산이나 다른 물질이 혈액에 녹아 H^+이 증가되면 HCO_3^-가 염기로 작용하여 H_2CO_3을 형성함으로써 과다한 H^+을 제거하게 되며, 염기성 물질이 혈액에서 H^+을 제거하면 H_2CO_3가 해리되어 혈액에 H^+을 방출한다. 따라서 H_2CO_3와 HCO_3^-의 상호전환에 의한 정반응과 역반응에 의해 혈액의 pH가 안정되게 유지될 수 있다.

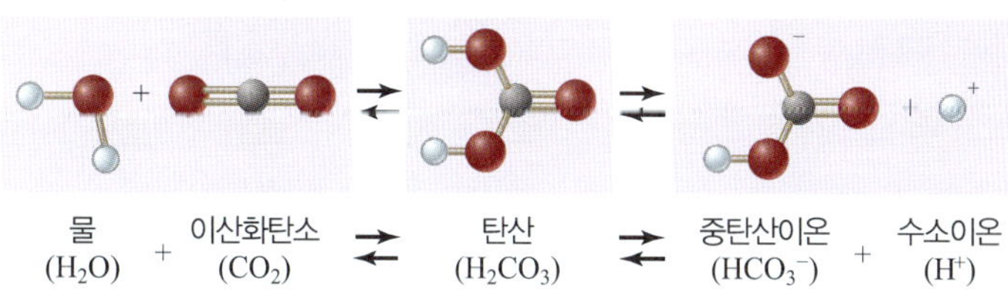

이산화탄소와 물이 탄산을 형성하는 반응은 생명에 필수적인 탄소를 대기에서 해양으로 끌어들이기 때문에 매우 중요하며, 이로 인해 지구상의 바다에 탄소가 풍부하게 유지된다. 혈액 산성증(blood acidosis) 상태에서 인간의 혈액은 pH가 정상 상태인 7.4에서 7.1까지 낮아진다. 이러한 상태는 즉시 치료하지 않으면 위험하다. 반대로 혈액 염기성증(blood alkalidosis)은 혈액 pH가 위와 유사한 정도로 증가하는데, 이 역시 심각한 상태를 초래한다.

1.4 생체 거대분자의 특성과 기능

생체 분자의 골격을 이루는 탄소 원자(C)는 다른 탄소 원자나 산소(O), 질소(N), 황(S), 인(P) 혹은 수소 원자(H)들과 결합하고 있다. 탄소 원자는 최대 4개의 공유결합을 형성할 수 있기 때문에 탄소를 포함하는 분자들은 선형, 가지형, 고리형, 둥근형, 튜브형 및 코일형 등의 모양을 형성할 수 있다. 탄소와 수소만으로 이루어진 분자들을 탄화수소(hydrocarbon)라고 하며, 탄소와 수소 사이의 공유결합은 상당량의 에너지를 저장한다. 이론적으로 탄소 원자에 의해 형성되는 사슬 길이는 무제한으로 늘어날 수 있으며, 4가지의 주요 생체 분자들은 탄소를 함유하는 화합물로, 매우 긴 사슬로 이루어져 있다.

물이 관여하는 생체반응

생체 거대분자들은 보통 탄수화물, 핵산, 단백질 그리고 지질로 구분된다(**표 1.4**). 이러한 거대분자들은 대부분 중합체(polymer)이다. 중합체란 단량체(monomer)라고 부르는 작고 유사한 화학적 소단위들이 많이 연결되어 만들어지는 긴 분자를 말한다. 이러한 중합체의 성질은 이를 구성하는 단량체에 의해 결정된다. 그 예로 녹말과 같이 복잡한 탄수화물은 단순한 고리 모양의 당으로 이루어진 중합체이다. 핵산(DNA와 RNA)은 뉴클레오타이드의 중합체이다(**그림 1.14**). 이러한 긴 사슬은 탈수반응으로 만들어지고, 가수분해반응으로 분리된다.

탈수반응

두 단량체 간에 공유결합이 형성되려면, 한 단량체에서 하이드록실기(−OH)가 제거되고 다른 단량체에서 수소 원자(H)가 제거되어야 한다(**그림 1.15***a*). 이러한 방식으로 아미노산들이 연결되어 단백질이 만들어지고, 포도당이 연결되어 녹말이 만들어진다. 이러한 반응은 지방산을 글리세롤에 연결하여 지질을 형성할 때도 적용된다. 이러한 화학반응을 축합(condensation)이라고 하며, 한 분자의 물(H_2O)이 제거되는 것과 같이 OH와 H가 제거되므로 **탈수반응**(dehydration reaction)이라고도 한다. 거대분자에 단량체가 하나씩 첨가될 때마다 하나의 물 분자가 제거된다. 이러한 화학반응은 반응하는 물질들이 서로 가까이 있어야 하고, 정확한 화학결합이 압력을 받아 끊어져야 한다. 이러한 위치 선정과 가압을 **촉매작용**(catalysis)이라고 하며, 세포 내에서는 효소에 의하여 일어난다.

가수분해반응

세포는 탈수반응의 역반응을 통하여 거대분자를 단량체로 분해할

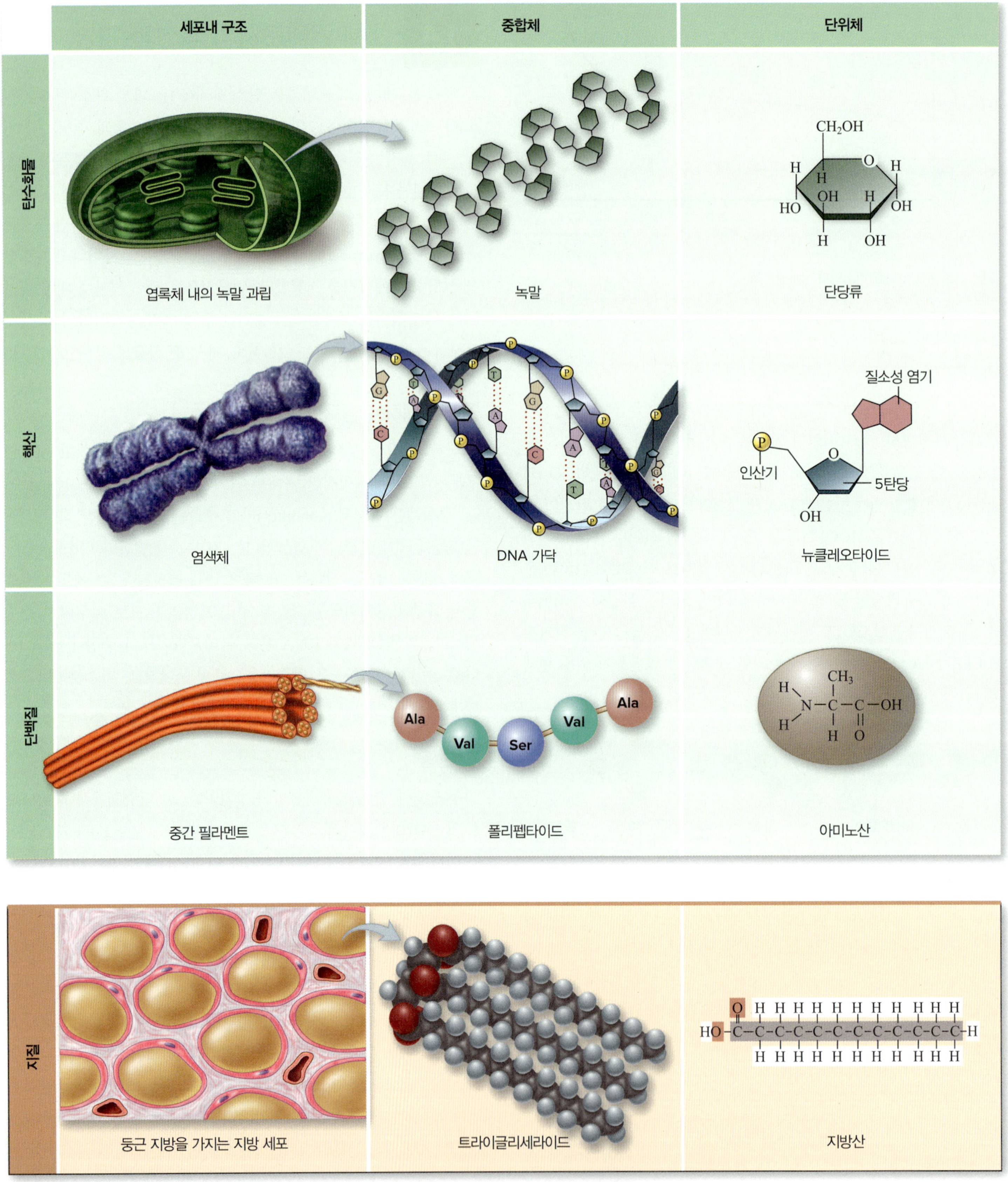

그림 1.14 중합체 거대분자.
주요 생체 거대분자들에는 탄수화물, 핵산, 단백질, 그리고 지질이 있다. 이들은 중합체를 형성하는데, 여기서는 이들을 만들기 위해 사용된 단량체도 함께 나타냈다. 그러나 지질은 단량체-중합체 관계로 형성되지 않는다. 트라이글리세라이드는 글리세롤과 지방산으로 구성되어 있다.

표 1.4	거대분자		
거대분자	소단위	기능	예
		탄수화물	
녹말, 글리코젠	포도당	에너지 저장	감자
셀룰로스	포도당	식물 세포벽에서 구조적 지지	종이, 샐러리 줄기
키틴	변형된 포도당	구조적 지지	게 껍데기
		핵산	
DNA	뉴클레오타이드	유전자를 암호화함	염색체
RNA	뉴클레오타이드	유전자 발현에 필요	mRNA
		단백질	
기능적	아미노산	촉매; 수송	헤모글로빈
구조적	아미노산	지지	머리카락, 실크
		지질	
트라이글리세라이드(동물성 지방, 오일)	글리세롤과 3개의 지방산	에너지 저장	버터, 옥수수 기름, 비누
인지질	글리세롤, 2개의 지방산, 인산기 및 극성 R기	세포막	포스파티딜콜린
프로스타글란딘	2개의 비극성 꼬리를 가지는 5개의 탄소 고리	화학적 전달자	프로스타글란딘 E(PGE)
스테로이드	융합된 4개의 탄소 고리	막, 호르몬	콜레스테롤, 에스트로젠
테르펜	긴 탄소 사슬	색소, 구조적 지지	카로틴, 고무

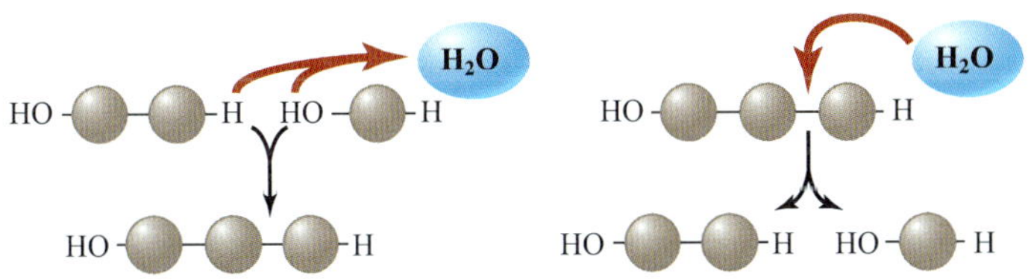

a. 탈수반응 *b.* 가수분해반응

그림 1.15 거대분자의 생성과 분해.
a. 생체 거대분자들은 탈수반응을 통해 각 단량체들이 서로 결합된 중합체이다. 이 과정에서 결합이 형성될 때마다 하나의 물 분자가 방출된다. *b.* 단량체들 사이의 결합 절단은 탈수반응에 의한 물 분자의 방출과 반대되는 가수분해반응과 관련이 있다.

수 있으며, 이 과정에서 1분자의 물이 첨가된다(**그림 1.15***b*). 이러한 과정을 **가수분해반응**(hydrolysis reaction)이라고 하며, 수소 원자가 한 단량체에 부착되고 하이드록실기가 다른 단량체에 부착되어 거대분자의 특정 공유결합이 끊어진다.

탄수화물: 에너지 저장과 구조적 분자

탄수화물(carbohydrate)은 탄소(C), 수소(H) 및 산소(O)의 몰 비가 1 : 2 : 1로 이루어져 있어서 구조식은 $(CH_2O)n$이다(n은 탄소 원자의 수를 나타냄). 이들이 지닌 탄소—수소(C—H) 결합은 산화될 때 많은 에너지를 방출하기 때문에 에너지 저장에 매우 적합한 구조이다. 따라서 당은 가장 중요한 에너지 저장 분자로, 여러 가지 유형이 존재한다.

단당류

단당류(monosaccharide)는 가장 단순한 탄수화물인 단순당(simple sugar)이다. 단순당은 최소 3개의 탄소 원자를 가지지만, 에너지 저장에 중요한 당들은 대부분 6개의 탄소를 가진다(**그림 1.16**). 6탄당의 구조식은 $C_6H_{12}O_6$ 혹은 $(CH_2O)_6$으로 나타내며, 이들은 사슬 모양으로 존재할 수 있지만, 물에 녹으면 거의 대부분 고리를 형성한다. 에너지 저장에 가장 중요한 6탄당은 **포도당**(glucose)이다. 포도당은 7개의 에너지 저장형 C—H 결합을 가지는데, 고리가 닫혔을 때 카르보닐기(C=O)의 위치에 따라서 알파(α) 혹은 베타(β)의 2가지 유형으로 존재할 수 있다(**그림 1.17**).

2당류

2당류(disaccharide)는 식물에서는 수송 분자, 동물에서는 영양 공급원으로 활용된다. 당은 생물체 내에서 수송되는데, 사람은 단당류인 포도당이 혈액을 통해 순환한다. 그러나 식물이나 다른 생물들의 몸 안에서 포도당이 이동할 때는 보통 2개의 단당류가 연결된 2당류인 수송형(transport form)으로 전환되어 수송된다.

수송형은 어떤 단당류가 연결되어 2당류를 형성하느냐에 따라서 차이가 난다. 포도당은 자체적으로 2당류를 형성할 뿐만 아니라 과당과 갈락토스와 같은 다른 여러 단당류와도 수송형을 형성한다. 포도당이 과당과 결합하면 설탕이 된다(**그림 1.18***a*). 설탕은 대부분 식물이 포도당을 수송하는 데 이용하는 유형이며, 인간과 대부분 동물

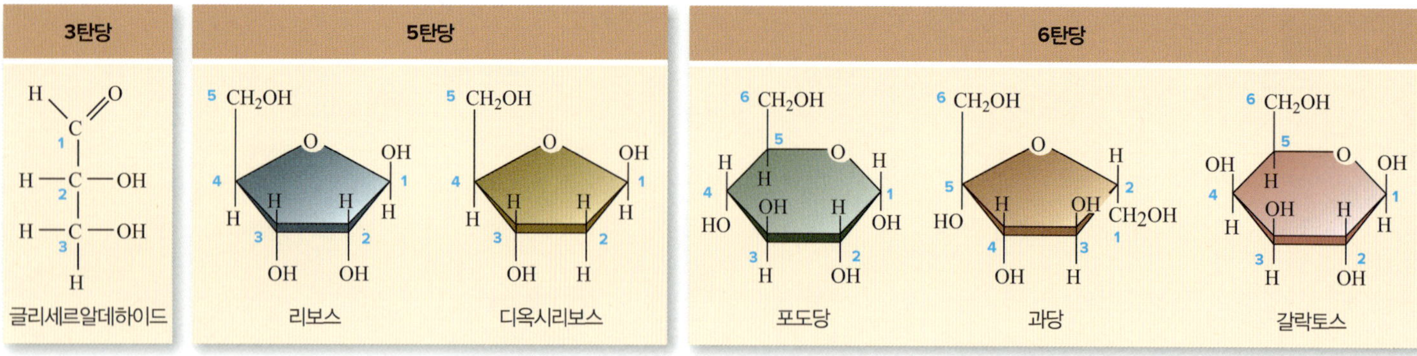

그림 1.16 단당류.
단당류 또는 당은 최소 3개의 탄소 원자를 가지며 더 큰 분자를 형성하기 위한 구성 단위체로 흔히 사용된다. 핵산은 5개 탄소로 이루어진 당인 리보스와 디옥시리보스로 구성되어 있다. 더 산화된 말단에서부터 각 탄소의 번호(파란색)를 붙인다.

이 섭취하는 당이다. 포도당끼리 결합하면 엿당(maltose)이 되고, 포도당과 갈락토스가 결합하면 젖당(lactose)이 된다. 대부분 포유동물은 모유 속 젖당의 형태로 새끼에게 에너지를 공급한다. 성인이 되면 보통 젖당을 분해하는 락테이스(젖당분해효소, lactase)의 수준이 낮아져 젖당을 단당류로 효과적으로 분해하여 이용할 수 없기 때문에 젖당 소화장애가 일어나는 젖당불내성(lactose intolerance)이 생길 수 있다. 따라서 젖당은 주로 어린 포유동물의 에너지원이 된다.

다당류

다당류(polysaccharide)는 에너지 저장 및 구조적 성분으로 이용된다. 이들은 탈수반응을 통해 연결된 단당류의 긴 중합체이다. 저장형 다당류인 **녹말**(starch)은 α-포도당 분자가 긴 사슬로 연결되어 있다. 그에 비해 **셀룰로스**(cellulose)는 구조적 성분으로, β-포도당 분자가 사슬로 연결되어 있다. α-포도당으로 이루어진 녹말의 연결을 α-결합이라 하고 셀룰로스는 β-결합이라고 한다.

녹말과 글리코젠: 생명체 대사 에너지로 이용되는 단당류는 엿당과 같은 2당류로 전환시켜 저장한다(**그림 1.18***b*). 이 엿당이 서로 연결되어 불용성 다당류인 녹말로 전환된다. 이러한 다당류는 중합체가 어떻게 분지되는지에 따라 차이를 보인다(**그림 1.19**). 가장 단순한 구조를 갖는 녹말은 아밀로스(amylose)로, 수백 개의 α-포도당 분자가 연결되어 긴 사슬을 이룬다. 이때 한 포도당 분자의 1번 탄소(C-1)와 다른 포도당 분자의 4번 탄소(C-4) 사이에 결합이 일어나 α-(1 → 4) 결합이 이루어진다. 아밀로스의 긴 사슬은 물에서 꼬이는 경향이 있어 불용성이며, 감자녹말의 약 20%가 아밀로스이다. 나머지 80%는 한 분자의 C-1과 다른 분자의 C-6 사이에 결합이 일어나 α-(1 → 6) 결합으로 이루어진 아밀로펙틴(amylopectin)이다. 녹말에 상응하는 동물의 분

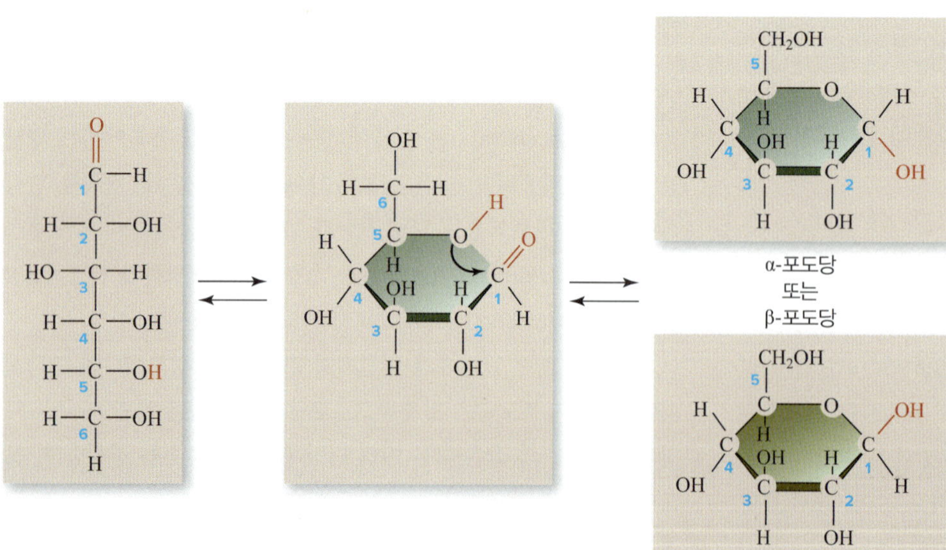

그림 1.17 포도당 분자의 구조.
포도당은 선형의 6개의 탄소를 가지는 분자로 용액에서 고리 구조를 형성한다. 고리 형성 과정에서 α-포도당과 β-포도당이 생성되는데, 이들은 1번 탄소에 결합된 −OH의 위치가 서로 다르다. 고리 구조는 여러 방식으로 나타낼 수 있는데, 여기에서는 가장 흔한 방식으로 탄소에 번호를 표시하여 2종류의 포도당을 쉽게 비교할 수 있다. 고리 구조의 두꺼운 선은 지면에서 앞으로 돌출된 부분을 나타낸다.

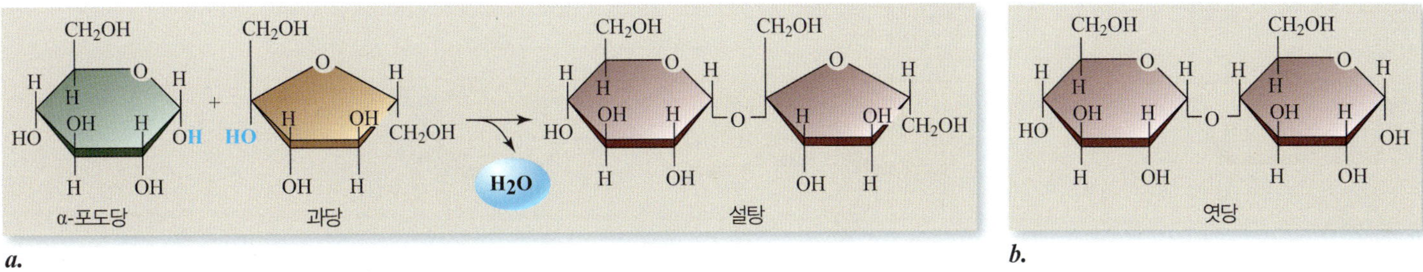

그림 1.18 2당류의 형성.
일부 2당류는 체내의 한 부분에서 다른 부분으로 포도당을 수송하기 위해 이용된다. 예를 들어, 설탕(*a*)은 사탕수수에서 발견된다. 다른 2당류인 엿당(*b*)은 곡류에서 양분 저장에 이용된다.

자가 **글리코젠**(glycogen)이다. 아밀로펙틴처럼 글리코젠은 분지된 아밀로스 사슬을 포함하는 불용성 다당류로, 식물의 녹말보다 훨씬 더 길고 많은 가지를 가진다.

셀룰로스: 셀룰로스(섬유소)는 β-포도당의 중합체(**그림 1.20**)로, 인접하는 포도당 분자들 사이의 결합은 첫 번째 포도당의 C-1과 다음 포도당의 C-4 사이에 일어나서 β-(1 → 4)결합에 의해 만들어진다. 이러한 긴 비분지성 β-결합 사슬은 단단한 섬유(fiber)를 만든다. 셀룰로스는 식물 세포벽의 주요 성분이다. 대부분의 생물이 가지는 녹말가수분해효소는 α-결합만을 인식하기 때문에 두 β-포도당 사이의 결합을 자를 수 없다.

셀룰로스는 대부분 생물에 의해 쉽게 파괴되지 않으므로 생물의 구조 성분으로 적합하다. 그러나 소와 같은 일부 동물들은 소화관에 있는 공생 박테리아와 원생생물의 도움으로 셀룰로스를 분해할 수 있다. 이러한 생물들은 β-(1 → 4) 결합을 자르는 데 필요한 효소를 이용하여 풍부한 양의 에너지원을 이용할 수 있다.

키틴: 절지동물과 많은 균류에서 발견되는 **키틴**(chitin)은 구조 물질로, 포도당의 변형체인 N-아세틸글루코사민(N-acetylglucosamine)의 중합체이다. 키틴이 단백질에 의하여 교차 결합되면 질기고 강한 물질이 생성되는데, 곤충과 갑각류의 단단한 외골격 역할을 한다. 키틴을 소화할 수 있는 생물은 거의 없지만, 대부분의 생물체는 균류로부터 자신을 보호하기 위해 키틴분해효소(chitinase)를 가지고 있다.

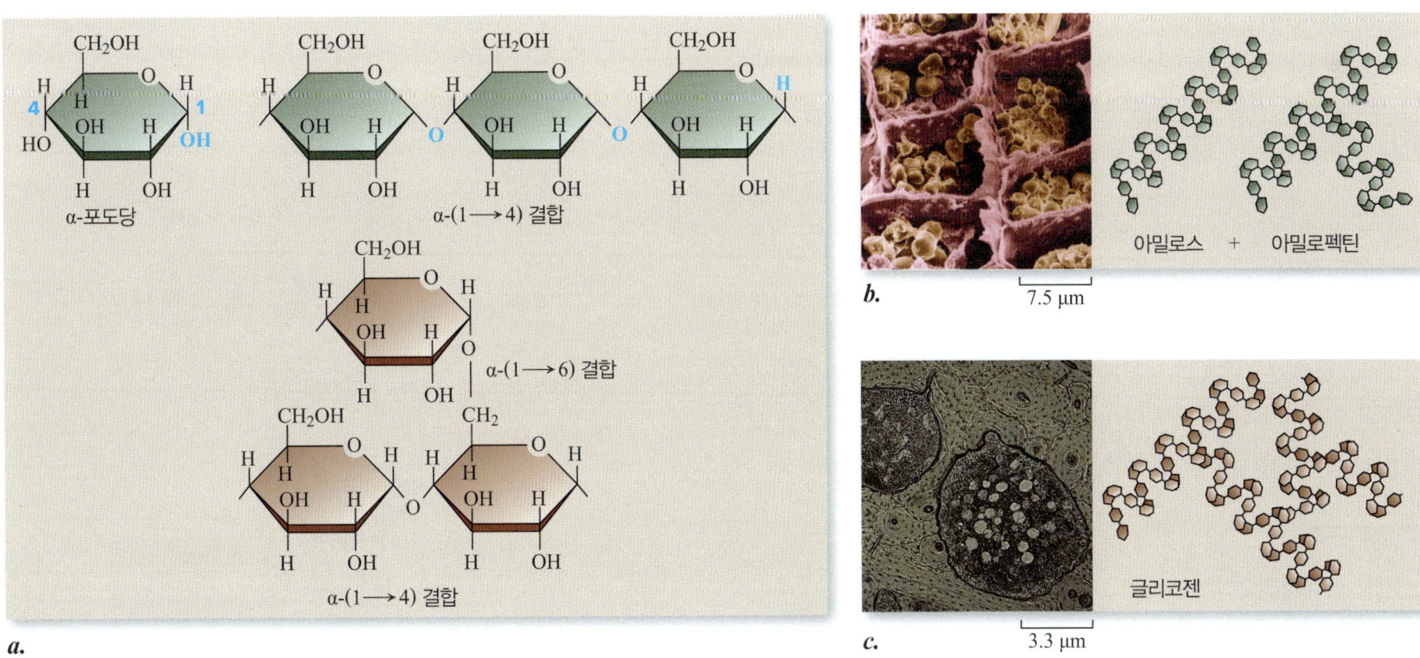

그림 1.19 포도당의 중합체: 녹말과 글리코젠.
a. 녹말 사슬은 α-포도당이 α-(1 → 4)글리코시드 결합에 의해 연결된 중합체이다. 이러한 사슬은 α-(1 → 6)글리코시드 결합에 의해 분지될 수 있으며, 분지되는 정도에 따라 중합체의 에너지 저장이 달라진다. *b.* 식물에서 발견되는 녹말은 선형의 아밀로스와 분지형의 아밀로펙틴으로 이루어져 있다. 따라서 식물 세포에서 분지형 녹말은 물에 녹지 않아 녹말 과립으로 존재한다. *c.* 동물 세포에서 발견되는 글리코젠은 매우 분지되어 있어 물에 녹지 않는다.

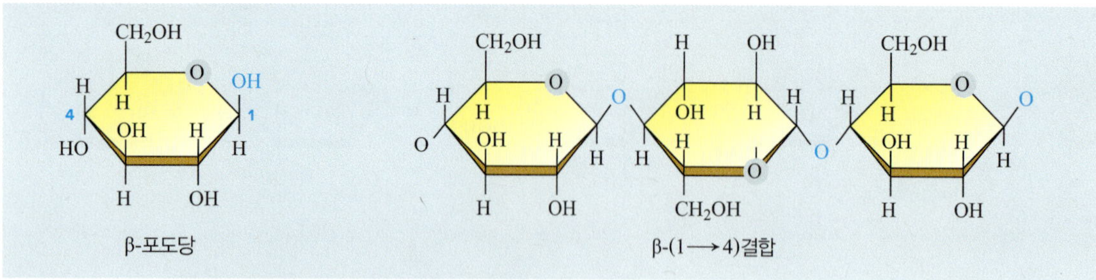

a.

b.

그림 1.20 포도당의 중합체: 셀룰로스.
녹말 사슬은 α-포도당으로 이루어져 있지만, 셀룰로스는 β-포도당으로 이루어져 있다. ***a.*** 셀룰로스의 인접한 포도당 분자들은 β-(1 → 4)글리코시드 결합으로 연결되어 있다. ***b.*** 셀룰로스는 선형의 긴 섬유를 형성하며, 이들은 매우 강하고 대사 과정에서 잘 분해되지 않으므로 좋은 건축자재가 된다.

핵산: 정보 분자

핵산(nucleic acid)은 **디옥시리보핵산**(deoxyribonucleic acid, **DNA**)과 **리보핵산**(ribonucleic acid, **RNA**)으로 구분된다. 거대분자들 가운데 특이하게도 핵산은 자신의 복사본을 만드는 주형이 될 수 있으며, 이러한 특징 때문에 유전정보는 세포분열과 개체 증식 동안에 보전될 수 있다. 세포의 핵에 주로 존재하는 DNA는 특정 생물을 만드는 데 필요한 유전정보를 포함하고 있다.

세포는 mRNA라는 일종의 RNA를 이용하여 단백질 합성을 지시한다. mRNA는 DNA의 일부가 전사된 단일가닥의 복사본으로 이루어져 있으며, 이러한 전사물(transcripts)은 단백질의 아미노산 서열을 지정하는 청사진을 제공한다.

핵산의 구조

핵산은 **뉴클레오타이드**(nucleotide)라고 부르는 단량체의 긴 중합체이다. 각 뉴클레오타이드는 당(5탄당, RNA의 리보스와 DNA의 디옥시리보스), 인산기($-PO_4$) 그리고 질소를 함유하고 있는 염기의 3가지 성분들로 이루어져 있다(**그림 1.21**). 염기와 당으로만 구성된 것은 **뉴클레오사이드**(nucleoside)라고 한다. 즉 뉴클레오타이드는 뉴클레오사이드에 인산기가 첨가된 것이다. 한 뉴클레오타이드의 인산기는 다른 뉴클레오타이드의 5탄당의 하이드록실기와 탈수축합반응으로 폴리뉴클레오타이드(polynucleotide)를 형성한다. 이처럼

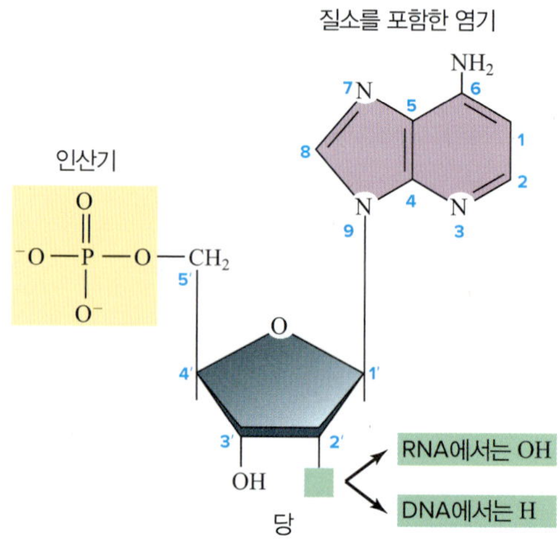

그림 1.21 뉴클레오타이드의 구조.
DNA와 RNA의 뉴클레오타이드는 3가지 요소로 이루어져 있다. 5개의 탄소를 가지는 당(리보스 또는 디옥시리보스), 질소를 포함한 염기(이 그림에서는 아데닌을 나타냄), 그리고 인산기이다. 당의 탄소 번호를 염기 고리의 번호와 구분하기 위하여 모두 프라임(1′, 2′ 등)으로 표시하였다.

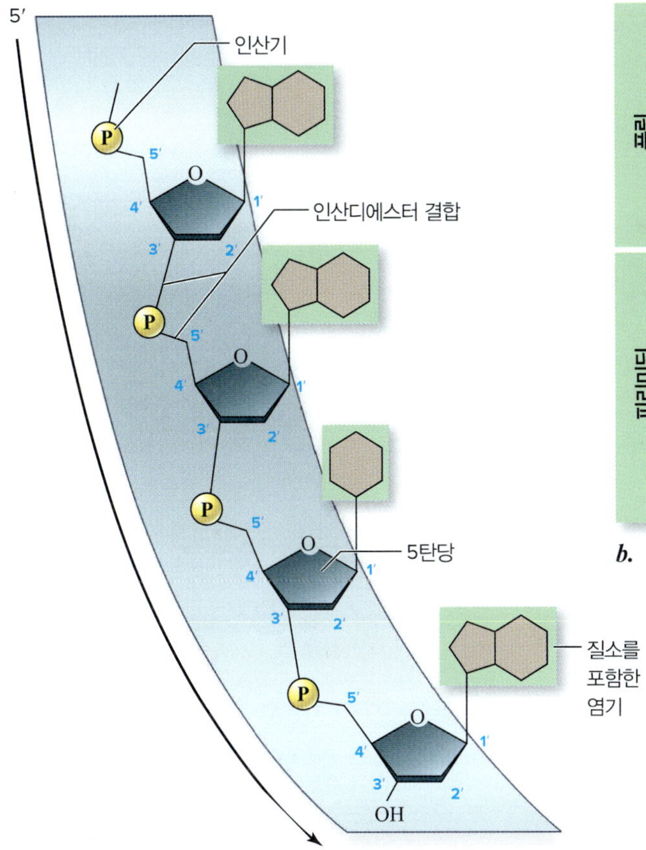

a.

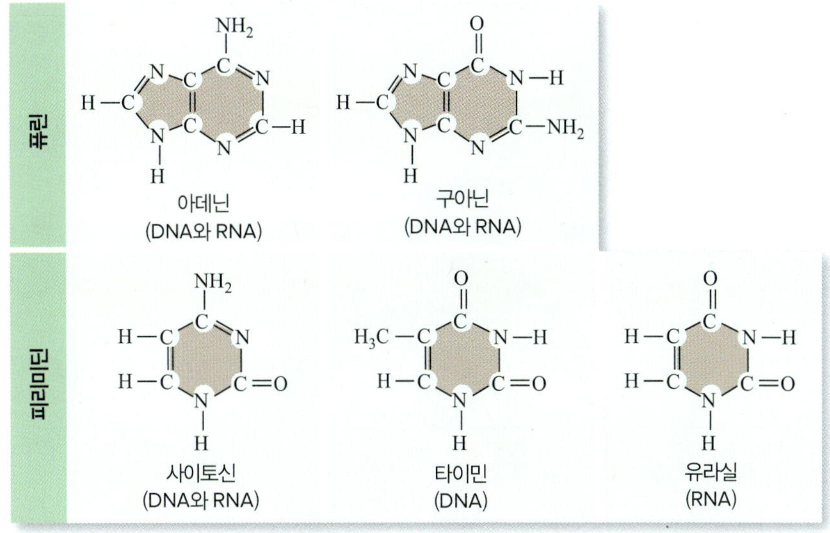

b.

그림 1.22 핵산과 염기의 구조.
a. 핵산의 뉴클레오타이드들은 한 뉴클레오타이드의 인산기와 다음 뉴클레오타이드의 당이 서로 인산디에스터결합으로 연결되어 있으며, 이를 당-인산 골격이라고 부른다. 이 골격에서 염기는 돌출되어 있고, 양끝 말단은 5′ 인산기 말단과 3′ 하이드록실기 말단(파란색 숫자는 당의 번호에서 유래)을 가진다. ***b.*** 질소를 포함하는 염기는 퓨린 또는 피리미딘이 있으며, 타이민은 DNA에서 발견되고 유라실은 RNA에서 발견된다.

2개의 당이 1개의 인산기로 연결된 결합을 **인산디에스터결합**(phosphodiester bond)이라고 한다. 즉, 핵산은 5탄당이 인산디에스터결합으로 연결되고, 염기가 각 당에서 돌출된 단순한 사슬 구조이다. 이러한 폴리뉴클레오타이드는 서로 다른 말단부를 가지는데, 이들은 편의상 당의 탄소 번호에 따라 5′ 말단($-PO_4$)과 3′ 말단($-OH$)이라 한다(**그림 1.22***a*).

뉴클레오타이드에는 2종류의 염기가 존재한다(**그림 1.22***b*). 하나는 2개의 고리를 가지는 큰 분자인 **퓨린**(purine)으로 DNA와 RNA에서 볼 수 있으며, 아데닌(A, adenine)과 구아닌(G, guanine)이 있다. 다른 한 유형은 퓨린에 비해 작고 단일 고리를 가지는 분자인 **피리미딘**(pyrimidine)이다. 피리미딘은 DNA와 RNA 양쪽에 모두 존재하는 사이토신(C, cytosine) 및 DNA에만 존재하는 타이민(T, thymine), RNA에만 존재하는 유라실(U, uracil)로 구분된다.

DNA의 유전정보

생명체는 단백질의 아미노산 서열을 지정하는 정보를 암호화(encoding)하기 위해 DNA의 뉴클레오타이드 서열을 이용한다. 이러한 정보의 암호화 방법은 문자의 배열방식과 매우 유사하다. DNA 분자의 암호는 CGCTTACG와 같이 4종류의 뉴클레오타이드들이 서로 다르게 조합되어 특정 서열을 이루고 있다.

진핵생물에서 DNA 분자는 2개의 긴 선형의 폴리뉴클레오타이드 사슬이 서로 감겨 있는 구조이고, 원핵생물에서는 이 사슬이 주로 원형을 이루고 있다. DNA 중합체의 두 가닥은 나선형 계단의 안쪽과 바깥쪽 난간들처럼 서로 감겨 있다. 이처럼 두 사슬이 나선을 이룰 때 이를 **2중나선**(double helix)이라고 한다. DNA의 나선형 계단에서 각 계단은 염기쌍으로 이루어져 있는데, 염기쌍 법칙은 가장 안정된 수소결합 배열을 이룰 수 있는 염기들이 짝지어져 일어난다(**그림 1.23**). 아데닌(A)은 타이민(DNA) 혹은 유라실(RNA)과 짝을 지을 수 있고, 사이토신(C)은 구아닌(G)과 짝을 이룬다. 쌍을 이루는 각 염기는 서로에 대해 **상보적**(complementary)이라고 한다. 진핵생물에서 DNA는 단백질과 결합하여 염색체라는 구조를 형성한다. 이들 염색체는 고차원적인 구조로, 유전자의 발현 조절에 관련된 DNA의 기능에 영향을 준다.

RNA의 기능

RNA는 DNA와 비슷하지만, 2가지의 중요한 화학적 차이를 보인다. 첫째, RNA 분자는 C-2에 하이드록실기가 결합된 리보스 당을 가진다(DNA에서는 하이드록실기가 수소 원자로 대체되어 있다).

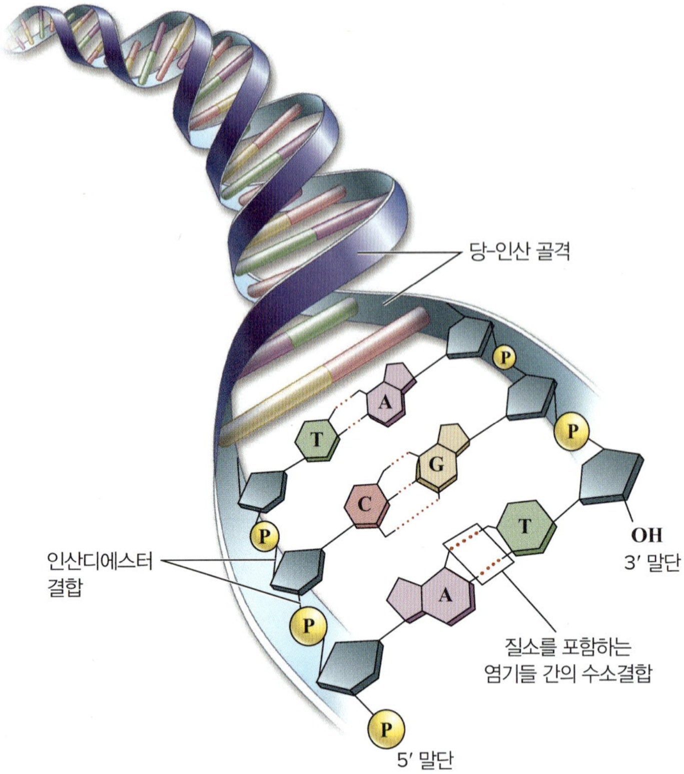

그림 1.23 DNA 구조.
DNA는 하나의 나선 축을 따라 서로 반대 방향으로 감고 있는 2개의 폴리뉴클레오타이드 사슬을 가진다. 질소를 포함하는 염기들 사이는 수소결합(점선)으로 연결되어 있는데, 이를 염기쌍 결합이라고 부른다. 이로 인해 2개의 DNA 사슬은 서로 결합하여 2중나선을 형성한다.

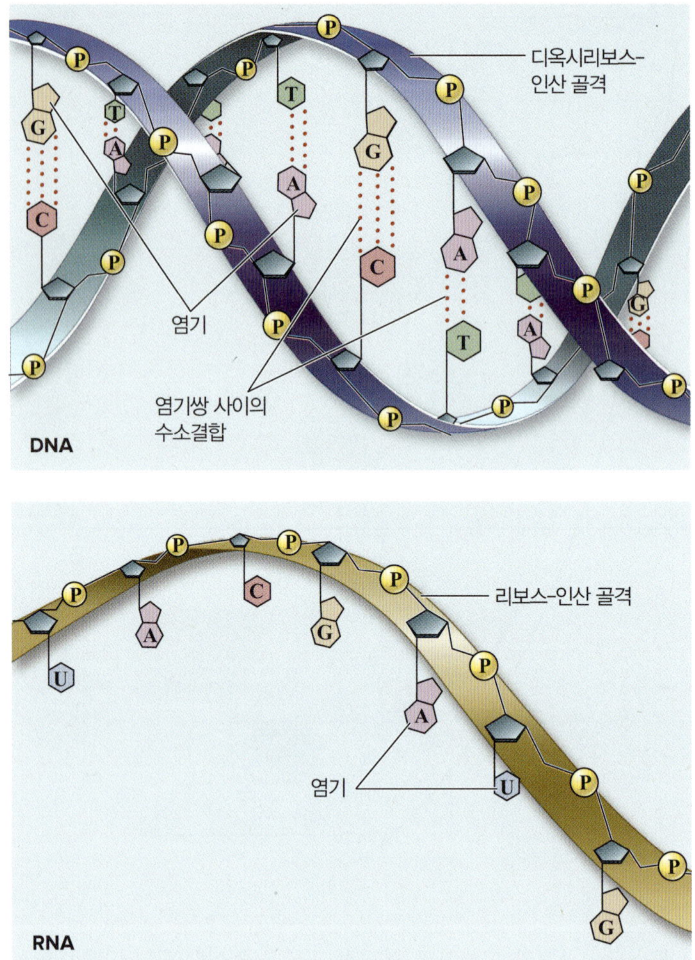

그림 1.24 DNA와 RNA 비교.
DNA는 2중나선 구조를 형성하며, 당-인산 골격에서 당은 디옥시리보스를 이용하고 질소를 포함하는 염기들 중에 타이민을 이용한다. RNA는 일반적으로 단일가닥이며, 당-인산 골격에서 당은 리보스를 이용하고 염기는 타이민 대신 유라실을 이용한다.

두 번째, RNA 분자는 타이민 대신 유라실을 이용한다. 유라실은 메틸기($-CH_3$)가 없다는 점을 제외하고는 타이민과 비슷한 구조이다.

RNA는 DNA로부터 전사에 의해 생성되는데, 이들은 항상 단일가닥으로 이루어져 있다(**그림 1.24**). 세포에서 RNA의 역할은 굉장히 다양하다. 주로 3종류의 RNA가 주요 기능을 수행하고 있는데, 유전정보를 전달하는 **전령 RNA**(messenger RNA, mRNA), 리보솜을 구성하는 **리보솜 RNA**(ribosomal RNA, rRNA), 아미노산을 전달하는 **운반 RNA**(transfer RNA, tRNA)이다.

에너지 반응에 필수 성분이 되는 핵산

뉴클레오타이드는 세포가 살아가는 데 필수적인 다양한 역할을 한다. **아데노신 3인산**(adenosine triphosphate, **ATP**(**그림 3.4** 참조))은 세포의 에너지 단위라고 한다. 세포는 ATP가 분해되면서 방출된 에너지를 사용한다. 우리가 사회에서 화폐를 이용하듯이 세포는 다양한 상호작용 과정에서 ATP의 가수분해로 방출된 에너지를 이용한다. ATP는 막을 통한 물질의 수송이나 세포의 이동과 같이 에너지가 필요한 화학반응에 이용된다.

뉴클레오타이드가 포함된 2개의 다른 중요한 분자로는 **니코틴아미드 아데닌 디뉴클레오타이드**(nicotinamide adenine dinucleotide, NAD^+)와 **플라빈 아데닌 디뉴클레오타이드**(flavin adenine dinucleotide, FAD) 등을 들 수 있는데, 이 분자들은 다양한 세포내 과정에서 전자전달체로 이용된다.

단백질: 다양한 구조와 기능을 지닌 분자

단백질(protein)은 화학적 · 기능적으로 가장 다양한 생체 거대분자이다. 단백질은 세포에서 매우 다양한 기능을 나타내는데, 그 기능들은 다음과 같이 7개 범주로 구분해 볼 수 있다(**표 1.5**).

1. **효소 촉매작용:** 효소는 특정 화학반응을 용이하게 하는 생물학적 촉매이다. 효소는 기질과 안정적으로 결합하기 위해 3차원의 구형 단백질 형태를 가진다. 효소-기질 결합은 특정 화학결합에 관여하여 화학반응을 촉매한다.

표 1.5 단백질의 기능

기능	단백질 종류	예	용례
효소 촉매	효소	글리코시데이스	다당류 절단
		프로테이스	단백질 분해
		중합효소	핵산 합성
		카이네이스	당과 단백질 인산화
방어	면역글로불린	항체	제거될 외래물질 표시
	독소	뱀독	신경기능 차단
	세포-표면 항원	MHC* 단백질	자기 인식
수송	순환형 수송체	헤모글로빈	혈액에서 O_2와 CO_2의 수송
		마이오글로빈	근육에서 O_2와 CO_2의 수송
		사이토크롬	전자전달
	막 수송체	소듐-포타슘 펌프	흥분성 막
		양성자 펌프	화학삼투
		포도당 수송체	세포내 포도당 수송
지지	섬유	콜라겐	연골 형성
		케라틴	머리카락과 손톱
		피브린	혈액 응고
운동	근육	액틴	근섬유 수축
		마이오신	근섬유 수축
조절	삼투 단백질	혈청 알부민	혈액 삼투압 유지
	유전자 조절인자	*lac* 억제자	전사 조절
	호르몬	인슐린	혈당 조절
		바소프레신	신장의 물 재흡수
		옥시토신	자궁 수축과 모유 생성의 조절
저장	이온-결합	페리틴	비장에 철 저장
		카제인	우유에 이온 저장
		칼모듈린	칼슘 이온 결합

*MHC: 주조직적합성복합체(major histocompatibility complex)

2. **방어**: 일부 구형 단백질들은 외부의 미생물과 암세포를 인식한다. 이러한 세포-표면 수용체는 내분비 및 면역계에서 중요한 역할을 한다.
3. **수송**: 다양한 구형 단백질들은 작은 분자와 이온을 수송한다. 예를 들어 수송 단백질인 헤모글로빈은 혈액에서 산소를 운반하며, 막 수송 단백질은 이온과 분자가 세포막을 통과하는 데 도움을 준다.
4. **지지**: 단백질 섬유는 구조적 역할을 한다. 이러한 섬유에는 머리카락의 케라틴, 혈액 응고 과정에서 작용하는 피브린, 그리고 콜라겐 등이 있다. 콜라겐은 피부, 인대, 힘줄, 그리고 뼈의 기질을 형성한다.
5. **운동**: 근육은 2종류의 단백질 필라멘트인 액틴과 마이오신의 활주운동을 통하여 수축한다. 수축성 단백질은 세포골격과 세포내 물질의 이동 과정에서 핵심적인 역할을 수행한다.
6. **조절**: 호르몬은 작은 단백질로, 동물에서 세포들 사이의 전달자로 작용한다. 예를 들어 발생 과정에서 유전자의 발현과 억제를 조절한다. 또한 단백질은 세포-표면 수용체로부터 세포 외부의 정보를 받기도 한다.
7. **저장**: 이온 형태의 칼슘(Ca^{2+})과 철(Fe^{2+})은 저장 단백질에 결합한 상태로 체내에 저장된다.

아미노산의 중합체

단백질은 20종류의 아미노산으로 이루어진 선형 중합체이다. **아미노산**(amino acid)은 이름에서 알 수 있듯이 염기성의 아미노기($-NH_2$)와 산성의 카복실기($-COOH$)를 가진다. 아미노산의 배열 순서는 단백질의 구조와 기능을 결정한다. 아미노산의 일반적인 구

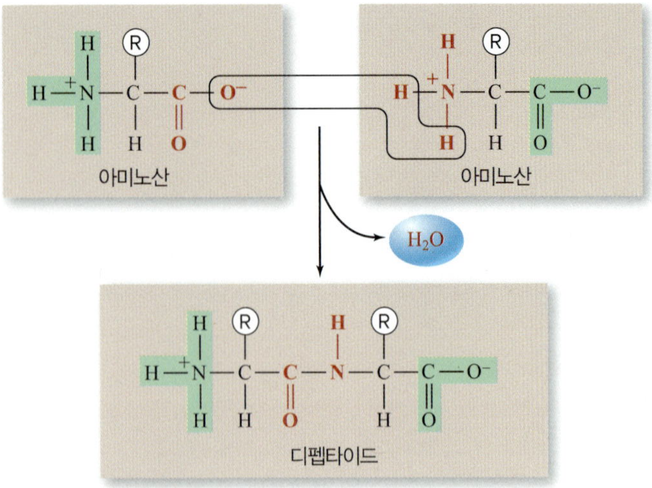

그림 1.25 펩타이드결합.
펩타이드결합은 한 아미노산의 아미노기 말단이 다른 아미노산의 카복실기 말단에 결합되어 형성된다. 이때 반응성 아미노기와 카복실기는 붉은색으로, 비반응성 아미노기와 카복실기는 초록색으로 표시하였다. 2개의 아미노산이 결합된 디펩타이드는 여전히 아미노기 말단과 카복실기 말단을 가지고 있다. 펩타이드결합은 부분적인 2중결합과 같은 특성으로, 펩타이드 사슬은 자유롭게 회전할 수 없다.

조는 다음과 같이 중심 탄소 원자에 아미노기, 카복실기, 수소 원자 그리고 R로 표기된 작용기가 결합되어 있다.

$$\begin{array}{c} \text{R} \\ | \\ \text{H}_2\text{N—C—COOH} \\ | \\ \text{H} \end{array}$$

각 아미노산의 독특한 특성은 R기의 화학적 성질에 따라 달라지며 단백질의 구조에 서로 다른 영향을 미친다. 예를 들어, 비극성 아미노산이 많은 단백질 사슬 부위는 소수성 배제로 인해 단백질 내부로 접히려고 하는 경향이 있다. 각 아미노산은 이온화되면 한쪽 끝에 양전하를 띠는 아미노기($-NH_3^+$)와 다른 쪽 끝에 음전하를 띠는 카복실기($-COO^-$)를 가진다. 한 아미노산에 있는 아미노기와 다음 아미노산의 카복실기는 탈수반응을 거쳐 공유결합을 형성한다. 이 공유결합을 **펩타이드결합**(peptide bond)이라고 한다(**그림 1.25**).

자연계에는 수많은 아미노산이 존재하지만, 단백질은 오직 20종류의 아미노산에 의해 합성된다(**그림 1.26**).

단백질 구조

단백질의 구조는 기능을 결정한다. 단백질과 같이 작은 물질의 형태를 연구하는 한 가지 방법은 매우 짧은 파장의 에너지인 X-선으로 관찰하는 것이다. X-선은 단백질 결정을 통과하면서 회절 패턴을 만드는데, 이러한 패턴을 이용하여 각 원자의 위치에 대한 3차원적인 이미지를 만들 수 있다. 이러한 방식으로 분석된 최초의 단백질이 마이오글로빈이며, 뒤이어 이와 유사한 헤모글로빈의 구조도 밝혀졌다. 단백질의 구조는 1~4차로 구분한다(**그림 1.27**).

1차구조, 아미노산의 서열: 단백질의 **1차구조**(primary structure)는 아미노산 서열이다. 아미노산들을 구분 짓는 R기는 단백질의 펩타이드 골격에서 아무런 역할도 하지 않기 때문에 단백질은 어떠한 아미노산 서열로도 만들어질 수 있다. 따라서 100개의 아미노산으로 구성된 단백질은 20^{100}종류의 단백질을 만들 수 있다. 이러한 특성은 단백질에 엄청난 다양성을 부여한다.

2차구조, 수소결합 패턴: 아미노산의 R기만이 수소결합을 할 수 있는 유일한 영역은 아니다. 아미노산이 반복적으로 이루어진 폴리펩타이드 골격에서 아미노기와 카복실기는 물 분자 또는 폴리펩타이드 골격의 다른 아미노산과 수소결합을 할 수 있다. 이와 같은 상호작용으로 만들어진 구조를 **2차구조**(secondary structure)라고 한다. 이로 인해 **α-나선구조**(α-helix)를 형성하게 된다. 2차구조의 또 다른 형태는 서로 나란히 배열된 펩타이드 사이에서 편평한 판 구조를 형성하게 되는데, 이를 **β-병풍구조**(β-sheet)라고 한다. 이는 서로 인접한 펩타이드가 서로 같은 방향 또는 반대 방향으로 배열되는지에 따라 평행 혹은 역평행 구조를 가진다.

3차구조, 접힘과 연결: 구형 단백질이 접혀진 모양을 **3차구조**(tertiary structure)라고 한다. 3차구조는 2차구조를 가지는 영역들을 포함하며, 이들이 공간에 어떻게 배열되어 전체 구조를 만드는가를 결정한다. 3차구조는 서로 다른 아미노산의 R기들 간의 수소결합, 반대 전하를 띠는 R기들 간의 정전기적 인력, 비극성 R기들 간의 소수성 상호작용, 그리고 2황화 공유결합을 포함하는 여러 가지 힘으로 생성된다(**그림 1.28**). 단백질 내부의 비극성 사슬들이 근접하게 되면, 이들에게는 반데르발스(van der Waals) 힘이라고 하는 분자적 인력이 생기게 된다. 이 힘은 마치 벨크로처럼 개별적으로는 매우 약하지만, 많게 되면 강한 인력을 나타낸다.

4차구조, 소단위 배열: 2개 혹은 그 이상의 폴리펩타이드 사슬이 하나의 기능성 단백질을 형성할 때, 이러한 각 사슬을 단백질의 소단위(subunit)라고 한다. 이러한 소단위들의 배열이 단백질의 **4차구조**(quaternary structure)를 이룬다. 단백질에서 소단위들이 서로 접촉하는 경계면은 흔히 비극성이며, 이는 소단위들 사이의 정보 전달에 핵심적인 역할을 한다. 헤모글로빈은 2개의 α-사슬과 2개의 β-사슬로 구성된 4량체이지만, 라이소자임(lysozyme)과 같이 오직 하나의 펩타이드 사슬로 이루어진 단백질에서는 3차구조가 단백질의 최종 구조가 된다.

모티프와 도메인에 의한 단백질의 구조적 특징

단백질의 3차원적 구조를 연구하면서 전혀 다른 것으로 여겨지던

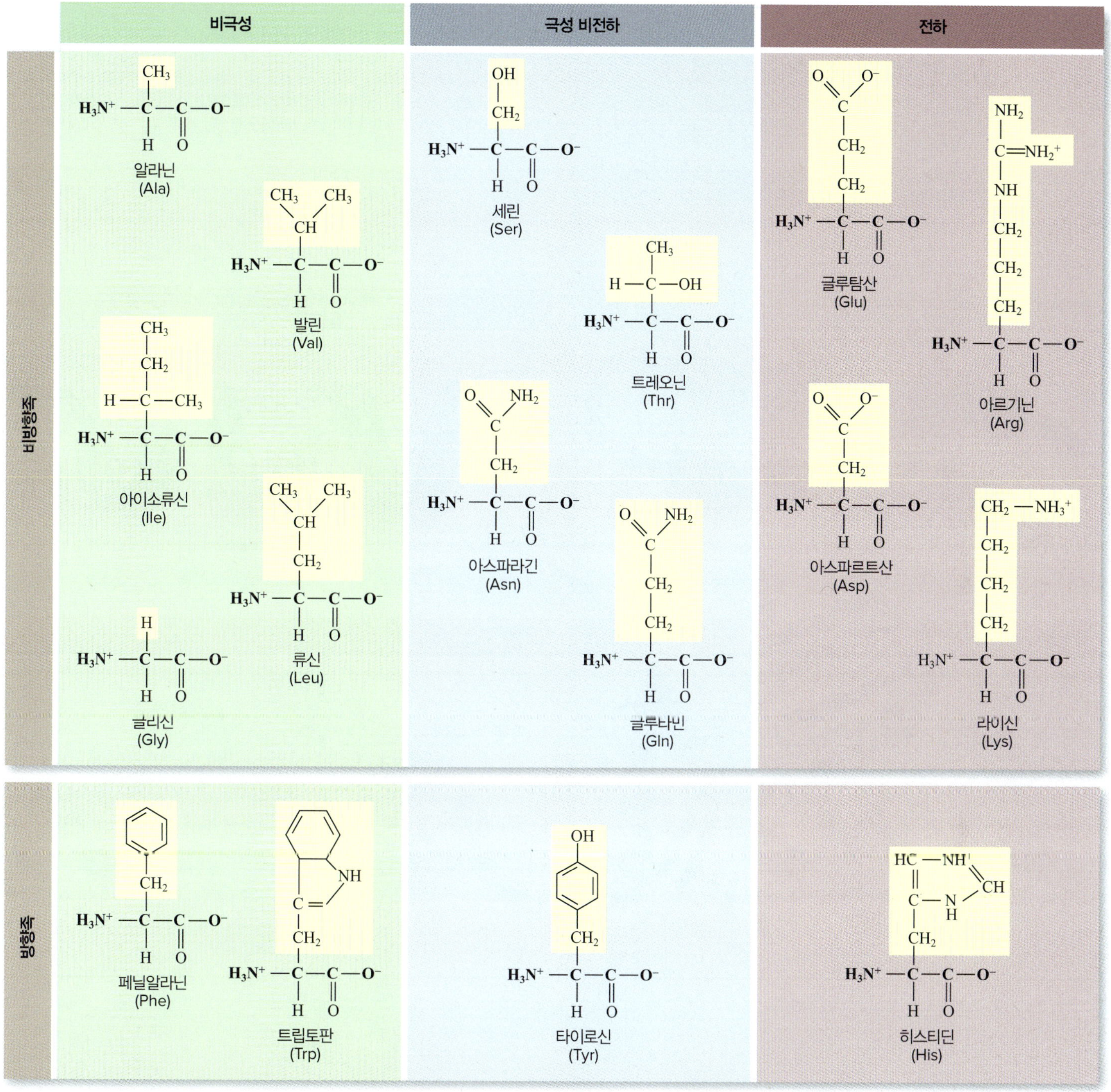

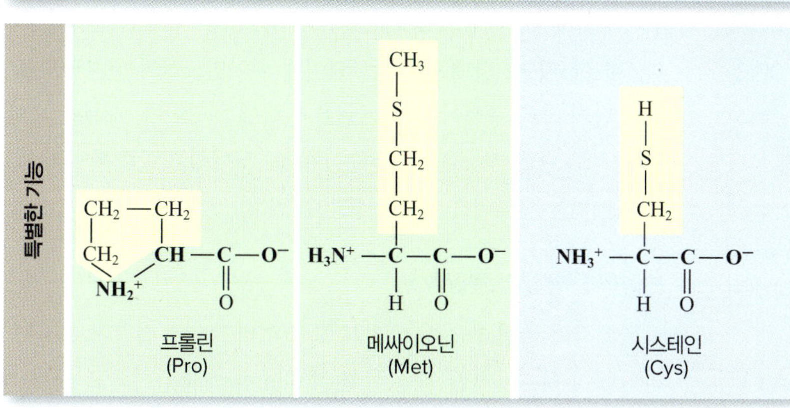

그림 1.26 20종류의 아미노산.
아미노산들은 동일한 화학적 골격을 가지지만, 그들의 R기는 모두 다르다. 7가지 아미노산은 R기가 $-CH_2$ 또는 $-CH_3$를 가지므로 비극성이다. 이들 중 2가지 아미노산은 단일결합과 2중결합이 번갈아가면서 나타나는 고리 구조를 가지므로 방향족으로 분류된다. 다른 5가지 아미노산은 R기가 산소 또는 하이드록실기를 가지므로 극성이다. 그 외 다른 5가지 아미노산은 이온화되어 전하를 띤다. 남은 3가지 아미노산은 단백질 사슬 사이의 결합 또는 단백질의 구부러짐을 형성하는 데 도움을 주는 화학적 특성을 가진다.

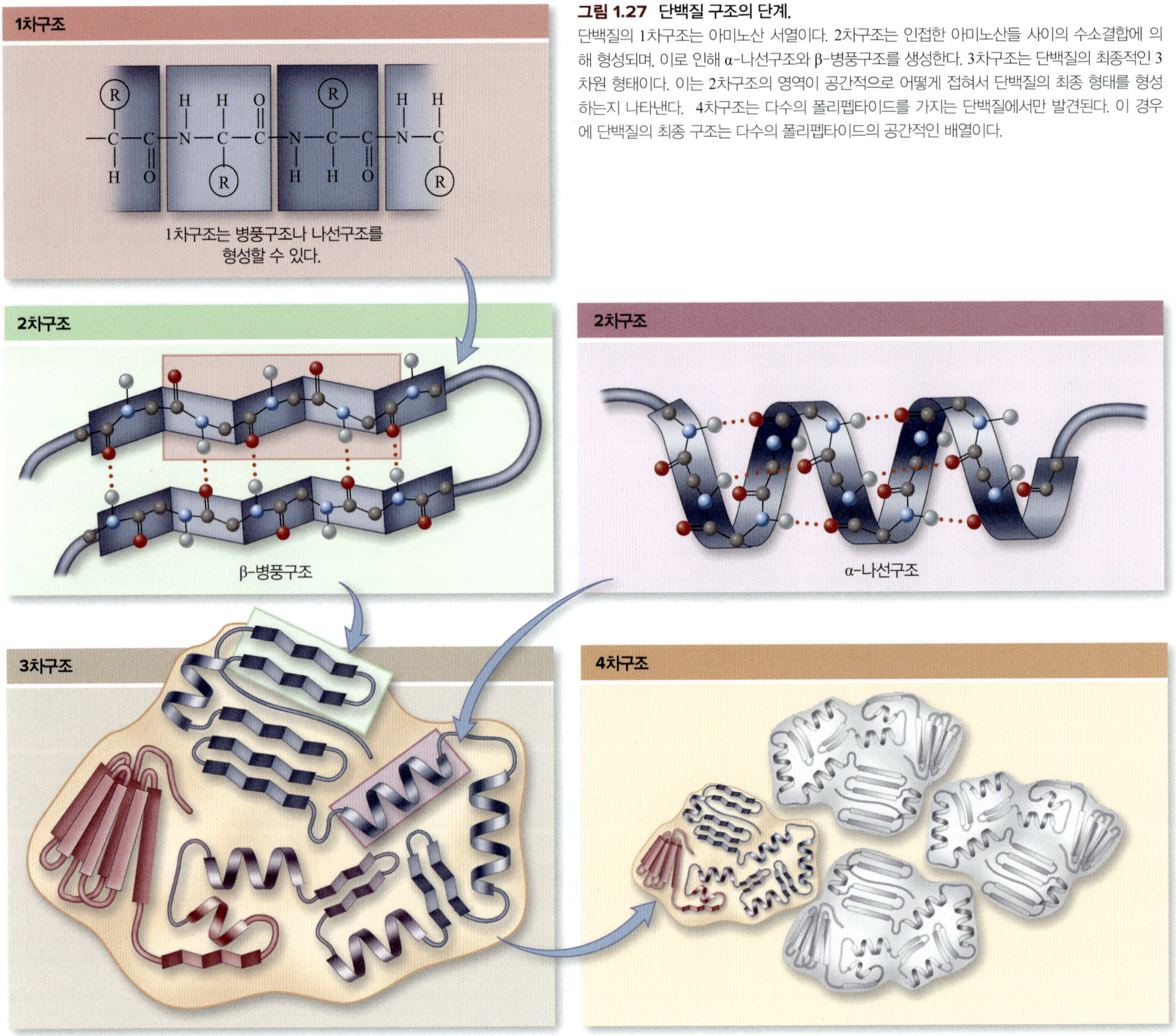

그림 1.27 단백질 구조의 단계.
단백질의 1차구조는 아미노산 서열이다. 2차구조는 인접한 아미노산들 사이의 수소결합에 의해 형성되며, 이로 인해 α-나선구조와 β-병풍구조를 생성한다. 3차구조는 단백질의 최종적인 3차원 형태이다. 이는 2차구조의 영역이 공간적으로 어떻게 접혀서 단백질의 최종 형태를 형성하는지 나타낸다. 4차구조는 다수의 폴리펩타이드를 가지는 단백질에서만 발견된다. 이 경우에 단백질의 최종 구조는 다수의 폴리펩타이드의 공간적인 배열이다.

단백질들 사이에 유사성이 발견되었는데, 이러한 유사구조를 **모티프**(motif) 혹은 초2차구조(supersecondary structure)라고 한다. 매우 흔한 단백질 모티프는 β-α-β 모티프로, 다양한 단백질에서 뉴클레오타이드 결합 부위의 중심에 접힘 또는 주름을 만든다. 두 번째 모티프는 β-배럴(barrel)로, β-병풍구조로 둘러싸인 관을 형성한다. 세 번째 모티프는 나선-꺾임-나선(helix-turn-helix)으로, 2개의 α-나선구조가 연결된 구조인데, 이는 DNA 2중나선에 결합하는 단백질에서 많이 발견된다(**그림 1.29**).

단백질의 **도메인**(domain)은 모티프보다 더 큰 구조의 기능적 단위이다. 이는 단백질의 3차구조를 이루는 작은 구조로 생각할 수 있다. 비유하자면, 단백질이라는 언어에서 아미노산이 글자라면 모티프는 단어 혹은 구절이며, 도메인은 단락에 해당한다. 대부분의 단백질은 서로 다른 기능을 수행하는 다수의 도메인으로 이루어져 있다. 이 도메인들은 물리적으로 분리될 수 있다.

변성과 단백질의 불활성화

단백질의 주변 환경이 바뀌면 모양이 바뀌거나 접힘이 완전히 풀리기도 한다. 이러한 과정을 **변성**(denaturation)이라고 한다(**그림**

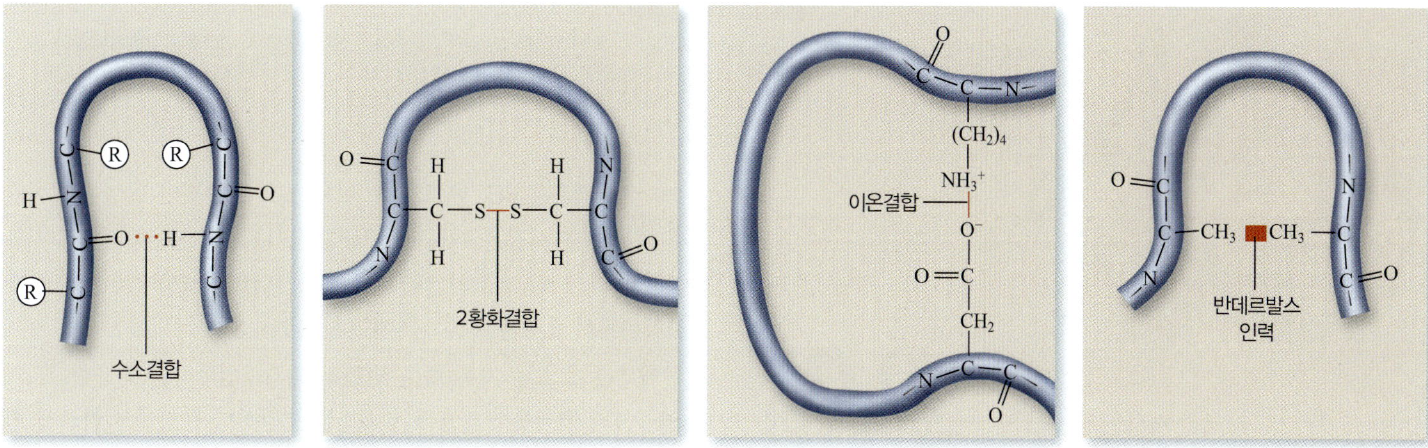

a. *b.* *c.* *d.*

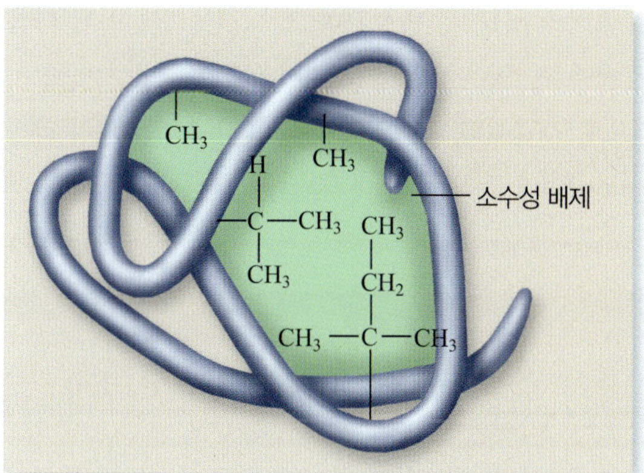

c.

그림 1.28 단백질 형태를 결정하는 상호작용

단백질은 아미노산을 서로 연결하는 펩타이드결합 외에 여러 다른 약한 힘과 상호작용으로 구조를 안정시킨다. ***a.*** 수소결합은 펩타이드 골격의 아미노기와 카복실기 사이, 아미노산의 R기들 사이에서 형성된다. ***b.*** 공유결합인 2황화 결합은 2개의 시스테인 곁사슬 사이에서 형성된다. ***c.*** 이온결합은 정반대 전하를 가지는 작용기들 사이에 형성된다. ***d.*** 반데르발스 인력은 반대의 극성을 가지는 전자들로 인해 원자들 사이에 일어나는 약한 결합이다. ***e.*** 단백질의 극성 부위는 외부로 배열되어 물 분자와 상호작용을 하지만, 비극성 아미노산이 포함된 소수성 부위는 단백질 내부로 밀어 넣어진다.

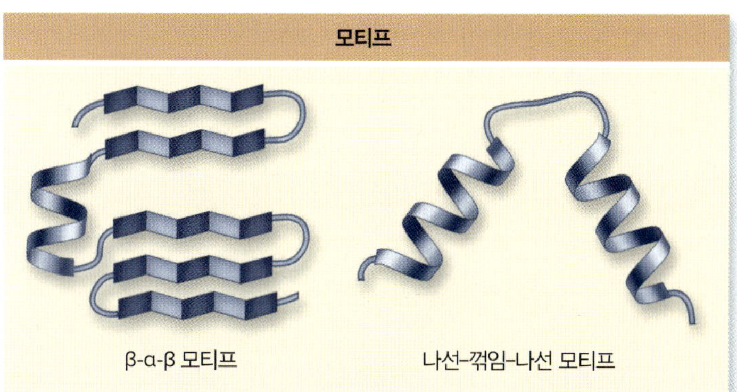

그림 1.29 모티프와 도메인.

단백질의 2차구조 요소들이 결합, 접힘, 또는 주름으로 모티프를 형성한다. 이러한 모티프는 여러 다양한 단백질에서 발견되고 단백질 기능을 예측하는 데 이용될 수 있다. 또한 단백질은 기능적 영역인 도메인을 가진다. 이들 도메인의 공간적인 배열이 단백질의 3차구조이다.

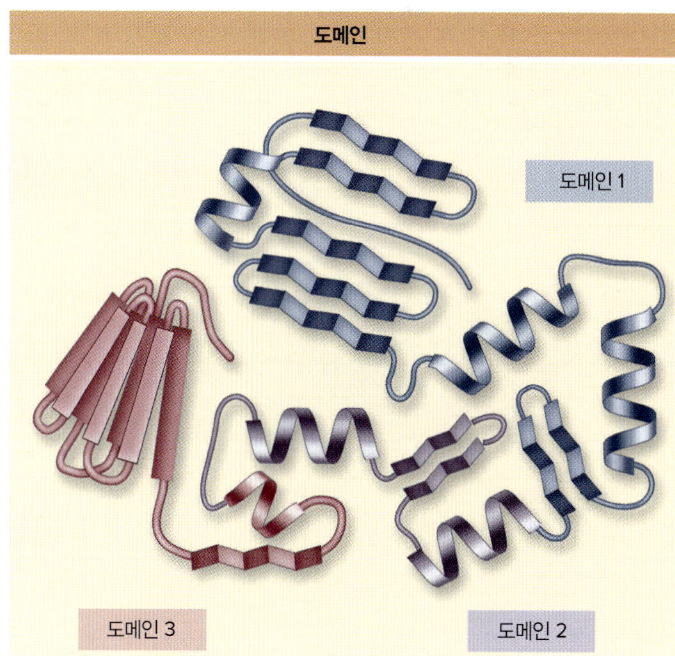

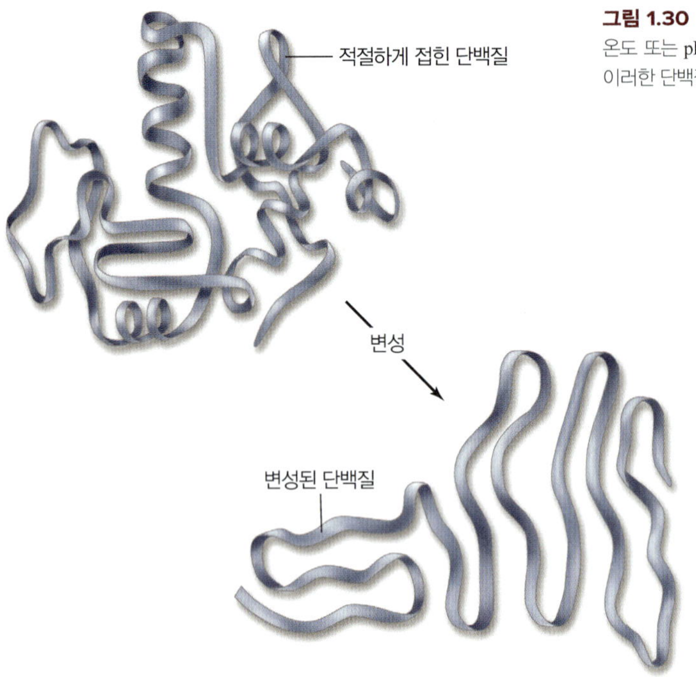

그림 1.30 단백질 변성.
온도 또는 pH 변화와 같이 환경적인 변화는 단백질을 풀리게 하거나 원래의 형태를 잃어버리게 한다. 이러한 단백질 구조의 손상을 변성이라고 부른다. 변성된 단백질은 생물학적으로 비활성이다.

1.30). 단백질은 pH, 온도 혹은 이온 농도가 바뀌면 변성이 일어난다. 변성된 단백질은 3차구조를 상실하므로 보통 생물학적으로 비활성이 된다. 이는 효소의 경우에 특히 중요한데, 생물에서 거의 모든 화학반응이 효소에 의하여 촉매되기 때문이다.

대부분 효소는 매우 좁은 범위의 환경조건에서만 작용한다. 약 pH 7.4의 혈액에서 작용하는 효소들은 강산성 환경에서 빠르게 변성된다. 반대로 위장의 pH 2 혹은 그 이하의 pH에서 작용하는 단백질 분해효소들은 혈액의 pH에서 변성된다. 단백질을 변성시킨 다음 원래의 정상 환경에 두면, 작은 단백질들은 비극성 아미노산과 물 사이의 상호작용만으로도 원래의 모양으로 다시 접힐 수 있다. 이 과정을 재생(renaturation)이라고 하는데, 더 큰 단백질들은 그 구조가 매

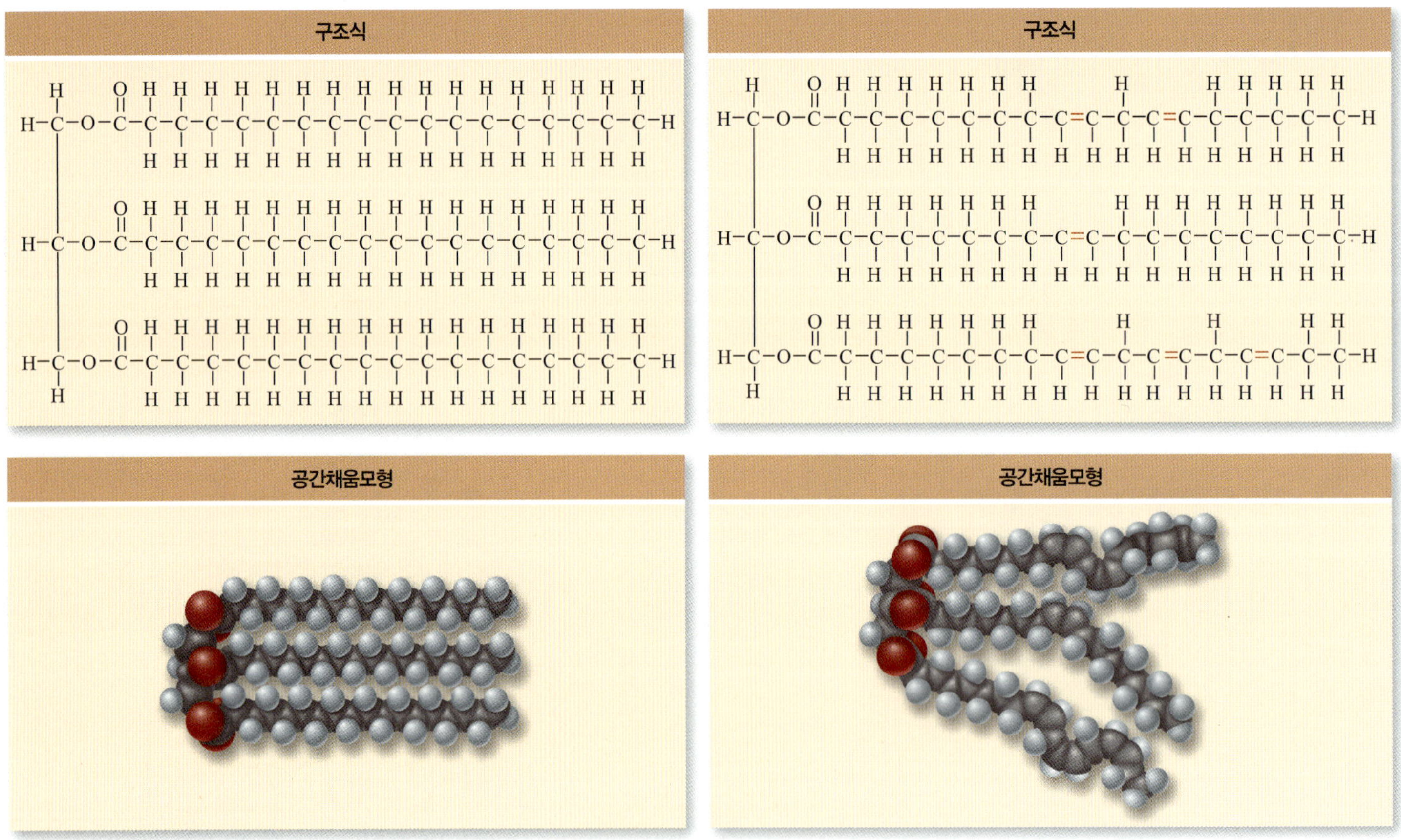

a. *b.*

그림 1.31 포화지방과 불포화지방.
a. 포화지방은 3개의 포화지방산(2중결합을 가지지 않음)을 가지는 트라이글리세라이드로 이루어져 있다. 따라서 포화지방산은 최대한의 수소 원자가 탄소 사슬에 결합하고 있다. 대부분의 동물성 지방은 포화지방산을 가진다. *b.* 불포화지방은 3개의 불포화지방산(1개 이상의 2중결합을 가짐)을 가지는 트라이글리세라이드로 이루어져 있다. 이는 탄소 사슬에 결합할 수 있는 최대 수보다 적은 수의 수소 원자를 가진다. 식물성 지방은 보통 불포화지방산을 가진다. 2중결합의 꺾임은 트라이글리세라이드가 밀착되어 배열되지 못하도록 하므로 실온에서 액체 상태를 유지한다.

우 복잡하기에 이와 같이 자발적으로 재생되지 않는다.

지질: 소수성 분자

지질(lipid)은 물에 잘 녹지 않는 특징을 공통으로 지니고 있다. 동물성 지방과 같은 저장지방도 지질의 한 종류이다. 올리브, 옥수수 그리고 코코넛의 기름도 지질이고 밀랍(beeswax)과 귀지(earwax) 등과 같은 왁스도 지질이며, 일부 바이타민도 지질이다.

대부분 지질 분자들은 1분자의 글리세롤과 3분자의 지방산으로 이루어져 있으며, 글리세롤 골격의 각 탄소에 지방산이 하나씩 부착되어 있다. 이와 같이 지질 분자는 3개의 지방산을 가지므로 흔히 **트라이글리세라이드**(triglyceride)라고 한다(정확한 화학명은 triacylglycerol, **그림 1.31**). 트라이글리세라이드의 3개의 지방산은 서로 다를 수도 있으며 탄화수소 사슬의 길이도 다양한데, 14~20에 이르는 짝수의 탄소로 이루어진 사슬이 가장 흔하다. 지방이 가지고 있는 많은 C－H 결합은 장기간의 에너지 저장에 유용하게 사용될 수 있다.

지방산 사슬의 내부 탄소 원자들이 모두 2개의 수소 원자와 결합하고 있을 때 이 지방산은 **포화**(saturated)되었다고 하며, 하나 이상의 2중공유결합을 가졌을 때 지방산은 **불포화**(unsaturated)되었다고 한다. 불포화지방산의 2중결합은 굽어 있어 지방 분자들이 서로 근접하게 배열되는 것을 방해하기 때문에, 이를 가진 지방(대부분 식물성)의 녹는점은 일반적으로 낮아서 상온에서 액체인 경우가 많다. 대부분 포화지방산을 가진 동물성 지방이나 버터는 상온에서 고체이다.

생물은 지방 이외에도 많은 종류의 지질을 가진다. 예를 들면 동물의 세포막은 스테로이드성 콜레스테롤(cholesterol)을 가지며, 성호르몬인 테스토스테론(testosterone)과 에스트로젠(estrogen) 역시 스테로이드골격을 가지고 있다.

탁월한 에너지 저장 물질

지방에서 에너지 저장형인 C－H 결합의 비율은 탄수화물의 2배 이상이므로 지방은 화학적 에너지 저장에 가장 효율적인 분자이다. 지방은 g당 평균 약 9 kcal의 화학에너지를 생성하지만, 탄수화물의 경우에는 4 kcal/g의 에너지를 생성할 수 있다. 불포화 지방산(예, 땅콩기름)에 화학적으로 수소를 첨가하면 고체 지방(예, 땅콩버터)으로 전환되는데, 이때 **트랜스 지방산**(trans-fatty acid)이 생성된다. 트랜스[수소가 2중결합의 반대편에 있는 상태를 말하며, 같은 쪽에 있는 경우는 시스(cis)라고 함] 지방은 나쁜 콜레스테롤(low-density lipoprotein, LDL)의 수치를 높이고, 좋은 콜레스테롤(high-density lipoprotein, HDL)의 수치를 낮추어 관상동맥 심장질환의 위험성을 증가시킨다.

지방이 많은 음식의 섭취는 동맥경화(atherosclerosis)와 같은 심장질환을 유발하는 주요 요인이다. 동맥경화는 지방이 많이 포함된 물질이 혈관 내면에 붙어 형성된 플라그(plaque)가 혈액의 흐름을

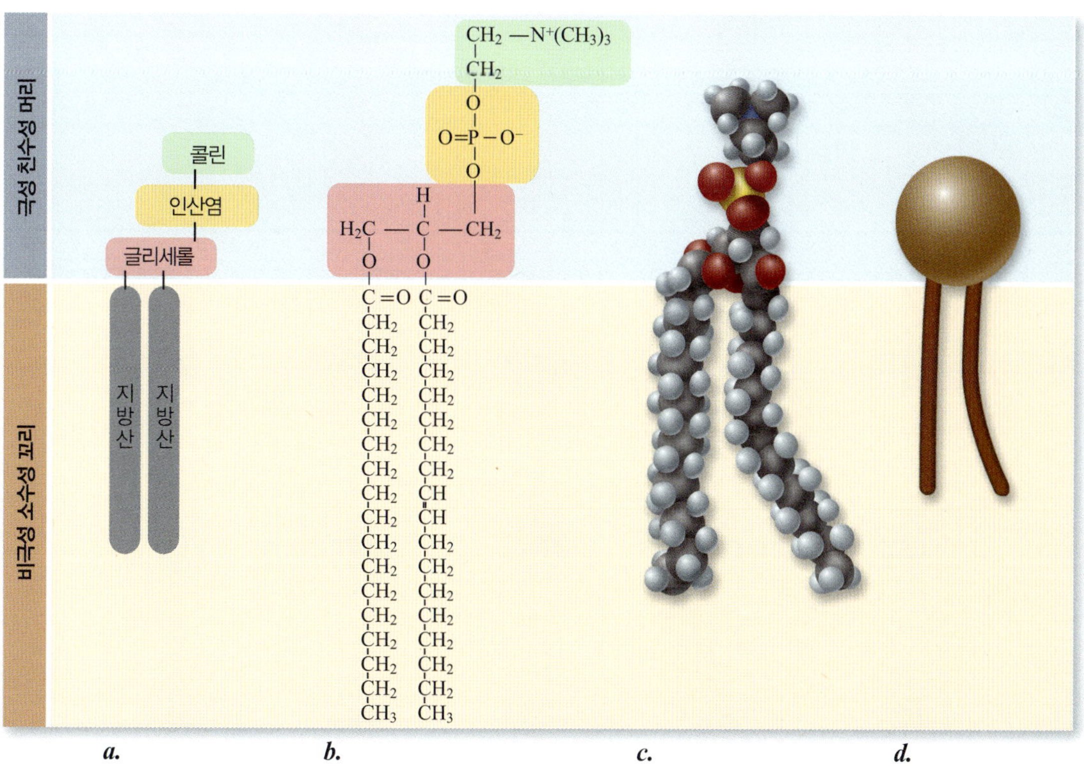

그림 1.32 인지질.
인지질의 일종인 포스파티딜콜린(phosphatidylcholine)의 모식도(***a***), 분자식(***b***), 공간채움모형(***c***), 그리고 생체막을 묘사하는 데 이용되는 아이콘(***d***)을 나타낸다.

막는 질병이다. 또한 혈전 조각이 떨어져 뇌로 가는 혈관을 막으면 뇌졸중(stroke)이 유발된다.

막을 형성하는 인지질

복잡한 지질 분자인 **인지질**(phospholipid)은 모든 생체막의 핵심 성분을 이루는 매우 중요한 분자이다. 인지질은 트라이글리세라이드의 지방산 1개가 인산기로 치환된 것이다. 인지질의 기본 구조는 3종류의 소단위를 포함한다(**그림 1.32**).

1. **글리세롤**: 3개의 탄소를 가지는 알코올로, 각 탄소는 하이드록실기를 가진다. 글리세롤은 인지질 분자의 골격을 형성한다.
2. **지방산**: $-CH_2$기로 이루어진 탄화수소의 긴 사슬 끝에 카복실기($-COOH$)를 가진다. 인지질 분자에는 2개의 지방산이 글리세롤 골격에 부착되어 있다.
3. **인산기**($-PO_4^{2-}$): 글리세롤의 한쪽 끝에 부착되어 있다. 전하를 띠는 인산기에 콜린, 에탄올아민 혹은 세린과 같은 전하를 띠는 유기 분자가 연결되어 있다.

물에 인접한 지질 분자들의 비극성 꼬리는 물에서 떨어져 서로 모여 안쪽으로 향하는 구형의 미셀(micelle)을 형성한다(**그림 1.33***a*). 이는 세제 분자들이 기름기 있는 물질을 물에 녹게 만드는 방식이다. 기름기는 미셀의 비극성 내부에서 녹고 미셀의 극성 표면은 물에 녹는다. 인지질을 물에 녹이면 두 층으로 분자들이 배열하여 각 층의 소수성 꼬리가 내부로 향하고 친수성 머리가 바깥으로 향하는 2중층의 다소 복잡한 구조를 형성한다(**그림 1.33***b*). 이것이 생체막의 기본 골격을 형성한다.

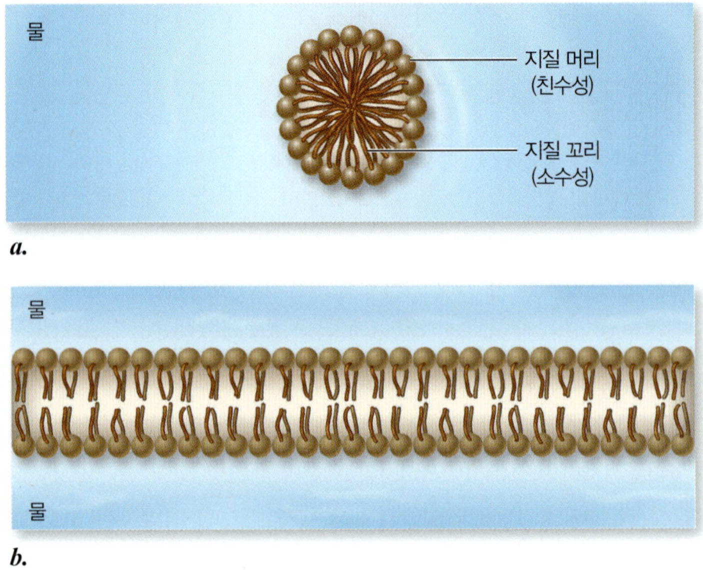

그림 1.33 물에서 자발적으로 미셀 또는 지질 2중층을 형성하는 지질. 수용액 환경에서 지질 분자의 극성(친수성) 머리는 극성인 물로 향하고 비극성(소수성) 꼬리는 물로부터 멀리 떨어져 뭉친다. ***a.*** 물방울 모양의 미셀. ***b.*** 인지질 분자들이 두 층으로 배열되어 인지질 2중층을 형성한다. 모든 구조에서 친수성 머리는 바깥쪽으로 향하고 소수성 꼬리는 안쪽으로 향하게 된다.

핵심 개념 요약

1.1 생명과학

- 생물학적 계층 구조는 세포 < 조직 < 기관 < 기관계 < 개체 < 개체군 < 생물군집 < 생태계 < 생물권으로 이루어져 있다.
- 세포는 생명체의 기본 단위이며, 단세포생물과 다세포 생물이 존재한다.
- 생명의 연속성은 DNA에 저장되어 있는 유전정보가 다음 세대로 전달되면서 가능해진다.
- 생명과학의 5대 핵심 개념은 다음과 같다. 생물은 화학 및 물리 법칙의 적용을 받으며, 구조가 기능을 결정한다. 생명계는 에너지와 물질을 변화시키며 정보 교환에 의존적이다. 진화는 생명의 단일성과 다양성을 설명한다.

1.2 원자와 화학결합의 성질

- 모든 물질은 원자로 이루어져 있으며, 동일한 원자번호와 화학적 특성을 가진 물질을 원소라 한다. 원자에서 전자들은 특정 에너지 준위를 가지며, 전자가 가지는 에너지양은 핵으로부터 떨어진 거리와 관련이 있다.
- 분자는 원자들이 안정된 화학결합으로 연결된 것이다.
- 이온결합은 정반대의 전하를 띠는 원자들이 정전기적 인력에 의해 연결된 것이다. 공유결합은 두 원자가 전자쌍을 공유할 때 형성되며, 공유된 전자의 수에 의해 그 세기가 결정된다.
- 비극성 공유결합의 경우 전자에 대한 친화력이 같아 전자들이 균등하게 분포하며, 극성 공유결합은 전기음성도가 다른 원자들이 결합하여 전자가 불균등하게 분포한다.

1.3 물의 특성과 산, 염기

- 물의 특이한 성질은 극성을 띤 물 분자 간의 수소결합으로 인해 형성된다.
- 물 분자는 극성으로 인해 서로 끌어당기는 응집력을 가지고 있으며, 높은 비열과 기화열로 인해 온도 유지 및 조절 능력을 가진다.
- 물은 극성을 가지거나 전하를 띠는 물질과 잘 결합하므로 좋은 용매가 된다.
- 수소 이온의 농도는 pH 단위로 나타낼 수 있는데, $pH = -\log[H^+]$이다. 산은 $[H^+]$를 증가시켜 pH가 낮으며, 염기는 H^+와 결합하여 $[H^+]$를 낮추므로 pH가 높다. 생물체 내에서 pH를 비교적 일정한 수준으로 유지시켜 주는 용액을 완충액이라고 한다.

1.4 생체 거대분자의 특성과 기능

- 중합체는 단량체의 탈수반응에 의해 합성되며, 가수분해반응에 의해 분해된다.
- 6개의 탄소를 갖는 단당류는 포도당, 과당, 갈락토스 등이 있으며 이들은 물에 녹으면 대부분 고리를 형성한다. 2당류는 단당류가 2개 연결된 것인데, 설탕은 식물의 수송 물질이며 젖당은 포유동물 새끼의 영양 공급원이다. 다당류는 단당류의 긴 중합체이며 녹말, 글리코젠, 셀룰로스, 키틴이 포함된다.
- 핵산은 뉴클레오타이드라고 부르는 단량체의 긴 중합체이며, DNA와 RNA로 구분된다. DNA의 염기에는 아데닌(A), 구아닌(G), 사이토신(C), 타이민(T)이 있으며, RNA에서는 타이민(T) 대신 유라실(U)이 있다.
- 생물은 단백질의 아미노산 서열을 지정하는 정보를 암호화하기 위해 DNA의 염기서열을 이용하며 염기들은 상보적으로 결합한다. DNA는 2중나선 구조를 가지며, DNA에서 전사된 RNA는 단일가닥이다. RNA는 DNA의 정보를 전달하고 리보솜의 일부를 형성한다. 또한 효소로 작용할 수 있으며, 유전자의 발현에 영향을 준다.
- 단백질은 20종류의 아미노산이 펩타이드결합으로 이루어진 선형 중합체이며, 아미노산의 배열순서는 단백질의 구조와 기능을 결정한다. 단백질의 구조는 1차(아미노산의 서열), 2차(수소결합 패턴), 3차(3차원 접합), 4차(2개 이상의 폴리펩타이드 사이의 조립)로 구분된다. 모티프는 단백질의 3차원적 구조에서 최소 기능 단위를 말하며, 도메인은 모티프보다 더 큰 구조의 기능적 단위이다.
- 단백질의 변성은 pH, 온도, 이온 농도가 변할 때 일어나며, 3차구조가 풀림을 뜻한다. 이때 단백질은 불활성화된다.
- 지방은 에너지 저장형인 C—H 결합의 비율이 탄수화물의 2배 이상이므로 화학적 에너지 저장에 가장 효율적인 분자이다.
- 지방은 1분자의 글리세롤과 3분자의 지방산으로 이루어져 있으며, 흔히 트라이글리세라이드라고 한다. 동물이 생성하는 지방은 대부분 포화되어 있는 반면, 대부분의 식물 지방은 불포화되어 있다.
- 생체막의 핵심 성분을 이루는 인지질은 한쪽 끝에 친수성의 인산기 머리를 가지고, 다른 끝에는 소수성의 2개의 긴 비극성 꼬리를 가진다.

연습문제

■ 1단계: 이해력 확인하기

1. 다음 중 생명의 특성으로 적절하지 않은 것은?
   ① 에너지 이용
   ② 복잡성
   ③ 운동
   ④ 항상성

2. 다음 중 세포설의 정의로 옳은 것은?
   ① 세포는 작다.
   ② 세포는 고도로 조직되어 있다.
   ③ 단 하나의 기본적인 세포 유형이 있다.
   ④ 모든 생물은 세포로 이루어져 있다.

3. 탄소-12와 탄소-14를 가지는 동위원소의 차이점은?
   ① 중성자의 수
   ② 양성자의 수
   ③ 전자의 수
   ④ ②와 ③

4. 극성 공유결합을 가지는 분자의 특성은?
   ① 물에 녹는다.
   ② 물에 녹지 않는다.
   ③ 매우 유사한 전기음성도를 가지는 원자들을 포함한다.
   ④ 전자를 획득하거나 상실한 원자를 포함한다.

5. 다음 중 물이 수소결합을 형성하는 능력으로 인해 생겨나는 특성이 아닌 것은?
   ① 응집력
   ② 높은 비열
   ③ 용매 효능
   ④ 중성 pH

6. 식물세포는 __________ 형태로 에너지를 저장하고, 동물세포는 __________ 형태로 에너지를 저장한다.
   ① 과당; 포도당
   ② 2당류; 단당류
   ③ 셀룰로스; 키틴
   ④ 녹말; 글리코젠

7. 셀룰로스가 녹말과 다른 점은?
   ① 녹말은 식물세포에 의해 만들어지고, 셀룰로스는 동물세포에 의해서 만들어진다.
   ② 셀룰로스는 긴 섬유를 형성하고, 녹말은 고도로 분지되어 있다.
   ③ 녹말은 불용성이고, 셀룰로스는 가용성이다.
   ④ ①, ②, ③ 모두 옳은 진술이다.

8. 다음 중 RNA 분자의 일부로 이용되는 것은?
   ① 갈락토스
   ② 디옥시리보스
   ③ 리보스
   ④ 포도당

9. 다음 중 DNA 혹은 RNA 중합체를 형성하는 단량체는?
   ① 단당류
   ② 뉴클레오타이드
   ③ 아미노산
   ④ 지방산

10. 다음 중 DNA와 RNA의 차이가 아닌 것은?
    ① 디옥시리보스 당과 리보스 당
    ② 타이민과 유라실
    ③ 2중가닥과 단일가닥
    ④ 인산디에스터 결합과 수소결합

11. 단백질을 구성하는 단량체는?
    ① 단당류
    ② 뉴클레오타이드
    ③ 아미노산
    ④ 지방산

12. 동일한 도메인을 가진 두 가지 단백질에 대한 설명으로 옳은 것은?
    ① 동일한 1차구조를 가진다.
    ② 유사한 기능을 가진다.
    ③ 매우 다른 기능을 가진다.
    ④ 1차구조는 같지만 기능은 다르다.

13. 트라이글리세라이드는 __________로 이루어진 일종의 __________이다.

① 지방산과 포도당; 지질
② 지방산과 글리세롤; 지질
③ 지방산; 탄수화물
④ 콜레스테롤; 지질

14. 물에서 불용성을 유발하는 지질의 화학적 특성은?

① 지방산의 COOH기
② 많은 수의 비극성 C－H 결합
③ 포화 지방산의 분지
④ 불포화 지방산에서 나타나는 C－C 결합

15. 오일과 식초를 잘 혼합한 후 놓아두면 두 층으로 나누어지는데 그 이유는?

① 비극성 오일이 물에 녹기 때문이다.
② 물이 오일과 수소결합을 형성하기 때문이다.
③ 극성 오일이 물에 녹지 않기 때문이다.
④ 비극성 오일이 물에 녹지 않기 때문이다.

16. 아미노산의 부위 중 단백질의 전체 구조에 가장 큰 영향을 주는 것은?

① 아미노기($-NH_2$)
② R기
③ 카복실기($-COOH$)
④ 아미노기($-NH_2$)와 카복실기($-COOH$)

17. 단백질에서 하나의 아미노산이 바뀐 돌연변이는 단백질의 어떤 구조를 바꿀 수 있는가?

① 1차구조
② 2차구조
③ 3차구조
④ 1차, 2차, 3차구조

18. 수용액 환경에서 지질 2중층의 자발적인 형성이 일어나는 이유는?

① 인지질의 극성 머리가 물 분자와 상호작용을 할 수 있다.
② 인지질의 긴 지방산 꼬리가 물 분자와 상호작용을 할 수 있다.
③ 인지질의 지방산 꼬리가 소수성이다.
④ ①과 ③ 모두 옳다.

▪2단계: 분석 및 적용하기

19. 수소결합과 소수성 상호작용은 생체 거대분자를 조직화하고 안정화하는 데 중요한 역할을 한다. 이들이 어떻게 거대분자의 형태와 기능에 영향을 주는지 설명하라. 그리고 수소결합이 끊어지면 형태와 기능에 어떤 영향을 주는가? 또한 소수성 상호작용이 끊어지면 어떻게 되는가?

20. 화성에서 생명의 흔적을 찾기 위한 NASA의 노력은 생물체(살아 있거나, 화석의 증거)를 찾기보다 물의 존재에 더 집중하여 조사하고 있다. 지구에서 물이 생물체에 미치는 영향을 고려하여 이러한 NASA의 접근법에 대한 타당함을 설명하라.

21. 4가지 생체 거대분자들의 차이점은 무엇인가? 그리고 이들의 구조와 기능은 어떤 관련성이 있는가?

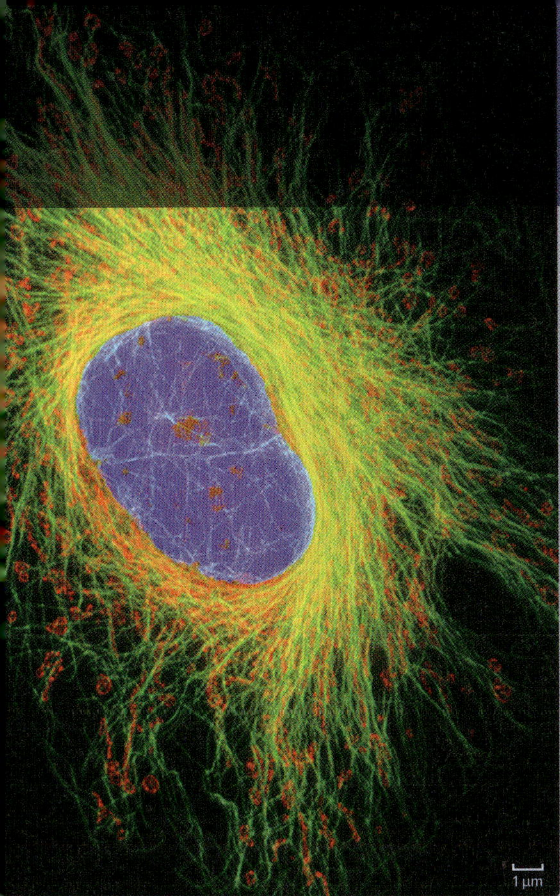

2

세포의 구조 및 세포분열

도입

모든 생물은 세포로 구성되어 있다. 일부 생물은 단세포로 이루어져 있으며, 인간을 비롯한 다른 생물들은 수많은 특수화된 세포들로 구성되어 있다. 세포는 살기 위하여 주변 환경과 지속적으로 상호작용하며 성장하고 번식한다. 이 장에서는 세포의 내부 구조 및 원형질막을 통한 외부 환경과의 상호작용, 세포 간의 의사소통, 그리고 세포가 어떻게 분열과 증식을 하는지에 대하여 알아본다.

2.1 세포의 특징

대부분의 세포는 현미경으로만 볼 수 있는 정도의 크기를 가진다. 세포의 존재는 17세기에 현미경이 발명되고 나서야 알려지기 시작했다. 후크(Robert Hooke)는 1665년에 처음으로 코르크(cork) 조직으로부터 세포를 관찰하였고, 그 모양을 cellulae(라틴어로 '작은 방'을 뜻함)라고 불러서 오늘날 **세포**(cell)의 어원이 되었다. 진핵생물 세포의 크기는 지름이 대략 10~100 μm 정도이며, 대부분의 원핵세포는 1~10 μm 정도이다(**그림 2.1**). 세포의 구조를 더 잘 관찰하기 위하여 빛을 이용하는 다양한 광학현미경이 개발되었고, 이보다 해상력을 높이기 위해 짧은 전자빔을 이용하는 전자현미경이 개발되었다(**표 2.1**).

세포설

모든 생명체가 세포들로 이루어져 있다는 주장을 세포설이라고 하며, 3가지 원칙을 포함한다. (1) 모든 생물은 하나 혹은 그 이상의 세포로 이루어져 있으며, 생명현상은 세포 내에서 일어난다. (2) 세포는 모든 생물을 구성하는 생명의 가장 작은 기본 단위이다. (3) 세포는 원래 존재하던 세포의 분열에 의해서만 만들어진다.

세포 크기의 제한 요인

대부분 세포는 왜 이렇게 작은 것일까? 그 이유는 첫째, 세포가 클 경우 효율적으로 기능을 수행할 수 없기 때문이다. 대부분 세포는 세포 내·외로의 물질 확산을 효율적으로 하려고 상대적으로 작은 크기로 유지된다. 세포가 커질수록 세포막 외부에서 내부로의 확산에

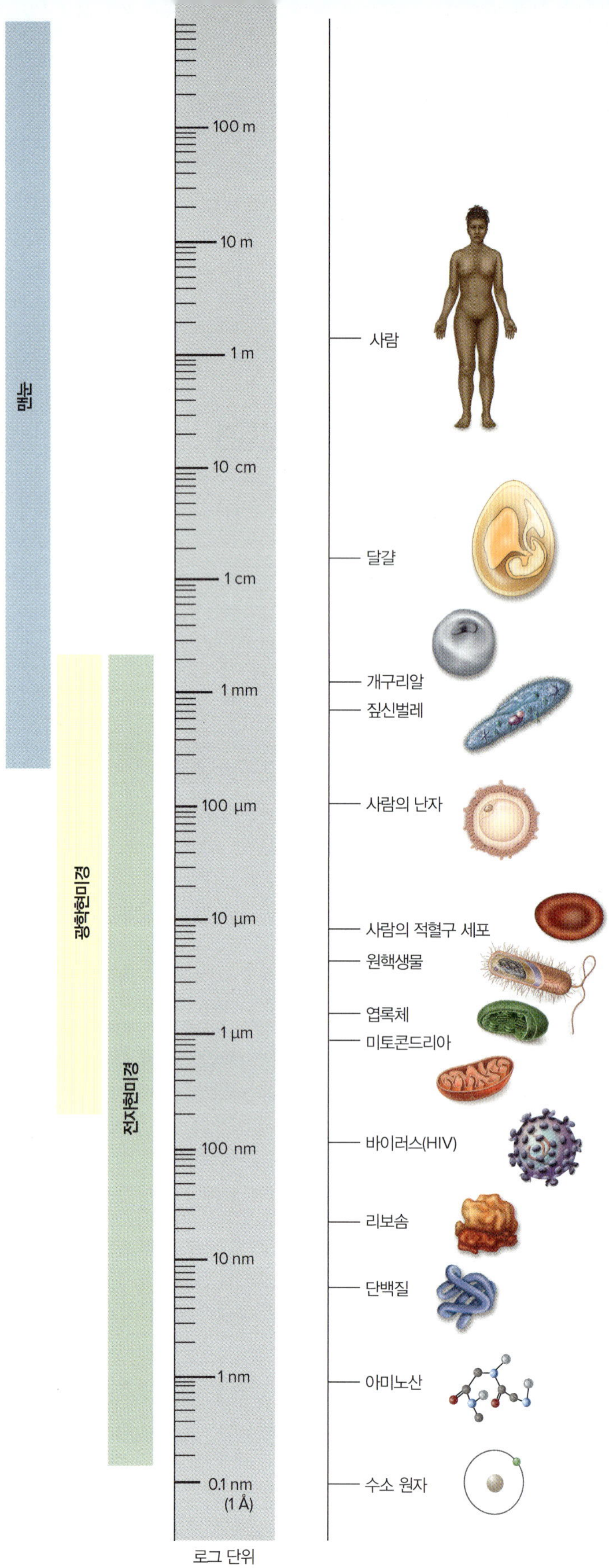

그림 2.1 세포와 구성 요소의 크기.
예외적으로 육안으로 볼 수 있는 척추동물의 알을 제외하고 대부분의 세포는 현미경으로 볼 수 있는 크기이다. 원핵세포의 크기는 일반적으로 1∼10 µm이다.
$1\ m = 10^2\ cm = 10^3\ mm = 10^6\ µm = 10^9\ nm$

표 2.1 현미경

광학현미경	
명시야현미경(bright-field microscope): 빛은 표본을 통해 전달되므로 대비가 거의 없다. 염색 표본은 대비를 향상시키지만 세포를 고정(살아 있지 않음)해야 해서, 구성 요소가 왜곡되거나 변경될 수 있다.	 28 µm
암시야현미경(dark-field microscope): 빛은 표본을 비스듬히 비춘다. 콘덴서 렌즈는 표본에서 반사된 빛만 투과한다. 시야는 어둡고 표본은 어두운 배경에 비해 밝다.	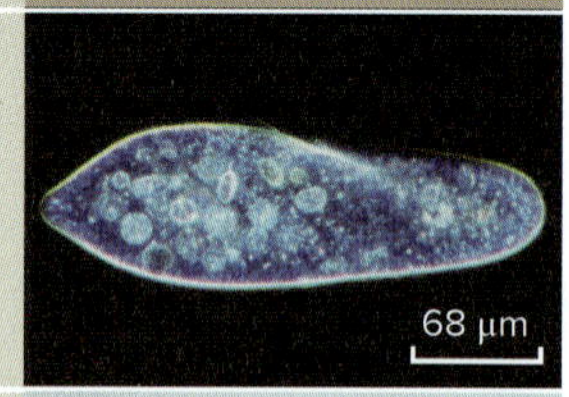 68 µm
위상차현미경(phase-contrast microscope): 현미경의 구성 요소가 빛 파장을 위상에서 벗어나게 하여 빛 파장이 재결합할 때 대비와 밝기의 차이가 생긴다.	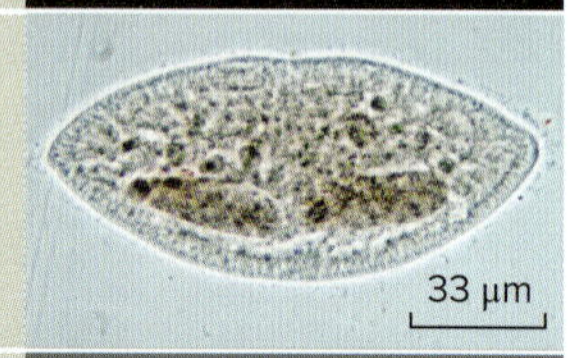 33 µm
차등간섭현미경(differential-interference-contrast microscope): 편광된 빛은 시료를 통과하는 경로가 약간 다른 2개의 빔으로 분할된다. 이 두 빔을 결합하면 특히 구조물 가장자리에서 더 선명해진다.	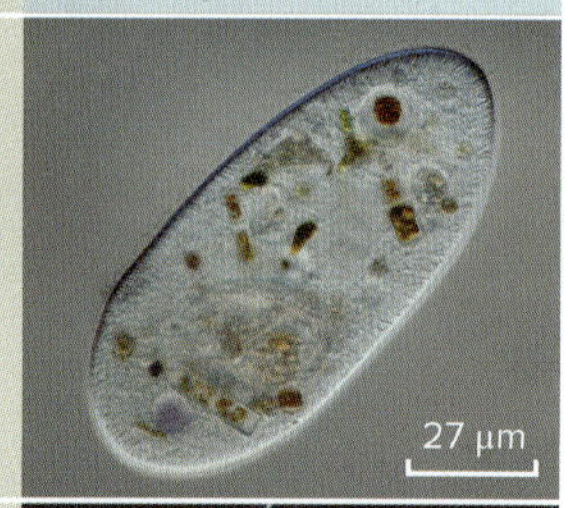 27 µm
형광현미경(fluorescence microscope): 형광은 한 파장에서 빛을 흡수한 다음, 다른 파장에서 방출한다. 필터는 방출된 빛만 투과시킨다.	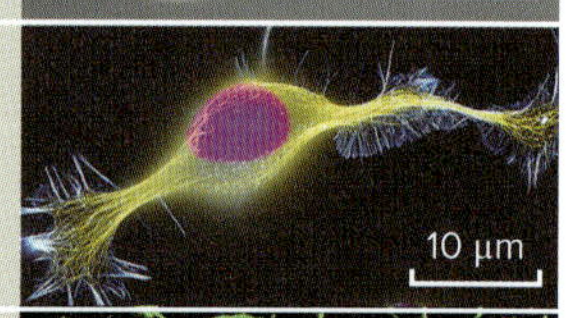 10 µm
공초점현미경(confocal microscope): 레이저의 빛은 한 지점에 초점을 맞추고 형광 염색된 표본을 두 방향으로 스캔한다. 이것은 표본의 한 평면의 선명한 이미지를 생성한다. 이미지의 흐려짐을 방지하기 위해 표본의 다른 평면은 제외된다. 여러 평면을 사용하여 3D 이미지를 재구성할 수 있다.	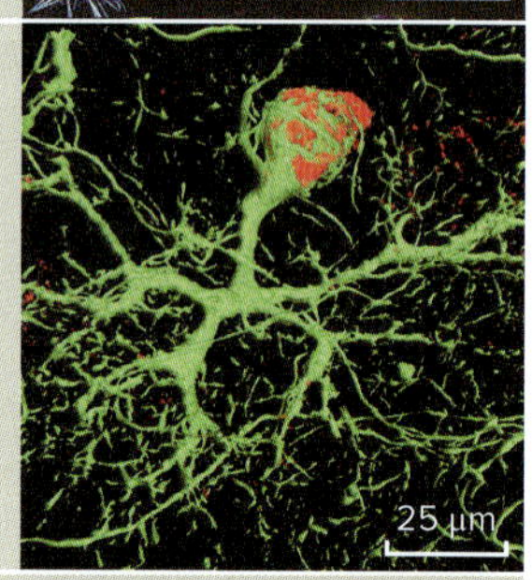 25 µm
전자현미경	
투과전자현미경(transmission electron microscope, TEM): 전자빔이 표본을 통과한다. 통과하는 전자는 필름을 노출하는 데 사용된다. 전자를 산란시키는 표본 영역은 어둡게 보인다. 내부 구조가 잘 보이도록 임의의 색을 입혔다.	 3 µm
주사전자현미경(scanning electron microscope, SEM): 전자빔은 표본의 표면에 전자를 주사하여 표면 모양과 내용을 담은 입체이미지를 얻을 수 있다. 외부 구조가 잘 보이도록 임의의 색을 입혔다.	 7 µm

그림 2.2 표면적-대-부피 비율. 세포가 커질수록 부피가 표면적보다 빠른 속도로 증가한다. 만약 세포 반지름이 10배 증가하면 표면적은 100배 증가하지만, 부피는 1,000배 증가한다. 세포의 표면적은 부피의 대사 요구를 충족할 수 있을 만큼 충분히 커야한다.

세포 반지름(r)	r	10 r
표면적($4\pi r^2$)	12.57 r^2	1257 r^2
부피($\frac{4}{3}\pi r^3$)	4.189 r^3	4189 r^3
표면적 / 부피	3	0.3

소요되는 시간은 길어질 것이다. 큰 세포일수록 보다 많은 거대분자의 합성이 필요하며, 노폐물의 양도 증가하게 된다. 물질의 확산 속도는 막까지의 거리와 막의 넓이에 따라 달라지므로, 상대적으로 수많은 작은 세포들로 구성된 생물체가 얼마 안 되는 큰 세포들로 구성된 생물체보다 유리하다.

세포 크기를 제한하는 또 다른 이유로는 부피에 대한 표면적의 비를 크게 하기 위한 것을 들 수 있다. 작은 세포는 부피에 대한 표면적의 비율이 큰 세포보다 높다. 세포의 크기가 증가하면 부피는 표면적보다 더 급격하게 늘어난다(**그림 2.2**). 반경이 10배로 늘어나면 표면적은 100배로 늘어나는 반면에 부피는 1,000배로 늘어나게 된다. 따라서 큰 세포는 작은 세포보다 상대적으로 작은 표면적을 갖게 된다. 세포 표면(막)은 모든 물질이 출입하는 곳으로, 환경과 상호작용하는 유일한 장소이다. 작은 세포는 큰 세포에 비해 부피에 대한 표면적의 비가 크므로, 환경과 세포의 상호작용이 보다 효율적으로 이루어질 수 있다.

원핵세포

세포는 막으로 싸인 핵의 유무에 따라 크게 원핵세포와 진핵세포 2종류로 나눌 수 있다. **원핵세포**(prokaryote)는 막으로 싸인 핵이 없으며, 세포 내막계나, 막으로 싸인 세포소기관도 없다. 크기는 1~10 μm 정도로 작고 **세포질**(cytoplasm)은 원형질막에 둘러싸여 있으며, 이는 다시 펩타이도글리칸(peptidoglycan)으로 구성된 단단한 **세포벽**(cell wall)으로 싸여 있다. 일부 세균은 세포 주위에 젤리 같은 다당류 성분을 분비하여 피막(capsule)을 만들어서 치아, 피부, 음식 등 이들의 생장을 지지할 수 있는 어떤 표면에도 부착할 수 있다(**그림 2.3**).

원핵세포의 내부는 매우 단순하다. 세포의 안쪽은 균일한 세포질로 되어 있는데, 이를 지지하는 내부 골격도 없으며, 내막에 의하여 구분되어 있지도 않다. DNA는 **핵양체**(nucleoid)로 불리는 세포질 부분에서 발견되며, 단백질을 합성하는 **리보솜**(ribosome)은 세포질에 흩어져 있다. 일부 원핵세포는 세포 표면에 운동을 위한 **편모**(flagellum)를 가지는데, 이는 진핵생물의 편모와는 성분이나 구동 방법이 다르다(**그림 2.4**).

원핵생물은 가장 단순한 형태의 생명체이지만 생태계에서 매우 중요한 역할을 하며, 광합성을 하는 종류, 사체를 분해하여 재활용하는 종류, 질병을 일으키는 종류 및 산업적으로 유용한 종류 등 다양한 종류로 구분된다. 원핵생물은 크게 **세균**(bacteria)과 **고세균**(archaea)의 두 역(domain)으로 나누어진다.

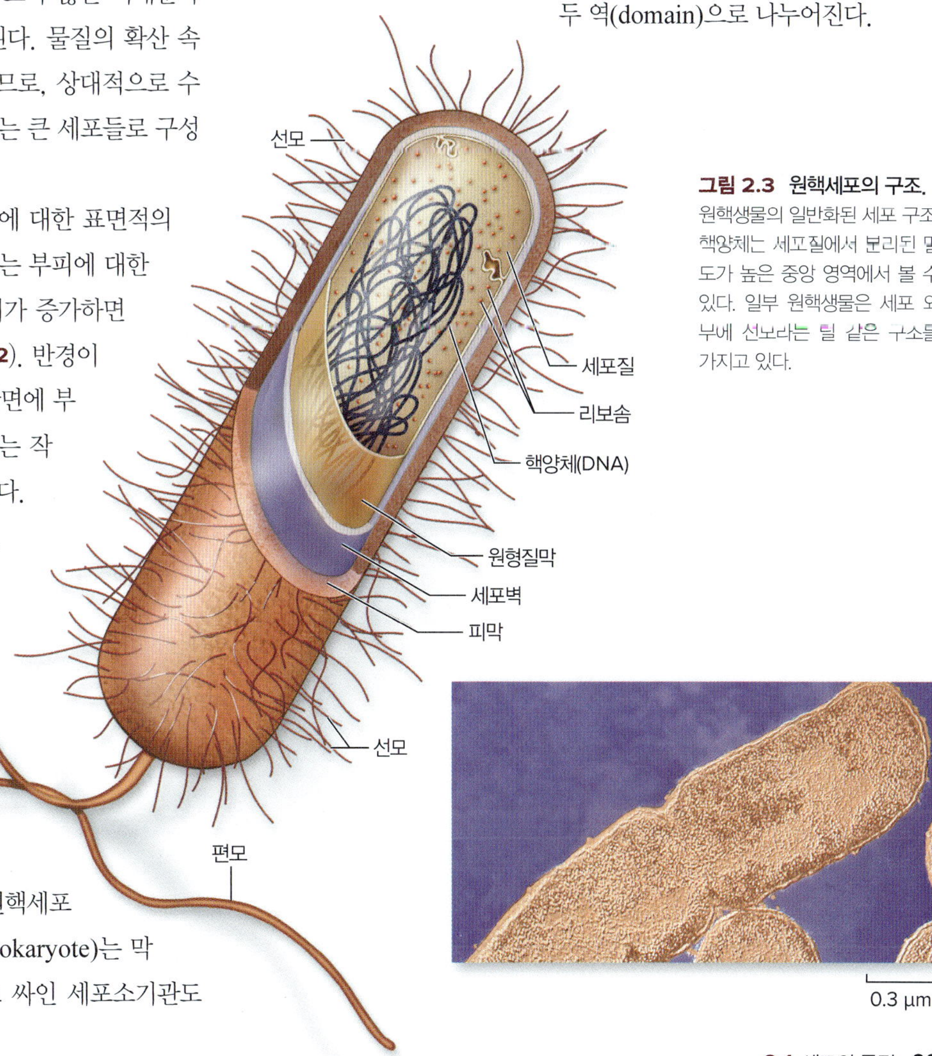

그림 2.3 원핵세포의 구조. 원핵생물의 일반화된 세포 구조. 핵양체는 세포질에서 분리된 밀도가 높은 중앙 영역에서 볼 수 있다. 일부 원핵생물은 세포 외부에 선모라는 털 같은 구조를 가지고 있다.

그림 2.4 일부 원핵생물은 편모를 회전시켜 움직인다.
a. 심각한 질환인 콜레라를 일으키는 미생물인 비브리오 콜레라. *b.* 박테리아 편모는 복잡한 구조이다. 양성자 농도기울기에 의해 구동되는 운동 단백질은 원형질막에 고정되어 있다. 세포벽에는 2개의 고리가 있다. 운동 단백질은 전체 구조를 회전시킨다. *c.* 편모가 회전함에 따라 구조 아래로 나선형 물결이 생성된다. 이것은 세포를 앞으로 나아가게 한다. (역자 주: 진핵생물체의 편모는 튜불린으로 구성되어 있고 채찍처럼 움직이는 데 반해, 원핵생물의 편모는 플라젤린으로 구성되어 있고 프로펠러처럼 움직인다.)

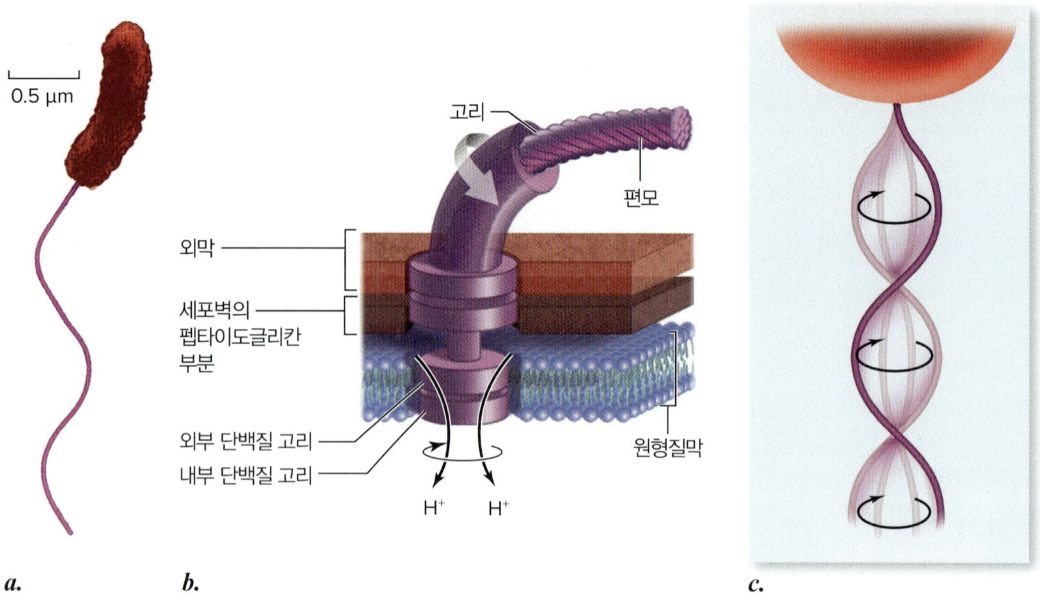

진핵세포

진핵세포(eukaryote)는 원형질막으로 둘러싸인 세포질에 역시 막으로 싸인 핵과 세포소기관을 가지고 있다. 세포내막계는 세포질을 기능적인 부분으로 나누는 역할을 한다. 세포소기관들은 단백질 섬유로 된 세포골격(cytoskeleton)에 의해 세포질의 특정 부위에 고정되어 있다.

동물세포(**그림 2.5**)와 식물세포(**그림 2.6**)는 모두 진핵세포로, 몇 가지를 제외하고 거의 같은 소기관들로 되어 있다. 식물세포에만 있는 특징으로 세포벽(cell wall), 노폐물을 저장하는 중심 액포(central vacuole), 광합성이 일어나는 엽록체(chloroplast)가 있다. 또한 식물세포는 원형질연락사라는 세포벽의 구멍을 통해 세포질이 서로 연결되어 있다. 또 다른 차이점으로 동물세포의 중심립(centriole)을 들 수 있는데, 식물세포에서는 발견되지 않았다(**표 2.2**).

표 2.2 원핵세포, 식물세포, 동물세포의 비교

	원핵세포	동물세포	식물세포
외부 구조			
세포벽	있음 (단백질-다당류)	없음	있음(셀룰로스)
세포막	있음	있음	있음
편모/섬모	있을 것으로 추정 (9+2 구조가 아님)	있음(9+2 구조)	소수 종의 정자 (9+2 구조)를 제외하고는 없음
내부 구조			
소포체	없음	일반적으로 있음	일반적으로 있음
리보솜	있음	있음	있음
미세소관	없음	있음	있음
중심립	없음	있음	없음
골지체	없음	있음	있음
핵	없음	있음	있음
미토콘드리아	없음	있음	있음
엽록체	없음	없음	있음
염색체	단일; 원형 DNA	다수; DNA-단백질 복합체	다수; DNA-단백질 복합체
라이소솜	없음	일반적으로 있음	있음
액포	없음	없거나 작음	일반적으로 커다란 단일 액포 있음

그림 2.5 동물세포의 구조.

대략적인 동물세포 그림에서 원형질막은 세포를 둘러싸고 있으며, 세포골격과 다양한 세포소기관 및 내부 구조가 세포질이라고 하는 반유체 기질에 떠 있다. 어떤 종류의 동물세포에는 미세융모(microvilli)라고 하는 손가락 모양의 돌기가 있다. 다른 유형의 진핵세포(예, 많은 원생생물 세포)에는 움직임을 돕는 편모 또는 다양한 기능을 가지는 섬모가 있다.

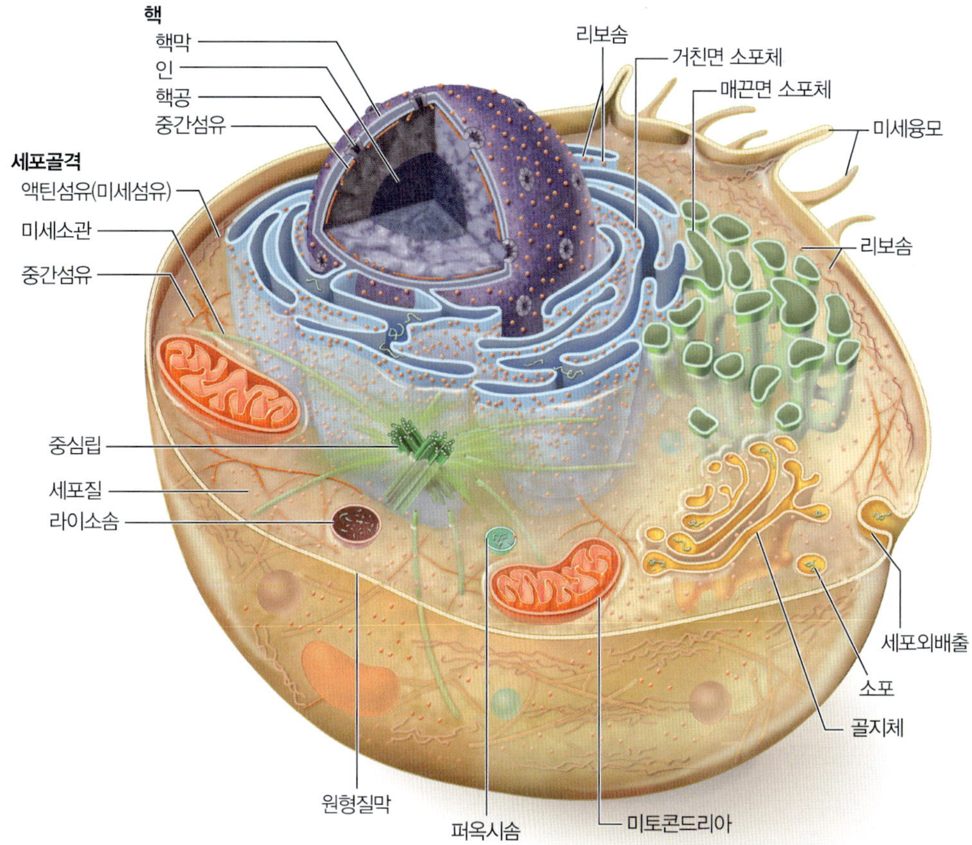

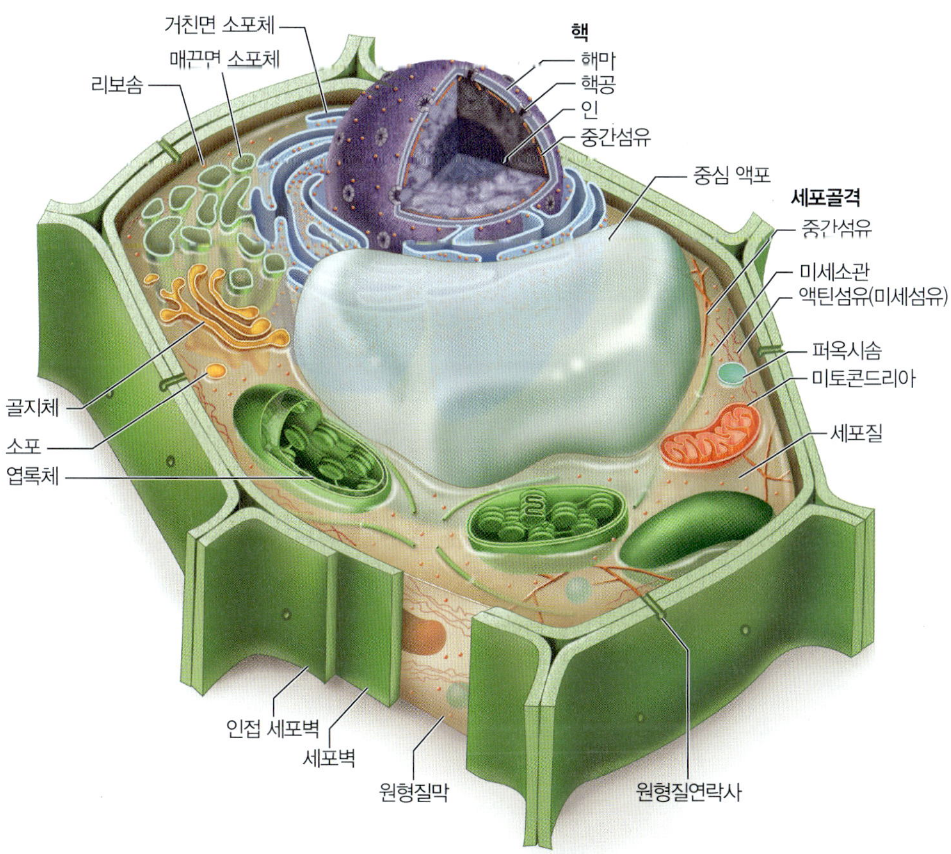

그림 2.6 식물세포의 구조.

대부분의 성숙한 식물세포에는 세포 내부 부피의 대부분을 차지하는 큰 중심 액포와 광합성이 일어나는 엽록체라는 소기관이 있다. 식물, 곰팡이, 일부 원생생물의 세포는 세포벽을 가지고 있지만 벽의 구성은 그룹마다 다르다. 식물세포는 원형질연락사라고 하는 세포벽의 구멍을 통해 서로의 세포질이 연결된다. 편모는 몇 가지 식물 종의 정자를 제외하고는 식물이나 곰팡이 세포에서 발견되지 않는다. 중심립도 일반적으로 없다.

그림 2.7 핵.
a. 핵은 염색질을 포함하는 유체로 채워진 내부를 둘러싸고 있는 핵막이라고 하는 2중막으로 구성된다. 개별 핵공은 핵의 2중막을 통과한다. 핵공을 자세히 보면, 중앙 허브, 섬유가 있는 세포질 고리, 바구니가 있는 핵 고리가 보인다. *b.* 많은 핵공을 보여주는 세포핵의 동결 절단 전자 현미경 사진. *c.* 단일 핵공을 보여주는 핵막의 투과 전자 현미경 사진. 핵공 내의 어두운 물질은 단백질로, 핵공을 통한 접근을 제어하는 역할을 한다. *d.* 핵막층은 중간섬유로 만들어진 조밀한 섬유 네트워크로 보인다. 핵은 현미경 사진에서 보라색으로 착색되었다.

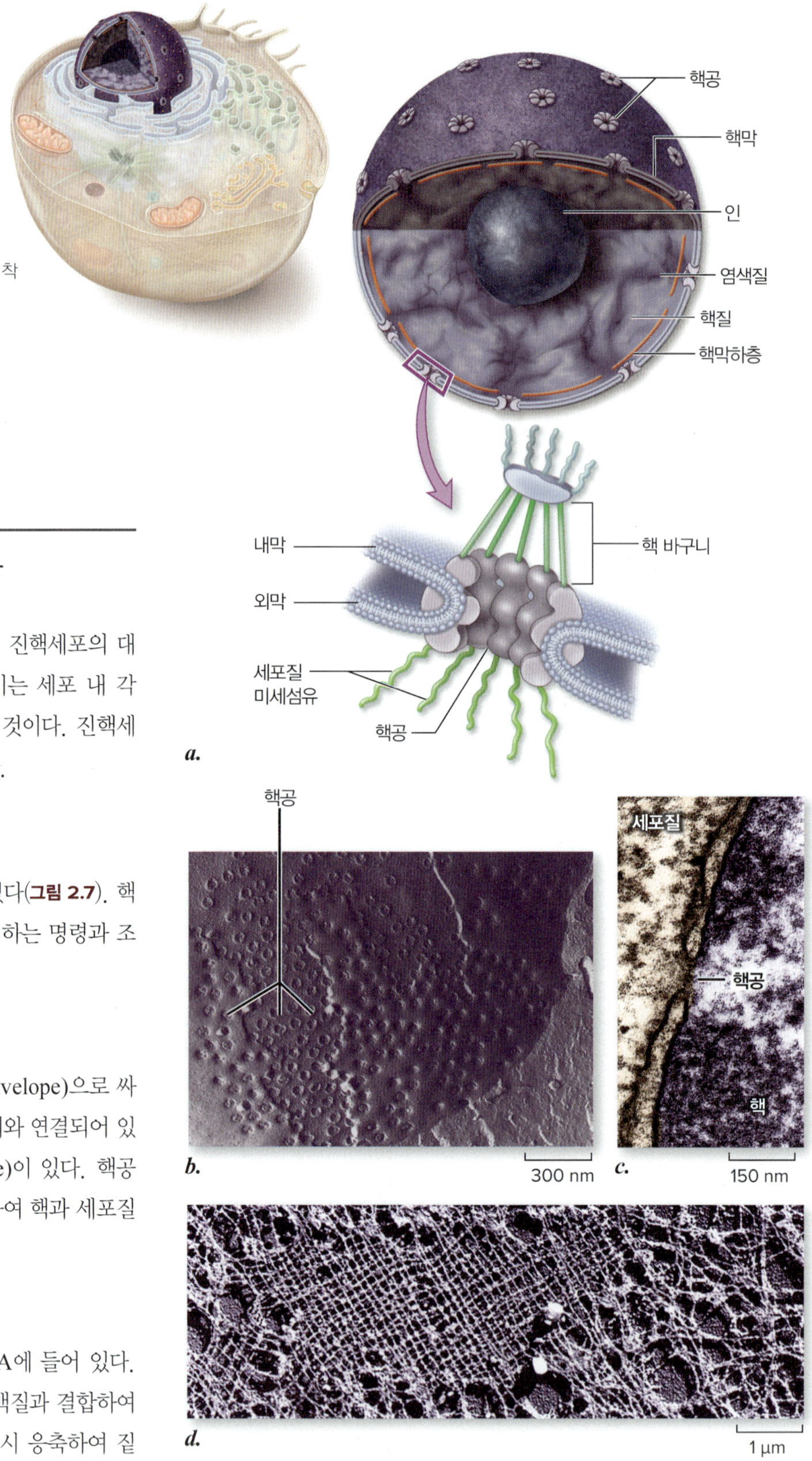

2.2 세포소기관의 구조와 기능

진핵세포는 원핵세포보다 훨씬 더 복잡하고 크다. 진핵세포의 대표적 특징은 구획화(compartmentalization)인데, 이는 세포 내 각 부분이 막으로 둘러싸여 특정 역할을 하도록 분화된 것이다. 진핵세포의 구성 요소들에 대한 역할은 **표 2.3**에 정리하였다.

정보센터의 역할을 하는 핵

진핵세포의 중심부에는 **핵**(nucleus)이 자리잡고 있다(**그림 2.7**). 핵은 유전정보의 저장소이며, 세포의 모든 활동을 지휘하는 명령과 조절의 센터이다.

핵막

핵의 표면은 2개의 막으로 구성된 **핵막**(nuclear envelope)으로 싸여 있다. 핵막의 외막은 세포질의 내막 구조인 소포체와 연결되어 있다. 핵막의 표면에는 작은 구멍인 **핵공**(nuclear pore)이 있다. 핵공은 2개의 핵막 층이 함께 모여 형성되며, 핵공을 통하여 핵과 세포질 사이의 물질 교환이 이루어진다.

염색질: DNA 포장

세포의 구조 및 기능을 결정하는 유전정보는 DNA에 들어 있다. 진핵세포의 DNA는 여러 개로 나누어져 있으며, 단백질과 결합하여 **염색질**(chromatin)을 형성한다. 염색질은 세포분열 시 응축하여 짙게 염색된 **염색체**(chromosome)가 되며, 세포분열이 끝난 후에는 풀어져 광학현미경으로는 관찰되지 않는 실 모양이 된다.

인: 리보솜 소단위 생산

핵 속에서 다른 부분보다 짙게 염색된 장소를 **인**(nucleolus)이라고 한다. 인에는 rRNA를 생성하는 다량의 유전자 집단이 있으며, 리보솜 소단위의 조립이 이루어지는 곳이다. 이들 소단위는 핵공을 통하여 세포질로 나가 최종적으로 리보솜이 조립된다.

표 2.3 진핵세포의 구조와 기능

구조		설명	기능
원형질막	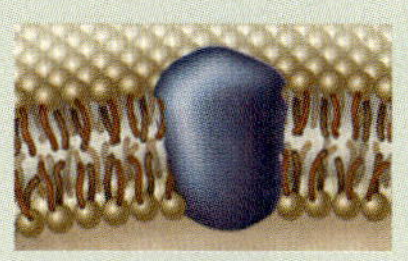	내재된 단백질을 포함하는 인지질 2중층	세포 안팎으로 전달되는 물질을 조절, 세포간 인식, 연결 및 접합, 세포 간 소통
핵	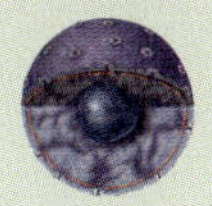	염색체를 포함하고 2중막으로 둘러싸인 구조(주로 구형)	단백질 합성과 세포분열을 지시, 유전정보 포함
염색체		단백질과 복합체를 형성하는 긴 DNA 가닥	단백질 합성을 지시하는 데 사용되는 유전정보를 포함
인		rRNA 합성을 위한 유전자들이 모인 장소	rRNA 합성과 리보솜 조립
리보솜		복잡한 단백질과 RNA의 집합체, 종종 ER에 붙어 있음	단백질 합성 장소
소포체(ER)	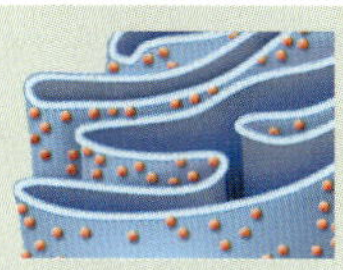	내부 막의 네트워크	수송소포를 형성하는 세포내 구획, 지질 합성 및 막 또는 분비 단백질 합성에 관여
골지체		납작한 소포의 층	세포에서 방출할 단백질을 포장, 분비소포 형성
라이소솜		골지체로부터 만들어지는 소포로, 가수분해 소화효소를 포함	낡은 세포 기관과 세포 파편을 소화, 세포내섭취에 의해 흡수된 물질을 소화
미소체		지질과 단백질의 결합으로 형성되고, 산화효소 및 기타 효소를 포함하는 소포	세포의 나머지 부분에서 특정 화학적 활동을 분리
미토콘드리아	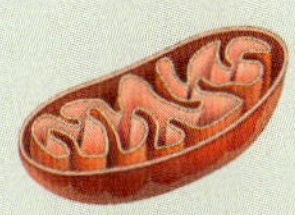	2중막을 가진 박테리아 같은 소기관	세포의 "발전소", 산화대사가 일어나는 장소
엽록체		광합성 색소인 엽록소가 포함된 세 번째 막인 틸라코이드를 둘러싸고 있는 2중막을 가진 박테리아 같은 소기관	광합성 장소
세포골격	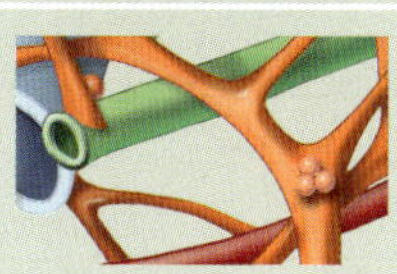	단백질 섬유의 네트워크	구조적 지지, 세포 운동, 세포내 소포의 이동
편모(섬모)		9+2쌍의 미세소관 배열이 있는 세포에서 뻗어나온 돌기	운동성 또는 세포 표면의 유체를 이동시킴
세포벽	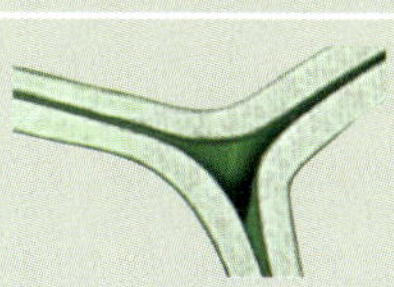	셀룰로스나 키틴으로 구성된 외막	보호, 지지

리보솜(ribosome)은 단백질을 합성하는 구조체이다. 유전자의 정보를 복사한 전령 RNA의 정보를 읽어 단백질을 합성한다. 리보솜은 리보솜 RNA(ribosomal RNA, rRNA)라고 하는 특수한 RNA와 단백질의 복합체로 구성되어 있다.

세포내막계

진핵세포 핵의 주변은 막들로 빽빽하게 채워져 있다. 이 막들은 세포를 여러 부분으로 구획화하고 세포 내부의 분자가 이동할 수 있는 통로 역할을 하며, 효소가 작용하는 표면을 제공한다.

소포체: 단백질 합성

소포체(endoplasmic reticulum, ER)는 세포 내에서 가장 큰 규모의 내막 구조이며, 핵막과 연속되어 있는 망상의 막으로 구성되어 있다(**그림 2.8**). 소포체의 표면은 세포 밖으로 분비되는 단백질을 합성하는 장소이기에 리보솜이 많이 결합하고 있어, 전자현미경으로 보았을 때 사포의 표면처럼 울퉁불퉁하게 보인다. 이러한 이유로, 이 부분을 **거친면 소포체**(조면소포체, rough ER, RER)라고 한다. 세포 내에서 사용되는 단백질은 세포질에 있는 리보솜에서 합성된다. 상대적으로 리보솜이 비교적 드문 소포체 부분을 **매끈면 소포체**(활면 소포체, smooth ER, SER)라고 한다. 매끈면 소포체의 표면은 탄수화물과 지질을 만드는 데 도움이 되는 효소들이 있다.

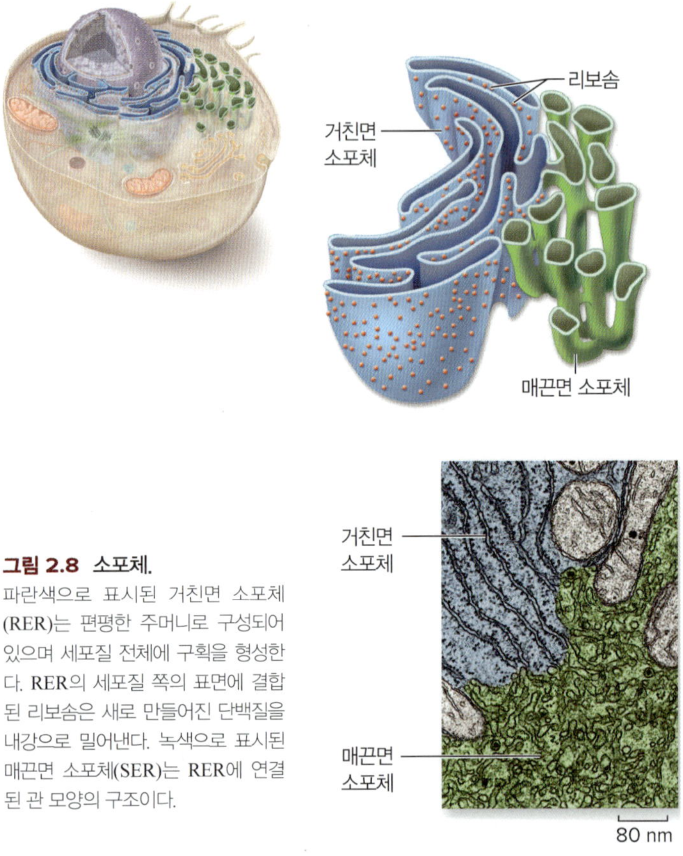

그림 2.8 소포체. 파란색으로 표시된 거친면 소포체(RER)는 편평한 주머니로 구성되어 있으며 세포질 전체에 구획을 형성한다. RER의 세포질 쪽의 표면에 결합된 리보솜은 새로 만들어진 단백질을 내강으로 밀어낸다. 녹색으로 표시된 매끈면 소포체(SER)는 RER에 연결된 관 모양의 구조이다.

골지체: 단백질의 분류와 포장

소포체 표면에서 합성된 단백질은 소포체 내강으로 이동한 후, **골지체**(Golgi body, Golgi apparatus)라고 불리는 납작한 막들이 쌓인 곳으로 이동한다(**그림 2.9**). 골지체는 겹겹이 쌓인 막으로 구성되는데, 이를 **시스터네**(cisternae)라고 한다. 골지체는 만들어진 분자들을 모아서 포장하고 분배하는 역할을 한다.

소포체와 골지체는 세포의 내막수송계로 함께 작용한다(**그림 2.9** 참조). 소포체에서 만들어진 단백질과 지질은 수송소포에 의해 골지체의 시스면으로 들어간다. 골지체 내에서 이 분자들은 대부분 탄수화물이 부착된 후, 골지체의 트랜스면으로부터 떨어져 나온 분비소포에 담겨 세포의 다른 곳으로 운반되거나 원형질막 표면으로 이동하여 바깥쪽으로 분비되기도 한다.

라이소솜: 재활용센터

라이소솜(lysosome)은 골지체로부터 생성되며, 다양한 소화효소를 담고 있는 세포의 재활용센터이다. 세포 내에서 기능이 떨어진 소기관과 다른 구조들을 분해하고, 낡은 세포 구성성분을 분해시키며, 단백질과 그 외 다른 물질들을 재활용하는 곳이다.

퍼옥시솜: 과산화물의 이용

퍼옥시솜(peroxisome)은 소포체에서 유래된 소낭의 융합으로 만들어지며, 지방산의 산화에 필요한 효소들을 가지고 있다. 퍼옥시솜은 그 안의 산화효소 작용으로 과산화수소를 부산물로 생성할 뿐만 아니라 과산화수소를 물과 산소로 분해하는 **카탈레이스**(catalase)를 가지고 있다.

액포: 식물의 저장과 수분 평형

식물세포와 많은 원생생물의 세포 내부에는 막으로 둘러싸인 특화된 구조인 **액포**(vacuole)가 있다. 액포는 비어 있는 것이 아니라 많은 양의 물과 양분(당, 이온, 색소 등)과 같은 물질들이 들어 있다. 액포는 물의 균형과 양분 및 노폐물을 저장하는 기능을 수행한다.

세포내공생에 의한 세포소기관의 진화

세포내공생(endosymbiosis) 이론에 의하면 원핵생물이 현대 진핵생물의 선조세포 내로 들어가서 그 세포의 일부가 되었다고 본다. 세포 내부로 들어온 원핵세포의 대사 능력으로 인해 숙주세포는 이득을 얻게 되면서 현대 진핵생물의 두 핵심 세포소기관이 진화했다고

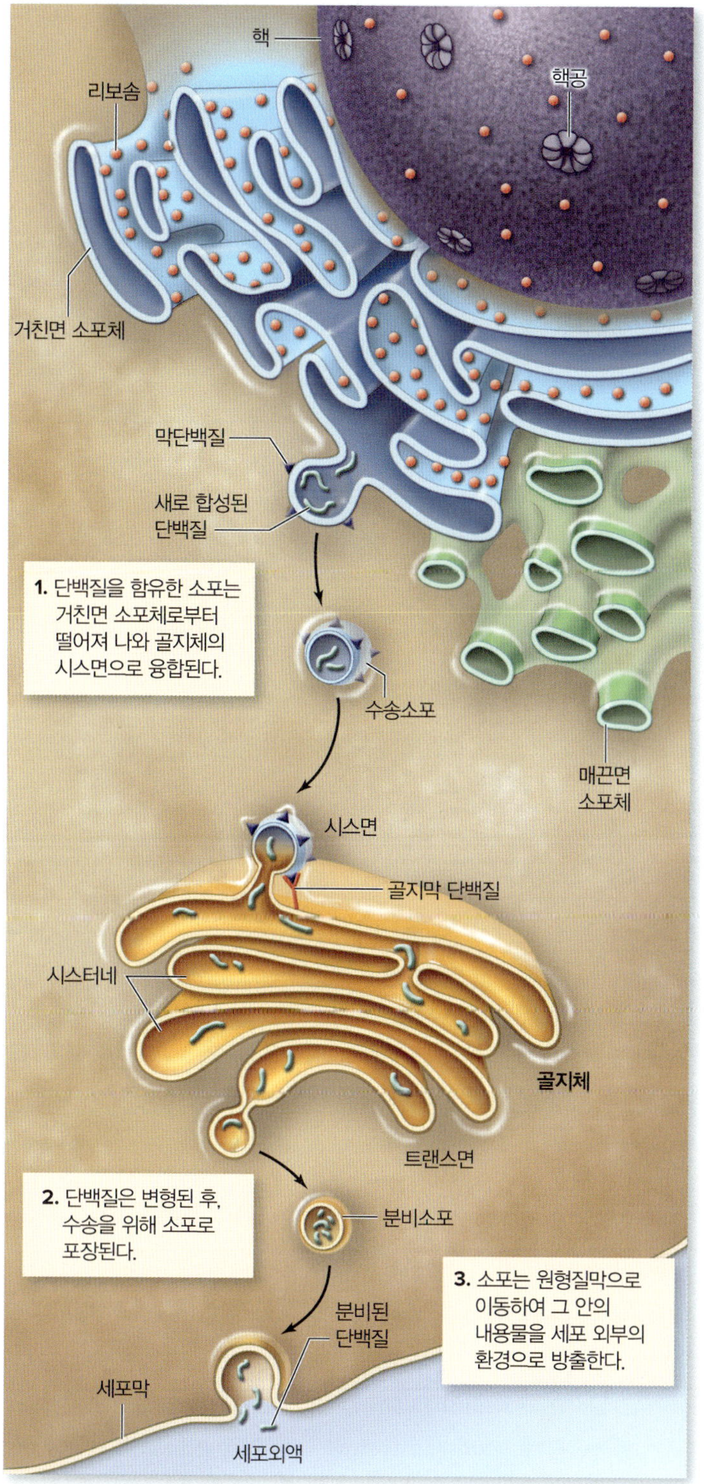

그림 2.9 **세포내막계를 통한 단백질 수송.**
RER에서 리보솜에 의해 합성된 단백질은 ER의 내부 구획으로 이동한다. 이러한 단백질은 세포 안의 먼 위치에서 사용되거나 세포에서 분비될 수 있다. 그들은 RER에서 떨어져 나온 소포로 운반된다. 이 수송소포는 골지체의 시스면으로 이동한다. 거기에서 변형되고 골지체의 트랜스면에서 빠져나오는 소포로 포장된다. 트랜스면을 떠나는 소포는 단백질을 세포의 다른 위치로 수송하거나 원형질막과 융합하여 그 내용물을 세포 외부로 방출한다.

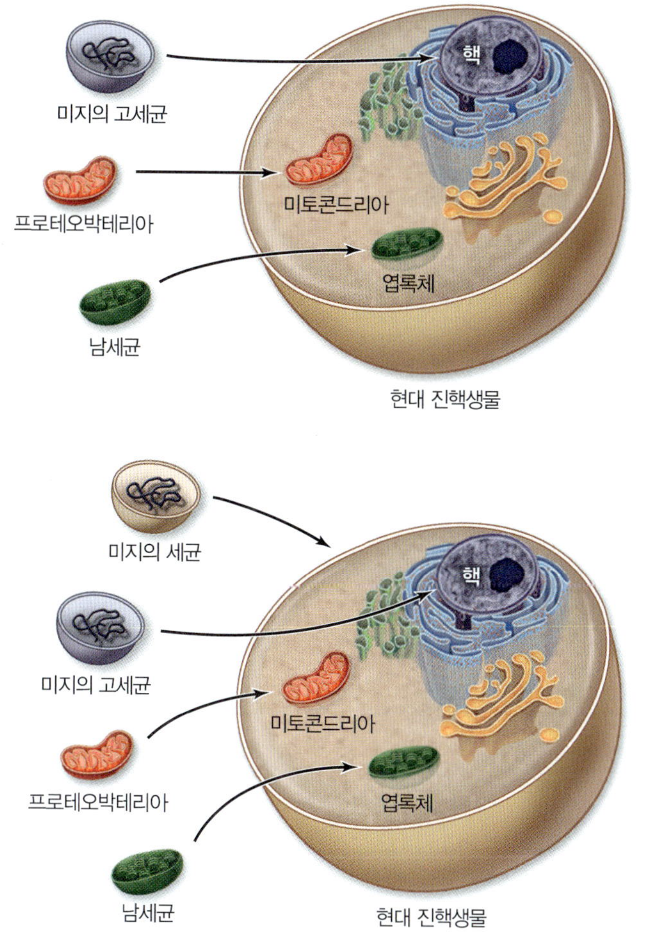

그림 2.10 **진핵세포의 가능한 기원.**
미토콘드리아와 엽록체는 모두 자유롭게 살아가던 세포가 흡수되었지만 소화되지 않았을 때 세포내공생에 의해 발생하는 것으로 생각된다. 삼키는 세포의 특성은 알려져 있지 않지만, 2가지 가능성은 다음과 같다. (1) 먹는 세포(위)는 핵 게놈과 세포질 내용물을 원래 가지고 있는 고세균이다. (2) 먹는 세포(아래)는 고세균으로부터 유래된 핵을 가지고 있는 박테리아 세포로 구성되었다. 이는 세포 융합이나 고세균이 박테리아를 삼킴으로써 발생할 수 있다.

추정한다. 미토콘드리아는 산화대사를 수행하는 세균에서 유래되었고, 엽록체는 광합성 세균에서 유래되었다고 생각한다(**그림 2.10**).

미토콘드리아: 세포의 발전소

미토콘드리아(mitochondria)는 산화적 물질대사에 의해 유기물로부터 에너지를 얻는 세포소기관이다. 소시지 모양으로, 크기는 세균 정도이다. 미토콘드리아는 2개의 막으로 둘러싸여 있다. 외막은 세균이 선조세포로 들어올 때, 이 세포의 막으로부터 얻어진 것으로 추정된다. 내막은 공생세균 자신의 원형질막인 것으로 생각되는데, **크리스테**(cristae)라고 하는 수많은 주름으로 되어 있다. 내막은 미토콘드리아를 내부의 **기질**(matrix)과 **막간 공간**(intermembrane space)이라는 두 부분으로 나눈다(**그림 2.11**).

미토콘드리아는 자체의 DNA를 가지며, 이 DNA에는 산화대사

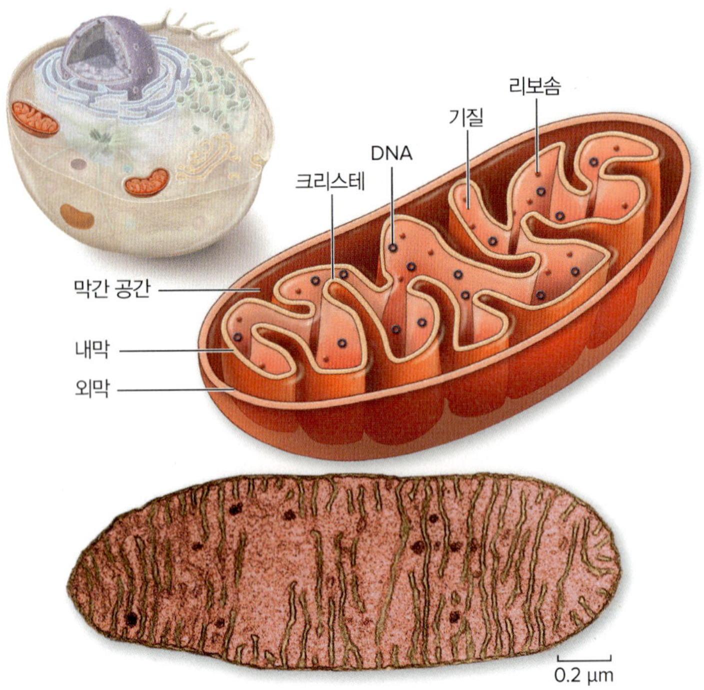

그림 2.11 미토콘드리아.
미토콘드리아의 내막은 크리스테라는 주름 모양으로 형성되어 산화대사를 위한 표면적을 크게 증가시킨다. 단면과 세로로 절단된 미토콘드리아는 현미경 사진에서 빨간색으로 표시했다.

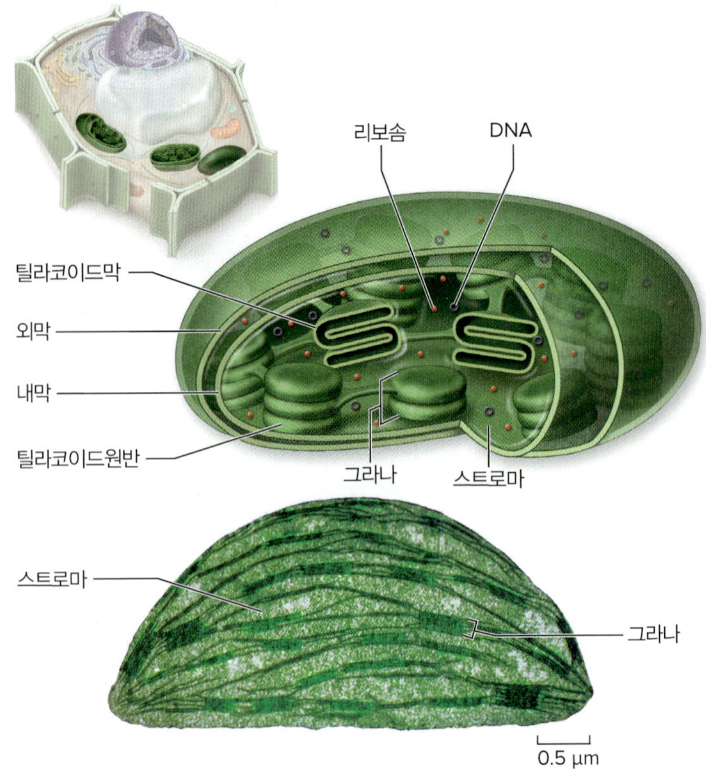

그림 2.12 엽록체 구조.
엽록체의 내막은 엽록소를 함유한 틸라코이드라는 소포의 층으로 이루어져 있으며, 그 안에서 광합성이 일어난다. 틸라코이드는 일반적으로 차곡차곡 쌓여 그라나를 형성한다. 엽록체는 현미경 사진에서 녹색으로 표시했다.

에 필요한 일부 단백질을 암호화하는 유전자들이 들어 있다. 따라서 미토콘드리아는 완전히 독립적이지는 않지만, 스스로 필요한 단백질을 만들 수 있는 유전정보를 가진, 세포 내의 세포라고 할 수 있다.

엽록체: 광합성 장소

식물과 조류의 모든 광합성은 **엽록체**(chloroplast)에서 일어난다. 엽록체도 미토콘드리아처럼 세균 상태에서 공생관계를 통하여 생겨난 것으로 생각되며, 2개의 막으로 둘러싸여 있다(**그림 2.12**). 내막은 세균에서 기원한 것이며, 외막은 숙주세포의 막에서 유래한 것이다. 엽록체는 미토콘드리아에 비해 더 크고 복잡한 구조를 가진다. 내막 안에는 **틸라코이드**(thylakoid)라고 하는 폐쇄된 소낭이 있다. 틸라코이드들이 차례로 쌓여 **그라나**(grana)를 형성한다. 엽록체의 안쪽 공간을 **스트로마**(stroma)라고 하며, 광합성 과정에서 포도당을 합성하는 데 필요한 효소들이 들어 있다. 미토콘드리아처럼 엽록체도 원형의 DNA 분자를 가지고 있다.

세포골격

세포의 내부는 막으로 싸인 세포소기관뿐만 아니라 **세포골격**(cytoskeleton)이라고 하는 단백질 섬유의 망상 구조로 채워져 있다. 세포골격은 세포의 모양을 지지해주고 핵과 같은 세포소기관의 위치를 고정시켜 준다. 세포는 세포골격 단백질들의 도움으로 이동할 수 있다. 세포골격의 단백질 섬유들은 매우 역동적이어서 신속하게 형성되고 분해될 수 있기에, 동물세포의 모양은 빠르게 변할 수 있다.

세포골격 섬유

진핵세포에는 (1) 액틴으로 구성된 액틴 필라멘트 또는 미세섬유(microfilament), (2) 튜불린으로 구성된 미세소관, 그리고 (3) 여러 종류의 중간섬유 등 3가지 유형의 세포골격이 분포하고 있다(**그림 2.13**).

액틴 필라멘트(actin filament)는 액틴 단백질로 구성된 두 가닥이 꼬여 만들어지며 3개의 세포골격 섬유 중 가장 가늘고 유연하다. 액틴 필라멘트는 세포 전체에 걸쳐 퍼져 있지만, 원형질막 바로 아래에 가장 농축되어 있으며 세포 운동에 관여한다. **미세소관**(microtubule)은 가장 큰 세포골격 구성 요소이며, 튜불린 단백질로 된 속이 빈 관 모양이다. 많은 세포에서 미세소관은 세포 중심 부근에서 만들어져 주변으로 뻗어나간다. 이들은 지속적으로 중합체 형성 및 해체를 반복한다. 미세소관은 세포의 운동을 보조하면서 세포질의 구성이나 세포 내의 물질 이동에 관여한다. **중간섬유**(intermediate filament)는

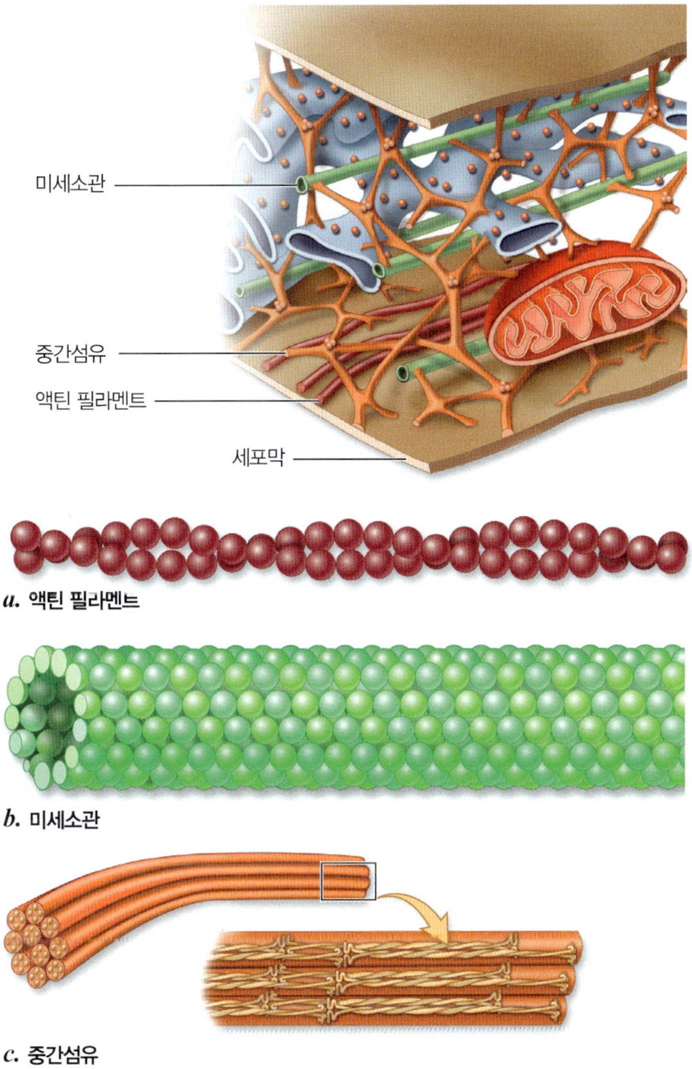

그림 2.13 세포골격을 구성하는 분자.
***a.* 액틴 필라멘트** : 미세섬유라고도 불리는 액틴 필라멘트는 함께 꼬인 두 가닥의 구형 단백질 액틴으로 구성된다. 이들은 종종 묶음이나 네트워크 형태로 존재한다. 많은 세포에서 액틴 필라멘트는 세포막 아래에 묶음 형태인 스트레스섬유로 집중되어 있고, 이는 수축 기능을 가지고 있다. ***b.* 미세소관** : 미세소관은 α 및 β 튜불린 단백질 소단위가 번갈아 배열된 프로토필라멘트가 관을 형성한다. 이것은 비교적 뻣뻣한 세포골격 요소이며 세포내 수송 및 체세포분열 동안 염색체 분리를 포함하여 세포에서 많은 기능을 한다. ***c.* 중간섬유** : 중간섬유는 엇갈려서 겹쳐진 단백질 4량체로 구성된다. 이 4량체는 서로 묶이고, 이러한 분자 배열은 세포에 엄청난 기계적 강도를 부여하는 밧줄 같은 구조가 된다.

지름이 액틴 필라멘트와 미세소관의 중간 정도이다. 두꺼운 밧줄과 같이 일단 형성되면 쉽게 분해되지 않으며, 세포의 구조적 안정성에 기여한다.

중심체: 미세소관 조립 센터

중심립(centriole)은 9개의 3중 미세소관으로 이루어진 통 모양의 세포소기관으로, 동물 및 대부분 원생생물 세포에서 발견된다. 중심립은 쌍으로 존재하며, 핵막 근처에서 서로 직각으로 위치한다(**그림 2.14**). 거의 모든 동물세포에서 중심립을 둘러싼 영역을 **중심체**(centrosome)라고 한다. 중심체는 미세소관의 재구성과 세포분열 시 방추사의 형성에 관여한다.

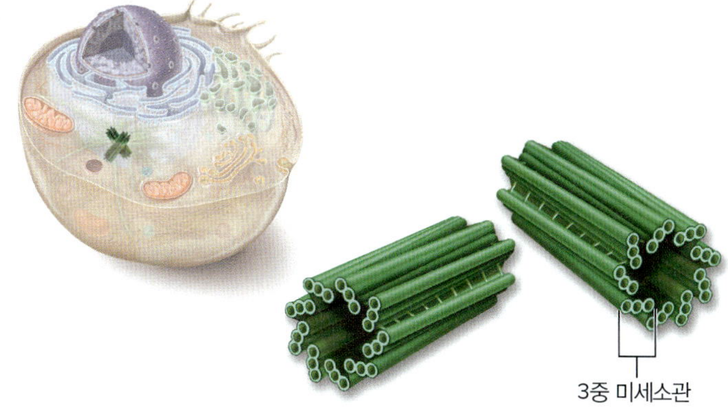

그림 2.14 중심립.
각 중심립은 3개의 미세소관으로 이루어진 9개의 덩어리가 모여 구성된다. 중심립은 일반적으로 식물세포에서는 발견되지 않지만, 동물세포에서는 미세소관을 구성하는 데 도움을 준다.

물질의 수송 및 세포의 이동

세포골격은 세포의 모양과 움직임을 담당할 뿐만 아니라 세포의 활동을 조직하는 데 도움을 준다. 모든 진핵세포에서 물질을 수송하는 한 가지 방법은 소포에 물질을 적재한 후, 세포골격을 철길처럼 이용하는 것이다. 예를 들어, 세포체(cell body)에서 멀리 뻗을 수 있는 축삭(axon)을 가진 신경세포는 소포가 세포체에서 축삭의 끝까지 미세소관의 트랙을 따라 이동할 수 있다.

분자 모터: 소포가 움직이는 방향은 이와 결합한 운동 단백질의 종류와 미세소관의 말단 방향에 따라 다르다. 미세소관의 한쪽 말단은 튜불린이 중합체를 형성하여 길어지고, 다른 쪽 말단에서는 중합체가 분해되어 짧아진다. 이를 극성이라고 하는데, 길어지는 쪽을 (+)극, 짧아지는 쪽을 (−)극이라고 한다. 미세소관을 따라 이동하는 대표적인 분자 모터(운동 단백질)로는 (+)극 방향으로 움직이는 키네신(kinesin)과 (−)극 방향으로 이동하는 디네인(dynein)이 있다. 이들은 각각 키넥틴(kinectin)과 디낵틴 복합체(dynactin complex)에 의해 소포와 연결되어 있어서, ATP를 사용하여 소포를 수송할 수 있다(**그림 2.15**).

세포 이동: 세포의 운동은 액틴 필라멘트, 미세소관과 연계되어 있다. 액틴 필라멘트는 세포의 형태를 결정하는 데 중요한 역할을 한다. 액틴 필라멘트는 조립과 해체를 신속하게 할 수 있기에 세포의 형태를 빨리 변화시킬 수 있다. 세포질의 액틴 필라멘트를 따라 마이오신(myosin)의 수축 작용으로 세포는 기어다닐 수 있으며, 이와 같은 세포의 이동은 염증, 혈액응고, 상처 치유, 암

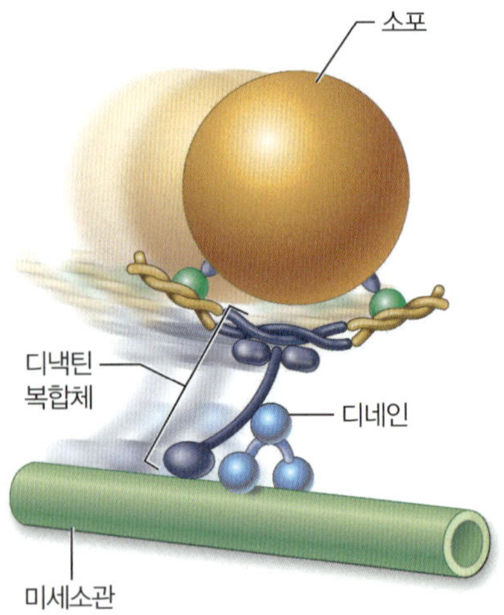

그림 2.15 분자 모터. ATP를 사용하여 힘을 생성하는 모터 단백질을 통해 미세소관을 따라 소포를 운반할 수 있다. 소포는 여기에 표시된 디낵틴 복합체와 같은 연결 분자에 의해 운동 단백질에 부착된다. 모터 단백질인 디네인은 연결된 소포를 미세소관을 따라 이동시킨다.

의 전이 등 다양한 과정에서 나타나는 중요한 세포 현상이다.

편모(flagellum)는 가늘고 긴 실 같은 기관으로 세포 표면에 돌출되어 있다. 각각의 편모는 **기저체**(basal body)라고 불리는 구조에서 발생하고, 9개의 2중 미세소관과 중심에 있는 한 쌍의 미세소관으로 구성되어 있다(**그림 2.16**). **섬모**(cilium)는 구조면에서 편모와 다르지 않으나 일반적으로 짧다. 사람의 정자는 하나의 긴 편모를 가지고 운동하며, 폐 기관지에는 섬모가 빽빽이 나 있어서 목 안의 점액과 먼지 입자를 바깥쪽으로 내보내는 역할을 한다.

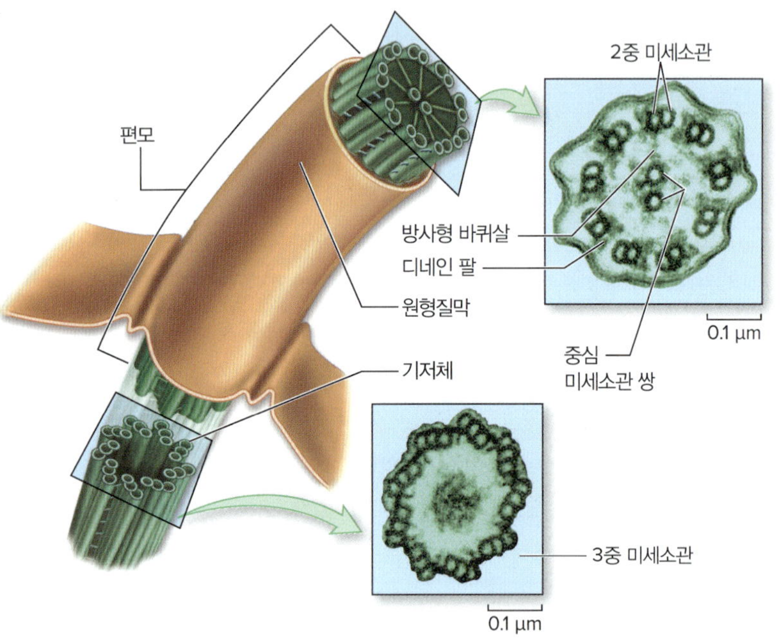

그림 2.16 편모와 섬모.
진핵세포 편모는 기저체에서 직접 유래한다. 편모는 중심에 2개의 미세소관이 있으며, 이는 방사형 바퀴살로 연결된, 디네인 팔을 가진 9쌍의 미세소관 외부 링에 연결된다(9+2 구조). 기저체는 짧은 단백질 분절로 연결된 9개의 미세소관 3중체로 구성된다. 섬모의 구조는 편모와 유사하지만, 섬모가 일반적으로 더 짧다.

2.3 세포막의 구조와 수송

모든 살아 있는 세포는 생명이 없는 바깥 부분과의 경계를 만들어 주는 **원형질막**(plasma membrane)으로 싸여 있다. 원형질막의 두께는 5~10 nm 정도이며, 이 막을 10,000개 정도 합쳐야 이 책의 한 장 정도의 두께가 된다. 세포가 매우 다양함에도 불구하고 원형질막의 기본 구조는 모두 동일하며, 이 막의 구조는 마치 연못 위에 떠 있는 보트가 흔들거리는 모습과 유사하다. 즉 지질들로 된 하나의 판에 단백질들이 박혀 있는 구조를 갖고 있는데, 이를 **유동 모자이크 모델**(fluid mosaic model)이라고 한다.

세포막의 기본 구조

원형질막은 **인지질 2중층**(phospholipid bilayer)으로 되어 있다. 인지질 분자의 한쪽 끝에는 친수성인 극성 인산 그룹이 붙어 있으며, 다른 쪽 꼬리 부분에는 비극성의 소수성인 2개의 지방산 사슬이 붙어 있다(**그림 1.32** 참조). 인지질 분자들이 물에 있을 때, 인지질 분자의 긴 비극성 꼬리들은 자신들을 둘러싸는 물로부터 멀어지고, 친수성인 극성의 머리 부분은 물을 향하여 2개의 층이 형성된다. 이러한 지질 2중층의 내부는 완전한 비극성이기 때문에 수용성 분자가 지질 2중층을 통과하는 것을 막아버리는데, 이것은 기름층이 물 분자의 출입을 막는 것과 같은 원리이다. 따라서 많은 물질은 세포막에 있는 특수한 단백질의 도움을 받아 세포로 들어가거나 나갈 수 있다.

세포막의 구성 요소

진핵세포의 막은 다양하며 모두 동일한 것은 아니지만, 다음과 같은 4가지의 구성 요소를 가진다(**그림 2.17**).

1. **인지질 2중층**: 인지질 2중층은 유연함을 가진 동시에 물질의 투과를 제한한다. 동물 세포막에는 콜레스테롤이 함유되어 있다. 식물세포는 동물세포에 비해 매우 낮은 콜레스테롤을 함유한다.
2. **막관통단백질**: 모든 세포의 지질 2중층에는 많은 종류의 단백질들이 박혀 있으며, 이 단백질들은 물질의 수송 및 소통 등의 다양한 기능을 수행한다.
3. **내부 단백질망**: 막 아래쪽에서 지지골격을 형성하고 세포의 형태 결정에 기여한다. 예를 들어 적혈구는 양쪽이 오목한 특유의 형태를 가지는데, 이는 스펙트린(spectrin)이라는 막 단백질이 지질층과 세포골격의 액틴 필라멘트를 연결시켜 주는 구조를 형성하기 때문이다.

그림 2.17 **세포막의 유동 모자이크 모델.** 막관통단백질에서 원형질막을 통해 튀어나온 극성 영역은 외부와, 비극성 영역은 막의 소수성 내부와 연결되어 있다. 탄수화물 사슬은 종종 이러한 단백질의 세포 밖 부분에 결합되어 당단백질을 형성한다. 주변부 단백질은 막의 표면과 결합되어 있다. 막 인지질은 탄수화물을 첨가하여 당지질을 형성함으로써 변형될 수 있다. 세포 내에서, 액틴섬유와 중간섬유는 막단백질과 상호작용한다. 많은 동물세포는 세포 밖에서 주로 당단백질로 구성된 정교한 세포외기질 구조를 가진다.

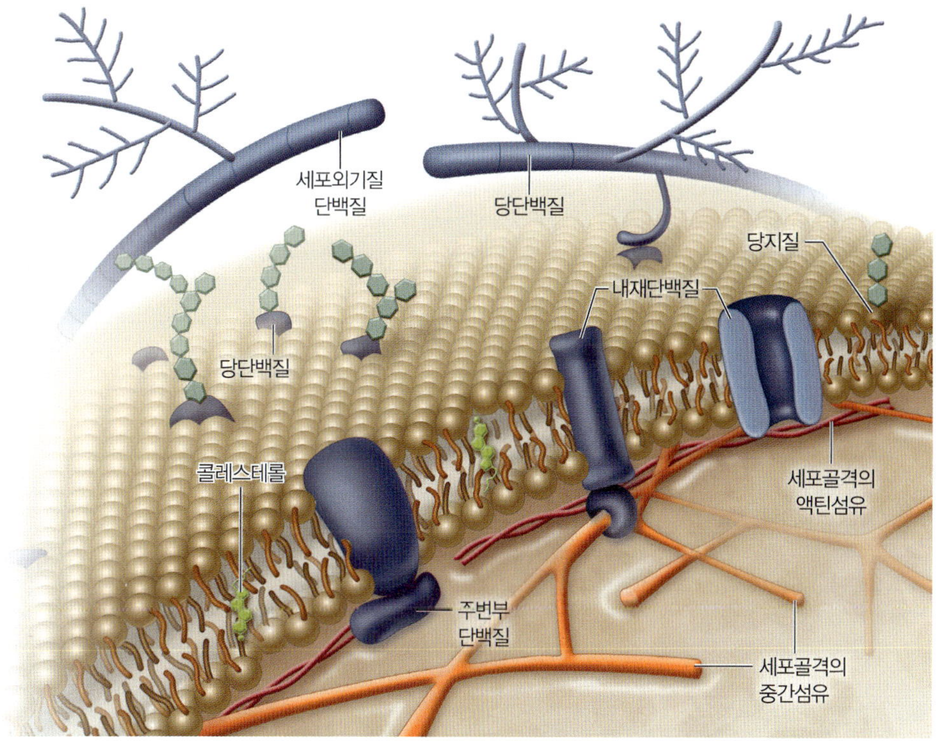

4. **세포-표면 표지**(cell-surface marker): 세포 표면 부위의 일부 단백질과 지질은 당 분자가 첨가되어 당단백질(glycoprotein) 및 당지질(glycolipid)로 되어 있다. 이러한 물질은 특정한 유형의 세포를 구별하는 인식표로 사용되거나, 특정한 호르몬 또는 단백질의 결합 여부를 알려주는 지표로 활용되기도 한다.

막을 통한 수동수송

많은 분자는 에너지를 소비하지 않고도 세포의 내외부로 드나들 수 있다. 이런 유형의 이동을 **수동수송**(passive transport)이라 부른다. 일부 분자들은 쉽게 막을 통과할 수 있고, 이런 이동이 일어나기 위해서는 세포 내부와 외부에 물질의 농도 차이, 즉 농도기울기(concentration gradient)가 필요하다. 일부 물질들은 농도기울기를 따라 막을 통과하는데, 막 단백질에 의해 형성된 통로가 필요하기도 한다.

단순확산

분자의 움직임은 임의적이므로 두 종류의 분자를 함께 놓으면 고농도에서 저농도의 방향으로 이동하게 되는데, 이를 **확산**(diffusion)이라고 한다(**그림 2.18**). 확산에 영향을 미치는 요인은 세포 내외의 농도 차이, 그리고 세포막을 얼마나 쉽게 통과할 수 있는가에 달려 있다. 세포막을 통과하는 데 있어 가장 큰 장애 요인은 극성 분자를 밀어내는 세포막 내부의 비극성이다. 세포막은 작은 극성 분자의 투과는 일부 제한하며, 큰 극성 분자의 투과는 더욱 제한한다.

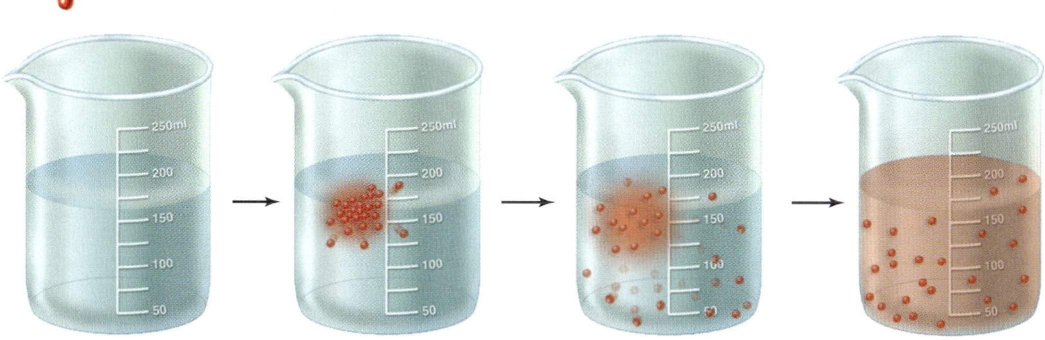

a. *b.* *c.* *d.*

그림 2.18 **확산.** 잉크 한 방울을 비커에 담긴 물에 떨어뜨리면 (*a*) 잉크 분자들이 용해되어 (*b*) 확산되면서 (*c*) 잉크 분자가 물 전체에 균일하게 분포하게 된다 (*d*).

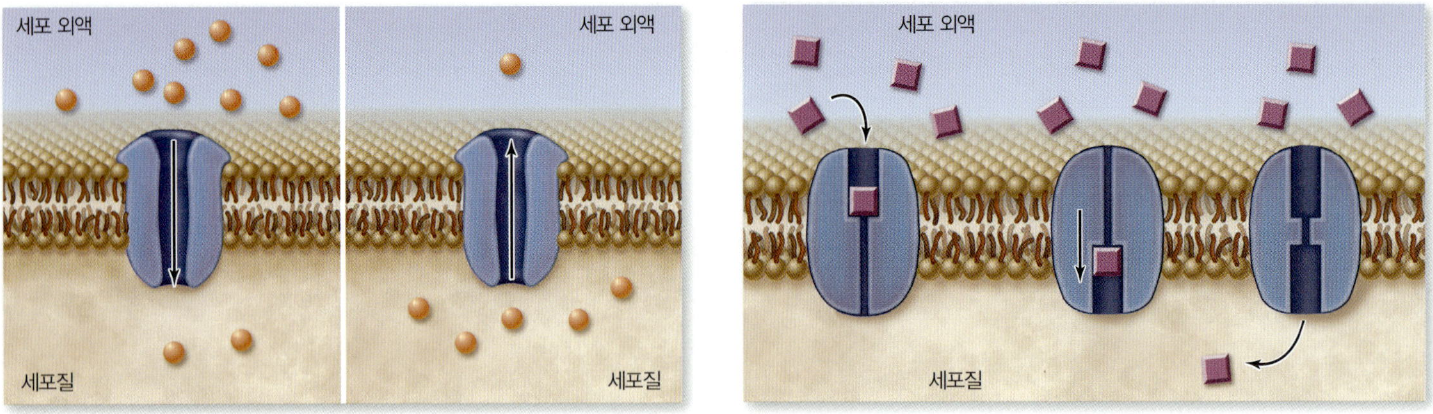

a. *b.*

그림 2.19 촉진확산.
막단백질에 의해 확산이 촉진된다. ***a.*** 통로를 통한 이온 이동을 나타냈다. 왼쪽 그림에서는 세포 외부에서 이온농도가 높아지므로 이온이 세포 안쪽으로 이동한다. 오른쪽 그림에서는 상황이 반전된다. 두 경우 모두, 막의 양쪽에서 농도가 같아질 때까지 이온의 운반이 계속된다. 평형 상태에서 이온은 양방향으로 막을 통해 계속 이동되지만 전체적으로는 이동이 없는 것처럼 보인다. ***b.*** 운반단백질은 이들이 수송하는 분자에 특이적으로 결합한다. 이 경우 세포 외부의 농도가 높으므로 분자는 외부에서 운반단백질에 결합한다. 운반단백질의 형태가 변하면서 분자가 막을 가로질러 막 안쪽으로 들어오게 한다. 이것은 가역적이므로 막의 양쪽에서 농도가 같아질 때까지 이동은 계속된다.

촉진확산

세포에 필요한 주요 물질 중 세포막을 쉽게 통과하지 못하는 종류도 많다. 이들은 막을 사이에 두고 농도 차이가 존재하는 한, **통로단백질**(channel protein)이나 **운반단백질**(carrier protein)과 같은 수송단백질을 통해 수송될 수 있다(**그림 2.19**). 막 단백질에 의한 이런 확산을 **촉진확산**(facilitated diffusion)이라고 한다. 통로단백질은 친수성 내부를 가지고 있어 통로가 열렸을 때 극성 분자를 통과할 수 있게 한다. 그에 비해 운반단백질은 효소가 기질에 결합하는 것과 같이 통과시키고자 하는 분자에 결합한다. 이들 수송단백질은 일반적으로 특정 종류의 분자에 대해서만 특이적으로 작용하므로 세포막에 **선택적 투과성**(selective permeablity)을 부여한다. 또한 물질 수송 속도는 막에 있는 수송단백질의 수에 따라 결정되기에, 농도 차이가 아무리 많이 나더라도 수송 속도가 더 이상 증가하지 않는 포화상태를 나타낼 수 있다.

삼투: 막을 통한 물의 이동

세포질은 당과 단백질 같은 많은 분자를 함유하고 있다. 대부분 이러한 물질들은 극성을 띠고 있으며 수용성이기 때문에, 지질 2중층의 세포막을 자유롭게 통과할 수 없다. 그러나 물 분자의 이동은 차단되지 않는데, 물은 막을 자유롭게 통과할 수 있을 만큼 작기 때문이다.

물은 그 자체가 극성을 띠며 다른 수용성 분자들과 친화력이 크기에, 용해된 분자들과 상호작용을 하고 있다. 다른 분자들과 상호작용하고 있는 물 분자들은 마음대로 움직이지 못하고 극성 분자들 주변에 밀집하게 된다. 그 결과, 용질의 농도가 높은 용액은 농도가 낮은 용액보다 자유롭게 반투막을 통과할 수 있는 물 분자의 농도가 낮아진다. 이런 차이로 자유롭게 움직일 수 있는 물 분자는 용질의 농도가 낮은 쪽에서 높은 쪽으로 이동하게 되는데, 이런 현상을 **삼투**(osmosis)라고 한다(**그림 2.20**).

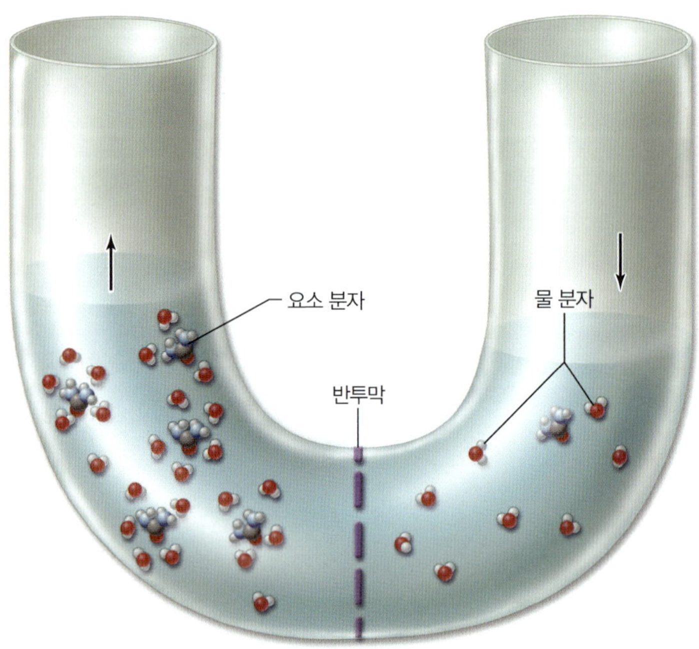

그림 2.20 삼투.
반투과성 막을 통과할 수 없는 극성 분자의 농도 차이는 물을 이동시켜 막을 통과하도록 한다. 물 분자는 극성 분자와 수소결합을 형성하여 용액에서 수화물을 만든다. 그림에서 막의 왼쪽이 극성 분자(요소)의 농도가 더 높기 때문에 요소 분자 주위로 물 분자가 모이게 된다. 이 물 분자는 더 이상 막을 통한 자유로운 확산이 일어나지 않는다. 극성 용질은 자유 물 분자의 농도를 감소시켜 농도기울기를 만들게 된다. 따라서 U자 관에서 오른쪽에서 왼쪽으로 물 분자의 확산이 일어나게 되며, 결과적으로 왼쪽은 높이가 상승하고 오른쪽은 하강하게 된다.

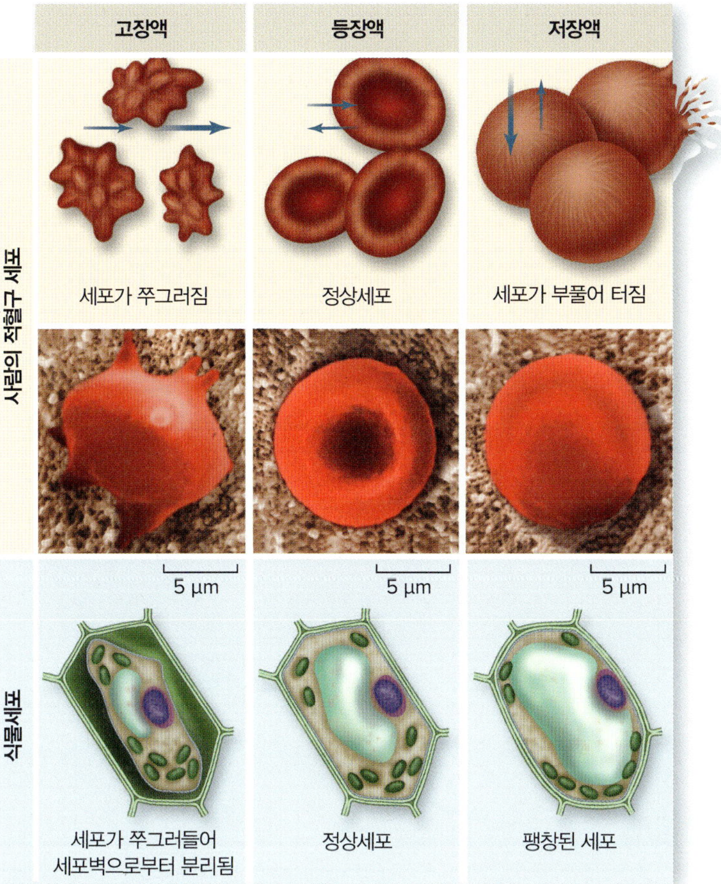

그림 2.21 용질이 삼투압을 만드는 방법.
고장액에서 물은 세포 밖으로 이동하여 세포가 쭈그러들게 된다. 등장액에서 물은 같은 속도로 세포 내외로 확산되어 세포 크기는 변하지 않는다. 저장액에서 물은 세포 안쪽으로 이동한다. 물의 이동 방향과 양은 파란색 화살표로 나타냈다(위쪽). 저장액에서 물이 세포 안으로 들어옴에 따라 세포가 파열될 때까지 세포막에 압력이 가해진다. 세포 내의 높은 용질 농도로 인한 삼투압 때문에 물이 세포 안으로 들어온다. 삼투압은 삼투를 막는 데 필요한 압력으로 측정된다. 저장액에서 식물세포는 강한 세포벽 때문에 세포가 수압을 견딜 수 있지만, 동물세포는 부풀어 결국 터지게 된다.

용액 속의 모든 용질의 농도를 용액의 삼투농도라 한다. 두 용액이 다른 삼투농도를 가질 때 삼투농도가 높은 쪽을 **고장성**(hypertonic) 용액, 낮은 쪽을 **저장성**(hypotonic) 용액이라 한다. 두 용액의 삼투농도가 같으면 **등장성**(isotonic) 용액이라고 한다. 삼투로 인해 세포 안으로 물이 이동할 때 생기는 압력을 **삼투압**(osmotic pressure)이라 하며, 이로 인해 세포가 팽창되고 파열되기도 한다(**그림 2.21**).

막을 통한 능동수송

세포는 에너지를 사용하여 농도기울기를 거스르면서 물질을 수송할 수 있는데, 이 과정을 **능동수송**(active transport)이라 한다. 능동수송은 세포의 가장 중요한 기능 중 하나이다. 세포는 이미 세포 내에 주변 환경보다 더 높은 농도의 분자가 있더라도 능동수송을 이용해 분자를 계속 세포 내로 흡수할 수 있다. 능동수송에서는 ATP의 에너지가 직접 또는 간접적으로 사용된다.

능동수송도 촉진확산처럼 수송할 물질과 선택적으로 결합하는 막 단백질이 관여한다. 수송단백질이 하나의 물질만을 수송하면 이를 **단일수송체**(uniporter)라고 하며, 서로 다른 두 가지 물질을 동시에 같은 방향으로 수송하면 **공동수송체**(symporter), 두 분자를 서로 반대 방향으로 수송하면 **역수송체**(antiporter)라고 한다.

소듐-포타슘 펌프

가장 중요한 능동수송은 **소듐-포타슘 펌프**(Na^+-K^+ pump)에 의해 일어나며, 에너지를 사용하여 농도기울기를 거슬러서 소듐 이온을 세포 밖으로 내보내고 포타슘 이온을 안쪽으로 운반한다. 우리 몸에서 사용되는 모든 에너지의 1/3 이상이 이 펌프를 작동하는 데 쓰인다(**그림 2.22**). 각각의 펌프가 최대로 작동하면 1초당 300개 이상의 소듐 이온을 옮길 수 있다. 이 결과, 세포 안에는 밖에 비해 훨씬 적은 소듐 이온이 있게 된다. 막대한 양의 에너지를 소비하여 얻은 소듐의 농도 차이는 다양한 용도로 이용된다. 예를 들면, 신경세포에서 신호를 전달하는 데 사용되며, 또한 당이나 아미노산과 같은 중요한 분자들을 농도 차이를 거슬러 세포 안으로 수송하는 데 이용된다.

공역수송

한 분자가 농도기울기를 따라 이동할 때 생기는 에너지를 이용하여 다른 분자가 농도에 거슬러 수송되는 과정을 **공역수송**(coupled transport)이라 한다. 다세포생물의 소장 상피세포는 외부보다 훨씬 더 높은 농도의 포도당을 함유하기 때문에, 이들 세포로 포도당이 수송되기 위해서는 농도를 거슬러야 한다. 활성화된 포도당 운반체는 Na^+-K^+ 펌프에 의해 형성된 Na^+의 농도기울기를 에너지원으로 사용하여 포도당을 세포 내로 흡수할 수 있다. 이 수송에서 세포 밖의 포도당과 Na^+ 모두 공역수송단백질에 결합되며, 농도기울기를 따라 세포 내로 들어오려는 Na^+의 에너지를 이용해 포도당을 세포 내로 운반한다(**그림 2.23**).

세포내섭취와 세포외배출

많은 진핵세포는 먹이가 있는 쪽으로 원형질막을 뻗어 먹이와 액체를 흡수한다. 막은 그 물질들을 포획하여 막으로 둘러싸인 소포를 형성한다. 이러한 과정을 **세포내섭취**(endocytosis)라 한다(**그림 2.24**). 세포가 섭취하는 물질이 세균과 같은 생명체이거나 유기물 조각과 같은 입자일 경우 **식세포작용**(phagocytosis)이라 하며, 액체이거나 작은 입자가 액체에 녹아 있는 물질일 경우 **음세포작용**(pinocytosis)이라고 한다. 또한 특정 분자들을 세포 내로 운반할 때는 막에 있는 특이적인 수용체(receptor)를 사용하는데, 이를 **수용**

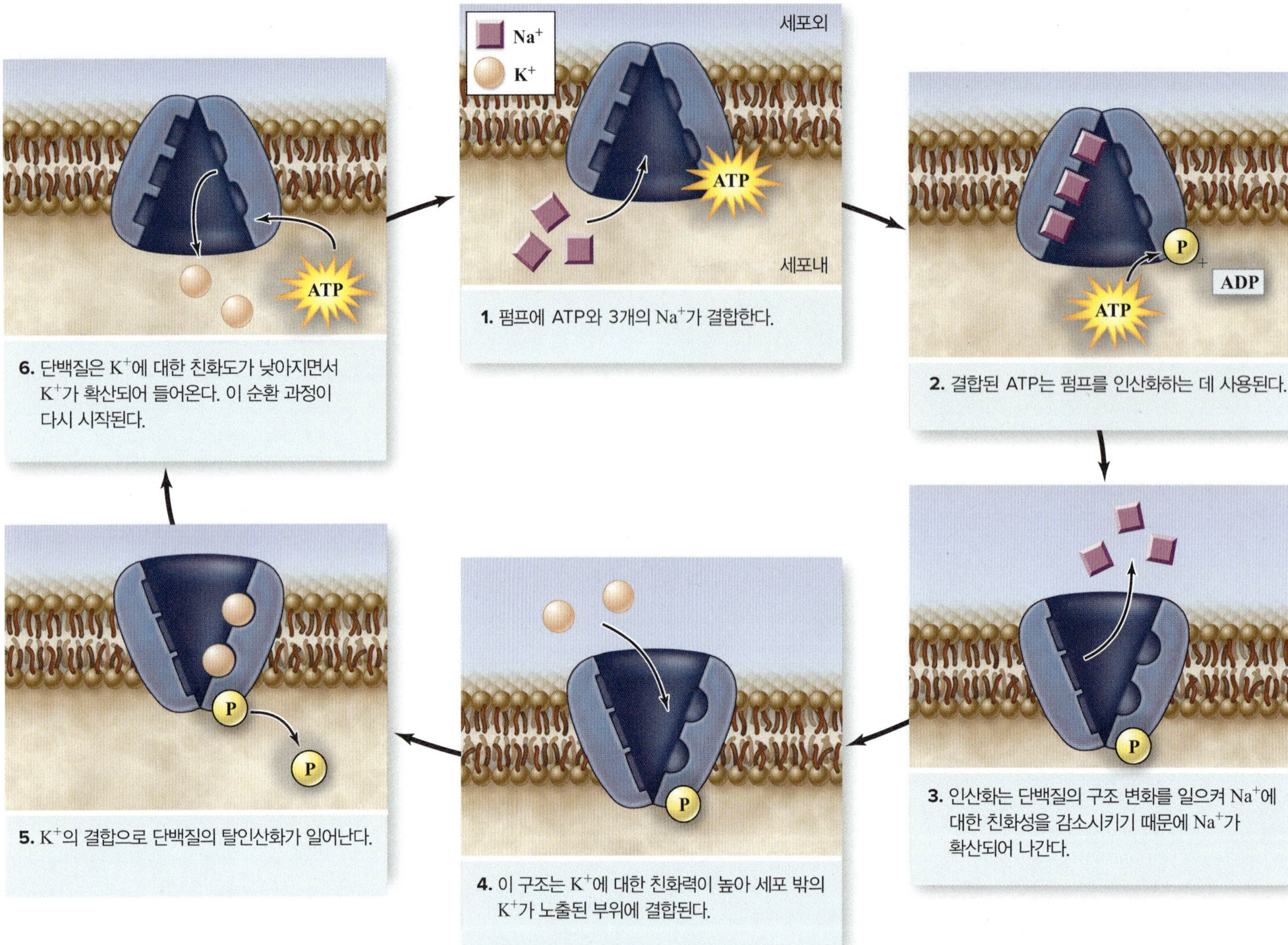

그림 2.22 소듐-포타슘 펌프.
소듐-포타슘 펌프는 원형질막을 가로질러 소듐(Na^+)과 포타슘(K^+)을 운반하는 운반단백질이다. 세포 밖으로 운송되는 3개의 Na^+마다 2개의 K^+가 세포 안으로 운반된다. 이 과정 중 필요한 에너지는 ATP 가수분해에 의해 제공된다. 인산기가 붙고 떨어지는 과정에서 단백질의 구조를 변화시켜서, Na^+와 K^+에 대한 펌프의 친화력이 달라진다.

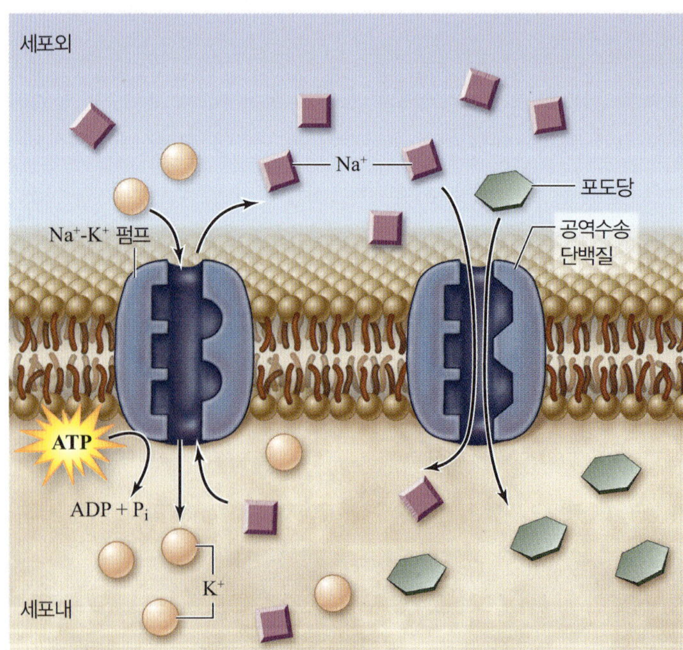

그림 2.23 공역수송.
막단백질은 Na^+과 포도당 분자를 동시에 세포 안쪽으로 운반한다. Na^+-K^+ 펌프에 의해 세포 외부에 고농도로 Na^+가 형성되면 공역수송이 시작되면서 포도당 분자는 농도기울기를 거슬러서 세포 내부로 이동한다. Na^+ 기울기는 Na^+-K^+ 펌프에 의해 유지된다. ADP=아데노신 2인산, ATP=아데노신 3인산, P_i=무기 인산염.

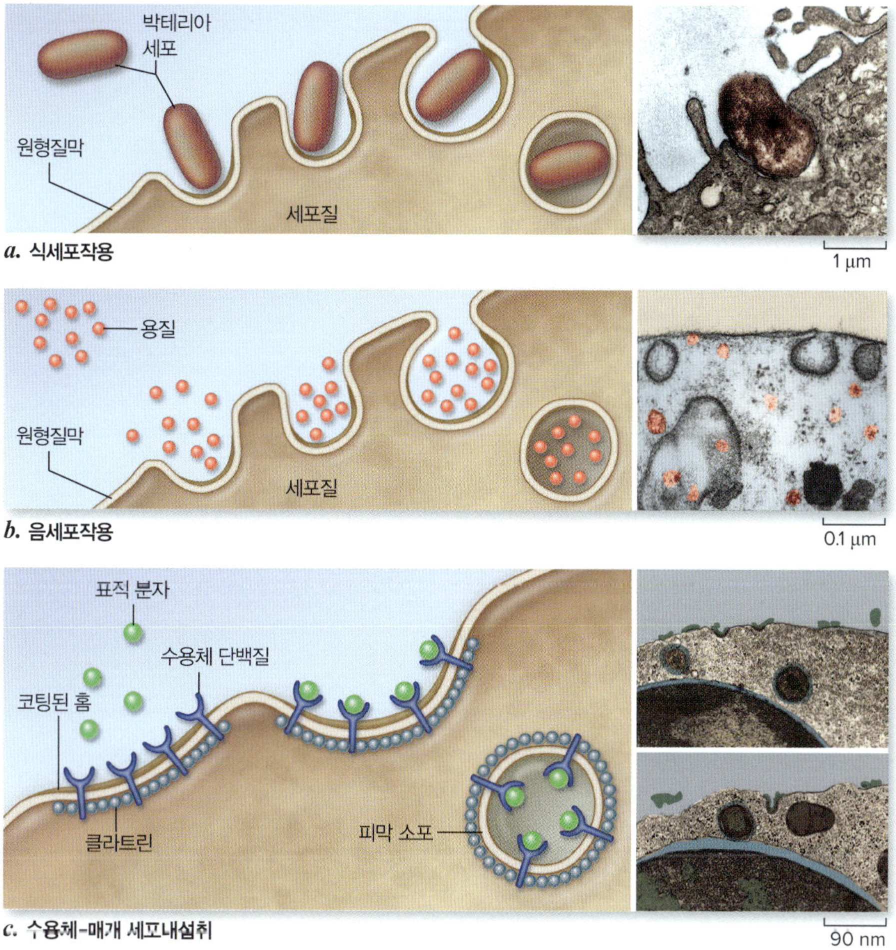

그림 2.24 세포내섭취.
식세포작용(***a***)과 음세포작용(***b***)은 모두 세포내섭취이다. ***c.*** 수용체-매개 세포내섭취 과정에서, 세포는 표적 분자가 원형질막의 수용체 단백질에 결합할 때 세포내섭취를 개시하는 단백질인 클라트린으로 둘러싸인 홈을 갖게 된다. 사진(구조를 명확하게 구별하기 위해 채색함): **(*a*)** 생쥐 복막 중피세포에 의한 박테리아(*Rickettsia tsutsugamushi*) 식세포작용의 TEM 사진. 박테리아는 식세포작용에 의해 숙주세포로 들어가고 세포질에서 복제된다. **(*b*)** 평활근 세포에서 음세포작용의 TEM 사진. **(*c*)** 단백질 층으로 덮인 발생 중인 난자세포의 원형질막에 나타난 홈. 분자들이 피막 홈 부위에 적절히 모이면, 구멍이 깊어지고 결국 분리되어 피막 소포를 형성한다.

체-매개 세포내섭취(receptor-mediated endocytosis)라고 한다. 각 수용체는 서로 다른 종류의 분자를 대상으로 작용하며, 이 과정에서 클라트린(clathrin)이라는 단백질이 관여한다.

섭취작용과 반대로 소포로부터 세포 표면으로 물질을 방출하는 것은 **세포외배출**(exocytosis)이라 한다(**그림 2.25**). 동물세포에서는 세포외배출이 다양한 호르몬, 신경전달물질, 소화효소 등의 물질을 분비하는 기작이다. 세포막을 통한 수송의 기작은 **표 2.4**에 요약되어 있다.

직접 접촉에 의한 세포 간 상호작용

다세포생물에서 대부분 세포는 항상 다른 세포와 물리적으로 접촉하고 있다. 이렇게 붙어 있는 세포들의 덩어리는 오랫동안 또는 영구히 유지되는 연결 부위인 **세포연접**(cell junction)을 형성한다. 조직 내 세포 간의 물리적 연결은 조직의 유형에 따라 다르다. 세포연접은 기능에 따라 밀착연접, 부착

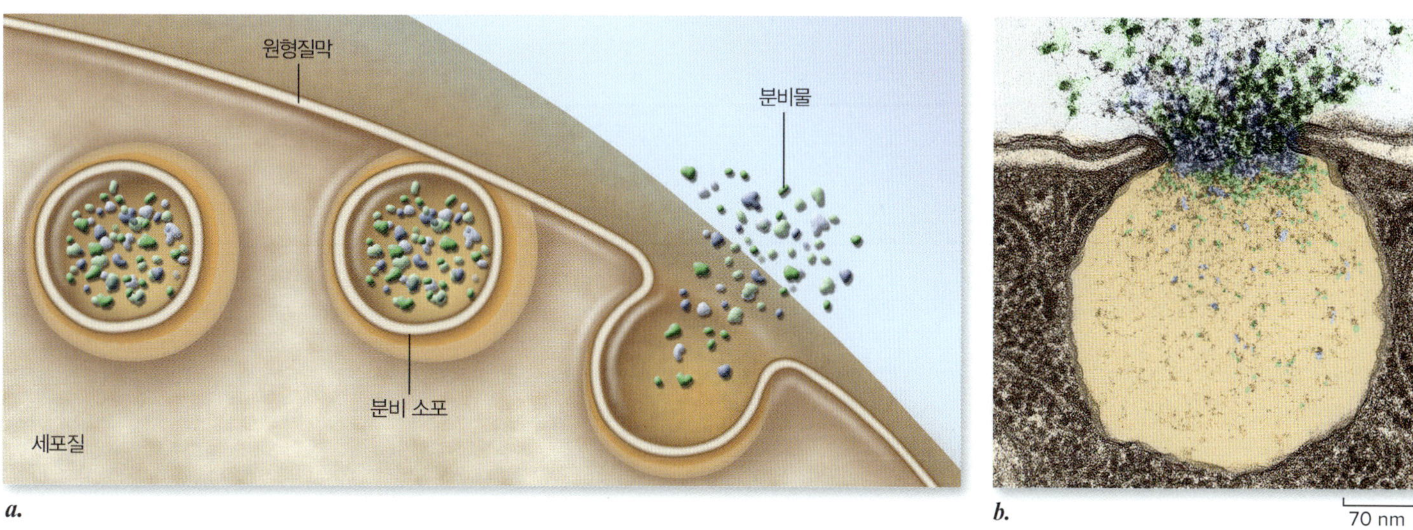

그림 2.25 세포외배출.
a. 단백질과 또 다른 분자는 작은 소포로 세포에서 분비되는데, 소포막은 원형질막과 융합하여 세포 외부로 내용물만 배출한다. ***b.*** 세포외배출을 나타내는 투과전자현미경 사진(시각적 효과를 위해 채색함).

표 2.4 세포막을 통한 수송기작

과정		작용 방법	예
		수동적 과정	
단순확산			
직접	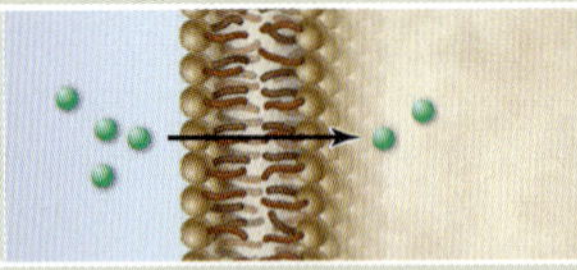	분자가 직접 이동하여 농도가 높은 곳에서 낮은 곳으로 비극성 분자를 이동시킴	세포 내로의 산소 이동
촉진확산			
단백질 통로	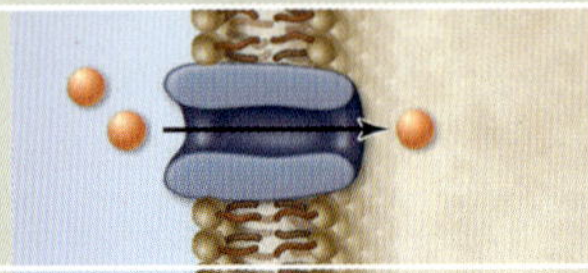	극성 분자나 이온이 단백질 통로를 통해 이동. 농도가 높은 곳에서 낮은 곳으로 이동	세포 안팎으로 이온 이동
단백질 운반체	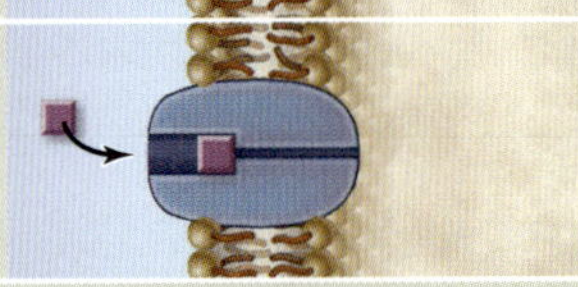	분자들이 막에 있는 운반단백질과 결합하여 수송됨. 농도가 높은 곳에서 낮은 곳으로 이동	세포 안으로 당 이동
삼투			
아쿠아포린	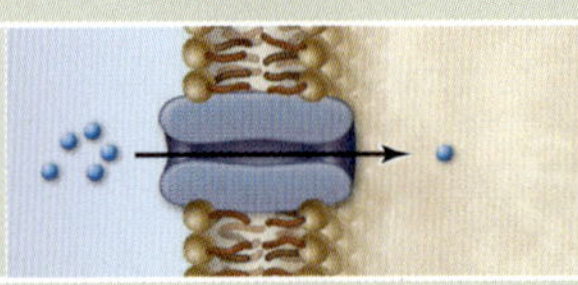	삼투에 의해 막을 통한 물의 이동. 용질의 농도 차이가 필요	저장액에서 세포 안으로 물 이동
		능동적 과정	
능동수송			
단백질 운반체			
Na^+-K^+ 펌프	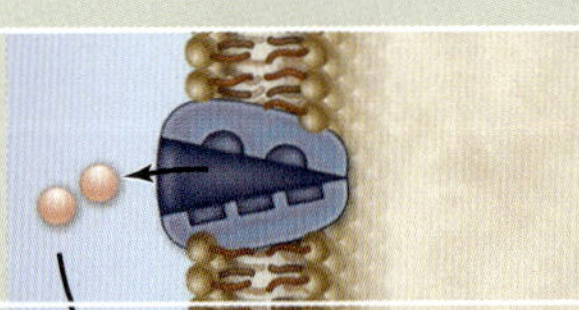	운반체가 농도기울기에 역행하여 에너지를 이용하여 물질 수송	농도기울기에 역행하여 Na^+와 K^+ 이동
공역수송	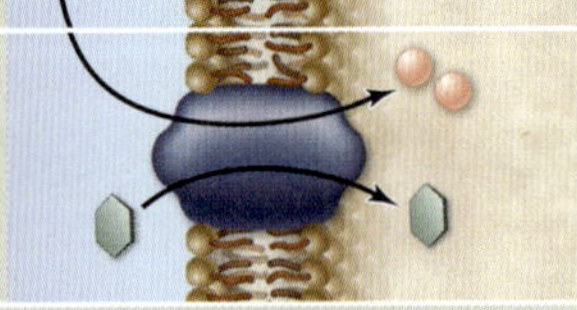	Na^+나 양성자가 수송될 때 분자가 농도기울기에 역행하여 함께 수송됨	Na^+의 농도기울기를 이용하므로 포도당은 농도기울기에 역행하여 세포 안으로 수송됨
세포내섭취			
막소포			
식세포작용	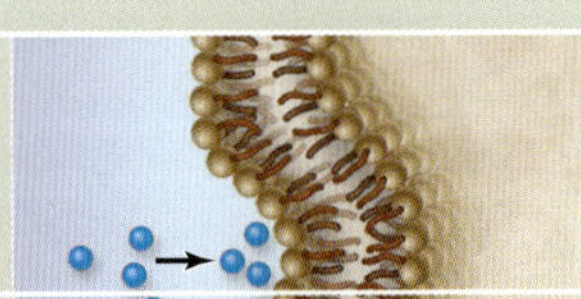	입자는 막으로 둘러싸여 소포를 형성	백혈구에 의한 식세포작용
음세포작용		유동물질이 막으로 둘러싸여 소포를 형성	사람 난세포의 영양 섭취
수용체-매개 세포내섭취	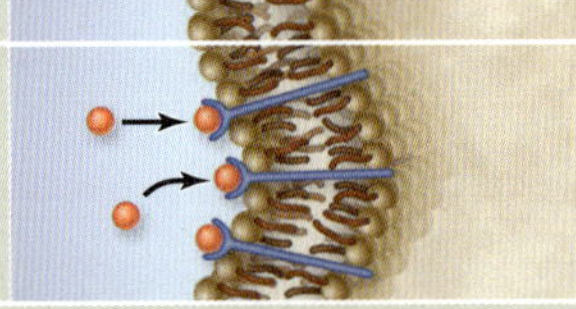	특별한 수용체에 의해 개시되는 식세포작용으로 클라트린으로 감싸인 소포 형성	콜레스테롤 섭취
세포외배출			
막소포	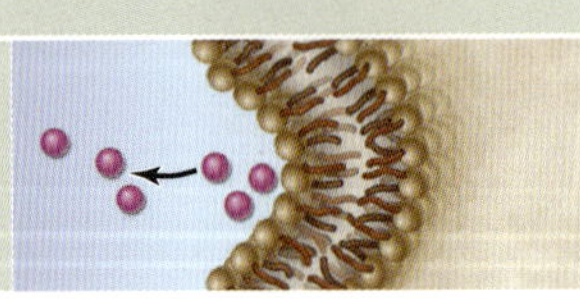	소포가 세포막과 융합되어 분비물을 방출	점액질 분비, 신경전달물질 방출

표 2.5	세포간 연결과 세포 정체성		
연결 유형	**구조**	**기능**	**예시**
세포-표면 표지	원형질막에 존재하는 다양한 막내재단백질이나 인지질	세포에 정체성 부여	MHC 복합체, 혈액형, 항체
격벽연접 **밀착연접**	단단하게 결합되어 새지 않는 섬유 단백질 클라우딘은 세포 주변을 밀봉함	물질이 세포 사이를 통과하지 못하도록 세포를 함께 고정	내장에 있는 상피세포 사이의 접합
부착연접(데스모솜)	캐드헤린의 변이형과 데스모콜린은 세포골격 중 중간섬유에 결합	세포 사이에 강력하고 유연한 연결을 만듦. 척추동물에서 발견	상피세포
부착연접(접착연접)	고전적인 캐드헤린은 세포골격 중 미세섬유에 결합	세포를 함께 연결. 모든 다세포 생물체에서 발견되는 가장 오래된 형태의 세포 연접	피부와 같은 높은 기계적 스트레스를 가지는 조직
부착연접(반데스모솜, 초점부착)	막내재단백질은 세포외기질에 결합	기질에 대한 부착점 제공	세포 이동과 관련되고 발생 과정에 중요함
소통연접(간극연접)	막관통 단백질 코넥손/파네신 6개가 세포를 연결하는 막공을 만듦	조직에서 세포 간에 작은 분자의 통과를 허용	심장근육 같은 흥분성 조직
소통연접(원형질연락사)	인접한 식물 세포벽의 틈 사이의 세포질 연결	식물세포 간의 소통 접합	식물조직

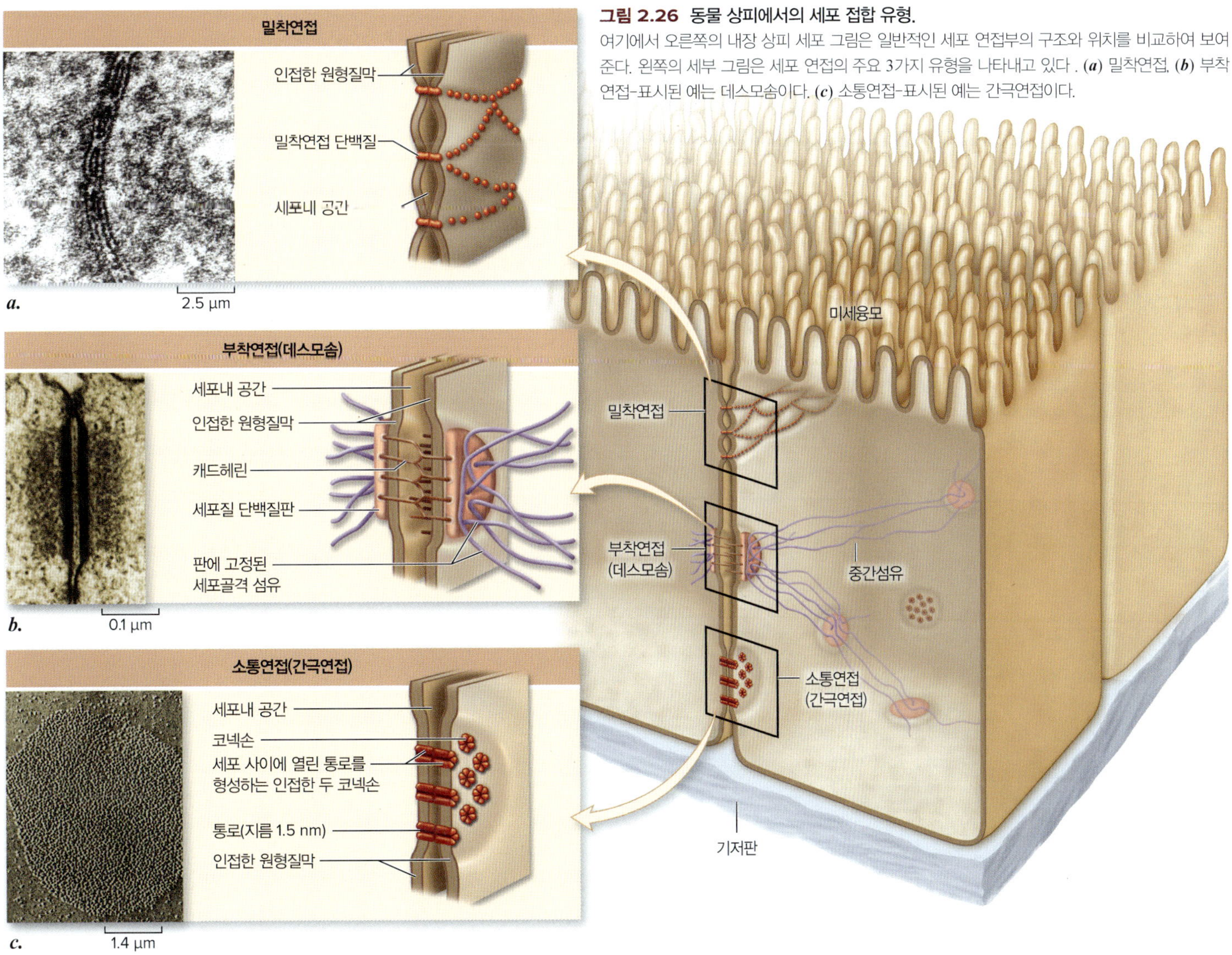

그림 2.26 동물 상피에서의 세포 접합 유형. 여기에서 오른쪽의 내장 상피 세포 그림은 일반적인 세포 연접부의 구조와 위치를 비교하여 보여준다. 왼쪽의 세부 그림은 세포 연접의 주요 3가지 유형을 나타내고 있다 . (*a*) 밀착연접, (*b*) 부착연접-표시된 예는 데스모솜이다, (*c*) 소통연접-표시된 예는 간극연접이다.

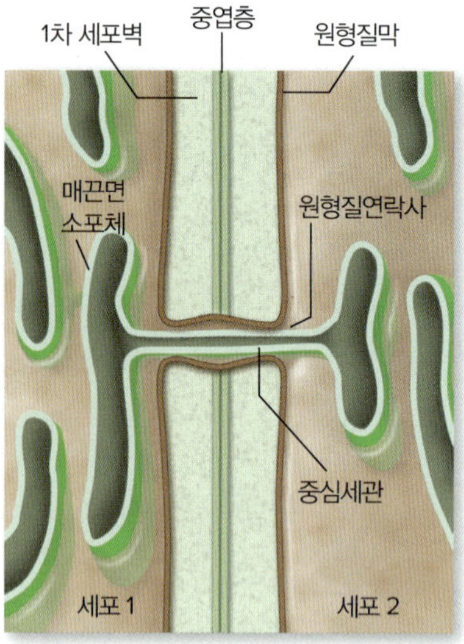

그림 2.27 원형질연락사. 식물세포는 인접한 세포의 세포질을 연결하는 원형질연락사라고 하는 세포벽의 특수 구멍을 통해 소통할 수 있다.

연접 및 소통연접의 3가지 유형으로 구분된다(**표 2.5**).

1. **밀착연접**(tight junction)은 세포들을 매우 빽빽하게 묶어 물질이 통과하지 못하도록 판을 형성한다(**그림 2.26***a*). 이와 같은 판은 소화관을 따라 이어져 있으며, 소화관 속의 내용물이 주변 조직으로 새어 나가는 것을 방지하는 역할을 한다. 또한 밀착연접은 효과적으로 막을 분할하여 단백질들을 서로 섞이지 않도록 판을 기준으로 분리하는 역할을 한다.
2. **부착연접**(anchoring junction)은 세포골격을 다른 세포의 세포골격이나 세포외기질에 기계적으로 견고히 부착시킨다(**그림 2.26***b*). 부착연접은 일반적으로 피부나 심장 근육과 같이 스트레칭이나 기계적인 스트레스를 담당하는 조직에서 발견된다.
3. **소통연접**(communicating junction)을 통해 많은 세포는 직접 인접 세포와 소통한다(**그림 2.26***c*). 이 연접을 통하여 작은 분자들이 통과할 수 있으며, 화학적 또는 전기적 신호가 한 세포에서 다른 세포로 직접 전달된다. **간극연접**(gap junction)이라고도 한다.

식물세포는 **원형질연락사**(plasmodesmata)를 통하여 인접한 세포의 세포질이 서로 연결된다(**그림 2.27**). 원형질연락사는 동물의 소통연접(간극연접)보다 더 복잡한 구조를 지니지만 기능은 같다. 원형질연락사는 간극연접과는 달리 원형질막으로 덮여 있으며, 두 세포의 소포체를 연결하는 중심세관을 가진다.

2.4 세포 간 의사소통

세포 간의 신호전달은 모든 다세포생물에서 발생하며, 세포가 서로 영향을 미치는 데 필수적인 메커니즘을 제공한다. 효과적인 신호전달을 위해서는 리간드(ligand)라는 신호전달 분자 및 이와 결합하는 수용체(receptor)가 필요하다. 이와 같은 2가지 요소들의 상호작용은 신호전달 과정을 개시하며, 이 과정으로 전달된 신호를 세포 반응으로 바꾸어 준다(**그림 2.28**).

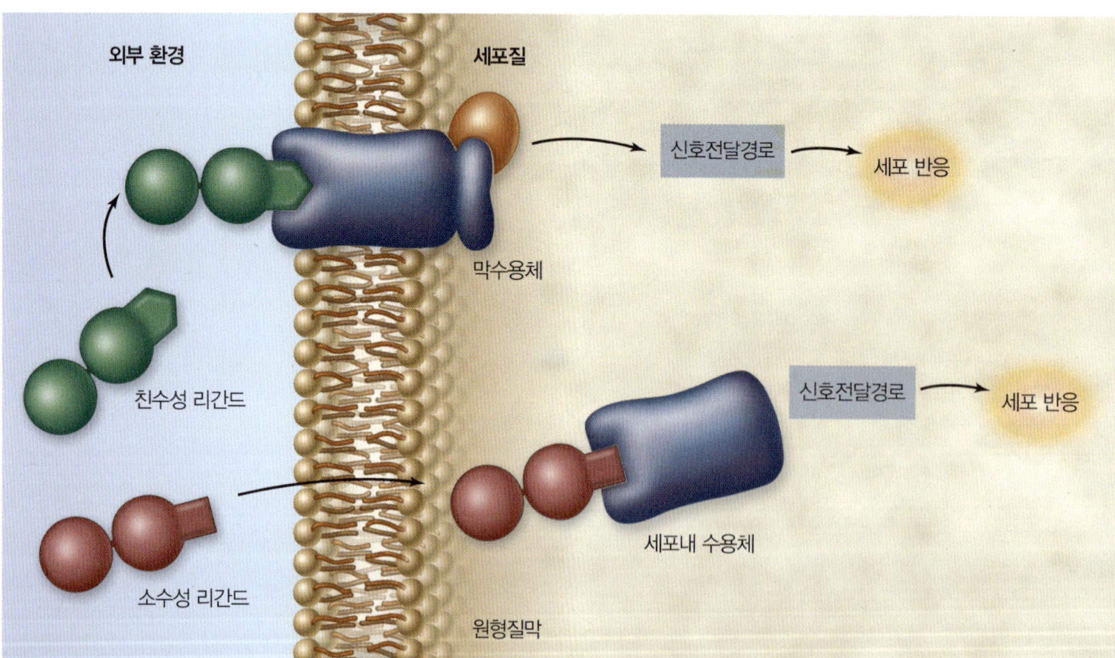

그림 2.28 세포 간 신호전달의 개요. 세포 간 신호전달은 리간드라 불리는 신호 분자, 수용체, 세포 반응을 생성하는 신호전달경로를 포함한다. 수용체는 세포 안 또는 세포막에 위치하며, 세포내 수용체는 막을 가로지르는 소수성 리간드를, 세포막 수용체는 막을 통과할 수 없는 친수성 리간드를 위해 존재한다.

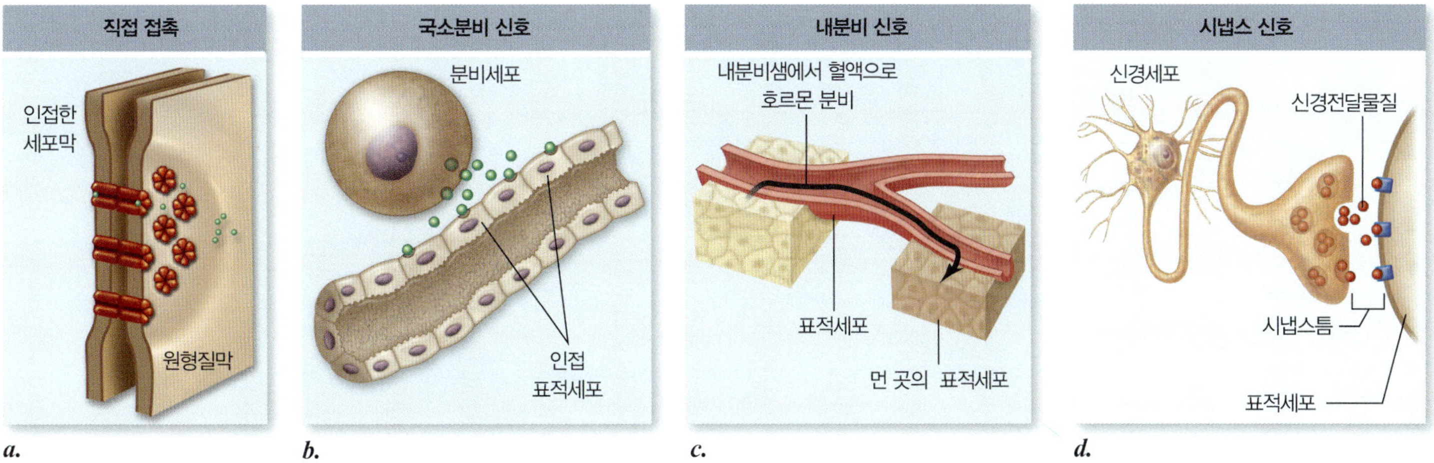

그림 2.29 세포 신호의 4가지 종류.
세포들간의 소통에는 여러 가지 방법이 있다. ***a.*** 직접 접촉. 서로 직접적으로 접촉한 두 세포는 간극연접을 통하여 신호를 보낸다. ***b.*** 국소분비 신호. 한 세포로부터 분비된 물질은 아주 가까이에 있는 세포에만 영향을 준다. ***c.*** 내분비 신호. 호르몬은 생물체의 순환계로 분비되어 표적세포로 운반된다. ***d.*** 화학적 시냅스 신호. 신경전달물질이라 부르는 신호 분자가 신경세포에서 작은 시냅스 간극을 건너 표적세포까지 도달한다.

신호전달 분자로는 친수성 분자인 펩타이드, 단백질, 아미노산, 뉴클레오타이드 등을 사용하고, 소수성 분자로 스테로이드나 지질, 또는 일산화질소(NO) 등을 사용한다. 리간드와 수용체 사이의 특이적인 결합은 수용체 단백질의 형태 변화를 유도하여 세포 반응을 일으키는 신호전달경로(signal transduction pathway)를 개시한다. 일반적으로 지용성 리간드는 수용성 리간드보다 지속 시간이 길다. 세포는 보유하고 있는 특정 수용체 단백질에 알맞은 신호 분자에만 반응하며, 그렇지 않은 것은 무시한다.

세포 신호전달 기작은 기본적으로 신호세포와 반응세포 사이의 거리에 따라 (1) 인접한 세포 사이의 직접 접촉, (2) 짧은 거리에 확산하는 **국소분비**(paracrine) 신호, (3) 내분비 신호 및 (4) 시냅스 신호로 구분된다(**그림 2.29**). 이 외에도 세포는 자가신호(autocrine signaling)라는 과정을 통해 자신에게 신호를 보낼 수 있다.

수용체의 종류

친수성 신호전달 분자는 막을 직접 통과할 수 없기에 세포표면 수용체와 결합하는 반면, 소수성 분자는 막을 통과하여 세포질에 있는 수용체와 결합한다(**표 2.6**).

세포내 수용체: 지용성이거나 매우 작은 분자로 된 많은 세포 신호는 표적세포의 세포막을 쉽게 통과하여 세포 속으로 들어가서 세포내 수용체와 결합할 수 있다. 이러한 리간드 중 일부는 세포질에 있는 단백질 수용체와 결합하기도 하고, 핵 속에 있는 수용체와 결합하기도 한다. 가장 대표적인 예로 스테로이드 호르몬 수용체를 들 수 있다. 코티솔, 에스트로젠, 프로게스테론, 테스토르테론과 같이 주로 비극성 구조를 공유하는 스테로이드 호르몬은 막을 쉽게 통과하여 세포내 수용체와 결합할 수 있다. 수용체에 호르몬이 결합하면 복합체는 세포질에서 핵 안으로 이동한다(**그**

표 2.6 세포 신호에 연관된 수용체들

수용체 유형	구조	기능	예
세포내 수용체	세포외 신호 결합 부위가 없음	지용성, 비극성 소형 분자로부터 신호를 받음	스테로이드 호르몬, 바이타민 D, 갑상선 호르몬 수용체
세포표면 수용체			
화학개폐성 이온통로	중앙부에 통로를 형성하는 다중 막관통단백질	화학적으로 자극받아 개폐되는 분자적 관문	뉴런
효소 수용체	단일 막관통단백질	세포외에서 신호와 결합. 세포내 반응을 촉매함	단백질 카이네이스의 인산화
G 단백질연결수용체	G 단백질과 세포질 내의 결합 부위를 가지며, 7번 막을 통과하는 막관통단백질	수용체에 신호가 결합하면 GTP가 G 단백질에 결합함. GTP가 부착된 G 단백질은 세포 내에서 신호를 전달함	펩타이드 호르몬, 눈의 간상세포

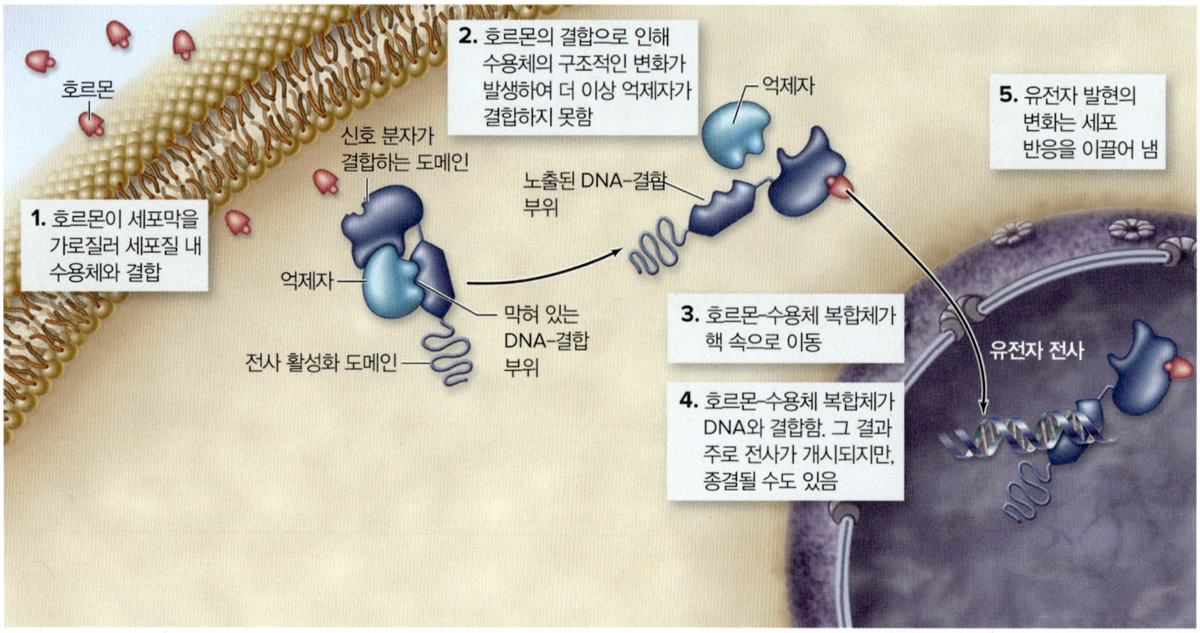

그림 2.30 유전자 전사를 조절하는 세포내 수용체.
소수성 신호 분자는 세포막을 가로질러 세포내 수용체와 결합할 수 있다. 이것은 유전자 발현의 변화를 일으키는 신호전달 경로의 시작이다.

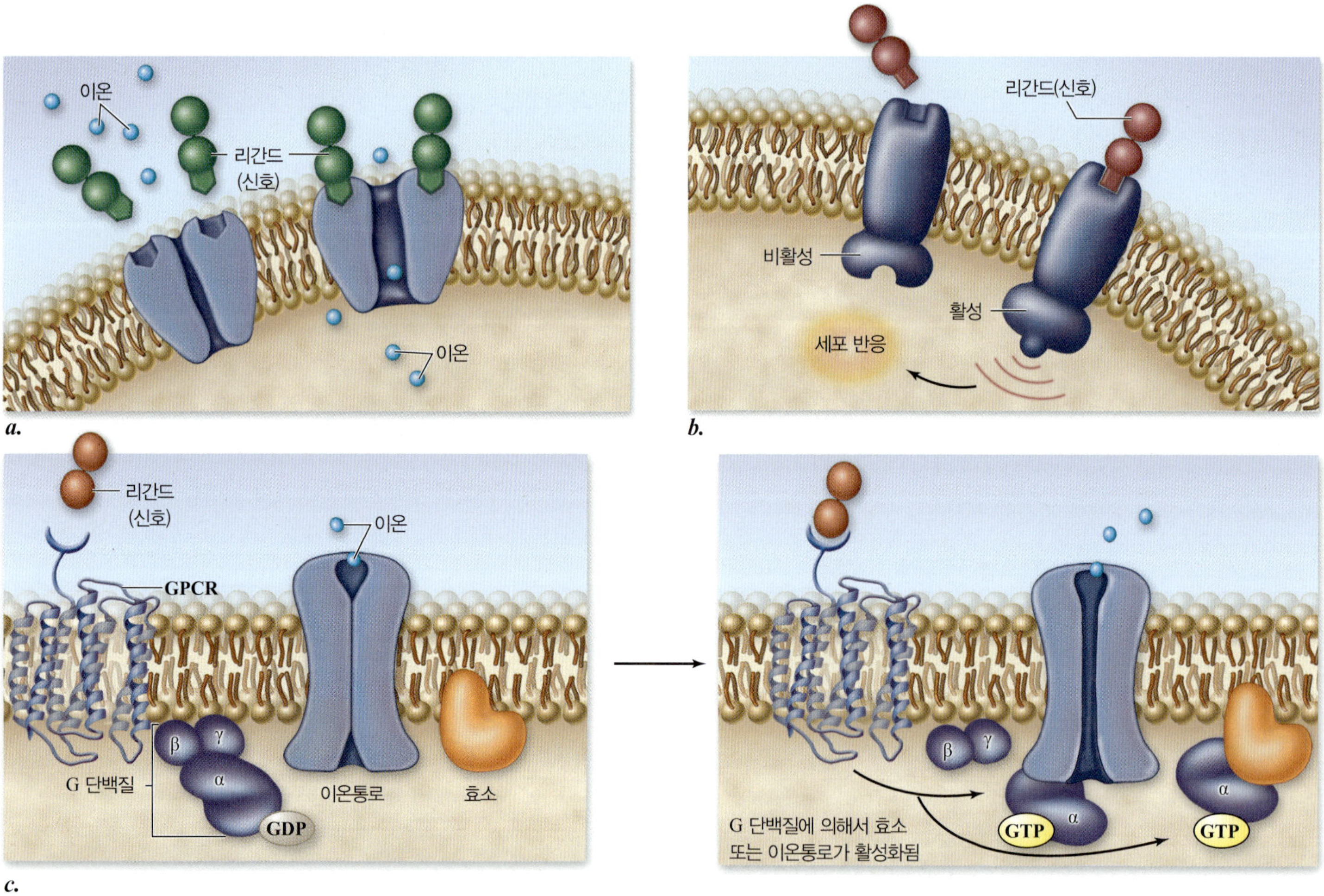

그림 2.31 세포표면 수용체.
a. 화학개폐성 이온통로는 화학적 신호에 의해서 열고 닫히는 통로이다. 이들은 선택적으로 단 한 가지 종류의 이온만 통과시킨다. *b.* 효소 수용체는 세포 밖 표면에서 리간드와 결합한다. 세포질 부분에 존재하는 촉매 영역은 세포질에서 효소처럼 작용하여 신호가 막을 가로질러 전달될 수 있도록 한다. *c.* G 단백질연결수용체(GPCR)는 세포 밖에서 리간드와 결합하여 세포 내의 G 단백질과 결합한다. *d.* 그 결과 G 단백질은 효소 또는 이온통로를 활성화하여 세포 밖의 신호를 세포 안으로 전달한다.

림 2.30). 이렇게 리간드-수용체 복합체가 세포의 핵에 도달하기 때문에 이러한 수용체를 종종 핵 수용체(nuclear receptor)라고도 한다.

세포표면 수용체: 막관통단백질이 수용체일 경우, 리간드는 수용체의 세포 밖 부위의 수용체에 결합하고 세포막을 통과할 수는 없다. 이 경우, 신호 분자가 아니라 수용체가 막을 통과하는 정보를 조절한다. 이러한 막수용체는 그들의 구조와 기능에 따라 이온의 통과를 조절하는 화학개폐성 이온통로(chemically gated ion channel), 효소처럼 작용하거나 효소와 직접적으로 연관되어 있는 효소 수용체, G 단백질(GTP에 의해 활성이 조절됨)과 연결된 수용체로 구분할 수 있다(**그림 2.31**).

몇몇 효소 수용체와 대부분의 G 단백질연결수용체는 **2차전달자**(second messenger)를 이용하여 세포질 내로 메시지를 전달한다. 2차전달자는 원래의 신호 분자를 "1차전달자"로 간주해서 나온 용어이며, 작은 분자 또는 이온의 형태로서 세포 속 단백질과 그들의 구조를 변하게 한다. cAMP(cyclic adenosine monophosphate, cyclic AMP)와 Ca^{2+}은 일반적인 2차전달자로 작용한다.

신호전달경로의 활성화

일반적으로 리간드가 수용체와 결합하면 수용체는 활성화되어 세포질에 있는 표적 단백질을 활성화시킨다. 이 표적 단백질은 또 다른 표적 단백질을 활성화시키는 연쇄반응이 일어나고, 최종적으로는 특정 전사인자가 활성화되어 표적 유전자의 발현을 조절한다. 여기에서는 **수용체타이로신카이네이스**(receptor tyrosine kinase, RTK)를 예로 들어 신호전달경로를 살펴본다.

RTK는 막에 고정되어 있기 위한 단일 막관통 도메인, 세포 밖 리간드 결합 도메인 및 세포내 카이네이스 도메인으로 이루어져 있다. 특정 수용체에 리간드가 결합하면, 2개의 수용체-리간드 복합체가 모이게 되어(2량체화, dimerization) 상대방의 타이로신 잔기를 인산화시키는데, 이러한 과정을 자가인산화(autophosphorylation)라

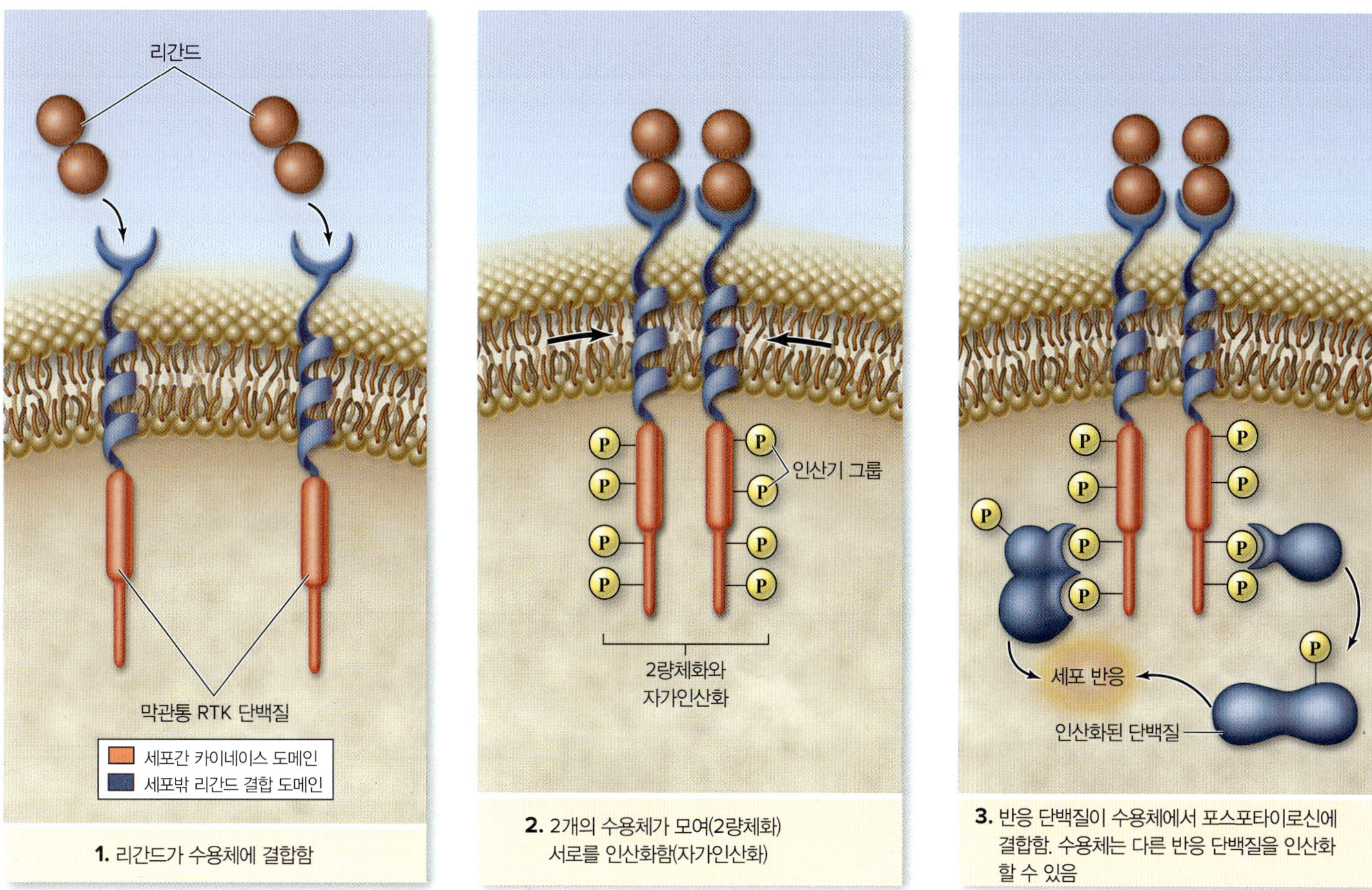

그림 2.32 RTK(수용체타이로신카이네이스)의 활성화.
막수용체는 막을 통과할 수 없는 친수성 호르몬 또는 생장인자와 결합한다. 이 수용체는 막관통단백질로, 세포 밖 리간드 결합 도메인과 세포내 카이네이스 도메인이 존재한다. 반응 단백질이 수용체의 포스포타이로신에 결합하여 수용체에 의해 인산화됨으로써 신호전달경로가 시작된다.

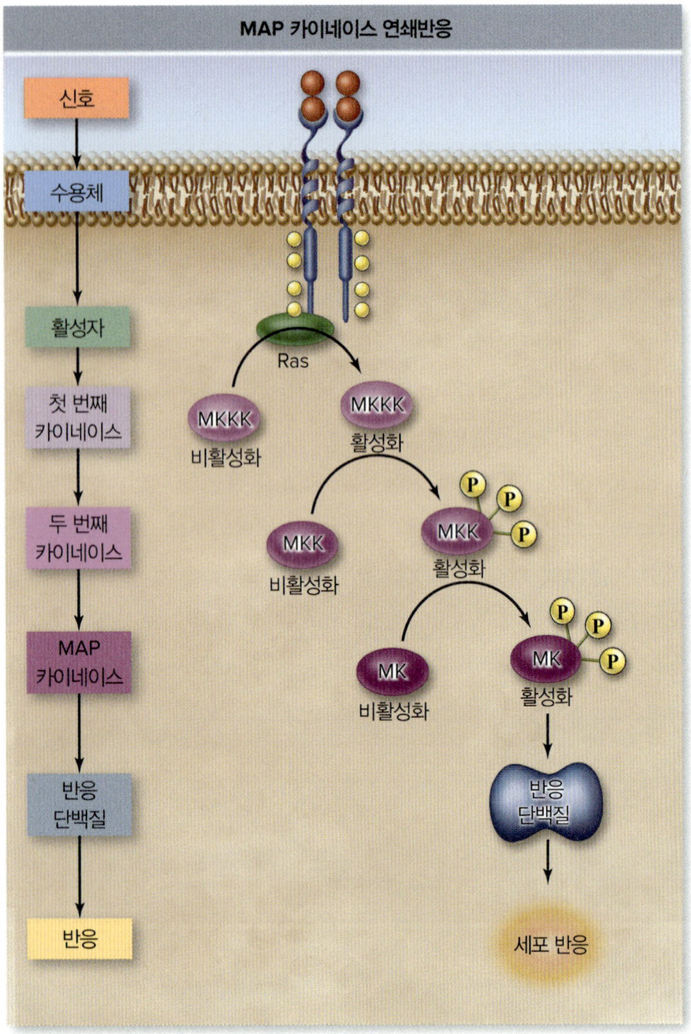

a.

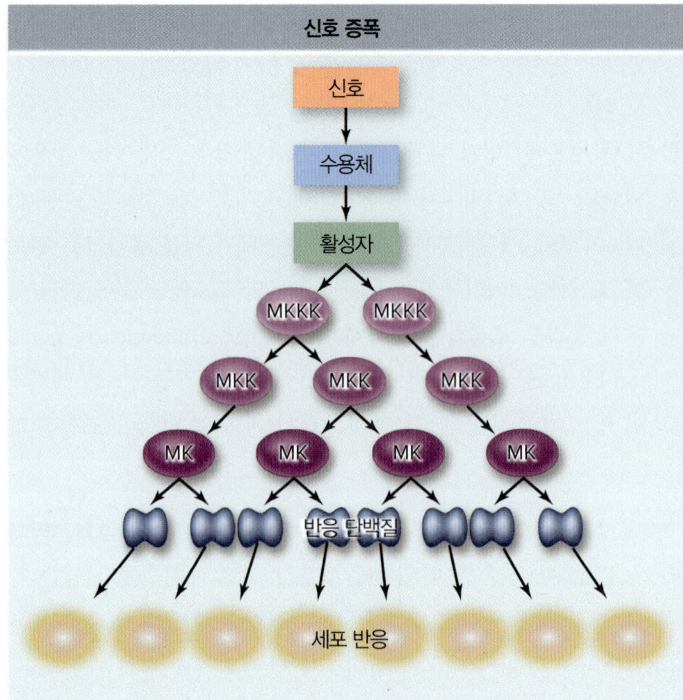

b.

그림 2.33 MAP 카이네이스의 연쇄반응에 의한 신호 증폭.
a. 왼쪽 그림은 인산화 연쇄반응을 보여준다. 이에 상응하는 세포 현상은 세포막에 존재하는 수용체에서 시작되며, 이를 오른쪽에 나타냈다. 각각의 카이네이스는 맨 마지막에 위치하는 MAP 카이네이스(MK)로부터 이름을 붙이는데, MK는 MKK(MAP kinase kinase)에 의해서 인산화되고, MKK는 MKKK(MAP kianse kinase kinase)에 의해서 인산화된다. 이러한 연쇄반응은 활성자 단백질에 의해 연결되어 있다. ***b.*** 다양한 기질에 의한 카이네이스의 효소 활성은 각 단계를 거쳐감에 따라 신호가 계속 증폭된다.

고 한다(**그림 2.32**). 다음 단계는 인산화된 수용체와 또 다른 단백질 사이의 상호작용으로 세포질 내로 신호를 전달하는 것이다.

수용체에 의해 활성화되는 세포내 단백질에 따라 이후에 일어나는 세포 반응은 달라진다. 예를 들어, 섬유아세포(fibroblast) 생장인자는 섬유아세포의 세포분열을 촉진하지만, 신경세포에서는 분열보다 분화를 촉진한다.

신호를 증폭시키는 연쇄반응

세포질의 카이네이스 중 **MAP 카이네이스**(mitogen activated protein kinase)는 매우 중요한 단백질 중 하나이다. 유사분열물질(mitogen)은 세포분열을 조절하는 일반적인 경로를 활성화시켜 세포분열을 촉진하는 화학물질이다. MAP 카이네이스는 인산화 연쇄반응(phosphorylation cascade) 또는 카이네이스 연쇄반응(kinase cascade)이라는 신호전달 모듈(module)에 의해 활성화된다. 이 모듈은 하위 단계의 효소를 잇달아 인산화하는 단백질 카이네이스의 연쇄반응이다. 연쇄반응의 한 가지 기능은 원래의 신호를 증폭시키는 것으로, 적은 수의 초기 신호 분자로 큰 반응을 이끌어 내는 것이다(**그림 2.33**). 대부분의 경우 연쇄반응의 마지막 단계는 유전자 발현을 활성화시키는 전사인자의 인산화에 영향을 준다.

2.5 세포주기 및 분열

모든 생물체는 세포분열을 통해 부모세포와 동일한 유전정보를 지닌 2개의 딸세포를 만들어 낸다. 원핵생물의 세포분열은 비교적 단순해서 DNA가 복제되고, 그다음에 세포가 양분되는 **2분법**(binary

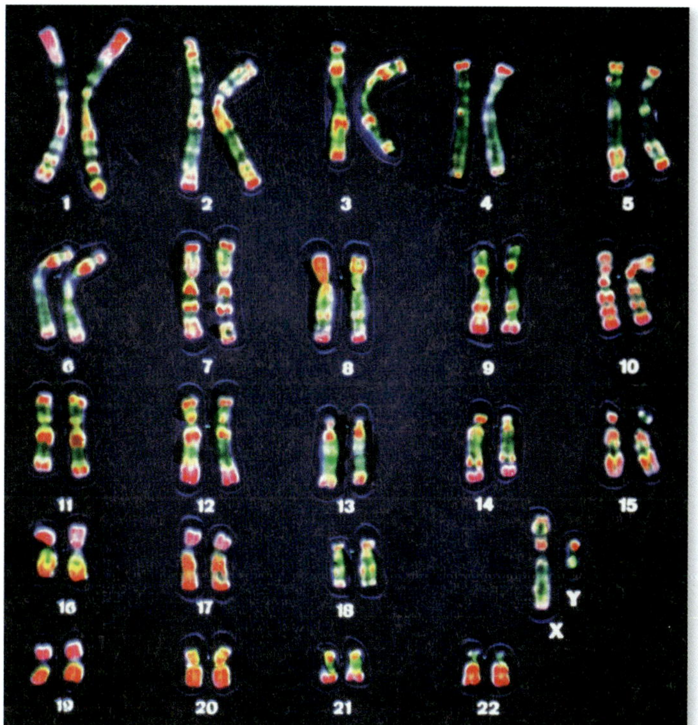

그림 2.34 인간 핵형.
23쌍을 구성하는 염색체는 각각의 크기와 동원체 위치가 서로 다르다. 남성의 핵형에서 염색체는 구성의 차이를 나타내고 서로 명확하게 구별하기 위해 특별히 염색되었다. 염색체 쌍에서 각 염색체는 매우 유사하지만 동일하지는 않다.

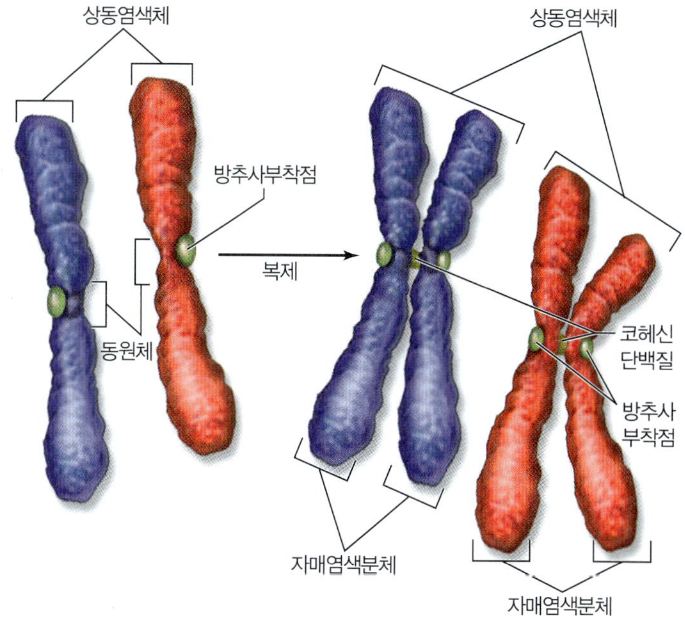

그림 2.35 상동염색체와 자매염색분체의 차이.
상동염색체는 동일한 염색체의 모계와 부계 사본이다. 자매염색분체는 DNA 복제 후 코헤신 단백질에 의해 동원체에서 함께 결합된 단일 염색체의 두 복제물이다. 방추사부착점은 유사분열 동안 미세소관이 부착되는 동원체에서 발견되는 단백질로 구성된다.

fission)을 사용한다. 그러나 진핵세포는 염색체가 많고 구조가 복잡하기에, 세포분열 과정은 단순하지 않다.

진핵생물의 염색체

염색체는 1879년 독일의 발생학자인 플레밍(Walter Flemming)에 의해 분열하는 도롱뇽 유생의 세포에서 처음 관찰되었으며, 모든 진핵생물의 세포에서 발견된다. 염색체 수는 종마다 다양해서, 어떤 생물은 단 한 쌍의 염색체를 가지는가 하면 일부 양치식물은 500쌍의 염색체를 가지기도 한다.

염색체를 크기, 모양, 동원체의 위치 등에 의해 배열해 놓은 것을 **핵형**(karyotype)이라고 한다(**그림 2.34**). 체세포에는 **상동염색체**(homologous chromosome)라는 거의 동일한 형태의 2개의 염색체가 쌍으로 존재한다. 세포분열 전, 각각의 2개 상동염색체는 복제되며, 동일하게 복제된 2개의 **자매염색분체**(sister chromatid)는 **동원체**(centro- some)에 연결되어 있다(**그림 2.35**).

염색체는 DNA와 단백질의 복합체이다. 인간 염색체의 DNA는 매우 긴 2중나선 구조로서, 한 줄로 펼쳐 놓으면 평균 4.3 cm 길이가 된다. 이렇게 기다란 DNA 2중나선이 작은 핵 안에 들어가기 위해서는 응축되어야 한다. DNA 2중나선은 히스톤 단백질 주위에 치밀하게 감겨 염주알처럼 보이는 **뉴클레오솜**(nucleosome)을 형성하며, 뉴클레오솜은 더 감겨 솔레노이드 구조를 이루고, 이 솔레노이드는 고리 모양으로 배열한다. 이 고리들은 다시 골격구조 단백질 주위에 방사상의 꽃 모양을 이루면서 응축된다(**그림 2.36**).

진핵생물의 세포주기

진핵세포는 원핵세포보다 훨씬 많은 DNA를 가지며 응축되어 있기에 세포분열 과정은 훨씬 복잡하다. **세포주기**(cell cycle)는 게놈의 복제, 분리, 그리고 세포질이 분리되는 주요 과정에 따라 5단계로 구분된다(**그림 2.39** 참조).

- **G_1기**(Gap phase 1): 세포의 1차 성장기이며, 세포 생존 기간의 대부분을 차지한다.
- **S기**(Synthesis): DNA가 복제되는 합성기로, 각 염색체는 2개의 복사본을 만든다.
- **G_2기**(Gap phase 2): 세포분열을 준비하는 단계로, 미토콘드리아와 같은 세포소기관이 복제되고 미세소관이 조립된다. G_1기, S기, G_2기를 합쳐 **간기**(interphase)라고 한다.
- **M기**(Mitosis): 방추사가 생겨 염색체에 부착되며, 자매염색분체가 분리된다.
- **C기**(Cytokinesis): 세포질이 분열하여 2개의 딸세포가 형성된다.

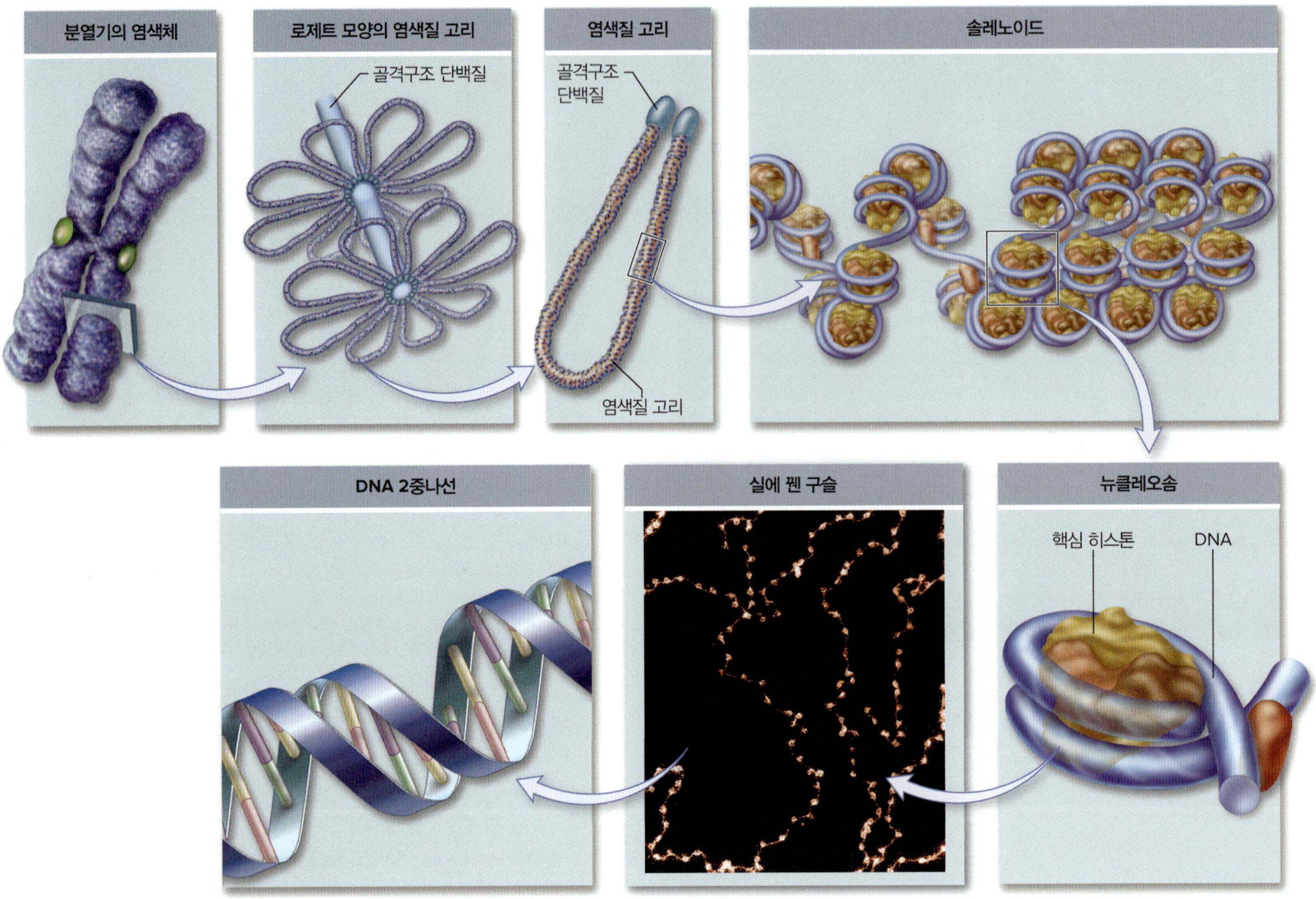

그림 2.36 진핵세포 염색체의 조직화 수준.
각 염색체는 단일 DNA 분자로 구성된다. 이들은 세포핵에 들어가도록 압축되어야 한다. DNA는 히스톤이라는 단백질 주위에 감겨 뉴클레오솜을 형성한다. 이것은 전자현미경 사진에서 나타나는 모양 때문에 "실에 꿴 구슬"로 불린다. 뉴클레오솜은 조직화된 염색질 고리로 보이는 고차원 구조로 되기 위해 더 응축된다. 분열기 염색체의 정확한 구성은 알려져 있지 않지만 그림은 하나의 모델을 보여준다.

유사분열

세포주기의 간기는 세포분열 준비단계로, 염색체는 복제되고 조밀하게 응축되어 있다. 또한 중심립이 복제된다. 간기 뒤에는 **유사분열**(체세포분열, mitosis)이라고 불리는 핵분열이 이어지는데, 다음의 4단계로 구분한다(**그림 2.37**).

- **전기**(prophase): 복제된 염색체는 응축되고 세포의 핵막은 사라진다. **방추체**(spindle)가 조합되기 시작하면서 중심체가 양극으로 이동한다. 방추체로부터 나온 방추사가 자매염색분체의 동원체에 부착된다.
- **중기**(metaphase): 유사분열의 두 번째 단계로, 자매염색분체로 구성된 염색체가 세포의 중앙에 배열하기 시작한다. 모든 염색체가 적도면에 완전히 배열하지 않으면 다음 단계로 진행되지 않는다.
- **후기**(anaphase): 동원체가 분리되어 자매염색분체가 양극으로 끌려간다. 동원체와 결합한 쪽의 미세소관 말단이 계속 분해되면서 각 염색분체는 서로 세포의 반대쪽으로 빠르게 이동하며, 마침내 양극에서는 완전한 한 조의 염색체가 모이게 된다.
- **말기**(telophase): 마지막 과정으로, 염색분체가 풀어지며 미세소관이 사라진다. 염색체가 풀어지는 동안 염색체 주위에 핵막이 형성된다.

세포질분열

말기가 끝나면 유사분열이 완성된다. 유사분열에 이어 **세포질분열**(cytokinesis)이 일어나 세포는 거의 동일하게 반으로 나누어진다. 세포벽이 없는 동물세포의 세포질분열은 미세섬유(액틴 필라멘트)의

그림 2.37 유사분열과 세포질분열.

유사분열은 전통적으로 5단계(전기, 전중기, 중기, 후기, 말기)로 나뉘어 복제된 염색체를 분리하는 역할을 한다. 이후 세포를 2개의 딸세포로 나누는 세포질분열이 뒤따른다. 사진은 염색체가 파란색으로 염색되고 미세소관이 빨간색으로 염색된 식물(*Haemanthus katharinae*)의 유사분열과 세포질분열을 보여준다. 그림은 동물세포의 유사분열과 세포질분열을 나타냈다.

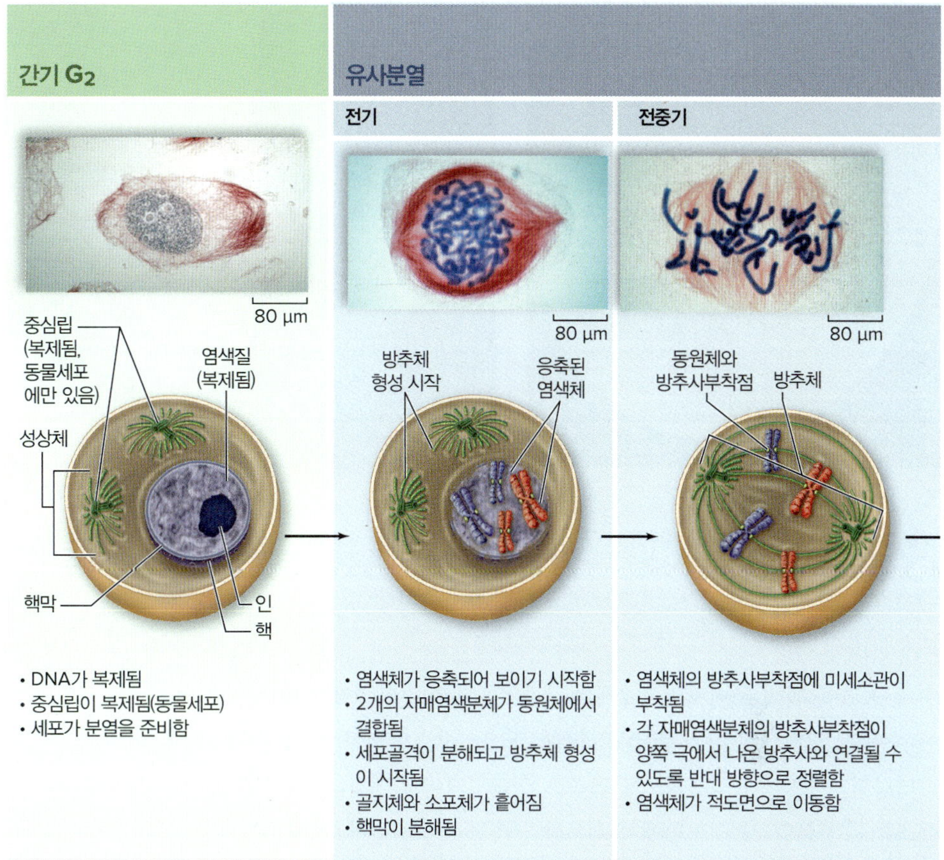

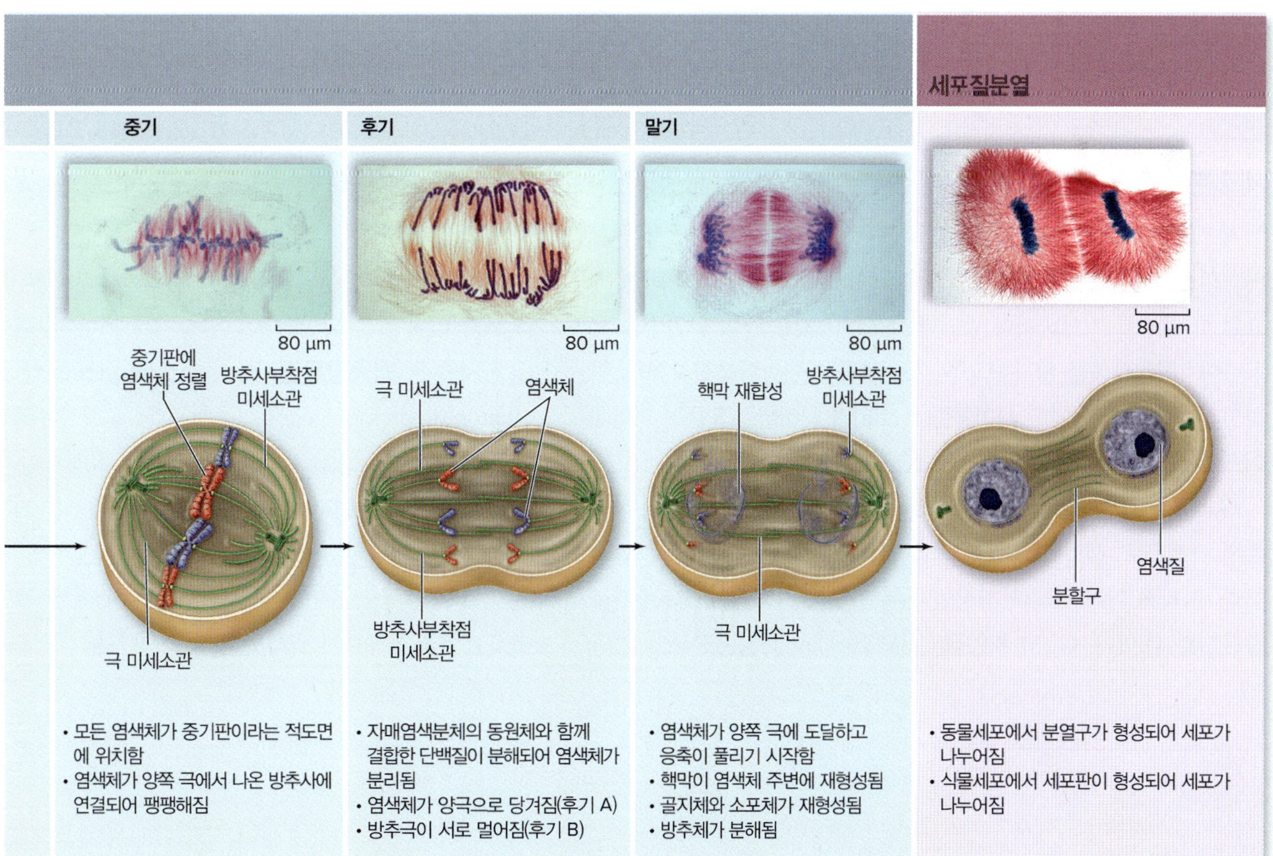

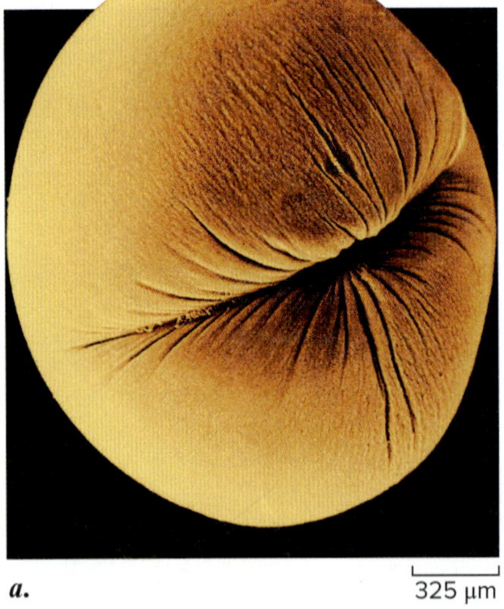

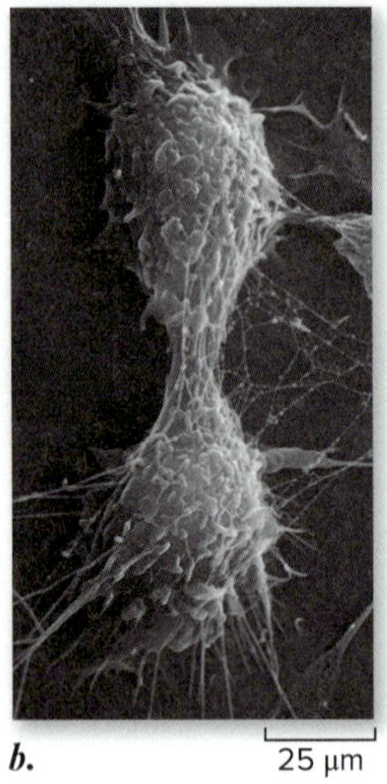

그림 2.38 동물세포에서 세포질분열.
a. 분열하는 개구리 알 주위에 분열구가 형성된다. *b.* 동물세포에서 세포질분열의 완료. 2개의 딸세포는 여전히 미세소관이 주로 차지하는 얇은 세포질 띠로 연결되어 있다.

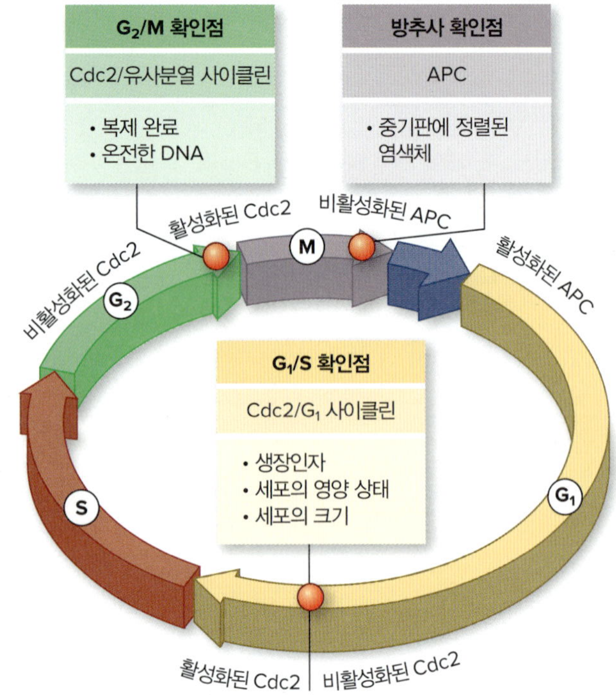

그림 2.39 효모 세포주기의 확인점.
자세히 연구된 가장 간단한 세포주기는 분열 효모이다. 이것은 3개의 주요 확인점과 Cdc2라고 하는 단일 Cdk 효소에 의해 조절된다. Cdc2 효소는 G_1/S 및 G_2/M 확인점을 조절하기 위해 다른 사이클린과 결합한다. 방추사 확인점은 후기촉진복합체인 APC에 의해 조절된다.

수축 벨트에 의해 조여지면서 2개의 세포로 나누어진다(**그림 2.38**). 이 수축이 진행됨에 따라 **분열구**(cleavage furrow)가 세포 주위에 나타나며, 세포질이 점진적으로 안쪽으로 함입되어 들어간다. 식물세포는 유사분열 시 적도면에서 세포막 구성물을 조립한다. 소낭들이 서로 융합함으로써 세포막이 딸세포 사이에 축적되어 **세포판**(cell plate)이라고 하는 칸막이가 형성된다. 이 세포판은 확장되어 원형질막 표면까지 도달하게 되어 세포를 효과적으로 2개로 나눈다. 세포벽 성분이 새로운 막에 침적되면 새로운 세포벽이 형성된다.

세포분열 조절과 암세포

세포는 주기에서 확인점이라고 부르는 G_1/S와 G_2/M, 방추사 확인점의 3지점만 능동적으로 조절한다. 이러한 확인점을 사용하면 필요할 때 주기를 지연하거나 중지할 수 있다. 세포는 이 확인점을 사용하여 내부 상태를 평가하고 외부 신호를 통합한다(**그림 2.39**). 이 확인점을 통과하는 것은 **사이클린**(cyclin)과 **사이클린 의존성 카이네이스**(cyclin-dependent kinase, Cdk) 효소에 의해 조절된다.

G_1/S 확인점(G_1/S checkpoint)은 세포가 분열 여부를 "결정"하는 주된 지점으로, 세포가 분열할 만큼 충분히 성장했는지를 주로 판단한다. 따라서 기아 상태나 생장인자 부족은 이 시점에서 세포주기를 중단시킬 수 있다. **G_2/M 확인점**(G_2/M checkpoint)은 DNA가 정확히 복제했는지를 평가하고, 정확하게 복제되지 않은 경우 주기를 멈추고 DNA 수선체계를 가동시킨다. **방추사 확인점**(spindle checkpoint)은 모든 염색체가 방추사에 부착하여 적도면에 적절히 배열했는지를 검사한다. 만약 이 과정이 잘못되면 후기 동안 염색체 비분리로 이어질 수 있다.

암(cancer)은 손상된 유전자가 정확한 세포분열을 조절하지 못함으로써 일어난다. 일반적으로 암을 일으키는 데 관여하는 생장인자 유전자들은 **원종양유전자**(proto-oncogene)와 **종양억제유전자**(tumor-suppressor gene)로 구분된다. 원종양유전자는 세포분열을 촉진하는 단백질들을 지정하는 정상적인 유전자이지만, 돌연변이가 생겼을 때 **종양유전자**(oncogene)가 되어 세포를 과도하게 분열하도록 만든다. 건강한 세포에서는 종양억제유전자의 기능에 의해 세포분열이 정상적으로 멈추지만, 이러한 유전자에 돌연변이가 생기면 세포분열을 통제하지 못해서 암이 발생한다.

핵심 개념 요약

2.1 세포의 특징

- 모든 생명체는 세포로 이루어져 있다.
- 세포의 크기는 매우 작고 이미 존재하던 세포의 분열에 의해서만 만들어진다. 세포가 커지면 세포막을 통한 물질 이동과 교환이 효율적이지 않기에 분열하게 된다.
- 원핵세포는 핵막이 없으며, 내막에 의해 둘러싸인 구조물을 가지고 있지 않다.
- 진핵세포는 막으로 싸인 핵과 세포소기관을 가지고 있으며, 세포골격이 존재한다.

2.2 세포소기관의 구조와 기능

- 핵은 세포의 조절 센터로서 세포의 유전정보를 저장하고 있다. 핵막은 2개의 막으로 구성되어 있고 핵공을 통하여 세포질과 물질 교환을 한다.
- 세포내막계는 세포의 내부를 구획화하여 단백질을 만들고 운반하며 다양한 화학반응을 수행하는 공간을 제공한다. 세포내막계에는 소포체, 골지체, 라이소솜, 퍼옥시솜, 액포 등과 같은 세포소기관이 포함된다.
- 미토콘드리아는 물질이 분해되면서 나오는 에너지를 ATP로 저장하고, 엽록체는 광합성을 하여 탄수화물을 생성한다. 둘 다 2중막과 자체 DNA를 가지고 있으며, 고대 박테리아로부터 세포내공생에 의해 생긴 것으로 생각된다.
- 세포골격은 세포의 모양을 결정하고, 세포소기관들의 위치를 고정시켜주며, 세포의 이동을 가능하게 한다. 세포골격은 액틴 필라멘트, 미세소관, 중간섬유로 구성된다.

2.3 세포막의 구조와 수송

- 모든 세포는 인지질 2중층으로 구성된 원형질막에 싸여 있다. 인지질 2중층은 친수성 머리 부분이 밖을 향하고 소수성 꼬리 부분이 안쪽에 있다. 인지질층에 있는 다양한 막 단백질이 표지 역할 또는 물질 통과와 같은 여러 기능을 수행한다.
- 수동수송은 에너지를 소비하지 않고, 세포 내외부 물질의 농도기울기에 따라 이동한다.
- 분자가 무작위 운동으로 인해 농도가 높은 곳에서 낮은 곳으로 이동하는 것을 확산이라고 한다.
- 단순확산은 주로 비극성 물질이 세포막을 직접 투과하는 것을 말하고, 촉진확산은 특정한 수송단백질을 통해 농도기울기에 따라 분자와 이온이 이동하는 것을 의미한다.
- 삼투는 저농도의 용질을 가진 용액에서 고농도의 용액 쪽으로 물이 이동하는 것이다.
- 능동수송은 에너지를 사용하여 농도기울기를 거스르면서 물질을 이동시키는 것이다. Na^+-K^+ 펌프는 능동수송으로 인해 Na^+을 세포 밖으로 내보내며, 이렇게 생긴 Na^+의 농도 경사는 다양한 방법으로 이용된다.
- 세포내섭취는 물질 주변을 막으로 둘러싼 후, 소포에 의해 세포 내로 흡수하는 과정을 말하며, 반대로 배출하는 경우를 세포외배출이라 한다.
- 다세포생물에서 대부분 세포는 주변의 세포와 밀착연접, 부착연접, 소통연접을 통하여 물리적으로 접촉하고 있다.

2.4 세포 간 의사소통

- 세포소통에는 세포 반응을 일으키는 특정 수용체 단백질에 결합하는 리간드라고 하는 신호 분자가 필요하다.
- 세포의 신호전달 기작은 신호세포와 반응세포 사이의 거리에 따라 직접 접촉, 국소분비 신호, 내분비 신호, 시냅스 신호로 구분할 수 있다.
- 리간드는 화학적 특성에 따라 극성과 비극성으로 나눌 수 있는데, 극성 분자는 막 단백질 수용체를 통해 세포 내부로 신호를 전달하고, 비극성 분자는 직접 세포막을 통과하여 세포질 내의 수용체와 결합한다.
- 수용체는 세포내 또는 세포표면 수용체(막수용체)로 구분한다. 막수용체는 막을 가로질러 정보를 전달하지만, 막 신호분자는 통과시키지 않는 막관통단백질이다.
- 막수용체는 3종류가 있는데, 특정 이온을 운반하는 화학개폐성 이온통로, 리간드와 결합함으로써 활성화되는 효소 수용체, G 단백질과 상호작용하는 G 단백질연결수용체가 있다.
- 일부 효소와 대부분의 G 단백질연결수용체는 세포질에서 신호를 전달하기 위해 2차전달자(주로 ATP 또는 Ca^{2+})를 생성한다.
- 스테로이드 호르몬은 세포질 수용체에 결합한 다음 핵으로 운반되기에 핵 수용체라고 한다. 이들은 유전자 발현에 직접 영향을 줄 수 있으며, 일반적으로 그들이 조절하는 유전자의 전사를 활성화시킨다.
- RTK는 자가인산화에 의해 세포질에 있는 카이네이스 도메인이 활성화되며, 이는 또한 다른 세포내 단백질을 인산화할 수 있다. 일련의 카이네이스 연쇄반응으로 신호가 증폭된다.

2.5 세포주기 및 분열

- 원핵생물은 DNA가 복제된 후 분열하는 단순한 2분법을 사용하지만, 진핵생물은 수많은 DNA가 응축되어 있기에 원핵생물보다 복잡한 과정을 거치며 분열한다.
- 모든 진핵세포는 염색질(뉴클레오솜)에 유전정보를 담고 있다. 긴 DNA가 작은 핵 속에 들어 있는 것이 가능한 이유는 염색질의 구조 때문이며, 이 구조는 세포분열 동안에 응축되고, 간기에는 풀어진다.

■ 간기에 염색체는 복제되고 응축되기 시작한다. 유사분열 동안 염색체는 미세소관에 의해 세포의 양극으로 끌려간다. 세포질분열 결과 2개의 딸세포로 나누어진다.

■ 세포분열은 세포주기의 여러 지점에서 정교하게 조절된다. 암은 세포분열을 조절하는 유전자의 손상으로 유발되며, 세포분열이 조절되지 않는 질환이다.

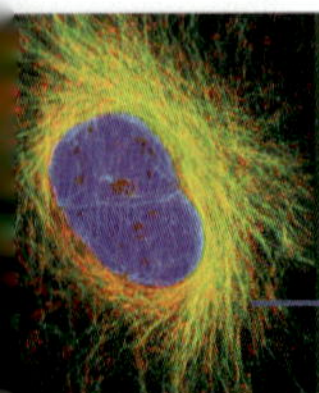

연습문제

■ 1단계: 이해력 확인하기

1. 세포설에 해당하지 <u>않는</u> 것은?

① 모든 생물은 하나 또는 그 이상의 세포로 구성된다.
② 세포가 분열하여 다른 세포를 만든다.
③ 세포는 가장 작은 생명체이다.
④ 진핵세포는 원핵세포로부터 진화하였다.

2. 인지질 2중층 내부의 화학적 특성으로 옳은 것은?

① 소수성이다
② 극성이다.
③ 친수성이다.
④ 포화상태이다.

3. 진핵세포는 원핵세포보다 훨씬 복잡한데, 다음 중 진핵세포에서만 발견되는 구조는?

① 세포벽
② 원형질막
③ 소포체
④ 리보솜

4. 단백질 분류 경로에 포함되는 소기관과 구획을 순서대로 나열한 것은?

① 매끈면 소포체, 거친면 소포체, 수송소포, 골지체, 최종 목적지
② 거친면 소포체, 라이소솜, 골지체, 최종 목적지
③ 거친면 소포체, 수송소포, 골지체, 최종 목적지
④ 골지체, 수송소포, 거친면 소포체, 최종 목적지

5. 엽록체와 미토콘드리아가 많은 공통점을 가지는 이유는?

① 식물세포에 존재하기 때문이다.
② 세포내공생으로 생겨났기 때문이다.
③ 포도당을 산화하기 때문이다.
④ 포도당을 생성하기 때문이다.

6. 진핵세포에는 3가지 형태의 세포골격 섬유가 있는데, 이들 섬유의 유사점은?

① 세포 모양 유지에 관여한다.
② 같은 유형의 단백질로 만들어진다.
③ 같은 크기와 모양을 가진다.
④ 모두 동일하게 동적이며 유연하다.

7. 식물에서의 원형질연락사와 동물에서의 간극연접은 어떤 점에서 기능적으로 유사한가?

① 각각 세포층을 고정하는 데 사용된다.
② 작은 분자들을 확산시키는 세포 사이의 통로를 형성한다.
③ 세포 사이의 밀착연접을 형성한다.
④ 세포외기질에 고정된다.

8. 막을 통과하는 물의 움직임은 다음 중 어느 요인에 의존적인가?

① 용매의 농도
② 용질의 농도
③ 운반단백질의 존재
④ 막전위

9. 능동수송과 공역수송에 대한 설명으로 옳은 것은?

① 모두 ATP를 사용하여 분자를 이동시킨다.
② 능동수송은 농도기울기를 만들고, 공역수송은 만들지 않는다.
③ 공역수송은 능동수송에 의해 만들어진 농도기울기를 이용한다.
④ 능동수송은 분자를 1개씩 이동시키나, 공역수송은 2개씩 이동시킨다.

10. 원핵생물의 2분법에서 일어나지 <u>않는</u> 것은?

① DNA의 복제
② 세포의 길이 신장
③ 격벽 형성에 의한 딸세포의 분리
④ 핵막의 형성

11. 뉴클레오솜이의 정의로 옳은 것은?

① 세포핵 내의 골격구조 단백질로 이루어진 부분
② 히스톤 단백질을 DNA가 싸고 있는 염색체의 구슬 모양 구조 단위체
③ 염색질 고리들로 이루어진 염색체의 부분
④ 염색질에서 발견되는 히스톤과 골격구조 단백질의 복합체

12. 자매염색분체의 분리가 일어나는 시기는 언제인가?

① 전기
② 중기
③ 후기
④ 말기

13. 세포분열에서 세포질분열이 중요한 이유는?

① 유전정보가 정확히 나뉘는 데 중요하다.
② 세포질의 내용물이 둘로 나뉘는 데 중요하다.
③ 세포분열 중 세포가 움직이도록 도와준다.
④ 세포가 확인점 부위에 멈추도록 도와준다.

14. 신호전달경로에 대한 설명으로 옳은 것은?

① 소수성 리간드는 수용체에 의한 신호전달을 하지 않는다.
② 세포외 신호로 인해 활성화되는 세포내 활동을 포함한다.
③ 세포내 신호에 의해 활성화되는 세포외 활동을 포함한다.
④ 막을 가로지를 수 있는 신호에서만 발견된다.

15. 세포내 수용체의 기능은 막수용체와 근본적으로 어떻게 다른가?

① 세포내 수용체는 리간드와 결합한다.
② 세포내 수용체는 DNA와 결합한다.
③ 세포내 수용체는 카이네이스를 활성화시킨다.
④ 세포내 수용체는 2차전달자처럼 활동한다.

■ 2단계: 분석 및 적용하기

16. 이 장에서 논의된 모든 세포 신호에서 발견되는 공통적인 특징에 대해서 설명하라. 그리고 그에 대한 예를 제시하라.

17. 매끈면 소포체는 세포의 모든 막(특히 원형질막)을 구성하는 인지질이 합성되는 장소이다. 그림 2.9를 참조하여 매끈면 소포체로부터 원형질막으로 인지질 분자를 이동시키는 경로를 추적하라. 인지질이 통과하는 내막 구획은 무엇인가? 인지질 분자가 어떻게 막 구획 사이를 이동하는가?

18. 소포체 막에 있는 지질은 2중층의 양쪽 층에 동일하게 분포한다. 골지체와 원형질막에서는 막 지질이 대칭적으로 분포하지 않는다. 어떤 과정에 의해 이런 결과가 나타날 수 있는가?

19. 공생이 일어나기 전 미토콘드리아와 엽록체가 자유 유영 원핵세포였을 때의 특징을 추측해 보자. 추측이 세포내공생의 증거와 어떻게 일치하는가?

20. 진화이론에서 상동적 특징은 공통조상에서 파생되어 생긴 유사한 구조와 기능을 가진 특징이다. 상사적 특징은 다른 기관으로부터 유래되었지만, 유사한 환경에 대한 적응으로 나타나는 특징이다. 진핵세포와 원핵세포에서 발견되는 편모의 구조와 기능에 대해 생각해보자. 편모는 상동적 특징과 상사적 특징 중 어느 것의 예인지 선택하여 논술하라.

21. 원종양유전자와 종양억제유전자의 돌연변이가 어떻게 암을 유발하는지 비교 설명하라.

3

세포의 물질대사

도입

생명현상은 생물체를 통해 전달되면서 일을 가능케 하는 지속적인 에너지의 흐름으로 설명할 수 있다. 따라서 생명의 주요 특성인 생장, 생식, 반응, 조절에는 에너지가 사용된다. 이 에너지는 근본적으로 태양으로부터 유입된다. 이 장에서는 에너지의 개념 및 화학반응에서의 에너지 변화, 세포가 유기분자의 화학에너지를 ATP로 전환하는 과정, 광에너지를 이용하여 화학에너지를 만드는 과정에 관해 알아본다.

3.1 생물계 내 에너지 흐름

일을 할 수 있는 능력으로 정의되는 에너지는 **운동에너지**(kinetic energy)와 **위치에너지**(또는 **퍼텐셜에너지**, potential energy)로 구분된다(**그림 3.1**). 생명체가 하는 많은 일은 위치에너지를 운동에너지로 전환하는 일과 연관이 있다.

열은 에너지를 측정하는 가장 간단한 방법인데, 이는 다른 모든 형태의 에너지가 열로 전환될 수 있기 때문이다. 실제로 **열역학**(thermodynamics)이라는 용어는 '열의 변화(heat change)'를 의미한다. 생물학에서 가장 널리 사용되는 열량의 단위는 킬로칼로리(kcal)이며, 1 kcal는 1,000 cal를 의미한다. 1 cal는 1 g의 물을 1°C 올리는 데 필요한 열량을 나타낸다. 식품의 열량 표시에서 용어의 첫 자를 대문자 C로 나타내어 Calorie라고 쓰는 경우가 있는데, Cal는 실제로 kcal와 같은 의미이다.

태양: 생물계의 에너지 공급원

지구 생명체의 에너지 대부분은 태양으로부터 유입된다. 식물, 조류, 일부 특정 세균은 광합성을 통해 태양에너지의 일부를 포획한다. 태양광 에너지는 광합성 과정에서 작은 분자인 물과 이산화탄소들로부터 더 복잡한 분자인 당을 만드는 데 이용된다. 광합성 과정에서 탄소는 무기물에서 유기물 형태로 바뀌며, 태양으로부터 온 에너지는 당 분자 내 원자 사이의 공유결합에 들어 있는 퍼텐셜에너지로 저장된다.

산화-환원반응과 전자의 이동

화학반응이 일어날 때 화학결합에 저장된 에너지는 새로운 결합을 만드는 데 쓰일 수 있다. 이런 반응 중 일부에서는 전자가 한 원자나 분자로부터 다른 데로 이동할 수 있다. 전자를 잃은 원자나 분자는 **산화**(oxidation)되었다고 하는데, 산화란 명칭은 생물계에서 산소가 가장 일반적인 전자수용체로 쓰이는 데서 온 것이며, 산소를 얻거나 수소를 잃는 것도 산화라고 한다. 이와 반대로, 원자나 분자가 전자 또는 수소를 얻거나, 산소를 잃으면 **환원**(reduction)되었다고 한다. 분자의 환원된 형태는 산화된 형태일 때보다 에너지 준위가 높다. 즉, 우리가 음식물을 먹고 분해시켜 에너지를 만드는 과정은 산화(이화)과정이며, 물과 이산화탄소로부터 광에너지를 이용하여 포도당을 만드는 과정은 환원(동화)과정이라고 할 수 있다.

원자가 산화과정에서 전자를 잃으면 이 전자는 다른 원자에 전달되어 그 원자가 환원되기 때문에 산화와 환원은 항상 함께 일어난다. 이런 화학반응을 **산화-환원**(oxidation-reduction, redox)반응이라 하며, 산화-환원반응은 생물계의 에너지 흐름에서 중요한 역할을 한다.

열역학 법칙

달리고, 생각하고, 노래하고, 글을 읽는 등의 모든 활동에는 에너지 변화가 관련되어 있다. 원자의 핵반응으로부터 날아가는 새에 이르기까지 모든 에너지 변화는 열역학 법칙이라 불리는 2가지 법칙의 지배를 받는다.

열역학 제1법칙(에너지양 불변의 법칙)

열역학 제1법칙은 우주의 에너지양에 대한 것으로, 에너지는 만들어지거나 파괴되지 않으며, 한 형태에서 다른 형태로(예를 들어 퍼텐셜에너지가 운동에너지로) 바뀔 뿐 우주의 에너지 총량은 일정하다는 것이다.

어떤 생물체에서든지 분자에 저장된 화학적 퍼텐셜에너지는 다른 분자로 이동될 수 있고, 다른 화학결합 형태로 저장될 수 있다. 또한, 퍼텐셜에너지는 운동에너지, 빛, 전기 등과 같이 다른 형태로 바뀔 수 있다. 전환이 일어날 때마다 에너지 일부는 열의 형태로 주변으로 분산되는데, 이 열이 분자의 무작위적 움직임의 분량에 해당하기 때문에 운동에너지의 측정에 사용될 수 있다. 열로 소실되는 에너지는 태양에서 지속적으로 생물계로 들어온 새로운 에너지가 대체하게 된다.

열역학 제2법칙(우주의 엔트로피 증가)

열역학 제2법칙은 퍼텐셜에너지가 열이나 불규칙한 분자운동으로

a. 위치에너지

b. 운동에너지

그림 3.1 위치에너지와 운동에너지.
a. 움직일 수 있는 능력은 있지만 현재 움직이고 있지 않는 물체는 위치에너지를 갖고 있다. 소녀가 에너지를 쓰면서 미끄럼틀 위로 올라서면 위치에너지를 저장하고 있게 된다. *b.* 움직이는 대상은 운동에너지를 갖고 있다. 소녀가 미끄럼틀 아래로 내려오면서 저장되어 있던 위치에너지가 운동에너지로 방출된다.

변환되는 것과 관련되어 있으며, 이 법칙에 따르면 우주에서 **엔트로피**(entropy)라고 불리는 무질서 정도는 계속 증가한다. 간단히 말해 질서보다는 무질서가 더 쉽게 일어난다는 것으로, 그 실례로 벽돌이 저절로 배열되어 쌓일 가능성보다는 쌓아 둔 벽돌이 무너질 가능성이 크다는 것이다.

열역학 제2법칙은 간단히 "엔트로피 증가"로 표현되기도 한다. 이는 우주가 형성될 때 그 안에 최대의 퍼텐셜에너지를 지니고 있었으며, 그 후 에너지가 전환될 때마다 엔트로피의 양이 증가하면서 우주가 점차 무질서해지고 있다는 것을 의미한다.

자유에너지 변화와 화학반응

화학결합을 끊고 다른 결합을 형성하게 하는 데 실제로 사용될 수 있는 에너지를 분자의 **자유에너지**(free energy)라 부르며, 자유에너지는 어떤 계(system)에서 일을 하는 데 사용될 수 있는 에너지로 정의된다.

압력과 부피가 변하지 않는 세포 내 분자의 자유에너지는 G(Gibbs)로 나타낸다. 이때 G는 한 분자의 화학결합이 지닌 에너지(**엔탈피**, H로 표시)에서 **무질서도**(degree of disorder)를 나타내는 엔트로피(S)에 절대온도($K=°C+273$)를 곱한 TS를 뺀 값을 지니게 된다.

$$G=H-TS$$

대부분의 생물학적 반응에서처럼 화학반응이 일정한 온도, 압력, 부피 조건에서 일어날 때 자유에너지의 변화는 그리스 문자 Δ(delta)를 이용하여 다음과 같이 나타낼 수 있다.

$$\Delta G=\Delta H-T\Delta S$$

자유에너지의 변화량(ΔG)으로 화학반응의 자발성 여부를 예측할 수 있는데, ΔG가 양(+)인 반응에서는 반응물보다 생성물이 더 높은 자유에너지를 함유하기에, 결합에너지(ΔH)가 높아지거나 그 계에서 무질서도(ΔS)가 낮아지게 된다. 이러한 반응에는 에너지 유입이 필요하므로 저절로 진행되지는 않는다. 에너지 유입이 필요한 반응을 **자유에너지증가반응**(endergonic reaction)이라고 부른다. 반대로 ΔG가 음(−)인 반응은 자연적으로 일어나기 쉬우며 반응 과정에서 남게 되는 자유에너지가 열의 형태로 방출되는데, 이를 **자유에너지감소반응**(exergonic reaction)이라 부른다(**그림 3.2**).

화학반응은 가역적으로 일어나기 때문에 정반응이 자유에너지감소반응이라면 역반응은 자유에너지증가반응이 된다. 반응 마다 반응물과 생성물의 상대적인 양이 평형(equilibrium)에 이를 때, 이 평형을 수치로 나타낸 것이 **평형상수**(equilibrium constant)이다. 자발적으로 일어날 수 있는 반응의 진행 속도는 아주 느릴 수도 있기에, 자발적(spontaneous)이라는 의미가 곧 즉각적(instantaneous)이라는 의미가 아니라는 사실에도 유의할 필요가 있다.

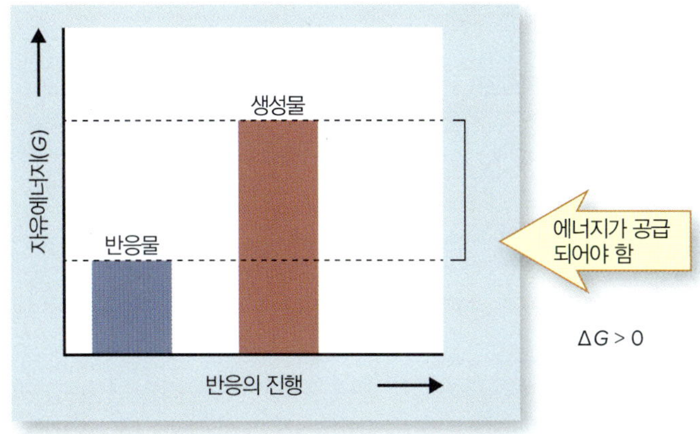

a.

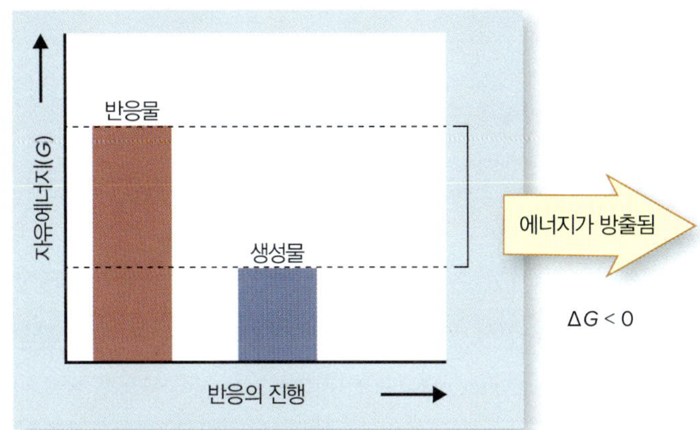

b.

그림 3.2 화학반응에서의 에너지.
a. 자유에너지증가성 반응의 경우 반응의 생성물이 반응물보다 더 많은 에너지를 함유하고 있기 때문에 반응이 진행되려면 에너지가 공급되어야 한다. *b.* 자유에너지감소성 반응의 경우에는 생성물이 지닌 에너지가 반응물보다 낮기 때문에 남는 에너지는 방출된다.

활성화 에너지가 요구되는 자발적 화학반응

자유에너지를 방출하는 모든 화학반응이 자발적으로 일어날 수 있다면 그런 반응들은 이미 다 일어났어야 하지 않을까? 자동차 연료를 생각해보자. 연료의 탄화수소가 산화되는 것은 자유에너지감소 반응이지만 연료통이 저절로 폭발하지는 않는다. 그중 한 가지 이유는 대부분 반응의 시작을 위해서는 에너지 유입이 필요하기 때문이다. 자동차 경우는 엔진 실린더에 전기적인 스파크의 형태로 에너지가 유입되어 통제된 폭발이 일어나는 것이다.

활성화 에너지

새롭게 생성될 화학결합의 에너지가 이전 결합의 것보다 낮은 경우라도 새로운 결합이 생기려면 이미 존재하던 결합은 끊어져야 하

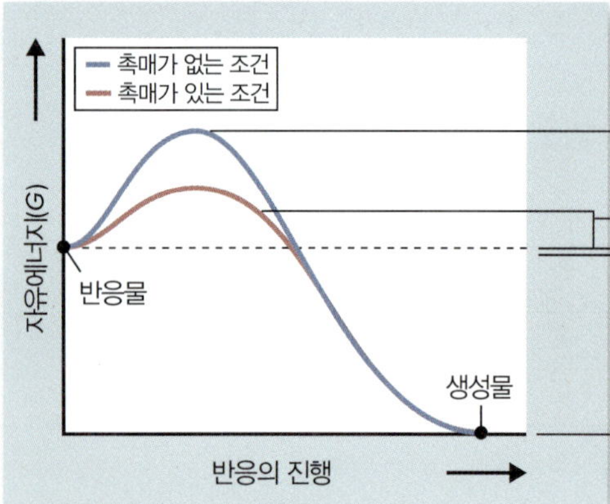

그림 3.3 활성화 에너지와 촉매.
반응물의 화학결합을 불안정하게 해주는 활성화 에너지가 공급되어야 반응이 시작되기 때문에 자유에너지감소반응이 반드시 빠르게 진행되는 것은 아니다. 촉매는 반응을 시작하는 데 필요한 활성화 에너지의 양을 낮추어 줌으로써 특정 반응을 촉진시키지만, 촉매가 반응에서 자유에너지 변화에 영향을 주는 것은 아니다.

는데, 이를 위해 에너지는 유입되어야 한다. 원래의 화학결합을 불안정하게 만들어 화학반응을 개시하는 데 필요한 추가 에너지를 **활성화 에너지**(activation energy)라고 한다(**그림 3.3**). 반응속도를 빠르게 하는 방법에는 (1) 반응물 분자의 에너지를 높이거나, (2) 활성화 에너지를 낮추는 2가지 방법이 있다. 화학자들은 반응물에 열을 가하는 간단한 방법으로 반응 분자의 에너지를 높임으로써 중요한 산업적 반응이 일어나도록 한다. 다른 방법은 촉매를 이용해서 활성화 에너지를 낮추는 것이다.

촉매작용

활성화 에너지는 일정하지 않으며, 특정한 화학결합에 힘을 가하면 끊어지기 쉽다. 반응 개시에 필요한 활성화 에너지를 낮추어 화학결합에 영향을 주는 과정을 **촉매작용**(catalysis)이라고 하며, 이 역할을 하는 물질을 촉매(catalyst)라고 한다.

촉매는 열역학 법칙을 위배하지 못한다. 예를 들어 촉매가 있다고 해서 자유에너지증가반응이 저절로 일어나게 되는 것이 아니다. 촉매가 활성화 에너지를 낮추면 정반응과 역반응이 같이 가속화된다. 즉 촉매는 반응속도를 빠르게 도와줄 뿐 반응물이 생성물로 전환되는 비율인 평형상수를 바꾸어 주는 것은 아니다.

3.2 세포의 에너지 화폐 및 생체 촉매

모든 세포가 에너지 거래에 사용하는 주요 화폐는 뉴클레오타이드의 일종인 아데노신 3인산(adenosine triphosphate, ATP)이다. 포도당 생성, 화학반응의 활성화 에너지 공급, 막을 통한 능동적 물질 수송, 움직이고 생장하는 것 등과 같이 에너지를 요구하는 거의 모든 반응에 ATP가 에너지를 제공한다.

ATP를 통한 세포의 에너지 저장과 방출

1장에서 뉴클레오타이드가 핵산의 구성단위라는 것을 알아보았는데, 세포에서 다른 기능을 수행하는 뉴클레오타이드도 있다. 그 실례가 ATP이다. ATP는 RNA 분자의 구성단위로 이용되지만, 세포내 자유에너지증가반응에 필요한 에너지원으로서도 중요한 기능을 한다.

ATP의 구조

ATP도 다른 뉴클레오타이드와 마찬가지로 인산-당-염기의 세 부분으로 이루어져 있다(**그림 3.4**). 당은 5탄당 리보스이며, 여기에 염기인 아데닌과 인산이 연결되어 있다. 아데닌은 탄소-질소로 이루어진 2개의 고리로 구성된 유기분자로, 고리에 있는 각각의 질소 원자에는 비공유 전자쌍이 하나씩 있어서 수소이온을 약하게 끌어당기기 때문에 아데닌은 화학적으로 약한 염기이다. ATP에는 3개의 인산이 연결되어 있다.

ATP의 에너지 저장

ATP에 에너지가 저장되는 부분은 3인산기이다. 인산기는 강한 음전하를 띠고 있어서 서로 강하게 반발하기에 인산기를 연결하는 공유결합은 불안정해진다. ATP 분자는 인산기들 사이에 반발력이 작용하고 있어 '감겨 있는 스프링'으로 비유되기도 한다. ATP 분자의 인산기는 불안정한 결합 때문에 활성화 에너지가 낮아서 가수분해되어 쉽게 끊어진다. 이 결합이 끊어지면서 많은 양의 에너지가 방출되는데, ATP 가수분해 반응의 Δ*G* 값이 음수이기 때문에 방출되는 에너지는 일을 수행하는 데 쓰일 수 있다.

ATP가 관련된 대부분의 반응은 가장 바깥쪽에 있는 고에너지 인산기가 가수분해되면서 일어나는데, ATP가 **ADP**(adenosine diphosphate)와 **무기 인산**(inorganic phosphate, P_i)으로 분해되면서 표준조건에서는 7.3 kcal/mol에 해당하는 에너지가 방출된다.

ATP의 가수분해에 의한 자유에너지 증가

세포에서는 ATP를 이용한 자유에너지증가반응이 일어난다. 이런

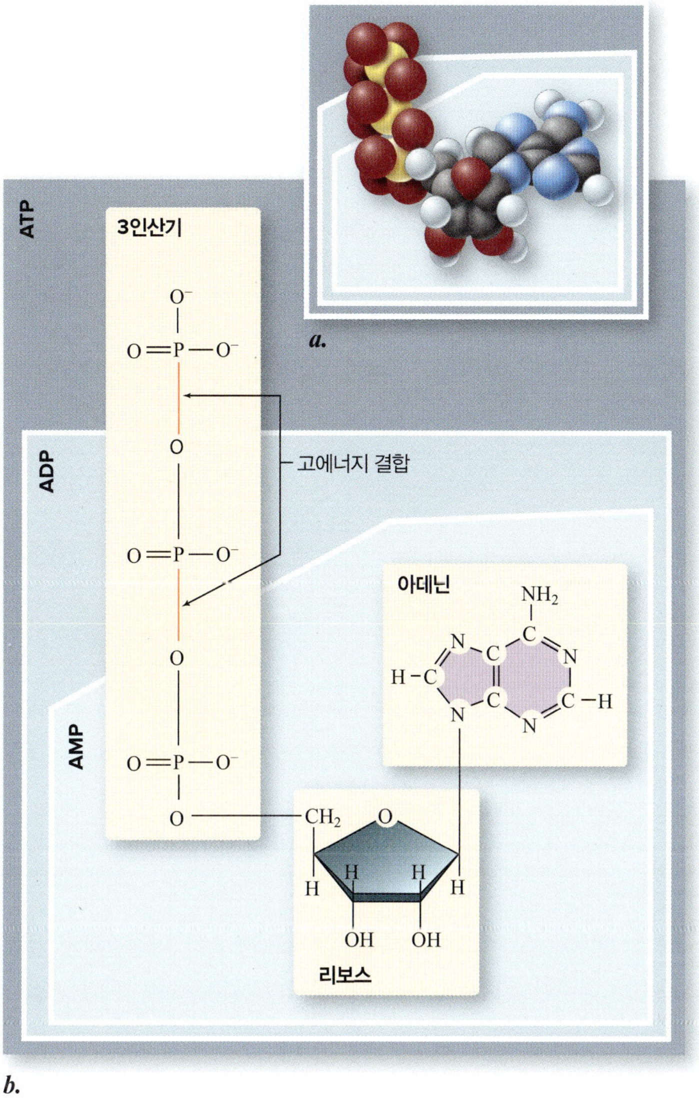

그림 3.4 ATP 분자.
모델(*a*)과 화학구조(*b*)는 AMP가 ATP의 기본구조임을 보여준다. AMP에 인산이 하나 추가되면 ADP가 되고 두 번째 인산이 추가되면 ATP가 된다. 추가된 2개의 인산기는 고에너지 결합이기 때문에, 이 결합이 가수분해되면 에너지가 방출된다.

반응은 반응물보다 생성물의 자유에너지가 많아서 자발적으로 진행될 수 없다. 그러나 ATP의 고에너지 결합이 끊어지면서 나오는 에너지가 다른 반응에 필요한 에너지보다 클 경우, 이 두 반응은 함께 진행되면서 ATP 가수분해에서 방출된 에너지가 에너지를 요구하는 자유에너지증가반응에 공급될 수 있다. 이 반응들을 합하면 순 에너지가 방출되기 때문에 자유에너지감소반응($-\Delta G$)이 자동적으로 일어나게 된다. 세포 내 거의 모든 자유에너지증가반응은 ATP 분해에서 방출되는 에너지보다 적은 양이 필요하기 때문에 세포가 요구하는 에너지 대부분은 ATP가 공급한다.

ATP의 지속적 순환

불안정한 인산 결합 때문에 ATP가 에너지 공급원으로 효율적이지만 ATP는 장기간 에너지 저장 분자로는 적합하지 못하며, 지방이나 탄수화물이 에너지의 저장에 더 적합하다. ATP의 유용성은 순환에 있다. 세포는 자유에너지감소반응을 이용해서 ADP와 P_i의 결합으로 인한 ATP를 만드는 데 필요한 에너지를 공급하며, ATP 가수분해를 통해 자유에너지증가반응을 일으킨다.

대부분 세포에서는 ATP가 대량으로 저장되어 있지 않다. 즉 ATP는 세포에 수 초간 공급될 양만큼 존재하고 있으며, ADP와 P_i로부터 지속적으로 ATP가 만들어진다. 가만히 있는 사람이라도 하루 동안 자기 몸무게에 해당하는 ATP를 사용할 정도로 ATP 합성이 매우 중요하다.

효소와 활성화 에너지 변화

생물체 내의 화학반응은 촉매작용이 일어나는 부위의 조절로 인해 통제되며, 대부분의 촉매작용은 효소에 의해 이루어진다. 일부 효소는 RNA 분자들이 담당하고 있지만, 대부분은 단백질이다. 효소는 고유한 3차원적 구조에 의해 **기질**(substrate)과 일시적으로 결합할 수 있다. 효소는 2가지 기질을 정확한 방향으로 모아주거나, 기질의 특정한 화학결합에 스트레스를 줌으로써 새로운 결합을 만드는 데 필요한 활성화 에너지를 줄여준다. 따라서 효소가 없을 때보다 반응이 훨씬 신속하게 진행된다.

효소 자체는 변화되거나 소모되는 것이 아니고 반복적으로 사용되기 때문에 아주 적은 양으로도 효과적으로 작용할 수 있다. 효소 작용의 예로 이산화탄소와 물이 결합하여 탄산을 생성하는 반응을 들 수 있는데, 이 효소 촉매반응은 척추동물의 적혈구에서 일어난다.

$$\underset{\text{이산화탄소}}{CO_2} + \underset{\text{물}}{H_2O} \rightleftharpoons \underset{\text{탄산}}{H_2CO_3}$$

이 반응은 양방향으로 진행될 수 있지만, 활성화 에너지가 크기 때문에 효소가 없으면 반응이 매우 느리게 진행된다. 효소가 전혀 없는 세포에서는 시간당 200개의 탄산 분자가 생성되는데, 이렇게 느린 반응은 세포에서 의미가 없다. 척추동물 적혈구 세포질에는 **탄산 무수화효소**(carbonic anhydrase; 효소 이름에는 대개 "-ase"가 붙음)가 있어서 초당 약 600,000개의 탄산 분자가 생성된다. 즉, 이 효소는 반응속도를 백만 배 이상으로 증가시켜주는 것이다.

효소의 활성부위와 기질

효소는 대개 구형 단백질로, 표면에 **활성부위**(active site)라는 주머니 또는 홈 같은 자리가 1개 이상 존재한다. 기질이 효소의 활성부

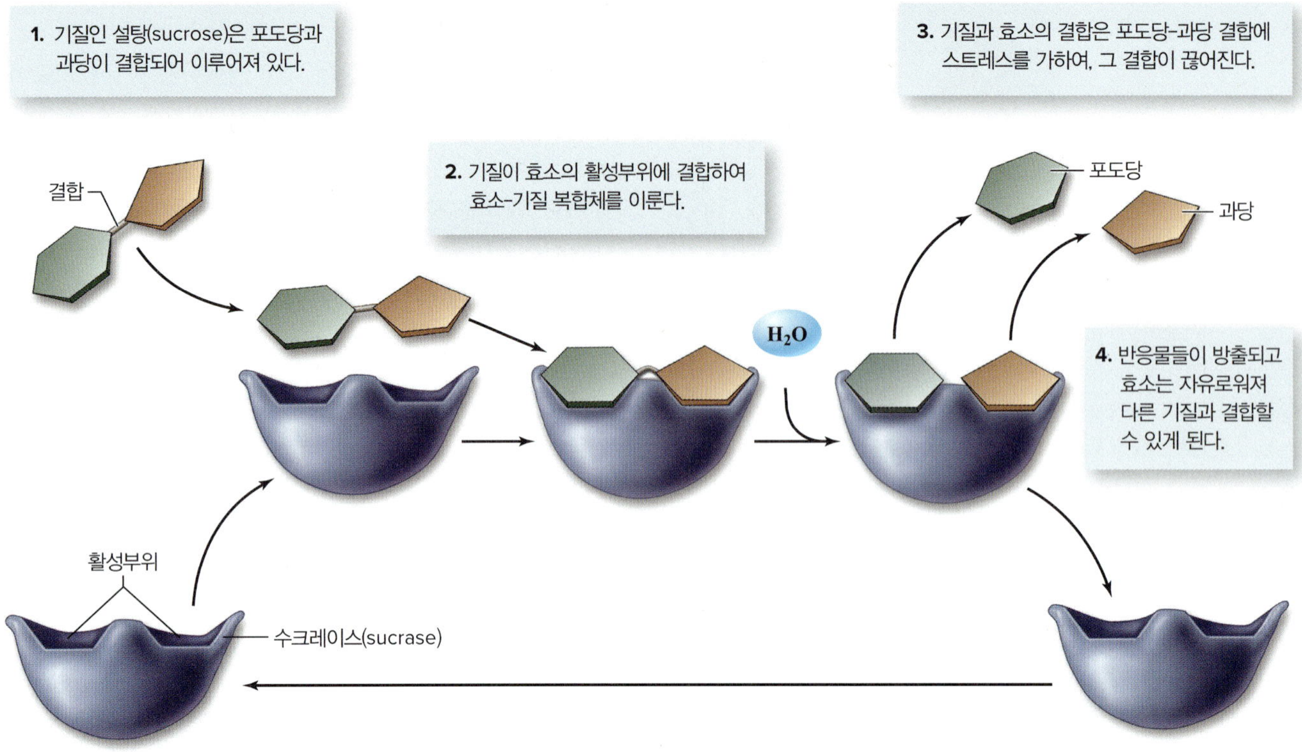

그림 3.5 효소의 촉매 순환.
효소는 화학반응의 속도를 빠르게 하지만 자신은 변화되지 않는다. 그림에서 보는 바와 같이 수크레이스는 설탕을 포도당과 과당으로 분해한다.

위에 붙으면 **효소-기질 복합체**(enzyme-substrate complex, **그림 3.5**)를 이루게 되는데, 이 복합체에서 촉매작용이 일어나려면 기질 분자가 활성부위에 정확히 들어맞아야 한다.

효소(단백질)는 유연성이 있어서 일단 기질과 결합하면 모양이 약간 변화되어 기질이 더 잘 붙도록 하는 **유도적합**(induced fit, **그림 3.6**)이 일어난다. 이러한 상호작용은 효소가 다른 기질들과의 결합을 쉽게 해주기도 하는데, 이 경우 하나의 기질이 다른 기질을 받아들이도록 효소를 "활성화(activation)"시켜주게 된다.

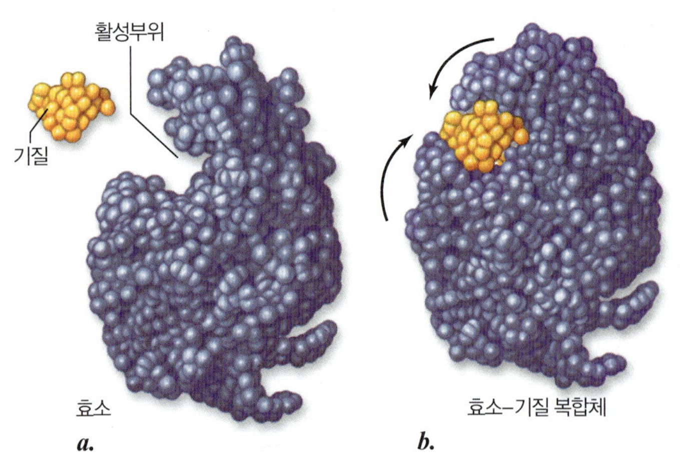

그림 3.6 기질에 결합하는 효소.
a. 효소 라이소자임의 활성부위에 기질인 세균 세포벽의 펩타이도글리칸이 들어온다. *b.* 노란색으로 표시된 기질이 활성부위의 움푹한 곳에 들어가면 단백질 모양이 약간 변해서 기질과 더 잘 들어맞게 된다. 효소가 기질에 모양이 맞게 변하는 것을 유도적합이라고 한다.

효소의 다양성

많은 효소는 세포질에 있으면서 다른 어떤 구조에 부착하지 않지만, 세포막이나 소기관의 내부에서 작용하는 효소들도 있다. 어떤 효소들은 함께 모여 **다효소복합체**(multienzyme complex)를 이루면서 순차적인 반응을 수행하기도 한다. 앞에서 언급한 바와 같이 어떤 효소는 단백질로만 이루어지지 않고 RNA로 구성된 것도 있다.

다효소복합체

순차적인 반응 중 서로 다른 단계를 촉매하는 몇 가지 효소들이 비공유결합으로 연결되어 다효소복합체를 이룰 수도 있다. 세균의 피루브산 탈수소효소는 산화적 대사 중 세 단계의 순차적인 반응을 촉매한다. 각 복합체에는 3가지 효소가 여러 세트 들어 있는데, 이들 소단위체가 분자 기구를 형성하여 다양한 기능을 수행한다. 다효소복합체는 다음과 같이 촉매의 효율성 면에서 중요한 이점을 갖는다.

1. 효소 반응속도는 효소가 기질과 충돌하는 빈도에 의해 결정된다.

일련의 순차적 반응이 다효소복합체에서 일어나면 한 반응의 생성물이 멀리 확산하지 않고도 곧바로 다음 효소에 넘겨지게 된다.

2. 반응하는 기질이 일련의 반응을 거치는 동안 복합체로부터 떨어져 나가지 않기 때문에 불필요한 부수적 반응이 일어나지 않는다.
3. 다효소복합체 내에서 일어나는 모든 반응은 하나의 단위로서 조절될 수 있다.

비단백질성 효소

수년 전까지 대부분의 생명과학 책에 "효소라는 단백질은 생체 촉매"라고 쓰여 있었다. 그러나 콜로라도 대학의 체크(Thomas J. Cech)와 동료는 1981년에 단백질이 아니라 RNA 자체에 의해 촉매가 일어나는 반응을 보고했다. 그 후 RNA 촉매의 다른 예가 보고되어 그 사실이 입증되었다. 효소와 마찬가지로 "**라이보자임**(ribozyme)"이라고 부르는 이런 RNA 촉매 역시 특정 생화학 반응속도를 빠르게 하고 높은 기질특이성을 보인다.

정보 분자인 RNA가 촉매로 작용하는 능력은 단백질과 핵산 중 어느 것이 먼저인가라는 질문과 관련이 있어 흥미로운데, 먼저 진화한 RNA가 첫 번째 단백질의 생성을 촉매했을 가능성을 보여주는 것이다.

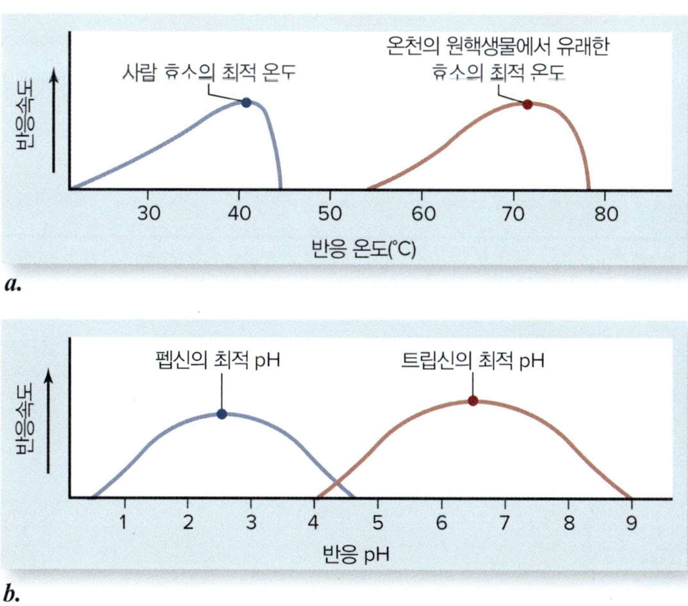

그림 3.7 환경에 민감한 효소.
효소의 활성은 온도(***a***)와 pH(***b***)의 영향을 받는다. 인체 내의 대부분의 효소는 단백질 분해 효소인 트립신과 같이 40°C 정도의 pH 6~8에서 최적의 기능을 한다. 온천에 사는 원핵생물이 지닌 효소의 최적 온도는 이보다 높으며, 펩신은 위장의 산성 조건에서 작용하기 때문에 최적 pH가 낮다.

효소의 기능에 영향을 미치는 요인들

효소의 촉매반응속도는 기질과 효소 농도의 영향을 받는다. 또한, 효소의 3차원적 모양을 변화시키는 화학적 또는 물리적 인자인 온도, pH 및 조절 분자의 결합 등이 효소 촉매 능력에 영향을 미친다.

효소와 온도

촉매가 없는 반응에서 온도를 높이면 열 때문에 무작위적인 분자운동이 활발해지면서 반응속도가 증가한다. 이런 분자운동 때문에 분자 결합에 스트레스가 가해지고 반응의 활성도에 영향을 미치게 된다. **그림 3.7***a*에서 보는 것처럼, 효소의 촉매반응은 적정온도에 이를 때까지 온도에 따라 증가한다. 적정온도 이하에서는 효소의 구조를 결정하는 수소결합과 소수성결합으로 인해 효소가 유연성이 있는 상태가 되지 못한다. 그리고 적정온도 이상에서는 효소를 구성하는 원자들의 움직임이 증가하기 때문에 효소의 구조가 제대로 유지되지 못하게 된다. 이는 효소가 단백질이기 때문에 고온에서 변성되어 일어나는 현상이다.

효소와 pH

글루탐산(+)이나 라이신(−)처럼 아미노산의 전하를 띤 부분 사이의 이온결합도 효소 작용에 영향을 미친다. 수소이온 농도에 따라 전하를 띤 아미노산이 전하 상태가 영향을 받으므로, 이들이 상호작용은 효소가 있는 용액 내 수소이온 농도에 민감하다. 이런 이유로 대부분 효소의 적정 pH는 보통 6~8 사이이다. 산성 환경에서 작용하는 효소는 수소이온 농도가 높아도 효소를 구성하는 단백질의 3차원적 구조가 유지되는 것들이다. 그 실례로 펩신은 pH 2 정도 되는 강한 산성 조건의 위장에서도 단백질을 분해한다(**그림 3.7***b*).

효소 억제인자 및 활성인자

효소와 결합하여 활성을 낮추는 물질을 억제인자라고 한다. 효소 억제인자는 경쟁적 억제인자와 비경쟁적 억제인자의 2종류로 구분된다. 경쟁적 억제인자는 효소의 활성부위를 차지하여 기질이 효소에 붙지 못하게 함으로써 기질과 경쟁하며, 비경쟁적 억제인자는 효소의 활성부위가 아닌 다른 곳에 붙어서 효소의 모양을 변화시켜 효소에 기질이 붙지 못하게 한다(**그림 3.8**).

대부분의 비경쟁적 억제인자는 **다른자리입체성 부위**(allosteric site)라는 특정한 위치에 붙어서 효소의 활성 상태를 조절하는 스위치 역할을 한다. 이와 같은 억제인자를 **다른자리입체성 억제인자**(allosteric inhibitor, **그림 3.8***b*)라고 한다. 이러한 조절은 효소의 활성화에도 쓰이는데, **다른자리입체성 활성인자**(allosteric activator)는 다른자리입체성 부위에 붙어서 다른자리입체성 효소(allosteric

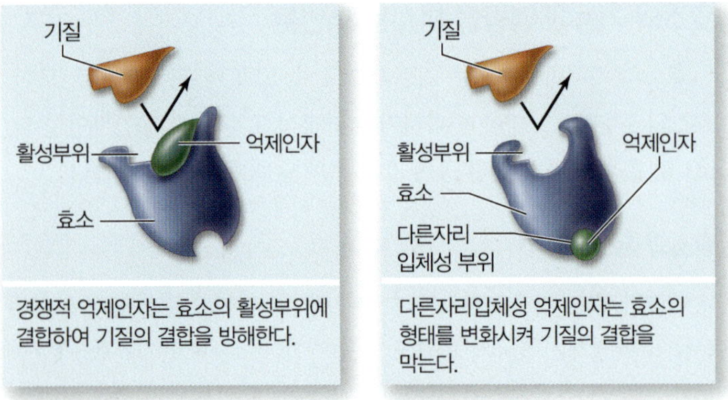

a. 경쟁적 억제 ***b.*** 비경쟁적 억제

그림 3.8 효소의 억제.
a. 경쟁적 억제의 경우 억제인자가 기질과 모양이 비슷하여 효소의 활성부위를 두고 기질과 경쟁한다. *b.* 비경쟁적 억제의 경우는 억제인자가 활성부위에서 떨어진 다른자리입체성 부위에 붙어서 효소의 구조를 변화함으로써 기질이 붙지 못하게 작용한다.

enzyme)를 활성화된 구조로 유지함으로써 효소 활성을 높여준다.

효소 보조인자

단백질이 아닌 부수적인 화학적 요소로 효소의 기능을 보조해 주는 물질을 **보조인자**(cofactor)라고 부르며, 효소의 활성부위에서 직접 촉매에 관여하는 금속 이온들이 이에 속한다. 예를 들어 금속성 아연 이온(Zn^{2+})은 단백질을 분해하는 카복시펩티데이스(carboxypeptidase)와 같은 효소에 의해 사용되는데, 이는 공유결합의 전자를 끌어당겨 결합이 쉽게 끊어지게 한다. 몰리브데넘(Mo)이나 망간(Mn) 같은 금속 원자도 보조인자로 쓰이며, 아연과 마찬가지로 이 물질들은 음식을 통해 소량만 섭취하면 된다.

보조인자 중 비단백질성 유기분자는 **조효소**(coenzyme)라 부르며, 바이타민이나 바이타민 유도체가 조효소로 작용한다. 그 실례로 바이타민 B_6과 B_{12}는 여러 효소의 조효소로 기능을 한다. 뉴클레오타이드 유도체(NAD^+ 등)도 조효소로 작용한다.

피드백 억제를 통한 생화학 경로의 조절

생명체에서 일어나는 모든 화학반응을 **대사과정**(metabolism)이라고 한다. 대사작용 중 에너지를 사용하여 고분자를 형성하는 화학반응은 **동화작용**(anabolism)이라 부르며, 분자를 분해하면서 에너지를 발생하는 반응을 **이화작용**(catabolism)이라고 부른다.

생화학 경로가 효율적으로 작동하려면 세포가 균형 잡힌 조절을 해야 한다. 어떤 화합물이 풍부하다면 그 물질을 합성할 필요가 없으며, 만일 합성을 하게 된다면 다른 일에 사용될 에너지와 재료 물질을 낭비하는 셈이다. 그러므로 생화학 경로에서 불필요한 생성물이 만들어지는 것을 일시적으로 차단시키는 조절작용이 필요하다. 간단한 생화학 경로의 조절은 정교한 피드백 작용으로 인해 이루어지곤 한다. 경로의 최종 산물이 경로의 첫 반응을 촉매하는 효소의 다른자리입체성 부위와 결합하는 이러한 조절방식을 **피드백 억제**(feedback inhibition)라 부른다(**그림 3.9**).

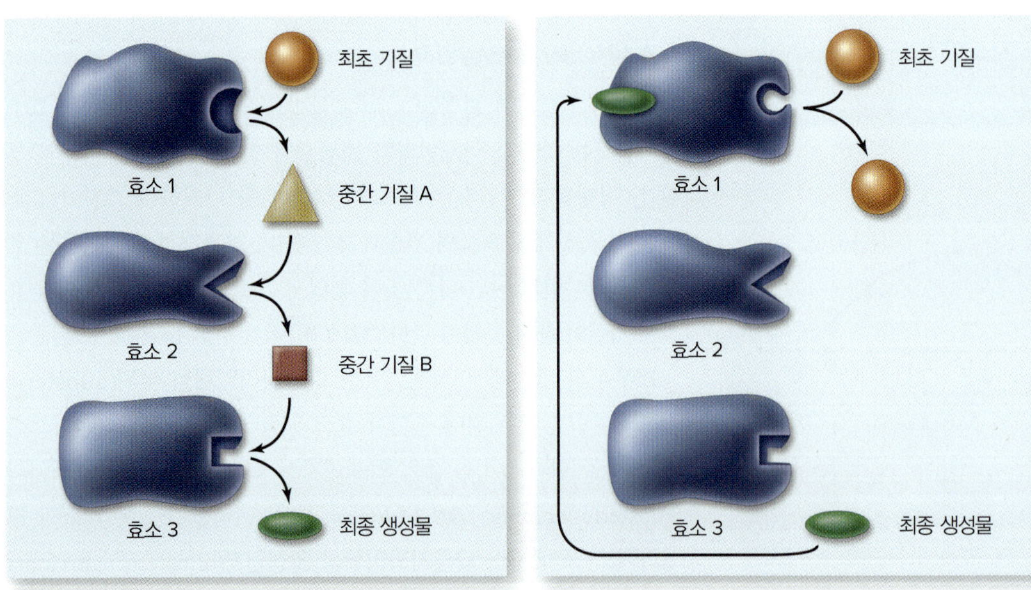

a. ***b.***

그림 3.9 피드백 억제.
a. 피드백 억제가 일어나지 않는 생화학적 경로. *b.* 경로의 최종 생성물이 첫 번째 효소의 다른자리입체성 억제인자로 작용하는 생화학적 경로. 경로의 최종 생성물이 생성되면 경로는 멈추게 된다. 이 경로는 아미노산, 뉴클레오타이드, 또는 다른 중요한 세포내 분자의 합성 경로일 수 있다.

3.3 호흡의 개요

세포내 유기화합물을 산화시켜 화학결합에 저장된 에너지를 얻는 과정을 **세포호흡**(cellular respiration)이라 한다.

유기화합물의 산화를 통한 세포의 대사

세포에서 먹이를 포함한 유기화합물로부터 에너지를 방출하는 과정은 여러 단계를 거쳐 일어난다. 먼저 소화 과정에서 소화효소들이 큰 분자들을 작은 분자들로 분해하며, 이어서 다른 효소들이 소화과정 중에 만들어진 작은 분자들을 분해하여 C－H와 같은 화학결합에 저장된 화학에너지를 방출한다.

이러한 유기분자들의 분해과정은 산화반응으로, 에너지대사는 산화-환원반응과 연관되어 있다. 이 과정을 이해하려면 음식물 분자들로부터 유래한 전자의 경로를 추적할 필요가 있다. 이화작용에서 일어나는 산화반응은 단순한 전자전달반응이 아니라 **탈수소반응**(dehydrogenation)으로 전자와 더불어 양성자도 잃게 되어 수소 원자를 잃게 된다.

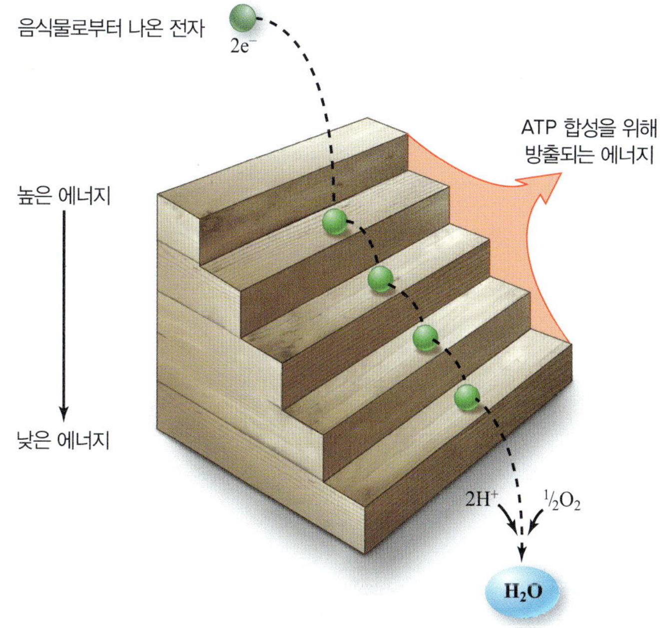

그림 3.10 전자전달 작동 방식.
그림은 전자가 한 에너지 준위에서 다른 에너지 준위로 전달될 때 어떻게 ATP가 생성되는지를 보여준다. 전자는 에너지를 한 번에 순간적으로 방출하는 것이 아니라, 보다 낮은 에너지 준위로 단계적으로 전달될 때마다 저장된 에너지를 단계적으로 방출하며, 결국 가장 낮은 에너지 준위(가장 큰 전기음성도를 가짐)의 전자수용체인 O_2로 전달된다.

세포호흡: 포도당의 산화과정

생물계에서 산화반응과 환원반응은 서로 연계되어 있는데, 이처럼 짝을 이루는 반응을 산화-환원반응이라 부른다. 세포는 효소가 촉매하는 산화-환원반응을 통해 음식물 분자로부터 에너지를 수확하고 이를 ATP로 전환한다.

산화-환원반응

산화-환원반응은 생물계 내 에너지 흐름에서 중요한 역할을 한다. 왜냐하면, 한 원자로부터 다른 원자로 전달되는 전자는 자신이 가진 에너지와 함께 전달되기 때문이다. 전자가 가진 에너지의 양은 원자의 핵 주위에서의 전자의 궤도(orbital) 위치 또는 에너지 준위에 의해 결정된다. 에너지가 풍부한 분자를 포함하는 산화-환원반응을 보조인자인 **NAD^+**(nicotinamide adenosine dinucleotide)의 도움으로 효소가 촉매할 때, NAD^+는 기질로부터 2개의 전자와 1개의 양성자(H^+)를 받아 NADH로 환원되며, 산화된 생성물은 NADH와 함께 효소의 활성부위로부터 떨어져 나온다.

세포의 에너지 획득 전체 과정에서 수십 개의 산화-환원반응이 일어나고, NAD^+를 포함하는 많은 분자가 전자수용체로 역할을 한다. 각각의 산화-환원반응에서 나오는 에너지는 ATP를 만들거나, 다른 화학결합을 형성하는 데 사용되거나 또는 열로서 소실된다. 이러한 에너지 획득을 위한 산화-환원과정에서 최초의 화학결합으로부터 나온 고에너지 전자는 많은 에너지를 잃게 되고, 최종적으로 전자수용체에 전달된다(**그림 3.10**). 최종 전자수용체가 산소이면 이 과정을 **산소호흡**(유기호흡, aerobic respiration)이라 하고, 최종 전자수용체가 산소가 아닌 무기분자일 때는 **무산소호흡**(무기호흡, anaerobic respiration)이라 한다. 최종 전자수용체가 유기분자인 과정은 **발효**(fermentation)라 부른다

탄수화물의 연소

세포 내에서의 탄수화물 이화작용과 벽난로에서의 장작 연소는 화학적으로 볼 때 거의 차이가 없다. 두 경우 모두 반응물은 탄수화물[탄소(C)＋수화물(H_2O)로, 화학식은 $(CH_2O)_n$]과 산소이고, 생성물은 이산화탄소, 물 그리고 에너지이다.

$$\underset{\text{포도당}}{C_6H_{12}O_6} + \underset{\text{산소}}{6O_2} \longrightarrow \underset{\text{이산화탄소}}{6CO_2} + \underset{\text{물}}{6H_2O} + \text{에너지(열과 ATP)}$$

이 반응에서 자유에너지 변화량은 표준조건(25°C, 1기압)에서 －686 kcal/mol이다. 세포내 조건에서 이 반응이 일어나면 1몰의 포도당에서 －720 kcal/mol 정도의 에너지가 나올 수 있다. 포도당이 이화작용에 의해 분해되는 경우와 연소되는 경우 같은 양의 에너지가 나오지만, 포도당이 연소되면 대부분의 에너지는 열로 방출된다. 세포는 포도당의 이화작용으로부터 나온 에너지 일부를 이용하여 ATP를 생산함으로써 세포가 이용할 수 있는 에너지를 얻는다.

그림 3.11 NAD$^+$와 NADH.
디뉴클레오타이드는 세포호흡 동안 "전자운반체"로 작용한다. NAD$^+$는 거대분자들의 이화작용에서 나온 1쌍의 전자와 1개의 양성자를 받아 NADH로 환원된다.

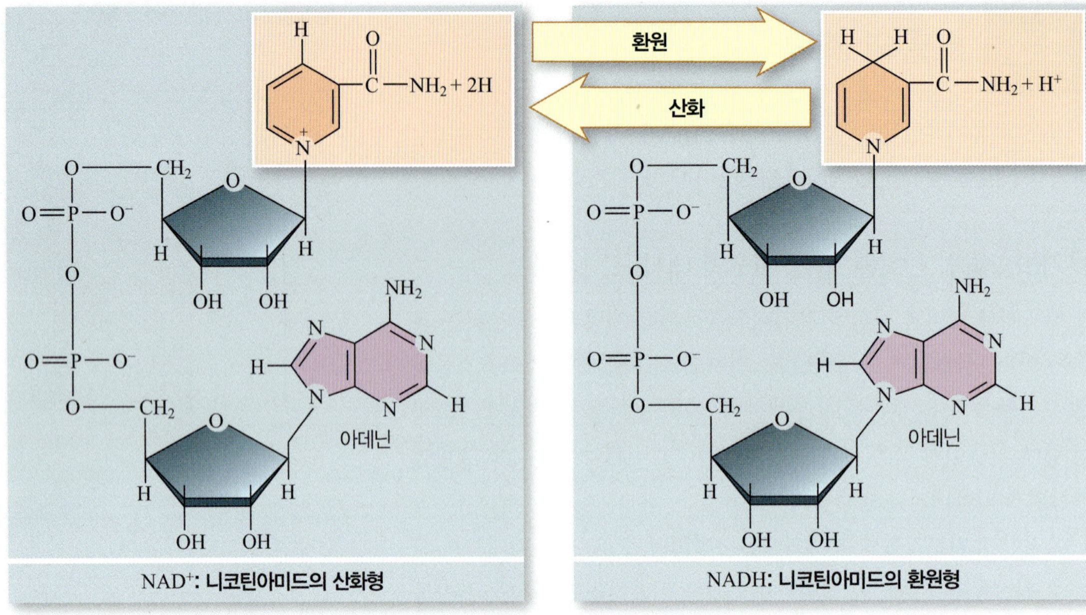

에너지대사와 전자운반체

세포는 여러 단계에 걸쳐 여러 중간 **전자운반체**(electron carrier)를 통해 전자를 최종적으로 O_2에 전달한다. 전자운반체 중 가장 중요한 것 중의 하나가 서로 결합한 2개의 뉴클레오타이드로 구성된 NAD$^+$이다(**그림 3.11**). 이 2개의 뉴클레오타이드는 NMP(nicotinamide monophosphate)와 AMP(adenosine monophosphate)로, 인산기에 의해 연결되어 있다. NAD$^+$가 2개의 전자와 1개의 양성자를 효소의 활성부위로부터 받으면 NADH로 환원이 되고, NADH 분자는 2개의 에너지가 풍부한 전자를 갖게 되며, 그 전자를 다른 분자에 전달하여 환원시킬 수 있다.

대사과정과 에너지 수확

포도당의 C—H 결합 내의 전자는 **해당과정**(glycolysis)과 **시트르산 회로**(citrate cycle)라 부르는 일련의 효소에 의해 촉매되는 반응에서 여러 단계에 걸쳐 NAD$^+$ 또는 다른 전자운반체에 전달된다. 이러한 산화반응에서 나오는 에너지는 한번에 모두 방출되지 않는다(**그림 3.10** 참조). 전자는 미토콘드리아 내막에 있는 **전자전달계**(electron transport chain)라 부르는 일련의 전자운반체에 전달된다. 전자전달계를 통한 전자의 이동은 전기화학기울기(electrochemical gradient)의 형태로 퍼텐셜에너지를 형성한다.

세포는 ATP를 이용하여 운동과 같은 에너지가 필요한 대부분의 활동을 수행한다. 근육수축, 염색체 이동 등 이러한 모든 운동에는 ATP의 가수분해로 나오는 에너지가 사용된다. 또한, 세포는 ATP를 이용하여 자발적으로 일어날 수 없는 자유에너지증가반응을 일어나게 한다. 결국 세포호흡의 최종 목표는 ATP를 생산하는 것이다. ATP 합성은 그 자체가 자유에너지증가반응이다. 따라서 ATP 합성이 일어나려면 세포 내에서 자유에너지감소반응이 일어나야 한다.

근본적으로 다른 2종류의 작용으로 생성되는 ATP

ATP의 합성은 2개의 서로 다른 작용에 의해 이루어진다. 첫 번째 작용은 인산기와 결합되어 있는 중간물질과의 직접적인 화학반응이며, 두 번째 작용은 ADP를 인산화시키기 위한 퍼텐셜에너지를 얻기 위해 양성자의 전기화학기울기를 이용하는 반응이다.

1. 기질수준 인산화(substrate-level phosphorylation)에서는 인산기를 가지는 중간물질 또는 기질에서 인산기가 직접 ADP로 전달되면서 ATP가 형성된다. 포도당의 초기 분해과정인 해당과정에서 포도당의 화학결합은 반응 도중 위치를 변동하면서 기질수준 인산화 작용으로 ATP를 만드는 데 필요한 에너지를 낸다.
2. 산화적 인산화(oxidative phosphorylation)에서는 양성자기울기(proton gradient)의 에너지를 이용하여 **ATP 합성효소**(ATP synthase)에 의해 ATP가 합성된다. 포도당의 산화과정에서 나온 고에너지 전자가 전자전달계를 통해서 산소로 전달될 때 에너지가 나오며, 그 에너지를 이용하여 막을 사이에 두고 양성자기울기가 형성된다. 전자전달계를 통해서 전자가 산소로 전달되기 때문에 이와 같이 ATP가 형성되는 과정을 산화적 인산화라 한다. ATP 합성효소는 양성자기울기의 에너지를 이용하여 다음의 반응을 촉매한다.

$$ADP + P_i \longrightarrow ATP$$

3.4 해당과정: 포도당 분해

포도당 분자는 여러 방식으로 분해될 수 있다. 원시생물은 효소-연계반응(enzyme-coupled reaction)을 이용하여 ATP의 합성에 충분한 자유에너지를 방출시키는 포도당 이화과정을 진화시켰다. 해당과정은 세포질에서 일어나며, 이 과정을 통해 포도당은 3-탄소로 이루어진 피루브산(pyruvic acid) 2개로 전환된다(**그림 3.12**). 포도당 1분자가 해당과정을 거칠 때 세포는 2분자의 ATP를 생산한다.

해당과정의 단계

해당과정은 모두 10단계의 반응으로 이루어져 있는데, 이 과정에서 6-탄소 화합물인 포도당 1분자가 3-탄소 화합물인 피루브산 2분자로 전환된다(**그림 3.13**). 처음 5단계의 반응에서 1분자의 포도당은 2개의 ATP를 사용하여 2개의 인산기를 갖게 되며, 그 후 분해과정을 거쳐 2개의 글리세르알데하이드 3인산(glyceraldehyde 3-phosphate, G3P)으로 전환된다. 그다음 5단계의 반응에서 1분자의 G3P가 피루브산(pyruvate)으로 전환될 때 1분자의 NADH를 생성하고, 2분자의 ATP를 만들게 된다. 결국 1분자의 포도당이 2분자의 G3P로 분해되기 때문에, 해당과정의 전체 반응에서 2분자의 ATP, 2분자의 NADH 그리고 2분자의 피루브산이 생산된다.

1분자의 ATP가 가수분해될 때 표준조건에서의 자유에너지 변화량(ΔG)은 -7.3 kcal/mol이므로, 세포는 해당과정에서 포도당 1몰로부터 최대 14.6 kcal의 에너지를 수확한다. 해당과정에서 생성된 NADH는 미토콘드리아의 전자전달계로 들어가서 산화적 인산화 과정에 의한 ATP를 생성하게 된다.

세포호흡과 NADH 재활용

해당과정의 순반응식은 다음과 같다.

$$\text{포도당} + 2\ \text{ADP} + 2\ \text{P}_i + 2\text{NAD}^+ \longrightarrow 2\ \text{피루브산} + 2\ \text{ATP} + 2\ \text{NADH} + 2\text{H}^+ + 2\text{H}_2\text{O}$$

해당과정에서는 다음과 같이 3가지 변화가 일어남을 볼 수 있다. (1) 포도당이 2분자의 피루브산으로 전환된다. (2) ADP 2분자가 기질수준 인산화 과정을 통해서 ATP로 전환된다. 그리고 (3) NAD^+ 2분자가 NADH로 환원된다. 해당과정은 세포에 2가지 문제점을 남기는데, 피루브산 2분자에 아직 남아 있는 에너지를 수확하는 것과 해당과정을 계속할 수 있게 NAD^+를 다시 생성하는 것이다.

포도당으로 전환될 수 있는 음식물 분자를 이용하는 경우, 세포는 계속적인 해당과정을 통해 세포 활동에 필요한 ATP를 생산한다. 그 과정 중에 NADH는 세포 내에 축적되고, NAD^+는 고갈되게 된다. 세포 내에는 많은 양의 NAD^+가 없기 때문에 해당과정이 계속되려면 NADH가 NAD^+로 전환되어 재활용되어야 한다. 따라서 NADH의 재활용을 위해 NAD^+가 아닌 다른 분자가 최종적으로 G3P로부터 나온 전자를 받아서 환원되어야 하는데, 이는 다음과 같은 두 과정에 의해 수행된다.

1. **산소호흡**: 산소는 뛰어난 전자수용체이기에, G3P로부터 나온 전자는 일련의 전자전달 과정을 거쳐 산소로 전달될 수 있다. 이 과정은 산소가 존재할 때, 진핵세포의 미토콘드리아에서 일어난다. 대기에는 산소가 풍부하므로, 이 과정을 산소대사(aerobic metabolism)라고도 부른다. 이 과정에서 상당량의 ATP가 생산된다.
2. **발효**: 산소가 없는 조건에서 유기분자(예, 포도주 발효에서 아세트알데하이드)가 산소를 대신하여 전자를 받을 수 있다. 이 과정은 산소호흡이 가능한 생물을 포함한 대부분 생물의 대사에서 중요한 역할을 한다.

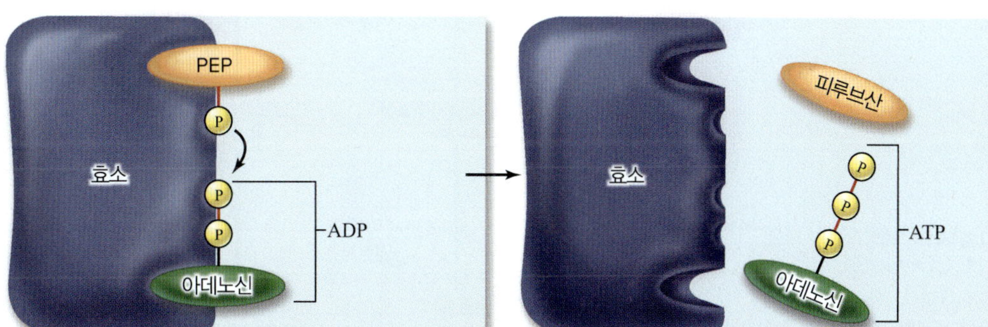

그림 3.12 기질수준의 인산화. 포스포에놀피루브산(PEP)과 같은 일부 분자들은 ATP에서와 유사한 고에너지 인산결합을 가진다. PEP의 인산기가 효소 작용에 의해 ADP로 전달되면 ATP가 생긴다.

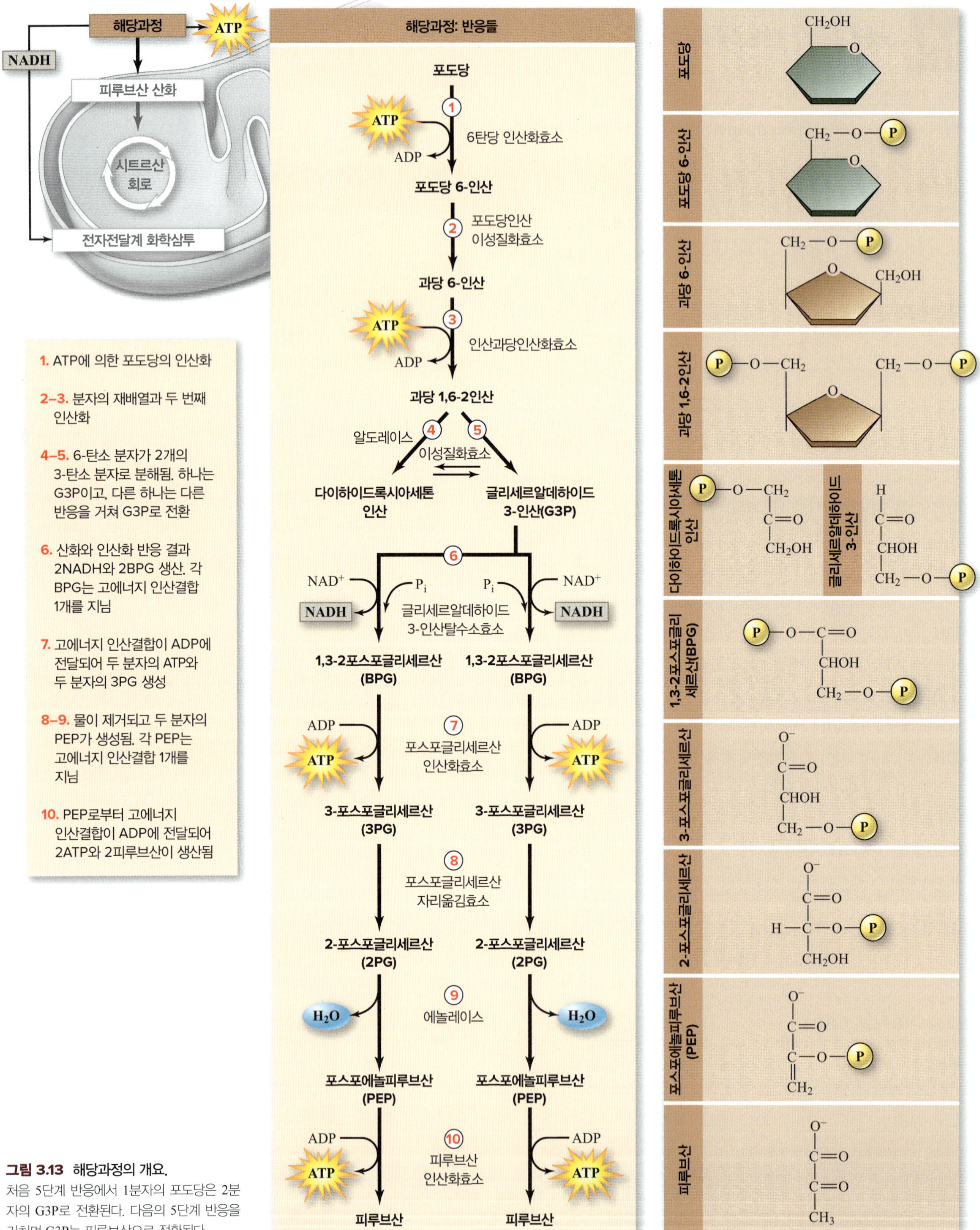

그림 3.13 해당과정의 개요.
처음 5단계 반응에서 1분자의 포도당은 2분자의 G3P로 전환된다. 다음의 5단계 반응을 거치며 G3P는 피루브산으로 전환된다.

3.5 피루브산 산화: 시트르산 회로

아세틸-CoA의 생성

진핵생물에서 피루브산으로부터의 추가적인 에너지 추출은 미토콘드리아 내에서만 일어난다. 원핵생물에서는 유사한 반응들이 세포질과 세포막에서 일어난다. 피루브산은 탈탄산 반응으로 인해 3개의 탄소 중 1개가 CO_2의 형태로 떨어져 나간다(**그림 3.14**). 남은 2-탄소로 이루어진 아세틸기는 조효소 A(Coenzyme A, CoA)와 결합하여 아세틸-CoA가 형성된다. 이 과정에서 1쌍의 전자 및 이와 결합되어 있는 양성자 1개는 전자운반체인 NAD^+에 전달되어 NADH로 환원시키고, 두 번째 양성자는 용액에 유리된다.

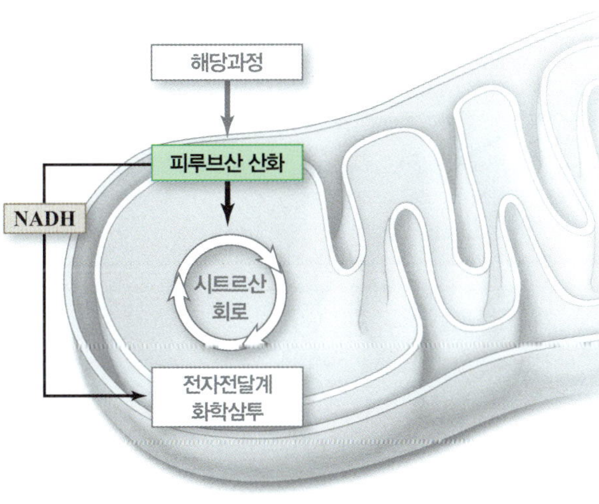

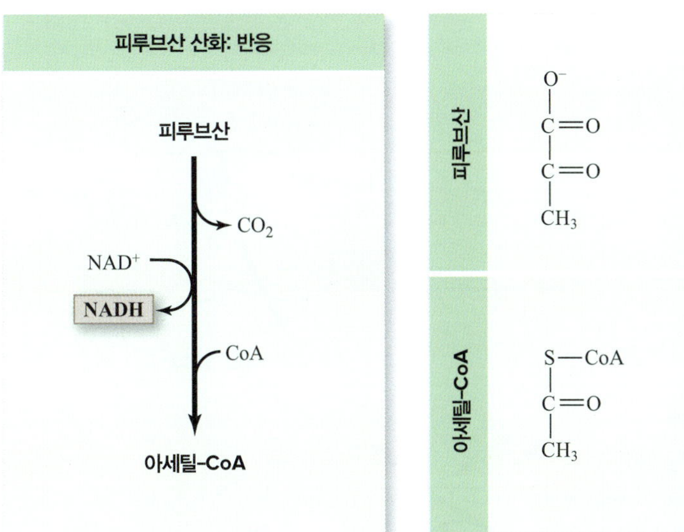

그림 3.14 피루브산의 산화.
복합 반응을 통해 NAD^+는 전자를 받아 NADH로 환원된다. 반응 생성물인 아세틸-CoA는 아세틸기를 시트르산 회로에 공급하고, CoA는 또 다른 피루브산의 산화를 위하여 재활용된다. NADH는 전자전달계에 고에너지 전자를 공급한다.

미토콘드리아 기질에 있는 **피루브산 탈수소효소**(pyruvate dehydrogenase)는 피루브산으로부터 CO_2를 제거하는 다효소복합체로서 알려진 가장 큰 효소 중 하나이다. 이 복합체는 60개의 소단위로 이루어져 있으며, 이 효소에 의해 촉매되는 반응은 다음과 같다.

$$\text{피루브산} + NAD^+ + CoA \longrightarrow$$
$$\text{아세틸-CoA} + NADH + CO_2 + H^+$$

이 반응에서 생산되는 1분자의 NADH는 나중에 ATP를 만드는 데 사용된다. 아세틸기는 시트르산 회로에 들어가서 사용되고, CoA는 다른 피루브산의 산화를 위하여 재활용된다. 시트르산 회로에서 포도당 유래 탄소의 산화가 완료된다.

시트르산 회로의 개요

피루브산으로부터 만들어진 아세틸기는 시트르산 회로를 통해 산화되는데, 이 반응들은 미토콘드리아의 기질에서 일어난다. 이 회로의 첫 반응에서 아세틸-CoA의 2-탄소 아세틸기가 옥살로아세트산(oxaloacetate)이라는 4-탄소 분자와 결합한다. 그 결과로 생긴 6-탄소 분자인 시트르산은 전자를 생산하는 일련의 산화반응을 거치는데, 그 과정에서 2개의 CO_2가 떨어져 나오면서 다시 옥살로아세트산이 된다. 재생된 옥살로아세트산은 다음의 시트르산 회로를 위해서 또 다른 아세틸기와 결합하는 데 사용된다. 회로가 한 번 돌 때마다 하나의 새로운 아세틸기가 첨가되고, 탄소 2개가 CO_2로 소실되며, 이때 나온 전자들은 전자운반체에 전달된다. 이 전자들은 전자전달계에서 사용되어 ATP를 만드는 양성자 펌프를 가동시킨다.

시트르산 회로에서 일어나는 전자 추출과 1분자의 ATP 합성

시트르산 회로는 9개의 반응으로 구성되어 있는데, 아세틸-CoA로부터 2-탄소로 이루어진 아세틸기가 들어가서 2분자의 CO_2와 1분자의 ATP 그리고 4쌍의 전자가 생산된다(**그림 3.15**).

- **반응 1, 축합:** 아세틸-CoA와 옥살로아세트산으로부터 시트르산이 합성된다. 이 축합반응은 비가역적이며, 이 반응을 통해 2-탄소 아세틸기가 회로에 들어온다. 이 반응은 세포내 ATP 농도가 높으면 억제되고 낮으면 촉진된다. 따라서 세포내 ATP 농도가 높으면 시트르산 회로가 억제되고 아세틸-CoA는 지방산 합성 과정으로 들어간다.
- **반응 2 및 3, 이성질체화:** 산화반응이 시작되기 전에 시트르산의 하이드록실기(−OH)의 위치 변화가 선행되어야 한다. 이는 두 단계를 거쳐서 이루어지는데, 한 탄소로부터 물 분자 하나가 제거되고 물 분자는 다시 다른 탄소에 결합된다. 그 결과

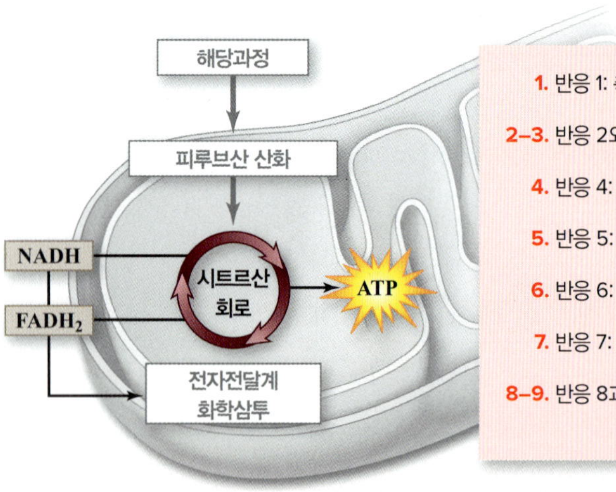

1. 반응 1: 축합반응

2–3. 반응 2와 3: 이성질화 반응

4. 반응 4: 첫 번째 산화반응

5. 반응 5: 두 번째 산화반응

6. 반응 6: 기질수준의 인산화

7. 반응 7: 세 번째 산화반응

8–9. 반응 8과 9: 옥살로아세트산의 재생산과 네 번째 산화반응

그림 3.15 시트르산 회로.
반응은 미토콘드리아 기질 내에서 일어난다. 1분자의 포도당이 완전히 분해(산화)되기 위해서는 해당과정과 피루브산 산화로 만들어진 2분자의 아세틸-CoA가 시트르산 회로를 따라 진행해야 한다.

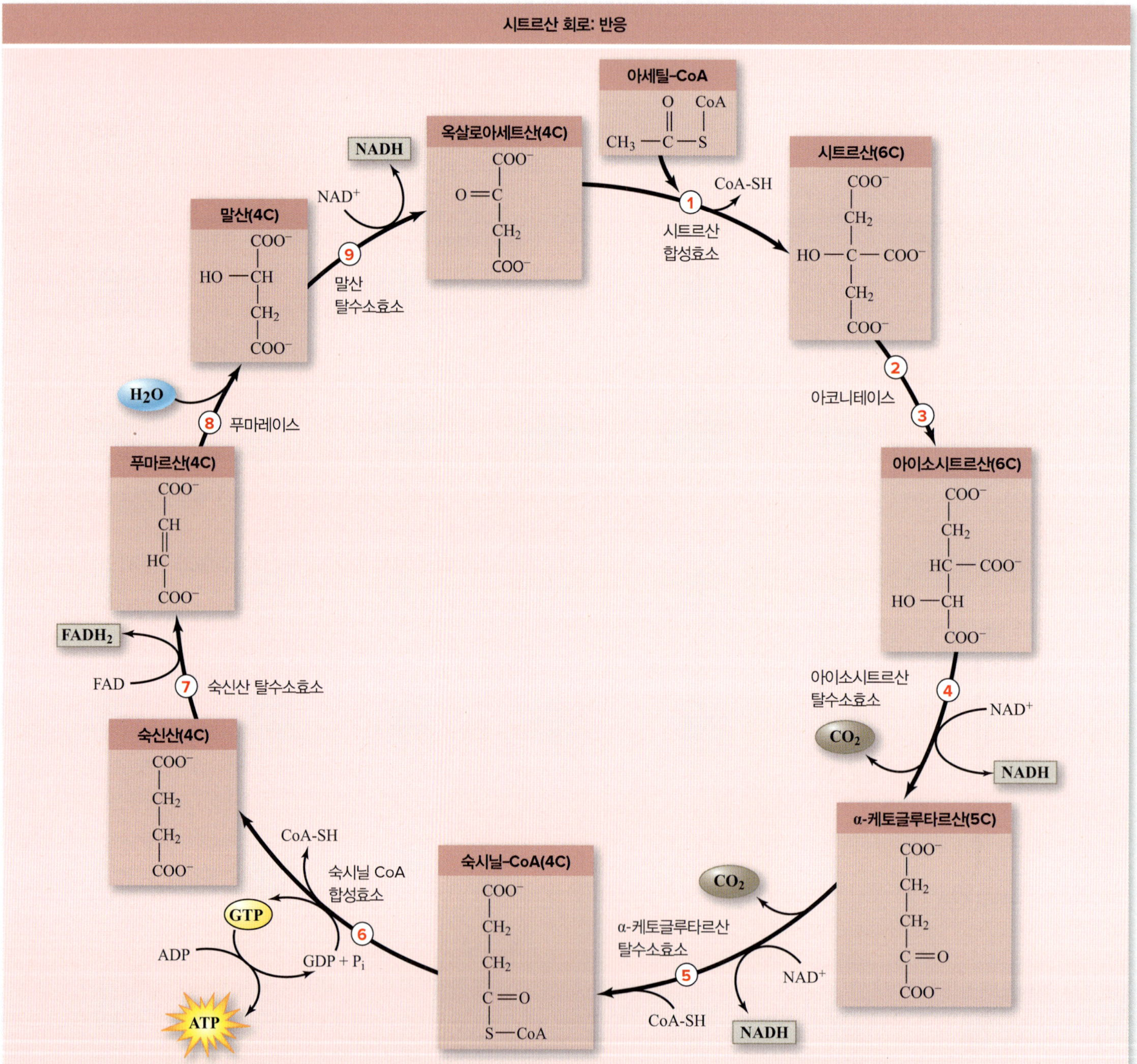

—H와 —OH기의 위치 변동이 생긴다. 이렇게 해서 생기는 시트르산의 이성질체가 아이소시트르산(isocitrate)이다. 작용기의 재배열은 다음 반응들이 잘 일어나게 해준다.

- **반응 4, 최초의 산화**: 에너지 생성의 첫 단계로, 아이소시트르산에서 산화적 탈탄산화 반응이 일어난다. 아이소시트르산이 산화되어 1쌍의 전자를 방출해 NAD^+를 NADH로 환원시킨 다음, 중앙에 위치한 카복실기가 떨어져 나와 CO_2를 생성한다. 그 결과로 5-탄소 분자인 α-케토글루타르산(α-ketoglutarate)이 생성된다.
- **반응 5, 두 번째 산화**: α-케토글루타르산이 피루브산 탈수소효소와 유사한 다효소복합체에 의해 탈탄산화된다. CO_2 제거 뒤에 남는 숙시닐(succinyl)은 CoA에 결합하여 숙시닐-CoA를 생성한다. 이 과정에서 2개의 전자가 방출되고, 이 전자는 NAD^+를 NADH로 환원시킨다.
- **반응 6, 기질수준 인산화**: 4-탄소의 숙시닐기와 CoA의 결합은 고에너지 결합이다. 해당과정에서 일어나는 것과 유사한 공역반응(coupled reaction)을 통해 이 결합은 끊어지고, 이때 방출된 에너지는 GDP를 GTP로 인산화시키는 데 사용된다. GTP는 인산기를 ADP에 전달하여 ATP를 합성하며, 4-탄소 분자인 숙신산(succinate)이 남게 된다.
- **반응 7, 세 번째 산화**: 미토콘드리아 내막에 있는 효소에 의해 숙신산은 산화되어 푸마르산(fumarate)으로 된다. 이 반응에서 생기는 자유에너지 변화량은 NAD^+를 환원시키기에는 충분하지 않다. 그 대신 FAD(flavin adenine dinucleotide)가 전자수용체가 된다. NAD^+와는 달리 FAD는 미토콘드리아 안에서 자유롭게 확산되지 못하며, 미토콘드리아 내막의 효소에 결합되어 있다. FAD의 환원형인 $FADH_2$는 막 안에 있는 전자전달계에만 전자를 줄 수 있다.
- **반응 8 및 9, 옥살로아세트산의 재생**: 마지막 두 반응에서 물 한 분자가 푸마르산에 첨가되어 말산(malate)을 만든다. 그런 다음 말산이 산화되어 4-탄소 분자인 옥살로아세트산과 2개의 전자를 방출한다. 전자는 NAD^+를 NADH로 환원시키는 데 이용된다. 옥살로아세트산은 아세틸-CoA에서 나오는 2-탄소인 아세틸기와 결합하여 회로를 처음부터 다시 시작하게 해준다.

CO_2와 퍼텐셜에너지로 전환되는 포도당

산소호흡 과정 중에 포도당은 완전히 산화된다. 해당과정에서 6-탄소인 포도당 분자는 1쌍의 3-탄소인 피루브산 분자로 분해된다. 피루브산의 탄소 중 하나는 아세틸-CoA로 전환될 때 CO_2 상태로 제거되며, 나머지 2개의 탄소는 아세틸-CoA를 통해 시트르산 회로에 들어가고 여기서 산화를 통해 CO_2로 전환된다. 결국, 포도당이 6개의 CO_2 분자로 되면서 에너지가 나오는데, 에너지는 4개의 ATP와 12개의 환원된 전자운반체에 저장된다. 이 전자운반체 중 10개는 NADH이고, 나머지 2개는 $FADH_2$이다.

3.6 전자전달계와 화학삼투

산소호흡 동안 형성된 NADH와 $FADH_2$는 NAD^+와 FAD가 환원되었을 때 얻은 한 쌍의 전자를 가진다. NADH 분자는 전자를 미토콘드리아 내막으로 운반하여 여기에서 일련의 막에 붙어 있는 단백질들로 이루어진 전자전달계에 넘겨준다.

양성자의 농도기울기를 형성하는 전자전달계

최초로 전자를 받는 것은 내막 안에 박혀 있는 **NADH 탈수소효소**(NADH dehydrogenase)이다. 유비퀴논(ubiquinone)이라는 전자운반체가 NADH 탈수소효소로부터 전자를 bc_1 복합체(bc_1 complex)라고 부르는 단백질-사이토크롬 복합체(protein cytochrome complex)에게 넘긴다. 이 복합체들은 양성자 펌프로 작용해 양성자를 내막을 통해서 막간공간으로 퍼낸다. 그다음 전자는 다른 운반체인 사이토크롬 c(cytochrome c)에 의하여 사이토크롬 산화효소 복합체(cytochrome oxidase complex)에 넘겨진다. 이 복합체는 다음과 같이 4개의 전자를 이용하여 산소 한 분자를 환원시킨다. 각 산소 원자는 2개의 양성자와 결합하여 물 분자를 만든다(**그림 3.16***a*).

$$O_2 + 4H^+ + 4e^- \longrightarrow 2H_2O$$

NADH는 전자를 전자전달계의 첫 단계인 NADH 탈수소효소에 전달하는 반면, 미토콘드리아 내막의 숙신산 탈수소효소의 내부에 존재하는 $FADH_2$는 전자를 유비퀴논에 전달한다. 따라서 $FADH_2$ 유래의 전자는 전자전달계의 첫 단계를 거치지 않는다.

전기화학기울기를 이용하는 화학삼투와 ATP 생산

미토콘드리아 기질은 막간공간과 비교하면 상대적으로 음전하를 띠기 때문에, 양전하를 띠는 양성자는 막간공간에서 기질 방향으로 들어오려는 경향이 있다. 또한 막간공간의 더 높은 양성자 농도는 양성자를 확산에 의해 기질 방향으로 이동시키려는 경향이 있다. 그러나 내막은 이온에 대하여 투과성이 낮으므로 단순확산에 의한 이동

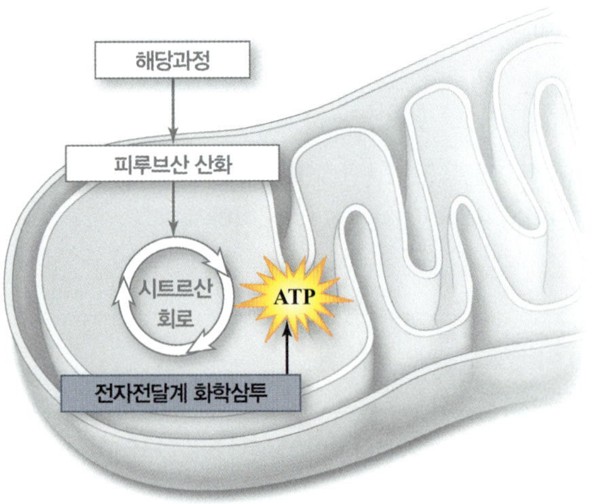

그림 3.16 **전자전달계와 화학삼투.**
a. 이화작용에 의해 분해된 분자들로부터 나온 고에너지 전자는 이동이 가능한 전자운반체들(Q, 유비퀴논; C, 사이토크롬 c)에 의해 3개의 막단백질 복합체들 간에 전달된다. 3개의 복합체들은 전자의 에너지 일부를 사용하여 기질로부터 막간 공간으로 양성자를 퍼낸다. 전자는 최종적으로 산소에 전달되어 물을 형성한다. ***b.*** 이 과정에서 내막을 사이에 두고 양성자의 농도기울기가 형성된다. 이 전기화학적 기울기는 일종의 위치에너지로서, ATP 합성효소에 의해 이용된다. 이 효소는 양성자를 기질 방향으로 되돌아오게 하면서 ADP를 인산화시켜 ATP를 형성한다.

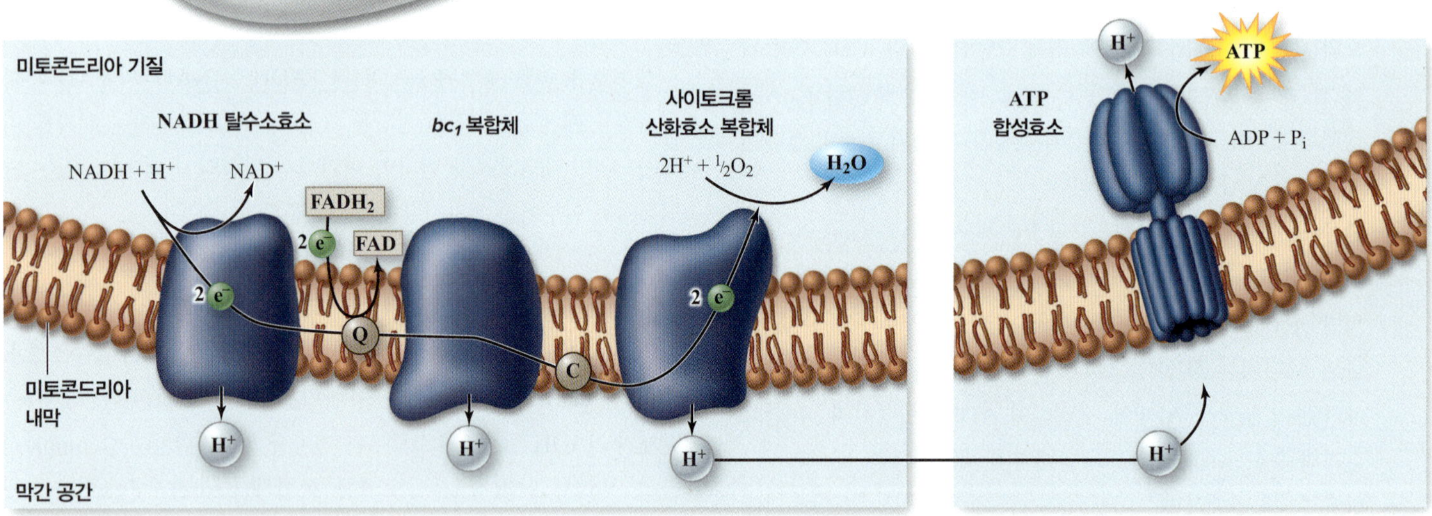

a. 미토콘드리아 내막

b. 화학삼투

은 거의 일어나지 않는다. 따라서 대부분의 양성자는 ATP 합성효소를 통과하여 기질로 들어가게 되는데, 이 효소는 양성자의 농도기울기 에너지를 이용하여 ADP와 Pi로부터 ATP의 합성을 촉매한다. ATP의 화학적 형성은 삼투와 유사한 확산력에 의하여 일어나므로 이 과정을 **화학삼투**(chemiosmosis)라고 부른다(**그림 3.16***b*).

세포호흡의 반응에서 방출되는 에너지는 전자전달계의 양성자 펌프를 가동시켜 양성자기울기를 만들고, 이 기울기는 ATP를 합성하는 데 필요한 에너지를 공급한다. 그러면 포도당 1분자가 산소호흡에 의하여 분해될 때 세포는 ATP의 형태로 어느 정도의 에너지를 얻게 될까? NADH 및 $FADH_2$당 수송된 양성자의 수는 각각 10 H^+와 6 H^+이다. ATP를 합성하기 위해 4개의 H^+가 필요하므로 NADH당 10/4=2.5 ATP와 $FADH_2$당 6/4=1.5 ATP가 된다. 여기에 기질수준 인산화로 생성된 ATP를 포함하면 원핵생물에서 총 32 ATP가 세포호흡 과정에서 형성된다(**그림 3.17**). 진핵생물에서는 해당과정에 의해 세포질에서 생성된 NADH가 능동수송에 의해 미토콘드리아로 들어갈 때 1개의 ATP가 필요하다. 따라서 진핵생물의 예상 수확량은 30 ATP이다.

그러면 세포호흡의 에너지 효율은 얼마나 될까? 포도당 1분자의 산화에 의해 방출된 자유에너지의 양은 686 kcal/mol이며, 각 ATP에 저장된 자유에너지는 7.3 kcal/mol이다. 따라서 진핵세포는 포도당에서 이용 가능한 에너지의 약 $(7.3 \times 30)/686 = 32\%$를 수확한다. (비교하자면 전형적인 자동차는 휘발유 에너지의 약 25%만을 유용한 에너지로 전환한다.) 산소호흡의 높은 에너지 수율은 종속영양생물의 진화를 촉진시키는 주요 요인 중 하나였다.

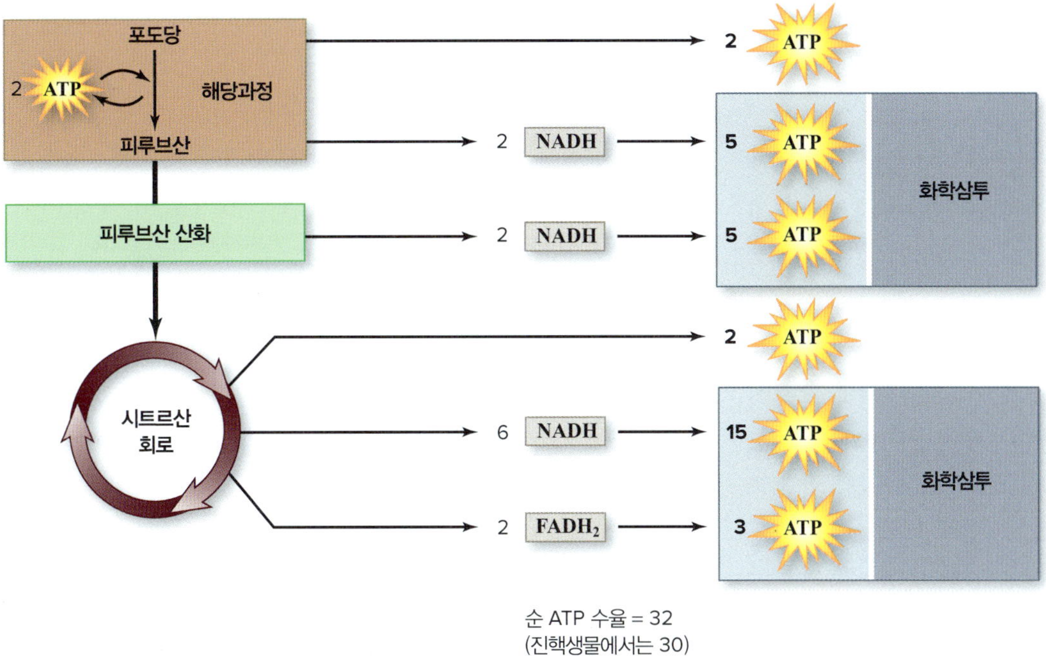

그림 3.17 이론적인 에너지 수율.
이론적으로 산소호흡에 의해서 포도당 1분자로부터 총 32분자의 ATP가 생성된다. 진핵세포에서의 ATP 에너지 수율은 30 ATP로 감소한다. 그 이유는 세포질에서 일어나는 해당과정에서 만들어진 2 NADH가 미토콘드리아로 들어갈 때 2 ATP가 소모되기 때문이다.

3.7 산소호흡의 조절 및 무산소호흡

포도당의 이화과정은 최종 전자수용체의 종류에 따라 산소를 이용하는 산소호흡과 무기물질을 이용하는 무산소호흡, 그리고 유기물을 이용하는 발효로 구분된다. 생명체가 환경에 잘 적응하기 위해서는 필요한 만큼의 에너지를 공급하기 위한 대사 경로가 정교하게 조절되어야 한다. 먼저 산소호흡의 조절에 대해 살펴보고, 산소가 없는 조건에서 어떤 대사 경로가 작동하는지 알아본다.

산소호흡 과정의 피드백 억제

세포가 많은 양의 ATP를 가지고 있을 때는 해당과정, 시트르산 회로 및 지방산 분해의 주요 반응들이 억제되어 ATP 합성이 느려진다. ATP 농도에 의한 이 생화학 경로들의 조절은 피드백 억제의 한 예이다. 반대로 세포 내의 ATP 농도가 낮으면, ADP의 농도는 높아 ADP가 탄수화물의 이화작용 경로의 효소들을 활성화시켜 보다 많은 ATP의 생산을 촉진한다.

포도당의 이화작용 조절은 이화경로의 두 중요한 지점인 해당과정의 한 지점과 시트르산 회로의 시작점에서 일어난다(**그림 3.18**). 해당과정의 조절점은 과당-6-인산을 과당-1,6-2인산으로 전환하는 것을 촉매하는 인산과당인산화효소이다. 이 반응은 해당과정에서 쉽게 가역반응으로 일어날 수 없는 첫 반응으로, ATP는 인산과당인산화효소의 다른자리입체성 억제인자로서 작용한다. ATP와 시트르산

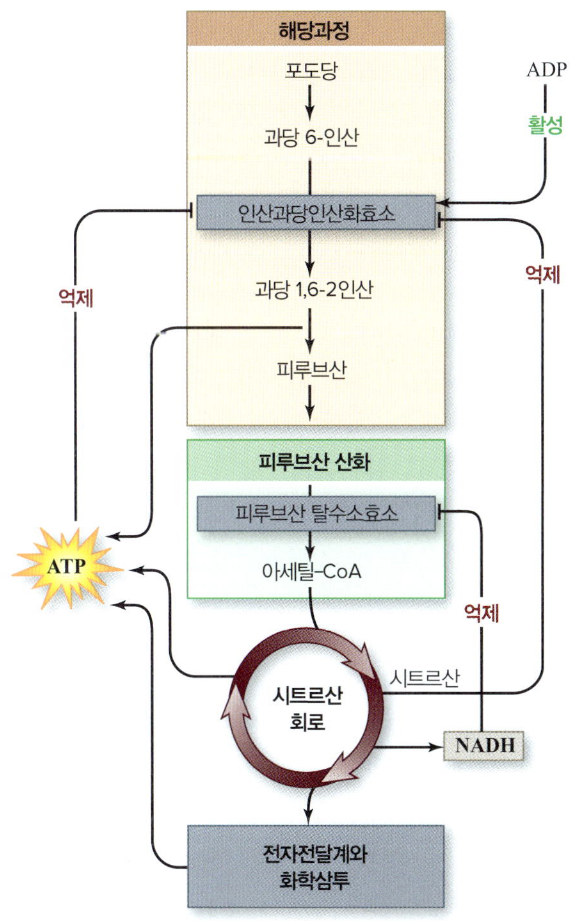

그림 3.18 포도당 이화작용의 조절.
ADP와 ATP의 상대적 양과 주요 대사중간체인 시트르산과 NADH에 의하여 이화대사 경로의 두 지점에서 조절이 일어난다.

의 농도가 높으면 인산과당인산화효소의 활성이 억제된다. 따라서 ATP가 충분하거나 시트르산 회로에서 소비되는 것보다 빨리 시트르산을 생산하는 조건에서는 해당과정이 느리게 진행된다.

피루브산 산화에서의 주요 조절점은 피루브산 탈수소효소에 의해 시트르산 회로가 시작되는 지점이다. 이 효소는 시트르산 회로의 가장 중요한 산물인 NADH의 농도가 높으면 억제된다. 시트르산 회로에서의 다른 조절점은 시트르산 합성효소이다. 이 효소는 시트르산 회로의 첫 번째 반응이며, 옥살로아세트산과 아세틸-CoA를 시트르산으로 전환시키는 반응을 촉매한다. 높은 농도의 ATP는 시트르산 합성효소를 억제하여 전체 이화경로를 느려지게 한다. ATP는 인산과당인산화효소, 피루브산 탈수소효소 및 2개의 다른 시트르산 회로 효소들의 활성도 억제한다.

무산소 조건에서의 산화

일부 생물들은 전자를 받을 산소가 없는 조건에서도 무기분자를 전자전달계의 최종 전자수용체로 사용하여 무산소 조건에서 호흡을 할 수 있다. 그 실례로 많은 원핵생물은 산소를 대신하여 황, 질산염, 이산화탄소 또는 무기 금속을 최종 전자수용체로 사용한다. 이러한 산소 이외의 분자들이 최종 전자수용체로 이용될 때 방출되는 자유에너지는 산소를 이용할 때만큼 크지 못하다. 그 이유는 이들은 산소보다 낮은 전자친화력을 갖기 때문이다. 생산되는 ATP의 양은 적지만 무기분자를 최종 전자수용체로 사용하기 때문에 이 과정은 발효가 아닌 호흡이다.

이산화탄소를 이용하는 메테인생성균

무산소호흡을 수행하는 종속영양생물 중에는 **메테인생성균**(methanogen)과 같은 고세균이 있다. 메테인생성균은 이산화탄소를 전자수용체로 이용한다. 그 결과 CO_2가 환원되어 CH_4(메테인) 가스가 형성된다. 환원에 필요한 수소는 다른 생물들에 의해 생산된 유기분자로부터 유래된다. 메테인생성균은 토양과 소와 같은 반추동물의 소화계를 포함한 다양한 환경에서 발견된다.

황산염을 이용하는 황세균

원시 박테리아인 황세균(sulfur bacteria)은 무기 황산염(SO_4^{2-})을 황화수소(H_2S)로 환원시키는 황산염 호흡을 통해 에너지를 얻는다. 이때 수소 원자는 다른 생물들이 생산하는 유기분자로부터 얻는다. 따라서 황세균은 메테인생성균과 유사하지만, 전자수용체로서 CO_2 대신에 SO_4^{2-}를 이용하는 것이 다르다. 황산염 환원세균은 H_2S가 풍부한 환경을 조성하여 광합성 진화의 기반을 제공하였다. 초기 형태의 광합성에서는 광에너지를 이용하여 물 대신에 H_2S로부터 수소를 얻었다.

유기화합물을 전자수용체로 이용하는 발효

산소가 없는 상태에서 호흡을 위한 대체 전자수용체를 이용할 수 없는 세포는 해당과정만으로 ATP를 만들어 내야 한다. 이러한 조건에서 해당과정에서 나온 전자들은 발효 과정에서 유기분자에 전달된다. 이 과정에서 해당과정에서 사용되는 전자수용체인 NAD^+는 재생산된다. 피루브산이나 피루브산 유도체를 NADH로부터 나온 전자를 받는 전자수용체로 사용하여 세균은 여러 종류의 발효 반응을 수행할 수 있다. 피루브산과 그 유도체가 아닌 유기분자들도 전자수

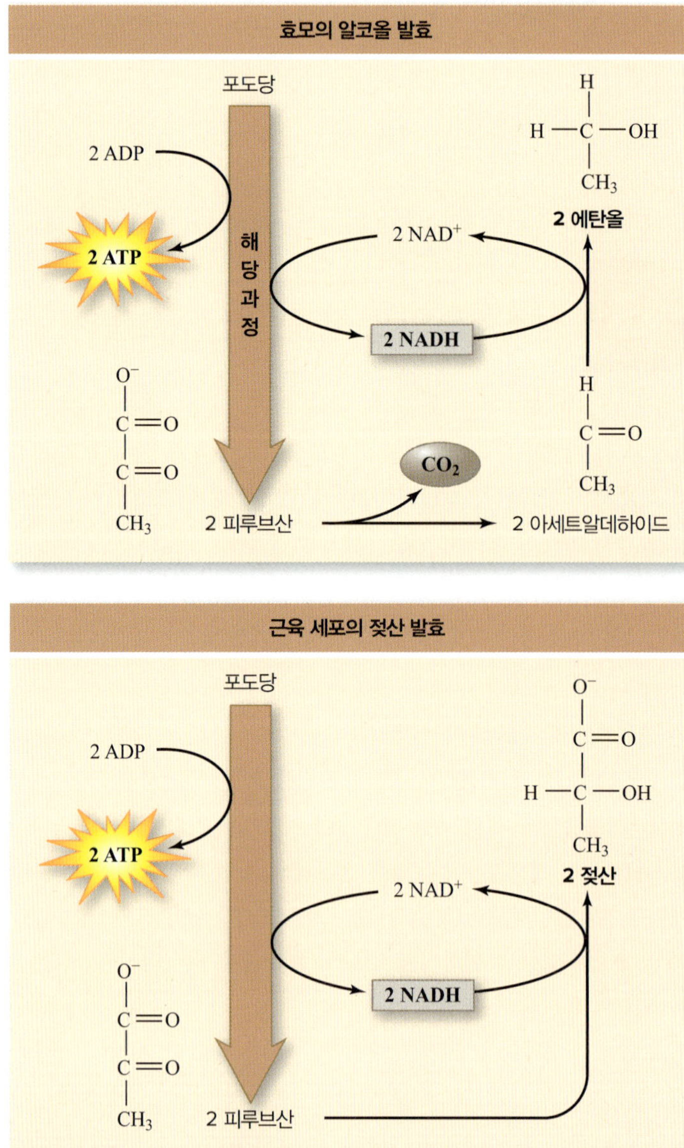

그림 3.19 발효.
효모는 피루브산을 에탄올로 전환시킨다. 근육세포는 피루브산을 에탄올보다 덜 독성이 있는 젖산으로 전환시킨다. 두 경우 모두 포도당의 대사물질(아세트알데하이드와 피루브산)이 NADH를 NAD^+로 재산화시켜 해당과정이 무산소 조건에서 계속 일어나게 한다.

용체로 사용될 수 있다. 중요한 점은 이 과정에서 다음과 같이 NAD^+가 재생산된다는 것이다.

$$\text{유기분자} + \text{NADH} \longrightarrow \text{환원된 유기분자} + \text{NAD}^+$$

환원된 유기분자는 아세트산, 부틸산, 프로피온산, 젖산과 같은 유기산이나 알코올인 경우가 많다.

에탄올 발효: 진핵세포는 몇 가지 발효 능력을 가지고 있다. 그중 한 가지가 효모에서 일어나는 것인데, NADH로부터 전자를 받아들이는 분자가 해당과정의 최종 생성물인 피루브산에서 유래된다. 효모의 효소는 탈탄산화 반응으로 피루브산의 말단 CO_2기를 떼어내어 2-탄소인 아세트알데하이드(acetaldehyde)를 만든다. 방출된 CO_2는 효모로 빵을 만들 때 빵을 부풀게 한다. 아세트알데하이드는 NADH로부터 한 쌍의 전자를 받아서 NAD^+와 에탄올을 만든다(**그림 3.19**).

에탄올 발효를 통해서 포도주와 맥주에 있는 에탄올이 만들어지기 때문에 에탄올 발효는 인간에게 큰 관심의 대상이 되어 왔다. 에탄올은 발효의 부산물로, 효모에게는 독성을 나타내는 물질로 작용해 에탄올의 농도가 12% 정도 되면 효모가 죽기 시작한다. 따라서 자연 발효된 포도주는 에탄올의 농도가 약 12% 정도 된다.

젖산 발효: 대부분 동물세포는 탈탄산화 작용이 없이 NAD^+를 재생시킨다. 예를 들어 근육세포는 젖산 탈수소효소를 이용하여 전자를 NADH로부터 피루브산으로 전달한다. 이 반응은 피루브산을 젖산으로 전환시키고 NADH로부터 NAD^+를 재생시킨다(**그림 3.19**). 이 반응은 대사회로를 연결시켜서 포도당이 있는 한 해당과정이 계속 진행되도록 한다. 순환하는 혈액은 근육으로부터 과다한 젖산을 제거하지만, 젖산의 제거 속도보다 생산 속도가 더 빠르면 젖산은 근육에 축적되어 기능을 방해하고 근육 피로를 일으킨다.

3.8 광합성 개요 및 광계

생명체는 햇빛으로부터 동력 에너지를 얻어 살아가고 있다. 생명체 대부분이 이용하는 에너지는 궁극적으로 태양에서 유래한 것으로서 식물, 조류, 박테리아의 광합성 과정을 통해 포획된다.

CO_2와 H_2O를 결합시켜 포도당과 O_2를 생산하는 광합성 과정

생물체에서 일어나는 **광합성**(photosynthesis)은 산소를 생산하지 않는 무산소 광합성과 산소를 생산하는 유산소 광합성으로 구분된다. 무산소 광합성은 홍색세균(purple bacteria), 녹색황세균(green sulfur bacteria), 녹색비황세균(green nonsulfur bacteria), 헬리오박테리아(heliobacteria) 등 4종류의 세균에서 볼 수 있다. 유산소 광합성은 남세균(cyanobacteria), 몇몇 조류군 및 모든 육상식물에서 일어난다. 이들 두 가지 유형의 광합성은 광에너지를 포획하기 위해

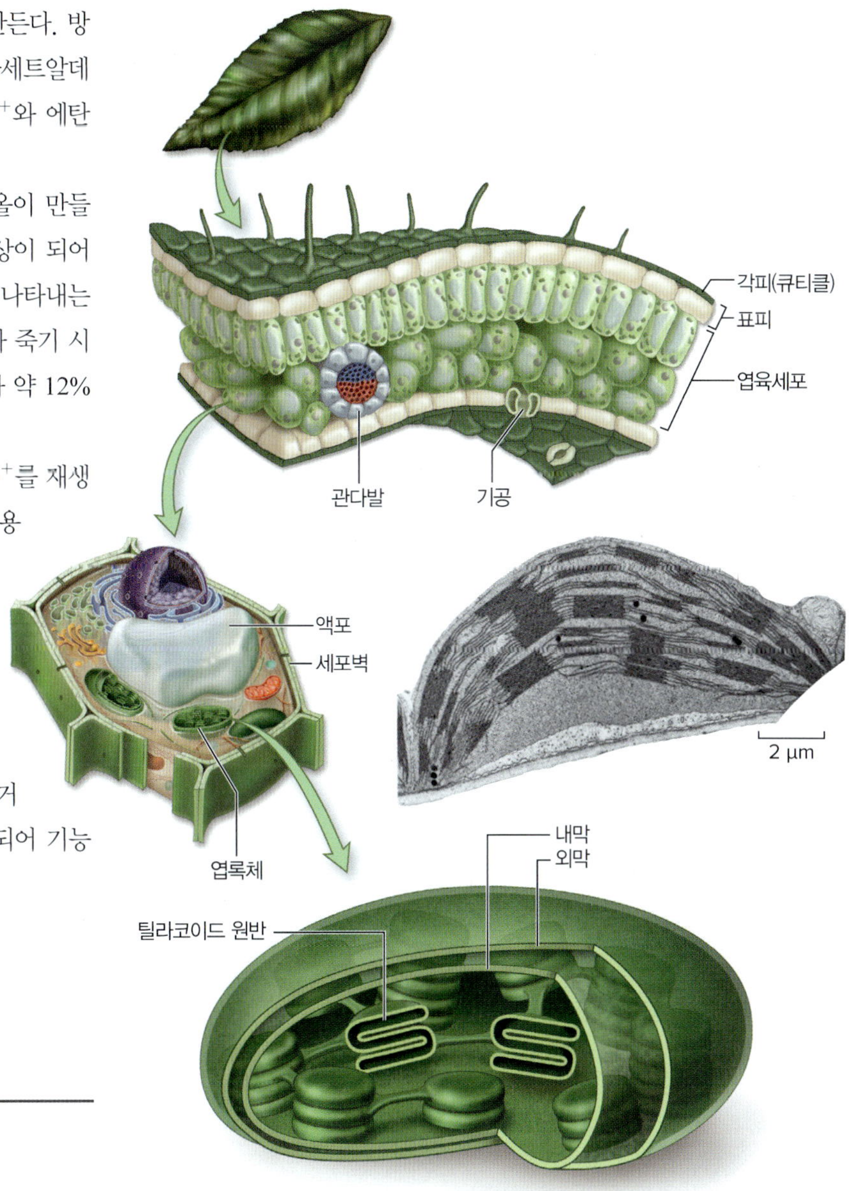

그림 3.20 잎으로의 여행.
식물의 잎에는 엽록체가 풍부한 엽육세포들이 두꺼운 층을 이루고 있다. 엽록체의 내막은 틸라코이드 원반(thylakoid disk)이라고 부르는 편평한 구조로 조직화되어 있으며, 틸라코이드 원반들은 그라나라고 하는 기둥 형태로 층을 이루고 있다. 내부의 나머지 부분은 스트로마라는 반유동성 물질로 채워져 있다.

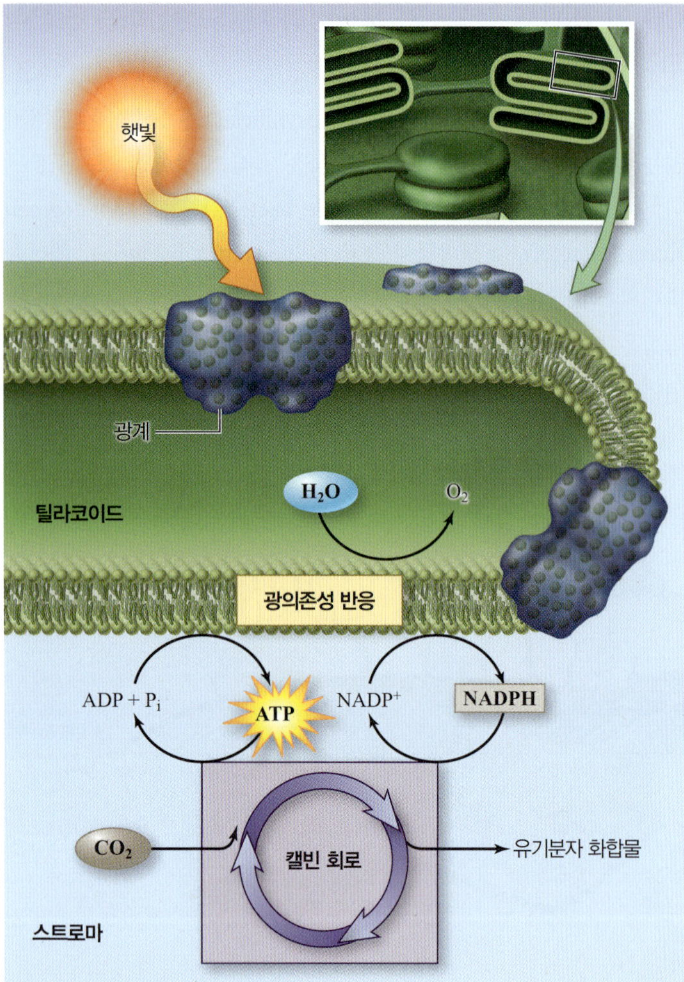

그림 3.21 광합성의 개요.
엽록소 분자들은 광계 내에 모여 있다. 이 엽록소가 햇빛의 광자를 수용하면서 광의존성 반응이 시작된다. 이 빛에너지는 ATP와 NADPH 생성에 사용된다. 광계에서 소실된 전자는 물의 산화로 대체되며, 부산물로 O_2가 생성된다. 광의존성 반응에서 생성된 ATP와 NADPH는 스트로마의 캘빈 회로를 통한 탄소고정에 사용된다.

이용하는 색소 종류는 유사하지만, 이들 색소의 배열이나 작용은 서로 다르다.

식물에서 광합성은 주로 잎에서 일어난다. **그림 3.20**은 식물 잎의 구조적 특징을 여러 수준에서 보여주고 있다. 식물의 잎 세포는 광합성을 수행하는 세포소기관인 엽록체를 간직하고 있다. 광합성은 다음과 같은 3단계를 거쳐 진행된다(**그림 3.21**).

1. 햇빛으로부터 에너지 포획
2. 포획된 에너지를 이용한 ATP의 생성과 전자전달체인 $NADP^+$의 NADPH로의 환원
3. ATP와 NADPH를 이용하여 대기 CO_2로부터 유기물 분자의 합성

처음의 두 단계는 빛이 필요하기 때문에 **광의존성 반응**(light-dependent reaction)이라고 한다. 세 번째 단계인 CO_2로부터 유기물 분자를 형성하는 과정은 **탄소고정**(carbon fixation)이라고 한다. 이 과정들은 일련의 순환반응을 통해 진행된다. ATP와 NADPH가 공급되는 동안 탄소고정 반응은 빛의 유무와 상관없이 일어날 수 있으므로, 이들 반응은 **광비의존성 반응**(light-independent reaction)이라고도 한다. 광합성의 전체 과정은 다음의 간단한 식으로 요약할 수 있다.

$$\underset{\text{이산화탄소}}{6CO_2} + \underset{\text{물}}{12H_2O} + \text{빛} \longrightarrow \underset{\text{포도당}}{C_6H_{12}O_6} + \underset{\text{물}}{6H_2O} + \underset{\text{산소}}{6O_2}$$

이 반응식은 호흡의 역반응임을 알 수 있다. 호흡에서는 산소를 전자수용체로 이용하여 포도당을 CO_2로 산화시키지만, 광합성에서는 물을 산화시켜 얻은 전자를 이용하여 CO_2를 포도당으로 환원시킨다. 물의 산화와 CO_2의 환원에는 에너지가 필요한데, 이 에너지는 빛에 의해 공급된다. 또한 방사성 동위원소로 추적한 결과, 광합성에서 생성된 산소는 물에서 유래했음이 밝혀졌다.

식물의 광합성과 엽록체

앞 절에서 미토콘드리아의 복잡한 내막 및 외막의 구조가 미토콘드리아의 기능 수행에 중요하게 기여하고 있음을 살펴보았는데, 엽록체의 구조도 마찬가지이다. **틸라코이드막**(thylakoid membrane)이라고 부르는 엽록체 내부의 막은 연속적인 인지질 2중층이 편평한 주머니를 이루면서 서로 차곡차곡 쌓인 형태인 **그라나**(grana)를 형성한다. 틸라코이드막에는 광에너지를 포획하는 **엽록소**(chlorophyll)와 기타 광합성 색소, 그리고 ATP 합성 기구가 들어 있다.

틸라코이드막을 둘러싸는 반액체성 물질을 **스트로마**(stroma)라고 하며, 여기에는 ATP와 NADPH를 이용하여 CO_2로부터 유기물 분자를 합성하는 데 필요한 효소들이 들어 있다. 틸라코이드막의 광합성 색소들은 집단을 이루며 **광계**(photosystem)를 형성하는데, 광계는 틸라코이드막 안에 뚜렷하게 체계화되어 있다.

광계의 발견

광합성에서 색소의 역할을 연구하는 한 가지 방법은 광합성량과 광도 사이의 상관관계를 측정하는 것이다. 식물 실험 결과 낮은 광도에서는 광합성량이 빛의 세기에 비례해서 증가하지만 높은 세기의 빛에서는 더 이상 증가하지 않고 포화되는 것으로 나타났는데, 포화가 일어나는 것은 그 식물의 광흡수 능력이 모두 사용되고 있기에 나타나는 현상이다.

또한 광합성이 포화된 상태에서 엽록소 분자당 관찰된 O_2의 양을 조사한 결과, 빛을 흡수하는 것은 개개의 독립적인 색소 분자가 아니

라 엽록소와 보조색소의 집단인 광계라는 것이 밝혀졌다. 하나의 광계에 있는 수백 개의 색소 분자 중 어떤 색소 분자도 빛을 흡수할 수 있으며, 빛을 흡수한 각 색소 분자는 더 낮은 에너지 준위를 가진 분자에 들뜬 에너지를 전달한다는 것이다.

안테나 복합체와 반응중심을 포함하는 광계

엽록체에서 광에너지는 광계에 의해 포획된다. 각 광계는 틸라코이드 막 표면의 단백질 기질 내에 있는 엽록소 *a* 분자, 보조색소 및 결합 단백질의 네트워크이다. 한 지점에 빛을 모으는 확대경과 같이 광계는 자신의 색소 분자가 수집한 들뜬 에너지를 반응중심 엽록소(reaction center chlorophyll)라고 부르는 특수한 분자에 집중시킨다. 반응중심 엽록소는 그 에너지를 들뜬 전자의 형태로 광계 밖으로 내보내고, 이동한 전자는 ATP와 유기화합물 분자의 합성에 사용된다.

따라서 광계는 다음과 같은 2개의 밀접하게 연관된 요소로 이루어져 있다.

1. 수백 개의 색소 분자로 이루어진 안테나 복합체는 광자를 수집하여 포획한 광에너지를 반응중심에 집중시켜 준다.
2. 단백질의 기질 내에 하나 이상의 엽록소 *a* 분자로 이루어진 반응중심은 들뜬 전자를 광계 밖으로 이동시킨다.

안테나 복합체

안테나 복합체(antenna complex)는 광수확 복합체(light-harvesting complex)라고도 부를 정도로 그 역할이 잘 표현되어 있다. 이 광수확 복합체는 태양광으로부터 광자를 포획하여 반응중심 엽록소에 집중시켜 준다(**그림 3.22**).

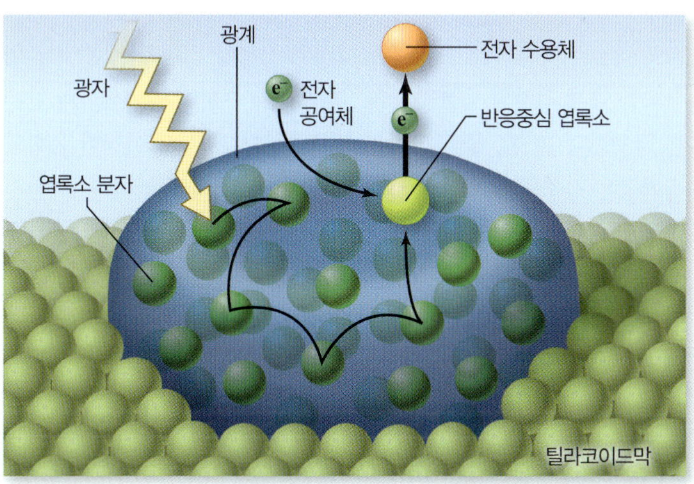

그림 3.22 안테나 복합체의 작용 방식.
적정한 파장의 빛이 광계의 색소 분자를 타격하면 색소 분자가 그 빛을 흡수하고, 그 결과 얻어진 들뜬 에너지는 반응중심의 엽록소 *a*에 도달할 때까지 집단을 이룬 색소 분자 사이를 이동한다. 들뜬 에너지가 반응중심 엽록소에 도달하면 전자전달이 개시된다.

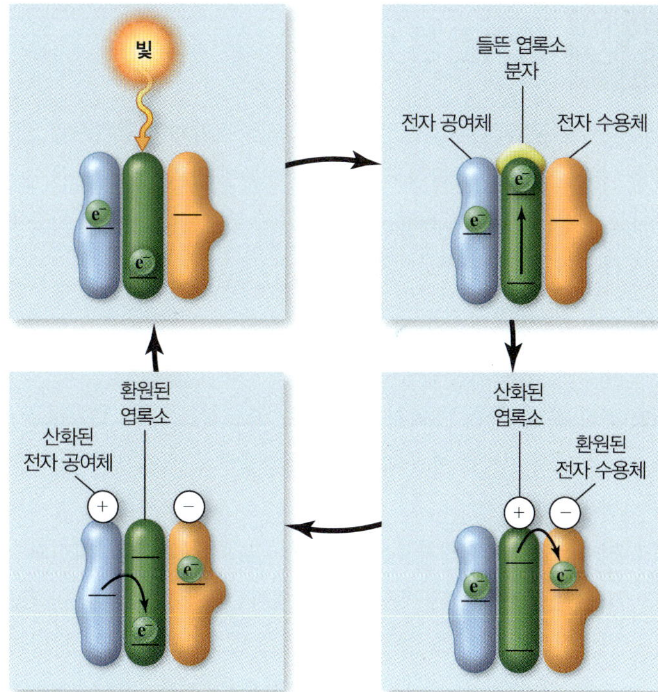

그림 3.23 빛에너지의 화학에너지로의 전환.
반응중심의 엽록소가 빛의 광자를 흡수하면 전자 하나가 고에너지 수준으로 들뜨게 되며, 빛에 의해 에너지가 증가된 전자는 1차 전자 수용체에게 전달되어 그것을 환원시킨다. 이어서 산화된 엽록소는 공여체 분자를 산화시켜 자신의 전자 "공백"을 채우게 된다. 이 공여체의 원천은 본문에서처럼 광계에 따라 다르게 나타난다.

반응중심

반응중심(reaction center)은 막을 관통하는 단백질-색소 복합체이다. 홍색세균의 반응중심은 엽록체의 반응중심보다 구조가 단순하여 더 많은 연구가 이루어져 있는데, 한 쌍의 박테리아 엽록소 *a*(bacteriochlorophyll *a*) 분자가 광자 에너지의 덫으로 작용하며, 적정한 위치를 확보한 이웃 수용체에 들뜬 전자를 전달한다. 여기서 유의할 것은 안테나 복합체에서는 에너지가 색소를 따라 이동하는 반면, 반응중심에서는 에너지가 아닌 들뜬 전자 자체가 전달된다는 점이다. 이러한 차이로 광자로부터 흡수한 에너지가 엽록소를 이탈하는 것이고, 이것은 빛을 화학에너지로 바뀌게 하는 핵심적 전환이 된다.

반응중심을 이탈한 들뜬 전자는 1차 전자수용체로 전달된다(**그림 3.23**). 빛은 반응중심 엽록소의 전자에너지를 증가시킴으로써, 엽록소는 에너지가 높아진 전자를 1차 전자수용체인 퀴논(quinone) 분자로 전달하여 환원시킴으로써 퀴논을 강력한 전자공여체로 변화시킨다. 주변의 약한 전자공여체는 자신의 저에너지 전자를 엽록소에 넘김으로써 엽록소를 원래 상태로 복귀시킨다. 엽록체에서 이와 같은 약한 전자공여체 역할을 하는 것은 물이며, 물이 이러한 방법으로 산화되면 2개의 양성자와 함께 산소가 방출된다.

3.9 광의존성 반응

엽록체 내부의 틸라코이드막은 고도로 조직화되어 광의존성 반응에 참여하는 구조를 포함하고 있다. 이 때문에 광의존성 반응을 틸라코이드 반응(thylakoid reaction)이라고도 부르는데, 틸라코이드 반응은 다음과 같은 4단계로 일어난다.

1. **1차 광작용**: 색소가 빛의 광자를 포획하는 1차 광작용은 색소 내의 전자를 들뜨게 한다.
2. **전하 분리**: 들뜬 에너지는 반응중심으로 전달되며, 반응중심은 고에너지 전자를 수용체 분자에 전달함으로써 전자전달을 개시한다.
3. **전자전달**: 들뜬 전자들은 광합성 막 내에 묻혀 있는 일련의 전자전달 분자들을 따라 운반된다. 전자전달 분자 중 일부는 막을 가로질러 양성자를 수송하는 반응을 일으킴으로써 양성자기울기를 생성한다. 전자들은 궁극적으로 최종 전자수용체인 $NADP^+$를 환원시켜 NADPH를 생성한다.
4. **화학삼투**: 틸라코이드 내부에 축적된 양성자는 ATP 합성효소를 통과하면서 막을 가로질러 스트로마로 방출된다. 이 과정에서 ATP 합성효소는 산소호흡에서와 같은 화학삼투 방식으로 ATP를 합성한다.

하나의 광계만을 사용하는 박테리아

광합성 색소의 배열은 20억여 년 전에 오늘날의 홍색세균 및 녹색세균과 유사한 박테리아에서 진화된 것으로 추정되고 있다. 이들 박테리아는 전자전달을 통한 ATP 생성을 위해 하나의 광계를 사용하며, 전자는 다시 반응중심으로 되돌아가기 때문에 **순환적 광인산화**(cyclic photophosphorylation)라고 부르며, 광계에서 산소가 발생하지 않기 때문에 무산소 광합성(anoxygenic photosynthesis)이라고 할 수 있다.

홍색비황세균(purple nonsulfur bacteria)이 최대로 흡수하는 파장은 적외선에 가까워 사람 눈에는 보이지 않는 870 nm로, 반응중심 색소를 P_{870}이라고 한다. P_{870} 엽록소가 광자를 흡수하는 경우, 전자의 에너지가 높지 않아 $NADP^+$로 전달되지 못하기 때문에 다른 방법을 통해 환원력이 만들어져야 한다. P_{870} 반응중심이 광자를 흡수하면 들뜬 전자는 전자전달계를 거쳐 반응중심으로 되돌아오는데, 이 과정에서 ATP 합성을 위한 양성자기울기가 생성된다(**그림 3.24**). 홍색세균 광계의 단백질은 오늘날의 광계 II 단백질과 상동성이 높다고 알려졌다.

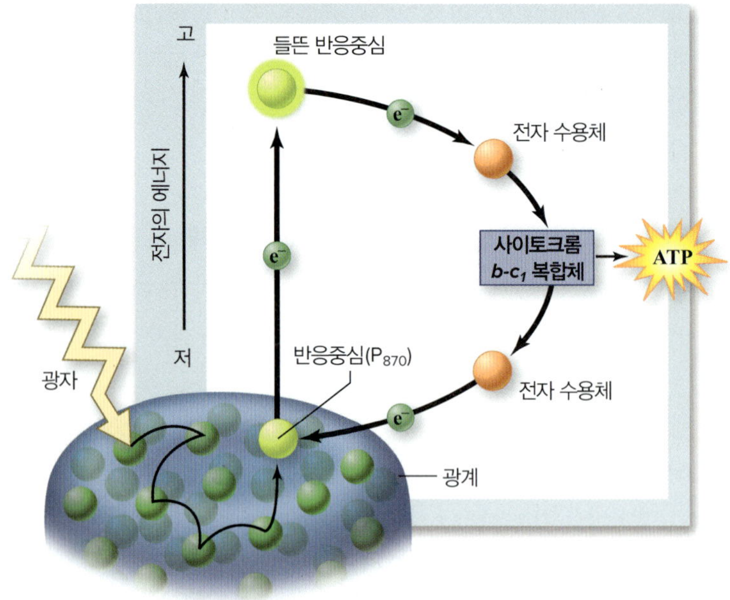

그림 3.24 홍색비황세균에서의 전자 경로.
빛에 의해 들뜬 전자는 광계의 반응중심(P_{870})을 떠난 후 ATP를 생성하는 순환적 경로를 경유하여 광계로 다시 복귀한다. 이 경로에서 NADPH는 생성되지 않는다.

녹색황세균(green sulfur bacteria)이 최대로 흡수하는 파장은 840 nm로, 반응중심 색소를 P_{840}이라고 한다. 광계를 이탈한 들뜬 전자는 NADPH로 전달되거나 혹은 홍색세균과 유사한 전자전달계를 따라 반응중심으로 되돌아오게 되는데, 이때 NADPH로 이동한 전자를 보충하기 위한 전자공여체로 황화수소(H_2S)를 사용한다. 녹색황세균 광계의 단백질들은 오늘날의 광계 I 단백질과 상동성이 높은 것으로 밝혀져 있다.

서로 연결된 2개의 광계를 지닌 엽록체

황세균과 달리 식물은 연결된 2개의 광계를 가지기 때문에 물의 산화를 통해 전자의 공급원을 제공함으로써 순환적 광인산화의 한계를 극복한다. 또한, 물의 산화는 O_2를 발생시키므로, 이러한 유형의 광합성은 산소발생 광합성(oxygenic photosynthesis)이라 부른다. 또한, 비순환적 전자전달은 NADPH를 생성하는데, 이것은 탄수화물을 합성하는 데 쓰인다.

광계 I(photosystem I)은 700 nm에서 흡수 최대치를 갖기 때문에 그 반응중심 색소를 P_{700}이라고 부르며, 앞서 언급된 황세균의 광계와 유사한 방식으로 작동한다. **광계 II**(photosystem II)는 680 nm에서 흡수 최대치를 갖기 때문에 그 반응중심 색소를 P_{680}이라고 하며, 물을 산화시킬 수 있을 만큼 높은 산화 전위를 만들어 낼 수 있다. 이 2개의 광계는 함께 작용하여 비순환적 전자전달을 수행하며, 이를 통해 ATP와 NADPH를 생성한다.

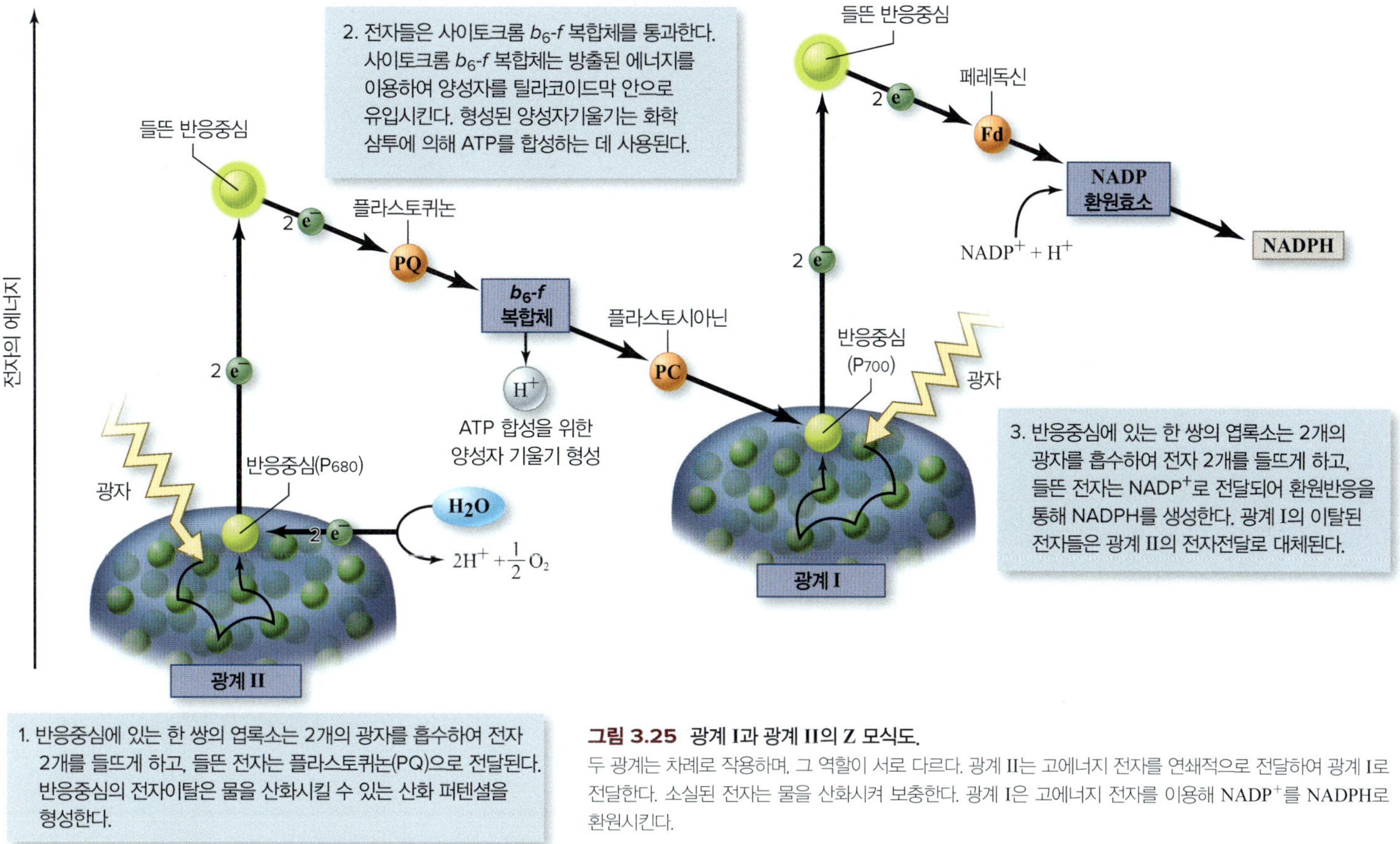

그림 3.25 광계 I과 광계 II의 Z 모식도.
두 광계는 차례로 작용하며, 그 역할이 서로 다르다. 광계 II는 고에너지 전자를 연쇄적으로 전달하여 광계 I로 전달한다. 소실된 전자는 물을 산화시켜 보충한다. 광계 I은 고에너지 전자를 이용해 $NADP^+$를 NADPH로 환원시킨다.

광계 I과 II는 발견 순서에 따라 명명된 것으로, 광의존성 반응에서의 작용 순서와는 관계가 없다. 식물과 조류에서 2개의 광계는 전체 산소발생 광합성 과정을 통해 서로 다른 역할을 수행하도록 분리되어 있다. 광계 I에서는 최종적으로 전자가 $NADP^+$에 전달되어 NADPH가 생성된다. 광계 I을 떠난 전자는 광계 II로부터 유래한 전자에 의해 보충되며, 높은 산화 전위를 가진 광계 II는 물의 산화로 발생한 전자를 이용하여 광계 I로 이동한 전자의 부족분을 보충한다. 따라서 전자가 물을 떠나 NADPH까지 흘러가는 전체적인 전자의 흐름을 볼 수 있다.

이들 두 광계는 **사이토크롬 b_6-f 복합체**(cytochrome b_6-f complex)라고 하는 전자전달 복합체를 매개로 하여 연결되어 있다. 이 복합체는 전자 이동에서 유래하는 에너지를 이용하여 틸라코이드 막을 가로지르는 양성자 수송을 일으킬 수 있으며, 이때 생성된 양성자기울기를 ATP 합성효소가 이용할 수 있게 한다.

두 광계를 통한 비순환적 광인산화

2개의 광계가 작용한다는 증거는 두 종류의 서로 다른 파장의 빛인 적색광(red)과 원적색광(far-red)을 이용한 광합성 속도 측정 실험에서 얻어졌는데, 두 종류의 빛을 동시에 조사하여 얻은 광합성 속도는 각 파장의 빛을 단독으로 조사할 때 얻어진 광합성 속도의 합보다 높다는 것이 밝혀졌다. 이러한 결과는 증진효과(enhancement effect)라고 하며, 적색광 흡수를 선호하는 광계와 원적색광 흡수를 선호하는 광계가 차례로 연계되어 작용하기 때문임을 알게 되었다.

식물은 광계 II와 광계 I을 순서대로 이용하여 ATP와 NADPH를 생산한다. 이와 같은 2단계의 과정을 **비순환적 광인산화**(non-cyclic photophosphorylation)라고 한다. 왜냐하면 전자의 경로가 원을 그리는 순환이 아니라, 광계를 탈출한 전자가 광계로 되돌아오지 않고 NADPH에서 흐름이 완료되는 비순환이기 때문이다. 광계의 전자 부족은 물의 분해를 통해 얻어진 전자로 보충된다.

그림 3.25의 모식도는 일명 Z 모식도라고 부르며, 두 광계에서 각각 전자가 높은 에너지 단계로 이행하는 것을 보여주고 있다. 가로축에는 명반응의 진행과 복합체의 상대적 위치가 나타나 있으며, 세로축은 전자의 상대적 에너지 준위를 보여준다. 광계 II가 먼저 작용하여 광계 II에서 고에너지 전자가 생성되고 이 전자들은 ATP 합성에 사용되며, 이어서 광계 I로 전달되어 NADPH 생성을 추진한다. 한 분자의 물에서 얻어진 한 쌍의 전자가 전달될 때마다 1분자의

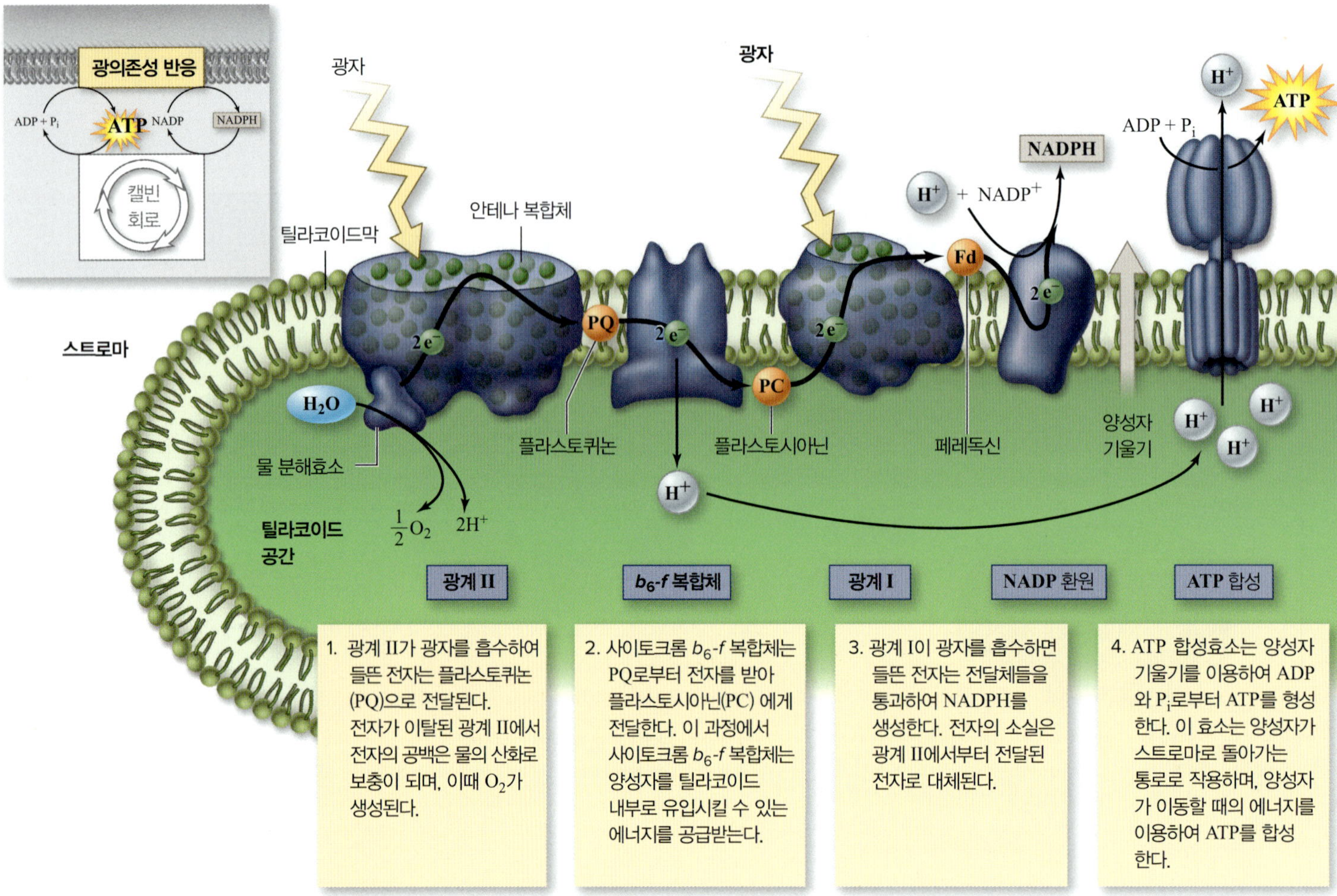

그림 3.26 **광합성 전자전달계와 ATP 합성효소.**
틸라코이드막에서 사이토크롬 b_6-f 복합체를 포함하는 전자전달계는 2개의 광계를 연결한다. 광계 I과 광계 II를 통한 전자전달의 상호작용으로 ATP 합성효소가 ATP를 합성하기 위해 필요한 양성자 기울기가 생성된다.

NADPH와 1분자보다 약간 많은 ATP가 생산된다.

광계 II

광계 II의 반응중심 핵심부에는 전자전달 성분을 가진 10개의 막관통단백질 소단위가 있고, 그 주위에는 2분자의 P_{680} 엽록소가 배열되어 있다. 광수확 안테나 복합체는 몇몇 단백질 사슬에 결합된 엽록소 *a* 분자와 보조색소 분자들로 이루어져 있다. 광계 II 반응중심이 홍색세균의 반응중심과 다른 점은 4개의 망간(Mn) 원자를 포함한다는 것이며, 망간 원자들은 물을 산화시키는 데 꼭 필요한 요소이다.

물의 산화에 대한 화학적 작용은 다음과 같다. 망간 원자가 4개 모인 클러스터는 반응중심 단백질에 결합되어 있으며, 물 2분자가 이 망간 클러스터에 결합되어 있다. 광계 II의 반응중심이 광자를 흡수하면 P_{680} 엽록소 분자의 전자 하나가 들뜨고, 들뜬 전자는 수용체에 전달되며, 산화된 P_{680}은 망간 원자의 전자를 제거하는데 그 결과 산화된 망간 원자는 반응중심 단백질의 도움을 받아 2개의 물 분자에 포함된 산소의 전자를 제거한다. 이 과정에서 물 2분자가 산화되어 O_2 1분자를 방출하려면, 반응중심은 4개의 광자를 흡수해야 한다.

사이토크롬 b_6-f 복합체의 역할

광에너지를 흡수하여 광계 II를 떠난 전자는 1차 전자수용체인 퀴논 분자에 전달된다. 전자 한 쌍을 받아 환원된 퀴논 분자인 **플라스토퀴논**(plastoquinone)은 강한 전자공여체로, 들뜬 전자 한 쌍을 틸라코이드막에 존재하는 사이토크롬 b_6-f 복합체에 넘겨준다(**그림 3.26**). 이 복합체는 앞서 논의된 호흡 전자전달계의 사이토크롬 bc_1 복합체와 매우 유사하다.

에너지가 높은 전자 한 쌍을 받은 사이토크롬 b_6-f 복합체는 양성자를 틸라코이드 공간 내로 수송하며, 구리(Cu)를 포함하는 작은 단백질인 **플라스토시아닌**(plastocyanin)은 그 전자 한 쌍을 광계 I에 전달한다.

광계 I

광계 I의 반응중심은 12~14개의 단백질 소단위로 이루어진 막관통 핵심 복합체와 2개의 P_{700} 엽록소 분자로 이루어져 있다. 엽록소 *a* 분자와 보조색소 분자로 이루어진 안테나 복합체는 광계 I에 에너지를 제공한다.

광계 I에서 광에너지를 흡수한 들뜬 전자가 탈출하고 남은 빈 "구멍"은 플라스토시아닌에게서 받은 전자로 메워진다. 광계 I의 광자 흡수로 반응중심을 떠난 전자는 매우 높은 에너지 준위에 도달하면서 **페레독신**(ferredoxin)이라고 하는 철-황(Fe-S) 단백질로 전달된다. 광계 II나 박테리아 광계와 달리 식물의 광계 I은 퀴논을 전자수용체로 사용하지 않는다.

NADPH의 생성

광계 I은 틸라코이드막의 바깥쪽 측면인 스트로마 쪽에서 전자를 페레독신에 전달한다. 환원된 페레독신은 매우 높은 퍼텐셜의 전자를 운반한다. 환원된 페레독신 2분자가 지닌 전자 2개는 1분자의 $NADP^+$에 전달되어 NADPH를 형성한다. 이 반응의 촉매작용을 하는 효소는 막에 결합된 **NADP 환원효소**(NADP reductase)이다.

화학삼투에 의한 ATP의 생성

사이토크롬 b_6-f 복합체에 의해 양성자는 스트로마에서 틸라코이드 공간 안으로 들어가게 되며, 물이 분해되면서 양성자기울기가 만들어진다. 이때 틸라코이드막은 양성자에 대해 불투과성이기 때문에 틸라코이드막을 사이에 둔 양성자의 농도 차이 때문에 ATP 합성에 쓰일 수 있는 전기화학기울기가 생겨난다.

ATP 합성효소

엽록체 틸라코이드막에는 ATP 합성효소가 놓여 있는데, 이 효소는 통로를 형성하여 틸라코이드 공간의 양성자가 스트로마로 복귀할 수 있게 한다. 이 통로는 틸라코이드막 외부 표면에 문고리 모양으로 돌출되어 있으며, 양성자가 ATP 합성효소의 통로를 통해 틸라코이드막 밖으로 빠져나옴에 따라 ADP가 인산화되어 ATP를 만들고 스트로마로 방출된다(**그림 3.26** 참조). 스트로마에는 탄소고정 반응인 캘빈 회로 반응의 촉매가 되는 효소들이 포함되어 있다.

ATP 합성 기작은 미토콘드리아 ATP 합성효소에서 살펴본 바와 같으며, 실제로 두 종류의 효소는 진화적으로 관련이 깊다. 엽록체와 미토콘드리아가 전자전달에 의한 양성자기울기의 형성이나 화학삼투에 의한 ATP 합성에 유사성이 있다는 것은 이들이 구조적, 기능적으로 유사하다는 것을 말해준다.

추가적인 ATP 생산

물에서 출발한 전자 한 쌍이 NADPH까지 이동하는 비순환적 전자전달에서는 한 분자의 NADPH와 한 분자보다 약간 많은 ATP가 생성된다. 그러나 유기물 분자를 합성하려면 이보다는 더 많은 ATP가 필요하다. 즉 탄소고정을 위해서 NADPH 한 분자당 1.5분자의 ATP가 요구된다.

많은 식물은 필요한 여분의 에너지 생산을 위해 광계 I을 연결시킴으로써 광합성을 순환적 광인산화 상태로 전환한다. 그 결과 광에너지를 받아 광계 I을 탈출한 들뜬 전자가 NADPH 대신 ATP를 생성하게 된다. 여기에서 고에너지 전자는 $NADP^+$로 이동하지 않고 단순히 사이토크롬 b_6-f 복합체로 전달된다. 이 과정에서 사이토크롬 b_6-f 복합체는 틸라코이드 공간으로 양성자를 유입시킴으로써 양성자기울기를 증가시켜 ATP의 화학삼투 합성을 유도한다. 식물에서 순환적 광인산화와 비순환적 광인산화의 상대적 비율은 유기물 분자를 합성하는 데 필요한 ATP와 NADPH의 상대적 함량을 결정한다.

3.10 탄소고정: 캘빈 회로

탄수화물은 C—H 결합을 포함하므로 CO_2에 비해 고도로 환원되어 있다. 세포는 탄수화물 합성을 위해 다음과 같이 틸라코이드 막의 광의존성 반응에서 생산된 에너지와 전자공급원을 사용한다.

1. **에너지**: 순환적 및 비순환적 광인산화에서 공급된 ATP는 자유에너지 흡수반응(endergonic reaction)을 진행하게 한다.
2. **환원 퍼텐셜**: 광계 I에서 제공된 NADPH는 탄소 원자의 결합에 필요한 양성자와 고에너지 전자의 공급원을 제공한다. 광합성으로 포획된 많은 양의 광에너지는 궁극적으로 에너지가 풍부한 당의 C—H 결합에 투입된다.

무기 탄소를 유기물 분자로 전환해 주는 캘빈 회로 반응

초기 연구에서 광합성은 온도 의존적이라는 것이 밝혀졌으며, 광합성에는 효소반응이 포함될 것으로 예측되었다. 이들 반응은 마치 호흡 과정의 시트르산 회로에서처럼 효소 촉매반응 단계들이 회로를 이루고 있다. 그러나 시트르산 회로와 달리 탄소고정은 새로운 화합물을 생산하는 쪽에 방향을 맞추기 때문에 회로의 성격은 판이하게 다르다.

탄소고정 반응 회로는 발견자인 캘빈(Melvin Calvin)의 이름을 따라 **캘빈 회로**(Calvin cycle)라고 부르는데, 이 회로의 첫 번째 대사산물인 포스포글리세르산(phosphoglycerate)이 3개의 탄소 원자를 포함하므로 **C_3 광합성**(C_3 photosynthesis)이라고도 한다(**그림 3.27**).

CO_2 환원을 가능하게 하는 이 과정의 핵심 단계는 CO_2가 매우 특별한 유기물 분자에 결합하는 것이다. 광합성 세포가 생산하는 이 유기물 분자는 해당과정 경로의 중간 대사산물인 과당 6-인산과 글리세르알데하이드 3-인산(G3P)의 결합으로 생성되는 **리불로스 1,5-2인산**(ribulose 1,5-bisphosphate, RuBP)으로, 이 화합물은 에너지가 풍부한 5탄당이다.

CO_2는 RuBP와 반응하여 일시적으로 6-탄소 중간 대사산물을 생산하고, 이어서 바로 두 분자의 3-탄소 화합물인 3-포스포글리세르산(3-phosphoglycerate, PGA)으로 나누어진다. 이 전체 반응을 탄소고정 반응이라고 하는데, 그 이유는 무기 탄소(CO_2)가 유기물 형태인 유기산 PGA로 도입되었기 때문이다. 이 반응을 수행하는 효소인 **리불로스 2인산 카복실화효소/산소화효소**(ribulose bisphosphate carboxylase/oxygenase, 루비스코)는 엽록체 스트로마에서 발견되

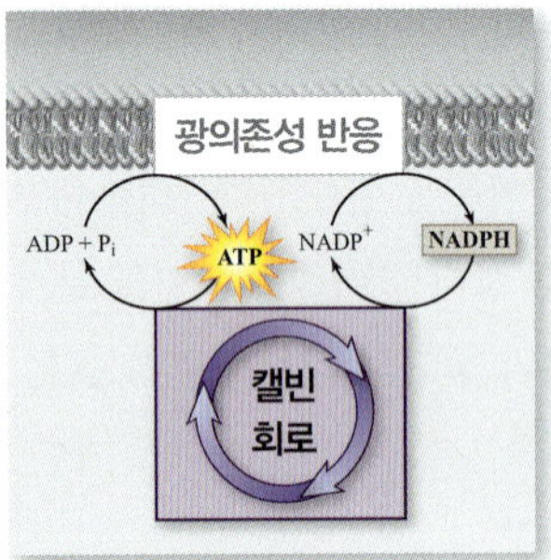

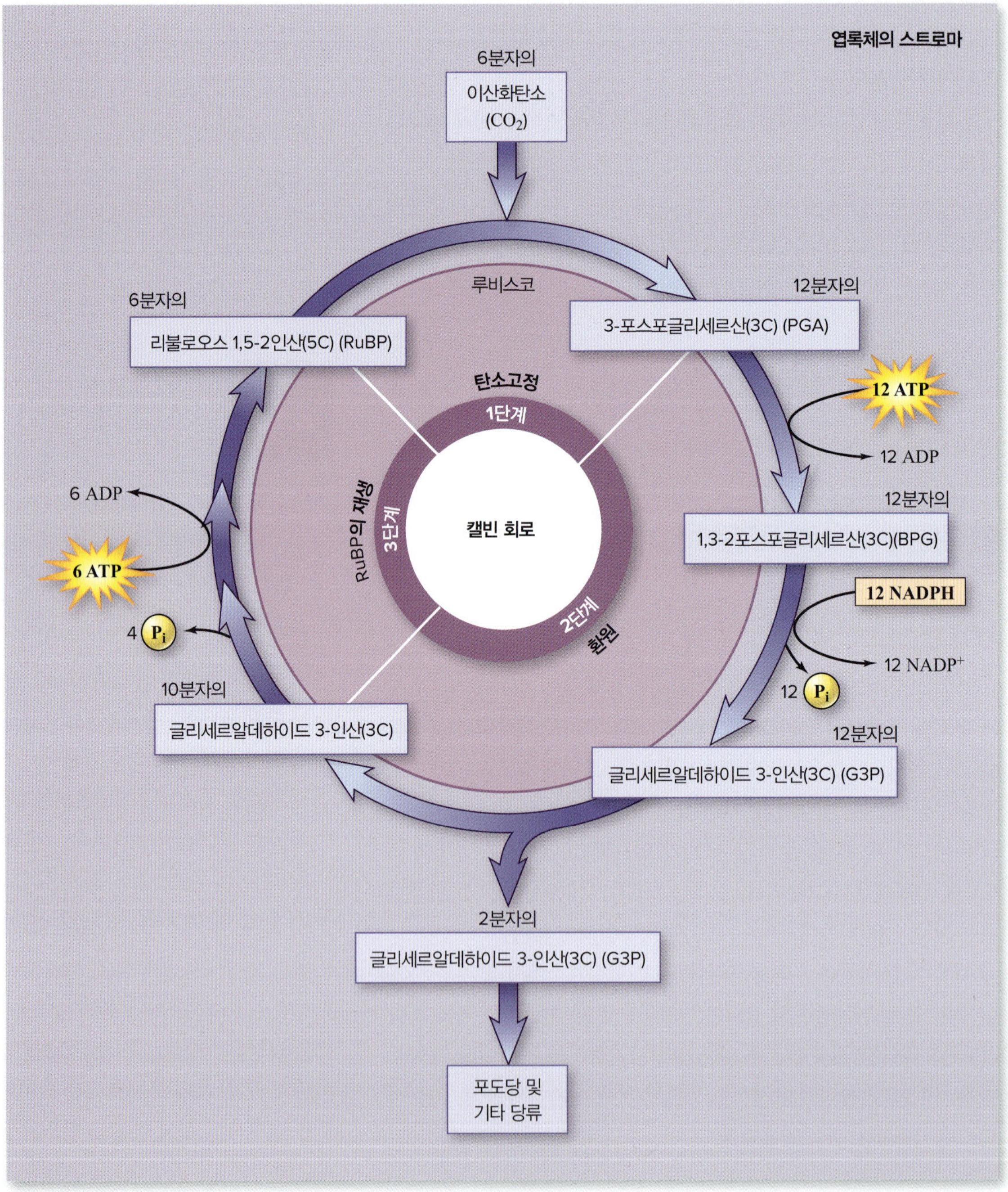

그림 3.27 캘빈 회로.
캘빈 회로는 탄소고정, 즉 CO_2 형태의 무기 탄소를 탄수화물 형태의 유기 탄소로 전환시켜 주는 과정이다. 회로는 (1) 탄소고정, (2) 환원, (3) RuBP의 재생으로 구성되어 있다. 캘빈 회로가 고정하는 6분자의 CO_2로부터 환원반응의 산물인 G3P를 경유하여 1분자의 포도당이 합성될 수 있다. 캘빈 회로는 광의존성 반응에서 생성된 ATP와 NADPH를 사용한다.

는 16개의 소단위로 구성된 커다란 효소이다.

캘빈 회로와 포도당 생성

포도당이 캘빈 회로에서 직접 생겨나는 것은 아니지만, 캘빈 회로가 어떻게 한 분자의 포도당 생성에 관여하는지 알아보자(**그림 3.27** 참조). 일련의 반응에서 루비스코의 작용으로 6분자의 CO_2는 6분자의 5탄당 RuBP와 결합하여 12분자의 PGA를 생산한다. 여기에는 총 12×3=36개의 탄소 원자가 포함되는데, 6개는 CO_2에서, 30개는 RuBP에서 유래한 것이다. 36개의 탄소 원자는 이어진 반응 회로를 거쳐 최초 단계에서 사용되는 6분자의 RuBP를 재생산한다(6×5=30개의 탄소 원자 포함). 이 과정에서 2분자의 글리세르알데하이드 3-인산(G3P; 각각 3개의 탄소를 가짐)이 얻어진다. 이들 2분자의 G3P는 포도당 한 분자를 만드는 데 사용된다. 캘빈 회로의 순수 반응식을 정리하면 다음과 같다.

$$6\ CO_2 + 18\ ATP + 12\ NADPH + 물 \longrightarrow$$
$$2\ 글리세르알데하이드\ 3\text{-}인산 + 16\ P_i + 18\ ADP + 12\ NADP^+$$

캘빈 회로는 (1) 탄소고정, (2) 환원, 그리고 (3) RuBP 재생성의 3단계로 나누어 생각할 수 있다. 탄소고정 반응은 1분자의 RuBP로부터 3-탄소의 유기산인 PGA 2분자를 생성하고, PGA는 해당 경로의 역과정을 통해 G3P로 환원되며, 마지막으로 PGA는 RuBP를 재생성하는 데 쓰인다. 회로를 3차례 순환하면 G3P 한 분자를 생산하기에 충분한 탄소가 흡수되며, 6차례 순환하면 포도당 한 분자를 생성하기에 충분한 탄소가 얻어진다.

CO_2 환원반응의 여러 다른 단계에서 간접적으로 빛이 필요한데, 루비스코를 포함한 캘빈 회로의 5가지 효소는 빛에 의해 활성화되며 빛이 있을 때 효과적으로 작용한다. 빛은 또한 엽록체 막을 통한 3-탄소 중간 대사산물의 수송을 촉진하기도 하며, 스트로마를 향한 Mg^{2+} 이온의 이동을 촉진하여 루비스코를 더욱 활성화시킨다.

캘빈 회로의 산물

G3P는 3탄당으로서 해당과정의 핵심 대사산물이다. 이 화합물의 대부분은 엽록체 밖의 세포질로 수송되고 나서 해당과정의 역과정을 거쳐 과당 6-인산과 포도당 1-인산으로 전환된다. 이들 산물은 식물당의 주된 수송 형태인 설탕을 형성하는 데 사용된다(설탕은 과당과 포도당으로 이루어진 2당류이다).

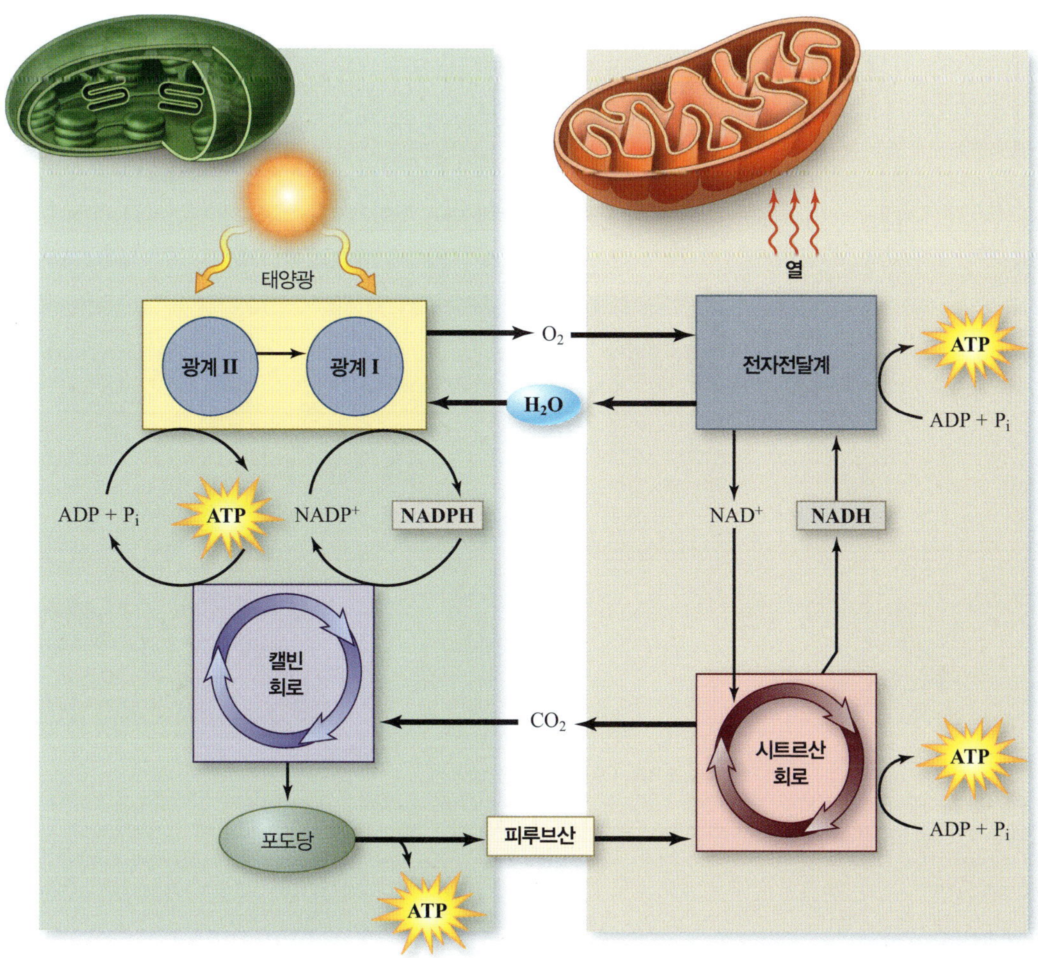

그림 3.28 엽록체와 미토콘드리아: 에너지 순환의 완성.
식물세포에서 물과 O_2는 포도당과 CO_2가 그러하듯이 엽록체와 미토콘드리아 사이를 순환한다. 엽록체를 가지는 세포는 CO_2와 H_2O를 활용하여 포도당과 O_2를 생성한다. 동물세포처럼 엽록체가 없는 세포들은 포도당과 O_2를 이용해 CO_2와 H_2O를 생성한다. 이것은 호흡과 광합성을 통한 탄소의 전체적인 순환이다.

광합성이 활발하게 일어날 때 엽록체 스트로마의 G3P 농도가 증가한다. 그 결과 엽록체의 일부 G3P는 포도당 1-인산으로 전환되는데, 이 과정은 세포질에서 일어나는 과정과 유사하며, 해당과정과 유사한 몇몇 반응의 역과정이다. 이후 포도당 1-인산은 불용성 중합체와 결합하여 긴 사슬의 녹말을 형성하고 세포질에 녹말 과립으로 저장된다.

에너지 회로

미토콘드리아와 엽록체의 에너지 포획 대사는 밀접한 관련이 있다(**그림 3.28**). 광합성은 출발 기질로 호흡의 산물(CO_2)을 사용하며, 호흡은 광합성의 산물(포도당, O_2)을 출발 물질로 사용한다. G3P로부터 포도당을 생산하는 과정을 보면, 해당과정 일부를 거꾸로 돌려 사용하기도 한다. 또한, 식물에서 전자전달과 ATP 생산에 참여하는 주요 단백질들은 미토콘드리아의 해당 단백질들과 진화적인 유연관계가 있다.

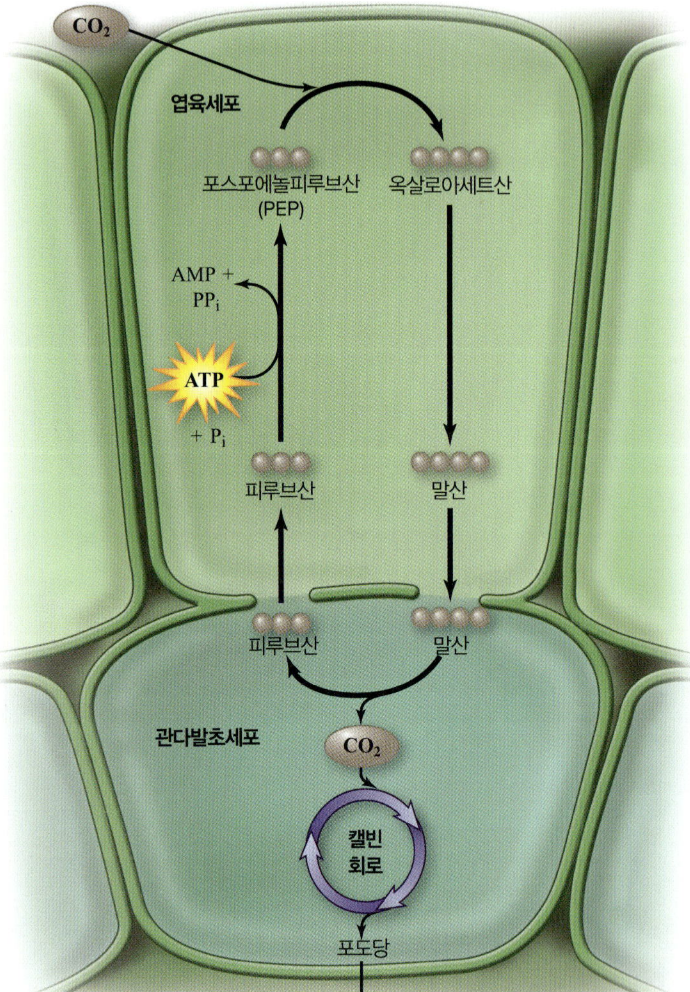

그림 3.29 C_4 **식물의 탄소고정.**
이 과정의 첫 반응에서 생성된 분자인 옥살로아세트산이 탄소 4개를 포함하므로 C_4 경로라고 한다. 옥살로아세트산은 말산으로 전환되어 관다발초세포로 수송되고 이어서 탈카복실화되어 CO_2와 피루브산으로 전환된다. 이로 인해 관다발초세포에는 고농도의 CO_2가 생성되며, 그 결과 캘빈 회로는 광호흡을 거의 하지 않으면서 CO_2를 고정할 수 있다. 피루브산은 확산을 통해 엽육세포로 돌아간 후 PEP로 전환되어 또 다른 C_4 고정반응에 사용된다.

광호흡과 식물의 대응 전략

광합성의 핵심적 탄소고정 반응을 촉매하는 효소인 루비스코는 활성부위에 CO_2와 O_2가 경쟁적으로 결합하여, RuBP의 카복실화반응(carboxylation)과 산화반응(oxidation)을 일으킬 수 있다. 즉 세포 내에 O_2의 농도가 높아지면 루비스코가 O_2와 결합하는 광호흡(photorespiration)이 일어나서 광합성 효율이 감소하게 된다. 이런 일이 일어나는 이유는 덥고 건조한 환경에서는 물을 보전하기 위해 잎의 기공이 닫히기 때문이다. 기공 폐쇄는 잎으로 들어가는 광합성에 필요한 CO_2 공급을 차단하는 동시에 광합성 산물인 O_2가 빠져나오는 것을 허용하지 않기 때문에, 잎 내부는 낮은 CO_2 및 높은 O_2 상태가 되어 광호흡을 촉진하게 된다.

이를 방지하기 위해 **C_4식물**(C_4 plant)은 PEP 카복실화효소(carboxylase)를 사용하여 포스포에놀피루브산(phosphoenolpyruvate, PEP)에 CO_2를 첨가하여 4-탄소 분자를 형성한다. 이 효소는 루비스코에 비해 CO_2에 대한 친화도가 더 높고 산화효소 활성이 없다는 2가지 이점을 갖고 있다. PEP 카복실화효소에 의해 생성되는 4-탄소 화합물은 추가적 변화를 통해 탈카복실화되며, 그 결과 방출된 CO_2는 캘빈 회로의 루비스코가 이용한다(**그림 3.29**). 이것은 CO_2를 루비스코 부위에 직접 공급해 주는 것이기 때문에 O_2에 대한 CO_2의 국부

그림 3.30 CAM 식물의 탄소고정.
CAM 식물도 탄소고정 시에 광호흡을 최소화하기 위해 C_4 경로와 C_3 경로를 모두 이용한다. CAM 식물에서 두 경로는 동일한 세포에서 일어나지만 시간대를 달리해서 일어나는데, 야간에는 탄소고정을 위해 C_4 경로를 이용하며, 주간에는 야간에 축적했던 저장물질로부터 CO_2를 방출하여 C_3 경로가 작동한다. 이러한 대사경로는 온도가 낮은 야간에 기공을 개방함으로써 물의 손실을 최소화하면서 동시에 광호흡을 최소화하는 효과가 있다.

적 농도가 증가하여 광호흡이 최소화된다. PEP 카르복실화효소가 생산한 4-탄소 화합물은 CO_2가 유기물 형태로 저장된 것으로, 이 CO_2를 다른 세포에서, 혹은 다른 시간대에 방출하여 O_2에 대한 CO_2의 상대적 농도를 높게 유지시킬 수 있다.

C_4 식물은 엽육세포에서 CO_2 포획이 일어나고 관다발초세포에서 탈카복실화가 일어나기에, 광호흡 문제를 공간적으로 해결한 방식이다(**그림 3.29** 참조). 옥수수, 사탕수수, 기장 및 많은 초본류가 C_4 식물에 속한다. 두 번째 그룹인 **CAM 식물**(crasulacean acid metabolism plant)은 야간에 PEP 카복실화효소를 이용하여 CO_2를 포획하고 주간에 탈카복실화 반응을 수행하기에, 광호흡 문제를 시간대를 달리하여 해결한 방식이다(**그림 3.30**). 선인장, 파인애플 및 많은 종류의 다육 식물이 CAM 식물에 속한다.

핵심 개념 요약

3.1 생물계 내 에너지 흐름

- 에너지는 일하는 능력이다. 위치에너지는 저장된 에너지이고 운동에너지는 움직임의 에너지이다.
- 산화는 전자를 잃는 것이고, 환원은 전자를 얻는 것이다. 이 2가지 반응은 함께 일어나므로 산화-환원반응이라고 한다.
- 열역학 제1법칙은 에너지는 생성되거나 파괴될 수 없다는 것이고, 열역학 제2법칙은 무질서도가 증가함에 따라 일부 에너지는 손실된다는 것이다.
- 자유에너지(G)는 모든 시스템에서 일을 하는 데 사용할 수 있는 에너지이다. 음의 ΔG를 가진 반응은 주변으로 에너지를 방출하는 자발적인(자유에너지 감소성) 반응이며, 양의 ΔG를 가진 반응은 주변에서 에너지를 흡수하는 비자발적인(자유에너지증가성) 반응이다.
- 활성화 에너지는 화학반응을 시작하는 데 필요한 에너지이다. 촉매와 효소는 활성화 에너지를 낮추어 화학반응 속도를 높인다.

3.2 세포의 에너지 화폐 및 생체 촉매

- 아데노신 3인산(ATP)은 세포 에너지 거래에 사용되는 분자 화폐이다.
- 효소의 기능은 온도와 pH에 영향을 받는 3차원 구조를 유지하는 능력에 달려 있다. 경쟁적 억제인자는 효소의 활성부위에 대해 기질과 경쟁하여 효소 활성을 감소시킨다. 비경쟁적 억제인자 및 활성인자는 다른자리입체성 부위에 결합하여 효소의 구조를 변화시켜 효소를 억제 또는 활성화시킨다.
- 보조인자는 효소 기능에 필요한 무기질 금속이다. 조효소는 효소 기능에 필요한 특정 바이타민과 같은 비단백질 유기 분자이다. 종종 조효소는 전자 수용체로 사용된다.
- 생합성 반응의 최종 생성물이 효소의 다른자리입체성 부위와 결합하여 효소의 활성을 저해하는 피드백 억제가 발생한다.

3.3 호흡 개요

- 물질대사는 에너지를 여러 단계에 걸쳐 수확하며, 전자운반체는 에너지대사에서 중요한 역할을 한다.
- 산소호흡은 산화-환원반응의 최종 전자수용체로 산소를 사용한다. 무산소호흡은 무기분자를 수용체로 사용하고, 발효는 유기분자를 사용한다.
- 기질수준의 인산화는 인산염을 ADP로 직접 옮긴다. 산화적 인산화는 양성자기울기에 의해 작동되는 ATP 합성효소를 통해 ATP를 생성한다.

3.4 해당과정: 포도당 분해

- 해당과정은 포도당을 2개의 피루브산으로 전환하며, 2개의 ATP와 2개의 NADH를 형성한다.
- 호흡을 계속하려면 NAD^+를 재생산해야 한다.

3.5 피루브산 산화: 시트르산 회로

- 산소가 있을 때, 1분자의 피루브산은 산화되어 1분자의 CO_2, 1분자의 NADH 및 1분자의 아세틸-CoA를 생성한다. 아세틸-CoA는 시트르산 회로에 2-탄소 아세틸 단위로 들어간다.
- 시트르산 회로에 의해 전자가 추출되어 3분자의 NADH, 1분자의 $FADH_2$, 그리고 하나의 ATP가 생성된다.

3.6 전자전달계와 화학삼투

- 미토콘드리아 내막에서, NADH는 NAD^+로 산화된다. 전자는 전자전달계를 따라 흘러가면서 최종적으로 산소에 전달되어 H_2O를 형성한다. 이로 인해 10개의 양성자가 막간 공간으로 전달된다. $FADH_2$의 경우, 6개의 양성자만이 막간 공간으로 전달된다.

- 화학삼투는 양성자의 전기화학적 기울기를 사용하여 ATP를 생성하는 것이다. 4개의 양성자당 1개의 ATP가 생성된다.

3.7 산소호흡의 조절 및 무산소호흡

- 포도당의 이화작용은 ATP와 시트르산 회로 중간산물의 농도에 의해 조절된다.
- 무산소호흡에서는 이산화탄소나 황산염 등 산소 이외의 전자수용체가 호흡에 사용된다. 발효는 유기화합물을 전자수용체로 사용한다.

3.8 광합성 개요 및 광계

- CO_2와 H_2O를 결합하여 포도당과 O_2를 생산하는 광합성은 3단계로 구분된다. 광에너지의 흡수, 빛에너지를 이용하여 ATP와 NADPH를 만드는 과정, 그리고 ATP와 NADPH를 이용해 CO_2를 유기화합물로 바꾸는 과정이다. 첫 번째와 두 번째 과정은 광의존성 반응이고, 세 번째 과정은 광비의존성 반응이다.
- 광합성이 일어나는 엽록체는 내부에 틸라코이드막과 반액체성 물질로 된 스트로마를 가진다. 광계는 틸라코이드막에서 발견되며, 캘빈 회로의 효소는 스트로마에 존재한다.
- 광계는 엽록소 *a*와 보조색소, 그리고 틸라코이드막에 박힌 단백질로 구성되어 있다. 안테나 복합체의 색소 분자들은 광자를 모아 빛에너지를 반응중심으로 전달한다. 반응중심은 단백질 층에 박힌 2개의 엽록소 *a*로 이루어져 들뜬 전자를 수용한다.

3.9 광의존성 반응

- 엽록체는 2종류의 광계를 가진다. 물에서 나온 전자는 광계 II와 광계 I을 거쳐 NADPH를 생성하는 비순환적 광인산화 반응을 수행한다. 이때 전자의 에너지를 이용하여 틸라코이드 내강으로 양성자가 이동한다.
- ATP는 미토콘드리아에서 일어나는 작용과 유사하게 화학삼투로 생성된다. 식물은 광계 I만 관여하는 순환적 광인산화를 통하여 추가적인 ATP를 생성할 수 있다.

3.10 탄소고정: 캘빈 회로

- C_3 광합성으로 알려진 캘빈 회로는 6분자의 CO_2를 고정하여 2분자의 글리세르알데하이드 3-인산(G3P)를 생성하기 위해 18분자의 ATP와 12분자의 $NADPH_2$를 사용한다.
- 루비스코는 건조하고 더운 조건에서, 탄소고정과 반대로 RuBP의 산화작용을 촉진할 수 있다. C_4 식물은 3-탄소 분자에 CO_2를 추가하여 4-탄소 유기물을 만드는 방식으로 탄소를 고정하는데, 탄소는 한 세포에서 고정된 후 다른 세포로 방출되어 캘빈 회로에서 쓰인다. CAM 식물은 기공이 열려있는 밤에 C_4 방식을 활용하고, 낮에 같은 세포에서 캘빈 회로를 작동한다.

연습문제

1단계: 이해력 확인하기

1. 자유에너지증가성 반응의 특성으로 옳은 것은?
   ① 양(+)의 ΔG 값을 갖고 자발적인 반응이다.
   ② 양(+)의 ΔG 값을 갖고 비자발적인 반응이다.
   ③ 음(−)의 ΔG 값을 갖고 자발적인 반응이다.
   ④ 음(−)의 ΔG 값을 갖고 비자발적인 반응이다.

2. 산화-환원반응이 일어날 때 전자를 얻는 분자에 대한 설명으로 옳은 것은?
   ① 환원되어 에너지 준위가 높아진다.
   ② 산화되어 에너지 준위가 낮아진다.
   ③ 환원되어 에너지 준위가 낮아진다.
   ④ 산화되어 에너지 준위가 높아진다.

3. 활성화 에너지란?
   ① 분자들의 무작위적인 움직임과 연관된 열에너지
   ② 화학결합이 끊어지면서 나오는 에너지
   ③ 반응물과 생성물의 자유에너지의 차이
   ④ 화학반응을 시작하는 데 필요한 에너지

4. 세포가 자유에너지증가반응에 ATP를 사용하는 이유는?
   ① ATP가 일반적인 촉매이기 때문이다.
   ② ATP 가수분해에서 방출되는 에너지가 함께 일어나는 반응의 ΔG값을 더 큰 음수가 되게 해주기 때문이다.
   ③ ATP 가수분해에서 방출되는 에너지가 함께 일어나는 반응의 ΔG값을 더 큰 양수가 되게 해주기 때문이다.
   ④ ATP가 ADP로 바뀌는 것도 자유에너지증가반응이기 때문이다.

5. 세포호흡에서 NAD^+의 역할은?

① 전자운반체로서 역할을 한다.
② 효소로서 역할을 한다.
③ 무산소호흡의 최종 전자수용체이다.
④ ATP 합성에 필요한 뉴클레오타이드 원료의 역할을 한다.

6. ATP 합성효소가 ATP를 생성하는 데 필요한 직접적인 에너지원은?

① 전자전달계
② 양성자기울기
③ 기질수준 인산화
④ 호흡과정 중 일어나는 산화반응

7. 발효가 세포 내에서 중요한 대사로서 작용하는 이유는?

① 세포 내에서 산소가 없는 조건에서 포도당을 생성하기 때문이다.
② NADH를 NAD^+로 산화하기 때문이다.
③ 피루브산을 산화하기 때문이다.
④ ATP를 생산하기 때문이다.

8. 다음 중 피루브산의 산화에 대하여 옳지 않은 것은?

① 피루브산의 산화는 세포질에서 일어난다.
② 피루브산의 산화는 산소가 있는 경우에만 일어난다.
③ 피루브산은 아세틸-CoA로 전환된다.
④ 피루브산의 산화과정에서 NADH가 생성된다.

9. 비순환적 광합성 과정에서 광계 I의 기능은 ____________이고, 광계 II의 기능은 ____________이다.

① ATP의 합성; 산소의 발생
② NADP의 환원; H_2O의 산화
③ CO_2의 환원; NADPH의 산화
④ 반응중심으로 전자의 복귀; 순환적 광인산화 반응

10. 광의존적 반응(명반응)에서 전체적인 전자 흐름의 방향은?

① 안테나 색소로부터 반응중심으로
② H_2O로부터 CO_2로
③ 광계 I로부터 광계 II로
④ H_2O로부터 NADPH로

11. 엽록체 내에서 양성자의 농도가 가장 높은 곳은?

① 스트로마
② 틸라코이드 내강
③ 막간 공간
④ 안테나 복합체

12. 광합성의 전체 과정에 대해 옳게 설명한 것은?

① 결과적으로 CO_2가 환원되고 H_2O가 산화된다.
② H_2O가 환원되고 CO_2가 산화된다.
③ O_2가 소비되고 CO_2가 생산된다.
④ CO_2로부터 O_2가 생성된다.

■ 2단계: 분석 및 적용하기

13. 인산과당인산화효소는 과당-6-인산 분자에 인산기를 붙이는 기능을 한다. 이 효소는 에너지를 추출하는 생화학 경로인 해당과정의 초기에 작용한다. 이 효소의 활성부위에는 과당과 ATP가 붙는다. 세포 내에 ATP가 많으면 이 효소의 다른자리입체성 부위에 ATP가 붙는다.

① 세포 내에 ATP가 적을 때 이 반응의 속도를 예상해 보라.
② 세포 내에 ATP가 많을 때 이 반응의 속도를 예상해 보라.
③ ATP가 많을 때 이 효소에 어떤 변화가 있을지 설명하라.

14. 다음의 분자들과 대사반응들과의 상관관계를 정리하여 표로 나타내라.

분자	해당과정	세포호흡
포도당		
피루브산		
산소		
ATP		
CO_2		

15. 어린 아기와 겨울잠을 자는 또는 추위에 적응된 동물들은 갈색 지방조직(brown fat)이 있어서 체온을 일정하게 유지할 수 있다. 갈색 지방조직의 세포에는 미토콘드리아가 많다. 이 세포의 미토콘드리아는 내막에 열발생 단백질(thermogenin)이 분포하고 있다. 이 단백질은 양성자를 전기화학기울기에 따라 수동적으로 이동시키는 수송단백질로서 작용한다. 대사, 수송 그리고 미토콘드리아의 구조와 기능에 대한 지식을 기반으로 열 발생에서 갈색 지방조직의 역할에 대해 설명하라.

16. 광합성과 호흡의 생성물과 반응물 사이의 관계를 모식도로 표시하라.

17. 식물세포에 미토콘드리아가 필요한지에 대해 답하고 설명하라.

18. C_3 식물, C_4 식물, CAM 식물의 탄소고정을 비교하여 설명하라.

4

유전물질의 전달

도입

지구상에 모든 생명체는 진화라는 긴 역사적 과정을 거친 산물이다. 모든 생명체는 이 역사를 공유하고 있지만, 인간만이 유일하게 그들의 기원으로 향하는 과정을 궁금해하며 가능성을 탐구한다. 우리는 생명체의 기원에 대한 모든 것을 완벽하게 알지 못하지만, 많은 것들을 발견해 왔으며 중요한 의문점들이 점점 밝혀지고 있다. 이번 장에서는 다음 세대로 유전물질을 전달하는 출발점인 감수분열로부터 시작하여 유전의 원리 및 법칙, 그리고 염색체에 대해 알아본다. 우리는 모두 같은 종임에도 불구하고 사진 속의 아이들처럼 개개인의 외형은 왜 다를까? 왜 한 가족끼리는 다른 가족의 구성원에 비해 서로 닮았을까?

4.1 감수분열

대부분 동물과 식물은 유성생식을 한다. 감수분열을 통해 생성된 배우자는 융합하여 수정란이 되고 이후 지속적인 체세포분열을 통하여 성체가 된다. 유성생식은 감수분열 과정에서 진화의 근본이 되는 수많은 유전적 다양성을 만드는 핵심 역할을 한다.

유성생식과 감수분열

유성생식의 핵심은 서로 다른 성(sex)의 개체로부터 **감수분열**(meiosis)을 통해 만들어진 2개의 생식세포가 자손의 형성에 유전적으로 기여하는 것이다. 성체의 **체세포**(somatic cell)에는 두 벌의 염색체가 존재하여 **2배체**(diploid) 세포를 형성하는 데 비해, **배우자**(gamete)에는 한 벌의 염색체만이 존재하기 때문에 **반수체**(haploid)

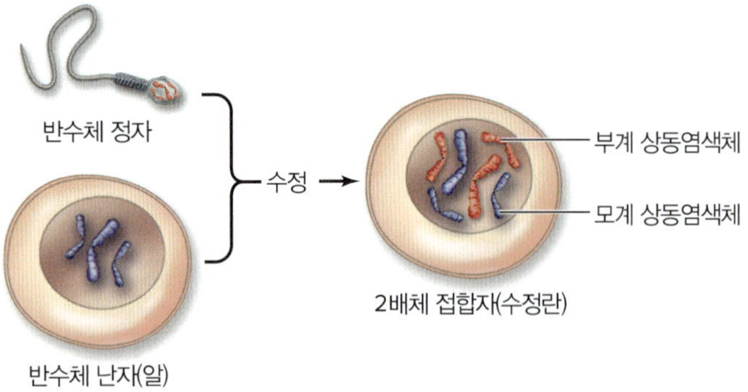

그림 4.1 양친으로부터 받은 염색체를 가진 2배체 세포.
2배체 세포는 어머니의 반수체 난자로부터 물려받은 모계 상동염색체와 아버지의 반수체 정자로부터 물려받은 부계 상동염색체의 상동염색체쌍을 갖는다.

라고 불린다. 감수분열과 수정이 교대로 이루어지는 생식을 **유성생식**(sexual reproduction)이라고 하며, 유성생식의 가장 큰 특징은 자손이 양쪽 어버이로부터 염색체를 물려받는다는 점이다. 예를 들어 사람은 어머니로부터 23개의 염색체(모계 상동염색체)와 아버지로부터 23개의 염색체(부계 상동염색체)를 물려받는다(**그림 4.1**).

동물에서는 하나의 2배체 접합자가 **체세포분열**(mitosis)을 통해 성체를 이루는 모든 세포를 만든다. 감수분열을 통해 배우자를 만들 세포들은 발생 초기에 체세포와는 격리되어 한쪽에 위치하는데, 이 세포들을 **생식계통 세포**(germ-line cell)라고 부른다. 체세포와 생식계통 세포는 모두 2배체이지만, 체세포는 체세포분열을 하여 유전적으로 동일한 2배체 딸세포를 만드는 데 비해, 생식계통 세포는 감수분열을 통해 반수체 배우자를 만든다.

감수분열의 특징

2배체 생물의 감수분열은 **감수1분열**(meiosis I)과 **감수2분열**(meiosis II)이라고 부르는 2번의 분열로 구성되는데, 이 두 분열은 전기(prophase), 중기(metaphase), 후기(anaphase), 말기(telophase)로 구분된다. 감수1분열 전기의 초기 단계에 각 염색체는 자기와 동일한 크기와 모양을 가진 **상동염색체**(homologous chromosome) 짝을 찾아 밀착하여 결합하는 과정이 나타나는데, 이를 짝짓기(paring) 또는 **접합**(synapsis)이라고 한다(**그림 4.2***a*). 전기 I 동안 상동염색체가 그들의 짝과 결합하는 과정에서 **시냅시스복합체**(synaptonemal complex)라는 정교한 구조가 나타나는데, 이 구조에서 두 상동염색체는 단백질로 이루어진 격자 구조에 의해 가깝게 배열되어 짝을 이루게 된다(**그림 4.2***b*).

시냅시스복합체의 구성요소 중에는 감수분열에 특이성을 갖는 코헤신(cohesin) 단백질이 있는데, 코헤신은 체세포분열 동안 **자매염색분체**(sister chromatid)를 결합시켜 준다. 코헤신 단백질은 자매염색분체뿐만 아니라 상동염색체가 결합하는 것도 도와주는데, 그 결과로 감수분열의 시기 동안 한 쌍의 상동염색체를 구성하는 4개의 염색분체가 밀착하여 결합된다. 이 구조를 **4분염색체**(tetrad) 혹은 **2가염색체**(bivalent)라고 부른다(**그림 2.35** 참조).

상동염색체 사이의 접합과 분리

전기 I에서 염색체가 짝을 이루는 동안, 감수분열의 또 다른 특징인 **유전적 재조합**(genetic recombination) 또는 **교차**(crossing over)가 일어난다. 이것은 상동염색체 간에 유전물질을 교환하는 과정으로, 원래는 상동염색체 쌍을 구성하는 각 염색체에 따로 존재하던 대립유전자들이 같은 염색체에 있을 수 있게 된다. 교차가 일어나는 부위를 **교차점**(chiasmata, 단수형은 chiasma)이라고 하며, 접합되어 있는 이 부위는 후기 I에 들어갈 때까지 유지된다. 교차에 의한 상동

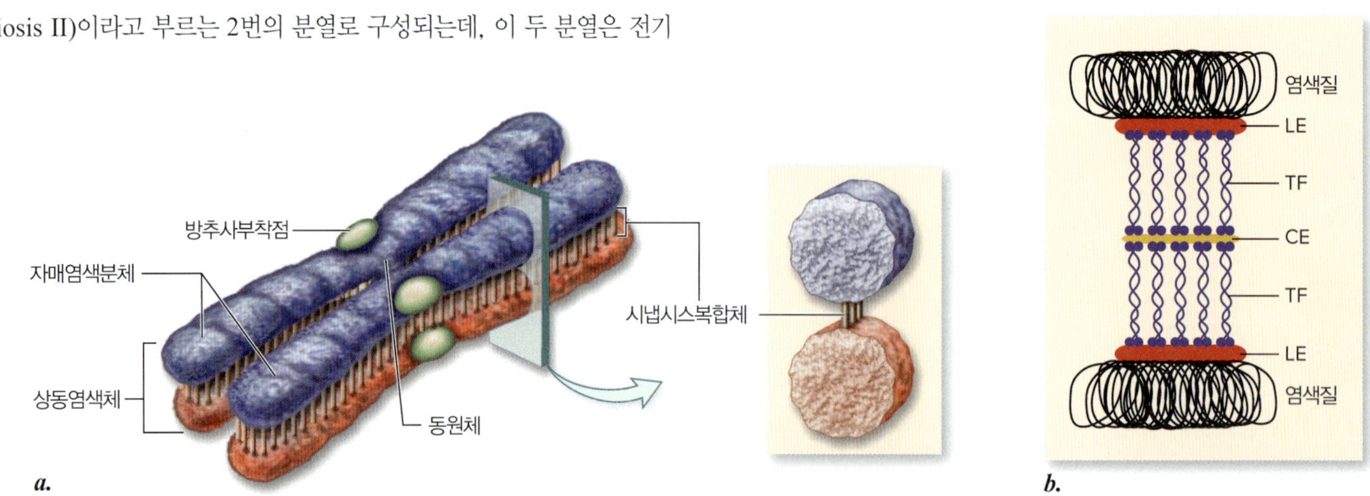

그림 4.2 감수분열의 특징.
상동염색체는 감수1분열의 전기에서 짝을 이룬다. 이러한 현상은 접합이라고 하고, 시냅시스복합체라는 구조에 의해 결합된 상동염색체를 만든다. 결합된 상동염색체는 교차 과정에 의해 유전물질을 교환한다. ***b.*** 시냅시스복합체 모식도. 2개의 측면 요소(LE)가 횡필라멘트(TF)를 매개로 중심 요소(CE)에 결합한다. 각 상동염색체의 염색질은 측면 요소에 부착되어 있다.

염색체 사이의 물리적 연결 및 자매염색분체 사이의 결합으로 인해 상동염색체는 서로 단단히 밀착된다.

상동염색체 간의 결합은 감수1분열 전 과정에 걸쳐 지속되며, 염색체의 이동에 영향을 준다. 중기 I에서 짝을 이룬 상동염색체 쌍은 중기판(metaphase plate) 쪽으로 이동하여 양극의 방추사에 연결된다. 후기 I 동안 짝을 이룬 상동염색체는 각각 분리되어 양극으로 끌려간다. 딸세포는 짝을 이룬 염색체 한 쌍 중에서 하나의 상동염색체를 받기 때문에, 첫 번째 분열을 "감수분열(reduction division)"이라고 한다. 감수2분열에서는 더 이상 염색체의 수를 감소시키지 않고, 오직 각각의 염색체에서 자매염색분체를 분리시키기만 한다.

1회의 DNA 복제와 2회의 분열로 이루어진 감수분열

감수분열과 체세포분열의 가장 뚜렷한 차이는 감수분열에서는 분열 사이에 유전물질의 복제 없이 연이어 2번의 분열이 일어난다는 점이다. 이러한 현상은 2번의 감수분열 사이에 DNA 복제가 억제되어야만 가능하다. 감수1분열에서 각 세포는 자매염색분체가 결합된 상동염색체 중 하나씩만을 가지게 된다. 그 후 DNA 복제 없이 체세포분열처럼 분열이 일어나 세포들은 각 염색체의 자매염색분체를 나누어 가지게 된다. 이것이 감수분열의 핵심인데, 감수2분열은 체세포분열과 유사하지만, 염색체 복제 없이 일어난다는 것이다.

감수분열 과정

감수분열을 이해하기 위해서는 각 분열 동안 염색체가 어떻게 행동하는지 주의깊게 살펴보아야 한다. 감수분열 과정에서 상동염색체의 접합과 비자매염색분체 사이에서 일어나는 교차로 인해 유전물질이 교환된다.

전기 I: 감수분열 준비 단계

간기가 지난 후 생식계통 세포는 감수1분열로 진입하게 된다. 감수분열 이전에 DNA는 이미 복제된 상태이므로 각각의 염색사는 실제로는 서로 부착되어 있는 2개의 자매염색분체이다. 전기 I에서 상동염색체들은 서로 밀착하여 접합을 이루고 교차를 통해 DNA 절편을 교환한 다음 각각 분리된다.

상동염색체는 서로 핵막의 인접한 곳에 부착되기 때문에 각각의 상동염색체 쌍은 서로 가까이 위치하게 되면서 접합이 일어난다. 각 상동염색체의 자매염색분체는 코헤신 복합체에 의해 연결되어 자매염색분체 부착이 일어나고, 결과적으로 4개의 자매염색분체가 밀착하여 나란히 배열된다.

전기 I 동안 시냅시스복합체(**그림 4.2** 참조)와 함께 **재조합소결절**(recombination nodule)이라는 구조물이 나타난다. 이 구조물은 상동염색분체의 분리와 재부착에 필요한 효소 장치를 지니고 있는 것으로 보인다. 교차는 매우 복잡한 과정으로, 이 과정에서 비자매염색분체 사이에 DNA 절편의 교환이 일어난다. 염색체의 크기에 상관없이 비자매염색분체 사이에 1개 내지 수 개의 교차가 일어나도록 조절된다. 교차가 완료되면 시냅시스복합체가 분해되면서 상동염색체 간의 결합이 느슨해지긴 하지만, 아직 교차점에 의해 결합되어 있다. 이 시기에 각 상동염색체 한 쌍은 각각 2개의 염색분체를 가지는, 2개의 염색체로 이루어진 4개의 염색분체로 구성된다.

이 4개의 염색분체는 (1) 각 상동염색체의 DNA 복제로 생긴 2개의 자매염색분체가 공통의 동원체에 의해 서로 부착되어 있고, (2)

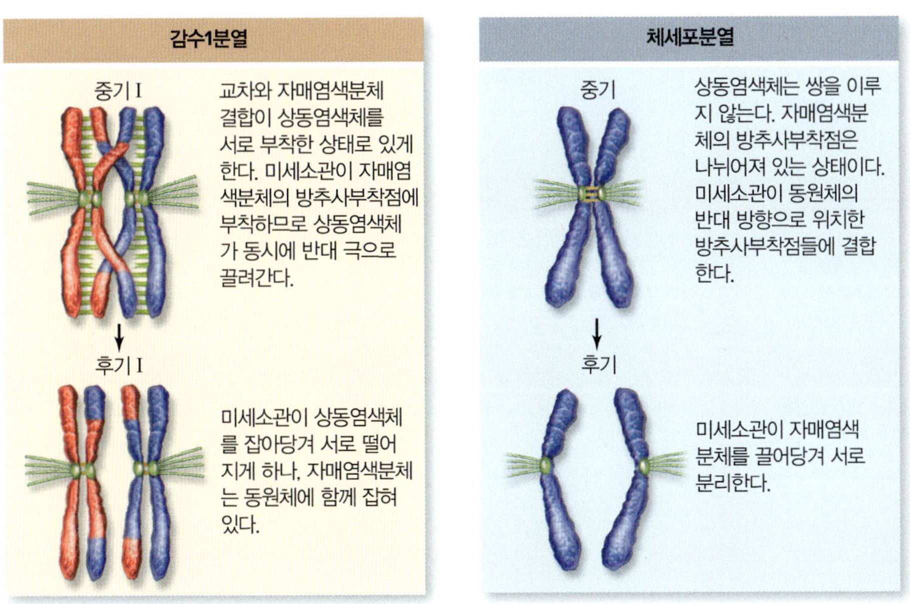

그림 4.3 감수분열과 체세포분열에서 염색체 배열의 차이. 감수분열의 중기 I 동안, 자매염색분체 간의 결합과 교차점으로 인해 상동염색체는 서로 근접하게 위치한다. 각 상동염색체의 자매염색분체 쌍과 짝을 이룬 동원체의 방추사부착점은 한쪽 극에서 유래한 미세소관과 결합하게 된다. 중기 I이 끝날 때, 미세소관이 짧아지면서 자매염색분체 사이의 교차점이 깨지며 상동염색체가 떨어지게 된다. 체세포 분열에서는 서로 반대 극에서 온 미세소관이 각 자매염색분체의 동원체에 있는 방추사부착점과 결합한 후 자매염색분체 간의 연결이 깨지고, 미세소관이 짧아지면서 자매염색분체를 반대 극으로 끌어당긴다.

감수1분열

전기 I · 중기 I · 후기 I · 말기 I

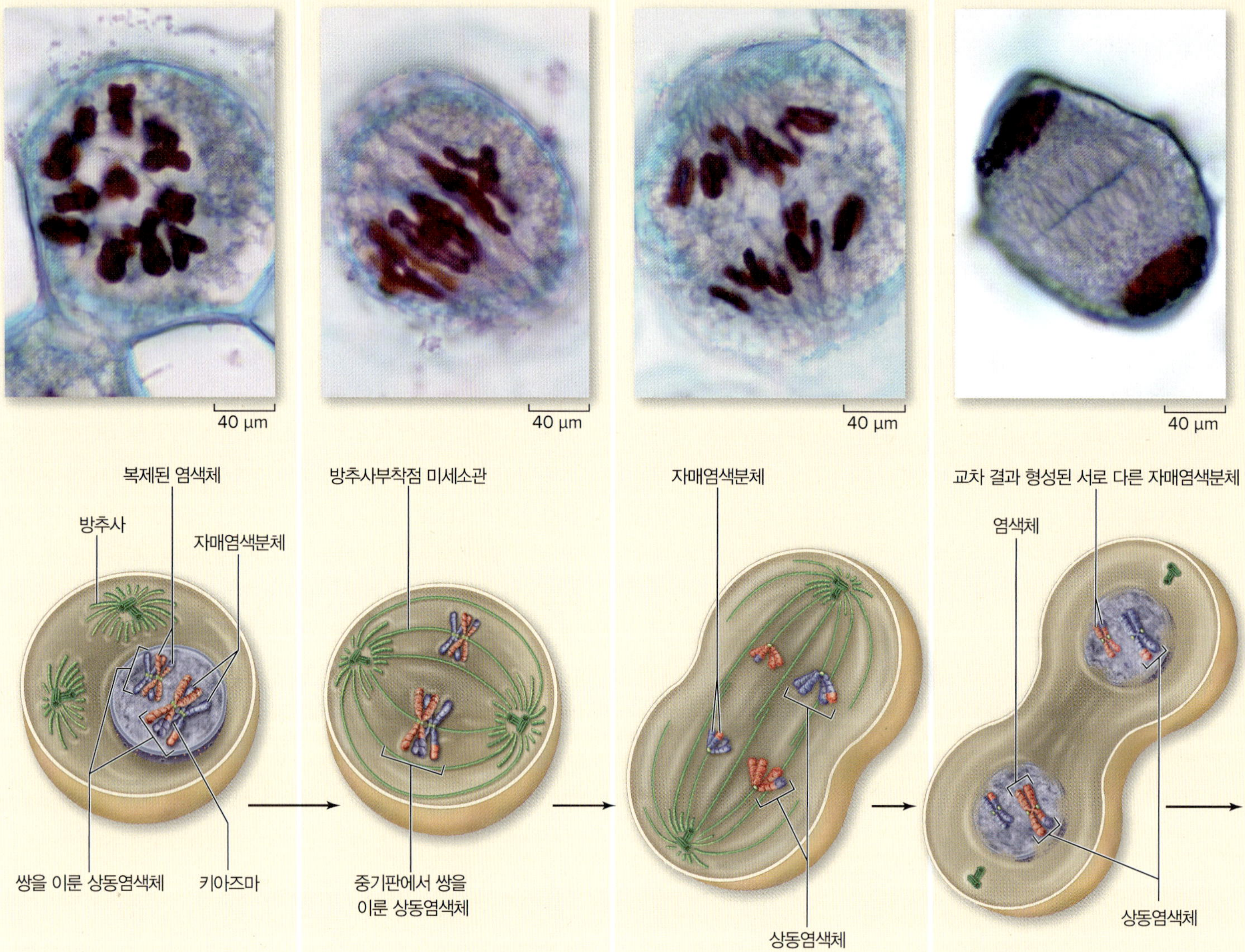

전기 I

전기 I에 염색체들은 응축을 시작하고, 미세소관의 방추사가 형성되기 시작함. DNA는 복제된 상태이고 각 염색체는 동원체 부분에 부착되어 있는 2개의 자매염색분체로 구성되어 있음. 위 그림의 세포는 2쌍의 상동염색체(4개의 염색체)를 가지고 있음. 상동염색체는 시냅시스 동안에 전체 길이에 걸쳐 짝을 이룸. 교차가 일어나 키아즈마를 형성하고, 교차는 각 상동염색체를 함께 붙잡고 있음

중기 I

중기 I에 상동염색체 쌍은 세포의 적도에 배열함. 교차점이 상동염색체 쌍이 함께 붙어 있도록 유지시키고 서로 반대 극에서 유래한 미세소관이 각 상동염색체의 자매염색분체 방추사부착점에 부착하여 장력이 형성됨. 세포의 한 극으로부터 뻗어나온 방추사부착점 미세소관은 상동염색체 쌍의 한쪽에 부착하고 다른 극에서 유래하는 미세소관은 다른 상동염색체에 부착함

후기 I

후기 I에 방추사부착점 미세소관은 짧아져서 결과적으로 상동염색체 쌍은 서로 반대 방향으로 끌려감. 하나의 복제된 상동염색체는 세포의 한 극으로 이동하고 다른 복제된 상동염색체는 다른 극으로 이동함. 자매염색분체는 나누어지지 않음. 이것이 체세포분열과 다른 점으로, 체세포분열에서는 복제된 각각의 상동염색체가 중기판에 배열되고 자매염색분체가 후기에 떨어짐

말기 I

말기 I에 나뉘어진 상동염색체는 세포의 각 극에서 무리를 형성하고 딸세포의 핵 주변에 핵막이 재형성됨. 세포질분열이 일어날 것임. 결과적으로 두 세포는 모세포의 염색체 수의 반을 가지게 됨: 이 모식도에서 각 핵은 2개의 염색체를 가지게 됨(모세포는 4개의 염색체). 각 염색체는 2개의 자매염색분체로 구성되어 있으나, 이들 자매염색분체는 교차가 진행되었기 때문에 서로 동일하지 않음

그림 4.4 감수분열의 단계. 식물세포(사진)와 동물세포(그림)의 감수분열.

감수2분열

전기 II

짧은 간기에 이어 S기 없이 감수2분열이 시작됨. 전기 II 동안 각 세포에 새로운 방추체가 형성되고 핵막이 붕괴됨. 일부 종에서는 핵막이 말기 I에도 재형성되지 않아 핵막 붕괴가 없게 됨

중기 II

중기 II에 동원체에 결합된 자매염색분체는 각 세포의 중기판을 따라 배열됨. 체세포분열에서처럼 반대 극에서 유래한 방추사부착점 미세소관이 방추사부착점에 부착함

후기 II

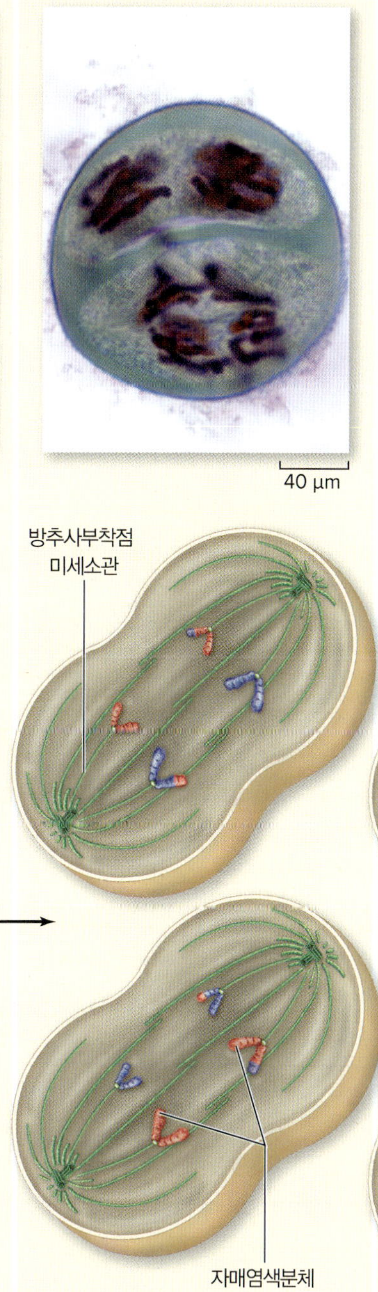

후기 II에 미세소관이 짧아지면서, 자매염색분체가 체세포분열에서처럼 세포의 반대 방향으로 끌려감

말기 II

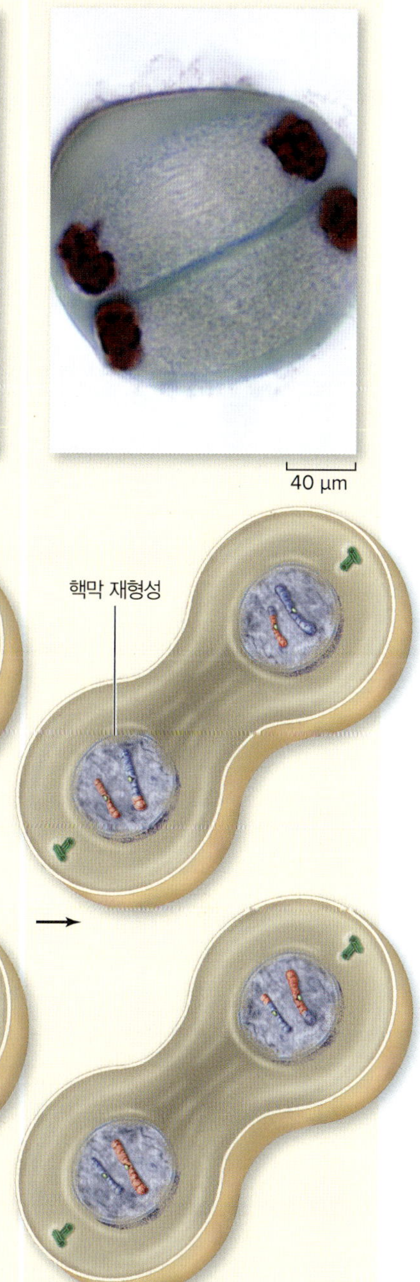

말기 II에 4개의 서로 다른 염색체의 무리 주변에 핵막이 재형성됨. 세포질분열 이후, 결과적으로 4개의 반수체 세포가 만들어짐. 전기 I의 교차와 중기 I에서 상동염색체 쌍의 무작위적 배열로 두 딸세포는 비슷하지 않음

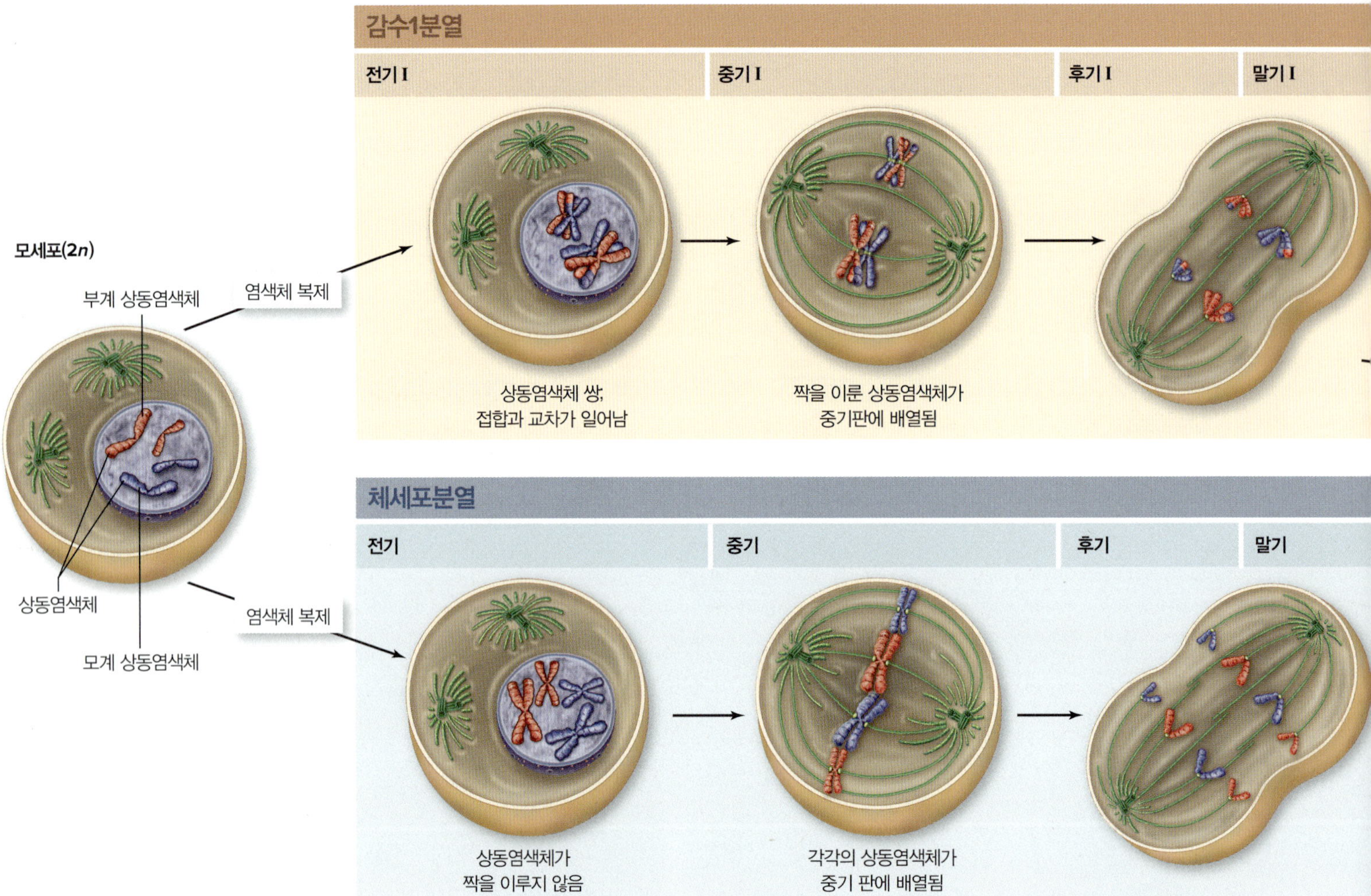

짝을 이룬 상동염색체가 교차가 일어난 지점에서 서로 결합되어 있기에 완전히 분리되지는 않는다. 전기 I에서는 핵막이 붕괴되고, 체세포분열과 비슷하게 미세소관은 **방추체**(spindle)를 만들게 된다.

중기 I: 상동염색체 쌍의 적도판 배열

전기 I에서 형성된 교차점은 중기 I에 두 상동염색체를 붙잡아 세포의 적도면에 배열하게 한다. 미세소관이 **방추사부착점**(kinetochore)에 연결되는데, 자매염색분체의 방추사부착점은 마치 하나처럼 작용한다. 결과적으로 양극에서 나온 방추체 미세소관이 각각의 자매염색분체가 아니라 상동염색체의 바깥쪽 방추사부착점에만 연결된다(**그림 4.3**). 이 과정을 통하여 각각의 상동염색체 쌍은 세포의 적도판에 위치하게 되는데, 이때 상동염색체를 구성하는 모계와 부계 염색체의 공간적 배열은 무작위적으로 이루어져 각각 양쪽 극을 향하게 된다.

후기 I: 자매염색분체의 분리

후기 I에서는 방추사의 미세소관이 짧아지기 시작하여 교차점이 끊어지면서 동원체가 양극으로 잡아당겨진다. 그 결과 각 상동염색체 쌍은 서로 분리되지만, 자매염색분체는 결합된 상태로 함께 이동한다. 방추사가 완전히 짧아지면 양극에는 완전한 한 벌의 반수체가 집결된다. 중기판에 모여 있던 상동염색체의 모계 및 부계 염색체가 향하는 극 방향은 무작위적이므로 양극에 모이는 염색체의 기원도 무작위적으로 나타난다. 즉 배우자 세포에 염색체가 들어가는 것은 모계 또는 부계에서 유래된 염색체의 독립적 분리(independent assortment)로 인해 결정된다.

말기 I: 감수1분열 완성

염색체들이 2개의 집단으로 완전히 나누어지면서 말기 I이 시작되고, 딸핵 주위에 다시 핵막이 생긴다. 딸핵 안의 염색체는 감수1분열이 시작되기 전에 이미 복제되었기 때문에 각 염색체는 동원체로 묶

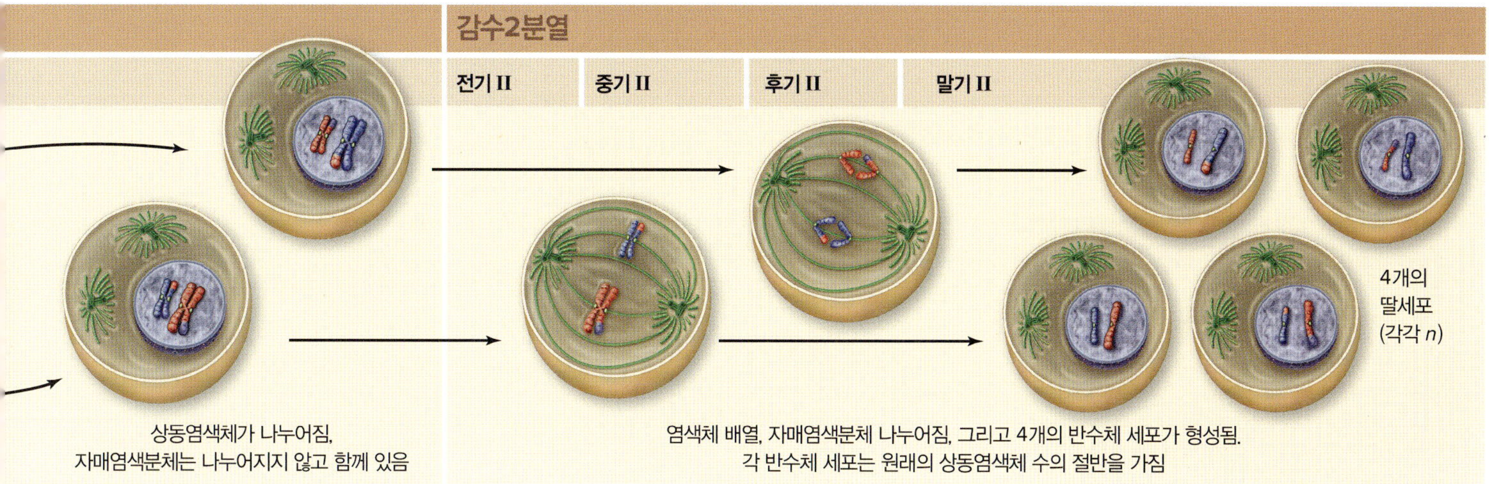

그림 4.5 감수분열과 체세포분열의 비교.
감수분열은 DNA 복제 없이 2번의 핵분열이 진행된다. 이로 모세포 염색체 수의 절반을 갖는 4개의 딸세포가 생성된다. 감수분열의 전기 I에 교차가 일어난다. 체세포분열은 DNA 복제 후 1번의 핵분열이 있다. 따라서 모세포 염색체 수만큼의 염색체를 가지는 2개의 딸세포가 생성된다.

인 2개의 자매염색분체를 가진다. 중요한 것은 이 자매염색분체들이 전기 I에서 일어난 교차 때문에 더 이상 서로 같지 않다는 점이고, 이러한 변화는 유전적 다양성을 일으키는 매우 중요한 요인이 된다.

감수2분열

감수1분열과 감수2분열 사이의 간기에는 DNA 합성이 일어나지 않는다. 감수2분열은 정상적인 체세포분열과 비슷하게 전기 II, 중기 II, 후기 II, 말기 II로 이루어지며, 신속히 진행된다. 전기 II에 들어가면 핵막이 소실되면서 새로운 방추체가 형성된다. 중기 II에서 방추사는 각각의 자매염색분체 동원체의 양쪽 면에 연결되어 양쪽으로 당기는 힘으로 염색체를 중기판에 배열시키게 된다. 후기 II에서 방추사가 수축하고 코헤신 복합체가 분해되면서 자매염색분체들은 양극으로 움직인다. 말기 II에서는 핵막이 재형성되고 세포질분열이 일어난다. 감수2분열 결과 반수의 염색체를 가진 4개의 세포가 생긴다. 전체 감수분열 과정은 **그림 4.4**에 나타냈다.

감수분열과 체세포분열의 차이점

감수분열을 정확히 이해하려면 체세포분열과의 차이점을 알아야 한다. 두 분열의 기본적인 과정은 비슷하지만, 감수분열은 다음과 같이 체세포분열과 다른 특성을 가지고 있다(**그림 4.5**, **그림 2.37** 참조).

1. 감수1분열에서 모계와 부계의 염색체가 서로 상동염색체 쌍을 이루고, 교차가 일어난다.
2. 감수1분열에서 자매염색분체의 동원체는 서로 결합되어 있고, 후기 I에서 함께 이동한다.
3. 감수1분열에서는 자매염색분체의 방추사부착점이 같은 극 쪽으로 이동하지만, 체세포분열에서는 반대쪽 극으로 이동한다.
4. 염색체 수를 반으로 줄이기 위해서 두 감수분열 사이에 DNA 복제가 일어나지 않는다.
5. 감수1분열 단계에서 일어나는 염색체의 무작위적 배열과 교차로 인해 다양한 세포가 만들어진다.

4.2 멘델의 유전법칙

유사 이래 한 가족의 구성원들이 서로 닮는다는 것이 알려졌지만, 이러한 유전 양상을 설명할 수 있는 일관된 모델이 없었다. 20세기 이전에는 유전의 2가지 기초적인 개념이 있었는데, 첫째로 유전은 같은 종 내에서 일어나며, 두 번째로 부모로부터 자식으로 형질이 직접 전달된다는 것이다.

완두를 사용한 교배 결과 분석에 수학을 도입한 멘델

멘델(Gregor Mendel, **그림 4.6**)은 1822년에 가난한 농부의 아들로 태어나 수도원에서 교육을 받으면서 과학과 수학을 공부하기 위해 비엔나 대학으로 갔다. 그러나 교사 자격시험에 불합격한 후, 수도원으로 다시 돌아와서 식물 잡종 교배 실험을 시작하였다. 멘델은 당시 연구자들이 사용했던 완두를 실험 재료로 선택하였다. 그 이유는 첫째, 이전의 연구자들이 다양한 교배를 통해 잡종들을 만들었기 때문에 멘델은 교배의 결과 생산되는 자손에서 부모의 형질이 분리된다는 것을 알고 있었다. 둘째, 완두의 경우 많은 변종을 사용할 수 있다는 것이고, 셋째, 완두는 식물의 크기가 작아서 재배가 쉬우며, 세대가 짧다는 것이다. 따라서 한 해에 몇 세대를 재배할 수 있어서 비교적 빨리 결과를 얻을 수 있다. 네 번째 장점은 암수 생식기관이 같은 완두의 꽃 속에 포함되어 있어 **자가수정**(self-fertilization)을 한다는 것이다. 또한 자가수정이 일어나기 이전에 수술 부분을 제거하고 다른 계통의 꽃가루를 처리함으로써 **타가수정**(cross-fertilization)을 할 수도 있다(**그림 4.6**).

멘델은 자신이 사용하는 완두의 몇 가지 특이한 차이점에만 초점을 두고 관찰하였다. 멘델은 먼저 어떤 특정 형질을 가진 완두를 여러 세대에 걸쳐 자가수정을 반복하여 그 형질이 **순계**(pureline)인지를 확인하였다. 그런 다음 멘델은 서로 다른 형태의 형질(예를 들면 노란색 씨앗과 초록색 씨앗)을 갖는 완두 사이의 교배를 수행하였다. 그는 또한 흰색 꽃 완두의 꽃가루를 보라색 꽃 완두의 암술에 수정하고, 보라색 꽃 완두의 꽃가루를 흰색 꽃 완두의 암술에 수정하는 것과 같은 **상호교배**(reciprocal cross)도 수행하였다. 마지막으로, 멘델은 교배의 결과 생산된 자손(잡종)을 몇 세대에 걸쳐 자가수정하여 서로 다른 유형의 형질들이 어떻게 유전되는지 관찰하였다. 그중에서도 가장 중요한 것은 멘델이 각 세대의 완두에서 각각의 형질을 가진 자손들의 수를 세었다는 것이다. 이는 단지 질적인 방법으로만 결과를 분석한 이전의 연구자들과 달리 양적으로 결과를 처리하였다는

그림 4.6 멘델의 실험 방법.
완두의 꽃밥(반수체 정자를 지닌 화분을 가짐)과 심피(암술, 반수체 난자를 지닌 밑씨를 가짐)는 꽃잎에 싸여 있고, 외부의 방해 요소가 없는 한 자가수정을 한다. 멘델은 흰색 꽃의 수술에서 화분을 모아 수술이 제거된 보라색 꽃의 심피에 묻혔다. 이와 같이 타가수정의 결과로 생산된 잡종 씨앗은 자라서 모두 보라색 꽃을 피웠으며, 보라색 꽃의 화분을 흰색 꽃의 심피에 옮겨도 결과는 동일하였다.

점에서 차별화되는 것이다.

단성잡종 교배

단성잡종 교배는 단일 형질의 2가지 서로 다른 **변이**(variation)만을 관찰하기 위한 교배이다. 아주 간단한 이 교배로 유전의 특성에 대한 중요한 결론을 내릴 수 있다. 멘델이 그의 실험에서 연구한 7가지 특징들 각각은 쉽게 식별이 가능한 2가지 변이를 가지고 있었(**그림 4.7**).

멘델이 순계인 흰색 꽃과 보라색 꽃 완두를 교배하여 얻은 **F_1 세대**(first filial generation) 자손들의 꽃 색깔은 모두 보라색으로 나타났다. 혼합유전(blending inheritance)의 가설에 의하면 중간색으로 나타나야 하지만, 실제로는 항상 부모의 색깔 중 하나와 닮았다. 멘델은 잡종인 F_1 세대에서 표현되는 형질을 **우성**(dominant)이라고 하였고, 표현되지 않는 형질을 **열성**(recessive)이라고 하였다. 멘델이 조사한 7쌍의 서로 대조되는 형질들은 모두 1쌍 중 하나는 우성이고, 다른 하나는 열성이었다.

F_1 세대의 완두를 키워서 자가수정시킨 후, 멘델은 각 완두로부터 씨앗을 모아 다시 심어 **F_2 세대**(second filial generation) 자손을 얻었다. 멘델은 F_2 세대의 형질 비율이 유전 기작을 푸는 실마리가 될 수 있다고 믿었고, 각 형질을 나타내는 완두 개체 수를 세었다. F_1 세대의 교배로부터 얻은 929개체의 F_2 세대 완두 중 705개체(75.9%)는 보라색 꽃, 224개체(24.1%)는 흰색 꽃을 피웠다. 즉 F_1 세대에서 감추어져 있던 열성 형질이 F_2 세대의 일부에서 다시 나타난 것이다. 멘델은 다른 6가지의 형질에 대하여서도 조사하였는데, F_2 개체 중 3/4은 우성 형질을 나타냈고, 1/4은 열성 형질을 나타냈다(**그림 4.7** 참조). 결국 F_2 세대의 개체들에서 우성과 열성의 비가 3 : 1로 나타난 것이다.

멘델은 열성을 나타내는 개체는 항상 순계임을 발견하였다. 예를 들어 흰색 꽃의 F_2 개체는 자가수정을 하면 항상 흰색 꽃 자손을 생산하였다. 그에 비해 우성인 보라색 꽃 형질을 나타내는 개체는 1/3만이 순계였으며, 2/3는 순계가 아닌 것으로 나타났다. 순계가 아닌 개체들을 교배하면, 제3대(F_3)에서 우성과 열성이 3 : 1이 되는 자손을 생산하였다. 이러한 결과는 멘델이 F_2 세대에서 관찰하였던 3 : 1의 비율이 1/4은 우성 순계, 1/2은 순계가 아닌 우성, 그리고 1/4은 열성의 순계로 나타나 실제로는 1 : 2 : 1의 비율이었던 것이다(**그림 4.8**).

멘델의 모델에서 제시한 5가지 요소

이러한 결과를 설명하기 위해 멘델은 역사적으로 가장 유명한 간

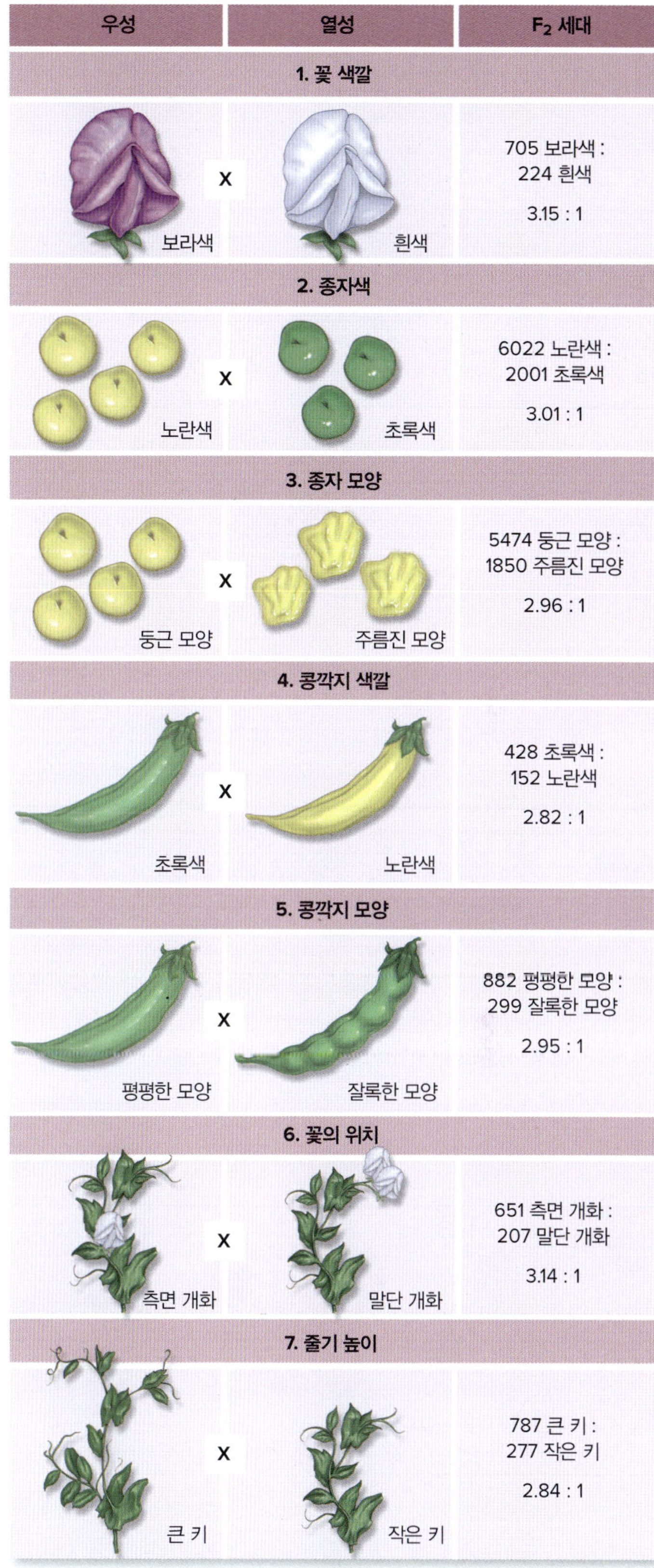

그림 4.7 멘델의 7가지 형질.
멘델은 완두의 변종을 교배하여 품종 간 차이가 어떻게 유전되었는지 연구하였다. 유사한 실험은 이전에도 있었지만, 멘델이 처음으로 결과를 수치화하였고, 그 수치의 중요성을 인식하였다. 그림은 7가지 형질에 대한 단성잡종 교배의 결과를 보여준다. F_1 세대는 나타내지 않았다.

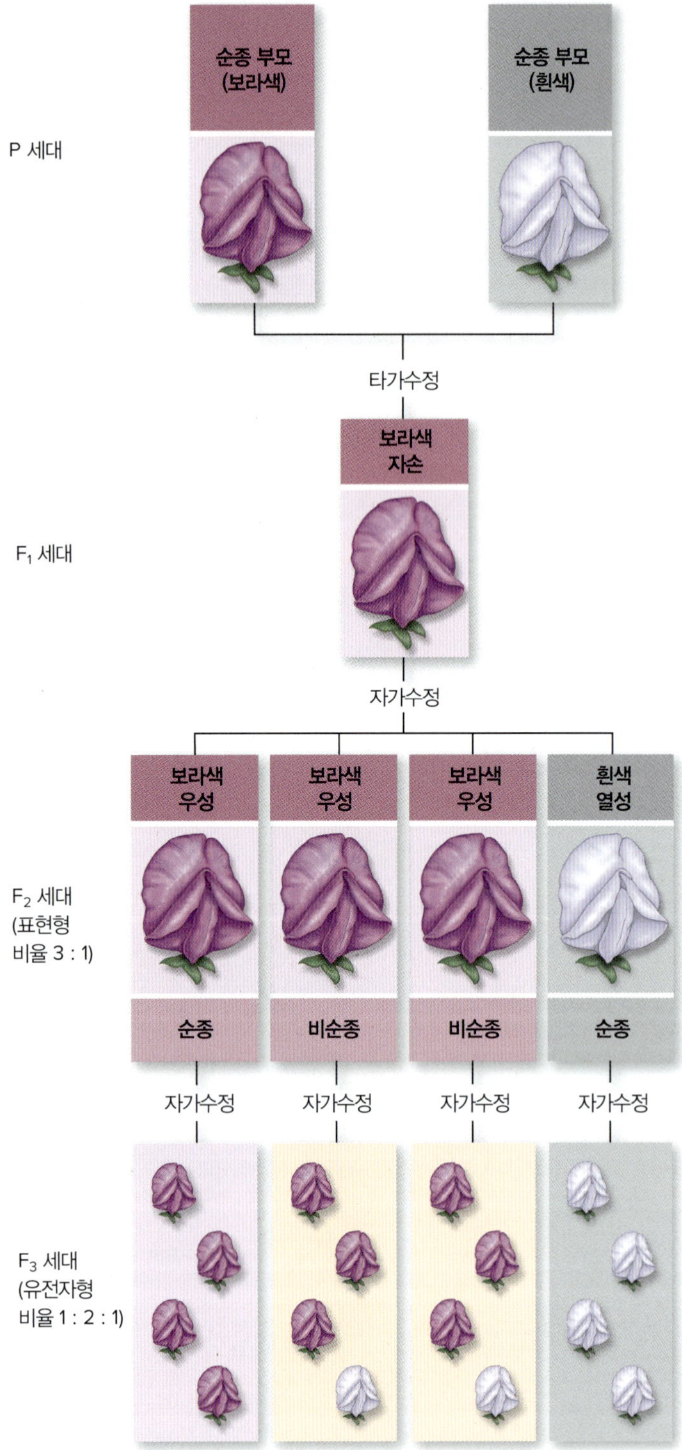

그림 4.8 F_2 **세대의 비율은 실제로는 1 : 2 : 1.**
멘델은 F_2 세대를 자가수정한 뒤 그 자손(F_3)을 관찰하여 F_2 세대가 우성 순종 1, 우성 잡종 2, 열성 순종 1의 비율이라는 것을 발견하였다.

단한 모델을 제시하였는데, 그 모델은 다음과 같이 5가지 요소로 이루어져 있다.

1. 부모는 생리적인 형질을 자손에게 바로 전해주는 것이 아니라 형질을 결정할 수 있는 개별적인 "**인자**(factor)", 지금 우리가 **유전자**(gene)라 부르는 것을 전달한다.
2. 개체는 부와 모로부터 각각 유전자 1개만 받는데, 유전자는 염색체상에 있으므로 개체는 부와 모로부터 받은 염색체 1쌍을 가지는 2배체이다.
3. 위와 같이 물려받은 유전자 1개를 **대립유전자**(allele)라 하며, 각 특징에 대한 대립유전자는 늘 동일한 것은 아니다. 반수체 배우자 2개가 수정될 때, 동일한 대립유전자를 가지는 배우자일 경우 **동형접합성**(homozygous), 다른 대립유전자를 가지는 배우자일 경우 **이형접합성**(heterozygous) 자손이 만들어진다.
4. 두 대립유전자는 독립적으로 존재하며, 섞이거나 서로를 변화시키지 않는다. 따라서 한 개체가 자라서 자신의 배우자를 생산할 때, 그 대립유전자들은 배우자에게 무작위로 분리되어 들어간다.
5. 어떤 특정 대립유전자가 있다고 해도 그 대립유전자가 반드시 발현되는 것은 아니다. 이형접합성 개체에서는 우성인 대립유전자만 표현되고 열성인 다른 대립유전자는 표현되지 않는다.

유전학자는 개체가 갖고 있는 대립유전자 전체를 **유전자형**(genotype)이라고 부르며, 한 대립유전자로 인하여 표현된 외형적 모습 혹은 관찰 가능한 특징을 **표현형**(phenotype)이라고 부른다. 다시 말해 유전자형은 청사진이며, 표현형은 개체에서 보이는 결과물인 것이다. 이러한 사실들로부터 멘델의 분리비를 좀 더 현대적인 말로 표현할 수 있다. 우성과 열성의 3 : 1의 비율은 단성잡종 교배의 표현형 비율이다. 우성 동형접합 : 이형접합 : 열성 동형접합의 비율이 1 : 2 : 1인 것은 단성잡종 교배의 유전자형 비율이다. 우성 대립유전자의 활동에 의해 이형접합체의 표현형이 우성 동형접합체와 같이 보이게 함으로써 유전자형의 비율이 합쳐져 표현형의 비율로 나타난 것이다.

멘델의 분리의 법칙

멘델은 유전의 특성에 대해 다음의 3가지를 이해할 수 있었다.

1. 교배한 식물들은 중간 형질을 나타내지 않았기에 혼합유전에 의해 유전되는 것이 아니다. 오히려 식물은 각 형질을 서로 섞지 않고 별개로 구분된 상태로 유전한다.
2. 어떤 형질이 서로 다른 형태를 나타내는 한 쌍(이형접합)으로 되어 있을 때, 그중에서 하나는 F_2 개체의 일부에서는 표현되지만, F_1 잡종에서는 발현되지 않았다. 발현되지 않은 형질은 F_1 잡종 개체에서 표현되지는 않았지만 잠재해 있었음에 틀림이 없다.
3. 대립형질 쌍은 자손에서 분리되어 어떤 개체는 그중 한 형질을 발현하고, 어떤 개체는 그중 다른 형질을 발현하였다. 이 대립형질들은 F_2 세대에서 우성과 열성이 3/4과 1/4의 비율로 발현

되었다. 이 3 : 1의 비율을 **멘델의 분리비**(Mendelian ratio)라고 한다.

멘델의 모델은 그가 관찰한 비율을 잘 설명해 주고 있다. 그의 주요 결론은 한 형질을 결정하는 대립유전자들은 배우자 형성 과정 동안에 서로 분리되어 그대로 남아 있다는 것이며, 이러한 결론은 다른 생물에서도 확인되었다. 이것을 흔히 멘델의 제1법칙 또는 **분리의 법칙**(principle of segregation)이라고 부른다. 이 법칙은 간단히 다음과 같이 표현할 수 있다. "한 유전자의 서로 다른 대립유전자들은 배우자 형성 동안에 분리되고, 수정할 때에 부와 모로부터 나온 하나씩의 대립유전자는 무작위로 결합한다."

대립유전자의 분리를 설명할 수 있는 구체적인 증거는 감수분열 동안에 염색체의 이동에서 찾을 수 있다. 앞 절에서 본 바와 같이 각 상동염색체는 감수1분열 후기에 분리된다. 그리고 감수2분열의 결과 각 상동염색체를 하나씩만 지닌 배우자가 만들어진다. 멘델은 유전이 어떻게 일어나는지에 대한 세포학적 기작에 대해 모르고 있었고, 그 시대에는 염색체나 감수분열과 같은 것은 밝혀져 있지 않았지만, 그의 분석이 올바르게 된 것은 그의 탁월한 지적 능력 덕분이라고 볼 수 있다.

퍼넷 사각형을 이용한 분석

멘델은 그의 모델을 검증하기 위해 부호를 사용하여 실험 결과를 해석하였다. 멘델이 보라색 꽃과 흰색 꽃의 완두를 교배한 실험에서, 보라색 꽃과 관련된 우성 대립유전자는 대문자 *P*로 표시하고, 흰색 꽃과 관련된 열성 대립유전자는 소문자 *p*로 표시하자. 이러한 체계에서 열성인 흰색 꽃을 피우는 순계의 유전자형은 *pp*로, 보라색 꽃을 피우는 순계 우성의 유전자형은 *PP*로, 이형접합체는 *Pp*(우성 대립유전자를 먼저 표시함)로 나타낼 수 있다. 또한 교배를 ×로 표시하면, 멘델의 보라색×흰색 교배는 *PP*×*pp*로 표시할 수 있다.

흰색 꽃을 나타내는 순계는 *p* 배우자만 만들고, 보라색 꽃 순계는 *P* 배우자만 만들기 때문에, 이 두 배우자가 서로 합치면 이형접합체인 *Pp*로 된 자손만이 만들어진다. 이때 *P* 대립유전자가 우성이므로 모든 F_1 세대는 보라색 꽃으로 나타나게 된다. F_1 세대의 개체들을 자가수정시키면 *P* 대립유전자와 *p* 대립유전자가 배우자 형성 과정에서 분리되어 *P* 배우자와 *p* 배우자가 만들어지고, 이들의 수정에

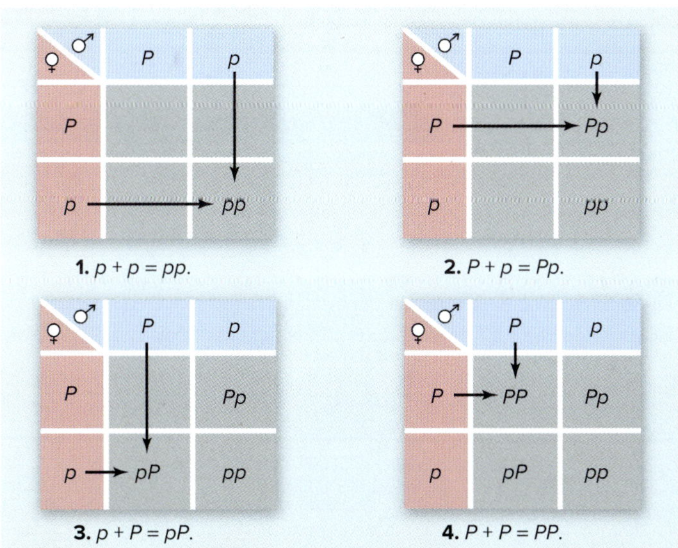

a.

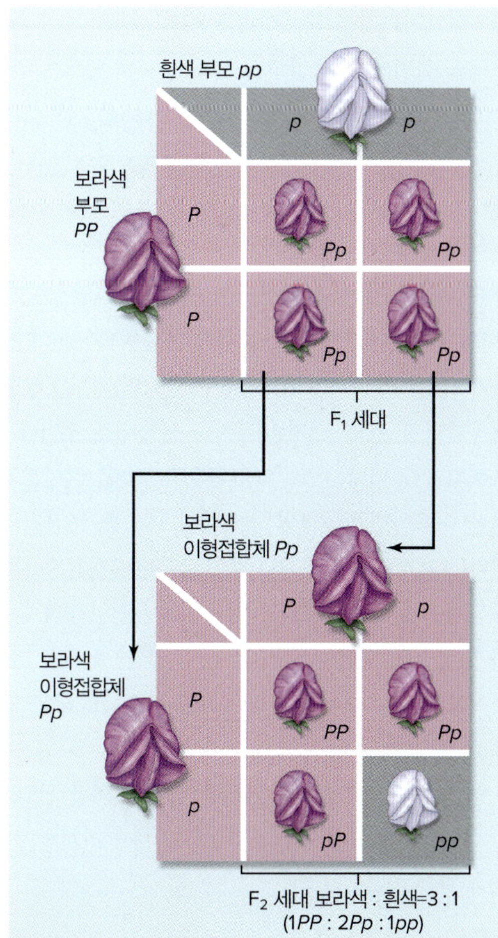

b.

그림 4.9 퍼넷 사각형을 이용한 멘델의 교배 결과 분석.
a. 퍼넷 사각형을 작성하려면 정방형의 측면에 서로 다른 암배우자를 배치하고, 사각형의 상부에 수배우자를 배치한다. 잠재적 접합자(수정에 의해 생산 가능)는 수직선과 수평선이 교차하는 지점에 표시한다. ***b.*** 멘델의 교배실험에서 흰색 꽃과 보라색 꽃의 각 부모는 1종류의 배우자만 생산한다. 그리고 모든 F_1은 보라색으로, *Pp* 이형 접합체이다. 이 F_1 자손은 2종류 유형의 배우자를 생산하므로, 이들이 수정할 경우 3종류의 F_2 자손을 생산할 수 있다. *PP* 동형접합 우성(보라색); *Pp* 이형접합(보라색); 그리고 *pp* 동형접합 열성(흰색)으로 나타난다. 그리고 표현형 비율은 보라색 3 : 흰색 1이 되며, 유전자형 비율은 1*PP* : 2*Pp* : 1*pp*로 표현된다.

의해 F_2 세대를 만들 때 무작위로 합쳐진다.

F_2 세대에서 일어날 수 있는 확률은 **퍼넷 사각형**(Punnett square; 영국 유전학자 R. C. Punnett의 이름에서 붙여진 명칭, **그림 4.9***a*)을 이용하여 분석해 보면 쉽게 이해가 된다. 퍼넷 사각형을 이용하여 분석한 멘델의 모델에 의하면, F_2 세대 중 3/4이 보라색 꽃이고, 1/4이 흰색 꽃이 되어 그 비율이 3 : 1이 될 것임을 분명하게 예측할 수 있다(**그림 4.9***b*).

양성잡종 교배와 독립의 법칙

분리의 법칙은 단성잡종 교배에서 한 형질을 결정하는 서로 다른 유형의 대립유전자들이 어떻게 행동하는지를 설명해 주고 있다. 다음 단계는 **양성잡종 교배**(dihybrid cross)로서, 이러한 법칙을 적용하여 한 교배에서 2가지 서로 다른 형질이 어떻게 행동하는지를 설명할 수 있다. 우선 멘델은 연구를 위해 선택한 7가지 형질 중에서 서로 다른 2가지 형질의 순계를 만든 후 교배하여 2중 이형접합체(양성잡종)를 만들었다. 그리고 F_1 세대의 양성잡종을 자가수정하여 F_2 세대를 분석하였다.

종자의 모양을 결정하는 대립유전자(둥근 것 *R*, 주름진 것 *r*)와 종자의 색깔을 결정하는 대립유전자(노란색 *Y*, 초록색 *y*)들이 관여된 교배를 살펴보자. 둥글고 노란색 종자를 만드는 완두(*RRYY*)와 주름지고 초록색 종자를 만드는 완두(*rryy*)를 서로 교배하면 F_1 세대는 모두 잡종으로서 동일한 표현형(둥글고 노란색)과 동일한 유전자형(*RrYy*)을 지닌 종자가 만들어진다. 이 F_1 잡종을 자가수정하여 F_2 세대를 만들었다.

F_1 개체들이 어떤 배우자를 생산할 수 있을지 생각해 보면, 우선 부모 세대에서 만들어졌던 것과 같은 *RY*와 *ry*의 2가지 형태의 배우자가 만들어질 것이라고 기대할 수 있지만, 각 형질들이 독립적으로 행동한다면 *Ry*와 *rY*의 배우자도 만들어질 것이다. 이러한 배우자들로부터 만들어지는 모든 형태의 자손들을 알아보기 위해 퍼넷 사각형을 이용하면, 4×4의 정사각형으로 총 16가지의 결과가 나올 수 있다(**그림 4.10**). 퍼넷 사각형으로부터 9개의 둥글고 노란색, 3개의 주름지고 노란색, 3개의 둥글고 초록색, 1개의 주름지고 초록색 종자가 생산될 것이라는 것을 알 수 있다. 이러한 결과로부터 서로 독립적으로 행동하는 형질의 표현형 비는 9 : 3 : 3 : 1일 것이라고 예측할 수 있다.

양성잡종 교배로부터 멘델은 어떤 결과를 관찰하였을까? 멘델은 자가수정시킨 양성잡종 완두로부터 총 556개체의 자손을 얻었으며, 그 결과는 다음과 같다.

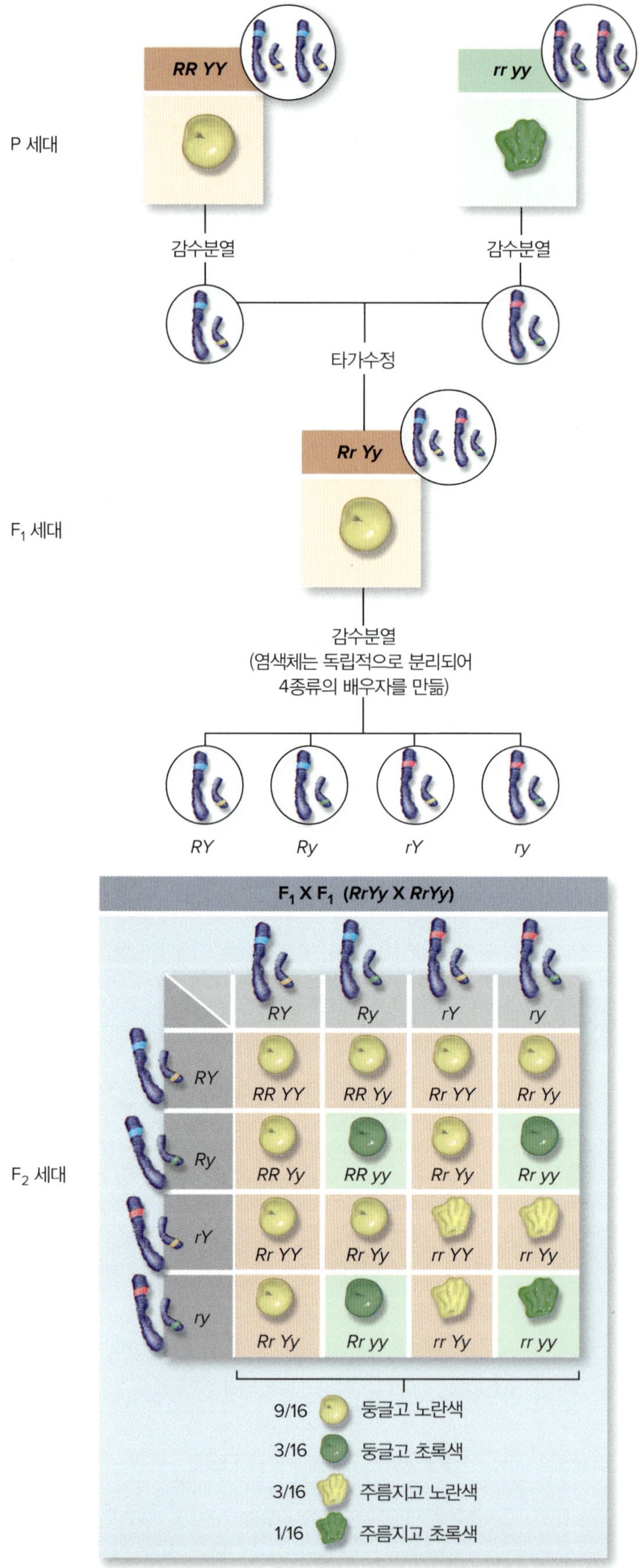

그림 4.10 양성잡종 교배 분석.
퍼넷 사각형은 멘델의 둥글고 노란색 종자와 주름지고 초록색 종자의 양성잡종 교배 결과를 보여준다. 멘델은 4가지 가능한 표현형의 비율이 9 : 3 : 3 : 1인 것을 발견하였다.

- 둥글고 노란색 완두 315개($R\_\_Y\_\_$, 밑줄 부분에는 어떤 대립유전자든지 올 수 있음)
- 둥글고 초록색 완두 108개($R\_\_yy$)
- 주름지고 노란색 완두 101개($rr\ Y\_\_$)
- 주름지고 초록색 완두 32개($rr\ yy$)

이 결과는 9 : 3 : 3 : 1에 매우 가까운 것으로, 556개체의 자손에서 9 : 3 : 3 : 1의 비는 313 : 104 : 104 : 35가 된다. 멘델은 이 현상을 보고 형질이 독립적으로 분리되었다고 하였는데, 서로 다른 유전자의 독립적 분리는 각 유전자의 대립유전자 쌍들의 분리에는 영향을 미치지 않음에 주목할 필요가 있다. 즉 둥근 것에 대하여 주름진 것의 비는 약 3 : 1(423 : 133)이며, 노란색과 초록색의 비도 3 : 1 (416 : 140)이다.

멘델의 제2법칙은 **독립의 법칙**(principle of independent assortment)이라고 부르며, 이 법칙은 다음과 같이 간단히 설명할 수 있다. 양성잡종 교배에서 각 유전자의 대립유전자들은 독립적으로 분리된다. 더 정확히 말해 서로 다른 대립유전자 쌍의 분리는 독립적으로 일어난다. 이 말은 독립적 분리와 감수분열 시 염색체 행동과의 밀접한 관계를 나타내는데, 감수1분열 동안 서로 다른 상동염색체들의 독립적 배열이 서로 다른 대립유전자 쌍들의 독립적 분리를 초래하는 것이다.

4.3 확률과 검정교배

확률(probability)은 무작위로 발생하는 사건의 결과를 예측할 수 있게 해주는데, 감수분열 과정에서 서로 다른 염색체들의 행동은 서로 독립적이기 때문에 교배의 결과를 예측하기 위해 확률을 이용할 수 있다. 확실하게 일어날 수밖에 없는 사건의 발생 확률은 1이며, 절대로 일어날 수 없는 사건의 발생 확률은 0으로 나타낸다. 따라서 그 외의 다른 사건들의 발생 확률은 0과 1 사이의 값을 갖게 된다. 꽃 색깔 유전에서 대립유전자에 대해 이형접합체인 Pp 완두를 생각해 보자. 이 완두는 감수분열 시에 염색체의 분리로 인해 2종류의 배우자를 같은 수로 생산하게 된다. 즉 P 대립유전자를 갖는 배우자가 만들어질 확률은 1/2이다.

합의 법칙과 곱의 법칙

2가지 간단한 확률의 법칙으로 유전적 교배의 결과를 예측할 수 있다. 이 법칙과 활용에 관해 설명하기 전에 용어의 정의에 대해 알아보자. 두 사건이 동시에 일어날 수 없는 경우 그 두 사건은 상호배타적이라고 한다. 예를 들어 동전을 던졌을 때 그림이 나오는 것과 숫자가 나오는 것은 상호배타적 사건이다. 동전을 두 번 던졌을 때 각각의 동전 던지기는 서로 독립적인 사건이다. 상호배타적인 사건과 독립적인 사건은 2가지 확률 법칙의 기본이 된다.

예를 들어 주사위를 던지면 한 가지 결과만 나오며, 각각의 결과는 상호배타적이다. 어떤 특정한 값이 나올 확률은 1/6로, 2가지 숫자가 나올 확률은 각각의 숫자가 나올 확률의 합이며, 이를 **합의 법칙**(rule of addition)이라고 한다. 예를 들어 주사위를 한 번 던졌을 때, 2 또는 6이 나올 확률은 다음과 같다.

$$1/6+1/6=2/6=1/3$$

이것을 이형접합체인 보라색 완두 F_1 세대의 교배($Pp \times Pp$)에 적용하면, 4가지 상호배타적인 결과인 PP, Pp, pP, pp가 가능해지며, 그중에서 이형접합이 될 확률은 Pp 또는 pP가 될 확률의 합이므로 $1/4+1/4=1/2$이 된다.

두 번째 법칙은 유전학에 있어서 가장 유용한 것으로서, 독립적인 사건에 관한 확률 법칙이다. 이를 **곱의 법칙**(rule of multiplication)이라고 하며, 2가지 독립적인 사건이 둘 다 발생할 확률은 각 확률의 곱으로 나타낸다. 이 법칙을 앞에서 언급한 F_1 세대의 보라색 꽃 완두(이형접합체, Pp)에 적용해 보자(**그림 4.9** 참조). 그들은 모두 P 또는 p의 배우자를 만들 것이며, 그 확률은 각각 1/2이다. F_2 세대의 특정 개체가 pp일 확률은 p 배우자를 한쪽 부모로부터 받을 확률 1/2과 p 배우자를 다른 부모로부터 받을 확률 1/2을 곱한 값으로 1/4이 된다. 즉 2가지 서로 다른 배우자가 만나는 것은 부모(F_1) 각각으로부터 배우자가 형성되는 2가지 독립적인 사건이 서로 만나서 자손(F_2)을 생산한다는 것을 나타낸다.

$$pp \text{ 동형접합체일 확률} = 1/2\ p(\text{부}) \times 1/2\ p(\text{모}) = 1/4\ pp$$

이것은 사실 퍼넷 사각형의 기본 원리로, 퍼넷 사각형의 칸은 각 배우자가 만들어지는 확률의 곱이다. 그리고 각 칸을 구성하는 상호배타적인 사건의 확률을 전부 합하면 1이 된다(합의 법칙).

단성잡종 교배 확률에 기반을 둔 양성잡종 교배 확률

확률 분석은 양성잡종 교배의 경우에도 적용된다. 단성잡종 교배에서 자손이 우성 표현형을 보일 확률은 3/4이고, 열성 표현형을 보일 확률은 1/4이다. 이러한 사실을 이용해 곱의 법칙을 양성잡종 교배의 결과를 예측하는 데 적용할 수 있는데, 확률을 사용하여 완두의 종자 모양과 종자의 색깔을 분석해 보자. 예를 들어, 주름지고 초록색인 씨앗을 갖는 완두($rr\ yy$)가 F_2 세대에서 발생할 확률은 주름진

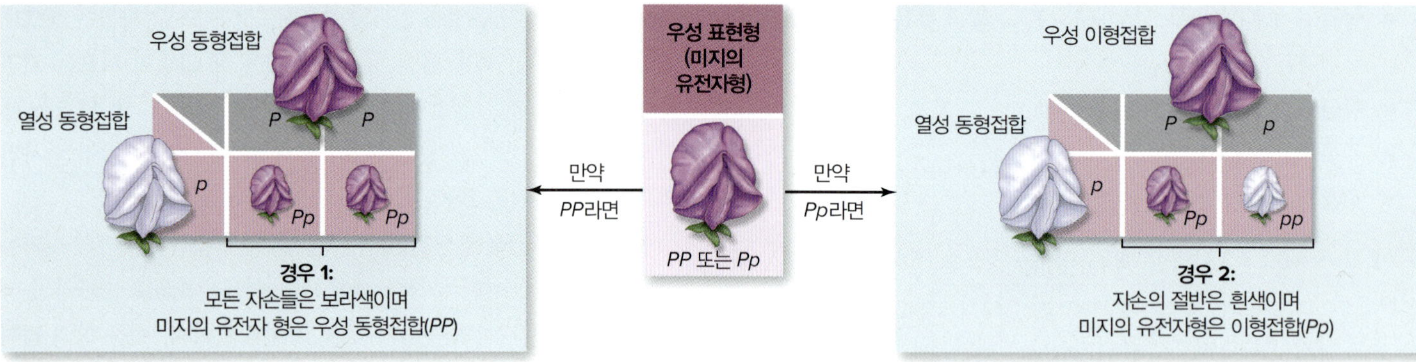

그림 4.11 검정교배.
보라색 꽃과 같은 우성 표현형을 가지는 개체가 우성 대립유전자에 대하여 이형접합인지 동형접합인지 알기 위하여 멘델은 미지의 개체를 열성 동형접합체(이 경우엔 흰색 꽃을 가지는 개체)와 교배하였다.

종자를 갖는 완두가 생길 확률 1/4과 초록색 종자를 갖는 완두가 생길 확률 1/4을 곱한 값이 된다.

$$rr\,yy\text{가 생길 확률} = 1/4\ rr \times 1/4\ yy = 1/16\ rr\,yy$$

독립의 법칙으로 인해서 양성잡종 교배는 2개의 독립적인 단성잡종 교배로 취급할 수 있는데, 이 2가지 교배는 독립적인 사건이므로 곱의 법칙이 적용된다. 따라서 각 양성잡종의 표현형이 나타날 확률은 다음과 같이 계산할 수 있다.

둥글고 노란색 씨앗의 완두가 생길 확률($R\_\_\,Y\_\_$)
$= 3/4\ R\_\_ \times 3/4\ Y\_\_ = 9/16$
둥글고 초록색 씨앗을 갖는 완두가 생길 확률($R\_\_\,yy$)
$= 3/4\ R\_\_ \times 1/4\ yy = 3/16$
주름지고 노란색 씨앗을 갖는 완두가 생길 확률($rr\,Y\_\_$)
$= 1/4\ rr \times 3/4\ Y\_\_ = 3/16$
주름지고 초록색 씨앗을 갖는 완두가 생길 확률($rr\,yy$)
$= 1/4\ rr \times 1/4\ yy = 1/16$

종자의 색깔 유전자와 모양 유전자가 독립적으로 분리된다는 가정은 F_2 세대가 9 : 3 : 3 : 1의 표현형 비가 나올 것으로 예측할 수 있게 한다. 이 비율은 전체 자손의 수로부터 각 표현형의 수를 계산하는 데 사용될 수 있다. 그 기본이 되는 원리와 결과는 퍼넷 사각형을 이용하여 얻어진 결과와 같다.

유전자형을 탐색하는 검정교배

멘델은 어떤 개체의 유전자형을 알아내기 위해서, 그 개체를 열성 동형접합체와 교배하는 **검정교배**(또는 역교배, testcross) 방법을 고안하였다. 보라색 꽃 완두는 유전자형이 동형접합체인지 이형접합체인지 알 수 없는데, 유전자형을 알아내기 위해서는 흰색 꽃이 피는 열성 동형 완두와 교배하여 결과를 분석하면 된다(**그림 4.11**).

- **경우 1.** 미지의 개체가 우성 동형접합체(*PP*)인 경우: $PP \times pp$ 교배에서 얻은 모든 자손은 보라색 꽃을 피움
- **경우 2.** 미지의 개체가 이형접합체(*Pp*)인 경우: $Pp \times pp$ 교배에서 얻은 자손의 1/2은 흰색 꽃(*pp*), 1/2은 보라색 꽃(*pp*)을 피움

검정교배에서 열성 형질의 자손이 나타나는 것은 미지의 개체가 이형접합체라는 것을 의미한다. 검정교배는 2가지 유전자에 대한 유전자형을 알아내기 위해 사용될 수 있고, 유전자지도를 작성하는 데에도 유용하게 사용된다.

4.4 멘델 법칙의 확장

멘델의 연구가 당시에는 주목을 받지 못하였지만, 그가 사망한 지 16년 후인 1900년도에 3명의 과학자가 각각 멘델의 연구 결과를 다시 발견하게 되었다. 멘델의 재발견 후, 수십 년 동안 많은 연구자가 멘델의 법칙을 확인하기 위하여 노력했지만, 멘델의 비율과는 다른 비율이 관찰되는 경우가 종종 나타났다.

멘델의 비율이 나오지 않은 이유는 다른 연구자들이 사용한 형질 때문이었다. 멘델의 모델이 성립되기 위해서는 (1) 각 형질은 2가지 서로 다른 대립유전자로 되어 있는 단일 유전자에 의해 결정되어야 하고, (2) 환경적인 영향을 받지 않아야 하며, (3) 유전자 산물들이 서로 독립적으로 작용(서로 다른 유전자 산물들이 상호작용하여 유

표 4.1	멘델의 법칙이 적용되지 않는 경우	
유전적 발생	정의	사례
다인자유전	1개 이상의 유전자가 1개 형질에 영향을 줌	• 눈 색깔을 결정하는 4개의 유전자 • 사람의 키
다면발현	1개의 유전자가 1개 이상의 형질에 영향을 줌	• 생쥐의 노란색 털을 결정하는 다면발현 우성 대립인자는 치명적인 발생 결함에 대하여 열성임 • 낭포성섬유증 • 낫모양적혈구빈혈증
복대립유전자	2개 이상의 대립유전자를 가지는 유전자	• 사람의 ABO 혈액형
우성의 정도	• 불완전우성에서 이형접합체는 두 부모의 중간 형질을 가짐 • 공동우성에서는 어느 대립인자도 우성이 아니므로 이형접합체는 부모의 표현형을 모두 가짐	• 분꽃 • 사람의 혈액형
환경적 요인	유전자는 환경에 의해 영향을 받을 수 있음	• 삼고양이
유전자 간 상호작용	유전자의 산물이 서로 상호작용하여 유전적 비율을 변화시킴	• 옥수수의 보라색 색소 생산 • 포유동물의 털 색깔

전 형질에 영향을 주지 않음)해야 하는 것 등 많은 조건이 필요하다. 멘델의 법칙이 유전 현상을 더 잘 이해하기 위하여 어떻게 확장되는지 알아보자(**표 4.1**).

하나 이상의 유전자가 단일 형질에 영향을 미치는 다인자유전

하나의 대립유전자가 하나의 형질을 만들어 내는 것이라고 보기에는 유전자형과 표현형의 관계가 더 복잡한 경우들이 나타난다. 실제로 대부분의 표현형은 완두의 꽃 색깔이 보라색과 흰색인 것처럼 단순히 2가지 상태로만 나타나는 것이 아니다. 예를 들어 대부분 생물에서 키는 뚜렷하게 차이를 보이는 값으로 나타나지 않고, 연속적인 값으로 나타난다. 어떤 표현형이 연속적인 분포를 나타내는 것은 한 가지 이상의 유전자가 작용하고 있기 때문인데, 이러한 유전을 **다인자유전**(polygenic inheritance)이라고 한다.

실제로 단일 유전자에 의해 표현형이 결정되는 경우는 그리 많지 않으며, 대부분의 형질은 여러 개의 유전자가 작용하여 표현형을 나타낸다. 여러 유전자가 함께 작용하여 신장이나 체중과 같은 표현형을 결정할 때, 그 표현형은 연속적인 값을 보인다. 이러한 현상을 **연속변이**(continuous variation)라고 부르며, 그 형질을 **양적형질**(quantitative trait)이라고 한다(**그림 4.12**). 어떤 형질을 결정하는 유전자가 많으면 많을수록 그 표현형은 더 연속적이다. 이러한 연속변이 형질을 몇 가지 범위로 구분하여 히스토그램(histogram)을 만들면 종 모양이 되며, 거의 정규분포를 나타내게 된다. 이 정규분포에서 가운데 부분은 평균값을 나타내고, 곡선의 좌우 폭은 변이의 정도를 나타낸다.

단일 유전자가 한 가지 이상의 형질에 영향을 미치는 다면발현

여러 유전자가 단일 형질에 영향을 미칠 수 있지만, 하나의 유전자가 한 가지 이상의 형질에 영향을 미칠 수도 있다. 다세포 생물에서는 생화학적 경로가 복잡하고 각 기관의 기능이 서로 연계되어 있기에 복잡한 유전 현상이 나타난다.

한 가지 이상의 표현형에 영향을 미치는 대립유전자는 **다면발현성**(pleiotropic)이다. 프랑스의 유전학자 퀴에노(Lucien Cuenot)는 생

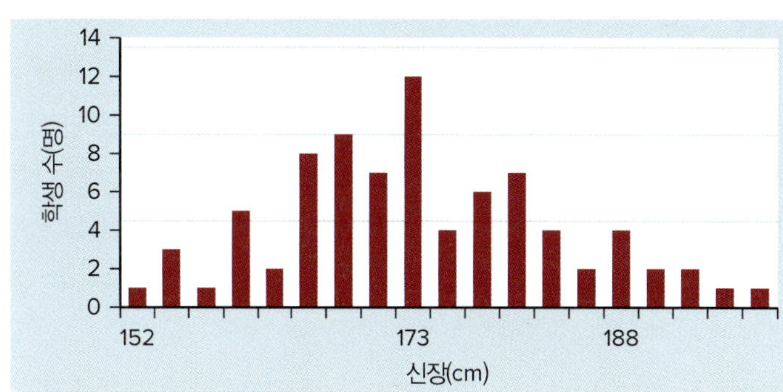

그림 4.12 연속변이로 표현되는 신장 형질.
사진과 그래프는 2005~2007년에 하이드 박사(Dr. Hyde)의 유전학 수업을 들은 노트르담 대학 학생 83명의 키의 변이를 보여주고 있다. 많은 유전자가 키에 영향을 주고, 또한 서로 독립적으로 분리되는 경향이 있기 때문에 서로 다른 대립유전자 조합의 누적된 영향은 키의 연속분포를 형성한다. 양쪽 극의 값(즉, 큰 키와 작은 키)은 중간 키인 학생 수보다 훨씬 적게 분포되어 있다. 이러한 변이는 영양과 환경 요인 등으로 인하여 발생할 수 있다.

쥐의 우성 형질인 노란색 털 색깔에 관해 연구하면서 노란색 털의 생쥐들끼리 교배해도 순계를 얻을 수 없다는 사실을 발견하였다. 그 이유는 노란색 털을 결정하는 대립유전자는 동형접합일 때 치사작용을 일으키는 다면발현을 보이기 때문이다. 다면발현 대립유전자는 한 표현형에 대해서는 우성일 수 있으나(생쥐의 노란색 털), 다른 표현형(생쥐에서 치사작용)에 대하여는 열성으로 나타날 수 있다. 다면발현 효과는 결과의 예측이 어려운데, 그 이유는 한 형질을 결정하는 유전자가 알려지지 않은 다른 기능을 수행할 수도 있기 때문이다.

다면발현의 효과는 사람의 유전질환에서 흔히 나타나는 특성이기도 하다. 이러한 유전질환에서는 여러 가지 증상(표현형)이 나타나며, 이 모든 증상이 하나의 유전자의 결함에 기인하는 것을 볼 수 있다. 낭포성 섬유증(cystic fibrosis) 환자는 혈관 폐쇄, 끈끈한 점액질, 소금기 많은 땀, 간 및 췌장 기능 이상 등 여러 가지 증상을 나타내는데, 이러한 모든 증상은 세포막의 염소이온 통로를 만드는 단백질 유전자의 결함으로 인하여 발생한다.

2가지 이상의 대립유전자를 가진 유전자

멘델은 항상 2가지의 대립유전자를 가진 유전자만을 관찰하였다. 그러나 어떤 유전자에 대한 대립유전자는 실제로 여러 개가 있을 수 있다(복대립유전자). 유전자가 DNA 염기서열로 구성되어 있는 점을 생각하면, 하나의 염기만 바뀌어도 새로운 대립유전자가 생기기 때문에 가능한 대립유전자는 아주 많을 수 있다. 이렇게 여러 가지 대립유전자가 존재하면 그들 사이의 우성과 열성의 관계는 예측하기 어렵지만, 다양한 이형접합체의 표현형을 관찰함으로써 우열 관계를 알 수 있다.

대립유전자 사이의 다양한 우열 관계: 불완전우성과 공동우성

우성과 열성 형질에 대한 멘델의 개념은 현대 생화학적인 관점에서 설명하기 어려운 것처럼 보인다. 예를 들어 어떤 효소를 만드는 대립유전자에 돌연변이가 생겨 효소의 기능이 상실된다면, 왜 이형접합체는 그 효소의 반만을 갖게 되는데 동형접합체와 같은 우성을 나타낼까? 효소는 일반적으로 생화학적 반응 경로에 관여하는데, 한 효소의 양이 감소하더라도 최종산물의 양에는 큰 차이가 나타나지 않을 수도 있다. 이런 경우 이형접합체는 완전한 우성을 나타내지만, 모든 유전자가 그런 것은 아니라는 것을 염두에 두어야 한다.

불완전우성(incomplete dominance)에서 이형접합체는 중간 형질을 나타낸다. 예를 들어 붉은색과 흰색의 분꽃을 교배하면 F_1 세대에서는 모두 분홍색 꽃이 핀다(**그림 4.13**). 이는 붉은색과 흰색 어느 것도 완전한 우성이 아님을 의미한다. F_1 세대만을 보면 이러한 현상이 혼합유전에 해당하는 것처럼 보이지만, F_2 세대에서 붉은색 꽃, 분홍색 꽃, 흰색 꽃 개체가 1 : 2 : 1의 비율로 나타난다. 즉 F_2 후손의 표현형 비가 유전자형 비와 같게 나타난 것이다.

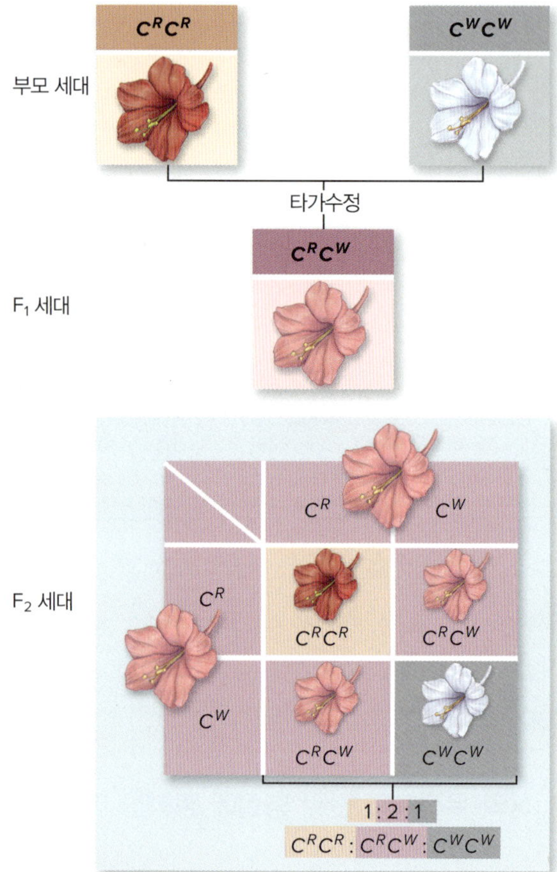

그림 4.13 불완전우성.
분꽃의 붉은색 꽃(유전자형 C^RC^R)과 흰색 꽃(유전자형 C^WC^W)의 교배에서는 어떤 대립유전자도 우성이 아니다. 이형접합인 자손은 분홍색 꽃으로 나타나며, 유전자형은 C^RC^W이다. 이들 이형접합체끼리 교배하면 그 자손의 표현형은 1 : 2 : 1(붉은색 : 분홍색 : 흰색)로 나타난다.

대부분의 유전자는 여러 개의 서로 다른 대립유전자로 이루어져 있는데, 이형접합체가 2가지 표현형을 모두 다 나타내는 경우를 **공동우성**(codominance)이라고 한다. 불완전우성은 이형접합체가 2가지 표현형의 중간을 나타낸다는 점에서 공동우성과 다르다. 사람의 ABO식 혈액형을 예로 들면, 3가지 혈액형 대립유전자인 A, B, O 중에서 A와 B 대립유전자의 경우 명백한 공동우성의 예를 보여준다.

ABO식 혈액형을 결정하는 유전자는 적혈구 표면에 특정한 종류의 당을 첨가하는 효소이다. 이 효소 유전자를 I로 표시하며, 갈락토사민(galactosamine)을 첨가하는 I^A, 갈락토오스(galactose)를 첨가하는 I^B, 아무런 당도 첨가하지 않는 i의 3가지 복대립유전자(multiple alleles)가 있다. I^A와 I^B의 대립유전자는 공동우성이므로, 이형

대립유전자	혈액형	표현된 당 성분	공여자와 수여자
I^AI^A, I^Ai (I^A는 i에 대해 우성)	A	갈락토사민	수여: A형, O형 공여: A형, AB형
I^BI^B, I^Bi (I^B는 i에 대해 우성)	B	갈락토스	수여: B형, O형 공여: B형, AB형
I^AI^B (공동우성)	AB	갈락토스와 갈락토사민 양쪽 모두	수여: 모든 혈액형 공여: AB형
ii (i는 열성)	O	당 성분이 없음	수여: O형 공여: 모든 혈액형

그림 4.14 공동우성과 복대립유전을 보이는 ABO 혈액형.
ABO 혈액형을 결정하는 I 유전자에는 3가지 대립유전자 I^A, I^B, i가 있으며, I^A와 I^B는 모두 i에 대하여 우성이지만(A형과 B형), 둘은 서로 공동우성이다(AB형). 각 유전자형에 의한 혈액형은 적혈구 표면 단백질에 첨가된 당의 종류와 수혈 후 몸의 반응 같은 표현형과 관련이 있다.

접합인 사람은 2가지 형태의 효소가 존재하여 적혈구에 갈락토오스와 갈락토사민 모두를 만들 수 있다. 이 3가지 대립유전자는 모두 6종류의 서로 다른 유전자형을 만들 수 있고, 이로부터 4종류의 표현형이 나타난다(**그림 4.14**).

사람의 면역계는 혈액형의 4가지 표현형을 구별할 수 있다. A형인 사람이 B형 혈액을 수혈받으면 수여자의 면역계가 외부 항원(antigen; 여기서는 갈락토스가 첨가된 적혈구의 단백질)을 인식하게 되며, 공여자의 혈액을 공격하여 혈구응집을 일으킨다. AB형의 혈액을 수혈하여도 마찬가지이다. 그러나 O형의 혈액을 수혈받으면 적혈구 단백질에 아무런 당이 없기 때문에 면역계의 공격이 없게 된다. 일반적으로 O형 혈액은 누구에게나 줄 수 있기에 만능공여자(universal donor)라고 부른다. 반면 AB형인 사람에게는 갈락토오스와 갈락토사민이 모두 항원이 아니므로 어떤 혈액이든지 수혈받을 수 있어, AB형은 만능수여자(universal recipient)라고 부른다. 그러나 동일한 혈액형을 수혈받는 것이 가장 바람직하다.

표현형에 대한 환경의 영향

멘델의 실험에 포함되어 있는 또 하나의 가정은 유전자형과 표현형의 관계에 환경이 아무런 영향을 미치지 않아야 한다는 것이다. 예를 들어 멘델이 실험을 수행한 사원의 토양은 항상 일정한 것은 아니었겠지만, 토양이 형질발현에 미치는 영향은 고려하지 않았다. 실제로 유전자형이 표현형을 결정할지라도, 환경 또한 영향을 미칠 수 있다.

환경은 외부 환경만을 이야기하는 것은 아니다. 그 실례로 어떤 대립유전자는 신체 내부의 온도(열)에 민감한 단백질을 만드는데, 히말라야 토끼와 샴고양이의 *ch* 대립유전자는 33°C 이상에서는 불활성화되는, 열에 민감한 타이로시네이스(tyrosinase)를 갖고 있다(**그림 4.15**). 몸통의 표면과 머리는 체온이 33°C 이상이므로 타이로시네이스가 불활성화되어 흰색 털을 만들지만, 몸의 말단 부위인 귀 및 꼬

그림 4.15 샴고양이.
털 색깔의 패턴은 온도에 민감한 타이로시네이스 효소를 암호화하는 대립유전자로 인한 결과이다.

리의 끝부분은 체온이 33°C 이하이기에 이 효소에 의해 멜라닌(melanin) 색소가 만들어져 검은색 털이 나타난다.

상위성으로 인해 나타나는 표현형 비율

멘델 모델의 마지막 가정은 유전자 산물이 서로 상호작용하지 않는다는 것이다. 그러나 실제로 유전자 산물이 상호작용하여 표현형을 나타내는 경우가 많으며, 이 경우 유전자가 서로 다른 염색체에 있다 할지라도 독립의 법칙으로 예상된 표현형의 비율이 달라질 수 있다. 예를 들면 동일한 대사 경로에 작용하는 유전자들은 상호의존성을 보이는 경향이 있는데, 그러한 경우 멘델이 예상했던 비율이 관찰되지 않을 수 있다.

그 예로 옥수수의 변종 중에서 안토시아닌 색소가 있는 것은 보라색 종자를 맺고 색소가 없는 것은 흰색 종자로 나타나는 것을 들 수 있다. 1918년 유전학자인 에머슨(R. A. Emerson)은 안토시아닌이 없는 2가지 순계 옥수수를 교배하였는데, 놀랍게도 F_1이 모두 보라색으로 나타났고, F_1 옥수수를 자가교배한 결과 F_2 세대의 56%는 보라색, 44%는 흰색으로 나타났다. 에머슨은 2개의 유전자가 색깔을 만드는 데 관여하고 있다고 추론하였는데, 문제는 어떻게 양성잡종 교배에서 나타나는 16가지 조합이 보라색과 흰색의 2종류 그룹으로 나누어지는지를 설명하는 것이었다. 에머슨은 16가지의 56%는 9이며, 44%는 7에 해당함을 알아내고, 9 : 3 : 3 : 1의 비율 대신에 변형된

비율인 9 : 7의 비율로 표현형이 나타났다고 추론하였다(**그림 4.16**).

이 변형된 비율이 나타난 이유는 2개의 유전자에 의해 만들어진 산물(효소)의 기능을 고려해 봄으로써 알 수 있다. 이 2가지 유전자 산물(효소)이 생화학적 반응 경로에서 순차적으로 작용할 때, 초기 단계에 작용하는 효소를 만드는 유전자에 결함이 있으면, 다음 단계에 관여하는 효소를 만드는 유전자가 정상이라 할지라도 정상적인 최종 산물(보라색 안토시아닌)이 만들어지지 않을 것이다. 이처럼 한 유전자가 다른 유전자의 발현을 방해하는 유전 현상을 **상위**(epistasis)라고 한다. 안토시아닌 색소를 합성하기 위해서는 다음과 같은 2가지 반응이 일어나야 한다.

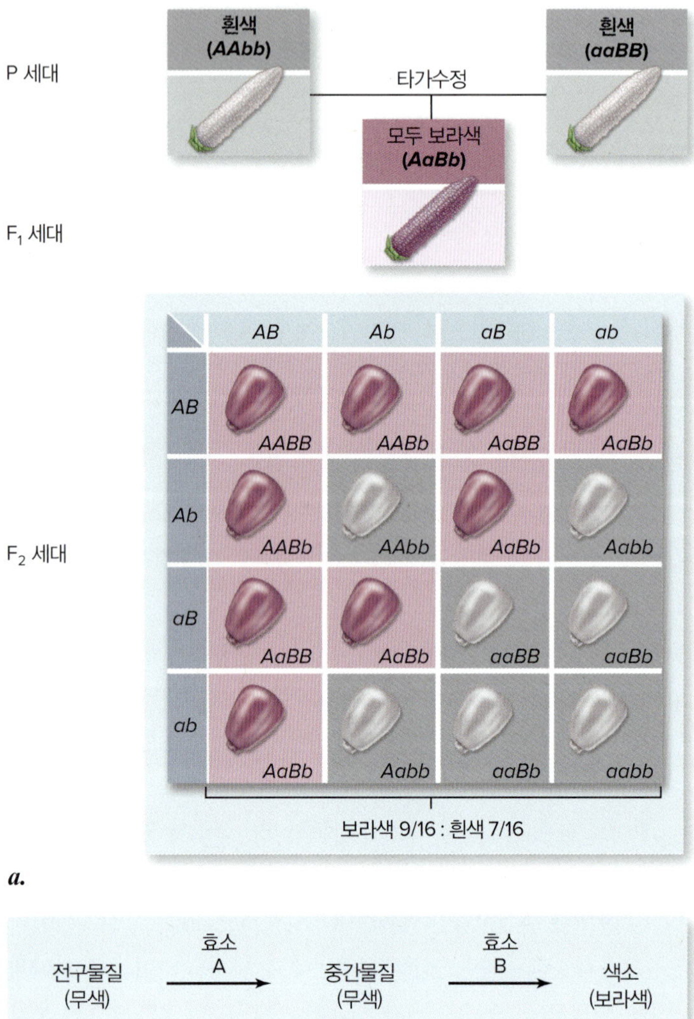

그림 4.16 상위는 곡물의 색깔에 영향을 준다.
a. 몇몇의 흰색 변종 옥수수를 교배한 결과 F_1 세대는 모두 보라색이고, F_1 개체를 자가수정하면 보라색 종자 9와 흰색 종자 7의 비율로 나온다. 이는 보라색 색소를 만드는 데 필수적인 효소를 암호화하고 있는 2가지 유전자로 인한 것이다. 모든 효소가 활성형(유전자형은 *A*__*B*__)이지 않으면, 색소는 형성되지 않는다. *b.* 색소를 형성하는 생화학적 경로는 *A*와 *B* 유전자에 암호화된 효소들로 구성되어 있다.

출발물질 (무색) —효소 A→ **중간물질** (무색) —효소 B→ **안토시아닌** (보라색)

보라색을 만들기 위해서는 각 효소의 대립유전자 둘 중 최소 하나는 정상이어야 한다. 우성 대립유전자는 정상적인 효소를 만들고, 열성 대립유전자는 기능이 없는 효소를 만든다. 16가지 유전자형 중에서 9가지는 2개 유전자 모두에서 적어도 한 대립유전자는 우성이므로 보라색(우성) 표현형을 나타낸다. 나머지 7가지 유전자형은 두 유전자 중 적어도 어느 한 가지에 있어서는 우성 대립유전자가 없다. 따라서 이들은 무색으로 나타난다. 결과적으로 보라색과 무색은 9 : 7의 표현형으로 나타나게 된다(**그림 4.16**). 비록 이 비율은 양성잡종 교배의 비율과는 다르게 보이지만, 실제로는 그 비율이 변형된 것이라고 볼 수 있다.

염색체 유전의 예외

멘델 유전은 염색체에 있는 유전자에 의해 설명되지만, 세포소기관에 있는 **유전체**(genome)에 의한 유전은 다르게 나타난다. 미토콘드리아와 엽록체는 감수분열 동안 핵 유전체처럼 분배되지 않기 때문에 이들 세포소기관에 있는 유전자에 의해 결정되는 형질들은 멘델 유전을 따르지 않게 된다.

세포소기관들은 일반적으로 부모 중 모계로부터 유전된다. 수정란은 부모로부터 각각 동량의 핵 유전체를 받게 되지만, 모든 미토콘드리아는 대부분의 세포질을 갖고 있는 난자로부터 받게 된다. 수정란이 분열함에 따라서 미토콘드리아들도 분열하여 무작위로 분배된다. 결과적으로 성체의 모든 세포에 있는 미토콘드리아는 난자에 있던 모계의 미토콘드리아에서 유래된 것이다. 이와 같이 모친으로부터 유전되는 현상을 **모계유전**(maternal inheritance)이라고 한다. [역자 주 : 모계유전은 어머니로부터 물려받은 유전자가 발현되는지 여부에 따라 결정되지만, 모계영향(maternal effect)유전은 자신의 유전자가 발현되기 전에 어머니가 난자에 넣어 준 물질로 인해 발생한다는 점에서 모계유전과는 다르다(14장 참조).]

사람의 경우 레버 유전성 시신경 장애(Leber's hereditary optic neuropathy, LHON)는 미토콘드리아에 있는 NADH 탈수소효소(NADH dehydrogenase)의 소단위 단백질에 돌연변이가 생겨 발생한다. 따라서 이 돌연변이 유전자는 미토콘드리아 전자전달계의 효율을 감소시키는데, 주로 ATP 감소에 민감한 시신경 세포의 퇴화가 일어나게 된다. 이 질환을 앓고 있는 모친은 그 질환을 모든 자손에게 물려주게 되나, 이 질환을 앓고 있는 부친은 자손에게 물려주지 않는다. 이 질환은 남녀에서 동일하게 나타나기 때문에 성-연관 유전과는 다른 현상이다(4.6절 참조). 엽록체의 유전 형태도 보통 모계

유전이다. 1909년에 코렌스(Carl Correns)는 처음으로 분꽃(*Mirabilis jalapa*)에서 식물의 얼룩무늬(초록색과 흰색이 섞인 잎) 유전이 엽록체 때문이라고 제안했는데, 이때 자손은 부계의 표현형에 상관없이 모계의 표현형을 나타냈다. 미토콘드리아와 엽록체에 있는 유전자로 인해 생기는 유전현상을 세포질유전(cytoplasmic inheritance)이라고도 한다.

유전체 각인

20세기 후반에 유전학자들은 포유동물에 독특한 것으로 보이는 멘델 유전의 예외를 발견하였다. **유전체 각인**(genomic imprinting)이라는 현상은 그 유전자가 부계 혹은 모계 중 누구의 생식세포를 통하여 전달되는지에 따라서 발현이 달라진다는 것이다. 즉 어떤 유전자는 부계의 생식세포에서 불활성화되어 자손에서 발현되지 않고, 어떤 유전자들은 모계의 생식세포에서 불활성화된다. 이러한 특징에 따라 자손은 각인된 유전자에 대하여 반수체와 같은 상태가 된다. 사람에서 프레더-윌리 증후군(PWS)과 엥겔만 증후군(AS)은 유전체 각인의 예이다.

유전체 각인의 원인은 잘 알려져 있지 않지만, 유전자 불활성화는 DNA의 화학적 변형과 관련되어 있다. DNA는 **메틸화**(methylation)라고 하는 메틸기의 첨가로 인해 변형될 수 있는데, 이러한 변형은 유전자를 불활성화시킨다. 염색체와 결합해 있는 히스톤 단백질도 변형되어 유전자 발현에 영향을 줄 수 있다. 이처럼 DNA 서열은 변하지 않았는데, 환경적 요인에 의해 유전자 발현이 달라지는 것을 연구하는 유전학의 분야를 **후성유전학**(epigenetics)이라고 한다.

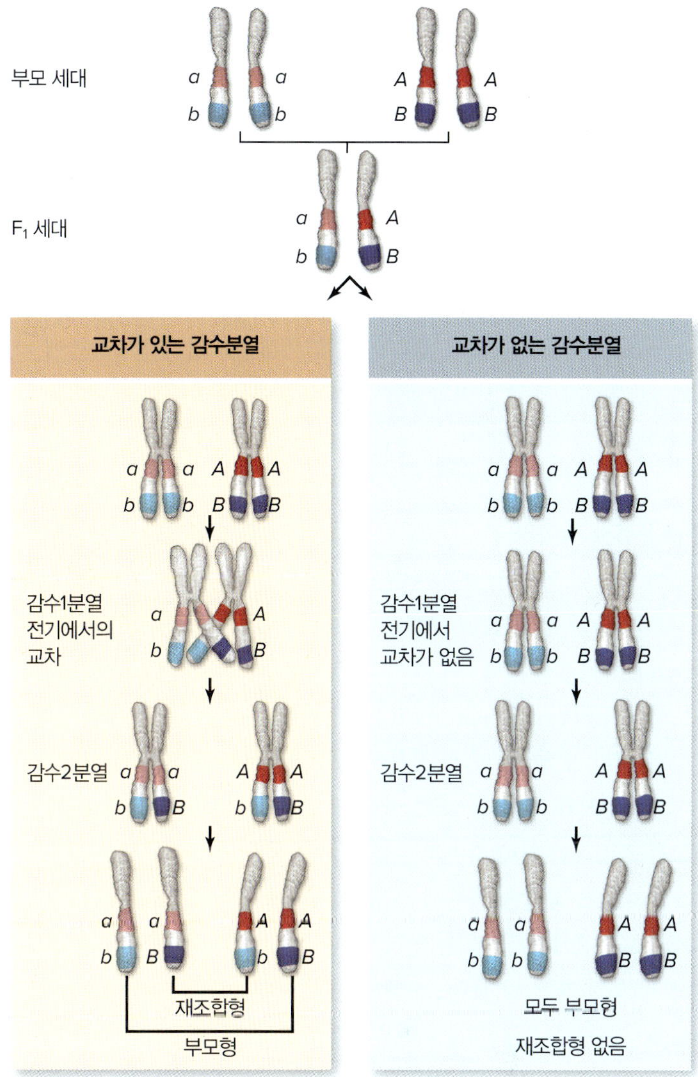

그림 4.17 교차에 의한 상동염색체상의 대립유전자 교환.
두 유전자 좌위 사이의 교차로 인해 재조합 염색체가 생긴다. 교차가 없으면 염색체는 부모형의 대립유전자 조합을 그대로 갖게 된다.

4.5 유전자지도

멘델의 유전 법칙을 따르는 형질들은 서로 다른 염색체상에 있었기에 독립적인 분리 현상을 보였다. 만약 2개의 유전자가 같은 염색체에 있다면, 이들의 행동은 어떻게 나타날까? 많은 유전자가 동일한 염색체에 있으면서 독립적으로 행동하는 것처럼 관찰되는데, 이는 감수1분열 전기에 교차로 인해 상동염색체 사이에서 유전물질 교환이 일어나기 때문이다(**그림 4.17**).

유전적 재조합에 의해 상호 교환되는 상동염색체상의 대립유전자

멘델의 모델을 이용하여 양성잡종 교배 실험을 한다고 생각해 보자. 먼저 2가지 형질에 있어서 서로 다른 동형접합체인 *aabb*와 *AABB*를 교배하여, 2중 이형접합체인 *AaBb* F_1을 만든다. F_1끼리의 교배에서 두 형질을 결정하는 유전자인 *a*와 *b*, 그리고 *A*와 *B*가 같은 염색체에 있다면, 감수분열 동안 이들 대립유전자는 같이 분리되어 부모가 갖고 있던 2가지 형태, 즉 *ab* 또는 *AB*의 배우자만 생산될 것이라고 예상할 수 있다. 그러나 이 대립유전자들 사이에 교차가 발생한다면, 각 배우자는 부모로부터 하나씩의 대립유전자를 받게 되어 *Ab* 및 *aB*를 갖는 배우자가 만들어질 것이다(**그림 4.17** 참조). 이때 새로운 조합을 갖는 배우자는 부모의 대립유전자가 재조합되어 형성되었기 때문에 재조합배우자(recombinant)라고 부른다.

재조합과 유전자지도 작성

유전 교배로부터 나온 자료를 이용하여 염색체상에 있는 유전자들의 위치를 결정하는 것은 유전학에 있어서 가장 유용한 기법 중 하나이다. 이 기법이 가능하게 된 원리는 매우 간단하다. 모건(Thomas. H. Morgan)은 초파리 교배를 통해 재조합된 자손의 출현 비율이 염색체에 있는 유전자들의 상대적인 거리에 따라 정해진다고 제안하였다. 모건의 실험실에 있던 학부생인 스터트반트(Alfred Sturtevant)는 교배 결과를 양적으로 정리하여, 염색체상의 거리가 증가함에 따라 두 유전자 좌위 사이의 재조합(또는 교차)의 확률도 증가함을 보여주었다.

한 염색체 위에 있는 유전자들은 **연관**(linkage)되었다고 말하며, 두 유전자 사이의 거리가 가까우면 재조합된 표현형을 갖는 자손의 수는 부모의 형질을 갖는 자손 수보다 훨씬 더 적게 된다. 재조합된 자손의 수를 총 자손의 수로 나눈 값을 **재조합빈도**(recombination frequency)라고 한다. 이 값은 퍼센트(%)로 변환해 1%의 재조합빈도를 **지도단위**(map unit, m.u.)라고 한다. 이 단위는 모건의 이름을 따서 센티 모건(cM)으로 표시하기도 한다. 유전자지도 작성은 2중 이형접합체와 열성 동형접합체를 교배하는 검정교배에서 재조합빈도를 결정하기 위해 자손의 수를 세기만 하면 되는 간단한 과정이다. 유전자지도 작성은 다음에 설명하는 바와 같이 **2점교배**(two-point cross)의 예에서 잘 볼 수 있다. 초파리에서 2가지 돌연변이인 검은색 몸(*b*)과 흔적 날개(*vg*)에 대하여 동형접합인 초파리를 정상 초파리(b^+ vg^+)와 교배한다. 그다음 2중 이형접합체인 F_1 개체(b^+ vg^+/*b vg*)를 열성 동형접합체(*b vg*/*b vg*)와 검정교배하여 그 자손들의 수를 표현형별로 분석한 결과, 다음과 같은 자료를 얻었다(**그림 4.18**).

검은색 몸, 흔적 날개 (*b vg*/*b vg*)	405 (부모 표현형)
회색 몸, 긴 날개 (b^+ vg^+/*b vg*)	415 (부모 표현형)
회색 몸, 흔적 날개 (b^+ *vg*/*b vg*)	92 (재조합 표현형)
검은색 몸, 긴 날개 (*b vg*/*b* vg^+)	88 (재조합 표현형)
총 자손 수	1,000

이 자료에서 재조합 자손들의 수를 합한 92+88을 총 자손 수인 1,000으로 나누면 0.18이 된다. 즉 두 유전자 사이의 유전적 거리는 18 cM이다.

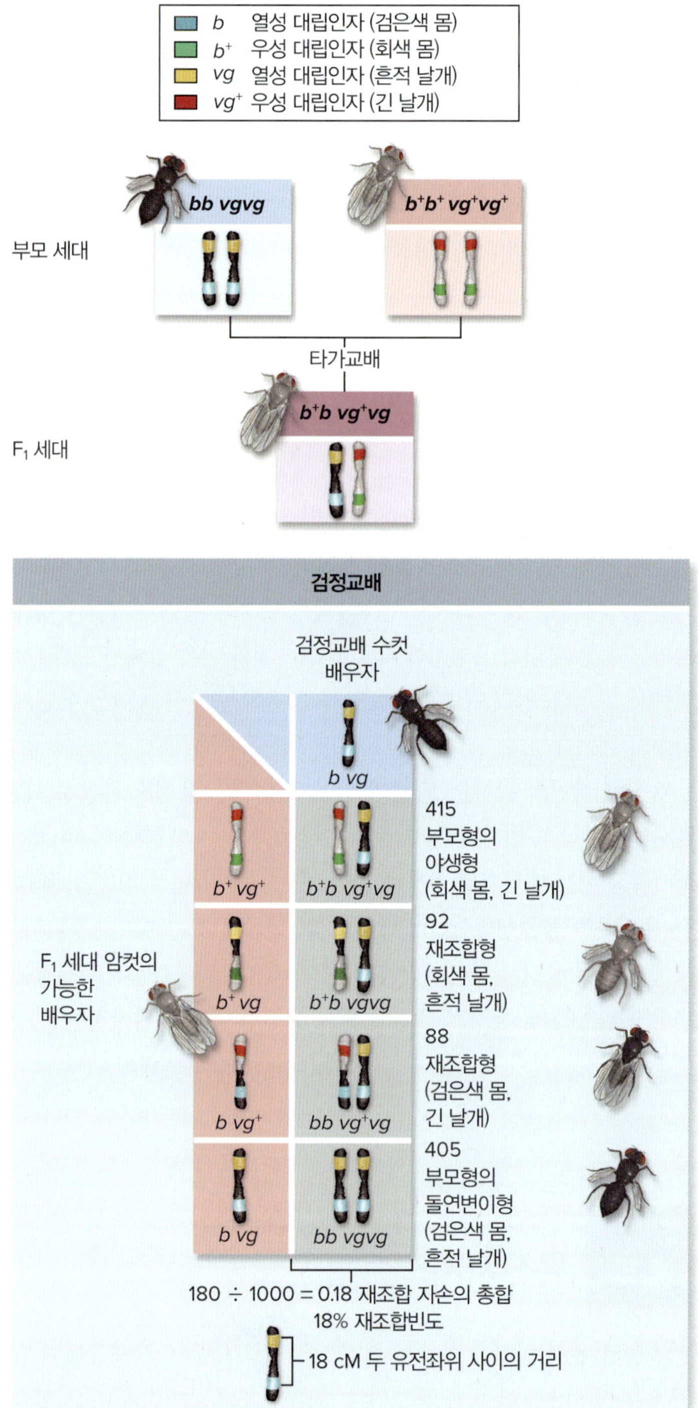

그림 4.18 **2점교배로 유전자지도 작성하기.** 회색 몸(b^+)과 긴 날개(vg^+)에 대하여 동형접합인 초파리를 검은색 몸(*b*)과 흔적 날개(*vg*)에 대하여 동형접합인 초파리와 교배하였다. 검은색 몸과 흔적 날개는 정상(야생형)인 회색 몸과 긴 날개에 대하여 열성이다. 지도작성을 위해 F_1 자손을 검은색 몸과 흔적 날개의 동형접합체와 검정교배를 하여 F_2 자손을 만들었다. 자료 분석 내용은 본문을 참조한다.

3점교배를 통한 유전자 순서 확인

두 유전자의 거리가 멀면 그 사이에 여러 번의 교차가 발생한다. 이때 교차가 짝수로 일어나면 부모형의 배우자가 만들어지므로 관찰되는 재조합 자손들은 실제로 나와야 하는 개체 수보다 줄어들게 된다. 따라서 지도상의 거리가 길다는 것은 그만큼 부정확하게 되기 때문에, 여러 유전자 간에 2점교배를 수행하여 유전자지도를 작성할 때, 유전자 순서를 결정하는 것에 문제가 있을 수 있다. 이러한 문제

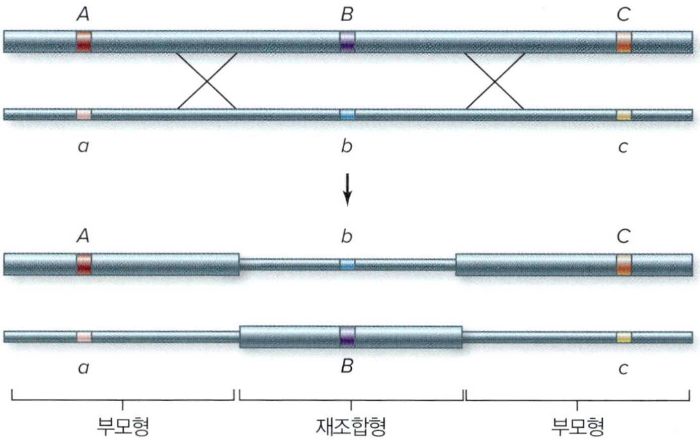

그림 4.19 유전자 순서를 정하기 위한 3점교배의 사용.
2점교배에서 2중 교차가 일어나더라도 바깥쪽의 두 유전좌위는 부모형처럼 보이게 된다. 여기에 제3의 좌위를 첨가하면, 두 번의 교차가 발생하더라도 중간 유전자 자리가 재조합형이 되기 때문에 각각의 교차를 탐지할 수 있다. 이 2중교차로 생긴 자손은 그 수가 제일 적으므로, 이 대립인자는 항상 중간에 위치하게 된다.

점은 **3점교배**(three-point cross)를 통하여 해결할 수 있다.

3점교배에서는 중간에 있는 유전자를 통하여 이 유전자와 양쪽에 있는 유전자와의 재조합 결과를 알 수 있다. 그 예로 양쪽에 있는 두 유전자 사이에서 일어난 2중교차(double crossover)는 중간 유전자와 양쪽에 있는 유전자 사이에 한 번씩 교차가 일어난 것이라고 볼 수 있다(**그림 4.19**). 두 번의 교차가 발생할 확률은 각각의 교차가 발생할 확률을 곱한 값이다. 그러나 각각의 교차는 그 발생 확률이 비교적 낮은 편이어서 3점교배에서 두 번의 교차로 생겨난 표현형을 가진 자손의 수가 가장 적게 나타난다. 따라서 3점교배에서 자손 수가 가장 적은 표현형의 그룹을 분석해 보면, 세 유전자 중에서 어느 유전자가 가운데 위치하는지를 알 수 있다(**그림 4.19** 참조).

실제로 유전학자들은 유전자의 순서를 결정하기 위하여 3점교배를 실시하며, 가장 가까이 있는 두 유전자 사이의 교차 결과를 사용하여 그 두 유전자 사이의 거리를 결정한다. 먼 거리는 가까운 거리의 합으로 계산하며, 그렇게 함으로써 멀리 떨어져 있는 두 유전자 사이에서 여러 번의 교차로 인하여 발생할 수 있는 부정확성을 피할 수 있다.

4.6 성염색체와 유전자량 보정

유전에서 염색체가 중심적 역할을 한다는 것은 1900년도에 독일 유전학자 코렌스가 멘델의 연구를 재발견한 그의 논문에서 처음으로 제안한 바 있다. 그 후로 감수분열 동안에 유사한 염색체끼리 짝을 짓는다는 관찰 결과가 밝혀지면서 유전의 **염색체설**(chromosome theory of inheritance)이 제안되었으며, 1902년에 미국인 서턴(Walter Sutton)에 의해 구체화되었다.

형질의 유전을 성염색체와 관련지어 연구한 모건

1910년에 모건은 초파리를 대상으로 유전 현상을 연구하면서 붉은색 눈이 아닌 흰색 눈을 가진 수컷 돌연변이체를 발견하였다(**그림 4.20**). 모건은 이 돌연변이 수컷을 정상의 붉은색 눈의 암컷과 교배하여 붉은색 눈과 흰색 눈 중 어느 것이 우성인지를 알아보려고 하였다. 교배 결과 모든 F_1 세대가 붉은색 눈으로 나타나 모건은 붉은색 눈이 흰색 눈에 대하여 우성이라고 결론지었다.

그다음 모건은 F1 세대의 붉은색 눈을 가진 초파리들을 서로 교배하였다. 4,252마리의 F_2 개체 중에서 782개체(18%)에서 흰색 눈이 나타났다. 이때 붉은색 눈과 흰색 눈의 비율이 3 : 1에서 약간 벗어나기는 했지만, 이 결과는 눈 색깔이 분리되는 것을 보여주는 것이었다. 그러나 이 결과에서 F_2 세대의 흰색 눈 초파리가 모두 수컷이었다는 점에서 멘델의 이론으로는 예측되지 않는 결과였다(**그림 4.21**).

이 결과에 대한 설명을 하기 위해 모건은 F_1 암컷을 흰색 눈의 수컷과 검정교배하여 수컷과 암컷 모두에서 흰색 눈과 붉은색 눈이 1 : 1의 비율로 나타나는 것을 관찰했다.

X 염색체상에 있는 눈 색깔 유전자

초파리에서 각 개체의 성은 특정 염색체에 의해 결정되는데, 암컷은 2개의 **X 염색체**(X chromosome)를, 수컷은 1개의 X 염색체를 갖고 있음을 알 수 있다. 즉 Y 염색체에 의해 성이 결정되는 사람과 달리, 초파리는 X 염색체의 수에 의해 성이 결정된다. 수컷의 경우는 하나의 X 염색체가 다른 모양의 **Y 염색체**(Y chromosome)와 감

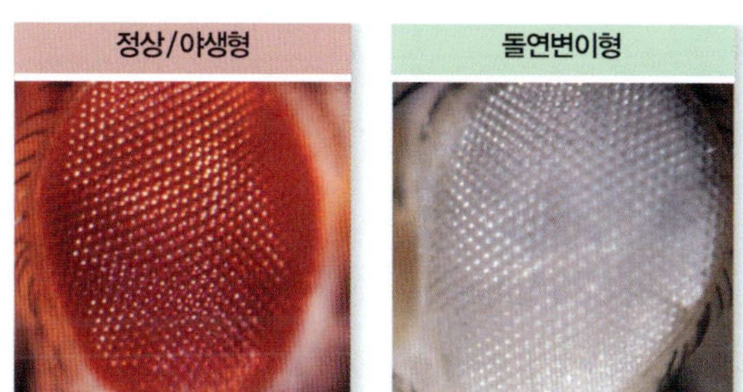

그림 4.20 초파리의 붉은색 눈(야생형)과 흰색 눈(돌연변이).
돌연변이는 유전물질에 생긴 유전적 변이이다. 초파리의 X 염색체상에 있는 흰색과 붉은색 눈 대립유전자들을 연구하여 모건은 처음으로 유전자가 염색체에 있다는 것을 증명하였다.

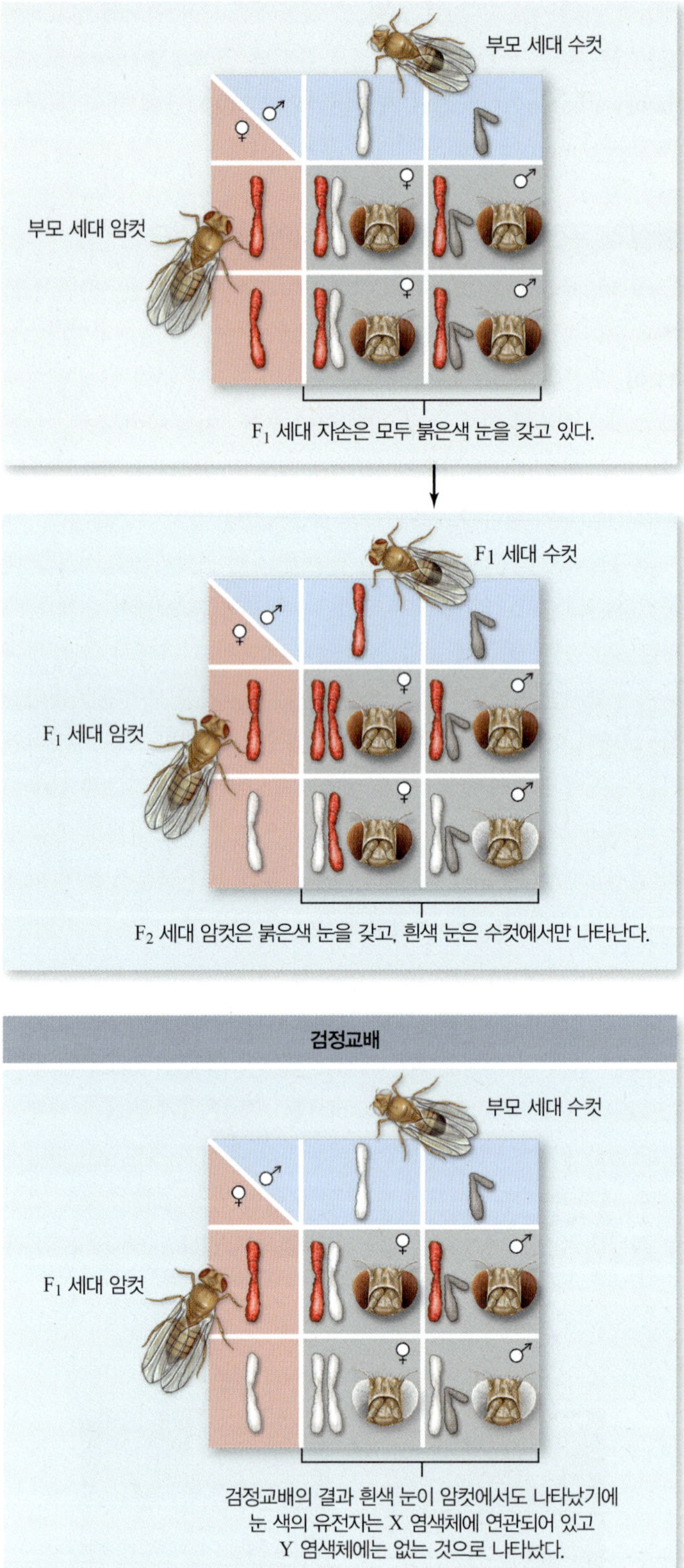

그림 4.21 염색체에 기반을 둔 성-연관.
흰색 눈 초파리 수컷과 붉은색 눈 초파리 암컷을 교배하였다. 흰색 눈의 대립유전자가 열성이므로 예상대로 F_1 세대는 모두 붉은색 눈으로 나타났다. F_2 세대에서 흰색 눈 초파리는 모두 수컷에서 나타났는데, 그 이유는 Y 염색체에는 흰색 눈 유전자가 없기 때문이다. 성염색체의 유전과 눈 색이 관련되어 있다는 것은 X 염색체상에 흰색 눈을 발현하는 유전자가 있다는 것을 보여줌으로써 증명이 되었다.

수분열 동안에 접합한다. X와 Y 염색체는 성의 결정과 관련되어 있기 때문에 **성염색체**(sex chromosome)라고 부른다. 감수분열에서 암컷은 X 염색체를 가진 배우자만을 만드는 데 비해, 수컷은 X 염색체를 갖는 배우자와 Y 염색체를 갖는 배우자를 만든다. X 정자가 난자와 수정하면 XX인 수정란이 만들어져 암컷이 되고, Y 정자가 수정을 하면 XY인 수정란이 만들어져 수컷이 된다.

모건의 수수께끼에 대한 해답은 다음과 같다. 초파리의 흰색 눈을 만드는 유전자는 X 염색체에만 존재하고 Y 염색체에는 존재하지 않는다(현재 Y 염색체에는 유전자가 거의 없는 것으로 알려져 있음). X 염색체에 있는 유전자에 의해 결정되는 형질을 **성-연관**(sex-linkage) 혹은 X-연관이라 부른다. 흰색 눈 형질은 열성이므로 모건이 수행한 실험의 결과는 멘델의 분리의 법칙에 따른 정상적인 결과였던 것이다(**그림 4.21** 참조). 모건의 실험은 형질을 결정하는 유전자가 서턴이 제안한 것처럼 염색체에 있다는 것을 명백히 보여주었기 때문에 유전학의 역사에서 가장 중요한 실험 중의 하나였다.

성염색체와 성결정

성염색체의 구조와 수는 종에 따라 다르게 나타난다(**표 4.2**). 초파리 및 사람을 비롯한 포유동물은 암컷이 XX이고 수컷이 XY이다. 그러나 조류의 경우 수컷은 2개의 Z 염색체를 갖고 있으며, 암컷은 하나의 Z와 하나의 W 염색체를 갖고 있다. 메뚜기와 같은 곤충들은 Y 염색체를 가지지 않아 암컷은 XX 이고, 수컷은 XO이다(여기에서 O는 염색체가 없음을 의미함).

사람의 염색체는 46개(23쌍)로 이루어져 있으며, 그중 남성과 여성 모두에 존재하는 22쌍의 염색체는 **상염색체**(autosome)이고, 나머지 1쌍의 염색체는 성염색체이다. 남성에 있는 Y 염색체는 매우 응축되어 있으며, 소수의 유전자만이 발현되기 때문에 남성의 X 염

표 4.2 몇몇 생물의 성 결정

		암컷	수컷
인간, 초파리	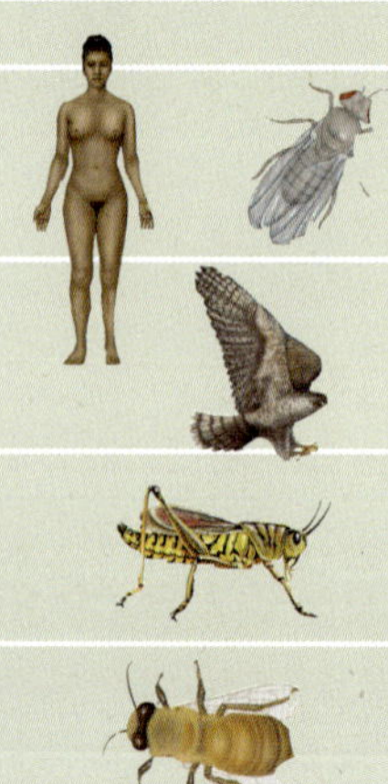	XX	XY
조류		ZW	ZZ
메뚜기		XX	XO
꿀벌		2배체	반수체

색체에 있는 열성 대립유전자는 Y 염색체에는 없는 경우가 대부분이다.

사람에게 있어 성결정은 Y 염색체에 있는 *SRY* 유전자로 인하여 생기는데, 생식기와 2차 성 기관들의 웅성화가 일어나 남성과 관련된 특징들이 만들어진다. 따라서 Y 염색체의 *SRY* 부위가 X 염색체로 이동하면 XX인 사람이 남성이 될 수 있으며, 남성호르몬인 안드로겐(androgen)에 반응하지 않으면 XY임에도 불구하고 여성으로 될 수 있다. 또한 *SRY* 유전자의 돌연변이는 XY인 사람을 여성으로 만들 수 있다. 사람에 있어서의 성결정 유형은 포유동물에서 공통적이지만, 모든 척추동물에 적용되는 것은 아니다. 어류와 파충류 중 몇 종류는 환경적인 요인(성비 또는 부화 당시의 온도 등)에 의해 성이 결정된다.

유전자량 보정과 X 염색체 불활성화

남성은 하나의 X 염색체를 갖고 있고 여성은 2개의 X 염색체를 갖고 있지만, 여성의 세포는 X 염색체에 있는 유전자에 의해 만들어지는 단백질을 남성보다 2배로 가진 것은 아니다. 이는 여성의 X 염색체 중 하나가 초기 배아 발생단계에서 불활성화되어 나타나는 현상이다. 이러한 불활성화는 **유전자량 보정**(dosage compensation)의 한 예로, 남성과 여성의 성염색체 수가 다름에도 불구하고 유전자 발현 수준을 같게 하기 위한 것이다. 이와는 대조적으로 초파리는 수컷의 X 염색체 활성이 2배로 되어 암컷과 같은 발현량을 나타낸다.

여성에서 어느 X 염색체가 불활성화될지는 세포에 따라서 무작위로 정해진다. 어떤 여성이 성-연관 형질에 대하여 이형접합체이면 어떤 세포는 2개의 대립유전자 중 하나를 발현하고, 어떤 세포에서는 다른 대립유전자가 발현되기도 한다. 불활성화된 X 염색체는 매우 응축되어 진하게 염색된 **바소체**(barr body)로 나타나는데, 다음 그림에서 보는 바와 같이 핵막에 부착된 상태로 관찰된다.

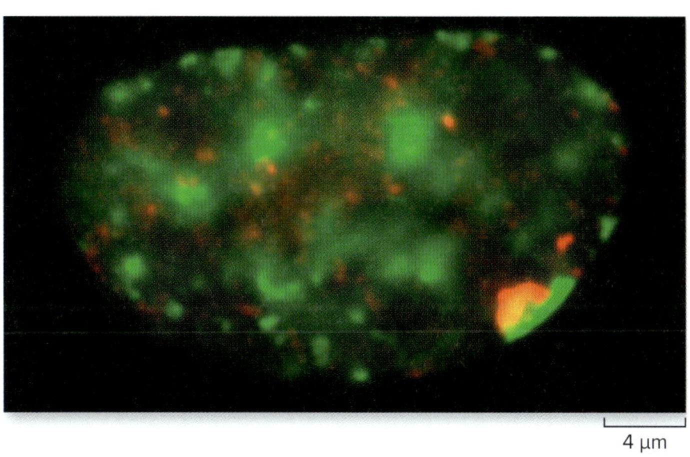

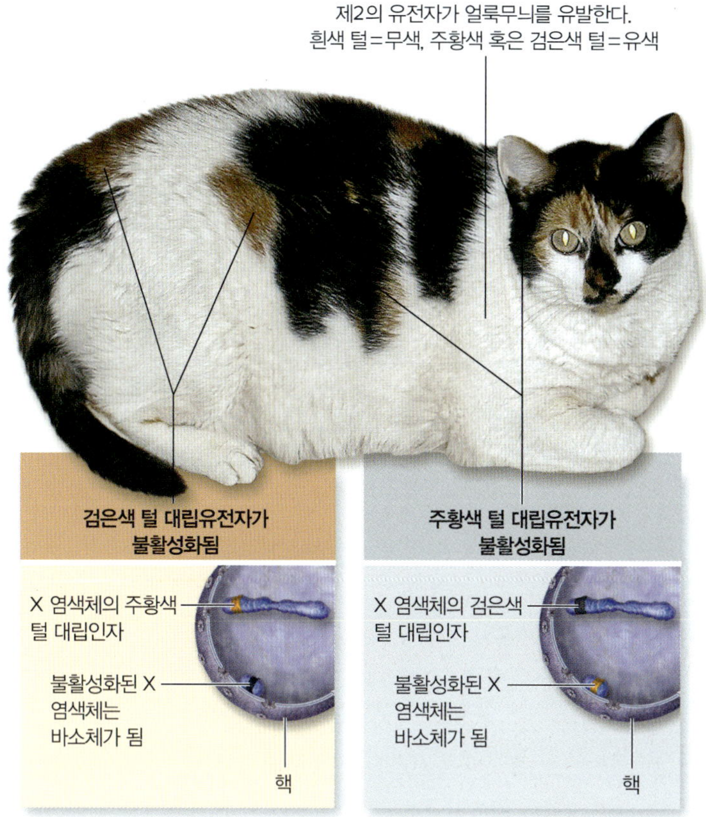

그림 4.22 삼색 고양이.
이 고양이는 검은색 혹은 주황색 털을 결정하는 털 색 유전자에 대하여 이형접합이다. 이 유전자는 X 염색체에 위치하며, 서로 다른 색은 X 염색체 불활성화 때문에 발생한다. 얼룩무늬와 흰색 털은 색깔 유선사에 대하여 상위 발현을 하여 그 효과를 막는 제2의 유전자에 의해 나타난 것이다.

X 염색체 불활성화에 의한 유전자량 보정은 사람뿐 아니라 모든 포유동물에서도 일어난다. X 염색체에 있는 대립유전자들에 대하여 이형접합체인 암컷들은 **유전적 모자이크**(genetic mosaic)로 나타나는데, 어느 X 염색체가 불활성화되는가에 따라 각 세포는 서로 다른 대립유전자를 발현하게 된다.

그 예로 암컷 삼색 캘리코(calico) 고양이를 들 수 있다(**그림 4.22**). 캘리코 고양이에서 검은색 털과 오렌지색 털은 X 염색체에 있는 색소결정 유전자가 이형접합일 때 나타난다. 오렌지색 대립유전자를 갖고 있는 X 염색체가 불활성화되면 그 부분은 검은색 털로 나타나고, 그 반대이면 오렌지색 털로 나타나게 된다. 색깔의 분포와 흰색 털의 존재는 털 색깔 유전자에 대하여 상위성을 가진 제2의 유전자에 의해 결정된다. 즉 제2의 유전자 발현이 색소 유전자의 발현을 막아서 흰색 털이 만들어진다. 이 고양이의 경우는 X 염색체 불활성화와 상위성을 동시에 볼 수 있는 좋은 예가 된다.

4.7 사람의 유전질환과 가계도

사람의 유전질환은 특정 유전자의 돌연변이에 의해 생기거나 염색체 수 또는 구조의 이상에 의해 생기기도 한다. 유전병은 우성 또는 열성으로 나타날 수 있는데, 이는 가계도 분석을 통해 확인할 수 있다.

유전자 돌연변이로 인한 유전질환

상염색체 유전자의 돌연변이로 인해 나타나는 질환 중 첫 번째로 알려진 사람의 유전질환은 **낫모양적혈구빈혈증**(sickle cell anemia)이다. 이 질환은 산소 운반 분자인 헤모글로빈에 결함이 생겨서 빈혈이 발생하는 병이다. 이 질병에서 헤모글로빈이 서로 응집되어 적혈구의 모양을 낫 모양으로 변형시키기 때문에 낫모양적혈구라고 명명하게 되었다(**그림 4.23**).

낫모양적혈구 대립유전자에 대하여 이형접합체인 사람은 비록 산소 운반 능력은 감소하지만, 정상적인 산소 환경에서는 큰 차이를 보이지 않는다. 그러나 이런 사람들은 혈액에 기생하는 말라리아 원충에 대하여 내성을 지니기 때문에, 말라리아가 대유행하는 중앙아프리카 지역에서는 낫모양적혈구 대립유전자가 높은 빈도로 나타난다(**그림 7.21** 참조).

일부 유전병은 성별에 따라 발생하는 빈도가 다른데, 적록색맹은 유전자가 X 염색체에 있기에 남성에게 더 많이 발생하는 잘 알려진 질환이다. 다른 예로는 혈액응고 반응에 관여하는 단백질 중의 하나가 잘못되어 발생하는 **혈우병**(hemophilia)이다. 혈우병 환자는 작은 상처에도 지혈이 되지 않는데, 혈우병은 X-연관 열성 대립유전자에 의해 발생한다. 혈우병 대립유전자에 대하여 이형접합인 여성은 증상을 보이지 않는 **보인자**(carrier)로 나타나며, 혈우병 대립유전자가 있는 X 염색체를 받는 남성은 혈우병이 된다.

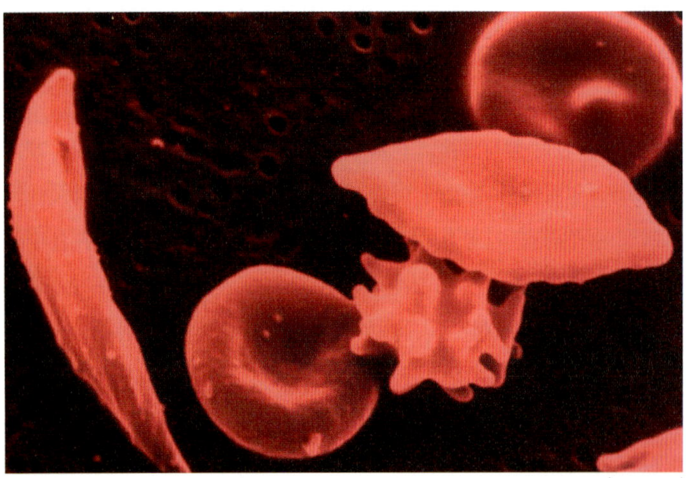

그림 4.23 낫모양적혈구빈혈증.
낫모양적혈구 형질에 대해 동형접합인 경우, 많은 적혈구가 맨 왼쪽의 세포와 같이 낫 모양이거나 불규칙한 모양을 가지고 있다.

염색체의 비분리로 인한 염색체 수 변화

감수분열에서 상동염색체 혹은 자매염색분체가 분리되지 않는 것을 염색체 **비분리**(nondisjunction)라고 하는데, 그 결과 염색체의 수가 늘어나거나 줄어들게 된다. 이렇게 염색체 수에 이상이 있는 상태를 **이수성**(aneuploidy)이라고 하는데, 사람의 경우 이수성의 빈도는 예상외로 높은 편이며, 임신 총 건수의 7~10%로 추정되고 있다. 상염색체 하나를 잃어버린 사람은 **1염색체성**(monosomy)이라고 하며, 하나의 염색체가 늘어난 사람을 **3염색체성**(trisomy)이라고 하는데, 이들은 일반적으로 배아발생 단계에서 죽는다. 임상적으로 자연유산으로 판단된 경우, 이수성이 35% 정도로 높게 나타난다.

상염색체의 비분리

염색체 중에서 크기가 작은 상염색체인 13, 15, 18, 21, 22번의 5개 염색체는 3개가 존재해도 출산 때까지 생존할 수 있다. 13, 15, 18번의 3염색체성은 발생에 심각한 문제를 초래하여 생후 수개월 만에 죽게 된다. 그에 비해 21번, 혹은 드물긴 하지만 22번이 하나 더 많은 사람은 일반적으로 성인이 될 때까지 살아남는다. 이러한 사람들은 골격의 성장이 지연되어 키가 작고 근육이 약하며, 지적 발달 역시 영향을 받게 되어 21번이 3개인 어린이는 지적 장애를 지니고 있게 된다.

사람에서 21번 염색체가 3개인 경우에 초래된 발생 결함은 1866년 다운(J. Langdon Down)에 의해 처음 알려져 **다운증후군**(Down syndrome)이라고 한다. 다운증후군의 97%에서는 21번 염색체가 3개로 존재하고, 나머지 3%에서는 21번 염색체 중에서 일부분이 **전좌**(translocation)라는 과정에 의해 다른 염색체 좌위로 이동해 나타난다(5장 참조). 이 염색체 부분은 정상적인 2개의 21번 염색체에 추가해 나타나기 때문에 **전좌다운증후군**(translocation Down syndrome)이라고 부른다.

다운증후군은 750명의 어린이 중 1명의 비율로 나타나며, 이와 비슷한 증상은 침팬지를 비롯한 다른 영장류에서도 발생한다. 다운증후군의 빈도는 20세 이하의 산모에서는 0.07%이고, 30대 산모에서 0.1%로 나타나지만, 산모의 나이가 40대일 때는 1%로 증가한다(**그림 4.24**). 여성의 경우는 태어날 당시에 모든 난모세포가 감수1분열의 전기까지 진행된 후 정지되어 있다가, 사춘기 이후 감수1분열이 재개되어 배란된다. 즉 수정될 때의 난자는 그녀의 나이만큼 오래된

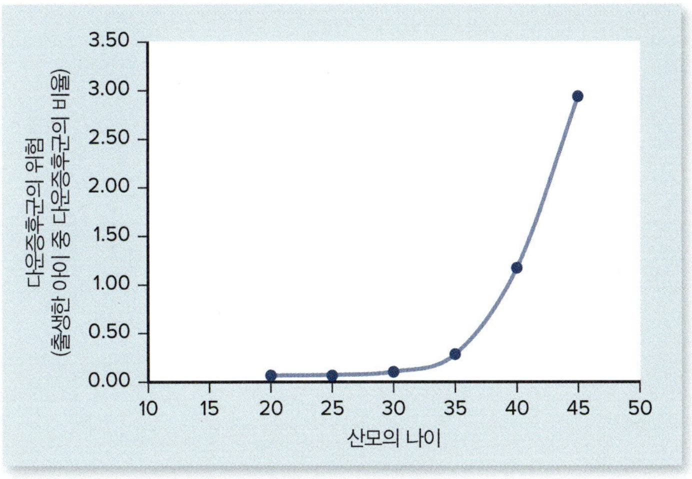

그림 4.24 **산모의 나이와 다운증후군 발생의 상관관계.**
산모의 나이가 증가함에 따라 다운증후군의 아이를 낳을 확률이 증가한다. 여성이 35세가 되면 다운증후군의 빈도는 급격히 증가한다.

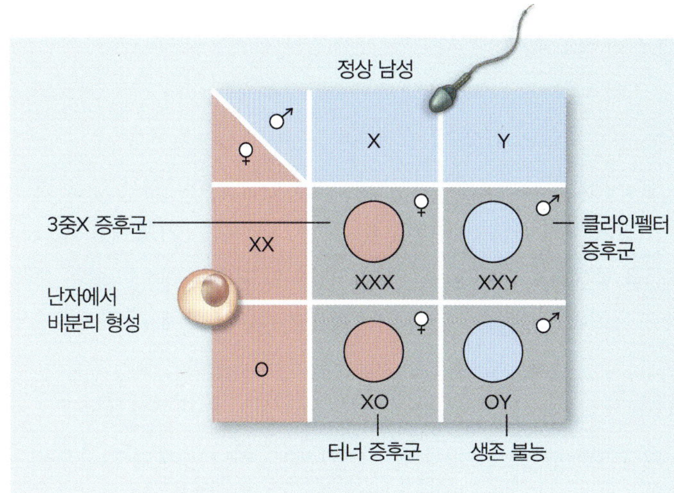

그림 4.25 **염색체 비분리에 의한 성염색체 수의 이상.**
난자형성과정에서 염색체 비분리가 발생하면, 2개의 X 염색체(XX)를 갖는 배우자는 클라인펠터증후군의 남성(XXY) 혹은 3중 X 여성(XXX)을 만들게 된다. X 염색체가 없는 배우자(O)는 터너증후군 여성(XO) 혹은 X 염색체가 없는 생존 불능의 OY 남성을 만든다.

것이다. 따라서 난자가 체내에 오래 머물고 있을수록 염색체 비분리를 포함하여 여러 가지 세포분열상의 문제가 축적된다.

성염색체의 비분리

상염색체의 이수성과 달리, 성염색체 수에 이상이 있는 사람은 어느 정도 비정상적인 특징을 나타내지만 성인으로 자라는 경우가 많으며, 드물게 아이를 갖는 경우도 있다. X 염색체 비분리는 감수분열 동안에 X 염색체가 분리되지 않아서 생기는데, 2개의 X 염색체를 갖는 배우자(XX), 또는 성염색체가 없는 배우자(O로 표기함)가 만들어진다(**그림 4.25**). 이런 비정상적인 배우자가 정상 X 또는 Y 배우자와 만나면 XXX, XXY, XO 등 다양한 증후군이 나타난다.

XXX인 경우 2개의 바소체를 갖는 여자아이가 출생하는데, 그녀는 키가 큰 편으로 나타나며 그 외는 정상으로 보인다. XXY인 경우는 여성의 특징을 갖는 남자로 발생하게 되며, 지적 장애가 나타날 수 있다. 이 증상은 **클라인펠터 증후군**(klinefelter syndrome)이라고 하며, 남자아이에서 1/1,000의 빈도로 발생한다. XO 수정란이 되어 출생하면 키가 작고, 등이 굽고, 사춘기에 생식기관이 성숙되지 않는 불임 여성이 된다. 이 증상은 **터너 증후군**(turner syndrome)이라고 부르며, 여자아이에게서 1/5,000의 빈도로 발생한다. OY 수정란은 생존하지 못하는데, 이는 X 염색체에는 생존에 필수적인 유전자가 있기 때문이다.

Y 염색체도 감수분열 시에 비분리되어 YY 배우자를 만들 수 있다. 이 배우자가 X 배우자와 수정하면 XYY 수정란이 되는데, 외관상 정상으로 보이고 수정 능력이 있는 남성으로 출생한다. XYY 유전자형인 **제이콥 증후군**(jacob syndrome)의 빈도는 남자아이에서

표 4.3 **사람의 우성 형질과 열성 형질**

열성 형질	표현형	우성 형질	표현형
백색증(albinism)	멜라닌 색소 결핍	중간 마디의 털(middigital hair)	손가락의 중간 마디에 털이 있음
알캅톤뇨증(alkaptonuria)	호모겐티신산을 대사하지 못함	단지증(brachydactyly)	손가락이 짧음
적록색맹(red-green color blindness)	붉은색 또는 초록색 파장의 빛을 식별하지 못함	헌팅턴병(Huntington disease)	중년기 이후 신경계의 퇴화
낭포성 섬유증(cystic fibrosis)	분비선의 이상으로 인한 간 퇴화 및 폐의 기능 이상	페닐티오카바마이드(PTC) 감수성	PTC를 쓴맛으로 느낌
듀센형 근위축증 (Duchenne muscular dystrophy)	유년기의 근육 소실	굴지증(camptodactyly)	새끼 손가락을 펼 수 없음
혈우병(hemophilia)	혈액이 응고되지 않거나, 응고 과정이 매우 느림	고콜레스테롤혈증(사람의 가장 흔한 멘델 유전 질환, hypercholesterolemia)	혈중 콜레스테롤 수치가 증가하며 심장마비 위험이 커짐
낫모양적혈구빈혈증 (sickle cell anemia)	헤모글로빈의 결함으로 적혈구는 굽은 혈관을 통과하지 못하거나 응집함	다지증(polydactyly)	손가락이나 발가락이 한쪽에 6개 이상 존재

1/1,000 정도로 나타난다.

우성 또는 열성 유전의 가계도

대부분의 사람 형질은 우성 또는 열성 유전을 한다(**표 4.3**). 그러나 사람의 경우 교배를 마음대로 할 수 없기 때문에, **가계도**(pedigree) 분석을 통해 연구하여 왔다. 가계도는 어떤 형질에 대하여 여러 세대에 걸쳐 부부 관계 및 자손들을 그림으로 일관성 있게 표시하는 것이다. 이러한 가계도에 관한 정보를 이용하여 유전학자들은 사람이 지닌 형질의 유전 양상을 추론해 낼 수 있다.

지금까지 만들었던 가장 큰 가계도 중의 하나는 우성 대립유전자에 의해 시신경의 퇴화를 초래하는 어린이 녹내장(juvenile glaucoma)을 근 3세기에 걸쳐 추적한 가계도였다(**그림 4.26**). 전체의 일부만 나타낸 이 가계도에서 세대마다 질병이 나타나는 것으로 보아 이 형질이 우성으로 유전되는 것을 알 수 있다. 사람의 열성 유전의 예로는 백색증(albinism)을 들 수 있다. 백색증은 털, 피부 및 눈 등에 멜라닌(melanin) 색소가 만들어지지 않음으로써 발생한다. **그림 4.27**에 나타낸 가계도는 멜라닌 색소 형성에 필요한 타이로시네이스(tyrosinase) 효소 유전자의 기능상실로 인한 백색증의 가계도이다. 이 가계도에서 백색증이 아닌 부모로부터 백색증 자식이 나타나는 것은 열성 유전의 특징이다. 어떤 유전자가 상염색체에 있을 경우 유전병은 남녀에서 비슷한 비율로 나타나는 데 비해, 성염색체에 있다면 남녀 비율은 다르게 나타날 것이다.

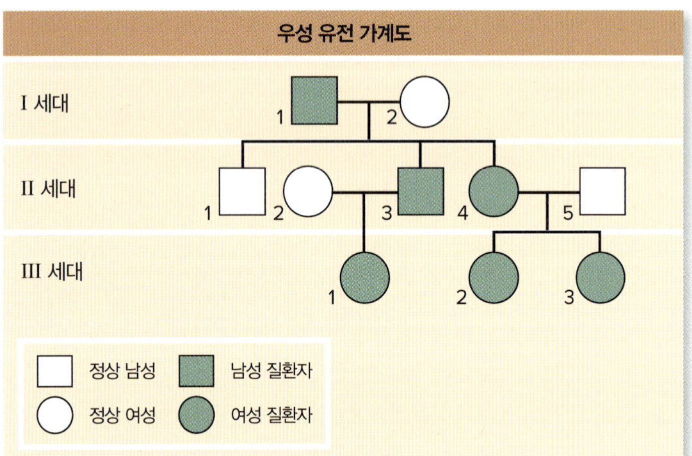

그림 4.26 우성 유전인 어린이 녹내장 가계도.
남성은 사각형, 여성은 원으로 표시하였으며, 질환자는 색으로 나타내었다. 각 세대에서 질환 형질이 나타나는 것은 우성 형질의 특징이며, 이러한 특징이 이 가계도에서도 보인다.

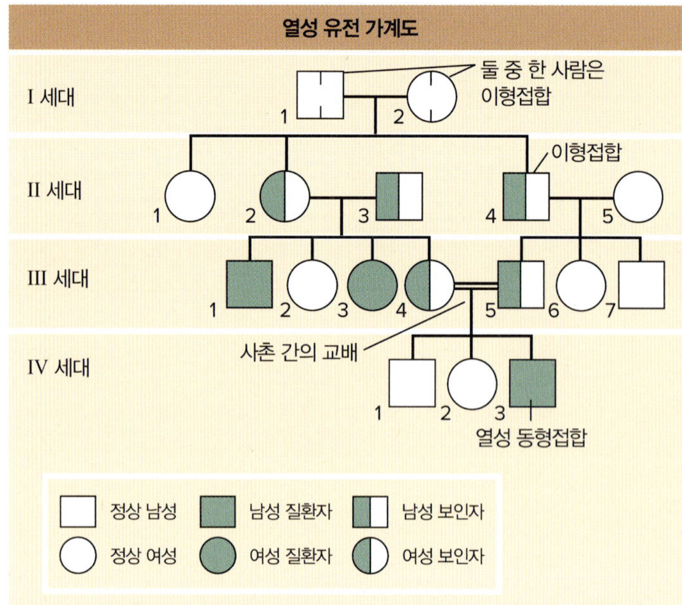

그림 4.27 열성 유전인 백색증 가계도.
I 세대의 두 사람 중 한 사람은 이형접합임이 분명하며, II-2, II-4 사람도 이형접합체이다. 백색증 사람의 부모는 모두 백색증이기보다는 둘 다 이형접합체(보인자)이다. 2중선은 근친혼(두 사람은 혈연관계임)을 표시하며, 이 경우 백색증 자손이 출생하였다.

임신 초기에 발견할 수 있는 유전적 결함

유전질환에 대해 많은 사실이 밝혀지면서 현재는 다양한 치료방법이 개발되고 있다. 그러나 많은 경우 치료법이 없는 질환이 존재하는데, 부모가 유전병을 가진 아이를 낳을 가능성이 있는지, 또는 임신 초기에 배아의 유전적 상태가 어떤지 알아내는 것을 **유전상담**(genetic counseling)이라고 한다. 가계도 분석(pedigree analysis)은 유전상담에 큰 도움이 되는 한 방법이다. 어떤 집안의 가계도를 분석하여 유전질환 인자를 보유하고 있을 가능성(보인자일 가능성)을 측정할 수 있다. 만약 고위험 임신으로 진단되면 **양수검사**(amniocentesis) 또는 **융모막시료채취**(chorionic villi sampling) 방법으로 태아의 세포를 채취하여 핵형 분석이나 질환에 관련된 대립유전자들이 있는지를 검사할 수 있다.

핵심 개념 요약

4.1 감수분열

- 유성생식을 하는 생물체는 감수분열 과정을 통해 상동염색체 한 벌을 가진 반수체(n) 생식세포를 만든다.
- 감수분열은 1번의 DNA 복제 후 2번의 세포분열이 연속적으로 일어나 4개의 생식세포를 만든다.
- 유성생식은 상동염색체 쌍의 무작위 배열과 분리, 교차에 의한 유전물질의 교환, 무작위 수정으로 인해 유전적으로 매우 다양한 자손을 생산한다.
- 감수1분열 전기 동안 상동염색체는 접합하여 쌍을 이루고, 교차점이 형성된다. 상동염색체 쌍은 중기 I에 적도면에 무작위로 정렬하고, 후기 I 동안 분리된다. 이때 교차점에서 유전물질의 교환이 일어날 수 있다.
- 감수2분열은 염색체 복제 없이 일어나며, 이 과정에서 자매염색분체가 분리된다.

4.2 멘델의 유전법칙

- 단성잡종 교배 실험으로부터 멘델은 대립유전자는 서로 섞이지 않고 분리되어 다음 세대로 전달되어 형질을 결정한다고 하였는데, 이를 분리의 법칙이라고 한다.
- 양성잡종 실험에서 2가지 형질을 결정하는 대립유전자들이 서로 다른 염색체에 있을 때, 각 형질을 나타내는 대립유전자들은 서로 독립적으로 분리되어 다음 세대로 전해진다. 이를 독립의 법칙이라고 한다.

4.3 확률과 검정교배

- 교배 실험에서 자손의 유전자형과 표현형의 비는 확률로 계산할 수 있는데, 서로 독립적인 사건에서는 합의 법칙과 곱의 법칙을 적용할 수 있다.
- 검정교배는 유전자형을 모르는 개체를 열성 동형접합체와 교배시켜 그 개체의 유전자형을 알아내는 방법으로, 유전자지도 작성에도 유용하게 사용된다.

4.4 멘델 법칙의 확장

- 한 유전자는 여러 가지의 대립유전자를 가질 수 있고(복대립유전), 대립유전자 사이의 우열관계는 뚜렷하게 나타나지 않는 경우가 많다(불완전우성, 공동우성 등).
- 대부분 유전자는 여러 가지 형질 발현에 관여하고 있으며(다면발현), 대부분의 형질은 여러 개의 유전자에 의해 영향을 받기 때문에(다인자유전) 실제 유전 현상은 매우 복잡하다.
- 유전자 사이의 상호작용(상위성)뿐만 아니라 환경의 영향에 의해 형질 발현이 결정되는 경우가 많다(후성유전학).
- 모계유전은 핵에 있는 염색체에 의한 것이 아니고, 세포질(미토콘드리아와 엽록체)에 있는 유전자에 의해 나타난다.

4.5 유전자지도

- 같은 염색체에 있는 두 유전자 사이의 거리가 멀수록 이들 유전자 사이에 교차가 일어날 가능성이 크고, 따라서 재조합빈도가 높다.
- 두 유전자 간의 상대적 거리는 교차율에 의해 나타낼 수 있는데, 3점교배를 통해 유전자 순서를 정할 수 있다.

4.6 성염색체와 유전자량 보정

- 동물들의 성결정은 종에 따라 다양한데, 포유류 암컷은 2개의 X 염색체를 가진 반면에, 수컷은 X와 Y 염색체를 각각 1개씩 가지고 있다.
- 남성과 여성에서 X 염색체상에 있는 유전자들의 발현량을 맞춰주기 위해 여성의 X 염색체 중 하나가 무작위로 불활성화되어 바소체(Barr body)를 형성하는데, 이를 유전자량 보정이라고 한다.

4.7 사람의 유전질환과 가계도

- 유전병은 유전자에 돌연변이가 일어나거나, 염색체 수 또는 구조의 이상에 의해 발생한다.
- 적록색맹과 혈우병은 X 염색체에 있는 유전자의 이상으로 나타나는데, 남자에게서 많이 발병한다.
- 유전병이 우성이면 모든 세대에서 질환이 나타나는 경우가 많고, 유전병이 없는 부모에게서 유전병을 가진 자손이 생길 수 없다. 그러나 열성이면 모든 세대에서 유전병이 나타나지 않고, 정상 부모에게서 유전 질환 자손이 생길 수 있다.
- 감수분열 동안 염색체 비분리가 일어나면 염색체 수의 이상(이수성)이 생기는데, 성염색체 비분리는 유전자량 보정 기작 때문에 상염색체에 비해 매우 완화된 증상이 나타난다.

연습문제

■ 1단계: 이해력 확인하기

1. 상동염색체의 정의로 옳은 것은?

① 복제된 염색체를 구성하는 2개의 염색분체
② 부모 중 한 명에게서 유래된 동일한 두 염색체
③ 각각의 부모에게서부터 유래된 유전적으로 유사한 염색체
④ 각각의 부모에게서부터 유래된 유전적으로 완전히 같은 염색체

2. 다음 중 교차가 일어날 때 나타나지 <u>않는</u> 현상은?

① 2개의 비자매염색분체 사이의 DNA 이동
② 서로 다른 상동염색체 사이의 DNA 이동
③ 시냅시스복합체의 형성
④ 상동염색체의 나란한 배열

3. 중기 I에서 자매염색분체의 방추사부착점에 관한 설명으로 옳은 것은?

① 같은 극 쪽의 미세소관에 결합하고 있다.
② 다른 극 쪽의 미세소관과 결합하고 있다.
③ 코헤신 단백질로 구성되어 있다.
④ 미세소관이 결합하고 있지 않다.

4. 감수분열 특이적인 현상이 <u>아닌</u> 것은?

① 상동염색체 간의 결합과 유전물질 교환이 일어난다.
② 자매염색분체의 방추사부착점이 방추사의 미세소관과 결합한다.
③ 자매염색분체가 같은 쪽 극으로 이동한다.
④ DNA 복제가 억제된다.

5. 사람의 키와 같은 표현형은 연속적인 형질을 보이는데, 그 이유로 옳은 것은?

① 단일 유전자의 복대립유전자에 의한 우성의 변화
② 단일 유전자에 대한 복대립유전자의 존재
③ 하나의 유전자가 여러 가지 형질에 영향을 미침
④ 여러 가지 유전자가 하나의 형질에 영향을 미침

6. 길고 매끄러운 잎을 가진 식물과 짧고 털이 있는 식물을 이용한 양성잡종 교배는 길고 매끄러운 잎의 F_1 세대를 생산한다. 이 F_1 세대를 자가교배하면 F_2 세대에서는 어떤 표현형이 어떤 비율로 나타나는가?

① 길고 매끄러운 것 9 : 길고 털 있는 것 3 : 짧고 털 있는 것 3 : 짧고 매끄러운 것 1
② 길고 매끄러운 것 9 : 길고 털 있는 것 3 : 짧고 매끄러운 것 3 : 짧고 털 있는 것 1
③ 짧고 털 있는 것 9 : 길고 털 있는 것 3 : 짧고 매끄러운 것 3 : 길고 매끄러운 것 1
④ 길고 매끄러운 것 1 : 길고 털 있는 것 1 : 짧고 매끄러운 것 1 : 짧고 털 있는 것 1

7. 보라색과 흰색 꽃을 가진 식물이 있다. 이들을 상호교배하였을 때 F_1 세대가 연보라색이었다. F_1 식물에 2가지 형질이 혼합되어 있는지를 알기 위해 자가교배를 하였다. 만약 멘델이 옳다면 F_2 세대는 어떻게 나올 것으로 예측하는가?

① 보라색 1 : 흰색 2 : 연보라색 1
② 흰색 1 : 보라색 2 : 연보라색 1
③ 보라색 1 : 연보라색 2 : 흰색 1
④ 연보라색 1 : 보라색 2 : 흰색 1

8. 멘델의 모델은 서로 다른 형태로 있을 수 있는 한 가지 대립유전자에 의해 형질이 결정된다는 전제를 가지고 있는데, 실제의 유전 현상은 다음 중 어느 것에 가까운가?

① 단일 유전자가 한 가지 이상의 형질에 영향을 미칠 수 있다.
② 한 가지 형질이 한 가지 이상의 유전자에 의해 영향을 받을 수 있다.
③ 한 가지 유전자는 항상 한 가지 형질에만 영향을 미치지만, 형질은 하나 이상의 유전자에 의해 영향을 받을 수 있다.
④ 한 가지 유전자가 하나 이상의 형질에 영향을 미칠 수 있고, 형질도 한 가지 이상의 유전자에 의해 영향을 받을 수 있다.

9. 세포 수준에서 유전적 재조합을 일으키는 과정은?

① 감수1분열 동안 상동염색체 짝의 독립적인 배열
② 감수1분열에서 상동염색체의 분리
③ 감수2분열에서 염색분체의 분리
④ 상동염색체 사이의 교차

10. 두 유전자 사이의 지도 거리는 다음 중 무엇에 의해 결정되는가?

① 재조합빈도
② 부모형의 빈도
③ 염색체 길이에 대한 유전자의 길이 비율
④ 재조합 자손에 대한 부모형 자손의 비율

11. 미토콘드리아의 모계유전과 성-연관과는 어떻게 다른가?

① 미토콘드리아 유전자는 개체의 표현형에 아무런 기여도 하지 않는다.
② 미토콘드리아는 모계로부터 유전되므로 암컷만 영향을 받는다.
③ 미토콘드리아는 모계로부터 유전되므로 암수가 같은 비율로 영향을 받는다.
④ 미토콘드리아 유전자는 우성이며, 성-연관 형질은 열성이다.

12. 다음 중 유전자량 보정이 필요한 이유로 옳은 것은?

① 성염색체에 대한 상염색체의 균형적인 유전자 발현
② 2배체 세포에서 두 상동염색체의 균형적인 유전자 발현
③ 두 성별에서 성염색체의 균형적 유전자 발현
④ 암컷에만 있는 염색체의 유전자 불활성화

13. 유전자지도 작성을 위해 3점교배를 실시하는 이유는?

① 유전자 양을 조절할 수 있기 때문에
② 유전체 각인을 조절할 수 있기 때문에
③ 드물게 일어나는 다중교차를 탐지할 수 있고, 이로 인해 유전자 순서를 정할 수 있기 때문에
④ 빈번하게 일어나는 다중교차를 탐지할 수 있고, 이로 인해 유전자 순서를 정할 수 있기 때문에

14. 다운증후군은 21번 염색체의 3염색체성에 원인이 있다. 이 3염색체성은 생존할 수 있고 다른 염색체의 3염색체성은 생존할 수 없는 이유는?

① 21번 염색체는 큰 염색체이고 많은 유전물질이 덜 해롭기 때문에
② 21번 염색체는 감수1분열에서 다른 염색체와 다르게 행동하기 때문에
③ 21번 염색체는 유전자 수가 적은 염색체로 유전체에 미치는 영향이 적기 때문에
④ 21번 염색체는 다른 염색체보다 염색체 비분리가 잘 일어나지 않기 때문에

15. 정자형성 동안 감수2분열에서 염색체 비분리가 1회 발생한다면 나타날 수 있는 결과는?

① 감수1분열에서의 비분리보다 더 나빠서 4개의 배우자 모두 이수성이 될 것이다.
② 4개의 배우자 중 2개만이 이수성이 되어 감수1분열에서의 염색체 비분리보다 낫게 된다.
③ 감수1분열에서의 비분리와 마찬가지로 4개의 세포 모두 이수성이 된다.
④ 감수1분열에서의 비분리와 마찬가지로 2개의 세포만이 이수성이 된다.

■ 2단계: 분석 및 적용하기

16. 노새는 말과 당나귀가 교배하여 태어난 새끼이다. 노새는 새끼를 낳을 수 없다. 말은 64개의 염색체를 가지는 반면, 당나귀는 62개의 염색체를 갖는다. 노새의 감수분열에서 2배체 염색체의 수를 생각해 보고 노새가 불임인 이유를 설명하라.

17. 이수성 배우자는 염색체 수가 정상이 아닌 배우자 세포이다. 이수성은 감수분열과정의 비분리 현상에 의해 생성된다.

① 감수분열 과정의 어느 시점에서 비분리 현상이 일어나는가?
② 2배체 세포가 4개의 염색체를 갖는다고 가정하자. 염색체의 비분리 현상이 감수1분열 또는 감수2분열에서 1회 일어난 경우 각각 어떤 일이 일어나는가?

18. 노란색 생쥐를 교배한 결과 자손에게서 노란색 : 검은색 비율이 2 : 1로 나타났다. 이 관찰 결과를 어떻게 설명하겠는가? 그리고 이 교배를 어떻게 검정할 수 있는가?

19. 포유동물의 경우 여러 유전자가 털 색깔을 결정한다. 이들 유전자 중의 하나가 색소를 발현시키지 않는 돌연변이 대립유전자이다. 또 다른 유전자는 검은색 혹은 갈색을 만드는 대립유전자로서 검은 색소를 조절하는 것이다. 백색증 형질은 열성이며, 검은색은 갈색에 대하여 우성이다. 검은색 생쥐 두 마리를 교배하여 검은색 9 : 백색 4 : 갈색 3 비율의 결과를 얻었다. 이 결과는 어떻게 설명할 수 있는가?

20. 종자의 색깔과 모양을 결정하는 유전자가 같은 염색체에 있다고 가정하자. 이 두 유전자에 대하여 이형접합인 개체를 주름지고 초록색인 개체와 검정교배를 하여 다음과 같은 결과를 얻었다면, 부모의 유전자형은 어떻게 되며, 두 유전자 사이의 거리는 어떻게 되는가?

주름지고 초록색	645
둥글고 초록색	36
주름지고 노란색	29
둥글고 노란색	590

21. 수컷 캘리코 고양이가 있을 수 있는가? 있다면 그 이유는 무엇인가?

5

유전자와 발현 조절

도입

염색체에 들어 있는 유전정보는 세포에 의해 복제되어 세포분열을 통해 균등하게 나누어진다. DNA상의 정보는 건물의 청사진과 같다. 건물을 지을 때 청사진에 있는 많은 정보를 이용하지만, 실제 건설 현장에서는 건축 자재들과 목수, 다양한 도구들을 사용하는 능력 있는 인부들이 필요하다. 이와 마찬가지로 DNA 유전정보를 이용하여 하나의 세포 구조를 만들기 위해서는 뉴클레오타이드, 아미노산, 다양한 형태의 RNA, 그리고 많은 단백질이 필요하다. 이 장에서는 유전자의 본질과 세포들이 유전자 발현 과정에서 DNA상의 정보를 어떻게 이용하는지 알아보고, 유전자 발현이 어떻게 조절되는지에 대해 살펴본다.

5.1 유전물질과 DNA

1920년대 후반에서 시작하여 약 30년 넘게 유전정보의 화학적 본질에 대한 답을 얻기 위한 일련의 연구들이 진행되었다. DNA는 화학적으로 유사한 4종류의 **뉴클레오타이드**(nucleotide)로만 구성되어 있는 반면에, 단백질은 핵산보다 더욱 다양한 20개의 아미노산으로 구성되어 있다. 이런 단백질의 특징 때문에 초기에는 단백질이 유전정보를 갖고 있으리라 여겨졌으나, 실험을 통해 DNA가 유전정보를 지닌 분자라는 증거가 밝혀지기 시작했다.

그리피스의 실험: 세균의 형질전환

첫 번째 단서는 1928년에 영국의 미생물학자인 그리피스(Frederick Griffith)의 실험에서 나왔다. 그리피스는 폐렴균(*Streptococcus pneumoniae*)에 대한 백신을 만들고 있었다. 이 세균에는 폐렴을 유발하는 독성균과 유발하지 못하는 비독성의 돌연변이형이 있다. 독성균은 다당류 외피로 인해 매끄러운 콜로니를 형성하기 때문에 S(smooth)형이라고 부르며, 비독성균은 외피를 만드는 데 필요한 효소의 결핍으로 거친 콜로니를 형성하기 때문에 R(rough)형이라고 부른다.

그리피스는 세균으로 생쥐를 감염시키고, 질환의 증상을 관찰하는 단순한 실험을 수행했다(**그림 5.1**). 이 실험에서 S형으로 감염된 생쥐들은 폐렴으로 죽었으나, R형을 감염시킨 생쥐들은 어떤 증상도 나타나지 않았다. 이는 다당류 외피가 독성에 필수적이라는 것을 보여주는 것이다. 그다음 S형 세균을 열로 가열하여 죽인 다음 감염시키면, 생쥐에게 어떤 위험도 주지 못했다. 이것은 외피 그 자체만으로는 질환을 유발하기에 충분하지 않다는 것을 의미한다. 마지막으로 그리피스는 열로 가열하여 죽인 S형을 살아 있는 R형과 혼합하여 생쥐에게 감염시켰더니, 이 생쥐에서 질환이 유발되었다. 더욱이 죽은 생쥐의 폐에서 다량의 살아 있는 S형 세균이 발견되었다.

이는 다당류 외피에 대한 특정 정보가 죽은 S형으로부터 외피가 없는 R형으로 전달되어 R형을 S형으로 변형시킨 것이다. 그리피스는 한 세포에서 다른 세포로 독성이 전달되는 현상을 **형질전환**(transformation)이라고 명명하였으며, 현재 형질전환은 세포 사이 유전정보의 이동을 일컫는 말이다.

형질전환 물질 규명

폐렴균을 형질전환하는 물질은 1944년에 에이버리(Oswald Avery), 맥레오드(Colin MacLeod), 맥카티(Maclyn McCarty)에 의해 밝혀졌다. 그들은 먼저 그리피스가 사용했던 S형과 R형의 혼합물을 준비한 다음 지질, 단백질, RNA, DNA를 각각 제거한 후 형질전환이 되는지를 확인하였다. 이때 형질전환을 일으키는 물질은 다음과 같이 여러 면에서 DNA와 유사한 성질을 가진 것으로 나타났다.

1. 원소의 배열이 DNA의 원소 배열과 상당히 일치했다.
2. 형질전환 물질은 초원심분리에서 DNA와 같은 밀도로 분리되었다.
3. 지질이나 단백질의 제거가 형질전환 활성을 감소시키지 않았다.
4. 단백질 분해효소나 RNA 분해효소가 형질전환 활성에 영향을 주지 않았다.
5. DNA 분해효소는 모든 형질전환 활성을 없애주었다.

이 실험은 DNA가 세포들 사이에서 전달되는 형질전환 물질이라는 것을 암시하는 것이다.

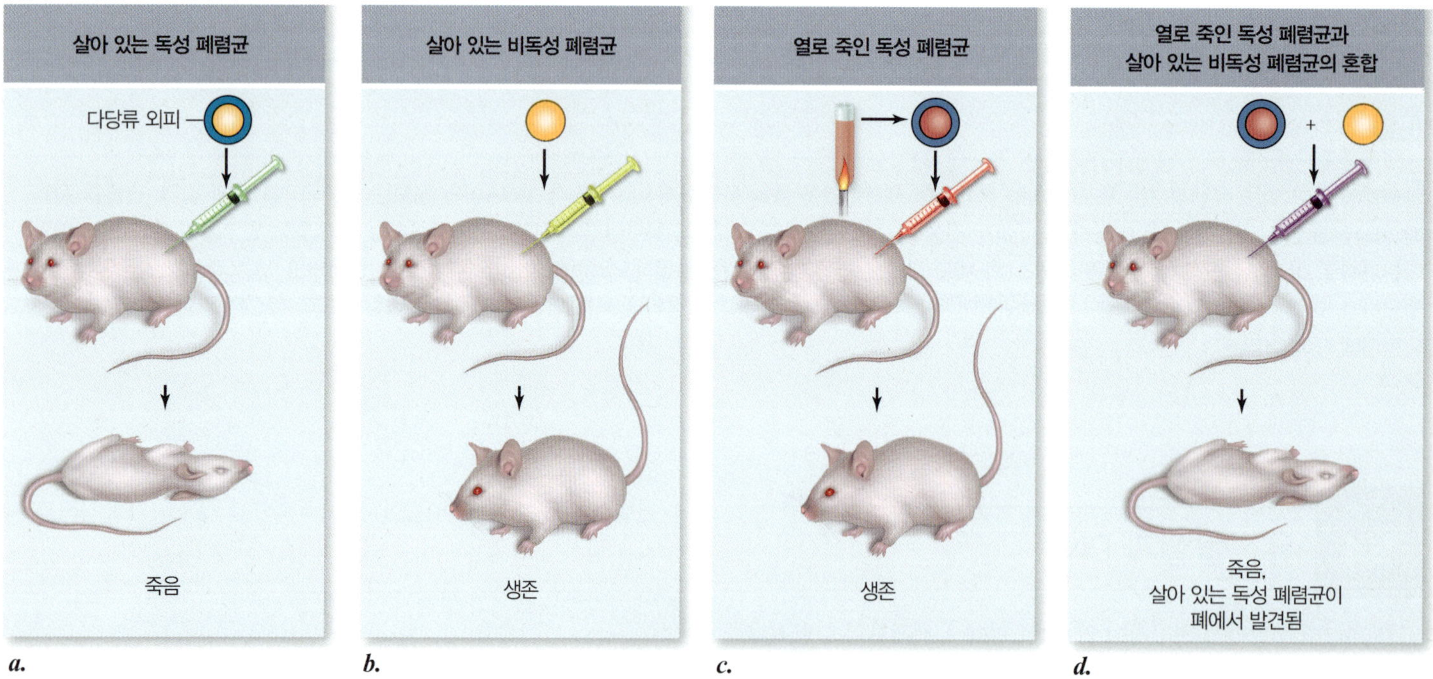

그림 5.1 그리피스의 실험.
그리피스는 폐렴 백신을 만드는 과정에서 형질전환을 발견했다. ***a.*** 살아 있는 독성균을 생쥐에 주입하여 생쥐가 폐렴에 걸리게 했다. 비독성균의 삽입(***b***)이나 열을 가해 죽인 독성균의 삽입(***c***)은 생쥐에게 어떠한 영향도 끼치지 않았다. ***d.*** 그러나 열을 가해 죽인 독성균과 살아 있는 비독성균의 혼합은 생쥐에게 폐렴을 일으켰다. 이것은 죽은 독성균의 유전정보가 비독성균으로 전달되어 비독성균을 독성균으로 형질전환했음을 나타낸다.

바이러스의 유전물질이 DNA임을 밝힌 허쉬와 체이스의 실험

1952년에 허쉬(Alfred Hershey)와 체이스(Martha Chase)의 실험으로 에이버리의 결론이 받아들여지게 되었는데, 그들은 세균을 감염시키는 **박테리오파지**(bacteriophage, 또는 간단히 파지)라는 바이러스로 세균을 감염시키는 실험을 수행하였다(8.2절 참조).

허쉬와 체이스에 의해 사용된 파지는 DNA와 단백질로만 구성되어 있어서, 방사성 동위원소인 ^{32}P와 ^{35}S를 사용하여 바이러스의 DNA와 단백질을 각각 표지하였다. 그다음 표지된 두 종류의 바이러스를 세균에 감염시킨 후, 분쇄기로 세균 표면에 붙어 있는 파지를 제거하였고, 원심분리기로 파지의 외피가 존재하는 상층액과 세균이 모여 있는 침전물을 분리하였다. 그 결과 ^{32}P 파지로 감염시킨 세균에서 과량의 방사성 인이 발견되었으나, ^{35}S 파지로 감염시킨 세균에서는 방사성 황이 거의 탐지되지 않았다(**그림 5.2**). 허쉬와 체이스는 이 결과를 통해 파지가 세균 안으로 삽입한 유전정보가 단백질이 아니라 DNA라고 추론하였다.

DNA의 구성 성분

DNA는 1869년에 스위스 화학자인 미셔(Friedrich Miescher)에 의해 발견되었는데, 이 물질이 핵과 특별히 연관되어 있다고 생각하여 핵질(nuclein)이라고 명명하였다. 그가 발견한 핵질은 약산성을 띠고 있어 후에 **핵산**(nucleic acid)으로 불리게 되었다. 그 후 DNA는 다음과 같은 3개의 구성물로 이루어진 것으로 밝혀졌다(**그림 1.21**과 **1.22** 참조).

1. 5탄당
2. 인산기
3. 질소 염기: 염기에는 2개의 고리를 가진 퓨린(purine)계인 아데닌(A)과 구아닌(G), 그리고 1개의 고리 구조로 이루어진 피리미딘(pyrimidine)계인 타이민(T)과 사이토신(C)이 있다. RNA는 타이민 대신에 유라실(U)을 갖는다.

샤가프와 프랭클린의 DNA 연구

왓슨과 크릭이 제안한 모델을 설명하기 전에 그들의 모델을 가능하게 해준 증거에 대해 이해할 필요가 있다. 샤가프(Erwin Chargaff)는 DNA를 구성하는 염기의 비율에서 중요한 규칙성을 발견하였는데, DNA에 존재하는 아데닌의 양은 타이민의 양과 같으며, 구아닌의 양은 항상 사이토신의 양과 같다는 것이다. 이것을 샤가프의 규칙(Chargaff's rule)이라 한다.

1. A의 비율은 항상 T의 비율과 같으며, G의 비율은 C의 비율과 같다. 즉 A=T, G=C이다.

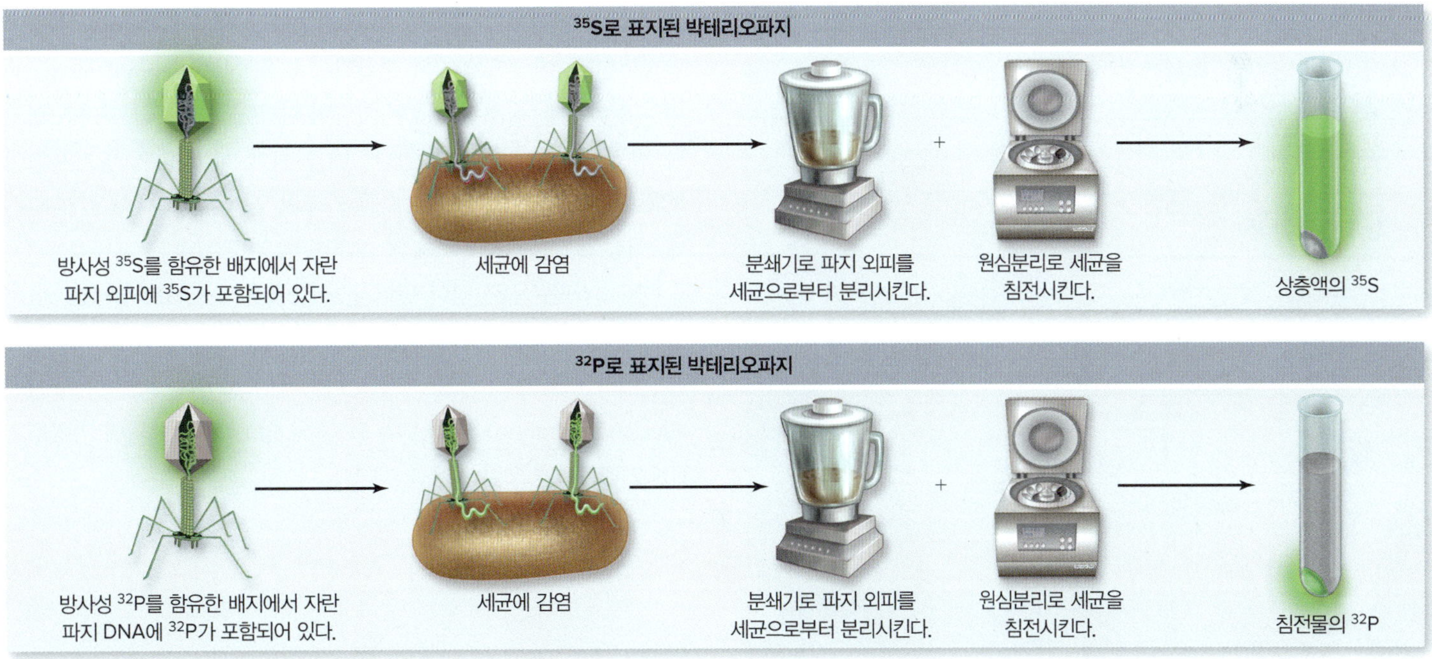

그림 5.2 DNA가 파지의 유전물질임을 보여주는 허쉬와 체이스의 실험.
파지의 DNA는 방사성 활성을 가진 ^{32}P로 표지하고, 단백질은 ^{35}S로 표지한 후, 각각 세균에 감염시켰다. 일정 시간이 지난 후 세포를 혼합기에 넣어 흔들어서 부착된 파지를 제거하고 원심분리하여 세균을 모았다. 그 결과 ^{35}S로 표지한 파지의 단백질은 상층액(세균의 바깥쪽)에 남아 있고, ^{32}P로 표지한 파지의 DNA는 침전물(세균)에서 관측되었다. 이 실험은 파지의 DNA가 세균 안으로 들어가서 새로운 파지를 만든다는 것을 나타내며, 이는 DNA가 유전물질이라는 것을 증명한다.

a.

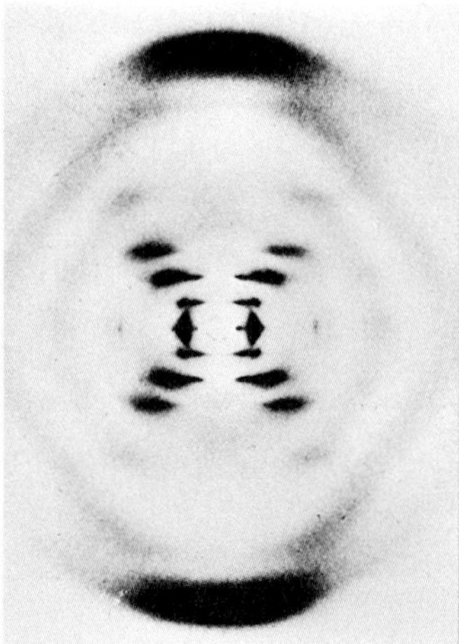

b.

그림 5.3 프랭클린의 X선 회절 양상.
a. 프랭클린. *b.* 1953년 프랭클린에 의해 만들어진 DNA의 X선 회절 사진으로 DNA가 나선구조로 되어 있음이 증명되었다.

2. G-C와 A-T의 비율은 생물종에 따라 다르다.

DNA가 유전정보를 저장한다는 증거들이 증가함에 따라, 연구자들은 보기에 단순해 보이는 분자가 어떻게 그렇게 복잡한 암호 기능을 수행할 수 있는지에 대한 퍼즐을 풀기 시작했다.

그림 5.4 DNA 2중나선.
1953년 왓슨(왼쪽)과 크릭(오른쪽)은 샤가프의 법칙과 프랭클린의 회절 연구를 이용하여 DNA 구조를 추론하였다.

샤가프의 연구 결과는 영국 화학자인 프랭클린(Rosalind Franklin)에 의한 DNA의 X-선 회절 분석을 통해 더욱 명료해졌다. DNA 결정체에 X-선을 쪼이면, X-선이 부딪히는 분자들에 의해 선이 굴절되거나 회절되며, 필름에 기록된 회절 양상을 수학적으로 분석하면 분자의 3차원적 구조에 대한 정보를 얻을 수 있다(**그림 5.3**). 프랭클린은 이 정보를 통해 DNA 분자는 나선(helix) 모양이고, 2 nm의 일정한 직경을 가지며, 3.4 nm마다 나선이 한 바퀴 회전하는 것을 알 수 있었다.

왓슨과 크릭의 모델

프랭클린의 연구 결과를 비공식적으로 알게 된 왓슨(James Watson)과 크릭(Francis Crick)은 1953년에 영국 케임브리지 대학에서 DNA의 분자 구조를 추론해냈다(**그림 5.4**). 이 모델의 핵심은 각각의 DNA 분자가 실제로는 두 가닥의 뉴클레오타이드 사슬이 서로 꼬여 **2중나선**(double helix)으로 구성되어 있다는 것이다.

2중나선의 두 가닥은 긴 중합체인 뉴클레오타이드로 구성되어 있고, 각각의 가닥은 당과 인산이 반복된 **인산디에스터 골격**(phosphodiester backbone)을 가지고 있다. 골격의 두 가닥은 서로 꼬여 나선형 계단과 유사한 모양으로 2중나선을 이룬다(**그림 5.5**).

왓슨과 크릭은 각 가닥의 염기가 수소결합으로 인해 2개의 가닥이 서로 결합되어 있다고 제안하였다. A와 T는 2개의 수소결합, C와 G는 3개의 수소결합에 의해 염기쌍을 이룬다(**그림 5.6**). 결국 이 결합은 퓨린과 피리미딘 사이에 쌍을 형성하기 때문에 DNA의 직경이 일정해진다. 이렇게 염기가 결합하는 것을 **상보적**(complementary)이라고 하는데, 상보적이란 한 가닥의 염기에 의해 다른 가닥의 염기가 결정된다는 것을 의미한다. 예를 들어 한 가닥의 염기서열이 ATGC라면, 이에 대응하는 다른 가닥의 염기서열은 TACG가 되는데, 이런 특징은 DNA 복제 및 발현에 매우 중요하다.

DNA 가닥은 방향성이 있어서 한쪽 끝은 3′-OH로 끝나고, 다른 쪽 끝은 5′-PO_4로 끝난다(**그림 5.5** 참조). 2중가닥 DNA에서 한 가닥은 5′에서 3′으로, 다른 한 가닥은 3′에서 5′으로 역평행 배열(antiparallel configuration)을 갖는다. DNA의 상보적 특성 외에 역평행도 DNA 복제에 중요한 영향을 미친다.

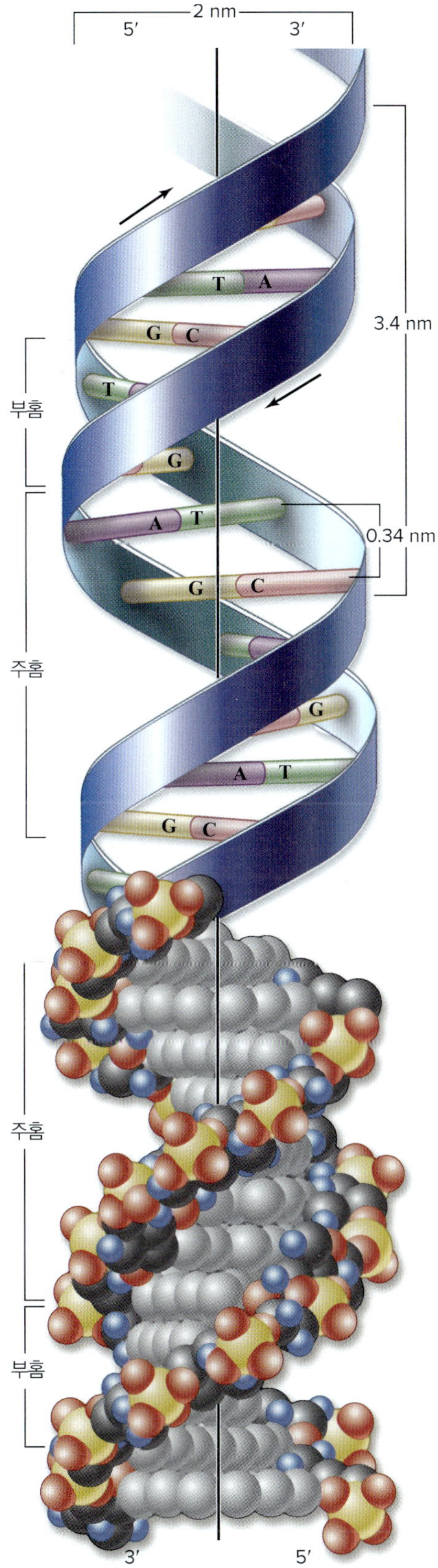

그림 5.5 2중나선.
인산디에스터 골격이 위쪽에는 리본 모형으로, 아래쪽에는 공간채움모형으로 표시되어 있다. 염기는 나선의 안쪽으로 돌출되어 있고, 거기서 염기들은 염기쌍을 이루어 나선을 붙잡고 있다. 골격은 큰 주홈(major groove)과 작은 부홈(minor groove)을 형성한다.

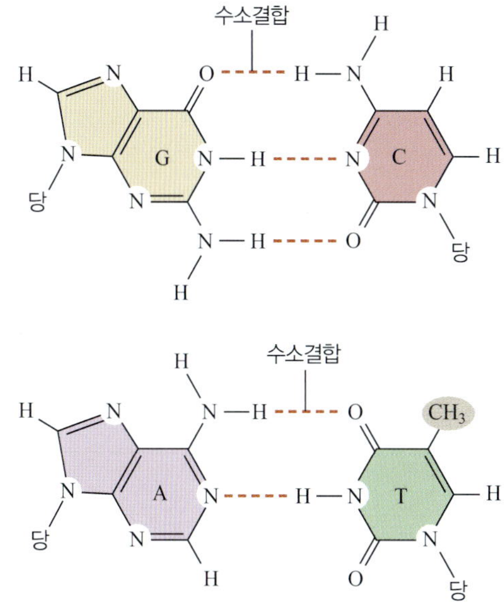

그림 5.6 염기쌍에 의한 DNA 가닥 연결.
A와 T, G와 C 사이의 수소결합이 점선으로 표시되어 있다. 이 수소결합들이 두 가닥을 연결하는 A−T와 G−C 염기쌍을 만든다. 이것은 항상 퓨린과 피리미딘으로 쌍을 형성하며, 2중나선의 지름을 일정하게 유지하게 한다.

5.2 DNA 복제

부모 DNA 가닥의 염기서열은 복제를 통해 딸 가닥을 만들어야 한다. 즉 부모의 2중나선 DNA는 4가닥으로 구성된 2개의 딸 DNA를 생산할 수 있어야 한다. DNA 복제에 대해 다음과 같은 3개의 모델이 제안되었다(**그림 5.7**).

1. **보존적 모델**(conservative model): 부모 DNA 2중나선 가닥이 온전히 보전되고, 완전히 새로운 DNA 분자의 복제품이 만들어진다.
2. **반보존적 모델**(semiconservative model): 딸 DNA 가닥은 하나의 부모 DNA 가닥과 새로 합성된 다른 하나의 DNA 가닥으로 구성된다.
3. **분산 모델**(dispersive model): 새로 형성된 DNA 가닥은 부모 DNA 2중나선 분자의 각 가닥에 산재되어 분포하게 된다.

메셀슨과 스탈의 반보존적 복제

1958년 메셀슨(Matthew Meselson)과 스탈(Franklin Stahl)은 DNA 복제 모델을 밝히기 위해 질소 동위원소 중 무거운 ^{15}N(방사성 원소가 아님)을 이용하여 DNA를 표지하였다(**그림 5.8**). ^{15}N이 포함

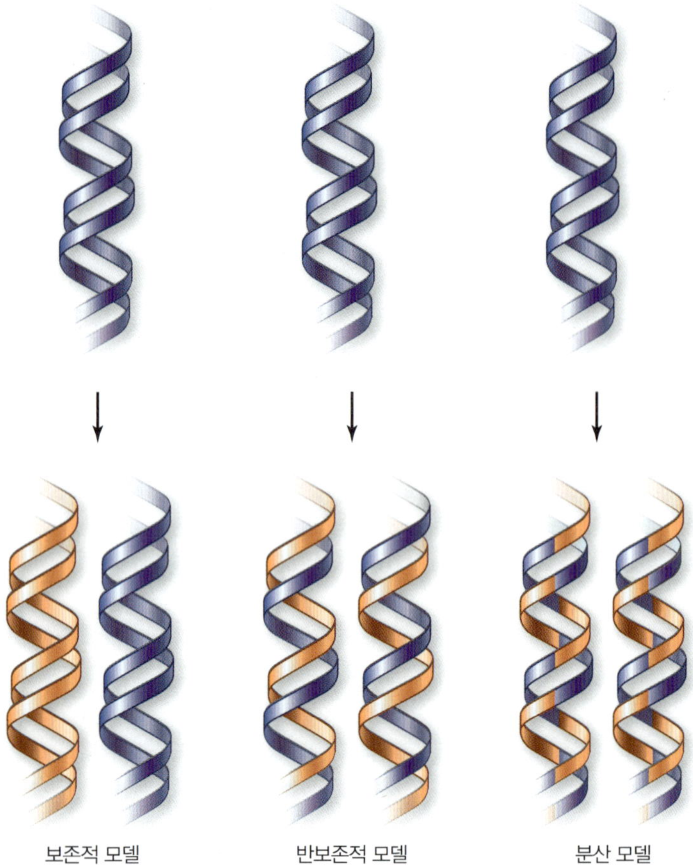

그림 5.7 DNA 복제에 대한 3가지 모델.
보존적 모델은 하나의 완전한 새로운 분자를 만들고 기존의 것은 보존한다. 반보존적 모델은 기존 가닥과 새 가닥의 2개의 혼성 분자를 만든다. 분산적 모델은 각각의 가닥이 새것과 기존의 것이 혼합된 혼성 분자를 만든다.

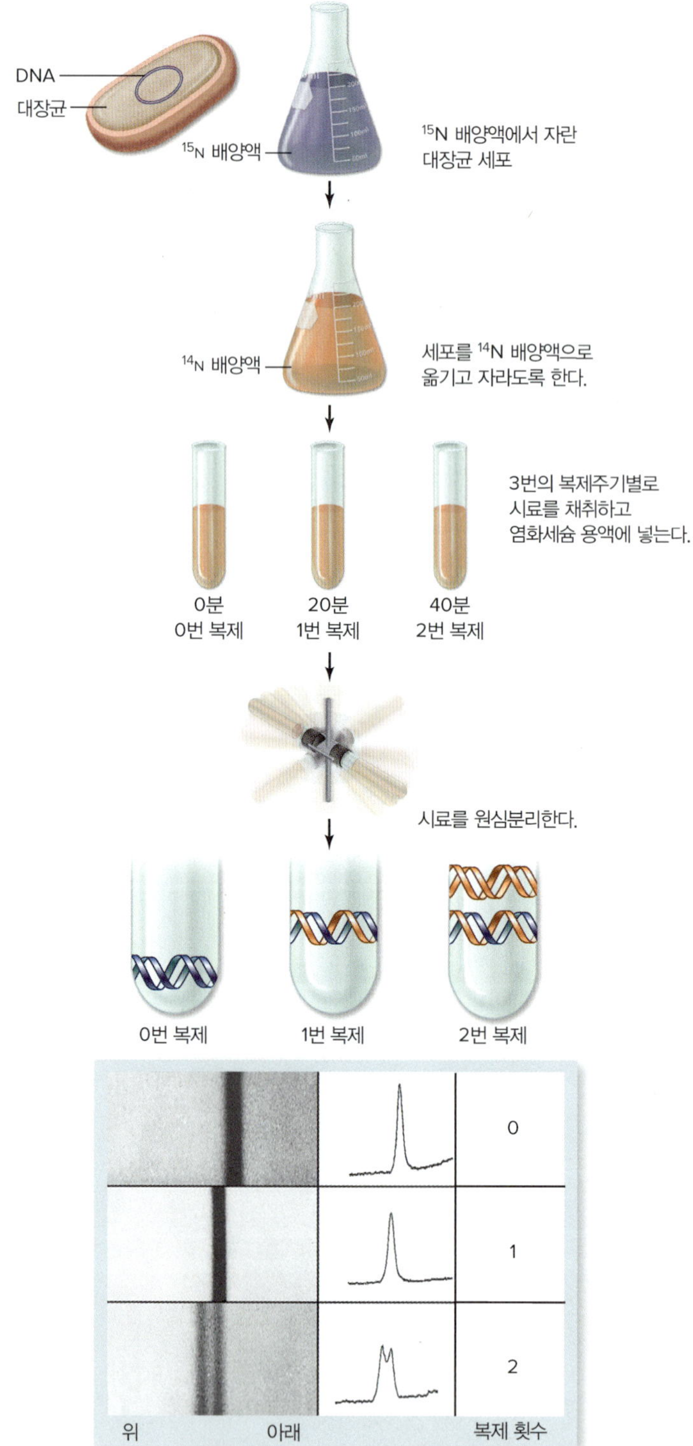

그림 5.8 메셀슨과 스탈의 실험.
무거운 ^{15}N 배지에서 자란 세균을 가벼운 ^{14}N 배지로 옮긴 후, 2번의 복제주기를 거쳤다. ^{15}N 배지에서 시료가 채취된 시간을 상대적으로 0이라 하고, 1번과 2번의 복제주기 후 세슘이 첨가된 시험관에 세균의 DNA를 넣고 원심분리했다. 원심분리하는 동안 세슘은 농도 기울기를 형성하고 DNA는 자신의 밀도와 맞는 지점까지 이동한다. 실제 자료가 아래 그림에 나타나 있고, 이 결과는 반보존적 복제로 해석된다.

된 배양액에서 세균을 여러 세대 동안 배양하여 ^{15}N이 세균의 DNA로 삽입되도록 한 다음, ^{14}N 배지로 옮긴 후 시간차를 두고 세균의 DNA를 추출하였다. 이 DNA를 염화세슘(cesium chloride) 용액에 넣고 초원심분리기를 이용해 분리하였다. 이 과정 동안 DNA는 세슘의 밀도기울기로 인해 분리되는데, ^{15}N은 ^{14}N보다 무겁기 때문에 아래쪽에 위치하게 된다. 실험 결과 1번의 DNA 복제가 끝난 후 채취한 세균의 DNA 밀도는 ^{14}N과 ^{15}N의 중간값을 나타냈지만, 2번의 복제가 끝난 후 채취한 세균의 DNA는 2종류, 즉 ^{14}N과 ^{15}N의 중간 밀도 및 ^{14}N의 밀도가 관찰되었다(**그림 5.8** 참조).

메셀슨과 스탈의 연구 결과를 3가지의 모델에 의한 복제 결과와 비교해 보면 다음과 같다.

1. **보존적 모델과의 비교**: 1번의 복제 후에 2종류, 즉 무겁거나(부모 DNA 가닥) 가벼운 가닥(딸 DNA 가닥)의 밀도가 관찰되어야 한다는 점에서, 이 모델은 연구 결과와 일치하지 않는다.
2. **반보존적 모델과의 비교**: 1번의 복제 후 모든 DNA 분자는 한쪽의 가벼운 가닥과 다른 한쪽의 무거운 가닥으로 되어 있기에

한 종류의 밀도가 예측된다. 2번 복제 후, 2개의 DNA 분자들은 가벼운 가닥만을, 나머지 2개의 DNA 분자는 한쪽의 가벼운 가닥과 다른 한쪽의 무거운 가닥을 갖게 되어 2종류의 밀도가 관찰되어야 한다. 따라서 이 모델은 모든 연구 결과와 일치한다.

3. **분산 모델과의 비교**: 이 모델은 모든 DNA 분자들이 반은 가벼운 새 가닥과 반은 무거운 기존 가닥의 혼합물로 구성되어 있기 때문에, 첫 번째 복제 후에 얻은 결과와는 일치한다. 그러나 두 번째 복제 후, 분산 모델에서는 오직 한 종류의 밀도만 만들어져야 하는데, 2개의 밀도가 관찰되었으므로 이 모델은 일치하지 않는다.

DNA 복제의 기본 기작은 반보존적(semiconservative)이다. 이를 간단하게 설명하면, 부모 DNA 2중나선이 풀어져서 새로운 가닥을 만들기에, 딸 가닥은 기존 가닥과 새 가닥으로 이루어져 있다.

DNA 복제에 필요한 성분

DNA를 복제하기 위해서는 주형(template) 역할을 하는 부모 DNA, 주형을 복제하는 **DNA 중합효소**(DNA polymerase), DNA의 구성 성분인 뉴클레오사이드 3인산(nucleoside triphosphate)이 필요하다. 많은 효소가 새로운 가닥을 조립하는 일에 관여하지만, 실제로 기존의 DNA 가닥에 상보적인 뉴클레오타이드를 맞추고 연결하여 새로운 DNA 가닥을 만드는 일을 하는 것은 DNA 중합효소이다. 그간 밝혀진 모든 DNA 중합효소들은 여러 공통적 특징들을 지니는데, DNA 중합효소는 주형에 대해 5′에서 3′ 방향으로 염기쌍을 형성하면서 새 가닥을 합성한다. 모든 DNA 중합효소는 합성을 시작하기 위해 프라이머(primer)를 필요로 한다. 반면에 RNA 중합효소는 스스로 RNA 프라이머를 만들 수 있다.

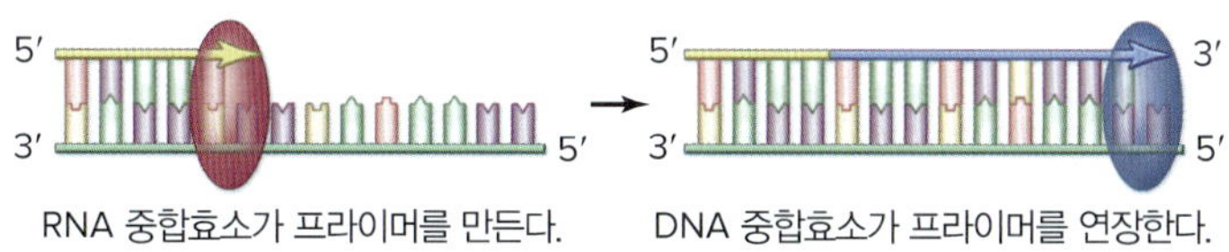

원핵생물의 복제

복제 과정의 세부적 기작을 이해하기 위해, 먼저 대장균(*E. coli*)을 모델로 한 원핵생물의 복제 과정에 대해 알아본 다음, 진핵생물과 원핵생물의 DNA 복제가 어떻게 다른지 살펴보자.

하나의 복제원점

대장균에서 DNA 복제는 *oriC*라는 **복제원점**(replication origin)에서 시작된다. 이 지역의 염기서열은 복제 개시와 관련된 단백질이 결합하는 부위이며, A-T가 많아 복제 개시 때 DNA 가닥이 쉽게 벌어질 수 있는 부위이다(C-G쌍은 3개의 수소결합을, A-T쌍은 2개의 수소결합을 가지고 있음). 복제는 원점에서 특정 종결점을 향해 양방향으로 진행된다(**그림 5.9**). DNA 복제에서 하나의 원점에 의해 조절을 받는 DNA 부분을 **복제단위**(replicon)라고 부른다.

다양한 DNA 중합효소

대장균에서 처음으로 분리된 DNA 중합효소는 DNA 중합효소 I(Pol I)이었다. 그 후 두 가지 중합효소, Pol II와 Pol III가 더 분리되었는데, 다른 중합효소처럼 5′에서 3′으로 폴리뉴클레오타이드 가닥을 합성하며, 프라이머를 필요로 한다. DNA 중합효소는 DNA 가닥을 합성하는 기능 외에 DNA 내부를 자르는 **핵산내부가수분해효소**(endonuclease) 또는 DNA의 말단을 잘라주는 **핵산말단가수분해효소**(exonuclease) 기능을 가진다. DNA Pol I, Pol II, Pol III는 3′에서 5′으로의 핵산말단가수분해효소의 기능이 있기 때문에, 복제 과정에서 잘못 짝지어진 염기를 제거하는 교정(proofreading) 기능이 있다. DNA Pol I은 추가적으로 5′에서 3′으로의 핵산말단가수분해효소의 기능이 있다.

3개의 중합효소는 각각 DNA 복제 과정에서 다른 역할을 한다. DNA Pol III는 주된 복제효소로서 방대한 양의 DNA를 합성하고, DNA Pol I은 지연가닥의 프라이머를 없애고 그 자리에 DNA를 합성하여 채우며, Pol II는 DNA 수선에 관여한다. 최근에 새로운 중

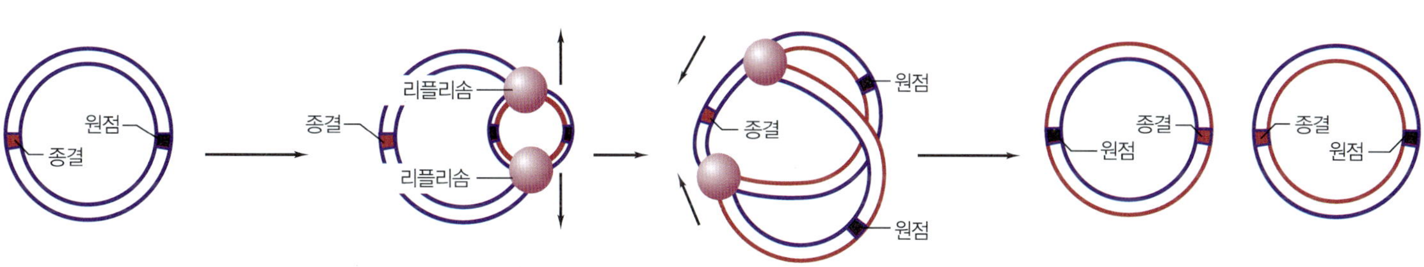

그림 5.9 복제는 하나의 고유 복제원점에서 양방향으로 복제된다.
복제는 하나의 특별한 복제원점에서 시작된다. 2개의 분리된 복합체인 리플리솜이 복제원점에 실리고, 염색체상의 반대 방향으로 복제를 시작한다. 이런 2개의 복제 복합체는 종결점에 도달할 때까지 반대 방향으로 복제를 계속한다.

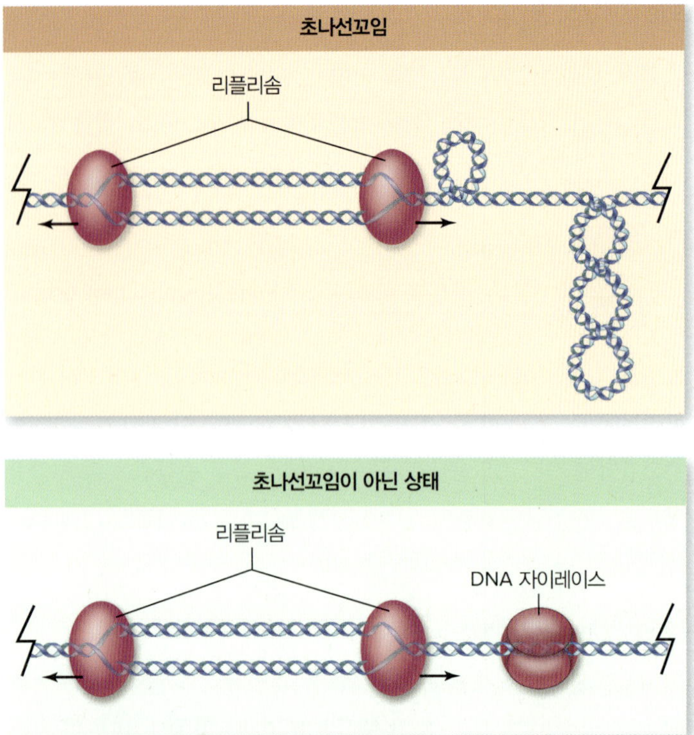

그림 5.10 나선의 풀림은 비틀린 가닥을 만든다.
선형 DNA 분자의 끝이 세포에 있는 것처럼 고정되어 있다면, 나선을 푸는 것은 비틀린 가닥을 만들게 된다. 나선이 풀리게 되면 공간의 나선을 더욱 꼬이게 한다. DNA 자이레이스가 이 초나선꼬임을 감소시켜 준다.

합효소가 더 발견되어 모두 5종류가 존재한다.

DNA 나선 풀기

새로운 DNA 가닥을 합성하려면 DNA 나선이 풀어져야 하는데, 이 과정에 관여하는 효소가 DNA **풀기효소**(helicase)이다. 이 효소는 ATP 에너지를 사용하여 주형 DNA를 푸는 역할을 한다. 풀어진 DNA 가닥은 단일가닥 결합단백질(single-strand-binding protein, SSB)과 결합하여 안정화된다. 서로 꼬여 있는 2개의 고무밴드를 양쪽으로 벌려 풀게 되면 더욱 심한 꼬임이 생기는 것과 마찬가지로 DNA가 풀어짐에 따라 **초나선꼬임**(supercoiling)이 생기는데, 이를 **위상이성질체효소**(topoisomerase)가 완화시켜 준다. DNA **자이레이즈**(gyrase)는 DNA 복제에 관련된 위상이성질체효소이다(**그림 5.10**).

반불연속적인 복제

DNA 중합효소는 오직 5′에서 3′의 한 방향으로만 DNA를 합성하는데, DNA 2중가닥은 서로 반대 방향(역평행)이기 때문에 두 가닥에서의 중합효소는 서로 반대 방향으로 DNA를 합성해야 한다(**그림 5.11**). 그러나 중합효소는 서로 결합한 채 움직이므로, 한쪽 가닥은 최초의 프라이머로부터 연속적인 방식으로 새로운 DNA 가닥이 합성될 수 있지만, 다른 쪽 가닥은 여러 개의 프라이머와 짧은 조각의 DNA로 합성되는 불연속적 방식으로 합성된다. 연속적인 방식으로 합성되는 가닥을 **선도가닥**(leading strand)이라 부르고, 불연속 방식으로 합성되어지는 가닥을 **지연가닥**(lagging strand)이라고 부른다. 지연가닥에서 만들어진 짧은 DNA 조각을 **오카자키 절편**(Okazaki fragment)이라고 한다.

2개의 단일가닥을 만들기 위해 DNA 나선이 풀린 부분은 포크 모양을 하게 되는데, 이를 **복제분기점**(replication fork)이라고 한다. DNA 복제가 일어나는 복제분기점에서 발견되는 효소들은 **표 5.1**에 정리하였다. 복제가 일어나려면 DNA **프라이메이스**(primase)에 의

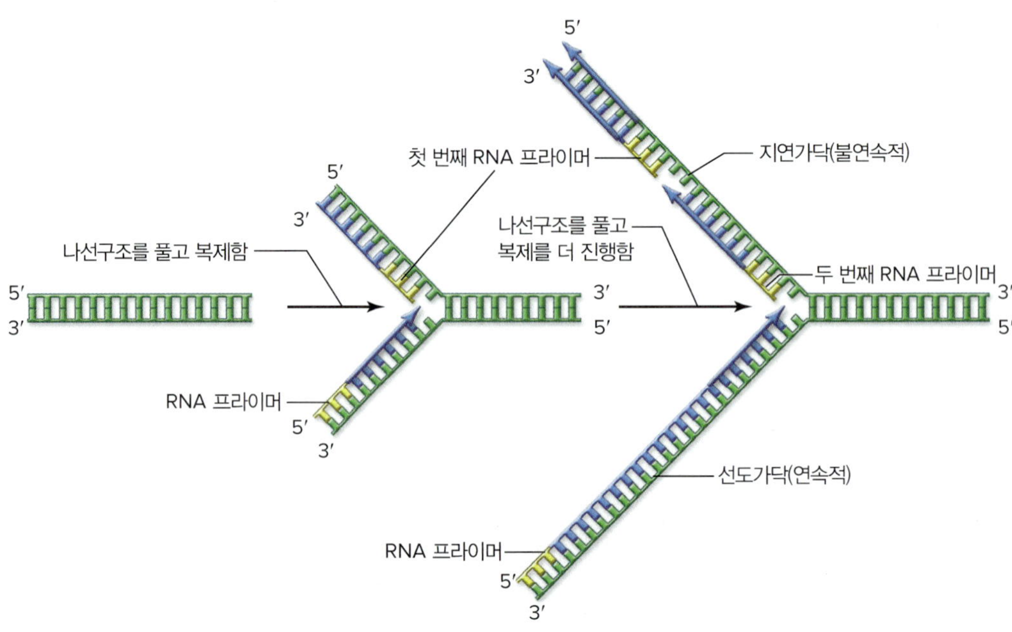

그림 5.11 반불연속적 복제.
DNA 중합효소의 5′에서 3′으로의 합성과 DNA의 역평행 특성은 오직 선도가닥만 연속적으로 합성하게 해준다. 다른 가닥인 지연가닥은 각각 자신의 프라이머를 갖는 절편으로 만들어져야 한다.

표 5.1	대장균의 DNA 복제 효소		
단백질	역할	크기 (kDa)	세포당 분자 수
풀기효소	2중나선을 풀어줌	300	20
프라이메이스	RNA 프라이머 합성	60	50
단일가닥 결합 단백질	단일가닥 부분 안정화	74	300
DNA 자이레이즈	비틀림을 풀어줌	400	250
DNA 중합효소 III	DNA 합성	≈900	20
DNA 중합효소 I	프라이머를 제거하고 간극을 채움	103	300
DNA 연결효소	DNA 조각의 말단을 연결; DNA 수선	74	300

해 10~20개의 RNA 염기로 구성된 **프라이머**(primer)가 먼저 만들어져야 한다. 이 짧은 가닥 RNA에 DNA 중합효소가 결합하여 뉴클레오타이드를 첨가한다. 나중에 RNA 프라이머는 제거되고 DNA로 대체된다.

선도가닥의 합성

선도가닥에서의 DNA 합성은 상대적으로 단순하다. 복제원점에 단 1개의 프라이머가 만들어지면 DNA Pol III의 작용으로 DNA 가닥이 무한정 확장된다. DNA Pol III는 다수의 소단위 효소로 구성되어 있으며, 그중 β 소단위는 2개의 동일한 단백질로 구성되어 원형을 이루는데, Pol III를 DNA 주형가닥에 붙잡아 두는 집게처럼 작용한다(**그림 5.12**). 이 구조를 활주집게(sliding clamp)라고 하는데, 이 활주집게가 열린 후 DNA를 둘러싼 다음에 닫히려면 집게적재기(clamp loader)가 필요하다. 이와 비슷한 구조가 진핵생물의 중합효소에도 발견된다.

지연가닥의 합성

지연가닥 합성은 불연속적으로 일어나기에 선도가닥 합성에 비해 복잡하다(**그림 5.11** 참조). 프라이메이스가 각각의 오카자키 절편에 대해 프라이머를 만들어야 하고, 만들어진 RNA 프라이머는 제거된 후 DNA로 대체되어야 한다. 그리고 마지막으로 각 단편은 서로 연결되어야 한다. DNA Pol III는 오카자키 절편을 만들고, 프라이머의 제거와 대체는 DNA Pol I에 의해서 이루어진다. 이 효소는 5′에서 3′ 방향으로의 핵산말단가수분해효소의 기능을 이용하여 앞쪽의 프라이머를 제거하면서, 그 자리에 DNA를 합성한다. 그리고 DNA 연결효소는 오카자키 절편들 사이의 틈새를 연결한다(**그림 5.12** 참조).

DNA 복제에 관련된 프라이메이스와 DNA 풀기효소, 2개의 DNA Pol III 효소들은 **리플리솜**(replisome)이라고 부르는 거대분자 복합체를 형성한다. 리플리솜에 있는 2개의 Pol III는 선도가닥과 지연가닥에서 매우 활동적인데, 역평행인 두 가닥에서 어떻게 같은 방향으로 움직일 수 있을까? 최근의 증거는 이 복잡한 리플리솜이 DNA 가닥을 따라 움직이는 것이 아니라 정지된 채로, 재봉틀의 실처럼 DNA가 리플리솜을 통과한다고 제시하고 있다. 이 정지된 복합체는 새로 만들어지는 DNA 가닥을 밖으로 밀어내는데, 그 과정은 **그림 5.12**에 요약되어 있다.

진핵생물의 복제

진핵세포에서의 복제는 많은 양의 DNA가 다수의 염색체 내에 있다는 것과 염색체의 선형 구조(linear structure)로 인해 복잡하게 진행된다. 이 과정에 염색체의 말단에만 작용하는 새로운 효소의 작용이 필요하다는 것을 제외하면 기본적인 효소 작용들은 원핵세포와 동일하다.

여러 개의 복제원점

진핵세포는 대장균의 염색체보다 훨씬 큰 다수의 염색체를 가지고 있다. 따라서 각 염색체가 하나의 복제원점만 갖는다면, 복제하는 시간이 매우 길어지게 된다. 이 문제는 염색체가 다수의 복제원점, 즉 여러 개의 복제단위를 갖는 것으로 해결된다. 복제원점들은 대장균처럼 특정 염기서열을 가지고 있지 않지만, 복제원점의 인식에는 염기서열뿐만 아니라 염색체의 구조도 중요한 것으로 알려져 있다. 각 복제원점은 한 번의 세포주기당 한 번만 사용되어야 한다.

복잡한 효소 작용

진핵세포의 복제 기구들은 세균에서 발견되는 것과 거의 유사하지만, 크기가 크고 복잡한 것이 다른 점이다. 진핵세포에서의 프라이머 합성은 DNA 중합효소 알파(pol α)와 프라이메이스의 복합체에 의해 만들어진다. 중합효소 자체도 선도가닥 합성을 담당하는 DNA 중합효소 입실론(pol ε)과 지연가닥을 합성하는 DNA 중합효소 델타(pol δ)로 구성되어 있다. 이 중합효소 복합체가 주형에 붙어 있게 해주는 활주집게 소단위를 PCNA(proliferating cell nuclear antigen)라고 한다. 집게적재기도 세균의 것과 유사한데, 부가적인 복합성에도 불구하고, 리플리솜의 역할은 앞에서 설명한 대장균과 유사하고 복제분기점도 동일한 구성요소를 갖는다. 원핵세포의 DNA 복제와 가장 다른 부분은 지연가닥의 합성으로, 오카자키 절편은 1,000 bp가 아닌 200 bp로 상당히 짧게 합성된다.

특수화된 말단을 갖는 선형 염색체

진핵세포의 염색체 말단은 **말단소체**(telomere)라고 한다. 말단소

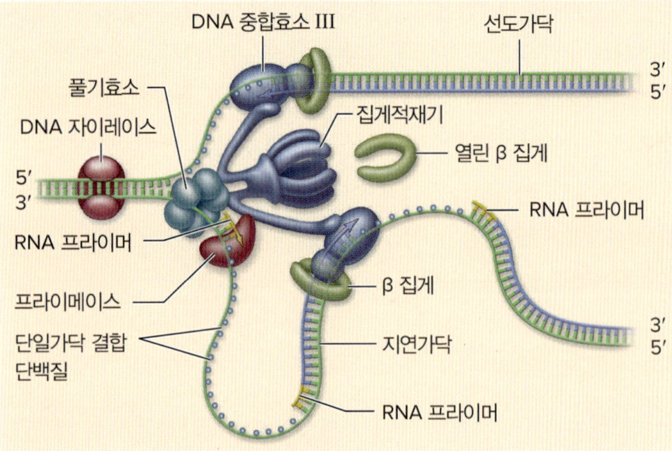

1. DNA 중합효소 III는 각 가닥에서 활성적이다. 프라이메이스는 지연가닥을 위한 새로운 프라이머들을 합성한다.

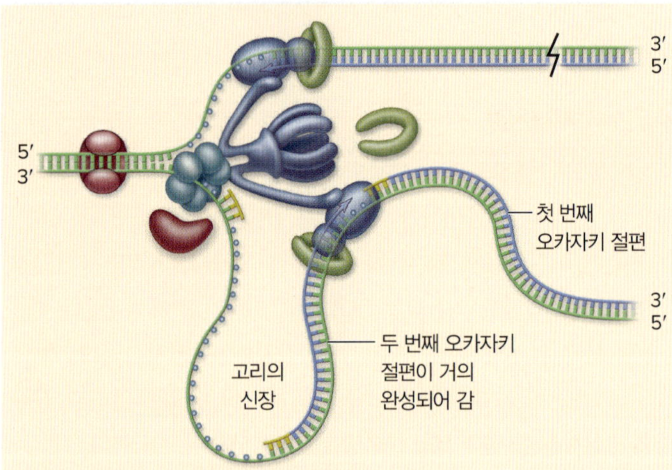

2. 지연가닥 주형의 고리는 복합체들이 왼쪽으로 움직이면서, DNA 복제가 양쪽 가닥에서 5′에서 3′으로 일어나도록 한다.

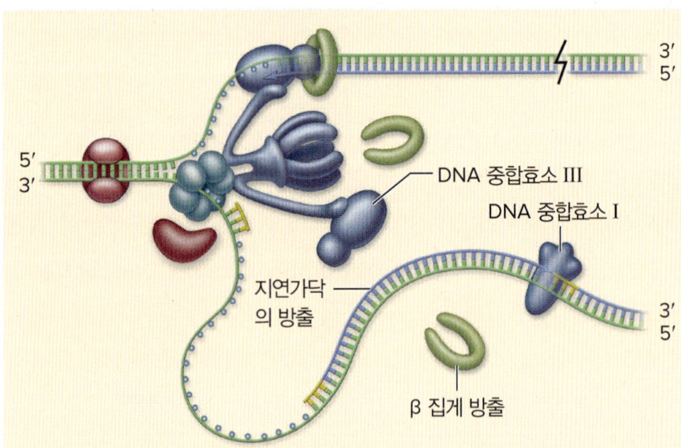

3. 지연가닥의 중합효소 III가 앞에 만들어진 절편에 부딪히면, 중합효소는 β 활주집게와 DNA 주형가닥을 놓아준다. DNA 중합효소 I이 프라이머를 제거하기 위해 부착한다.

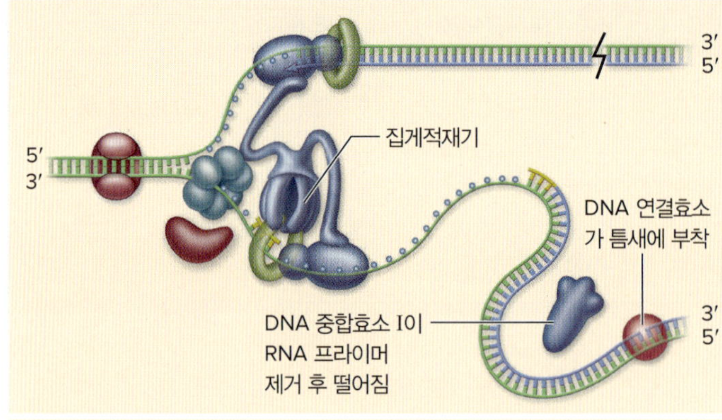

4. 집게적재기가 β 집게에 부착되고, 이것을 중합효소 III로 옮겨 지연가닥의 주형에서 새로운 고리를 형성한다. DNA 중합효소 I이 프라이머들을 제거한 후, DNA 연결효소가 단편들을 연결해 준다.

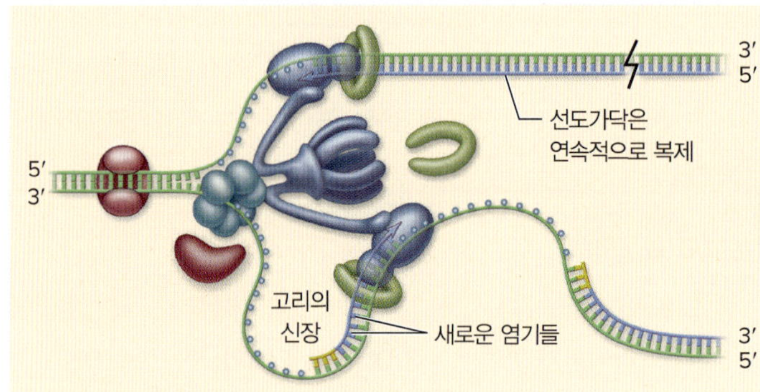

5. β 집게가 DNA 가닥에 실어진 후, 지연가닥의 DNA 중합효소 III가 오카자키 절편에 염기들을 첨가한다.

그림 5.12 리플리솜에 의한 DNA 합성.
DNA의 반불연속 합성을 단계별로 나타내었다.

체는 짧은 염기서열이 반복된 구조인데, 이 구조는 핵산가수분해효소로부터 염색체의 말단을 보호해주지만, 선형의 염색체 구조는 말단을 복제하는 데 문제가 된다. 선도가닥의 경우 중합효소가 5′에서 3′ 방향으로 DNA를 합성하면서 이 말단에 도달하면 복제는 끝나게 된다. 그러나 다른 쪽 지연가닥의 3′ 끝에서는 마지막 프라이머가 제거된 후 생긴 간극을 중합효소 복합체가 복제할 수 없게 되어, 매 세포분열마다 염색체가 점차적으로 짧아지게 된다(**그림 5.13**).

말단소체의 복제 문제는 텔로머레이스(telomerase) 작용에 의해 해결할 수 있다. 이 효소는 내부에 짧고 반복된 RNA 염기서열을 가지고 있는데, 이 RNA는 말단소체의 염기서열과 상보적이다. 따라서 프라이머가 제거된 후, 그 자리에 결합하여 지연가닥의 3′ 끝을 반복해서 연장시킬 수 있다. 연장된 부분을 주형으로 사용하여 DNA를 합성하면 염색체 말단이 짧아지는 것을 막을 수 있다(**그림 5.14**).

텔로머레이스의 활성은 나이가 들수록 감소하는데, 여러 연구에 의하면 텔로머레이스 활성이 증가할수록 세포의 분열이 촉진되고 수명이 길어진다고 보고되었다. 이는 세포의 노화와 말단소체의 길이

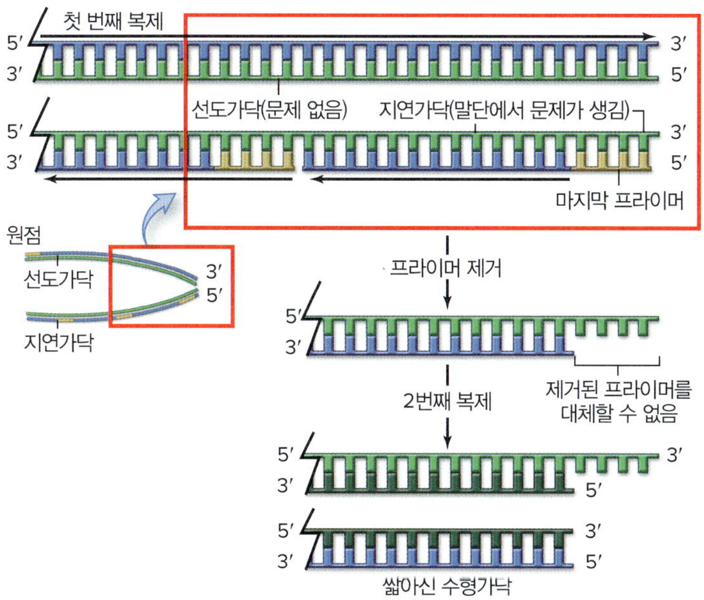

그림 5.13 선형 DNA 말단의 복제.
단순화를 위해 오직 한쪽 말단만 나타냈다. 문제는 양 말단 모두에 있다. 선도가닥은 완전히 복제될 수 있지만, 지연가닥은 완전하게 복제될 수 없다. 마지막 프라이머가 제거되면 대체될 수 없다. 다음 세대의 복제주기 동안 이 짧아진 주형이 복제되고, 이것은 다시 더욱 짧아진 염색체를 만들게 된다.

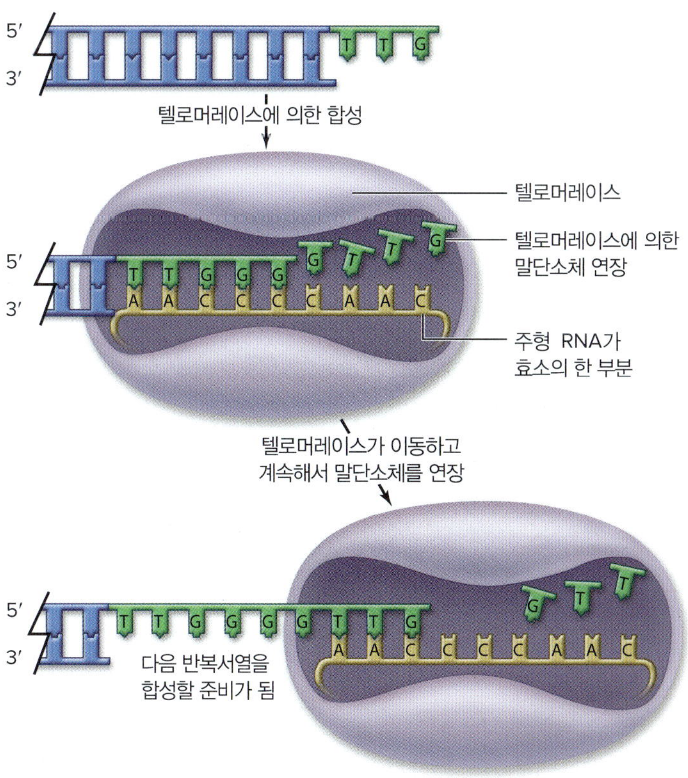

그림 5.14 텔로머레이스의 작용.
텔로머레이스는 고유 RNA를 가지고 있어서 이 RNA를 주형으로 염색체 말단의 DNA를 확장시킬 수 있다. 텔로머레이스에 의한 여러 번의 합성은 반복된 염기서열을 만든다. 이렇게 만들어진 단일가닥을 주형으로 정상 합성과정은 완료된다(이 그림에서는 나타내지 않음).

사이에 관련성이 있음을 시사해 준다. 또한 무한정 분열하는 암세포들은 일반적으로 텔로머레이스의 활성이 높게 나타나는데, 이는 말단소체의 길이를 유지하는 데 텔로머레이스가 필요하기 때문으로 생각된다.

5.3 유전자의 전사

연구자들은 DNA가 단백질을 암호화(encoding)한다는 것을 이미 알고 있었지만, 이 지식만으로는 어떻게 DNA상의 유전정보가 세포의 기능을 소설할 수 있는지 설명하기 어렵다. 이 절에서는 원핵세포 및 진핵세포 전사 과정의 이해와 함께 유전자 발현에 대해 알아본다.

세포에서 정보의 흐름을 DNA에서 RNA로, 그리고 단백질로 설명하는 중심원리

유전자형에서 표현형으로의 전환은 DNA에 저장된 정보가 단백질로 전환되어야 가능해진다. 세포에서 정보 흐름의 본질은 크릭에 의해서 분자생물학의 **중심원리**(central dogma)로 처음 제안되었다. 정보는 DNA에서 유전자의 복사본인 RNA로 흘러가고, RNA는 아미노산 사슬인 단백질로의 순차적인 결합을 지시한다. 이를 간단하게 표현하면 DNA → RNA → 단백질로 나타낼 수 있다. DNA에서 RNA 복사본을 만드는 과정은 **전사**(transcription)라고 부르고, RNA에서 단백질을 만드는 과정은 **번역**(translation)이라고 한다.

중심원리의 독창적인 체계화 이후 RNA 유전체를 DNA로 복제하는 **레트로바이러스**(retrovirus)가 발견되었다. 이 바이러스는 **역전사 효소**(reverse transcriptase)를 사용하는데, 이런 전환은 중심원리의 정보 흐름의 방향에 어긋난다. 이 발견 이후 아래 그림에서 보는 것처럼 RNA에서 DNA로의 "역방향(reverse)"을 포함하는 정보의 흐름이 새로 첨가되었다.

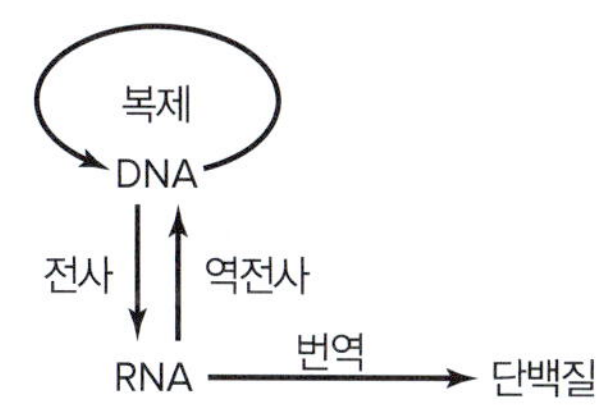

DNA에서 RNA가 복사되는 전사

전사 과정은 DNA의 유전정보가 RNA로 복사되는 과정으로,

RNA 중합효소(RNA polymerase)에 의해 일어난다. 2중가닥인 DNA로부터 단일가닥인 RNA가 합성되므로, DNA의 두 가닥 중 한 가닥만 RNA 복제에 사용된다. 복제에 사용되는 한 가닥을 **주형가닥**(template strand)이라고 하는데, RNA 전사체의 염기서열은 주형가닥(안티센스)에 상보적이다. 주형으로 사용되지 않는 DNA 가닥은 **암호가닥**(coding strand)이라고 하며, 이 가닥의 염기서열은 DNA의 타이민(T)이 RNA에서 유라실(U)로 바뀐 것을 제외하고는 RNA 전사체와 같다(그래서 센스가닥이라고도 부름).

암호가닥(센스) 5′ –TCAGCCGTCAGCT– 3′ ┐
주형가닥(안티센스) 3′ –AGTCGGCAGTCGA– 5′ ┘ DNA
전사
↓
암호가닥 5′ –UCAGCCGUCAGCU– 3′ mRNA

폴리펩타이드의 합성에 사용되는 RNA 전사체를 **전령 RNA**(messenger RNA, mRNA)라고 하는데, 이 이름은 단백질 합성 과정에서 세포가 DNA 메시지(message)를 리보솜(ribosome)에게 전달하기 위해 mRNA를 사용하는 데에서 기인한 것이다.

원핵세포의 전사

1개의 RNA 중합효소를 지닌 원핵세포

원핵세포의 RNA 중합효소는 핵심중합효소(core polymerase)와 완전효소(holoenzyme)의 2가지 형태로 존재한다. 핵심중합효소는 4개 소단위로 구성되어 있는데, 2개의 동일한 α 소단위 및 β와 β′ 소단위이다(**그림 5.15***a*). α 소단위들은 조절 단백질과 결합할 수 있다. β와 β′ 소단위는 DNA 주형과 RNA 3인산(ribonucleoside triphosphate) 전구체가 결합하는 자리이다. 핵심중합효소는 합성을 개시하지 못하는데, 여기에 시그마(σ) 소단위가 결합해야 합성을 개시할 수 있는 완전효소가 된다(**그림 5.15***a* 참조). σ는 DNA상의 특정 서열을 인지하여 RNA 중합효소가 유전자의 시작점에 위치할 수 있도록 함으로써, RNA 중합효소의 기능에 핵심적 역할을 하게 된다. mRNA 합성을 개시하는 데는 DNA 복제와 달리 프라이머가 필요하지 않다.

프로모터에서 일어나는 전사의 개시

전사가 정확하게 일어나려면 DNA상에 RNA 중합효소가 결합하는 **프로모터**(promoter)와 전사가 끝나는 신호인 **종결자**(terminator)가 필요하다. 프로모터에서 종결자까지의 영역을 **전사단위**(transcription unit)라고 한다. DNA상의 위치는 전사개시점을 기준으로 "상부(upstream)" 또는 "하부(downstream)"라고 표현한다. 전사가 일어나는 첫 번째 염기는 +1이라고 하고, 전사개시점으로부터 상부 방향의 염기는 -1로 시작한다.

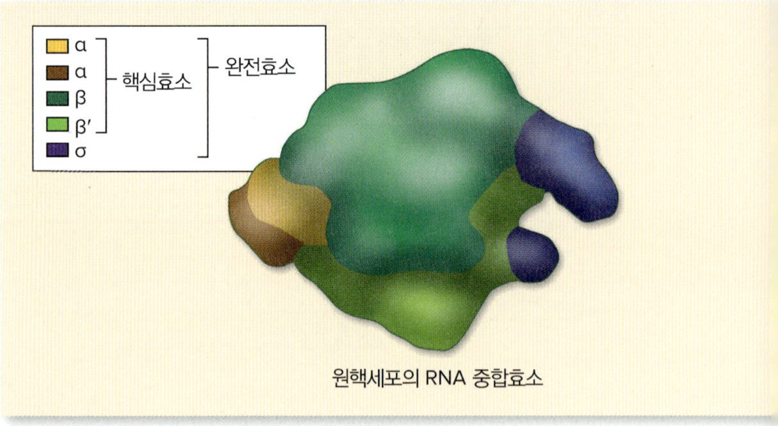

a.

그림 5.15 세균의 RNA 중합효소와 전사개시.
a. 2가지 형태의 RNA 중합효소: 핵심효소와 완전효소. ***b.*** 완전효소의 σ 소단위가 프로모터의 –35에서 –10 nt를 인지해 DNA에 결합한다. 나선구조는 –10에서 열리고, 전사는 +1의 전사개시점에서 시작된다.

프로모터에 있는 두 지점의 염기서열은 세균에서 공통적인데, 하나는 상부 방향의 -35지점에 있고, 다른 하나는 -10지점에 있다(**그림 5.16***b*). -35 염기서열은 σ 소단위가 인지하여 RNA 중합효소가 결합하는 장소이며, 일단 결합하면 -10 부위에서 DNA 나선구조를 풀

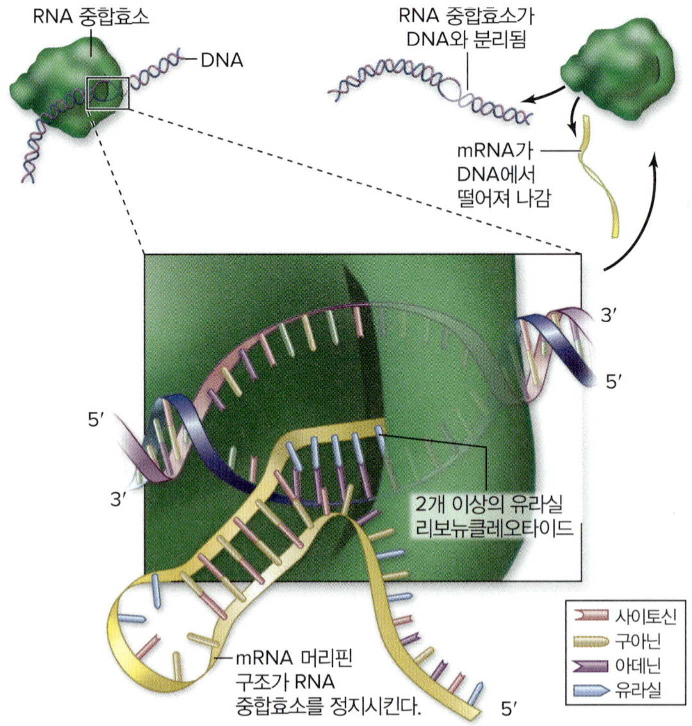

그림 5.16 세균의 전사종결자.
자기상보적인 G-C 영역은 머리핀이라고 불리는 단일가닥으로 구성된 고리를 만들면서 2중가닥의 줄기를 형성한다. 다수의 U는 덜 안정화된 RNA-DNA 혼성체를 만들어 효소들이 떨어져 나가게 된다.

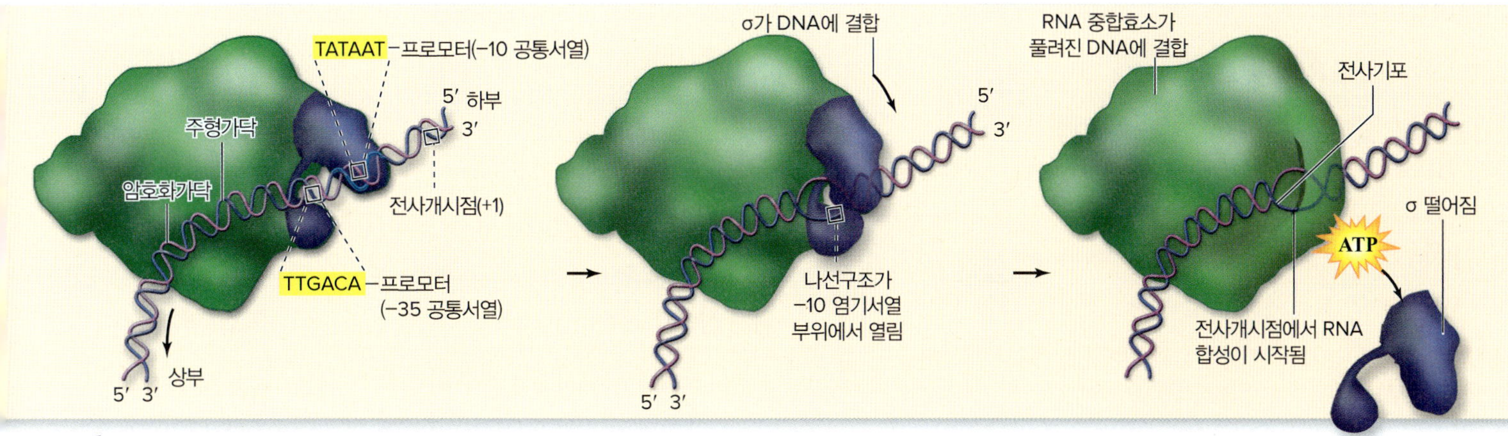

b.

기 시작한다. 결국 이 두 부위는 전사가 시작되는 지점과 중합효소의 이동 방향을 제시하는 것이다.

신장에 의한 연속적 뉴클레오타이드 첨가

원핵세포에서 RNA 전사는 리보뉴클레오타이드가 첨가되면서 5′에서 3′ 방향으로 신장한다. RNA 중합효소가 프로모터 영역을 떠나게 되면, σ 인자는 RNA 중합효소와 결합한 채로 있을 수 있지만, 더 이상 필요한 것은 아니다. RNA 중합효소가 결합한 주형 DNA 부분 및 신장하고 있는 RNA 전사체가 있는 부위는 DNA 2중나선이 풀어져 물방울처럼 부풀어 있게 되는데, 이를 **전사기포**(transcription bubble)라고 부른다. RNA 중합효소에 의해 만들어진 전사기포는 초당 50개의 뉴클레오타이드를 붙이면서 일정한 속도로 DNA를 따라 이동하고, 이때 신장하고 있는 RNA 전사체 가닥이 기포로부터 나오게 된다. 전사기포가 지나가고 나면 DNA 가닥은 다시 자신의 상보적 가닥과 감기게 된다.

특정 부위에서 일어나는 종결

세균의 전사단위 끝은 중합효소에게 "정지" 신호인 종결서열에 의해 표지되어 있다. 가장 간단한 종결 신호는 일련의 G-C 염기쌍 뒤에 일련의 A-T 염기쌍이 오는 것이다. 이 종결서열의 GC 부위는 머리핀(hairpin)이라고 부르는 2중나선 구조를 형성하고, 그 뒤에 4개 이상의 유라실 리보뉴클레오타이드가 따라오게 된다(**그림 5.16**). 머리핀 구조의 형성은 RNA 중합효소를 멈추게 하고, U-A 염기쌍은 결합력이 가장 약해 중합효소가 멈추었을 때 DNA-RNA 결합을 유지하지 못하게 된다. 따라서 전사기포 내 RNA 가닥은 DNA 가닥으로부터 분리되고, 전사는 종결된다. 또한 다양한 종류의 단백질 인자들이 전사를 종결하는 것을 돕기 위해 종결자 역할을 한다.

번역과 연결되어 있는 원핵세포의 전사

원핵세포에서 mRNA는 전사가 끝나기 전에 번역되기에, 전사와 번역은 연결되어 있다(**그림 5.17**). mRNA의 5′ 말단이 만들어지면 번역을 시작하기 위해 리보솜이 mRNA에 붙게 된다. 그에 비해 진핵세포에서는 전사 과정이 핵에서 일어나고 번역은 세포질에서 일어나기 때문에 서로 연결되어 있지 않다.

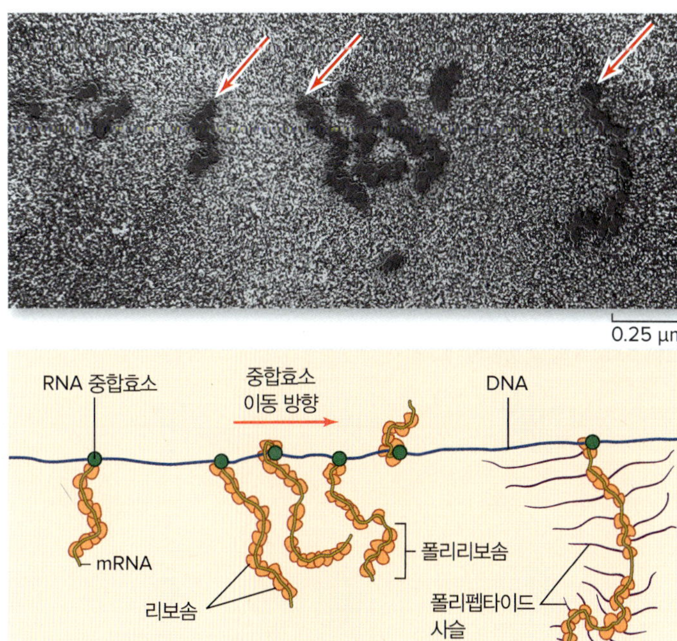

그림 5.17 원핵세포의 전사와 번역 과정.
대장균의 유전자 발현 전사 사진에서 번역이 전사 과정 동안 일어나고 있음을 알 수 있다. 위쪽 사진의 화살표는 RNA 중합효소를 가리키고 있고, 리보솜은 중합효소에서 뻗어 나오고 있는 mRNA에 결합되어 있다. 리보솜에 의해 합성되고 있는 폴리펩타이드는 현미경 사진에서는 볼 수가 없고, 그림의 마지막에 있는 mRNA에 그려 넣었다.

진핵세포의 전사

진핵세포의 3종류 RNA 중합효소

한 종류의 RNA 중합효소를 가지고 있는 원핵세포와 달리 진핵세포는 서로 다른 구조와 기능을 가진 3종류의 RNA 중합효소를 가지고 있다. RNA 중합효소 I은 rRNA를 전사하고, RNA 중합효소 II는 mRNA와 몇몇 소형 핵 RNA를 전사하며, RNA 중합효소 III는 tRNA와 다른 몇 종류의 소형 RNA들을 전사한다. 이 3종류의 중합효소는 서로 다른 집단의 RNA를 전사하기에, 각각의 중합효소는 서로 다른 프로모터 구조를 인지한다.

RNA 중합효소 I의 프로모터는 생물들 간에 유사성을 보이지 않는 rRNA 유전자들 때문에 종마다 다르다. RNA 중합효소 II의 프로모터는 3가지 유형 중 가장 복잡한데, 이는 이 중합효소에 의해 전사되는 유전자들이 매우 다양하기 때문이다. 진핵세포의 유전자는 전사개시점의 상부에 **TATA 박스**(TATA box)라는 염기서열을 가지고 있는데, 이 서열은 원핵세포에서의 -10 서열과 유사하다. TATA 박스 외에도 프로모터에는 다양한 조절서열이 존재하여 유전자의 조직-특이적, 시간-특이적 발현을 가능하게 해준다. RNA 중합효소 III에 대한 프로모터는 대부분 5′ 말단부위가 아닌 유전자 그 자체 안에 있는 것으로 밝혀졌다.

진핵세포의 전사 개시와 종결

RNA 중합효소 II 프로모터에서의 전사 개시는 원핵세포에서의 개시와 유사하지만, 그 과정은 더 복잡하다. 원핵세포에서는 한 가지 요소가 프로모터를 인지하는 데 비해, 진핵세포는 다수의 **전사인자**(transcription factor)가 RNA 중합효소 II와 상호작용하여 개시복합체를 형성한다. RNA 중합효소 II에 대한 전사 종결은 원핵세포와 다르게 나타난다. 종결 부위가 있지만, 원핵세포에서처럼 잘 밝혀져 있지 않으며, 1차 전사체(primary transcript)는 전사 후에 변형되기 때문에 mRNA의 말단의 폴리-A 꼬리는 RNA 중합효소 II에 의해 형성되지 않는다.

진핵세포에서 RNA 가공 과정

원핵세포와 진핵세포의 주된 차이는 전사체 자체의 운명이다. RNA 중합효소 II에 의해 만들어진 1차 전사체는 많은 변형이 일어나서 **성숙된 mRNA**(mature mRNA)로 된 후에 세포질로 수송된다.

5′ 캡: 진핵세포는 mRNA의 5′ 말단에 특이한 구조를 첨가한다. 전사체의 첫 염기에 GTP가 특이하게 결합하는 변형이 일어나, **5′ 캡**(5′ cap)이라고 알려진 구조를 형성한다(**그림 5.18**). 캡의 G 뉴클레오타이드는 전사체의 5′ 말단과 5′-5′ 결합을 형성한다. 또한 구아닌(G)은 메틸기(methyl group)가 첨가되어 메틸 G 캡(methyl-G cap)이라고도 부른다. 캡은 mRNA의 5′ 말단이 분해되지 않도록 보호하고, 번역 개시에도 관여한다.

3′ 폴리-A 꼬리: 진핵세포의 전사체는 특정 염기서열(AAUAAA)의 아래쪽이 절단된 후, 3′ 폴리-A 꼬리(3′ poly-A tail)라는 일련의 아데닌(A) 잔기가 폴리-A 중합효소(poly-A polymerase)에 의해 연결된다. 이와 같이 진핵세포의 mRNA 말단은 RNA 중합효소 II에 의해 만들어진 것도 아니고, 전사체의 말단도 아니다(**그림 5.18** 참조). 폴리-A 중합효소는 폴리 A가 결합하는 위치를 인지하여 전사체를 자른 후, 100~200개의 A를 말단에 첨가하는 효소 복합체이다. 폴리-A 꼬리는 mRNA가 분해되지 않도록 보호하고 안정화시키는 역할을 한다.

1차 전사체의 스플라이싱: 진핵세포의 유전자는 mRNA와 단백질에 포함되지 않는 서열을 가지고 있는데, 이를 **인트론**(intron)이라고 하고, 단백질로 발현되는 암호화서열(coding sequence)을 **엑손**

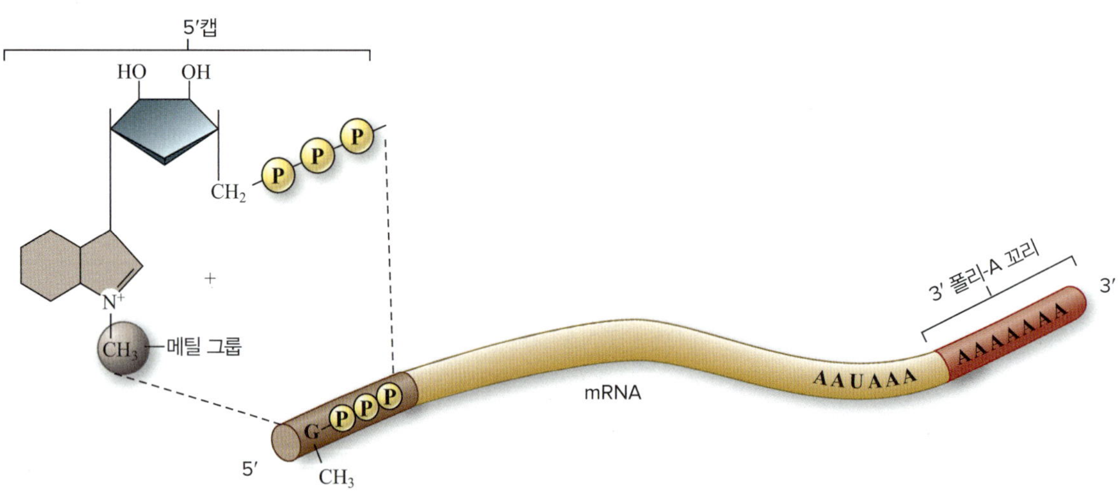

그림 5.18 5′와 3′ 말단에서의 전사 후 변형.
진핵세포의 mRNA는 5′ 말단에 캡이라고 부르는 메틸화된 GTP의 첨가와 3′ 말단에 폴리-A 꼬리라고 부르는 긴 사슬의 아데닌이 첨가되는데, 이러한 변형은 핵 안에서 일어난다.

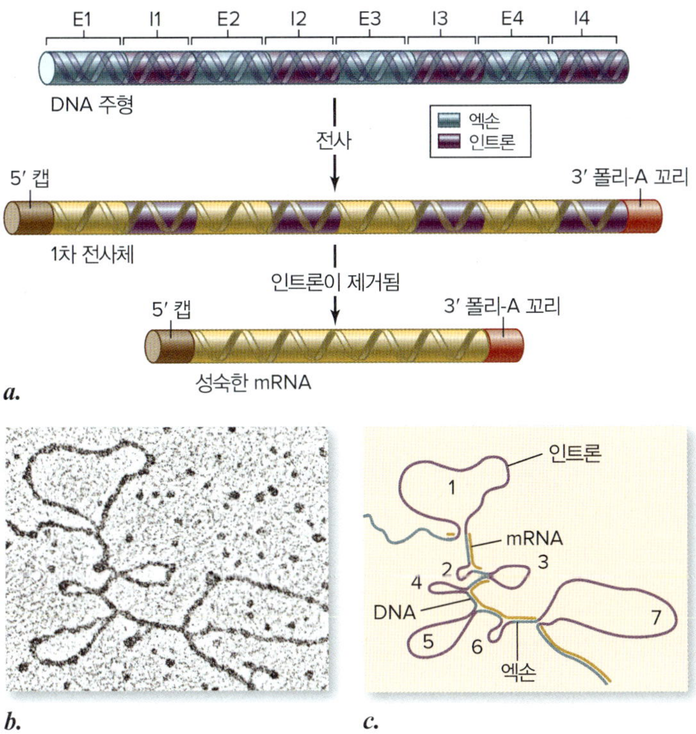

그림 5.19 인트론과 엑손을 가진 진핵세포 유전자.
a. 진핵세포의 유전자는 엑손이라고 부르는 암호서열과 인트론이라고 부르는 엑손 사이의 서열을 가지고 있다. *b.* 전자현미경 사진은 7개의 인트론을 가진 오브알부민(ovalbumin)의 DNA와 mRNA의 혼성체를 보여준다. DNA 서열 내 인트론은 mRNA에 상보적인 서열이 없어 7개의 고리처럼 보인다. *c.* 현미경 사진을 도식화한 그림.

(exon)이라고 한다(**그림 5.19**). 진핵세포는 성숙한 mRNA를 만들기 위해 1차 전사체를 자른 후, 다시 연결하여야 한다. 이 과정을 pre-mRNA **스플라이싱**(splicing)라고 하며, 이 반응은 mRNA가 세포질 내로 수송되기 전에 핵 안에서 일어난다. 인트론-엑손의 연결 부위는 snRNA와 단백질로 구성된 **snRNP**(small nuclear ribonucleoprotein particle)에 의해 인지된다. snRNP는 다른 단백질과 결합하여 **스플라이시오솜**(spliceosome)라고 부르는 커다란 복합체를 형성하는데, 실제로 인트론을 잘라버리고 엑손을 서로 연결하는 작용을 하는 것은 snRNA이다.

진핵세포에서 유전자 발현은 스플라이싱으로 인해 복잡하게 나타난다. 하나의 유전자로부터 생성된 1차 전사체는 **선택적 스플라이싱**(alternative splicing) 과정을 통해 서로 다른 엑손을 이어맞춤으로써 여러 종류의 mRNA를 만들 수 있다. 스플라이싱은 인간 유전체에서 유전자 수보다 훨씬 더 많은 단백질이 만들어지는 것을 잘 설명해 주고 있다.

5.4 유전암호

DNA상의 뉴클레오타이드 서열이 어떻게 폴리펩타이드상의 아미노산 순서를 명시화하도록 암호화할 수 있을까? 이 중요한 질문에 대한 답은 1961년에 크릭(Francis Crick)과 브레너(Sydney Brenner)의 실험으로 밝혀졌다.

3개의 염기 단위로 읽히는 코드

1961년 크릭과 브레너는 유전암호가 **코돈**(codon)으로 구성되어 있을 것으로 추정하였는데, 하나의 코돈은 단백질에서 하나의 아미노산에 해당한다고 하였다. 더 나아가 그들은 하나의 코돈 내의 정보는 3개의 뉴클레오타이드 서열로 되어 있을 것이라는 가설을 세웠다. 만약에 코돈이 G, C, T, A의 4개 뉴클레오타이드 중 2개를 사용한다면, 4^2으로 16개의 코돈을 만들 수 있지만, 20개의 아미노산을 모두 지정하지는 못한다. 그러나 3개의 뉴클레오타이드를 이용하면 4^3로, 64개의 조합이 만들어지므로 충분하게 된다.

간격이 없는 코돈

이론적으로 각각의 코돈은 문장에서 단어를 분리하는 띄어쓰기처럼 사용되거나, 연속적으로 이어져 있을 수도 있다. 다음 그림에서 보는 것처럼 유전 메시지에서의 정보가 빈칸에 의해 분리되면, 변이된 어떤 한 단어가 전체 문장에 큰 영향을 주지 않게 된다. 그에 비해 모든 단어가 연결되어 있고, 단지 3개씩의 그룹으로 읽혀진다면, 전제 문장을 변형시킬 수 있다.

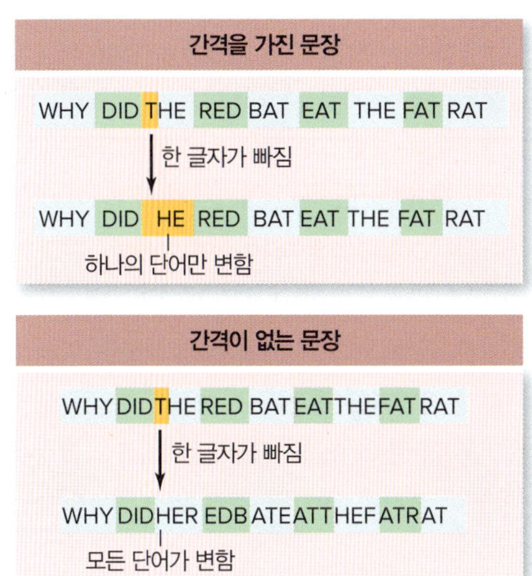

위의 2가지 방법 중 맞는 것을 찾기 위해, 크릭과 그의 동료들은 화학물질을 이용하여 바이러스 DNA에 1개의 염기를 삽입(insert-

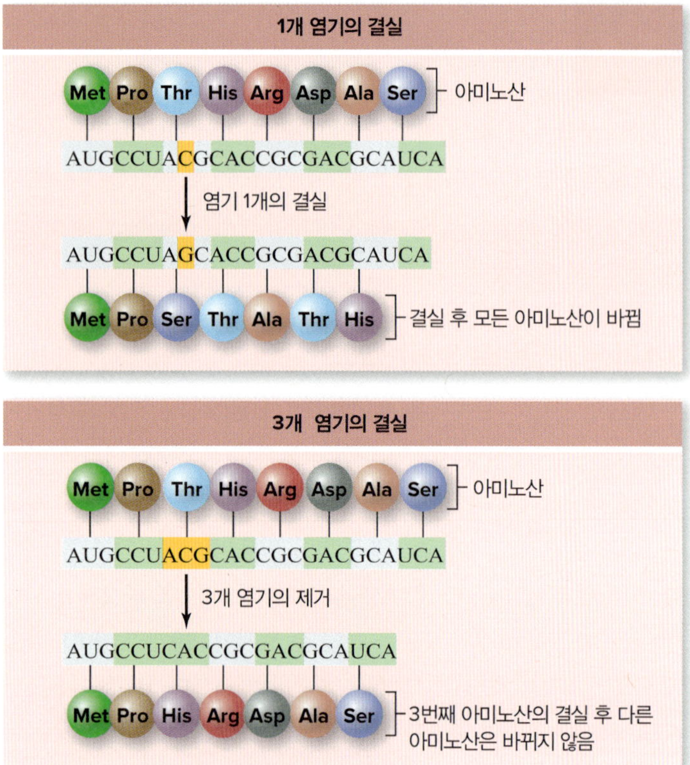

그림 5.20 유전자 암호는 3개의 염기로 구성됨.

ion)하거나 또는 결실(deletion)을 유발하는 돌연변이를 만들었다. 각각의 돌연변이는 기능상실을 보였지만, 결실과 삽입이 조합된 돌연변이는 정상 기능을 되찾았다. 이 경우 삽입에서 결실이 일어난 부위까지만 유전정보가 변하였다. 인접한 부위에서 1개 염기 또는 2개 염기가 결실된 돌연변이는 유전정보가 바뀌어 결실된 부분 이후부터는 아미노산 모두가 변한다. 그러나 3개의 염기를 삭제하면, 결실 부위 이후부터는 정상으로 나타난다. 뉴클레오타이드를 1개, 2개, 3개를 삽입했을 때도 같은 결과를 얻었다.

이러한 결과를 통해 크릭과 브레너는 유전자 암호는 3개의 뉴클레오타이드 단위인 **3자암호**(triplet code)로 읽히며, 이 읽힘은 간격 없이 계속된다고 결론지었다(**그림 5.20**). 이런 실험들은 유전정보에 대한 **번역틀**(reading frame)의 중요성을 보여주는데, 암호 사이에 여백이 없기에 염기서열에서 첫 번째 코돈에 의한 번역의 시작이 나머지 코돈이 어떻게 읽힐지를 결정한다. 크릭과 브레너에 의한 돌연변이 종류를 **틀이동돌연변이**(frameshift mutation)라고 하는데, 그 이유는 돌연변이들이 유전정보의 번역틀을 변화시켰기 때문이다.

니렌버그 그룹에 의한 암호해독

각각 특정한 아미노산을 암호화하는 64개 코돈을 결정한 것은 20세기 생화학의 위대한 업적 중의 하나이다. 이 암호해독은 (1) 하나의 정해진 RNA에서 단백질 합성을 할 수 있는 무세포 생합성 시스템 개발과 (2) 이 시스템에서 사용될 수 있는 RNA를 합성하는 방법을 개발했기에 가능했다.

1961~1966년까지의 5년 동안 니렌버그(Marshall W. Nirenberg) 실험실에서 수행된 주요 업적은 유전암호의 해독이다. 처음에 니렌버그 그룹은 시험관내 시스템에서 유라실만으로 이루어진 RNA(poly-U)로부터 페닐알라닌 아미노산으로만 이루어진 폴리펩타이드(poly-phenylalanine)를 만들었다. 따라서 UUU가 페닐알라닌을 암호화한다는 것을 알아냈다. 다음에는 효소를 이용하여 하나 이상의 뉴클레오타이드로 이루어진 RNA를 합성한 후 어떤 아미노산이 조합되었는지를 분석했는데, 이 실험으로 정확한 코돈의 염기서열을 결정하지는 못했지만, 코돈의 가능한 조합을 추론할 수 있었다. 그 후, 니렌버그 연구팀은 3개의 염기로 구성된 RNA를 합성하여 무세포 단백질 합성계에 넣은 후, 어떤 아미노산이 대응하는지를 조사하였다. 이러한 3염기결합분석법(triple-binding assay)을 이용하여 64개의 코돈 중에서 54개 코돈의 암호를 밝혀냈다. 유기화학자인 코라나(Gobind Khorana)는 유기합성 방법으로 인공 RNA 분자를 만든 후, 무세포 시스템에서 어떤 폴리펩타이드가 합성되는지를 검사함으로써 퍼즐의 마지막 조각을 완성하였다(**표 5.2**).

유전암호의 중첩성

표 5.2는 암호의 특성들을 분명하게 보여준다. 첫째로 64개의 가능한 코돈에서 61개가 아미노산을 지정하는 데 사용되고, 나머지 3개의 코돈, UAA, UGA, UAG는 정지 신호인 **종결코돈**(stop codon)이다. AUG는 시작 신호인 **개시코돈**(start codon)이면서 메싸이오닌(Met)을 암호화하는 2가지 기능을 지닌다.

20개의 아미노산을 암호화하는 데 20개의 코돈만 사용할 수도 있지만, 실제 세포에서는 61개의 코돈이 모두 이용되고 있다. 즉 많은 여유분의 코돈이 있기에 어떤 아미노산은 1개 이상의 코돈에 의해 지정된다는 것을 의미하고, 이는 암호의 **중첩성**(degenerate)을 나타낸다. 그러나 반대로 하나의 코돈이 하나 이상의 아미노산을 암호화하는 경우는 없다. 이런 중첩성은 모든 코돈에서 똑같지는 않은데, 어떤 아미노산은 하나의 코돈을 가지고 있지만 어떤 것은 6개의 코돈을 가진 경우도 있다. 일반적으로 코돈의 세 번째 염기에 의해 중첩성이 나타나는데, 앞의 2개의 염기가 일치하고 세 번째 염기가 동일한 계열(퓨린 또는 피리미딘)일 경우, 같은 아미노산을 암호화하는 경우가 많다.

유전암호의 보편성

유전암호는 거의 모든 생물에서 동일하다. 유전암호의 보편성은

표 5.2	유전코드(암호)								
				두 번째 염기					
첫 번째 염기	U		C		A		G		세 번째 염기
U	UUU	Phe 페닐알라닌	UCU	Ser 세린	UAU	Tyr 타이로신	UGU	Cys 시스테인	U
	UUC		UCC		UAC		UGC		C
	UUA	Leu 류신	UCA		UAA	"종결"	UGA	"종결"	A
	UUG		UCG		UAG	"종결"	UGG	Trp 트립토판	G
C	CUU	Leu 류신	CCU	Pro 프롤린	CAU	His 히스티딘	CGU	Arg 아르지닌	U
	CUC		CCC		CAC		CGC		C
	CUA		CCA		CAA	Gln 글루타민	CGA		A
	CUG		CCG		CAG		CGG		G
A	AUU	Ile 아이소류신	ACU	Thr 트레오닌	AAU	Asn 아스파라진	AGU	Ser 세린	U
	AUC		ACC		AAC		AGC		C
	AUA		ACA		AAA	Lys 라이신	AGA	Arg 아르지닌	A
	AUG	Met 메싸이오닌; "개시"	ACG		AAG		AGG		G
G	GUU	Val 발린	GCU	Ala 알라닌	GAU	Asp 아스파트산	GGU	Gly 글리신	U
	GUC		GCC		GAC		GGC		C
	GUA		GCA		GAA	Glu 글루탐산	GGA		A
	GUG		GCG		GAG		GGG		G

하나의 코돈은 위에 보이는 서열로 읽히는 3개의 뉴클레오타이드로 구성된다. 예를 들어, ACU는 트레오닌을 암호화한다. A는 첫 번째 염기열이고, C는 두 번째, U는 세 번째 염기열이다. 각각의 mRNA 코돈은 이에 상응하는 tRNA 안티코돈 서열에 의해 인식된다. 많은 아미노산들이 1개 이상의 코돈으로 지정된다. 예를 들어, 트레오닌은 3개 코돈에 의해 지정되는데, 이 코돈은 뉴클레오타이드의 세 번째 염기만 다르다.

모든 생명체가 공통의 진화적 유산을 공유한다는 것에 대한 가장 강력한 증거 중 하나이다. 암호는 보편적이기 때문에 유전자는 한 생명체에서 또 다른 생명체로 전이될 수 있고, 새로운 숙주에서 성공적으로 발현될 수 있다. 그러나 1979년에 과학자들은 사람, 소, 그리고 생쥐의 미토콘드리아 유전체의 전체 염기서열을 밝혔는데, 이들 포유동물에서 미토콘드리아 유전암호가 똑같지 않다는 것을 알아냈다.

미토콘드리아 유전체에서 종결코돈이어야 할 UGA는 트립토판으로, AUA는 이소류신 대신에 메싸이오닌으로, 그리고 AGA와 AGG는 아르기닌 대신 종결코돈으로 읽혀졌다. 이러한 보편적 암호에서의 일부 차이는 엽록체와 원생생물의 한 유형인 섬모충류에서도 발견되었다. 이는 미토콘드리아와 엽록체의 세포내공생(endosymbiosis)이 시작된 이후, 이들의 유전암호가 다르게 읽히기 시작했을 것으로 여겨지고 있다.

5.5 단백질 번역

번역 과정은 전사 과정보다 훨씬 복잡하다. 이는 아미노산 서열과 RNA 서열에 상보성이 없어서 아미노산의 서열이 RNA 주형에 나란히 배열될 수 없기 때문이다. 즉 이들 사이를 매개할 수 있는 중재자가 필요한데, **운반 RNA**(transfer RNA, tRNA)가 이 역할을 하는 것으로 밝혀졌다. 번역은 세포의 단백질 합성 기구인 리보솜에서 일어나는데, 많은 종류의 RNA와 단백질이 필요하다. 이 과정에서의 핵심은 리보솜과 tRNA 및 mRNA의 상호작용이다. 이에 대한 이해를 위해 먼저 tRNA 분자와 리보솜의 구조에 대해 알아보자.

tRNA의 구조와 기능

tRNA 구조

tRNA는 mRNA와 아미노산에 상호작용할 수 있는 2가지 구조를 가지고 있다. tRNA의 구조는 모든 생물체에서 유사하며, 분자 내 염기쌍의 형성으로 2중가닥을 형성하게 되면서, 클로버 잎 모양의 구조를 이루게 된다. 이 초기 구조는 다시 접혀 **아미노산수용 말단**(acc-

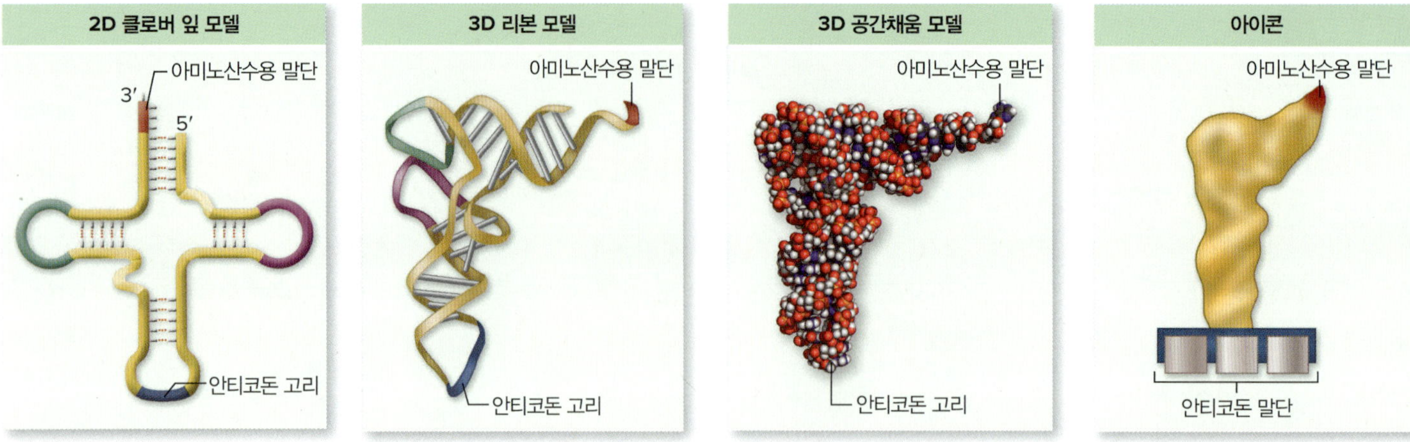

그림 5.21 tRNA의 구조.
RNA 단일가닥에서의 염기쌍 형성은 특징적인 클로버 잎 모양의 3개의 줄기와 고리를 만든다. 클로버 잎 바닥의 고리는 안티코돈 염기서열을 가지고 있어 mRNA의 코돈과 염기쌍을 형성할 수 있다. 아미노산은 tRNA의 아미노산수용 말단의 자유로운 단일 가닥의 −OH에 연결된다. 마지막 3차원 구조에서 tRNA의 고리는 L자 모양으로 접힌다.

eptor stem)과 **안티코돈 고리**(anticodon loop)의 두 기능적 말단을 갖는 L 모양의 분자를 형성한다(**그림 5.21**). 아미노산수용 말단은 3′ 말단에 있고, 이는 5′-CCA-3′으로 끝나며, 아미노산이 여기에 붙게 된다. 안티코돈 고리는 클로버 잎의 아래 고리에 위치하고, mRNA의 코돈과 염기쌍을 이룬다.

tRNA에 아미노산을 연결하는 충전 반응

단백질 합성을 위해 각 아미노산은 tRNA와 결합해야 한다. 이 공유결합은 **아미노아실-tRNA 합성효소**(aminoacyl-tRNA synthetase)의 작용으로 이루어진다. 아미노아실-tRNA 합성효소는 특정 tRNA와 이에 결합하는 아미노산을 모두 인지해야 한다. 비록 61개의 코돈이 존재하지만, 세포에는 실제로 61개의 tRNA가 존재하지 않고 종마다 tRNA의 수가 다르다. 따라서 어떤 아미노아실-tRNA 합성효소의 경우, 하나 이상의 tRNA가 하나의 아미노산을 인지하게 된다.

아미노아실-tRNA 합성효소에 의한 반응을 tRNA **충전반응**(charging reaction)이라고 하는데, tRNA의 아미노산수용 말단에 아미노산의 카복실기 말단을 연결해 준다(**그림 5.22**). 이 반응에는

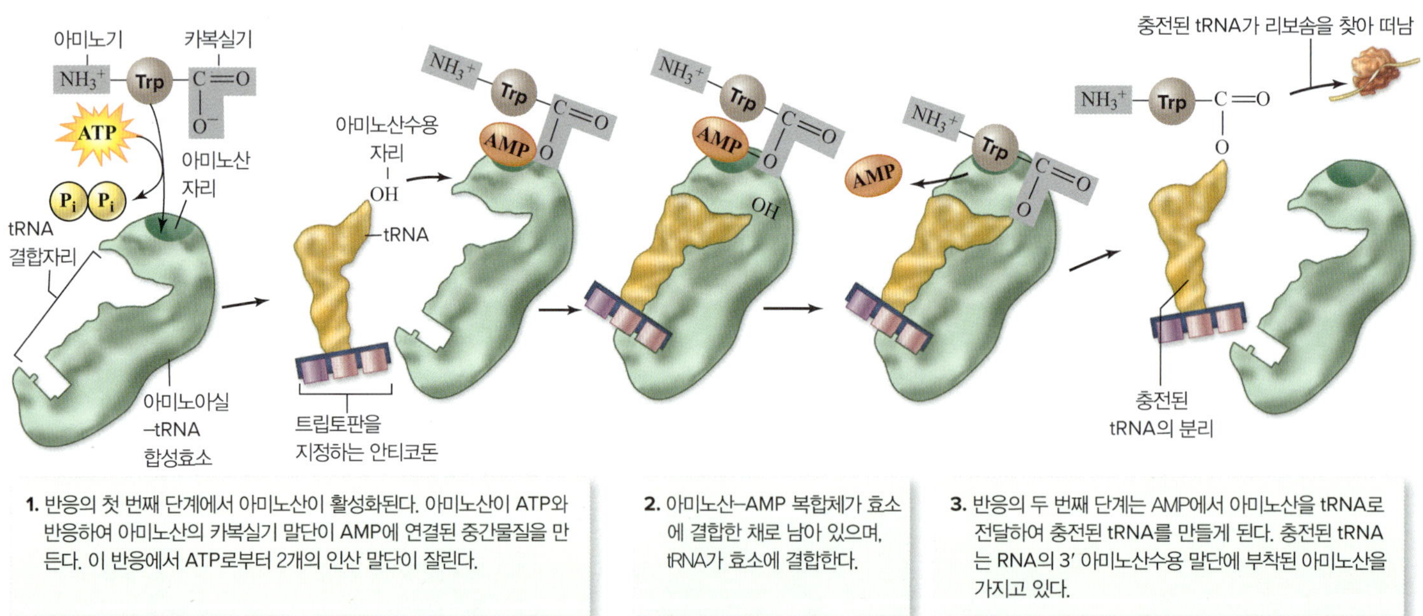

그림 5.22 tRNA의 충전 반응.
각 아미노산에 특이적인 20종류의 아미노아실−tRNA 합성효소가 존재한다. 예를 들어, 트립토판(Trp)을 지정하는 안티코돈 ACC를 가진 tRNA를 효소가 인지해 결합해야 한다. 이 반응은 ATP를 사용하고, 펩타이드 결합 형성을 위한 에너지를 더 이상 필요로 하지 않는 활성화된 중간물질을 만든다.

ATP가 소모되며, 아미노산과 결합한 충전된 tRNA는 에너지의 추가적 투입 없이 펩타이드결합 반응을 진행할 수 있는 활성화된 중간물질이 된다. 리보솜은 코돈과 안티코돈의 결합 여부만 확인할 뿐이고, tRNA와 아미노산의 결합을 확인하지 않기 때문에, tRNA와 아미노산의 정확한 결합은 중요하다.

리보솜의 구조와 역할

다양한 tRNA 결합 부위를 지닌 리보솜

단백질 합성은 개시, 신장, 종결의 3단계로 구분된다. 이 과정은 rRNA와 단백질의 커다란 거대분자 덩어리인 리보솜(ribosome)에서 일어난다(**그림 5.23**). 리보솜은 역할을 수행하기 위해 한 번에 적어도 2개의 충전된 tRNA와 결합하여 아미노산들 사이에서 펩타이드결합을 형성할 수 있어야 한다. 세균의 리보솜은 다음과 같은 3개의 결합 부위를 가지고 있다.

- **A 자리**(aminoacyl site)는 다음에 첨가될 아미노산을 운반하고 있는 tRNA와 결합한다.
- **P 자리**(peptidyl site)는 신장하고 있는 펩타이드 사슬이 부착된 tRNA와 결합한다.
- **E 자리**(exit site)는 펩타이드 사슬을 넘겨준 후, 비어 있는 tRNA와 결합한다.

tRNA는 신장 과정 동안 이 자리들을 따라 연이어 움직인다. 이 자리들은 mRNA의 5′에서 3′ 쪽으로 E, P, A 순서로 배열되어 있다. 충전된 tRNA는 리보솜의 A 자리로 들어가서, P 자리를 통과한 다음, E 자리를 통해 빠져나간다. 단, 개시코돈과 결합한 tRNA는 P 자리로 들어간다.

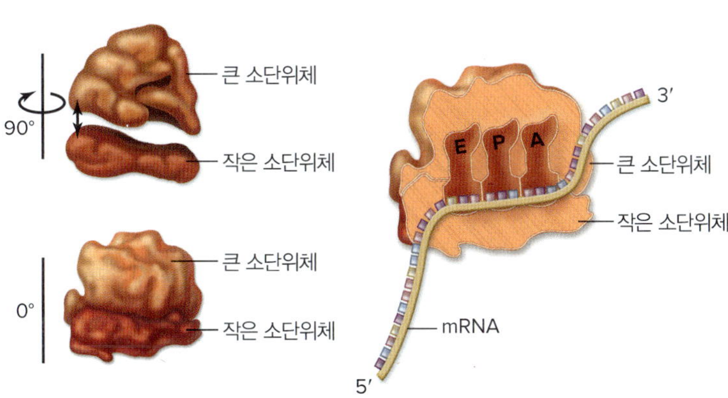

그림 5.23 2개의 소단위체로 구성된 리보솜.
리보솜 소단위체들은 조립되어 있다가 분리된다. 작은 소단위체는 큰 소단위체 표면의 오목한 곳에 꼭 들어맞는다. 리보솜은 아미노아실 자리(A), 펩티딜 자리(P), 그리고 출구 자리(E)의 3개의 tRNA 결합 부위를 지니고 있다.

암호해독과 효소 기능을 지닌 리보솜

리보솜의 2가지 기능은 전사된 유전정보를 해독하고, 펩타이드결합을 형성하는 것이다. 암호해독 기능은 리보솜의 작은 소단위체의 주기능이며, 펩타이드결합의 형성은 큰 소단위체에 있는 **펩타이드기 전달효소**(peptidyl transferase)에 의해 이루어진다(**그림 5.25** 참고). 리보솜에 대한 견해는 극적으로 변해왔다. 초기에 분자생물학자들은 리보솜의 단백질이 기능을 수행하고, rRNA는 단백질을 정확한 위치에 유지시키는 데 필요한 구조적 골격이라고 추정했다. 그러나 지금은 리보솜의 두 소단위체에서 mRNA, tRNA, 그리고 아미노산과 상호작용을 하는 부분은 주로 rRNA이고, 단백질은 rRNA의 위치를 잡아주는 역할을 한다고 뒤바뀌었다. 현재 펩타이드기 전달효소는 단백질이 아닌 rRNA라고 밝혀지고 있다.

개시복합체 형성

원핵세포에서 개시복합체는 리보솜, mRNA, 여러 개시인자들, 그리고 개시 tRNA(initiator tRNA)를 포함하고 있다(**그림 5.24**). 먼저 리보솜 작은 소단위체에 포함되어 있는 rRNA의 특정 염기서열은 mRNA 5′ 말단에 있는 잘 보존된 **리보솜 결합서열**(ribosome-binding sequence, RBS)과 상보적으로 결합한다. 그다음 N-포밀메싸이오닌(N-formylmethionine)을 가진 개시 $tRNA^{fMet}$가 리보솜 작은 소단위체의 P 자리에 들어와 개시코돈과 결합한다. 마지막으로 리보솜 큰 소단위체가 결합하여 개시복합체를 완성한다. 이 과정에서 많은 개시인자가 리보솜, mRNA 그리고 $tRNA^{fMet}$의 상호작용을 매개한다. 이런 인자들은 개시 과정에만 관련되어 있을 뿐 리보솜의 부분은 아니다.

진핵세포에서 번역 개시는 2가지 면에서 원핵세포와 다르다. 첫째, 개시 아미노산이 N-포밀메싸이오닌이 아닌 메싸이오닌이며, 둘째, 개시복합체가 9개 이상의 단백질 인자들과 여러 개의 소단위체로 구성된 훨씬 복잡한 복합체라는 것이다. 진핵세포의 mRNA에는 RBS가 없는 대신, 리보솜 작은 소단위체는 mRNA의 5′ 캡에 결합함으로써 초기에 mRNA와 연결된다.

연속적인 아미노산 첨가 과정인 신장

전체 리보솜이 조립되면 두 번째 충전된 tRNA가 리보솜에 와서 비어 있는 A 자리에 결합한다. 충전된 tRNA가 리보솜과 결합할 때는 에너지(GTP)와 EF-Tu라고 부르는 **신장인자**(elongation factor)가 필요하다. 그다음 P 자리와 A 자리에 있는 2개의 충전된 tRNA의 아미노산에서 펩타이드결합이 형성된다. P 자리에 있는 아미노산의 카복실기 말단이 tRNA로부터 끊어져서 A 자리 아미노산의 아미

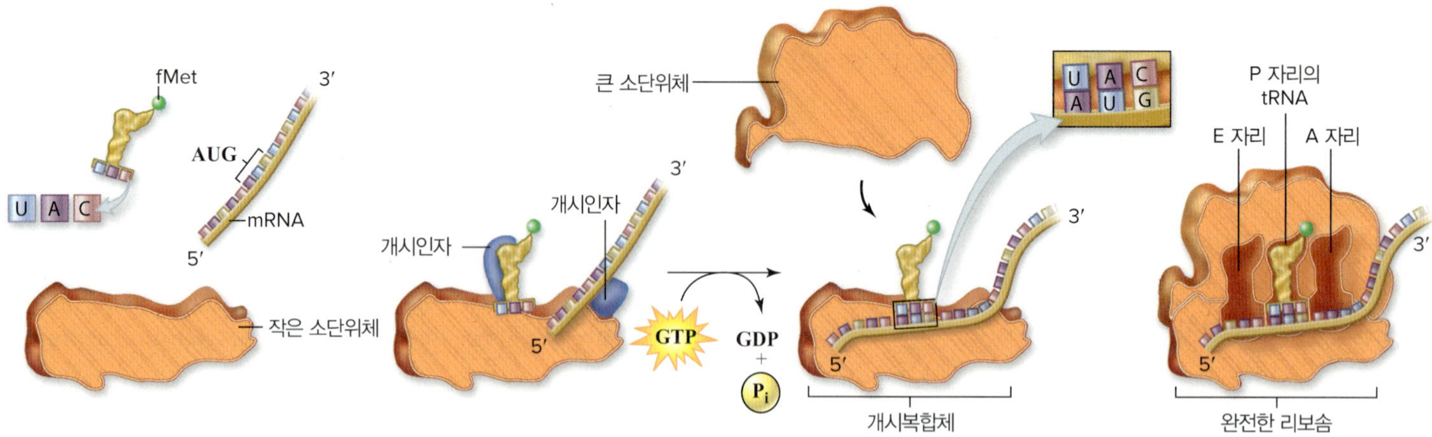

그림 5.24 번역 개시.
원핵세포에서의 개시인자들은 작은 리보솜 소단위체, 개시 $tRNA^{fMet}$, 그리고 mRNA의 위치를 정하는 중요한 역할을 담당한다. $tRNA^{fMet}$가 mRNA의 첫 번째 코돈인 AUG에 위치하면 큰 리보솜 소단위체가 결합하여 연속적으로 tRNA 분자가 리보솜에 결합하는 부위인 E, P, A 자리를 형성하고, 폴리펩타이드 합성을 시작한다. 그림은 횡단면으로 잘린 리보솜 소단위체이다.

노 말단과 펩타이드결합을 형성한다(**그림 5.25**). 연속적으로 일어나는 신장 주기의 세부 내용은 다음과 같다(**그림 5.26**).

1. **충전된 tRNA가 A자리와 결합**: 새로 충전된 tRNA가 신장인자(EF-Tu)와 GTP에 결합한 채 리보솜에 들어온다. 안티코돈이 A 자리의 mRNA 코돈과 상보적이면 충전된 tRNA는 A 자리와 결합한다.
2. **펩타이드결합 형성**: 큰 소단위체에 있는 펩타이드기 전달효소는 A 자리 아미노산의 아미노기와 P 자리에서 신장하고 있는 사슬의 카복실기 사이에서 펩타이드결합을 촉매한다. 결국 이 과정은 P 자리의 아미노산 사슬을 A 자리의 tRNA로 전달하는 것이다.
3. **리보솜의 자리 이동**: 펩타이드결합이 형성된 후 리보솜은 mRNA의 3′ 쪽으로 코돈 하나만큼 움직인다. 이에 따라 mRNA와 결합하고 있던 tRNA의 리보솜 내의 위치가 달라진다. 자리 이동 단계는 또 다른 보조인자와 GTP의 가수분해를 필요로 한다.

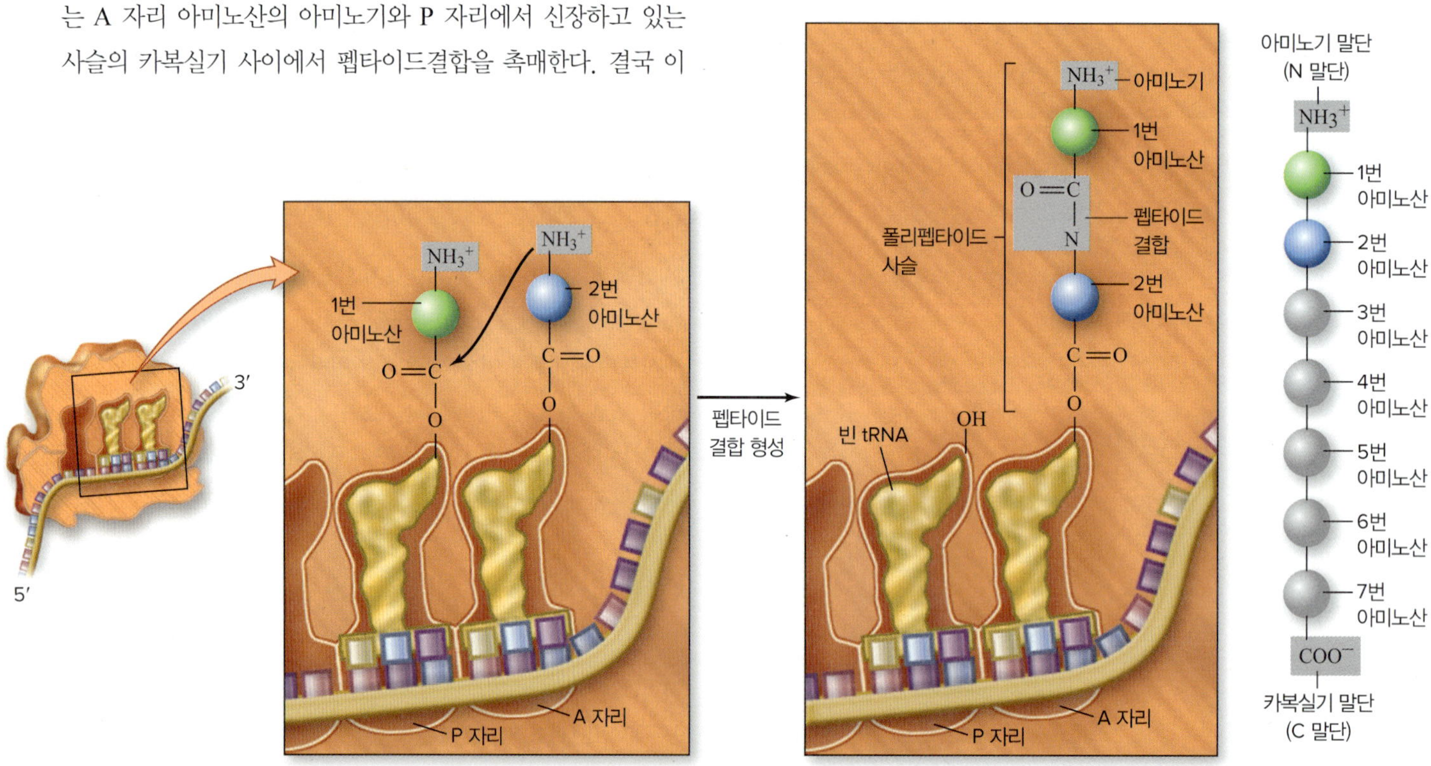

그림 5.25 펩타이드 결합의 형성.
A 자리에 새롭게 충전된 tRNA와 P 자리에 신장하고 있는 사슬이 부착된 tRNA 사이에서 펩타이드 결합이 형성된다. 새로운 아미노산의 아미노기와 신장하고 있는 사슬의 카복실기 사이에 결합이 생긴다. 이 펩타이드 결합은 신장하고 있는 사슬과 연결된 tRNA 사이의 결합을 깨고, 펩타이드 사슬을 A 자리로 옮김으로써, 새로운 아미노산은 자신의 tRNA에 부착된 채 남아 있게 된다.

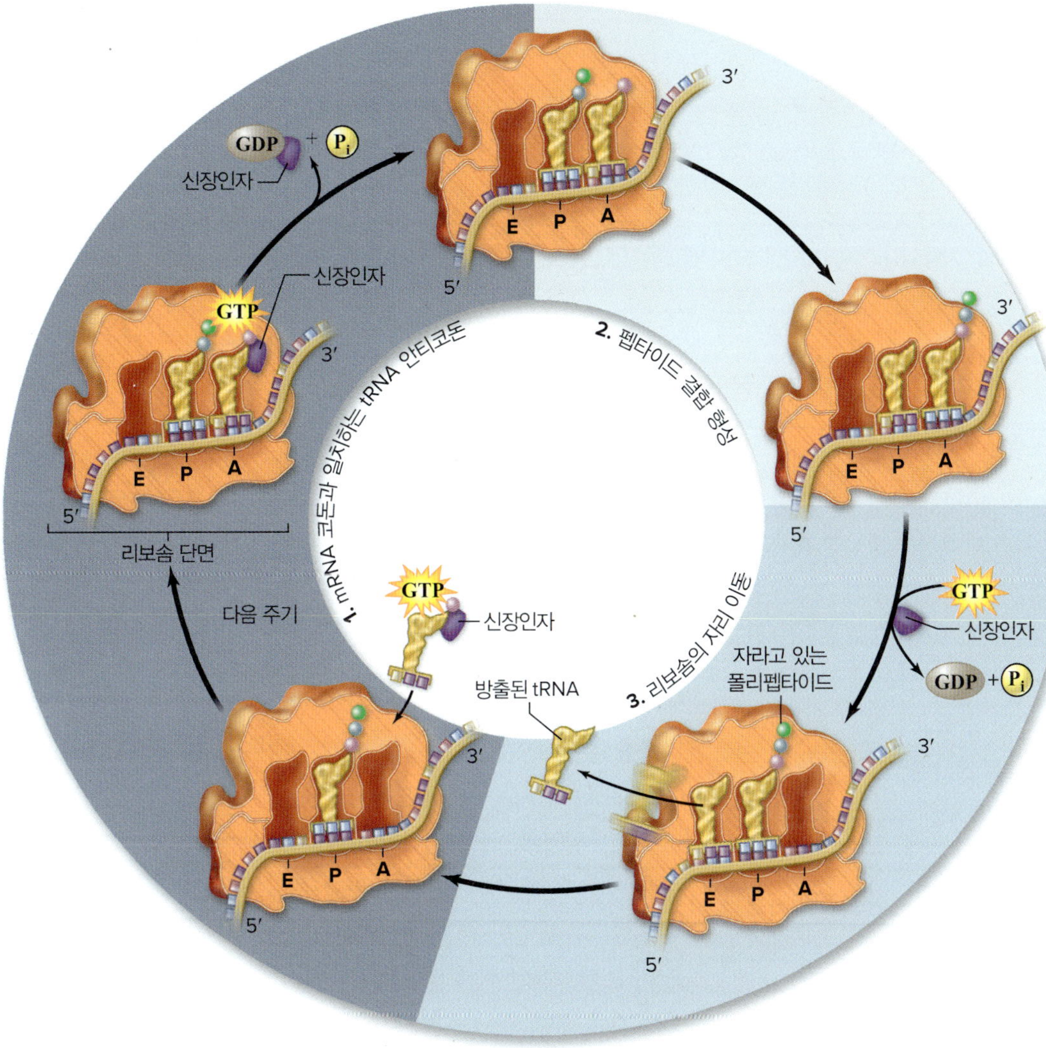

그림 5.26 신장주기. 신장주기의 번호는 본문의 번호와 일치한다. 회로는 mRNA의 A 자리 코돈에 맞는 안티코돈을 가진 새로 충전된 tRNA가 EF-Tu와 mRNA에 도달하면서 시작된다. EF-Tu는 GTP를 가수분해하고, 리보솜에서 떨어져 나간다. A 자리의 아미노산과 P 자리에서 신장하고 있는 사슬 사이에서 펩타이드 결합이 형성되고, 신장하고 있던 사슬은 A 자리로 옮기고, 빈 tRNA를 P 자리로 남겨 놓는다. 리보솜의 자리 이동은 또 다른 신장인자와 GTP 가수분해를 필요로 한다. 이것은 A 자리의 tRNA를 P 자리로 옮기고, mRNA상의 다음 코돈이 A 자리로 오고, 빈 tRNA는 E 자리로 가게 한다.

이 신장 주기는 새로운 아미노산의 첨가와 함께 계속된다. 리보솜은 mRNA의 5′에서 3′ 방향으로 이어진 코돈을 읽으면서 움직인다. tRNA는 반대 방향으로 리보솜을 따라 움직이는데, A 자리에서 P 자리 그리고 빈 tRNA는 방출되기 전에 마지막 E 자리로 옮겨간다. 방출된 빈 tRNA는 또 다른 아미노산으로 충전되어 재사용된다.

코돈의 3′ 염기와 안티코돈의 5′ 염기 사이의 짝짓기는 다른 위치에 있는 염기들 사이의 짝짓기보다 훨씬 덜 엄격하기 때문에 코돈보다 적은 수의 tRNA를 가지고도 아무 문제없이 단백질 합성이 이루어진다. 다시 말해 tRNA가 mRNA에 결합할 때 융통성이 있다는 것인데, 이것을 **와블 염기쌍**(wobble pairing)라고 하며, tRNA가 mRNA상에 있는 한 개 이상의 코돈을 "읽을 수" 있게 해준다.

보조인자들이 필요한 종결 과정

신장은 리보솜이 사슬의 종결코돈에 도착할 때까지 계속된다. 이런 종결코돈은 tRNA와 결합하지 않고, 리보솜에서 새로 합성된 폴리펩타이드를 내보내는 단백질인 방출인자(releasing factor)에 의해 인지된다. 방출인자가 종결코돈과 결합하면, 리보솜 소단위체들이 분리되면서 tRNA와 폴리펩타이드도 떨어져 나간다.

5.6 유전자 발현을 조절하는 전사인자

유전자 발현의 조절은 모든 생물체에서 매우 중요하다. 유전자 발현의 조절은 원핵생물이 수시로 변하는 환경조건에서 살 수 있도록 해주며, 다세포 진핵생물에서는 발생의 방향과 항상성 유지에 절대적으로 필요하다. 진핵세포의 경우 mRNA의 생성과 가공은 핵에서 일어나며, 번역은 세포질에서 일어나기 때문에 유전자 조절 기작은 원핵세포에 비해 훨씬 더 복잡하고 다양하다(**표 5.3**).

표 5.3	원핵세포와 진핵세포에서 유전자 발현의 차이들	
특징	원핵세포	진핵세포
인트론	같은 구조 유전자이지만 인트론이 없음	대부분의 유전자들이 인트론을 지님
mRNA에 포함된 유전자 수	몇 개의 유전자들이 단일 mRNA 분자로 전사될 수 있음. 이들은 생화학적 경로의 조절에 관여하는 오페론의 기능과 형태에 관련되어 있음	mRNA 분자당 하나의 유전자만이 있으며, 경로 조절은 다른 방법으로 수행됨
전사와 번역 부위	막을 지닌 핵이 없어 전사와 번역이 연계되어 있음	전사가 핵 내에서 일어나며, mRNA가 번역을 위해 세포질로 이동함
번역 개시	리보솜과 결합한 특수 염기서열 다음의 AUG 코돈으로 시작됨	리보솜과 결합한 5′ 캡(메틸화된 GTP) 다음의 AUG 코돈에서 시작됨
전사 후 mRNA의 변환	없음. 전사가 끝나기 전에 번역이 시작되며, 전사와 번역이 연계되어 있음	mRNA는 핵에서 많은 변형이 일어남. 인트론이 제거되고 엑손끼리 결합하면서 5′ 캡과 폴리-A 꼬리가 첨가됨

전사의 개시 단계에서 일어나는 조절

간단히 말해 **유전자 발현**(gene expression)이란 유전자형이 표현형으로 전환되는 것이다. DNA 정보로부터 단백질을 생산할 때까지 이 과정의 어느 시점에서도 발현을 조절할 수 있지만, 전사 개시에서의 조절은 모든 생물체에서 공통적인 현상이다. RNA 중합효소는 전사 과정의 핵심으로, 전사를 시작하기 위해 DNA 나선에 접근해 유전자의 프로모터와 결합해야만 한다. RNA 중합효소가 프로모터에 결합하는 정도는 **조절 단백질**(regulatory protein)에 의해 결정된다.

수백 개에 달하는 조절 단백질의 특성이 밝혀졌는데, 각각의 조절 단백질은 일반적으로 10~15 뉴클레오타이드 정도의 특정 염기서열을 인식하여 결합한다. 이런 단백질의 결합은 RNA 중합효소의 진행 경로를 차단하여 전사를 막거나, 프로모터와 RNA 중합효소의 결합을 용이하게 하여 전사 과정을 활성화하기도 한다.

DNA의 주홈을 통해 결합하는 조절 단백질

특정 DNA 서열에 결합하는 단백질의 능력은 유전자 조절의 기본 도구로, 전사 조절을 가능하게 해주는 주요 능력이다. 과거에 분자생물학자들은 DNA 나선이 풀어져야만 조절 단백질들이 염기쌍 사이의 수소결합에 접근할 수 있다고 판단했다. 그 후 단백질들이 염기쌍의 가장자리가 노출되어 있는 바깥 표면에 결합할 수 있다는 것이 밝혀졌다. DNA 분자를 살펴보면, DNA를 둘러싸고 있는 2개의 홈이 있고, 하나는 다른 것에 비해 더 깊은 것을 알 수 있다. **주홈**(major groove)이라고 부르는 깊은 홈에서 단백질은 뉴클레오타이드와 결합할 수 있다(**그림 5.5** 참조).

특정 DNA 서열과 상호작용하는 DNA-결합 모티프

유전자 발현에 영향을 주기 위해 DNA와 상호작용할 수 있는 단백질의 수는 상당히 많지만, 이들 중 실제 구조를 결정하고 DNA와 결합하는 단백질 모티프는 몇몇 종류에 불과하다. 모티프는 많은 단백질에서 발견되는 3차원적 소구조의 한 형태인데, 이런 **DNA-결합 모티프**(DNA-binding motif)는 일반적으로 DNA 나선의 주홈을 통해 염기의 특정 서열과 상호작용한다. DNA-결합 모티프 사이의 유사성은 DNA와 결합하는 특정 부분에서가 아니라, 그들의 3차원적 구조에서 나타난다. 여기에서는 가장 잘 알려진 4개의 모티프가 어떻게 DNA와 상호작용하는지에 대해 알아본다(**그림 1.29** 참조).

나선-꺾임-나선 모티프

가장 흔한 DNA-결합 모티프의 형태는 **나선-꺾임-나선**(helix-turn-helix) 구조로, 2개의 짧은 α-나선 사이에 꼬이지 않은 짧은 부분이 연결되는데, 이를 '꺾임(turn)'이라고 부른다(**그림 5.27***a*). 나선-꺾임-나선 모티프에 의해 인지되는 대부분의 DNA 조절 서열은 대칭적 쌍으로 발견된다. 이런 서열들은 2개의 나선-꺾임-나선 모티프를 가진 단백질에 의해 결합된다. 2개의 단백질-DNA-결합 자리를 갖는 것은 단백질과 DNA 사이의 접촉 영역을 2배로 하고, 그들 사이의 결합을 크게 강화시킬 수 있다.

호미오도메인 모티프

특별한 나선-꺾임-나선 모티프인 **호미오도메인**(homeodomain)은 사람을 포함한 다양한 진핵생물의 발생에 중요한 역할을 한다. 이 모티프는 초파리에서 호미오틱 돌연변이(homeotic mutation; 몸의 한 부분을 다른 부분으로 변화시키는 돌연변이)를 분석함으로써 밝혀졌다. 호미오도메인을 가진 단백질들은 주요 발생단계의 핵심 유전자에 결합한다. 50개 이상의 조절 단백질들이 분석되었는데, 그들 전부 호미오도메인이라고 부르는 60여 개의 거의 동일한 아미노산 서열을 가지고 있었다.

아연집게 모티프

DNA에 대한 결합을 조절하는 데 하나 또는 그 이상의 아연 이온(Zn^{2+})을 사용하는 **아연집게 모티프**(zinc finger motif)가 있다. 이 모티프에는 여러 가지 유형이 있는데, 한 유형은 아연 원자가 α-나선을 β-병풍 절편에 연결하여 나선 조각이 DNA의 주요 홈에 들어

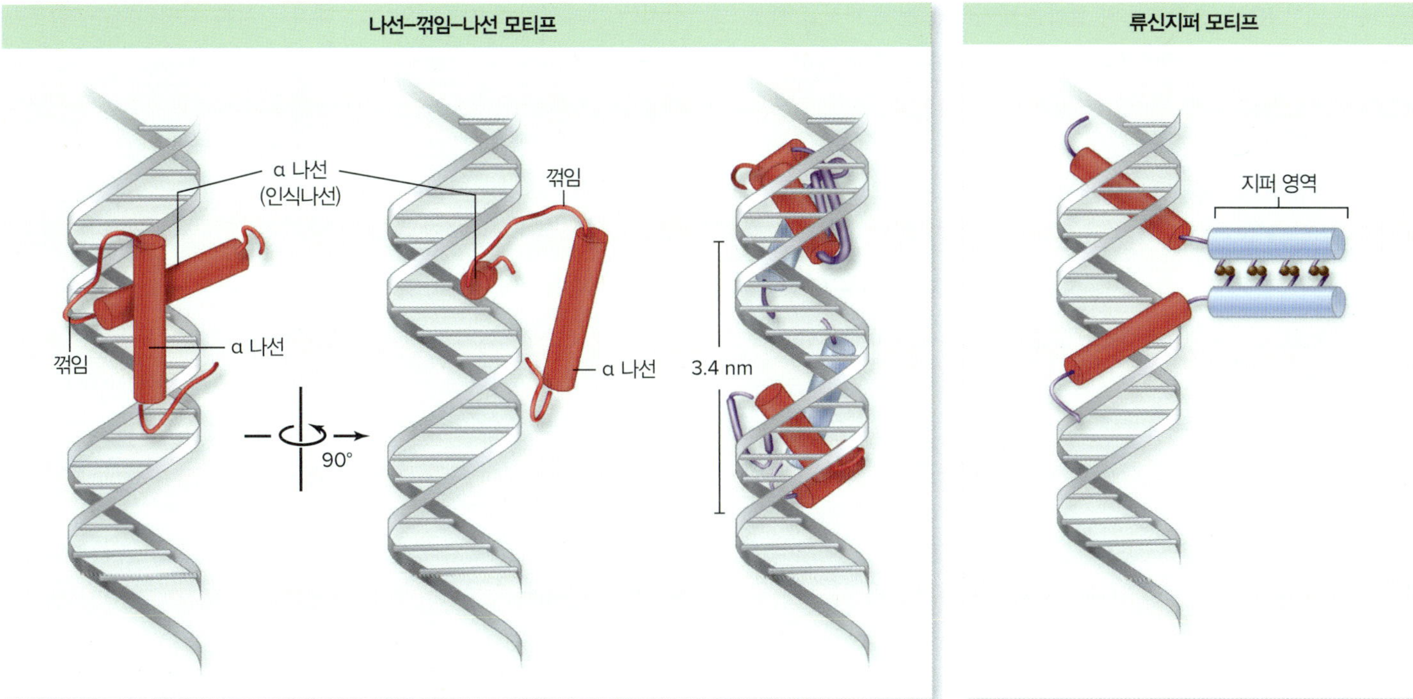

a. *b.*

그림 5.27 주요 DNA-결합 모티프.
DNA와 상호작용을 하고 있는 2개의 다른 DNA-결합 모티프를 보여주고 있다. ***a.*** 나선-꺾임-나선 모티프는 주홈과 상호작용을 하기 위해 인식나선인 한쪽의 α 나선을 이용하여 DNA에 결합한다. 다른 쪽 나선은 인식나선의 자리를 잡아준다. 이 모티프를 가진 단백질은 일반적으로 2개의 동일한 소단위를 가진 2량체로 각각의 소단위는 DNA-결합 모티프를 가지고 있다. 2개의 모티프(빨간색)는 DNA 나선이 완전히 한 바퀴 돌 때의 길이인 3.4 nm의 간격으로 떨어져 있다. ***b.*** 류신지퍼는 다수의 소단위로 구성된 단백질에서의 두 소단위를 묶어 α 나선 부위가 DNA와 상호작용을 할 수 있게 해준다.

맞도록 해주기에, 마치 주홈을 손가락으로 찌른 모습과 같다.

류신지퍼 모티프

또 다른 DNA-결합 모티프에서는 두 단백질의 소단위가 상호작용하여 DNA에 결합한다. 이 모티프는 여러 개의 소수성 아미노산(일반적으로 류신)을 가진 소단위끼리 결합하여 만들어진다. **류신지퍼**(leucine zipper)라고 부르는 이 구조는 Y자 모양으로, 나선구조로 이루어진 Y의 두 팔이 DNA의 주홈에 꼭 맞는다(**그림 5.27***b*).

5.7 원핵세포의 유전자 발현 조절

유전자 발현에서 원핵세포가 진핵세포와 다른 큰 차이점은 **오페론**(operon)이라고 부르는, 기능적으로 서로 연관된 유전자들이 하나의 프로모터에 의해 동시에 전사된다는 것이다.

양성 또는 음성으로 조절되는 전사 조절

유전자 발현의 조절에 대한 세부 사항은 전사 개시를 조절하는 기작을 연구함으로써 밝혀졌다. 전사 개시 단계에서의 조절은 양성적일수도 있고 음성적일수도 있다. **양성조절**(positive control)은 개시의 빈도를 높여 주고, **음성조절**(negative control)은 개시의 빈도를 낮추어 준다. 각각의 조절 형태는 조절 단백질에 의해 중재된다.

음성조절은 **억제인자**(repressor)라고 부르는 단백질에 의해 조절되는데, 억제인자는 **작동자**(operator)라는 DNA 조절 부위에 결합해 중합효소가 효율적으로 전사를 개시하는 것을 막거나 줄여주는 단백질이다. 억제인자들은 혼자 작용하지 않고 각각 특이적인 효과인자(effector)에 반응한다. 효과인자와의 결합은 억제인자의 입체 구조를 바꾸어 DNA에 결합하는 것을 더 잘하거나 못하도록 한다. 이 억제인자들은 DNA에 결합하는 활성부위와 효과인자에 결합하는 조절부위를 가지고 있는 다른자리입체성 단백질(allosteric protein)이다(**그림 3.8** 참조). *lac* 오페론에서의 효과인자는 유도자(락토스)라고도 하며, *trp* 오페론에서의 효과인자는 보조억제인자(트립토판)라고도 한다. 효과인자와 DNA 염기서열인 작동자를 혼동하지 않도록 한다.

양성조절은 **활성인자**(activator)에 의해 중재되는데, 이 인자는 프로모터에 대한 RNA 중합효소의 결합을 증가시켜 전사 개시를 활성화시킨다. 활성인자는 억제인자와 반대 작용을 하며, 효과인자는 활성인자의 결합을 높이거나 낮출 수 있다.

환경 조건에 따라 유전자 발현을 조절하는 원핵생물

원핵생물에서 동일 대사경로에 관여하는 유전자들은 단일 프로모터에 의해 하나의 전사단위로 작용한다. 이를 오페론이라고 한다. 대표적인 예로 젖당 이용에 필요한 단백질은 *lac* 오페론(*lac* operon)에 의해 암호화되고, 트립토판 합성에 필요한 단백질들은 *trp* 오페론(*trp* operon)에 의해 암호화된다.

유도와 억제

세균은 젖당이 주어지면 젖당 이용에 필요한 효소들을 만들기 시작하지만, 젖당이 없으면 이런 단백질들을 만들 필요가 없다. 따라서 단백질들의 합성은 젖당의 존재 유무에 의해 유도된다. **유도**(induction)는 기질을 이용하기 위해 이화작용 경로에 관여하는 효소들이 합성될 때 일어나며, *lac* 오페론이 여기에 속한다.

환경에 트립토판이 있으면 세균은 트립토판을 만드는 효소를 합성할 필요가 없다. 그러나 트립토판 공급이 중단된다면, 세균은 동화작용 경로에 관여하는 이런 효소들을 만들기 시작한다. **억제**(repression)는 효소를 만들 능력이 있는 세균이 효소를 만들지 않도록 하며, *trp* 오페론이 그 예이다. 유도와 억제의 두 경우에서 세균은 주변 환경에 적합한 효소의 생산을 조절한다.

음성조절

유전자 발현이 전사 개시 단계에서 조절된다는 것을 알아도, 그것이 양성조절인지 음성조절인지는 알 수 없다. 외견상으로 억제는 음성적이고, 유도는 양성적인 것처럼 보이지만, *lac*과 *trp* 오페론 모두의 경우에서 조절은 억제인자에 의한 음성조절로 나타난다. 핵심은 억제인자와 결합하는 효과인자의 역할이 다르기 때문이다. *lac* 오페론의 경우, 기질인 락토스가 있을 때만 작동되어야 한다. 따라서 평상시엔 억제인자가 작동자와 결합해서 전사를 차단하다가, 락토스(유도자)가 주어지면 억제인자와 결합 후 작동자로부터 분리시켜 전사를 유도한다. 반대로 *trp* 오페론은 평상시에 트립토판을 합성하기 위해 억제인자가 작동자와 분리되어 있다가, 트립토판(보조억제인자)이 많아지면 이것이 억제인자를 작동자와 결합하도록 하여 전사를 멈추게 한다. 결국 음성 유도성 *lac* 오페론에서 억제인자에 대한 효과인자의 작용(억제인자를 비활성화시킴)이 음성 억제성 *trp* 오페론에서 보여준 작용(억제인자를 활성화시킴)과 상반된다는 것이다. 이는 반대적인 현상인데, 그 이유는 이화과정 경로와 동화과정 경로에서의 세포의 필요성이 반대이기 때문이다.

lac 오페론의 발현 조절

lac 오페론에서 유전자 발현의 조절은 1961년 모노(Jaques Monod)와 제이콥(Francois Jacob)의 선구적인 연구로 설명되었다. *lac* 오페론은 젖당을 이용하기 위해 필요한 기능을 암호화하는 β-갈락토시다아제(β-galactosidase, *lacZ*), 젖당 투과효소(lactose permease, *lacY*), 젖당 아세틸전달효소(lactose transacetylase, *lacA*) 유전자 및 이 유전자들의 발현을 조절하는 부위로 구성된다(**그림 5.28**). 이에 부가하여, *lac* 억제인자(*lacI*) 유전자는 자신의 프로모터를 가지고 있음에도 불구하고 *lac* 오페론의 부분으로 간주되기도 한다.

억제인자와 유도자의 상호작용

lac 오페론의 전사 개시는 *lac* 억제인자에 의해 조절된다. 젖당이 없을 때, 억제인자는 프로모터에 인접한 작동자에 결합한다(**그림 5.29*a***). 이로 인해 RNA 중합효소가 프로모터에 결합하는 것을 막아준다.

그러나 젖당이 있을 때, 젖당의 대사산물인 유사젖당(allolactose)이 생성되어 효과인자로 작용하게 된다. 유사젖당은 억제인자에 결합해 억제인자의 입체 구조를 바꾸어 더 이상 작동자에 결합할 수 없도록 함으로써(**그림 5.29*b***), 오페론을 유도했기 때문에 유도자(inducer)라고 부른다. 젖당이 소모됨에 따라 유사젖당이 더 이상 존

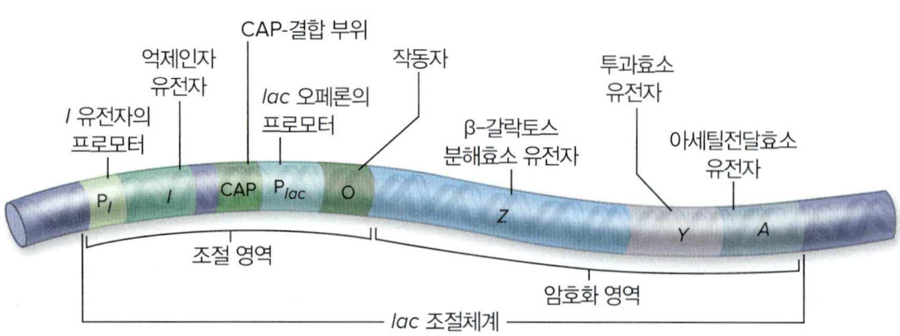

그림 5.28 대장균 염색체의 *lac* 오페론 부위. *lac* 오페론은 프로모터, 작동자, 그리고 젖당대사에 필요한 단백질을 암호화하는 3개의 유전자(*lac Z, Y, A*)로 구성되어 있다. 더불어, 이화물질활성화단백질(CAP)에 대한 결합 부위도 있는데, CAP는 RNA 중합효소가 프로모터에 결합하는 데 영향을 준다. *I* 유전자는 억제인자를 암호화하는데, 이 억제인자는 작동자에 결합하여, *lac* 오페론의 전사를 막아준다.

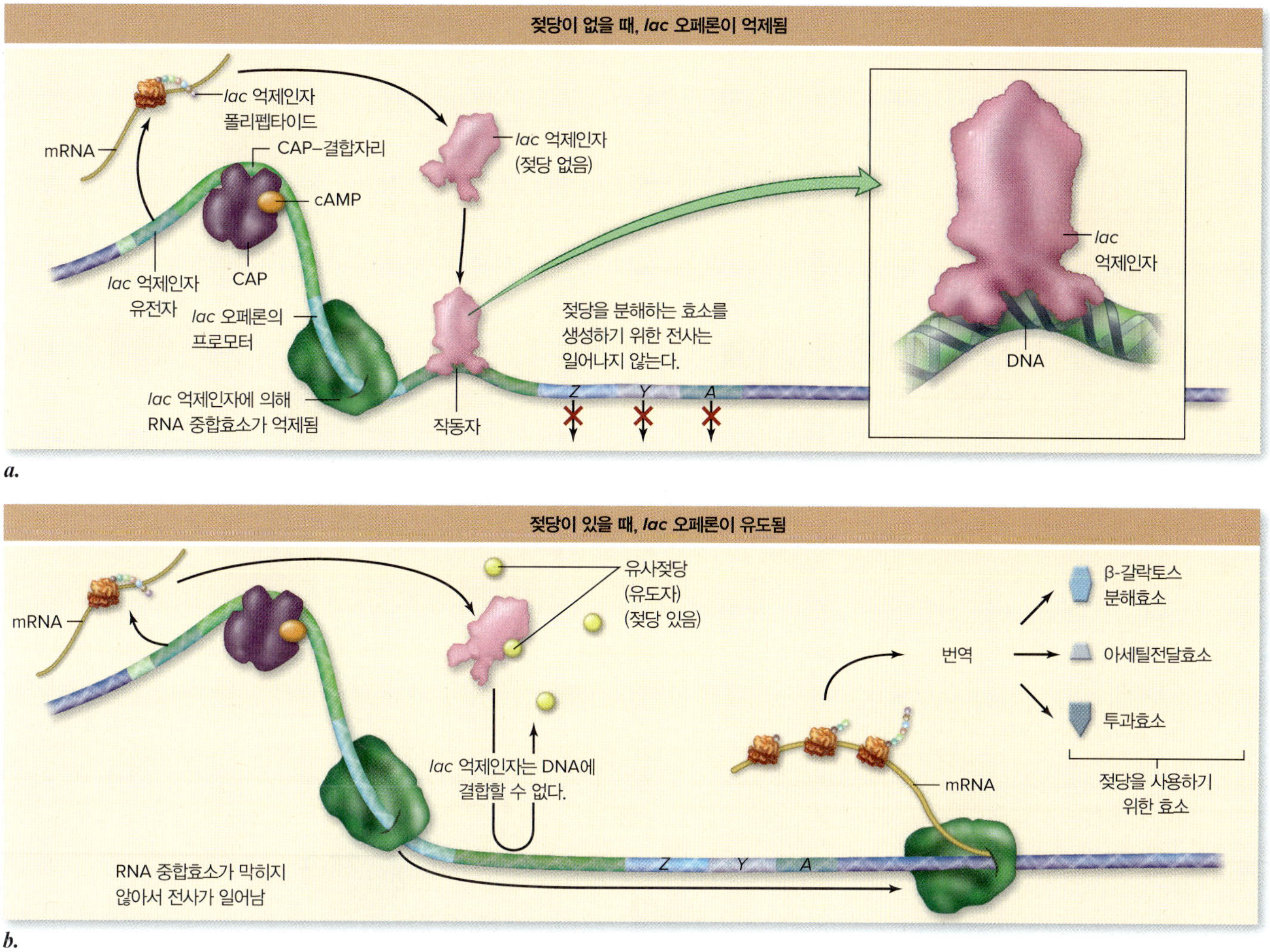

그림 5.29 *lac* 오페론 유도.
a. 젖당이 없을 때 *lac* 억제인자는 DNA의 작동자에 결합해 오페론의 전사를 막는다. 억제인자가 작동자에 결합하면 *lac* 오페론은 억제된다. ***b.*** CAP이 결합하고, 억제인자가 결합하지 않을 때 *lac* 오페론이 유도된다. 억제인자에 결합한 유사젖당은 억제인자의 구조를 바꾸어 억제인자가 작동자에 결합할 수 없게 하여 RNA 중합효소가 작용하도록 한다.

재하지 않게 됨으로써 억제인자는 다시 DNA에 결합할 수 있게 된다.

이와 같이 *lac* 억제인자와 유도자인 유사젖당에 의한 음성조절 시스템은 세포가 환경에서 젖당의 변화에 반응하도록 한다. 젖당이 전혀 없는 상황에서도 *lac* 오페론은 아주 낮은 수준으로 발현되는데, 젖당이 이용 가능해질 때 젖당이 세포 내로 전달되고, 오페론의 유도가 일어날 수 있도록 충분한 유사젖당이 만들어진다.

포도당의 존재에 따른 lac 오페론의 유도 억제

포도당 억제(glucose repression)는 젖당처럼 다른 종류의 당이 함께 존재할 때 포도당을 우선적으로 이용하게 하는 것이다. 포도당과 젖당이 함께 있는 배지에서 세균을 배양하면 *lac* 오페론은 유도되지 않지만, 포도당이 고갈되면 *lac* 오페론을 유도함으로써, 젖당이 에너지원으로 쓰이도록 해준다.

포도당 억제라는 이름에도 불구하고 이 기작은 *lac* 오페론을 포함한 다양한 이화작용 오페론으로부터 전사를 자극할 수 있는 활성 단백질을 이용한다. 활성인자인 **이화물질활성화단백질**(catabolite activator protein, CAP)은 cAMP를 보조인자로 갖는 다른자리입체성 단백질이다. 이 단백질은 cAMP에 결합하기 때문에 **cAMP 반응단백질**(cAMP response protein, CRP)이라고도 한다. CAP는 스스로 DNA에 결합할 수 없지만, 보조인자인 cAMP가 CAP에 결합하면, CAP의 입체 구조를 바꾸어 DNA에 결합할 수 있다(**그림 5.30**). 따라서 포도당이 있을 때는 cAMP 농도가 낮아 CAP은 불활성화되어 *lac* 오페론이 작동하지 못하고, 포도당이 없으면 cAMP 농도가 높아져 CAP은 활성화되고 *lac* 오페론은 작동하게 된다. 즉 *lac* 오페론의 프로모터 단독으로는 RNA 중합효소 결합에 효율적이지 못하기 때문에 CAP-cAMP의 양성 조절이 필요한 것이다.

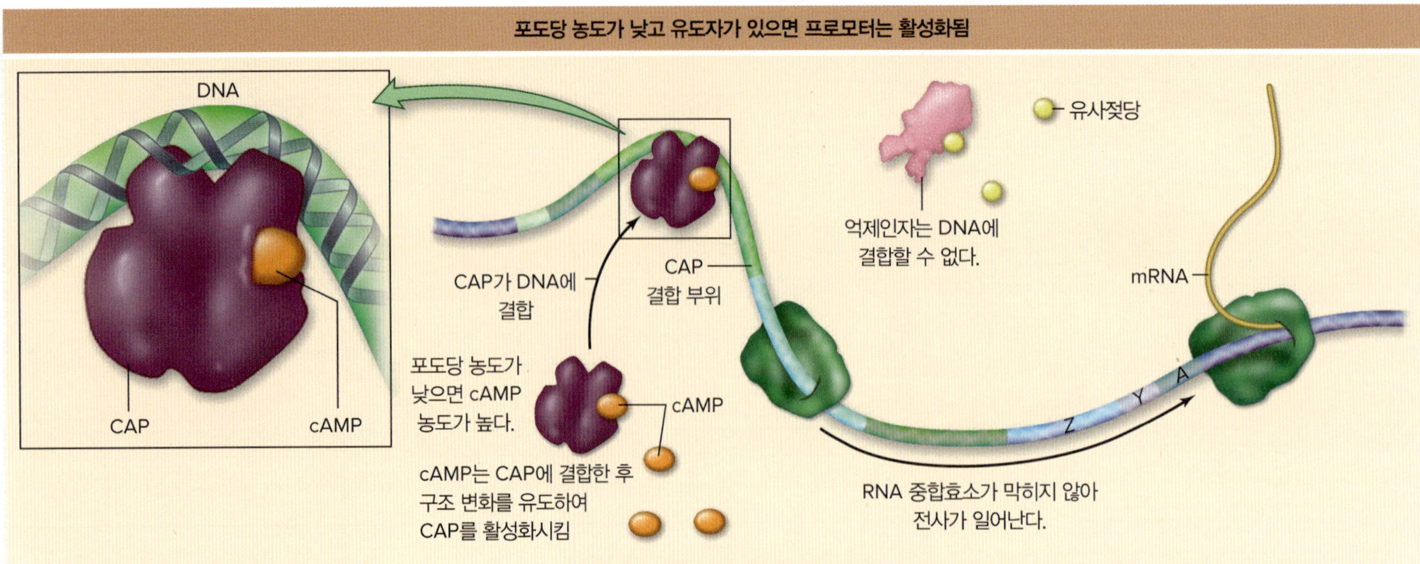

a.

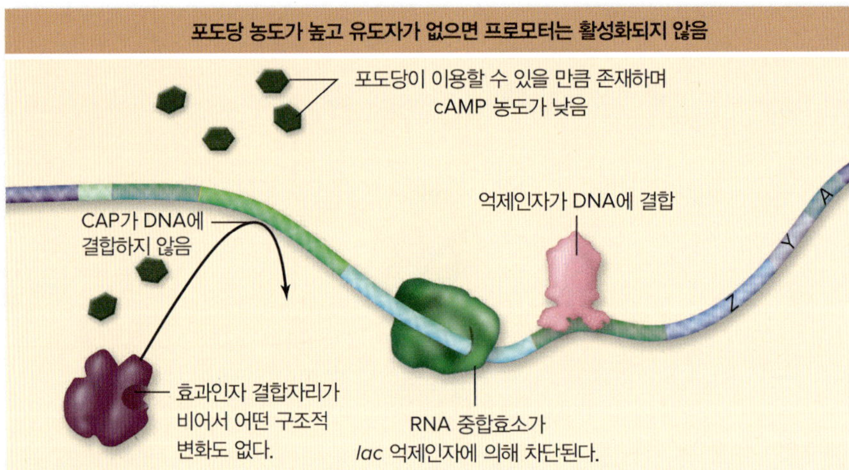

b.

그림 5.30 *lac* **오페론에 대한 포도당의 영향.**
lac 오페론의 발현은 음성적 조절인자(억제인자)와 양성적 조절인자(CAP)에 의해 조절된다. CAP의 작용은 포도당의 양에 민감하다. ***a.*** CAP가 DNA에 결합하기 위해서는 cAMP에 반드시 결합해야 한다. 포도당의 양이 적을 경우 cAMP는 풍부하여 CAP에 결합하기 쉬우며, CAP-cAMP 복합체는 DNA가 그 주변으로 구부러지도록 한다. 이것은 CAP가 RNA 중합효소와 접촉하여 중합효소가 좀 더 효율적으로 프로모터에 결합하도록 해준다(이 그림에서는 나타내지 않음). ***b.*** 많은 양의 포도당은 2가지 효과를 나타내는데, cAMP가 부족해서 CAP가 프로모터를 활성화하는 것이 불가능해지고, 세포 내로 젖당의 수송이 막히게 된다(유도자 배제).

trp 억제인자에 의해 조절되는 trp 오페론

lac 오페론처럼 *trp* 오페론도 동일한 생화학 경로에 관여하는 효소들을 암호화하는 일련의 유전자들로 구성되어 있다. *trp* 오페론의 경우 이런 효소들은 트립토판을 합성하는 데 필요하다. 이러한 유전자의 전사를 통제하는 조절 영역은 유전자의 상부에 위치하고 있다. *trp* 오페론은 억제인자에 의해 조절되어 트립토판이 없을 때 발현되고, 트립토판이 있을 때에는 발현하지 않는다(**그림 5.31**).

trp 억제인자(trp repressor)는 트립토판 프로모터에 이웃한 작동자에 결합하는 나선-꺾임-나선 단백질이다. 이 억제인자는 *lac* 억제인자와 반대로 행동한다. 트립토판이 없을 때 *trp* 억제인자는 효과인자에 결합하지 않아 오페론의 발현을 가능하게 하며, 트립토판을 만드는 데 필요한 효소들을 생산한다. 트립토판의 양이 많아지면 보조억제인자(corepressor)인 트립토판은 억제인자에 결합하여 억제인자의 입체 구조를 바꾸어 작동자에 결합하도록 한다. 결국 억제인자-보조억제인자 복합체는 RNA 중합효소가 프로모터에 결합하는 것을 막아준다.

유도와 억제 모두가 어떻게 음성조절에 기인하는지를 이해하기 위한 핵심은 억제인자와 그들 효과인자들의 작용에 대해 이해하는 것이다. 유도성 *lac* 오페론에서 억제인자는 스스로 DNA에 결합하고, 유도자는 DNA 결합을 막는다. 억제성 *trp* 오페론의 경우에는 억제인자가 보조억제인자와 결합한 상태에서만 DNA에 결합할 수 있다. 유도와 억제는 분자의 상호작용이 어떻게 그들의 구조에 영향을 미치는지, 그리고 분자 구조가 어떻게 기능에 중요한지를 보여주는 아주 좋은 예들이다.

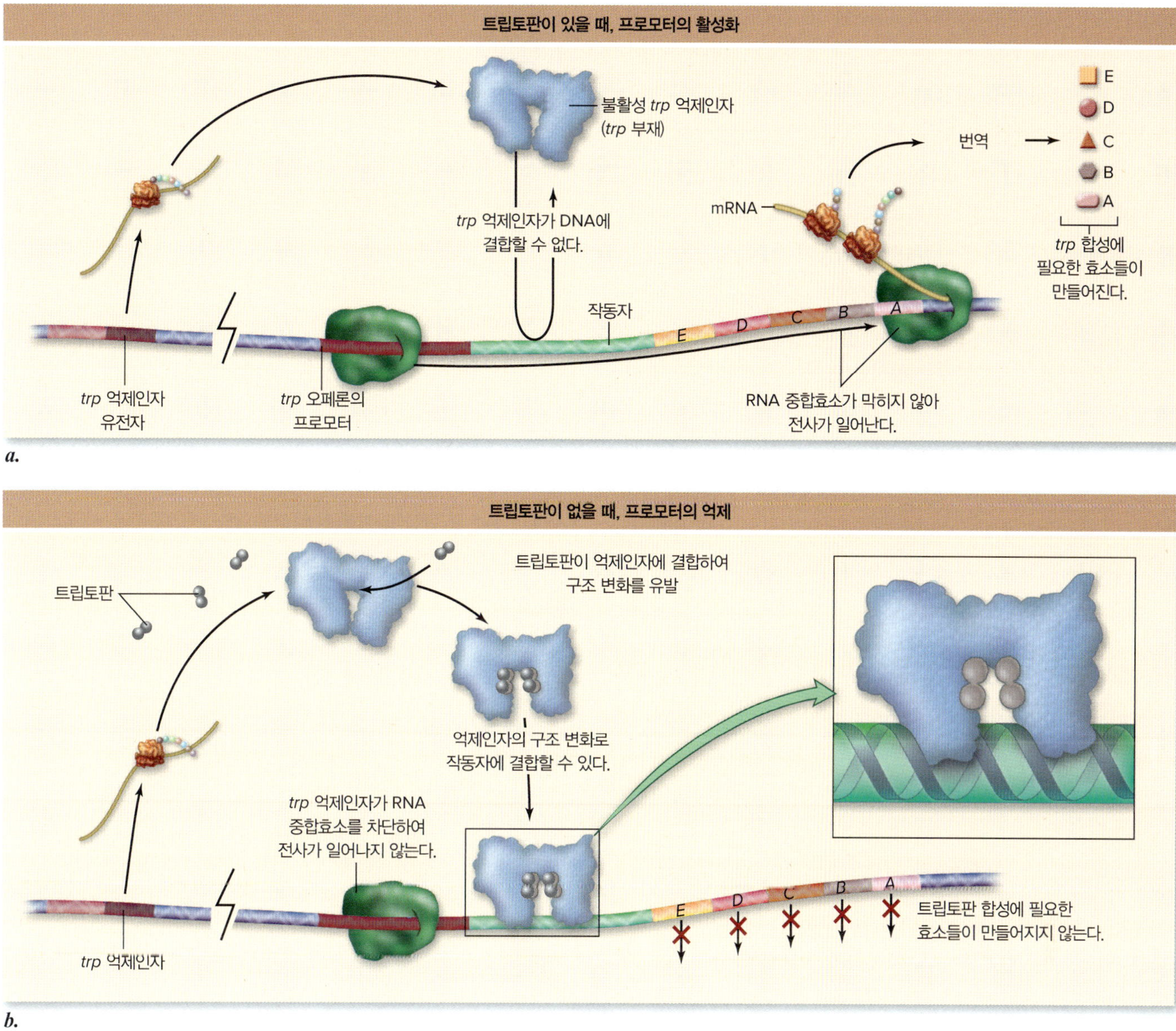

그림 5.31 ***trp*** **오페론의 조절.**
trp 오페론은 트립토판을 합성하는 데 필요한 효소를 암호화한다. ***a.*** *trp* 억제인자는 단독으로 DNA에 결합할 수 없다. 프로모터가 자유롭게 작용할 수 있어, RNA 중합효소가 오페론을 전사한다. ***b.*** 트립토판이 있을 때, 트립토판은 억제인자에 결합하여 DNA에 결합할 수 있도록 입체구조를 바꾸어 준다. 트립토판-억제인자 복합체는 작동자에 단단히 결합해 RNA 중합효소가 전사를 시작하는 것을 막아준다.

5.8 진핵세포의 유전자 발현 조절

진핵세포의 전사 조절은 다음과 같은 이유로 원핵세포의 조절보다 훨씬 복잡하다. 첫째, 진핵생물은 염색질로 구조화된 DNA를 가지고 있고, 이것이 단백질-DNA 상호작용을 상당히 복잡하게 만든다. 둘째, 진핵세포의 전사는 핵에서 일어나고 번역은 세포질에서 일어나는데, 이것은 원핵세포보다 진핵세포에게 더 많은 조절 기회를 제공해 준다. 이런 차이들로 인해 진핵생물의 조절 유전자는 매우 다양해서, 미세하고 유연성 있는 조절을 가능하게 한다. 이런 조절은 복잡한 발생 프로그램과 다수의 조직 유형을 가진 다세포 진핵생물에게 특히 중요하다.

전사인자에 의한 조절

진핵세포의 전사인자는 크게 **일반전사인자**(general transcription

factors)와 **특수전사인자**(specific transcription factors)의 2종류로 구분된다. 일반전사인자는 전사 장치의 조립과 RNA 중합효소 II를 프로모터로 불러들이는 데 필요하다. 특수전사인자는 특정 세포 유형 또는 특정 신호에 대한 반응에서 전사 수준을 조절한다.

일반전사인자들은 TF II(transcription factor RNA polymerase II)로 명명하는데, 이러한 전사인자들 중 가장 중요한 TF II D는 많은 진핵세포의 프로모터에서 발견되는 TATA 박스 서열을 인지하는 TATA-결합 단백질을 가지고 있다. 이외에도 다른 종류의 일반전사인자들과 많은 전사-연관인자(transcription-associated fators, TAF)들이 결합하여 전사복합체를 형성한다.

특수전사인자들은 높은 수준의 전사를 촉진하기 위해 조직-의존적 혹은 시간-의존적 방식으로 작용한다. 특수전사인자들은 매우 다양하며, 그 수 또한 많다. 특수전사인자는 DNA-결합 도메인과 활성 도메인으로 구성되어 있어서, 만약 DNA-결합 도메인이 바뀌면, 전사를 활성화하는 능력에 영향을 주지 않고, DNA에 대한 결합 특이성만 바뀌게 된다.

전사인자들의 결합 장소인 프로모터와 인핸서

프로모터는 일반전사인자들을 위한 결합 장소를 형성한다. 이런 인자들은 RNA 중합효소가 프로모터에 결합할 수 있게 해준다. 그에 비해 원핵세포 RNA 중합효소의 완전효소는 직접 프로모터를 인지하고 결합한다.

인핸서(enhancer)는 특수전사인자들의 결합 부위라고 밝혀졌는데, 높은 수준의 전사에 필요한 DNA 염기서열로 위치 또는 방향에 상관없이 독립적으로 작용한다. 프로모터 근처뿐만 아니라 멀리 떨어진 위치에서도 DNA가 굽어져 프로모터에 결합한 전사인자들과 접촉할 수 있다. 반대로 사일런서(silencer)는 전사 억제인자가 결합하는 DNA 부위이다.

전사인자들을 연계시켜 주는 전사복합체

특히 전사인자들의 활성은 또 다른 인자인 보조활성인자(coactivator)와 매개자(mediator)에 의해 조절된다. 이들은 전사인자 및 다른 전사 장치들에 결합하여 작용한다. 보조활성인자는 전사인자들보다 적은데, 그 이유는 동일한 보조활성인자가 다수의 전사인자들에 의해 이용될 수 있기 때문이다.

거의 모든 진핵생물의 유전자(또는 공동으로 조절되는 유전자 그룹)들은 다양한 전사인자와 매개자들의 상호작용으로 인해 조절된다. 실제로 RNA 중합효소 II에 의해 전사되는 모든 유전자들은 개시복합체를 조립하기 위해 동일한 일반전사인자들을 사용하지만, 궁극적으로 이 복합체의 조립과 전사의 수준은 **전사복합체**(transcription complex)를 형성하는 특수전사인자들에 의존한다(**그림 5.32**).

염색질의 구조와 전사 조절

진핵세포의 DNA는 뉴클레오솜으로 포장되는데, 이런 뉴클레오

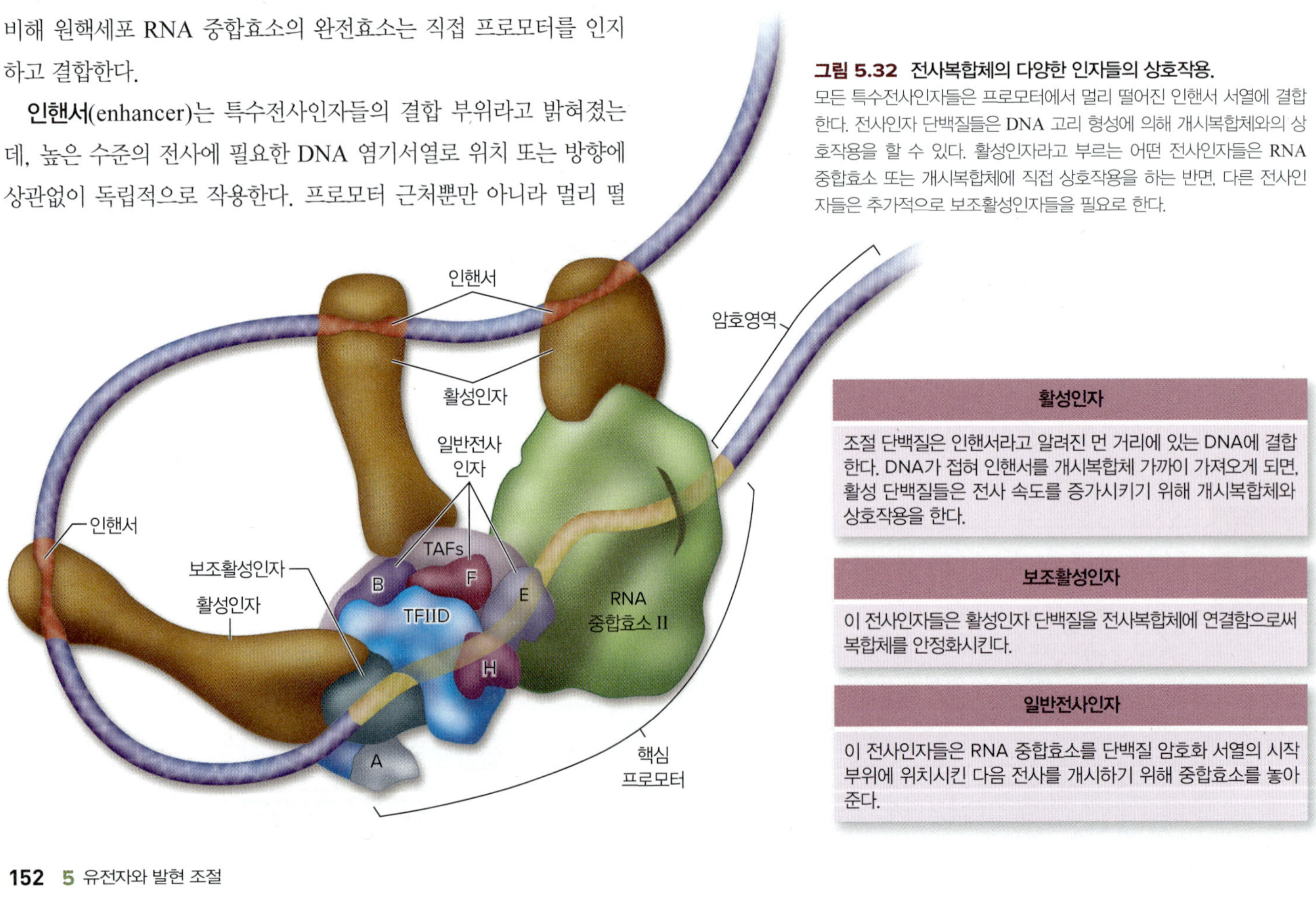

그림 5.32 전사복합체의 다양한 인자들의 상호작용. 모든 특수전사인자들은 프로모터에서 멀리 떨어진 인핸서 서열에 결합한다. 전사인자 단백질들은 DNA 고리 형성에 의해 개시복합체와의 상호작용을 할 수 있다. 활성인자라고 부르는 어떤 전사인자들은 RNA 중합효소 또는 개시복합체에 직접 상호작용을 하는 반면, 다른 전사인자들은 추가적으로 보조활성인자들을 필요로 한다.

솜들이 전사인자와 RNA 중합효소 II의 결합을 방해하는 것으로 생각되고 있다. 뉴클레오솜 내에 있는 히스톤의 상태에 따라 염색질이 더 응축되면 프로모터조차도 단백질과 상호작용을 거의 할 수 없게 된다. 따라서 전사가 일어나기 위해서는 먼저 염색질의 구조가 풀려야 한다.

DNA와 히스톤 단백질의 변형

DNA의 사이토신 염기에 메틸기가 첨가된 5-메틸사이토신은 특정 단백질과 결합하여 전사활성인자들이 DNA에 접근하는 것을 막아준다. 또한 히스톤도 메틸화될 수 있는데, 이런 변화는 일반적으로 염색질의 불활성 지역에서 발견된다. 반대로 히스톤에 아세틸 그룹이 추가되면 염색질이 활성화되기도 한다.

최근에 알려진 사실은 일부 보조활성인자가 히스톤 아세틸기 전달효소(acetylase)의 역할을 한다는 것이다. 이 경우 전사를 막는 염색질 구조가 제거됨으로써 전사가 증가된 것으로 보인다(**그림 5.33**). 몇몇 보조 억제인자들도 히스톤 아세틸 제거효소(deacetylase)의 역할을 하는 것으로 보고되고 있다.

염색질의 구조를 변화시키는 염색질재구성복합체

염색질의 구조 변경과 유전자 발현 조절 간의 관계는 **염색질재구성복합체**(chromatin remodeling complex)가 발견됨으로써 명확해졌다. 단백질로 이루어진 이 복합체는 히스톤과 DNA를 변형시키고, 염색질 구조 그 자체도 변형시키는 효소들을 포함하고 있다. 이런 재구성인자 중 한 종류는 ATP-의존성 염색질 재구성인자로, ATP 에너지를 사용하여 DNA상의 뉴클레오솜을 밀어내거나 제거하고, 히스톤을 다른 변형된 히스톤으로 대체한다. 그 결과 조절 단백질이 DNA에 더욱 접근할 수 있게 만들어 유전자 발현에 영향을 주게 된다.

진핵생물의 전사후 조절 기작

전사가 일어난 후에도 여러 기작에 의해 유전자 발현을 조절할 수 있는데, 이를 **전사후 조절**(post-transcriptional regulation)이라고 한다.

RNA 간섭

수년에 걸쳐 여러 종들에서 작은 RNA에 의한 유전자 침묵(gene silencing) 현상이 관찰되었는데, 이를 **RNA 간섭**(RNA interference)이라고 한다. 이에는 miRNA(micro RNA)와 siRNA(small interfering RNA)가 있는데, 이들은 기본적으로 모두 유사한 과정을 통해 작용한다.

핵에서 miRNA 유전자는 RNA 중합효소 II에 의해 전사된 후, 드로샤(Drosha)라고 부르는 핵산분해효소에 의해 가공된다. 이 pre-

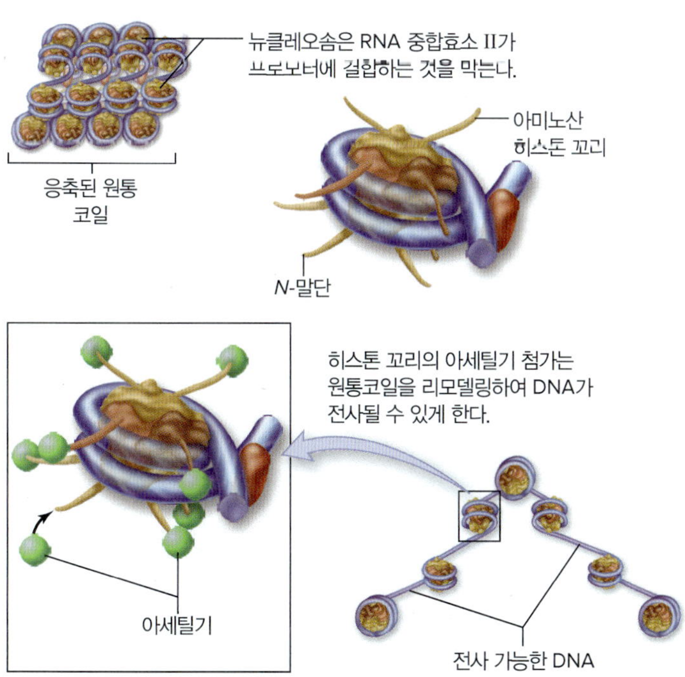

그림 5.33 염색질 구조에 영향을 미치는 히스톤 변형.
진핵세포 DNA는 최초 뉴클레오솜으로 구조화된 다음 더 높은 단계의 염색질 구조로 조직화된다. 뉴클레오솜의 핵심을 구성하는 히스톤은 튀어나온 아미노산 꼬리를 가지고 있다. 이 아미노산 꼬리들은 아세틸 그룹의 첨가로 변형될 수 있으며, 아세틸화는 염색질의 구조를 변형시켜 전사기구가 접근하게 만든다.

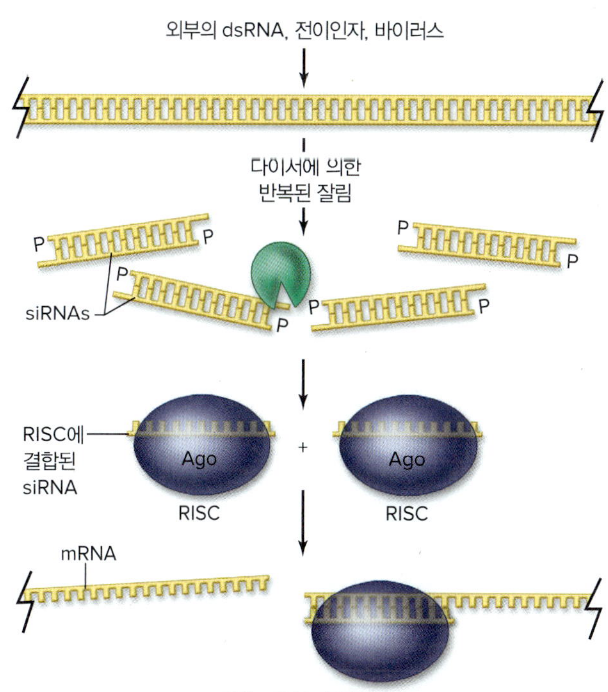

그림 5.34 siRNA의 생성 및 기능.
siRNA는 다양한 기원을 가지는데, 이들은 일반적으로 긴 2중가닥의 RNA(dsRNA)에서부터 생성된다. 이 2중가닥의 RNA는 많은 siRNA를 만들기 위해 다이서라는 핵산분해효소에 의해 처리되고, siRNA들은 각각 자신의 RISC에 실린 다음, 표적 mRNA를 자른다.

miRNA는 세포질로 나가서 또 다른 핵산분해효소인 **다이서**(Dicer)에 의해 더 작게 잘려, 짧은 길이의 2중가닥 RNA를 만들게 된다. 그 후 2중가닥 RNA의 한 가닥만이 **RNA-유도침묵복합체**(RNA induced silencing complex, RISC)에 실리고, 다른 상보적 가닥은 핵산분해 효소에 의해 제거된다. 그다음 RISC는 miRNA의 상보적 가닥을 가진 mRNA를 찾아 자르거나 번역을 억제한다. miRNA는 꼬마선충(*C. elegans*)에서 처음 발견되었는데, 그 후 초파리와 사람을 비롯한 많은 종에서도 발견되었고, 이들의 작용은 현재 유전자 조절의 중요한 기작으로 받아들여지고 있다.

siRNA는 긴 2중가닥 RNA로부터 다이서의 작용에 의해 만들어진 짧은 2중가닥 RNA를 의미한다. siRNA를 생산하는 긴 2중가닥 RNA는 실험적으로 만들거나 또는 바이러스에 의한 감염으로 도입될 수도 있고, 세포 내의 상보성을 가진 유전자로부터 만들어질 수도 있다. 이렇게 가공된 siRNA는 RISC에 실린 후, 자신의 표적 mRNA를 찾아 자른다(**그림 5.34**).

RNA 편집에 의한 mRNA의 변화

RNA 편집(RNA editing)은 원생동물의 몇몇 RNA 전사체에 유

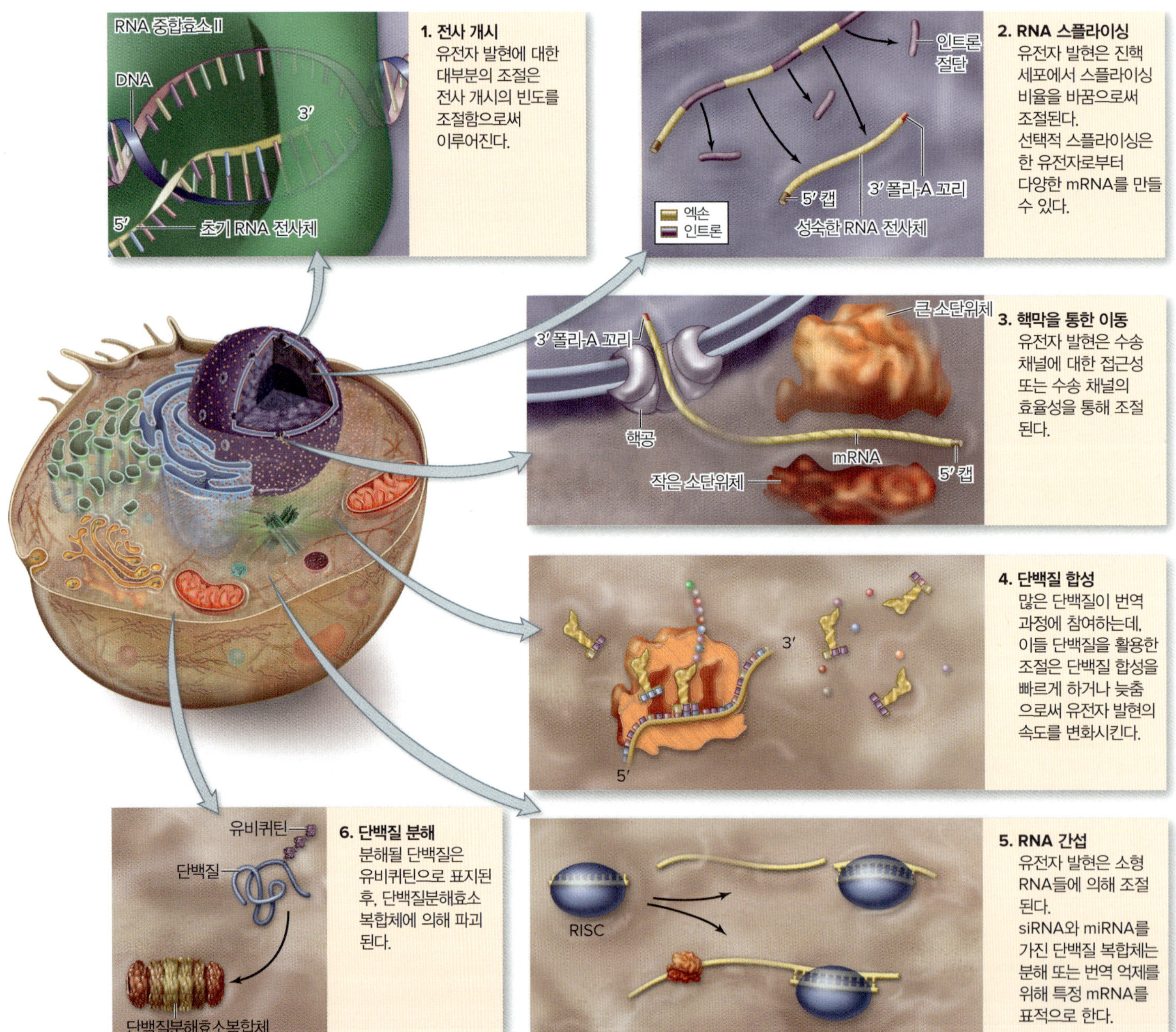

그림 5.35 진핵세포의 유전자 발현 조절 기작.

라실이 삽입된 것에서 처음 발견되었고, 현재는 사람을 포함한 포유류에서도 발견되고 있다. 사람의 경우 전사 후에 RNA 염기에 화학적 변형이 일어나는 것을 포함하고 있는데, 예를 들어 사이토신에 탈아미노화가 일어나면 유라실로 바뀌게 된다.

mRNA 분해 조절

유전자 발현에 영향을 주는 또 다른 요인은 세포질에서 mRNA의 안정성이다. 3분 정도의 반감기(half-life)를 갖는 원핵세포의 mRNA와는 달리, 진핵세포의 mRNA 매우 안정적이다. 그러나 조절 단백질과 생장인자의 전사체들은 일반적으로 1시간 미만의 반감기를 갖는 훨씬 불안정한 전사체들이다. 많은 경우 이 전사체들은 3′ 말단 근처에 특정 염기서열을 가지고 있고, 이것이 mRNA를 분해하는 효소에 대한 표적이 되게 한다. 이는 세포에서 조절 유전자들의 양을 급격히 변하게 할 수 있기에, 많은 조절 유전자 mRNA의 짧은 반감기는 유전자의 기능에 결정적이다.

기타 조절 방식

유전자 발현 조절은 선택적 스플라이싱과 mRNA가 세포질로 나오기 위해 핵공을 통과하는 과정 또는 단백질 합성 과정에서도 일어난다(**그림 5.35**). 또한 번역 후에 단백질 변형을 통해서도 조절할 수 있는데, 합성된 단백질에 인산기를 첨가하거나 단백질 분해 속도를 조절함으로써 활성을 조절할 수 있다.

5.9 돌연변이 및 DNA 수선

유전자의 기능을 분석하는 방법 중 하나는 그 유전자의 돌연변이를 만들어 기능에 어떤 영향을 주는지 알아보는 것이다. 돌연변이로 인한 유전정보의 손상은 한 염기의 변이로부터 전체 염색체의 손실에 이르기까지 그 범위가 다양하다.

유전자 돌연변이

하나의 염기가 바뀌어 나타나는 돌연변이를 **점돌연변이**(point mutation) 또는 **단일염기변이**(single nucleotide variation, SNV)라고 한다. 이 돌연변이는 염기치환(substitution), 결실 또는 삽입에 의해 일어난다.

염기치환

DNA에서 한 염기가 다른 염기로 바뀌는 것을 **염기치환 돌연변이**(base substitution mutation)라고 하는데, 염기의 유형이 같은 계열(퓨린이 퓨린으로)로 바뀌는 유사형 염기치환(transition)과 서로 다른 계열(퓨린이 피리미딘으로)로 바뀌는 교차형 염기치환(transversion)으로 구분된다(**그림 5.36**). 유전암호의 중첩성에 의해 염기치환은 아미노산을 바꿀 수도 있고, 그렇지 않을 수도 있다. 염기치환으로 새로운 코돈이 생겼지만, 아미노산이 그대로인 것을 **침묵돌연변이**(silent mutation)라고 하고, 아미노산이 바뀌는 경우를 **과오돌연변이**(missense mutation)라고 한다. 또한 한 염기가 바뀌어 종결코돈이 됐을 때를 **종결돌연변이**(nonsense mutation)라고 하는데, 이 경우 번역이 원래보다 일찍 중단되므로 정상보다 짧은 단백질이 형성된다.

틀이동돌연변이

한 염기의 첨가 또는 결실은 하나의 염기가 다른 염기로 치환되는 것보다 더 심각한 결과를 가져온다. 이런 종류의 돌연변이는 돌연변이가 생긴 하부에서부터 번역틀을 변화시키기 때문에, **틀이동돌연변이**(frameshift mutation)라고 한다. 64개의 코돈 중 3개가 종결코돈이므로, 틀이동은 번역의 조기 종결을 유발할 수 있다(5.4절 참조).

3자암호 반복확장 돌연변이

사람 유전질환과 관련된 것으로, 처음으로 분리된 유전자 중 헌팅턴병(Huntington disease) 유전자는 돌연변이의 새로운 유형을 제공하였다. 헌팅턴병 유전자는 글루타민을 암호화하는 코돈이 반복되는 3자 서열을 가지고 있고, 이 반복 단위는 정상 대립유전자에 비해 증가되어 있다. 이 질환의 발견 이후 적어도 20개의 다른 인간 유전질환도 이 기작이 원인이 되어 생기는 것으로 여겨졌다. 정신지체를 일으키는 유약-X 증후군(fragile-X syndrome)의 경우는 DNA의 비암호화 부위에서 반복이 일어난다.

염색체 돌연변이

점돌연변이는 염색체의 한 자리에 영향을 주지만, 염색체 자체의 구조가 변하는 **염색체 돌연변이**(chromosomal mutation)는 더 큰 변화를 준다.

염색체 구조의 돌연변이 유형

염색체 구조의 이상이 생기는 경우는 4종류로 나누어 볼 수 있다(**그림 5.37**). 먼저 **결실**(deletion)은 염색체의 한 부분이 소실된 것이다. 번역틀이동을 유발하는 뉴클레오타이드의 작은 결실이 아닌, 염색체에서 커다란 영역이 소실되는 경우를 의미하기에, 많은 유전정보가 소실된다면 생물체에 치명적이다. 묘성증후군(cri-du-chat syndrome)은 5번 염색체의 결실로 생기는데, 아이들이 고양이 울음소

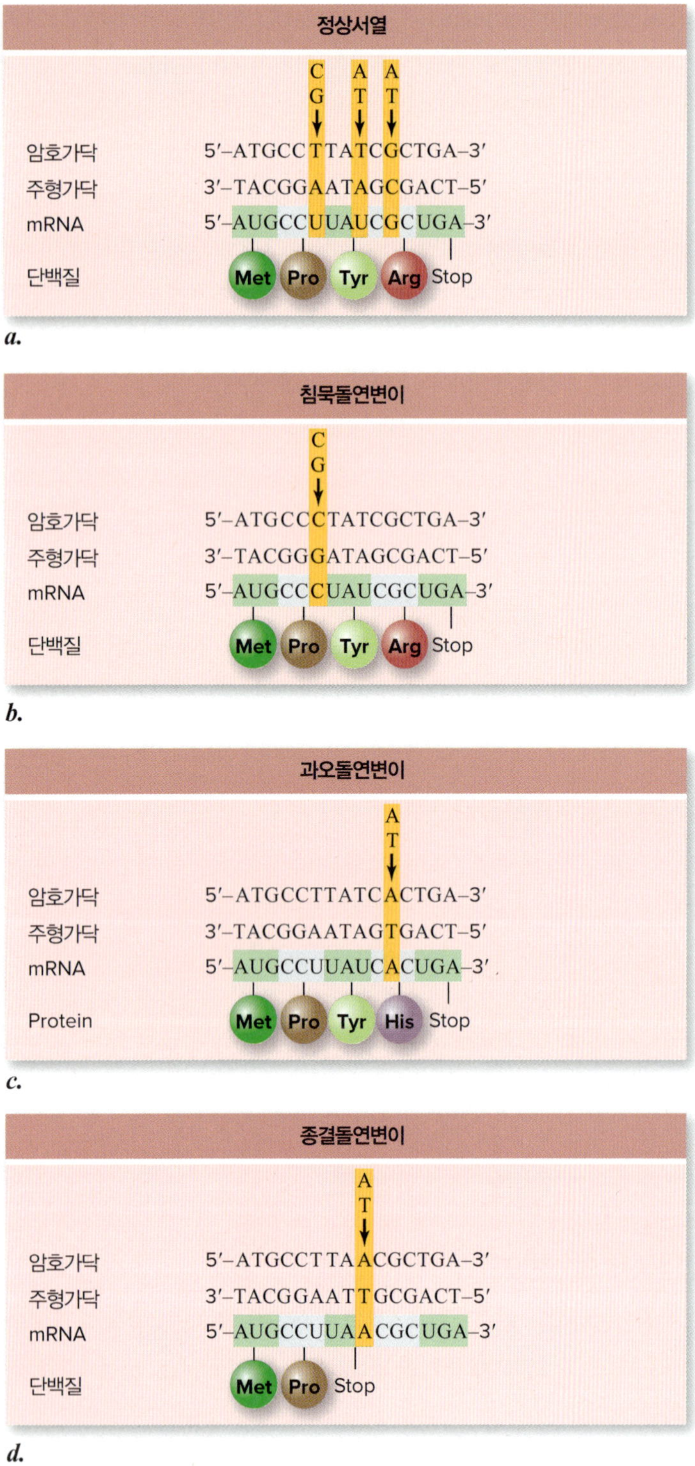

그림 5.36 점돌연변이의 유형.

a. 가상의 유전자는 암호화된 mRNA와 단백질을 보여준다. 유전자 위의 화살표는 나머지 그림에서 설명되는 돌연변이가 일어난 자리를 나타낸다. ***b.*** 침묵돌연변이. 코돈의 세 번째 위치에서의 변화는 종종 유전암호의 중첩성에 의해 표현형으로 나타나지 않는다. 이 경우 T/A에서 C/G로의 돌연변이는 암호화된 아미노산인 프롤린(proline)을 바꾸어 놓지 않았다. ***c.*** 과오돌연변이. G/C에서 A/T로의 돌연변이는 암호화되는 아미노산을 아르지닌에서 히스티딘으로 바꾸어 준다. ***d.*** 종결돌연변이. T/A에서 A/T로의 돌연변이는 mRNA상에 UAA 종결코돈을 만든다.

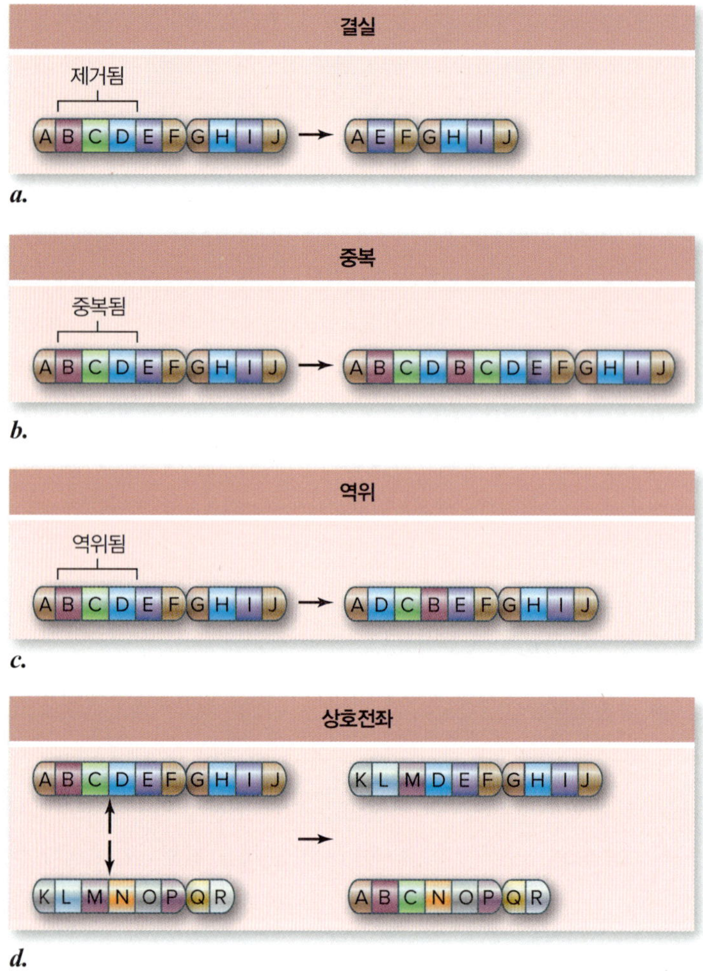

그림 5.37 염색체 돌연변이.

염색체에서 큰 단위의 변화도 가능하다. 염색체상의 한 부분이 결실(***a***), 중복(***b***), 역위(***c***)가 일어날 수 있다. 한 염색체가 끊어져 다른 염색체의 부분으로 옮겨질 때 전좌가 일어난다. 전좌는 두 염색체가 잘려 유전물질을 교환하는 곳에서 종종 일어나며, 이런 현상은 상호전좌(***d***)라 부른다.

리를 낸다. 이 증후군은 호흡기 장애를 포함한 다양한 문제점을 유발한다.

염색체의 한 영역이 반복되는 **중복**(duplication)은 "절단(breakpoint)"된 부위의 위치에 따라 표현형 변화가 일어날 수도 있다. 즉 유전자 안에서 절단이 일어나면 돌연변이가 생길 수 있고, 그렇지 않더라도 중복된 유전자의 발현량이 변하면 표현형이 바뀔 수 있다. 중복이 일어난 부위가 원래 자리 옆에 있는 것을 연속중복(tandem duplication)이라고 하며, 이는 헤모글로빈을 암호화하는 글로빈 집단 같은 유전자 집단의 진화에 중요하다.

한 염색체의 일부분이 잘린 후, 반대 방향으로 다시 삽입되는 경우를 **역위**(inversion)라고 한다. 역위가 일어난 자리가 어떤 유전자 내에서 절단을 만들지 않으면, 표현형에 영향을 미치지 않을 수도 있다. 또한 역위로 인해 원래 유전자의 위치가 이질염색질(heterochromatin) 근처로 옮겨지면, 전사 수준이 달라질 수 있다.

마지막으로, **전좌**(translocation)는 염색체 한 부분이 절단되어 다른 염색체에 연결되는 현상을 말한다. 전좌는 감수분열 동안 상동염색체의 접합에 문제를 일으키기 때문에 복잡하다. 2종류의 백혈병이 전좌와 관련 있는데, 이는 종양유전자(oncogene)가 염색체의 한 부분으로 이동하여 혈액세포에서 부적절하게 발현되어 나타나는 것이다.

진화의 시작점이 되는 돌연변이

시간이 흐르면서 유전체에 어떤 변이도 일어나지 않는다면 생물의 진화는 일어나지 않겠지만, 반대로 유전체에 너무 많은 변화가 일어나면 해로움을 가져올 수도 있다. 따라서 염색체의 변이는 진화의 원천인 셈이다. 예를 들면 생물이 지니고 있는 유전자 집단(gene family)은 조상 유전자의 중복에 의해 생겨났고, 이후 각각의 중복된 유전자 복제물은 서로 조금씩 다른 기능적 차이를 나타내게 된 것이다. 가까이 연관된 종들에서조차 염색체상의 유전자들의 수와 배열은 분명히 다르게 나타나는데, 이는 큰 단위의 재배열이 일어났었다는 것을 보여준다.

DNA 수선

많은 DNA 중합효소들은 첨가된 염기에 대한 교정의 기능을 하는 3′에서 5′ 핵산말단가수분해효소 활성을 가지고 있다. 이 작용이 복제의 정확성을 증가시켜 주지만, 여전히 오류는 일어난다. 오류를 교정하는 기작이 없다면, 세포에는 감당할 수 없는 속도로 오류가 쌓여 결국 치명적인 돌연변이가 생기게 된다.

돌연변이원에 노출되어 있는 세포

DNA 복제에서의 오류 외에 세포는 항상 DNA에 손상을 주는 물질들에 노출되어 있다. 이런 물질들에는 자외선 또는 X-선 같은 방사선과 환경에서 접하는 화학물질들이 있다. DNA에 손상을 주는 물질들은 돌연변이를 유발하는데, 기본 수준 이상의 돌연변이를 유발하는 요인들을 **돌연변이원**(mutagen)이라고 부른다.

생물체가 접하게 되는 돌연변이원의 잠재성을 갖는 물질들은 굉장히 많다. 오존은 햇빛에서 해로운 자외선의 대부분을 차단하기도 하지만, 일부는 통과시키기도 한다. 오존 구멍 밑에 위치한 남반구 지역에서의 피부암 증가는 햇빛과 돌연변이와의 상관성이 있음을 분명하게 보여주고 있다. 생물체가 섭취하는 천연자원에도 놀라울 만큼 엄청난 돌연변이원들이 있음이 밝혀졌다.

손상된 DNA 복구 기작

세포는 돌연변이원에 대한 노출에서 벗어날 수 없으나, 그 손상을 수선할 수 있는 능력을 진화시켜 왔다. 이런 DNA 수선(DNA repair) 체계는 세포의 지속적 생존에 필수적이다. 모든 세포는 손상된 DNA를 수선하는 다수의 경로를 지니고 있으며, 복제 동안 일어나는 오류를 회복시키는 능력을 지니고 있다. 이런 체계는 완벽하지는 않지만, 개체가 감당할 수 있는 수준으로 돌연변이의 양을 감소시킨다.

특이적 수선 기작인 광수선: 특이적 수선 체계는 DNA에 생긴 한 종류의 손상만을 겨냥하여 수선하는 것을 의미하는데, 대표적인 예로 광수선(photorepair)이 있다. 광수선은 자외선에 의해 생긴 타이민 2량체(dimer)에 특이적이다. 타이민 2량체는 자외선의 광화학적 반응에 의해 DNA상의 이웃한 타이민 염기 사이에 공유결합을 형성하여 만들어진다(**그림 5.38**). 타이민 2량체에 대한 수선은 광수선을 포함한 다수의 경로에 의해 이루어진다. 광수선에서 광분해효소(photolyase)가 가시광선 범위의 빛을 흡수하고, 이 에너지를 이용하여 타이민 2량체를 잘라 내는데, 이 작용에 의해 2개의 타이민은 원래 상태로 복귀된다. 광분해효소는 세균과 단세포 진핵생물에서부터 사람에 이르기까지 많은 종에서 발견된다. 어디서나 흔히 볼 수 있는 이 효소의 존재는 수선 기작에서의 이 효소의 중요성을 알려준다.

비특이적 수선 기작인 절제수선: 비특이적 수선은 한 가지의 기작을 이용해 DNA에 생긴 여러 종류의 손상을 수선하는 것을 의미한다. 비특이적 수선의 일반적 형태는 손상된 부위가 제거된 후, DNA 합성에 의해 교체되는 것이다. 대표적인 예로 절제수선(excision repair)을 들 수 있는데, 대장균에서 이 작용은 *uvr A*, *B* 그리고 *C* 유전자에 의해 만들어지는 단백질에 의해 이루어진다(**그림 5.39**). UvrABC 복합체가 손상된 DNA에 결합하고 손상된 부분의 단일가닥을 자르고 제거해 준다. 합성 단계에서는 DNA pol I 또는 pol II가 손상되지 않은 가닥을 주형으로 사용하여 제거된 부분의 DNA를 합성한다.

다른 수선 경로: 이 외에도 세포는 여러 유형의 수선 체계를 가지고 있어서, 하나의 수선 기작이 작동하지 않을 때도 생존할 수 있다. 가령 세포는 DNA의 2중가닥이 모두 절단되는 손상을 복구할 수 있는데, 이 수선 체계에서는 감수분열 동안 일어나는 재조합에 관계된 효소들을 이용한다. 이는 재조합이 본래 DNA 수선에서 진화해 온 효소들을 이용하기 때문인 것으로 여겨지고 있다. 다양한 범위의 손상과 많은 종류의 수선 체계는 유전체를 온전한 상태로 유지하는 것이 중요하다는 사실을 극명하게 보여준다. 세포가 환경에 의한 손상을 수선할 수 없다면, 유전체의 정확한 복제는 아무 소용이 없게 된다.

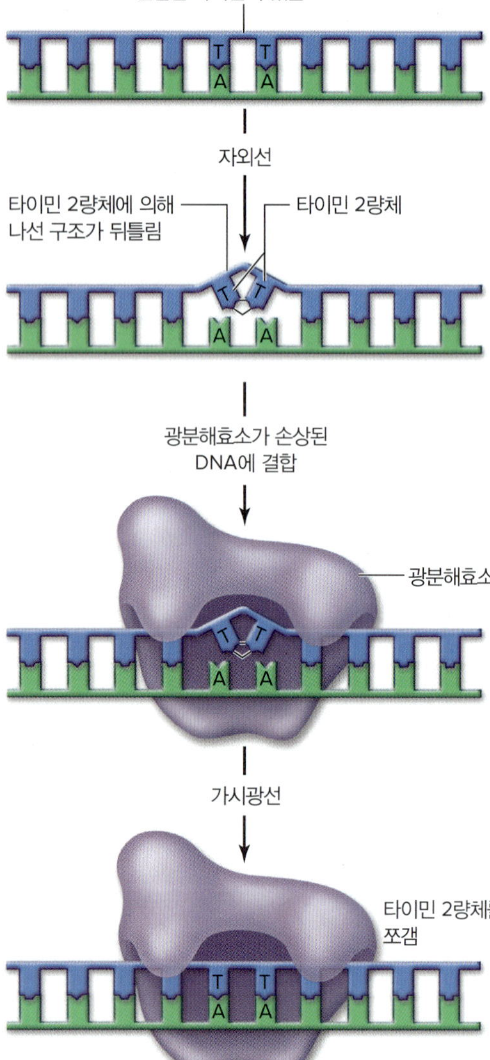

그림 5.38 광수선에 의한 타이민 2량체 수선.
자외선은 이웃한 타이민 사이의 공유결합을 만드는 광화학 반응을 촉매한다. 광분해효소는 손상을 인지하고 타이민 2량체에 결합한다. 이 효소는 가시광선을 흡수하여 타이민 2량체를 자르는 데 이 에너지를 사용한다.

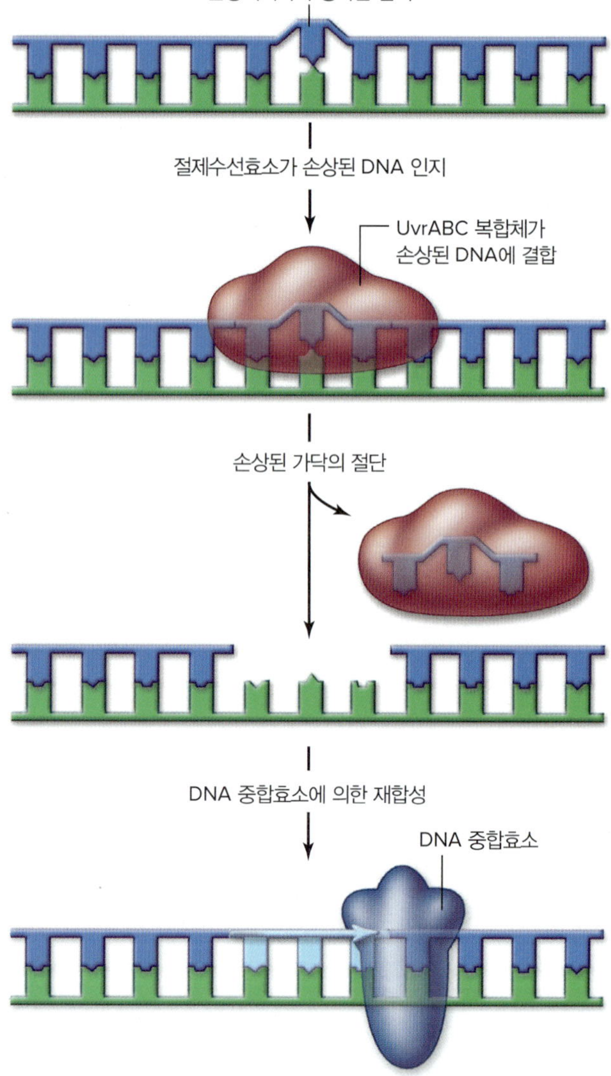

그림 5.39 절제수선에 의한 손상된 DNA 수선.
손상된 DNA는 UvrABC 복합체에 의해 인지되는데, 이 복합체가 손상된 부위에 결합하여 DNA 가닥을 제거한다. DNA 중합효소에 의해 손상된 영역이 대체된다. DNA 연결효소가 이 과정을 끝마친다(이 그림에 나타내지 않음).

핵심 개념 요약

5.1 유전물질과 DNA

- 그리피스는 독성인 S형 폐렴균의 유전정보가 비독성인 R형 폐렴균으로 들어가서 R형을 S형으로 형질전환시킨 것을 발견했고, 허쉬와 체이스는 파지의 DNA가 대장균으로 도입되어 새로운 파지를 만들어 내는 것을 발견함으로써 유전물질이 핵산임을 증명했다.
- 샤가프는 DNA 염기의 구성 비율이 A=T, G=C인 것을 알아냈고, 프랭클린은 X-선 회절 분석으로 DNA가 규칙적인 나선구조를 갖고 있음을 밝혀냈다.
- 이들 연구 결과를 도대로 왓슨과 크릭은 DNA 2중나선 모델을 제안했고, 이 모델에서 각 가닥은 역평행 방향이고, 염기쌍이 상보적 결합을 하고 있다.

5.2 DNA 복제

- 메셀슨과 스탈은 밀도기울기 초고속원심분리법을 사용하여 DNA가 복제될 때, 2중가닥의 한 가닥은 그대로이고, 다른 가닥은 새로 합성되는 반보존적 복제 모델을 증명했다.
- 원핵세포에서 DNA가 복제될 때, DNA 풀기효소가 복제원점에서 2중나선을 열고, 프라이메이스에 의해 짧은 RNA 단편인 프라이머가 합성된 후, DNA 중합효소 III이 5'에서 3' 방향으로 DNA를 합성한다. DNA 중합효소 I은 프라이머를 DNA로 대체하며, DNA 연결효소는 각 단편을 연결한다.
- 복제분기점에서 2개의 DNA 중합효소 III는 같은 방향으로 이동하기 때문에, 지연가닥에서의 복제는 오카자키 절편을 만든다.
- 진핵세포는 많은 복제원점이 존재하고, 반복된 염기서열 구조를 가진 선형 염색체의 말단 부위는 텔로머레이스 등의 작용으로 보호된다.

5.3 유전자의 전사

- 원핵세포는 1종류의 RNA 중합효소를 가지고 있는데, 이 효소는 프로모터의 특정 염기서열과 결합하여 전사를 시작하고, 종결자 염기서열을 만나면 전사를 멈춘다.
- 진핵세포는 3종류의 RNA 중합효소를 가지고 있는데, 원핵세포에 비해 훨씬 많은 전사인자와 보조인자들이 전사를 조절한다.
- 진핵세포의 1차 전사체는 핵 안에서 가공 과정을 거치는데, 5′ 말단의 캡과 3′ 말단의 폴리-A 꼬리가 첨가되며, 인트론이 제거되고 엑손을 이어 맞추는 스플라이싱 과정이 일어난다.

5.4 유전암호

- 유전암호는 3자암호로 되어 있으며, 각 코돈 사이에 여백이 없고, 하나의 아미노산을 여러 개의 코돈이 지정하는 중첩성을 가진다.
- 개시코돈은 AUG이고, 종결코돈은 UAA, UGA, UAG인데, 일부 생물종과 미토콘드리아 및 엽록체를 제외하곤 모두 같은 코돈을 사용한다.

5.5 단백질 번역

- 단백질 합성을 위해 아미노아실-tRNA 합성효소는 아미노산을 tRNA에 결합시킨다. 세포에는 20종류의 합성효소가 존재하여 각 아미노산을 특이적으로 인식하는 데 반해, 일부 아미노산은 여러 종류의 tRNA와 결합할 수 있다.
- 리보솜은 단백질과 rRNA로 구성된 복합체인데, tRNA와 결합하는 E, P, A의 3개 자리를 가지고 있다. 개시 tRNA만 P 자리로 들어오며, 다른 tRNA들은 A 자리로 들어온다. E 자리는 tRNA가 빠져나가는 자리이다.
- 리보솜의 큰 소단위체에 있는 펩타이드기 전달효소는 P 자리의 아미노산을 A 자리의 아미노산으로 옮겨주는데, rRNA가 이 역할을 담당한다.
- 코돈의 세 번째 염기와 안티코돈의 첫 번째 염기 사이의 결합은 덜 엄격해서 코돈보다 적은 수의 tRNA를 가지고도 모든 단백질 합성이 이루어진다.

5.6 유전자 발현을 조절하는 전사인자

- 전사인자는 주로 DNA의 주홈에 존재하는 특정 염기서열을 인식하는데, 주홈에 들어맞는 DNA-결합 모티프를 가지고 있다.
- 대표적인 DNA-결합 모티프는 나선-꺾임-나선, 호미오도메인, 아연집게, 류신지퍼 등이 있다.

5.7 원핵세포의 유전자 발현 조절

- 오페론은 동일한 대사 과정에 관여하는 한 무리의 유전자들이 하나의 프로모터에 의해 조절되고, 단일한 mRNA로 함께 전사되는 것을 말한다.
- 음성조절은 억제인자가 작용하고, 양성조절은 활성인자가 작용한다. 유도오페론은 평상시에 전사가 차단되어 있다가 조건이 주어지면 유도되는 것이고, 억제오페론은 평소에는 전사가 일어나다가 억제되는 것이다.
- *lac* 오페론은 보통 상태에서는 억제인자에 의해 작동하지 않다가, 젖당(유도자)이 주어지면 작동되는 음성유도 오페론이고, *trp* 오페론은 평시에는 작동하다가 트립토판(보조억제인자) 농도가 높아지면 억제인자에 의해 차단되는 음성억제 오페론이다.
- *lac* 오페론에서 포도당 농도가 낮을 때, cAMP 농도가 높아지면 CAP이 프로모터와 결합하여 전사를 촉진한다.

5.8 진핵세포의 유전자 발현 조절

- 전사와 번역이 동시에 일어나는 원핵세포와는 달리, 진핵세포는 핵에서의 전사와 세포질에서의 번역이 분리되어 있어서 여러 단계에서 조절할 수 있는

다양한 기작을 갖고 있다.

- 많은 전사인자가 조절에 관여하는데, 활성인자는 인핸서에 결합하여 전사를 촉진한다.
- 히스톤 단백질에 메틸기나 아세틸기를 첨가 또는 제거하거나, 염색질재구성 복합체가 작용하여 전사인자의 DNA에 대한 접근을 조절할 수 있다.
- 전사후 조절 기작으로는 miRNA 또는 siRNA를 이용하는 RNA 간섭, 선택적 스플라이싱, RNA 편집, mRNA 분해 조절 등이 있고, 번역 후에는 인산기를 첨가 또는 제거하여 단백질의 활성을 조절하거나, 단백질의 분해 속도를 조절할 수 있다.

5.9 돌연변이 및 DNA 수선

- 염기 1개가 치환되어 나타나는 점돌연변이에는 침묵돌연변이, 과오돌연변이, 종결돌연변이 등이 있고, 염기가 첨가 또는 결실되었을 때는 틀이동돌연변이가 나타난다.
- 염색체의 구조가 바뀌는 돌연변이로는 결실, 중복, 역위, 전좌 등이 있다.
- DNA가 복제될 때 생기는 염기의 짝짓기 오류나 돌연변이 유발물질에 노출되어 생기는 DNA 손상은 광수선, 절제수선 등의 여러 가지 수선기작에 의해 복구된다.

연습문제

1단계: 이해력 확인하기

1. 서로 다른 종에서 추출한 DNA의 구성 요소들을 연구한 샤가프가 발견한 사실은 무엇인가?

① 인산 그룹의 수는 항상 5탄당의 수와 같다.
② A와 C, G와 T의 비율은 같다.
③ A와 T, G와 C의 비율은 같다.
④ 퓨린은 피리미딘과 결합한다.

2. 허쉬와 체이스가 실험에서 사용한 방사성 인(^{32}P)과 황(^{35}S)은 무엇을 위한 것인가?

① DNA와 단백질을 같은 분자로 표지하기 위해서이다.
② DNA와 단백질을 다르게 표지하기 위해서이다.
③ 형질전환의 원리를 밝히기 위해서이다.
④ ②와 ③ 모두 옳다.

3. 메셀슨과 스탈이 밀도기울기 초고속원심분리기를 사용하여 알아낸 사실은 무엇인가?

① DNA 복제의 방향성을 알아냈다.
② DNA와 단백질을 다르게 표시할 수 있었다.
③ 새로 복제된 가닥과 이전 가닥을 구분할 수 있었다.
④ RNA 프라이머와 복제된 DNA를 구별할 수 있었다.

4. 선도가닥과 지연가닥에서 DNA 합성의 차이점은 무엇 때문에 생기는가?

① 오직 DNA의 물리적 구조 때문에
② DNA 중합효소의 활성 때문에
③ DNA의 물리적 구조와 중합효소의 작용 때문에
④ 지연가닥의 커다란 크기 때문에

5. 말단소체 합성에 관한 설명으로 옳은 것은?

① DNA 중합효소를 이용하지만, 활주집게는 사용하지 않는다.
② DNA 수선에 관여하는 효소들을 사용한다.
③ 텔로머레이스가 필요하지만, 주형을 필요로 하지 않는다.
④ 내부 RNA를 주형으로 사용하는 텔로머레이스를 필요로 한다.

6. 유전암호에서 하나의 코돈은 ______________

① 3개의 염기로 구성된다.
② 1개의 아미노산을 지정한다.
③ 1개 이상의 아미노산을 지정한다.
④ ①과 ② 모두 옳다.

7. RNA 중합효소는 ______________ 에 결합하여 ______________ 을(를) 개시한다.

① mRNA, 번역
② 프로모터, 전사
③ 프라이머, 전사
④ 전사인자, 번역

8. 번역 과정 동안 mRNA상의 코돈은 실제로 무엇에 의해 읽히는가?

① 리보솜의 A 자리
② 리보솜의 P 자리
③ tRNA의 안티코돈
④ 아미노산의 안티코돈

9. 스플라이싱 과정은 ____________________

① 원핵세포에서 일어난다.
② 인트론을 서로 연결시킨다.
③ 동일한 전사체에서 다양한 mRNA를 만들 수 있다.
④ 한 가지 방식으로, 각각의 유전자에 대한 엑손만을 연결한다.

10. 조절 단백질들은 DNA와 어떻게 상호작용을 하는가?

① 나선구조를 풀고 염기쌍의 양상을 바꾸어서
② 2중나선의 당-인산 틀에 결합해서
③ 나선을 풀고 염기쌍을 파괴해서
④ 2중나선의 주홈에 결합하여 염기쌍과 상호작용을 해서

11. 대장균에서 *lac* 오페론 유도와 *trp* 오페론 억제는 어떤 예인가?

① 억제인자에 의한 음성조절
② 억제인자에 의한 양성조절
③ 활성인자에 의한 음성조절
④ 활성인자에 의한 양성조절

12. *trp* 오페론에서 억제인자는 언제 DNA에 결합하는가?

① *trp*이 없을 때
② *trp*이 있을 때
③ *trp*이 존재하거나 없을 때
④ *trp*이 세포에서 필요할 때만

13. *lac* 억제인자, *trp* 억제인자 및 CAP은 모두 __________

① 전사의 음성조절자이다.
② 전사의 양성조절자이다.
③ DNA와 결합하는 다른자리입체성 단백질이다.
④ DNA와 다른 단백질에 결합하는 단백질들이다.

14. *trp* 오페론과 *lac* 오페론에서의 전사조절은 모두 어떤 기작인가?

① 양성조절일 때만 가능한 기작
② 세포가 환경 조건에 맞는 효소의 양을 조절하도록 하는 기작
③ 음성조절일 때만 가능한 기작
④ 세포가 항상 이 두 오페론으로부터 효소를 만들도록 하는 기작

15. 소형 RNA에 의한 조절과 선택적 스플라이싱은 어떤 점에서 유사한가?

① 전사 후 작용
② RNA/단백질 복합체를 통한 작용
③ 전사기구 조절
④ ①과 ② 모두

16. 역위는 ____________________

① 반드시 돌연변이체 표현형을 유발한다.
② 역위가 일어난 절단 부위가 유전자 안에 생긴 경우에 돌연변이체 표현형을 유발한다.
③ 염색체가 역위로 인해 방향이 거꾸로 되었기 때문에, 역위된 부분에서 전사가 중단된다.
④ 역위된 부분에서 유전자 번역을 방해한다.

17. 돌연변이와 진화 사이의 관계는 무엇인가?

① 돌연변이에 의해 보다 나은 유전자를 만든다.
② 돌연변이는 새로운 대립유전자를 만든다.
③ 돌연변이는 진화의 초기에 일어났고, 지금은 일어나지 않는다.
④ 진화와 유전자 돌연변이 사이에 어떤 관계도 없다.

18. 다음의 어느 효소가 절제수선에 관여하는가?

① 광분해효소
② 핵산내부가수분해효소
③ DNA 중합효소 III
④ 텔로머레이스

■2단계: 분석 및 적용하기

19. 효소의 역할은 적절한 DNA 복제를 위해 매우 중요하다. 다음의 효소들이 기능을 상실했을 때의 결과를 예측하라.

① DNA 자이레이즈
② DNA 연결효소
③ DNA 중합효소 III
④ DNA 중합효소 I

20. DNA의 주형 가닥 염기서열이 다음과 같다.

3′ − CGTTACCCGAGCCGTACGATTAGG − 5′

위의 염기서열 정보를 이용하여 다음 질문에 답하라.

① 이 유전자의 mRNA 염기서열을 나타내라.
② 단백질의 아미노산 서열을 나타내라.

21. 다음 각각의 돌연변이가 마지막 산물인 단백질에 어떻게 영향을 주는지 설명하라. 돌연변이 유형의 이름은 무엇인가? 단, 단백질은 "개시(start)"코돈에서 시작한다.

원래 주형가닥은 다음과 같다.

3′ − CGTTACCCGAGCCGTACGATTAGG − 5′

① **3′ − CGTTACCCGAGCCGTAACGATTAGG − 5′**
② **3′ − CGTTACCCGATCCGTACGATTAGG − 5′**
③ **3′ − CGTTACCCGAGCCGTTCGATTAGG − 5′**

22. 유전자 발현 조절의 여러 유형 중에서 어떤 형태가 진핵세포에 특이적인가? 원핵세포는 진핵세포에 특이적인 기작을 사용할 수 있는가? 진핵세포에서 유전자 발현의 특이적 형태들은 이들 진핵과 원핵세포에서의 차이점들 때문에 존재하는가?

6

생명공학과 유전체학

도입

지난 수십 년 동안 DNA를 연구하고 조작하기 위해 개발된 새로운 기술들은 생명과학 발전에 혁신을 가져왔으며, 생명공학(biotechnology)은 식탁 위의 음식부터 미래의 의약품까지 일상생활의 많은 부분에 영향을 미치고 있다. 최근에는 인간을 비롯한 여러 생물 종에서 유전체 염기서열을 결정함으로써 유전체학과 단백질체학이라는 새로운 분야가 개척되었다. 이 장에서는 먼저 분자생물학적 기본 기술에 대해 살펴보고, 그러한 기술이 전체 유전체 분석에서 어떻게 응용되는지 알아본다. 이러한 기술은 전통적인 유전학과 분자유전학을 생명공학에 통합시키고, 나아가 전체 유전체에 적용될 수 있게 한다.

6.1 재조합 DNA

유전물질을 직접 분리하고 조작하는 기술은 지난 20세기 후반에 생명과학 분야에서 이루어낸 가장 핵심적인 변화 중 하나였다. 서로 다른 재료에서 얻은 두 DNA를 단일 DNA 분자로 만드는 재조합 DNA(recombinant DNA)의 구축은 1970년대 중반에 시작되었다. 생명공학의 전반적인 분야에 응용되는 이러한 기술의 발전은 DNA를 조작하는 데 사용되는 효소에 그 기반을 두고 있다.

DNA의 특정 부위를 절단하는 제한효소

효소에 의한 특정 부위를 절단하는 작용은 분자생물학자들이 오랫동안 관찰해온 것으로, 왜 박테리오파지가 일부 세포에는 감염하고 다른 세포에는 감염하지 못하는지를 밝히는 연구로부터 알게 되었다. 박테리아는 침입한 바이러스 DNA의 특정 부위를 절단할 수 있는 **제한효소**(restriction endonuclease)를 만들어서 자신을 보호하는데, 자신의 DNA는 절단 부위를 변화시켜 제한효소가 작용하지 못하도록 한다. 지금까지 제한효소는 수백 가지 이상이 분리되었는데, 각 효소는 서로 다른 **제한효소절단위치**(restriction site)를 인지하여 절단한다.

제한효소에는 3가지 유형이 있는데, 이중 오직 유형 II(type II)만이 특정 부위를 절단하기에 DNA 클로닝에 많이 사용된다. 유형 II 효소들은 4~12개의 특정 DNA 서열을 인식하고, 이 서열 안에서 특정한 염기의 DNA를 절단한다(**그림 6.1**). 대부분의 유형 II 효소가 인지하는 부위는 회문 구조로 되어 있다. **회문**(palindrome)이란 '기러기'처럼 앞에서부터 읽으나 뒤에서부터 읽으나 똑같은 단어 또는 구절을 뜻한다. 회문 구조의 DNA는 한쪽 가닥에서 5′ → 3′ 방향으로 보거나 상보적 가닥에서 5′ → 3′ 방향으로 보더라도 서열이 동일하다.

이러한 서열이 있을 때 양쪽 사슬의 같은 염기에서 DNA를 자르게 되면 점착성 말단(sticky ends)이 만들어진다. 점착성 말단은 같은 효소에 의해 절단된 어떠한 DNA상에서도 동일하게 나타나므로, 원천이 다른 DNA들을 쉽게 연결할 수 있도록 해준다. 드물기는 하지만 몇몇의 유형 II 제한효소들은 동일한 부위의 두 가닥을 절단하여 점착성 말단이 아니라, 비점착성 말단(blunt ends)을 형성한다. 비점착성 말단은 다른 비점착성 말단과 결합할 수 있다.

DNA의 특정 부위를 절단할 수 있는 능력은 2가지 면에서 중요하다. 첫째, 제한효소가 갖는 절단 부위의 특정한 위치를 기초로 물리지도(physical map)를 제작할 수 있다. 둘째, 다른 원천으로부터 얻은 분자들을 조합하여 연결시킨 재조합 분자를 제작할 수 있다.

젤 전기영동과 DNA 절편 분리

DNA 절편의 분석에 가장 널리 사용되는 방법은 **젤 전기영동**(gel electrophoresis)이다. 아가로스(agarose) 또는 폴리아크릴아마이드(polyacrylamide)로 만든 젤에 전류가 흐르면, DNA 분자는 인산기의 매우 강한 음전하로 인해 (+)극으로 이동하게 된다(**그림 6.2**). 젤은 DNA 절편을 크기에 따라 분리해 주는 체(sieve)와 같은 역할을 하기에 큰 분자일수록 느리게 이동하며, 작은 분자들은 빨리 이동하게 된다. DNA와 결합하는 형광염료(fluorescent dye)를 사용하면 젤상에서 DNA 절편을 볼 수 있다.

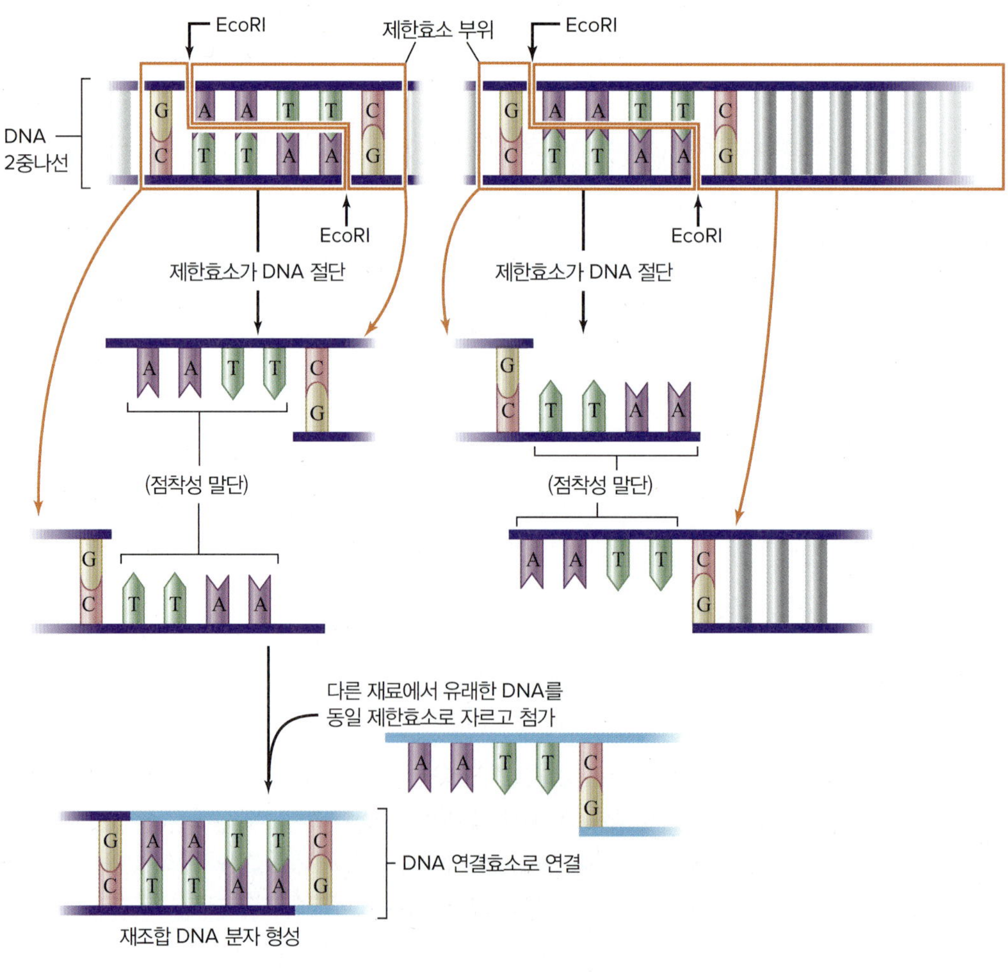

그림 6.1 **많은 제한효소들은 점착성 말단 DNA 조각을 생성한다.**
제한효소 EcoRI은 항상 5′-GAATTC-3′ 서열에서 G와 A 사이를 절단한다. 동일한 서열이 두 가닥 모두에 있기 때문에 둘 다 절단된다. 그러나 두 서열은 두 가닥에서 서로 반대 방향으로 있기에 결과적으로 점착성 말단이라고 불리는 서로 상보적인 단일 가닥이 생성된다. 이러한 상보적인 말단은 동일한 효소로 절단된 다른 DNA의 단편에 연결될 수 있다. 이 두 분자는 DNA 연결효소(ligase)에 의해 결합되어 재조합 분자를 생성한다.

DNA 연결효소를 이용한 재조합 분자 제작

유형 II 제한효소로 절단된 DNA의 양쪽 말단은 상보적 서열을 가지므로 결합할 수 있다. 그러나 2개의 절편이 하나의 안정된 DNA가 되려면 두 분자를 연결시키는 효소가 있어야 한다. DNA 연결효소(DNA ligase)는 DNA 뉴클레오타이드의 인산기와 인접한 수산기 사이의 인산디에스터(phosphodiester) 결합을 촉매한다. 연결효소의 작용은 하나 또는 두 가닥의 끊어진 부분(nick)들을 봉합하는 일이다(**그림 6.1** 참조). 이는 DNA 복제 도중의 지연가닥에서 나타나는 오카자키 절편을 연결시키는 것과 같은 효소이다(5장 참조).

외래 DNA의 증폭을 위한 숙주-운반체 체제

클론(clone)이란 유전적으로 동일한 복제물을 의미하는데, 유전자 클로닝(gene cloning) 또는 **분자클로닝**(molecular cloning)은 보통 하나의 특정 단백질을 암호화하는 DNA를 복제하는 것을 말한다. 긴 염기서열을 복제하기 위해서는 세포내(*in vivo*)에서 재조합 DNA를 증식할 수 있어야 한다. 숙주세포에서 DNA를 증식하기 위해서는 숙주 안으로 들어가서 복제할 수 있는 운반체(vector)가 필요한데, 가장 흔히 쓰이는 운반체는 **플라스미드**(plasmid)와 **인공염색체**(artificial chromosome)이다.

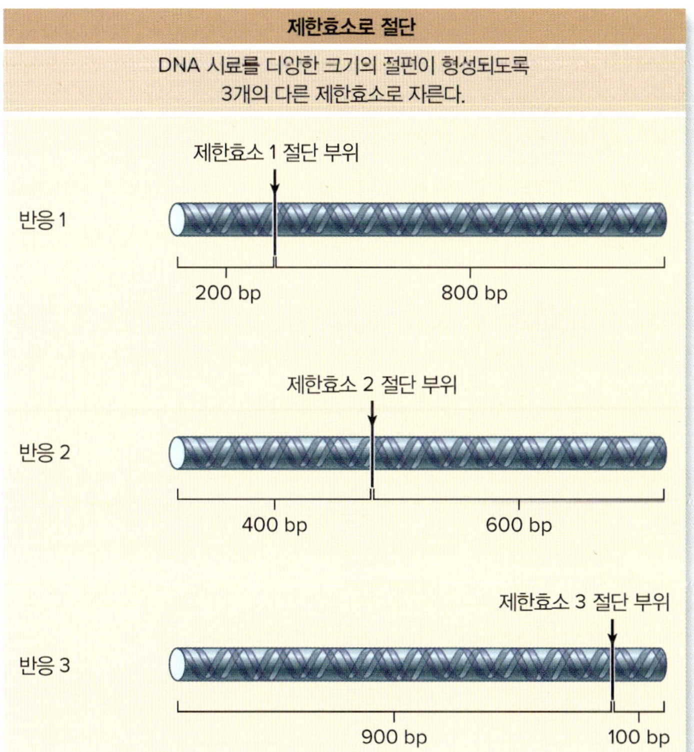

a.

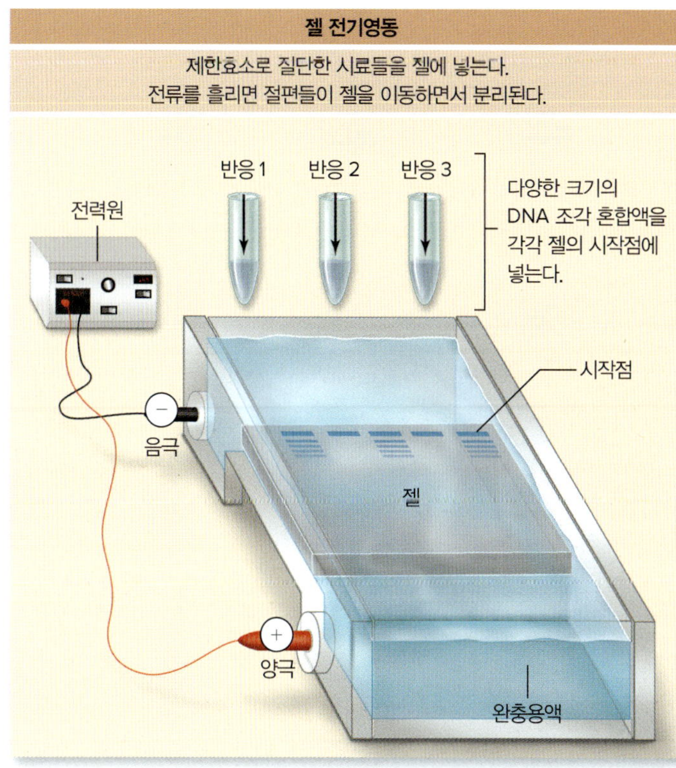

b.

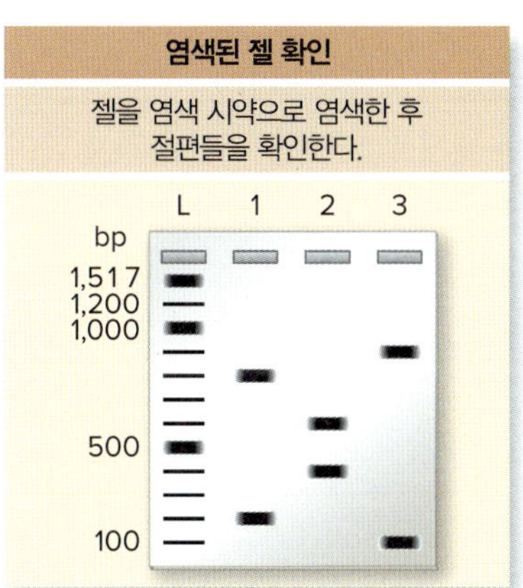

c.

그림 6.2 젤 전기영동은 크기에 따라 DNA 조각을 분리한다.
a. 3개의 제한효소가 각 효소의 인식 서열에 따라 DNA를 특정 조각으로 절단하는 데 사용된다. *b.* DNA 절편을 젤(아가로스 또는 폴리아크릴아미드)에 로딩하고 전류를 흘려보낸다. DNA 조각은 젤을 통해 크기에 따라 이동한다. *c.* 그 결과 작은 조각이 큰 조각보다 더 멀리 이동하면서 크기에 따라 분리된다. 알려진 크기의 일련의 절편(L)은 사다리 모양으로 나타나므로 각 절편의 크기를 예측할 수 있다. (bp=염기쌍; L=분자량 표지 마커; 1, 2, 3=제한효소 1, 2, 3으로 절단한 DNA 조각의 절편).

그림 6.3 벡터를 이용한 분자클로닝.
제한효소를 사용하여 특정 부위의 플라스미드를 절단하고 외부 DNA 및 DNA 연결효소를 첨가한다. 외부 DNA가 플라스미드에 성공적으로 도입되면, 재조합 플라스미드가 생성된다. 형질전환 과정에서, 플라스미드는 박테리아에 도입될 수 있다. 플라스미드가 포함된 형질전환 박테리아 세포를 선별하기 위해서 앰피실린 항생제가 든 배지에서 배양한다.

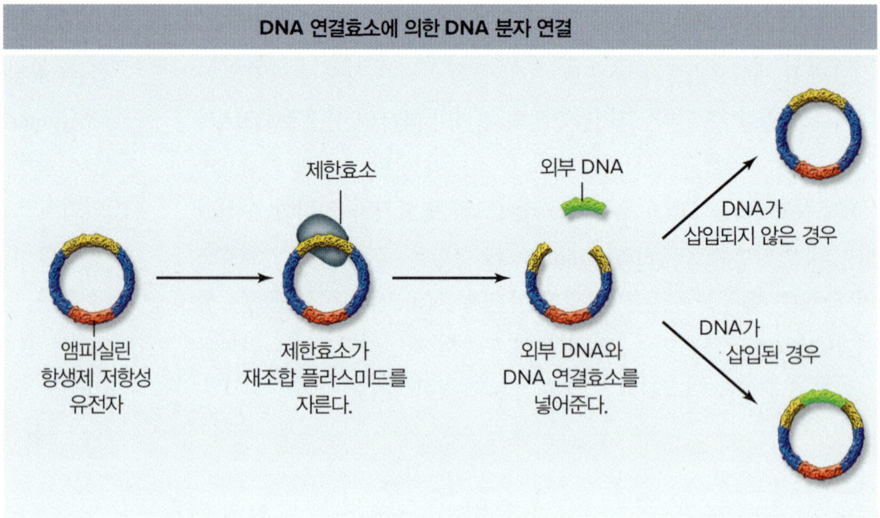

작은 고리 형태의 염색체인 플라스미드 운반체는 비교적 작은 DNA 절편(최대 10 kb)을 클로닝하는 데 이용된다. 플라스미드 운반체는 다음과 같은 3가지 구성 요소를 지녀야 한다.

1. 대장균 안에서 염색체와는 독립적으로 복제될 수 있도록 복제 원점을 가지고 있어야 한다.
2. 항생제에 대한 내성이 있는 선별 표지자(selective marker)를 가져야 한다.
3. 외부 DNA를 넣을 수 있는 하나 또는 그 이상의 제한효소절단 위치가 있어야 한다.

클로닝의 첫 단계는 외부 유전자를 플라스미드의 MCS(multiple cloning site) 부위에 삽입하는 것이다. 이 부위는 여러 가지 제한효소에 의해 인식되는 절단 부위를 가지는데, 플라스미드를 특정 제한효소로 처리한 후, 원하는 DNA를 DNA 연결효소를 이용해 이 지점에 결합시킨다. 그다음, 재조합된 DNA를 형질전환을 통해 대장균 안에 넣는다(**그림 6.3**). 선별 표지자는 플라스미드의 존재 유무를 구별하는 데 사용된다. 선별 표지자를 포함한 플라스미드가 있는 세포는 항생제 함유 배지에서 생존하고, 플라스미드가 없는 세포는 죽기 때문이다.

플라스미드는 작은 DNA 절편만을 삽입할 수 있기에, 큰 단위의 유전체 분석에는 제한점이 있다. 이를 보완하기 위해 유전학자들은 효모 인공염색체(yeast artificial chromosome, YAC)와 박테리아 인공염색체(bacterial artificial chromosome, BAC)를 개발하였다.

전체 유전체를 포함하는 DNA 라이브러리

염색체의 거대한 DNA가 무작위로 잘려서 플라스미드 내로 삽입한 다음 숙주에서 증식될 때, 이 절편들은 모두 모여 전체의 유전체를 나타내게 될 것이다. 이러한 집합체를 **유전체 라이브러리**(genome library)라고 한다. 이 전체 유전체는 제한효소에 의해 부분적으로 분해되어 운반체로 삽입된 후, 숙주세포 내로 도입된다. 유전체 라이브러리는 보통 박테리아 인공염색체(BAC) 내에 구축하는데, DNA가 완전하게 모두 잘리는 것이 아니기 때문에 절단 부위는 무작위적이다. 즉 정리정돈된 책으로 가득한 도서관과는 다르게, DNA 라이브러리는 서로 겹치는 DNA 절편들의 무작위적인 집합체이다.

역전사효소를 이용한 RNA로부터 DNA 복제

유전체 라이브러리는 유전자의 구조를 이해하기 위해 중요하지만, 특정한 세포나 조직에서 발현되는 유전자를 연구할 때는 cDNA 라이브러리가 훨씬 더 유용하다. cDNA(complementary DNA)는 mRNA로부터 만들어진 DNA 복사본을 의미하는데, 역전사효소를 사용하여 만든다(**그림 6.4**). 따라서 cDNA 라이브러리는 발현되는 모든 유전자를 포함하고 있는 데, 한 개체로부터 만들어진 유전체 라이브러리는 동일한 데 반해, 발생 단계가 다르거나 다른 조직에서 얻어낸 세포에서 만들어진 cDNA 라이브러리는 각각 다를 수 있다.

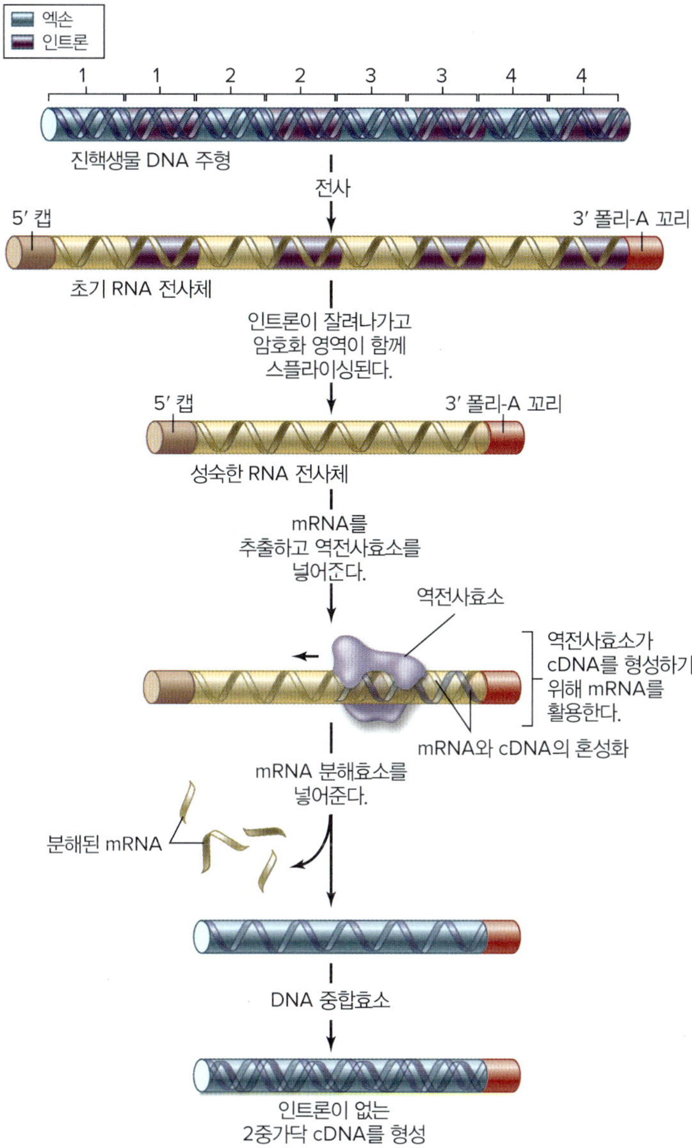

그림 6.4 역전사를 사용하여 mRNA에서 cDNA 만들기.
성숙한 mRNA 전사체는 일반적으로 인트론이 제거되기에 이를 생성하는 유전자보다 훨씬 짧다. mRNA를 세포질로부터 추출한 후, 역전사효소로 mRNA에 상보적인 DNA 가닥을 만든다. 새로 만들어진 DNA 가닥은 DNA 중합효소의 주형으로 사용되어 cDNA(성숙한 mRNA의 2중가닥 DNA 버전)를 생성한다.

6.2 PCR을 활용한 DNA 증폭

1993년 PCR(polymerase chain reaction, 중합효소연쇄반응)의 개발은 재조합 DNA 분자의 구축을 촉진하였고, 유전공학의 새로운 지평을 열었다. PCR은 클로닝 벡터로 DNA 조각을 넣거나 숙주세포에 도입할 필요 없이, 하나의 DNA 서열을 짧은 시간 동안 엄청나게 증폭시킬 수 있다는 것과 증폭하고자 하는 DNA 서열을 정확히 선택할 수 있다는 것이다. 제한효소 절단으로 생성된 DNA 조각을 벡터에 클로닝하는 것은 제한효소 부위의 위치에 의해 이용 가능한 DNA 조각이 제한된다는 단점이 있다.

PCR로 DNA 서열을 증폭하기 위해서는 프라이머(primer)라고 불리는 2개의 20~25 뉴클레오타이드 길이의 DNA 서열들을 화학적으로 합성해야 한다. 한 프라이머는 선택된 서열의 한쪽 끝부분에 있는 DNA 가닥에 상보적이고, 다른 프라이머는 반대쪽 끝 DNA 가닥에 상보적이다. 만약에 프라이머들이 상보적인 DNA 서열에 붙게 되면, DNA 중합효소(polymerase)는 세포에서 일어나는 DNA 복제와 유사한 과정으로 두 프라이머를 연장하고, 새로운 두 가닥의 DNA를 형성하게 된다.

PCR의 원리

PCR은 DNA 복제 과정을 따라 한 것이며, 각 반응은 DNA 복제의 일련의 단계와 유사한 형태로 순환하게 된다.

1. **변성**(denaturation): 95°C 정도에서 주형으로 사용하는 DNA를 단일가닥으로 분리한다.
2. **프라이머 결합**(annealing of primers): 보통 55~65°C 정도의 온도에서 주형가닥과 프라이머가 결합하여 DNA 중합효소의 작용에 필요한 3′ OH를 제공한다.
3. **합성**(synthesis): 72°C에서 열에 안정한 Taq DNA 중합효소가 새로운 DNA를 만든다.

각 단계가 반복될 때마다 새로 형성된 DNA 분자들은 지수방식(exponential manner)으로 합성된다. 즉 PCR 25회 사이클은 1개의 DNA 분자를 2^{25}개의 분자로 증폭시킨다. PCR은 2가지 혁신을 통해 실용화되었다. 첫 번째는 고온에서 사는 박테리아(*Thermus aquaticus*)에서 분리된, 열에 안정한 DNA 중합효소인 **Taq 중합효소**(Taq polymerase)를 사용한 것이다. 두 번째 혁신은 히팅블록(heating block)을 포함한 PCR 기기의 개발로 넓은 온도 범위를 정확하게 순환할 수 있도록 한 것이다(**그림 6.5**).

전형적인 PCR은 이제 주형 DNA, 2개의 프라이머, 뉴클레오타이드, 그리고 열에 안정한 DNA 중합효소를 포함한 1개의 튜브에서 할 수 있다. Taq 중합효소 외에도 다양한 기능의 여러 중합효소들 또한 활용되고 있기에, PCR은 질병 진단, DNA 서열 분석, 그리고 유전자 발현 분석 등의 목적으로 광범위하게 사용된다.

유전자의 발현량을 측정하는 RT-qPCR

PCR은 플라스미드 또는 게놈 DNA 외에도, 역전사효소에 의해 생성된 cDNA를 주형으로 사용할 수 있다. 이러한 실험 기법을 역전

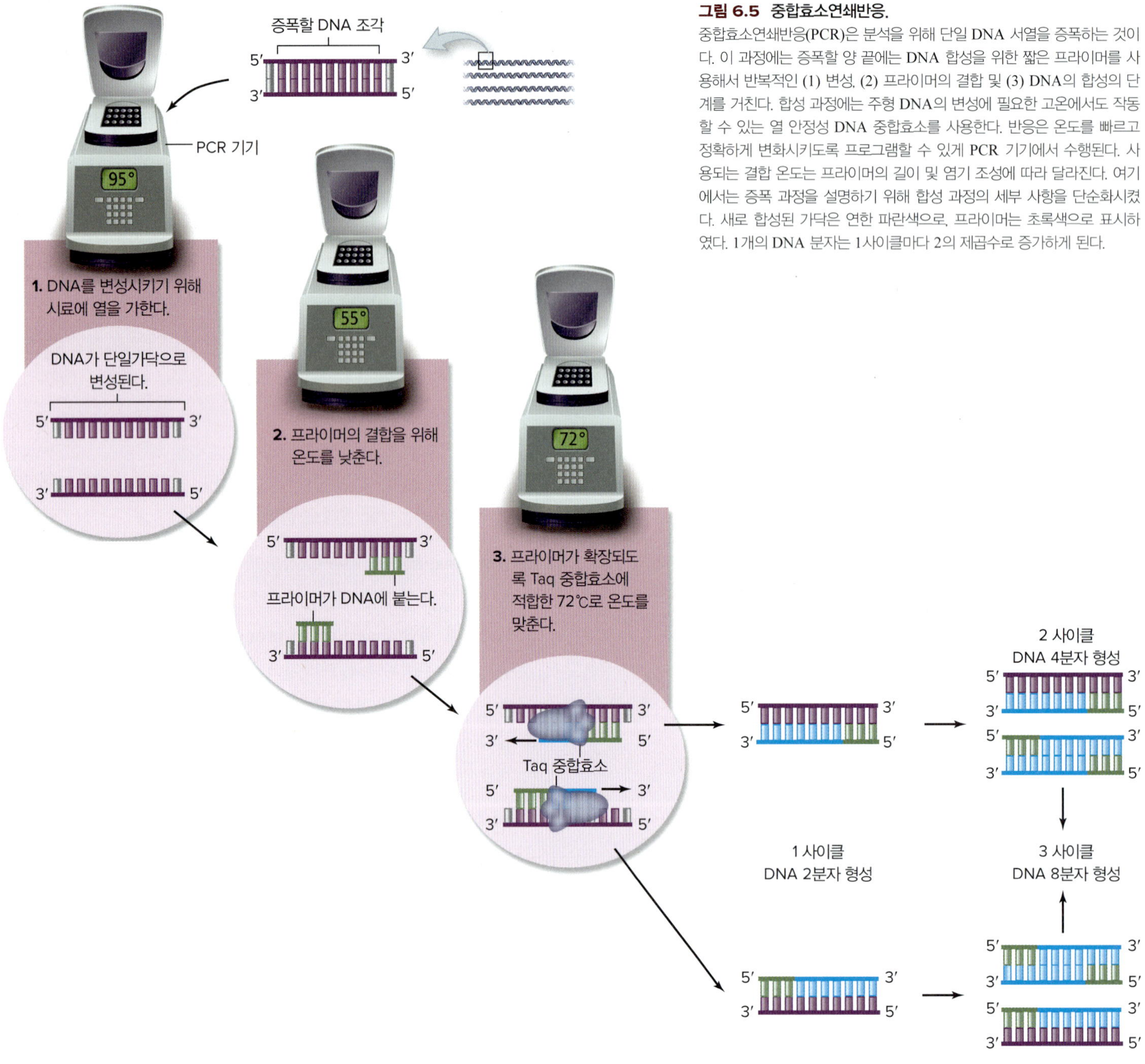

그림 6.5 중합효소연쇄반응.
중합효소연쇄반응(PCR)은 분석을 위해 단일 DNA 서열을 증폭하는 것이다. 이 과정에는 증폭할 양 끝에는 DNA 합성을 위한 짧은 프라이머를 사용해서 반복적인 (1) 변성, (2) 프라이머의 결합 및 (3) DNA의 합성의 단계를 거친다. 합성 과정에는 주형 DNA의 변성에 필요한 고온에서도 작동할 수 있는 열 안정성 DNA 중합효소를 사용한다. 반응은 온도를 빠르고 정확하게 변화시키도록 프로그램할 수 있게 PCR 기기에서 수행된다. 사용되는 결합 온도는 프라이머의 길이 및 염기 조성에 따라 달라진다. 여기에서는 증폭 과정을 설명하기 위해 합성 과정의 세부 사항을 단순화시켰다. 새로 합성된 가닥은 연한 파란색으로, 프라이머는 초록색으로 표시하였다. 1개의 DNA 분자는 1사이클마다 2의 제곱수로 증가하게 된다.

사 PCR(reverse transcription PCR, RT-PCR)이라고 한다. RT-PCR은 3가지 이유에서 유용하다. 첫째, 유전자의 엑손(exon, 유전 정보가 포함된 유전자 영역)만이 포함된 DNA를 가진 재조합 DNA 분자를 만들 수 있다. 둘째, 유전자 산물의 구조와 기능을 연구할 수 있다. 셋째, 세포와 조직에서 유전자 발현의 상대적인 양을 확인하는 데 이용할 수 있다.

세포들은 종종 내부 또는 외부 환경의 변화에 반응하여 유전자 발현을 변화시킨다. 유전자 발현의 상대적인 변화를 측정하는 가장 빠르고 손쉬운 것은 **RT-qPCR**(reverse transcription quantitative PCR)이다. 이것은 추출한 mRNA를 역전사효소를 사용해서 cDNA를 합성한 다음, 유전자 특이적 프라이머를 활용해 PCR로 특정 cDNA를 증폭시키는 것이다. 생성된 DNA의 양은 실시간으로 측정할 수 있기에, qPCR은 실시간 PCR(real-time PCR)로 알려져 있다.

비특이적으로 DNA에 결합하는 형광 염료를 사용한 DNA 정량

RT-qPCR에서 PCR 동안에 만들어진 DNA의 양을 정량하는 가

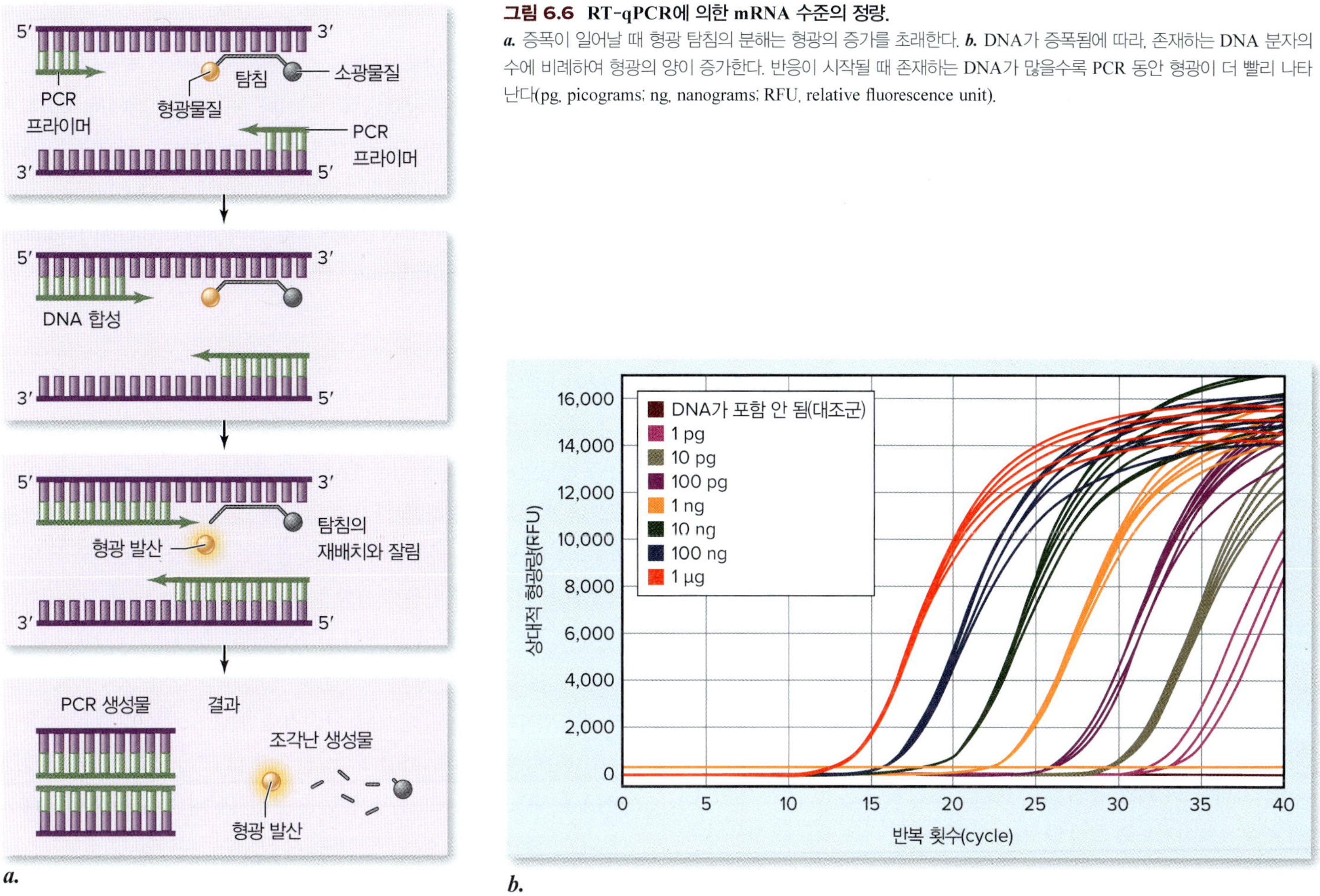

그림 6.6 RT-qPCR에 의한 mRNA 수준의 정량.
a. 증폭이 일어날 때 형광 탐침의 분해는 형광의 증가를 초래한다. *b.* DNA가 증폭됨에 따라, 존재하는 DNA 분자의 수에 비례하여 형광의 양이 증가한다. 반응이 시작될 때 존재하는 DNA가 많을수록 PCR 동안 형광이 더 빨리 나타난다(pg, picograms; ng, nanograms; RFU, relative fluorescence unit).

장 손쉬운 방법은 DNA의 2중가닥에 비특이적으로 결합하는 염료를 사용하는 것이다. PCR의 각 사이클마다 PCR 기기에 있는 레이저는 반응물에 레이저를 쏘고 그 형광의 양을 감지기가 측정하기에, 증가한 DNA의 양만큼 형광은 증가한다. 이 자료로부터 PCR 사이클에 대한 형광 그래프를 실시간으로 볼 수 있다.

만약 2개의 서로 다른 조직으로부터 추출한 mRNA에서 cDNA를 만든 후, qPCR을 수행했다고 하자. qPCR 반응 동안 한 시료에서 형광이 빠르게 증가했다면, 이는 다른 시료보다 특정 유전자에 대한 mRNA가 초기에 더 많았다는 것을 의미한다. 이처럼 qPCR을 사용하면 서로 다른 조건에서의 유전자 발현 차이를 분석할 수 있다.

특이적으로 DNA에 결합하는 형광 부착 탐침을 사용한 DNA 정량

PCR 반응을 통해 형성된 DNA 양을 정량하는 보다 정확한 방법은 qPCR 반응 안에 형광으로 표지된 탐침(probe)을 이용하는 것이다. 탐침은 분석하고자 하는 DNA와 결합하는 단일가닥 DNA로, 20~30 염기서열로 구성되어 있다. 탐침은 한쪽 말단에 형광물질(fluorophore)을 포함하고 있고, 반대쪽 끝에 소광물질(quencher)을 부착하고 있다. 특정 파장의 빛을 주면 형광물질에서 다른 파장의 빛을 방출하게 되는데, 이 빛은 소광물질이 흡수하게 된다. 즉 형광물질과 소광물질이 서로 같은 탐침에 부착되어 있는 한, 형광물질은 소광물질에 의해 형광 발산이 억제되므로, 감지기가 방출된 파장을 측정할 수 없게 한다. 만약에 형광물질이 소광물질과 떨어지게 되면, 형광물질은 형광을 발산하고 PCR 기기에 있는 감지기에서 탐지된다.

PCR이 진행되는 동안 프라이머 결합 단계에서 형광탐침 역시 DNA에 결합하게 된다. 그 후, 합성 단계에서 Taq 중합효소가 프라이머를 연장하면서 새 가닥을 만들 때 DNA와 결합한 탐침과 만나게 된다. 중합효소는 핵산말단가수분해효소 활성(exonuclease activity)을 가지고 있어서, 탐침을 분해시키고 주형을 완전하게 복제하게 된다. 이때 형광물질은 소광물질로부터 분리되고, 감지기에서 형광이 탐지된다(**그림 6.6***a*). PCR 사이클이 계속 반복되면서, 새로 형성된 DNA의 양에 비례하여 형광이 증가하게 됨으로써 시료 간의 특정 유전자의 발현량을 측정할 수 있게 된다(**그림 6.6***b*).

6.3 유전적 변이를 가진 형질전환체 생성

유성생식 집단에서 나타나는 개체 간 다양성은 유전적 변이, 후성유전학적(epigenetic) 차이, 그리고 환경적 변동성 사이에서 복잡한 상호작용으로 인해 형성된다. 현재는 DNA 조작 기술의 발달로 인해 개체 사이의 차이를 식별하는 유전적 변이 분석뿐만 아니라 대립유전자에 돌연변이를 일으키거나 복구함으로써 유전자의 기능을 연구하는 것이 가능하게 되었다.

법의학에서 활용하는 DNA 지문

범죄를 조사하거나 재난사건 후에 희생자를 가려낼 때 소량의 조직이나 체액을 기반으로 개체를 식별하는 경우가 있다. 법의학(forensics)에서는 주요 기법으로 DNA 지문(fingerprint)을 활용하고 있다. DNA 지문은 전형적으로 2~4개의 염기쌍이 반복되는 STR(short tandem repeats, 짧은염기서열반복구간)을 이용하는데, 개인들 사이에서 다양할 뿐만 아니라 세대를 거치며 돌연변이가 생기기에, 범죄 수사 및 다양한 신원 확인을 위한 DNA '지문'으로 사용한다(**그림 6.7**).

이 기법은 PCR의 유연성과 유용성을 보여주는 또 다른 예이다. STR을 증폭시키도록 고안된 프라이머와 아주 적은 시료를 사용하여 PCR을 수행하면 개인 고유의 DNA 단편을 얻을 수 있고, 자동화 염기서열결정법을 활용하여 분석하게 된다. 이 기법으로 2001년 9월 11일 뉴욕에서 발생한 911 테러의 희생자들 신원을 파악하였고, 2010년 아이티 공화국에서 발생한 엄청난 지진으로 가족과 떨어진 아이들이 재회할 수 있었다.

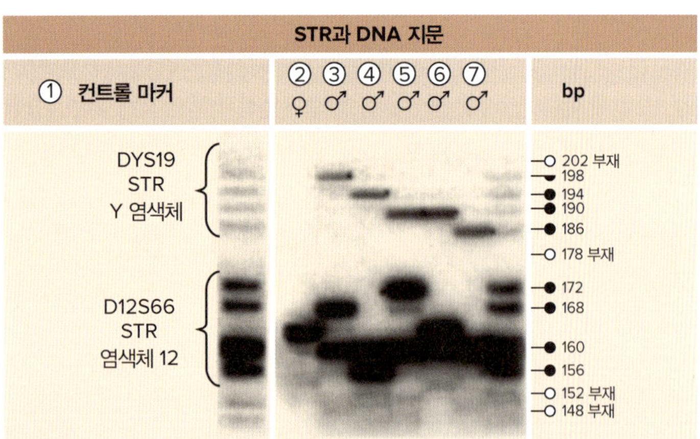

그림 6.7 STR 및 DNA 지문을 사용한 개인 식별.
Y 염색체 STR은 여성에게는 없기 때문에 남성과 여성을 구분한다(위). STR은 반복 횟수(3~7열)에 따라 남성에서 다른 길이로 형성된다. 염색체 12에서 발견된 두 번째 STR은 남성과 여성 모두에서 나타난다(아래).

유전체 편집 기술

생명공학 기술의 발달로 현재는 유전자의 서열을 빠르고 쉽게 변화시키거나, 유전자를 불활성화시키거나, 또는 세포 내에서 직접적으로 유전자의 발현을 방해하는 것이 가능하게 되었다. 생체내(*in vivo*)에서 유전자를 편집하기 위한 2가지 주요 방법으로 **TALE**(transcription activator-like effector) 단백질과 **크리스퍼**(clustered regularly interspaced short palindromic repeats, CRISPR)/**캐스9**(Cas9) 시스템이 있다.

TALE 단백질

DNA에 결합하는 TALE 단백질은 식물병원균인 *Xanthomonas*에서 동정되었다. 이 단백질은 TALE 도메인이라고 불리는 34개 아미노산이 반복되는 형태를 가지고 있는데, 도메인 중간에 있는 2개의 아미노산이 어떤 뉴클레오타이드와 결합할지 결정한다. 따라서 다양한 TALE 반복 도메인을 조합함으로써, 특정 DNA의 서열과 결합할 수 있다. 만약 TALE 단백질의 DNA와 핵산분해효소의 DNA를 융합하면, 새로운 서열에 특이적인 핵산분해효소를 암호화하게 된다. 이 재조합 DNA에서 생성된 단백질을 TALE-핵산분해효소 융합(TALE-nuclease fusion) 또는 탈렌(TALEN)이라고 한다. 탈렌 DNA를 세포 내로 도입하면 탈렌은 유전체상의 특정 유전자로 향하게 되고, 핵산분해효소는 그 부위에서 DNA를 절단할 수 있다.

CRISPR/Cas9 시스템

CRISPR/Cas9(크리스퍼/캐스9) 시스템은 바이러스 감염에 대한 박테리아의 면역 연구에서 발견되었다. 일부 박테리아는 자신의 게놈에 바이러스 게놈의 일부분이 포함되도록 진화한 일종의 적응면역(adaptive immunity)을 가지고 있는 듯하다. 이 바이러스성 DNA는 동일한 DNA 서열을 가지는 바이러스가 재침입할 때 대응한다. 박테리아는 이 바이러스성 DNA를 RNA로 전사시켜 가이드 RNA(guide RNA, gRNA)를 만드는데, gRNA는 핵산분해효소(Cas9)를 표적 DNA로 '안내'하는 역할을 한다. 즉 Cas9 핵산분해효소는 gRNA가 결합한 곳에서 DNA를 절단하게 된다(**그림 6.8***a*). 절단된 DNA는 말단이 다시 결합할 때 부정확한 복구(repair)로 인해 게놈 서열상에 조그만 결실 또는 삽입돌연변이를 초래하기에, 이로 인해 유전자의 기능을 잃게 될 수 있다. 또는 상동염색체를 이용하여 잘린 부위가 복구될 때 다양한 유전자를 삽입시킬 수도 있어서, 질병 치료제로서 사용할 수 있다.

Cas9 단백질은 더 작고 쉽게 전달할 수 있는, 다양한 기능을 가진 단백질로 계속 개선되고 있다. 가령 핵산분해효소 활성이 없는 Cas9과 전사 활성자(activator) 또는 억제자(repressor)를 융합한 DNA를

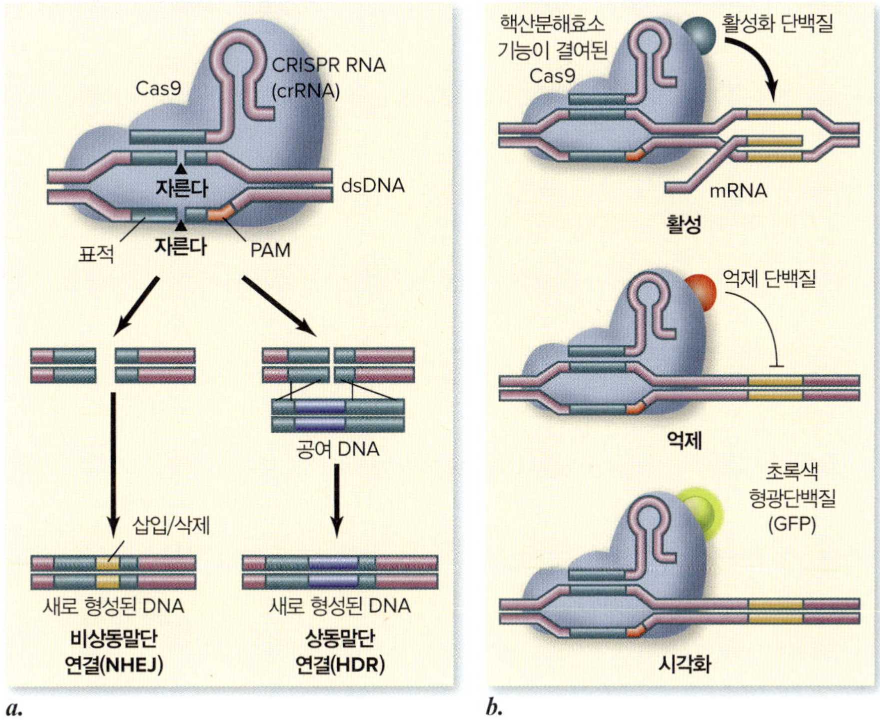

그림 6.8 CRISPR/Cas9 게놈 편집 시스템. ***a.*** 서열 특이적 가이드 RNA는 Cas9을 표적 서열로 이끌어서 절단하게 한다. 복구가 부정확하면 유전자 불활성화를 초래하거나, 공여자 DNA 서열이 존재하면 정확하게 DNA 표적 서열을 공여자 서열로 대체할 수 있다. ***b.*** 재조합 DNA 기술을 사용하여 Cas9을 표적 유전자로 유도하여 유전자를 켜거나(활성화), 끄거나(비활성화), 게놈에서 그 위치를 밝힐 수 있다. (NHEJ, nonhomologous end joining; HDR, homology-directed repair; GFP, green fluorescent protein)

구성함으로써 유전자의 발현을 선택적으로 활성화 또는 비활성화시킬 수 있다. 또한 핵산분해효소 활성이 없는 Cas9과 형광단백질을 융합함으로써 간단하게 특정 암(cancer)에서 증폭되는 종양유전자(oncogene)를 검출 및 분석할 수 있다(**그림 6.8***b*).

형질전환 동물

유전공학의 첫 단계는 재조합 분자를 제작하여 세포 안으로 삽입하는 것이다. 일반적으로 외부 DNA가 세포로 삽입되는 과정을 형질전환이라고 하며, 형질전환된 세포를 가진 생물체를 **형질전환 생물체**(transgenic organism)라고 한다.

만약 인간 유전자를 생쥐의 게놈에 삽입하면 생쥐의 세포에서 인간 유전자는 발현할 것이다. 이와 유사하게, 인간 유전자는 대장균의 게놈으로 들어갈 수 있고 박테리아는 암호화된 단백질을 만들 수 있다. 이것은 다른 종의 생물체 세포에서도 동일하게 유전적 정보가 해석되기 때문이다. 다시 말해 유전자의 정보를 해독하는 데 사용되는 유전암호는 박테리아, 고세균, 그리고 진핵생물에서 동일하기에 형질전환체 제작이 가능한 것이다.

재조합 DNA를 만들기 위한 기술은 유전자를 제거하거나 추가한 생물체를 형성하기 위해 다른 실험 기법과 혼합할 수 있다. 즉 하나의 유전자가 제거되고 유전적으로 변형된 버전의 유전자로 대체하는 것이 가능하기에, 과학자들은 질병 유발 과정에서 특정 돌연변이의 효과를 전체 생물체에서 연구할 수 있다.

유전자 제거 생쥐

유전공학에서 이용되고 있는 가장 중요한 기술 중 하나는 유전자의 기능을 알아내기 위해 클로닝된 유전자의 특정 부위에 돌연변이를 생성하는 **시험관내 돌연변이**(*in vitro* mutagenesis)를 유도하는 것이다. 생물체에 화학 요법이나 방사선을 이용하여 돌연변이를 유도하는 것에 비해, 이 방법은 DNA 자체를 직접 조작하는 것이다. 이 방법을 이용하여 야생형 유전자를 돌연변이 유전자로 대체하는 것이 가능하게 되었다. 생쥐에서 이 기술을 이용하여 특정 유전자의 기능을 제거한 **유전자 제거 생쥐**(knockout mice)를 만들었다.

이 기법의 핵심은 상동재조합 수선체계를 이용하여 유전자의 일부를 대체하는 것이다. 따라서 재조합 DNA를 제작할 때 네오마이신 항생제 표지자의 양 측면에 제거될 유전자의 염기서열과 동일한 부분(재조합 과정에서 사용됨)이 있어야 한다. 이 재조합 DNA를 배아줄기세포로 도입하고 네오마이신 배지에서 일정 기간 배양한 후 포배기 단계의 배아에 도입한다. 마지막으로 대리모의 자궁에 착상시켜 이형접합체 생쥐를 선별한 후, 실험 목적에 따라 동형접합체를 만든다(**그림 6.9**).

유전자 삽입 생쥐

유전자 삽입(knockin) 생쥐를 만드는 방법은 유전자 제거 생쥐를 만드는 방법과 근본적으론 동일한데, 정상 대립유전자를 특정한 유전적 변이가 있는 대립유전자로 대체한 것이 차이점이다. 이를 통해

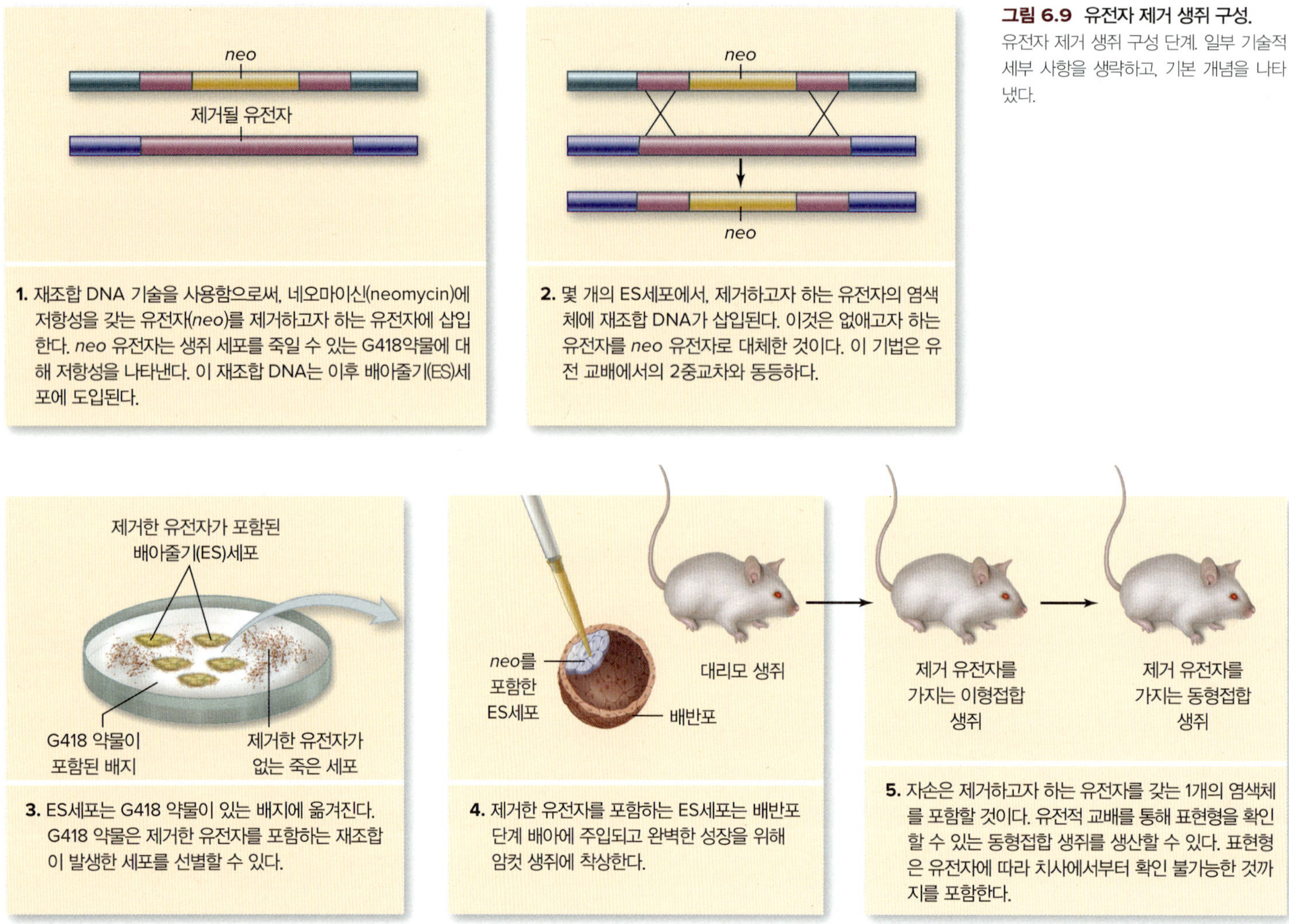

그림 6.9 유전자 제거 생쥐 구성. 유전자 제거 생쥐 구성 단계. 일부 기술적 세부 사항을 생략하고, 기본 개념을 나타냈다.

정상 대립유전자를 제거함으로써 기능이 완전히 상실된 대립유전자(null allele)에 대한 연구를 할 수 있다. 즉 연구자는 자연발생적 대립유전자 또는 어떤 정보에 기반을 둔 목적된 돌연변이 등, 문자 그대로 어떠한 돌연변이라도 생성할 수 있다. 도입된 돌연변이는 완전한 기능상실, 부분적인 기능상실, 또는 유전자 산물에 대한 새로운 기능획득 등을 초래할 수 있다.

조건부 불활성화

생쥐의 유전자 제거 기법에는 2가지 주요한 결점이 있다. 첫 번째, 한 유전자의 제거는 이것의 불활성화로 영향받는 모든 조직의 모든 세포에 영향를 미칠 수 있다. 즉 여러 조직에 영향을 주는 유전자를 제거하면, 표현형 분석이 복잡해지거나 경우에 따라 가능하지 않을 수도 있다. 두 번째 문제점은 발생에 있어 중요한 유전자들이다. 초기 발달에 필수적인 유전자가 제거되면, 배아에서 죽음을 초래할 수 있고 분석 자체가 불가능할 수 있다. 이러한 제한적 특성으로, 특정 조직이나 발생 과정상 특정 시기에 게놈으로부터 유전자를 제거하는 조건부 불활성화(conditional inactivation) 방법들이 개발되었다.

조건부 유전자 제거에 흔히 P1이라고 알려진 박테리아 바이러스에서 유래한 Cre-Lox 재조합(recombination) 시스템을 사용한다. Cre는 Lox라고 알려진 짧은 DNA 서열 사이에서 재조합을 촉진하는 효소이다. 연구하고자 하는 유전자가 Lox 부위를 양옆에 끼고 있으면, Cre 효소 처리 시 Lox 부위 사이에서 유전자 재조합이 일어나 원형(circular) DNA인 중간 서열(연구하고자 하는 유전자 DNA)은 제거된 후 분해된다(**그림 6.10**).

조직 특이적 유전자 제거

Cre-Lox 시스템을 활용한 조건부 불활성화를 수행하기 위해서, 2종류의 형질전환 생쥐가 필요하다. 첫 번째 종류는 원하는 조직에서만 Cre 효소를 발현하게 하는 형질전환 생쥐이다. 두 번째 생쥐는 Lox 서열을 양옆에 끼고 있는 표적유전자를 포함한 형질전환 생쥐이

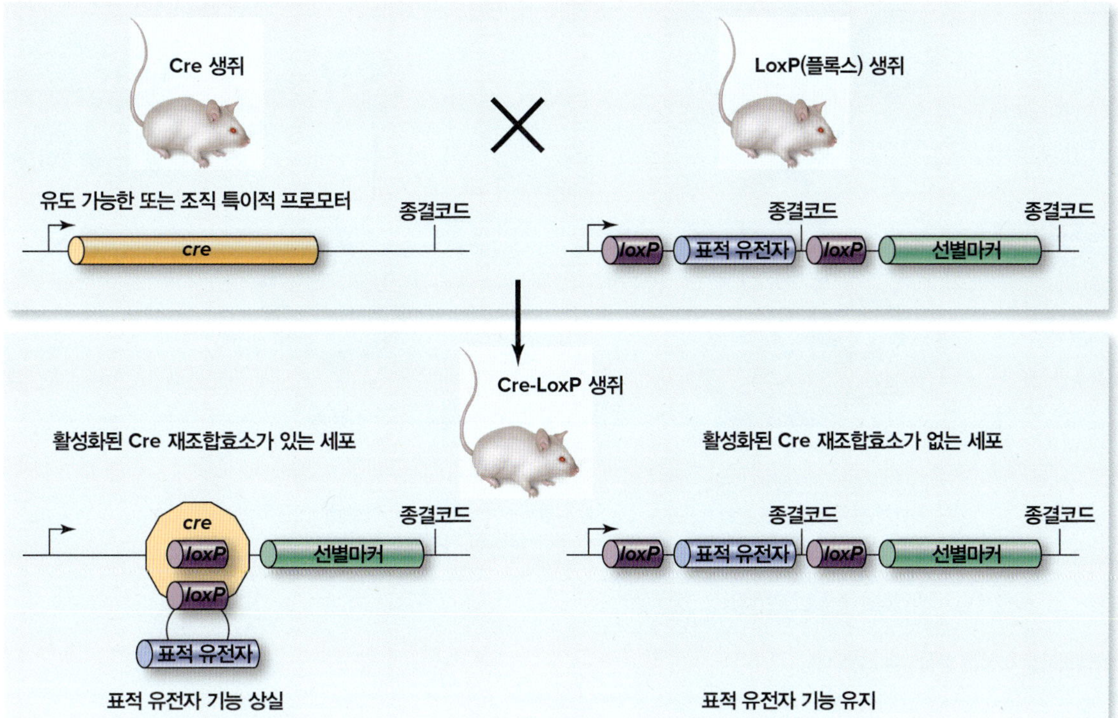

그림 6.10 조건부 및 조직 특이적 유전자 제거 생쥐 만들기.
유도성 또는 조직 특이적 프로모터로부터 Cre 재조합효소를 발현하는 Cre 생쥐를 "플록스(floxed)" 표적 유전자를 함유하는 생쥐와 교배한다. "플록스" 생쥐는 유전자 제거 생쥐를 만드는 동일한 기술을 사용하여 만들어진다. 자손은 Cre-발현 유전자 및 "플록스" 표적 유전자 둘 다를 갖게 된다. Cre를 발현하는 프로모터는 유도 분자의 존재하에 또는 특정 조직에서 발현된다.

다. Lox 서열을 양쪽에 가지고 있는 DNA 서열을 플록스('floxed', Lox flanked의 약자)라고 한다. 위의 2종류의 생쥐를 교배하여 얻은 자손에서는 Cre 효소를 발현하는 조직에서만 플록스 DNA를 제거하기 위한 재조합이 일어난다. 그 외의 다른 조직에서는 정상적인 대립유전자가 유지되고 유전자의 결손에 따른 표현형에는 관여하지 않게 된다(**그림 6.10**).

발생 특이적 유전자 제거

발생 과정의 특정 단계에서 유전자를 제거하기 위해 조직 특이적 유전자 제거 방법과 유사한 전략을 사용한다. Cre 발현 형질전환 생쥐의 유일한 차이는 특정 조직에서 발현되는 것이 아니라, 특정 발생 과정에서만 Cre가 발현되도록 변형한 것이다. 이를 위해 특정한 물질을 음식이나 물에 넣어서 생쥐가 특정 시기에 섭취하였을 때 Cre 유전자가 발현되도록 하는 방법을 사용한다.

형질전환 식물

유전적으로 변형된 식물은 동물에 사용된 기술과는 상당히 다른 기법으로 탄생했다. 형질전환 식물은 다양한 방법으로 DNA를 식물세포로 도입함으로써 생성된다. 그러나 어떤 기술이 사용되든, 일반적으로는 형질전환 유전자 서열을 게놈의 특정 부위로 삽입하는 것이 불가능하다. 또한 형질전환 유전자를 도입할 수는 있어도, 특정한 유전자의 제거는 어렵다.

세균성 병원균을 통한 형질전환

형질전환 유전자는 식물병원균의 하나인 아그로박테리움(*Agrobacterium tumefaciens*)을 통해서 특정 식물종의 게놈으로 전이가 가능하다. 아그로박테리움은 Ti(tumor-inducing) 플라스미드를 가지고 있다. 이 Ti 플라스미드는 감염된 식물의 조직에 식물 혹(gall)을 형성하는 유전자를 가지고 있어서, 식물의 암 형성에 관여하는 유전자를 제거한 후 활용하고자 하는 유전자로 대체할 수 있다. 클로닝을 통해 관심 있는 유전자를 Ti 플라스미드에 삽입한 후 다시 아그로박테리움에 도입하여 식물을 감염시키게 된다. 감염이 진행되는 동안에 아그로박테리움은 관심 있는 유전자를 포함한 Ti 플라스미드의 부분을 식물세포에 전달하고 식물세포 게놈에 이 DNA 조각을 삽입한다(**그림 6.11**).

입자를 통한 형질전환

아그로박테리움은 모든 식물종을 감염시킬 수 없으므로, 이 경우 물리적인 방법을 통해 DNA를 직접 식물세포 내로 도입하여야 한다. 이 방법의 일반적인 접근은 재조합 DNA를 금 입자(gold particle)나

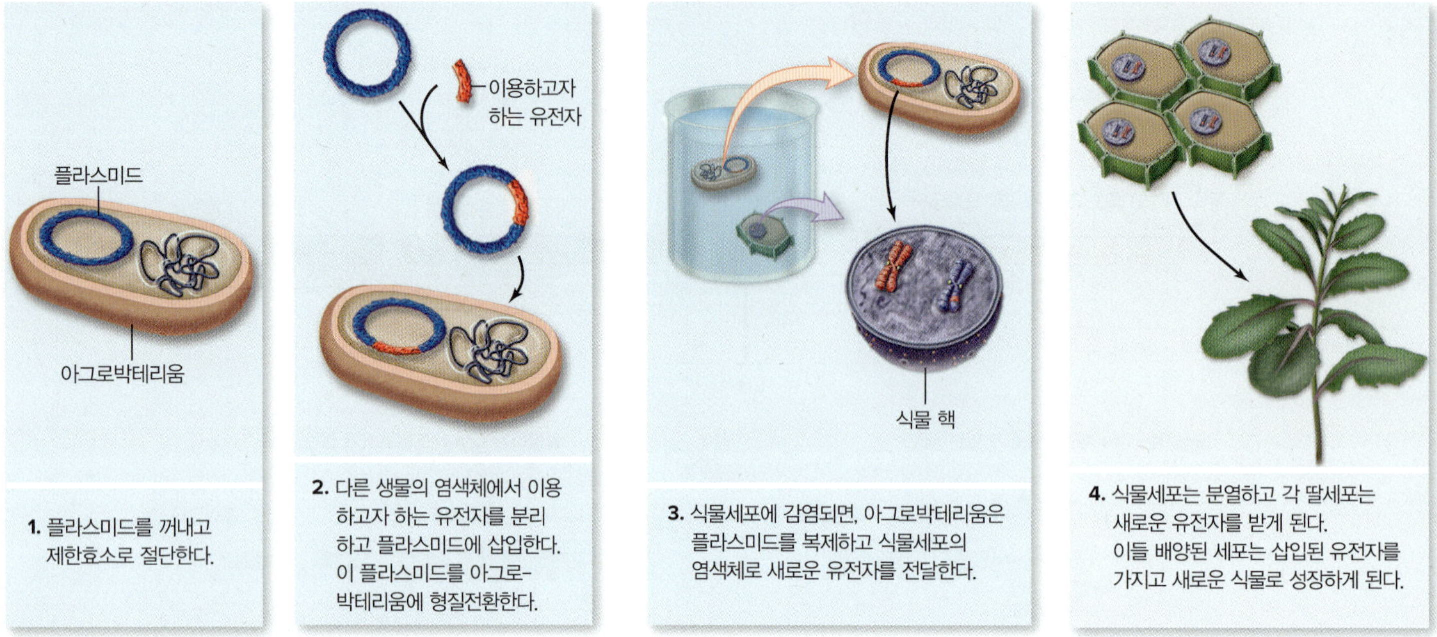

그림 6.11 아그로박테리움을 이용한 형질전환 식물 생성.
Agrobacterium tumefaciens 이용한 형질전환 식물의 생성 단계

텅스텐 나노입자(tungsten nanoparticle)에 입혀서 식물세포로 그 입자를 발사하는 것이다. DNA는 미세한 입자와 함께 세포로 전달되고 식물의 게놈에 삽입된다. 그 식물 조직은 시험관내(*in vitro*)에서 성장하고 분화하여 결국엔 완전한 식물로 자란다.

6.4 생명공학 기술의 응용

초기 유전공학은 많은 바이오벤처 기업의 탄생을 이끌었으며, 주요 제약회사들이 이 분야의 연구를 시작하거나 유용한 기술들을 보유한 소규모 기업들을 병합하게 하였다. 이런 기술들의 적용 사례는 너무도 방대하기에 대표적인 사례만 다루고자 한다.

재조합 DNA를 이용한 단백질 생산

일부 질병은 몸에서 특정 단백질을 생산할 수 없어서 발생한다. 과거에는 이러한 단백질들을 동물 조직에서 분리하였지만, 이제는 재조합 DNA를 사용하여 박테리아 및 기타 시스템에서 단백질을 발현시킬 수 있다. 인슐린이 바로 이러한 방식으로 생산된 최초의 의료 제품이다. 제1형 당뇨병은 췌장이 충분한 인슐린을 생산할 수 없을 때 발생하며, 장기 합병증으로 실명, 신경 손상, 혼수상태 등이 있고 사망에 이를 수 있다.

제1형 당뇨병을 치료하기 위해서 오랫동안 돼지에서 추출한 인슐린을 사용하였으나, 1980년대에 대장균과 효모에서 인간 유래 인슐린을 발현하는 것이 가능해졌다. 인슐린은 인간 세포에서 단일 mRNA로 전사된 후, 번역후 변형과정을 거쳐 2황화결합으로 연결된 2개의 짧은 사슬을 생성한다(**그림 6.12***a*). 대장균은 인간 세포와 같은 방식으로 번역 후 단백질을 처리할 수 없기에, 이 문제를 해결하기 위해 하나의 긴 cDNA 대신 2개의 짧은 cDNA가 사용된다. 이들 cDNA를 각각 대장균에 도입하여 2종의 단백질을 발현, 정제한 후 함께 혼합하여 기능성 인슐린 분자를 만들었다(**그림 6.12***b*).

유전공학의 이용에 대한 다른 중요한 분야는 전염병에 대항하는 백신(vaccine)을 생산하는 것이다. 현재 헤르페스(herpes)나 간염(hepatitis)을 일으키는 바이러스에 대항하는 소단위 백신(subunit vaccine)이 개발되고 있다. 이 방법은 헤르페스 바이러스나 B형 간염 바이러스의 외피를 만드는 유전자를 우두(cowpox 또는 vaccinia) 바이러스 유전체의 절편에 끼워 넣는 것이다. 이렇게 만든 재조합 바이러스를 쥐나 토끼에 주입하면, 감염된 동물의 면역계는 재조합 바이러스의 외피에 대항하는 항체를 만들게 되며, 이 동물들은 후에 헤르페스나 간염 바이러스에 대해 면역이 된다. 앞으로 이와 유사한 재조합 바이러스가 사람에게도 주입되어 여러 바이러스 질병을 다스릴 수 있게 될 것으로 전망된다.

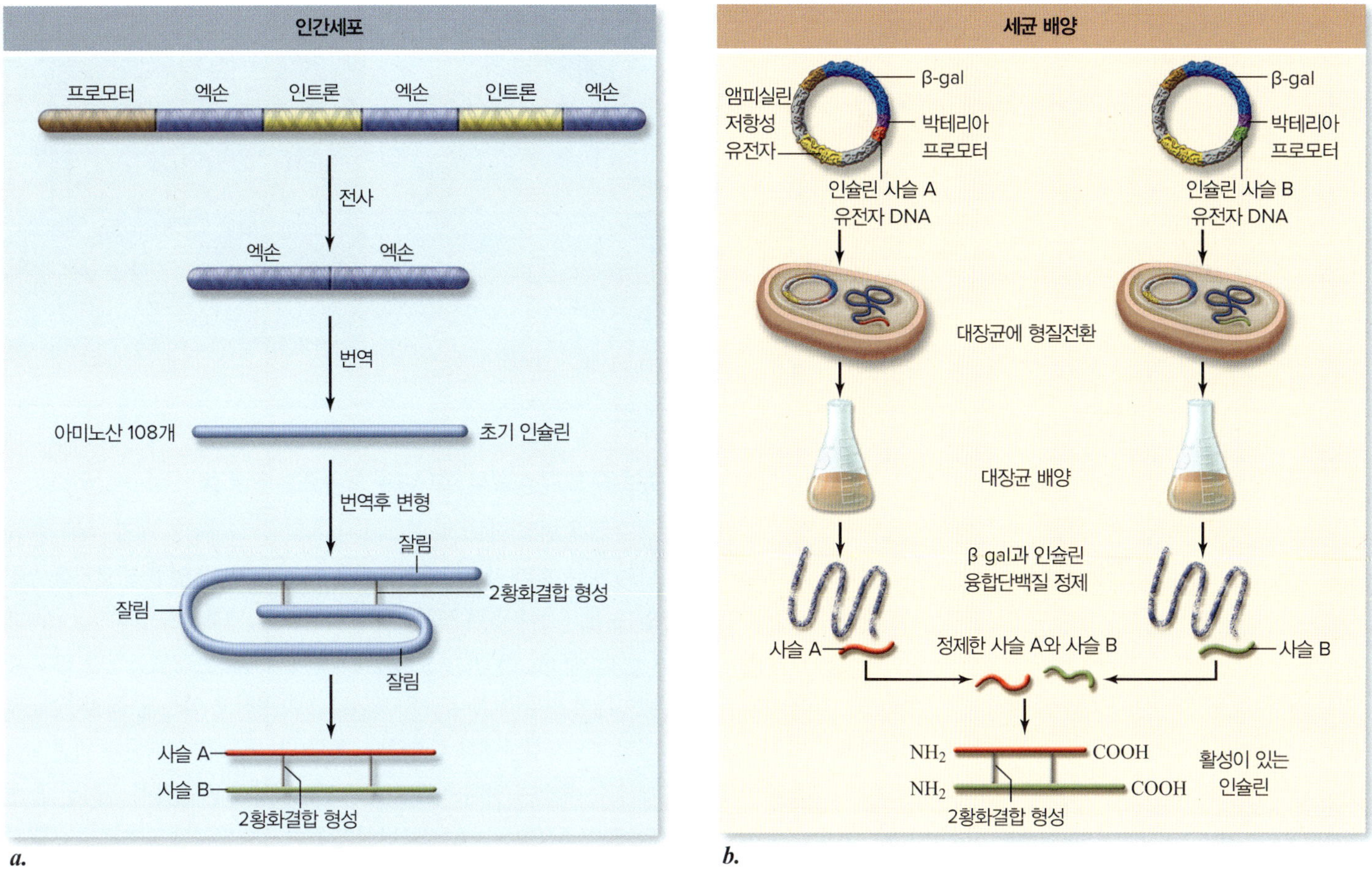

그림 6.12 유전자 변형 대장균에서 인슐린 생성.
a. 인간 세포에서, 하나의 초기 인슐린 폴리펩타이드는 성숙한 인슐린을 형성하기 위해 번역후 변형과정을 통해 사슬 A 및 사슬 B로 잘린 뒤 완전한 인슐린을 형성하게 된다. *b.* 인슐린 사슬 A 및 사슬 B에 대한 유전자 서열에 상응하는 2개의 cDNA가 플라스미드에 클로닝되고 2개의 다른 대장균에 도입된다. 두 종류의 대장균은 배양을 거쳐 사슬 A 또는 사슬 B를 발현한다. 사슬 A 및 사슬 B는 서로 다른 대장균으로부터 정제되고, 혼합되면 완전한 활성을 지닌 인슐린으로 결합한다.

유전자 치료 및 줄기세포 치료

유전질환이 하나의 유전자 결함으로 나타날 경우, 정상 유전자를 주입하면 치료할 수 있다. 이러한 유전자 치료는 낭포성 섬유증(cystic fibrosis)에 이용되고 있는데, 근육위축병 및 다른 다양한 질환들을 치료하는 데 유용하다. 또한 RNAi 운반체를 이용하여 특정 유전자의 발현을 억제함으로써 질병을 치료하는 것이 가능하다. 유전자 치료 중에 시행한 특정 유전자의 삽입은 항상 무작위로 일어난다. 따라서 만약 중요한 유전자 부위에 삽입된다면, 심각한 부작용을 초래할 수 있기에 이 방법은 조심스럽게 사용해야 한다.

줄기세포 치료법은 손상된 조직을 대체함으로써 퇴행성 질환 또는 상해로 인한 조직 손상 치료를 목표로 한다. 줄기세포의 가장 일반적인 용도는 1960년대에 시작된 골수이식으로, 다양한 종류의 백혈병 및 빈혈을 포함한 여러 가지 혈액 장애를 치료할 수 있다. 이러한 치료법은 새로운 유전체 편집(genome editing) 기술에 의해 확장될 수 있다. 환자로부터 유래한 유도만능줄기세포(induced pluripotent stemcell, 14장 참조)를 배양하여 결함 유전자를 수선하고 특정 조직으로 분화시킨 다음, 환자에게 재도입할 수 있다. 현재 당뇨병 및 낫모양적혈구빈혈증(sickle-cell anemia)과 같은 혈액 질환 치료를 위한 연구가 진행 중이다.

농업적 적용

유전공학 기술은 농업에 획기적으로 응용되고 있다. 작물들을 유전적으로 변형시켜 병충해로부터 저항성을 갖도록 하고, 제초제에 내성이 생기도록 하거나, 다양한 방법으로 영양적 변화를 주어 이용할 수 있게 되었다. 또한 식물을 이용해 의약품을 생산할 수 있으며, 가축들은 생물학적 활성 물질들을 생산하기 위해 유전적으로 변형될 수 있다.

그림 6.13 유전자 변형 제초제 저항성.

제초제 내성 작물

잡초는 한정된 자원을 두고 식물과 경쟁하는 관계에 있으므로, 농업의 효율성을 위해 제초제를 사용하여 밭에서 제거한다. 그러나 대부분 제초제는 특별한 구분 없이 다양한 식물종을 죽인다는 것이 문제이다. 따라서 콩과 같이 농업적으로 중요한 식물에서 강력한 생분해성 제초제인 글리포세이트(glyphosate)에 내성을 지니도록 유전자 변형이 이루어졌다(**그림 6.13**). 글리포세이트는 식물이 방향족 아미노산을 만드는 데 필요한 5-에놀피루빌시키메이트-3-포스페이트(5-enolpyruvylshikimate-3-phosphate, EPSP) 합성효소를 억제함으로써 작동한다. 글리포세이트 내성 식물을 만들기 위해 연구자들은 Ti 플라스미드를 사용하여 EPSP 합성 유전자의 추가 사본을 식물에 삽입했다. 이 변형된 식물은 EPSP 합성을 정상 수준의 20배로 증가시켜 글리포세이트의 효소 억제에도 불구하고 방향족 아미노산을 합성하고 성장할 수 있다. 현재 글리포세이트 내성 콩의 사용은 전 세계적으로 재배된 형질전환 작물의 60%를 차지할 정도로 인기가 많으며 옥수수, 면화, 대두, 캐놀라, 사탕무, 알팔파와 같은 6가지 중요 작물이 글리포세이트 내성을 갖도록 변형되었다.

유전자 변형 작물의 잠재성을 보여주는 황금 쌀

유전자 변형 작물(genetically modified crops)의 성공 사례 중 하나는 황금 쌀의 개발이다. 이 쌀은 프로비타민 A인 β-카로틴을 생산할 수 있도록 유전적으로 변형된 것이다. 세계보건기구(World Health Organization, WHO)는 세계적으로 1억 4천만~2억 5천만 명의 어린이들이 비타민 A 결핍을 보인다고 추정하고 있는데, 특히 쌀이 주식인 개발도상국에서 심각하다. 프로비타민 A를 섭취하게 되면 몸속에 있는 효소에 의해 비타민 A로 전환되어 결핍 증상이 완화된다. 쌀의 배젖 조직에서는 β-카로틴이 만들어지지 않지만, 3가지 효소를 배젖에서 발현되도록 조작하여 β-카로틴을 만드는 생합성 경로를 완성할 수 있도록 하였다(**그림 6.14**).

현재 다양한 유전자 변형 작물이 개발되어 식품화되고 있으나, 그 이용에 대해서는 많은 논란이 야기되고 있다. 어떤 사람들은 이러한 작물들을 인간이 섭취하였을 때 안전성 보장의 문제에 대해, 삽입된 유전자가 야생형으로 이동할 수도 있을지에 대해, 그리고 이러한 작물들과 연관된 생물다양성이 줄어드는 가능성에 대해 의문을 제시하였다. 유전자 변형 작물의 이용을 선호하는 단체는 다양한 유전자 변

그림 6.14 황금쌀의 구성.
3개의 수선화 유전자를 쌀 게놈에 첨가하여 배젖에서 β-카로틴의 합성이 가능하게 하였다. 유전자 원천과 합성 경로를 보여주고 있다. 결과적으로 배젖에 풍부한 수준의 베타카로틴을 함유한 황금쌀을 만들었다.

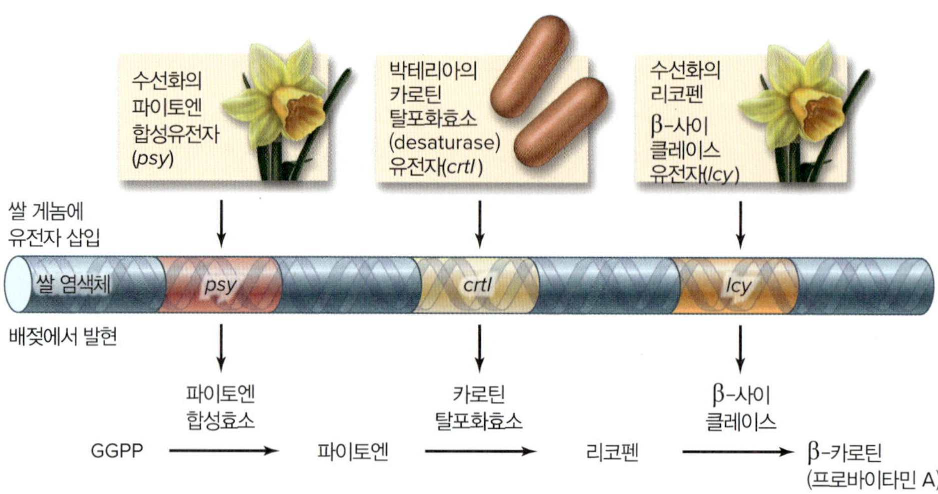

형 작물들의 씨앗을 생산하는 다국적 기업들이고, 이와 대립하는 반대편은 유전적으로 변형된 식품들을 반대하는 시민 단체들이다. 아직까지 유전자 변형 작물이 미치는 영향에 대해 장기간에 걸쳐 추적한 결과는 없지만, 이러한 작물들을 이용할 때는 여러 요인에 대해 깊게 고민해 봐야 한다.

환경적 적용

환경생명공학은 인간이 환경에 미치는 영향을 방어, 복구, 그리고 감소시키거나, 또는 존재하는 자원의 지속가능성을 증가시키기 위해 생물학적 과정을 활용하는 것이다. 환경과학에서 생명공학의 다양한 적용은 버려진 재료의 재활용에 중점을 두고 있다. 또한 현재는 재생가능한 연료 자원을 생산하는 생물학적 공정에 많은 이목이 쏠려 있다.

바이오연료 제조에 사용되는 조류

바이오연료(biofuel)는 화석연료와 같은 오래된 바이오매스(biomass)에서 유래한 것이 아닌, 최근에 고정된 탄소원으로부터 추출한 연료이다. 바이오연료를 만들기 위한 바이오매스의 흔한 원료로는 작물과 조류가 사용된다. 두 가지 형태의 액체 바이오연료가 있는데, 에탄올은 식물성 탄수화물의 발효를 통해서 얻어지고, 바이오디젤은 식물이나 조류에 있는 지질의 화학적인 변형으로 생산된다.

미세조류는 다양한 방식으로 배양되는데, 자급식 배양시스템은 물 공급원에 영양분을 공급하고 광수확 시스템과 결합하여 광합성 조류를 배양하는 것이다(**그림 6.15**). 일부 종속영양(heterotrophic) 미세조류종은 배양액에서 당을 흡수하고, 그 당은 성장을 위한 바이오매스의 형성 또는 지질의 생성에 활용할 수 있다. 또 다른 종은 종속영양과 광독립영양전략을 동시에 사용할 수 있는데, 이 종은 세포에서 가장 높은 농도의 지질을 생성할 수 있다. 스트레스 조건에서 조류 세포는 40~50%의 트라이아실글리세라이드(triacylglyceride)를 형성할 수 있다. 조류로부터 지질을 분리하고 화학적 처리를 통해 글리세롤을 트라이글리세라이드의 지방산 사슬로부터 분리한다. 더 정제하면 바이오디젤이 얻어진다.

생물정화 및 폐수 처리

우리가 석유 또는 바이오연료 기반의 탄화수소 유래 연료에 대해 의존하는 것은 불가피하지만, 이러한 연료는 생태계에 유입되어 환경파괴를 일으킬 수 있다. 환경에 잔류하는 탄화수소는 휘발성 화합물의 증발, 수분이 많은 환경에서의 용해 및 분산, 빛이 있는 곳에서 산화에 의해 서서히 분해될 수 있지만, 특정 미생물은 탄화수소 오염 물질을 대사할 수 있다. 미생물에 의한 탄화수소 오염 물질의 분해 또는 대사를 **생물정화**(bioremediation)라고 한다. 이들 미생물의 탄화수소 대사 속도는 오염 물질의 온도, 물리적 및 화학적 특성, 산소 이용도, pH, 염도, 다른 미생물의 존재 여부, 그리고 아마도 가장 중요한 영양소 이용 가능성을 포함한 여러 변수의 영향을 받는다. 오염된 환경에 특정 영양소 및 기타 화학 첨가제를 추가하면 탄화수소 오염 물질의 생물학적 정화 속도가 크게 향상될 수 있다. 미생물에 의한 오염 제거 속도를 증가시킬 수 있는 방법은 바로 유전공학으로 탄화수소 흡수와 이화작용에 관련된 경로를 최적화시키는 것이다.

천연자원의 오염을 제거하기 위해 미생물을 사용하는 또 다른 예는 산업과 상업 폐수 처리이다. 폐수는 인간 및 기타 동물 배설물을 포함하는 하수도와 산업 오염물로 구성된다. 이 폐수가 처리되지 않고 방출되면 생태계를 혼란에 빠뜨리고 질병을 퍼뜨릴 것이다. 폐수를 처리하기 위해 혐기성 박테리아, 호기성 박테리아, 또는 둘 모두를 활용한 방법을 사용하고 있다.

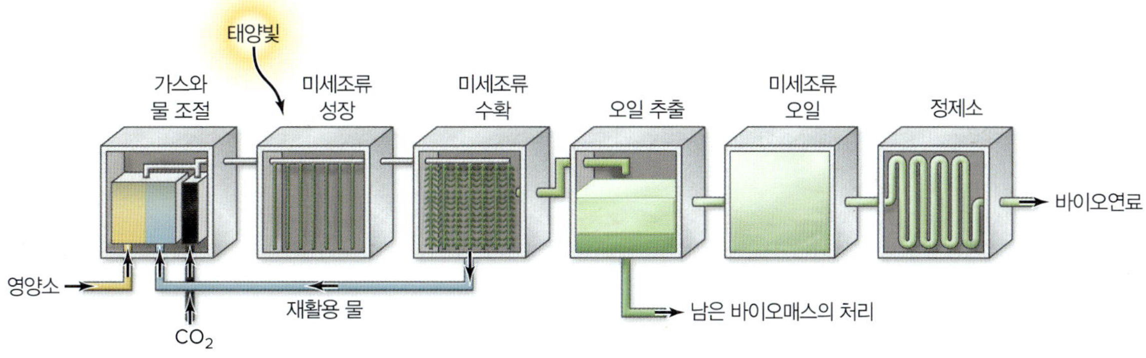

그림 6.15 미세조류를 이용한 바이오연료 생산.
특수 조건에서 자란 미세조류는 바이오매스의 최대 50%를 지질로 축적한다. 성장은 연못에서 또는 여기에 표시된 바와 같이 광생물 반응기에서 일어난다. 때에 따라, 이산화탄소는 산업 공장에서 광생물 반응기로 공급될 수 있다. 조류로부터 수확된 지질은 가공되어 바이오연료 정제 과정을 거친다.

6.5 유전체지도

우리는 위치를 알기 위해 지도를 이용하며, 얼마나 정확하게 알고 싶은지에 따라서 다양한 해상도의 지도를 사용한다. 유전체학(genomics)에서는 유전자가 위치한 염색체, 염색체 내의 각 부분, 그리고 최종적으로는 정확한 위치의 염색체 DNA 서열을 알 수 있다. 그러나 인간 유전체 서열에서 단일 유전자를 찾는 것은 세계 지도에서 하나의 집을 찾는 것과 비슷하다. 이런 어려움을 극복하기 위해서, 유전체지도는 다양한 수준의 해상도로 구축되었고, 다른 종류의 정보도 이용하고 있다. 유전자지도와 물리지도는 구별되는데, **유전자지도**(genetic map)는 유전자 재조합 비율에 따라 결정된 염색체 상에 유전자의 위치를 나타낸 추상적 지도(4장 참조)이지만, **물리지도**(physical map)는 제한효소절단위치 또는 실제 DNA 서열을 이용하여 만든다.

유전적 표지 사이의 절대적 거리를 제공하는 물리지도

유전체 내 표지의 상대적 위치를 제공하는 유전자지도와는 다르게, 물리지도는 표지의 정확한 위치를 나타낸다. 최초의 물리지도는 분자생물학의 초기 도구였던 제한효소를 사용했다. 이후 기술이 정교해지면서 물리지도의 특성도 향상되었다. 물리지도의 궁극적 형태는 유전체의 완전한 DNA 서열에 많은 유전자 표지를 표시하는 것이고, DNA 단편의 염기서열이나 유전자 암호화 여부를 알지 못해도 물리적으로 지도 작성이 가능하다. 실제로, 많은 유전체 염기서열 분석 프로젝트가 물리지도를 작성하는 것으로 시작된다. 일반적인 물리지도는 (1) 제한효소를 사용해 구성되는 제한효소지도(restriction map), (2) 염색체지도(chromosome map), 그리고 (3) **서열표지부위**(sequence-tagged site, STS)지도가 있다.

제한효소지도

물리지도에 있는 지표 사이의 거리는 bp(basepair, 1,000 bp= 1 kb)로 나타낸다. 첫 번째 물리지도는 유전체 DNA(genomic DNA)를 여러 종류의 제한효소로 각각 또는 조합으로 절단하여 이루어졌고, 생성된 단편의 양상을 분석하여 지도를 작성하였다(**그림 6.16**). 큰 조각의 DNA에 대해서는 이 방법을 반복한 후 크기와 겹침에 근거하여 조각들을 다시 연속된 유전체의 조각으로 모으며, 이러한 연속된 조각을 **콘티그**(contig)라고 한다.

염색체지도

세포학자들은 광학현미경을 통해 여러 종류의 염색약을 처리한

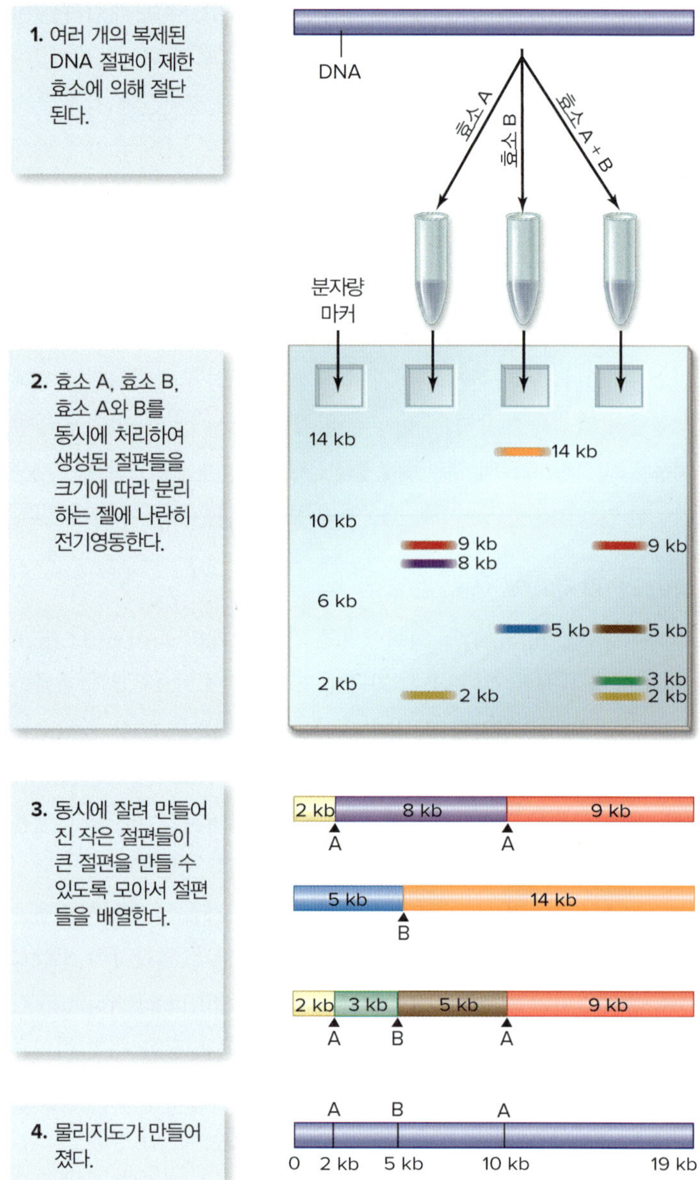

그림 6.16 물리지도 작성에 이용되는 제한효소.
DNA를 2가지 다른 제한효소로 각각 처리한 것과 동시에 처리한 것의 절편을 전기영동을 통해 크기별로 분리한다. 위에 나타난 절편 크기를 비교하여 절단 부위를 추론할 수 있다.

염색체에서 분염(banding) 양상을 관찰하였고, 이 방법에 따라 모든 염색체와 염색체의 각 부분을 확인할 수 있었다. 여러 염색약을 사용하여 전체 유전체의 세포학적 지도를 구축할 수 있는데, 이러한 범위의 물리지도는 전체 유전체를 포함하지만, 그 해상도는 낮다. 지도 작성을 위해서 염색체-분염 분석과 함께 DNA 혼성화(hybridization)가 이용되어 왔다. 이 경우 혼성화가 전체 유전체를 대상으로 이루어지는데, 이것을 제자리 혼성화(in situ hybridization, ISH)라고 부른다. 이 과정에 형광 표지된 탐침을 사용하기 때문에, 이 방법은 형광핵산혼성화(fluorescence in situ hybridization, FISH)라고

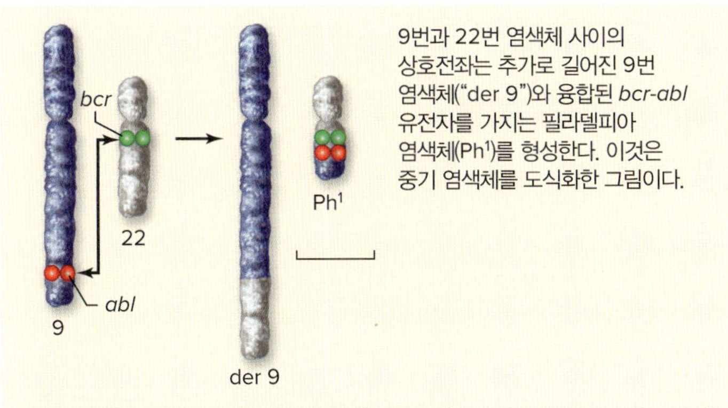

a.

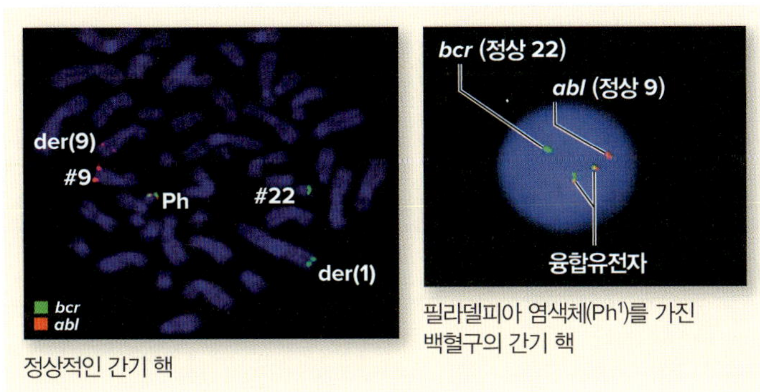

b.

그림 6.17 **클론 DNA와 세포학적 지도의 연관을 위한 형광핵산혼성화(FISH)의 이용.** ***a.*** 사람 염색체의 핵형에서 보이는 9번과 22번 염색체 사이의 전좌. ***b.*** *bcr*(초록색)과 *abl*(빨간색) 탐침을 이용한 FISH. 노란색은 혼성화된 유전자(빨간색과 초록색 형광이 결합됨)를 나타낸다. *abl* 유전자와 융합된 *bcr-abl* 유전자는 모두 타이로신카이네이스를 암호화하지만, 융합된 유전자는 항상 발현하여 백혈구를 증식시킨다.

도 부른다(**그림 6.17**).

서열표지부위지도

제한효소지도는 상대적으로 작은 DNA 분자의 높은 처리량, 기술적 수월함, 그리고 고해상도를 가지는 반면, FISH 기법은 큰 DNA 분자의 낮은 해상도를 제공하고 기술적으로 까다로운 부분이 있다. 서열표지부위(STS)지도는 제한효소의 장점과 FISH의 장점이 조합된 매우 강력한 방법이다. STS 지도 작성을 통해 기술적 어려움이 없이 큰 DNA 분자의 고해상도 물리지도를 신속하게 구축할 수 있다.

서열표지부위(STS)는 PCR에 의해 증폭될 수 있는 짧고 특이적인 유전체 DNA를 말한다. STS는 유전체 서열의 조합에 있어서 중요한 단서를 제공한다. 연구자는 분석하고자 하는 DNA 내에 어떤 STS가 존재하는지를 쉽게 확인할 수 있기 때문에, 각 DNA 단편은 STS를 이용하여 서로 겹치는 부위를 확인함으로써 함께 연결할 수 있다. 사람의 유전체에서는 STS의 밀도가 높고 DNA 클론에서 STS를 식별하기가 상대적으로 수월하였기 때문에, 연구자들은 1990년대 중반에 32억 bp 유전체에 대해 거대한 규모의 물리지도를 작성할 수 있었다(**그림 6.18**). STS는 유전체 서열을 조립하기 위한 기본 토대를 제공한다.

물리지도와 유전자지도의 상관관계

유전자지도에서 확인된 유전자의 물리적 서열을 알아내기 위해서는 다음 그림에서와 같이 유전체 서열에 있어서 유전자지도를 물리지도와 연관시키는 것이 필요하다.

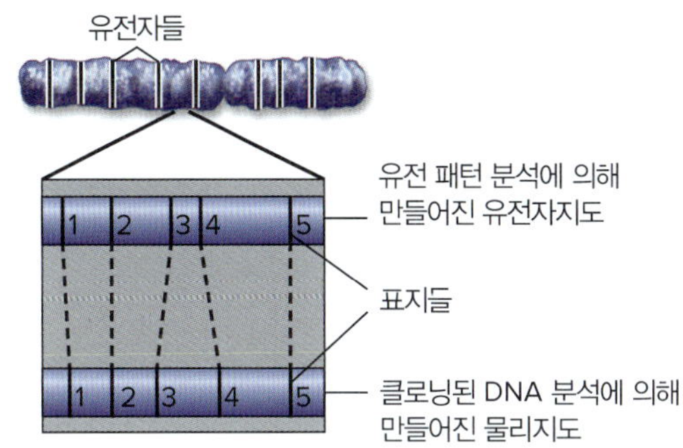

현재 유전자지도 작성에는 분자적 표지를 사용하기 때문에 클로닝된 유전자는 유전체 서열에서 그 위치를 쉽게 확인할 수 있다. 이를 통해 두 지도 간에 자동적으로 연관성이 만들어진다. 그러나 어떤 유전자에 대해, 유전자지도에서의 상대적 위치는 확인하였으나 아직 동정하지 못했다면, 그런 유전자를 찾는 것은 쉽지 않다. 유전자지도에서 측정된 거리는 교차율의 변이로 인해 균일하지 않기 때문이다. 따라서 유전적 거리에서 1 cM(centiMorgan)은 염색체 부위에 따라 그 길이(bp)가 다르게 나타날 수 있다.

유전체의 염기서열결정법

최종적인 물리지도는 전체 유전체의 염기서열을 결정하는 것이다. 초기 분자생물학에서는 전체 염기서열 결정이 수작업으로 진행되었고 시간과 노력이 많이 요구되었으나, 보다 빠르고 자동화된 염기서열 결정 기술로 유전체학은 빠르게 발전할 수 있었다.

디디옥시 종결 염기서열결정법

초기의 염기서열결정법은 DNA 사슬의 특정 염기 부위를 화학물질로 절단하는 방법을 사용하였는데, 그 후 생거(Fredrick Sanger)에 의해 DNA 중합효소를 이용하는 방법이 개발되었다. 이 방법에서는 DNA 합성 반응에서 사슬 종결자(chain terminator)로 2′ 위치와 3′ 위치에 OH 대신에 H를 지니는 **디디옥시뉴클레오타이드**(dideoxynucleotide)를 이용한다. DNA 중합효소에 의해 새로운 뉴클레오타이드가 첨가될 때에는 5탄당의 3′—OH에 결합하는데, 디디옥시뉴클레오타이드는 3′—OH가 결여되어 있어 중합반응이 종결된다.

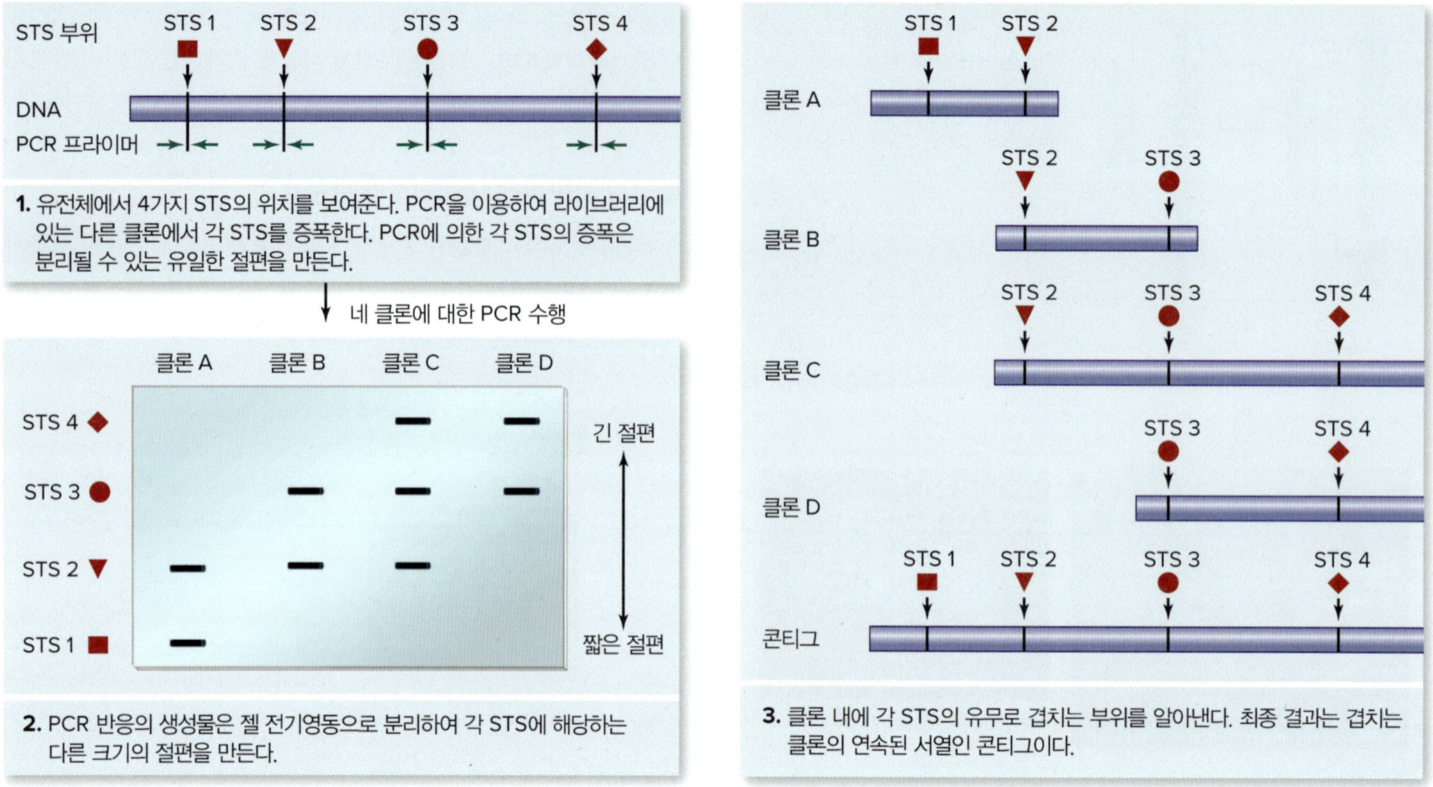

그림 6.18 서열표지부위를 이용한 물리지도 작성.
사람의 유전체에서 서열표지부위(STS)는 표지는 전체 유전체의 염기서열 결정을 위한 기초를 제공하기에 충분히 큰 물리지도 작성을 가능하게 해주었다. (1) 클론 DNA에 추가된 고유 STS를 인지하는 프라이머(초록색 화살표)와 중합효소연쇄반응(PCR)을 통한 DNA 증폭. (2) PCR 생성물은 DNA 젤에서 크기에 따라 분리되고, 각 클론에 포함된 STS가 분리된다. (3) 클론 DNA 단편이 STS에 근거하여 정렬되어 콘티그를 만든다.

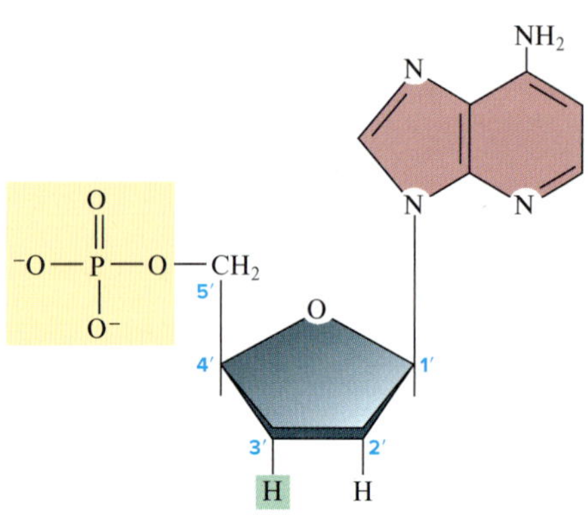

이 방법은 DNA 중합효소, 주형으로 사용하는 DNA, 프라이머, 방사성 동위원소로 표지된 dNTP(deoxyribonucleotide triphosphate)가 포함된 용액을 4개로 나눈 다음, 각 시험관에 디디옥시뉴클레오타이드를 한 종류씩 첨가하여 DNA 합성 반응을 시키는 것이다. 예를 들어 ddATP가 첨가된 시험관에서 만들어지는 모든 DNA 가닥은 A로 끝나게 된다. 다른 종결자를 이용한 나머지 반응에서도 마찬가지로 마지막 염기를 결정할 수 있다. 이렇게 만든 DNA 절편들을 젤 전기영동으로 분리하면, 전체 염기서열을 결정할 수 있다.

생거의 방법은 매우 유용하지만, 노동 집약적이며 시간이 많이 걸리는 단점이 있는데 비해, 자동화 기술의 개발은 염기서열분석을 훨씬 효과적으로 수행할 수 있게 해준다. 이 방법은 방사능 표지 대신에 각 염기마다 다른 색깔을 나타내는 형광 염색시약(fluorescence dye)을 이용하며, 얇은 모세관 튜브에 있는 젤을 이용하여 합성된 DNA 가닥을 분리한다. 염기서열은 광검출기를 이용하여 각 염기의 색을 확인함으로써 결정할 수 있다(**그림 6.19**). 이 방법은 모든 반응을 한 시험관에서 하고, 기계를 사용함으로써 분석 시간이 단축되고, 한 번에 읽을 수 있는 서열의 길이가 증가하는 등의 장점을 가지고 있다.

차세대 염기서열결정법

10여 년 전 차세대 염기서열결정법(next-generation sequencing, NGS) 기술이 처음 등장한 이후로 염기서열결정법의 속도, 염기당 비용, 반응당 판독 가능 길이가 크게 개선되었다. 수많은 NGS 기술들이 개발되었지만 모두 공통된 특징이 있다. 첫째, 디디옥시 종결 염기서열결정법과 달리, 기존 클로닝에 의한 유전체 라이브러리의 구축 없이 염기서열 분석이 가능하다는 것이다. 둘째, 수천 개의 반응이 동시에 준비되고 분석되는 대신, 수백만 건 이상의 염기서열 결정 반응이 동시에 수행될 수 있다. 따라서 이 기술에는 "대규모 병렬

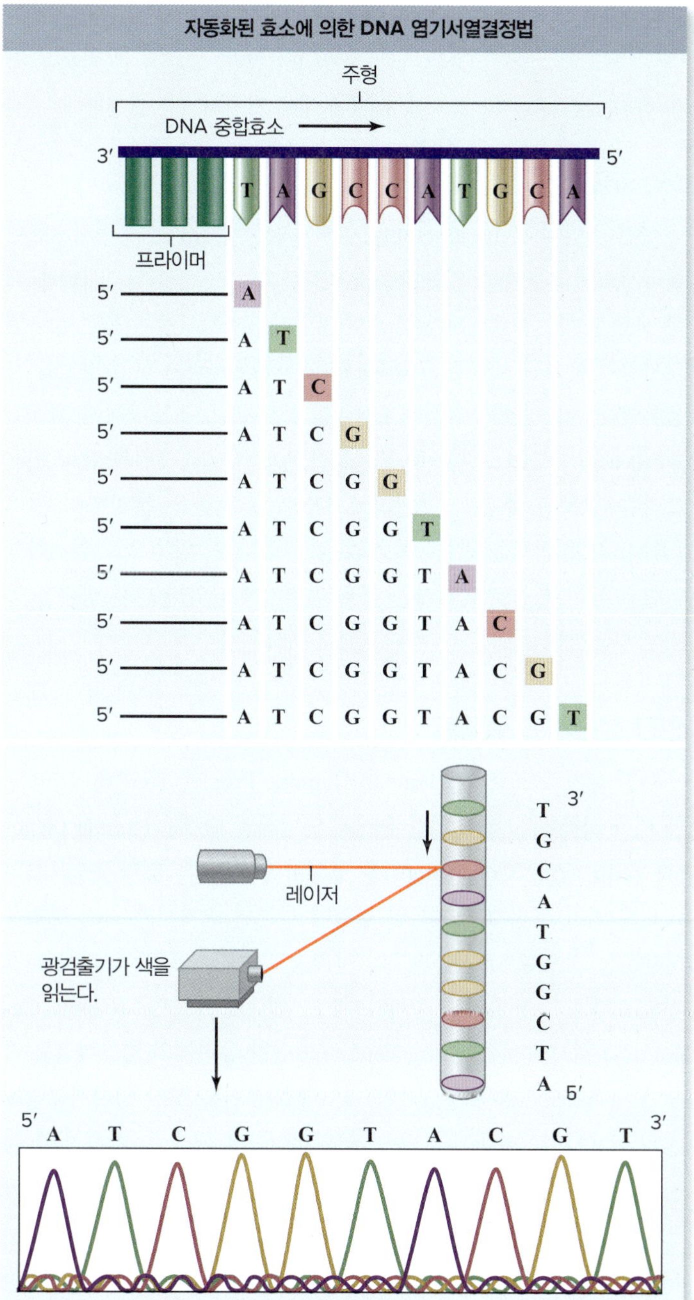

그림 6.19 자동화된 디디옥시 DNA 염기서열결정법.
분석될 DNA 서열은 프라이머가 부착된 DNA 중합효소에 대한 주형가닥으로서 상단에 나타내었다. 자동 염기서열 결정에서 각 ddNTP는 다른 색의 형광염료로 표지되어 단일 반응을 수행할 수 있다. 반응에 의해 생성된 절편을 그림으로 나타내었다. 이들이 모세관에서 전기영동될 때, 바닥에 있는 레이저에 의해 염료가 자극되고, 각 염료들은 서로 다른 색을 방출하고 광검출기에 의해 검출된다.

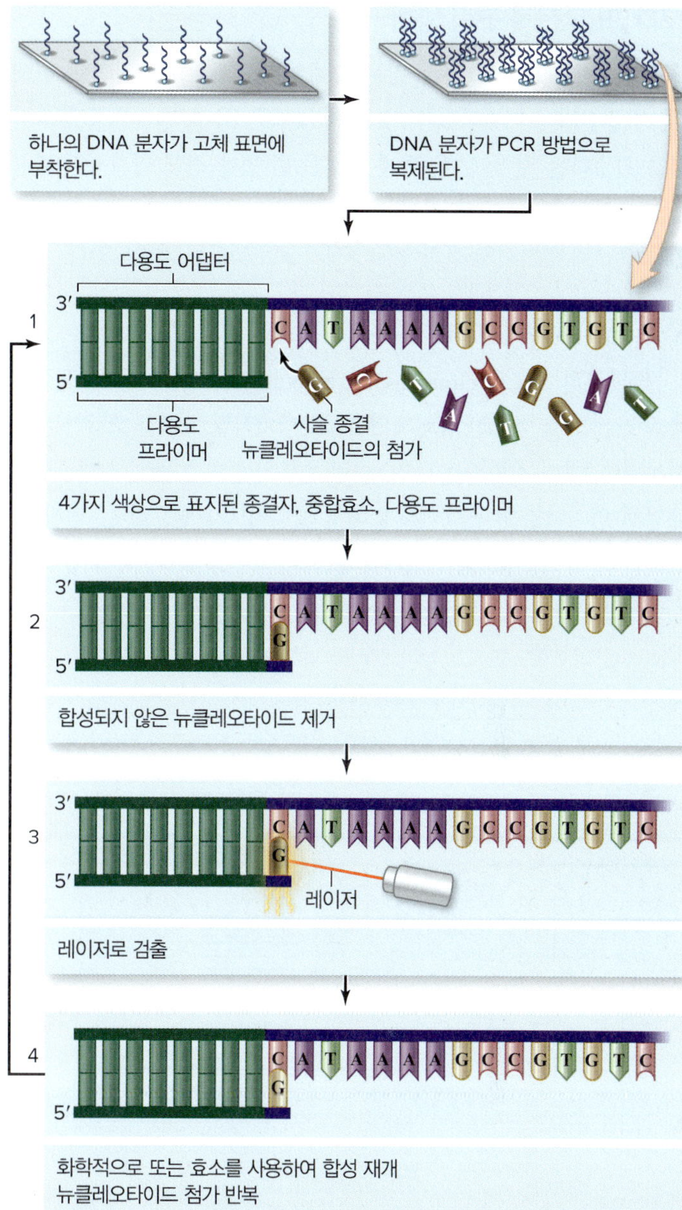

그림 6.20 일루미나 차세대 염기서열결정법.
일루미나(Illumina) 차세대 염기서열결정법에서 각각의 주형 DNA 분자는 고체 표면에 부착되고 PCR에 의해 증폭된다. 이후 각 4개의 형광 표지된 종결자 뉴클레오타이드가 첨가되고, 하나가 새로운 DNA에 도입된 후 합성이 중지된다. 첨가된 뉴클레오타이드의 형광색을 판독한 후, 뉴클레오타이드를 화학적으로 처리하여 다른 뉴클레오타이드가 첨가될 수 있게 한다. 이 단일 뉴클레오타이드 첨가 과정은 각각의 반응에서 DNA 서열을 읽기 위해 반복된다.

(massively parallel)"이라는 용어가 사용된다. 셋째, 이전의 시간 소모적인 전기영동이 필요하지 않고, 염기서열 결정 반응이 용액에서 동시에 일어나고 염기서열 결정 장비에서 직접 읽게 된다(**그림 6.20**).

차세대 염기서열결정법으로 인해 훨씬 더 많은 양의 데이터가 생성되었지만, 염기서열 판독 길이(read length)는 50~1,000 bp로 짧은 경향이 있다. 따라서 정확한 유전체 조립(genome assembly)을 위해서는 고성능의 컴퓨터가 필요해졌다. 2014년에는 약 100만 원 정도로 사람의 유전체를 분석할 수 있게 되었는데, 이것은 대략 10년 전의 염기서열 결정 초기에 비해 거의 10,000배의 비용이 절감된 것이다.

2가지의 유전체 조립 방법

전체 유전체를 조립하는 것은 방대한 작업으로, 이 작업을 위해 2가지 접근법이 개발되었다. 첫 번째 방법은 DNA 클론별로 염기서열을 결정하는 것이고, 두 번째 방법은 한 번에 전체 염기서열 결정을 시도하여 컴퓨터를 이용해 데이터를 정리하는 것이다. 두 기술이 인간 유전체 염기서열 결정에서 경쟁적 프로젝트로 개발되었다.

클론-콘티그 조립

클론-콘티그 조립(clone-contig assembly, **그림 6.21***a*)은 진핵생물과 같은 보다 복잡한 유전체의 DNA 염기서열 조각을 조립하는 데 사용된다. 샷건 조립과는 달리, 이런 종류의 방법은 완전히 재조립된 유전체 염기서열을 구축하기 위해서 물리지도가 필요하다. 먼저 유전체를 약 1~1.5 Mb의 큰 절편으로 조각낸 후, 이 절편을 STS 또는 제한효소부위와 같은 유전자 표지를 사용하여 콘티그(contig)라고 하는 더 크게 이어진 DNA 절편에 일치시킨다. 그다음 큰 클론을 작은 절편으로 나눈 후, 각각의 절편에 대해 염기서열을 결정한다.

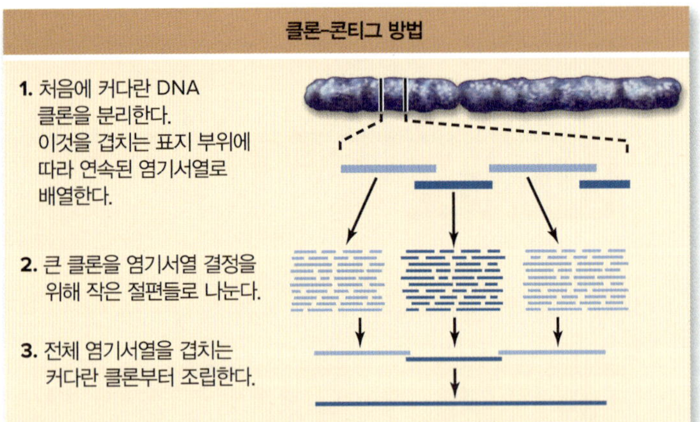

a.

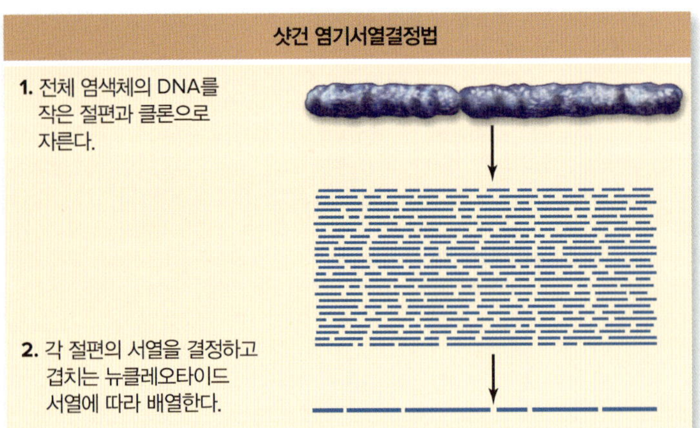

b.

그림 6.21 염기서열결정법과 유전체 조립법의 비교.
a. 클론-콘티그법은 STS에 의해 겹치는 부위를 조립한 커다란 클론을 사용한다. 한번 조립되면 염기서열 결정을 위해 작은 절편으로 나누어질 수 있다. ***b.*** 샷건 염기서열결정법에서는 전체 유전체를 작은 클론으로 조각내고 염기서열을 결정한다. 컴퓨터 알고리즘이 최종 DNA 서열을 겹치는 뉴클레오타이드 서열에 근거하여 조립한다.

샷건 조립

샷건 조립(shotgun assembly, **그림 6.21***b*)의 장점은 유전자지도나 물리지도에 의존하지 않는다는 점이다. 이는 유전체 염기서열에 대한 사전정보가 필요하지 않음을 의미한다. 최초로 전체 유전체의 염기서열이 분석된 세균인 *Haemophilus influenzae*는 샷건 방법을 사용하였다. 이 세균의 유전체 DNA를 1.5~2 kb로 조각내어 적절한 벡터(vector)로 클로닝한 후, 각 절편 말단의 염기서열을 분석했다. 그다음 중복된 부분을 기반으로 DNA 조각들을 분석하여 전체 1.8 Mb의 유전체를 만들 수 있었다. 그러나 이 방법으로 완전하게 조립된 유전체 서열을 얻기는 매우 어렵기에 다양한 다른 방법을 동시에 사용한다.

인간 유전체 프로젝트

인간 유전체 프로젝트(Human Genome Project, HGP)는 1990년에 미국 과학자 그룹이 인간 유전체 염기서열 협력단(Human Genome Sequencing Consortium)을 구성하면서 시작되었다. 이 그룹의 목표는 인간 유전체 염기서열 결정에 클론별 염기서열 결정 방법을 사용하는 것으로, 유전자지도와 물리지도가 각 염색체 염기서열 결정의 토대로 사용되었다. 1998년 5월, 셀레라 지노믹스(Celera Genomics) 회사의 벤터(Craig Venter)가 인간 유전체의 염기서열을 결정할 것이라고 밝히면서, 32억 개의 염기서열을 샷건 염기서열결정법을 이용하여 2년내에 분석을 끝낼 것이라고 했다. 이렇게 인간 유전체의 염기서열을 결정하기 위한 경쟁이 본격화되었고, 그 결과 2000년 6월에 두 그룹이 공동으로 염기서열 초안을 발표했고, 2003년 4월 인간 유전체 염기서열 협력단은 인간 유전체의 염기서열 분석이 완료되었다고 발표하였다.

현재는 초파리 및 생쥐 등 모델동물의 유전체 서열이 밝혀졌으며, 밀을 비롯한 주요 곡물에 대해서도 유전체 분석이 완료되었다. 염기서열 분석 기술과 컴퓨터 알고리즘의 발달로 인해 더욱 많은 생물체의 서열이 밝혀지고 있는데, 이를 통해 진화의 역사를 이해하는 데 큰 도움이 될 것이다.

6.6 유전체 주석달기와 데이터베이스

유전체 프로젝트로 방대한 양의 데이터가 생성되었고, 여기에 유전체 서열 및 구조에 관한 후속 분석에서 추가 데이터가 생성되었기에, 이 데이터를 구성하고 저장하는 방법에 대한 문제가 나타난다. 서열 데이터 및 데이터의 분석 후 생성되는 정보는 검색 가능하고, 공개된 다양한 데이터베이스에 저장된다.

유전체 서열 자체는 본질적으로 의미가 없다. 유전체에 존재하는 유전자의 수, 종류 및 표현형 등이 더 중요한 의미를 갖는다. 유전체 서열에 이러한 정보를 배정하는 것을 유전체 주석달기(genome annotation)라고 한다.

유전체 주석달기

주석달기는 데이터베이스에 DNA 서열을 첨부하여 분석하는 것으로, 이 분석에는 유전자, 유전자의 구조와 기능, 그리고 궁극적으로 발현되는 RNA나 단백질에 대한 정보가 포함될 수 있다. 가장 중요한 목표는 생물학적으로 관련된 정보를 유전체 DNA 서열에 추가하는 것이다.

주석달기 과정은 컴퓨터 알고리즘을 사용하여 유전자가 포함된 DNA 영역을 찾는 것으로 시작한다. 알고리즘은 프로모터와 같은 조절영역을 포함하는 서열을 찾거나, 개시코돈으로 시작하여 마지막에 종결코돈으로 이어지는 암호화 부분을 찾을 수 있다. 이와 같은 염기서열을 **열린번역틀**(open reading frame, ORF)이라고 한다. 또한 인트론/엑손 구조를 예측하기 위해 스플라이싱 신호를 검색하고, 최종적으로 잠재적 유전자로부터 생성될 수 있는 RNA의 서열 및 구조 그리고 아미노산 서열을 예측하는 것이 가능하다.

BLAST를 이용한 종간의 기능 추론

기능이 알려지지 않은 유전자를 동정한 연구자는 기능을 추론하기 위해 유전체 데이터베이스에서 비슷한 염기서열을 검색할 수 있다. 이를 가능하게 하는 도구가 검색 알고리즘인 BLAST(Basic Local Alignment Search Tool)이다. 컴퓨터의 네트워크를 이용하면 BLAST 서버에 염기서열을 입력하여 비슷한 염기서열들을 모두 얻을 수 있다. 유전자 검색, 유전체 비교, 유전체 통합을 위해 컴퓨터 프로그램을 사용하는 것은 **생물정보학**(bioinformatics)에 속하는 새로운 유전체 접근법이다.

발현서열표지를 이용한 유전자 동정

실제로 전사되고 번역되는 유전체의 부위를 인지하기 위해서 mRNA를 분리하여 cDNA를 합성한 후, cDNA의 한쪽 또는 양쪽 말단의 염기서열을 결정할 수 있다(**그림 6.22**). cDNA의 이런 짧은 부위는 **발현서열표지**(expressed sequence tags, EST)라고 하며, STS와 함께 물리지도에 포함될 수 있다. 이 방법은 어떤 특정 EST의 기능에 대해 말해주지 않지만, 전체 유전체 수준에서 최소한 어떤 유전자가 mRNA로 발현되는지를 보여준다.

EST는 사람의 여러 조직에서 93,000개의 cDNA를 식별하는 데 사용되었는데, 이 cDNA의 약 80%가 이전에 알려지지 않았었다. 이렇게 많은 cDNA가 어떻게 인간 유전체의 2만여 개 유전자로부터 만들어지는지는 선택적 스플라이싱 기작으로 설명할 수 있다.

암호화와 비암호화 DNA를 모두 포함하는 유전체

단백질을 생산하는 DNA 염기서열 부위를 암호화 서열(coding sequence, CDS)이라고 하며, 이 부위를 제외한 모든 염기서열을 비암호화 서열(noncoding sequence)이라고 한다. 유전체 주석달기는 유전체에서 암호화 서열의 분포를 분석하고, 후속 실험을 통해 이들 유전자 및 생성물의 기능을 밝혀내는 것이다. 비암호화 DNA 중 tRNA, rRNA 및 miRNA와 같은 유전자의 기능이 알려진 경우도 있는 반면, 아직 잘 알려지지 않은 것도 많이 있다.

진핵생물의 비암호화 DNA

진핵생물의 진화에서 가장 주목할 만한 일은 유전체에서 비암호화 DNA가 점유하고 있는 양이다. 인간 유전체 프로젝트에서 놀라운 사실이 밝혀졌는데, 인간의 세포 각각에는 약 2 m 길이의 DNA가 들어 있지만, 그중 2 cm 정도만이 단백질에 대한 정보를 가지고 있다. 즉 인간 세포에 있는 거의 99%의 DNA가 비암호화 DNA인 것이다.

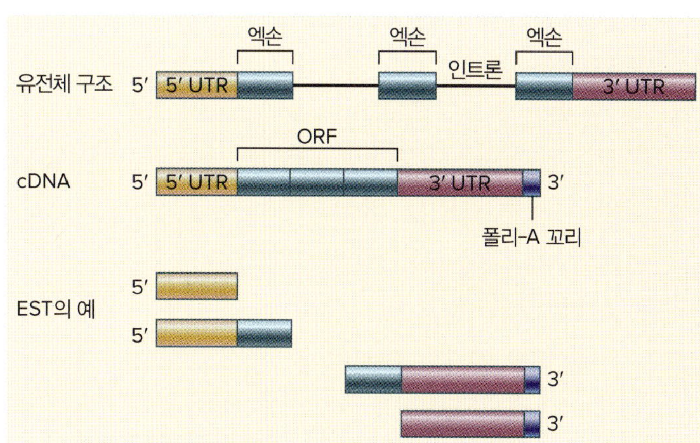

그림 6.22 발현된 유전자 지도 작성을 할 수 있는 EST.
EST 말단의 염기서열 결정은 cDNA의 구조 예측 및 유전체 구조와 일치하는 서열 데이터를 생성한다. 수많은 EST의 염기서열 결정을 통해 완전한 유전체 구조를 결정할 수 있다.

표 6.1 인간 유전체에서 발견되는 DNA 서열의 종류

종류	설명
단백질 암호화 유전자	염색체에 흩어져 있는 2만 개의 유전자가 번역되는 부분
인트론	각 유전자의 대부분을 차지하는 비암호화 DNA
단편 복제	복제된 유전체 부분
위유전자 (비활성화 유전자)	유전자의 특성을 가지지만 기능이 없는 유전자 서열
구조 DNA	구성적 이질염색질, 중심립이나 말단소체 근처에 위치
단순 서열 반복	CGG와 같은 짧은 뉴클레오타이드가 수천 번 반복
전이인자	• 21%: 활성 전이인자인 긴 산재전이인자(LINE) • 13%: 활성 전이인자인 짧은 산재전이인자(SINE) • 8%: 각 말단에 긴 말단반복서열(LTR)을 가지는 레트로트랜스포존 • 3%: DNA 전이인자 화석
비암호화 RNA	단백질을 암호화하지는 않지만 조절 기능을 갖고 있는 RNA

비암호화 DNA는 다음과 같은 주요 그룹으로 구분된다(**표 6.1**).

- **유전자 내의 비암호화 DNA**: 인간의 유전자는 인트론 내에 파묻힌 여러 조각의 엑손으로 구성된다. 인트론이 인간 유전체의 24%를 구성하고, 엑손은 1.5% 이하이다.
- **구조 DNA**(structural DNA): 염색체의 일부 부위는 매우 응축되고, 단단하게 꼬여 세포 주기에서 전사되지 않는 상태로 존재한다. 이를 **구성적 이질염색질**(constitutive heterochromatin)이라 부르는데, 이 부위는 주로 동원체 부근이나 염색체 끝부분인 말단소체에 위치하는 경향이 있다.
- **단순서열 반복**(simple sequence repeats): 단순서열 반복(SSR)은 염색체 여기저기에 흩어져 분포하는데, CA 또는 CGG 같은 1~6개의 뉴클레오타이드 서열이 무수히 반복되어 있다. SSR은 DNA 복제 오류로부터 발생할 수 있으며, 인간 유전체의 3%를 구성한다.
- **부분복제**(segmental duplication): 10~300 Kbp로 구성된 유전체 구역이 복제되어 염색체 내로, 또는 비상동 염색체로 이동한다.
- **위유전자**(pseudogene): 돌연변이에 의해 기능을 잃은 비활성 유전자를 일컫는다.
- **전이인자**(transposable element): 인간 유전체의 45%가 이동할 수 있는 작은 조각의 DNA 서열로 구성되어 있다. 일부 전이인자는 단백질을 암호화하지만, 대부분은 그렇지 않다.
- **마이크로 RNA 유전자**(microRNA gene): 유전자 발현 조절과 발생을 조절하는 독특한 기작에 관여한다. 한 때 "정크(junk)"로 생각되던 DNA가 전사 후에 21~23 뉴클레오타이드 길이로 가공되어 miRNA를 형성한다.
- **긴 비암호화 RNA**: 단백질로 번역되지 않지만, 조절 역할을 하는 수만 개의 긴 비암호화 RNA가 있다. 최근 발견된 긴 비암호화 RNA는 생리 및 발생에서 중요한 역할을 한다. 200개의 긴 비암호화 RNA의 기능이 밝혀졌지만, 나머지는 아직 밝혀지지 않았다

전이인자

1950년에 맥클린톡(Barbara McClintock)에 의해 밝혀진 **전이인자**(transposable element)는 트랜스포손(transposon) 또는 이동성 유전인자(mobile genetic elements)로 불리며, 염색체의 한 위치에서 다른 곳으로 이동할 수 있는 DNA 절편을 지칭하는 용어이다.

인간 염색체는 4종류의 전이인자를 가지며, 적어도 유전체의 21%는 **긴 산재전이인자**(long interspersed element, LINE)로 구성된다. 이 인자는 약 6,000 bp 길이로, 전이에 필요한 모든 요소를 갖추고 있다. LINE은 역전사효소를 암호화하여, 전사된 LINE RNA로부터 cDNA를 만들어 유전체 내부로 재삽입이 가능한 2중가닥 조각을 생성한다. 이 인자들은 RNA 중간물을 이용하기 때문에 레트로트랜스포손(retrotransposon)이라고 부른다. **짧은 산재전이인자**(short interspersed element, SINE)는 LINE보다 짧은 염기서열로 구성된다. SINE 인자 중에 Alu(서열 내부를 자르는 제한효소 이름에서 유래)는 300 bp이고, 50만 개 이상의 사본이 존재하여 인간 유전체의 10%를 차지한다. 이외에 **긴 말단반복서열**(long terminal repeat, LTR)로 불리는 레트로트랜스포손은 인간 유전체의 8%를 차지하며, 복제가 되지 않는 불활성 전이인자도 유전체의 3%를 차지한다.

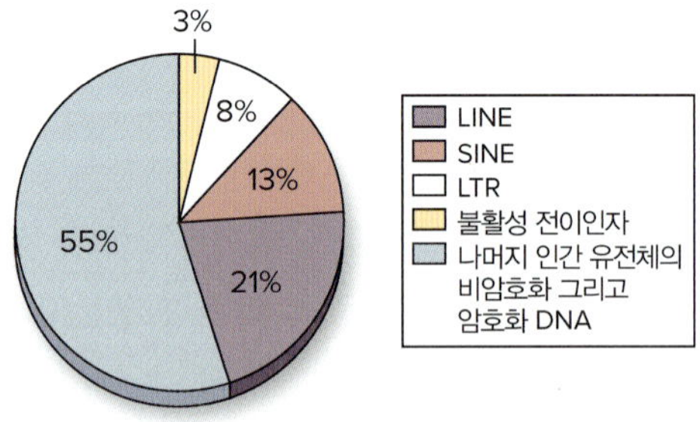

엔코드 프로젝트

유전체에서 비암호화 DNA의 존재는 수년간 알려져 왔지만, 이 DNA의 생물학적 중요성은 밝혀지지 않았다. 기능을 알지 못했기에, 이 비암호화 DNA를 정크 DNA보다는 '비기능성 DNA(nonfunctional DNA)'라고 부르는 것이 적절할 것이다. 엔코드(Encyclop-

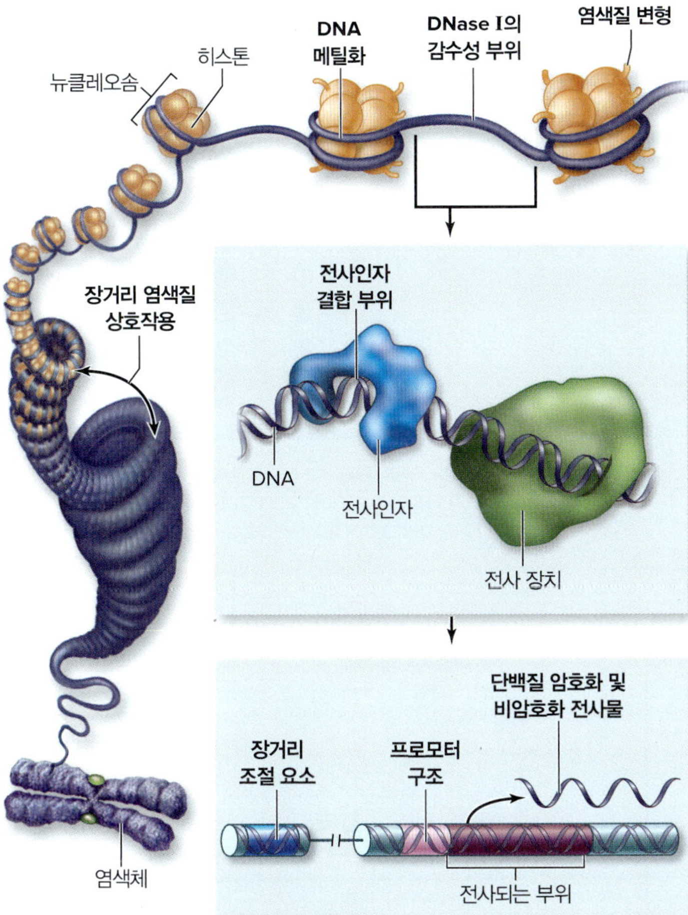

그림 6.23 엔코드에 의해 정의된 기능적 DNA 요소.
엔코드는 기능의 생화학적 정의를 사용한다. 생화학적 의미에는 DNA 서열의 메틸화 패턴, 염색질 내 히스톤의 변형, 전사 활동 영역으로 간주되는 DNase I에 대한 감수성, 전사인자 결합 부위, 프로모터, 암호화 및 비암호화 전사체의 생성, 인핸서와 같은 장거리 조절 요인, 그리고 장거리 염색질 상호작용 등이 포함된다.

edia of DNA Elements, ENCODE) 프로젝트는 인간 유전체의 모든 기능적 요소를 식별하기 위한 공동 연구를 말한다. 이 연구를 통해 인간 유전체의 DNA 서열 중 80%가 기능적이라는 결론을 내렸지만, 과학계에서는 이러한 수치가 실제로 생물학적 기능면에서 무엇을 의미하는지에 대해 많은 논쟁이 있었고, 엔코드 협력단(ENCODE consortium)은 이 추정치를 20~80% 사이로 수정하였다.

엔코드는 기능적 요소를 가진 DNA 서열로 정의할 수 있는데, 여기에는 단백질을 생산하는 유전자뿐만 아니라 독특하고 재현 가능한 생화학적 특성이 있는 DNA 서열도 포함된다(**그림 6.23**). 생화학적 특성이란 단백질과 결합하는 DNA 서열, 먼 거리의 염색질이 구부러져 상호작용을 하는 서열, 또는 특정 패턴의 히스톤 변형을 나타내는 DNA 서열 등을 말한다. 서로 다른 세포 유형에서는 이들 기능 사이의 유의미한 차이가 있을 수 있기에, 엔코드는 생물학적 기능을 분석하는 데 유효하다.

6.7 기능유전체학과 비교유전체학

유전체학이란 어떤 생물체가 가지고 있는 모든 유전자에 대한 연구라는 점에서 하나의 유전자를 대상으로 한 고전유전학과는 상당히 다른 연구기법을 가지고 있다. 유전체로부터 얻은 정보는 세포생물학과 생리학뿐만 아니라 발생과 진화를 이해하는 데 필수적이다.

기능유전체학

유전체가 어떻게 생물의 구조와 기능에 관여하는지 완전히 이해하려면 유전체의 산물인 RNA 분자 및 단백질에 대해 알아야 한다. **기능유전체학**(functional genomics)은 생물체의 유전자형과 표현형 사이를 연결시킬 수 있어서 유전체로부터 언제 생산물을 생산하는지, 어떻게 발생 과정 동안 변화하고 환경에 반응하는지 등에 대한 정보를 제공한다. 기능유전체학은 (1) **전사체**(transcriptome): **유전체**(genome)에 의해 생성되는 모든 RNA 분자에 대한 연구, (2) **단백질체**(proteome): 유전체로부터 생성되는 모든 단백질에 대한 연구, (3) 단백질 간의 상호작용 및 상호작용에 의한 산물에 대한 연구 등으로 나눌 수 있다.

DNA 마이크로어레이

발현서열표지(EST) 분석은 DNA 지도에서 전사가 일어나는 서열의 위치를 알려주지만, 유전자들이 언제, 어디서 발현되는지에 대해서는 아무것도 알려주지 못한다. 전체 유전체 수준에서 유전자 발현 분석을 위해 **DNA 마이크로어레이**(microarray) 또는 유전자 칩(gene chip)이 탄생되었다. DNA 마이크로어레이를 하려면 먼저 로봇에 의해 각 유전자의 DNA 절편을 슬라이드의 특정 위치에 부착해야 한다. 그다음 서로 다른 조직으로부터 추출한 mRNA를 서로 다르게 표지한 후, 슬라이드에 처리하여 혼성화 실험을 한다. 이 방법으로 특정한 조직에서 활성화, 또는 비활성화되는 유전자들을 분석할 수 있다(**그림 6.24**).

가장 관심 있는 DNA 마이크로어레이 이용 중 하나는 인간의 암에서 유전자 발현 양상들을 프로파일링(profiling)하는 것이다. DNA 마이크로어레이 분석 결과, 각각의 암은 서로 다른 유전자 발현 양상을 가진다는 것이 밝혀졌고, 이러한 발견은 특정 암에 대한 진단과 맞춤형 치료를 고안하는 데 사용되고 있다.

RNA 염기서열 결정

RNA 염기서열결정법(RNA sequencing, RNA-seq)은 시료에 있는 모든 mRNA의 정보를 제공하는데, 차세대 염기서열결정법을 사

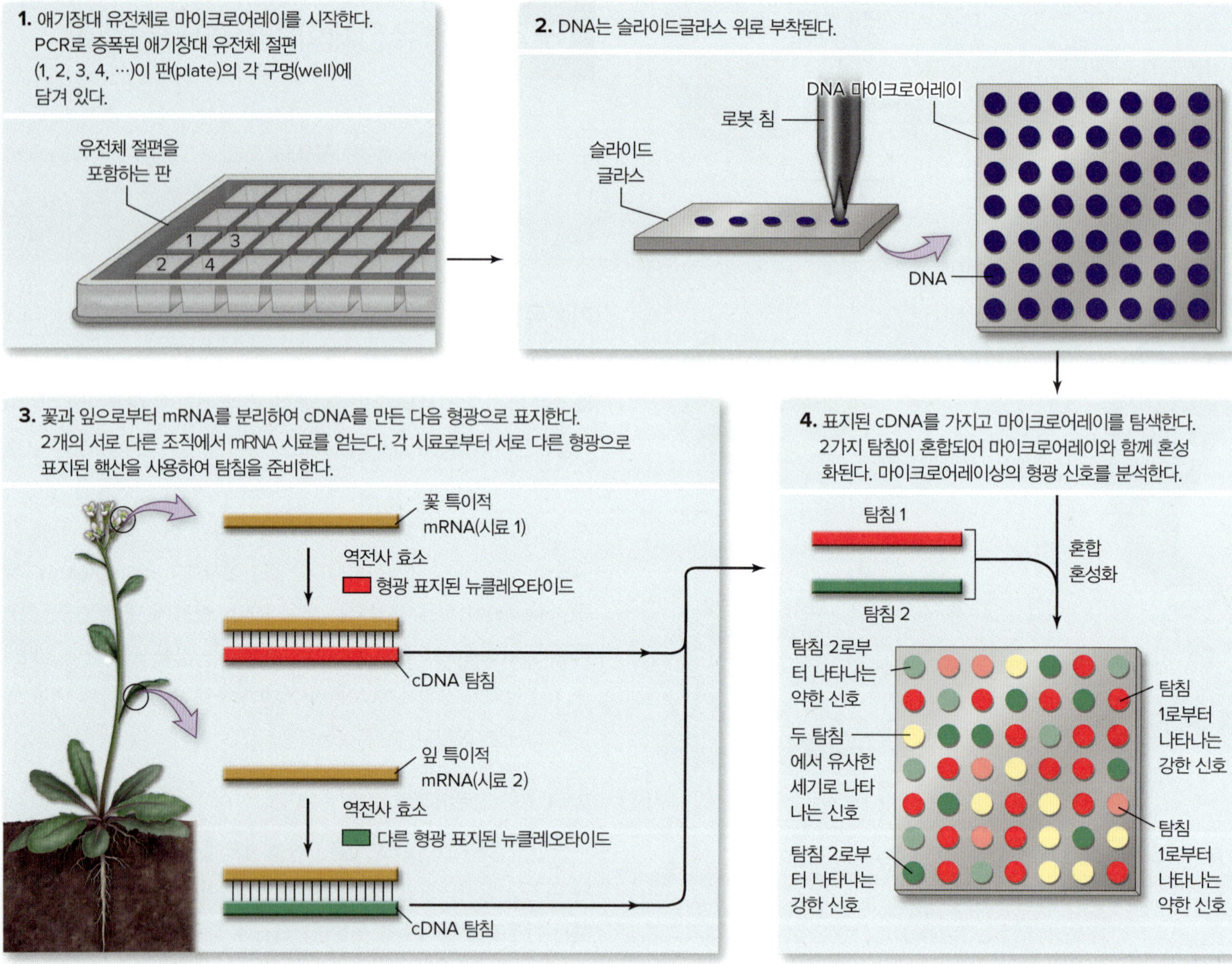

그림 6.24 마이크로어레이.

용하여 cDNA로부터 직접 염기서열 결정을 한다. RNA-seq은 무엇을 필요로 하는지에 따라 변형할 수 있다. 예를 들어, RNA-seq은 인트론-엑손의 경계를 식별하고, 대립유전자가 표현형에 어떻게 영향을 미치는지 등을 연구하는 데 사용될 수 있다. 그러나 실질적으로 표현형에 영향을 주는 것은 RNA보다 단백질이라는 점에서, RNA-seq은 염기서열만 결정할 뿐이기에 단백질 생성을 막는 전사후 조절도 있다는 점을 고려하지 않는 등의 문제점이 있다. 세포 내 전사체의 분석은 세포 유형에 따라 어떤 유전자가 발현되는지에 관한 중요한 정보를 제공하지만, 특정 시간의 세포 내 전체적인 단백질의 분석이 더 중요할 수 있다. 이러한 연구를 단백질체학이라고 하고, 기능유전체학 분야 중 하나이다.

단백질체학: 유전자로부터 단백질로의 이동

단백질체학(proteomics)은 유전체에 의해 암호화되어 있는 모든 단백질체에 대해 연구하는 분야를 일컫는데, 단백질은 DNA보다 연구하기가 훨씬 어렵다. 그 이유는 단일 유전자는 선택적 스플라이싱에 의해 하나 이상의 단백질을 만들 수 있고, 단백질은 번역후 변형 과정을 거치거나 단백질 복합체를 형성하기 때문이다. 비록 단일 세포로부터 유전체의 모든 DNA를 분리할 수 있어도, 단일 세포나 조직에서는 암호화된 단백질의 일부만이 발현된다.

단백질체를 연구하기 위해 점점 보편화되고 있는 기술 중 하나는 질량분석법(mass spectroscopy, MS)이다. 질량분석은 분자의 전하 대 질량비(charge to mass ratio)를 결정하는 방식으로, 단백질 정제와 이온화를 결합시킨 새로운 기술의 개발로 복잡한 단백질 혼합물의 질량분석이 가능해졌다(**그림 6.25**). 단백질체학은 앞서 설명한 마

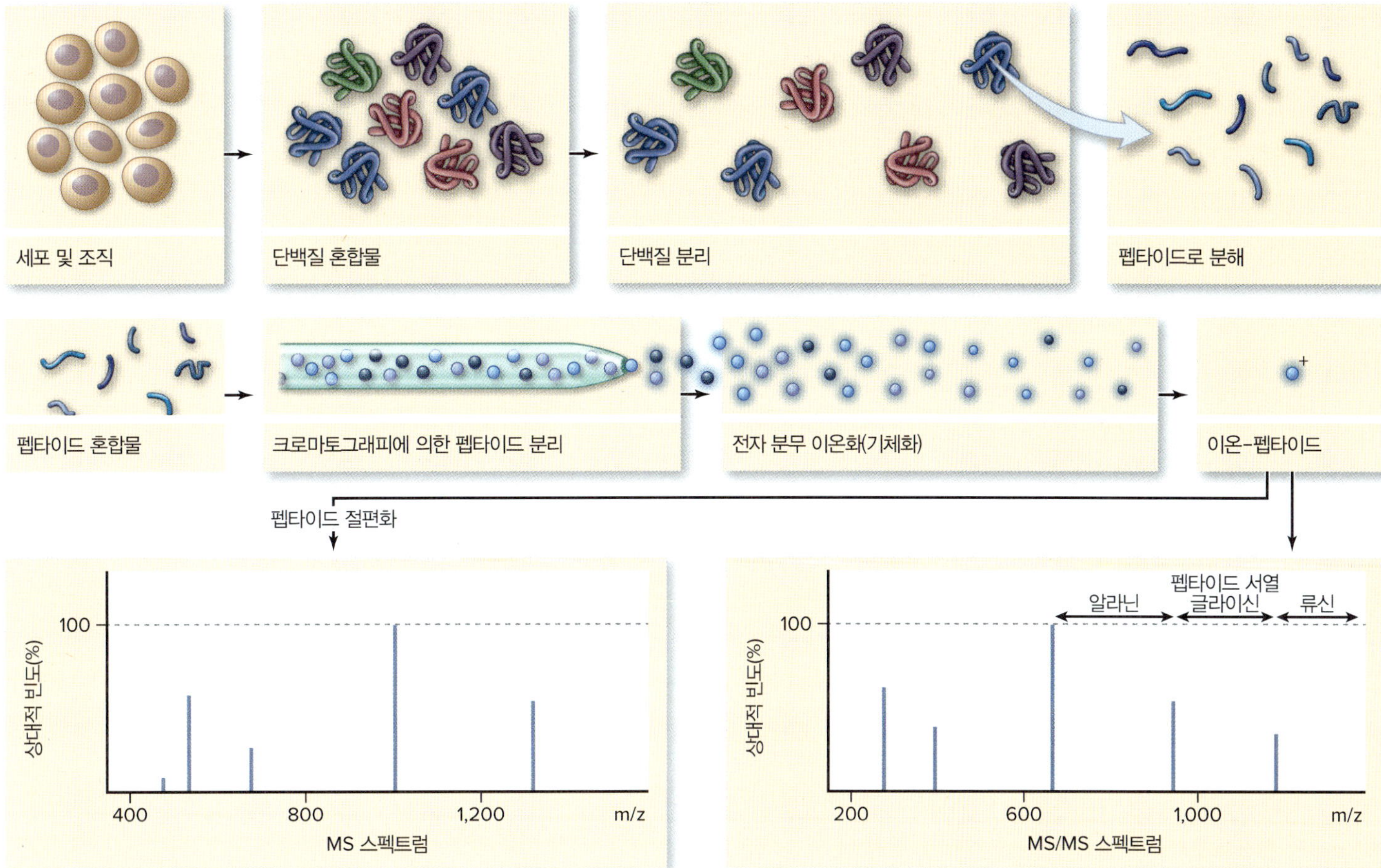

그림 6.25 질량분석법을 사용한 단백질 분석.
단백질을 세포 또는 조직으로부터 추출한 후, 젤 또는 생화학적 기술을 사용하여 부분적으로 분리할 수 있다. 부분적으로 정제되거나 개별적인 단백질은 단백질분해효소에 의해 작은 펩타이드로 분해되고 이온화된다. 하전된 펩타이드는 분광계로부터 질량에 의해 분리될 수 있다. 단백질을 식별하기 위해 컴퓨터 알고리즘을 사용하여 펩타이드 절편과 예상되는 분해 패턴을 일치시킨다. 각각의 펩타이드를 추가적으로 절단한 후, 질량분석기로 아미노산 조성을 결정할 수 있다. MS 스펙트럼은 이온의 전하 대 질량비를, MS/MS 스펙트럼은 다중질량 이온화(tandem ionization, 질량분석기가 연이어 연결된 것)에 의해 이온이 생성될 때 이온의 전하 대 질량비를 사용하고, m/z는 이온의 질량을 이온의 전하로 나눈 값, 일반적으로 단위전하당 질량값을 사용한다.

이크로어레이 기술도 사용한다. 칩에서 DNA를 집적하는 대신 특정 단백질을 인식할 수 있는 항체를 칩에 적용하여 복잡한 시료 안에 어떤 단백질들이 있는지를 빠르게 식별할 수 있다. 이 기술은 연구에서도 유용할 뿐 아니라 질병 진단 및 검사에도 사용 가능하다.

생물정보학과 단백질체학

유전체 및 전사체 분석과 마찬가지로 단백질체 분석은 거대한 양의 데이터를 생성한다. 따라서 이런 거대한 데이터를 연구하고 해석하기 위한 방법이 필요하다. 컴퓨터 과학과 생물학을 연결 짓는 학문으로 생물정보학(bioinformatics)이라는 학문이 있다. 생물정보학은 대규모 생물학 데이터를 분석하는 데 컴퓨터 프로그래밍, 수학 및 모델링을 적용하는 것이다. 단백질체학에 생물정보학을 적용시켜 고처리 프로파일링(profiling)을 통한 빠른 단백질 식별, 질량분석을 통한 유전체 주석달기, 단백질 구조 및 기능의 예측 등이 가능해졌다.

단백질 구조 및 기능 예측

전통적인 단백질 생화학(protein biochemistry)과는 달리 단백질체학은 수많은 단백질을 빠르게 식별하고 특성을 분석할 수 있는 컴퓨터 기법을 사용한다. 이를 통해 유전자 서열을 이용해 암호화되는 단백질의 구조와 기능을 알아내는 것이다. 현재로서는 이미 알려진 단백질 서열과의 비교를 통해서만 새로운 단백질의 구조와 기능을 알 수 있다. 하지만 매우 다른 아미노산 서열로부터 유사한 구조가 생성되기도 한다. 이러한 경우에는 구조 정보를 바탕으로 유사한 기능을 유추할 수 있다. 그러나 구조를 바탕으로 기능을 알아내는 것은 매우 어려운 작업이다. 유사한 서열과 구조를 갖는 단백질은 보통 유사한 기능을 가지지만, 그렇지 않은 경우도 있고, 구조가 상당히 다르지만 유사한 기능을 하는 단백질도 많이 있기 때문이다.

비교유전체학

비교유전체학(comparative genomics)은 한 유전체의 정보를 사용하여 다른 유전체에 대해 학습하는 것이다. 예를 들어, 한 생물의 유전체 내 유전자의 알려진 기능을 사용하여 연관된 생물의 유전체에서 유사한 유전자의 기능에 대해 추측할 수 있다. 인간의 암 유발에 관여하는 유전자의 60%가 초파리 유전체에 보전된 것으로 밝혀졌다. 따라서 이러한 유전자의 기능은 초파리를 통해 분석할 수 있고, 이것은 사람을 대상으로 연구하는 것보다 훨씬 수월하다.

비교유전체학은 또한 진화적 관점에서 이용될 수 있다. 원핵생물 유전체들을 비교해 보면 이전에 생각했던 것보다 더 많은 **수평적 유전자전달**(lateral gene transfer)이 일어났다는 것이 밝혀졌다. 최근에 완성된 침팬지의 염기서열은 무엇이 우리를 인간으로 특별하게 진화되도록 하였는가를 밝혀낼 수 있는 단서를 제공해줄 수 있을 것으로 여겨진다.

신터니 기반 비교유전체학

비교유전체학은 신터니(synteny)의 장점을 이용하여 거대 유전체 간의 비교가 가능하게 해준다. 신터니는 관련된 유전체에서 보전된 DNA 단편의 배열을 일컫는다. 물리지도 기술은 아직 서열이 알려지지 않은 유전체에서 신터니를 찾는 데 이용될 수 있어, 종 사이의 신터니 단편의 비교로 염기서열 결정이 안 된 유전체에 대해서도 정보를 얻을 수 있다. 예를 들면 주요 곡물 중 벼와 옥수수만이 유전체 서열이 완전하게 결정되었는데, 벼의 신터니를 이용하여 보리, 밀, 기타 화본과 작물들의 염색체들을 분석할 수 있다.

현재 밀, 쌀, 보리 및 수수 등의 주요 곡물들에 대한 유전체 서열이 조립되고 있는데, 이들 사이의 비교에서 곡물의 핵심 유전자로 보이는 12,607개의 유전자 집단(gene family)이 있다고 확인되었다. 이 연구 결과는 질병 저항성, 작물 수확량 및 영양적 품질 관련된 유전자를 식별하는 데 유용할 것이다.

유전체의 진화

긴 시간에 걸쳐 일어나는 진화 과정에서 유전체는 선택압으로 인해 변하게 된다. 가령 수많은 전이인자가 유전체에 삽입되기도 하고, 이종 혹은 동종 간의 교배에서 유전체 전체가 중복되기도 한다. 또는 일부 염색체가 중복되거나, 아니면 염색체의 절편이 중복되는 일이 발생해서 구조가 바뀌기도 한다. 여러 종의 유전체를 비교해 보면 그들의 조상 유전체로부터 나타난 단서, 즉 유전체의 크기를 증가(배수체화, 전이인자의 증가, 유전자 중복 등) 또는 감소(돌연변이로 유전체 소실)시키는 진화적 힘들이 역동적으로 균형을 만들어 왔다는 사실을 알 수 있다. 이처럼 진화 과정에서 무슨 일이 생겼는지 비교유전체학을 통해 추론할 수 있다.

유전자 및 염색체 중복

전체 유전체가 아닌 개별 염색체가 중복되거나 결실되는 것을 **이수성**(aneuploidy)이라고 한다. 이수성이 생기는 가장 흔한 방법은 상동염색체 쌍이나 자매염색분체가 감수분열에서 분리되지 않는 것

그림 6.26 현존하는 영장류. 인간을 제외한 모든 현존하는 영장류의 반수체 염색체는 24개이다. 인간은 염색체 하나를 소실한 것이 아니라, 2개의 작은 염색체가 융합되어 단일 염색체가 되었다.

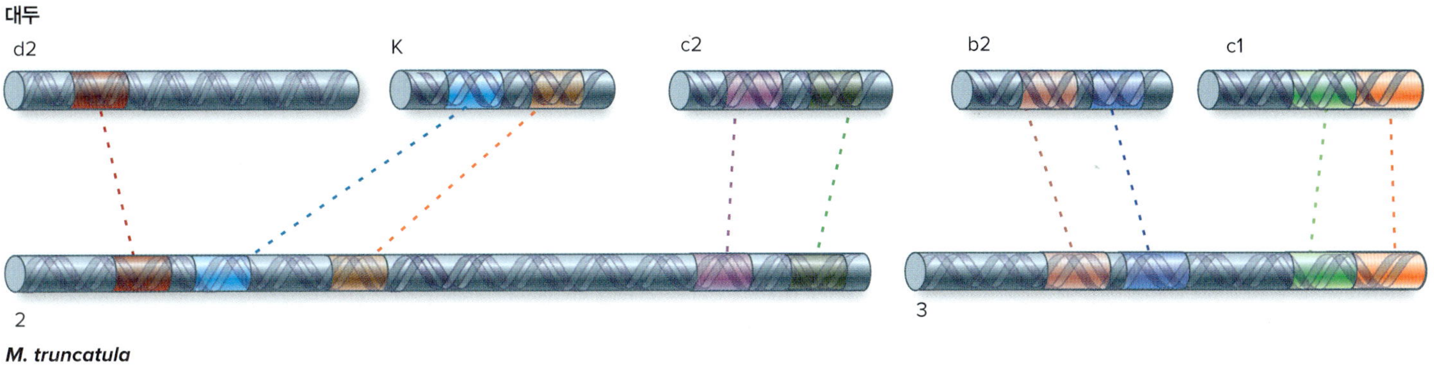

그림 6.27 신터니(synteny)와 유전자 식별.
공과식물인 *Medicago truncatula*와 대두(*Glycine max*)의 유전체를 살펴 보면 많은 연관 유전자군이 신터니를 보이므로, 이를 이용해서 대두 게놈상에서 상동유전자를 찾을 수 있다. 같은 색으로 표시된 부분이 상동 유전자이다.

인데, 일반적으로 동물에서보다 식물에서 잘 나타난다.

유전체에서 새로운 특징을 획득하는 가장 중요한 원천의 하나는 DNA 분절의 중복(segmental duplication)이다. 조상에서 단일 유전자의 중복으로 생긴 한 생물체 내의 두 유전자를 종내상동유전자(paralogue)라고 하며, 그에 비해 단일 공통조상에서 유래된 서로 다른 생물체(종들) 간의 유전자를 종간상동유전자(orthologue)라고 한다.

유전자가 복제될 때 복제된 유전자의 운명은 (1) 돌연변이로 기능을 상실하거나, (2) 돌연변이로 새로운 기능을 얻거나, (3) 조상 유전자의 전체 기능이 두 중복유전자로 나누어지는 것이다. 유전자들은 유전자 복제로 그 수가 많아지게 되지만, 실제로 많은 중복 유전자들은 기능을 상실하게 된다. 예를 들면, 2개의 중복된 유전자는 발생과정 중에는 같았지만, 나중에 조직이나 기관에서 각각 다르게 발현할 수도 있고, 종 간에도 이러한 현상이 나타나서 종 특이적 형질발현으로 나타날 수 있다.

염색체 재배열

유전체 재배열의 좋은 예는 염색체 쌍의 수로, 인간은 침팬지, 고릴라나 오랑우탄보다 하나가 적다. 이는 인간이 염색체 하나를 잃어버려서 나타나는 현상이 아니며, 유인원에서 중간 크기의 염색체 2개가 결합하여 현재 사람에서 두 번째로 큰 2번 염색체가 만들어진 것이다(**그림 6.26**). 이와 같이 재배열은 진화적 단서를 제공한다.

염색체 재배열이 흔하기는 하나, 아직 유전체의 많은 부분에서 생쥐와 인간 유전자의 선형적 순서(linear order)가 같다. 즉, 공통조상의 서열이 두 종에서 모두 보전되어 있는 것이다. 이러한 **신터니 보전**(conservation of synteny)은 초기 유전자지도 연구에서 이미 예측되었으며, 진핵생물 유전체의 구성이 진화로 인해 형성되었다는 확실한 증거가 된다. 신터니의 보전 정보를 이용하면 다른 종의 유전체에서 특정 유전자 위치를 보다 쉽게 찾을 수 있고, 이로써 비교유전체학의 위력을 실감할 수 있다(**그림 6.27**).

핵심 개념 요약

6.1 재조합 DNA

- 유형 II 제한효소는 회문구조로 되어 있는 특정 염기서열을 인식하여 자르는데, 대부분은 점착성 말단을 생성하고, 일부만이 비점착성 말단을 생성한다.
- 클로닝에 주로 사용되는 플라스미드는 복제원점, 선별 표지자, 제한효소절단 위치 등을 가지고 있어야 한다. 크기가 큰 DNA 절편을 클로닝할 때는 YAC 또는 BAC과 같은 인공염색체를 사용한다.
- 전체의 유전체를 모두 포함한 클론들의 집합체를 유전체 라이브러리라고 하며, 특정 세포나 조직에서 발현되는 모든 유전자(mRNA)를 포함한 것을 cDNA 라이브러리라고 한다.

6.2 PCR을 활용한 DNA 증폭

- PCR은 소량의 시료로부터 빠른 시간 내에 원하는 DNA를 검출 또는 증폭시키는 방법으로, 증폭될 영역에 인접한 짧은 프라이머를 사용하여 작은 DNA 단편을 증폭시킨다.
- PCR은 열 안정성 중합효소(thermostable polymerase)와 함께 가열, 냉각 및 합성 주기를 반복한다.
- PCR은 역전사 효소를 사용하여 만든 cDNA를 주형으로 단백질을 암호화하는 서열을 증폭시킬 수 있고, 또한 형광 DNA 결합 염료 또는 표지된 프라이머를 사용하는 RT-PCR은 특정 mRNA를 정량할 수 있다.

6.3 유전적 변이를 가진 형질전환체 생성

- DNA 지문은 개인마다 숫자가 다른 짧은 염기서열반복구간(STR)을 이용한다.
- 유전자는 TALEN 효소 또는 CRISPR/Cas9 시스템을 사용하여 생체 내에서 특정 염기서열을 편집할 수 있다.
- 유전자 암호의 보편성은 한 생물체의 유전자가 다른 생물체에서 발현될 수 있게 한다. 유전자 제거 기법은 유전자 기능을 연구하기 위해 특정 유전자를 비활성화시킨다, 유전자 삽입법은 특정 유전자를 다른 유전자로 대체한다.
- 특정 조직 또는 특정 발생 시점에서 유전자 기능을 조건부로 제거하면 필수 유전자의 기능을 연구할 수 있다. 사용된 기술 중 하나는 Cre-Lox 시스템이다.
- 형질전환 식물은 아그로박테리움 및 재조합 Ti 플라스미드, 또는 입자 충격 기법으로 형질전환함으로써 만들 수 있다.

6.4 생명공학 기술의 응용

- 재조합 DNA는 박테리아나 효모에서 인간 단백질을 발현시키기 위해 사용될 수 있다. 당뇨병을 치료하는 인슐린이 이러한 기술로 만들어진 최초의 제품이다.
- 의학적으로 유전자 치료법은 유전질환을 치료할 수 있게 하고, 유전자 편집과 결합한 줄기세포 치료법은 만성질환 또는 부상으로 인한 조직 손상을 치료할 수 있게 한다.
- 농업적 응용으로, 제초제 내성 작물은 농업의 경제성을 높여주고, 황금쌀은 바이타민 A의 전구체인 β-카로틴을 생산해서 영양실조로 인한 실명을 줄일 수 있다.
- 환경에 대한 응용으로, 미세조류에서 수확한 지질로 바이오디젤을 만들 수 있다. 또한 폐수의 유기물 대부분은 혐기성 또는 호기성 박테리아에 의해 제거할 수 있다.

6.5 유전체지도

- 제한효소지도나 염색체-분염 양상 등을 이용하여 유전체의 물리지도를 작성할 수 있다.
- STS와 같은 유전체 내 공통 표지를 이용하여 DNA 단편을 동정하고, 유전체에서 각 클론의 위치를 결정할 수 있다.
- 유전자지도는 물리지도와 서로 연관되어 있는데, 염색체 부분에 따라 교차율의 변이로 인해 정확한 유전자 위치를 결정하기는 어렵다.
- DNA 서열 결정은 디디옥시뉴클레오타이드를 사용하는데, 각 뉴클레오타이드 종류별로 서로 다른 형광 염색시약을 사용한 자동분석기에 의해 분석할 수 있다. 최근 차세대 염기서열결정 기법의 발달로 대규모의 서열을 빠르게 분석할 수 있다.
- 유전체의 염기서열 결정은 클론별로 염기서열을 분석하여 조합하거나, 모든 클론에 대해 염기서열을 결정하는 샷건 방법을 사용한다.

6.6 유전체 주석달기와 데이터베이스

- 단백질을 암호화하는 유전자는 DNA 서열에서 열린번역틀로 식별된다. 새로 발견한 유전자는 알려진 유전자와 비교하여 그 기능을 유추할 수 있다.
- 단백질을 암호화하는 DNA는 인간 유전체의 1~2%에 불과하다. 진핵생물에서의 비암호화 DNA는 전체 DNA의 약 99%를 구성한다. 인간 유전체의 약 45%는 전이인자로 구성되어 있다.
- 엔코드 협력단은 인간 유전체의 20~80%가 기능적이라고 예측한다.

6.7 기능유전체학과 비교유전체학

- 기능유전체학은 유전자의 기능과 산물을 분석하기 위해 고처리 방식을 사용한다. DNA 마이크로어레이는 세포에서 모든 유전자의 발현을 한 번에 관찰할 수 있고, RNA-seq은 전사체를 직접적으로 연구한다.
- 단백질체학은 유전체에 의해 암호화되어 있는 모든 단백질에 관해 연구하는 분야인데, 단백질미세배열법 또는 질량분석법을 사용하여 단백질을 동정하고 기능을 연구할 수 있다.
- 비교유전체학을 통해 각 생물종의 유전체를 분석할 수 있는데, 이를 통해 종 간의 진화적 유연관계를 파악할 수 있다.

연습문제

■ 1단계: 이해력 확인하기

1. 다음 중 DNA 라이브러리는?

① 한 생물체 내에 있는 모든 유전자의 질서정연한 배열
② 운반체의 모임
③ 단일 대장균 내에서 발견된 플라스미드의 모임
④ 한 생물체의 모든 유전체를 나타내는 DNA 절편의 모임

2. 젤 전기영동에 의해 서로 다른 DNA 단편을 분리하는 원리는?

① DNA에 대한 양전하
② DNA 조각의 크기
③ 조각의 순서
④ 염료의 존재

3. 유전자 기능 연구 측면에서 RNAi에 비해 게놈 편집의 주요 이점은?

① 게놈 편집은 유전자 기능을 제거할 수 있지만, RNAi는 단순히 유전자 산물의 수준을 감소시킨다.
② 게놈 편집은 재조합 DNA의 생성을 요구하지 않지만, RNAi는 항상 생성된다.
③ 게놈 편집은 항상 작동하지만, RNAi는 거의 작동하지 않는다.
④ 게놈 편집은 RNAi가 수행되는 진핵세포보다 변형하기 쉬운 박테리아에서 수행된다.

4. β-galactosidase 유전자는 클로닝에 어떻게 이용되는가?

① 갈락토스가 있을 때 활성을 갖는 프로모터이다.
② 복제개시점이다.
③ 클로닝 부위이다.
④ 재조합 DNA를 확인하는 표지자로 사용된다.

5. 다음 중 PCR에서는 아니지만, 세포에서의 DNA 복제에 대한 정확한 설명은?

① DNA 프라이머가 필요하다.
② DNA 중합효소가 고온에서 안정되어야 한다.
③ 연결효소가 필수적이다.
④ dNTP가 필요하다.

6. 인간 인슐린 유전자가 포함된 형질전환된 박테리아를 생산하기 위해서는 어떠한 잠재적인 문제점이 고려되어야 하는가?

① 인간 유전자 내에 있던 인트론은 전사 후에 제거되지 않을 것이다.
② 박테리아 세포는 인슐린 펩타이드 서열의 번역 후 변형 과정을 거치지 않을 것이다.
③ 인간 유전자를 높은 수준으로 전사하는 박테리아를 얻을 수 없을 것이다.
④ ①과 ② 모두 옳다.

7. STS란 무엇인가?

① 지도 작성에 사용될 수 있는 DNA 내부의 고유한 서열
② 지도 작성에 사용될 수 있는 DNA 내부의 반복서열
③ 유전자의 3′ 지역의 지도 작성을 가능하게 하는 상위 요소
④ ②와 ③ 모두

8. BLAST 검색의 정의로 옳은 것은?

① 전체 유전체 염기서열을 결정하는 동안 공통된 지역을 배열하기 위한 기작
② 다른 종으로부터 유사한 유전자 서열을 찾는 것
③ DNA 라이브러리를 선별하는 방법
④ 열린번역틀(ORF)을 찾는 방법

9. 단백질체란의 정의로 옳은 것은?

① 단백질을 암호화하는 모든 유전자의 집합
② 유전체에 의해 암호화되는 모든 단백질의 집합
③ 하나의 세포에 존재하는 모든 단백질의 집합
④ 단백질의 아미노산 서열

10. 다음 기술 중 이전에 알려져 있는 중첩되는 서열이 필요한 것은?

① cDNA 라이브러리
② 샷건 염기서열결정법
③ 마이크로어레이
④ 클론별 염기서열결정법

11. 다음 중 DNA 마이크로어레이로부터 얻을 수 있는 정보는?

① 특정 유전자의 서열
② 특정 조직 내에서 유전자의 존재
③ 유전자 발현 양상
④ 유전체 간의 차이점

12. 전체 **RNA**의 양이 동일한 **4**개의 **RT-qPCR** 반응을 설정하였다. 반응이 완료된 후, 시료 **A**의 **20**사이클, 시료 **B**의 **25**사이클, 시료 **C**의 **18**사이클 및 시료 **D**의 **22**사이클이 끝난 후 **10,000** 단위의 형광이 있음을 알 수 있다. **RT-qPCR**의 시작에서 표적 **mRNA**가 가장 많았던 시료는 어떤 것인가?

① 시료 A ② 시료 B
③ 시료 C ④ 시료 D

13. 관계가 꽤 먼 종들 간 상동유전자들이 염색체에서 동일한 배열을 하고 있는 경우가 있는데, 이는 무엇 때문인가?

① 수평적 유전자전달
② 신터니 보전
③ 유전자 불활성화
④ 위유전자

14. 다음 중 다양한 종 간 유전체적 다양성에 기여하지 않는 것은?

① 유전자 중복
② 유전자 전사
③ 수직적 유전자전달
④ 염색체 재배열

■ 2단계: 분석 및 적용하기

15. 헤모글로빈과 같이 많은 인간 단백질은 다수의 소단위로 구성된 조립체로서만 작용한다. 이들 기능 단위의 조립은 진핵세포의 소포체 및 골지장치 내에서 형성된다. 유전자 변형 헤모글로빈을 대규모로 생산하는데 어떤 제한이 있는지 서술하라.

16. 아밀로이드 베타는 뇌에서 아밀로이드 전구체 단백질(**APP**)이라고 하는 단백질의 분해 산물이다. 고농도에서는 아밀로이드 베타가 서로 응집되어 알츠하이머병의 원인이 될 수 있다. 생쥐 모델에서 **APP**의 정상적인 기능을 유지하면서 **APP**에서 파생된 아밀로이드 베타의 덩어리를 막는 특정 돌연변이를 연구하는 방법은 무엇인가?

17. 왜 수평적 유전자전달이 계통 분석을 복잡하게 하는가?

7

진화

도입

진화는 생명과학에서 가장 중요하고 핵심적인 개념이다. 과학을 전공하지 않는 일부 비평가들은 진화를 하나의 이론에 불과하다고 폄하하기도 하지만 진화에 대한 가설은 이미 객관적으로 채택된 하나의 과학적 사실이며, 많은 증거에 의하여 지지되고 있다. 현대적 진화이론은 복잡한 지식의 실체로서, 그 중요성은 이미 진화를 설명하는데 국한되지 않고 생명과학의 모든 영역에 파급되어 생명과학을 하나로 통합시키는 개념적 토대를 제공하고 있다.

7.1 다윈과 자연선택

찰스 다윈(Charles Darwin; **그림 7.1**)은 영국의 박물학자로 30여 년간의 연구와 관찰 결과를 정리하여 역사상 가장 유명하고 영향력이 높은 〈자연선택에 의한 종의 기원(On the Origin of Species by Means of Natural Selection)〉이라는 책을 저술하였다. 이 책이 출판되었을 때 사회에서 커다란 관심을 불러일으켰으며, 이 책에 담겨있는 다윈의 생각은 후에 인간의 사고 발전에 크게 기여하였다.

다윈의 시대에 다수의 사람은 다양한 생명체들이 창조자에 의해 생겨난 것으로, 시간이 지나더라도 변하지 않는다고 여겼다. 하지만 여러 박물학자와 철학자는 지구의 생명체들은 시간이 지나면서 변화해 왔을 것이라고 생각하였고, 정확하지는 않았지만 생물 **진화**(evolution)에 대한 논리적인 설명을 하려고 노력하였다.

그림 7.1 다윈.
사망하기 1년 전인 1881년에 촬영된 사진으로 최근에 발견되었다.

다윈과 핀치새

다윈은 22살이던 1831년 남아메리카와 아프리카 호주 등지를 5년간 조사하는 탐험대의 일원으로 비글호(Beagle)에 올랐다. 1835년 남아메리카의 에콰도르 해안에서 960 km 정도 떨어진 태평양의 갈라파고스 군도(Galapagos Islands)에 도착한 다윈은 14종의 핀치새(Darwin's finche)를 관찰하였다. 이들 핀치새는 서로 비슷하지만, 모양은 지역에 따라 다르게 나타나며, 특히 부리의 모양에서 큰 차이를 보였다(**그림 7.2**).

갈라파고스처럼 형성된 지 얼마 되지 않은 화산섬에 이처럼 다양한 핀치새가 발견된다는 것은 다윈에게 큰 충격이었다(갈라파고스에는 전체적으로 새의 종류가 많지 않다). 큰 부리를 가진 땅핀치새(ground finche)는 부리로 종자를 부수어 먹고, 가느다란 부리를 가진 휘파람 핀치새는 곤충을 먹는다. 꽃이나 새순을 먹는 핀치새도 있고, 선인장 열매 및 거기에 모여드는 곤충을 먹는 종류도 있으며, 날카로운 부리를 가지는 것 중에는 바닷새에 달라붙어 피를 먹는 "흡혈종(vampire)"도 있다. 가장 눈에 띄는 종류는 딱따구리 핀치새(woodpecker finche)로, 작은 나뭇가지나 선인장 가시를 잘 다듬은 다음, 썩은 나무 안에 있는 곤충의 애벌레를 파먹는다. 결론적으로 다윈은 이 핀치 종들은 수백만 년 전에 남아메리카 본토에서 이주한 공통조상의 후손들이고, 서로 다른 섬에서 다른 먹이를 먹으면서 각자의 서식지에서 먹이를 획득하기에 가장 적합한 형질을 가진 개체들만이 살아남아 현재와 같은 부리의 다양성이 만들어졌다고 주장하였다.

딱따구리 핀치새(*Cactospiza pallida*)

큰 땅 핀치새(*Geospiza magnirostris*)

선인장 핀치새(*Geospiza scandens*)

휘파람 핀치새(*Certhidea olivacea*)

채식하는 나무 핀치새(*Platyspiza crassirostris*)

그림 7.2 다윈의 핀치새.
다윈의 핀치새들 사이에서 이들 종은 부리와 먹이를 먹는 습관에서 차이를 보인다. 이러한 다양성은 핀치새의 조상이 섬에 살기 시작하고 다른 새가 없는 서식지에 맞게 분화했을 때부터 나타났다. 몇몇 종의 부리는 본토의 서로 다른 새 무리와 비슷하다. 예를 들어, 휘파람 핀치새는 관련성이 많지 않은 휘파람새와 부리가 매우 비슷하다.

변이의 유전

다윈은 핀치새 부리의 다양성을 '자연선택'으로 설명하였다. 이러한 설명은 파격적이었는데, 당시에는 많은 사람이 진화의 메커니즘으로 라마르크(Jean-Baptiste Lamarck)가 제안한 **획득형질의 유전**(inheritance of acquired characteristics)을 신뢰하였기 때문이다. 획득형질의 유전이란 한 개체가 일생 동안 얻은 형질이 다음 대의 자손에게 유전된다는 가설이다. 라마르크에 따르면 기린의 조상은 짧은 목을 가졌으나 나뭇잎을 먹기 위해 목을 길게 뻗는 반복적 행동으로 개체의 목이 길어졌고, 이러한 획득형질이 다음 세대에 전달되는 과정을 통하여 기린의 목은 오늘날처럼 길어졌다는 것이다(**그림 7.3***a*). 이와는 달리 다윈은 변이는 후천적으로 얻어지는 것이 아니라, 개체들 사이에 이미 존재하고 있는 유전적 차이 때문에 나타난다고 하였다(**그림 7.3***b*).

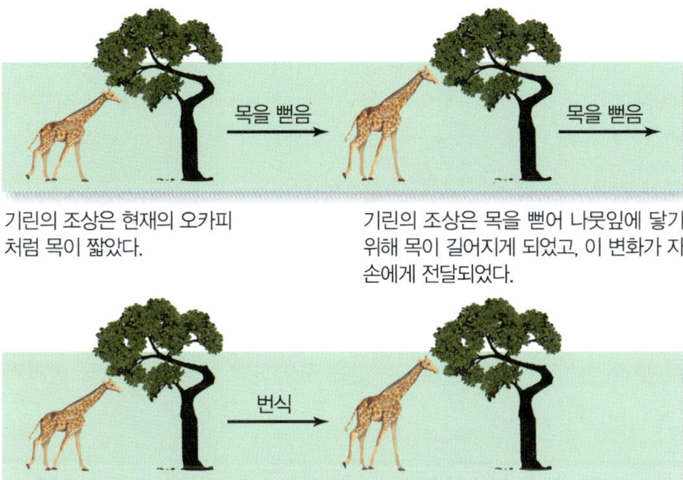

a. 라마르크의 이론: 획득형질은 자손에게 전달된다.

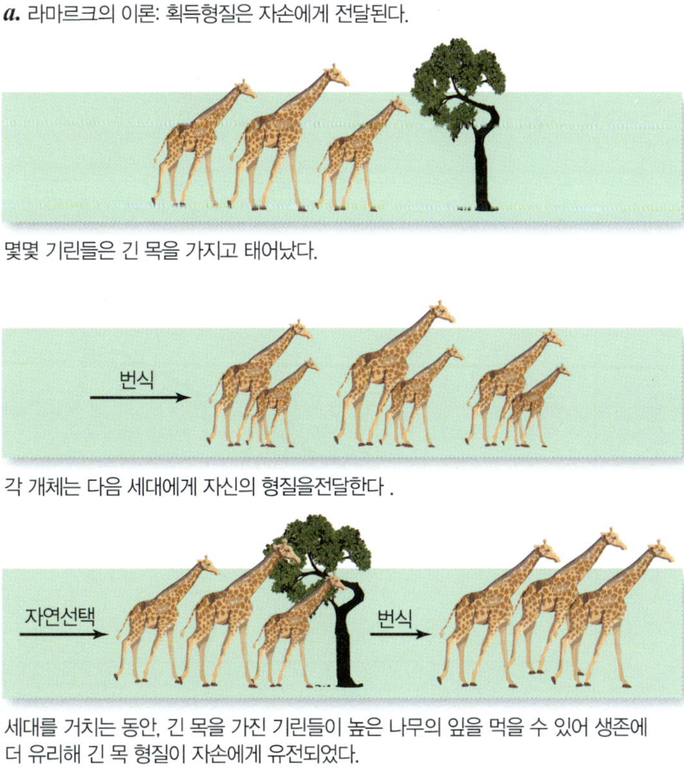

b. 다윈의 이론: 유전에 기초한 변이가 자연선택을 거쳐 진화적 변화를 가져온다.

그림 7.3 기린의 목이 길게 진화한 방식에 대한 2가지 가설.

다윈의 사고에 결정적인 영향을 미친 것은 맬서스(Thomas Malthus)의 저서인 〈인구론(An Essay on the Principle of Population)〉이었다. 이 책에서 맬서스는 인간을 포함한 동·식물 집단의 개체수는 기하급수적으로 증가하지만, 획득 가능한 자원은 산술급수적으로만 증가한다고 하였다(**그림 7.4**). 집단의 개체수가 빠른 속도로 증가한다면, 한정된 자원을 놓고 개체 간 경쟁이 보다 심해질 것이다. 이러한 상황에서는 생존이나 생식에 유리한 형질을 가지고 있는 개체들이 더 많은 자손을 남길 수 있다. 다윈은 자신이 비글호의 탐험에서 보았던 것과 가축 교배 경험에서 얻은 결과들을 연관시켜 다음과 같은 중요한 결론을 내리게 되었다.

특정 환경에서 물리적·행동적 혹은 다른 특징에서 이점을 가지는 개체들은 그들보다 적은 이점을 지닌 개체들보다 생존력이 높아 자손을 남길 확률이 높기에 자신이 가진 유용한 형질들을 자손에게 전달할 수 있다. 따라서 세대를 거듭할수록 집단에서 이러한 특정 형질의 빈도가 증가하게 되는데, 다윈은 자연계에서 벌어지는 이러한

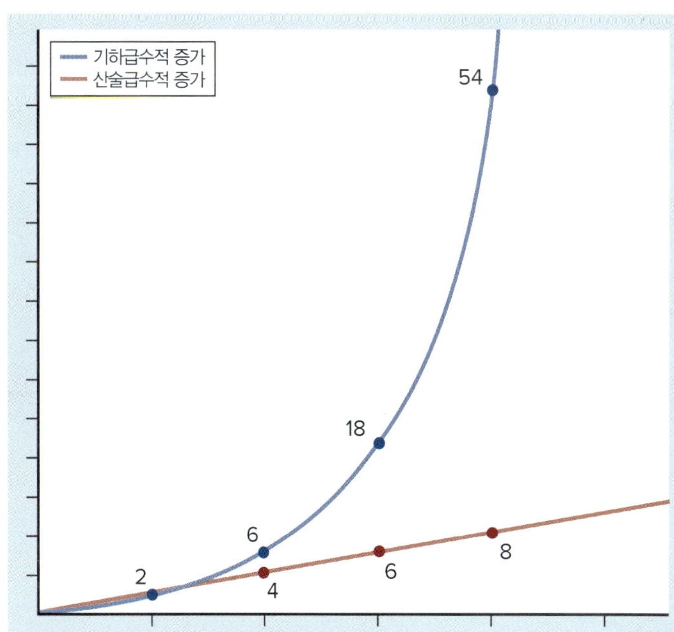

그림 7.4 기하급수적 증가와 산술급수적 증가.
기하급수는 일정 비율(이 곡선은 각 단계에서 3배씩 증가함)로 증가하지만, 산술급수는 일정한 차이(이 직선은 각 단계에서 2씩 증가함)로 증가한다. 맬서스는 인구의 생장곡선은 기하급수적이지만 식량 생산은 산술급수적이라고 주장하였다.

선택 과정을 **자연선택**(natural selection)이라 명명하였다. 또한 다윈은 인간의 필요 때문에 선택적으로 교배하여 잡종을 만드는 과정을 **인위선택**(artificial selection)이라고 불렀다.

자연선택의 조건과 증거

다윈의 관찰은 부리의 크기와 형태의 차이는 종들이 서로 다른 먹이원에 적응하면서 진화했음을 알려 준다. 그렇다면 이 가설을 검증할 수는 없을까? 앞에서 이야기한 자연선택이 가능하려면 다음과 같은 3가지 조건이 충족되어야 한다.

첫째, 개체 사이에는 변이가 존재해야 한다. 자연선택은 어떤 특정한 형질을 가지는 개체들이 그 서식지에서 다른 형질을 가지는 개체들보다 더 선호됨으로써(즉, 생존이나 생식에 보다 유리한 경우) 작용한다. 만약 변이가 존재하지 않는다면 자연선택은 작동하지 않는다.

둘째, 개체 사이 변이의 결과로 다음 세대 자손의 수에 차이가 나타나야 한다. 자연선택의 본질로서, 표현형과 행동 때문에 일부 개체는 다른 개체들보다 더 성공적으로 자손을 생산한다. 한편 여러 형질에서 변이를 보인다고 해서 개체 간에 생존이나 성공적인 생식에서 반드시 차이를 보이는 것은 아니다.

셋째, 개체 간 변이는 다음 세대에 유전될 수 있어야 한다. 자연선택이 진화적 변화를 일으키기 위해서는 선택된 차이가 유전적 근거를 지녀야 한다. 하지만 모든 변이가 유전적 근거를 가지는 것은 아니다. 유전적으로 동일한 개체들도 환경이 다를 경우 표현형적으로 차이를 보이기도 한다.

사례1: 핀치새 부리 크기와 먹이의 연관성

프린스턴 대학의 그랜트 부부(Peter and Rosemary Grant)는 1973년부터 갈라파고스 군도의 작은 Daphne Major 섬에서 땅핀치새를 대상으로 직접 다윈의 이론을 증명하였다. 이 새는 주로 비가 많이 오는 해에 식물들이 다량으로 생산하는 작은 종자를 먹는데, 비가 적게 와서 작은 종자가 드문 계절에만 큰 종자를 먹는다. 그랜트 부부는 매년 땅핀치새의 부리 깊이(beak depth; 부리 기저부의 위-아래 폭)를 측정하였는데, 가물었을 때는 큰 종자를 잘 부수는 뭉툭한(깊은) 부리의 핀치새가 먹이 획득과 생존에 유리해서 이듬해에 개체들의 평균 부리 깊이는 다른 해보다 커졌다. 그러나 강우량이 풍부한 해에는 식물이 번성하여 작은 씨가 풍부해지고 뾰족한 부리를 가진 새가 오히려 생존에 유리하기에 개체들의 평균 부리 깊이가 감소하는 것을 관찰할 수 있었다(**그림 7.5***a*).

또한 그들은 부리의 깊이는 환경조건과 관계없이 한 세대에서 다음 세대로 충실하게 대물림되는 것을 알게 되었다(**그림 7.5***b*). 이는 개체 간 부리 크기의 차이는 유전적 차이 때문임을 말해 주며, 따라서 부리 깊이가 해마다 변하는 것은 자연선택에 의한 진화적 변화가 일어남을 의미한다.

사례2: 공업암화에 따른 나방의 빈도

자연선택의 또 다른 예를 회색가지나방(*Biston betularia*)의 빈도 변화에서 찾아볼 수 있다. 이 나방의 몸 색은 한 유전자의 대립유전자 차이 때문에 나타나며, 연한 회색에서부터 완전히 검은색까지 여

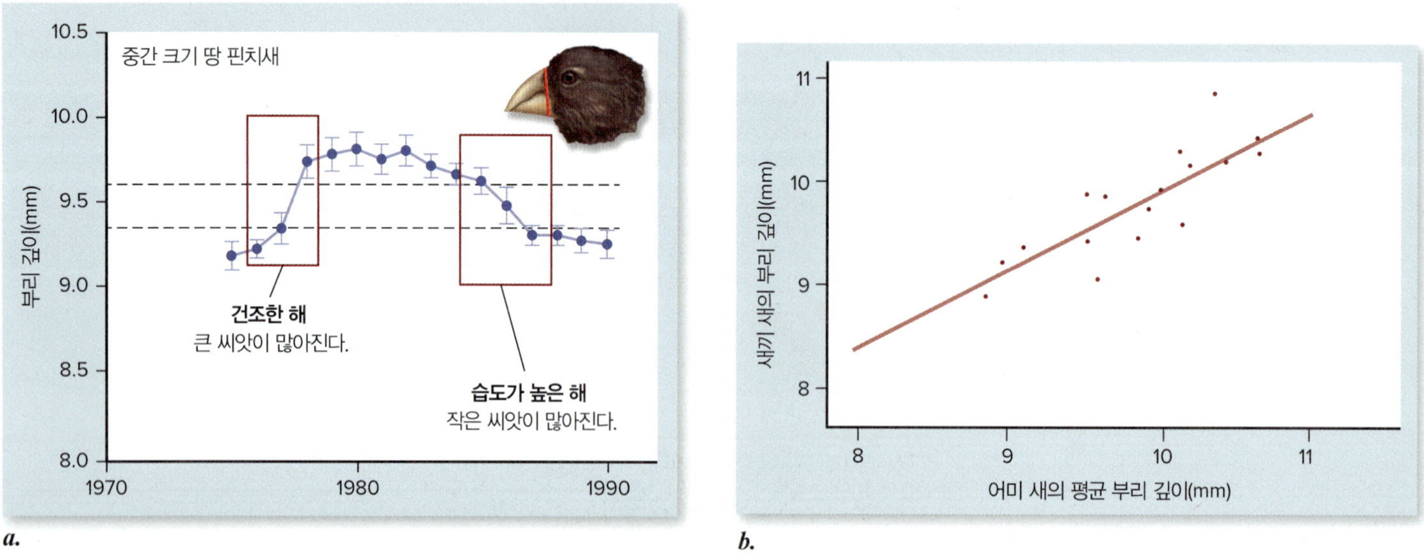

그림 7.5 자연선택이 중간 크기 땅 핀치새(*Geospiza fortis*)의 부리 모양을 변화시켰다는 증거.
a. 크고 거친 씨앗만을 먹을 수 있는 건조한 해에는 부리의 평균 깊이가 증가한다. 핀치새 그림의 붉은선은 부리 깊이를 나타낸다. 작은 씨앗을 많이 먹을 수 있는 습도가 높은 해에는 평균 부리 깊이가 줄어든다. ***b.*** 부리의 깊이는 어미로부터 자손에게 유전된다.

그림 7.6 공업암화를 설명하는 터트의 가설. 이 사진들은 나무 위에 올려 놓은 회색가지나방의 표본이다. 터트는 검은색 나방이 오염되지 않은 나무에서 포식자에게 더 잘 보이며(왼쪽), 반면에 밝은색의 회색가지나방은 산업공해로 인해 검게 변한 나무 껍질 위에서 포식자에게 더 잘 보인다고(오른쪽) 제안하였다.

러 가지이다. 검은색이 우성이지만, 1750년 이전까지는 검은색 나방이 매우 드물었다. 하지만 산업화가 시작되면서 공해로 인해 나무줄기 표면에 붙어 사는 밝은색의 지의류가 죽게 되어 결국 나무의 색깔이 점차 어둡게 되었다. 그러자 공업지대에서 검은색 나방의 빈도가 거의 100%에 이르렀다. 생물학자들은 이러한 현상을 주목하였고, 1796년 아마추어 나방 채집가인 터트(J. W. Tutt)는 지의류가 없어서 검은색의 나무줄기에 앉아 있는 연한 회색 나방은 포식자인 새의 눈에 잘 띄어 잡아 먹히는 반면, 검은색 나방은 새의 눈에 띄지 않기 때문이라고 제안하였다(**그림 7.6**).

1950년대에 영국의 생태학자 케틀웰(Henry Bernard Kettlewell)은 터트의 가설을 검증해 보기 위해 동일한 수의 검은색과 회색 나방의 날개 아래쪽에 페인트로 표지를 한 다음, 심하게 오염된 숲과 오염되지 않은 숲에 각각 날려 보냈다. 며칠 뒤 그는 두 숲에서 회색가지나방을 채집한 결과, 오염된 숲에서는 검은색 나방이, 오염되지 않은 숲에서는 회색 나방의 생존율이 훨씬 높았다. 결과적으로 주위 배경색과 유사한 개체는 살아남고 배경색과 다른 나방은 쉽게 새에 의해 잡히는 것을 관찰하였다. 이와 같은 자연선택 과정을 **공업암화**(industrial melanism)라고 한다. 공업암화와 환경에 따른 회색가지나방의 빈도 변화는 자연선택을 지지해 주는 강력한 증거이다.

7.2 진화의 증거

다윈이 자연선택에 의한 진화라는 자신의 혁명적인 이론을 제안했을 당시에는 그 주장을 뒷받침할 수 있는 실제 증거는 거의 없었다. 그러나 그 이후로 다윈의 이론을 뒷받침하는 증거들이 압도적으로 증가했는데, 그중 핵심은 진화가 일어났음을 보여주는 화석 기록이다.

화석 증거

진화의 가장 직접적인 근거는 살아있던 생물체의 일부가 보전된 화석 기록에서 찾을 수 있다. 화석이 형성되려면 생물이 퇴적층에 매몰되어야 하고, 골격이나 단단한 부위가 무기질화되어야 하며, 주변 퇴적층이 암석화되어야 하기에, 화석화(fossilization) 과정은 매우 드물게 일어난다. 따라서 과거에 살았던 생물(약 500만 종으로 추정)의 극히 일부만 화석으로 남아 발견된다. 그럼에도 불구하고 진화의 증거가 될 만한 가치 있는 화석은 충분하다.

화석이 나타난 암석의 연대를 측정하여 그 속의 화석이 형성된 연대를 추정할 수 있다. 다윈 시대에는 더 깊은 층에 있는 암석이 일반적으로 오래된 것이라는 원리로 화석의 연대를 상대적으로 추정하였으나, 오늘날에는 방사성 동위원소의 반감기(half-life)로 암석의 절대적 연대를 측정한다. 용암이 식을 때 만들어지는 화성암 등의 암석은 우라늄-237(^{237}U, 반감기 45억 년)과 같은 방사성 원소를 함유하는데, 이 동위원소의 비율을 측정함으로써 암석의 연대를 정확히 결정할 수 있다.

그림 7.7 최초의 새인 시조새의 화석.
이 표본은 화석에서 일반적으로 발견하기 어려운 부드러운 부분들까지 매우 잘 보전하고 있다. 공룡의 특징들을 많이 가졌음에도 불구하고 깃털을 보면 시조새가 분명히 조류였다는 것을 알 수 있다.

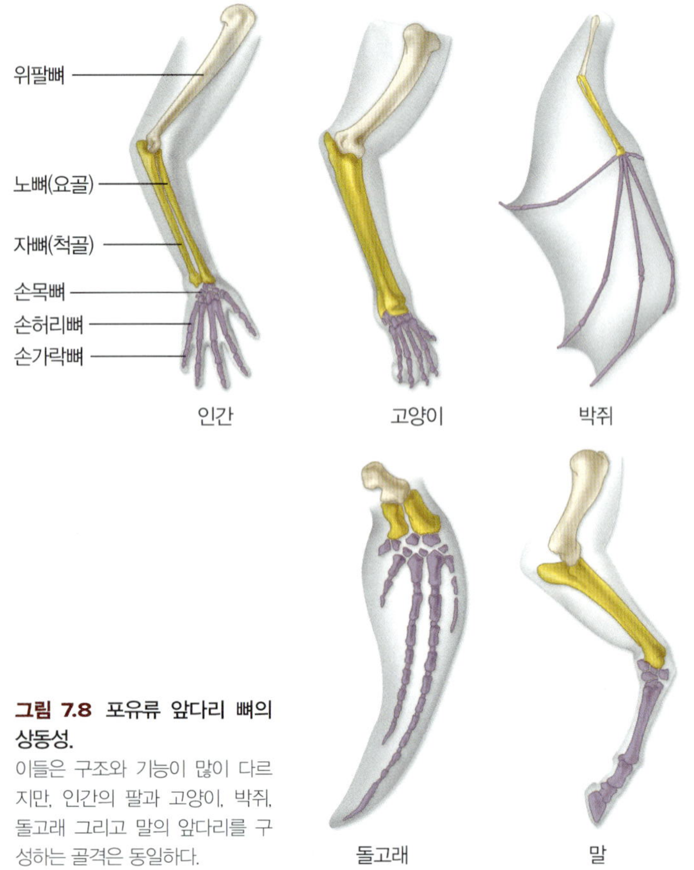

그림 7.8 포유류 앞다리 뼈의 상동성.
이들은 구조와 기능이 많이 다르지만, 인간의 팔과 고양이, 박쥐, 돌고래 그리고 말의 앞다리를 구성하는 골격은 동일하다.

화석을 연대에 따라 배열하면 과거에 일어났던 생물상의 변화를 알 수 있는데, 가장 극적인 화석 중 하나는 시조새(*Archaeopteryx*; 고대 깃털을 의미)이다. 시조새는 1억 6,500만 년 전에 살았던, 생물군 사이의 **계통**(phylogeny)을 이어주는 대표적인 화석이다(**그림 7.7**).

이 화석을 분석해 보면 오늘날 새와 유사한 많은 특징이 있지만, 치아, 뼈가 있는 꼬리 및 다른 해부학적인 특징에서 육식공룡과 유사하다. 따라서 시조새는 파충류와 조류를 이어주는 중간 단계의 화석으로서 매우 중요한 의미를 가지고 있다. 최근에 네 다리를 가진 수중 포유동물의 화석이 발견되어, 고래나 돌고래가 발굽을 가진 육상 포유동물의 조상에서 기원했음이 밝혀졌다. 또한 다리를 가진 뱀도 발견되어, 이들이 도마뱀과 같은 조상으로부터 진화된 것임이 밝혀졌다. 그리고 어류와 양서류를 연결하는 화석도 발견되었다.

비교해부학적 증거

척추동물이 진화하면서 원래 동일했던 뼈가 각기 다른 용도로 쓰이게 된 경우가 있다. 척추동물의 앞다리는 서로 모양과 기능은 다르지만 모두 동일한 골격을 가지기에, 공통조상의 동일 신체 부위에서 기원한 **상동구조**(homologous structure)이다(**그림 7.8**). 앞다리의 골격이 여러 포유류에서 다르게 변형되어 온 것은 각각의 서식지에서 자연선택으로 인해 적응한 결과라는 것 이외엔 달리 설명할 길이 없다.

몇몇 상동기관은 현재 사용하지 않고 그저 남아 있는 흔적구조(vestigial structure)로 되어 있다. 가령 비단뱀은 발달되지 않은 뒷다리를, 매너티는 다리가 변하여 진화한 지느러미에 발톱을, 눈먼 동굴물고기는 작동하지 않는 작은 눈을, 수염고래는 기능은 없지만 다른 포유동물처럼 골반뼈를 가지고 있다. 사람에서도 흔적구조를 찾을 수 있는데, 거의 사용하지 않는 귀의 근육과 충수돌기(맹장, verniform appendix)가 그 예이다. 이러한 흔적기관의 존재는 해당 생물들이 상동기관을 갖는 생물과 공통조상을 갖는다는 증거가 될 수 있다.

여러 생물체의 발생 과정을 비교하면 진화의 강력한 해부학적 증거를 얻을 수 있다. 즉 발생 초기에는 서로 유사하지만, 발생이 진행되면서 점점 달라지는 형질들을 볼 수 있는데, 이는 이런 형질이 공통조상으로부터 유래되었다는 것을 의미한다. 예를 들면, 사람과 어류의 배아(embryo)는 인두낭(pharyngeal pouch)을 가지는데, 이는 나중에 사람에서는 여러 가지 샘과 관으로 발생하고 어류에서는 아가미로 변한다. 또한 발생 도중 사람의 태아는 꼬리를 가지지만, 나중에 퇴화하여 흔적으로만 남는다.

생물지리학적 증거

종의 지리적 분포를 연구하는 **생물지리학**(biogeography)에 따르면 거의 관련 없는 서로 다른 지역에 살고 있는 식물 또는 동물 집단이 종종 매우 비슷한 겉모습을 가진다. 이렇게 많은 유사성을 우연의 결과로 설명하기 어렵기에, 자연선택으로 인해 비슷한 환경에서 진화적으로 동일하게 적응한 것으로 보인다. 자연선택이 서로 완전히

그림 7.9 수렴진화.
호주에 살고 있는 다양한 종의 유대류들이 나머지 대륙의 어딘가에서 비슷한 생태학적 위치를 차지하고 있는 태반포유류를 닮았다. 유대류는 호주가 다른 대륙에서 떨어져 나온 후 홀로 진화했다.

다른 생물에서 유사한 표현형이 생기도록 작용하였으므로 이러한 진화를 **수렴진화**(convergent evolution)라고 한다.

가장 잘 알려진 수렴진화의 예는 오늘날 호주에서 주로 볼 수 있는 **유대류**(marsupials)와 다른 대륙의 **태반류**(placentals) 사이에서 찾아볼 수 있다. 7,000만 년 전에 호주가 다른 대륙으로부터 분리될 당시, 지구상에 유대류는 출현했으나 태반포유류는 없던 시기였다. 그 후 호주는 격리된 환경에서 현재도 유대류가 그대로 우점하고 있지만, 다른 대륙에서는 태반포유류로 진화하게 되었다. 따라서 유대류와 태반포유류는 계통적으로 상당히 다른 종류임에도 불구하고, 매우 유사한 형태가 관찰된다(**그림 7.9**). 이는 특정 환경에서 유사한 선택적 압력을 받았기 때문에 서로 다른 지역이지만 유사한 형태로 진화해온 수렴진화의 결과이다. 종들이 유사한 방법으로 환경과 상호작용할 때 유사한 선택적 압력에 노출되고 유사한 진화의 과정을 겪게 되는 것이다.

생존을 위해 빠르게 헤엄쳐야 하는 해양 포식자는 마찰력을 최소화하기 위해 유선형의 몸체가 필요하므로 돌고래, 상어, 참치 등이 유사한 몸통 구조를 가지는 것은 결코 우연이 아니다.

7.3 진화의 현대적 연구: 집단유전학

대부분 집단의 개체는 표현형과 유전자형이 매우 다양하다. 종종 개체의 특정 형질이 생존, 생식 기회 및 자손의 번성에 중요한 영향을 미친다. 진화는 이러한 요인들에 의해 집단 내에서 서로 다른 대립유전자 빈도가 증가하거나 감소함으로써 일어난다.

집단의 유전적 변이

집단 내 개체들 사이에서 발견되는 다양한 **대립유전자**(allele)는 자연선택의 기초가 된다. 그리고 자연 집단 내에는 이러한 변이를 보이는 유전자가 많이 존재한다. 자연선택 과정을 통해 특정한 형질을 가진 개체가 생존에 더 유리할 수 있고, 그 형질을 발현하는 **대립유전자 빈도**(allele frequency)가 증가할 수 있다. 하지만 대립유전자의 빈도 변화는 다른 요인에 의해 일어날 수도 있다. 돌연변이가 반복적으로 일어나거나, 이주 집단에 의해 새로운 대립유전자가 도입되는 경우에도 그 집단의 대립유전자 빈도 변화가 일어날 수 있다. 또한 집단이 아주 작을 때 대립유전자의 빈도는 우연한 효과에 의해 무작위로 변화할 수도 있다. 이렇듯 어느 한 세대에서 다른 세대로 넘어가며 나타나는 한 집단의 유전적 조성의 변화가 바로 '진화'이다.

따라서 집단 내 유전자의 특성을 연구하는 **집단유전학**(population genetics)의 도움 없이는 진화의 과정을 깊이 이해하기 어렵다.

하디-바인베르크 법칙

멘델 유전법칙의 재발견에 이어 집단 내에 유전적 변이가 어떻게 유지되는지는 1908년 영국 수학자인 하디(Godfrey H. Hardy)와 독일 물리학자인 바인베르크(Wilhelm Weinberg)의 연구로 밝혀졌다. 처음에 이들은 왜 많은 세대를 거듭한 후에도 집단이 지배적인 한 종류의 표현형(phenotype)을 가진 개체들만으로 구성되지 않는지에 대해 의문을 가졌다. 이들이 숙고 끝에 내린 결론은 한 집단에서 다음과 같은 전제조건이 충족된다면, 원래의 대립유전자 빈도는 세대가 거듭되어도 일정하게 유지된다는 것이다. (1) 돌연변이가 일어나지 않는다. (2) 다른 집단과의 유전적 교류가 없다. (3) 교배가 무작위로 이루어진다. (4) 집단의 규모가 충분히 크다. (5) 선택이 일어나지 않는다. 이를 하디-바인베르크 법칙이라고 하며, 이러한 조건하에 집단의 대립유전자 빈도가 변하지 않는 상황을 **하디-바인베르크 평형**(Hardy-Weinberg equilibrium)이라고 한다.

하디-바인베르크 평형은 하나의 수학적인 공식으로 나타낼 수 있다. 예를 들어 100마리의 고양이 집단에서 74마리는 검은 고양이, 16마리는 흰 고양이라면 검은색과 흰색 비율은 0.74(74%) 대 0.16(16%)이 된다. 이 표현형의 빈도로부터 집단 내 대립유전자의 빈도를 계산해 낼 수 있을까?

고양이의 검은색과 흰색을 나타내는 대립유전자를 각각 B와 b라고 하고, B가 b에 대해 우성이라고 하자. 흰 고양이는 열성의 동형접합자(homozygote)이므로 bb이고, 검은 고양이는 BB 또는 Bb로 나타낼 수 있다. 집단이 하디-바인베르크 평형 상태에 있다는 가정하에 두 대립유전자의 빈도는 검은 고양이와 흰 고양이의 비율로부터 계산해 낼 수 있다. 대립유전자 B의 빈도를 p로, b의 빈도를 q로 나타내면, p와 q의 합은 항상 1이 되며, 3종류 유전자형 빈도(genotype frequency)의 합도 1이 되어야 한다. 따라서 한 개체가 BB일 가능성은 부모로부터 모두 B를 받을 때이므로, $p \times p = p^2$이 된다(**그림 7.10**). 같은 이유로 한 개체가 2개의 b를 가질 가능성은 q^2이 된다.

그러면 한 개체가 이형접합자일 확률은 얼마일까? 이형접합이 되는 방식은 2가지로, 한 개체가 아버지로부터 B를 받고 어머니로부터 b를 받는 경우와 그 반대인 경우가 있다. 각각의 확률은 $p \times q$이므로, 결국 그 합인 $2pq$가 된다. 이를 요약하면 한 집단이 p와 q의 빈도로 하디-바인베르크 평형을 따른다면, 3종류의 유전자형이 나올 확률은 각각 p^2, $2pq$, q^2이 되는데, 이는 다음과 같은 이항식으로 나타낼 수 있다.

$$(p+q)^2 = p^2 + 2pq + q^2$$

열성인 흰 고양이(bb)가 16%라면, 이 유전자형의 빈도는 $q^2 = 0.16$(흰 고양이의 빈도)이므로, q는 0.4가 된다. 그리고 $p+q=1$이므로, $p=0.6$이 된다. 따라서 100마리 중 동형접합자인 검은 고양이(BB)는 $p^2=0.36$으로, 36마리이고, 이형접합자(Bb)는 $2pq = 2 \times 0.6 \times 0.4 = 0.48$로, 48마리가 된다.

하디-바인베르크 방정식은 또한 빈도가 p와 q라고 정의된 두 대립유전자를 가진 퍼넷 사각형으로 나타낼 수 있다(**그림 7.10** 참조). 이를 활용하면 유성생식에서 가능한 대립유전자의 조합을 예측할 수 있기에, 다음 세대에서의 표현형 비율도 구할 수 있다. 이 그림에서 고양이의 정자와 난자 간 결합은 무작위라고 가정했을 때 대립유전자는 원래 발생 비율대로 다음 세대에도 나타나기에 대립유전자와 유전자형의 빈도는 세대가 달라져도 변하지 않는다는 것을 알 수 있다.

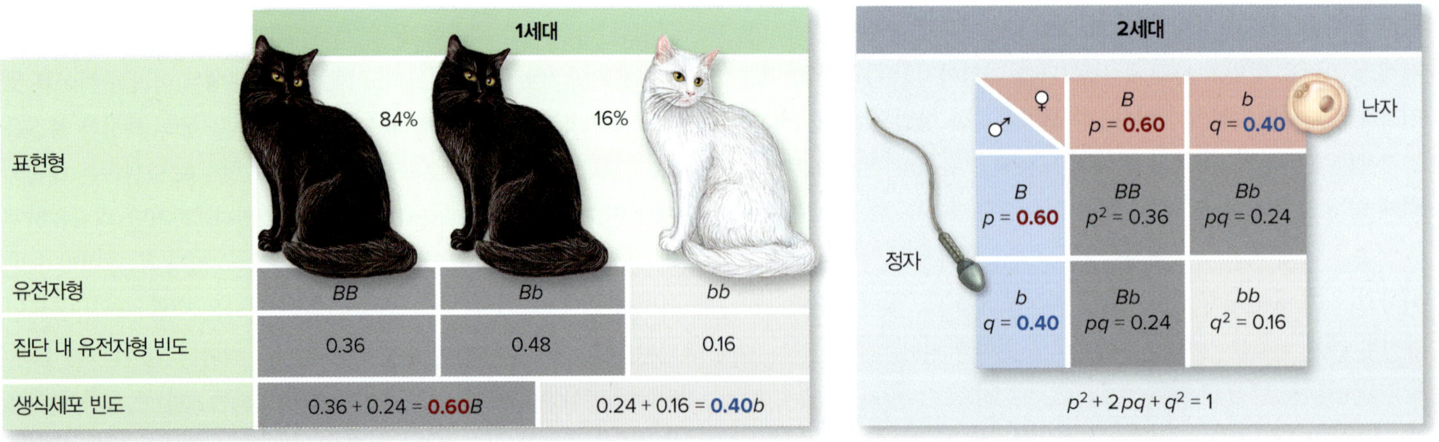

그림 7.10 하디-바인베르크 평형.
변화의 요인이 없다면 세대가 지나도 생식세포, 유전자형 및 표현형의 빈도는 일정하게 유지된다.

그러나 실제로 자연 집단에서 하디-바인베르크의 5가지 가정이 모두 충족되는 집단은 존재하지 않는다. 대신 하디-바인베르크 공식은 한 집단 내에서 어떤 진화 과정이 일어나고 있는지를 알아보고, 또한 그것이 어떤 것일지에 대한 가설을 설정하는 데 이용될 수 있다.

가령 *BB*, *bb*, *Bb*의 빈도가 각각 0.6, 0.2, 0.2인 고양이 집단을 가정해 보자. 이 집단에서 *B*의 빈도는 전체 대립유전자 수에서 *B* 대립유전자 수의 비율이므로, 결국 동형접합자 비율+이형접합자 비율의 반(*B* 대립유전자를 1개만 가지고 있으므로)으로 계산할 수 있다. 즉 *B*의 빈도는 $[0.6+(0.2/2)]=0.7$이 되고, *b*의 빈도는 0.3이 된다. 그렇다면 하디-바인베르크 방정식에 따라 *BB*는 0.49(즉, 0.7^2), *bb*는 0.09(0.3^2)로 나타나야 하지만, 실제로는 예측치보다 높게 나타났고, 반대로 *Bb*는 0.42($2\times0.7\times0.3$)가 되어야 하지만, 실제로는 이보다 낮게 나타났다. 이 집단은 하디-바인베르크 방정식을 따르지 않고 있는 것을 알 수 있는데, 그 이유는 무엇일까? 다음과 같은 여러 가능성이 존재할 수 있다. (1) 이형접합자보다 동형접합자를 선호하는 자연선택(이형접합자 Bb 빈도가 예측보다 낮게 나왔기 때문), (2) 유전적으로 유사한 개체와의 교배 선호, (3) 외부집단으로부터 동형접합 개체의 유입(또는 반대로 이형접합 개체의 유출). 이와 같이 하디-바인베르크 방정식이 적용되지 않는 집단이라는 것을 알게 되면, 이 집단을 직접 조사할 수 있는 잠재적 가설을 세울 수 있다.

진화 과정의 작동은 다른 방법으로 측정할 수도 있다. 만약 세대 간 대립유전자 빈도가 다르다면 위의 5가지 가정 중 적어도 하나가 맞지 않는다는 것을 예측할 수 있다. 예를 들어 *b*의 빈도가 한 세대에서는 0.53이고 다음 세대에서는 0.61이라면, 이에 대해 다음과 같은 여러 가지 가설이 가능할 것이다. (1) *B*보다 *b*를 가진 개체를 선호하는 자연선택, (2) 집단 내로 *b*가 유입 또는 집단 밖으로 *B*가 유출되는 경우, (3) *b*가 *B*로 바뀌는 돌연변이보다 *B*가 *b*로 바뀌는 돌연변이가 많을 경우이다. 또 다른 가능성은 집단이 작고, 단순히 우연에 의해 어떤 개체가 다른 개체보다 유전자를 많이 물려줌으로써 변화가 무작위로 변동될 때 나타날 수 있다.

진화적 변화의 5가지 요인

하디-바인베르크의 평형을 깨는 5가지 요인인 돌연변이, 유전자 흐름, 비무작위적 교배, 유전적 부동 및 자연선택은 대립유전자나 유전자형의 비율에 변화를 일으킬 수 있는 주요 요인이다(**그림 7.11**).

대립유전자를 변화시키는 돌연변이

일반적으로 돌연변이 비율은 매우 낮아서 대립유전자의 하디-바인베르크 비율에 큰 영향을 주지는 않지만, **돌연변이**(mutation)는 유전적 변이의 절대적 원인으로서 진화가 일어날 수 있게 하는 근본적인 요인이다. 한 가지 염두에 두어야 할 것은 특정 돌연변이의 발생이 자연선택에 의해 일어나지 않는다는 점이다. 즉, 특정 돌연변이가 자연선택에 의해 선택되기 때문에 더 흔하게 일어나는 것은 아니다.

유전자 흐름과 이주

유전자 흐름(gene flow)이란 한 집단에서 다른 집단으로 대립유전자가 이동하는 것을 의미하며, 집단 변화의 빠르고 강력한 요인이 될 수 있다. 동물이 한 장소에서 다른 장소로 이동할 때 유전자가 따라서 이동하게 된다. 만약 새로 들어온 개체가 기존의 개체들과 다른 유전자를 가지며, 이주한 개체들이 새로운 곳에 적응하여 살아남고

a. 변이의 궁극적 원인. 일반적으로 돌연변이율은 매우 낮아서 대립유전자의 빈도에 영향을 주는 일은 별로 없다.
b. 변화의 중요한 잠재적 요인. 집단 간에 개체나 생식세포가 이동한다.
c. 근친교배가 가장 일반적 형태. 대립유전자의 빈도를 변경하지 않지만 이형접합체의 비율을 감소시킨다.
d. 확률상의 우연. 집단의 크기가 작아질수록 대립유전자 빈도의 무작위적 변동이 증가한다.
e. 적응을 위한 진화적 변화를 유발하는 유일한 요인

그림 7.11 진화적 변화의 5가지 요인.
a. 돌연변이, ***b.*** 유전자 흐름, ***c.*** 비무작위적 교배, ***d.*** 유전적 부동, ***e.*** 선택.

교배까지 성공적으로 한다면, 원래 집단의 유전적 구성이 변할 수 있다. 식물의 종자는 바람이나 동물에 의하여 새로운 집단으로 이동할 수 있다. 또한 유전자 흐름은 인접한 집단에 속하는 개체 간의 교배를 통해서도 일어날 수 있다.

유전자형의 변화를 유도하는 비무작위적 교배

어떤 유전자형을 가지는 개체들은 자신과 유사한 또는 다른 유전자형을 가지는 개체와의 교배를 선호하는 경우도 있는데, 이런 현상을 **비무작위적 교배**(nonrandom mating)라 한다. 표현형이 유사한 개체 간 교배인 **동류교배**(assortative mating)는 각 대립유전자의 빈도를 변화시키지는 않으나 동형접합체의 비율은 증가시킨다. (가령 $BB=0.36$, $Bb=0.48$, $bb=0.16$인 집단에서 동류교배가 일어나서 $BB=0.41$, $Bb=0.38$, $bb=0.21$이 되었다면, B와 b 대립유전자 빈도는 그대로이지만, 동형접합체 비율은 증가했다.) 이는 표현형이 유사한 개체가 유전적으로도 유사하여 동일한 대립유전자 2개를 가진 자손을 생산하기 쉽기 때문이다. 이런 이유로 자가수분을 하는 식물 집단에서는 동형접합체의 비율이 높게 나타난다. 그와 대조적으로, 표현형이 다른 개체 간 교배인 **이류교배**(disassortative mating)는 이형접합체의 비율을 증가시킨다.

소집단에서 대립유전자의 빈도를 변화시키는 유전적 부동

하디-바인베르크 평형에 이르려면 집단이 커야 한다. 소집단에서 대립유전자의 빈도는 우연에 의해 크게 변할 수 있는데, 이와 같이 무작위적인 대립유전자 빈도의 변화를 **유전적 부동**(genetic drift)이라고 한다. 소수의 개체로부터 나온 생식세포가 다음 세대를 형성하게 된다면, 대립유전자의 빈도는 모집단의 빈도를 대표하지 않을 수도 있다. **그림 7.12**의 예와 같이 많은 개체 중 소수 개체만 병에서 나오는데, 우연히 밖으로 나온 대부분의 개체가 녹색이라면 새 집단은 모집단보다 녹색 개체의 비율이 훨씬 더 높게 된다. 유전적 부동 때문에 소집단에서는 자연선택에 오히려 불리한 대립유전자의 빈도가 증가하기도 하고 자연선택에 유리한 대립유전자가 사라지기도 한다. 유전적 부동의 명확한 예로서 창시자효과와 병목효과를 들 수 있다.

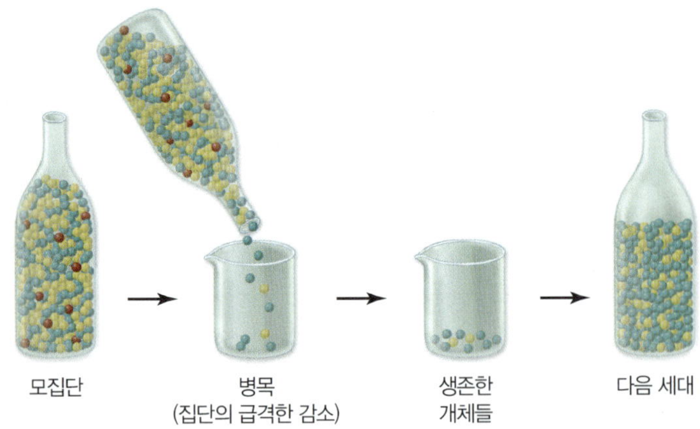

그림 7.12 유전적 부동: 병목 효과.
모집단은 대략 같은 수의 녹색과 노란색 개체와 소수의 적색 개체를 가지고 있다. 우연한 사건으로 소수의 개체만이 남아 다음 세대를 이루는 것은 대부분 녹색이다. 병목 효과는 전염병이나 재앙적인 폭풍 후에 일어날 수 있는 것처럼 다음 세대를 형성하는 개체들이 거의 없기 때문에 발생한다.

창시자효과: 하나 또는 소수의 개체들이 모집단으로부터 떨어진 곳으로 이주하여 고립된 새로운 집단을 형성할 수 있다. 이들 창시자가 모집단에서 나타나는 모든 대립유전자를 갖지 않을 수 있

그림 7.13 병목 효과: 사례 연구.
코끼리바다물범은 매우 찬 물에서 살기 때문에 두꺼운 지방층이 있어서 좋은 사냥 대상이었으며, 19세기 말에는 거의 멸종 위기에 이르렀다. 한때 20개체 정도로 구성된 한 집단만이 과달루페 섬에 남아 있었는데, 임의적 유전적 부동에 의해 유전적 변이가 소실되었다. 이후 보호를 받기 시작하여 현재는 그 지역 대부분의 서식지에서 집단이 회복되었고, 개체수도 수만 마리로 늘어났지만, 유전적 변이는 오랜 기간 동안 돌연변이가 축적되어야 서서히 회복될 것이다.

는데(어떤 대립유전자는 새 집단에서 소실될 수도, 빈도가 극적으로 변할 수도 있다), 이런 현상을 **창시자효과**(founder effect)라고 한다. 창시자효과는 하와이나 갈라파고스 군도와 같이 격리된 지역에서 생물의 진화에 특히 중요한 역할을 해왔다. 비슷한 방식으로, 소수로부터 시작하여 고립된 인간 집단은 창시자들의 유전적 특징을 잘 나타나는 경우가 있다. 미국의 아미쉬(Amish) 집단에서 다지증(여섯 번째 손가락의 존재) 등의 특정 현상이 매우 높은 빈도로 나타나고 있는 것이 그 실례이다.

병목효과: 생물이 한 장소에서 다른 장소로 이주하지 않더라도 홍수, 가뭄, 지진 등의 자연 재해로 인해 집단의 크기가 갑자기 감소될 수 있다. 이와 같이 개체수 감소로 인해 나타나는 유전적 다양성 감소를 **병목효과**(bottleneck effect)라고 한다. 일부 생물종의 유전적 변이는 과거 병목효과의 결과로 심하게 고갈되어 있는 상태이다. 예를 들어 북아메리카의 서쪽 해안과 인근 섬에서 거주하는 코끼리바다물범(elephant seal)은 19세기에 사냥으로 인해 거의 멸종되다시피 했지만, 보호를 받기 시작하여 지금은 수만 마리로 증가했다. 그러나 병목효과로 인해 이 집단 내에서의 유전적인 변이는 대부분 상실되었다(**그림 7.13**). 이처럼 한 집단의 극적인 수적 감소는 언제나 일어날 수 있는데, 이 경우 병목효과는 잠재적인 문제가 된다. 즉 집단의 크기가 다시 커지더라도 다양성이 결여되므로 종이 소멸하기 쉽기 때문이다.

특정 유전자형을 선호하는 자연선택

하디-바인베르크의 평형을 깨고 집단의 대립유전자와 유전자형의 빈도를 변화시키는 마지막 요인이 자연선택이다. 자연선택과 진화의 두 개념은 종종 같은 것으로 오인되지만, 실제는 그렇지 않다. 자연선택은 과정이며, 진화는 시간에 따른 변화의 역사적 산물이다. 즉 자연선택(과정)은 진화(결과)를 이끌 수 있는 여러 요인 중 하나일 뿐이다.

포식자 회피를 위한 선택: 포식자에 의해 먹힐 가능성이 줄어들도록 하는 형질은 자연선택의 좋은 예이다. 미국 남서부 사막 한가운데에는 과거 용암이 흘러서 검은색 암석으로 굳어진 곳이 있고, 주변은 흰색 모래이다. 이 화산암에 서식하는 도마뱀, 설치류와 여러 곤충 집단은 검은색을 띠지만, 주변의 모래에 사는 집단은 밝은색을 띤다(**그림 7.14**). 이와 같은 색깔의 차이는 포식(predation)이 만들어낸 결과로 보인다. 독수리 같은 포식자들은 배경색과 일치하지 않는 개체들을 능숙하게 골라낸다는 사실을 알아낸 실험적 연구가 이를 뒷받침해 준다.

기후 조건에 적응하기 위한 선택: 효소는 대립유전자 빈도 변화가 생물에 주는 영향을 직접 평가할 수 있다는 점 때문에 자연선택에 대해 효소를 이용한 많은 연구가 이루어져 왔다. 어류의 일종인 은연어(*Fundulus heteroclitus*)는 북아메리카 동쪽 연안을 따라 분포한다. 이 어류에서 피루브산을 젖산으로 전환시키는 젖산탈수소효소에 대한 대립유전자 빈도는 지리적으로 큰 차이를 보인다. 생화학적 연구 결과, 이 대립유전자들에 의해 만들어지는 효소들은 온도에 따라 기능적 차이를 보이는 것으로 밝혀졌다. 그 예로 북쪽에 흔한 북방형 효소는 남방형 효소보다 저온에서 촉매작용이 더 활발하다. 따라서 저온에서 북방형 대립유전자를 가지는 개체들은 남방형 대립유전자를 가지는 개체들보다 유영 속도가 빠르고 생존율이 더 높은 것으로 보고되고 있다.

그림 7.14 미국 뉴멕시코 툴라로사(Tularosa) 분지에 사는 주머니쥐의 2가지 체색형. 용암이 굳은 검은색 암석이 사막에 둘러싸여 있고, 이런 환경에서는 주위 환경과 일치하는 털색을 가진 주머니쥐들이 선택을 받게 된다. 체색의 차이는 단일 유전자의 대립유전자 간 DNA의 작은 차이로 인해 생긴다.

살충제에 대한 내성: 곤충의 살충제에 대한 내성은 자연선택의 확실한 예이다. 살충제의 광범위한 사용은 500종 이상의 해충에서 살충제 내성의 신속한 진화를 야기하였다. 이러한 곤충의 진화에 의한 농작물 손실과 살충제 사용량 증가에 따른 비용의 증가는 미국에서 연간 30~80억 달러로 추정된다.

항생제에 대한 내성: 다양한 질병을 일으키는 병원균에서 항생제에 대한 인위적인 내성이 생긴다는 보고도 있다. 그 예로 화농성 질환을 일으키는 포도상구균(*Staphylococcus aureus*)은 처음에는 페니실린으로 치료했지만, 페니실린의 대량생산이 시작된 지 4년도 지나기 전에 내성을 가진 돌연변이체가 나타나서 페니실린을 무력화시킬 수 있었다. 그 후 여러 다른 약들이 해당 병원균의 치료를 위해 개발되었고, 그때마다 그에 대한 내성 역시 생겨났다. 그 결과 포도상구균의 감염은 건강을 위협하는 주요인으로 재조명되었다.

7.4 적응도와 성선택

어떤 표현형을 가진 개체들이 다른 표현형을 가진 개체보다 다음 세대에서 더 많은 자손을 남길 때 선택이 일어난다. 진화생물학자들은 생식적 성공을 통해 **적응도**(fitness)를 측정하는데, 이는 다음 세대에 살아남은 자손의 수를 의미한다. 적응도는 상대적인 개념으로 가장 적응도가 높은 표현형은 평균적으로 가장 많은 자손을 남기는 표현형이 된다.

적응도가 높은 표현형의 증가

예를 들어, 녹색과 갈색의 두 표현형이 있는 두꺼비 집단에서 녹색 개체가 다음 세대에 평균 4마리의 자손을 남기고, 갈색 개체는 2.5마리의 자손을 남긴다고 가정해 보자. 통상적으로 가장 적응을 잘하는 표현형의 적응도를 1로 나타낸다. 그러면 갈색 표현형의 적응도는 $2.5/4.0=0.625$가 되고, 적응도의 차이는 $1-0.625=0.375$가 된다. 이 차이는 매우 커서 자연선택에 의하여 녹색이 빠르게 선택된다. 만일 두 표현형의 적응도가 계속 유지된다면 갈색 표현형은 결국 도태되어 사라지게 될 것이다.

생존율의 차이가 없다고 해도 일부 개체들이 다른 개체들보다 이성을 더 잘 유혹한다면 선택이 작용할 수 있게 된다. 여러 육상동물에서는 몸이 큰 수컷이 작은 수컷보다 더 많은 암컷과 교배한다. 이렇듯 교배의 성공과 관련된 선택을 **성선택**(sexual selection)이라고 한다. 적응도는 개체수명, 교배의 빈도, 그리고 교배 횟수당 자손의 수에 따라 결정된다. 가장 높은 적응도를 가지는 표현형이 선택될 가능성이 크지만, 적응도를 한 가지 요소만으로 측정하는 것은 맞지 않을 수도 있다. 그 이유는 적응도의 한 요인으로 유리할 수 있는 형질이 다른 요인에 대해서는 오히려 불리할 수도 있기 때문이다. 그 예로 암컷 소금쟁이는 몸이 클수록 더 많은 알을 낳는다(**그림 7.15**). 따라서 이 단계에서의 자연선택은 몸이 큰 암컷을 선호하지만, 몸이 큰 암컷은 일찍 죽기 때문에 생식 기회가 줄어든다. 결과적으로 두 가지 상반되는 선택 방향이 함께 작용하여 중간 크기의 암컷이 가장 많은 자손을 남겨, 결국 높은 적응도를 갖게 된다.

암컷과 수컷의 서로 다른 생식 전략

수컷과 암컷은 자신이 생산하는 자손의 양과 질을 향상시킨다는 공통의 목표를 가지고 있지만, 대개 적응도를 최대화하려는 방법에는 차이가 있다. 이러한 생식 행동의 차이는 짝짓기에서 분명히 나타난다. 암컷 공작은 꼬리 깃털에 눈구멍이 더 많은 수컷 공작새와 짝짓기를 선호한다(**그림 7.16**). 짝 선택이라고 불리는 이 행동은 많은 무척추동물과 척추동물 종에서 잘 알려져 있는데, 짝을 선택할 수 있는 권한이 누구에게 있을까?

두 성 간의 생식 전략 차이는 암컷과 수컷 간 양육투자를 비교하면 쉽게 이해할 수 있다. **양육투자**(parental investment)는 자손을 낳고 기르는 데 "투자"하는 에너지와 시간을 말한다. 일반적으로 양육투자는 수컷보다는 암컷에서 훨씬 크게 나타난다. 단백질과 지질 등 많은 영양소를 지닌 난자와 아주 작은 정자를 동일하게 취급할 수는 없지 않은가!

이와 같이 암컷의 생식적 투자가 매우 크기 때문에 성에 따른 선택압(selection pressure)이 생겨날 수밖에 없다. 수컷은 생식에 한 번 참여하는 데 에너지 손실이 많지 않기에 적응도를 높이는 방법은 가능한 한 많은 암컷과 교미하는 일이며, 수컷의 적응도는 생산하는 정자의 양에 의해 제한을 받는 일이 거의 없다. 이와는 달리 암컷은 한 번 생식하는 데 많은 에너지 손실이 생기며, 생산할 수 있는 난자의 수가 번식 성공을 제한하게 된다. 이 때문에 암컷의 선택은 까다

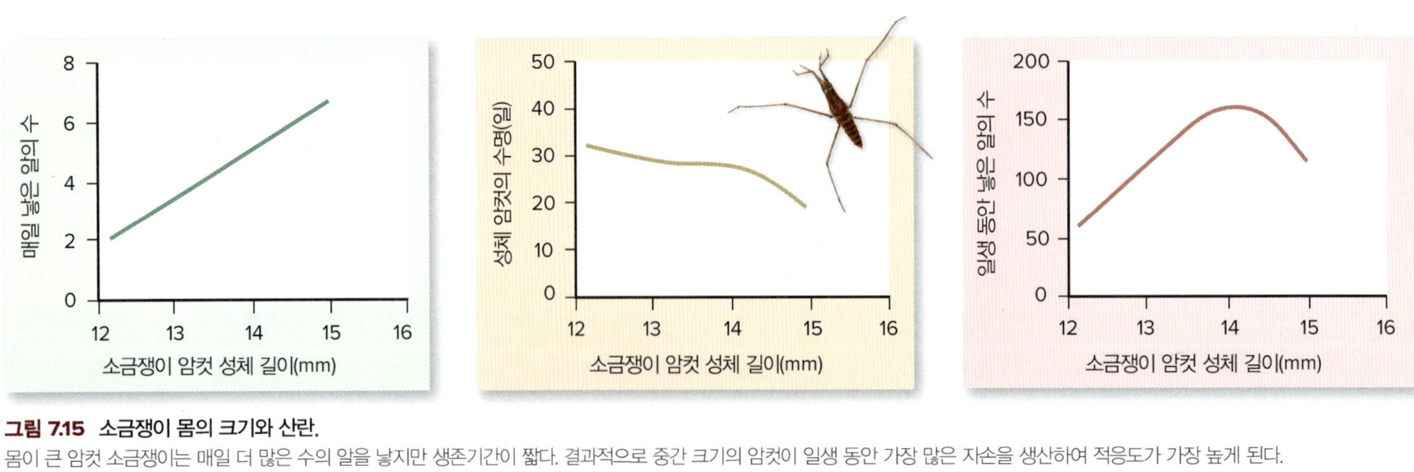

그림 7.15 소금쟁이 몸의 크기와 산란.
몸이 큰 암컷 소금쟁이는 매일 더 많은 수의 알을 낳지만 생존기간이 짧다. 결과적으로 중간 크기의 암컷이 일생 동안 가장 많은 자손을 생산하여 적응도가 가장 높게 된다.

a.

b.

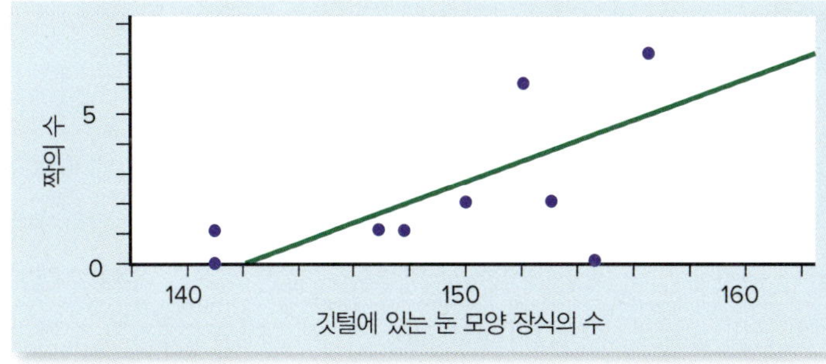

c.

그림 7.16 성선택의 산물.
새 종류인 ***(a)*** 극락조(*Paradisaea raggiana*)와 ***(b)*** 공작새(*Pavo cristatus*) 수컷은 아주 긴 꼬리 깃털을 구애에 사용한다. ***c.*** 암컷 공작은 깃털에 있는 눈 모양의 반점이 많은 수컷을 짝으로 선호하는 경향이 있다.

로워야 하며, 암컷은 자손에게 가장 많은 이익을 줄 수 있는 수컷을 선택함으로써 적응도를 높이기 위해 무척 신중해져야 한다. 이러한 결론은 암컷의 생식적 투자가 수컷의 것보다 훨씬 클 경우에만 성립된다.

그러나 수컷의 투자가 암컷의 투자보다 크다면 짝 선택은 수컷에 의해 이루어진다. 예를 들어, 수컷 모르몬귀뚜라미는 짝짓기 동안 단백질이 들어 있는 정포(spermatophore)를 암컷에게 전달한다. 정포의 무게는 수컷 체중의 30% 정도나 되며, 암컷에게 영양원이 되어 알을 발생시키는 데 도움을 준다. 수컷을 차지하기 위해 암컷들은 서로 경쟁하며, 수컷은 암컷을 선택할 때 주로 많은 알을 가진 몸집이 큰 암컷을 선택한다(**그림 7.17**).

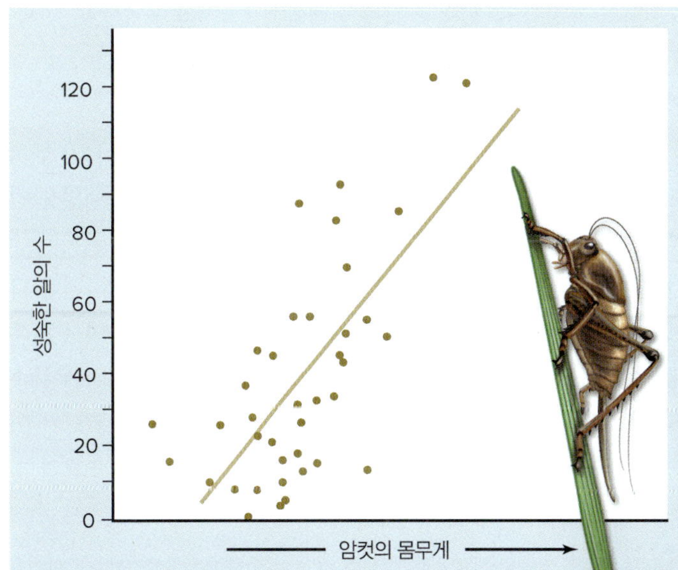

그림 7.17 수컷의 짝 선택에서의 이득.
수컷 모르몬귀뚜라미(*Anabrus simplex*)는 덩치 큰 암컷을 짝으로 선호하는데, 이는 큰 암컷이 더 많은 알을 가지고 있기 때문이다. 수컷은 짝 선택으로 적응도를 높일 수 있다.

성내 선택(경쟁)과 성간 선택(짝 선택)

성선택은 성내 선택(intrasexual selection)과 성간 선택(intersexual selection) 모두를 포함하는 경쟁적 상호작용이다. 성내 선택은 다윈이 말한 것처럼 "전투에서 다른 남성을 정복할 수 있는 힘", 즉 같은 성별의 구성원끼리의 경쟁이다. 반면 성간 선택은 짝 선택(이른바 "매력 있는 힘")을 의미한다. 성선택은 다른 수컷들과 겨루는 데 이용하는 사슴의 뿔이나 산양뿔 등의 구조물, 또는 상대방 성을 교미에 응하도록 유인하는 데 이용되는 장식, 예를 들면 긴 꼬리나 화려한 깃털 등을 진화시켰다(**그림 7.16***a*, *b* 참조). 이러한 형질들을 **2차 성징**(secondary sexual characteristics)이라고 한다.

선택 과정은 짝을 얻기 위한 경쟁을 유리하게 만드는 형질의 진화를 유도한다. 큰 덩치가 영역 싸움에서 짝을 얻는 데 중요하다면 큰 이득이 될 수 있다. 이러한 종들에서 수컷은 암컷보다 훨씬 크다. 이러한 암수 차이를 **성적 이형성**(sexual dimorphism)이라고 한다. 어떤 종들에서는 뾰족한 뿔이나 갈라진 뿔, 강한 이빨 등이 특히 수컷에 발달된 경우가 있는데, 이러한 구조물이 동성끼리의 경쟁에서 이롭기 때문이다. 암컷이 여러 수컷과 교배를 하는 경우 다른 수컷의 정자들 간에 **정자 경쟁**(sperm competition)이 발생하여 이전 교배의 정자를 제거하기도 한다.

성내 선택

많은 종에서 한쪽 성(보통 수컷)의 개체들은 상대 성의 개체들과의 교배 기회를 얻기 위하여 서로 경쟁한다. 예를 들어, 코끼리바다물범 수컷은 번식 해변 지역에서 영역을 구축한 소수의 우세 수컷이 대부분의 암컷과 교미한다(**그림 7.18**). 한 해안에서 8마리의 수컷이 348마리의 암컷을 수태시킨 반면, 나머지 수컷은 생식에서 완전히 배제된 예도 있다.

성간 선택

성간 선택은 짝을 고르는 행동과 관련이 있다(**그림 7.16**, **7.17** 참조). 어떤 경우에는 암컷이 짝을 선택함으로써 직접적으로 이익을 얻기도 한다. 만약 수컷이 자손을 기르는 데 도움을 준다면, 암컷은 최상의 보살핌을 제공할 수 있는 수컷을 선택함으로써 이익을 얻는다. 어떤 종에서는 수컷이 자손을 돌보지 않지만, 풍부한 먹이, 보금자리, 그리고 피난처를 암컷에게 제공한다.

그러나 많은 종에서 수컷은 암컷에게 어떤 종류의 직접적인 혜택도 제공하지 않는다. 그러한 경우, "선택"함으로써 암컷이 무엇을 얻게 되는지 직관적으로 알 수 없지만, 간접적인 이점 중 하나는 더 좋은 자손을 낳을 수 있다는 것이다. 가령 암컷이 가장 건강하거나 나이가 많은 수컷을 선택한다면, 이 수컷은 아마도 오래 살면서 많은 먹이를 얻고 기생충과 질병에 대한 저항성을 가진 개체이기에 자손에게 좋은 유전자를 물려줄 수 있을 것이다. 다른 종에서는 크기 이외의 특징이 수컷의 상태를 나타낼 수 있다. 거피와 일부 조류의 경우 수컷 색상의 밝기는 먹이의 질과 전반적인 건강 상태를 반영한다.

몇몇 동물의 경우 암컷이 오히려 생존에 불리한 형질을 가진 수컷을 선택한다(**그림 7.16***c* 참조). 공작새 수컷의 긴 꼬리는 비행에 불리하고 포식자들에게 쉽게 노출되게 만드는 형질이다. 왜 암컷은 이러한 형질을 가진 수컷을 선택하는 것일까? **장애 가설**(handicap hypothesis)에 의하면 유전적으로 우수한 개체들만이 이런 장애가 있어도 이를 극복하고 정상적으로 생존할 수 있다. 따라서 암컷이 커다란 장애를 가진 수컷을 선택하면 암컷의 자손이 훌륭한 유전자들을 받을 수 있게 되기 때문이다.

그림 7.18 수컷 북부 코끼리바다물범은 영역을 차지하기 위해 서로 싸운다. 가장 큰 수컷만이 많은 암컷을 포함하고 있는 영역을 가질 수 있다.

7.5 자연선택의 유형

자연선택은 **유전자 좌위**(locus)에서 하나의 대립유전자를 다른 대립유전자보다 선호함으로써 집단의 변이를 제거하는 과정으로 논의되어왔다. 그러나 어떤 환경에서는 선택이 상반된 결과를 초래하고, 실제로 집단 내 변이가 유지될 수도 있다.

빈도의존적 선택

한 표현형의 적응도는 집단 내에서 그 표현형의 빈도에 따라 달라지는 경우가 있는데, 이런 현상을 **빈도의존적 선택**(frequency dependent selection)이라 부른다. 만약 희귀 표현형이 선호되어 선택된다면 이를 음성 빈도의존적 선택이라 한다. 음성 빈도의존적 선택은 여러 가지 이유로 나타날 수 있다. 동물이나 사람은 어떤 형태를 찾을 때 "수색 이미지(searching image)"를 형성하여, 특정 물체를 더 쉽게 골라낸다. 일반적으로 포식자는 흔한 피식자 표현형에 대하여 수색 이미지를 만들기 때문에 희귀 표현형이 먹힐 확률은 줄어든다. 그 예로 어류가 물벌레(water boatman)를 잡아먹을 때, 3가지 체색형 중 가장 흔한 형을 주로 먹는 것이 관찰되었다(**그림 7.19**). 양성 빈도의존적 선택에서는 앞의 경우와 반대의 효과가 나타난다. 예를 들어 포식자가 항상 흔한 형을 선택하는 것은 아니다. 어떤 경우에는 "괴짜"가 전체에서 두드러져서 주의를 끌게 된다(**그림 7.20**).

선택의 강도는 시간이 지남에 따라 변화된다. 음성 빈도의존적 선택에서는 희귀 유전자형이 점점 증가하면서 흔한 유전자형으로 될 수 있기에 선택적인 장점(생존성)이 오히려 감소하게 될 것이다. 반면 양성 빈도의존적 선택에서는 희귀해질수록 선택적인 약점(피식)이 더 커지게 될 것이다.

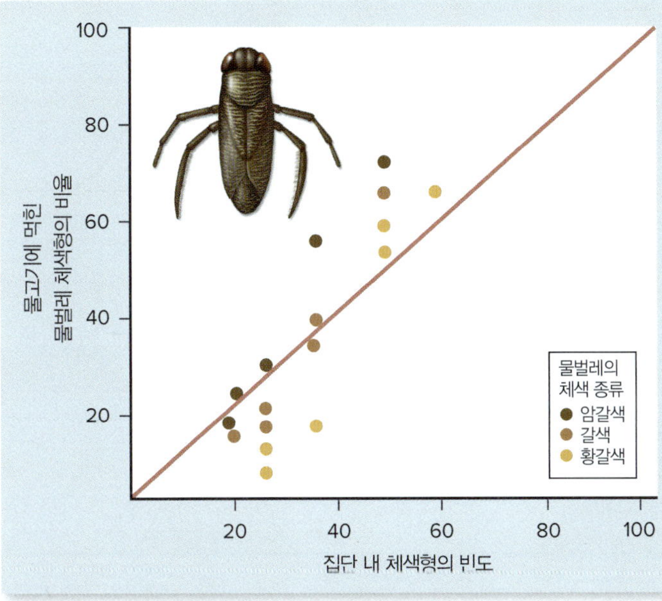

그림 7.19 음성 빈도의존적 선택.
체색형의 빈도가 서로 다른 물벌레가 있는 각각의 수족관에 포식자인 물고기를 넣어 준 후 관찰한 결과, 가장 흔한 색깔을 지닌 물벌레들이 불균형적으로 포식되고, 드문 색깔을 지닌 물벌레가 가장 잘 생존한다.

이형접합자 우세

이형접합자가 동형접합자보다 더 많은 선택적 우위를 가진다면, 집단 내 변이가 더 잘 유지된다. **이형접합자 우세**(heterozygote advantage, superiority)는 2가지 대립유전자를 가지는 개체가 선택되는 경우를 일컫는다. 이에 대한 예로서 가장 잘 알려진 것은 낫모양적혈구빈혈증이다. 이 질환이 있는 사람은 심한 빈혈 증세를 보이며, 비정상적인 낫모양의 적혈구를 가진다(**그림 7.21**).

그림 7.20 양성 빈도의존적 선택.
어떤 경우 소수의 개체가 두드러져서 포식자의 관심을 끌기 때문에, 이런 경우 일반적인 표현형이 유리하다.

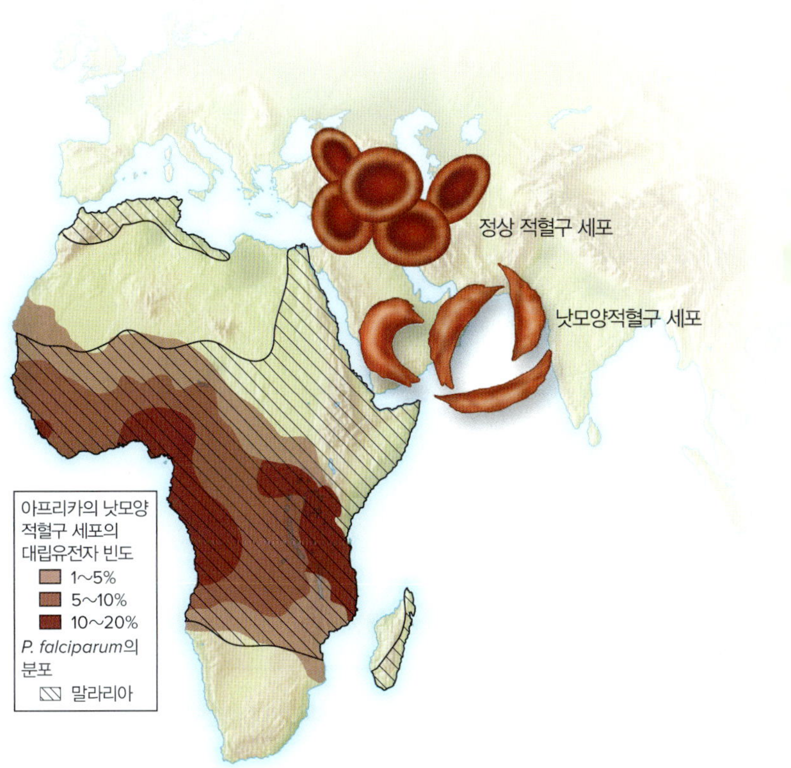

그림 7.21 낫모양적혈구 대립유전자의 빈도와 말라리아 병원충(***Plasmodium falciparum***)의 분포.
낫모양적혈구 대립유전자를 동형접합으로 가지는 사람의 적혈구는 혈액내 산소 농도가 떨어지면 낫모양으로 변해 손상된다. 아프리카에서 낫모양적혈구 대립유전자의 분포는 *P. falciparum*의 분포와 거의 일치한다.

중앙아프리카 지역에서 낫모양적혈구 대립유전자의 평균적 빈도는 약 0.12로 나타난다. 하디-바인베르크 법칙으로 계산하면 중앙아프리카 사람 100명 중 1명은 이 인자를 동형접합으로 보유하는 낫모양적혈구빈혈증 환자이다. 동형접합자인 환자는 대부분 생식연령에 도달하기 전에 사망하므로 자손을 만들지 못한다. 그럼에도 불구하고 왜 낫모양적혈구 대립유전자는 중앙아프리카 인구 집단에서 소멸되지 않는 것일까? 이 대립유전자를 이형접합으로 보유하는 사람은 일반적인 산소 환경에서 정상인과 마찬가지로 낫모양적혈구 증세를 보이지 않으며, 또한 어린이에게 치명적인 말라리아에 잘 걸리지 않는다. 왜냐하면 말라리라 병원충이 적혈구에 침입한 후 산소 농도를 낮추어 낫모양의 적혈구를 만들면, 이런 세포는 비장에서 신속히 제거되는데, 이때 병원충도 함께 제거되기 때문이다. 따라서 말라리아가 유행하는 지역에서는 이 대립유전자를 이형접합으로 가지고 있는 사람들이 생존에 유리하게 되어 해당 인구 집단 내에서 높은 비율로 유지되는 것이다.

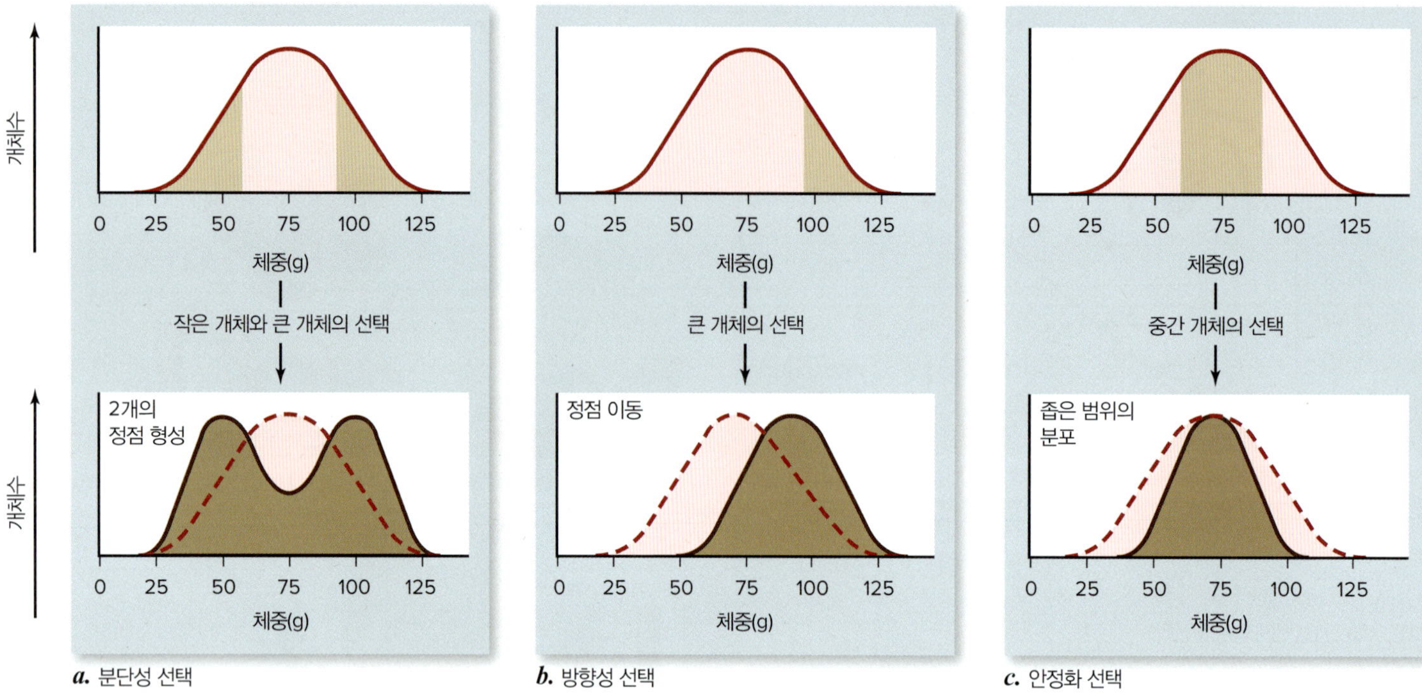

그림 7.22 **자연선택의 3가지 유형.**
윗부분의 그래프는 선택이 이루어지기 전의 집단을 보여준다(빨간색 실선). 집단 내에서 선택에 의해 선호되는 개체는 옅은 갈색으로 표시된다. 아래 그래프는 다음 세대에서 집단의 분포를 나타낸다. 빨간색 점선은 원래 집단의 분포이고 진한 갈색의 실선은 다음 세대 집단의 실제 분포이다. ***a.*** 분단성 선택에서는 표현형 범위 중간에 있는 형질을 가진 개체가 불리하며, 극단의 형질이 선호된다. ***b.*** 방향성 선택에서는 표현형이 한 극단 쪽으로 집중된 개체가 선호된다. ***c.*** 안정화 선택에서는 중간 범위 표현형을 가진 개체가 선호되며, 양쪽 끝의 표현형은 불리하다.

다중유전자에 의해 영향받는 자연선택

대부분의 형질은 하나 이상의 유전자의 조절을 받는데, 유전자들 사이의 상호작용은 매우 복잡하다. 예를 들어 사람의 키는 여러 유전자들의 대립유전자들이 작용하여 결정된다(4.4절 참조). 이 경우 자연선택은 관련된 모든 유전자들에 작용한다. 자연선택이 집단을 변화시키는 방법은 선호하는 유전자형에 따라 다르게 나타난다.

분단성 선택: **분단성 선택**(disruptive selection)은 자연선택이 중간적 형질을 제거하는 방향으로 작용하는 경우를 일컫는 말이다(**그림 7.22***a*). 그 명확한 예로 아프리카의 씨깨기핀치새(*Pyrenestes ostrinus*)를 들 수 있다. 이 새의 집단 중에는 부리가 큰 것과 작은 것은 흔하지만, 중간 크기의 개체는 매우 드물다. 씨깨기핀치새는 종자를 먹는데, 부리가 큰 새는 큰 씨앗을, 부리가 작은 새는 작은 씨앗을 먹는다. 부리가 중간 크기인 새는 큰 씨앗을 깨지 못하고 작은 씨앗을 다루는 데도 서툴다. 그 결과 자연선택은 중간 크기의 표현형을 제거하고 집단에서 두 표현형을 양분화하는 방향으로 작용하게 된다.

방향성 선택: 자연선택이 여러 표현형 중에서 한쪽의 극단적인 표현형들을 제거하는 방향으로 작용하면, 이 극단적 형질을 만드는 유전자는 점점 줄어들게 된다. 이런 유형의 자연선택을 **방향성 선택**(directional selection)이라고 한다(**그림 7.22***b*). 초파리 집단에서 빛을 향하여 날아가는 초파리를 세대마다 제거한 후, 후대의 초파리를 무작위로 선택하면, 원래 집단에서보다는 빛을 향하는 초파리를 잡을 가능성이 훨씬 줄어든다(**그림 7.23**). 이는

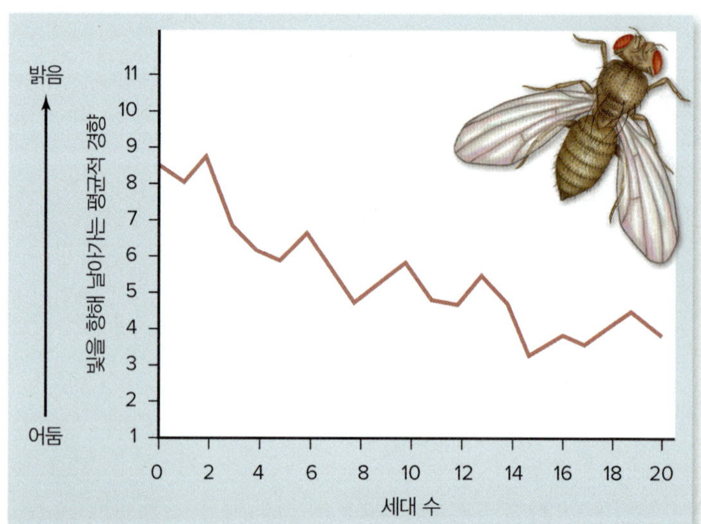

그림 7.23 **초파리의 음성 굴광성을 만든 방향성 선택.**
빛을 향해 날아가는 초파리를 제거하고, 빛을 회피하는 개체만을 선택하여 다음 세대를 생산 한 결과, 20세대가 반복된 후 커다란 진화적 변화가 이루어졌다.

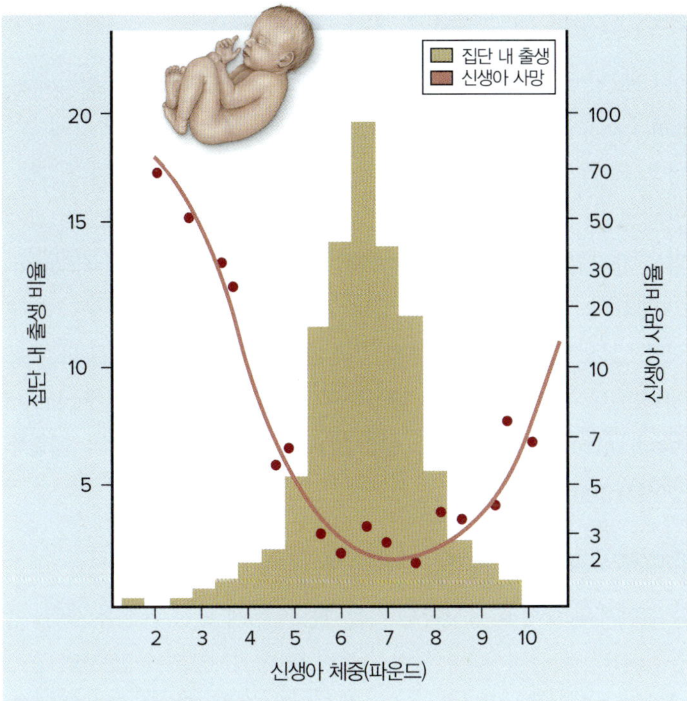

그림 7.24 **신생아 체중에 대한 안정화 선택.**
태어날 때 중간 체중을 가진 신생아의 사망률이 가장 낮다(빨간색 곡선, 오른쪽 *y*축). 더 크거나 작은 신생아는 6~7파운드(2.7~3.2 kg)의 가장 흔한 체중을 가진 신생아보다 집단 내 출생비율이 더 낮다(황갈색 영역, 왼쪽 *y*축). 최근 의학적 진보로 작거나 큰 신생아의 사망률은 줄어들었다.

인위선택의 결과이지만, 자연에서도 환경이 변할 때 종종 일어난다. 앞서 언급한 살충제에 관한 내성의 증가 역시 방향성 선택의 한 예가 될 수 있다.

안정화 선택: 자연선택이 양쪽의 극단적인 형질을 도태시키는 방향으로 작용하면 결과적으로 중간적 형질의 빈도가 높아지는데, 이러한 선택의 유형을 **안정화 선택**(stabilizing selection)이라고 한다(**그림 7.22***c*). 이 경우 자연선택은 집단에서 가장 흔한 표현형을 변화시키는 것이 아니라 극단을 감소시킴으로써 중간이 훨씬 많은 상황을 만든다. 그 예로 사람의 신생아에서 체중이 평균인 경우 출생 시 사망률이 낮은 반면, 체중이 너무 작거나 너무 큰 아이는 사망률이 높다(**그림 7.24**). 오리나 닭에서도 알의 크기가 중간인 경우에 부화율이 가장 높게 나타난다.

자연선택의 실험적 연구

자연계의 관찰이 어떻게 실험실에서의 철저한 실험 및 현장 연구와 결합될 수 있는지를 보여주는 좋은 예는 거피(*guppy, Poecilia reticulata*)이다. 거피는 남아메리카의 트리니다드(Trinidad) 섬의 많은 산간 계류에서 발견된다. 이 계류 중 한 곳은 폭포 위쪽에 킬리피쉬(killifish)와 거피가 살고, 아래쪽에 포식자인 파이크 시클리드(pike chichlid)와 거피가 살고 있다. 이곳에서 수컷 거피를 관찰한 결과, 폭포 아래쪽의 거피는 몸 색이 단조롭고 작은 반면, 폭포 위쪽에 사는 수컷은 몸 색이 매우 화려하고 크다(**그림 7.25**). 이런 차이는 자연선택이 작용하고 있기 때문인데, 피식률이 낮은 환경에서는 화려한 수컷이 보다 많은 짝짓기의 기회를 가질 수 있기에 적응도가 높지만(성선택적 이득), 폭포 아래쪽에서는 이러한 형질이 포식자에게 발각되기 쉽게 만든다. 따라서 폭포 하류 집단 개체들은 몸 색이 단조롭고 보다 어린 나이에 짝짓기하는 경향이 크다.

이와 같은 현상은 야외 실험실 조건에서도 확인되었는데, 포식자와 같이 넣은 거피는 10세대 후에 작고 단조로운 색을 가지고 있었다. 이러한 실험실 결과가 자연에서도 일치하는지 알아보기 위해서 포식률이 높은 폭포 아래쪽에 사는 단조로운 색의 거피를 포식자가 없는 폭포 위쪽으로 이식하였는데, 원래의 집단과는 다르게 몸이 크고 화려한 색깔을 가지도록 변한 것을 확인하였다. 이 실험의 결과로 자연선택을 통한 진화적 변화가 아주 짧은 시간에 일어날 수 있음이 분명해졌다.

그림 7.25 **거피가 지닌 보호색의 진화.**
포식자인 파이크 시클리드가 있는 폭포 아래 웅덩이에 사는 수컷 거피는 체색이 단조로우나, 포식자가 없는 위쪽 웅덩이의 수컷 거피는 체색이 더 화려하고 암컷의 눈을 끈다. 킬리피쉬도 포식자이지만 거피를 거의 먹지 않는다. 이 차이는 실험으로 검증될 수 있다.

7.6 종분화와 생물다양성

적응은 진화적 변화의 중요한 기작의 하나이지만, 한 종에서 다른 종이 생겨나는 과정인 분화가 어떻게 일어나는지를 설명하지는 못한다. 이는 적응이 **종분화**(speciation) 과정의 일부가 될 수 있기는 하지만 필연적인 것은 아니기 때문이다. 종의 분화를 다루기 전에 우선 종이 무엇인지를 이해할 필요가 있다. 종의 정의가 진화생물학에 매우 중요하지만, 종을 어떻게 정의할 것인가의 문제는 아직까지 연구와 논쟁의 대상이 되고 있다.

표 7.1 생식 격리의 기작

기작	예시	특성
접합전격리기작		
생태적 격리		종들이 같은 지역에서 나타나지만, 서로 서식지가 다르고 매우 드물게 만난다.
행동적 격리		종들의 짝짓기 의식이 서로 다르다.
시간적 격리		종들이 서로 다른 계절 또는 하루 중의 다른 시간에 번식을 한다.
기계적 격리		종들 사이에 구조적인 차이로 인하여 짝짓기가 차단된다.
생식세포 융합의 차단	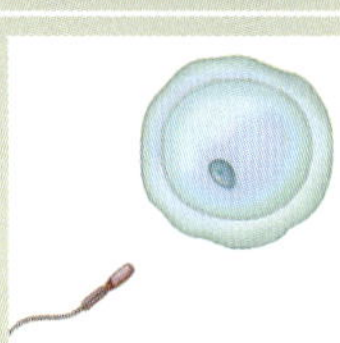	한 종의 생식세포는 다른 종의 생식세포에서 또는 생식관 내에서 기능이 제대로 작동하지 않는다.
접합후격리기작		
잡종의 생존 불가능 또는 불임		잡종의 배아는 발생하지 않거나, 자연 상태에서 잡종 성체는 생존하지 못하거나 불임 또는 감소된 생식 능력을 가진다.

종의 본질과 생물학적 종개념

1942년 생물학자 마이어(Ernst Mayr)의 **생물학적 종개념**(biological species concept)에 따르면, 종은 그 구성원들이 자연 상태에서 상호 교배하며 다른 그룹과 생식적으로 독립된 집단을 말한다. 다시 말해 종은 개체들이 서로 교배하여 생식력 있는 자손을 만드는 잠재력을 가지고 있는 집단이다. 하나의 종은 다른 종과 **생식적 격리**(reproductive isolation) 상태에 있다. 따라서 상호 교배하지 못하여 생식력 있는 자손을 만들지 못하는 개체들이나 집단들은 서로 다른 종에 속한다. 이러한 장애를 **생식적 격리기작**(reproductive isolation mechanism)이라고 하고, **접합전**(prezygotic)**격리기작**과 **접합후**(postzygotic)**격리기작**으로 구분한다.

접합체의 형성을 차단하는 접합전격리기작

접합체의 형성을 방지하는 기작에는 생태적 또는 환경적 격리, 행동적 격리, 시간적 격리, 기계적 격리 및 생식세포의 융합 차단 등이 있다(**표 7.1**). 어떤 집단은 종 간 생식으로 인해 후손을 생산할 수도 있지만, 자연 상태에서는 불가능하다. 예를 들면, 사자는 노출된 초원에서 집단생활을 하고, 호랑이는 숲에서 단독으로 생활한다(**그림 7.26**). 이러한 생태적 · 행동적 차이 때문에 두 종의 서식지가 매우 넓은 범위에 걸쳐 중첩되었어도 두 종의 개체 간 접촉은 거의 일어나지 않았다. 다른 예로 두 종의 두꺼비인 *Bufo woodhousei*와 *B. americanus*는 일부 지역에서 중복되어 있지만, 이들은 생식 장소가 서로 다르기에 자연계에서 서로 교배하지 않는다. 또 청둥오리와 고방오리는 북미에서 가장 흔한 민물오리로 자연 상태에서는 서로 바

그림 7.26 생태적으로 격리되어 있는 사자와 호랑이.
인도에서는 사자와 호랑이의 서식 범위가 겹친다. 그러나 사자와 호랑이는 서식지의 서로 다른 부분을 이용하기 때문에 잡종이 형성되지 않는다. 범사자(tiglon)와 같은 잡종은 포획되어 우리 안에서 잡종을 형성할 수 있지만, 야생에서는 일어나지 않는다.

그림 7.27 표범개구리에서 접합후격리.
그림의 개구리는 외부 특성이 매우 유사하다.
실험실 조건에서 쌍을 이룬 이들 종의 일부에서 결함이 있는 잡종이 생겨나는 것을 발견하였을 때 종의 분리 상태에 대한 첫 번째 의심이 생겨났다. 후속 연구에서 실질적으로 이들 4종이 짝을 이루기 위한 호출 신호가 상당히 다르다는 것이 드러났고, 이는 이 종들이 접합 전과 접합 후의 격리 기작을 둘 다 가지고 있다는 것을 시사한다.

로 옆에 살더라도 생식 행동의 차이 때문에 잡종이 생기지 않는다. 이런 경우도 한 종의 유전자가 다른 집단으로 유입될 수 없기에 생식적으로 격리되었다고 한다.

성체로의 정상적인 발달을 차단하는 접합후격리기작

잡종교배(hybridization)가 일어나 **접합자**(zygote)가 생산된다고 해도 여러 가지 요인들이 접합자가 정상적으로 발생하여 생식력이 있는 개체로 되는 것을 막는다. 많은 경우, 잡종 개체는 두 종으로부터 물려받은 유전적 내용이 서로 달라서 배아발생 과정 중 정상적인 기능을 발휘하지 못한다. 그 예로 양과 염소 사이의 교잡으로 생긴 배아는 발생 초기 단계에서 죽는다. 미국 동부지역의 표범개구리(*Rana pipiens complex*)는 현재 하나의 종으로 기록되어 있으나, 여러 증거로 미루어 여러 종이 존재할 가능성이 큰 것으로 알려져 있다(**그림 7.27**). 면밀한 조사 결과, 이들은 외형상 서로 비슷해 보이지만 수정란이 발생할 때 일어나는 문제 때문에 종 간의 교배는 거의 성공하지 못하는 것으로 밝혀졌다. 만약 잡종 배아가 생존하더라도 어버이보다 생존력이 약하면 자연계에서 소멸된다. 또한 암컷 말과 수컷 당나귀 사이에서 나온 노새의 경우처럼 잡종 개체가 생존력이 강하더라도 불임성이면 다음 세대로 이어지지 못한다.

자연선택과 생식적 격리

종의 형성은 지속적인 과정으로, 두 집단이 다른 종이 되기 위하여 갈라질 수 있으며, 따라서 부분적인 생식 격리가 일어날 수 있다. 예컨대, 행동적 또는 생태적 차이로 인하여 두 집단의 개체는 자신이 속한 집단 구성원과 교배할 가능성이 크지만, 집단 사이의 교배는 여전히 발생할 수 있다. 교배 후 수정으로 인하여 접합체가 생성될 때 경우에 따라 접합 후 장벽이 불완전할 수가 있다. 이러한 발생 문제로 인하여 배아의 생존율이 낮거나 출산율이 감소할 수도 있지만, 일부 개체에서는 생존과 번식이 가능하다.

두 집단이 만났을 때 어떤 결과가 나타날지는 어떤 격리 기작이 얼마나 진화되었는지에 따라 달라진다. 만일 격리 기작이 진화되지 않은 경우, 두 집단은 교배하게 되어 유전적인 혼합이 일어나, 두 집단이 가지고 있었던 차이는 결국 사라지게 될 것이다. 반대로 두 집단이 생식적으로 완전히 격리되어 있다면 유전적 교류가 이루어지지 않으므로, 두 집단은 서로 다른 종으로 남게 될 것이다.

두 집단의 생식적 격리가 불완전한 상태는 생명과학자들에게 매우 흥미로운 경우이다. 만약 잡종 개체가 부분적으로 불임이거나 어버이보다 환경에 대한 적응력이 떨어지면, 자연선택은 이 잡종 개체들의 도태를 일으키고 교잡을 막는 방향으로 작용할 것이다. 자연선택은 계속해서 두 집단의 접합전격리기작을 발전시켜서 완전한 생식

그림 7.28 플록스에서 나타나는 강화.
드럼몬드 플록스(*Phlox drummondii*)는 대부분 그들의 영역에서 연한 파란색에 분홍빛을 더한 색조를 나타낸다(왼쪽 아래). 하지만 돌출형 플록스(*D. cuspidata*, 오른쪽 아래)와 동소성일 때는 진한 빨간색(오른쪽 위)을 나타내는데, 나비가 두 종을 쉽게 구분하여 수분시킬 수 있다.

a. *b.* *c.*

그림 7.29 여러 가지 이유로 지리적 격리를 나타내는 집단.
a. 하나 또는 소수의 개체에 의해 멀리 떨어진 지역으로 이주한 후 서식화된 경우. *b.* 물리적 장벽에 의해 조상 종의 집단이 2개의 고립된 집단으로 나뉜 경우. *c.* 중간 지역 집단의 멸종으로 인하여 남은 집단 사이가 격리된 경우

적 격리가 일어나게 할 것이다. 이렇게 불완전한 격리 기작이 자연선택에 의해 보강되어 완전히 효율적으로 되는 과정을 **강화**(reinforcement)라고 한다.

강화의 예는 드럼몬드 플록스(Drummond's phlox)와 돌출형 플록스(pointed phlox)의 야생화에서 살펴볼 수 있다(**그림 7.28**). 두 종이 각각 분리되어 자랄 때 플록스꽃은 옅은 분홍빛의 푸른색을 띤다. 그러나 두 종이 함께 서식하는 동소성일 경우 돌출형 플록스는 옅은 분홍빛의 푸른색을 그대로 유지하지만, 드럼몬드 종은 빨간색으로 음영이 짙어진다. 이 결과는 두 종의 집단이 서로 접촉하게 되는 경우 자연선택이 색깔의 변화를 진화시켜서 접합전 격리와 행동적 격리의 진화를 유도한 경우이다.

생식적 격리를 유발하는 무작위적 변화

소집단에서는 유전적 부동, 즉 창시자효과 그리고 병목효과 등도 형질의 변화를 일으키고 생식적 격리를 유도할 수 있는 주요 요인이다. 그 예로 하와이 제도에서 가까운 유연관계에 있는 몇몇 초파리 종들이 서로 매우 다른 구애 행동을 보인다. 이는 임신한 암컷 초파리 몇 마리가 폭풍에 의해 새로운 섬으로 이주했을 때, 창시자효과가 발생해서 이주자의 구애 행동이 모집단의 것과 다르게 변화되었을 것이며, 시간이 흐르면서 유전적 부동으로 두 집단은 분기되었을 것이다. 소규모 집단에서 유전적 부동의 속도는 상대적으로 커진다. 경우에 따라 이 같은 무작위적 분기는 생식적 격리를 일으킬 수 있는 형질의 발달에 영향을 미쳐 종분화가 가속화되는 것으로 여겨지고 있다.

동소성 분화와 이소성 분화

종분화는 두 과정을 통해 일어난다. 첫째는 하나의 집단이 갈라지는 것이고, 둘째는 갈라진 집단 사이에 생식적 격리가 일어나는 과정이다. 그러나 유전적 부동이나 자연선택에 의해 발생한 집단 간의 차이가 집단 간의 유전자 흐름으로 상쇄되는 동질화 효과가 끊임없이 작용하므로 종분화 과정이 일어나기는 쉽지 않다. 따라서 종분화는 여러 가지 방식으로 지리적 격리가 수반되는 경우가 많다(**그림 7.29**). 이와 같이 지리적 격리로 인해 일어나는 종분화를 **이소성**(allopatric)이라고 하며, 본토 및 본토 주위의 섬에 서식하는 생물종에서 나타내는 경우가 많다.

종분화가 일어나려면 반드시 집단의 지리적 격리가 선행되어야 하는 것일까? 생물학자들은 한 종이 지리적 격리 없이 두 종으로 갈라질 수 있는지에 대해 오랫동안 논쟁을 거듭해 왔다. **동소성**(sympatric) 종분화의 한 예는 주로 식물의 배수성(polyploidy)에 의한 것으로, 비교적 짧은 시간에 일어날 수 있다. 빵밀, 면화, 담배, 사탕수수, 바나나 및 감자와 같은 상업적 가치가 중요한 작물을 포함하여 약 26만 종의 식물 중 거의 절반은 그들의 역사에 있어 배수성 과정을 겪는다. 드물기는 하지만, 배수성으로 인한 종분화는 곤충, 어류, 도롱뇽 등의 동물에서도 찾아볼 수 있다.

일부 학자들은 동소성 종분화가 일시에 일어나지 않고 분단성 선택으로 인해 여러 세대에 걸쳐 일어날 수도 있다고 보고 있다. 분단성 선택은 한 집단을 2가지 표현형을 갖는 두 집단으로 갈라놓는다. 선택적 압력이 강할 경우 이들 집단은 여러 세대를 거치는 동안 각기 새로운 종으로 분화될 수 있다. 그러나 이들이 새로운 종으로 분화되려면 그전에 생식적 격리기작이 진화되어야 한다. 그 이유는 동소성인 두 집단 간 유전자 교환이 있다면 두 집단 사이의 차이가 희석될 가능성이 크기 때문이다.

적응방산과 생물학적 다양성

서로 다른 서식 환경에 적응하여 하나의 조상종에서 서로 밀접히 연관된 여러 종이 진화하는 현상을 **적응방산**(adaptive radiation)이라 한다. 적응방산은 먼바다의 섬에서 흔히 일어나는데, 이런 곳에 처음 도착한 이주 생물은 많은 자원을 지닌, 비어 있는 생태적 환경을 만나게 된다. 하와이나 갈라파고스 군도처럼 화산 활동으로 생겨난 섬들이나, 대부분의 다른 종이 소멸되는 대변동이 일어날 때 적응방산의 예를 찾아볼 수 있다. 앞서 언급한 다윈의 핀치새의 다양성은 적응방산으로 얻어진 산물이다.

적응방산이 일어나기 위해서는 종분화와 함께 다른 서식 환경에 대한 적응이 필요하다. 고전적 모델은 한 종이 군도의 여러 섬에 정착하는 경우를 상정한다. 각각의 섬에서 집단들의 이소성 종분화가 일어나고, 새로 분화된 종이 인접 섬으로 이주하여 다시 정착하기를 반복하면서 각 섬에 여러 종이 서식하게 된다(**그림 7.30**). 지역적 격리(예를 들어 각각의 섬에 정착하는 과정) 없이 같은 지역의 서로 다른 서식지에 정착하는 적응방산 과정에는 새로운 종들이 기존의 종들과 가용자원에 대한 경쟁을 최소화하는 진화 과정이 수반되는데, 이 과정을 **형질치환**(character displacement)이라고 부른다. 이들 두 종은 동일한 자원을 놓고 경쟁하므로, 각 종에서 자연선택은 다른 종이 사용하지 않는 자원을 이용하는 개체를 선호하게 된다. 그러한 개체들은 더 큰 적응도를 가지게 될 것이고, 따라서 가용자원을 이용할 수 있게 하는 어떤 유전적 형질의 빈도가 집단 내에서 증가할 것이기에, 시간이 지남에 따라 종분화가 일어나게 된다(**그림 7.31**).

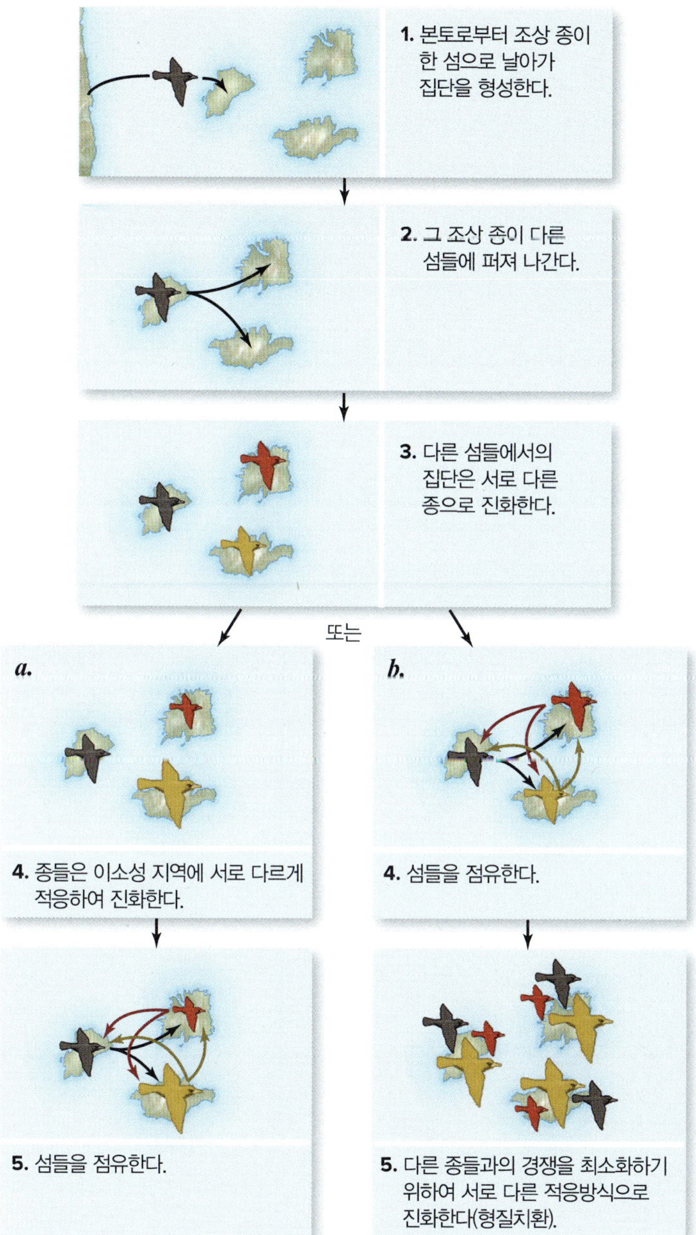

그림 7.30 군도의 각 섬에서 적응방산의 고전적 모델.
(1) 군도의 한 섬에 조상 종이 대량으로 서식하게 된다. **(2)** 나중에 그 집단은 다른 섬을 점령하게 되며, **(3)** 이후 다른 섬의 집단들은 이소성으로 새로운 종을 만들게 된다. 그리고 새로운 종의 일부는 또 다른 섬에 정착하여 둘 이상의 종으로 이루어진 군집 사회를 이룬다. 적응성의 차이는 서로 다른 이소성 환경 조건에 대한 반응(***a***), 또는 형질치환의 과정으로 인하여 종 사이에서 일어나는 생태적 상호작용의 결과로 진화할 수 있다(***b***).

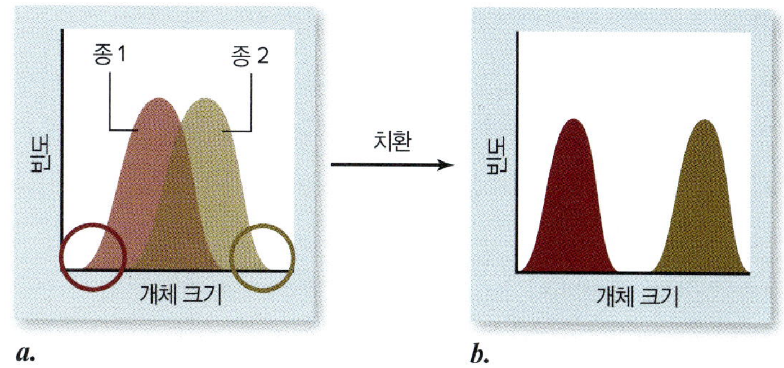

그림 7.31 형질치환.
a. 초기에는 두 종이 유사하므로 따라서 이용하는 영역이 크게 겹쳐지고, 두 종은 비슷한 크기를 나타낸다(많은 종에서 개체의 크기와 먹이의 크기는 밀접한 관련이 있음). 각 종 안에서 다른 종류와 확연하게 구분되는 개체들(원으로 표시)은 그들 안에서 경쟁 구도에 있지 않으므로 자연선택에 의하여 선호될 것이다. 예컨대, 한 종 안에서의 가장 작은 개체와 다른 종의 가장 큰 개체는 먹이를 두고 경쟁하지 않으므로 선호되는 것이다. ***b.*** 결과적으로, 종은 자원의 사용에 의해 분기될 것이고 종 사이에 경쟁을 최소화시킬 것이다.

7.7 계통수와 진화적 관계

지구의 모든 생명체는 엄청나게 다양한데, 여러 세대에 걸쳐 생명과학자들은 생명체들을 그들이 공통으로 갖는 특성에 따라 묶으려고 노력하였다. 가장 적절한 묶음 방식은 생물들 간의 진화적 유연관계에 관한 연구를 기반으로 하는 것이다.

계통적 관계

다윈은 모든 생물종이 단일 조상으로부터 생겨났기 때문에, 생명의 역사는 계통도로 묘사될 수 있다고 주장하였다(**그림 7.32**a). 다윈의 관점에서 볼 때 **계통수**(phylogenetic tree)의 잔가지는 현존하는 종을 나타낸다. 계통수의 아래에 잔가지들이 접합해 있는 지점은 과거의 공통조상을 의미하며, 최종적으로 모든 생명체는 단일 공통조상에 이르게 된다. **그림 7.32**b는 진화적 관계의 계통도를 보여주는데, 인간과 침팬지는 공통조상의 후손으로 가장 가까운 유연관계에 있음을 의미한다. 그리고 인간, 침팬지, 고릴라는 약간 더 먼 공통조상을 가지며, 모든 유인원의 공통조상은 그보다 더 멀다는 것을 알 수 있다.

계통수는 다양한 형태로 그릴 수 있지만, 이를 해석하는 한 가지 열쇠는 계통수의 윗부분에 종들이 어떻게 배열되었는지를 보는 것이 아니고, 현존하는 종이 얼마나 가까운 공통조상을 가지는가를 보는 것이다. 예를 들면, **그림 7.32**b의 어느 유형에서건 인간은 긴팔원숭이와 유연관계가 가장 멀다. 일반적으로 하나의 공통조상에서 두 종이 분화한다면 시간이 지날수록 이들은 더 다르게 변할 것이라고 예측할 수 있다. 초기 계통분류학에서는 이런 이유로 전체적 유사성에 기초한 계통수를 만들었다.

그러나 진화는 급격히 일어날 때도 있고, 아주 느리게 일어날 때도 있다. 그리고 진화는 한 방향으로 일어나는 것이 아니라, 반대 방향으로도 일어날 수 있다. 새로운 서식지에 침입한 종은 새로운 선택적 압력을 경험하여 크게 변화할 수 있으며, 그에 비해 조상 때부터 본래 서식지에 머무는 종들에서는 그 변화가 작게 나타날 수도 있다. 이러한 이유 때문에 유사성만으로 두 종이 공통조상으로부터 얼마 전에 갈라져 나왔는가를 예측하기는 어렵다.

두 번째 근본적 문제는 진화가 항상 분기하는 방향으로 진행되지는 않는다는 것이다. 종종 유사한 서식지를 이용하는 종들은 유사하게 적응하여 수렴진화를 한다. 그 결과 유연관계가 가깝지 않은 두 종이 가까운 친척관계의 종보다 더 높은 유사성을 가질 수도 있다. 어떤 종이 조상종의 특성으로 진화하게 되는 역진화도 이런 효과를 나타낸다.

분지론

표현형적 유사성은 부정확할 수 있기에, 대부분 분류학자는 표현형에만 의존하는 계통진화적 가설을 세우지는 않는다. 그들은 일부 분류군들만 공유하는 새로 생긴 유사성인 **파생형질**(derived character)과 공통조상으로부터 그대로 물려받은 형질인 **조상형질**(ancestral

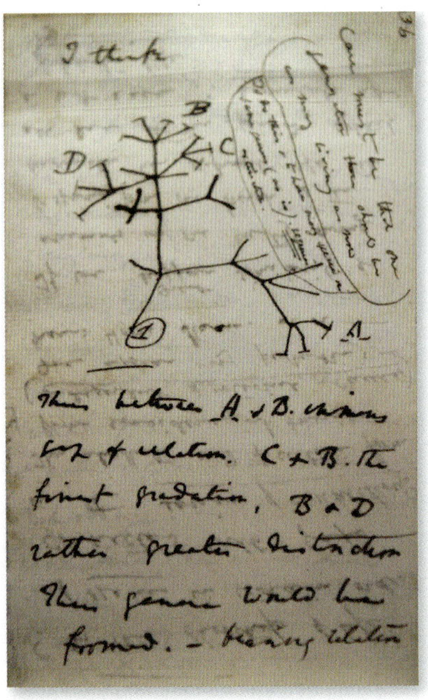

a.

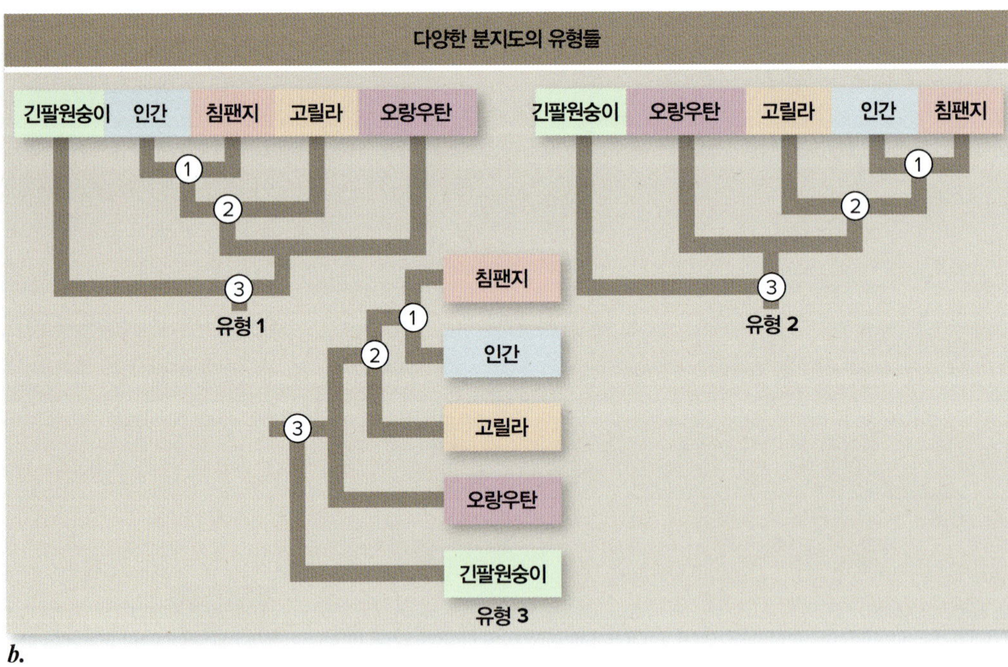

b.

그림 7.32 계통수는 진화적 유연관계를 나타내는 그림이다.
a. 1837년 쓰여진 다윈의 노트에 수록된 그림으로, 그의 저서 〈종의 기원〉의 바탕이 된 개념. 다윈은 생명계를 나무처럼 가지가 퍼져 나가는 모습으로 보고 종들을 잔가지의 끝에 매달려 있는 것으로 표현하였으며, 진화적 변화를 나무가 자라면서 가지를 만드는 양상으로 표현하였다. ***b.*** 계통수의 예. 인간은 침팬지와 가장 유연관계가 깊은데, 이는 다른 종들보다 서로 가장 가까운 공통조상(1번 분지점)을 가지기 때문이다. 유사하게 인간과 침팬지와 고릴라는 서로 가장 가까운 공통조상(2번 분지점)을 가지며 오랑우탄은 이 공통조상을 공유하지 못한다. 모든 유인원 종들이 공유하는 공통조상은 3번 분지점에 위치한다. 각 분지점에서 두 후손들의 좌우 또는 위아래 위치가 바뀌어도 무방하다. 예를 들면, 유형 1에서 고릴라는 인간과 침팬지의 오른쪽에 위치하였지만 유형 2에서는 왼쪽으로 이동하였다. 그러나 이러한 위치의 차이가 인간이나 침팬지 중 어느 하나가 고릴라와 진화적으로 더 가깝다는 것을 나타내는 것은 아니라는 점을 유의해야 한다.

형질: 동물의 종류	턱	폐	양막	털	꼬리 소실	직립 보행
칠성장어	0	0	0	0	0	0
상어	1	0	0	0	0	0
도롱뇽	1	1	0	0	0	0
도마뱀	1	1	1	0	0	0
호랑이	1	1	1	1	0	0
고릴라	1	1	1	1	1	0
인간	1	1	1	1	1	1

a.

b.

그림 7.33 분지도.
a. 7종의 척추동물의 형태학적 특징 자료를 표로 나타냄. "1"은 파생형질이 존재함을 "0"은 파생형질이 존재하지 않음을 나타낸다(꼬리 소실은 꼬리가 없는 것이 파생형질이라는 뜻이다. 그 외의 다른 형질에서는 그 형질이 존재하지 않는 것이 조상형질이다). *b.* 파생형질의 유무로 생물체 간의 관계를 도식화한 분지도. 가지가 나누어지는 곳에 표시된 파생형질은 분지점 위의 모든 종이 공유하지만 분지점 아래의 종에서는 나타나지 않는다. 외군(칠성장어)은 어떤 파생형질도 가지고 있지 않다.

character, apomorphy)을 구분하고 있으며, **분지론**(cladistics)에서는 진화적 관계의 설정에 공유 파생형질만을 이용한다. 예를 들면, 포유류에 있어 털의 존재는 공유 파생형질이고, 그에 비해 폐는 양서류와 파충류도 가지고 있고 포유류의 공통조상에 앞서 진화된 것이기에 조상형질로 간주된다(**그림 7.33**). 따라서 폐를 가지고 있다는 사실만 가지고 포유류 사이의 유연관계가 포유류와 양서류(또는 파충류) 사이의 유연관계보다 더 깊다고 할 수는 없다. 반면에 공유 파생형질인 털의 존재는 모든 포유류의 공통조상이 포유류, 양서류, 파충류의 공통조상보다 더 나중에 생겼다는 것을 보여준다.

조상형질과 파생형질의 구분

자료가 수집된 다음 단계는 형질을 극성화(polarization)하여 한 형질의 상태를 조상형과 파생형으로 구분하는 일이다. 그 예로 꼬리 형질을 극성화하려면, 이 집단의 가장 최근에 나타난 공통조상에 꼬리가 있었는지 알아내야 한다. 일반적으로 화석이 가장 최근의 공통조상을 대표하는 것은 아니기에 형질의 극성 파악을 위해 **외군**(outgroup)을 이용하는 비교 방법이 사용된다. 외군으로 이용되는 분류군은 연구 대상 분류군에는 속하지 않으나, 연구 대상과 유연관계가 깊은 인접 분류군이다. 연구 대상 분류군이 다중 형질상태를 보일 때 외군이 그중 하나의 형질을 나타낸다면, 그 특성은 조상형질이 될 것이고, 다른 형질은 파생형질이 될 수 있다. 극성(polarity)의 판정은 동일한 형질상태가 여러 다른 외군에서 나타날 때 가장 신뢰할 수 있다. 앞 예에서 언급한 꼬리는 척추동물의 가장 가까운 외군들에서도 일반적으로 나타난다. 그러므로 척추동물의 꼬리는 조상형질이고 꼬리가 없는 것은 파생형질인 것으로 결론지을 수 있다.

분지도 작성

모든 형질의 극성이 결정되면 이를 이용하여 진화적 관계의 가설을 묘사하는 **분지도**(cladogram)를 작성한다. 파생형질들을 가진 종들은 공통조상을 공유하는 것으로 판단하며, 하나의 **분기군**(clade)을 구성한다. 분기군은 하나의 공통조상과 후손 모두를 묶는 진화적 단위이며, 하나의 분기군에 연결된 모든 생물이 공유하는 파생형질을 **공통파생형질**(synapomorphy)이라고 한다. **그림 7.33***b*의 분지도에서 각 분기군은 서로 포함하고 포함되는 관계에 있으며, 각각 특정 공통파생형질을 지닌다. 이 분지도에서 **양막류**(amniotes)는 **양막**(amniotic membrane)을 공통파생형질로 가지는 분기군이 되고, 그 중 포유류 분기군은 털이라는 공통파생형질을 가진다.

조상형질의 상태를 **원시형질**(plesiomorphy)이라고 하고, 공통된 조상형질 상태를 **공통원시형질**(symplesiomorphy)이라고 한다. 공통원시형질은 공통파생형질과 달리 계통진화 관계에 대한 정보를 제공하지 못한다. 칠성장어와 상어, 도롱뇽, 도마뱀, 호랑이가 모두 가지는 꼬리의 존재에 대해 다시 한번 생각해 보자. 꼬리를 가진 호랑이가 유인원이나 사람 등 다른 포유류보다 도마뱀이나 상어와 더 가까운 유연관계를 가진다는 것일까? 물론 아니다. 공통원시형질은 먼

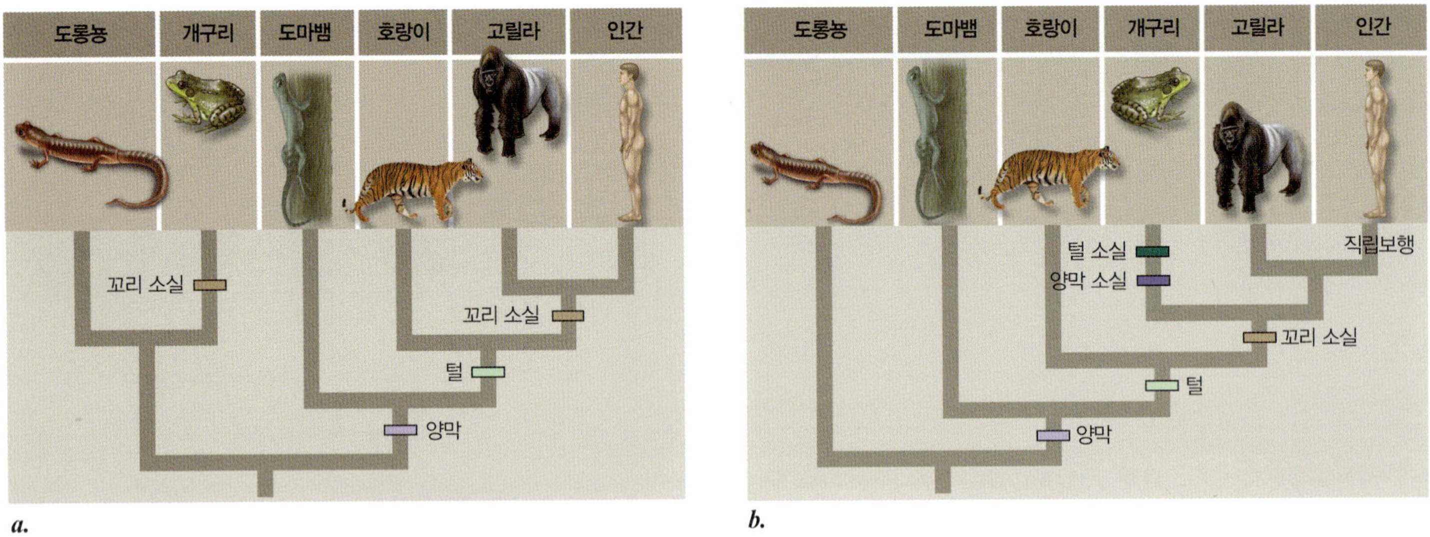

그림 7.34 최소화와 상사성.
a. 개구리와 도롱뇽을 가까운 유연관계에 놓게 되면 그림에서 꼬리 소실이 2번 일어나야 한다(상사성). *b.* 개구리가 고릴라와 인간과 가까운 유연관계에 있으려면, 꼬리 소실만 1번 일어나야 했다. 하지만 이런 방식으로 개구리는 양막과 털의 소실이라는 2가지 변화가 더 필요하다(호랑이와 인간과 고릴라의 분지에서 각각 털이 독립적으로 진화되었다고 해석할 수도 있겠지만 이렇게 간다면 개구리의 털이 생겼다가 사라진다는 2번의 변화를 필요로 한다). 최소화 원칙에서는 더 적은 진화적 변화가 선호된다. 이 경우에 *a*는 4번의 변화가, *b*는 5번의 변화가 각각 필요하다. 따라서 *a*의 진화적 관계 가설이 더 타당해 보인다.

조상으로부터 물려받은 것이기 때문에 이를 공유한다고 해서 서로 가까운 유연관계를 의미하지는 않는다.

상사성과 최소화 원칙

계통진화에 관한 연구는 실제로 앞에서 든 예처럼 그렇게 단순하지는 않다. 왜냐하면 어떤 동일한 형질이 여러 종에서 독립적으로 진화할 수 있기 때문이다. 이런 형질들이 공통파생형질로 분류될 경우 잘못된 해석을 불러일으킬 수 있으며, 동일 분지 내 종들이 조상 상태로 역진화해서 파생형질이 없어질 수도 있다. 공통조상으로부터 물려받지 않았지만 동일한 형질상태를 나타내는 현상을 **상사성**(homoplasy)이라고 하며, 이는 수렴진화나 역진화 때문에 나타날 수 있다. 예를 들어 개구리에 꼬리가 없는 것은 사람, 고릴라와 함께 묶일 수 있는 공통파생형질이 될 수 있지만, 개구리는 고릴라와 사람이 속한 분기군의 공통파생형질인 양막과 털이 없다.

이와 같이 형질 사이의 불일치가 생길 경우, 계통분류학자는 **최소화 원칙**(principle of parsimony)을 적용한다. 최소화 원칙이란 최소

	DNA 서열									
염기서열 부위	1	2	3	4	5	6	7	8	9	10
종 A	G	C	A	T	A	G	G	C	G	T
종 B	A	C	A	G	C	C	G	C	A	T
종 C	G	C	A	T	A	G	G	T	G	T
종 D	A	C	A	T	C	G	G	T	G	G
외군	A	T	A	T	C	C	G	T	A	T

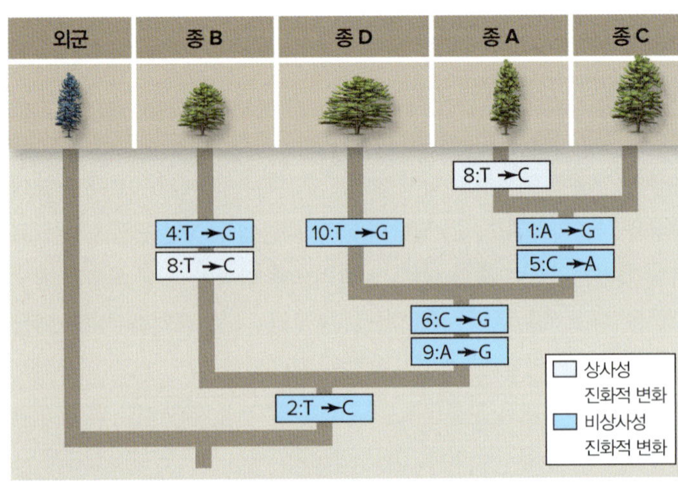

그림 7.35 **DNA 염기서열 자료의 분지론적 분석.**
염기서열 자료도 다른 형태적 자료처럼 동일하게 분석된다. 가장 최소화한 DNA 염기서열 자료 해석은 9번의 진화적 변화를 필요로 하며, 각 변화는 계통도에 표시된다. 서열 8번 지점에서 종 A와 종 B는 각각 타이민을 사이토신으로 변화시켰는데, 이는 상사성의 변화라고 할 수 있다. 모든 대상 종들이 공통조상에서 기원한 파생형질과 같은 형태의 형질을 가지고 있는 상황이면 비상사성 형질이라고 간주할 수 있다. 이러한 형질을 상동성(homologus)이라고 표현하기도 한다.

의 진화적 사건이 포함된 가설을 진리에 가까운 것으로 선택한다는 뜻이다(**그림 7.34**). 개구리와 도롱뇽을 하나의 분기군으로 묶을 경우 개구리에서 꼬리의 소실이라는 진화가 한 차례 일어났다고 볼 수 있다. 그러나 꼬리가 없다고 해서 개구리를 고릴라와 사람이 속하는 분기군에 함께 묶으면 개구리에서 양막과 털의 소실이라는 두 차례의 진화가 일어났다고 보아야 한다. 따라서 개구리를 도롱뇽과 묶을 때의 진화적 가설이 더 간단하며, 최소화 원칙에 의하면 이 가설이 더 합당해진다.

앞의 예들은 형태학적 형질을 이용한 것이지만 DNA 염기서열자료에서도 다른 자료와 마찬가지로 이를 분석하여 이용하는데, 형질상태를 외군의 서열자료에 의해 극성화하고, 이로부터 형질 진화의 수를 최소화해 주는 분지도를 작성할 수 있다(**그림 7.35**).

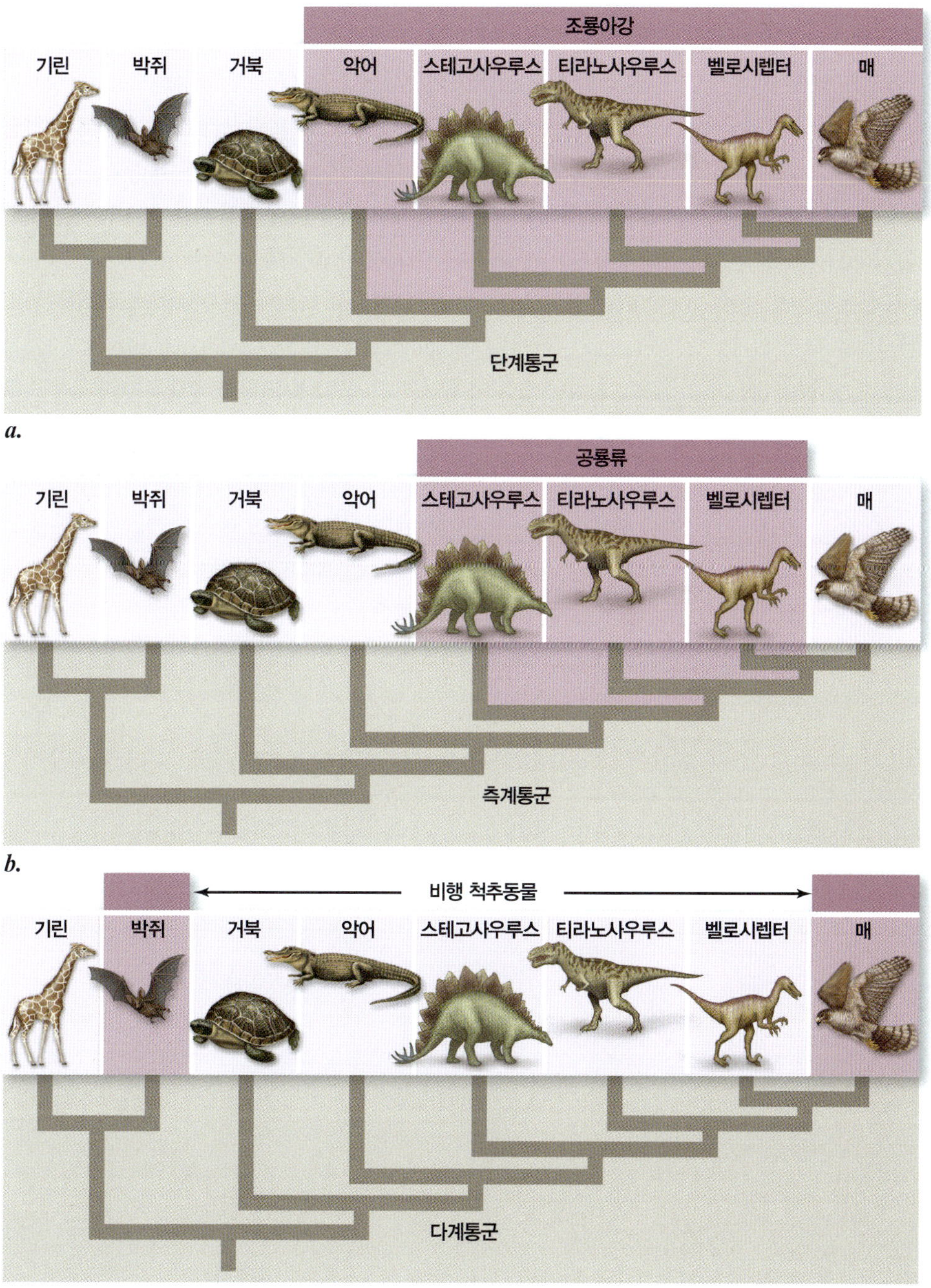

그림 7.36 단계통군, 측계통군, 다계통군. ***a.*** 단계통군은 최근 공통조상과 그 후손 모두를 포함한다. 그 실례로 "조룡류(Archosaurs)"는 악어, 스테고사우루스, 티라노사우루스, 벨로시렙터와 매를 포함하는 단계통군이다. ***b.*** 측계통군은 최근 공통조상과 그 후손 중 일부를 포함한다. 전통적으로 "공룡(dinosaurs)"은 스테고사우루스, 티라노사우루스, 벨로시렙터를 포함하는 측계통군이다. 이 군은 최근 조상의 또 다른 후손인 조류(새)가 무리에 포함되지 않았으므로 측계통군으로 간주해야 하는 것이다. 일부 분류학자들은 공룡 안에 새를 포함시키는데, 그 이유는 사실 티라노사우루스, 벨로시렙터가 다른 공룡보다는 조류와 진화적으로 가깝기 때문이다. ***c.*** 다계통군은 가장 최근 조상을 포함하지 않는다. 겉모습과 해부학적 특징, 서식지가 유사하다는 이유로 "비행 척추동물" 무리에 박쥐와 새를 같은 군으로 넣어 분류하는 사례가 있다. 그러나 새와 박쥐의 유사성은 공통조상으로부터 유래한 것이 아닌 수렴진화의 결과이다.

계통분류학과 분류

계통분류학(systematics)이 진화적 관계를 추정하는 연구라면 분류(classification)는 종 등의 분류단위를 어떻게 정하는지에 대한 연구 분야이다.

분류학의 계층성

분류학(taxonomy)은 생명체들을 체계적으로 배열하는 과학이다. 분류 체계(classification system)에서는 특정 수준에서 생명체들의 한 무리를 **분류군**(taxon)이라고 한다. 전 세계의 분류학자들은 약속에 따라 두 단어로 종을 표현하는 2명법(binomial name)을 쓴다. 앞의 단어는 그 생명체가 속하는 속(genus)의 이름이고 항상 대문자로 시작하며, 뒤의 단어는 종명으로 소문자를 쓴다. 이 2개의 단어로 만들어진 이름을 소위 학명(scientific name)이라고 하며, 항상 이탤릭체로 써야 한다(예, *Homo sapiens*, 줄여서 *H. sapiens*). 전 세계 어디에서든 하나의 종은 하나의 학명으로 불리기 때문에 지역마다 다르게 부를 수 있는 일반명에서 나오는 혼동을 피할 수 있는 것이다.

분류 체계는 계층성이 있어서 낮은 단계의 많은 분류군들을 묶어가며 더 높은 단계의 소수 분류군이 존재하는 형식으로 되어 있다. 가장 낮은 단계부터 **종**(species), **속**(genus), **과**(family), **목**(order), **강**(class), **문**(phylum), **계**(kingdom)가 된다. 계 위의 최상위는 **역**(domain)이라고 쓴다.

계통진화 관계와 전통적 분류의 불일치

계통진화 관계와 전통적 분류는 항상 일치하지는 않는다. **단계통군**(monophyletic group)은 대상 분류군의 가장 최근 공통조상과 그 후손 모두를 포함한다. 즉 하나의 분기군은 하나의 단계통군을 나타낸다. 그에 비해 **측계통군**(paraphyletic group)은 대상 분류군의 가장 최근 공통조상은 포함하지만, 그 후손 모두를 포함하지는 않으며, **다계통군**(polyphyletic group)은 대상 분류군의 가장 최근 공통조상을 포함하지 않는다(**그림 7.36**). 분류 체계는 공통된 형질에 기초하며, 이상적으로는 진화적 관계를 반영해야 한다. 그러나 전통적인 분류군은 계통진화적 관계를 이해하는 데 적합하지 않을 때가 많다. 그 예로 새는 조류로, 공룡은 파충류로 분류되어 왔다. 하지만 최근의 계통진화학 연구로부터 새는 공룡에서 진화했으며, 모든 새와 일부 공룡의 조상은 육식 공룡이었다는 것이 확실해지고 있다(**그림 7.36** 참조). 따라서 조류와 파충류를 서로 다른 두 분류군으로 나누는 것은 계통진화에서는 맞지 않다. 조류와 파충류라는 용어가 너무 익숙해서 당장 새를 공룡의 한 형태, 즉 파충류의 한 형태라고 하기는 어렵다. 그럼에도 불구하고, 새를 공룡의 무리인 파충류에 속하는 것으로 분류하는 생물학자들이 증가하고 있다.

이런 상황은 식물 분류군에서도 나타난다. 전통적으로 식물은 조류(algae), 선태류(bryophyte), 관다발식물(vascular plant)의 3가지 주요 분류군으로 구분되어 왔지만, 녹조류나 선태류가 단계통으로 구성되지 않는다는 최근의 연구 결과가 있다. 따라서 분류학자들은 더 이상 녹조류나 선태류를 하나의 고유한 진화적 계통으로 간주하지 않으며, 진화적 관계를 반영하는 새로운 분류 체계를 구축하기 위해 노력하고 있다.

핵심 개념 요약

7.1 다윈과 자연선택

- 집단의 개체수가 증가할 때, 개체들이 얻을 수 있는 자원은 한정되어 있어 경쟁이 보다 극심해질 것이고, 생존이나 생식에 유리한 형질을 가지고 있는 개체들만이 더 많은 자손을 남길 수 있을 것이다. 이 형질이 유전된다면, 세대를 거듭하며 집단에서 이 형질의 빈도가 증가하고 집단 전체의 특성도 점차 변하게 되는데, 이를 자연선택이라 한다.
- 자연선택이 작용하려면 개체 사이에 변이가 존재해야 하고, 이로 인해 다음 세대의 자손 수에 차이가 나타나야 하며, 이 변이는 다음 세대에 유전될 수 있어야 한다.

7.2 진화의 증거

- 진화의 가장 직접적인 근거는 화석 기록에서 발견된다.
- 자연선택이 서로 완전히 다른 생물에서 유사한 표현형이 생기도록 작용하는 경우, 이러한 진화를 수렴진화라고 한다.
- 생명체의 유전자나 분자구조를 분석하여 분류군 간의 진화적 근연 정도를 더 자세히 파악할 수 있다.

7.3 진화의 현대적 연구: 집단유전학

- 하디-바인베르크 이론에 따르면 한 집단에서 돌연변이가 없고, 다른 집단과 유전적 교류가 없으며, 교배가 무작위로 이루어지고, 집단의 규모가 충분히 크고, 자연선택이 일어나지 않으면, 원래의 대립유전자 빈도는 세대가 거듭되어도 일정하게 유지된다.
- 소집단에서 대립유전자의 빈도는 우연에 의해 크게 변할 수 있는데, 이와 같은 무작위적인 대립유전자 빈도의 변화를 유전적 부동이라고 한다.

7.4 적응도와 성선택

- 어떤 표현형을 가진 개체들이 다른 표현형을 가진 개체보다 다음 세대에서 더 많은 자손을 남길 때 자연선택이 일어난다. 진화생물학자들은 생식적 성공을 통해 적응도를 측정하는데, 이는 다음 세대에 살아남은 자손의 수를 의미한다.
- 한쪽 성은 다른 쪽 성을 가진 개체를 선택할 수 있는데, 이는 대개 양육투자를 많이 하는 쪽에서 결정권을 갖는다.
- 성내 선택은 동성 내에서 교배의 기회를 얻기 위한 경쟁을 의미한다. 성간 선택은 한쪽 성이 짝을 선택하는 것이다. 짝 선택은 직접적 이익(자원의 이용 증가, 자손돌봄)과 간접적 이익(양질의 유전자)을 제공한다.

7.5 자연선택의 유형

- 한 표현형의 적응도는 집단 내에서 그 표현형의 빈도에 따라 달라지는 경우가 있는데, 이런 현상을 빈도의존적 선택이라 부른다. 만약 희귀 표현형이 선호되어 선택된다면 이를 음성 빈도의존적 선택이라 한다.
- 분단성 선택에서는 한 형질의 표현형 중에서 중간형이 도태되고, 극단적인 형태가 선택된다. 방향성 선택에서는 한쪽의 극단적 형질을 가진 개체들이 선택된다. 안정화 선택에서는 중간 형태의 표현형을 갖는 개체들이 선택되며, 극단적인 양쪽의 표현형은 도태된다.

7.6 종분화와 생물다양성

- 생물학적 종의 개념에 따르면, 종은 그 구성원들이 자연 상태에서 상호교배하며 다른 그룹과 생식적으로 독립된 집단이다.
- 다른 종 간에는 성공적인 생식을 막는 여러 가지 장애물이 존재하는데, 이러한 장애를 생식적 격리기작이라고 하고, 접합전격리기작과 접합후격리기작으로 구분한다.
- 종분화가 일어나려면 반드시 집단의 지리적 격리가 선행되어야 하는 것은 아니다. 동소성 종분화는 비교적 짧은 시간에 일어날 수 있는 기작으로, 이런 유형의 대표적인 예로 흔하게 나타나는 배수성에 의한 종분화가 있다.
- 이소성 종분화는 지리적으로 격리된 집단 간에 발생하며, 대부분의 종분화가 여기에 속한다.

7.7 계통수와 진화적 관계

- 분지론에서는 진화적 관계의 설정에 공유 파생형질만을 이용하며, 분지도는 최소화의 원칙에 입각하여 만들어진다.
- 분지는 공통조상과 후손 모두를 묶는 진화적 단위가 되며, 하나의 분지에 연결된 모든 생물이 공유하는 파생형질을 공통파생형질이라고 한다.
- 단계통군은 대상 분류군의 가장 최근 공통조상과 그 후손 모두를 포함한다. 그에 비해 측계통군은 대상 분류군의 가장 최근 공통조상은 포함하지만, 그 후손 모두를 포함하지는 않는다. 다계통군은 대상 분류군의 가장 최근 공통조상을 포함하지 않는다.

연습문제

■1단계: 이해력 확인하기

1. 다음 중 상동구조에 관한 설명으로 옳은 것은?

① 공통조상의 같은 구조에서 기원한 둘 이상의 종에 있는 구조이다.
② 서로 다른 종에서 똑같이 보이는 구조이다.
③ 서로 다른 종에서 다른 기능을 수행할 수 없다.
④ 서로 다른 종에서 다른 기능을 수행해야만 한다.

2. 다음 중 수렴진화에 관한 설명으로 옳은 것은?

① 안정화 선택의 한 예이다.
② 다른 종 또는 개체군에서 독립적으로 비슷한 표현형을 생산하는 자연선택에 의존한다.
③ 오직 섬에서만 일어난다.
④ 서로 다른 계통이 매우 다른 선택적 환경에 노출되었을 때 일어날 수 있다.

3. 다윈의 핀치새 연구가 자연선택에 의한 진화 연구에서 주목받을 수 있었던 이유는?

① 갈라파고스 군도에서 서식하던 여러 종들의 후손이기 때문이다.
② 갈라파고스 군도의 한 종에서 갈라져 나왔기 때문이다.
③ 다른 종들보다 본토종과 더 유연관계가 가깝기 때문이다.
④ ①~③ 중 답이 없다.

4. 다음 중 이소성 종분화에 관한 설명으로 옳은 것은?

① 동소성 종분화보다 덜 빈번하게 일어난다.
② 일종의 지리적 격리를 포함한다.
③ 식물에서 일어나는 유일한 종분화이다.
④ 배수성이 요구된다.

5. 다음 중 창시자효과와 병목현상에 대한 설명으로 옳은 것은?

① 큰 집단에서만 예상된다.
② 어떤 집단에서 유전적 변이를 증가시키는 기작이다.
③ 자연선택의 2가지 다른 방식이다.
④ 유전적 부동의 형태이다.

6. 다음 중 적응방산에 관한 설명으로 옳은 것은?

① 발전소에서 사용되는 농축 우라늄의 결과이다.
② 다른 환경을 이용하도록 적응되는 근연종들의 진화이다.
③ 유전적 부동의 결과이다.
④ 적응 형질의 유지에 유리한 안정화 선택의 결과이다.

7. 표현형의 유사성이 진화적 관계를 항상 반영하지는 <u>않는</u> 이유는?

① 수렴진화 때문에
② 서로 다른 종류의 형질에서 진화적 변화율이 다양하기 때문에
③ 상사성 때문에
④ 위의 모든 이유가 해당되기 때문에

8. 다음 중 상대 적응도에 대한 설명으로 옳은 것은?

① 한 표현형의 생존율과 다른 표현형의 생존율을 비교하는 것을 말한다.
② 한 개체의 형제와 사촌에게서 나타나는 신체적 조건이다.
③ 한 표현형의 생식 성공을 말한다.
④ ①~③ 모두 옳지 않다.

9. 하디-바인베르크 평형에 있는 한 식물 개체군은 빨간색 꽃(우성 대립유전자) 또는 하얀색 꽃으로 이루어져 있는데, 빨간색 꽃의 빈도는 91%이다. 빨간색 꽃 대립유전자의 빈도는 얼마인가?

① 9%
② 30%
③ 91%
④ 70%

10. 유전적 부동과 자연선택은 모두 빠른 속도의 진화를 이끌 수 있다. 이 두 과정에 관한 설명으로 옳은 것은?

① 유전적 부동은 큰 개체군에서 가장 빠르게 작용한다.
② 오직 부동만이 적응을 이끈다.
③ 자연선택은 개체군에서 새로운 변이를 만들기 위해서 유전적 부동을 필요로 한다.
④ 이 두 과정은 유전자 흐름에 의해 느려질 수 있다.

11. 수렴진화가 종종 다른 섬에 있는 종 사이에서도 나타나는 이유는?

① 일반적으로 섬 개체군이 작고, 유전적 부동으로 인해 더 영향을 받기 때문이다.
② 분단성 선택이 섬에서 일어나기 때문이다.
③ 섬에 있는 종들이 다른 곳의 비슷한 서식지를 가진 종들과 계통적 유연관계가 높기 때문이다.
④ 각기 다른 섬에 정착한 다른 종의 개체들이 비슷한 서식지에 적응 진화하였기 때문이다.

12. 다음 중 일반적으로 자연선택의 역할에 관한 설명으로 옳은 것은?

① 종분화의 확률을 높여준다.
② 생식적 격리를 증가시켜 준다.
③ 잡종의 생존과 생식을 불리하게 만든다.
④ ①~② 모두 옳다.

13. 자연선택이 진화적 변화를 가져오기 위해서 요구되는 것으로 옳은 것은?

① 집단 내에 변이가 있어야 한다.
② 서로 다른 표현형의 생식 성공은 달라야 한다.
③ 변이는 한 세대에서 다음 세대로 물려져야 한다.
④ ①~③ 모두 옳다.

14. 다음 중 접합전격리의 기작에 포함되지 않는 것은?

① 잡종의 불임
② 구애 행동
③ 서식지 분리
④ 계절에 따른 교미

15. 자연선택이 종분화로 이어질 수 있는 이유로 적합한 것은?

① 작은 집단이 큰 집단보다 더 많이 확산하도록 함으로써
② 서로 다른 서식지에 적응하면서 두 집단이 습득하는 진화적 변화가 생식적으로 격리시키는 효과를 가질 수 있기 때문에
③ 여러 집단에서 동일한 진화적 변화를 선호함으로써
④ 중간의 표현형을 선호함으로써

16. 최소화의 원칙에 대한 설명으로 옳은 것은?

① 진화생물학자들이 경쟁하는 여러 계통학적 가설들을 구분, 평가하는 데 도움을 준다.
② 형질의 극성 결정을 필요로 하지 않는다.
③ 계통발생 분석에서 외군의 이용을 피할 수 있는 좋은 방법이다.
④ 분자적 특성에는 적용될 수 없다.

17. 다음 중 수렴진화 때문에 유사한 표현형을 갖는 종을 포함하는 분류군은 무엇인가?

① 측계통성이다.
② 단계통성이다.
③ 다계통성이다.
④ 하나의 분기군이다.

■2단계: 분석 및 적용하기

18. 미국 남서부의 사막에서 커다란 검은 용암이 흘렀던 지역에 서식하는 한 종의 개체군은 주로 검은색 개체들로 이루어져 있다. 하지만 대조적으로 용암이 거의 흐르지 않았던 지역의 개체군은 상대적으로 높은 비율의 밝은색 개체들이 흔히 존재한다. 이러한 차이를 어떻게 설명할 수 있는가?

19. 분지론은 계통분류학에서 널리 활용되는 방법이며, 분류 체계(분류학)에서 진화 관계에 대한 지식을 반영하는 경향성이 커지고 있다. 새를 예로 들어 조류를 파충류와 동등하게 보거나 다르게 보는 것의 장단점을 논의해 보라.

20. **그림 7.33**의 생물군에서 공통파생형질과 이에 의해 정의된 분류군을 나열하라. 어떤 종류의 형질이 그 집단을 정의하는 정보를 제공해 줄 수 있는지 공통파생형질로 정의된 각 군의 이름을 써라.

8

생물의 다양성

도입

지구상의 모든 생물은 하나의 기원을 가지고 있으며, 아주 단순한 세포에서 진화하였다. 현재의 생물은 진핵생물 외에도 세균과 고세균이 있으며, 진핵생물은 식물, 동물 외에 원생생물, 균류를 포함한다. 바이러스는 세포의 구조를 갖지 않으나, 질병을 일으키는 능력과 생태계에 미치는 영향을 고려할 때 생명과학적으로 매우 중요한 존재이다.

8.1 생명의 기원

지구상의 생명의 기원과 역사는 지구의 지질, 기후, 대기의 변화와 연결되어 있다. 생명의 다양성을 이해하기 위해서는 먼저 생명이 어떻게 만들어졌으며, 지질학적 시간 규모에서 지구의 역사와 생물이 지구 시스템에 어떤 영향을 미쳤는지에 대해 살펴볼 필요가 있다.

지질학적 시간과 다양한 생명체의 출현

지구 초기의 모습을 확실히 아는 것은 불가능하지만, 지질학적 증거에 의하면 46억 년 전 유성이 지구와 충돌하여 그 파편이 달을 형성하였다는 것을 알 수 있다. 불덩어리 같은 지구와 때로는 얼어붙은 지구 사이를 왔다 갔다 하는 매우 역동적인 환경에서는 생명체가 나타나기 힘들었을 것이다. 초기의 지구가 서서히 차가워지면서 구름이 대기에 응축되었고, 비가 내려 이산화탄소 대기하에 따뜻한 바다가 형성되었다.

그 후, 지질학적 시간의 어느 시점에 생명이 출현했다. 하데스이언(hadean eon)에 이은 시생이언(archean eon)에 몇몇 화석 증거가 존재한다. 지구 역사에서 20억 년이 지나고 원생이언(proterozoic eon; '초기 생명체'를 의미)이 시작되었다. 전체적으로 하데스이언,

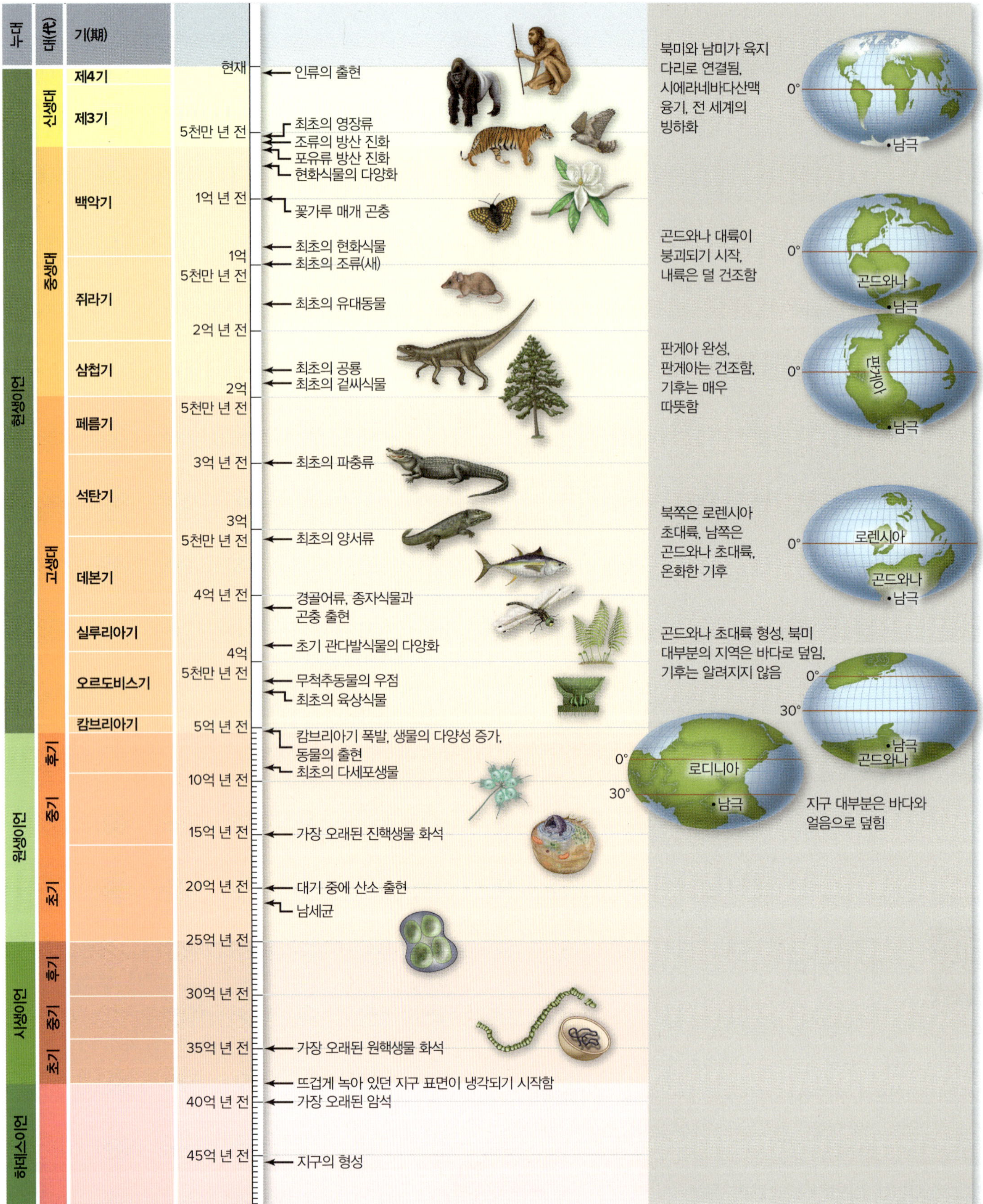

그림 8.1 지질학적 연대와 지구상의 생명의 진화.

시생이언, 원생이언은 **선캄브리아기**(precambrian)로 불린다. 캄브리아기 중에서도 첫 시기인 현생이언(phanerozoic eon; '눈에 보이는 생명체'를 의미)의 고생대가 시작되면서 놀랄만한 다양성을 지닌 다세포 생물이 생겨났다. 현생이언은 지구 역사에서 단 12%만을 차지하지만, 다세포 생물의 다양성과 관련한 생물학적 역사의 대부분을 차지한다. 조류와 포유류들은 지구 역사의 4% 동안 존재하였고, 인간은 지구 역사의 0.2% 동안만 존재했다(**그림 8.1**).

생명의 기원

초기 지구의 대기는 주로 이산화탄소(CO_2)와 질소(N_2)로 구성되어 있었으며, 상당량의 수증기(H_2O)도 포함하고 있었다. 또한 수소 기체(H_2), 수소 원자, 그 밖에 가벼운 원소들(황, 질소, 탄소)의 혼합물도 함유하여, 황화수소(H_2S), 암모니아(NH_3), 메테인(CH_4) 등이 생성되었을 가능성이 있다. 이러한 초기 지구의 대기를 **환원대기**(reducing atmosphere)라고 한다.

초기 지구에 어떠한 유기분자들이 존재하였는지에 대한 연구는 1953년에 밀러(Stanley L. Miller)와 유리(Harold C. Urey)에 의하여 처음 시도되었다. 그들은 실험을 수행하기 위해 (1) H_2가 풍부한 환원대기를 모으고 O_2를 제거하였으며, (2) 이 환원대기를 액상의 물과 혼합시켰고, (3) 이 혼합물을 100℃ 이하의 온도에서 유지하면서 (4) 번개 시뮬레이션을 이용하여 방전의 형태로 에너지를 충돌시켰다(**그림 8.2**). 그들은 일주일 안에 메테인 가스(CH_4), 폼알데하이드(CH_2O) 및 시안화수소(HCN)가 생성되었음을 확인하였다. 이 혼합물은 다시 결합하여 폼산(HCOOH)이나 요소(NH_2CONH_2)와 같은 단순 분자뿐만 아니라 글리신과 알라닌과 같은 아미노산들을 만들었다. 따라서 생물체의 주요 분자들이 초기 지구의 환원대기에서 형성되었을 것으로 추정하고 있다.

유기분자들의 기능적 집합으로부터 진화된 세포

현재는 DNA가 주요 유전정보 분자이지만, 최초의 유전물질은 자가복제에 쓰이는 효소, 즉 라이보자임(ribozyme)으로 작용한 RNA였을 것으로 생각하고 있다(RNA world). 대사경로의 출현에 관한 가설은 최초의 생명체가 **독립영양**(autotrophic) **생물**이며, 단순 무기화합물에서 모든 복잡한 유기분자가 생성되었다고 제안하고 있다. 초기 독립영양 생물들은 포도당을 만들고 저장하여 에너지원으로 이용하였을 것이다. 세포는 정보(information)와 대사(metabolism), 그리고 막(membrane)이 필요한데, 어느 시점에 지질과 단백질 거품은 세포막과 생물의 특성을 가진 살아있는 세포가 되었다고 보고 있다.

초기 세포의 증거

최초의 생명체를 직접 관찰할 수가 없기에 간접적 증거만으로 이를 추정할 수밖에 없다. **미세화석**(microfossil)은 현미경적 크기의 생물이 화석화된 형태인데, 35~38억 년 된 지괴(교란되지 않은 대륙

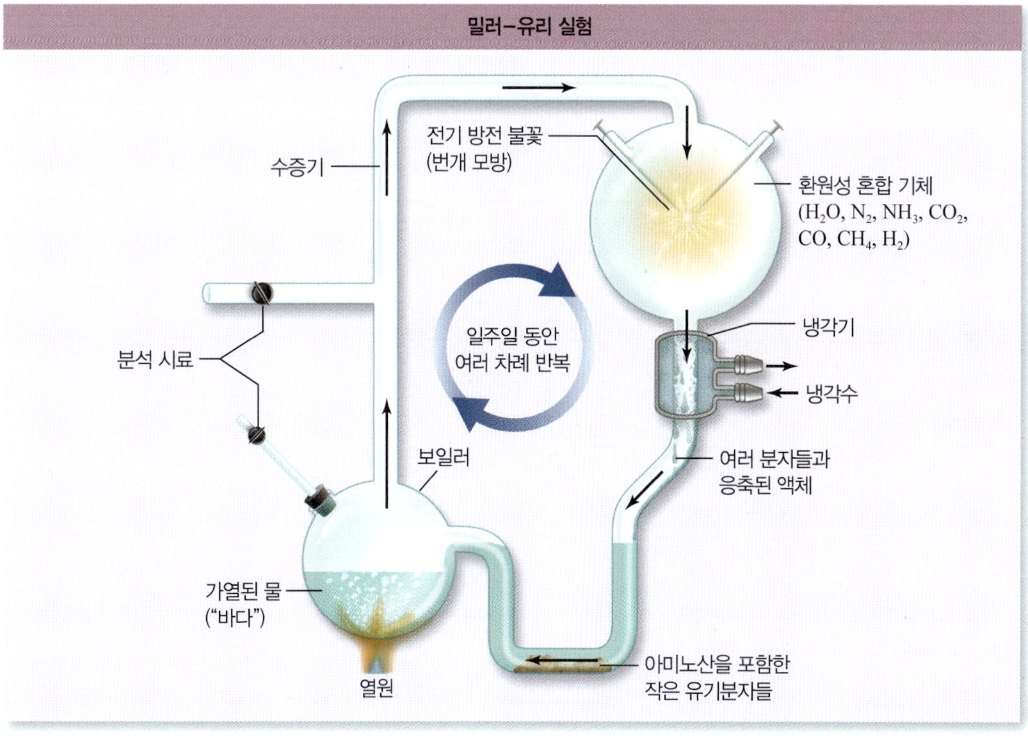

그림 8.2 밀러-유리 실험.
이 장치는 2개의 용기를 연결하는 막힌 관으로 이루어져 있다. 위쪽 용기는 초기 지구 대기의 성분으로 추정되는 혼합 기체로 채워져 있다. 전기 방전 불꽃은 번개를 모방한 것이다. 냉각기는 기체를 냉각시켜 액체가 되도록 하여 두 번째 용기인 "바다"로 떨어지도록 한다. 대기를 모방한 용기에서 형성된 분자들은 이 액체에 녹아 바다 용기로 이동하고, 이를 분석하게 된다.

그림 8.3 스트로마톨라이트.
세균 세포의 매트가 미네랄 침전물을 포획하여 보이는 것과 같이 돔 모양을 형성한다.

지각의 바위층)에서 발견되었다. 동위원소 및 스펙트럼 분석으로 이 미세화석이 복잡한 탄소 분자를 포함한다는 것을 알아냈다.

또한 초기 생명체의 간접적 증거로 **스트로마톨라이트**(stromatolite)가 있다. 이 구조는 흔히 미생물 매트에 부착한 침전물질의 복합체로 해석되는데, 매트를 구성하는 미생물은 주로 **남세균**(cyanobacteria)이다. 스트로마톨라이트의 형성은 27억 년 전으로 거슬러 올라간다(**그림 8.3**).

생물의 분류

현재 지구상의 수많은 생물은 유사한 특성을 가진 집단으로 분류할 수 있다. 생물의 명명법은 스웨덴 생물학자 린네(Carl von Linné, 1707~1778)가 제안한 2명법을 사용한다. 2명법은 생물이 속해 있는 **속**(genus)과 **종**(species)을 나타내는 두 단어를 사용한다. 이를 학명이라고도 하며, 이탤릭체로 쓰는데 속명의 첫 글자는 반드시 대문자를 사용한다. 그 예로 사람의 학명은 호모 사피엔스(*Homo sapiens*)가 된다. 속의 상위 체계로는 **과**(family), **목**(order), **강**(class), **문**(phylum), **계**(kingdom), 그리고 가장 큰 분류체계로는 **역**(domain)이 있다.

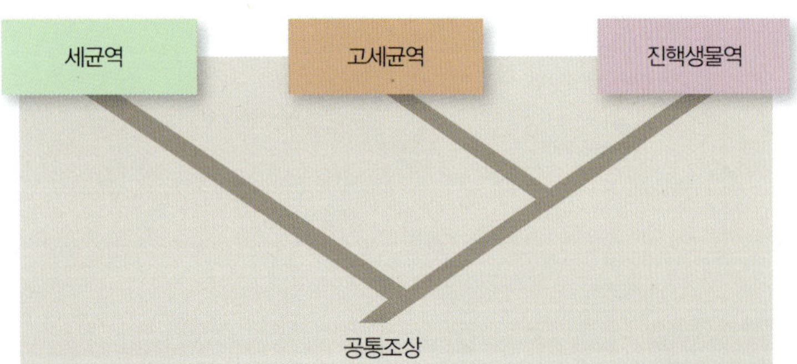

그림 8.4 3역.
세균과 고세균은 모두 원핵생물이지만 가까운 유연관계를 갖지 않는다. 많은 면에서 고세균은 세균보다 진핵생물과 가깝다. 이 계통수는 rRNA 염기서열에 기초한 것이다.

역에는 원핵생물인 **세균역**(domain bacteria)과 고세균역(domain archaea)이 있으며, 나머지 하나는 진핵생물로 구성된 **진핵생물역**(domain eukarya)이다(**그림 8.4**). 계통학적으로 3개의 역은 모두 단계통이며, 진핵생물에는 6개의 대집단이 포함되어 있다(8.4절 참조).

8.2 바이러스

바이러스(virus)는 생물의 특징 중 일부 특성만을 지니며, 스스로 증식할 수 없어 숙주 세포 기구를 이용하여 자신을 복제하여 증식한다. 구조 내에 세포질이 없기에 세포라고 부르지 않으며, 일부 생물학자들은 바이러스를 생물로 간주하지 않는다.

바이러스는 생물학자 스탠리(Wendell Stanley)가 1933년에 담배모자이크바이러스(tobacco mosaic virus, TMV)의 추출물을 정제하던 과정에서 발견되었다. TMV는 RNA가 중심에 있고 바깥쪽에는 단백질로 이루어진 관으로 구성된다. 두 구성요소가 분리된 후 다시 결합하면, 재구성된 TMV 입자들은 건강한 담배 식물들을 감염시킬 수 있다.

바이러스의 구조와 게놈

바이러스는 핵산으로 DNA나 RNA 중 하나를 갖는데, 이 DNA나 RNA 게놈은 선상(linear)이거나 환상(circular), 또는 단일가닥이거나 2중가닥이다. 게놈의 성질 및 복제 방식에 따라 RNA 바이러스, DNA 바이러스, 레트로바이러스로 구분된다.

거의 모든 바이러스의 핵산은 **그림 8.5**에서 보는 것처럼 단백질 껍질인 **캡시드**(capsid)로 둘러싸여 있다. 많은 동물 바이러스는 캡시드 주위에 단백질, 지질, 당단백질 분자가 많은 외피를 가지는데, 외피의 지질은 숙주 세포막으로부터 온 것이지만, 단백질은 바이러스 유전자에 의해 만들어진 것이다.

대부분의 바이러스는 나선형(helical)이거나 **정20면체**(icosahedral)이다. 나선형은 담배모자이크바이러스(**그림 8.5***a*)처럼 전체적으로 막대 또는 실 모양(thread-like)이다. 바이러스의 크기는 다양한데, 소아마비 바이러스(poliovirus)처럼 매우 작은 바이러스는 뉴클레오타이드로부터 핵산을 합성할 수 있는 기기를 이용하여 실제로

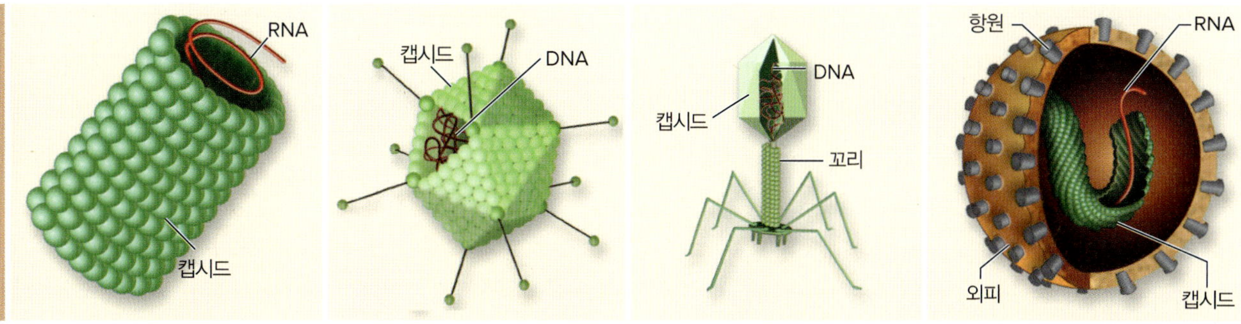

	a.	*b.*	*c.*	*d.*
바이러스	식물 바이러스(TMV)	동물 바이러스(아데노바이러스)	세균 바이러스	동물 바이러스(인플루엔자)
캡시드 형태	나선형	정20면체형	정20면체형 머리: 나선형 꼬리	나선형(외피 있음)

그림 8.5 바이리온의 구조.
바이러스는 나선형, 정20면체형, 2중대칭형, 다형으로 구분된다. ***a.*** 담배모자이크바이러스(TMV)의 캡시드는 나선형 대칭이다. 식물을 감염시키는 TMV는 단일가닥 RNA 유전체(붉은색)를 원통형으로 둘러싼 2,130개의 동일한 단백질 분자(초록색)로 구성된다. ***b.*** 아데노바이러스의 정20면체형 캡시드는 20개의 삼각형 면으로 구성된다. ***c.*** 박테리오파지는 구조가 다양하며, 대장균의 T4 파지는 2중대칭형이다. 이 대칭구조는 특징적으로 바이러스 유전체를 포함하는 정20면체형의 머리와 나선형 꼬리를 갖는다. ***d.*** 인플루엔자바이러스 같은 바이러스는 또한 캡시드를 둘러싼 외피를 가진다. 바이러스 외피의 모양은 다형이다. 외피 안에 8개의 RNA 절편이 있고, 각 절편은 나선형 캡시드로 싸여 있다.

실험실에서 합성될 수 있다.

바이러스의 분류

바이러스는 흔히 분류체계, 유발하는 질병, 숙주범위, 조직친화성, 유전체 구성과 발현에 근거하여 분류된다. 바이러스를 질병에 따라 분류하는 것은 매력적인 방법이지만, 질병을 일으키지 않는 바이러스는 배제되며, 더욱이 일부 바이러스는 상황에 따라 다른 질병을 일으키는 문제점이 있다. 숙주 기반 분류는 바이러스를 숙주범위에 따라 묶어 분류하는데, 어떤 바이러스는 여러 종류의 생물을 감염시키기에 정확하지 않은 단점이 있다.

이보다 더 강력한 방식은 바이러스 유전체가 발현되는 방식을 고려하는 것이다. 노벨상 수상자인 볼티모어(David Baltimore)에 의해 개발된 볼티모어 분류법에서는 바이러스 유전체가 복제되고 발현되는 방식을 7개의 그룹으로 나누는데, 각 바이러스는 오직 하나의 그룹에만 속한다(**그림 8.6**). 2020년 세계적 팬데믹(pandemic)을 유발했던 **COVID-19**(corona virus disease-19)는 4그룹에 속하는 바이러스로서, 양성(+) 단일가닥 RNA 유전체를 가지고 있다. 6그룹은 **레트로바이러스**(Retrovirus)로서, 4그룹처럼 단일가닥 유전체를 가지지만, 발현되기 위해서는 **역전사효소**(reverse transcriptase)에 의해 2중가닥 DNA로 전환되어야 한다. 역전사로 생성된 DNA 단편은 종종 숙주의 염색체 DNA와 통합된다. 후천성면역결핍증(acquired immune deficiency syndrome, AIDS)의 원인이 되는 **인간면역결핍바이러스**(human immunodeficiency virus, HIV)는 레트로바이러스이다.

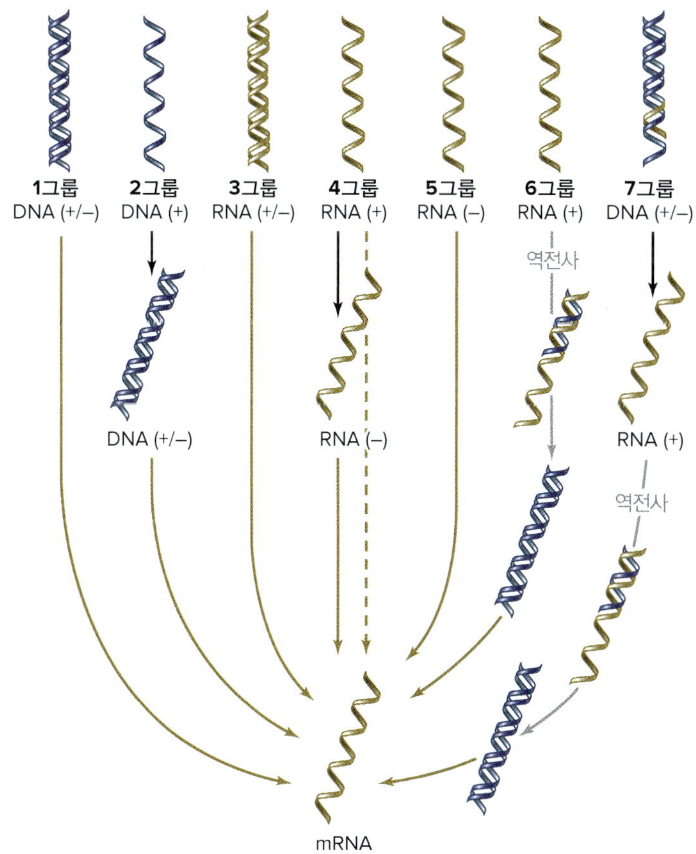

그림 8.6 바이러스의 볼티모어 분류법.
유전체 구성과 유전자 발현을 위한 mRNA 생산 방식에 따라 분류된다. (+)와 (−)는 각각 핵산의 암호화 가닥과 비암호화 가닥을 의미한다. (+) 가닥은 mRNA와 동일한 서열을 가지고, (−) 가닥은 (+) 가닥에 상보적이다.

바이러스 감염 및 생활사

특정 바이러스에 적합한 세포들을 바이러스의 숙주 범위(host range)라고 부르며, 많은 바이러스는 다세포 숙주 내의 특정 세포만을 표적으로 하는 조직 지향성(tissue tropism)을 보인다.

바이러스는 숙주 세포 안으로 들어가서 숙주 세포의 장치를 이용해야만 복제할 수 있다. 세포 밖에서의 바이러스 입자는 **바이리온**(virion)이라고 하는데, 이 입자는 활성이 없다. 바이러스는 단백질 합성에 필요한 리보솜이나 대부분의 효소를 가지지 않으므로, 숙주 세포의 전사와 암호해독 체계를 이용하여 단백질을 합성한다.

박테리오파지(bacteriophage)는 세균에 감염하는 바이러스로, 줄여서 파지(phage)라고도 한다. 파지는 종류에 따라 세균 세포의 외부 표면에서 서로 다른 부분을 표적으로 한다. 박테리오파지가 세균에 침투할 때 부착 후 꼬리가 수축하면서 세균 세포벽에 구멍을 뚫는다. 대부분 DNA로 되어 있는 머리의 내용물을 숙주 세포의 세포질 속으로 주입한다. 그다음 세균의 효소를 이용하여 바이러스 성분들을 합성한 후 조립한다. 마지막 단계에서 숙주 세포를 파괴함으로써 성숙한 바이러스 입자들을 방출한다. 이런 생식주기를 **용균회로**(lytic cycle)라고 한다(**그림 8.7**).

이와 대조적으로, 어떤 박테리오파지는 숙주 세포의 게놈에 자신의 핵산을 삽입하는데, 이렇게 융합하면 숙주 세포가 분열할 때 바이러스가 숙주 세포의 DNA와 함께 복제된다. 이러한 바이러스를 **용원파지**(lysogenic phage)라고 하며, 숙주 세포의 게놈에 융합된 바이러스 DNA를 **프로파지**(prophage), 이와 같은 상태의 세포를 **용원**(lysogen)이라고 한다. 이런 파지 중에는 대장균의 람다(λ)파지가 있다.

바이러스에 의한 질병

인류는 수천 년 동안 독감, 천연두, 간염, 황열병, 소아마비, AIDS, SARS 등의 다양한 바이러스성 질병들을 겪고 있다(**표 8.1**). 1981년 미국에서 처음 공식적으로 보고된 AIDS는 레트로바이러스의 일종이 그 원인이다.

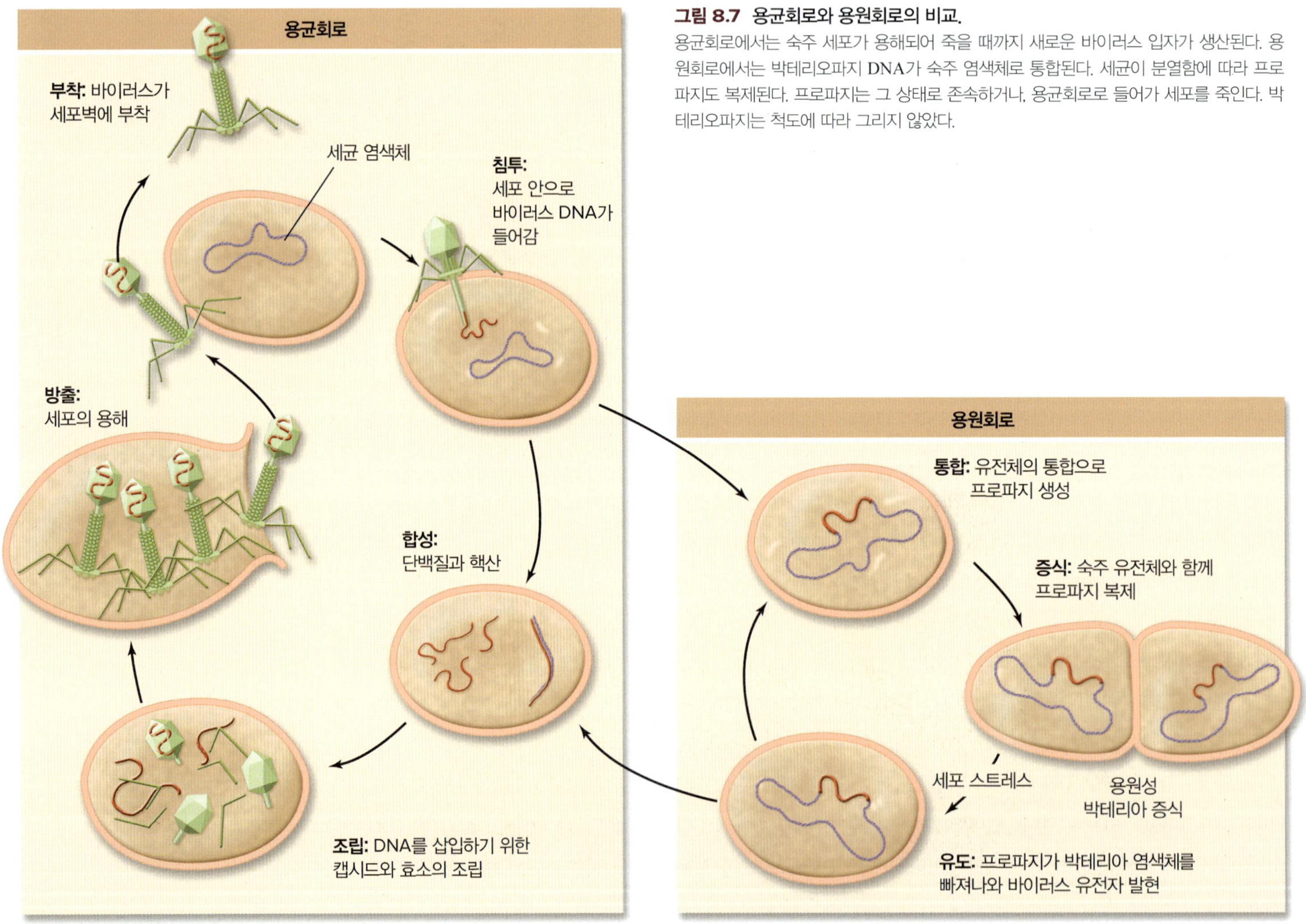

그림 8.7 용균회로와 용원회로의 비교.
용균회로에서는 숙주 세포가 용해되어 죽을 때까지 새로운 바이러스 입자가 생산된다. 용원회로에서는 박테리오파지 DNA가 숙주 염색체로 통합된다. 세균이 분열함에 따라 프로파지도 복제된다. 프로파지는 그 상태로 존속하거나, 용균회로로 들어가 세포를 죽인다. 박테리오파지는 척도에 따라 그리지 않았다.

표 8.1 주요 인체 바이러스 질병

질병	병원체	유전체	매개체/역학
수두	수두대상포진 (varicella-zoster) 바이러스 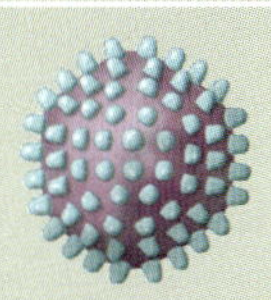	2중가닥 DNA	감염자와 접촉으로 전파됨. 치료제 없음. 치명적인 경우는 드묾. 1995년 초 미국에서 백신이 허가됨. 잠복기를 거쳐 대상포진을 일으킬 수 있음. 고용량으로 구성된 1995년 백신이 대상포진 백신으로 2006년 허가됨.
B형 간염 (바이러스성)	B형 간염바이러스 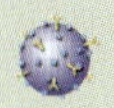	2중가닥 DNA	감염자의 체액을 통해 높은 감염성을 보임. 미국 인구 1% 정도가 감염됨. 백신 있음. 치료제 없음. 치명적일 수 있음.
포진(헤르페스)	단순포진 (herpes simplex) 바이러스 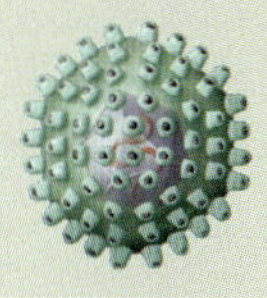	2중가닥 DNA	물집이 생김. 주로 발진/수포를 통한 피부 접촉에 의해 전파됨. 세계적으로 널리 퍼져 있음. 치료제 없음. 잠복기를 보여 수년간 질병이 나타나지 않을 수 있음.
단핵구증	엡스타인바 (Epstein Barr) 바이러스 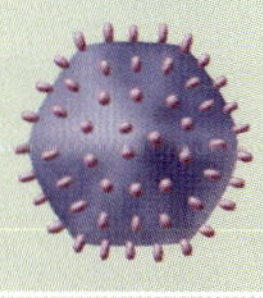	2중가닥 DNA	감염된 타액의 접촉으로 전파됨. 수 주간 지속할 수 있음, 젊은 성인에서 흔함. 치료제 없음. 치명적인 경우는 희귀함.
천연두	베리올라(variola) 바이러스 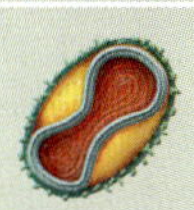	2중가닥 DNA	역사적으로 치명적이었던 질병, 1997년에 마지막으로 환자가 보고됨. 세계적인 백신 접종 운동으로 질병을 박멸함.
AIDS	HIV 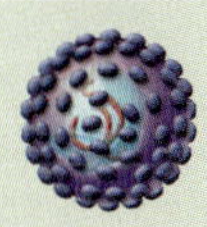	(+) 단일가닥 RNA (2개)	면역 방어를 파괴하여 기회감염 또는 암으로 사망함. 2013년 WHO의 통계에 따르면 3,500만 명이 AIDS에 걸린 채로 살고 있으며, 210만 명이 HIV에 새로 감염되었고, 150만 명이 AIDS로 사망함.
소아마비	엔테로(entero) 바이러스 	(+) 단일가닥 RNA	급성 바이러스 감염으로 중추신경계의 마비를 일으키고 종종 치명적임. 1954년 솔크(Salk) 백신의 개발 이전에는 미국에서만 매년 6만 명이 감염됨.
웨스트나일 열병	플라비(flavi) 바이러스 	(+) 단일가닥 RNA	모기에 의해 전파되며 조류(bird) 숙주에서 증식함. 신경병을 일으킬 수 있음. 1999년 이후 미국에서 보고됨.
에볼라 열병	필로(filo) 바이러스 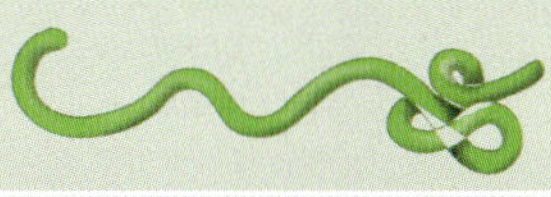	(−) 단일가닥 RNA	급성으로 출혈과 발열을 보임. 바이러스가 결합조직을 공격하여 대량의 출혈을 일으켜 사망에 이르게 함. 치료하지 않으면 사망률이 50~90%에 이름. 중앙아프리카 지방에서 주로 발병함.
독감	인플루엔자 (influenza) 바이러스 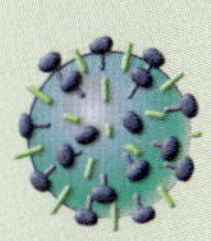	(−) 단일가닥 RNA (8개)	역사적으로 치명적이었던 질병(1918~1919년의 18개월 동안 5천만~1억 명이 사망함). 야생 오리, 닭, 돼지가 주요 보유숙주(reservoir). 독감 바이러스는 오리에 영향을 주지 않지만, 증식하는 동안 항원 유전자를 뒤섞어 새로운 균주를 만듦. 백신이 존재함.
홍역	파라믹소 (paramyxo) 바이러스 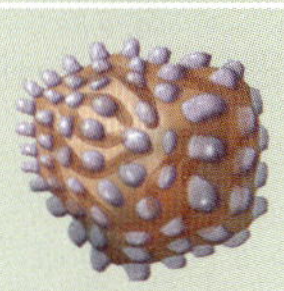	(−) 단일가닥 RNA	감염자와 접촉으로 매우 잘 전파됨. 백신 존재함. 보통 유년기에 감염되며 증상은 심각하지 않음. 성인에서 더 위험함.
SARS	코로나(corona) 바이러스 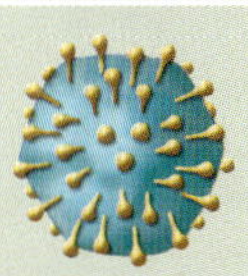	(−) 단일가닥 RNA	급성 호흡기 감염, 신종 질병으로 특히 노인에서 치명적임. 흔히 감염되는 동물은 박쥐, 여우, 스컹크, 미국너구리임. 가축도 감염됨.
광견병	랍도(rhabdo) 바이러스 	(−) 단일가닥 RNA	감염된 동물에 물려 전파되는 급성 바이러스성 뇌척수염. 치료하지 않으면 치명적임. 흔히 감염되는 동물은 박쥐, 여우, 스컹크, 미국너구리임. 가축도 감염됨.

AIDS 환자에서 HIV는 주로 $CD4^+$세포, 특히 **보조T세포**(helper T cell, T_H)를 표적으로 한다. 보조T세포는 침입자에 대해 면역을 증가시키는 역할을 하는데, HIV에 감염되면 $CD4^+$세포가 거의 다 사멸되고, 이로 인해 방어체제 세포들이 작용하지 못하게 된다. 따라서 환자는 이 면역계 세포가 없기에 세균이나 바이러스의 침입을 막아내지 못하고, 건강한 사람들이 쉽게 물리칠 수 있는 병원균들의 감염으로 죽음에 이르게 된다. 감염 시기 동안 HIV는 계속 복제하면서 돌연변이를 일으킨다. HIV의 역전사효소는 DNA 중합효소에 비해 정확도가 떨어져 결과적으로 돌연변이를 만들 확률이 높다.

프리온과 바이로이드: 바이러스보다 작은 입자들

전염성 해면상뇌증(transmissible spongiform encephalopathy, TSE)은 환자 뇌의 뉴런이 죽으면서 수많은 작은 구멍이 생겨 스펀지처럼 되기 때문에 이름 지어졌다. 이 질환은 양의 스크래피(scrapie), 소의 광우병(bovine spongiform encephalopathy, BSE), 사슴과 엘크의 만성 소모성질환(chronic wasting disease), 사람의 쿠루병(kuru disease)인 크로이츠펠트-야콥병(Creutzfeldt-Jacob disease, CJD)과 변종 CJD를 포함한다. TSE는 감염된 뇌 조직을 다른 동물의 뇌로 주입하면 전염될 수 있고, 조직 이식이나 음식을 통해서도

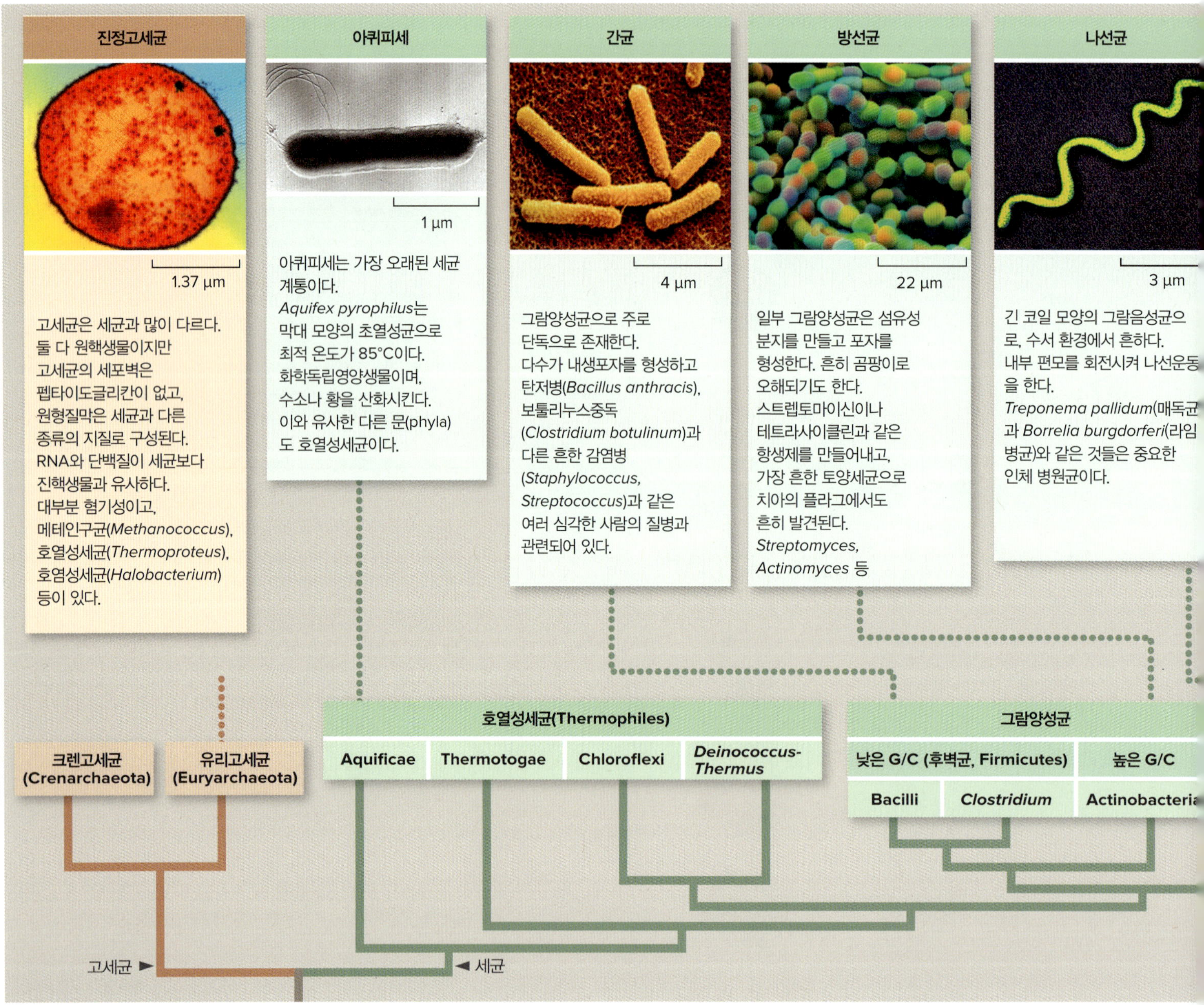

그림 8.8 원핵생물의 주요 분류군.
이 분류법은 〈Bergey's Manual of Systematic Bacteriology, 2판(2001)〉의 것이다. G/C는 유전체에서 G/C%를 나타낸다.

전염된다.

1970년대 초 프루시너(Stanley Prusiner)는 TSE에 관한 연구를 시작하면서 TSE의 감염원을 단백질이라고 보고 1982년에 이를 "감염성 단백질 입자(proteinaceous infectious particles)"의 약자인 **프리온**(prion)이라고 명명하였다.

바이로이드(viroid)는 작고 나출된 RNA 분자로, 크기가 단지 수백 뉴클레오타이드인 식물의 전염성 질병원이다. 바이로이드는 크기가 매우 작지만, 숙주 단백질을 이용하여 복제한다.

8.3 원핵생물

모든 세포는 원핵세포와 진핵세포, 2가지의 기본 세포 유형 중 하나에 속한다. '**원핵생물**(prokaryote)'이라는 용어는 세포의 유형을 나타내기도 하고, 세균역과 고세균역에 속하는 생물들을 총칭하기도 한다. 복제하는 모든 세포는 리보솜, 세포질, 원형질막, 유전물질로서 DNA 등의 특성들을 공유하지만, 진핵세포와 원핵세포 사이에는 중요한 차이점이 있다.

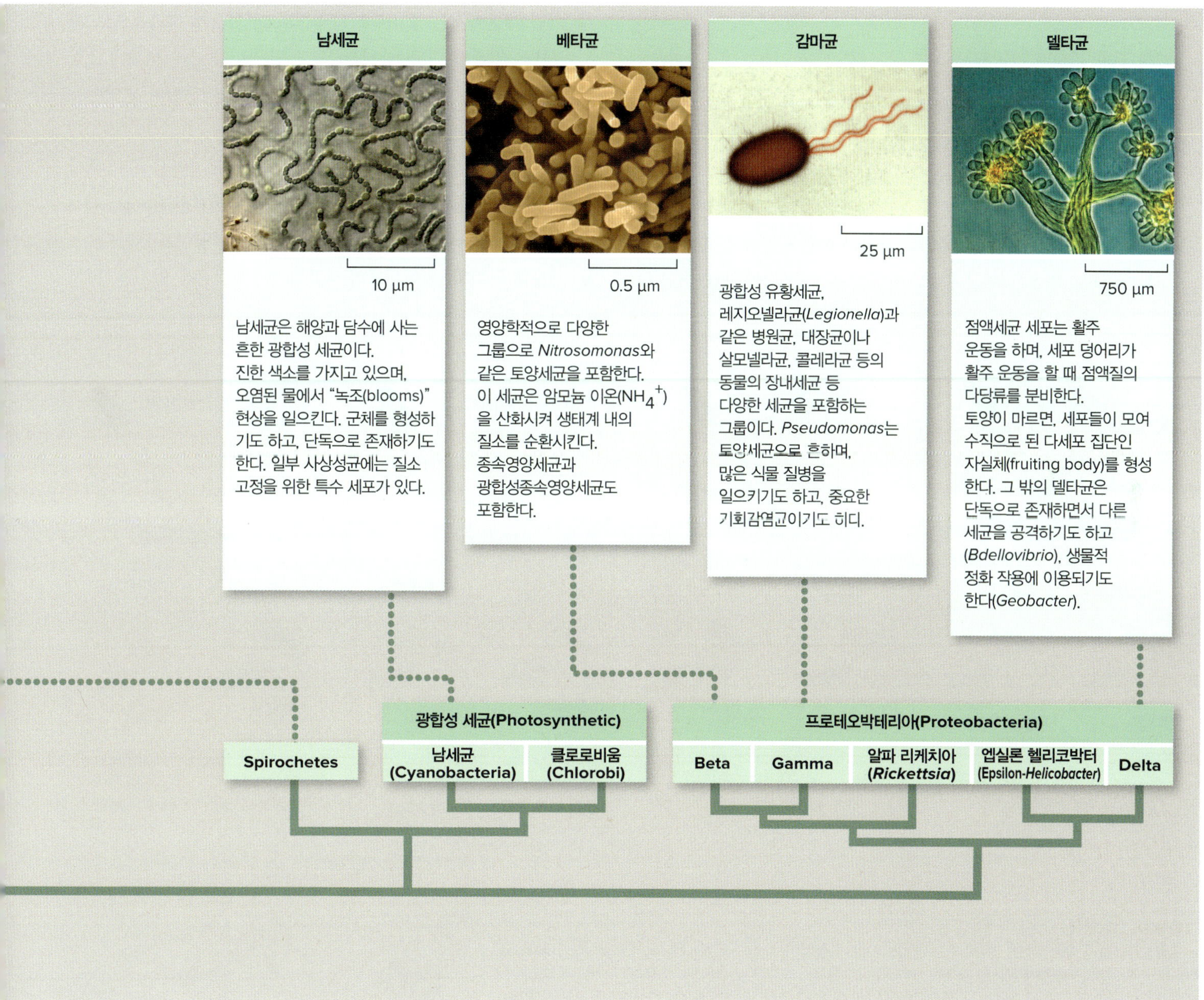

원핵생물의 특징

원핵생물은 초기에는 광합성, 세포벽의 구조, 운동성, 세포 형태, 포자형성 능력, 병원성을 기준으로 분류했으나, 최근에는 아미노산 서열 및 rRNA 염기서열, 핵산혼성화 등의 분자생물학적 기법을 이용하여 분류한다(**그림 8.8**). 대부분의 원핵생물은 진핵생물과 비교하여 다음의 특징을 갖는다.

- **단세포성**: 모든 원핵생물은 기본적으로 단세포이며 대부분은 200 nm~0.7 mm이다. 곧고 막대 모양인 간균(bacillus), 구형이나 타원형인 구균(coccus), 길고 나선형인 나선균(spirilum)의 3가지 기본 형태의 이외에 특정 형태를 갖지 않는 경우도 있다.
- **핵양체**: 원핵세포는 막으로 된 핵이 없다. 대신 세포 내의 **핵양체**(nucleoid) 부위에 DNA 및 히스톤과 유사한 단백질로 이루어진 단일 고리 형태의 염색체가 있다. 또한 플라스미드(plasmid)라는 작은 원형 DNA 분자를 갖는데, 이는 항생제 내성을 전달한다.
- **세포벽과 외부구조물**: 세포벽은 복잡하며 여러 층으로 구성되는데, 어떤 경우든 세균에게서만 발견되는 중합체인 **펩타이도글리칸**(peptidoglycan)으로 구성된다. 이는 세포 모양의 유지와 더불어 환경에서 흔히 접하는 저장성 환경에서의 세포의 팽창과 파열을 방지한다. 세균은 **그람염색**(gram stain)이라는 과정을 통해 2종류로 구분할 수 있다. 그람양성균(gram positive bacteria)은 두꺼운 펩타이도글리칸 벽을 가지며 보라색으로 염색되고, 그람음성균(gram negative bacteria)은 얇은 펩타이도글리칸층을 가지고 붉은색으로 염색된다(**그림 8.9**, **8.10**). 일부 세균의 외막층 밖에는 S층(S-layer)이라는 단단한 준결정 상태의 단백질, 또는 당단백질 층이 추가적으로 존재한다. 이는 대체로 표면에 부착하거나 세포를 보호하는 기능을 가진다. 어떤 세균에서는 젤라틴질의 **피막**(capsule)이 추가적으로 세포벽을 감싼다. 피막은 원핵세포가 표면이나 다른 세포에 달라붙을 수 있게 하며, 식세포에 의한 인식을 방해하여 면역반응을 피할 수 있게 한다.
- **세포분열 및 유전자 재조합**: 원핵생물의 세포분열은 주로 무성생식인 2분법에 의해 일어난다. **수평적 유전자전달**(horizontal gene transfer)이라는 방법을 통해 유전적 다양성을 만든다.
- **세포내 구획화**: 원핵세포의 세포질에는 리보솜은 있지만, 내부

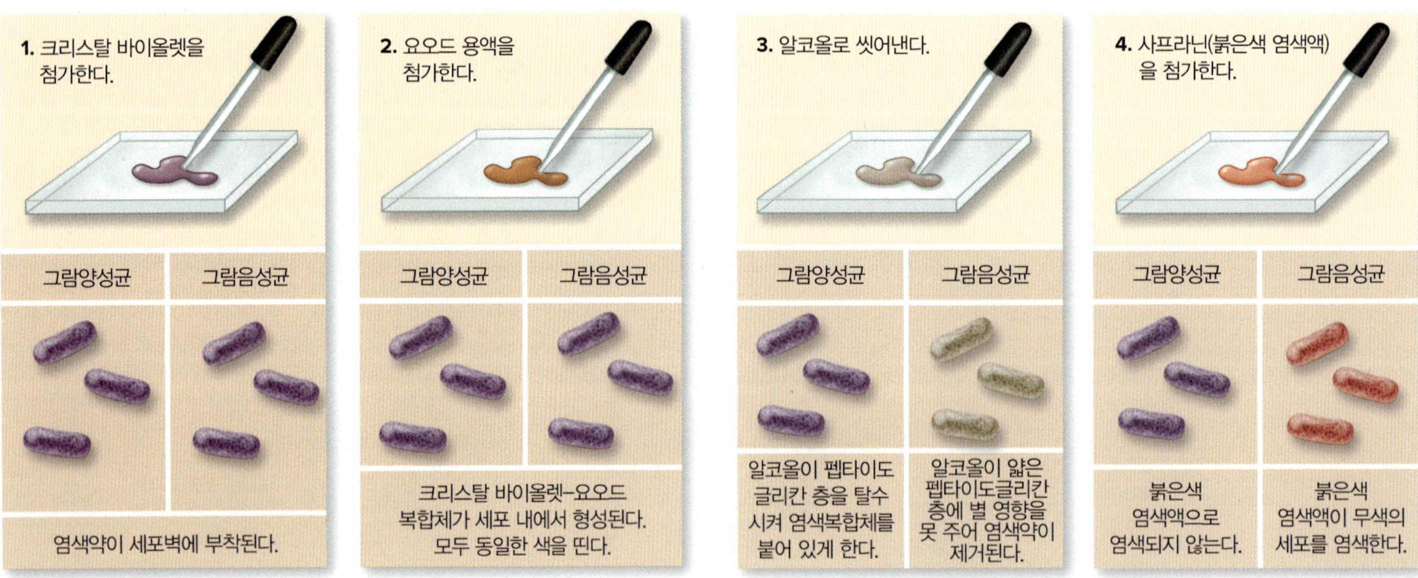

a.

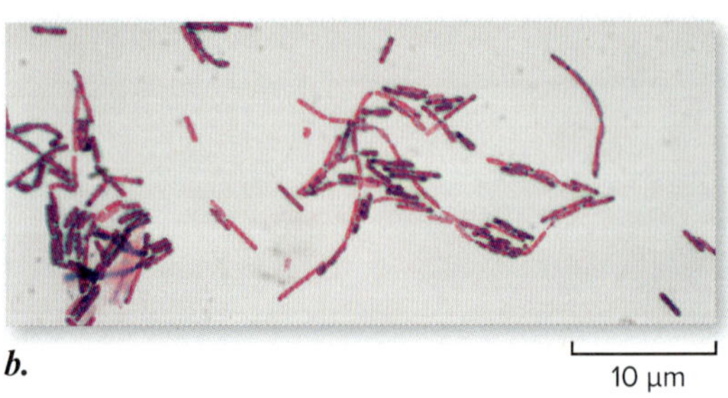

b.

그림 8.9 그람염색.
a. 그람양성균을 둘러싼 두꺼운 펩타이도글리칸(PG)이 그람염색[이 기술을 개발한 덴마크의 세균학자 그람(Hans Christian Gram)의 이름에서 유래]에 쓰이는 크리스탈 바이올렛을 흡착하여 세균이 보라색으로 나타난다. 그람음성균은 펩타이도글리칸이 적기 때문에(원형질막과 외막 사이에 위치) 크리스탈 바이올렛을 흡착하지 못하고 사프라닌 등의 대조 염색액에 의해 붉은색을 나타낸다. *b.* 그람양성균과 그람음성균을 동시에 그람염색한 현미경 사진.

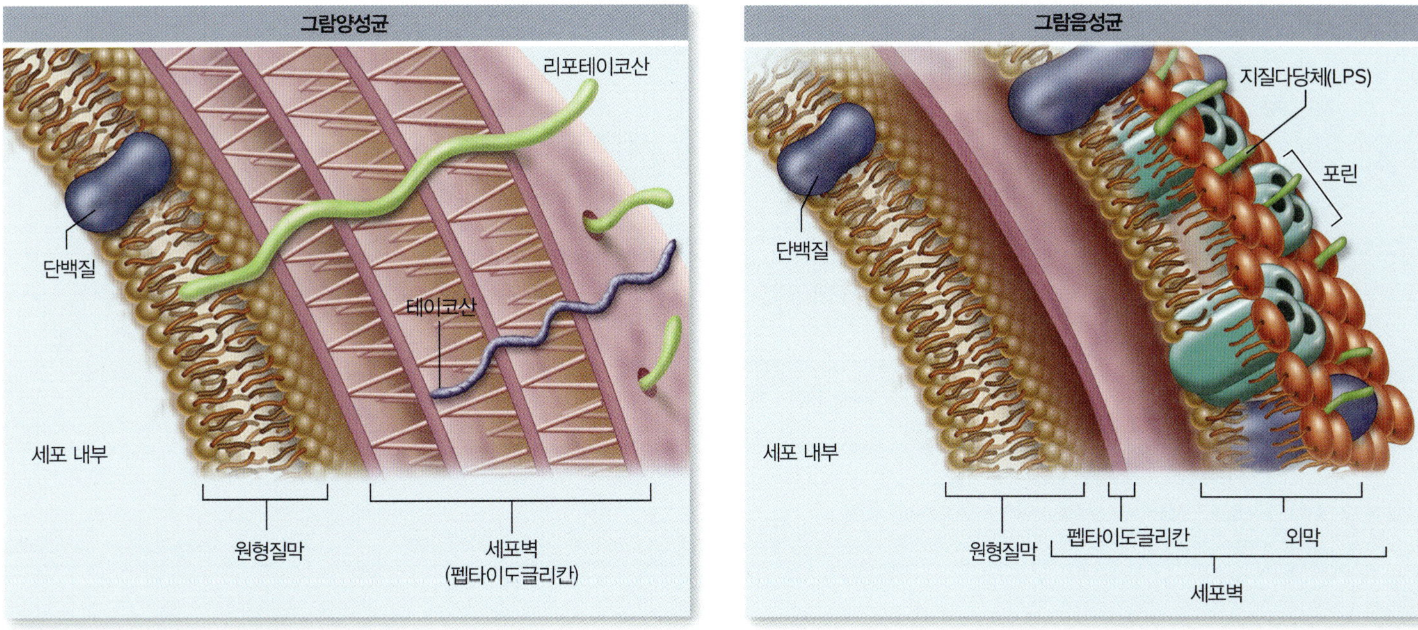

그림 8.10 그람양성균과 그람음성균의 세포벽 구조.
그람양성균의 세포벽(왼쪽)은 그람음성균의 세포벽보다 훨씬 단순하다. 그람양성균의 세포벽은 한 층의 두꺼운 펩타이도글리칸으로 되어 있고, 리포테이코산 및 테이코산 분자가 세포벽에 박혀서 세포 표면에 노출되어 있다. 그람음성균의 세포벽은 여러 층으로 되어 있다. 펩타이도글리칸 층은 그람양성균에서보다 얇고 지질다당체로 구성된 막으로 둘러싸여 있다. 포린(porin) 단백질은 외막에서 구멍을 형성한다. 외막과 펩타이도글리칸 층 사이의 공간을 주변세포질공간(periplasmic space)이라고 한다.

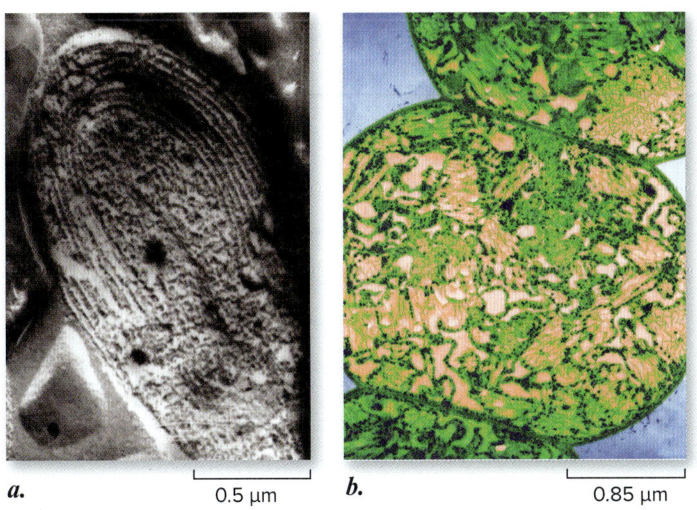

그림 8.11 원핵세포는 종종 복잡한 내막을 가진다.
a. 이 호기성 세균은 세포질 내에 미토콘드리아의 크리스타와 별 다를 바 없는 확장된 호흡막(세포벽을 감싸고 있는 길고 어두운 곡선)을 가지고 있다. ***b.*** 이 남세균은 광합성이 일어나는 장소인 틸라코이드와 비슷한 막(가운데와 가장자리를 따라 있는 잔물결 같은 모양)을 갖는다.

구획이나 막이 있는 세포소기관이 없다. 일부 세균은 원형질막이 함입된 구조를 가지고 있어 호흡이나 광합성에 이용한다(**그림 8.11**). 또한 원핵생물의 리보솜은 진핵세포의 것보다 작고, 단백질이나 RNA 함량이 다르다.

- **편모**: 원핵생물의 편모 구조는 **플라젤린**(flagellin)이라는 단일 단백질 섬유로 되어 있다. 이 편모는 세포벽에 고착되어 있고, 프로펠러처럼 돌면서 액체 환경에서 세포를 움직이게 한다(**그림 2.4** 참조). **선모**(pilus)는 일부 원핵세포에 나타나는 머리털 모양의 구조물이다. 선모는 운동성보다는 적당한 기질에 부착하거나, 또는 세포 간 유전정보를 교환하는 데 중요한 기능을 한다.
- **대사의 다양성**: 광합성 세균은 2가지 유형의 광합성, 즉 산소 발생 광합성 및 산소 비발생 광합성을 한다. 원핵세포는 화학합성 생물인 경우도 많은데, 이 경우 무기물질의 화학결합에 저장된 에너지를 이용하여 탄수화물을 만들 수 있다.
- **내생포자 형성**: 일부 원핵생물은 영양 조건이 불리해지면 유전체와 약간의 세포질을 두꺼운 벽으로 둘러싼 **내생포자**(endospore)를 형성한다.

원핵생물의 유전학

원핵생물은 유성생식을 하지 않지만 접합, 형질도입, 형질전환을 통해 다른 세포끼리 DNA를 교환할 수 있다. **접합**(conjugation)은 세포 간 직접 접촉을 통해 F(fertility) 플라스미드를 한 세포로부터 다른 세포로 전달하는 것이다(**그림 8.12**).

또한 원핵생물은 박테리오파지에 의한 **형질도입**(transduction)을 통해 유전자를 한 세포로부터 다른 세포로 수평적으로 전달할 수 있

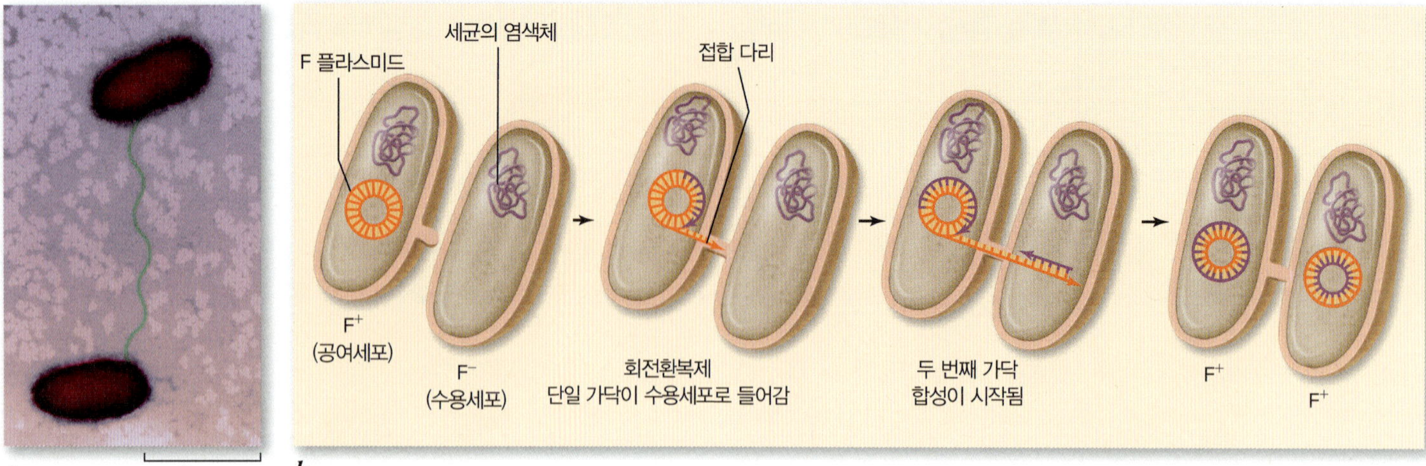

a. *b.*

그림 8.12 접합 다리 및 F^+ 세포와 F^- 세포 사이의 F 플라스미드 전달.
a. 접합 중인 대장균 세포의 전자 현미경 사진. 뻗어 나온 F 선모로 인해 세포 사이가 연결된다. *b.* F^- 세포는 F 플라스미드 전달에 의해 F^+ 세포가 된다. 이 세포들은 접합 다리에 의해 연결되고, 공여세포 내에서 플라스미드가 복제되면서 원래 가닥 중 한 가닥을 대체하게 된다. 대체되는 가닥은 수용세포로 들어가 복제된다. 성공적으로 전달되면 수용세포는 F 선모 유전자를 발현할 수 있는 F^+ 세포가 되고 공여세포로 작용할 수 있다.

다. 일부 세균 종은 환경으로부터 직접 유전물질을 받아들이는데, 이는 **형질전환**(transformation)이라고 한다. 한 세균 세포가 죽고 파열될 때 주변 환경으로 DNA 절편들을 쏟아내는데, DNA가 다른 세포에 의해 흡수되면 그 세포의 게놈으로 들어가서 형질전환이 일어나게 된다.

형질전환이 실험실에서 수행되면 인공 형질전환이라 하는데, 이는 **클로닝**(cloning)과 DNA 조작에 유용하게 이용되고 있다. 원핵생물은 제한-변형 시스템(제한효소의 원천), 독소-항독소 시스템과 같은 바이러스 감염에 대한 다양한 선천성 방어 체계를 갖고 있다.

유전체학의 출현과 더불어, 많은 원핵생물의 게놈을 분석하면서 **CRISPR**(clustered regularly interspaced short palindromic repeats, 일정한 간격으로 분포하는 짧은 회문 반복서열)라는 반복 염기서열의 구조가 밝혀졌다. 바이러스 침입에 대한 반응으로, 원핵생물은 이런 CRISPR 위치에 바이러스 핵산의 짧은 부분을 삽입한다. 다음번에 같은 바이러스가 침입하면, 이를 사용하여 바이러스 핵산을 분해하는 복합체를 만들어 바이러스 감염에 대처한다.

원핵생물의 대사 다양성

원핵생물에서 나타나는 다양성은 형태적인 측면보다 생화학적 측면에서 더 두드러진다. 원핵생물은 다음과 같이 다양한 영양 전략을 가지고 있다.

- **화학유기종속영양**: 탄소, 전자, 에너지를 얻기 위해 생산자가 만들어 낸 지질과 탄수화물 등 환원 상태의 탄소를 이용한다. 이들은 탄소의 생물지구화학적 순환에 기여한다.
- **화학무기종속영양**: 화학유기종속영양생물처럼 에너지와 전자 공급원으로 환경으로부터 얻어지는 환원된 형태의 무기물질을 이용한다. 즉 광물로부터 에너지를 얻는 것이다. 원핵생물만 이러한 영양 전략을 이용한다.
- **화학무기독립영양**: 산화된 대기형태의 CO_2를 탄소원으로 이용하며, 전자와 에너지는 암모니아나 황과 같은 환원 상태의 무기화합물을 이용한다. 이러한 영양 전략은 환경에서의 물질 순환에 큰 기여를 한다.
- **광무기독립영양**: CO_2를 탄소원으로 이용한다. 녹색식물의 광합성에서는 물이 전자 공급원이지만, 이 원핵생물에서는 무기물이다. 일부는 물을 전자 공급원으로 사용하지만, 다른 것들은 수소와 여러 형태의 황을 전자 공급원으로 이용한다. 그러

표 8.2 3역의 특징

특징	역		
	고세균역	세균역	진핵생물역
단백질 합성을 시작하는 아미노산	메싸이오닌	포밀메싸이오닌	메싸이오닌
인트론	일부 유전자에 있음	없음	있음
막으로 싸인 세포소기관	없음	없음	있음
막 지질 구조	갈라짐	갈라지지 않음	갈라지지 않음
RNA 중합효소의 수	여러 개	한 개	여러 개
세포벽의 펩타이도글리칸	없음	있음	없음
항생제 스트렙토마이신과 클로람페니콜에 대한 반응	생장을 저해하지 않음	생장이 저해됨	생장을 저해하지 않음

므로 원핵생물의 광합성은 녹색식물의 광합성과 크게 다를 수 있다.

- **광유기종속영양**: 이는 홍색비황세균(purple non-sulfur bacteria)이나 녹색비황세균(green non-sulfur bacteria)과 같은 원핵생물이 이용하는 특이한 영양 전략이다. 에너지원은 빛이지만, 유기물의 탄소가 탄소와 전자 공급원으로 이용된다.

고세균의 특징

고세균(archea)은 세균보다 진핵생물과 더 밀접한 연관이 있다는 것이 리보솜 RNA를 암호화하는 유전자를 비교하는 과정에서 밝혀졌다. 고세균은 다양한 무리로 구성되지만, 모든 고세균은 서로 특정한 주요 형질을 공유하고 있다. 고세균의 세포벽에는 세균의 세포벽에서 가장 중요한 구성요소인 펩타이도글리칸이 없다. 고세균의 세포막에 있는 지질은 다른 생물의 지질 구조와 다르며, 고세균의 리보솜 RNA 서열도 독특하다. 일부 고세균 유전자에는 다른 세균과 달리 인트론이 있다(**표 8.2**).

고세균은 사는 환경이나 특수한 대사 경로에 의해 메테인생성균(methanogen), **극한세균**(extremophile), 비극한세균(nonextreme archaea)으로 구분된다. 메테인생성균은 수소(H_2)를 이용해 이산화탄소(CO_2)를 환원하여 메테인(CH_4)을 생성하면서 에너지를 얻는

표 8.3 사람의 주요 세균성 질병

질병의 종류	병원균	매개체 및 전염원	증상
탄저병	*Bacillus anthracis*	동물, 가공된 가죽	접촉이나 음식물 섭취에 의해 전염되는 세균성 질병으로, 간헐적인 발생을 제외하면 드물다. 치명적일 수 있다.
보툴리누스 중독	*Clostridium botulinum*	부적절하게 조리된 음식	음식물 섭취나 상처를 통해 감염된다. 급성 독성 중독을 일으키며, 치명적일 수 있다.
클라미디아증	*Chlamydia trachomatis*	사람(성매개)	비뇨생식기에 감염되며 눈과 호흡기로 전파된다. 전 세계적으로 발생하고 지난 30년간 흔한 질병이 되고 있다.
콜레라	*Vibrio cholerae*	사람 배설물, 플랑크톤	탈수로 인해 사망에 이를 수 있는 심한 설사의 원인으로, 치료하지 않으면 치사율이 50%에 이른다. 인구가 많고 위생 상태가 나쁜 시기에 주요 사망 원인이 된다. 2010년 아이티 지진 이후 70일 동안 18만 명이 감염되었다.
충치	*Streptococcus mutans*, *Streptococcus sobrinus*	사람	치아 표면에 이 세균이 밀집하면 산을 분비하여 치아 에나멜층에 있는 무기질을 파괴한다. 당분만으로 충치를 일으키는 것은 아니다.
디프테리아	*Corynebacterium diphtheriae*	사람	점막의 급성 염증과 손상으로, 감염된 사람과의 접촉으로 전염된다.
임질	*Neisseria gonorrhoeae*	사람만 발병	증가 추세에 있는 성병으로, 보통은 치명적이지 않다.
한센병(나병)	*Mycobacterium leprae*	사람, 야생 아르마딜로	피부의 만성적 감염이다. 세계적으로 1,000~1,200만 명이 감염되어 있으며, 동남아시아에 특히 많다. 감염된 사람과의 접촉을 통해 전염된다.
라임병	*Borrelia burgdorferi*	진드기, 사슴, 작은 설치류	감염된 진드기에 물려 전염된다. 상처가 생기고 이어 불쾌감, 발열, 피로, 통증, 목 경직, 두통 등이 뒤따른다.
소화성 궤양	*Helicobacter pylori*	사람	이전에는 스트레스나 음식에 의한 것으로 생각했으나, 지금은 세균에 의한 것으로 밝혀졌다. 항생제로 치료할 수 있다.
페스트	*Yersinia pestis*	쥐와 다람쥐 등 야생 설치류의 기생 벼룩	14세기 유럽 인구의 1/4이 페스트로 사망했다. 오늘날 미국 서부 야생 설치류들의 풍토병이다.
폐렴	*Streptococcus*, *Mycoplasma*, *Chlamydia*, *Haemophilus*	사람	폐의 급성 감염으로, 치료하지 않으면 흔히 치명적이다. 백신이 있다.
결핵	*Mycobacterium tuberculosis*	사람	폐, 림프, 뇌척수막의 급성 세균 감염으로, 발병률이 증가 추세이다. 항생제에 내성을 갖는 새로운 균주 발생이 문제이다.
장티푸스	*Salmonella typhi*	사람	전 세계적으로 발병하는 전신성 세균성 질병이다. 미국에서는 연간 500건 이하의 발병 건수가 보고되며, 오염된 물과 음식을 통해 전염된다. 여행객들을 위해 백신이 개발되어 있다.
발진티푸스	*Rickettsia typhi*	이, 쥐벼룩, 사람	역사적으로 인구가 조밀하고 위생 상태가 나빴던 시기의 주요 사망 원인이다. 감염된 이나 벼룩에 물려 사람에서 사람으로 전염된다. 치료하지 않으면 사망률이 70%에 이르기도 한다.

다. 메테인균은 혐기성 생물로, 적은 양의 산소도 치명적이며 늪이나 습지, 포유류의 장에서 서식한다. 메테인생성균은 매년 약 20억 톤의 메테인 가스를 대기 중에 방출한다. 극한세균은 일반적으로 극한 환경에서 자라는 세균이다. 극한세균에는 호열성세균(thermophile), 호염성세균(halophile), pH 내성고세균, 압력내성고세균 등이 있다. 비극한세균은 세균과 같은 환경에서 자란다.

사람의 세균성 질병과 미생물생태학

항생제가 발견되어 보급되기 전인 20세기 초기에는 미국 어린이의 거의 20%가 5세에 도달하기 전에 감염성 질병으로 사망했다. 세균은 여러 가지 경로로 감수성 집단에 퍼지게 된다. 폐결핵은 점액이나 타액 방울로 인해 공기를 통해 전염되는 세균성 질병이다. 장티푸스, 파라티푸스와 이질(bacillary dysentery) 같은 질병은 음식이나 물의 오염에 의해 퍼진다. 라임병과 로키산홍반열은 진드기에 의해 인간에게 전염된다(**표 8.3**).

원핵생물이 사람에게 질병만 일으키는 것은 아니다. 이들은 분해와 고정작용을 통해 전 지구적인 물질의 순환에 관여한다. 생물체를 구성하는 탄소, 질소, 인, 황, 그리고 기타 원자들은 생물체가 죽어서 부패하면 환경으로 다시 돌아가게 된다. 원핵생물과 균류는 이 순환에서 분해를 담당하여 생물의 사체를 구성하고 있는 이러한 원소들을 환경으로 되돌려 보내는 분해자의 역할을 한다.

일부는 환경으로부터 생물체로 원소들을 되돌리는 고정작용을 수행하며, 중요한 예로는 질소고정이 있다(15장 참조). 토양에서의 질소고정은 질소고정 세균과 공생적 군체(symbiotic colony)를 이루고 있는 식물의 뿌리에서 일어난다. 식물뿐 아니라 동물도 미생물 생태계를 구성할 수 있는데 일부 초식동물들은 혐기성 세균이 식물의 주요 구성 성분인 셀룰로스를 소화할 수 있도록, 섭취한 음식을 오랫동안 소화관에 보관한다. 이렇게 함으로써 식물로부터 필수 칼로리와 영양분을 추출할 수 있다. 또한 세균은 인간의 피부와 호흡기, 비뇨생식기, 위장관에도 서식한다. 인간의 피부와 내부에 살고 있는 세균들의 총체적 집단을 인간 **마이크로바이옴**(microbiome)이라 하는데, 이는 개인의 건강과 밀접한 관련을 갖는다.

세균의 유전공학적 이용은 현대 분자생물학에서 매우 큰 비중을 차지하고 있다. 세균은 다양한 종류의 효소, 바이타민, 항생물질 등의 상업적 생산을 위한 '생물공장(biofactory)'으로 널리 이용되고 있다. 대규모의 세균 배양, 특히 수율을 높이기 위하여 유전적으로 변형된 세균의 대량 배양을 통해 아세톤을 비롯한 산업적으로 중요한 화합물이 생산되고 있다.

8.4 원생생물

생명체 역사의 20억 년 동안 가장 큰 생명체는 단세포였다. 이 원핵생물은 광합성 박테리아의 표면 막의 주름을 제외하고 내부 막이 없었다. 다른 유형의 생명체에 대한 첫 번째 증거는 15억 년 된 암석의 작은 화석에서 발견된다. 이 화석 세포는 세균보다 최대 10배 더 크고 세포 내막과 막성 세포내소기관을 포함하고 있다. 비교적 단순한 세포에서 매우 복잡한 세포로의 단계는 생명의 진화에서 가장 중요한 사건 중 하나인 새로운 종류의 진핵생물 출현을 나타낸다.

진핵생물의 기원과 세포내공생설

진핵세포(eukaryotic cell)는 세포골격의 존재 및 핵을 포함한 세포소기관을 구분 짓는 세포내 구획화(내막계)로 인해 원핵생물과 구별된다. 핵막이 있어서 핵을 뚜렷이 볼 수 있기에 이 새로운 세포를 "진정한 핵"이라는 의미로 진핵생물이라고 부른다.

현재 널리 받아들여지고 있는 **세포내공생설**(theory of endosymbiosis)은 원핵생물과의 내부공생 관계가 형성되면서 진핵생물로 진화했다는 것을 제안하고 있는데, 1970년대 초에 생물학자 마굴리스(Lynn Margulis)에 의해 지지를 받게 되었다. 이 이론에 의하면 에너지를 생산하는 세균이 더 큰 세균 속으로 들어가서 미토콘드리아로 진화하였고, 광합성 세균은 엽록체로 진화하였다는 것이다(**그림 2.10** 참조). 모든 엽록체는 남세균에서 유래한 것으로 보인다.

세포내공생설을 지지하는 많은 증거가 있다. 미토콘드리아와 엽록체는 고리 형태의 독자적 DNA와 리보솜을 가지고 있으며, 이들은 크기와 특징에 있어서 세균과 유사하다. 또한 세균에서 단백질 합성을 억제하는 많은 항생제는 미토콘드리아와 엽록체에 있는 단백질 합성은 억제하지만, 세포질에서는 작용하지 않는다. 미토콘드리아와 엽록체는 유사분열이 아닌 세균과 같은 2분법에 의하여 증식하며, 2중막을 가지고 있다.

진핵생물의 주요 특징

진핵생물은 매우 다양하지만, 원핵생물과는 크게 다른 3가지 특징을 공유하고 있다.

1. **세포내 구획화**(compartmentalization): 엽록체와 미토콘드리아에서 보는 것처럼 뚜렷한 구획은 세포 안에서의 분화를 증가시키는 진화적 기회를 제공한다. 원핵생물에서 발견되지 않는 핵막의 진화는 진핵생물에서 복잡성의 증가를 보여준다.
2. **다세포성**(multicellularity): 다세포성의 진화를 통해 생물은 세포

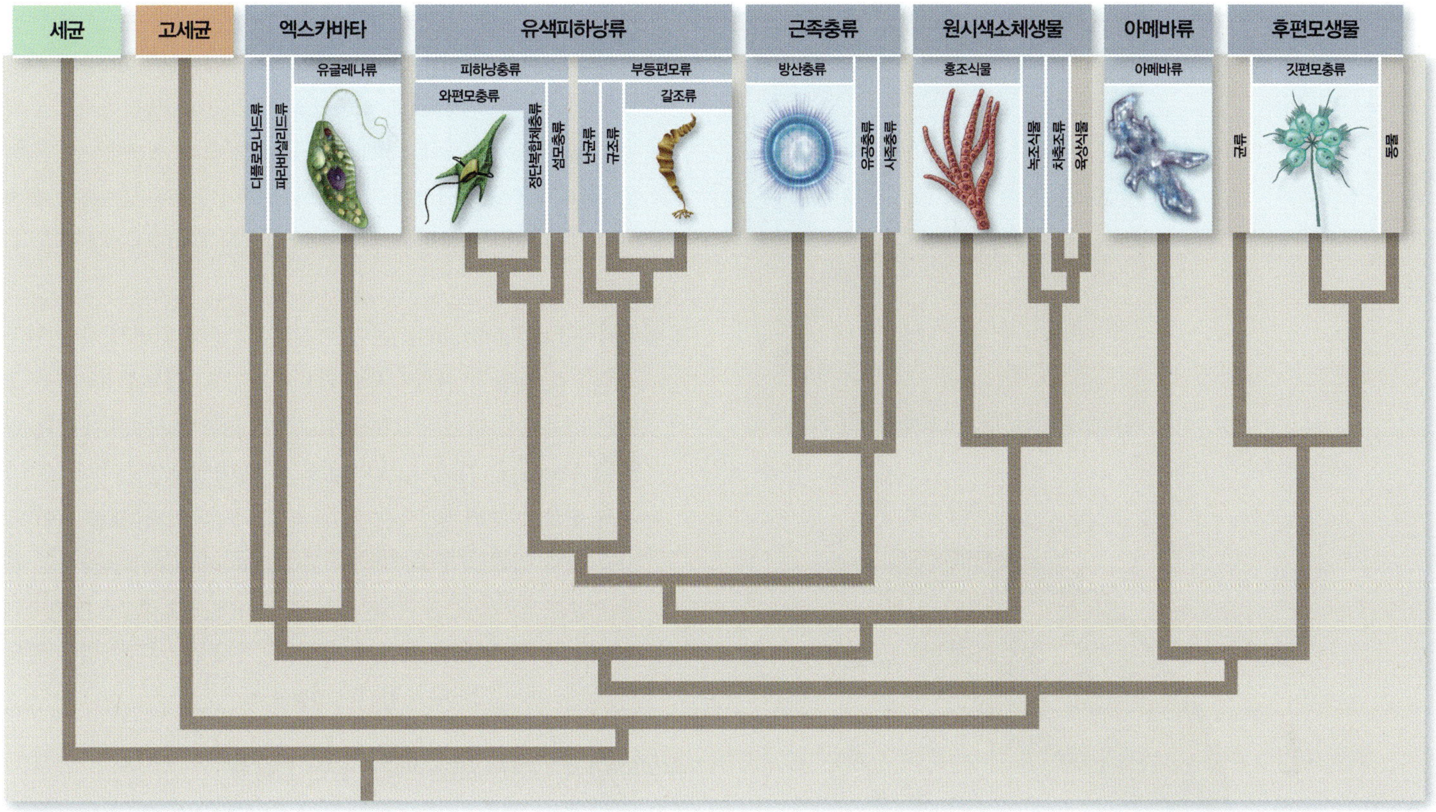

그림 8.13 진핵생물 진화 관계.
진핵생물은 현재 비교 분자 데이터의 분석에 의해 6개의 주요 그룹으로 분류된다. 진핵생물 내에서 식물, 균류 및 동물은 단계통군이지만, 원생생물은 측계통이다. 원생생물 계통은 옅은 파란색으로 표시하였다.

를 조직과 기관으로 분화시키고, 새로운 방식으로 환경에 대처하게 되었다.

3. **유성생식**(sexual reproduction): 유성생식은 감수분열과 교차를 통해 유전적 다양성을 제공한다.

원생생물의 특징

원생생물(protists)은 진핵생물 중 균류, 식물 또는 동물로 분류할 수 있는 통일된 특징이 없는 경우에 해당한다. 주로 단세포로 이루어진 생물이지만, 군체성이거나 다세포성인 경우도 있다. 모든 종류가 대칭성을 나타내고 모든 유형의 영양 형태를 보여준다. 현재 엑스카바타, 유색피하낭류, 근족충류, 원시색소체생물, 아메바류 및 후편모생물의 6개 주요 그룹으로 구분한다. 이 원생생물계로부터 식물, 동물, 균류가 진화한 것으로 여겨지고 있다(**그림 8.13**). 원생생물의 주요 특성은 다음과 같다.

- **다양한 세포 표면**: 아메바는 세포막으로만 되어 있으며, 다른 원생생물의 세포막 바깥쪽은 세포외기질(extracellular matrix, ECM)로 덮여 있는데, 어떤 ECM은 튼튼한 세포벽을 형성하기도 한다. 규조류와 유공충은 실리카로 된 외각을 분비한다. 때로는 포낭(cyst)을 형성한 후, 대사를 중지하고 잠복한 채 열악한 환경을 견디기도 한다.
- **다양한 운동 수단**: 편모, 섬모 또는 위족을 가지며, 주로 이동이나 먹이 포획에 쓴다.
- **다양한 영양 형태**: 원생생물은 종속영양, 광영양 또는 화학독립영양생물이다. 광합성생물과 종속영양생물의 특징 모두를 보이는 혼합영양생물도 있다.
- **무성생식과 유성생식으로 번식**: 원생생물은 일반적으로 2분법이나 출아 등의 무성생식을 한다. 일부는 흔히 볼 수 있는 분열생식에서 다수의 핵분열이 일어난 뒤에 세포분열이 일어나 동시에 동일한 여러 개체가 생산된다. 또한 일부는 정기적으로 유성생식을 하는 반면, 다른 일부는 먹이 부족 등 스트레스를 받을 때 유성생식을 한다.

원생생물의 분류

엑스카바타: 전형적인 미토콘드리아의 부재

세포의 측면에 파여진, 먹이를 먹는 홈의 형태로부터 "엑스카바타(Excavata; 굴착이란 뜻)"라는 이름이 유래되었다. 파라바살리드류,

그림 8.14 유글레나류.
*a. Euglena gracilis*의 현미경 사진. *b.* 유글레나의 모식도. 파라밀론 과립은 먹이 저장체이다.

a.

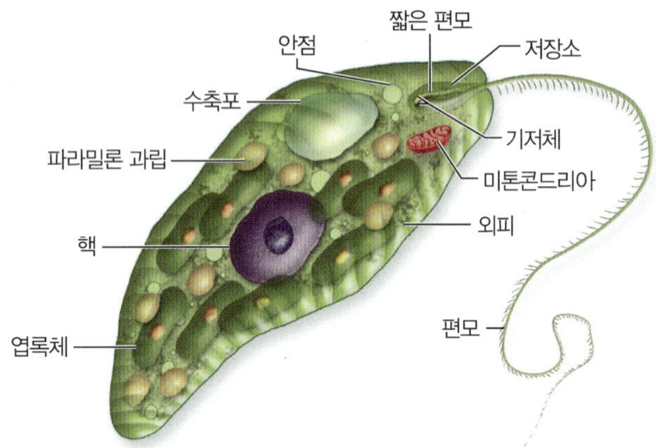

b.

디플로모나드류, 유글레나류의 3가지 그룹으로 구분된다. 파라바살리드류와 디플로모나드류는 2개의 핵, 다중 편모 및 변형된 미토콘드리아를 가지고 있다. 유글레나류는 독특한 편모를 가지고 있으며, 일부는 내부공생을 통해 엽록체를 획득했다.

디플로모나드류(Diplomonads): 단세포이며 기능성 미토콘드리아가 없는 것이 특징이다. 다른 특징으로는 다중 후방 편모와 세포당 2개의 반수체 핵이 있다. 기생충 디플로모나드인 Giardia initestinalis는 오염된 물을 통해 사람에서 사람으로 전염될 수 있으며 설사를 유발한다.

파라바살리드류(Parabasalids): 이동에 사용되는 물결 모양의 파동막과 반기능적인 미토콘드리아를 가지고 있다. 생태학적으로 다양한 종을 포함하는데, 흰개미의 내장에 살며 셀룰로스의 소화를 돕는 세균과 공생하면서 흰개미의 먹이인 셀룰로스를 소화한다. 트리코모나스는 인간에게 흔한 성병인 트리코모나스증을 유발한다.

유글레나류(Euglenozoans): 몸이 펴진 후 둥글게 되면서 유영한다. 녹조류 및 식물과 마찬가지로 카로티노이드, 엽록소 a와 b를 포함한 엽록체를 가진다(**그림 8.14**). 일부 유글레나는 빛에 민감한 **안점**(stigma)을 가지며, 빛이 없을 때 종속영양생물이 되었다가 다시 빛을 비추면 몇 시간 내에 녹색으로 되어 광합성을 한다. 이 그룹의 일종인 운동핵편모충류(Kinetoplastids)는 독특한 단일 미토콘드리아(운동핵)를 갖는데, 리슈만편모충 및 체체파리(tsetse fly)의 내장에 살면서 아프리카 수면병, 샤가스병을 일으키는 트리파노소마가 포함된다(**그림 8.15**).

유색피하낭류: 2차 내부공생으로 얻은 엽록체

유색피하낭류(Chromalveolates)는 원형질막 아래에 연속적으로 쌓인 피하낭(alveoli)이라고 하는 납작한 소포를 가지고 있다. 이는 골지체와 유사하게 막 수송에 관여한다. 다양한 운동성을 보이는 피하낭충류(alveolates)로는 와편모충류, 정단복합체충류 및 섬모충류를 포함한다. 다른 한 그룹은 갈조류, 규조류 및 난균류(물곰팡이)를 포함하는 부등편모류(stramenopiles)이다.

와편모충류(Dinoflagellates): 광합성을 하며 독특한 구조를 갖는다. 대부분의 와편모충류는 2개의 편모가 있는 광합성 단세포이다(**그림 8.16**). 해양 및 담수 모두에 서식하며, 일부는 발광을 하여 열대지방의 밤바다에서 반짝거린다. 일반적으로 2개의 편모를 이용하여 회전한다. 대부분은 카로티노이드 외에 엽록소 *a*, *c*를 가져 규조류, 갈조류와 유사하다. "적조(red tides)"는 와편모충

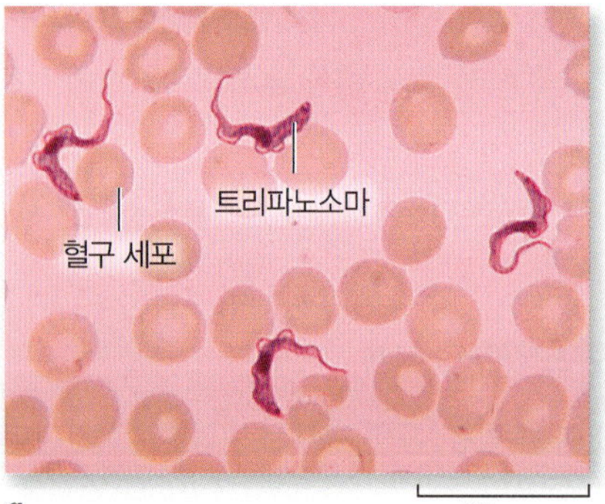

a.

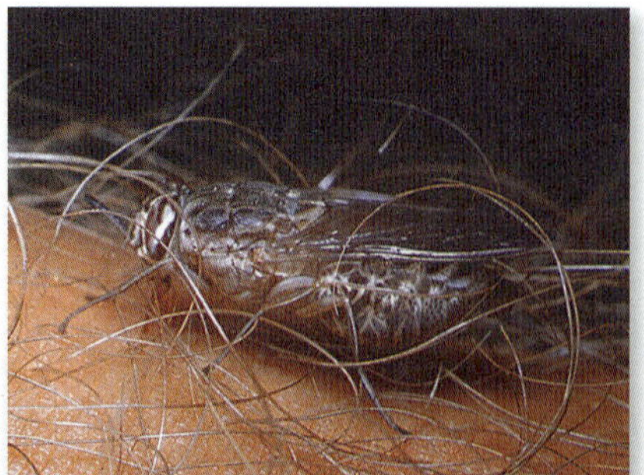

b.

그림 8.15 운동핵편모충류.
a. 적혈구 사이에 있는 트리파노소마. 이 현미경 사진에서는 핵(어두운 색), 전방 편모, 가변적인 모양으로 파동형 이동을 하는 트리파노소마를 볼 수 있다. *b.* 인간의 팔에서 피를 빨아 먹는 체체파리는 트리파노소마를 운반할 수 있다.

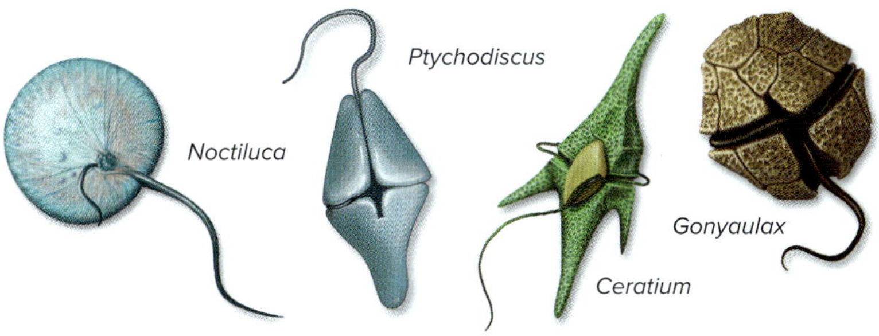

그림 8.16 와편모충류.
대부분의 와편모충류의 특징인 두꺼운 셀룰로스 껍질이 없는 *Noctiluca*는 발광 생물체로 열대바다 발광의 원인이다. 다른 3개의 속에서는 짧은 편모가 몸을 감싸고 있고, 긴 편모는 몸에서 돌출해 뻗어 있다(크기는 임의로 나타냄).

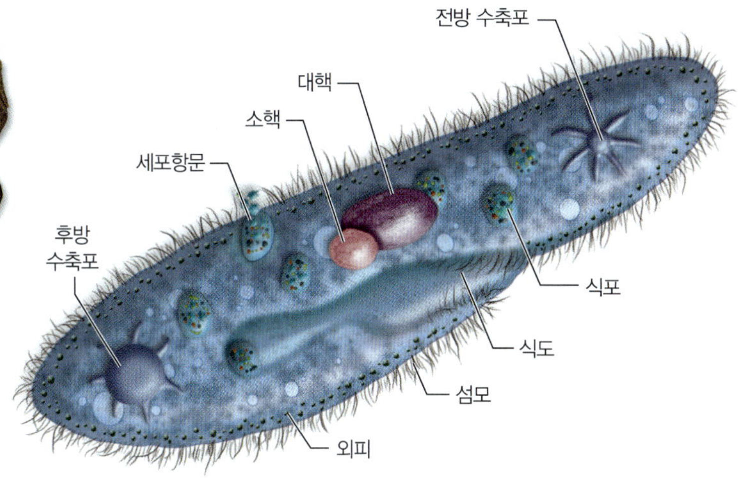

그림 8.18 짚신벌레.
이 섬모충류의 주요 특징은 섬모, 2개의 핵 및 수많은 특수한 세포소기관을 포함한다는 것이다.

류의 폭발적 증식으로 인해 나타나는 현상으로, 약 20종의 와편모충류는 횡격막을 억제하는 강력한 신경독을 생성하여 많은 척추동물에서 호흡 부전을 유발한다.

정단복합체충류(Apicomplexans): 말라리아 기생충이 포함된다. 이들은 세포의 한쪽 끝에 있는 원섬유(fibrils), 미세소관, 액포 및 기타 세포소기관이 독특한 배열을 하여 정단복합체충류라고 한다. 이는 숙주를 침범할 수 있도록 해주는 세포골격과 분비구조의 복합체이다. 말라리아는 기생충인 말라리아원충에 감염된 모기에 물려 전염된다. 말라리아원충은 복잡한 생활사를 가지는데, 숙주인 모기와 인간 사이에서 유성생식과 무성생식 시기를 갖는다(**그림 8.17**).

섬모충류(Cilliates): 보통 세로줄이나 세포 주위의 나선형으로 배열

그림 8.17 말라리아원충의 생활사.
말라리아를 일으키는 정단복합체충류인 말라리아원충은 모기와 포유류 사이를 번갈아 가며 복잡한 생활사를 갖고 있다.

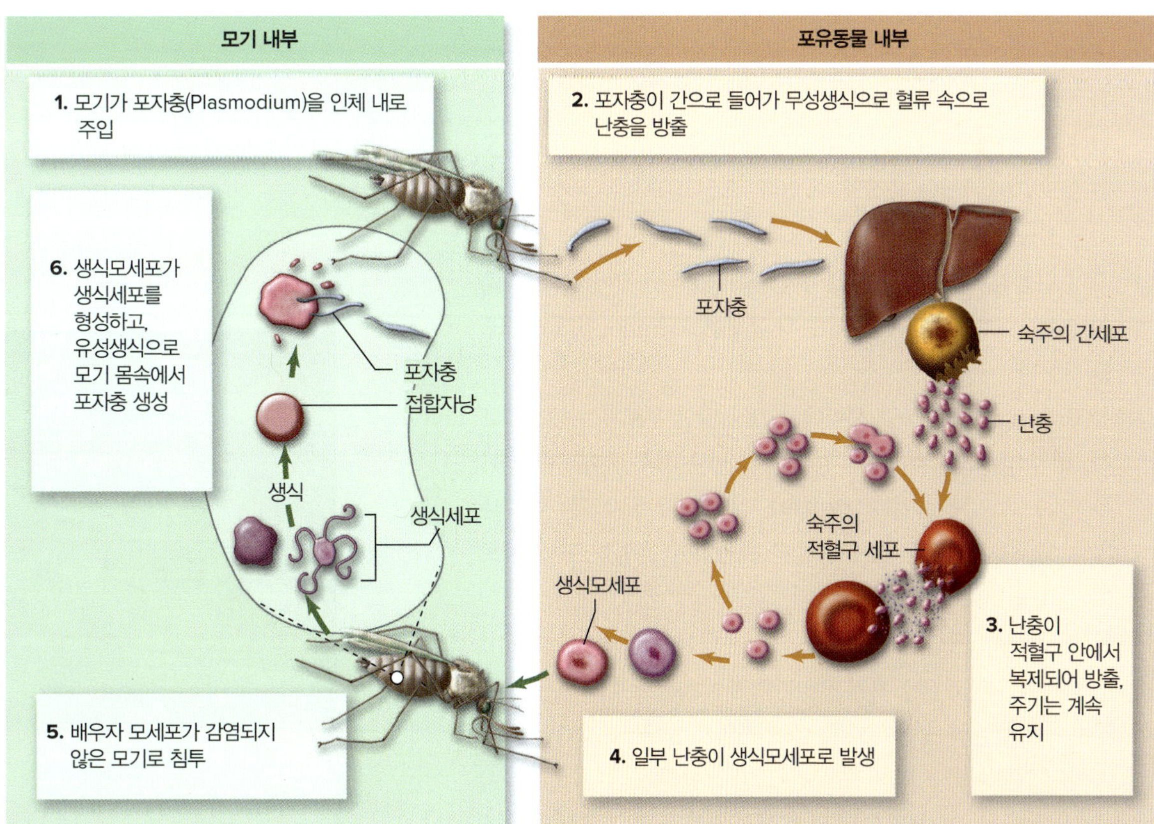

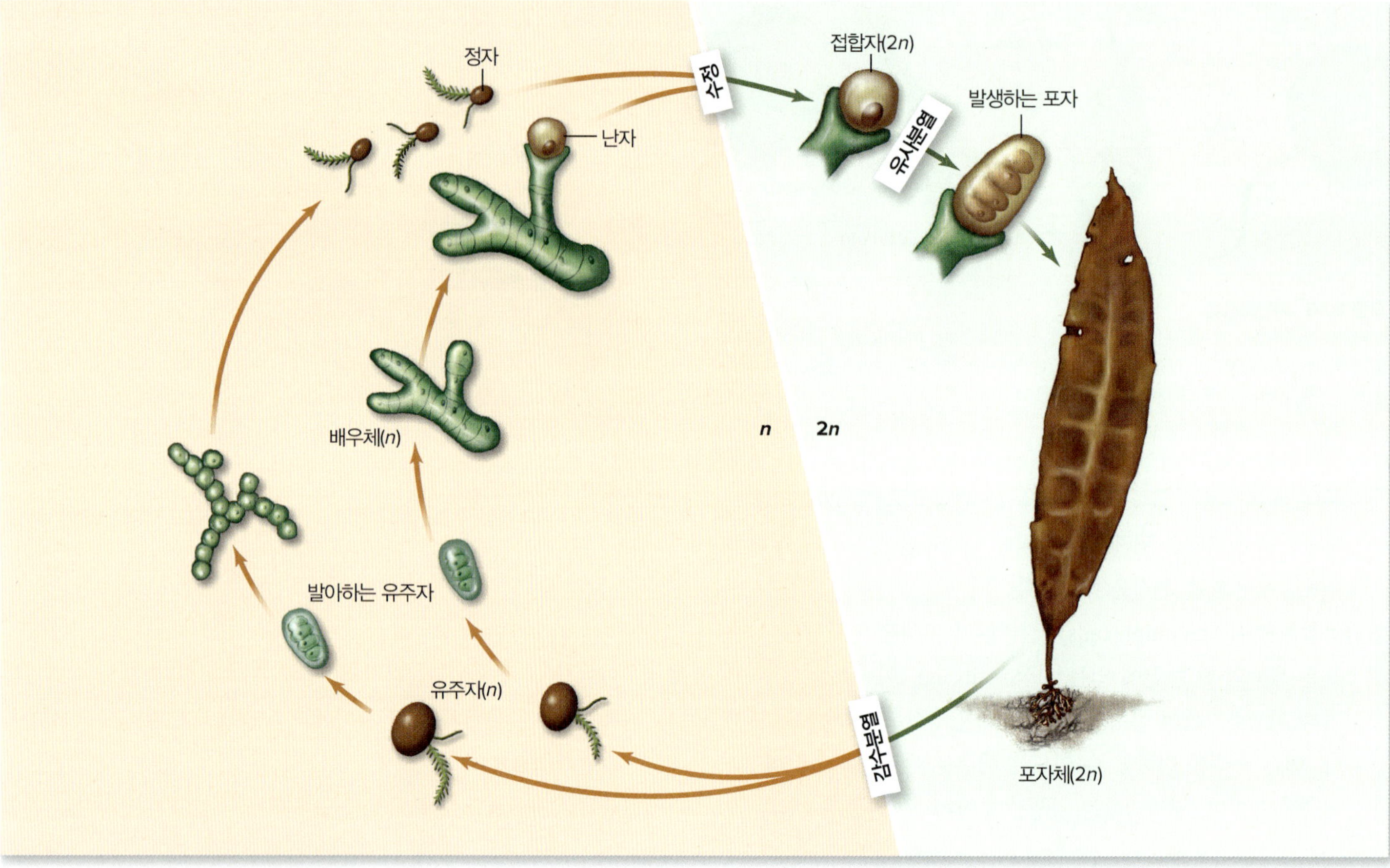

그림 8.19 갈조류인 다시마의 단복상 주기.
암수 배우체가 매우 작긴 하지만, 생활사에서 다세포 반수체 및 2배체 단계가 발견된다.

된 섬모를 갖는다(**그림 8.18**). 이는 먹이를 먹거나 이동하는 데 쓰인다. 단단하지만 유연한 외피(pellicle)를 가지고 있어 장애물을 뚫고 지나가거나 움직일 수 있다. 모든 섬모충류는 생명체의 일상 활동을 위해 전사되는 다배체(polyploid)인 대핵과 유성생식의 일종인 접합을 위한 생식핵으로 사용되는 2배체(diploid)인 소핵을 갖는다. 그 외에 수분의 균형을 조절하기 위해 수축포를 갖는다.

갈조류(Brown algae): 북구 해역에서 가장 많이 분포하는 해조류로서, 생활사는 포자체(2배체)와 배우체(반수체)의 세대교번이 이루어지는 것이 특징이다(**그림 8.19**). 일부 포자체 세포는 감수분열로 포자를 만들며, 이 포자들은 발아하여 분열을 통해 켈프(kelps) 등 커다란 개체를 만든다.

규조류(Diatoms): 광합성 단세포생물로, 유백색의 실리카로 이루어진 독특한 2중 껍질을 가지고 있다(**그림 8.20**). 뚜껑이 있는 작은 상자처럼 껍질의 절반이 다른 쪽에 끼워져 있다. 규조류의 엽록체에는 엽록소 a, c 및 카로티노이드가 포함된다.

난균류(Oomycetes): 기생성이거나 부생성 생물로, 과거에는 균류로 분류되었다. 이들은 특히 운동성 포자인 **유주자**(zoospores)를 만든다. 대부분은 물속에서 발견되지만, 일부는 육상식물의 병원체가 되는 경우도 있다. 1800년대 아일랜드의 감자 마름병 원인균일 뿐만 아니라 어류 부화장의 병원체로서 호수로 방출되면

그림 8.20 규조류.
방사상 대칭 규조류는 실리카로 이루어진 독특한 2중 껍질을 갖는다.

그림 8.21 유공충류.
석회질의 껍질에 난 구멍을 통하여 가느다란 세포질 돌기의 다리가 뻗어 나온다.

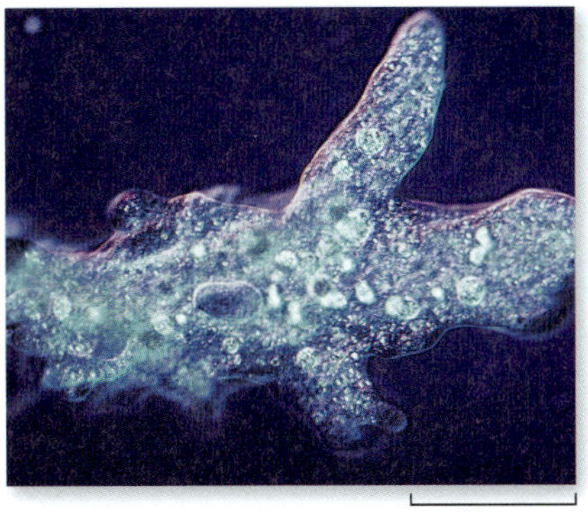

그림 8.22 아메바류 (*Amoeba proteus*).
돌출부는 위족이며, 아메바는 위족을 돌출시키고 세포질이 그 안으로 흘러 들어가게 하여 이동한다.

양서류 알을 한꺼번에 죽일 수도 있다.

근족충류: 가느다란 이동용 위족을 가짐

근족충류(Rhizaria)는 이동을 위해 **위족**(pseudopod)을 사용한다. 위족은 세포를 앞으로 이동시키기 위해 확장되는 유동성 세포질 돌기이며, 액틴과 마이오신 등의 미세섬유는 이러한 움직임과 관련이 있다.

방산충류(Radiolarians)와 유공충류(Foraminiera)는 일반적인 해양 식물성 플랑크톤이며, 사족충류(Cercozoa)는 토양에서 발견된다. 방산충류와 유공충류는 실리카로 만들어진 유리질 외골격을 분비하며, 크기는 현미경적 크기부터 수 cm까지 다양하다. 포디아(podia)라는 가는 막대 모양의 세포질 돌출 구조가 겉껍질의 구멍을 통해 나오는데, 이 겉껍질은 일반적으로 탄산칼슘, 모래, 또는 극피동물 껍질이나 해면 골편 조각으로 강화된 유기물질이다(**그림 8.21**). 이 껍질은 2억 년 이상 동안 쌓여 좋은 화석기록으로 남아 있으며, 이를 통해 석유 지층을 찾는 등 중요한 지질학적 표지로 이용된다. 포디아는 유영, 겉껍질 재료 수집 및 섭식에 사용된다.

아메바류: 뭉툭한 이동형 위족을 가짐

아메바류(Amoebozoa)는 위족을 이용해 이리저리 이동한다(**그림 8.22**). 토양뿐만 아니라 담수에서도 발견되는 이 아메바류의 대부분은 자유생활을 하며 토양 생태계에 중요하다. 인간 병원균으로 작용하는 경우는 드물지만, 아칸쓰아메바(Acanthamoeba)는 상처를 통해 몸에 들어가 면역력이 약한 경우 혈액-뇌 장벽을 넘어 뇌로 들어갈 수 있고, 뇌에 들어가면 염증을 일으킨다.

변형 점균류(plasmodial slime mold)는 세포벽이 없는 움직이는 점액 덩어리와 유사한 다핵성 세포질체인 변형체를 따라 움직이며 주황색, 노란색 등을 띤다. 이들은 움직이면서 세균, 효모 및 다른 유기물의 작은 입자를 삼켜 소화한다. 먹이나 수분이 부족하면 비교적 빠르게 새로운 곳으로 이동한 다음, 이동을 멈추고 포자가 분화하는 덩어리를 형성하거나 많은 수의 작은 무더기로 나뉘어 성숙한 포자낭(sporangium)을 생성한다. 건조한 경우 이 상태가 수년 동안 지속될 수 있다.

원시색소체생물: 육상식물의 조상

원시색소체생물(Archaeplastids)에는 홍조류, 녹조류, 차축조류가 포함된다.

홍조류(Red algae): 크기가 미세한 생명체부터 2 m 길이의 잎을 가진 종류에 이르기까지 6,000종 이상이 있다. 산호초를 만드는 많은 조류가 이 그룹에 속하는데, 우리가 먹는 김도 홍조류이다. 일부 홍조류의 세포벽에서 분리된 아가로스는 한천을 만들어 미생물 배양을 위한 고체배지를 만들기도 한다. 보조 광합성 색소인 피코에리트린, 피코사이아닌 등이 있으며 주로 붉은색을 띤다.

녹조류(Green algae): 특히 엽록체의 생화학적 구성에서 육상식물과 매우 유사하다. 그들은 엽록소 a와 b뿐만 아니라 카로티노이드를 가지고 있다. 클라미도모나스, 클로렐라와 군체형인 볼복스

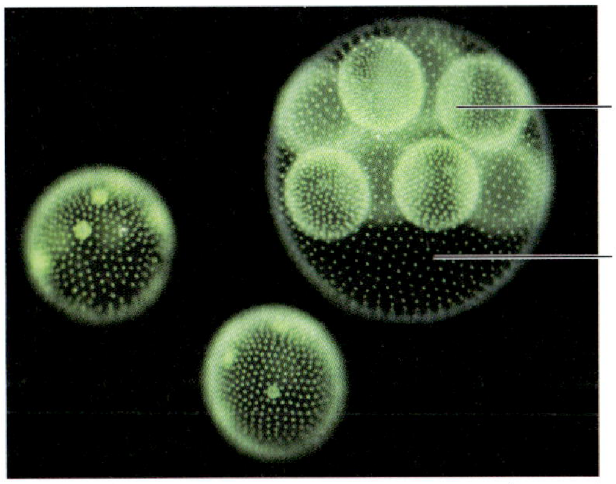

그림 8.23 볼복스(*Volvox*).
이 녹조식물은 군체를 형성하며, 일부 세포는 생식을 위해 특화되어 있다.

(**그림 8.23**), 파래 등이 있다.

차축조류(Charophytes): 녹조류의 일종이지만, 육상식물과의 밀접한 계통발생 관계가 있다는 점이 기타 녹조류와 구별된다. 이들은 육상식물에서 발견되는 원형질연락사(plasmodesmata)를 가지고 있어서 세포질을 연결할 수 있다. 일부는 담수 연못과 습지 가장자리 주변에 녹색의 매트를 형성하는데 이들 중 일부가 건조에 대한 적응을 통해 성공적으로 육지로 이동했을 것으로 추정된다.

후편모생물: 균류와 동물의 조상

후편모생물(Opisthokonts) 중 중요한 깃편모충류(choanoflagellates)는 해면 및 다른 모든 동물의 공통 조상과 가장 유사한 단세포 생명체이다. 이들은 깔때기 모양의 수축성 깃(collar)으로 둘러싸인 1개의 편모를 가지며, 이 깃은 필라멘트들이 인접해 이어져 생성되는데, 이런 구조는 해면의 구조와 정확히 일치한다. 이 깃을 이용해 세균을 포식하며, 군체 형태는 담수해면과 유사하다.

8.5 균류

균류는 열대지역에서 툰드라에 이르기까지 육상과 물속 등 지구상 어디에서나 발견된다. 균류가 식물과 아주 가까운 관계에 있을 것으로 생각하지만, 실제로 균류는 식물보다는 동물과 더 최근의 공통 조상을 공유하고 있다(**그림 8.13** 참조). 균류는 뿌리가 없는 식물의 줄기에 결합하여 식물의 양분 흡수와 수분 흡수를 도움으로써 초기 식물이 육상에 정착하는 것을 가능하게 했다. 일부 균류는 식물에 질병을 일으키지만, 죽었거나 죽어가는 식물 물질을 분해하여 식물이 고정한 탄소를 다른 생물이 사용 가능한 탄소의 형태로 빠르게 순환시키는 데 결정적인 역할을 하고 있다. 또한 인간은 일부 균류를 식품으로 사용하기도 하는데, 효모는 수백만 년 동안 빵과 알코올 음료를 만드는 데 사용되어 왔다.

균류의 특징 및 생태

균류는 다음과 같은 특징을 갖는다.

- **단세포 또는 다세포**: 단세포의 효모 또는 실 모양의 다세포 균사체(mycelium)를 갖는다. **키틴**(chitin)으로 이루어진 세포벽을 가지며 각 세포는 격벽으로 서로 분리되는데, 벽공을 통해 세포질이 이동하므로 사실상 하나의 큰 세포를 형성한다(**그림 8.24**).
- **다양한 생식방법**: 유성생식과 무성생식을 모두 하며, 독특한 형태의 세포분열을 한다. 생식 구조에는 운동성 유주포자, 접합포자낭, 담자기, 자낭의 4가지 유형이 있다. 포자는 건조에 내성이 있으며, 적당한 조건에서 발아하여 균사를 형성한다.
- **세포외소화**: 균류는 소화효소를 외부로 분비한 다음, 소화된 유기분자를 흡수한다. 일부 기생성 균류는 숙주 세포에 침입하여 영양분을 직접 흡수한다.
- **다양한 생태적 지위**: 상리공생, 기생, 자유 생활 중 하나 또는 이들의 조합을 사용한다. **균근**(mycorrhizae)을 통해 식물과 공생 관계를 형성하는데, 이들은 식물 뿌리의 표면적을 증가시켜 양분을 훨씬 더 효과적으로 흡수하게 하며 식물로부터 당을 공급받는다. 또한 균류는 반추동물의 소화관 속에서 리그닌이나 셀룰로스를 분해하거나, 균류를 길러 먹이를 얻는 가위개미와 공생하기도 한다. 다양한 서식지에서 발견되는 지의류는 자낭균류와 녹조류 혹은 남세균과 상리공생체이다.

그림 8.24 세포 사이에 격벽을 보여 주는 균사 구조. 자낭균 균사 절편에 대한 투과전자현미경 사진은 세포질이 유동하는 격벽공을 보여 준다.

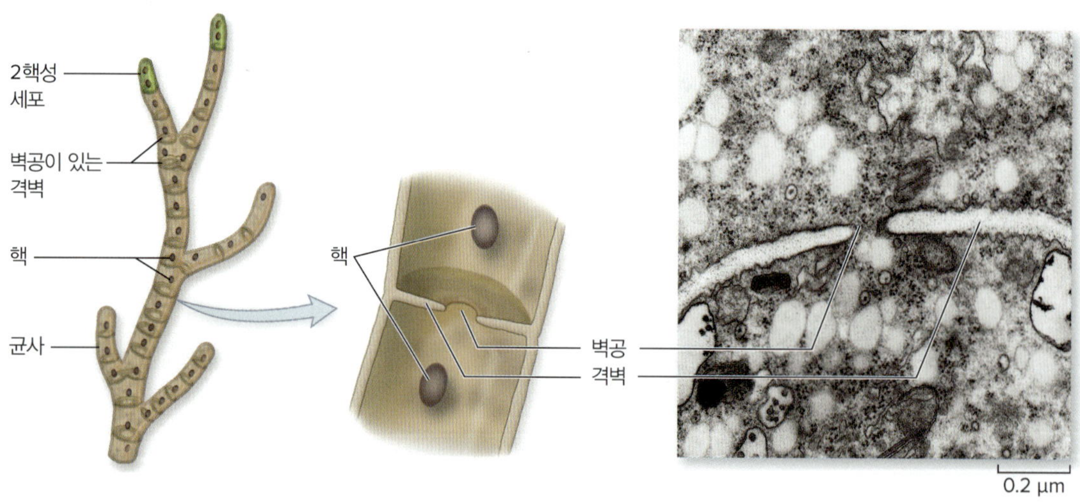

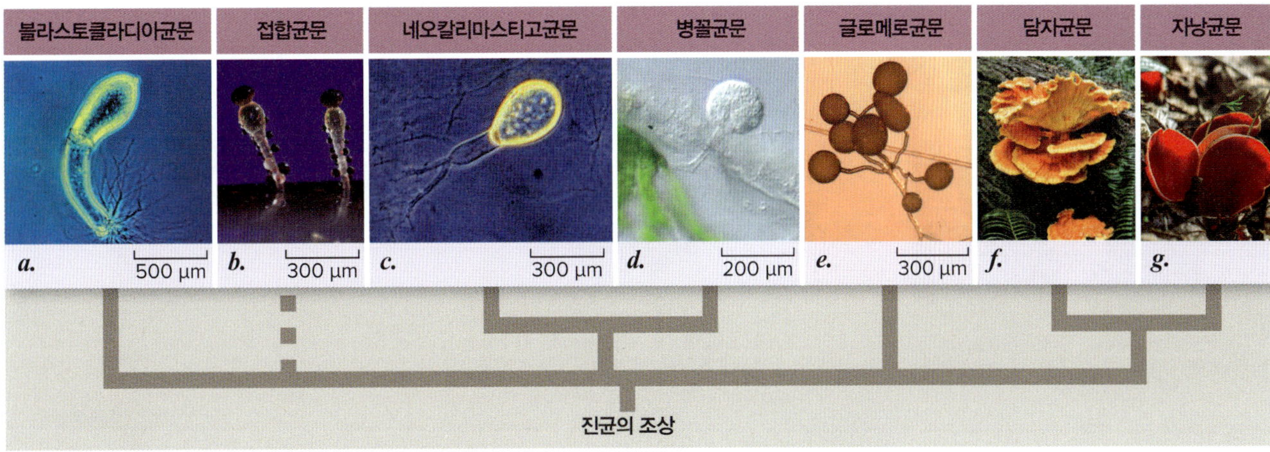

그림 8.25 균류의 주요 문.
접합균문을 제외하고 모든 문은 단계통이다. 미포자충문은 여기에 없으나 일부 분류에서는 포함된다. ***a.*** 물곰팡이(*Allomyces arbuscula*)는 블라스토클라디아균류이다. ***b.*** 접합균류(*Pilobolus*)는 동물의 변과 배지에서 자란다. ***c.*** *Piromyces communis*를 포함하는 네오칼리마스티고균문은 초식동물에서 셀룰로스를 분해한다. ***d.*** *Rhizophydium*속을 포함하는 일부 병꼴균류는 녹조류에 기생한다 ***e.*** 뿌리에 공생하는 글로메로균류 *Glomus intraradices*의 포자. ***f.*** 광대버섯(*Amanita muscaria*)은 독성 담자균류이다. ***g.*** *Peziza*속의 주발버섯은 땅 위, 썩어가는 목재, 똥에서 자라는 자낭균류이다.

균류의 종류

현재 균류는 블라스토클라디아균문, 네오칼리마스티고균문, 병꼴균문, 글로메로균문, 담자균문, 자낭균문의 6개의 단계통군과 측계통으로 알려진 접합균문으로 구성되어 있다(**그림 8.25**, **표 8.4**).

병꼴균문 및 근연군: 편모를 지닌 유주자 균류

병꼴균문(Chytridiomycota)에 속하는 병꼴균 또는 항아리균은 수생이며 편모를 가진 균류로, 선조 균류와 가장 가깝다. 운동성 유주자는 이 균류 그룹의 대표적인 특징이다. 블라스토클라디아균문(Blastocladiomycota)에는 각 생물에 기생하는 물곰팡이류 등이 있으며, 네오칼리마스티고균문(Neocallimastigomycota)의 균류는 반추동물의 소화관에서 혐기적으로 셀룰로스를 분해한다.

접합균문: 접합자 생성 균류

접합균문(Zygomycota)은 포자낭 또는 배우자낭(포자 또는 배우자를 만드는 구조)을 형성할 때를 제외하고는 격벽이 없다. 생활사 중에 나타나는 2배체 접합핵이 접합포자낭으로 발달하고 안에서 접합포자가 발생한다. 하나 이상의 핵을 가지고 있는 접합포자는 불리한 환경에도 잘 견딜 수 있는 두꺼운 외피를 갖게 된다.

표 8.4 균류

그룹	전형적인 예	주요 특징	대략적인 생물 종 수
병꼴균문	*Batrachochytrium*	유성생식에 의한 반수체 배우자를 생성하거나 무성생식에 의해 2배체 유주포자(zoospore)를 생산하는 수생 편모성 진균이다.	1,000
접합균문	*Rhizopus, Pilobolus*	다핵균사는 생식 구조를 제외하고 격벽이 없다. 균사가 융합하면 접합포자낭에서 접합자가 형성되며, 감수분열은 발아 직전에 일어난다. 무성생식이 일반적이다.	1,050
글로메로균문	*Glomus*	수지상균근을 형성. 다핵성 균사는 격벽이 없다. 무성적으로 생식한다.	150
자낭균문	서양송로버섯, 곰보버섯	유성생식에서 자낭포자는 자낭이라고 하는 주머니에서 형성된다. 무성생식이 일반적이다.	>30,000
담자균문	버섯, 독버섯, 녹병균	유성생식에서 담자포자는 담자기라고 하는 곤봉 모양의 구조에서 발생한다. 무성생식은 가끔 일어난다.	>30,000
네오칼리마스티고균문	*Neocallimastix*	초식동물의 장에서 자라는 혐기성 대사를 사용하는 미토콘드리아가 없는 균류이다. 섬유소를 분해하는 능력이 있다.	20
블라스토클라디아균문	*Allomyces*	식물 생식에서 볼 수 있는 세대교번을 보인다. 막-결합 리보솜으로 이루어진 특징적인 핵모(nuclear cap)를 가진다.	<200

a.

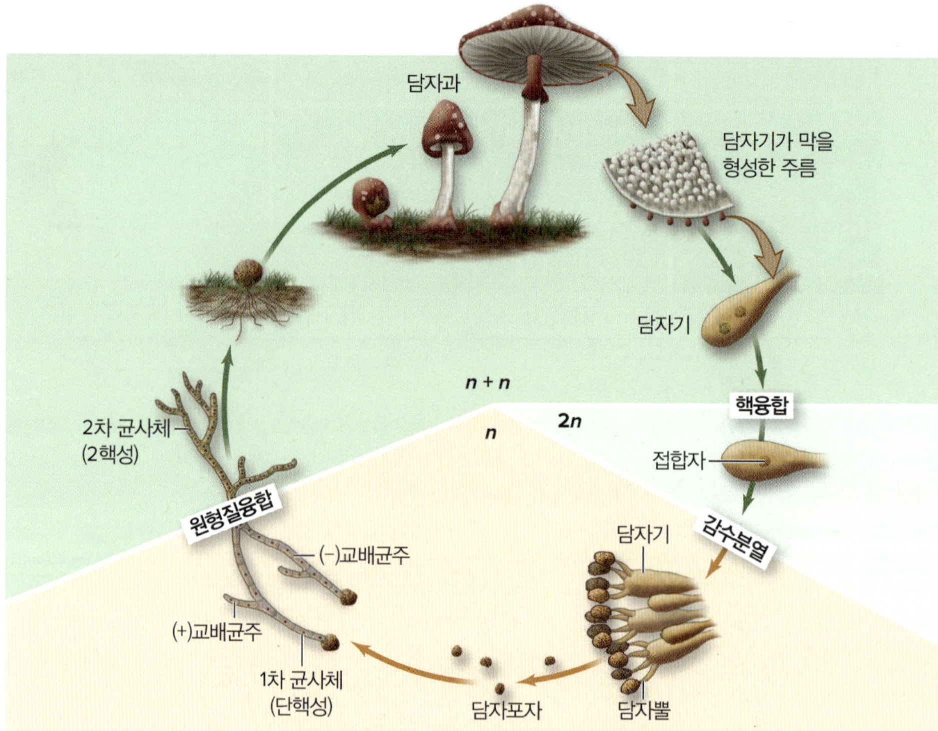

b.

그림 8.26 담자균류와 생활사.
a. 알광대버섯(*Amanita phalloides*). 이 버섯을 먹을 경우 보통 치명적이다. *b.* 담자균류의 생활사. 담자기는 생식 구조이며, 갓 아래쪽 주름에서 발견된다.

a.

b.

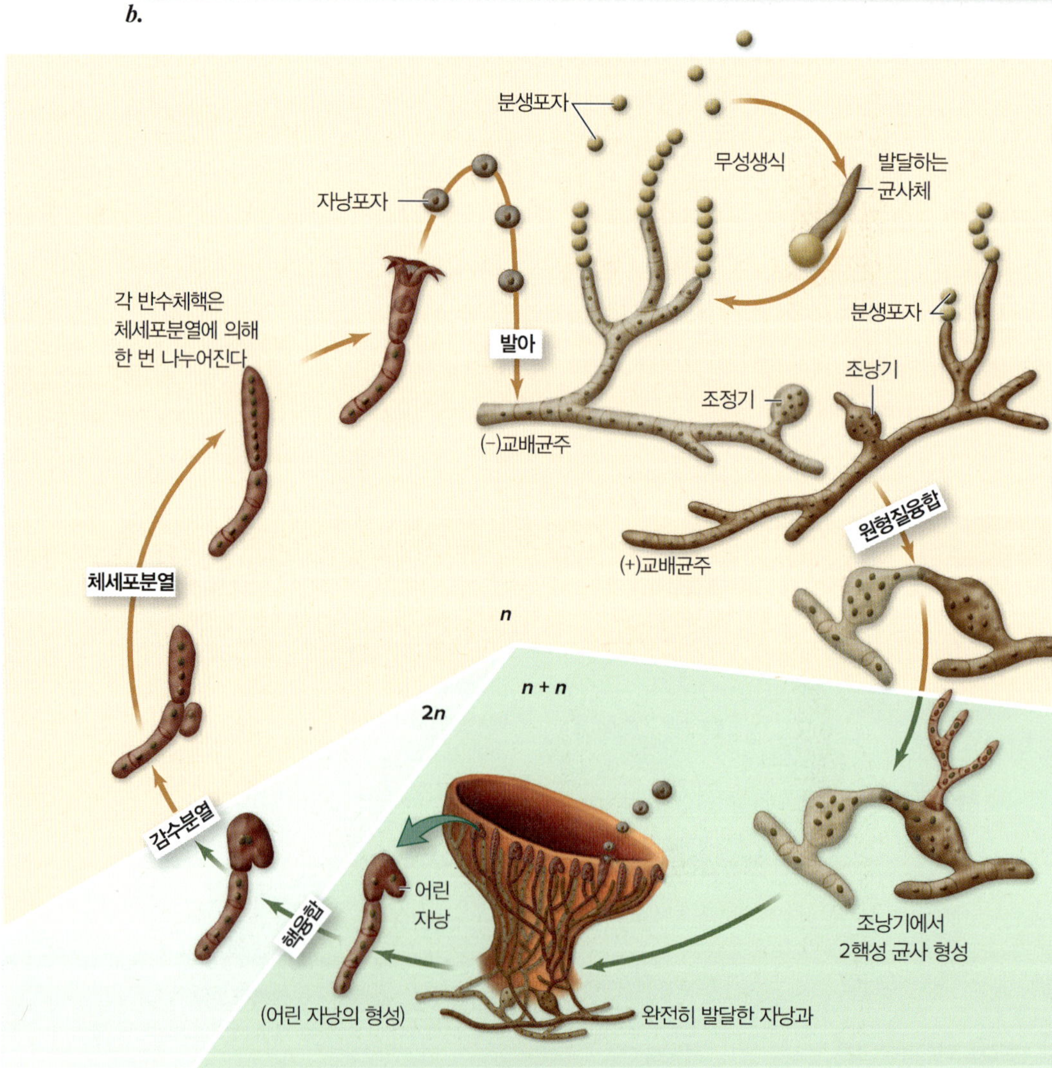

c.

그림 8.27 자낭균류와 생활사.
a. 곰보버섯(*Morchella esculenta*)은 이른 봄에 등장하는 맛있는 식용 자낭균류이다. *b.* 주발버섯. *c.* 자낭균류의 생활사. 반수체 자낭포자는 자낭 내에서 형성된다.

글로메로균문: 무성적 식물 공생자

글로메로균문(Glomeromycota)은 아주 작은 균류 그룹으로, 균사의 끝은 대부분 나무와 초본의 뿌리 내로 자라서 균근을 형성하며 영양분 교환이 가능한 분지 구조를 만들어 식물과 상리공생을 한다.

담자균문: 곤봉형(담자기) 균류

담자균문(Basidiomycota)에는 버섯, 독버섯, 말불버섯, 젤리 곰팡이, 선반버섯 및 녹병균과 깜부기병균 등이 있다. 유성생식 구조인 곤봉 모양의 **담자기**(basidium)를 갖는다. 담자기 내의 두 핵이 융합하여 2배체를 만든 후 즉시 감수분열이 일어나며, 이 결과 만들어진 4개의 반수체는 담자포자가 된다. 이 포자가 발아하여 격벽이 없는 1차 단핵성 균사를 만들며, 이 단핵성 균사의 다른 교배형이 융합하여 2핵성 균사체 또는 2차 균사체(secondary mycelium)를 만든다(**그림 8.26**).

자낭균문: 자낭균

자낭균문(Ascomycota)은 알려진 균류의 약 75%를 차지하며, 효모, 곰팡이, 곰보버섯 등을 포함한다. 페니실린을 만드는 *Penicillium* 속 균류도 **자낭균류**(ascomycetes)이다. 자낭균은 현미경적 크기의 작은 주머니 형태인 **자낭**(ascus)이라는 특징적인 생식구조를 갖는다. 생활사 중에서 오직 2배체 핵을 가지는 핵융합은 자낭 내에서 일어난다. 자낭은 담자기와 기능적으로 동일하다. 핵융합에 이어 즉시 감수분열이 일어나 4개의 반수체 딸핵을 형성한 후, 한 번 더 분열하여 8개의 반수체 핵을 가진 자낭포자가 된다(**그림 8.27**). 무성생식은 변형된 균사의 끝에서 생성된 분생자에 의한다. 대부분 효모는 단세포 생활 형태를 가진 자낭균으로, 무성적으로 큰 세포에서 작은 세포가 생기는 출아에 의해 일어난다.

8.6 식물

식물은 육상생활에 적응한 광합성 독립영양생물을 말한다. 육상에 적응하기 위해 물 손실을 피하고, 태양 복사의 유해한 영향으로부터 개체를 보호하며, 생식을 위해 배우자를 효과적으로 전파하기 위한 각종 기작이 발달하였다.

식물의 특징

녹색식물의 10억 년 역사에서 가장 중요한 진화적 사건 중 하나는 육상생활에 적응하는 것이다(**그림 8.28**). 이를 위한 식물의 주요 특징은 다음과 같다.

- **관다발의 발달**: 식물 내에서 물을 운반하는 것은 식물의 크기가 커질수록 어려운 문제가 된다. 선태식물은 효율적으로 물을 운반할 수 없기에 높이 자랄 수 없다. 반면에 관다발식물은 더욱 발전하여 물과 양분의 장거리 수송을 위한 특수 관다발조직을 형성한다.

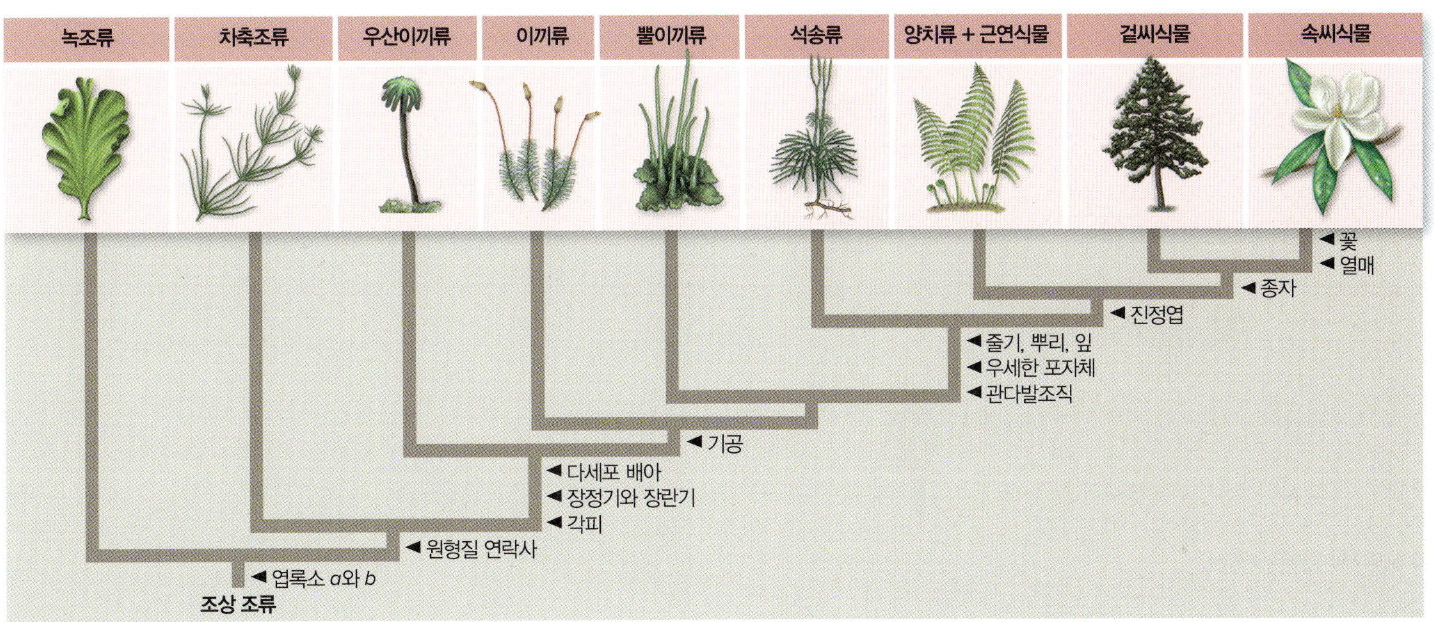

그림 8.28 육상식물의 혁신.

- **우세한 2배체**: 육상식물은 수생식물보다 자외선에 자주 노출되어 돌연변이 발생 가능성이 높다. 육상식물은 2배체를 가짐으로써 돌연변이의 영향을 최소화한다. 모든 육상식물에는 반수체인 배우체와 2배체인 포자체 세대가 있지만, 더 진화한 그룹은 포자체가 우세한 경향이 있다.
- **세대교번**: 단복상 생활주기로 세대가 교대한다. 육상식물 생활형은 다세포 반수체 및 2배체 단계를 갖는 **단복상**(haplodiplontic) 생활형을 갖는다. 즉, **포자체**(2배체, $2n$)와 **배우체**(반수체, n)가 교대한다.

식물의 분류

선태식물문:배우체 세대 우세식물

선태식물문(Bryophyte)에는 약 16,000종이 있으며, 단순한 구조지만 다양한 육상환경에 잘 적응하였다. 대부분 배우체는 작지만, 광합성을 할 수 있는 특수한 구조로 되어 있으며, 선태식물 생활사의 대부분을 차지한다. 이끼의 헛뿌리는 물을 흡수할 수 있는 몇 개의 세포로 이루어져 있고, 물과 양분의 수송은 헛물관이 아닌 다른 수송세포(conducting cell)에 의해 이뤄진다. 배우체에 의해 생성된 난자와 정자세포는 포자체를 생성하기 위해 결합하며, 포자체는 일반적으로 배우체 표면에서 직립으로 자란다(**그림 8.29**). 포자체는 땅 위에 있기에, 생성하는 포자를 효과적으로 분산시킨다. 이 포자는 기류에 의해 운반되며, 땅에서 새로운 배우체 식물로 발아한다. 우산이끼(liverworts), 이끼(mosses) 및 뿔이끼(hornworts)가 있다.

비종자 관다발식물: 포자체 세대 우세식물

관다발식물의 주요 특징은 선태식물과 달리 우세한 포자체 세대이며, 물과 양분을 운반하는 관다발조직을 가지고 있다. 관다발은 물

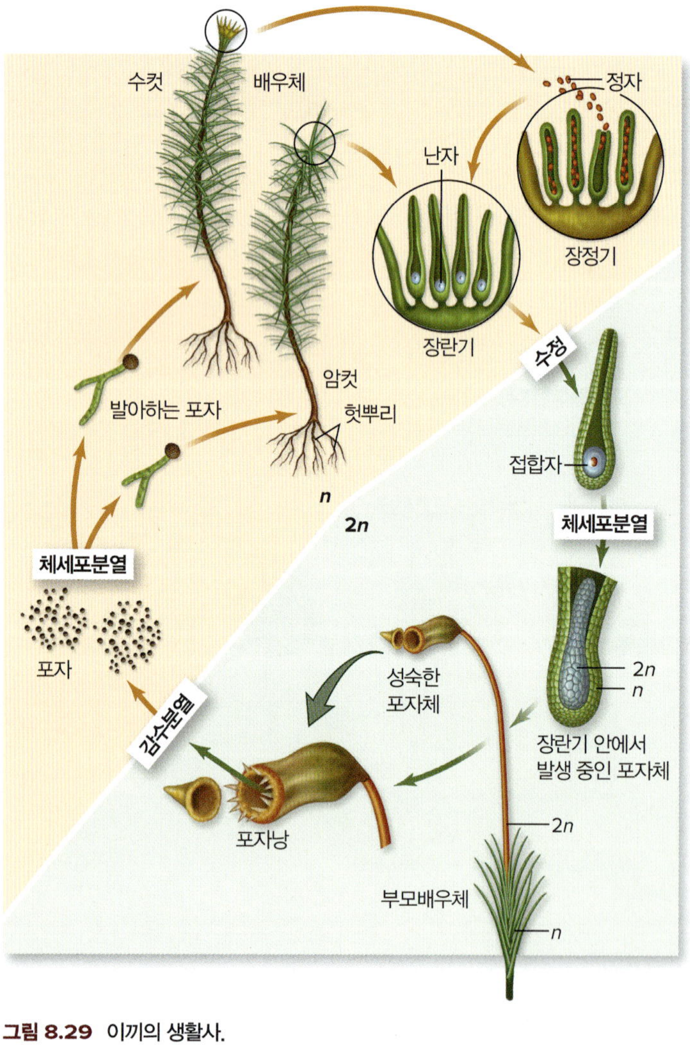

그림 8.29 이끼의 생활사.
이끼 생활사의 대부분은 반수체 상태이다. 잎 모양의 배우체(n)는 광합성을 하지만, 보다 작은 포자체($2n$)는 광합성을 하지 않아 영양적으로 배우체에 의존한다. 정자가 난자로 이동하는 데 물이 필요하다.

표 8.5 현존하는 비종자 관다발식물문

문	예		주요 특징	대략적인 현존 종 수
석송문	석송류		동형포자 또는 이형포자. 운동성 정자. 수정을 위해 외부의 물이 필요함. 약 17속	1,275
양치식물문	양치류		대부분이 동형포자(일부가 이형포자). 운동성 정자. 수정을 위해 외부의 물이 필요함. 포자체와 모든 배우체가 광합성을 함. 약 365속	11,000
	속새류		동형포자. 운동성 정자. 수정을 위해 물이 필요함. 맥과 마디가 있는 줄기는 광합성을 하거나 비광합성임. 잎은 비늘 모양이며 윤생임. 성숙 시 비광합성임. 1속	15
	솔잎란류		동형포자. 운동성 정자. 수정을 위해 물이 필요함. 뿌리와 슈트가 분화되지 않음. 잎이 없음. 2속 중 1속은 비늘 같은 돌출부가 있으나 다른 속은 잎과 같은 부속물을 가지고 있음.	6

과 무기염류를 뿌리부터 위로 수송하는 물관 및 당과 호르몬을 몸 전체로 수송하는 체관으로 구성되어 있다. 초기 관다발조직의 물관에서 물을 운반하는 유일한 세포는 **헛물관**(tracheid)이다. 이외에도 각피와 기공이 발달하여 육상에서 물의 손실을 감소시키는 역할을 한다. 비종자 관다발식물은 석송과 양치식물로 구성된다(**표 8.5**).

현존하는 양치류(ferns)는 11,000종이나 되고, 비종자 관다발식물 중에서 가장 큰 식물군이며, 종자식물과 가장 가까운 근연종으로 밝혀지고 있다. 양치류의 생활사는 이끼류와는 달리 포자체가 크게 자라고, 독립적이며 생활주기에서 더 큰 부분을 차지한다(**그림 8.30**). 양치류의 포자체는 관다발조직을 지닌 뿌리, 줄기, 잎이 잘 분화되어 있다. 그러나 배우체에는 관다발조직이 없다.

종자식물

진화적으로 육상에 적응하는 문제를 해결함으로써 오늘날 40만 종 이상의 종자식물이 육상군집을 지배하고 있다(**표 8.6**). 양치식물과 달리 수배우체가 암배우체로 이동하기 위해 물이 필요하지 않으며, 화분은 바람이나 수분매개자에 의해 암배우체 내의 난자로 운반된다. 게다가 종자를 형성함으로써 생활주기 중 휴면기를 가질 수 있게 되어, 생장에 좋은 환경조건이 될 때까지 보호받은 배아가 생존하며 기다릴 수 있게 된다. 종자가 나출되어 있는 겉씨식물과 달리, 속씨식물에서는 발아 시 배아($2n$)에 양분을 공급하는 배젖($3n$)이 중복수정(double fertilization)으로 형성되며, 종자를 보호하는 씨방은 나중에 과실 조직의 일부가 된다(**그림 8.31**, **그림 9.37** 참조). 속씨식물은 종자의 발아 후 나오는 떡잎의 수에 따라 외떡잎식물과 진정쌍떡잎식물로 구분한다.

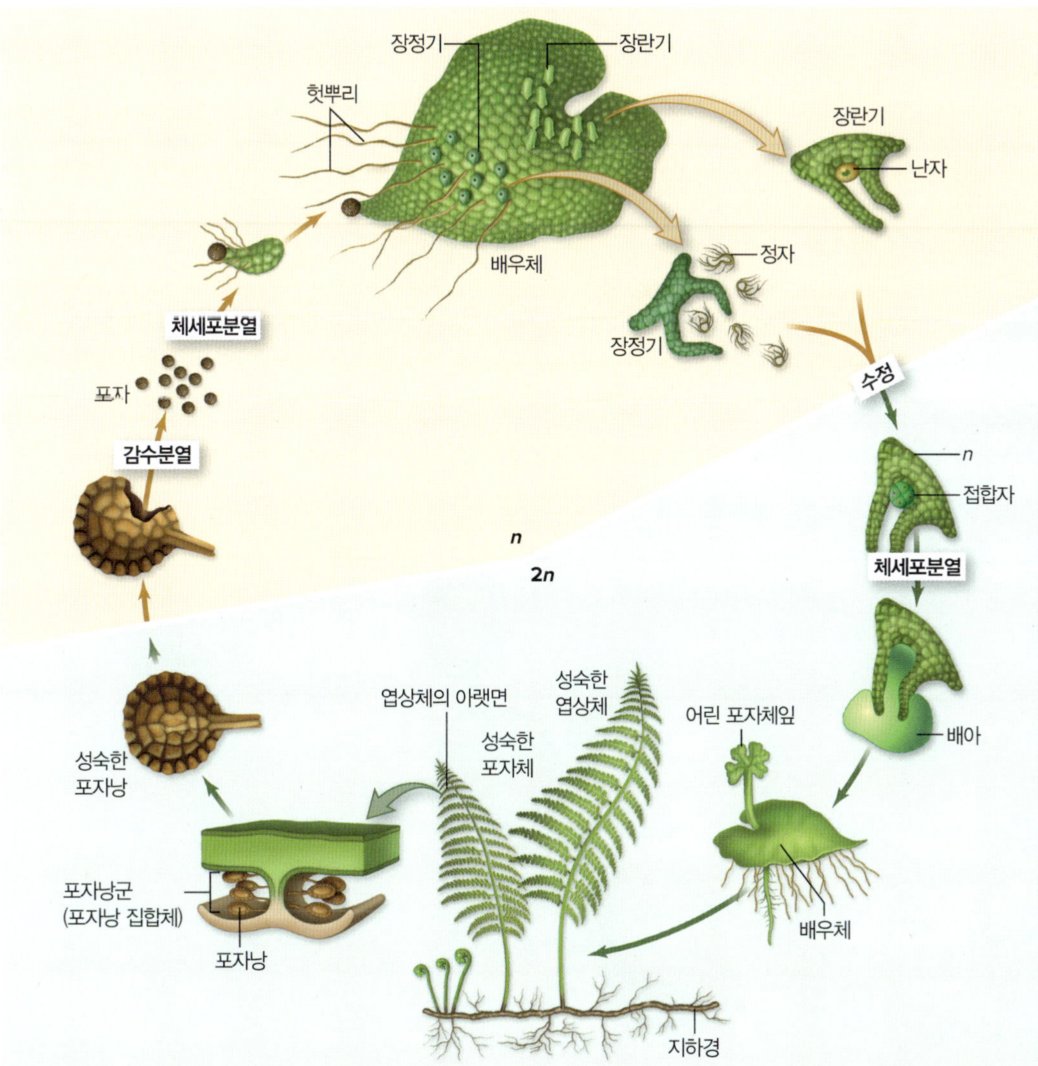

그림 8.30 전형적인 양치류의 생활사. 배우체와 포자체 모두 광합성을 하고, 독립적으로 생활할 수 있다. 수정을 위해 물이 필요하며, 정자는 배우체의 뒷면으로부터 방출되어 습한 토양을 통해 헤엄쳐 이웃 배우체에 도달한다. 포자는 바람에 의해 분산된다.

표 8.6 현존하는 종자식물의 5가지 식물문

식물문	예		주요 특징	현존하는 종 수
구과식물문	침엽수(소나무, 가문비나무, 전나무, 주목, 미국삼나무 및 기타)		이형포자 종자식물. 비운동성 정자가 화분관을 통하여 난자에 도달한다. 잎은 대부분 바늘 모양이거나 비늘 모양이다. 교목과 관목. 약 68속. 대부분이 구과 내에 종자를 생산한다.	630
소철문	소철		이형포자. 정자는 편모를 가지고 운동하나 난자 주위로 자라는 화분관에 국한된다. 날개 모양의 잎을 가진다. 침엽수에 비해 2기 생장이 느리다. 10속. 구과 내에 종자를 생산한다.	306
마황식물문	마황류		이형포자. 비운동성 정자. 화분관을 통하여 난자에 도달한다. 물관을 가진 유일한 겉씨식물이다. 교목, 관목, 덩굴식물. 3개의 다양한 속[마황속(*Ephedra*), 그네툼속(*Gnetum*), 웰위치아속(*Welwitschia*)]이 있다.	65
은행나무문	은행나무		이형포자. 정자는 편모를 가지고 운동하나 난자 주위로 자라는 화분관에 국한된다. 일정하게 갈라진 잎맥을 가진 부채 모양의 잎을 지닌 낙엽수. 자웅이주. 종자는 자두 모양이며 육질에서 고약한 냄새가 나는 외피에 싸여 있다. 1속.	1
속씨식물문	현화식물 (속씨식물)		이형포자. 비운동성 정자가 화분관을 통하여 난자에 도달한다. 종자는 과실에 의해 싸여 있다. 잎은 크기와 형태가 다양하다. 초본, 덩굴식물, 관목, 교목. 인간과 동물의 중요한 식량공급원.약 14,000속.	>300,000

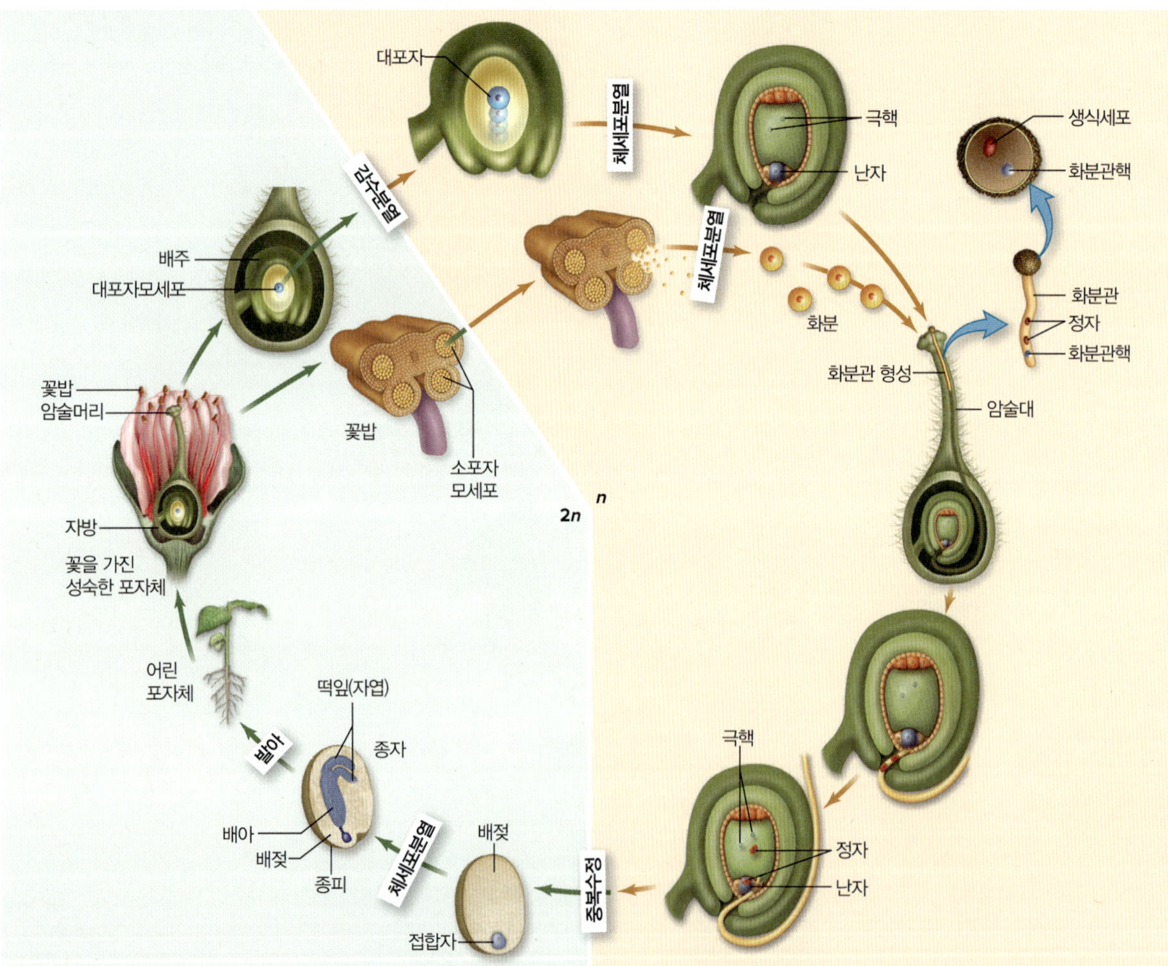

그림 8.31 전형적인 속씨식물의 생활사. 소나무와 마찬가지로 수정을 위해 외부의 물이 요구되지 않는다. 대부분 속씨식물에서 동물이 화분을 심피로 운반한다. 심피의 바깥벽은 열매를 만들어 동물이 종자의 분산을 돕도록 유인한다.

8.7 동물

거의 모든 서식지에서 발견되는 동물은 형태, 서식지, 행동 및 생활양식에 있어 매우 다양하다. 그럼에도 불구하고, 동물은 많은 공통점을 가진다. 한 예로 비록 모든 동물이 이동할 수 있는 것은 아니지만, 이동은 다른 종의 생물들과 구별되는 특징이다.

동물의 특징 및 체제의 진화

동물은 종속영양생물로 생태계에서 소비자 역할을 한다. 모두 다세포성이며 대부분 복잡한 체제를 갖는다. 동물세포는 단단한 세포벽이 없어 일반적으로 매우 유연하다. 신경, 근육조직이 발달하여 이동에 제한이 없으며, 거의 대부분 유성생식을 한다. 이러한 특징들은 수백만 년에 걸쳐 진화된 것으로, 동물 진화에서는 다음과 같은 5개의 주요 혁신이 주목할 만하다.

1. **좌우대칭**: 몸의 중심축을 통과하는 어느 축을 그어도 마치 거울의 상과 같이 그 생물을 반으로 나눌 수 있는 배열을 **방사대칭**(radial symmetry)이라고 하며, 해면동물문과 자포동물문에서 볼 수 있다. 이들을 제외한 모든 동물의 몸은 **좌우대칭**(bilateral symmetry)으로, 진화적으로 매우 유리한 구조이다(**그림 8.32**). 즉 좌우대칭동물은 일정한 방향(앞쪽)으로의 이동이 가능하다. 이는 몸의 앞쪽에 존재하는 뇌의 신경세포들이 눈과 귀 같은 감각기관과 연관되어 진화 초기에 몸의 앞쪽에서 신경조직이 집중되는 **두화**(cephalization)를 이끌었다.
2. **분화된 구조와 기능을 갖는 조직**: 접합자는 동물 몸에 있는 모든 종류의 세포로 분화될 수 있는 전능성(totipotent)을 지니고 있다. 배아발생 동안 세포는 특수한 기능을 담당하도록 분화된다.
3. **체강**: 배아발생 과정에서 외배엽, 내배엽, 중배엽이 형성되는데, 모든 좌우대칭동물은 3개의 배엽을 가지고 있어서 **3배엽성**(triploblastic)이다. 배엽 사이에 형성되는 **체강**(body cavity)은 심장이나 폐와 같은 기관을 유지하는 공간을 제공해 주기에 진화에서 중요한 혁신이다. 아주 적은 수의 좌우대칭동물은 체강이 없어서 무체강동물(acoelomate)이라고 하며, 일부는 중배엽과 내배엽 사이에 비어 있는 공간인 **의체강**(pseudocoelom)을 가지고 있다(**그림 8.33**). **진체강**(coelom)은 중배엽 내에 발달한 공간을 일컫는다.

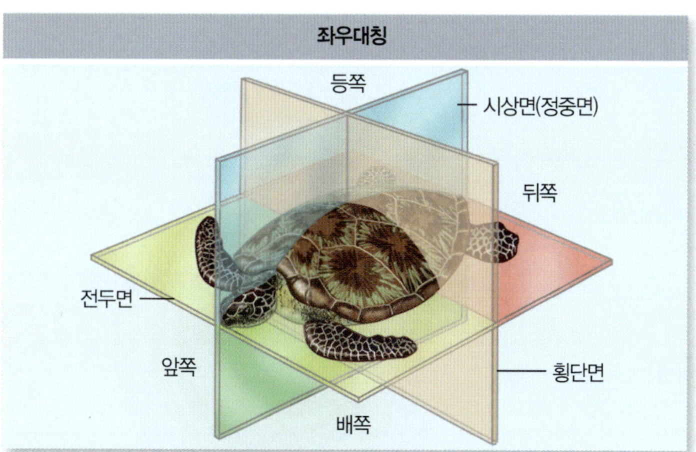

그림 8.32 좌우대칭의 몸 체제.
거북(척삭동물문)과 같은 좌우로 대칭을 이룬 동물은 오직 하나의 면(시상면)에 의해서만 동일하게 반으로 나뉠 수 있다.

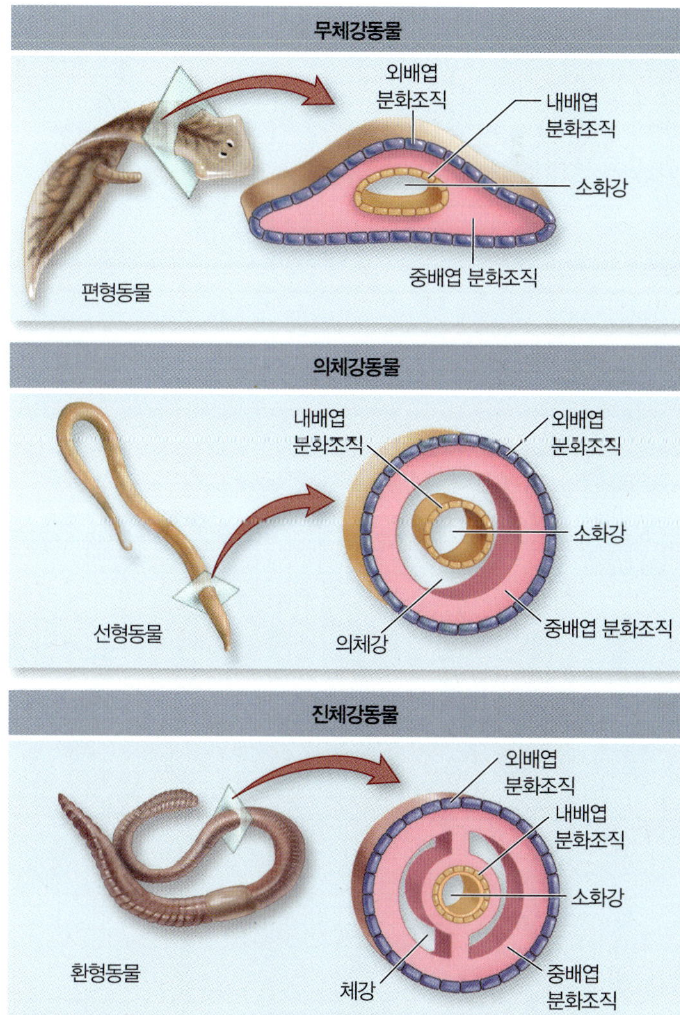

그림 8.33 좌우대칭동물의 3가지 체제.
편형동물과 같은 무체강동물은 내배엽으로부터 유래된 소화관과 중배엽으로부터 유래된 근육층 사이에 체강이 없다. 의체강동물은 내배엽으로부터 유래된 조직과 중배엽으로부터 유래된 조직 사이에 의체강이란 체강을 가진다. 진체강동물은 중배엽으로부터 유래된 조직 내에 온전히 발달한 체강을 가진다. 따라서 중배엽으로부터 유래된 조직에 의해 양쪽 면이 싸이게 된다.

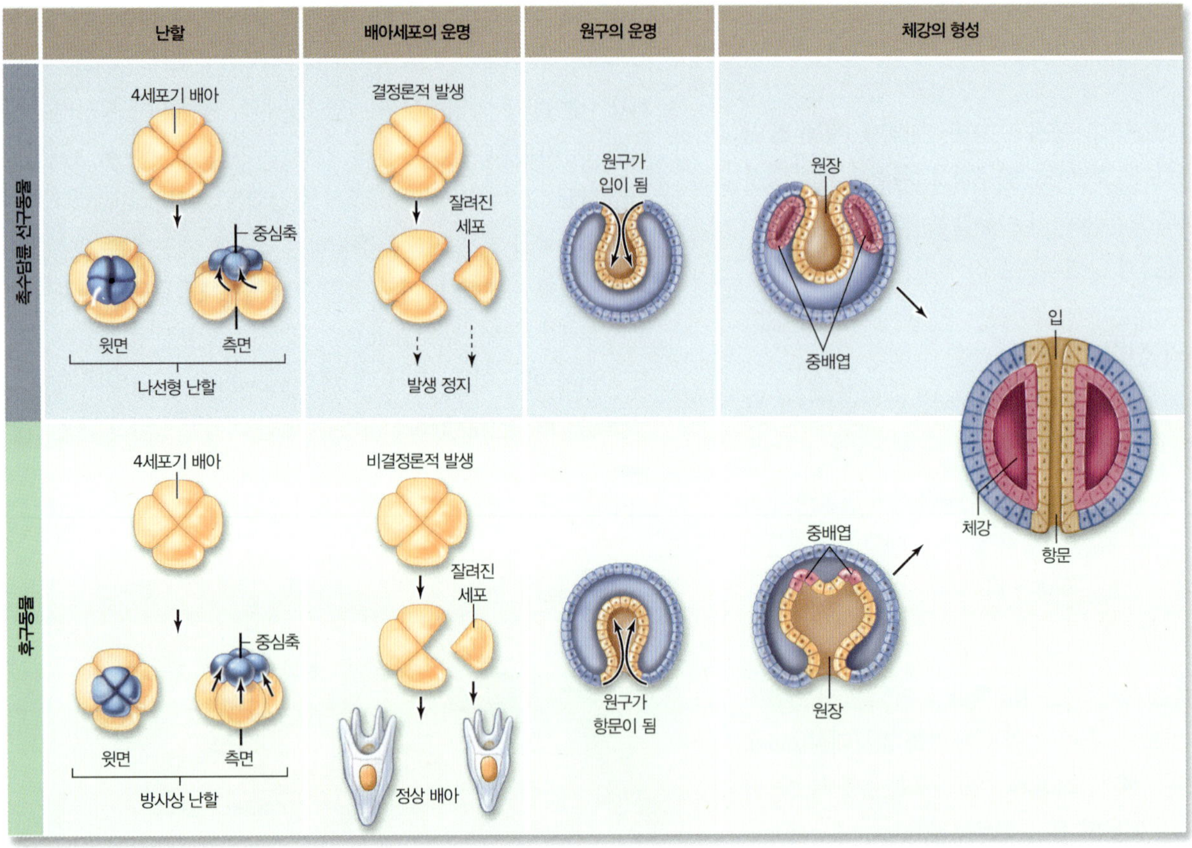

그림 8.34 촉수담륜 선구동물과 후구동물의 배아발생.
촉수담륜동물에서 배아세포는 나선형 난할과 결정론적 발생을 한다. 원구는 동물의 입이 되고, 체강은 내배엽 세포들 사이에서 형성된다. 후구동물에서 배아세포는 방사상으로 난할을 하고 비결정론적 발생을 보인다. 원구는 동물의 항문이 되고 체강은 원장의 함입으로부터 유래된다.

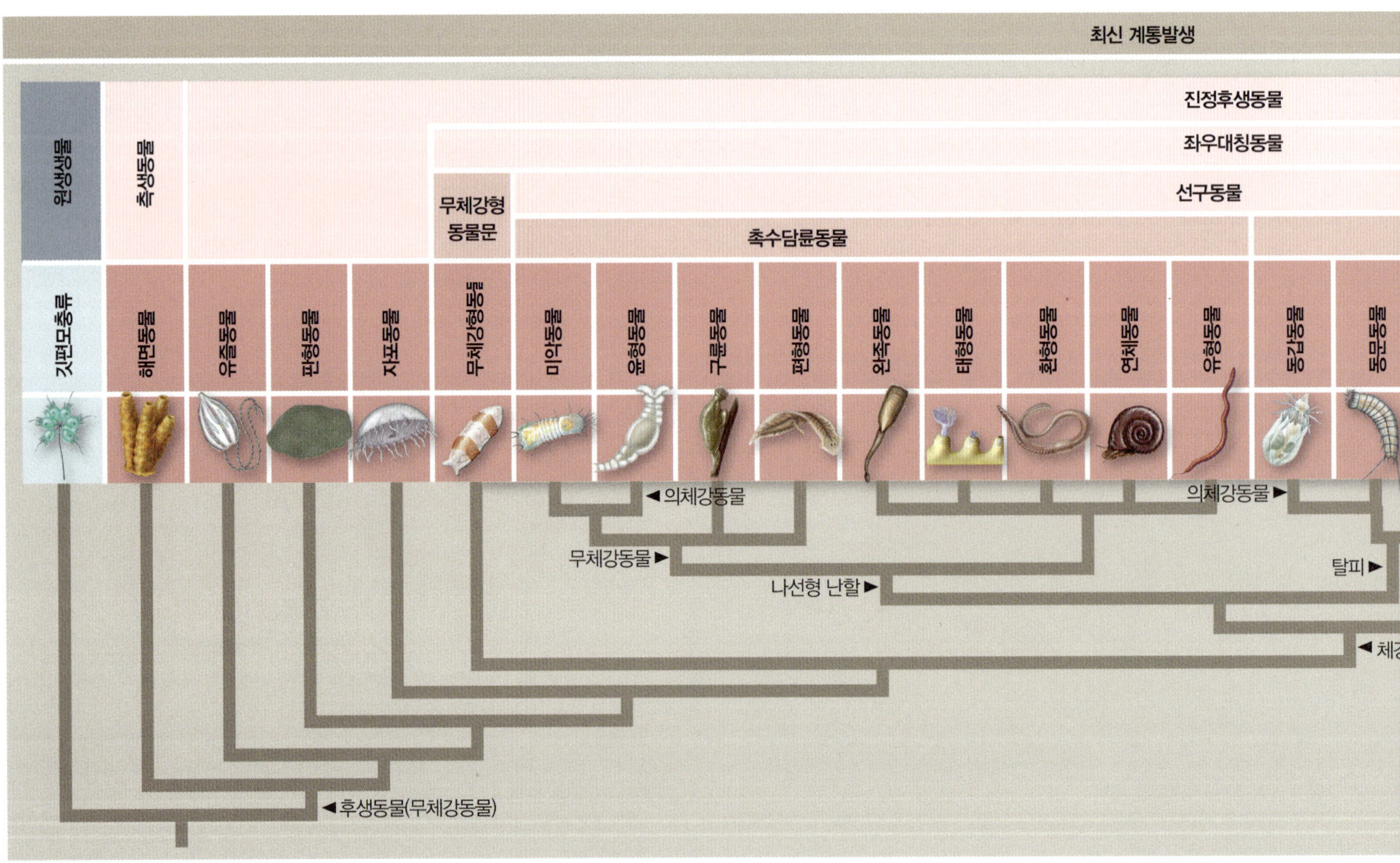

4. **다양한 배아발생 패턴**: 초기 발생의 유형은 동물종마다 특이하게 일어나므로, 동물을 분류하는 데 매우 중요하게 작용한다. 좌우대칭동물은 초기 발생의 낭배기 때 바깥층의 세포가 안쪽으로 함입되는 원구(blastopore)가 생긴다(**그림 14.17** 참조). 발생이 진행되면서 이 원구가 입으로 되는 동물을 **선구동물**(protostome)이라고 하며, 원구가 항문으로 되고 입은 나중에 생기는 동물을 **후구동물**(deuterostome)이라고 한다. 일반적으로 선구동물은 난할에서 세포가 분열하는 방향이 기울어져 있는 **나선형 난할**(spiral cleavage)을 하며, 후구동물은 중심축에 평행하게 분열하는 **방사상 난할**(radial cleavage)을 한다(**그림 8.34**).
5. **분절 또는 반복되는 체절**: 대부분 형태적으로 복잡한 동물 체제는 **체절화**(segmentation)로 인해 나타난다. 이 체절은 반복적이므로, 어느 한 체절이 손상되더라도 다른 체절이 그 기능을 대체하기에 치명적이지 않다. 또 다른 장점은 이동의 효율성이다. 척추동물 성체에서는 체절화가 종종 겉으로 드러나 보이지 않아도 척추와 근육은 체절로 되어 있다.

그림 8.35 제안된 동물계통수 개정본.
35~40문의 계통발생은 해부학적 자료와 발생학적 자료의 해석과 분자계통학적 연구의 결과를 토대로 합의된 내용을 반영한다. 유즐동물의 위치와 모악동물이 선구동물인지 후구동물인지는 아직 논쟁 중에 있다.

무척추동물

동물은 대칭성, 조직, 체강의 유형, 배아발생 순서, 체절화에 근거하여 분류한다(**그림 8.35**). 특화된 조직이 없는 측생동물을 제외한 나머지 동물을 **진정후생동물**(eumetazoa)이라 한다. 이는 명확한 형태와 좌우대칭을 갖는 동물로, 세포는 조직이라 불리는 구조적 · 기능적 단위로 구성된다. 선구동물은 **촉수담륜동물**(lophotrochozoa)과 **탈피동물**(ecdysozoa)로 구분된다. 촉수담륜동물은 나선형 난할 방식으로 발생하며, 대부분 수생이고 섬모를 이용하거나 몸 근육을 수축하여 이동한다. 이에는 편형동물, 환형동물, 연체동물 등이 포함된다. 탈피동물은 탈피할 수 있는 동물을 말하며, 선형동물과 절지동물 등이 있다. 후구동물에는 극피동물과 척삭동물이 포함된다. 주요 동물문의 특징은 **표 8.7**에 나타냈다.

척삭동물

척삭동물은 (1) 등 표면 바로 아래에 위치하고, 뇌와 척수로 분화하는 **신경삭**(nerve cord), (2) 신경삭 바로 아래 위치한 신축성 있는 막대 모양의 **척삭**(notochord), (3) **인두**(pharynx)와 외부를 연결한 **인두열**(pharyngeal slit, 어류의 아가미) 또는 **인두낭**(pharyngeal pouche), 그리고 (4) **후항문 꼬리**(postanal tail)를 가지고 있다(**그림 8.36**). 모든 척삭동물은 생활사 시기 중 위의 4가지 특징들을 나타낸다. 예를 들어 사람은 배아 시기에 이 특징이 나타나는데, 후에 척삭은 척추로 대체되고, 소실되고 남은 한 쌍의 인두낭은 목과 중이를 연결하는 유스타키오관(eustachian tube)이 되며, 후항문 꼬리는 퇴화하여 꼬리뼈를 형성한다.

척삭동물문(phylum chordata)은 (1) 피낭류(tunicates)인 멍게가 속한 미삭동물아문(urochordate), (2) 창고기(lancelets)가 속한 두

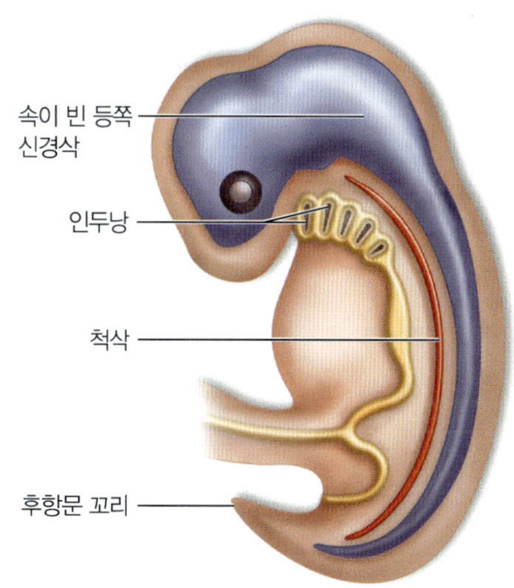

그림 8.36 일반화한 척삭동물 배아를 통해 살펴본 4가지 주요 특징.

표 8.7	다수의 종이 포함된 동물 문		
문	전형적인 예	주요 형질	알려진 종 수
절지동물문 (절지동물)	딱정벌레, 기타 곤충, 게, 거미, 크릴새우, 전갈, 지네, 노래기 	키틴질 외골격이 체절과 체강을 가진 몸을 감싼다. 쌍을 이루는 분절된 부속지를 가진다. 다양한 종류의 곤충이 날개를 가진다. 바다, 육지, 담수 서식지에 산다. 절지류의 대부분은 곤충이다(대부분의 동물이기도 하다).	1,200,000
연체동물문 (연체동물)	달팽이, 굴, 조개, 문어, 민달팽이 	체강을 갖는 많은 연체동물은 외투막에서 분비된 물질로 만든 하나 또는 그 이상의 패각으로 덮여 있다. 많은 종류가 독특한 구기부 구조인 치설을 가진다. 바다, 육지, 담수 서식지에 산다.	150,000
척삭동물문 (척삭동물)	포유류, 어류, 파충류, 양서류 	체강을 갖는 개체는 생활사의 어느 시기에 척삭, 등쪽신경삭, 인두열, 항문뒤꼬리를 가진다. 척추동물의 척삭은 발생 동안 척추로 대체된다. 바다, 육지, 담수 서식지에 산다.	56,000
편형동물문 (편형동물)	플라나리아, 촌충, 간흡충, 주혈흡충 	무체강이며, 체절이 없는 좌우대칭동물이다. 소화강은 오직 하나이고 촌충은 장이 없다. 많은 종이 의학과 수의학적으로 중요한 기생충이다. 바다, 육지, 담수 서식지에 산다(또한 다른 동물의 몸에도 산다).	55,000
선형동물문 (회충)	회충, 요충 십이지장충, 사상충 	의체강이며, 체절이 없는 좌우대칭동물이다. 입에서 항문까지 연결된 관상의 소화관을 가진다. 바다, 육지, 담수 서식지에 산다. 일부는 사람을 포함하는 동물이나 식물에 중요한 기생성 동물이다.	61,000 (그러나 훨씬 많을 것으로 예상)
환형동물문 (환형동물)	지렁이, 갯지렁이, 관벌레, 거머리 	완전한 소화관, 체강, 체절을 갖는 좌우대칭동물이다. 각 마디는 강모를 가진다. 바다, 육지, 담수 서식지에 산다.	32,000
해면동물문 (해면)	항아리해면, 천공해면, 바구니해면, 목욕해면 	몸은 비대칭으로 개체를 정의하기 어렵다. 조직이나 기관이 없다. 소공을 통해 밖으로 열린 세포의 망구조로 되어 있고 내강에는 먹이를 여과하는 편모성 세포(동정세포)를 가진다. 대부분의 종이 해양에 산다(150종은 담수에 서식).	26,000
극피동물문 (극피동물)	불가사리, 성게, 연잎성게, 해삼 	성체는 5방사대칭이다. 수관계는 체강공간이다. 탄산칼슘 외골격을 가진다. 소실된 몸의 부분을 재생할 수 있다. 현생종보다 화석종이 더 다양하다. 바다에만 산다.	12,000
자포동물문 (자포동물)	해파리, 히드라, 산호, 말미잘, 부채꼴산호 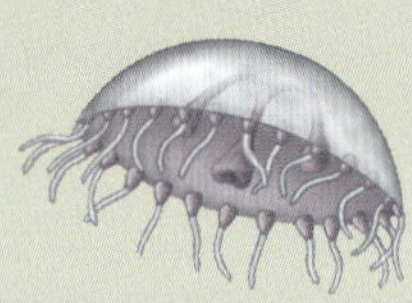	방사대칭이고 무체강인 몸체는 조직은 가지고 있으나 기관은 없다. 입은 단순한 소화낭으로 열려 있고 쏘는 자포를 가지는 촉수로 둘러싸여 있다. 일부 그룹에서 개체들은 군체를 형성하고, 일부는 단단한 외골격 물질을 분비할 수 있다. 아주 극소수의 종류가 담수에 서식한다.	10,000
태형동물문 (이끼벌레, 외항동물)	이끼벌레 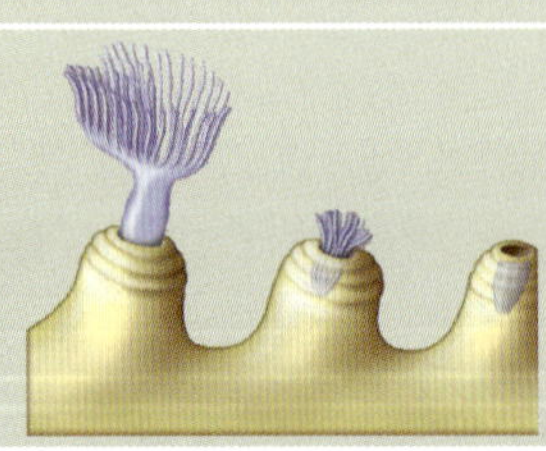	군체만을 형성하는 동물 문으로 각각의 군체는 작고 체강을 가진 개체(개충)로 구성된다. 각각의 개체는 외골격(해양종은 석회질, 담수종은 유기질)으로 연결되어 있다. 섬모성 촉수(촉수관)가 각 개충의 입을 둘러싸고 있다. 항문은 촉수관과 떨어져 있다.	10,000

삭동물아문(cephalochordate), 그리고 (3) 척추동물아문(vertebrata)으로 구분된다.

척추동물

척추동물(vertebrates)은 **척주**(spinal column)를 가진 척삭동물로서, 척추와 뚜렷한 머리, 신경능선 세포의 존재, 발달한 순환기관과 내분비선, 내골격 등에서 피낭류나 창고기류와는 다른 중요한 차이가 있다.

척추동물은 어류와 4지동물로 나누고, 4지동물은 무양막류(양서류)와 양막류로 구분한다. 양막류는 다시 두개골 측면의 구멍의 수에 따라 쌍궁류(diapsid skull, 파충류와 조류)와 **단궁류**(synapsid skull, 포유류)로 나눈다(**그림 8.37**). 척추동물의 계통발생은 **그림 8.38**에 나타냈다.

척추동물의 진화

최초의 척추동물인 어류는 바다에서 진화하였다. 턱을 갖게 되면서 새로운 방식으로 먹이활동을 하여 바다의 지배자가 되었으며, 후에 그 자손들인 4지동물은 육지로 진출하였다. 육상에서의 생식을 가능하게 한 양막류의 성공으로 다양한 파충류가 출현하였다. 이로부터 육상 척추동물의 나머지 두 계통인 조류와 포유류가 진화하게 되었다. 척추동물의 역사는 처음에는 바다에서 육지로, 다음에는 공중으로 진출하는 진화적 진보의 연속이었다.

어류

척추동물의 절반 이상을 차지하는 어류(fishes)는 얼음이 있는 북극해부터 적도의 담수까지 다양한 서식지에서 살고 있지만, 공통적으로 다음과 같은 5가지의 중요한 특징을 가진다.

1. **척추**: 어류는 척추(vertebral column) 등의 내골격을 가진다. 예외적으로 턱이 없는 무악어류인 먹장어(hag fish)와 칠성장어(lamprey)는 유생 시기에 척추뼈가 사라지고 대신 척삭이 남아 있다.
2. **턱과 쌍으로 된 부속지**: 무악어류를 제외한 다른 어류는 모두 턱(jaw) 및 쌍으로 된 부속지(appendage, 가령 지느러미)를 가지는데, 이는 다른 모든 4지동물(tetrapod)에서도 나타나는 특징이다.
3. **내부 아가미**: 어류는 물로부터 산소를 흡수하는 아가미를 가진다.
4. **단일 고리 순환**: 혈액은 심장에서 분출되어 아가미로 간다. 산소가 공급된 혈액은 아가미에서 몸의 나머지 부분으로 순환한 다음, 다시 심장으로 되돌아온다. 심장은 1심방 1심실의 2개의 방으로 이루어졌다.
5. **영양 결핍성**: 어류는 방향성 아미노산(페닐알라닌, 트립토판, 타이로신)을 합성하지 못하기 때문에 먹이로부터 섭취해야 한다. 이러한 특성은 모든 척추동물 후손에 유전되어 내려왔다.

연골어류로는 체내수정하는 상어가 있으며, 그 외 대부분 어류는 경골어류로서 지느러미살을 가진 조기어류(rayed-finned fish)와 엽상 지느러미를 가진 총기어류(lobe-finned fish, 실러캔스 및 폐어)가 있다.

양서류

양서류(amphibia)라는 말은 "2개의 서식지"를 의미하는데, 그들의 조상인 어류가 살았던 수중 세계와 그들이 처음 진출한 육상 모두에서 살 수 있는 능력을 잘 반영한다. 양서류가 성공적으로 육상에 진출하기 위해서 극복해야 했던 주요 도전 내용은 다음과 같다.

1. **다리**: 육상생활에 대한 중요한 적응으로, 몸무게를 지탱하고 이동할 수 있는 다리가 필요하게 되었다. 4지는 긴 근육성 엽(lobe)과 이를 지지하는 관절 형태의 경골성 지느러미를 가진 총기어류에서 진화한 것으로 보인다.
2. **폐**: 공기 중의 산소를 얻기 위해 폐가 필요하게 되었다.
3. **피부호흡**: 모든 양서류는 피부를 통하여 직접 호흡함으로써 허파의 기능을 보충한다. 피부는 건조해지는 것을 막기 위해 축축한 상태로 유지된다.

그림 8.37 양막류의 두개골. 파충류는 안와 뒤, 두개골 측면에 있는 구멍의 수에 따라 구분되는데, 0개는 무궁류, 1개는 단궁류, 2개는 쌍궁류이다. 멸종한 무궁류가 몇 있으나, 현생 무궁류는 거북류가 유일하다.

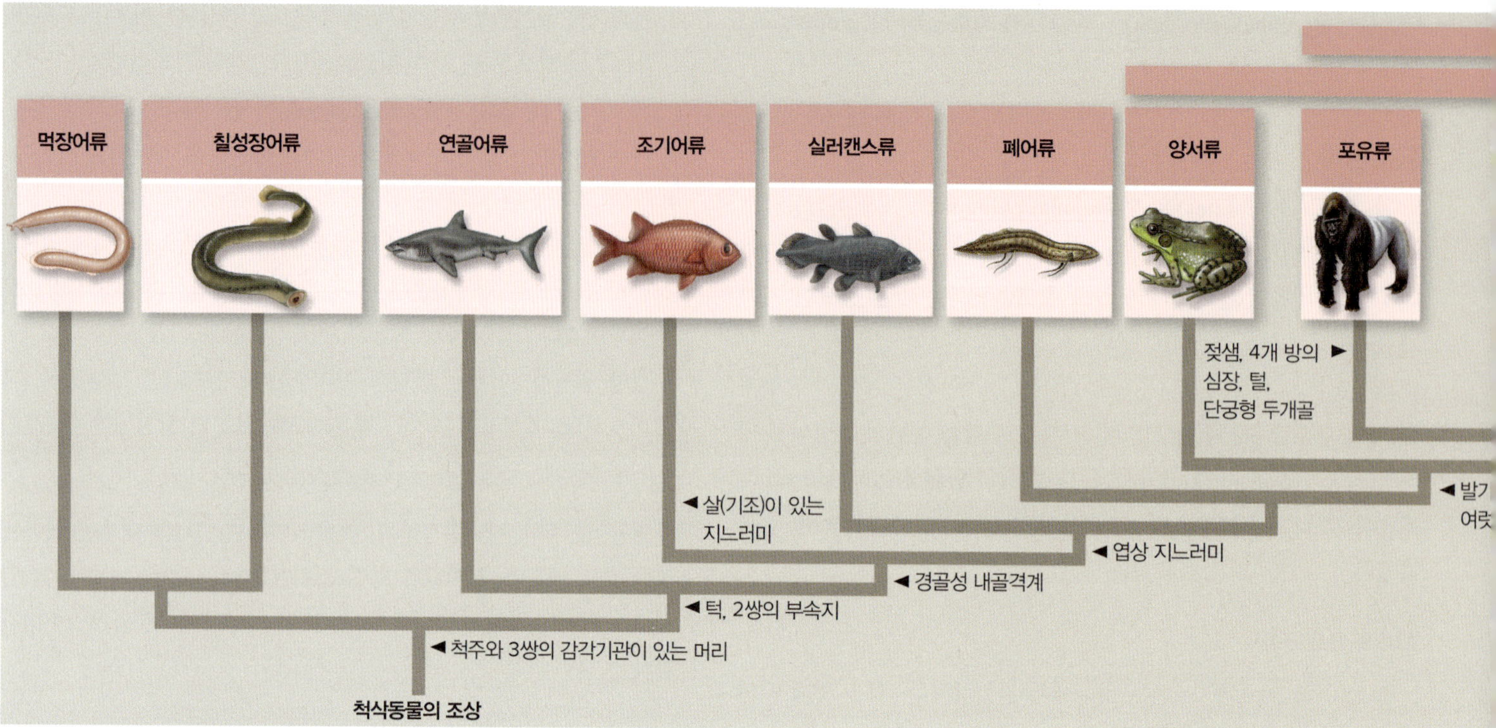

그림 8.38 현생 척추동물들의 계통발생.
척추동물 무리에서 진화한 주요 특징의 일부를 계통발생 그림에 나타내었다.

4. **폐정맥**: 심장은 보행 근육에 필요한 상당한 양의 산소를 공급할 수 있도록 새로운 구조로 개편되어야 했다. 심장에서 분출된 혈액이 폐를 통과한 뒤, 폐정맥을 통하여 심장으로 되돌아온 다음 온몸으로 분출된다.
5. **불완전하게 구분된 심장**: 심장은 벽으로 구분되어 산소가 공급된 폐에서 오는 혈액과 몸의 다른 부분에서 심장으로 돌아오는 혈액이 섞이지 않도록 한다. 이를 통해 폐순환과 체순환의 2가지 경로로 구분된다. 그러나 이 구분은 불완전한데, 그 이유는 심실까지 벽으로 나누어져 있지 않기 때문이다(2심방 1심실).

비록 양서류가 육상생활을 한 최초의 동물이지만, 알이 건조해지지 않도록 번식은 여전히 수중에서 이루어져야만 했다. 현재 양서류는 개구리와 두꺼비류의 무미목, 도롱뇽과 영원류의 유미목, 그리고 무족영원류인 무족목으로 구분된다.

파충류

양서류가 육상생활에 알맞도록 진화된 최초의 동물이라면, 파충류(reptiles)는 육상생활에 적응하여 양서류에서 처음 나타난 변화를 완성했다고 할 수 있다. 파충류에서 나타난 진화적 혁신은 다음과 같다.

1. **양막란**: 체내수정을 하는 파충류는 방수성인 알을 산란한다. 이 알은 기공이 있는 난각 바로 아래에 있는 **장막**(chorion), 영양물질인 **난황**(yolk)을 담고 있는 **난황낭**(yolk sac), 배아를 둘러싼 **양막**(amnion), 그리고 노폐물을 저장하는 **요막**(allantois)을 가진다(**그림 8.39**). 파충류뿐만 아니라 조류와 포유류도 이런 알을 갖고 있기에, 이들을 **양막류**(amniotes)라고 한다.

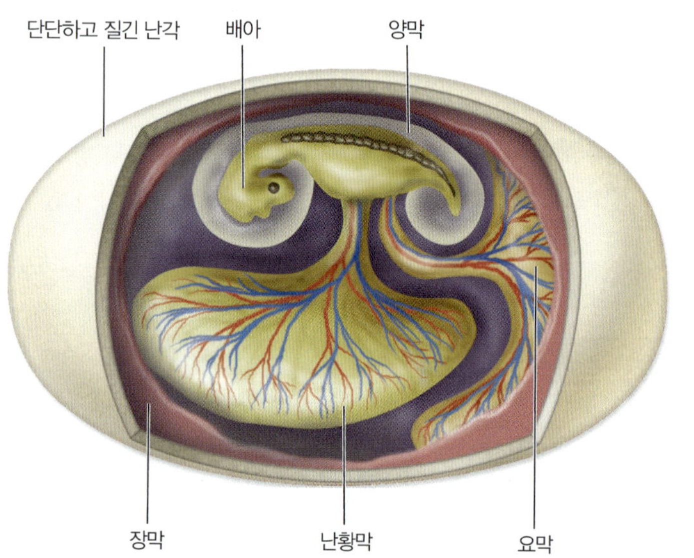

그림 8.39 방수성 알.
양막성 알은 양막류 동물들이 육상의 다양한 서식지에서 살아갈 수 있게 한 가장 중요한 특징이다.

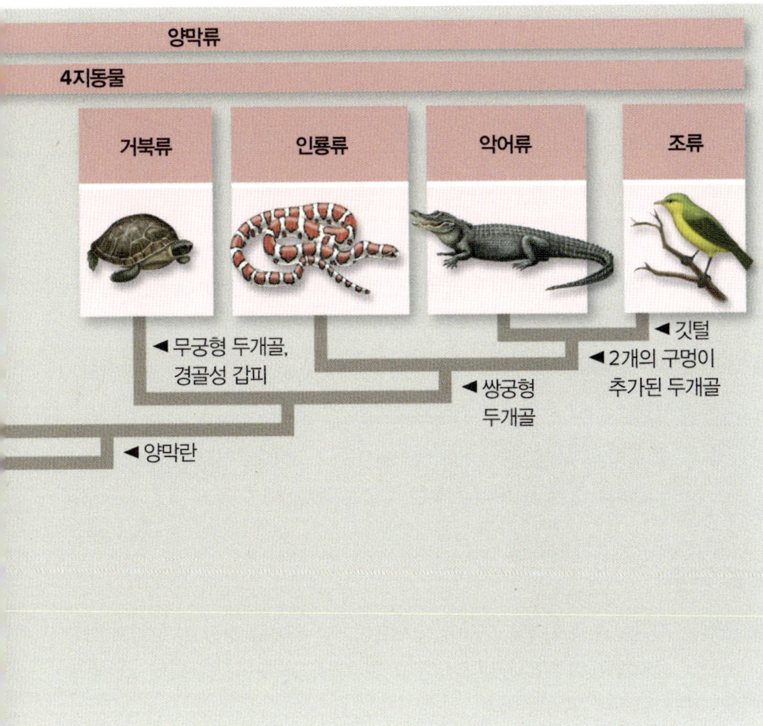

2. **건조한 피부**: 파충류는 건조하고 수분이 통과하지 못하는 피부를 가지고 있으며, 몸이 비늘로 둘러싸여 있어서 수분 손실을 방지할 수 있다.
3. **가슴호흡**: 양서류는 입안의 공기를 삼켜 폐로 들여보내기에 입안의 부피에 따라 호흡 능력이 제한된다. 파충류는 폐호흡을 발선시켜서 흉곽과 횡격막의 수축과 팽창으로 공기를 이동시키기에, 호흡 능력은 폐의 부피에 의해서 제한된다.

이 외에도 파충류는 커다란 몸을 지탱하기 위해 다리가 발달했고, 외온성(ectothermic, 변온동물)이며, 심장은 4개의 방(2심방 불완전 2심실)을 가져 순환계를 더욱 효율적으로 개선하였다. 현존하는 파충류로는 거북목(거북류), 훼두목(투아타라), 유린목(도마뱀과 뱀류), 악어목(크로커다일과 앨리게이터)이 있다.

조류

현생 조류(birds)는 이빨이 없으며 흔적 꼬리만 있지만, 여러 가지 파충류의 특징을 가지고 있다. 그 예로 조류는 알을 낳고, 파충류와 유사한 비늘이 발과 다리 아랫부분에서 발견된다. 조류와 파충류를 구분하는 2가지 주요 특징은 다음과 같다.

1. **깃털**: 깃털(feather)은 털과 비늘처럼 케라틴으로 만들어진 파충류의 비늘이 변형되어 생긴 것이다. 깃털은 비행과 체온 보호의 역할을 한다. 깃털의 구조는 유연하고 강하면서도 가볍다. 현생 동물 중 조류만이 깃털을 가지고 있는데, 최근 화석으로부터 일부 공룡도 깃털을 지녔으리라 추정되고 있다.
2. **비행 골격**: 조류의 골격은 가늘고 속이 비어 있지만, 서로 융합되어 있어 파충류의 골격보다 더 단단하다. 등뼈, 어깨뼈, 골반뼈의 융합 부위는 비행할 때 근육을 고정시키는 튼튼한 틀이 된다. 가슴뼈는 크게 확장되어 있으며, 커다란 가슴근육 부착을 위한 돌출된 용골이 있다.

조류는 **내온성**(endothermic, 항온동물)이어서 근육의 대사를 빠르게 할 수 있고, 공기가 한쪽으로만 흐르는 효율적인 호흡 및 완전히 분리된 2심방 2심실의 심장을 가지고 있어서 비행에 최적화되어 있다(**그림 12.16** 참조). 오늘날 조류는 16개 목으로 구분되는데, 그중 참새목이 가장 크다.

포유류

포유류(mammals)가 다른 척추동물과 구별되는 가장 중요한 특징으로 털과 젖샘 및 태반이 있다.

1. **털**: 내온성인 모든 포유류는 털(hair)을 가지고 있다. 단열성 털의 존재는 외온동물인 파충류가 살 수 없는 추운 기후에서도 포유류가 생존할 수 있게 했다. 털의 또 다른 기능은 위장(camouflage)으로, 털의 색깔과 무늬(호랑이, 얼룩말)는 주위 환경과 비슷하다. 또한 털은 감각기관(개, 고양이의 수염)의 기능과 방어 무기(고슴도치)로도 작용한다.
2. **젖샘**: 모든 포유류 암컷은 젖샘을 가지고 있다. 이가 없이 태어나는 새끼는 젖을 빨아 영양을 공급받는데, 새끼고래도 마찬가지이다.
3. **태반**: 대부분의 포유류 새끼는 어미의 **자궁**(uterus) 속에서 자라면서 **태반**(placenta)을 통해 영양을 공급받고 노폐물을 처리한다.

이 외에도 포유류는 완전히 분리된 심실과 횡격막의 발달로 호흡의 효율성이 증가했고, 다양하게 특화된 이빨, 풀을 뜯고 소화할 수 있는 능력, 케라틴으로 만들어진 발굽과 뿔 그리고 박쥐의 날개 등 여러 서식지에서 최적화된 적응을 보여주고 있다. 현재의 포유류는 난생 포유류인 단공류, 육아낭을 가진 유대류, 그리고 태반포유류가 있다(**그림 14.9** 참조).

핵심 개념 요약

8.1 생명의 기원

- 46억 년의 지구 생명체 역사 동안, 지구는 이산화탄소 수준의 변화에 상응하는 극한의 온도 변화를 경험해 왔다. 대륙이 형성되고 충돌하여 초대륙이 만들어졌고, 다시 여러 차례 분리되었다. 지구상에서 생명체의 생물학적 역사는 대부분 지구 역사의 마지막 12%에 일어났다.
- 초기의 생명체는 초기 지구의 환원성 환경에서 형성되었을 가능성이 크다. 단순한 유기물질이 합성된 후, 어느 순간 막이 형성되고 대사 및 자기복제 활동이 그 안에서 일어나면서 단순한 세포 형태의 생명체가 진화했을 것이다.

8.2 바이러스

- 바이러스는 세포의 구조가 없으며, 핵산이 단백질 껍질인 캡시드로 둘러싸인 구조를 갖는다. 바이러스는 숙주 세포의 장치를 이용해야만 증식하는 절대기생체이다.
- 바이러스는 숙주의 범위, 유발하는 질병, 유전체의 종류 및 발현 방식 등으로 분류한다. 예로, 인간면역결핍바이러스(HIV)는 유전물질로 RNA를 가지는 레트로바이러스이기에 역전사효소를 이용하여 DNA를 합성하여 증식한다.
- 박테리오파지는 세균에 감염하는 바이러스로, 용균성과 용원성이 있다.
- 프리온은 '감염성 단백질 입자'로, 잘못 접힌 단백질에 의해 질병을 일으킨다.

8.3 원핵생물

- 원핵생물은 핵막 및 막에 싸인 세포소기관이 없으며, 세포골격을 가지고 있지 않다. 염색체 DNA 외에 별도의 플라스미드, 펩타이도글리칸으로 구성된 세포벽, 그리고 편모와 선모 등을 갖는다.
- 고세균은 세균 및 진핵생물의 특징을 가지고 있으며, 세균은 세포벽과 외부 구조물의 차이에 따라 그람양성균과 그람음성균으로 구분된다.
- 수평적 유전자전달인 접합, 형질도입, 형질전환 방식으로 DNA를 교환할 수 있으며, 불리한 환경에서 내생포자를 형성한다.
- 에너지와 대사를 얻는 방식에 의해 화학유기종속영양, 화학무기종속영양, 화학무기독립영양, 광무기독립영양, 광유기종속영양으로 나뉜다.
- 고세균은 세포벽의 성분, rRNA의 서열, 인트론의 존재 등 분자적 수준에서 같은 원핵생물인 세균과 차이가 있으며, 생화학적인 특성으로 인해 열이나 압력, pH 등에 대한 극한 환경에서도 생존한다.
- 원핵생물은 각 생물에 질병을 일으키기도 하지만, 질소나 인, 황 등 무기물의 분해 및 고정 작용을 통해 전 지구적인 물질 순환에 기여한다.

8.4 원생생물

- 세포내공생설에 따르면 조상 진핵세포가 호기성 세균 및 광합성 세균을 삼켜 각각 미토콘드리아와 엽록체로 진화했다. 이에 대한 증거는 미토콘드리아와 엽록체가 2중막으로 되어 있고, 원핵생물과 매우 유사한 DNA 및 리보솜을 자체적으로 가지고 있다는 점이다.
- 원생생물은 진핵생물 중 균류, 식물 또는 동물에 속하지 않는 것들을 인위적으로 분류한 것인데, 모두 6개 주요 그룹으로 구분한다.
- 계통발생학적으로 육상식물은 원시색소체생물의 조상으로부터, 균류와 동물은 후편모생물의 조상으로부터 진화한 것으로 여겨진다.

8.5 균류

- 균류는 키틴질의 세포벽을 가지며, 단세포이거나 격벽을 가진 실 모양의 다세포인 균사체로 이루어져 있다. 담자균 및 자낭균을 포함하여 모두 7개 주요 그룹으로 구분한다.
- 유성생식과 무성생식을 모두 하며, 운동성 유주포자, 접합포자낭, 담자기, 자낭 등 4가지 유형의 생식구조를 갖는다.
- 소화효소를 외부로 분비한 다음, 소화된 유기분자를 흡수하는 방법으로 생태계에서 분해자의 역할을 한다.
- 식물, 동물, 조류, 세균과 공생을 하는 등 다양한 생태적 지위를 갖는다. 특히 식물과의 공생은 매우 광범위하여, 식물의 육상 정착에 큰 도움을 주었다.

8.6 식물

- 식물은 육상생활에 적응한 광합성 독립영양생물이다. 건조에 적응하기 위한 구조와 관다발이 발달하였으며, 배우자를 효과적으로 전파하기 위한 각종 기작과 종자가 발달하였다.
- 다세포 반수체 및 2배체 단계를 갖는 단복상 생활사를 갖는다. 양치식물 등 좀 더 진화한 그룹에서는 자외선으로 인한 돌연변이를 방지하기 위해 2배체인 포자체가 우세하다.
- 배우체 세대가 우세한 선태식물, 비종자 관다발식물인 양치식물과 종자식물(겉씨식물과 속씨식물)로 구분한다.

8.7 동물

- 동물은 종속영양생물로, 모두 다세포성에 복잡한 체제를 갖는다. 세포벽이 없으며 신경, 근육조직이 발달하여 이동에 제한이 없고 유성생식을 한다.
- 동물 분류는 대칭성, 분화된 구조와 기능을 담당하는 조직 형성, 체강의 기원과 구조, 배아발생의 양상, 체절 형성 등을 기준으로 한다.
- 진정한 조직이 없는 측생동물(해면류)과 그 외의 진정후생동물(선구동물과 후구동물)로 구분한다. 선구동물은 원구가 입이 되는 동물이며, 촉수담륜동물과 탈피동물로 구분된다. 반면에 후구동물은 항문이 만들어진 후 입이 발

생하며, 극피동물과 척삭동물이 포함된다.

- 무척추 척삭동물은 등쪽에 척추가 없는 반면, 척추동물은 척삭이 척추로 대체되어 신경삭(척수)을 보호한다.
- 어류 중 일부(총기어류)가 근육성 지느러미를 팔다리로 진화함으로써 육상으로 진출할 수 있었다. 양서류는 4지 외에 육상생활을 위한 폐호흡이 가능했지만 수정과 발생이 모두 물속에서 이루어지는 반면, 파충류는 체내수정과 건조에 강한 알을 진화시켜 육상생활에 완전히 적응하게 되었다. 조류는 가벼운 골격, 내온성 및 깃털을 진화시켜 비행이 가능하며, 포유류는 털, 젖샘, 태반을 갖게 되었다.

연습문제

1단계: 이해력 확인하기

1. 밀러-유리의 실험이 보여주는 것은?

① 생명체가 지구상에서 기원했다는 것
② 유기물질이 초기 대기에서 나타날 수 있다는 것
③ 지구상의 초기 유전물질이 DNA라는 것
④ 초기 대기에 산소가 많이 포함되어 있었다는 것

2. 초기 생명체가 어떻게 발생했는지는 모르지만, 다음 중 있었음직한 일은?

① 모든 유기 분자들이 유성에 의해 지구로 전달되었다.
② 빙하 형성에 높은 산소 농도가 필수적이다.
③ 지질은 세포막으로 조직화되었다.
④ 기온이 오늘날 환경에 해당하는 적당한 수준에 도달하면 유기분자가 형성된다.

3. 다음 중 바이러스의 부분이 아닌 것은?

① 캡시드
② 리보솜
③ 유전물질
④ 위 세 가지 모두

4. 레트로바이러스가 역전사효소를 가진 이유는?

① 숙주 세포는 G_2/M기 확인점에서만 RNA로부터 DNA를 만들고, HIV는 세포주기 중 G_1/S기 확인점에서만 감염하기 때문이다.
② 숙주 세포는 RNA로부터 DNA를 만드는 효소가 없기 때문이다.
③ HIV는 감염 시 숙주 세포 유전체의 많은 부분을 제거하여 숙주 세포의 역전사효소가 제거되었기 때문이다.
④ 숙주 세포는 DNA로부터 RNA를 만들지 못하기 때문이다.

5. 다음 중 파지의 형질전환에 해당하는 것은?

① 수평적 유전자전달
② 수직적 유전자전달
③ 유전적 부동
④ 혈연선택

6. 대장균을 감염하는 박테리오파지가 인체 호흡기 상피세포를 감염하지 못하는 이유는?

① 호흡기 세포의 유전물질이 대장균의 것과 다르기 때문이다.
② 박테리오파지는 대장균에만 존재하는 역전사효소가 필요하기 때문이다.
③ 박테리오파지에 대한 수용체가 대장균에는 있고 호흡기 세포에는 없기 때문이다.
④ 박테리오파지는 너무 커서 폐의 세기관지에 들어가지 못하기 때문이다.

7. 진핵세포가 원핵세포와 다른 점은?

① 막으로 된 소기관을 갖는다.
② 세포막을 갖는다.
③ 세포벽을 갖는다.
④ 리보솜을 갖는다.

8. 대기로부터 탄소를 얻고, 무기화합물로부터 에너지와 전자를 얻는 세균은?

① 화학유기종속영양생물
② 화학종속영양생물
③ 화학무기독립영양생물
④ 광무기독립영양생물

9. 세균과 고세균의 차이는 어떤 점 때문인가?

① 유전물질로 이용되는 핵산의 유형
② 세포막의 구조와 화학적 성질
③ 세포소기관의 존재 여부
④ 크기

10. 다음 중 결핵을 유발하는 것은?

① 세균
② 고세균
③ 바이러스
④ 원생생물

11. 원생생물의 정단복합체충류에서 정단복합체의 기능은?

① 물을 이용해 세포를 돌림
② 숙주조직 관통
③ 먹이 흡수
④ 빛의 감지

12. 다음 중 광합성을 하는 것을 모두 고르면?

① 규조류
② 섬모충류
③ 정단복합체충류
④ 와편모충류

13. 다음 중 동물의 조상에 가장 가까운 것은?

① 트리파노소마
② 디플로모나드
③ 섬모충류
④ 깃편모충류

14. 다음 중 균류의 특징이 아닌 것은?

① 키틴으로 된 세포벽
② 식물이나 동물과는 다른 유사분열 형태
③ 광합성을 할 수 있는 능력
④ 균사의 구조

15. 다음 중 육상식물로 진화한 것은?

① 볼복스(*Volvox*)
② 클라미도모나스(*Chlamydomonas*)
③ 파래(*Ulva*)
④ 차축조(*Chara*)

16. 선태식물에서 볼 수 없는 것은?

① 균근 협조
② 헛뿌리
③ 헛물관 세포
④ 광합성 배우체

17. 다음 중 식물이 환경조건이 최적이 될 때까지 생활주기를 멈추게 할 수 있는 것은?

① 기공
② 체관과 물관
③ 종자
④ 꽃

18. 다음 중 식물의 수배우체의 부분을 표현하는 것이 아닌 것은?

① 대포자
② 장정기
③ 화분립
④ 소포자

19. 다음 중 속씨식물의 중복수정으로 만들어진 2배체와 3배체는?

① 접합자; 배젖
② 배젖; 소포자
③ 극핵; 접합자
④ 극핵; 접합자

20. 다음 중 측생동물과 진정후생동물을 구분하기 위해 사용할 수 있는 특징은?

① 진정한 체강의 존재
② 체절화
③ 두화
④ 조직

21. 현대의 계통분류학적 분석에 있어서 선구동물은 어떤 특징에 의해 2개의 주요 집단으로 나뉘는가?

① 대칭성
② 머리를 가짐
③ 탈피 능력
④ 척추의 유무

22. 연속된 체절(serial segmentation)은 다음 중 어느 동물문의 특징인가?

① 연체동물
② 완족동물
③ 태형동물
④ 환형동물

23. 배아발생 동안에 신경능선이 나타나지 않는 척삭동물은?

① 피낭류
② 파충류
③ 조류
④ 포유류

24. 다음 중 모든 척삭동물에 해당하는 설명이 아닌 것은?

① 척삭동물은 후구동물이다.
② 배아 시기에 척삭이 존재한다.
③ 성체가 되면 척삭은 척추로 대체된다.
④ 모든 종이 배아발생 중 후항문 꼬리를 갖는다.

25. 다음 중 4개의 방으로 된 심장을 가지지 않는 무리는?

① 조류
② 악어류
③ 포유류
④ 양서류

26. 단공류가 알을 낳는다는 사실이 의미하는 것은?

① 어떤 포유류보다 파충류와 더 가깝다는 것을 나타낸다.
② 원시형질이다.
③ 양막란이 여러 차례 진화되었다는 것을 입증한다.
④ 외온성의 결과이다.

■ 2단계: 분석 및 적용하기

27. 벌레(worm)의 진화는 체강의 진화를 이해하기에 매우 좋은 예가 된다. 선형동물, 환형동물, 편형동물을 사용하여 체강의 형태에 기초한 계통수를 구성하시오(**그림 8.33** 및 **표 8.7** 참조). 이것은 **그림 8.35**의 계통발생과 어떻게 다른가? 체강은 이들을 분류하기 위한 유일한 특징인가?

28. 식물, 균류 및 동물 사이의 진화 관계에 대해 이전에는 균류가 동물보다 식물에 더 가깝다고 믿었었다. 이 생각을 지지하는 균류의 특징은 무엇인가?

29. 속씨식물과 수분매개자의 관계는 공진화의 예로 종종 이용된다. 많은 속씨식물의 꽃은 하나의 수분매개자에 맞는 구조를 하고 있다. 그러한 특별한 관계의 유리한 점과 불리한 점을 평가하라.

30. 1960년대에는 세균 감염에 대해 여러 가지 항생제를 처방하는 것이 일반적이었다. 또한 환자가 항생제 치료의 전체 과정을 밟지 않는 경우도 종종 있었다. 항생제 내성 유전자는 종종 플라스미드에서 발견된다. 이러한 요인들이 여러 항생제에 대한 내성을 갖는 것과 항생제 내성의 진화에 어떤 영향을 미치겠는가?

9

식물의 구조와 기능

도입

육상식물의 역사는 수생 조류의 조상이 기혹한 서식지의 환경에 적응하는 과정에서 만든 진화적 혁신으로 가득하다. 초기의 이러한 변화는 육상에서의 생존을 가능하게 했으며, 이후 식물의 폭발적인 증가는 육지와 대기, 그리고 육상동물의 삶까지도 영향을 끼쳤다. 이번 장에서는 이러한 진화를 가능하게 한 식물의 구조와 기능, 주변의 생물 및 토양 환경과의 상호작용과 함께 속씨식물이 지구상에 번성하게 된 생식 과정에 대해 알아본다.

9.1 식물의 형태

관다발식물은 근계와 슈트계를 가지고 있다(**그림 9.1**). **근계**(root system)는 식물체를 고정시키고 토양으로 뿌리를 내려 수분과 식물 영양에 필수적인 이온을 흡수한다. **슈트계**(shoot system)는 줄기와 잎으로 이루어져 있다. 줄기는 광합성을 수행하는 주 기관인 잎이 부착하는 뼈대 역할을 한다. 곁눈은 줄기의 측면에 형성된 끝눈으로서, 주 슈트(main shoot)를 대체하거나 가지를 낼 수 있도록 한다.

식물세포의 유형은 액포의 크기와 식물세포의 뚜렷한 특징인 세포벽의 두께에 의해 구별될 수 있다. 일부 세포는 셀룰로스(cellulose)로 구성된 1차 세포벽만 지니는데, 셀룰로스는 세포막 근처의 원형질체(protoplast)에서 합성된다. 미세소관(microtubule)은 세포막 바로 아래에 배열되어 있으며 셀룰로스 섬유의 방향을 결정한다(**그림 9.2***a*). 식물체를 지탱해 주는 세포는 여러 겹의 셀룰로스로 되어 있고, 2차벽을 구성하는 리그닌(lignin)과 펙틴(pectin)을 포함한 강화 분자가 있어서 더욱 더 견고한 세포벽을 지닌다(**그림 9.2***b*).

식물의 조직

분열조직

발아 후 식물체는 슈트와 뿌리의 정단부 및 다른 부위에 분포해 있는 **분열조직**(meristem)에 의해 생장한다. 분열조직은 조밀한 세포질과 비교적 큰 핵을 지닌 작은 세포로 구성된다. 한 세포가 분열하여 2개의 세포가 되며, 이 중 하나는 분열을 계속하고 다른 하나는 분화를 거듭하여 식물체를 구성하게 된다. 뿌리와 슈트의 신장은 **정단분열조직**(apical meristem)의 지속적인 세포분열과 뒤이은 세포신장의 결과로서 나타난다(**그림 9.3**). 정단분열조직은 연약한 세포로 구성되어 보호가 필요한데, 뿌리 정단분열조직은 뿌리골무에 의해 보호된다.

초본 이외의 많은 식물은 **2기 생장**(secondary growth)을 통해 상당히 굵어진다. 2기 생장은 **측생분열조직**(lateral meristem)에 의해 수행되는데, 이는 줄기와 뿌리의 둘레를 증가시키는 주변부의 원통형 분열조직이며, 정단분열조직에서 유래한 기본조직으로부터 형성된다(**그림 9.4**).

2기 생장은 목본식물에서 가장 뚜렷하며, 이들은 2가지 측생분열조직을 지닌다. 목본의 수피(bark)에 있는 **코르크형성층**(cork cambium)은 나무의 외수피를 만들며, 수피 바로 밑의 **관다발형성층**(vascular cambium)은 2기 관다발조직을 형성한다.

그림 9.1 식물체의 모식도.
분지하는 뿌리와 슈트 체계가 식물체의 구조를 결정한다. 뿌리와 슈트는 길이 생장을 하는 정단을 가지고 있다. 잎은 슈트의 마디에서 생기며, 마디에는 곁눈이 있는데, 이는 휴면하거나 자라서 곁가지를 형성하거나 꽃을 만든다. 잎은 단엽 또는 그림에서와 같이 여러 부분으로 구성된다. 뿌리, 슈트 그리고 잎은 관다발(수송)조직에 의해 연결되어 있다.

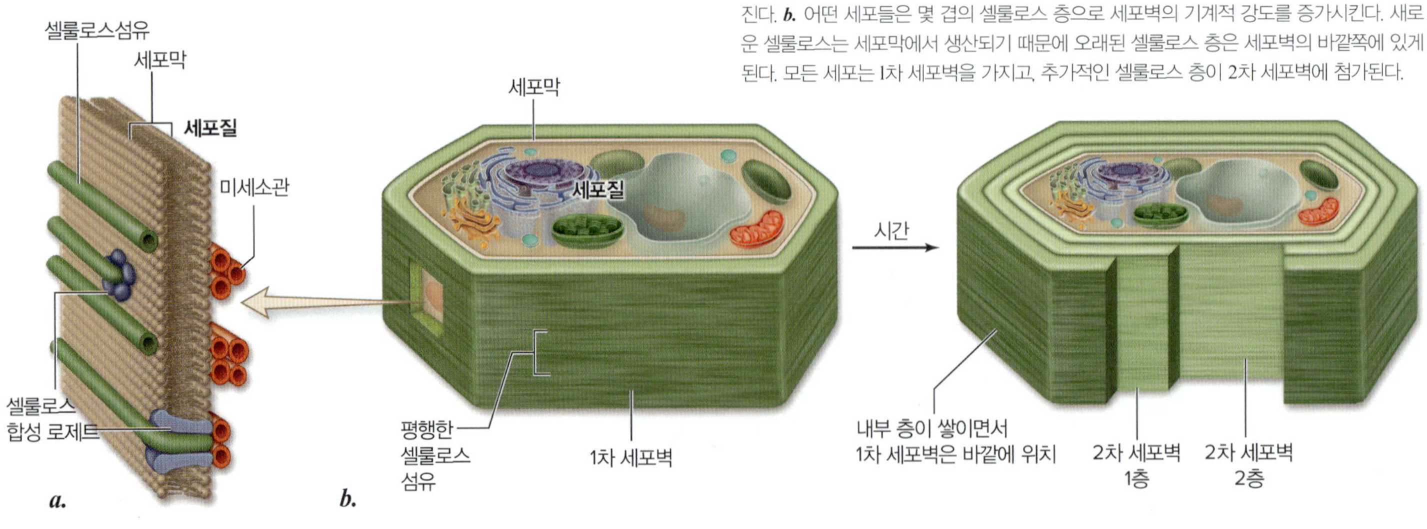

그림 9.2 식물 세포벽의 합성.
a. 셀룰로스(섬유소)는 세포벽을 형성하는 세포막의 셀룰로스 합성 로제트(rosette)에서 생산되는 다당류이다. 셀룰로스 섬유는 세포막 안쪽의 미세소관들과 평행하게 놓여 있다. 같은 세포 유형에서 세포벽을 강화하고 방수 기능을 하는 추가적인 물질들이 세포벽에 더해진다. ***b.*** 어떤 세포들은 몇 겹의 셀룰로스 층으로 세포벽의 기계적 강도를 증가시킨다. 새로운 셀룰로스는 세포막에서 생산되기 때문에 오래된 셀룰로스 층은 세포벽의 바깥쪽에 있게 된다. 모든 세포는 1차 세포벽을 가지고, 추가적인 셀룰로스 층이 2차 세포벽에 첨가된다.

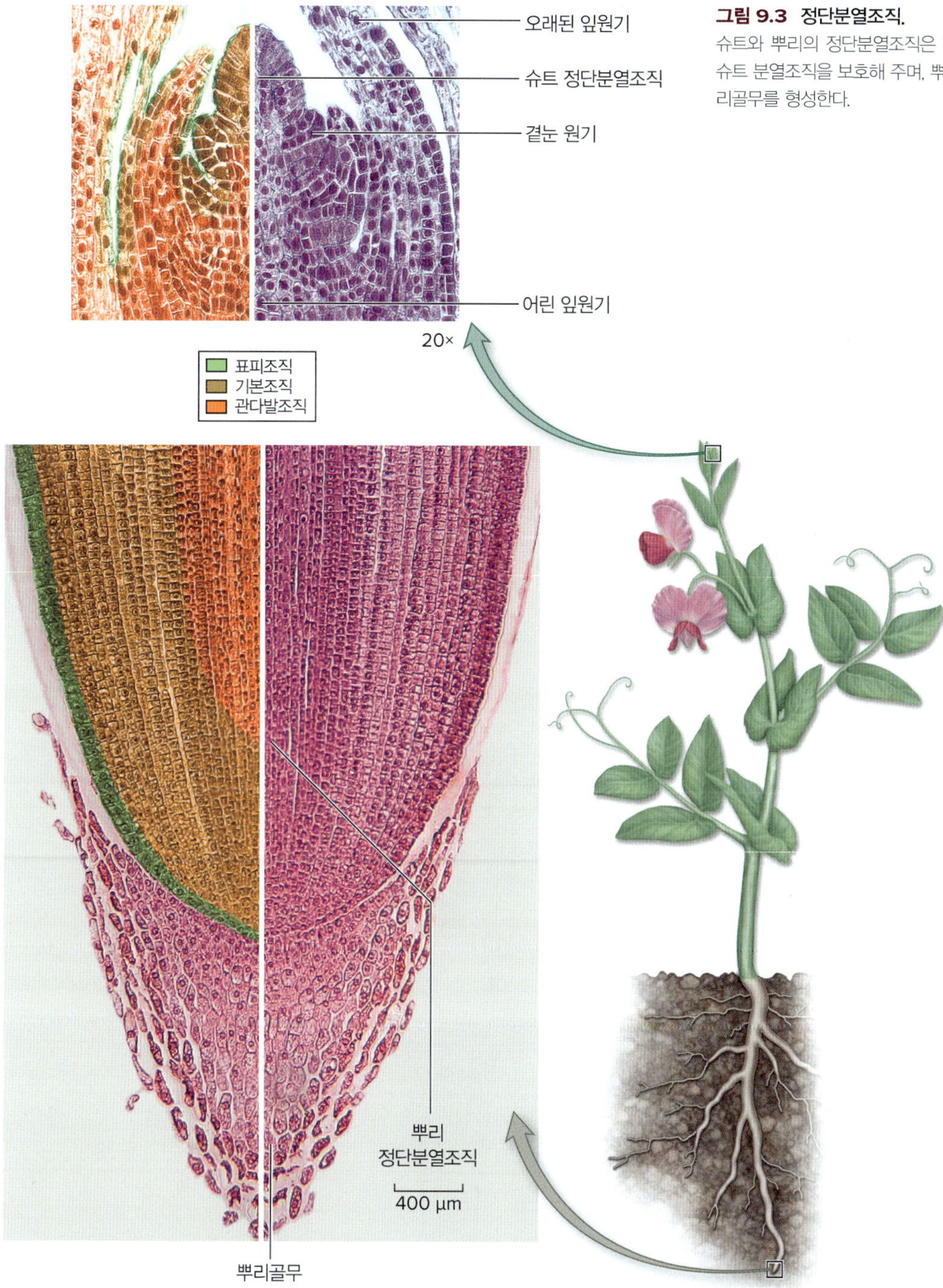

그림 9.3 정단분열조직.
슈트와 뿌리의 정단분열조직은 지상 및 지하로 식물체를 신장시킨다. 잎원기는 연약한 슈트 분열조직을 보호해 주며, 뿌리 분열조직은 새로운 뿌리조직 및 보호 기능을 하는 뿌리골무를 형성한다.

표피조직

표피조직은 환경과 접하는 보호층을 형성한다. 대부분 식물에서 한 층의 두께로 구성되며, 식물체 외부를 감싼다. 어린 식물체의 노출된 표피는 **각피**(cuticle)를 형성하는 밀랍 같은 **큐틴**(cutin) 층으로 덮여 있다.

공변세포(guard cell)는 입 모양의 **기공**(stomata)을 둘러싸고 있는 한 쌍의 소시지 모양의 세포로서, 다른 표피세포와는 달리 엽록체가 있다(**그림 9.5**). 많은 식물에서 기공은 잎의 윗면보다 아랫면에 많이 분포하는데, 이는 직사광선을 피해 수분의 소실을 줄이기 위해서이다.

세포모(trichome)는 표피의 일부가 외부로 돌출된 단세포 또는 다세포의 털과 같은 모양의 구조를 일컫는다. 건조로부터 조직을 보호하거나 물질을 분비하여 방어를 담당하기도 한다.

뿌리털(root hair)은 각각의 표피세포가 관 모양으로 돌출된 것으

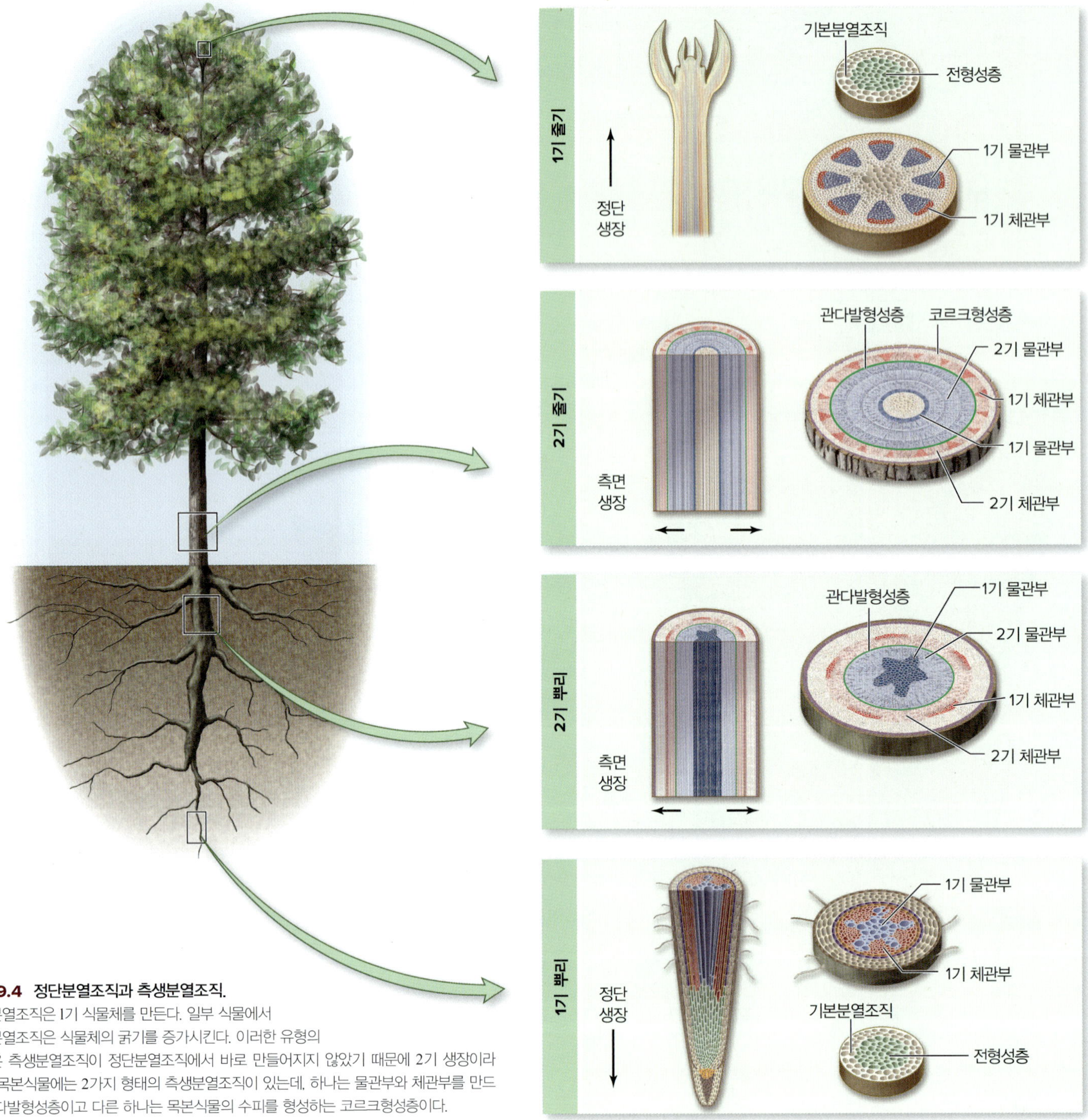

그림 9.4 **정단분열조직과 측생분열조직.**
정단분열조직은 1기 식물체를 만든다. 일부 식물에서 측생분열조직은 식물체의 굵기를 증가시킨다. 이러한 유형의 생장은 측생분열조직이 정단분열조직에서 바로 만들어지지 않았기 때문에 2기 생장이라 한다. 목본식물에는 2가지 형태의 측생분열조직이 있는데, 하나는 물관부와 체관부를 만드는 관다발형성층이고 다른 하나는 목본식물의 수피를 형성하는 코르크형성층이다.

로, 어리고 생장 중인 뿌리끝 바로 아래 부위에서 주로 나타난다. 뿌리털은 뿌리를 주위 토양 입자와 접촉하게 하고 표면적을 증가시켜 양분의 흡수를 효율적으로 높인다.

기본조직

기본조직은 주로 저장, 광합성, 분비의 기능을 수행하는 얇은 세포벽을 지닌 **유조직세포**(parenchyma cell)로 구성된다(**그림 9.6***a*). 이는 식물에서 가장 흔한 세포로, 화밀이나 수지, 유액의 분비 및 단백질과 대사 노폐물 저장 등의 특수한 기능을 하기도 한다. 그 외 기본조직은 후각조직세포와 후벽조직세포로 구성되는데, 지지와 보호 기능을 한다(**그림 9.6***b*, *c*).

후각조직을 구성하는 **후각조직세포**(collenchyma cell)는 살아 있는 원형질체를 지니며, 2차벽이 없고 오랫동안 살 수 있다. 이들은 식물기관을 지탱하여 이들이 부러지지 않고 휘게 한다. 줄 모양의 후

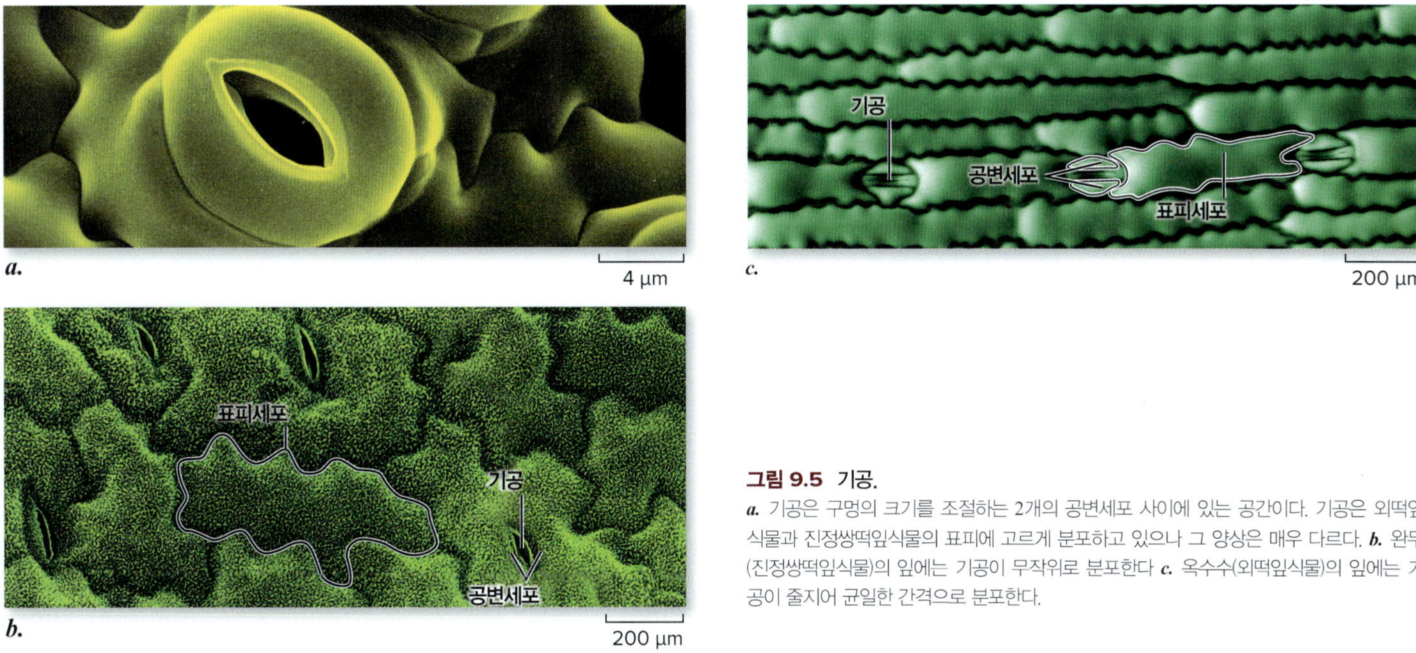

그림 9.5 기공.
a. 기공은 구멍의 크기를 조절하는 2개의 공변세포 사이에 있는 공간이다. 기공은 외떡잎식물과 진정쌍떡잎식물의 표피에 고르게 분포하고 있으나 그 양상은 매우 다르다. *b.* 완두(진정쌍떡잎식물)의 잎에는 기공이 무작위로 분포한다 *c.* 옥수수(외떡잎식물)의 잎에는 기공이 줄지어 균일한 간격으로 분포한다.

각조직은 1기 식물체의 줄기를 지탱하는 주된 역할을 한다.

후벽조직세포(sclerenchyma cell)는 질기고 두꺼운 벽을 지닌다. 성숙한 후벽조직세포는 전형적으로 죽은 상태이며, 2차벽은 리그닌을 많이 함유하여 목질화되어 있다. 후벽조직은 일반적으로 섬유와 **보강세포**(sclereid)의 형태로 존재한다. **종피**(seed coat)나 린넨섬유, 배의 과육조직에 분포한다.

관다발조직

관다발조직은 2가지 수송조직을 포함한다. (1) 물관부(목부)는 물과 용해된 무기물을 수송하고 (2) 체관부(사부)는 식물의 양분으로 사용되는 탄수화물 용액, 주로 수크로스뿐만 아니라 식물호르몬, 아미노산 등을 수송한다.

물관부: 식물체에서 물의 주 수송조직인 **물관부**(xylem)는 대개 **물관**(도관, vessel)과 **헛물관**(가도관, tracheid)으로 되어 있다. 물관

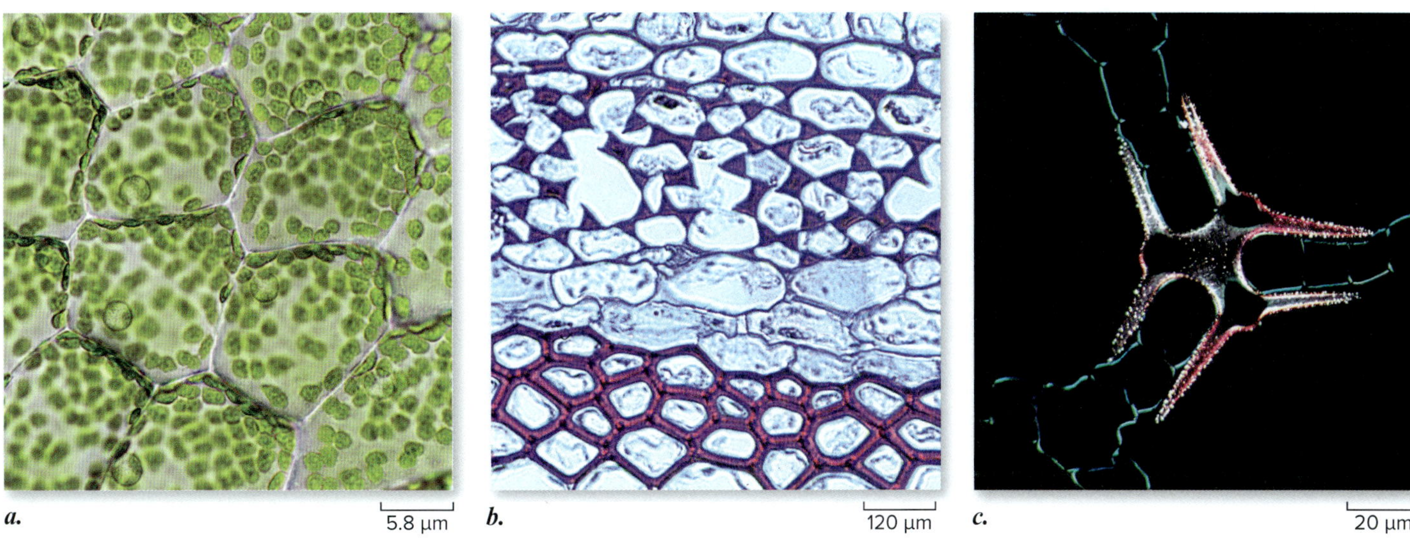

그림 9.6 3가지 유형의 기본조직 횡단면.
a. 유조직세포. 화본과식물의 유조직세포에서는 1차 세포벽만 관찰된다. *b.* 후각조직세포. 딱총나무(*Sambucus*)의 어린 가지에 분포하는 후각조직세포를 관찰하면 두꺼워진 세포벽이 보인다. 다른 종류의 후각조직에서 두꺼워진 부분은 세포의 모퉁이에서 나타난다. *c.* 붉은색으로 염색된 부분이 보강세포(돌세포) 집단이고, 녹색으로 염색된 주위의 얇은 세포벽이 유조직이다. 보강세포는 후벽조직의 한 유형인데, 또 다른 유형은 섬유이다.

그림 9.7 헛물관과 물관요소의 비교.
헛물관에서는 물이 벽공을 통해 세포에서 세포로 이동한다. 물관요소에서는 물이 천공판을 통해 이동한다. 겉씨식물은 헛물관을 지닌 반면, 속씨식물에는 헛물관 외에 물관도 존재한다. 이 두 유형의 세포가 물을 이동시키고, 섬유는 부가적인 지지역할을 한다.

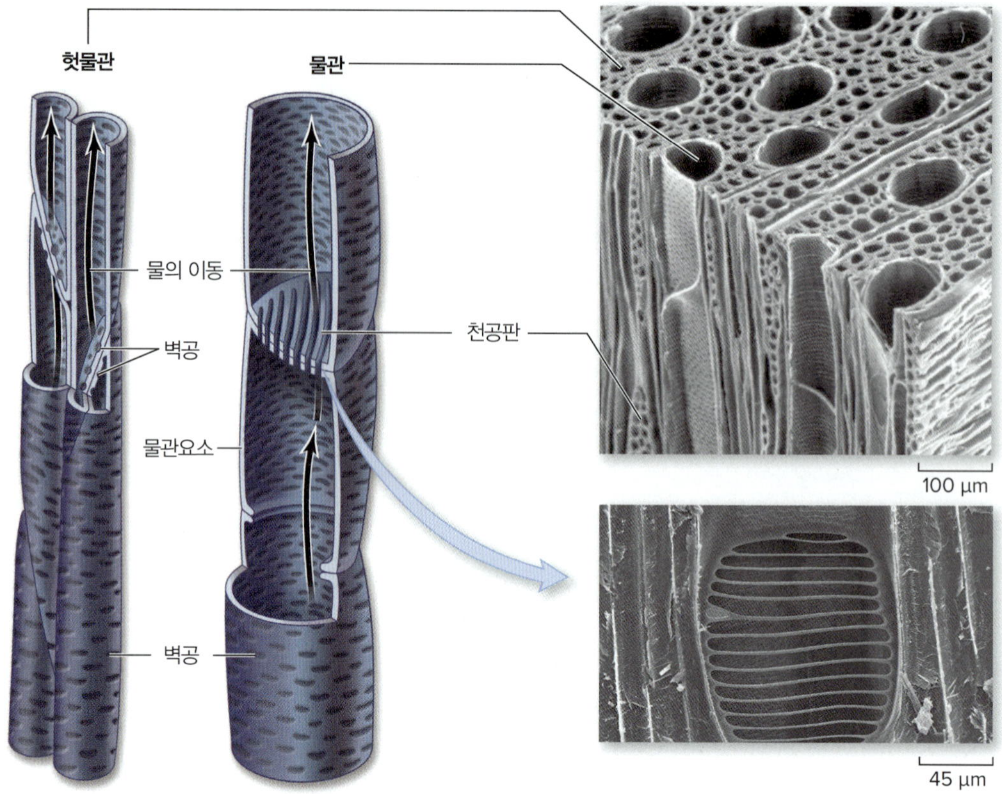

은 속이 빈 원통 모양의 죽은 세포들이 서로 끝과 끝이 연결되어 형성된 연속된 관이며, 헛물관은 끝이 가늘어지면서 서로 중첩된 죽은 세포이다(**그림 9.7**).

겉씨식물 같은 일부 식물은 헛물관이 유일한 물의 통로가 되는데, 물이 뿌리로부터 위쪽의 잎으로 물기둥을 형성하면서 전달된다. 물관부는 물 이외에도 용해된 무기물과 질산염(NO_3^-), 인산염(PO_4^{3-})과 같은 무기 이온의 이동과 식물체를 지탱하는 역할을 한다. 물관은 **물관요소**(vessel member)가 연결된 것으로, 두껍고 목질화된 2차 세포벽을 가지고 있으나 성숙기에 살아 있는 원형질체는 없다. 헛물관은 **벽공**(pit)을 지니는데, 이는 2차 세포벽물질이 침적되지 않은 작은 부위이다. 벽공에는 1차벽이 존재하며 물에 투과성이다.

체관부: 뿌리와 줄기의 바깥쪽에 위치한 **체관부**(phloem)는 관다발식물의 주된 양분수송조직이다. 식물체를 **환상박피**(girdle; 수피를 관다발형성층까지 둥글게 띠 모양으로 제거)하면 뿌리의 영양결핍으로 결국 죽게 된다.

체관부에서의 양분 수송은 2종류의 긴 세포를 통해 이루어지는데, **체세포**(sieve cell)와 **체관요소**(sieve-tube member)이다(**그림 9.8**). 이들 세포는 **체역**(sieve area)이라 알려진 밀집된 구멍을 지니는데, 물관부의 벽공과는 달리 체공은 완전히 뚫려 있다. 체역은 세포의 중첩된 끝부분에 더욱 많고 이웃하는 체세포와 체관요소의 원형질체를 연결한다. 두 종류의 세포는 살아 있지만, 대부분 체세포와 체관요소는 성숙 시 핵이 소실된다. 각 체관요소는 이웃하는 특별한 유세포인 **동반세포**(companion cell)와 연결되어 있다. 체관요소는 핵이 없기에 동반세포가 체관요소를 유지하는 데 필요한 일부 대사기능을 수행하는 것으로 보인다. 체관요소에서 일부 체역은 더욱 큰 구멍을 지니며, 이를 **체판**(sieve plate)이라고 한다.

식물의 기관

뿌리: 고착과 지지 기능

뿌리는 지하부로의 생장 및 물과 용질을 흡수한다. 발달하는 뿌리는 **뿌리골무**(root cap), **세포분열대**(zone of cell division), **신장대**(zone of elogation) 및 **성숙대**(zone of maturation)의 4개 구역으로 구분되는데, 뿌리골무를 제외한 나머지 3구역은 그 경계가 명확하지 않다(**그림 9.9**). 뿌리골무는 2종류의 세포로 구성되는데, 안쪽의 **주축세포**(collumella cell)와 바깥쪽 측면세포인데, 이들은 뿌리의 정단분열조직에 의해 끊임없이 보충된다. 주된 기능은 뿌리가 거친 토양입자를 관통할 때 뒤쪽에 위치한 연약한 생장점 조직을 보호하는 것이다.

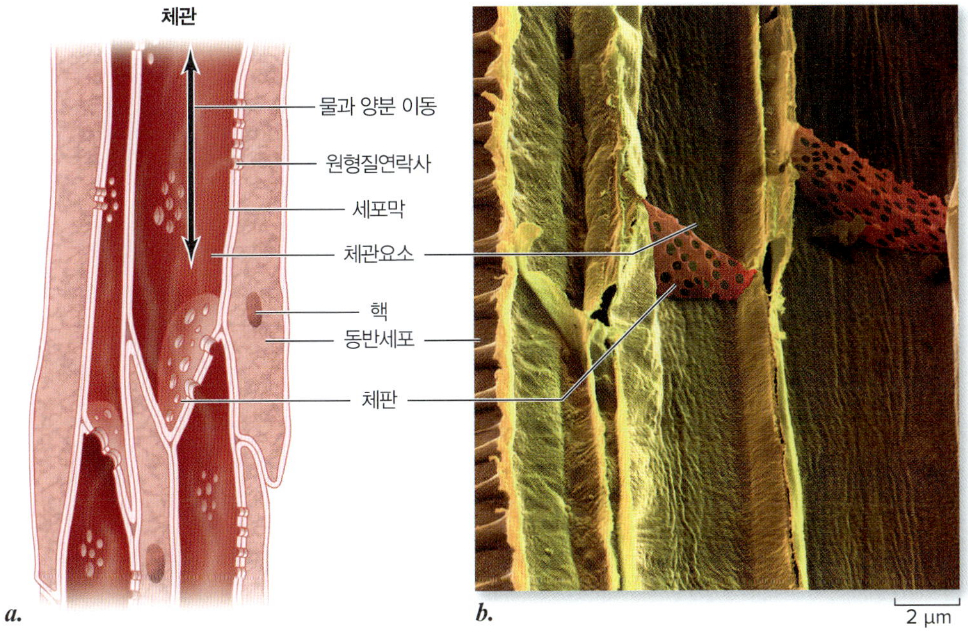

그림 9.8 체관요소.
a. 체관요소 세포는 겹쳐 있으며, 체판이 연결 통로가 된다. 체관요소의 오른쪽에 핵을 가진 좁은 세포는 동반세포이다. 이 세포는 원형질막은 가지고 있으나 핵이 없는 체관요소에 양분을 공급한다. *b.* 체관부의 체판을 들여다보면 수크로스와 호르몬의 이동통로인 천공(perforation)들이 보인다.

정단분열조직은 뿌리골무에 의해 보호받는 뿌리끝의 중앙에 위치한다. 이 세포분열대에서 세포는 매 12~37시간마다 분열한다. 대부분의 세포는 입방체이며 액포가 작고, 핵은 상대적으로 크며 중앙에 위치한다. 중심에 있는 세포들은 바깥쪽 세포보다 느리게 분열하는데, 이는 뿌리가 팽창할 때 바깥 표면적이 중심부보다 더욱더 빠르게 증가해야 하기 때문이다. 정단분열조직의 딸세포는 **전표피**(protoderm), **전형성층**(procambium) 및 **기본분열조직**(ground meristem) 등 3종류의 1기 조직으로 다시 나눌 수 있다.

뿌리는 신장대에서 길어지는데, 신장대 위쪽의 세포들은 더 이상 크기가 증가하지 않는다. 뿌리의 성숙 부위는 둘레가 커지는 것 외에는 일생 동안 그대로 유지된다.

신장대의 세포들은 성숙대에서 특정한 세포 형태로 분화된다. 뿌리 표면의 표피세포는 각피가 매우 얇으며, 뿌리털이 있거나 없는 세포를 포함한다. 한 식물체당 뿌리털은 수십억 개이며, 표면적을 증가시켜 뿌리의 흡수능력을 증가시킨다.

표피 바로 안쪽에는 유조직세포가 생성된다. 피층(cortex)이라 불리는 이 조직은 많은 세포층으로 되어 있고 양분 저장의 역할을 한다. 피층의 안쪽 경계는 한 층의 원통형인 **내피**(endodermis)로 분화한다. 내피의 1차벽은 물에 대해 불투과성인 **수베린**(suberin)으로 침적되며 띠 모양을 만드는데, 이를 **카스파리띠**(Casparian strip)라 한다(**그림 9.10**). 이 띠는 세포 간의 물질이동을 차단한다. 내피 바로 안쪽에 인접하고 있는 세포는 내초(pericycle)라는 원통형의 유세포들로 이루어져 있다. 내초세포는 성숙된 후에도 분열하여 곁뿌리(또는 곁가지)를 만들거나 진정쌍떡잎식물에서는 두 측생분열조직인 관다발형성층 및 코르크형성층을 만든다.

줄기: 지상부 지지 작용

줄기는 잎과 꽃을 달고 식물체의 무게를 지탱하며 물과 양분을 수

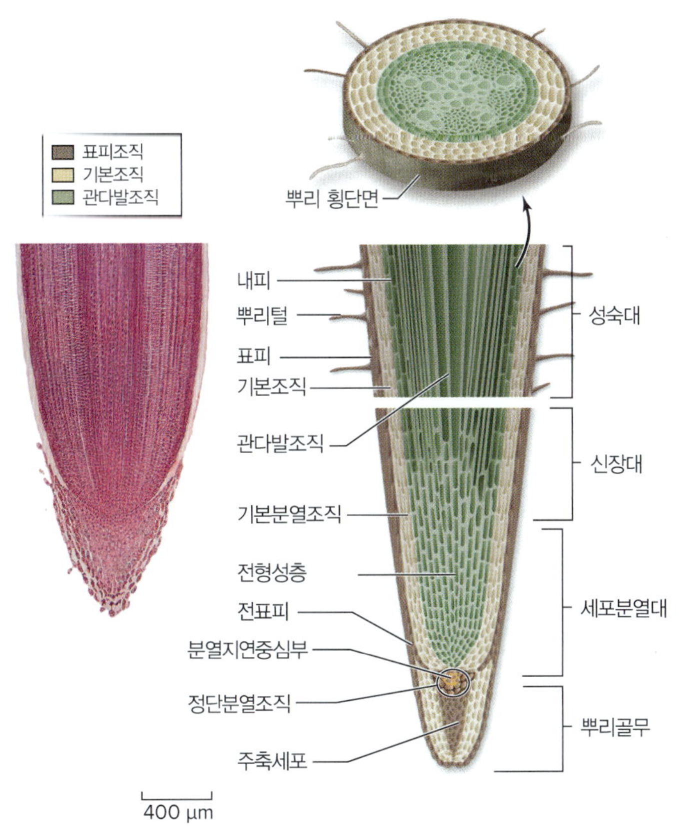

그림 9.9 뿌리의 구조.
옥수수(*Zea mays*)의 근단.

송한다. 뿌리와 마찬가지로 3가지 유형의 조직을 가지고 있다. 줄기는 정단 및 측생분열조직에서 분열을 통해 생장한다.

슈트의 정단분열조직은 줄기조직을 만들고 잎, 다른 줄기, 또는 꽃으로 발달할 수 있는 원기(primordia)를 생성한다.

줄기에 잎이 붙어 있는 지점을 **마디**(절, node)라 하며, 두 마디 사이의 부위를 **마디사이**(절간, internode)라고 한다(**그림 9.11**). 잎은 일반적으로 납작한 **잎새**(엽신, blade)와 **잎자루**(엽병, petiole)로 구성되어 있다. 잎자루와 줄기 사이의 각을 **잎겨드랑이**(엽액, axil)라고 한다.

잎은 줄기 둘레로 나선형으로 배열하거나, 서로 쌍으로 마주 보거나(대생, opposite), 혹은 교대로 발생(호생, alternate)하거나 또는 3개 이상의 잎들이 둥글게 발생(윤생, whorl)하기도 한다(**그림 9.12**). 순차적으로 발생하는 잎이 137.5°를 이루는 나선형 배열이 가장 보편적이며, 이러한 배열은 태양에 대한 잎의 노출을 최적화한다.

곁눈(측아, axillary bud)은 잎겨드랑이마다 생기는데, 이는 1기 슈트 분열조직의 산물이고, 그 자체가 슈트 정단분열조직이다. 곁눈

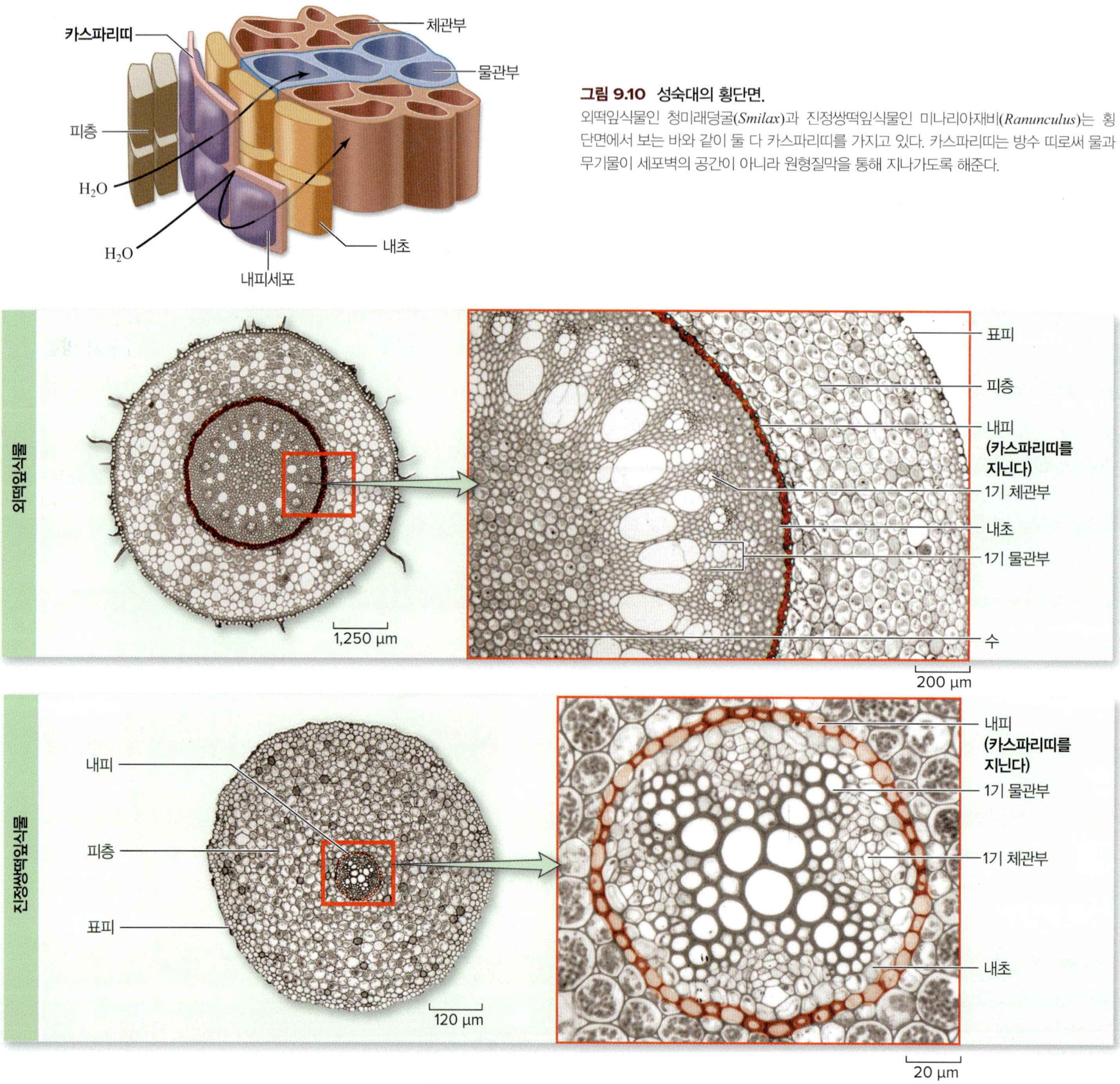

그림 9.10 성숙대의 횡단면.
외떡잎식물인 청미래덩굴(*Smilax*)과 진정쌍떡잎식물인 미나리아재비(*Ranunculus*)는 횡단면에서 보는 바와 같이 둘 다 카스파리띠를 가지고 있다. 카스파리띠는 방수 띠로써 물과 무기물이 세포벽의 공간이 아니라 원형질막을 통해 지나가도록 해준다.

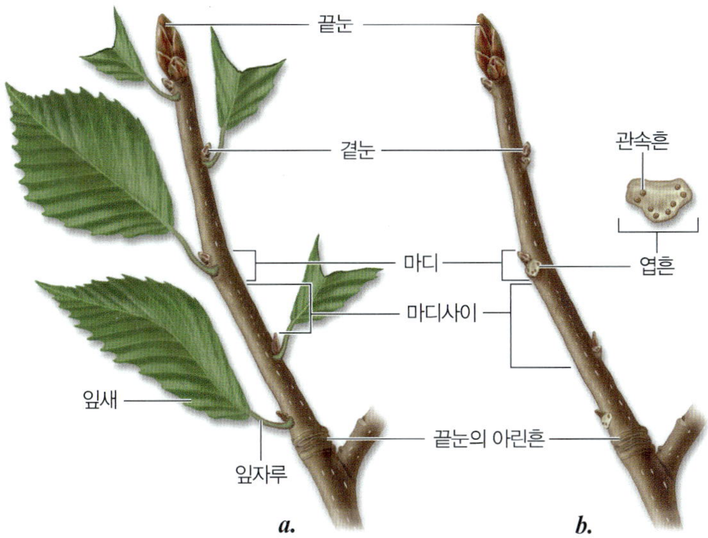

그림 9.11 목본의 잔가지.
a. 여름철. *b.* 겨울철.

은 보통 잎을 지닌 가지로 발달하고 꽃을 형성하기도 한다.

목본 줄기는 여러 해 동안 생존할 수 있으며, 더 이상 부착되지 못하는 눈이나 잎의 흔적을 포함한 뚜렷한 표식을 보여준다. 끝눈(terminal bud)은 보통 생장 기간 슈트계의 길이를 신장시킨다. 대부분 목본의 눈은 보호 역할을 하는 동아린(winter bud scale)을 가져서, 눈이 자랄 때 떨어지는 것처럼 이 아린이 떨어지면 작은 아린흔(bud scale scar)을 남긴다. **턱잎**(탁엽, stipule)이라고 하는 한 쌍의 나비 모양의 돌기물이 일부 잎의 기부에 발달한다. 턱잎은 떨어지면 턱잎흔을 남기게 되며, 가을에 낙엽성 목본 잎이 떨어질 때 작은 관속흔(bundle scar)을 지닌 **엽흔**(leaf scar)을 남기는데, 이는 이곳에서 관다발이 연결되었었다고 알려주는 표식이다.

외떡잎식물과 진정쌍떡잎식물의 주 차이점은 관다발조직의 체제이다. 대부분 외떡잎식물의 관다발은 기본조직계 전체에 산재되어 있는 반면, 진정쌍떡잎식물의 관다발은 링(ring) 모양이며, 내부의 기본조직(**수**, pith)과 외부의 기본조직(피층, cortex)을 가진다. 관다발의 배열은 줄기가 2기 생장을 할 수 있는지 여부와 직결된다. 진정쌍떡잎식물에서 관다발형성층은 1기 물관부와 1기 체관부 사이에 발달하는데(**그림 9.13**), 많은 경우 관다발형성층이 링 모양의 1기 관다발에 연결된다. 외떡잎식물에서는 1기 관다발조직이 서로 연결되지

그림 9.12 잎의 배열 유형.
가장 널리 분포하는 3종류의 잎 배열은 호생, 대생, 윤생이다.

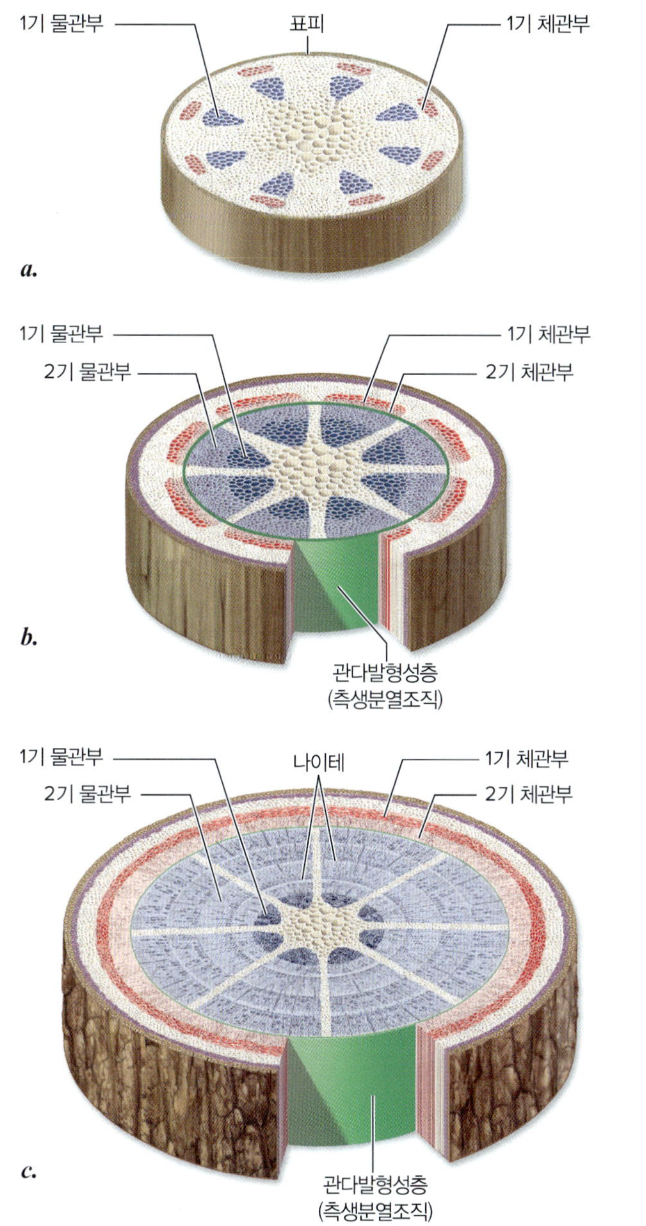

그림 9.13 2기 생장.
a. 진정쌍떡잎식물에서 2기 생장이 시작되기 전에 1기 조직은 정단분열조직이 1기 생장을 함에 따라 계속 신장한다. *b.* 2기 생장이 시작되면서 관다발형성층이 2기 조직을 만들고 줄기의 직경이 증가한다. *c.* 이 4년생 줄기에서 2기 조직은 계속 넓어지고 몸체는 두꺼워지며 목질화된다. 주목할 점은 관다발형성층은 원통형을 형성하는데 이 원통형은 뿌리와 줄기에서 주축(위아래)으로 이어진다.

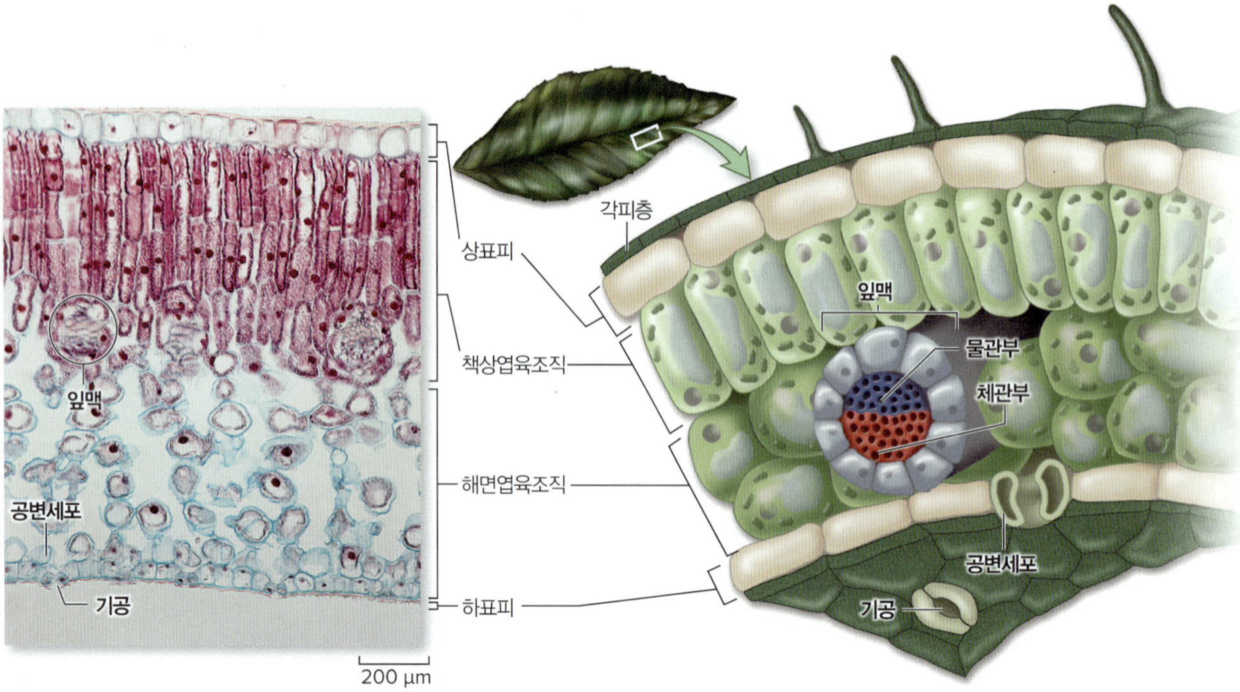

그림 9.14 진정쌍떡잎식물의 횡단면.
책상엽육조직과 해면엽육조직, 관다발 또는 잎맥의 배열과 기공을 감싼 한 쌍의 공변세포를 지닌 표피를 보여주는 진정쌍떡잎식물 잎의 횡단면.

않으므로 둘레가 일정하게 증가하지 않는다. 따라서 관다발형성층이 없는 외떡잎식물에서는 2기 생장을 하지 못한다.

잎: 광합성 기관

잎(leaf)은 육상에서 광합성을 수행하는 주된 장소로서, 생태계의 먹이사슬에서 기저부를 제공하며, 세포 확장과 세포분열에 의해 커진다. 잎은 한 쌍의 턱잎을 갖고 있는데 이는 잎자루의 기부가 신장한 것이다. **잎맥**(엽맥, vein, 잎에서 관다발을 지칭하는 용어)은 물관부와 체관부로 구성되며 잎새 전체에 분포한다. 주맥은 대부분 외떡잎식물에서는 평행맥이며, 진정쌍떡잎식물에서는 그물 모양으로 얽혀 있다.

잎의 내부 구조는 기체 교환과 증산작용을 조절한다. 잎의 전 표면은 투명한 표피로 덮여 있으며, 대부분은 엽록체가 없다. 대부분 잎의 하표피(가끔은 상표피)에는 좁은 틈(slit) 또는 입 모양의 많은 기공이 분포하며, 이들은 공변세포로 둘러싸여 있다. 상표피와 하표피 사이의 조직을 **엽육조직**(mesophyll)이라고 한다. 엽육조직에는 다양한 크기의 잎맥이 퍼져 있다.

대부분의 진정쌍떡잎식물 잎은 상표피에 인접한 **책상엽육조직**(palisade mesophyll)과 하표피 근처에 드문드문 분포한 **해면엽육조직**(spongy mesophyll)을 가지고 있다(**그림 9.14**). 기공을 따라 서로 연결된 세포 간극에서 기체와 수증기가 이동한다.

9.2 식물의 수송

육상식물은 2가지 중요한 도전에 직면한다. 물과 양분의 균형을 유지하는 것과 위로 생장하는 데 있어서 몸체를 충분히 구조적으로 지탱해주는 것이다. 관다발계는 물, 무기물, 유기분자 등을 식물체 전체, 때로는 장거리로 운반한다.

물관부의 수송

수분퍼텐셜(water potential, Ψw)은 특정 환경이나 시스템에서 물 분자가 자유롭게 움직일 수 있는 정도를 말하며, 종종 물이 흐르는 방향을 예측하는 데 사용된다. 물은 높은 수분퍼텐셜을 지닌 세포나 용액에서 낮은 수분퍼텐셜을 지닌 세포 또는 용액으로 이동한다. 토양에서 식물의 잎으로 올라갈수록 수분퍼텐셜이 낮아지므로 물은 처음에 뿌리로 들어가서 식물체의 가장 안쪽에 있는 관다발조직인 물관부를 거쳐 잎에 도달한다(**그림 9.15**).

물 분자와 용해된 무기염류는 뿌리 세포의 세포막을 가로질러 중심주의 물관부 내로 이동한다. 이후 중력을 거슬러 잎까지 올라가는데, 주된 원동력은 **증산작용**(transpiration, 기공에서의 물의 증발)에 의한 장력이다. 이 장력은 물 분자 간의 응집력과 헛물관이나 물관의 벽에 붙으려는 부착력으로 인해 생긴다. 결과적으로 뿌리에서 잎까

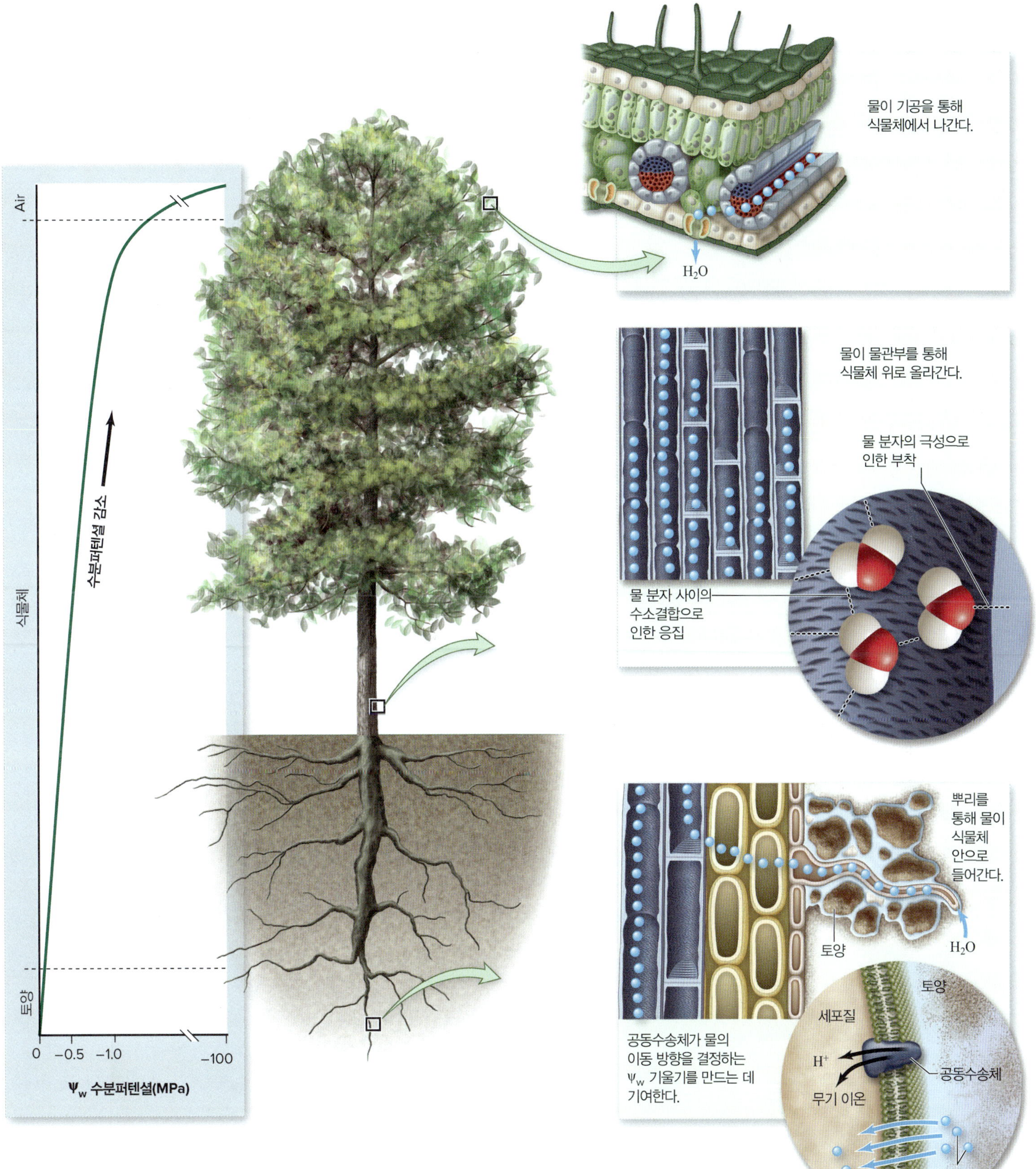

그림 9.15 **수분퍼텐셜은 슈트 정단보다 토양과 뿌리에서 더 높다.**
기공을 통한 잎으로부터 물의 증발은 물관부에서 여분의 물을 위로 이동시키며, 또한 물이 뿌리를 통해 식물체로 들어가게 한다. 증산으로 인해 잎의 수분퍼텐셜은 상당량 떨어진다.

지, 위로 뻗는 안정된 물기둥이 생긴다.

물과 무기염류의 흡수

식물에 의해 흡수되는 물과 무기염류의 대부분은 뿌리의 뿌리털을 통해 들어온다. 이들은 막을 횡단하여 확산되거나, 막 결합 수송단백질에 의해 수동적 또는 능동적으로 운반되기도 하고, 원형질연락사를 통해 중심주까지 이동한다.

세포를 통한 3가지 수송 경로

아포플라스트 경로(apoplast route)는 세포벽과 세포 사이의 공간을 통해 이동하는 수단으로, 막을 통한 수송은 이루어지지 않는다. **심플라스트 경로**(symplast route)는 물이 원형질연락사로 연결되는 세포 간에 연속된 세포질로 이동하는 것인데, 일단 물 분자가 세포 안에 있으면 이들은 원형질막을 횡단할 필요가 없이 원형질연락사를 통해 세포 사이를 이동할 수 있다. **막횡단 경로**(transmembrane route)는 세포 사이와 세포내 액포막을 횡단하는 막 수송으로, 이 경로에서는 세포들이 어떤 물질이 들어가고 나가는지를 가장 잘 조절할 수 있다(**그림 9.16**).

일단 관다발 중심주에 들어가면 식물 영양분인 이온은 물관부를 통해 식물체 전체로 이동한다. 내피 세포막을 횡단한 수용액은 식물의 관다발조직에 들어가 물관부의 헛물관과 물관으로 이동한다. 이온이 능동적으로 또는 촉진확산을 통해 뿌리 내로 들어감에 따라 이온의 존재로 인해 뿌리의 수분퍼텐셜이 감소한다. 그러면 토양의 물이 **삼투압**(osmotic pressure)에 의해 식물체 내로 이동하여 팽압이 증가하게 된다.

수분 상승의 원동력

뿌리압(root pressure)은 흔히 밤에 나타나는데, 이는 잎의 증산작용이 매우 저조하거나 없을 때 뿌리에 계속해서 이온이 축적됨으로써 생긴다. 이로 인해 세포 내에 이온 농도가 점점 더 높아져 뿌리털

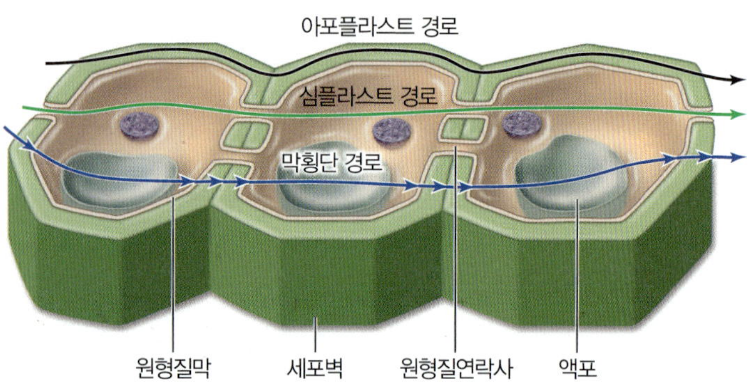

그림 9.16 세포 사이의 수송 경로.

세포로 더 많은 물이 들어가게 된다. 그러나 뿌리압보다는 증산작용이 뿌리에서 잎으로 물과 이온을 수송하는 주된 동력이 된다. 식물체에서 물은 수분퍼텐셜의 기울기를 따라 토양에서 뿌리, 줄기, 잎, 대기 순으로 이동한다(**그림 9.15** 참조).

비료를 너무 많이 주거나 가뭄 상태일 때, 토양의 수분퍼텐셜이 낮아지므로 물이 식물체로 들어가는 것이 제한된다.

물관과 헛물관의 대량 수송

물은 분자 간의 수소결합을 형성하려는 경향, 즉 응집력으로부터 생기는 고유의 인장 강도(tensile strength)를 가진다. 물기둥의 인장 강도는 기둥의 직경과 반비례하는데, 물기둥의 직경이 작을수록 인장 강도는 더 커진다. 식물의 헛물관과 물관은 직경이 매우 작기 때문에 물의 응집력은 중력에 의한 끌어당김보다 더 크며, 헛물관이나 물관벽에 부착하여 긴 물기둥을 더욱더 안정시킨다.

증산작용의 조절

기공은 물과 CO_2의 수요에 대한 균형을 맞추기 위해 열리거나 닫힌다. 물은 식물 대사에서 필수적이지만, 계속해서 식물체에서 대기로 소실된다. 동시에 광합성을 위해서는 대기로부터 CO_2가 엽육조직 세포로 들어와야 한다. 따라서 식물은 2가지 다소 상충되는 요구, 즉 대기로의 물 소실을 최소화하는 요구와 CO_2를 받아들여야 하는 요구에 직면하게 되는데, 이러한 요구를 충족시키기 위해 기공이나 표피와 같은 특수한 구조가 진화되었다.

기공의 양쪽에 있는 2개의 공변세포는 다른 표피세포와 달리 엽록체를 가진 표피세포이다. 공변세포는 안쪽이 두텁고 그 외의 부분은 더 얇은 독특한 세포벽 구성으로 인해서 물이 흡수되어 팽창할 때는 불룩해져 휘어진다. 공변세포에서 팽압은 포타슘(K^+), 염소(Cl^-), 말산(malate)을 능동수송에 의하여 유입시킴으로써 만들어진다. 용질의 농도가 증가함에 따라 공변세포의 수분퍼텐셜이 감소하게 되고 삼투현상에 의해 물이 들어오게 되어, 팽창하면서 기공은 열리게 된다(**그림 9.17**). 공변세포막을 횡단하여 이온을 수송하는 데 필요한 에너지는 ATP-구동 양성자 펌프(ATP-driven H^+ pump)에서 온다.

많은 식물 종에서 공변세포는 물의 이용에 상관없이 규칙적으로 광합성을 시작하는 아침에는 팽창되고 저녁에는 수축된다. 낮 동안에는 광합성을 하는 공변세포에 수크로스가 축적되지만, 저녁에는 공변세포가 수크로스를 능동수송으로 퍼냄으로써 팽압을 잃고 닫히게 된다.

식물호르몬의 한 종류인 앱시스산(ABA)은 가뭄에 반응하여 공변세포 밖으로 K^+를 퍼냄으로써 기공을 닫게 한다.

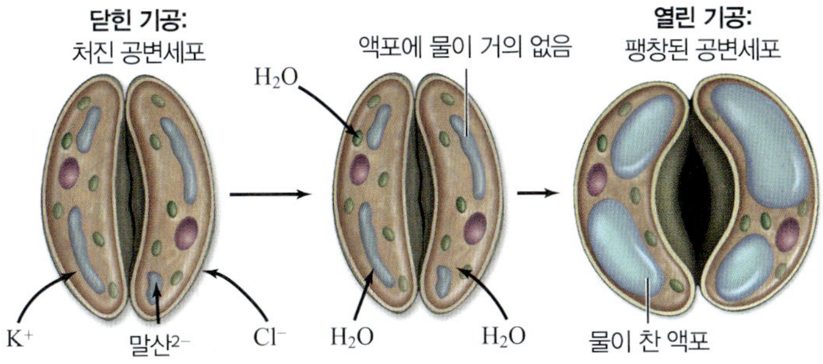

그림 9.17 기공은 어떻게 열릴까?
공변세포에서 능동수송으로 양성자 이온이 빠져나가면, K^+, Cl^-가 안으로 들어오고 삼투 현상에 의해 물이 들어와 공변세포의 팽압이 증가한다. 증가된 팽압으로 공변세포가 부풀고 안쪽의 두꺼운 세포벽으로 인해 각 공변세포가 바깥으로 휘어져 기공이 열린다.

체관부의 수송

식물의 잎 등 다른 녹색 부분에서 만들어진 탄수화물의 대부분은 체관부를 통해 여러 부위로 이동된다. **전류**(translocation)로 알려진 이러한 과정은 뿌리와 왕성하게 생장하는 부위에 필요한 탄수화물을 공급한다. 체관부의 주된 용질은 수크로스이며, 이외에 식물호르몬, mRNA 등도 이동한다.

압류설

체관부를 통한 탄수화물의 이동에 대해 가장 널리 받아들여지고 있는 이론은 **압류설**(pressure-flow hypothesis)이다. 용해된 탄수화물은 잎의 엽육조직 같은 광합성 조직인 공급처(source)로부터 흘러나와 소비되는 장소인 수용처(sink)로 이동된 후 하적되어 사용된다. 공급처와 수용처는 식물의 상황에 따라 바뀔 수 있다.

탄수화물은 체관부 적재(phloem loading)라고 부르는 과정에 의해 공급처에 있는 가느다란 잎맥의 체관으로 들어간다. 일부 수크로스는 심플라스트 경로를 통해 엽육세포로부터 동반세포와 체세포(sieve cell)로 들어간다. 상당량의 수크로스는 아포플라스트 수송으로 체세포에 도달한 다음, 수크로스-양성사 공동수송체(sucrose-H^+ symporter)를 통해 막을 횡단하여 이동한다. 이 에너지 요구단계는 양성자펌프에 의해 이루어지는데, 체관에 인접한 동반세포와 유조직

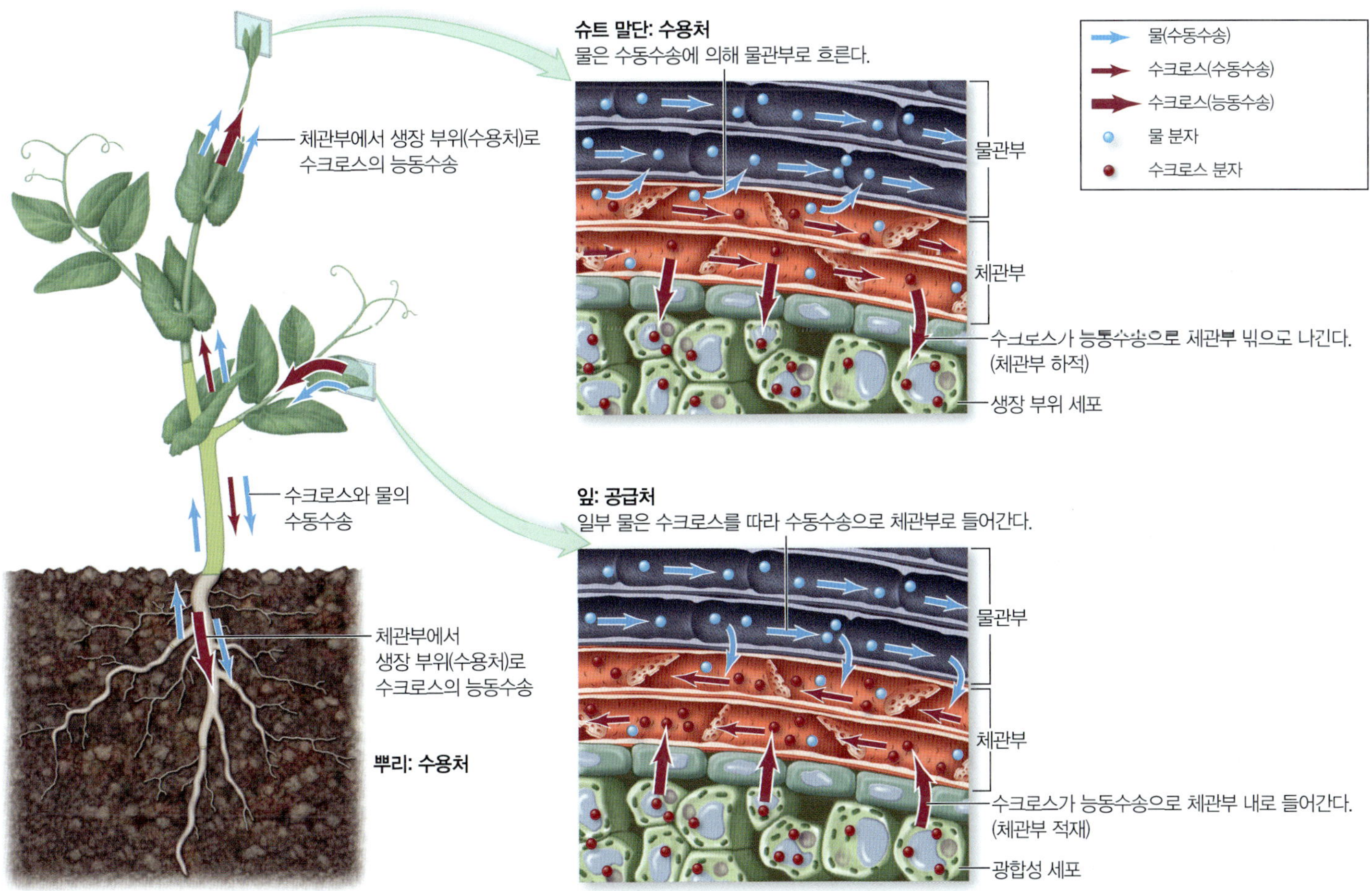

그림 9.18 대량 수송의 모식도.
이 모식도에서 붉은색 점은 수크로스 분자를 나타내고, 파란색 점은 물 분자를 표시한다. 수크로스 분자는 식물의 잎이나 기타 조직의 엽육세포로부터 빠져나와 체관부의 통도 세포로 들어간 후에 대량 수송을 통해 다른 부위로 이동하여 필요한 곳에서 하적된다.

세포는 이러한 수송에 필요한 ATP 에너지를 제공한다. 물관이나 헛물관과는 달리 체세포는 능동수송에 참여하는 살아 있는 세포이며, 체관과 이웃한 물관부 세포가 지닌 수분퍼텐셜의 차이로 인해 삼투현상으로 체관에 물이 유입된다. 결과적으로 체관의 팽압이 증가하고 이 압력으로 식물 체관계의 흐름이 이루어진다.

수용처에서는 체관으로부터 수크로스와 호르몬이 능동수송으로 빠져나가고 삼투현상에 의해 물도 따라 나간다. 결국 수용처에서는 팽압이 떨어져 공급처의 더 큰 압력으로부터 수용처의 더 약한 압력으로 대량 수송이 진행된다(**그림 9.18**). 수용처에서 물의 대부분은 확산으로 인해 물관부로 되돌아가고, 여기서 물은 다시 재순환되거나 증산작용에 의해 소실된다.

9.3 식물의 영양과 토양

동물과 마찬가지로 식물도 건강하게 성장하기 위해서는 다양한 영양분이 필요하다. 주요 영양분이 결핍되면 식물의 생장이 지연되고, 병에 더 잘 걸리거나 심지어 죽을 수도 있다. 식물은 영양분을 주로 광합성과 토양으로부터 얻는다.

뿌리의 무기물 흡수

식물을 지탱하는 많은 활동은 표층의 풍화된 바깥층인 토양에 의존한다. 토양은 다양한 크기의 암석, 점토, 모래, **부식토**(humus, 주로 분해된 유기물), 다양한 형태의 무기물과 유기물 등으로 이루어져 있다. 토양 입자 사이의 공간에는 물과 공기가 들어 있으며, 이 중 물에 녹아 있는 무기물만이 뿌리로 흡수될 수 있다. 무기물과 유기토양은 음전하를 띠므로 양전하를 가진 분자나 이온을 끌어당기기 때문에 양이온들은 일반적으로 세포 밖으로 나오는 경향을 보인다. 따라서 양이온은 능동수송에 의해 뿌리로 흡수되며, 음이온은 공동수송체(cotransporter)를 이용한다. 뿌리에서 유지되는 막전위와 뿌리 안팎의 수분퍼텐셜의 차이가 무기물의 뿌리 수송에 영향을 준다(**그림 9.19**).

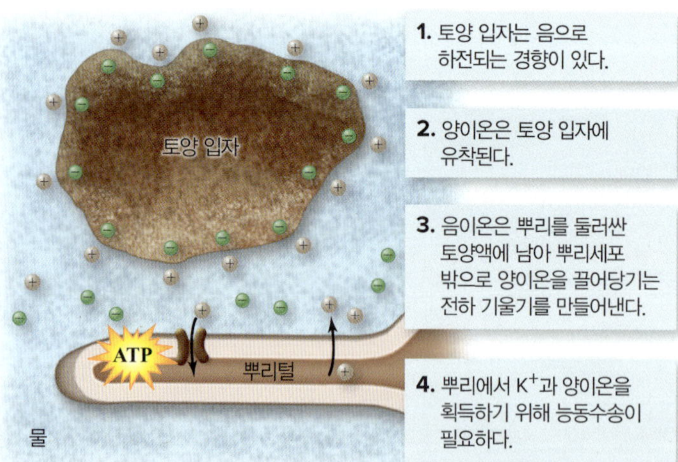

그림 9.19 물질 수송에서 토양 전하의 기능.
양으로 하전된 이온이 뿌리털로 들어가기 위해서는 능동수송이 필요하다.

식물의 영양

식물이 상대적으로 많은 양을 필요로 하는 영양분은 **다량영양소**(macronutrient), 적은 양을 필요로 하는 영양분을 **미량영양소**(micronutrient)라 한다(**표 9.1**). 식물은 9종의 다량영양소와 7종의 미량영양소를 필요로 한다. 9종의 다량영양소는 모든 유기물에서 발견되는

표 9.1 식물의 필수 영양분

원소	기본 흡수형태	건중량의 % 근사치	주요 기능의 예
		다량영양소	
탄소	CO_2	44	유기물의 주요 성분
산소	O_2, H_2O	44	유기물의 주요 성분
수소	H_2O	6	유기물의 주요 성분
질소	NO_3^-, NH_4^+	1~4	아미노산, 단백질, 뉴클레오타이드, 핵산, 엽록소, 조효소, 효소의 성분
포타슘	K^+	0.5~6	단백질 합성, 기공 개폐
칼슘	Ca^{2+}	0.2~3.5	세포벽 성분, 막구조와 투과성 유지, 일부 효소의 활성화
마그네슘	Mg^{2+}	0.1~0.8	엽록소 성분, 많은 효소의 활성화
인	$H_2PO_4^-$, HPO_4^{2-}	0.1~0.8	ADP, ATP, 핵산, 인지질, 일부 조효소의 성분
황	SO_4^{2-}	0.05~1	일부 아미노산, 단백질, 조효소 A(CoA)의 성분
		미량영양소(농도는 ppm)	
염소	Cl^-	100~10,000	삼투압과 이온 균형
철	Fe^{2+}, Fe^{3+}	25~300	엽록소 합성, 사이토크롬, 질소고정효소
망간	Mn^{2+}	15~800	일부 효소의 활성제
아연	Zn^{2+}	15~100	많은 효소의 활성제, 엽록소 형성
붕소	BO_3^{3-}, $B_4O_7^{2-}$, $H_2BO_3^-$	5~75	탄수화물 수송, 핵산 합성
구리	Cu^{2+}, Cu^+	4~30	일부 효소의 활성제 혹은 구성요소
몰리브덴	MoO_4^-	0.1~5	질소고정, 질산염의 환원

3가지 원소인 탄소(C), 수소(H), 산소(O)에 더하여 질소(N, 아미노산의 주성분), 포타슘(K), 칼슘(Ca), 마그네슘(Mg, 엽록소 성분), 인(P)과 황(S)으로, 이들 영양분은 각각 식물체 건중량의 1% 정도 되는데, 이 중에서 탄소와 산소가 월등히 높아서 각각 44% 정도 차지한다.

7종의 미량영양소는 염소(Cl), 철(Fe), 망간(Mn), 아연(Zn), 붕소(B), 구리(Cu) 및 몰리브덴(Mo)으로, 식물체에 1 ppm~수백 ppm 정도 포함되어 있다. 미량영양소 중 어느 하나라도 결핍될 경우, 식물 생장에 심각한 영향을 줄 수 있다.

일부 식물들은 토양의 부족한 영양분을 다른 개체와의 상호작용, 기생 또는 포식을 통해 얻는 방향으로 진화하였다.

질소고정박테리아

식물이 아미노산을 만들기 위해서는 암모니아(NH_3)나 질산염(NO_3^-)이 필요하지만, 대기 중 대부분 질소는 질소가스(N_2)의 형태로 존재한다. 식물은 질소를 암모니아로 전환하는 생합성 경로를 가지고 있지 않지만, 일부 박테리아는 이러한 능력을 가지고 있다.

어떤 박테리아들은 **뿌리혹**(nodule)이라 불리는 식물의 조직에서 서식한다(**그림 9.20**). 콩과식물(legume)과 몇몇 다른 식물들은 뿌리혹을 만든다. 이러한 박테리아들과 공생하기 위해 식물은 에너지를 소비하지만, 토양에 질소가 결핍된 경우, 식물에게 커다란 도움이 된다. 질소 수준이 높을 때는 콩과식물의 뿌리털은 에너지 보전을 위해 박테리아의 신호에 반응하지 않는다. 질소고정은 세포에서 일어나는 반응 중에서 에너지를 가장 많이 소비하는 과정이다. 질소가스에 있는 3중결합의 강도 때문에 질소가스(N_2)에 수소가스(H_2)가 결합되는 것은 쉽지 않다.

질소고정효소(nitrogenase)는 암모니아 2분자를 만들기 위해 16개의 ATP를 필요로 한다. 질소고정효소가 없어도 450℃, 500기압에서 암모니아를 만드는 것이 가능하지만, 이는 식물이 살 수 있는 조건과는 거리가 멀다. 뿌리혹박테리아(*Rhizobium* bacteria)는 질소고정자로서 많은 에너지를 소비하는 생활방식 때문에 탄수화물이 필요하다. 탄수화물은 식물의 관다발조직을 통해 공급되며, 질소고정 박테리아와의 공생관계는 콩과식물에 제한되어 있다.

그림 9.20 질소고정 뿌리혹. 알팔파의 뿌리털은 질소를 고정하는 뿌리혹박테리아를 가지고 있다.

균근곰팡이

관다발식물의 90%는 균근곰팡이와 공생한다. 균근곰팡이는 식물로 인산이온(PO_4^{3-})이 전달되는 것을 촉진해주며, 일부 미량영양소의 흡수가 가능하도록 표면적을 늘려주기도 한다.

식충식물

보통 유기질소가 부족한 산성 토양에서 자라는 식충식물은 주로 곤충과 같은 작은 동물을 직접 잡아 소화함으로써 질소를 공급받아 열악한 환경에서 생존할 수 있다. 식충식물은 먹이를 유인하고 잡기 위해 변형된 잎을 가지고 있으며, 특별한 샘에서 분비한 효소로 먹이를 소화한다. 벌레잡이통풀, 파리지옥풀, 끈끈이주걱, 수생 벌레먹이말, 수생식물인 통발(*Utricularia*) 등이 있다(**그림 9.21**).

기생식물

지구상에는 적어도 3,000종 이상의 기생식물이 분포하고 있으며, 그들은 광합성 종과 비광합성 종으로 구분된다. 기생식물은 숙주식물의 관다발에 침입하여 영양분을 섭취할 수 있는 구조를 지니고 있다. 숙주식물의 주변을 감싼 갈색의 노끈처럼 보이는 새삼(*Cuscuta* spp.)은 엽록소가 없기에 필요한 모든 영양분을 숙주식물에 의존한다. 기생식물인 수정난풀(*Hypopitys uniflora*)도 엽록소가 없는데, 이 식물은 숙주에 있는 균근곰팡이의 균사를 통해 숙주식물에 달라붙는다.

식물환경정화

일부 식물의 뿌리는 세포막에 분포하는 통로와 수송단백질이 특이성을 지니지 않아 알루미늄과 같은 중금속이나 다른 독성물질을 받아들일 수 있다. 대부분의 경우에 독성물질의 흡수는 식물에 치명적이거나 생장을 저해하지만, 일부 식물은 이러한 물질을 식물체 내에 격리하거나 대기 중으로 방출하는 능력을 지니는 방향으로 진화해 왔다. 이러한 식물들은 오염물질을 농축하거나 분해시키는 **식물환경정화**(phytoremediation)에 이용될 수 있다.

어떤 식물은 뿌리에서 오염물질을 분해하는 물질을 분비하기도 하며, 유해한 화학물질이 뿌리로 들어가 줄기로 전달되어 저장되기도 하는데, 이렇게 저장된 물질은 식물을 수확한 후 말려서 처리할

그림 9.21 식충식물의 영양 적응.
a. 다양한 무척추동물과 원생생물로부터 양분을 얻는 벌레잡이통풀(*Nepenthes*) 안으로 들어온 벌레는 갇혀서 소화된다. *b.* 파리지옥풀(*Dionaea*)에서는 파리가 변형된 잎의 2개 이상의 세포모와 접촉하면 짧은 시간 내에 덫이 닫힌다. 식물은 소화효소를 분비하여 파리로부터 질소 함유 화합물을 추출하여 흡수한다. *c.* 끈끈이주걱(*Drosera*)은 끈적끈적한 분비물로 벌레를 잡아 벌레로부터 영양분을 얻기 위해 소화효소를 분비한다. *d.* 파리지옥풀과 가까운 벌레먹이말(*Aldrovanda*)은 수생동물을 잡아 소화한다. 이 수생식물의 조상은 육상식물이다.

수 있어 유해물질의 제거에 이용될 수 있다. 체르노빌에서 원자로 참사 이후 해바라기를 이용하여 호수에서 방사성 세슘(Cs)을 효과적으로 제거한 바 있으며, 포플러를 이용하여 휘발성 용매인 TCE(trichloroethylene)를 제거할 수 있다.

9.4 식물의 방어반응

식물은 바이러스, 박테리아, 곰팡이, 동물, 원생생물, 그리고 심지어 다른 식물의 공격을 지속적으로 받으며 산다. 이로 인해 감염을 막거나 제한하도록 다양한 방어 기작이 진화되어 왔다.

물리적 방어

모든 식물이 가지고 있는 제1방어선은 **표피조직계**(epidermal tissue system)이다. 표피세포는 소수성 지방의 혼합물인 왁스를 분비하며, 지방층은 물의 증발이나 공격으로부터 노출된 식물 표면을 보호한다. 또한 식물의 지상부는 긴 지방산이 서로 얽혀 있는 고분자인 큐틴으로 덮여 있다. 긴 지방산 사슬이 얽혀 형성되는 **수베린**(suberin)은 식물 지하부의 세포벽에서 발견되는데, 수베린은 물을 통과시키지 않는 뿌리의 카스파리띠를 형성한다. 실리카(silica inclusion), 세포모, 나무껍질(수피), 가시 등은 영양분을 풍부하게 간직하고 있는 식물 내부를 보호할 수 있다.

그러나 식물의 외부 방어선은 여러 가지 방법으로 뚫릴 수 있는데, 물리적 상처는 미생물이 들어갈 수 있는 열린 통로로 이용될 수 있다. 기생 선충은 식물의 세포벽으로 들어가기 위해 뾰족한 입(구침)을 사용하여 식물조직을 뚫는데, 간혹 곰팡이와 같은 다른 병원균이 이를 통해 식물 내부로 들어간다. 곰팡이는 표피조직의 약한 부분(특히 기공)을 전략적으로 공략한다(**그림 9.22**).

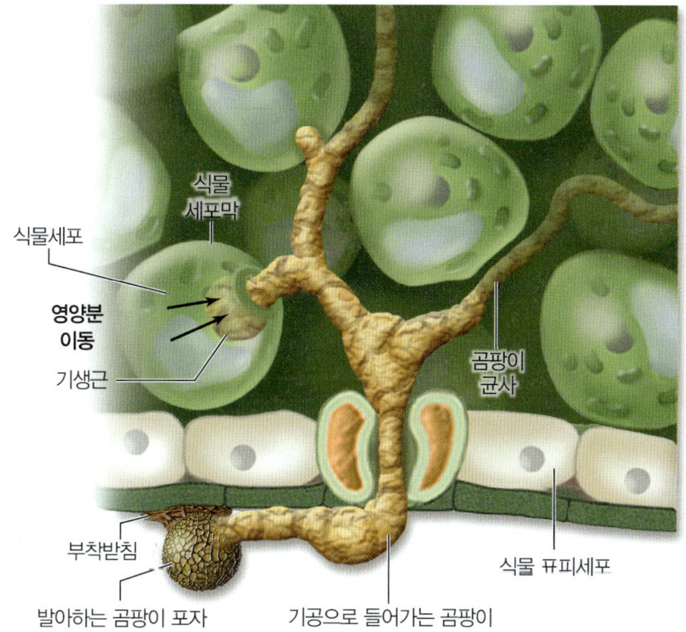

그림 9.22 기공을 통해 침입하는 곰팡이.
곰팡이 균사는 세포벽을 뚫지만 세포막은 통과할 수 없다. 균사와 식물의 세포막 사이의 접촉에 의해 식물영양분의 이동이 시작된다.

화학적 방어

많은 식물이 초식동물을 죽게 하거나 아프게 만들 수 있는 독성물질을 간직하고 있다. 대표적인 예는 시안화물(cyanide, HCN)의 생산이다. 3,000종 이상의 식물이 시아노글리코시드(cyanogenicg-lycoside)라는 시안화물의 복합체를 생성한다. 시아노글리코시드는 식물 세포가 상처를 입을 경우 방출되는데, 동물의 몸에서 시안화물로 분해되면서 전자 전달을 멈추게 하여 세포호흡을 차단한다.

일부 독성물질은 식물에서만 발견되지만, **디펜신**(defensin)은 식물, 척추동물 또는 무척추동물에서 발견되는 또 다른 독소이다. 디펜신은 항미생물 효과를 지닌 시스테인(cysteine)을 많이 함유한 작은 펩타이드로, 동물과 식물에서 발견되는 디펜신의 존재는 선천면역(innate immunity)의 기원을 말해준다. 디펜신의 정확한 작용기작은 아직 잘 밝혀져 있지 않지만, 일부 식물에서는 단백질 합성을 저해하는 것으로 알려져 있다. 식물에서 디펜신 유전자의 발현이 억제되면, 식물은 박테리아나 곰팡이의 감염에 더 취약해진다.

2차대사물질

식물은 초식동물을 죽이는 독성물질에 더하여 초식동물을 아프게 하거나 강한 향과 냄새로 초식동물을 쫓아버릴 수 있는 화합물을 생산할 수도 있다. 이러한 **2차대사물질**(secondary metabolites)은 식물이 생명을 유지하기 위해 필요한 대사경로가 진화 과정에서 부가적인 경로로 발전하여 화학물질들을 생산하게 된 것으로 여겨진다. 식물의 많은 2차대사물질은 동물뿐만 아니라 사람에게도 영향을 준다(**표 9.2**). 가령 피마자(*Ricinus communis*)에서 발견되는 알칼로이드인 리신(ricin)은 코브라독보다 2배 더 치명적이어서 정원에서 자라는 피마자의 씨앗 하나로 어린아이를 죽일 수도 있다. 반면에 주목나무(Taxus brevifolia)에서 발견된 택솔(taxol)은 유방암에 효과가 높고, 기나나무(*Cinchona* tree)의 활성 성분인 퀴닌(quinine)은 말라리아에 효과가 있다.

카페인(caffeine), 니코틴(nicotine), 코카인(cocaine), 모르핀(morphine) 등을 포함하는 알칼로이드는 다양한 세포내 경로에 영향을 줄 수 있다. 식물이 공격자를 죽일 수 없는 경우, 카페인으로 과도하게 자극하거나 모르핀으로 진정시킬 수 있다. 탄닌(tannin)은 단백질에 결합하여 단백질을 불활성화시킨다. 예를 들면, 어떤 탄닌은 단백질을 소화하는 효소를 차단하기에, 많은 양의 탄닌을 섭취하여 고통받은 벌레는 다음부터 탄닌을 피하게 된다. 페퍼민트, 샐비어, 페니로얄을 포함한 박하류의 식물에서 발견되는 식물성 오일은 강한 냄새로 벌레들을 물리친다.

식물이 지닌 독성물질은 왜 식물 자신은 죽이지 않을까? 그에 대한 한 전략은 식물이 막에 결합된 구조에 독소를 격리시켜 세포의 대사 과정에 영향을 주지 않게 하거나, 동물의 장에서 미생물에 의해 대사되어야 독성을 나타내는 화합물을 생산하는 것이다. 시아노글리코시드의 경우 식물은 전자전달계에 영향을 주지 않는 당에 결합된 시안화물을 생산하지만, 이것이 동물에서는 효소에 의해 분해되어 독성이 있는 시안화물(HCN)을 방출하게 된다.

일부 화학 독소(chemical toxin)는 다른 식물로부터 한 식물을 보호해 주는데, 식물의 뿌리에서 분비된 화학물질이 주변 씨앗의 발아나 성장을 차단하는 것을 **타감작용**(allelopathy)이라 한다. 이러한 전략은 그 식물에게 햇빛이 차단되는 것과 영양분에 대한 경쟁을 최소화시켜 주면서 광합성을 위한 태양광을 최대로 사용할 수 있게 해준다.

병원균에 특이적인 방어반응

그 이외에 비독성 병원균과 상호작용하는 R 단백질, 항미생물 화

표 9.2 **2차대사물질**

화합물	공급원	구조	사람에 미치는 영향
마니호톡신 (시아노글리코시드)	카사바(*Manihot esculenta*) 	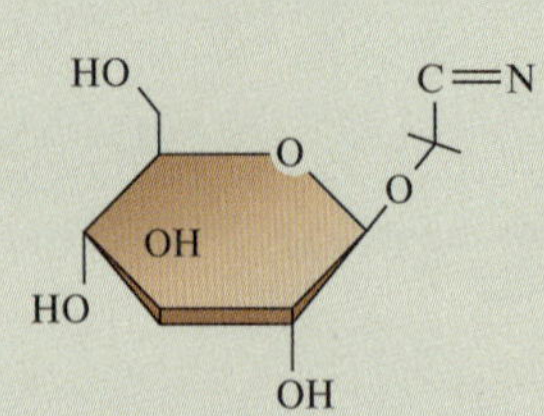	치명적인 시안화물 방출
제니스테인 (식물성 에스트로젠)	대두(*Glycine max*) 	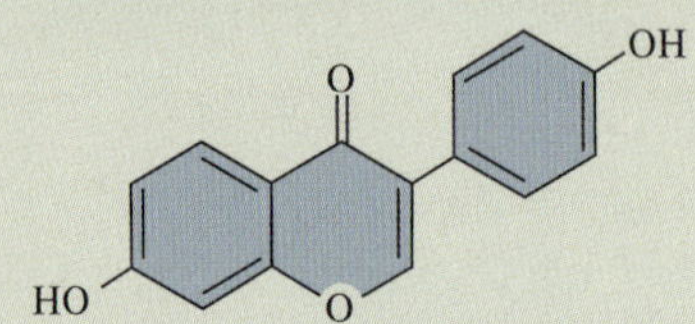	에스트로젠 유사물질
택솔 (테르페노이드)	주목나무(*Taxus brevifolia*) 	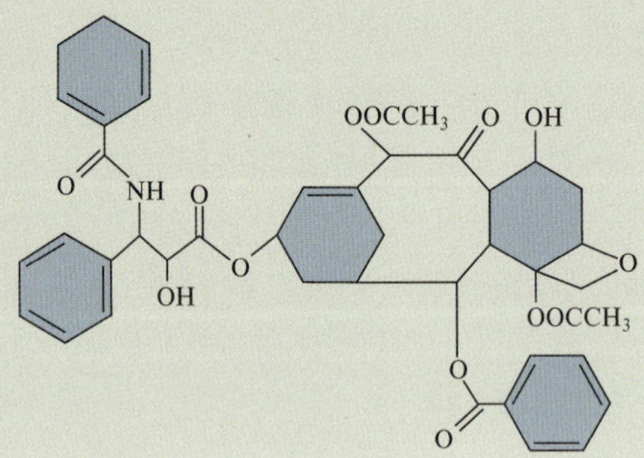	항암제
퀴닌 (알칼로이드)	기나나무(*Cinchona officinalis*)의 퀴닌 수피 	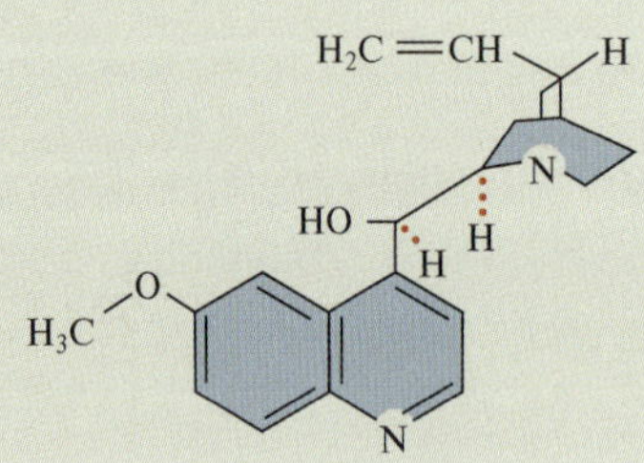	항말라리아제
모르핀 (알칼로이드)	양귀비(*Papaver somniferum*) 	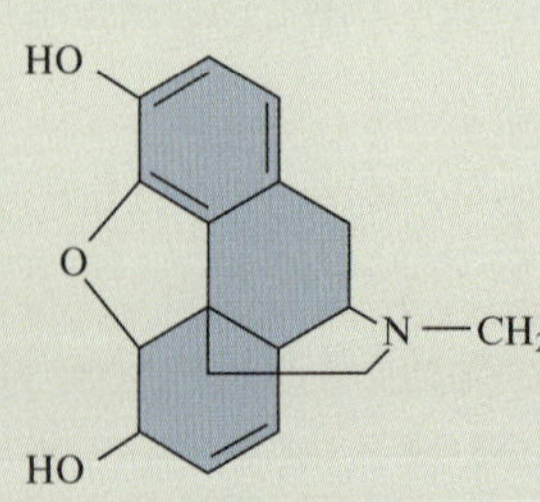	마약진통제

학방어물질인 파이토알렉신(phytoalexin), 감염 특이적 유전자(pathogenesis-related gene, *PR* gene)가 발현되어 합성된 PR 단백질은 항미생물 물질이나 식물을 보호하는 다른 경로의 신호전달 물질로 작용할 수 있다. 병원균이 침입하면 식물은 이에 대응하기 위해 감염부위의 세포를 선택적으로 죽임으로써 **과민반응**(hypersensitive response)을 일으킨다. 이러한 반응에서 식물은 이동성 신호물질의 생성을 유발하여 전체로 퍼트림으로써 **전신획득저항성**(systemic acquired resistance)을 불러온다.

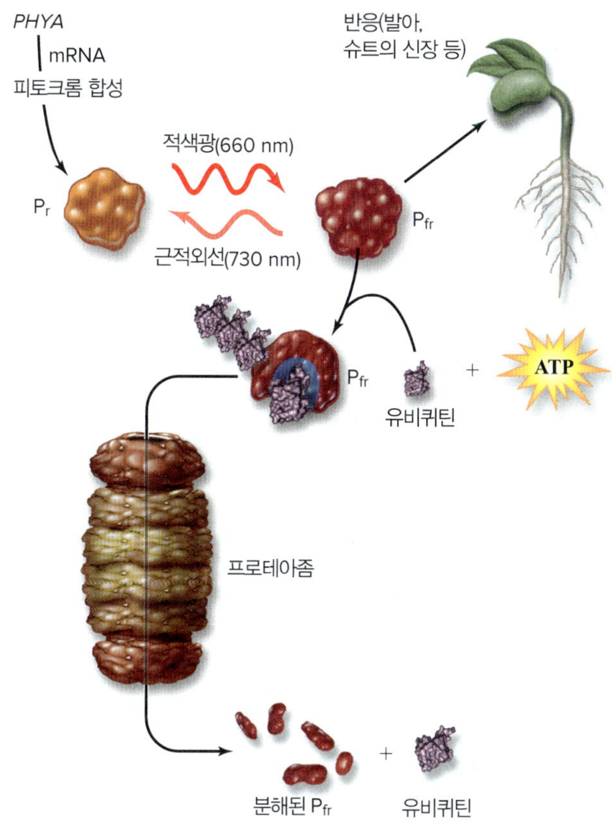

그림 9.23 피토크롬의 작용.
*PHYA*는 애기장대의 5개 피토크롬 유전자 중 하나이다. P_r이 적색광에 노출될 때 활성 형태인 P_{fr}로 전환되며, 근적외선에 노출될 때 P_{fr}은 P_r로 전환된다. P_{fr}의 양은 프로테아좀에서 단백질의 분해로 조절되는데, 이때 유비퀴틴 단백질이 관여한다.

9.5 식물의 감각 체계와 호르몬

빛에 대한 반응

식물들은 엽록소 외에 다른 색소들도 함유하고 있는데, 이들은 빛을 감지하고 정보를 전달해줌으로써 빛에 대한 식물의 반응을 매개한다. **광형태형성**(photomorphogenesis)은 빛에 의해 촉발되는 방향성이 없는 발생으로, 꽃의 형성과 같이 복잡한 형태 변화를 초래한다. 그에 비해 굴광성은 빛에 대한 방향성이 있는 생장반응이다.

광반응 유전자의 발현

색소를 함유하고 있는 단백질인 **피토크롬**(phytochrome, P)은 모든 식물과 일부 녹조류에 존재하지만 원생생물, 세균, 균류에는 없다. 피토크롬 시스템은 녹조류에서 유래한 것으로 보이며, 식물의 공통 조상에도 존재한 것으로 보인다. 피토크롬 분자는 상호 전환 가능한 2개의 형태로 존재한다(**그림 9.23**). 첫 번째 형태인 P_r은 660 nm의 적색광(red light)을 흡수하고, 두 번째 형태인 P_{fr}은 730 nm의 근적외선(far-red light)을 흡수한다. 햇빛은 근적외선보다 적색광이 더 많다. P_r은 생물학적으로 비활성인데, 적색 광자가 존재할 때 활성 형태인 P_{fr}로 전환된다. 근적외선 광자가 존재할 경우, P_{fr}은 다시 P_r로 변환된다. 즉, P_{fr}이 존재할 때 피토크롬의 영향을 받는 생물학적 반응이 일어난다. 대부분의 P_{fr}이 P_r로 대체되면 반응은 일어날 수 없다.

피토크롬은 유전자 발현과 궁극적으로 발생학적 변화를 초래하는 신호전달경로에서 적색광과 근적외선의 상대적인 양에 대한 정보를 전달하는 첫 번째 단계로서, 종자 발아, 슈트 생장 및 주변 식물에 의한 밀집 감지 등을 포함하는 식물 생장반응에 관여한다.

방향성 생장에 영향을 주는 빛

굴광성(phototropism)은 슈트가 빛을 향해 자라게 함으로써 한 종 내에서도 다양한 식물 형태를 만들게 한다. 이는 식물 호르몬인 옥신이 관여하며, 성장하는 식물의 줄기나 그 밖의 부위가 청색광(460 nm 범위)을 향해 휘어지는 현상을 말한다(**그림 9.24**). 줄기는 일반적으로 양성 굴광성으로 광원을 향해 자라며, 뿌리는 대부분 빛에 반응하지 않거나 아주 예외적인 경우에 약한 음성 굴광성 반응을 보인다.

중력에 대한 반응

화분의 식물을 넘어진 채로 두면 슈트는 휘어져 위쪽을 향해 자라는데, 이는 **굴중성**(gravitropism), 즉 지구 중력장에 대한 식물의 반응을 말한다. 슈트에서 중력은 관다발조직을 싸고 있는 내피세포에서 줄기의 길이 방향을 따라 감지되고, 바깥쪽 외피 세포로 신호가 전달된다(**그림 9.25***a*). 뿌리에서는 뿌리골무가 중력을 감지하며, 이 신호가 신장대에서 차등적인 세포 신장과 분열을 촉발한다(**그림 9.25***b*).

슈트와 뿌리에서 녹말을 함유한 색소체인 **전분체**(amyloplast)가

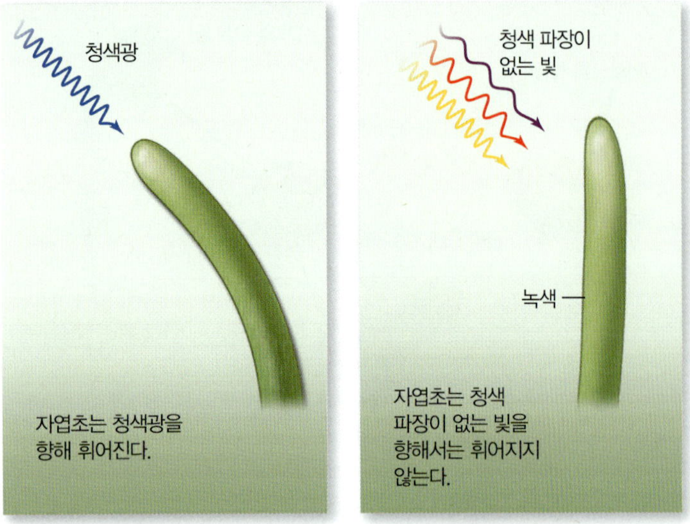

그림 9.24 굴광성.
청색광을 향해 자라는 귀리의 자엽초. 그림의 색은 자엽초에 비치는 빛의 색깔을 보여주며 화살표는 빛의 방향을 보여준다.

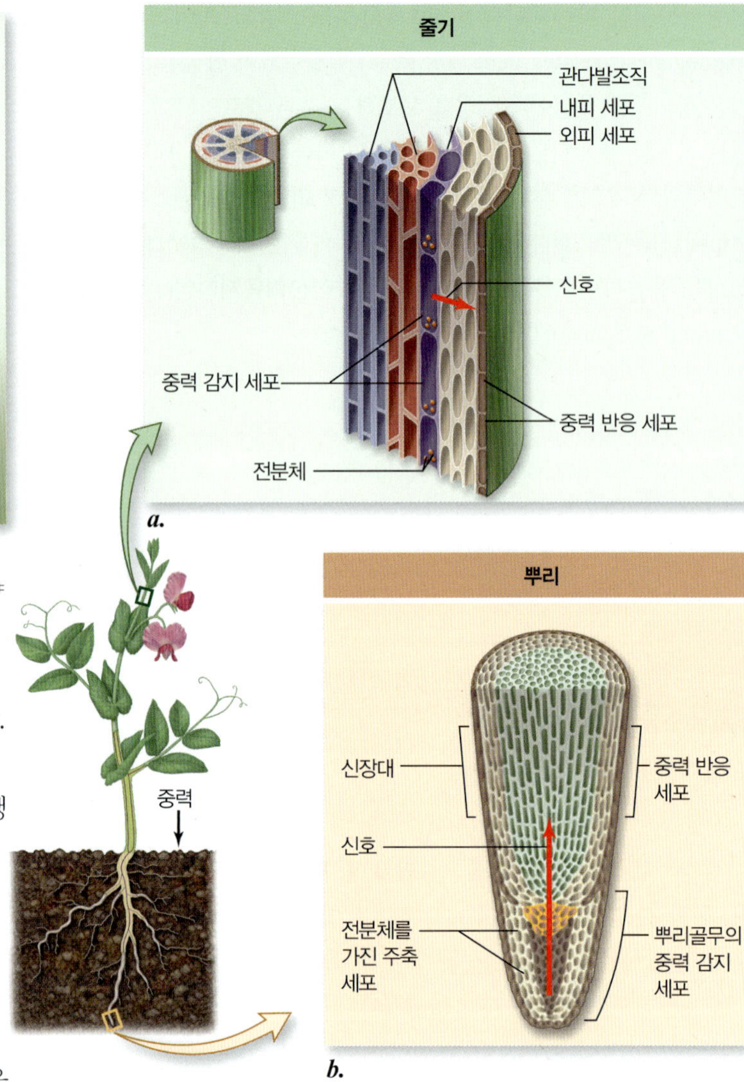

그림 9.25 뿌리와 슈트에서 중력 감지 부위와 반응 부위.

중력장 중심으로 가라앉고, 이것이 중력을 감지하는 것으로 보인다. 전분체는 세포골격인 액틴 필라멘트와 상호작용한다.

줄기 하부에서는 옥신 농도의 증가로 상부보다 더 많은 세포의 생장이 유발된다. 이 결과로 중력의 힘에 대항하여, 다시 말해 음성 굴중성 반응(negative gravitropic response)으로 줄기가 위로 휘어지게 된다. 뿌리에서는 이러한 호르몬 농도 차이에 대한 관련 증거가 많지 않다. 그럼에도 불구하고, 수평으로 놓인 뿌리의 상부는 하부(지면에 닿는 부분)보다 더 빨리 성장하여 뿌리가 궁극적으로는 아래로 자라도록 하는데, 이를 양성 굴중성 반응(positive gravitropic response)이라 한다. 뿌리의 중력 감지 세포들은 뿌리골무에 있으며, 실제 비대칭 생장을 하는 세포들은 뿌리골무와 가장 가까운 신장대 말단에 있다.

기계적 자극에 대한 반응

식물은 어떤 경우에 기계적 스트레스에 반응하여 영구적으로 형태가 변하는데, 이런 과정을 **접촉형태형성**(thigmomorphogenesis)이라고 한다. 키가 크고 가는 식물은 규칙적으로 부는 바람이나 식물 사이의 마찰과 같은 환경 신호가 형태 변화를 유도하여 더 굵고 더 짧은 마디사이가 만들어지도록 한다. 덩굴손(tendril)은 줄기가 변형된 것으로, 식물이 스스로 지지하는 작용을 한다. 덩굴손이 물체와 접촉하면 특수한 표피세포가 이를 감지하고 불균등한 생장을 촉진하여 그 물체를 돌돌 감게 된다.

굴성과 달리 접촉에 의한 식물의 운동은 생장반응이 아닌 특정 세포의 가역적 팽압 변화로 인해 일어난다. 물이 이 팽창된 세포를 빠져나가면 세포가 찌그러지면서 식물 운동이 일어나며, 반대로 물이 다시 유입되어 세포가 팽창되면 운동이 또한 일어날 수 있다. 미모사 잎이 접촉 시 아래로 처지는 것과 같이 반응이 가역적이면서 단기간에 일어나는 것도 있다. 이 반응은 세포 내부의 수분 압력 변화로 인한 팽압 때문에 일어난다.

물과 온도에 대한 반응

온대기후에서 계절적 변화와 같은 부적합한 환경 조건이 되면 식물은 생장을 멈추고 휴면(dormancy)에 들어간다. 가장 극단적 예가 종자의 휴면이지만, 단기간의 온도 변화에도 적응해 왔다.

겨울 동안 낙엽수와 관목 식물의 **눈**(싹, bud)은 휴면 상태를 유지하며, 정단분열조직은 접힌 비늘 내부에 잘 보호되어 있다. 다년생 초본은 영양분을 저장한 통통한 줄기나 뿌리를 가지고 땅속에서 겨울을 보낸다. 대부분의 1년생 식물들은 종자로 겨울을 난다.

잎은 보통 식물이 휴면에 들어갈 때 떨어진다. 잎이나 꽃잎이 떨어지는 과정을 **탈리**(abscission)라고 한다(**그림 9.26**). 탈리가 진행됨에 따라 잎에 존재하던 녹색의 엽록소는 파괴되어, 그동안 강한 녹색에 가려졌던 노랗고 주황색의 카로티노이드와 같은 색소들이 나타난다. 동시에 수용성인 적색 또는 청색 색소인 안토시아닌(anthocyanin)과 베타시아닌(betacyanin)이 잎의 액포에 집적되어 가을의 단풍 색깔을 나타내게 된다.

온도가 급격히 변하는 경우 몇 가지 신속한 대응 전략을 포함한 여러 가지 적응을 통해서 식물은 갑작스런 추위나 극심한 더위를 극복할 수 있는데, 식물의 막 지질 조성의 변화가 그 한 예이다. 불포화지방산은 포화지방산보다 분자 간의 거리가 멀기에 포화지방산보다 더 낮은 온도에서도 액체로 존재할 수 있다. 따라서 막 지질이 더 불포화될수록 식물은 추위에 더 잘 견딘다. 온도가 낮아지면 불포화효소(desaturase)가 포화지질의 단일결합을 2중결합으로 전환시킨다. 이 과정을 통해서 막이 더 유동적으로 되어 낮은 온도를 견딜 수 있게 된다.

일부 식물은 과냉각(supercooling)할 수 있는 능력이 있어 −40℃에서도 생존할 수 있다. 과냉각은 얼음 결정이 만들어지지 않도록 제한되었을 때 일어난다. 얼음 결정은 세포외 공간에서 만들어지기 때문에 세포소기관에는 영향을 미치지 않는다. 또한, 이런 식물의 세포는 점진적인 탈수에도 견딜 수 있다.

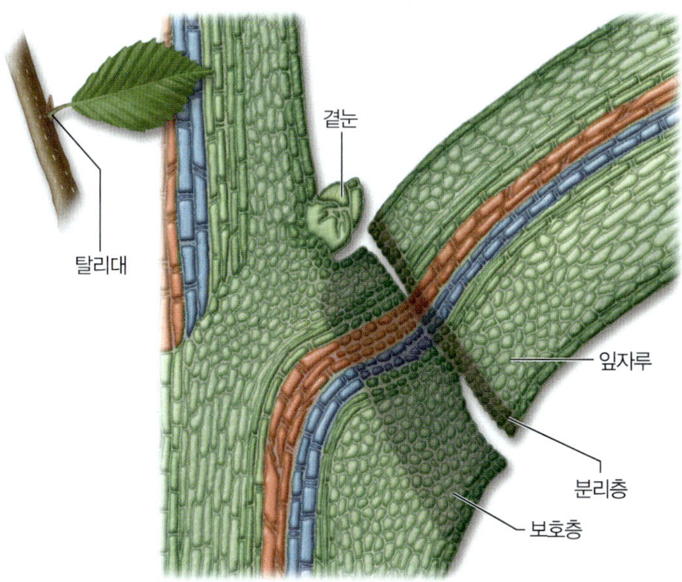

그림 9.26 잎의 탈리.
식물 잎 탈리대에서의 호르몬 변화가 탈리를 유발한다. 탈리대의 두 층의 세포가 보호층과 분리층으로 분화된다. 분리층의 펙틴이 분해되면 바람이나 비에 의해 잎이 줄기에서 쉽게 분리된다.

호르몬과 감각 체계

호르몬은 내부적으로 조절되는 발생뿐만 아니라 환경에 대한 반응에도 관여하는 물질이다. 호르몬은 생물의 어느 한 부위에서 소량으로 생산된 다음 생리 및 발생 반응이 일어나는 다른 부위로 운반되는 화학물질로서, 정보를 받는 조직 모두에게 영향을 준다.

동물과 달리 식물의 호르몬은 특화된 조직에서 생성되지 않는다. 옥신, 사이토키닌, 에틸렌, 앱시스산, 지베렐린, 스트리고락톤(strigolactone), 올리고사카린(oligosaccharin), 브라시노스테로이드(brassinosteroid)와 같은 8종류의 주요 식물 호르몬이 확인되었다(**표 9.3**).

옥신

100여 년 전에 최초로 발견된 식물 호르몬인 **옥신**(auxin)은 식물 세포벽의 유연성을 증가시키며, 줄기 신장에 관여한다. 세포가 팽압으로 커지게 되면 세포벽도 더 유동성이 있어야 하는데, 이때 옥신이 세포벽을 유연하게 해준다.

위대한 진화학자인 다윈(Chales Darwin)과 그의 아들은 〈식물 운동의 힘(The Power of Movement of Plants)〉에서 생장하는 식물의 빛에 대한 반응인 굴광성에 대해 체계적인 실험 결과를 보고하였다. 그들은 발아하는 귀리와 카나리갈풀(canary grass)의 어린 식물을 실험 재료로 이용하여 관찰하였다. 이를 통해 슈트가 한 방향에서 빛을 받았을 때, 슈트 끝의 어떤 원인 물질로부터 아래쪽으로 전달되는 "영향"에 반응하여 빛을 향해 휘어진다는 가설로 설명하였다.

약 30년 후에 식물생리학자인 덴마크의 보이센-옌센(Peter Boysen-Jensen)과 헝가리의 팔(Arpad Paal)은 각각 슈트를 휘어지게 하는 물질이 화학물질이라고 설명하였다. 1926년 네덜란드의 식물생리학자인 벤트(Frits Went)는 팔의 실험을 더 진전시켜 빛에 노출된 귀리의 어린 식물로부터 한천으로 확산된 물질이 어린 식물을 구부러지게 했다는 것을 알아냈다(**그림 9.27**). 또한 이 화학물질이 반대쪽보다 이것이 흘러내린 쪽의 세포들을 더 생장시켰음을 보여주었고, 이 물질을 옥신이라고 명명하였다.

옥신은 식물의 생장과 신장을 촉진하여 식물이 환경에 유리하도록 적응시키는 작용을 한다. 환경적인 신호는 식물체의 옥신 분포에 직접 영향을 미친다. 그렇다면 환경, 특히 빛은 어떻게 영향을 주는 것일까? 미국 식물생물학자인 브릭스(Winslow Briggs)는 슈트의 빛이 조사되는 쪽과 그 반대쪽 사이 중간에 수직으로 얇고 투명한 운모판을 삽입하는 실험을 통해 한 방향에서 비치는 빛에 반응하는 정상적인 식물은 빛의 반대쪽으로 옥신을 이동시키며, 운모판이 결국 옥신 이동을 막았다는 결론을 얻었다(**그림 9.28**).

표 9.3	주요 식물 호르몬의 기능		
호르몬		주요 기능	식물 내 생산 및 발견 부위
옥신	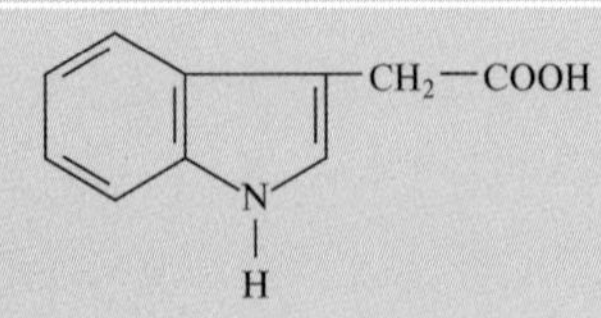	줄기의 신장과 생장 촉진, 부정근 형성, 잎의 탈리 억제, 세포분열 촉진(사이토키닌과 함께), 에틸렌 생산 유도, 곁눈 휴면 촉진	정단분열조직, 미성숙 부위
사이토키닌	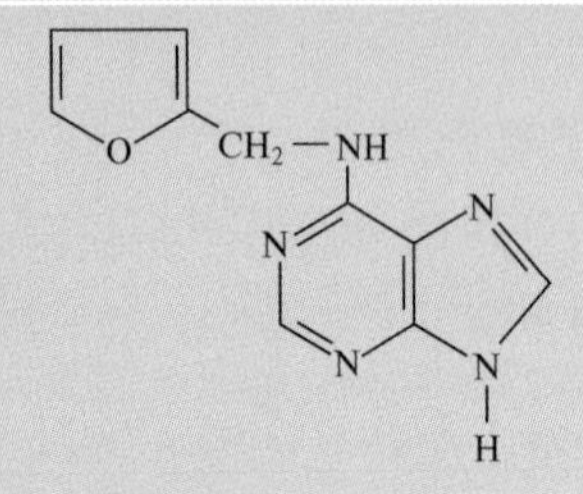	옥신 존재 시 세포분열 자극, 엽록체 발달 촉진, 잎의 노화 지연, 눈 형성 촉진	뿌리의 정단분열조직, 미성숙 과실
스트리고락톤	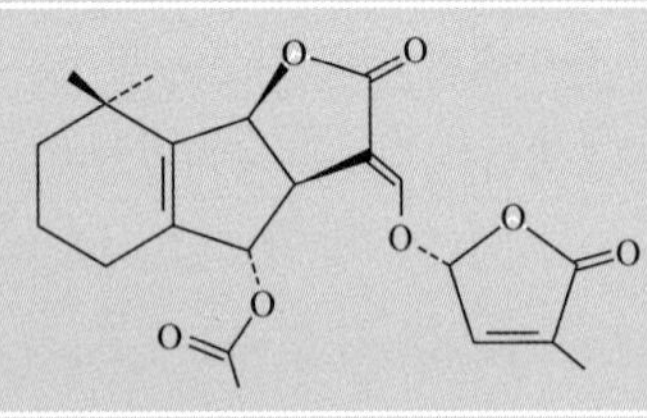	곁눈 생장 억제, 2차 생장의 양성 조절, 옥신에 의해 수위 조절	뿌리, 형성층
지베렐린	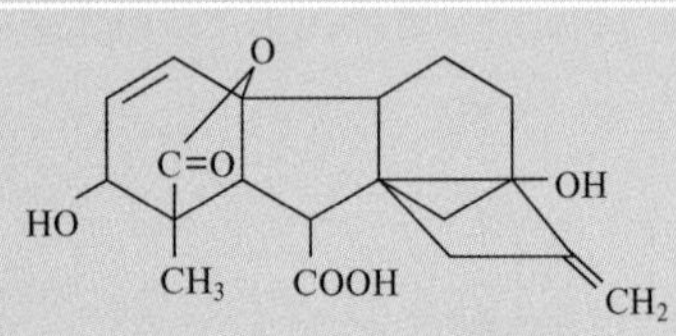	줄기 신장 촉진, 종자 발아 시 효소 생산 자극	뿌리와 슈트의 말단, 어린 잎, 종자
브라시노스테로이드	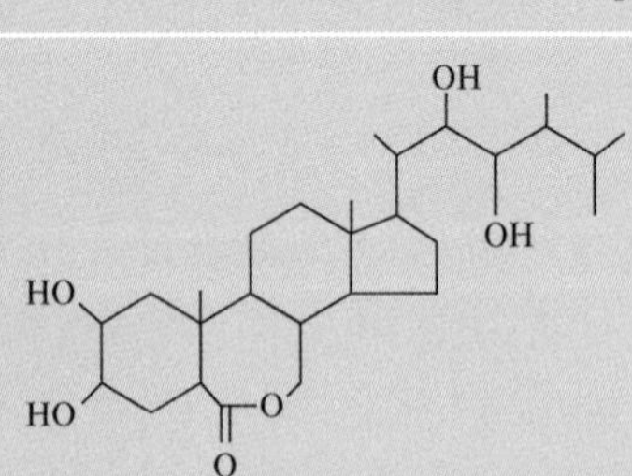	옥신과 지베렐린의 기능과 중복	화분, 미성숙 종자, 슈트, 잎
올리고사카린	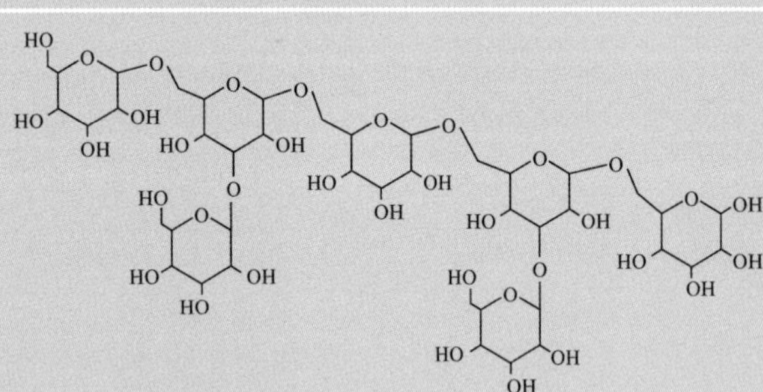	병원균 방어, 생식기관 발달	세포벽
에틸렌	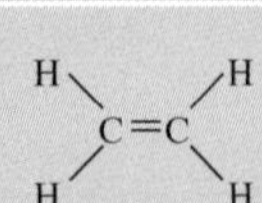	잎, 꽃, 과실의 탈리 조절, 과실 성숙 촉진	뿌리, 슈트 정단분열조직, 잎마디, 노화된 꽃, 익은 과실
앱시스산	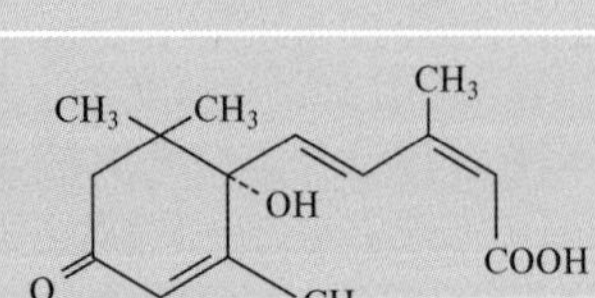	눈 생장 억제, 기공 개폐 조절, 종자 휴면 조절, 다른 호르몬 영향 억제	잎, 과실, 뿌리, 뿌리골무, 종자

그림 9.27 벤트의 실험.
벤트는 옥신이라고 명명한 물질이 세포의 신장을 증진하며, 이 물질이 귀리의 어린 식물에서 빛 방향의 반대쪽에 축적된다고 결론을 내렸다.

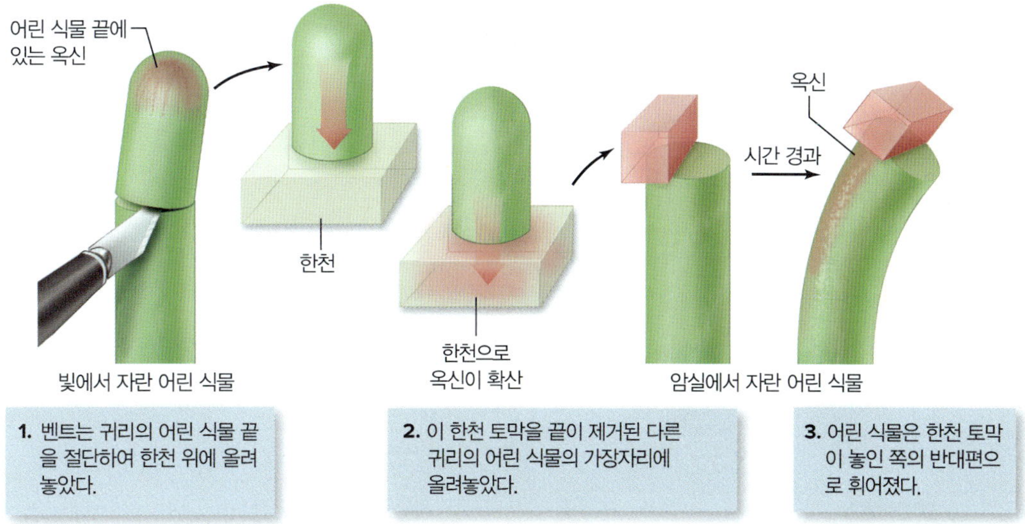

옥신의 효과는 다양하다. 옥신은 관다발형성층과 관다발조직의 활성을 증진시킨다. 또한 화분(pollen)에도 다량 들어 있어 과실 발생에도 중요한 역할을 한다. 수정이 되지 않아 씨앗이 없으면 과실은 정상적으로 자라지 않지만, 때때로 옥신을 처리하면 과실이 자란다. 어떤 종에서는 수분(pollination)이 옥신 분비를 촉발하여 수정이 일어나기 전이라도 과실이 자라도록 한다.

옥신의 직접적인 효과 한 가지는 세포벽의 유연성을 증가시킨다는 것인데, 이는 2차 세포벽이 없는 어린 세포에서만 작용한다. **산성 생장설**(acid growth hypothesis)에 따르면 옥신이 세포질에서 세포벽 공간으로 수소이온(H^+)을 활발하게 수송하게 한다. 따라서 pH가

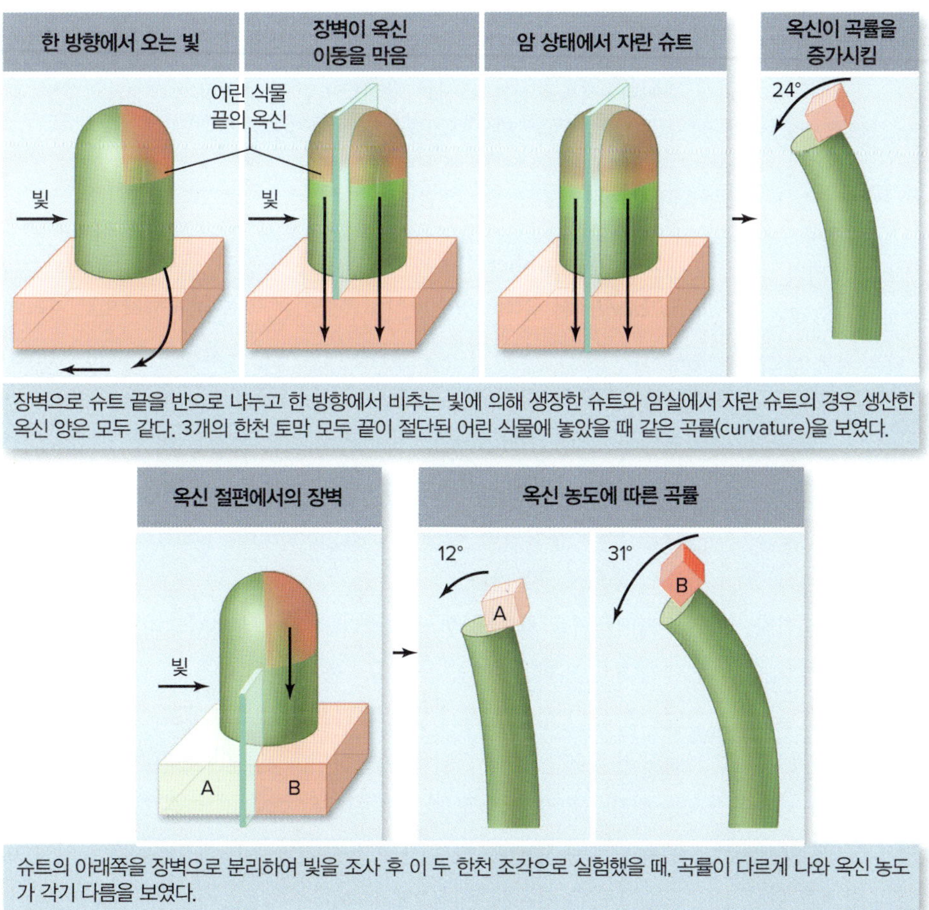

그림 9.28 굴광성과 옥신: 브릭스의 실험.
한 방향으로부터 오는 빛이 슈트 끝의 어두운 쪽에 옥신이 축적되게 한다. 슈트 끝에 삽입한 장벽을 통해 빛이 옥신의 생산률보다 이것의 전이에 영향을 준다는 것이 밝혀졌다.

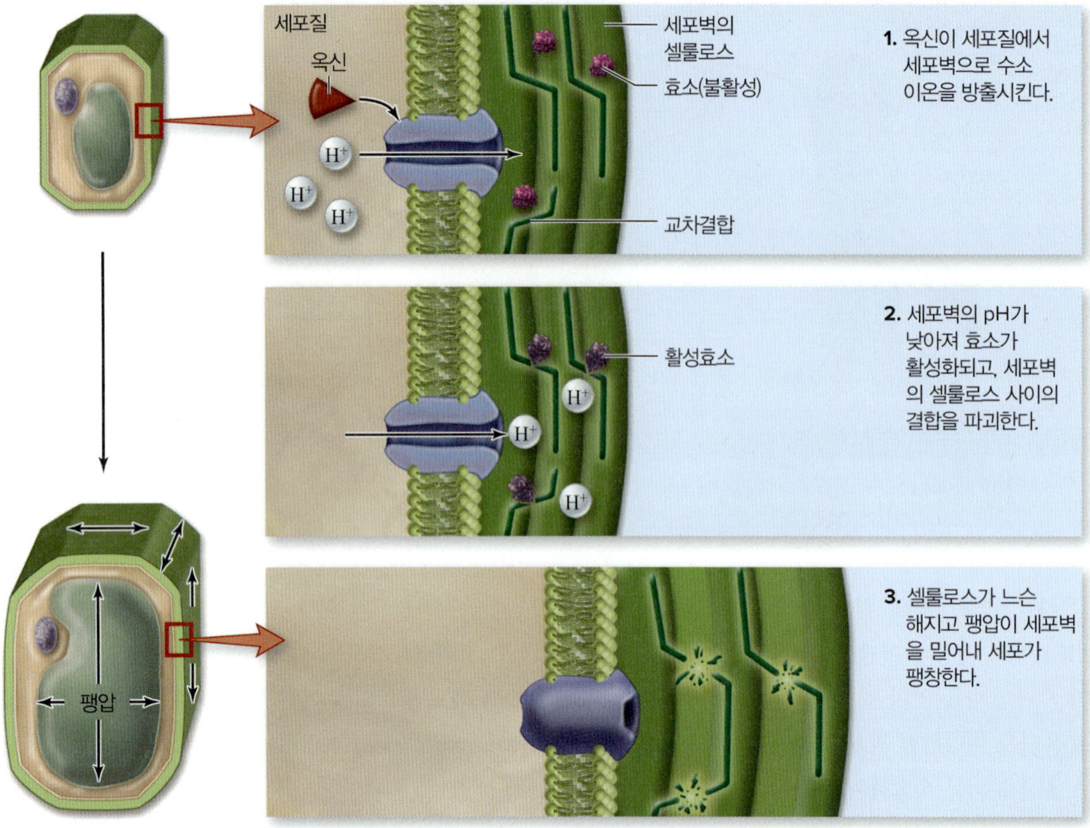

그림 9.29 산성생장설. 옥신이 세포로부터 수소 이온을 방출하도록 자극하여 세포벽의 pH 농도가 달라지게 한다. 이로 인해 효소의 활성이 최적화되고, 세포벽의 결합을 파괴하여 세포벽이 팽창하게 된다.

낮아지고 세포벽 섬유 사이의 결합을 끊을 수 있는 효소가 활성화되어 세포벽이 유연해진다(**그림 9.29**).

합성 옥신인 나프탈렌 아세트산(naphthalene acetic acid, NAA), 인돌 부틸산(indolebutyric acid, IBA)과 같은 합성 옥신은 농업 및 원예 작물에서 탈리 방지, 낙과 방지, 파인애플의 개화 및 결실을 촉진하고, 꺾꽂이용 식물의 발근 유도 및 잡초 방제에도 이용된다. 가장 중요한 합성 옥신 제초제의 하나인 2,4-디클로로페녹시아세트산(2,4-dichlorophenoxy acetic acid, 2,4-D)은 잎이 넓은 쌍떡잎식물의 축성장을 억제함으로써 잔디밭에서 쌍떡잎 잡초를 선택적으로 제거할 수 있게 한다.

사이토키닌

사이토키닌(cytokinin)은 식물에서 자연적으로 만들어지는 생장 호르몬이며, 옥신과의 조합을 통하여 세포분열과 분화를 촉진한다. 대부분 사이토키닌은 뿌리끝 분열조직에서 만들어져 식물 전체로 수송되며, 특히 세포분열에 필요한 단백질을 합성하거나 활성을 촉진한다. 또한 곁눈이 가지로 생장하는 것은 촉진하지만, 곁뿌리 형성은 억제한다.

사이토키닌과 옥신의 균형은 다른 요인들과 함께 식물의 형태를 결정한다. 식물 잎을 따서 사이토키닌을 처리하면 잎의 황백화 현상이 지연되는데, 이는 사이토키닌이 노화 방지 호르몬으로 작용하는 것이다. 식물조직은 옥신과 사이토키닌의 상대적 양에 따라 슈트, 뿌리 또는 미분화 조직을 형성할 수 있게 된다.

지베렐린

지베렐린(gibberellin)이란 이름은 곰팡이 종류인 *Gibberella fujikuroi*에서 유래하였으며, 이 곰팡이는 벼를 비정상적으로 자라게 한다. 1920년대에 일본의 식물병리학자인 구로사와(Eiichi Kurosawa)가 이 "키다리병(bakanae, foolish seedling)"에 관해서 연구하였는데, 그는 *Gibberella*를 배양하여 얻은 물질을 벼에 처리하여 키다리병 식물을 생산하였다. 지베렐린은 100여 종 이상이나 된다. 이들은 모두 산성이며 약자인 GA(gibberellic acid)로 쓰고, GA_1, GA_2 등으로 구분한다.

지베렐린은 줄기와 뿌리의 정단 부위에서 합성되며, 줄기의 신장에 중요한 역할을 한다. 신장 효과는 옥신이 있을 때 증진된다. 지베렐린은 또한 식물 생장과 발생의 다른 많은 측면에도 영향을 미친다. 어떤 경우에는 종자 발아를 촉진하며, 상업적으로는 마디사이 길이를 신장시켜 포도의 꽃 사이의 공간을 더 늘리는 데 사용되는데, 이로써 과실은 자랄 수 있는 큰 공간을 갖게 된다. 그 결과 포도알과 포도송이도 더 커지게 된다(**그림 9.30**).

그림 9.30 **포도송이 내 공간을 넓게 해주는 지베렐린 처리.**
포도알 사이의 공간이 더 넓어져서 포도가 더 커지게 된다(오른쪽).

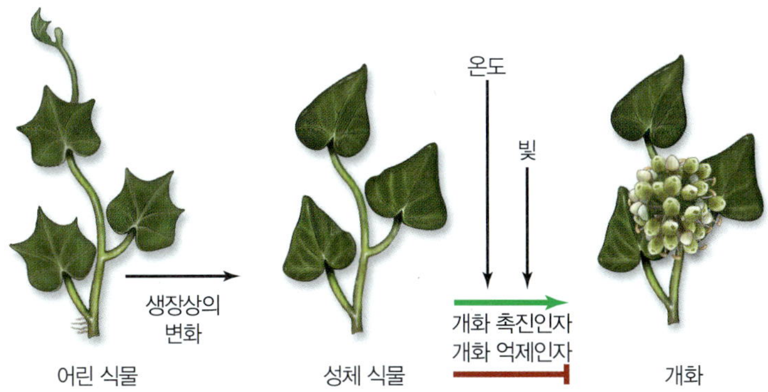

그림 9.31 **개화 유도 관련 인자들.**
정단분열조직에서 꽃이 피기 시작하도록 하는 환경적 신호와 내부적으로 일어나는 과정들을 보여준다. 생장상이 변화되는 동안 식물은 개화 신호에 감응하는 능력을 갖추게 된다.

에틸렌

에틸렌(ethylene)은 과실 발생에 중요한 역할을 한다. 옥신은 에틸렌 생성을 자극하고, 에틸렌은 과실 성숙을 촉진한다. 복잡한 탄수화물이 당으로 분해되고, 엽록소가 분해되며, 세포벽은 연해지고, 성숙한 과실에서 나는 풍미 및 향과 관련된 휘발성 화합물이 생성된다. 식물이 오존, 독성 화학물질, 극한 기온, 건조, 병원균이나 초식동물의 공격 및 여타 스트레스에 노출될 때는 에틸렌 생산이 급격히 증가하여 상처를 받은 잎이나 과실을 떨어뜨린다.

앱시스산

앱시스산(abscisic acid, ABA)은 주로 성숙한 녹색 잎, 과실과 뿌리골무에서 합성되며, 생장을 억제하고 휴면을 유도한다. 종자 휴면 및 겨울눈의 형성을 유도하고 곁눈 생장과 옥수수의 조기 발아(이삭발아)를 억제하며, 기공 개폐를 조절한다.

9.6 식물의 생식

속씨식물(피자식물, angiosperm)이 번식할 수 있는 능력을 갖추면 빛, 온도, 내부의 촉진 또는 억제 신호 등의 복합적인 요인들이 꽃의 개화 시기를 결정한다(**그림 9.31**). 이러한 신호들은 꽃받침, 꽃잎, 수술 및 심피 등의 꽃 기관 형성을 지정하는 유전자들을 발현시킨다. 세포들은 일단 특정한 꽃의 기관으로 발달하도록 명령을 받으면, 또 다른 일련의 발생 과정이 일어나 꽃의 3차원적인 구조를 결정하게 된다. 어린 식물은 모든 환경적인 요건들이 최적이라 하더라도 개화할 수 없다. 내부의 발생적 변화를 통해 식물이 외부 또는 내부의 요인들에 반응할 수 있도록 하여 개화를 촉발하는데, 이러한 전이를 **생장상 변화**(phase change)라고 한다.

꽃의 생성

개화에 대해 유전적으로 조절되는 경로가 밝혀졌는데, 이는 (1) 광 의존형 경로, (2) 온도 의존형 경로, (3) 지베렐린 의존형 경로, (4) 자율적 경로이다. 자율적 경로는 기본적인 영양 조건 이외에는 다른 외부적 요인을 필요로 하지 않는 경로이다. 식물에는 위의 4가지 경로가 모두 존재하지만, 각 식물은 주로 한 가지 경로에 의존한다.

광 의존형 경로

대부분 식물의 생장과 발달에서 나타나는 여러 가지 현상들은 24시간 중 밤과 낮의 길이의 차이에 의해 좌우된다. 광주기에 대한 민감성은 식물이 밤낮의 길이가 차이가 나는 계절적인 변화에 감응하도록 한다.

단일식물과 장일식물: **단일식물**(short-day plant)에서는 낮의 길이가 어떤 임계 기간(critical length)보다 짧아지면, 즉 밤의 길이가 길어지면 개화하는 데 비해, **장일식물**(long-day plant)은 낮의 길이가 길어지면, 즉 밤의 길이가 짧아지면 개화한다(**그림 9.32**). 금어초, 장미와 많은 열대식물과 같은 **중일식물**(day-neutral plant)은 낮의 길이와 관계없이 정상적인 성장에 필요한 빛을 받으면 개화한다.

완전한 장일식물들은 자신들에게 요구되는 최대한의 밤 지속

그림 9.32 낮의 길이에 따른 개화.
a. 클로버는 봄에 밤의 길이가 짧아지는 것에 감응하여 개화하는 장일식물이다. 도꼬마리는 가을에 밤의 길이가 길어지는 것에 감응하여 개화하는 단일식물로 북반구에 널리 분포한다. *b.* 늦은 가을의 긴 밤에 잠깐 불을 켜서 인위적으로 방해를 하면, 도꼬마리는 개화하지 못하지만 클로버는 개화한다. 각 경우에 장일과 단일이라는 용어는 낮의 길이를 나타내지만, 사실상 개화의 시기를 결정하는 빛에 의해서 방해받지 않는 어둠의 길이를 의미한다.

시간보다 밤의 길이가 짧아지면 개화하는 데 비해, 완전한 단일식물들의 개화를 위해서는 밤의 지속 시간이 자신들에게 요구되는 밤의 길이보다 길어야 한다. 일부 장일 또는 단일식물들은 절대적으로 낮의 지속 시간에 의존하지는 않지만, 낮의 길이에 따라 매우 신속히 또는 천천히 개화한다. 이러한 식물들은 광주기 이외의 다른 개화 경로에도 또한 의존적인 것들로서, 조건적(facultative) 장일 또는 단일식물이라고 부른다. 조건적 장일식물의 예로는 완두를 들 수 있다. 중위도 지방에서는 대부분 장일식물이 봄이나 초여름에 개화하는데 클로버, 붓꽃, 상추, 시금치, 접시꽃 등을 들 수 있다. 단일식물들은 보통 늦은 여름이나 가을에 개화하는데 국화, 미역취, 포인세티아, 콩, 돼지풀과 같은 잡초류 등을 들 수 있다.

광신호 기작: 광주기(photoperiod)는 여러 가지 형태의 피토크롬이나 청색광 감응(blue light-sensitive) 분자인 크립토크롬(cryptochrome)에 의해 감지된다. 피토크롬이나 크립토크롬 등의 광수용체 물질들의 입체구조 변화는 개화로 이르게 하는 일련의 과정을 촉발한다.

온도 의존형 경로

온도 또한 중요한 신호가 될 수 있다. 개화를 위해 일정 기간 종자나 어린싹을 저온으로 처리하는 것을 **춘화처리**(vernalization)라고 한다. 춘화처리가 필요한 식물은 추운 겨울이 지난 후에 개화하는데, 이는 생식 성공률을 증가시킨다.

저온은 여러 식물에서 개화를 가속화하거나 개시해 준다. 빛과 마찬가지로 저온은 식물이 최적의 시간에 개화하도록 한다. 춘화 현상은 1930년대에 우크라이나 과학자인 리센코(Trofim D. Lysenko)가 겨울밀이 들판에서 썩는 문제를 해결하는 연구를 통해 발견하였다. 겨울밀은 일정 기간 저온을 거치지 않으면 개화하지 않기 때문에 리센코는 종자를 저온에서 처리한 후 봄에 파종하였다. 이러한 종자들은 성공적으로 발아하고 성장하여 곡물을 생산하였다.

지베렐린 의존형 경로

일부 식물에서 지베렐린 농도를 낮추면 개화가 지연된다. 이것은 지베렐린 신호전달경로가 개화를 촉진하는 것을 의미한다.

꽃의 발생과 구조

속씨식물의 다양성은 부분적으로 수분의 효율성을 증가시키는, 매우 다양한 꽃의 표현형 진화에 기인한다. 꽃 기관은 잎으로부터 진화되었다. 일부 초기 속씨식물에서는 꽃의 기관들이 잎에서와 같은 나선상의 발생 패턴을 유지하고 있었는데, 완전화(갖춘꽃)는 4개의

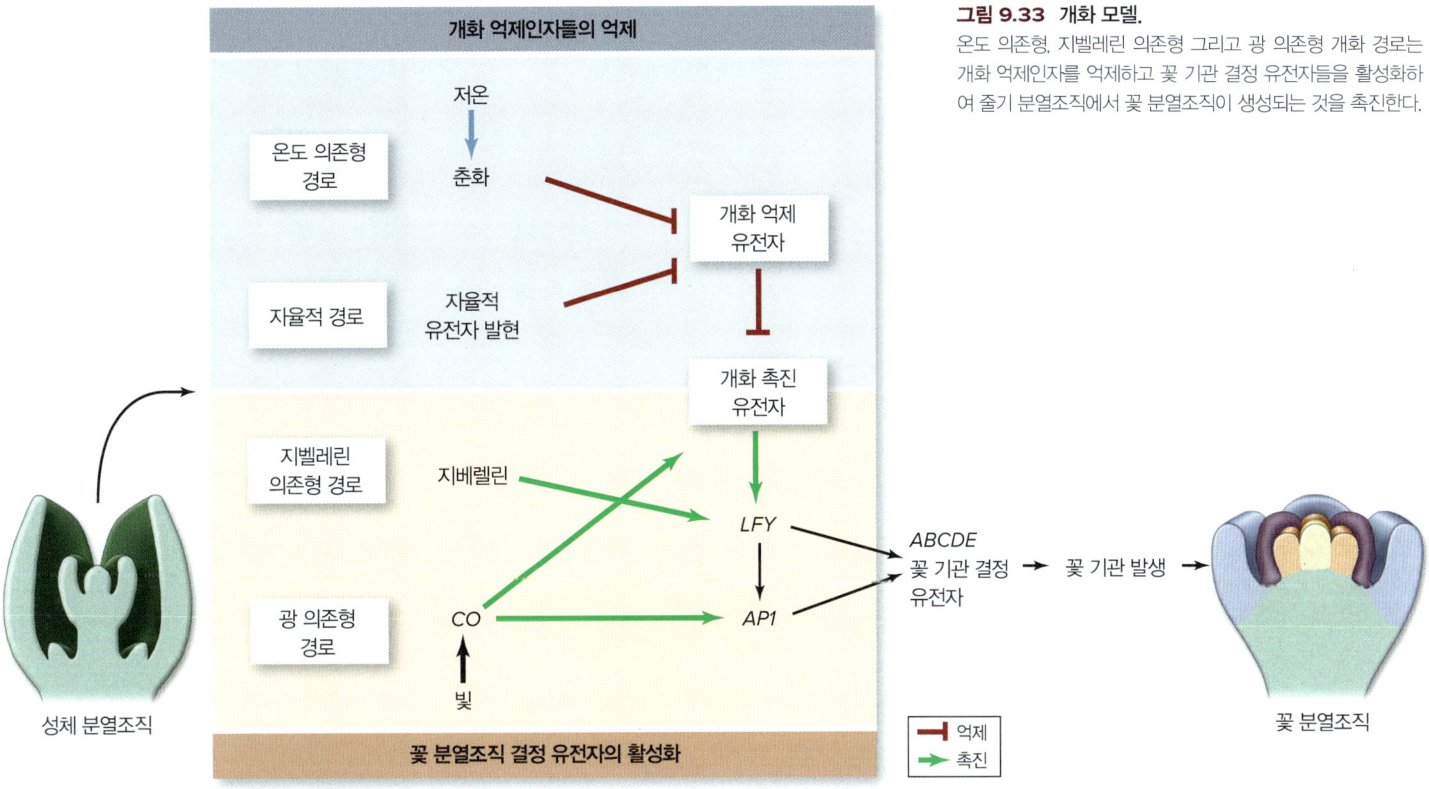

그림 9.33 개화 모델.
온도 의존형, 지벨레린 의존형 그리고 광 의존형 개화 경로는 개화 억제인자를 억제하고 꽃 기관 결정 유전자들을 활성화하여 줄기 분열조직에서 꽃 분열조직이 생성되는 것을 촉진한다.

윤생체(꽃받침, 화관, 수술군 및 암술군)로 이루어져 있으며, 불완전화(불완전꽃)는 4개의 윤생체(whorls) 중 하나 혹은 그 이상이 결핍되어 있다.

개화는 이에 이르는 4가지 경로를 통해 *LFY* 유전자와 *AP1* 유전자를 포함한 꽃 분열조직 결정 유전자는 줄기 분열조직을 꽃 분열조직으로 전환시키고, 꽃 기관 결정 유전자들을 발현시킨다(**그림 9.33**). 꽃 기관 결정 유전자들은 중심이 같은 4개의 윤생체를 결정하기 위하여 윤생체의 중심으로 꽃 분열조직을 이동시켜 꽃받침(sepal), 꽃잎(petal), 수술(stamen), 심피(carpel) 등이 형성될 수 있도록 유도해 준다.

ABC 모델

꽃 기관 결정 유전자들이 어떻게 꽃의 기관을 결정하는지를 설명하기 위해 ABC 모델이 제안되었다(**그림 9.34**). ABC 모델은 3종류(*A*, *B*, *C*)의 유전자들이 꽃의 기관을 이루는 4개의 윤생체를 결정한다는 것을 보여준다. 돌연변이체를 분석하여 다음의 사실이 밝혀졌다.

1. *A*형 유전자는 독자적으로 꽃받침을 결정한다.
2. *A*형과 *B*형 유전자는 함께 꽃잎을 결정한다.
3. *B*형과 *C*형 유전자는 함께 수술을 결정한다.
4. *C*형 유전자는 독자적으로 심피를 결정한다.

ABC 모델의 장점은 꽃 기관 결정 유전자 돌연변이를 서로 다른 조합으로 만들어 이들을 완전히 시험할 수 있다는 것이다. 각 부류(class)에 속한 유전자들은 2개의 윤생체에서 발현되어 4가지 서로 다른 조합의 단백질을 만든다. 이들 중 어느 하나라도 결핍되면 예상되는 위치에 기형적인 꽃 기관이 형성된다.

꽃 기관 결정에 관여하는 유전자들은 대부분 확인되지 않았지만, 이들 대다수가 MADS-박스 유전자(MADS-box gene)라는 점은 중요한 점이다. 이 유전자는 전사인자를 암호화하며, 서로 다른 꽃 기관을 만드는 데 필요한 유전자를 활성화시킨다.

그러나 ABC 모델만으로는 꽃 분열조직에서 꽃의 기관 결정을 모두 설명하기 어렵다. 심피 결정에 필수적인 *D*형 유전자가 발견되었지만, 이러한 발견도 왜 *A*, *B*, *C* 유전자 기능이 결핍된 식물들이 잎이 아닌 꽃받침만으로 이루어진 4개의 윤생체를 만드는지를 설명해주지 못한다. 꽃의 기관들은 잎에서 진화한 것으로 여겨지기 때문에 잎으로만 이루어진 윤생체들이 만들어져야 할 것으로 예측되기 때문이다.

이에 대한 답은 최근에 발견된 *SEPALATA1*(*SEP1*)~*SEPALATA4*(*SEP4*) 유전자로 이루어진 *E*형 유전자에 의해 설명된다. 3중 돌연변이체(*sep1 sep2 sep3*)와 *sep4* 돌연변이체는 모두 잎으로만 된 4개의 윤생체를 만든다. *SEP* 유전자에 의해 암호화된 단백질들은 *A*,

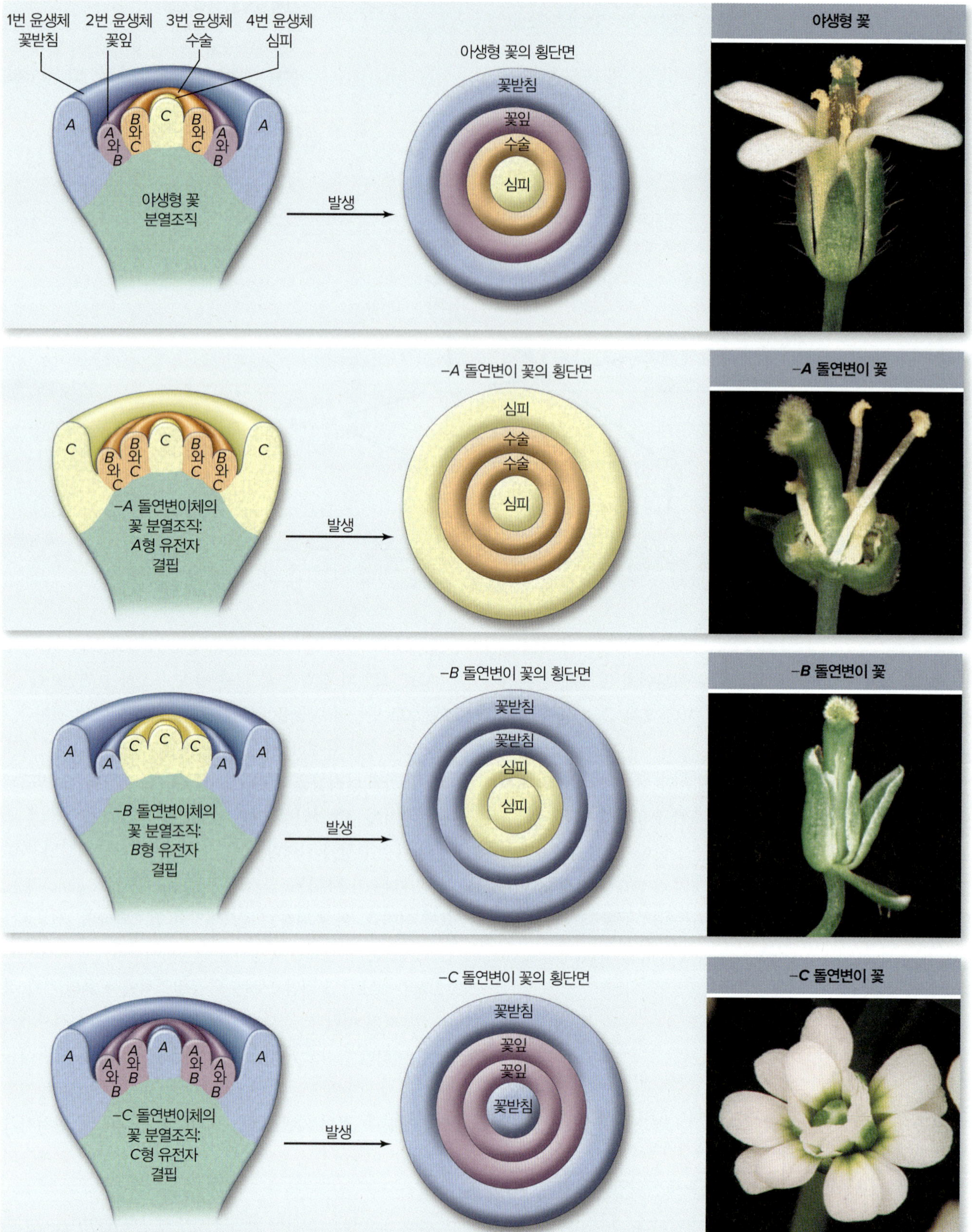

그림 9.34 꽃의 기관을 지정하는 ABC 모델.
윤생체를 지정한 문자들은 어떤 형의 유전자가 활성화되어 있는지를 보여준다. *A* 기능을 잃으면(−*A*), *C*는 첫 번째와 두 번째 윤생체로 확장한다. *B* 기능이 소실되면(−*B*), 바깥 2개의 윤생체들이 *A* 기능을 갖고, 내부에 있는 2개의 윤생체들은 *C* 기능만을 가지며, 윤생체의 어느 것도 2개의 유전자 기능을 갖지 못한다. *C* 기능이 소실되면(−*C*), *A*는 내부의 2개 윤생체로 확장된다. 이러한 새로운 유전자 발현 조합은 각 윤생체의 꽃 기관 형성을 변경시킨다.

B, *C* 유전자에 의해 암호화된 단백질과 상호작용할 수 있어 꽃 기관 발생에 필요한 유전자의 전사에 영향을 미친다. *SEP* 유전자의 발견은 이러한 *E*형 유전자를 포함하는 새로운 꽃 기관 결정 모델을 제시하였다.

꽃의 형태

완전화와 불완전화 모두에서 꽃받침은 일반적으로 가장 바깥의 윤생체를 형성한다. **악**(calyx, 모든 꽃받침)은 편평한 꽃받침잎(sepal)으로 구성되어 있는데, 꽃받침잎은 꽃봉오리 내에 있는 꽃을 보호한다(**그림 9.35**).

꽃잎(petal)은 합쳐져서 **화관**(corolla)을 이룬다. 많은 꽃잎은 꽃가루 매개자들을 유인하는 기능을 가진다. 비록 꽃 기관의 이들 2개의 외부 윤생체는 배우자 생성이나 수정에 직접 관여하지는 않지만, 성공적인 생식에서 중요한 역할을 한다.

웅성 구조(male structure): 수술군은 꽃의 웅성 기관인 **수술**(stamen)을 통칭하는 용어이다. 수술은 속씨식물의 소포자낭(microsporangium)을 가지고 있는 특화된 구조이며, 겉씨식물에는 화분 구과(pollen cone) 안에 소포자낭을 가지고 있는 유사한 구조가 있다. 현재 대부분의 속씨식물은 가느다란 실 같이 생긴 화사(filament)가 있는 수술을 가지고 있는데, 4개의 소포자낭이 수술의 끝에 있는 꽃밥(anther)에 들어 있다.

자성 구조(female structure): **암술군**(gynoecium)은 꽃의 모든 자성 기관을 통칭하여 부르는 용어이다. 대부분 꽃에서 속씨식물에 특이한 암술군은 1개의 **심피**(carpel) 혹은 2개 이상의 융합된 심피를 가지고 있다. 이들은 각각 홑암술(simple pistil)이나 겹암술(compound pistil)이라고 부른다. 종자로 발달하는 **밑씨**(배주, ovule)는 암술 아래쪽의 부풀려진 부위인 씨방(ovary)에서 생성되는데, 씨방은 보통 꼭대기에서 꽃가루를 받아들이는 **암술머리**(주두, stigma)로부터 가늘게 내려오는 **암술대**(화주, style)를 가진다. 암술머리가 여러 개로 분리되는 경우도 있는데, 이는 몇 개의 심피가 특정 **암술**(pistil)을 구성하는지를 보여준다.

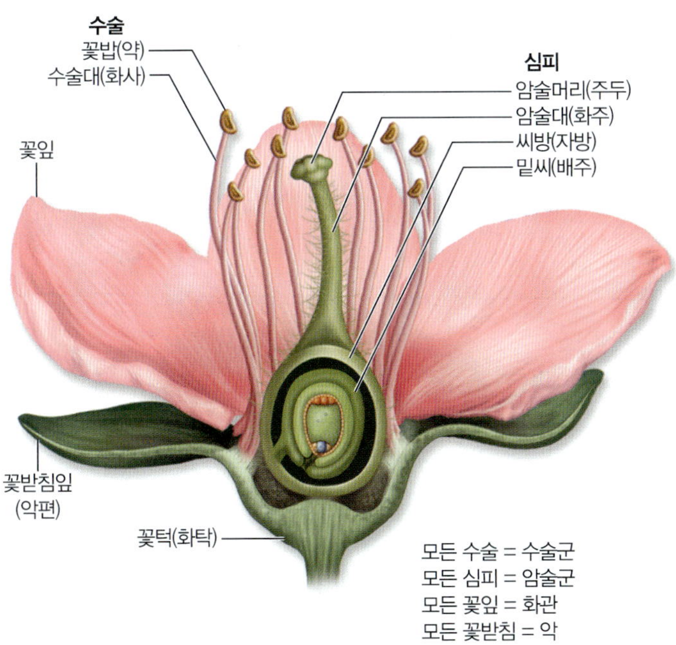

그림 9.35 완전한 속씨식물 꽃.

배우자의 형성

식물의 생식주기는 2배체의 포자체 세대에서 반수체의 배우체로 이어지는 세대교번으로 특징지어진다. 속씨식물에서 배우체 세대는 매우 작고 모식물의 포자체 조직 내에 완전히 둘러싸여 있다. 수(웅성)배우체들이 화분립(pollen grain)이며, 암(자성)배우체가 배낭(embryo sac)이다. 화분립과 배낭은 속씨식물의 꽃에 있는 특이한 조직에서 별도로 생성된다(**그림 9.36**).

화분 형성

꽃밥(약, anther)에는 4개의 소포자낭이 있는데, 이들은 소포자 모세포(또는 화분 모세포, 2*n*)를 만든다. 소포자 모세포는 감수분열을 통하여 소포자(*n*)를 생성한다. 소포자는 체세포분열과 세포벽 분화를 통하여 화분이 된다. 각 화분립의 내부에는 생식세포가 있는데, 생식세포는 후에 분열하여 2개의 정세포(sperm cell)가 된다.

배낭 형성

난자는 속씨식물 꽃의 밑씨에서 발생한다. 밑씨 안의 대포자 모세포는 감수분열을 통하여 4개의 반수체인 대포자들을 만든다. 그러나 대부분 식물에서 4개의 대포자 중 1개만 생존하고, 나머지는 밑씨에 의해 흡수된다. 살아남은 1개의 대포자는 커지면서 반복적인 체세포분열을 거쳐 8개의 반수체 핵을 가지게 된다. 배낭 안에서 8개의 핵은 매우 정확한 위치에 각기 존재한다. 1개의 핵은 배낭 입구 근처의 난세포 내에 들어 있다. 2개의 다른 핵은 배낭의 중앙에서 융합되어 결국 하나의 핵으로 존재하는데, 이는 극핵이라고 한다. 또 다른 2개의 핵은 난세포의 측면에 있는 조세포에 각각 들어 있으며 나머지 3개의 핵은 난세포의 반대편 끝 쪽에 위치한 반족세포에 있다.

수분과 수정

수분(pollination)은 화분이 암술머리에 도달하는 것을 지칭하며, 수분에서는 화분립과 밑씨 사이에 직접적인 접촉은 일어나지 않는다. 화분이 암술머리에 도달하면 발아하여 화분관이 아래쪽으로 신

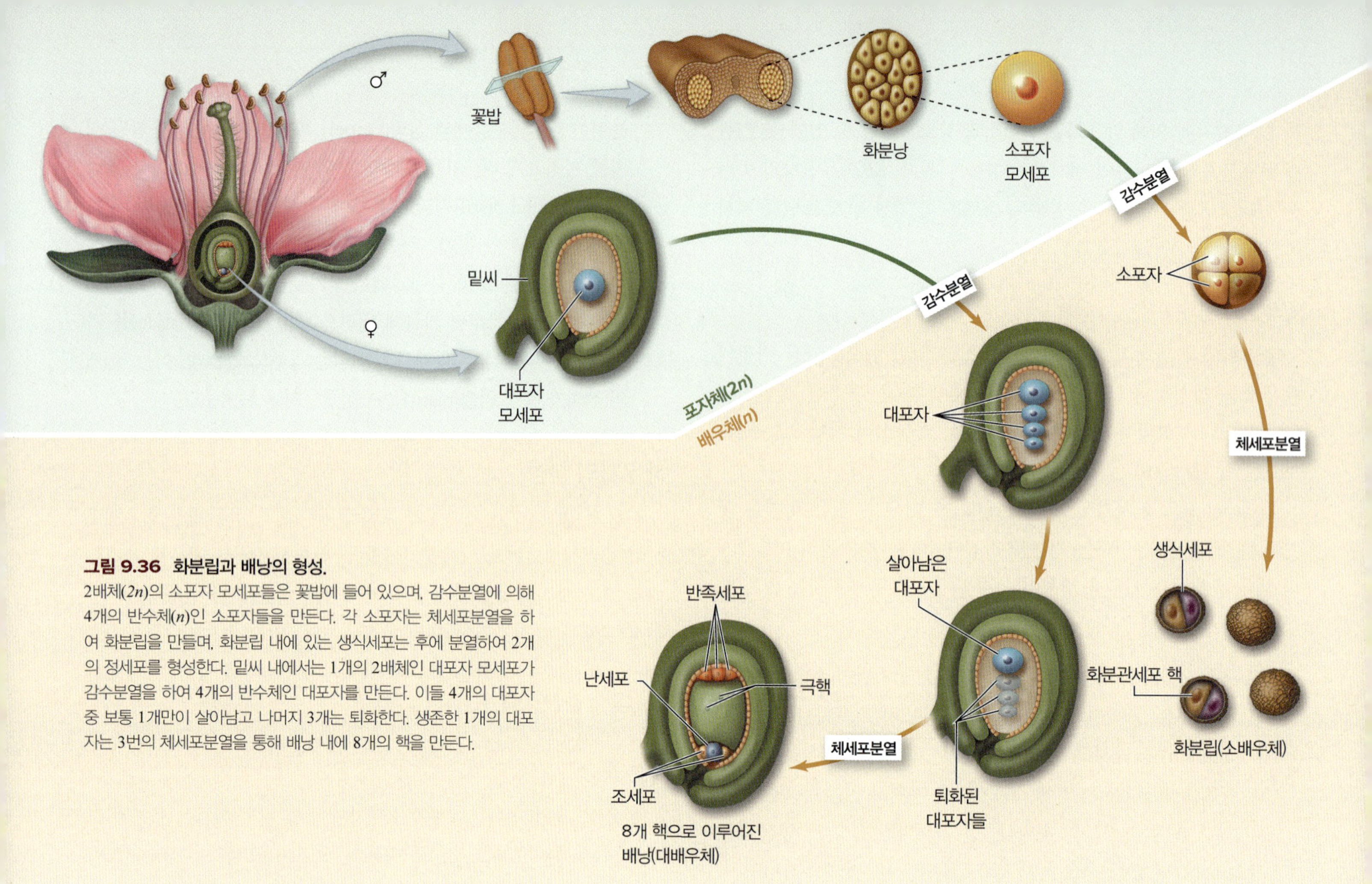

그림 9.36 화분립과 배낭의 형성.
2배체($2n$)의 소포자 모세포들은 꽃밥에 들어 있으며, 감수분열에 의해 4개의 반수체(n)인 소포자들을 만든다. 각 소포자는 체세포분열을 하여 화분립을 만들며, 화분립 내에 있는 생식세포는 후에 분열하여 2개의 정세포를 형성한다. 밑씨 내에서는 1개의 2배체인 대포자 모세포가 감수분열을 하여 4개의 반수체인 대포자를 만든다. 이들 4개의 대포자 중 보통 1개만이 살아남고 나머지 3개는 퇴화한다. 생존한 1개의 대포자는 3번의 체세포분열을 통해 배낭 내에 8개의 핵을 만든다.

장하며, 정핵을 배낭으로 전달한다. **수정**(fertilization)이 일어난 후, **배아**(embryo)와 **배젖**(또는 배유, endosperm)의 발생이 시작되며, 종자가 성숙하고 발아하여 또 다른 생활주기가 시작된다.

수분 매개

초기 속씨식물들은 바람에 의해 수동적으로 수분이 되는 풍매식물이었다. 풍매수분(wind-pollinated)을 하는 식물들은 서로 인접하여 생장하면서 수분의 성공률을 높이는 시스템을 갖게 되는데, 그렇

그림 9.37 화분관의 형성과 중복수정.
화분이 암술머리에 도달하면 화분관세포가 화분관을 형성하면서 배낭을 향하여 신장한다. 화분관이 신장하는 동안 생식세포는 분열하여 2개의 정세포를 만든다. 화분관이 배낭에 도달하면, 화분관은 조세포 중 하나로 들어가서 정세포가 방출된다. 중복수정이라고 부르는 과정에서 정세포 중 하나는 난세포와 결합하여 배아($2n$)를 형성하고, 다른 하나의 정세포는 2개의 극핵들과 결합하여 3배체($3n$)의 배젖을 형성한다.

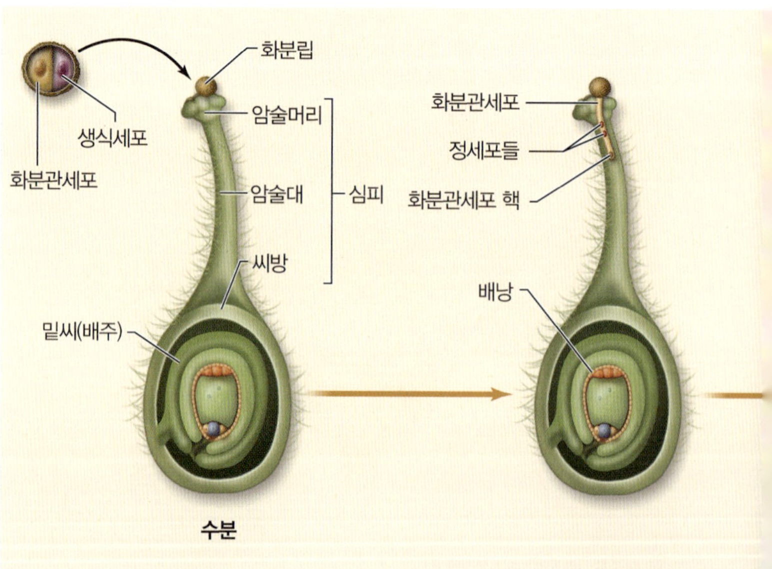

지 않으면 적절한 거리에 도달하는 화분의 비율이 매우 낮게 된다. 대부분의 풍매수분 식물들의 화분은 곤충이나 새가 수분을 매개하는 식물보다 짧은 대개 100 m 이내의 거리를 이동한다.

수분매개자의 등장으로 인해 초기의 속씨식물이 충매수분(insect-pollinated)으로 진화하게 되었다. 곤충과 식물의 공동 진화는 이들의 1억 년이 넘는 진화 과정에서 매우 중요한 일이었으며, 이를 통해 곤충과의 상호작용을 위한 꽃의 특화가 가속화되었을 것이다.

충매수분을 하는 속씨식물 중 가장 많은 종류가 벌에 의해 수분한다. 꽃과 벌 사이의 수분을 매개로 한 지속적 관계를 통해 꽃과 벌 모두에게 약간의 변형이 일어났다. 꽃이 개화하는 시간은 벌이 나타나는 시간과 관련이 있고, 벌의 입 부분은 관으로 된 꽃에 적합하도록 변했으며, 벌의 화분 수집 장비는 그들이 방문하는 식물의 꽃밥에 적합하도록 적응되었다. 그 외에 나비와 새, 박쥐, 작은 설치류 등도 각자의 환경에서 수분을 매개한다.

자가수분과 타가수분

자기 꽃의 꽃밥에서 유래한 화분이 같은 꽃의 암술머리에 도달할 때 이를 자가수분(self-pollination)이라 하며, 이는 **동계교배**(inbreeding) 형태이다. 이에 비해 다른 꽃의 꽃밥으로부터 유래한 화분에 의해 수분이 일어나면 타가수분(cross-pollination) 또는 이계교배(outcrossing)라고 한다. 타가수분은 다양한 유전자 조합을 만들기에 진핵생물의 적응과 진화에 매우 중요하다. 그럼에도 불구하고, 일부 속씨식물은 자가수분을 통해 특정 서식지에 적응 이점이 있는 균일한 자손을 만들어 낸다.

타가수분의 진화적 전략

수분의 효율을 높이는 일반적인 전략은 암술과 수술을 서로 분리하는 것이며, 다른 전략으로는 **자가불화합성**(self-incompatibility)으로 자가수분을 억제하는 것이다.

암 · 수 구조를 시간 또는 공간적으로 분리하는 전략으로 자웅이주(암꽃과 수꽃이 다른 개체에서 핌)이거나, 자웅동주의 경우 암꽃과 수꽃이 다른 위치에 피거나 **자웅이숙**(dichogamous)처럼 다른 시간대에 성숙하기도 한다.

꽃의 암술머리와 수술이 동시에 성숙할 경우, 속씨식물에 널리 퍼져 있는 유전적 자가불화합성은 타가수분의 가능성을 높인다. 자가불화합성은 유전적으로 관련이 있는 화분이 암술머리에 도달하여 수분이 되었을 때 화분관이 자라는 것을 중단시키는 것이다.

중복수정

매우 성공적으로 번성한 속씨식물은 **중복수정**(double fertilization)을 통해 배($2n$)와 배젖($3n$)을 만든다. 하나의 화분립이 바람이나 동물 등에 의해 수분되거나 또는 자가수분되어 암술머리를 둘러싸고 있는 끈적끈적한 당분 물질에 닿으면, 암술대를 통하여 **화분관**(pollen tube)이 신장하게 된다(**그림 9.37**). 화분관은 당분 물질에 의해 영양분을 공급받으면서 씨방의 밑씨(ovule)에 도달할 때까지 신장한다. 화분관이 신장하는 동안 화분립 내의 생식세포는 분열하여 2개의 정세포를 만든다. 화분관이 밑씨의 배낭에 도달하면 난세포 옆에 있는 핵 중 하나는 퇴화하고 화분관이 그 세포로 들어간다. 그 다음 화분관의 끝이 터지면서 2개의 정세포가 방출되는데, 그중 하나는 난세포와 수정을 하여 **접합자**(zygote)를 생성하며, 다른 정세

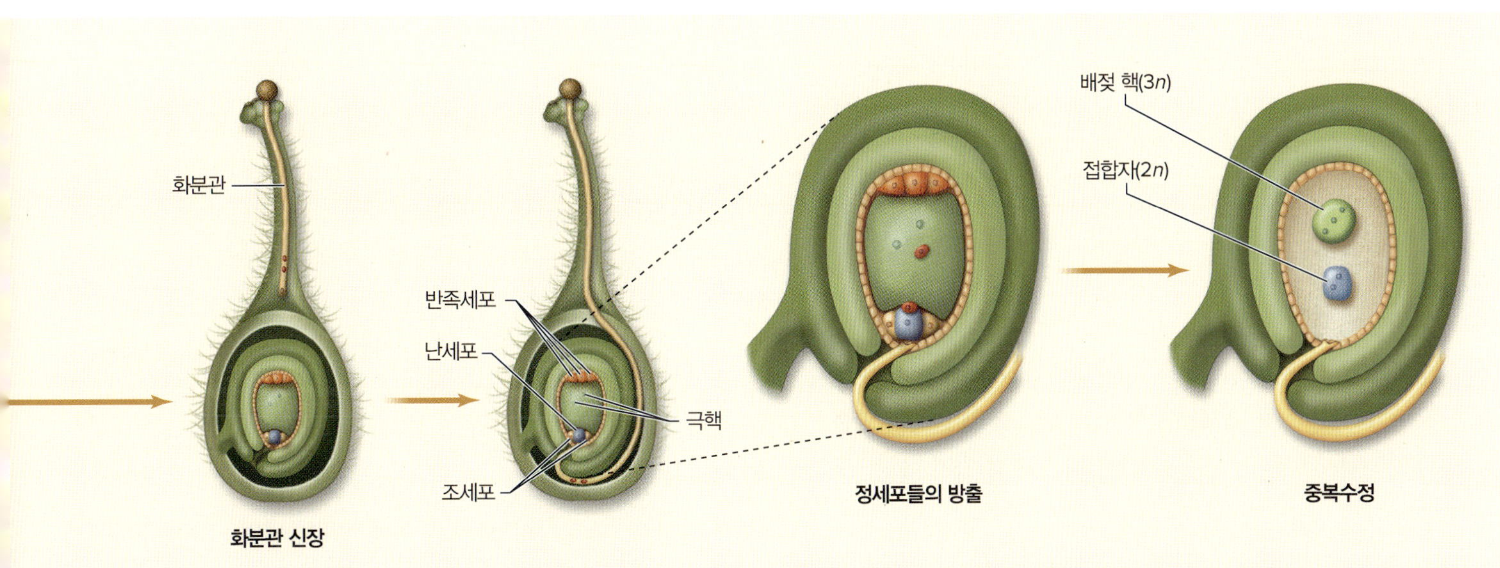

포는 배낭의 중앙에 있는 2개의 극핵과 결합하여 3배체($3n$)의 배젖핵을 형성한다. 이러한 1차적 배젖핵은 배젖으로 발전하여 양분 공급원이 된다.

수정이 끝나고 배아는 여러 번의 세포분열을 거쳐 발달하면서 보호조직이 배아를 둘러싸 종자(seed)가 형성된다. 종자는 또 다른 조직에 싸여서 과실이 만들어지는데, 이러한 속씨식물의 전형적인 구조는 유전적 다양성의 유지를 위해 장거리로 종자를 퍼뜨리기 위한 수단으로 진화된 것이다.

무성생식

자가수분은 유전적 다양성을 낮추어 주지만, **무성생식**(asexual reproduction) 과정 중에는 체세포분열만 일어나기 때문에 유전적으로 동일한 개체들을 생산할 수 있다. 이들은 비교적 변하지 않는 환경에 적응한 개체들에서 감수분열과정이 없어도 잘 유지된다. 조건이 급격하게 변한다면, 자연선택에 따른 개체변이가 적어 이러한 종들의 생존 가능성이 작아질 수 있다.

무성생식은 농업과 원예에서 특정한 형질을 가진 개체들을 번식시키는 데 사용된다. 이러한 특정 형질은 유성생식을 하거나 심지어 자가수분 동안에도 변형될 수 있기 때문이다. 그 실례로 장미와 튤립 등은 대부분 줄기나 뿌리 등을 이용한 영양(무성)생식으로 번식한다.

아포믹시스

일부 감귤류, 왕포아풀(kentucky bluegrass)과 같은 특정 초본류, 민들레와 같은 식물들은 종자 내의 배아가 부모 식물로부터 무성생식에 의해 생성될 수 있다. 이러한 종류의 무성생식은 아포믹시스(apomixis, 무수정생식)로 알려져 있다. 이러한 방법으로 생성된 종자는 부모와 유전적으로 동일한 개체들을 만들어 낸다.

이러한 식물들은 밑씨에 있는 2배체 세포들을 복제하여 번식하지만, 이들도 일반적으로 유성생식과 관련된 적응처럼 종자를 퍼뜨리는 장점을 갖고 있다. 식물의 무성생식은 변화가 거의 없는 척박하거나 극한적인 환경에서 더욱 흔하게 나타난다. 그 예로 온대지방보다 극지방에서 무성생식으로 번식하는 식물들이 훨씬 많이 분포하고 있다.

영양생식

무성생식의 가장 일반적인 형태는 영양생식(vegetative reproduction)으로서, 새로운 식물 개체는 성숙한 식물의 조직으로부터 단순히 복제(클론, clone)된다. 식물의 영양생식은 여러 가지 유형으로 나타난다.

- **포복경**: 포복경(기는줄기, runner)은 가늘고 긴 줄기로서 토양의 표면을 따라 생장한다. 그 일부에서 부정근이 생성되고, 새로운 줄기가 나타나 증식한다.
- **근경**: 즉 **땅속줄기**(rhizome)는 부모 식물의 근처 부위에서 자라는데, 각 마디에서 새로운 슈트가 나타나서 개화할 수 있다. 초본류, 붓꽃과 같은 정원식물 중 많은 수가 거의 땅속줄기를 통해서 번식한다. 괴경(tuber)은 감자의 중요한 번식 수단으로, 땅속줄기의 말단 부위이다. 감자는 1개 이상의 "눈(eye)"을 가진 괴경 조각에서 인위적으로 번식시킬 수 있다.
- **부정 소식물체**(adventitious plantlets)는 원예식물인 칼란코에의 잎을 따라 있는 틈(notch)에 위치한 분열조직에서 수없이 많은 작은 식물체가 생성되는 경우를 말한다(**그림 9.38**).

그림 9.38 영양생식.
원예식물인 칼란코에 잎의 갈라진 틈을 따라 작은 식물들이 달려 있다. 이러한 작은 식물들은 땅으로 떨어져서 새로운 식물로 자라는데, 이것은 영양생식에서 흔치 않은 방법이다.

조직배양

식물조직에서 분리된 각 세포에 효소를 처리하여 세포벽을 분해하면, 원형질막으로만 둘러싸인 원형질체(protoplast)를 얻을 수 있다. 이를 배양하면 세포벽이 재생되고, 세포분열이 일어나면서 **캘러스**(callus)가 생성된다. 캘러스가 형성되면 배양을 통해 완전한 식물체를 재생시킬 수 있는데, 완전한 식물체의 발생은 배아발생 단계를 거치거나 슈트나 뿌리 형성을 바로 시작할 수도 있다. 이를 **조직배양**(tissue culture)이라 하는데, 농업이나 원예에서 많이 이용되고 있다. 바이러스가 없는 산딸기나 사탕수수 등을 분열조직 배양을 통하여 만들 수 있는데, 감염된 식물체라도 분열조직에는 바이러스가 존재하지 않는다. 다른 무성생식법과 함께 이러한 방법을 통해서도 유전적으로 동일한 개체들을 만들어 낼 수 있다.

핵심 개념 요약

9.1 식물의 형태

- 관다발식물의 근계는 기본적으로 땅속에 있으며, 식물을 고착하고, 물과 무기물을 흡수한다. 슈트계는 땅 위에 있으며, 잎과 꽃을 지탱한다.
- 식물조직은 3가지 유형인데, 표피조직은 수분 손실을 방지하도록 지방산이나 밀납으로 된 각피로 덮여 있다. 기본조직은 주로 유조직세포로 구성되며 저장, 광합성, 분비의 기능을 한다. 관다발조직은 물관부와 체관부로 이루어져 있다.
- 식물의 기관인 뿌리는 지하부로의 생장 및 물과 용질을 흡수할 수 있도록 적응되었다. 줄기는 잎과 꽃을 달고 식물체의 무게를 지탱하는데, 변형된 줄기는 영양번식과 양분저장을 한다. 잎은 기체 교환과 증산작용을 조절하는데, 생식, 방어, 저장, 무기물 흡수, 심지어 곤충으로부터 질소를 얻기 위한 곤충포집 등을 위해 변형되었다.

9.2 식물의 수송

- 식물체에서 물을 수송하는 주요 힘은 증산작용에 의해 물을 당기는 것이다. 응집, 부착, 삼투현상 모두 물의 이동에 기여한다. 물은 수분퍼텐셜이 높은 부분에서 수분포텐셜이 낮은 부분으로 흐른다.
- 세포를 통한 수송 경로는 아포플라스트 경로, 심플라스트 경로, 막횡단 경로가 있다.
- 공변세포는 이온을 흡수하여 팽압이 증가할 때 기공이 열리고, 팽압을 잃어 수축될 때 기공은 닫힌다.
- 체관부를 통해 이동하는 수액에는 당류, 식물호르몬, mRNA 및 기타 물질이 들어 있다. 탄수화물은 능동수송으로 체관 내로 수송되어야 한다.

9.3 식물의 영양과 토양

- 표토는 무기물 입자, 살아 있는 생명체, 부분적으로 분해된 유기물인 부식토의 혼합물이다. 토양에서 미생물은 영양분 재순환을 위해서 중요하다.
- 식물은 음전하를 띠고 있는 토양으로부터 물과 무기물을 공급받는다. 식물의 생장에 필요한 무기물로는 9종의 다량영양소와 7종의 미량영양소가 있다.
- 콩과식물과 같은 일부 식물은 단백질 합성을 위해 필요한 질소를 얻기 위해 질소고정 박테리아와 공생관계를 가진다. 그 대신 식물은 박테리아에게 탄수화물을 공급한다.
- 식물환경정화는 토양이나 물에서 독성 오염물질을 제거하기 위해 식물을 사용한다.

9.4 식물의 방어반응

- 식물의 제1방어선인 표피조직은 큐틴과 수베린과 같은 지질로 덮여 있어, 수분 소실을 감소시키고 동물의 공격을 막는다.
- 식물은 2차대사물질을 생산하여 침입자로부터 식물을 보호할 수 있다. 식물은 독성물질을 소낭에 잡아두거나 침입자가 섭취하기 전까지는 무해한 독성물질을 생성함으로써 자신의 독성물질로부터 스스로를 보호한다. 타감작용을 하는 식물은 화학물질을 분비하여 종자의 발아를 억제하거나 이웃하는 식물의 성장을 억제한다.
- 식물의 R 유전자 산물은 병원균의 비독성 유전자 산물과 상호작용하여 방어반응을 유도한다.

9.5 식물의 감각 체계와 호르몬

- 식물은 빛에 대해 방향성이 없는 광형태형성과 방향성을 가지는 굴광성을 보이며, 여기에는 적색광 수용체인 피토크롬이나 청색광 수용체가 관여한다.
- 식물은 중력에 대해 굴중성을 보이며, 중력의 감지에는 세포 내의 전분체가 관여한다.
- 식물은 기계적 자극에 대해 접촉형태형성, 접촉 반응, 접촉굴성을 보인다.
- 식물은 물이나 온도 조건 등이 부적합한 환경 조건이 되면 생장을 멈추고 휴면에 들어간다. 종자는 발아에 최적인 조건이 될 때까지 휴면 상태를 유지할 수 있다. 또한 식물은 극한 온도 조건에서 견딜 수 있는 능력을 가지고 있다.
- 식물은 옥신, 사이토키닌, 지베렐린, 브라시노스테로이드, 올리고사카린, 에틸렌, 앱시스산 등의 호르몬을 가지며, 각각의 호르몬은 식물의 생장을 적절히 조절한다.

9.6 식물의 생식

- 식물은 광 의존형 경로, 온도 의존형 경로, 지베렐린 의존형 경로, 자율적 경로 등 4가지 개화 경로를 가지며, 각 식물은 1차적으로 한 가지 경로에 의존하지만, 4가지 경로는 모두 존재한다. 개화가 결정된 후, 꽃 기관 발달은 ABCDE 모델에 의해 설명될 수 있다.
- 완전화의 꽃은 꽃받침, 꽃잎, 수술군, 암술군으로 이루어져 있으며, 소포자낭에서 소포자인 화분이, 배낭에서 난자를 포함하는 대포자가 생성된다.
- 식물의 수분에는 자가수분과 타가수분이 있으며, 자가불화합성은 타가수분을 높일 수 있다. 속씨식물의 경우 중복수정을 통해 배아와 배젖이 형성된다.
- 식물의 무성생식에는 단위생식, 영양생식 등이 있으며, 조직배양을 통한 클론 식물체의 증식도 무성생식의 일종이다.

연습문제

■ 1단계: 이해력 확인하기

1. 식물의 구조와 기능이 일치하지 않는 것은?
   ① 기공-기체 수송
   ② 헛물관-물과 미량원소의 이동
   ③ 큐티클-건조 방지
   ④ 체관-지지작용

2. 다음 중 성숙기에 살아 있는 원형질이 없는 세포는?
   ① 유조직
   ② 동반세포
   ③ 후각조직
   ④ 후벽조직

3. 다음 중 떡갈나무에서 양분의 이동통로가 되는 세포는?
   ① 헛물관
   ② 물관
   ③ 동반세포
   ④ 체관요소

4. 뿌리털은 다음의 어느 부분에서 생성되는가?
   ① 세포분열대
   ② 신장대
   ③ 성숙대
   ④ 위의 한 지역 이상

5. 줄기에는 있지만 뿌리에는 없는 것은?
   ① 물관요소
   ② 마디
   ③ 표피
   ④ 기본조직

6. 다음 중 공변세포의 기능은?
   ① 이산화탄소의 흡수
   ② 곤충과 포식자 퇴치
   ③ 잎 조직의 지지
   ④ 물의 흡수

7. 다음 중 1차 분열조직이 아닌 것은?
   ① 코르크형성층
   ② 전표피
   ③ 전형성층
   ④ 기본조직

8. 뿌리에서 발견되는 카스파리띠는 어디에 있는가?
   ① 피층
   ② 표피조직
   ③ 내피
   ④ 목부

9. 세포벽을 통한 물의 이동은 무엇인가?
   ① 아포플라스트
   ② 심플라스트
   ③ ①, ② 모두 옳다.
   ④ ①, ② 모두 옳지 않다.

10. 다음 중 식물의 영양분 흡수를 증가시키기 위한 방법으로 가장 효과적인 것은?
    ① 영양분의 용해도를 감소시킨다.
    ② 양이온 형태의 영양분을 만든다.
    ③ 토양을 자주 갈아준다.
    ④ 뿌리세포의 세포막 수송단백질의 밀도가 증가한 유전자 조작 식물을 심는다.

11. 포플러로 토양의 TCE를 제거할 때 발생할 수 있는 문제점은?
    ① 일부 TCE는 증산작용을 통해 대기 중으로 방출된다.
    ② 포플러 나무는 천천히 자란다.
    ③ 대부분의 TCE는 제거되기 전에 토양에서 씻겨나간다.
    ④ TCE는 엽록소 생성을 저해한다.

12. 식물과 동물의 면역체계에 대한 설명으로 옳은 것은?
    ① 접했던 병원균에 대한 기억으로 차후의 감염에 대해 더욱 효과적으로 반응한다.
    ② 감염과 싸워 이기기 위해 단백질의 발현을 시작한다.
    ③ 감염의 전파를 막기 위해 자신의 세포를 죽인다.
    ④ ①~③ 모두 옳다.

13. 뿌리에 있는 카스파리띠에서 침입자를 물리치는 것을 돕는 것은?

① 왁스
② 수베린
③ 큐틴
④ 큐티클

14. 종자를 연속적인 적색광/근적외선에 노출시킨다면 다음의 어떤 처리 방법이 종자를 발아시키는가?

① 적색광, 근적외선
② 근적외선, 적색광
③ 적색광, 근적외선, 적색광, 근적외선, 적색광, 근적외선
④ ①~③ 모두 아니다.

15. 옥신은 식물이 어떻게 빛을 향해 자라도록 하는가?

① 줄기의 그늘진 쪽의 세포분열을 증가시킨다.
② 줄기의 빛이 조사되는 쪽의 세포를 짧게 한다.
③ 줄기의 그늘진 쪽의 세포를 신장시킨다.
④ 줄기의 빛이 조사되는 쪽의 세포분열을 감소시킨다.

16. 지베렐린은 포도의 생산량을 증가시키는 데 사용되어 왔다. 그 이유로 옳은 것은?

① 포도의 세포분열을 촉진하여 과실을 더 크게 하였다.
② 포도나무의 마디사이의 길이를 증가시켜 과실의 성장에 필요한 공간을 더 확보하였다.
③ 포도 꽃의 수를 증가시켜 과실 수를 증가시켰다.
④ 위의 모든 방법을 시도하였다.

17. 광주기는 무엇에 의해 인지되는가?

① 피토크롬과 크립토크롬
② 피토크롬과 클로로필
③ 크립토크롬과 클로로필
④ 피토크롬, 크립토크롬, 클로로필

18. 단일식물과 장일식물을 같은 조건에 놓고 광 조건을 10시간으로 하여 단일식물을 개화시키고, 장일식물은 개화시키지 않았다. 만약 반대의 결과가 나타나게 하려면 어떻게 해야 할까?

① 광 조건을 늘려서 빛에 노출되는 시간을 늘린다.
② 광 조건을 줄여서 빛에 노출되는 시간을 줄인다.
③ 밤중에 잠깐 동안 두 식물체를 빛에 노출시킨다.
④ 위의 어느 방법도 결과를 반대로 만들 수 없다.

19. 배젖은 무엇이 합쳐져서 생성되는가?

① 극핵과 정세포
② 정세포와 조세포
③ 난세포와 정세포
④ 배병과 난세포

■2단계: 분석 및 적용하기

20. 속씨식물에서 자가수분의 이점과 불리한 점을 설명하라.

21. 어느 나무의 껍질을 고리 모양으로 벗겨 내었더니, 몇 년 후 벗겨진 윗부분은 혹처럼 부풀어 올랐다. 이때 손상된 부분은 어디이며, 벗겨진 부위에서 위쪽과 아래쪽의 열매 중 어느 쪽 열매가 더 잘 자랄 것인지 설명하라.

22. 실내 화초에 너무 자주 비료를 주면, 토양에 수분이 있어도 식물이 시드는 것을 보게 된다. 수분퍼텐셜의 관점에서 어떤 일이 일어난 것인지 설명하라.

23. 감자를 한 봉지 사서 어두운 찬장에 오랫동안 두면, 감자에서 길고 하얀 싹이 나오고 작은 잎도 달려 있을 것이다. 이 과정을 명명하고, 왜 감자가 이렇게 되는지에 대해 설명하라.

24. 외떨어진 곳에 온실을 지어 포인세티아를 재배하고자 한다. 그러나 온실 근처에 고속도로가 생겨 포인세티아가 꽃을 피우지 못하였다. 그 이유에 대해 설명하라.

10

동물의 구조와 행동

도입

동물의 다양성에 대해 생각할 때 사람들은 포식자인 사자와 호랑이, 초식동물인 사슴과 영양의 차이점을 떠올린다. 이러한 차이점에도 불구하고 이들은 모두 척추동물이며, 동일한 조직/기관으로 만들어져 있다. 동물은 이동하기 위해서 근육계와 골격계를 사용하며, 이러한 복잡한 기관계를 조절하고 제어하면서 살아간다. 종에 따라 서로 다른 특성을 보이는 동물의 행동은 자연선택으로 진화되었고 유전자, 호르몬, 신경전달물질, 신경회로가 관여하는 내재적 기작에 의해 조절된다.

10.1 척추동물의 구조

척추동물 몸의 조직화는 세포, 조직, 기관 및 기관계의 4단계로 구분된다. 모든 동물에서처럼 척추동물의 몸도 다양한 세포로 이루어져 있으며, 수백 가지 유형의 세포가 척추동물의 몸체를 구성한다. 사람은 210가지 서로 다른 유형의 세포를 가지고 있으며, 구조와 기능이 유사한 세포들이 모여서 **조직**(tissue)을 이룬다. 척추동물의 몸은 1차 조직(primary tissues)인 상피조직, 결합조직, 근육조직 및 신경조직으로 이루어져 있다. **기관**(organ)은 단일한 구조적 · 기능적 단위를 형성하는 여러 가지 다른 유형의 조직들로 이루어진다. 기관계(organ system)는 여러 기관이 협력하여 몸의 주요 활동을 수행한다. 예를 들어 순환계는 심장과 혈관(동맥, 모세혈관 및 정맥)으로 구성된다(**그림 10.1**, 13장 참조). 이러한 기관들이 협력하여 혈액을 수송하고, 필요한 물질을 온몸으로 전달해 준다.

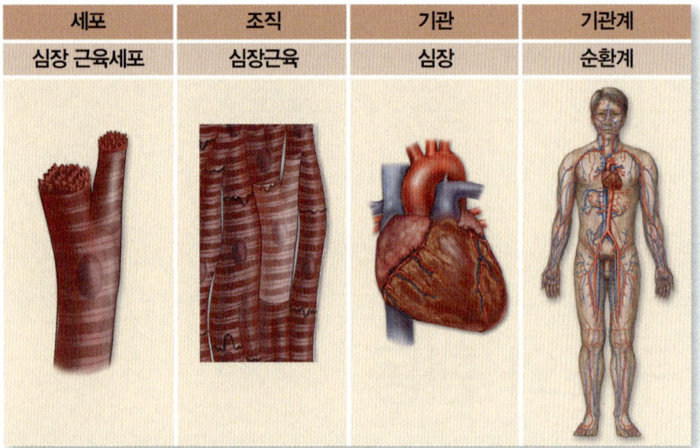

그림 10.1 신체의 구성 단계.
유사한 유형의 세포들이 모여 조직을 형성한다. 함께 작용하는 조직들이 모여 심장과 같은 기관을 형성한다. 심장은 1차적으로 상피조직으로 둘러싸인 심장근육으로 구성된다. 기관계는 유기적으로 함께 작동하는 여러 개의 기관으로 되어 있으며, 신체에서 필요한 하나의 기능을 수행한다. 기관계의 한 예로 순환계는 심장, 혈관, 혈액으로 구성된다.

상피조직

상피(epithelium)조직은 기관과 신체 공간의 표면을 감싸고 있고, 몸의 바깥 표면(피부)과 샘(gland)을 구성하는 주요 조직이다. 결합조직과 더불어 상피조직은 막을 형성한다. 상피조직은 3가지의 배엽층인 내배엽, 중배엽, 외배엽으로부터 유래할 수 있다. 예를 들어, 척추동물의 피부를 이루는 **표피**(epidermis)는 외배엽에서, 혈관을 이루는 상피조직은 중배엽에서 유래하였다.

모든 상피의 공통적인 특징은 세포가 촘촘하게 결합되어 세포 사이에 틈이 거의 없다는 점이다(2장 참조). 영양분과 산소는 혈액으로부터 상피세포로 확산되어 결합조직에 공급되어야 하므로 상피막의 두께는 대부분 단층에서 몇 개의 층으로 제한된다. 상피조직은 섬유막에 의해 결합조직의 상단에 연결되어 있다. 상피의 안쪽 면을 기저면(basal surface)이라고 부르며, 노출된 부위를 정단면(apical surface)이라고 부른다.

상피조직은 크게 한 층의 세포들로 이루어진 단층상피(simple epithelium)와 여러 층의 세포들로 이루어진 다층상피(stratified epithelium)로 구분된다. 이들은 세포의 형태에 따라 다시 편평(squamous)상피, 입방(cuboidal)상피, 원주(columnar)상피로 구분된다. 가령, 단층 편평상피는 얇고 민감한 성질 때문에 기체 확산 같은 물질의 빠른 이동이 필요한 폐나 모세혈관을 이루며, 단층 입방상피는 신장 세뇨관과 일부 분비샘의 작은 관 내부를 둘러싸고, 단층 원주상피는 호흡 기관이나 대부분 위장관에서 볼 수 있다.

결합조직

결합조직은 동물의 몸에서 가장 다양하고 풍부한 조직으로, 이름에서 알 수 있듯이 다른 모든 조직을 연결하고 지지하는 역할을 한다(**표 10.1**). 결합조직은 3배엽성 동물의 중배엽에서 유래하며, 상피조직과는 어느 정도 정반대의 특징을 가진다. 대부분의 결합조직 세포는 서로 연결되어 있지 않아서 **기질**(matrix)이라는 다량의 세포외물질에 의해 지탱되고 있다. 기질은 단백질성 섬유와 다양한 분자의 기본물질(ground substance)을 포함하며, 종종 유동적인 상태로 되어 있다.

척추동물의 주요 결합조직은 일반결합조직(connective tissue proper)과 특수결합조직(special connective tissue)으로 구분된다.

일반 결합조직

일반 결합조직은 **섬유아세포**(fibroblast)로 구성되며, 그 외에 **비만세포**(mast cell)와 면역 활동을 하는 **대식세포**(macrophage) 등도 포함된다. 성긴결합조직(loose connective tissue)은 다량의 기본물질을 함유하고 있는 기질과 기질 내부에 흩어져 있는 세포들로 구성된다. 이러한 젤라틴질(gelatinous)의 물질은 느슨하게 흩어져 있는 단백질 섬유에 의해 강화되는데, 이러한 단백질 섬유에는 조직들을 지탱해주는 콜라겐(collagen)과 조직에 탄력성을 주는 엘라스틴(elastin) 등이 있다.

조밀결합조직(dense connective tissue)에는 기본물질이 적게 들어있지만, 콜라겐 섬유들이 치밀하게 얽혀 있어 성긴결합조직보다 강하다. 조밀결합조직에는 근육과 뼈를 연결하는 힘줄(tendon)과 뼈와 뼈를 연결하는 인대(ligament) 등이 있다.

특수 결합조직

연골, 뼈, 혈액 등의 특수 결합조직은 각각 특징적인 세포와 특수 기능을 수행하게 해주는 세포외기질을 가진다. **연골**(cartilage, **표 10.1** 참조)은 콘드로이틴(chondroitin)이라는 당단백질을 기본물질로 형성되고, 압력을 받는 부위에 따라 긴 콜라겐 섬유가 평행으로 배열된 특수화된 결합조직이다. 그 결과 단단하고 탄력이 매우 크지만 늘어나지는 않는 성질을 지니고 있다. 뼈의 골세포는 세포외기질이 인산칼슘으로 결정화되어 있다. 혈액(blood)은 결합조직으로 분류되는데, 이는 세포외기질(혈장)이 풍부하기 때문이다.

근육조직

근육(muscle)은 척추동물의 운동원이다. 근육의 특성은 풍부한 **액틴 필라멘트**(actin filament)와 **마이오신 필라멘트**(myosin filament)로 이루어져 있는 것이다. 척추동물은 **평활근**(smooth muscle),

표 10.1 결합조직

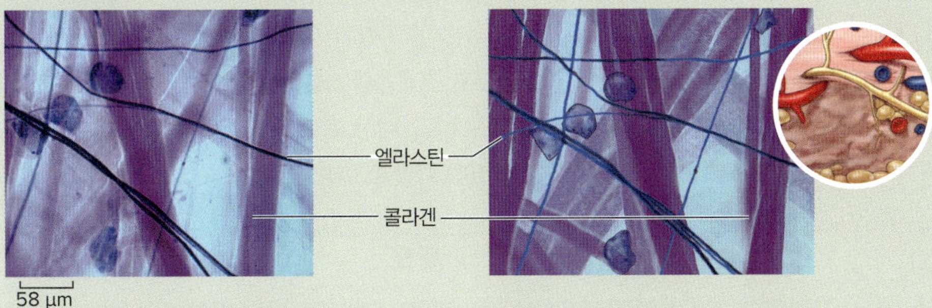

성긴결합조직

주요 위치: 피부 밑, 기관들 사이
기능: 지지, 절연, 양분 저장, 상피에 양분 공급
특징적 세포 유형: 섬유아세포, 대식세포, 비만세포, 지방세포

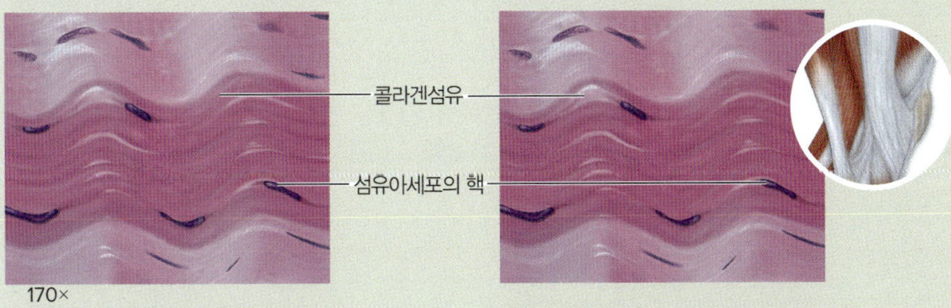

조밀결합조직

주요 위치: 힘줄, 신장, 간, 근육의 외막, 피부의 진피
기능: 강하고 유연한 연결부를 제공
특징적 세포 유형: 섬유아세포

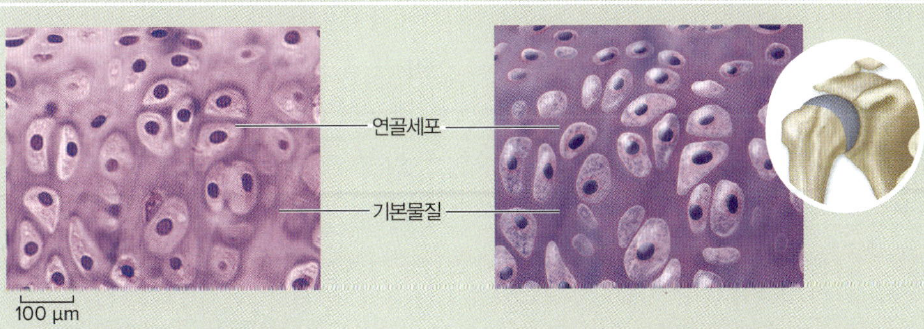

연골

주요 위치: 추간판, 무릎과 기타 관절, 귀, 코, 기관지 고리
기능: 유연한 지지, 충격 흡수, 마찰 감소
특징적 세포 유형: 연골세포

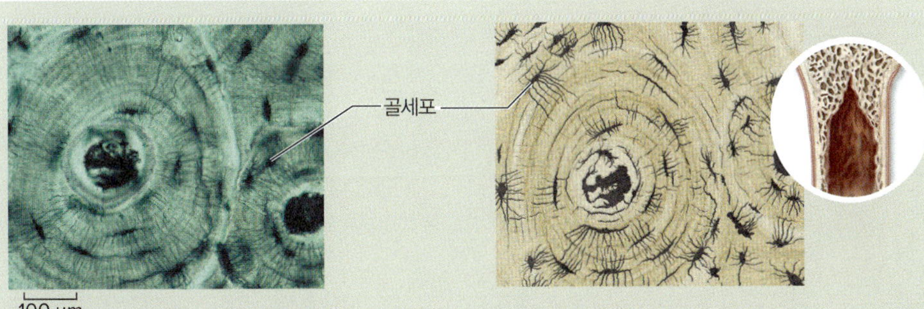

뼈

주요 위치: 대부분의 골격
기능: 내부 기관 보호, 근육이 부착하는 지지대 제공
특징적 세포 유형: 골세포

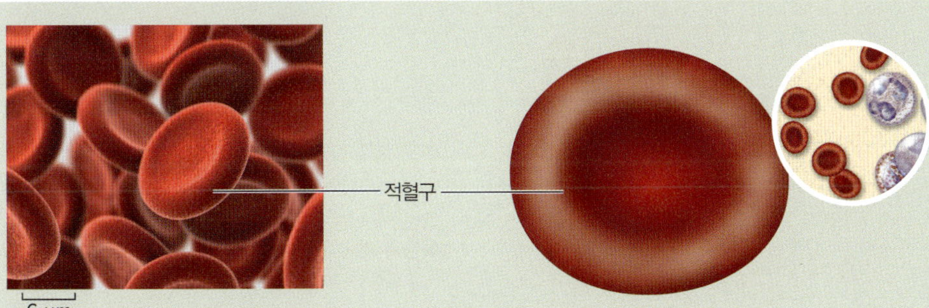

혈액

주요 위치: 순환계
기능: 면역계 통로, 양분과 노폐물의 운반, 기관들 사이의 1차적 소통 수단
특징적 세포 유형: 적혈구, 백혈구

골격근(skeletal muscle) 그리고 **심근**(cardiac muscle)의 3종류의 근육을 가진다(**표 10.2**). 골격근과 심근은 종단면을 현미경으로 볼 때 횡으로 무늬가 보이기 때문에 **가로무늬근**(횡문근, striated muscle)이라고 부른다. 골격근은 의지에 따라 조절되는 **수의근**(voluntary muscle)이며, 심근과 평활근은 **불수의근**(involuntary muscle)이다. 평활근(smooth muscle)은 진화적으로 처음 발달한 근육으로 거의 모든 동물계에 존재한다. 척추동물에서 평활근은 내장기관에서 볼 수 있기에 **내장근**(visceral muscle)이라고도 부른다.

신경조직

신경조직은 **뉴런**(neuron)과 이를 지지하는 세포들인 **신경교**(neuroglia)로 구성되어 있다. 뉴런은 전기화학적 충격을 만들고 전도하는 세포이다. 대부분 뉴런은 세포체(cell body), **수상돌기**(dendrite), **축삭**(axon)의 세 부위로 구성되어 있다. 세포체에는 핵이 있고, 수상돌기는 가늘고 여러 갈래로 갈라져 있으며 들어오는 자극을 받아 세포체로 전달한다. 축삭은 한 가닥의 세포질 연장부로서, 세포체로부터 생산된 자극을 외부로 전달한다(**그림 11.3** 참조). 신경교는 전기 자극을 전도하지는 않으나, 그 대신 뉴런을 지지하고 절연시켜 주며, 뉴런 주변의 외부 물질을 차단해 준다.

척추동물 기관계의 개요

척추동물의 주요 기관계는 11개로 나누어 볼 수 있다. 이에 대해서는 11~14장에서 자세하게 알아보겠지만, 다음과 같이 기능적 측면에서 그룹으로 나누어 볼 수 있다.

- **소통과 통합**: 주변 환경을 인식하고 반응하기 위하여 신경계, 감각계, 내분비계가 작용한다.

표 10.2 근육조직

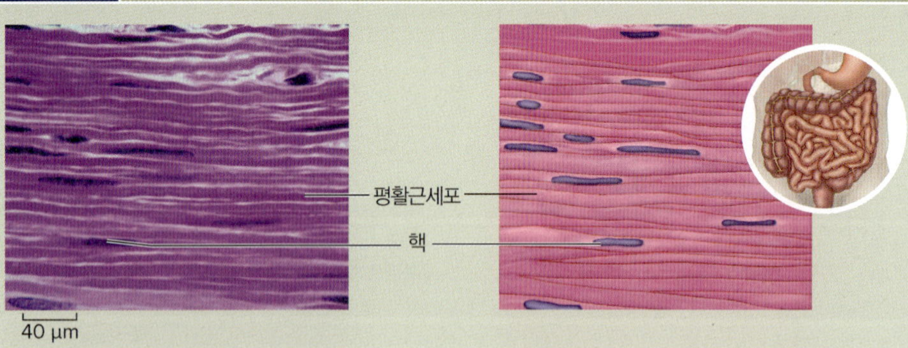

평활근

주요 위치: 혈관벽, 위벽, 내장벽
기능: 중추신경계의 지시에 의한 주기적이고 불수의적인 수축
특징적 세포 유형: 평활근세포

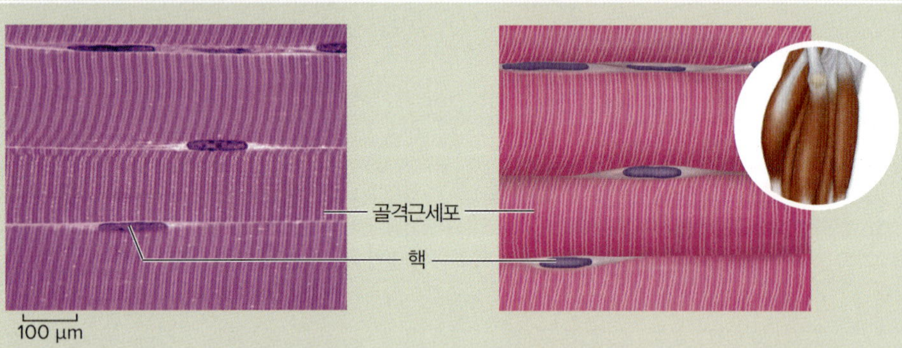

골격근

주요 위치: 수의근
기능: 걷기, 들어올리기, 말하기 등 수의적 운동
특징적 세포 유형: 골격근세포

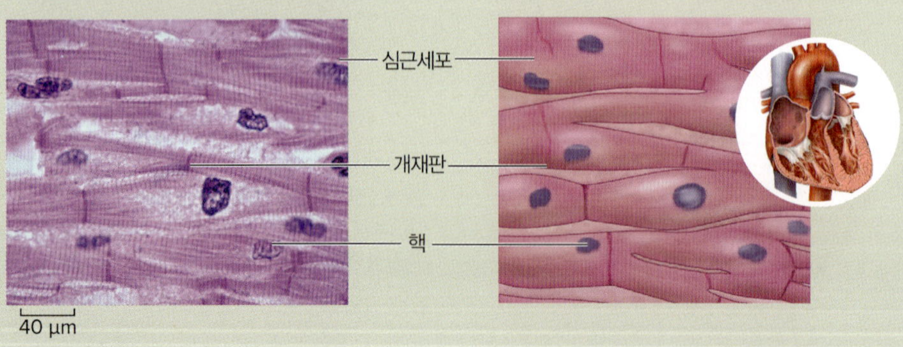

심근

주요 위치: 심장벽
기능: 세포들이 고도로 상호연관되어 있어 수축을 일으키는 신호를 신속하게 전파함
특징적 세포 유형: 심근세포

- **지지와 운동**: 모든 동물은 몸체의 지지와 이동을 위해 근골격계를 사용한다.
- **조절과 유지**: 양분 획득, 노폐물 처리, 물질 분배 및 내부 환경의 유지를 위해 소화계, 호흡계, 비뇨계, 순환계가 작용한다.
- **방어**: 침입자로부터 자신을 방어하기 위해 피부계와 면역계를 사용한다.
- **생식과 발생**: 생물학적 연속성을 유지하기 위해 생식계가 작용한다.

10.2 항상성과 조절

동물이 진화하면서 몸 구조의 분화도 증가하였으며, 각 세포는 세밀한 기계처럼 몸 안에서 중요한 역할을 수행할 수 있도록 고도로 조정되어 왔다. 그러한 세포 기능의 분화는 외부 상태가 아주 작은 변화에서 안정화될 때 일어나게 되는데, 온도, pH, 포도당과 산소의 농도 등 여러 요소가 효율적으로 기능을 지속할 수 있도록 유지되어야 한다. 내부 상태에서의 동적인 불변성을 **항상성**(homeostasis)이라고 한다. 동적이라는 의미는 항상 변함없는 상태라기보다는 좁은 범위 내에서 변동을 거듭한다는 것을 의미한다. 항상성은 생물에 필수적인 요소로, 거의 모든 조절 기작은 항상성 유지와 연관되어 있다.

일정 범위 내에서 작용하는 음성피드백 기작

척추동물은 내부 안정성을 유지하기 위해 **음성피드백**(negative feedback)이라는 조절 기작을 사용한다. 세포 또는 수용체 같은 특수화된 감지기가 음성피드백을 통해 몸 내부의 상태뿐만 아니라 외부의 환경을 감지하는데, 상태가 설정점(set point)에서 멀어지게 되면 생화학적 반응을 시작하여 설정점에 이르도록 한다.

이 설정점은 실내 난방기의 온도 설정과 비슷한 것으로, 방의 온도가 떨어졌을 때 이 변화를 감지기(sensor)가 탐지하고 온도조절계에 있는 통합시스템이 작용하여 난방기가 열을 생산하도록 한다. 반대로 방 온도가 올라갔을 때는 회로가 차단되어 더 이상 열을 생산하

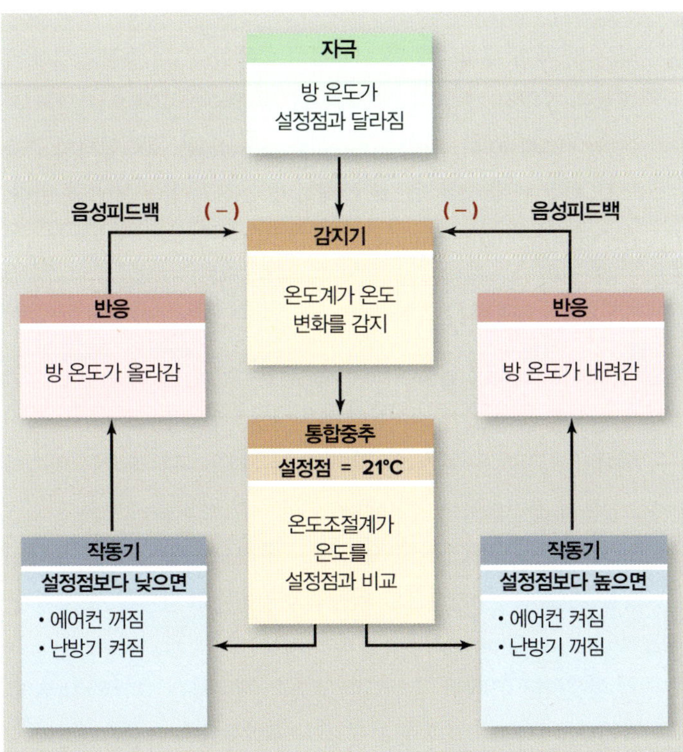

a.

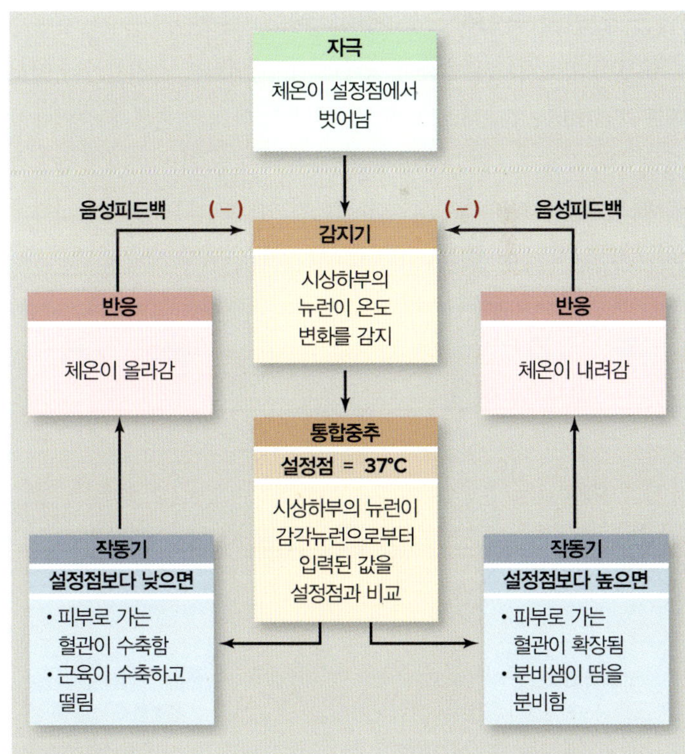

b.

그림 10.2 방과 신체의 온도는 음성피드백과 길항작동기에 의해 유지된다.
a. 온도계가 설정점과 비교하여 낮은 온도를 감지하면, 난방기는 켜지고 에어컨은 꺼진다. 만약 온도가 너무 높으면, 에어컨은 켜지고 난방기는 꺼진다. *b.* 뇌의 시상하부는 체온의 변화를 감지한다. 비교측정기(시상하부에 있음)는 정보를 처리하며 혈관, 땀샘, 골격근과 같은 작동기를 활성화시킨다. 음성피드백은 체온과 설정점의 차이를 줄인다. 최종적으로 비교측정기에 의한 작동기의 자극도 줄어들게 된다.

지 못하게 한다. 만약 온도조절계가 에어컨과 난방기 모두를 조절한다면 훨씬 안정적으로 온도를 조절하는 것이 가능하다. 난방기는 에어컨이 꺼질 때 켜지게 되며, 에어컨은 난방기가 꺼질 때 켜지게 된다(**그림 10.2***a*).

포유류와 조류는 **내온성**(endothermic)으로, 외부온도와 상관없이 체온을 일정하게 유지할 수 있다. 사람의 경우 체온이 37℃가 넘는 경우, **시상하부**(hypothalamus)의 뉴런이 체온의 변화를 감지한다. 시상하부는 운동뉴런의 조절을 통해 땀 분비, 혈관의 확장 및 다른 기작을 작동시켜 열의 손실을 촉진한다(**그림 10.2***b*). 체온이 떨어지면, 시상하부는 피부의 혈관을 수축시키고 몸의 떨림과 같이 열을 생성하는 데 도움이 되는 여러 반응을 통합 조절한다. 이와 같이 항상성을 유지하는 음성피드백 기작들은 종종 서로 반대로 작용하여 미세한 조절을 할 수 있도록 해주는데, 이를 길항작동기라고 한다.

사람은 체온, 당의 농도, 이온 농도, 힘줄의 긴장도 등 많은 설정점을 가지고 있다. 통합중추는 뇌의 특정 지역, 척수, 내분비샘에 있으며, 몸의 상태가 변할 때 작동기(effector)라는 표적기관의 활성을 증가 또는 감소시키는 신호를 보낸다. 작동기는 보통 근육이나 샘(gland)으로, 그들에 의해 상태가 설정점으로 돌아가게 된다.

더 큰 변화를 촉진하는 양성피드백

일부 상황에서는 동일한 방향으로 더 큰 변화를 촉진시키는 **양성피드백**(positive feedback) 기작이 이용된다. 양성피드백 순환에서 작동기는 조절되는 변수를 설정점으로부터 훨씬 더 멀어지게 함으로써 매우 불안정하여 항상성을 유지하기 어렵다. 그럼에도 불구하고 이 체계는 생리적인 기작에 중요한 요소로 작용하는데, 그 예로 혈액 응고를 살펴보면, 하나의 응고 인자가 혈전 형성을 이끄는 다른 인자를 활성화시키는 것을 볼 수 있다. 양성피드백은 분만 시에 자궁의 수축에도 중요한 역할을 한다(**그림 10.3**). 태아에 의해서 유도된 자궁의 확장이 수축을 자극하여 더욱 수축이 일어나게 되는 것이다. 이런 현상은 태아가 자궁에서 나올 때까지 계속된다.

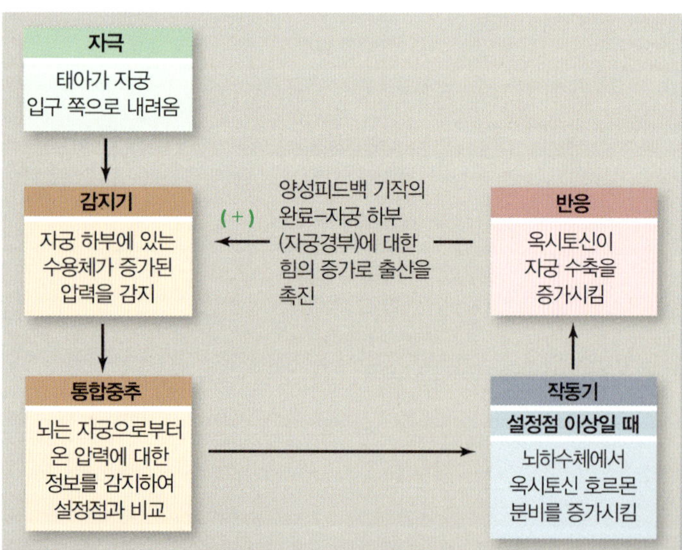

그림 10.3 분만 시의 양성피드백.
지궁수축은 척추동물 신체에서 양성피드백의 몇 가지 예 중 하나이다.

10.3 뼈와 골격

근육은 움직임을 일으키는 변화를 생성하기 위해 무언가를 끌어당겨야 한다. 이러한 움직임에 필요한 지지 구조 형태를 골격계(skeletal system)라고 한다. 동물학자들은 동물의 골격계를 유체골격, 외골격 및 내골격의 3가지 유형으로 구분한다.

골격의 유형

유체골격(hydrostatic skeleton): 지렁이, 달팽이와 같은 육상 무척추동물과 해파리와 오징어 같은 수중 무척추동물에서 주로 발견되는데, 체벽 내의 수압을 이용하여 이동한다. 이 동물들에서 체액으로 채워진 체강은 체벽 내에서 두 종류의 근육으로, 둘러싸여 있다(**그림 10.4**). 환상근(circular muscle)은 고리형태의 근육으로 체절 내에 반복적으로 존재하며 수축 시 몸을 가늘게 한다. 종주근(longitudinal muscle)은 환상근과 반대로 작용한다. 지렁이 몸체 아래쪽에는 짧은 털 모양의 **강모**(chaetae)가 있어서 이동할 때 뒤로 밀리는 것을 방지한다.

외골격(exoskeleton): 몸을 싸고 있는 단단하고 굳은 껍질이다. 갑각류나 곤충 등과 같은 절지동물들은 다당류인 **키틴**(chitin)으로 이루어진 외골격을 가진다. 키틴성 외골격은 구부러짐을 방지하고, 몸의 골격틀로도 활용된다. 또한 내부 조직을 보호하고 외골격 껍질 내에 존재하는 근육이 붙는 자리도 제공한다. 그러나 성장을 위해서는 주기적으로 외골격을 벗어내고 탈피를 해야 한다.

내골격(endoskeleton): 척추동물과 극피동물에서 발견되며, 몸의 틀을 형성하고 근육이 부착되는 표면을 제공하는 단단한 내부 골격이다. 바다성게와 말똥성게 등의 극피동물은 탄산칼슘염의 결정 형태인 방해석(calcite)으로 만들어진 골격을 가진다. 이러한 칼슘 성분은 인산칼슘염에 기초한 뼈와 다르다. 척추동물의 내골격은 좀 더 단단하고 특수화된 결합조직인 연골이나 뼈를 따라 분포하는 섬유성 조밀결합조직을 가지고 있다(**그림 10.5**). 연

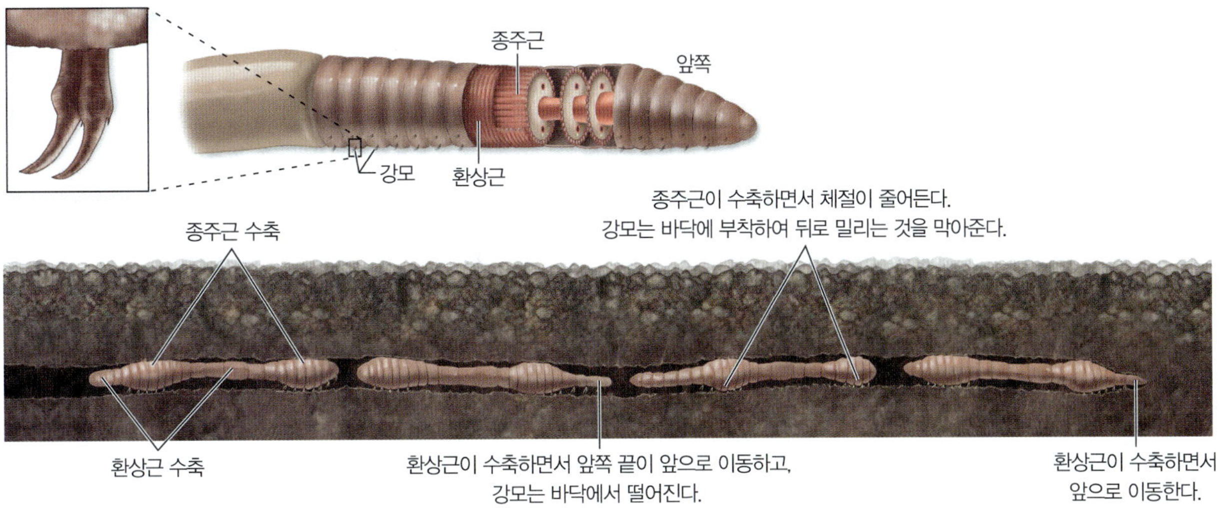

그림 10.4 지렁이의 이동.
지렁이의 유체골격은 근육을 사용하여 체절화된 체강 내 체액을 움직임으로써 동물의 모양을 변화시킨다. 환상근이 수축하면 액체의 압력이 올라간다. 동시에 종주근은 이완되어 몸은 더 길고 얇아진다. 종주근이 수축하고 환상근이 이완하면 지렁이의 아래 표면에 있는 강모는 쭉 뻗어 뒤로 밀리는 것을 방지한다. 환상근과 종주근의 수축 파동으로 지렁이는 앞으로 이동하게 된다.

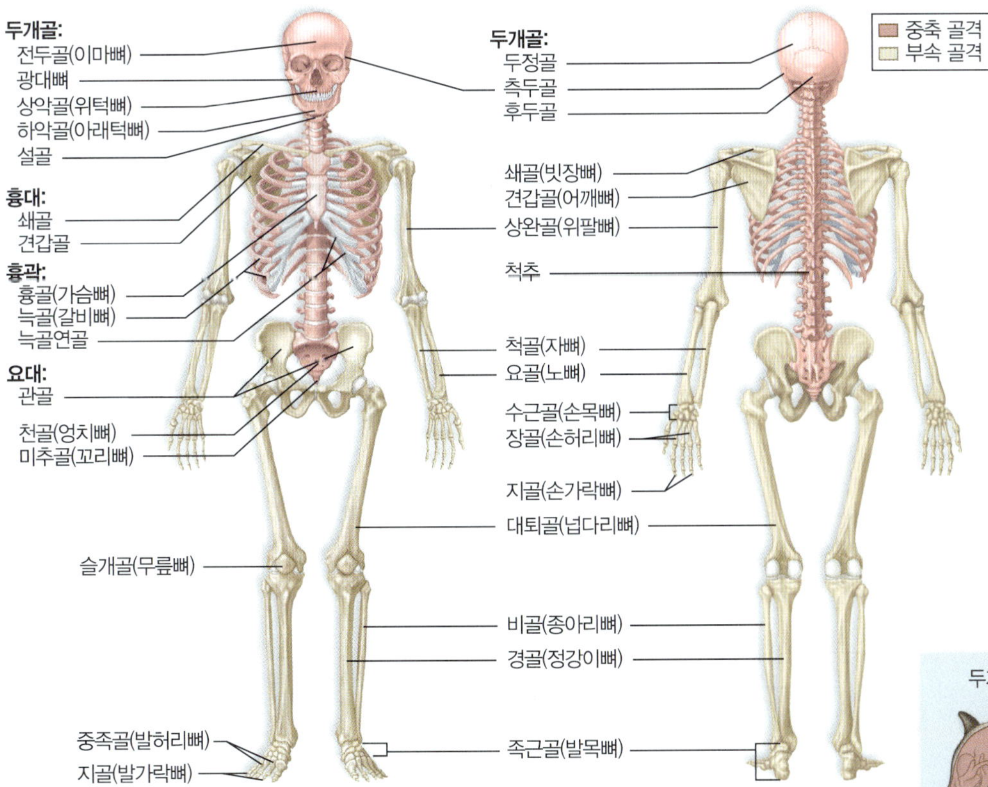

a.

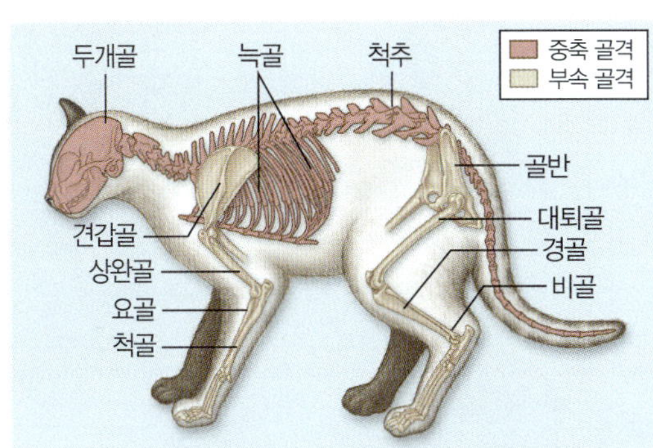

b.

그림 10.5 내골격.
척추동물의 골격은 모두 공통된 구조에서 변형된 것이다. 고양이와 인간 모두 다리나 뒷다리에 대퇴골, 경골 및 비골을 가지고 있다. 크기와 모양의 차이는 운동 유형을 결정하는 요인이다. 고양이는 4개의 다리(2개의 앞다리와 2개의 뒷다리)로 걷고 사람은 2개의 다리로 걷는다. ***a.*** 인간 골격, ***b.*** 고양이 골격.

골은 관절에서 뼈의 끝부분을 연결하는 강하면서도 유연한 조직이다. 뼈는 연골에 비해 매우 강하지만 유연하지는 않다.

뼈의 구조와 종류

뼈는 단단하지만 탄력 있는 조직으로, 척추동물의 독특한 특징이다. 이 결합조직은 5억 2천만 년 전에 처음으로 나타났는데, 현재 연골어류를 제외한 모든 척추동물에서 발견된다.

뼈의 구조

뼈는 섬유성 조밀결합조직인 골막(periosteum)으로 둘러싸여 있다(**그림 10.6**). 긴 뼈의 양쪽 끝은 관절 연골로 싸여 있는 골단(epiphysis)을 가진다. 뼈의 축은 골간(diaphysis)이라고 한다. 골단과 골간은 성장판이라고도 불리는 골단판(epiphyseal plate)에 서로 붙어 있다. 이것은 성장 과정 동안 새로운 뼈가 침착되는 연골을 포함하고 있기에 그렇게 명명되었으며, 뼈의 길이 성장이 일어나는 곳이다.

뼈의 종단면을 보면 바깥쪽에는 치밀뼈(compact bone)가 있으며, 안쪽에는 해면뼈(spongy bone)가 있다. 치밀뼈는 인산칼슘염으로 되어 있는 세포외기질과 콜라겐이 빈 공간 없이 조밀하게 밀집되어 있는데, 골격에 힘과 지지력을 가지게 해준다. 해면뼈는 다공성 혹은 스펀지 형태로, 무게를 줄이면서 압축에 대한 저항력을 제공한다. 골수강은 혈액세포를 생산하기 위해 골수를 담고 있다.

성숙한 뼈를 이루는 세포는 **골세포**(osteocyte)라고 한다. 치밀뼈에서 골세포는 세포외기질에 박혀 있는 골소강(lacunae)에서 발견되며, 혈관과 신경이 있는 중심관 주변에 동심원 형태로 배열되어 있다. 골세포는 골소관(canaliculi)이라고 하는 작은 관들의 네트워크를 통해 양분과 노폐물을 교환한다. 이 기능적 단위, 즉 뼈단위[osteon, 하버스계(Haversian system)]는 뼈의 전체 길이를 따라 뻗어 있다. 중심관들은 이와 직각으로 배열된 관통관(볼크만관, Volkmann's canals)에 의해 연결되어 있다.

뼈의 생성 및 재구성

뼈는 2가지 방식으로 생성된다. 막내 발달(intramembranous development)에서는 뼈가 결합조직층 내에 형성된다. 두개골과 턱의 외부를 만드는 많은 편평한 뼈들이 막내성이다. 연골내 발달

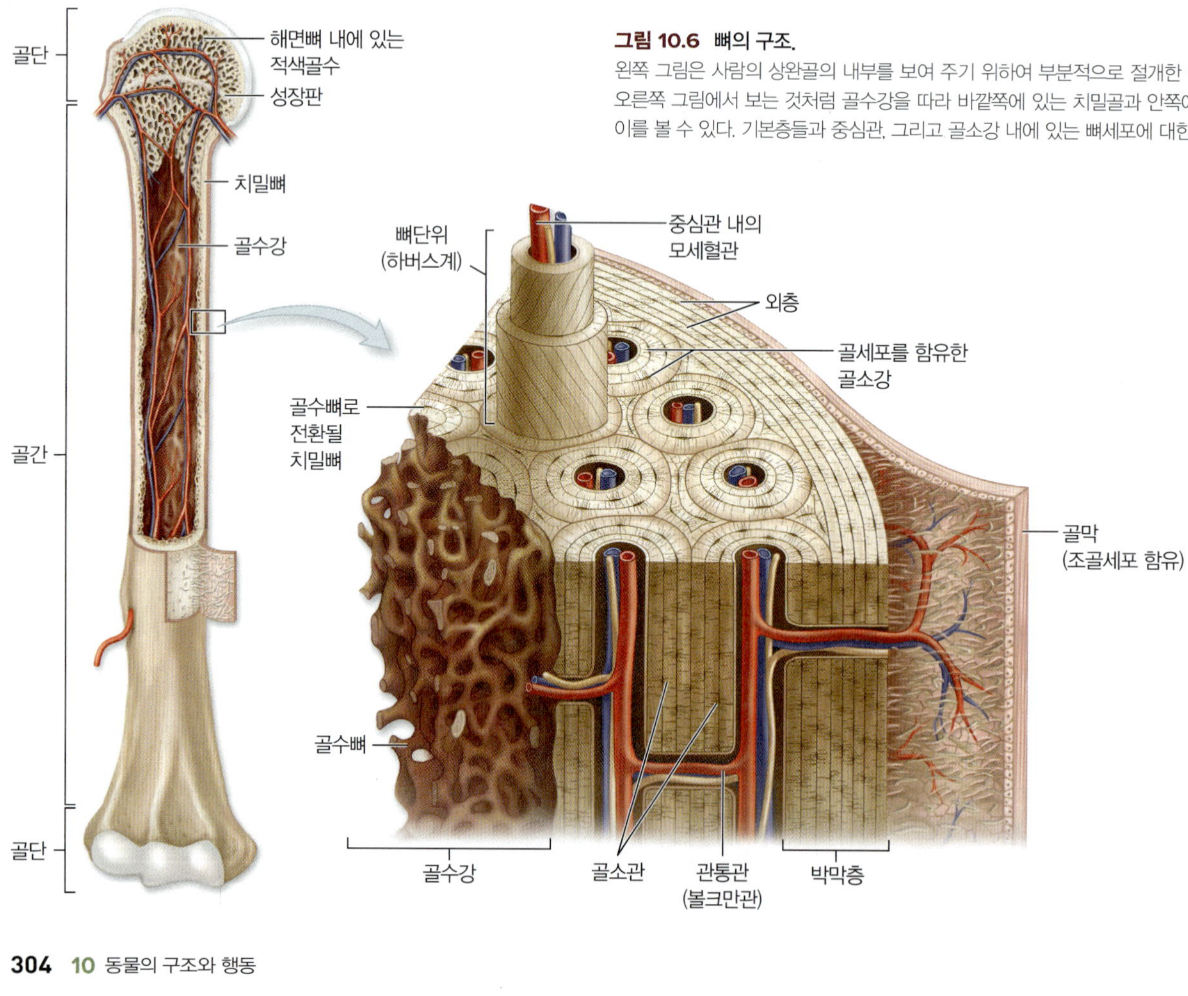

그림 10.6 뼈의 구조.
왼쪽 그림은 사람의 상완골의 내부를 보여 주기 위하여 부분적으로 절개한 것이다. 잘라낸 부분을 확대하면, 오른쪽 그림에서 보는 것처럼 골수강을 따라 바깥쪽에 있는 치밀골과 안쪽에 있는 해면골 사이의 구조적 차이를 볼 수 있다. 기본층들과 중심관, 그리고 골소강 내에 있는 뼈세포에 대한 자세한 것을 볼 수 있다.

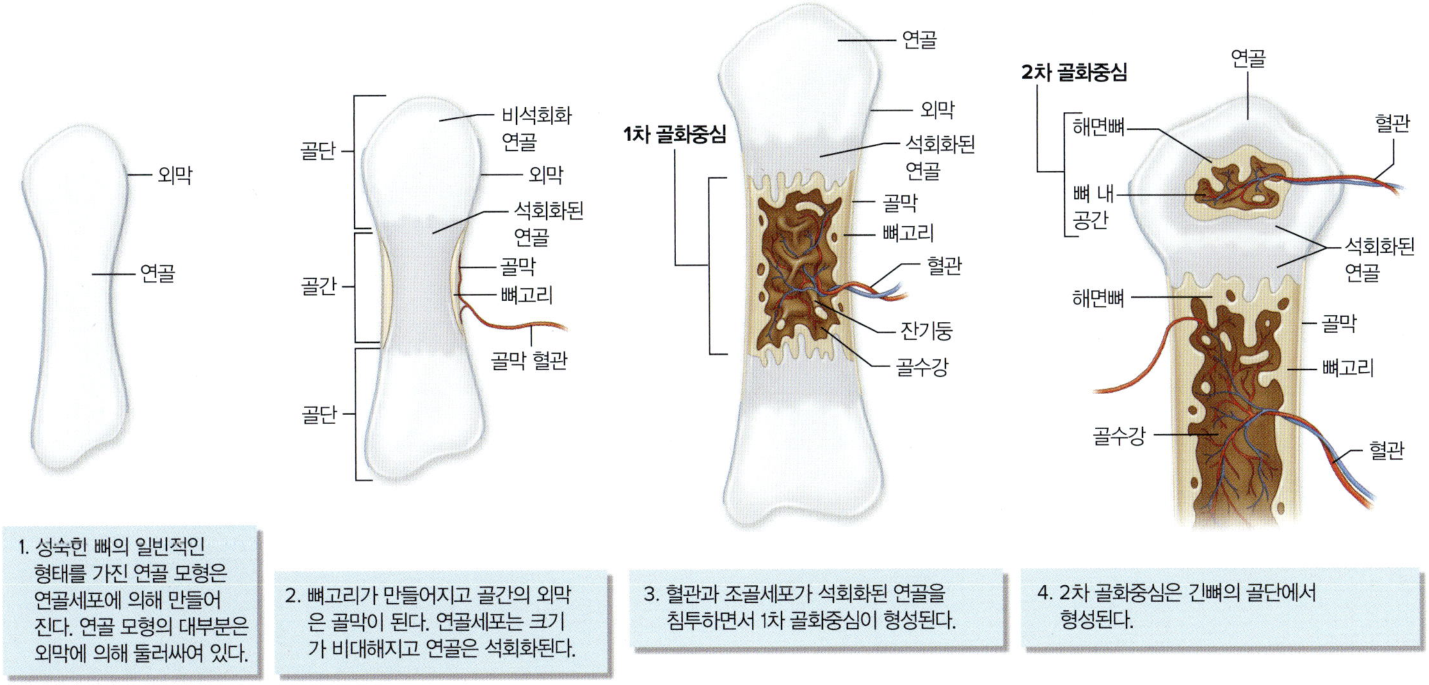

그림 10.7 긴뼈의 연골내 발달.

(endochondral development)에 의해 형성된 뼈는 신체 깊은 곳에 위치하여 신체의 구조적 틀을 형성하는 전형적인 뼈이다. 이러한 종류의 뼈 발달은 연골성 형태의 외부에 뼈를 더하고, 내부의 연골은 뼈로 내체하면서 이루어진다(**그림 10.7**).

뼈는 환경의 스트레스에 따라 바뀔 수 있는 역동적인 조직이다. **파골세포**(osteoclast)라 불리는 뼈파괴세포는 뼈를 분해하여 조골세포(osteoblast)와 함께 뼈 리모델링 과정에 관여한다. 팔다리뼈에 지속적으로 가해지는 스트레스는 뼈를 두껍고 강하게 한다. **골다공증**(osteoporosis)은 뼈의 무기질 밀도가 감소하는 것으로, 폐경기를 지난 여성을 포함하여 영양실조나 질병으로 고통받는 많은 사람들의 삶을 만성적으로 위협하고 있다. 한 가지 치료법으로 뼈의 침착을 자극하여 골다공증의 영향을 막는 역도요법(weight lifting)이 있다.

관절의 유형

척추동물에서 움직임은 연접부나 2개의 뼈가 만나는 부분의 관절과 연관되어 있다. 기본적인 관절의 운동 유형은 다음과 같이 4가지로 구분된다(**그림 10.8**).

- **구외관절**(ball-and-socket joint): 고관절과 같은 것으로, 다리 위쪽 뼈는 골반 내에 있는 소켓에 맞는 구형을 형성한다. 이 유형의 관절은 모든 방향으로 움직일 수 있다.
- **경첩관절**(hinge joint): 가장 간단한 유형의 관절로, 팔꿈치처럼 앞 팔이 좌우로는 움직일 수 없고 앞뒤로만 움직일 수 있도록 제한된다.
- **활주관절**(gliding joint): 포유류를 포함하는 많은 척추동물의 측면 척추돌기 사이에 존재한다. 앞쪽(머리쪽)에 있는 돌기는 뒤쪽(꼬리쪽) 돌기의 아래 표면을 따라 비스듬히 미끄러질 수 있다. 이 활주관절은 척추뼈 사이에 일정한 유연성을 허용하면서 척추에 안정성을 부여한다.
- **조합관절**(combination joints): 2가지 이상의 관절 운동 특성을 가진다. 전형적인 포유류의 턱관절이 좋은 예이다. 음식을 잘 씹기 위해서는 위아래 치아가 가장 잘 접촉할 수 있도록 아래턱이 좌우로 잘 움직여야 한다. 아래턱은 앞뒤로도 어느 정도 움직일 수 있고, 동시에 턱관절은 입을 열고 닫는 것과 같은 경첩 기능도 가져야만 한다. 따라서 포유동물의 관절 구조는 활주를 위한 상부와 회전을 위한 하부의 경첩관절이라는 2개의 구획을 이용한다.

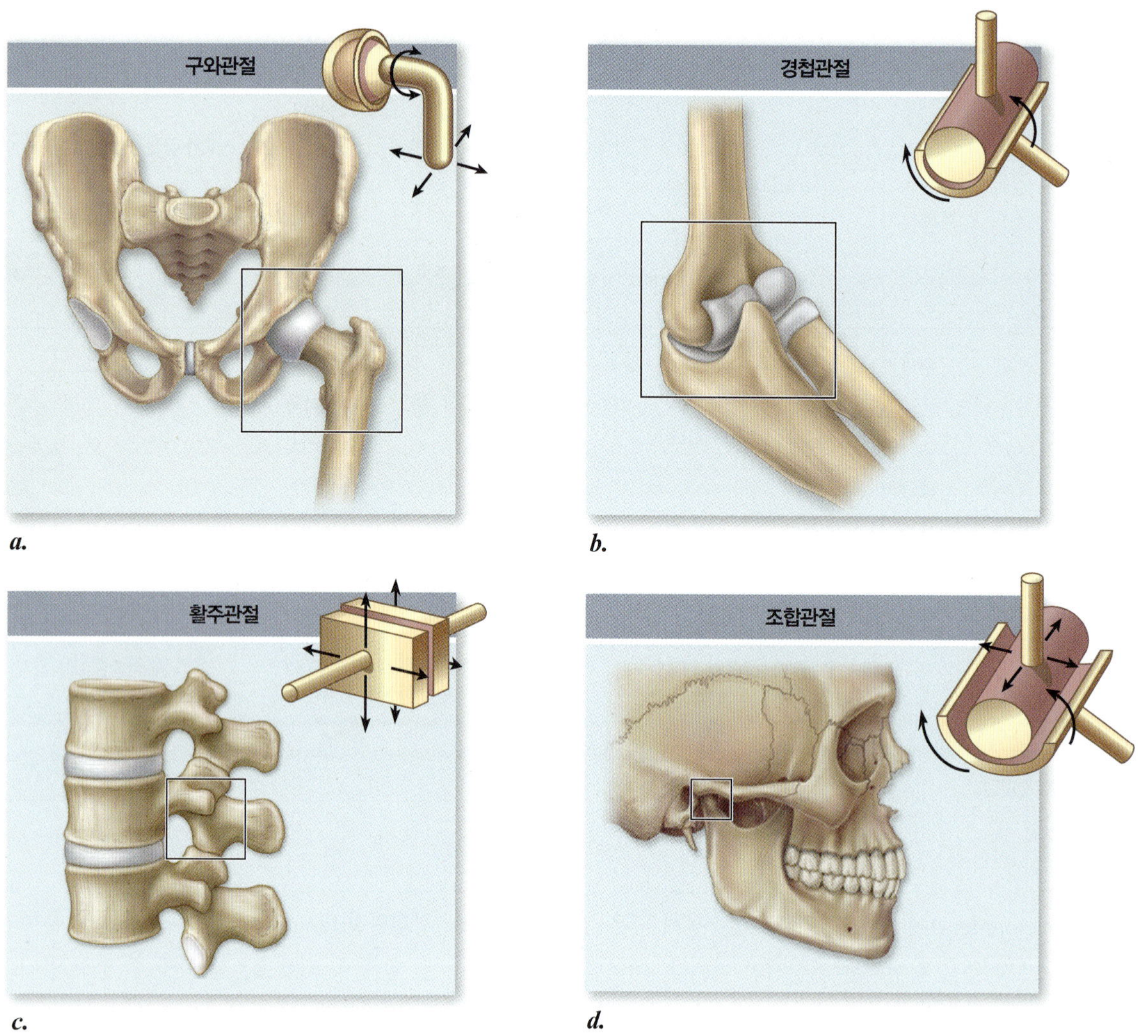

그림 10.8 관절 운동의 유형.

a. 고관절과 같은 구와관절은 엉덩이 소켓 내에서 다리의 움직임과 꼬임 동작이 가능하게 한다. *b.* 경첩관절은 이름에서 알 수 있듯이 한쪽 면에서만 움직일 수 있게 한다. *c.* 측면 척추관절(중앙이 아닌)에서 볼 수 있는 활주관절은 한쪽 표면이 다른 쪽 면으로 미끄러질 수 있도록 해준다. *d.* 조합관절은 회전과 좌우 미끄러짐 모두가 가능한 포유류의 턱관절과 같이 하나 이상의 관절 유형을 가진다.

10.4 근육 수축과 운동

외골격과 내골격 모두에서 수축하는 근육은 관절을 교차하는 골격 움직임을 만들어 낸다. 근육은 일반적으로 서로 반대되는 그룹으로 배열된다. 예를 들어, 인간에서 굴근(flexor)의 수축은 관절에서 각도를 줄이는 구부리기 운동을 일으키고, 신근(extensor)의 수축은 관절의 각도를 넓힌다(**그림 10.9**). 즉, 굴근이 수축하면 신근은 이완해야 한다. 이러한 길항적 관계는 걷기와 같은 복잡하고 조화로운 움직임을 일으키기 위해서 신경계에 의해 정밀하게 통제되어야 한다.

골격근이 힘을 발생하는 것에는 2가지 방식이 있다. 실제로 근육 수축이 일어나는 유형을 등장성 수축(isotonic contraction)이라고 한다. 가령 5 kg짜리 아령 운동을 할 때 2두근이 짧아지는 것을 말한다. 등척성 수축(isometric contraction)은 무게가 있는 것을 들고 있을 때, 근육이 짧아지지 않고 힘을 발생하는 것을 말한다. 근육은 과도하게 늘어나는 것에 저항하고 무게를 견뎌야 하기에, 시간이 지날수록 긴장이 증가하고 무게가 점점 무거워지는 것처럼 느낀다. 대부분의 움직임은 실제로 등장성 수축과 등척성 수축의 조합으로 일어난다.

골격근의 구조

골격근은 수많은 **근섬유**(muscle fiber)로 이루어져 있고, 각 근섬

a.

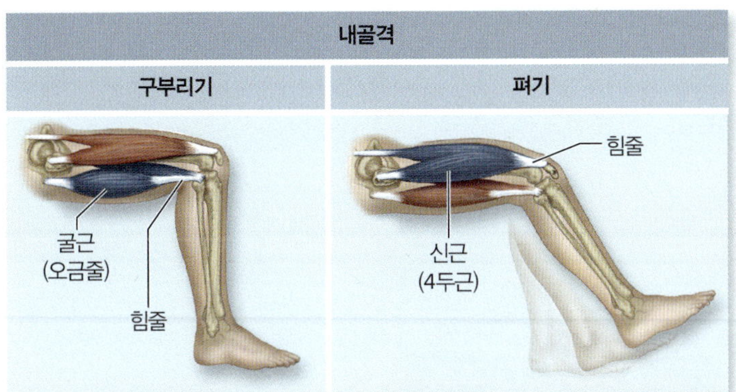

b.

그림 10.9 다리의 굴근과 신근.
길항근은 반대로 작용하며 절지동물과 인간에 있다. 인간에서 허벅지의 오금줄(굴근)은 3개의 근육으로 구성되어 있으며 아래쪽 다리가 윗다리에 비해 뒤로 움직이게 하는 반면, 대퇴부의 4두근(신근)은 4개의 근육으로 구성되어 있으며 아래쪽 다리를 앞으로 당긴다.

유는 근원섬유(myofibril)라고 부르는 4~20개의 다발이 둘러싸고 있다. 각 근원섬유는 가늘고 긴 구조의 **근필라멘트**(myofilament)로 구성되어 있다(**그림 10.10**). 현미경상에서 근원섬유는 어둡고 밝은 띠가 번갈아 나타나 골격근 섬유가 가로무늬를 가진 것으로 보이게 한다. 굵은 필라멘트는 겹으로 쌓여 A대(A band)라고 불리는 어두운 띠를 형성하고, 가는 필라멘트는 I대(I band)라는 밝은 띠로 나타난다(**그림 10.11**). 근원섬유 내에 있는 각 I대는 전자현미경상에 나타나는 모양에 따라 Z선(Z line)이라는 단백질 판에 의해 반으로 나누어진다. 가는 필라멘트는 이 판에 고정되어 있다. 전자현미경 사진에서 근원섬유의 구조는 Z선에서 Z선까지 반복적으로 보인다. **근절**(sarcomere)이라고 부르는 이러한 반복 구조는 근육 수축의 가장 작은 단위이다.

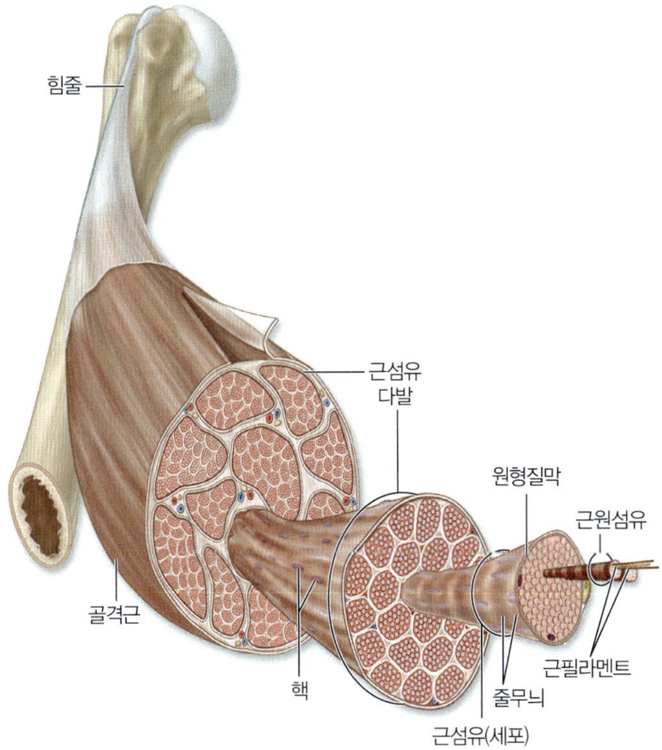

그림 10.10 척추동물 골격근의 조직화.
각 근육은 많은 근섬유 다발로 이루어져 있다. 각 섬유는 많은 근원섬유로 구성되어 있으며, 근원섬유는 근필라멘트로 되어 있다.

근수축의 기작

근원섬유가 수축하고 짧아짐으로 인해 결국 근육은 수축하고 짧아진다. 이 현상이 일어날 때 근필라멘트는 짧아지지 않으며 대신 굵은 필라멘트와 가는 필라멘트는 서로에 대해 상대적으로 미끄러진다(**그림 10.11** 참조). 가는 필라멘트는 A대 깊숙이 활주하여 근절이 최대로 짧아지면서 H대는 좁아지고 거의 사라진다. 이것은 또한 Z선이 서로 더 가까워짐에 따라 I대를 더 좁게 만든다. 이것이 수축에 대한 필라멘트 활주 기작이다.

활주 필라멘트 기작

전자현미경 사진을 통해 필라멘트가 서로 미끄러질 수 있다는 활주설이 제기되었다. 마이오신 단백질은 2개의 소단위로 구성되어 있는데, 각각은 긴 필라멘트에서 튀어나온 머리를 가진 골프채 모양이며 서로 꼬여있다. 굵은 필라멘트는 많은 수의 마이오신이 섬유 길이를 따라 튀어나온 머리들로 정렬된 구조를 보인다(**그림 10.13** 참조). 마이오신 머리는 전자현미경상에서 보이는 교차다리(cross-bridge)를 형성한다. 가는 필라멘트는 2개의 섬유가 2중나선 모양으로 꼬여 있으며, 각 섬유는 많은 수의 구형 액틴 단백질로 이루어져 있다.

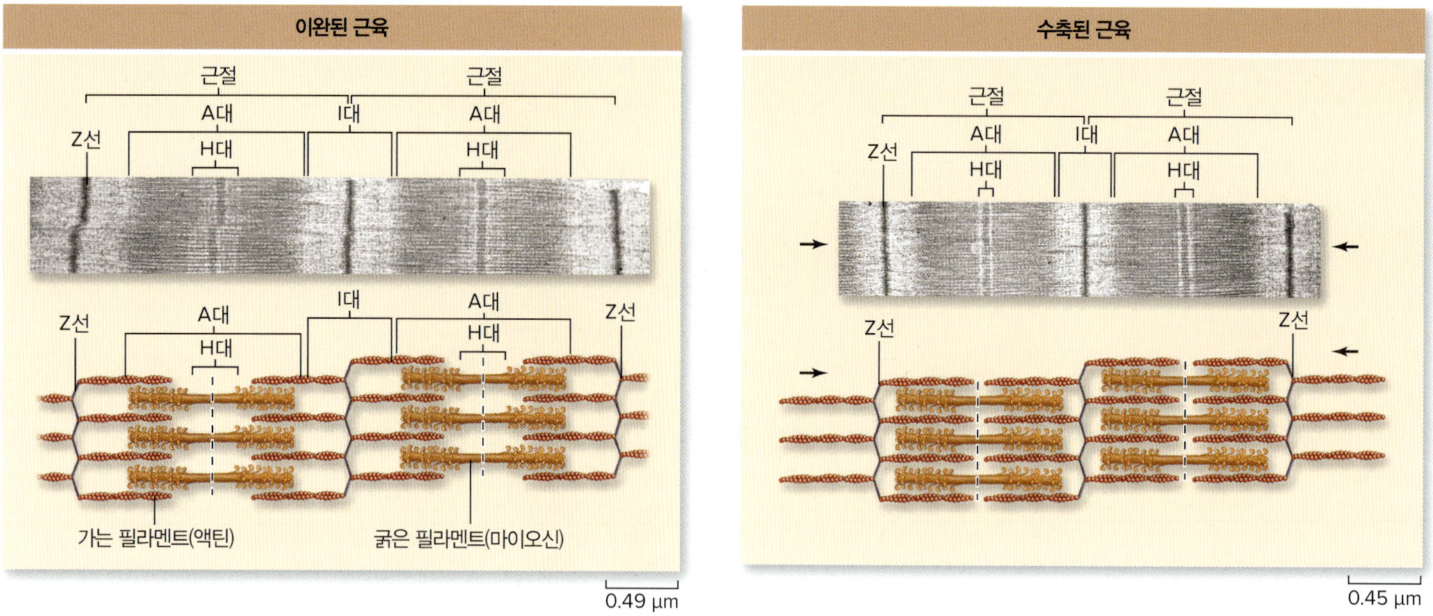

그림 10.11 이완 또는 수축된 근육에서 근절의 구조.

근절 2개의 현미경 사진 및 굵은 필라멘트와 가는 필라멘트로 도식화한 그림이다. Z선은 각 근절의 경계선을 형성하고, A대는 굵은 필라멘트를 나타낸다. 가는 필라멘트는 I대 내에 있으며 굵은 필라멘트와 얽혀 있는 A대로 확장되어 있다. H대는 A대의 중앙 부위로 더 밝게 보이며 굵은 필라멘트만 포함된다. 왼쪽 그림은 근육이 이완된 것을 보여준다. 오른쪽 그림의 수축된 근육에서는 I대와 H대가 더 짧아짐으로써 Z선이 서로 더 가깝게 이동하였다. A대는 길이가 변하지 않는 굵은 필라멘트를 포함하므로 길이가 변하지 않는다.

그림 10.12 근수축에서 교차다리 주기.

a. 마이오신에 의한 ATP 가수분해는 마이오신 머리를 활동적 상태가 되도록 구조적 변화를 일으킨다. ADP와 P_i는 마이오신 머리에 결합된 채로 있으며 액틴에 결합할 수 있다. ***b.*** 마이오신은 액틴과 결합하여 교차다리를 형성한다. ***c.*** 파워스트로크 동안 마이오신은 ADP와 P_i를 방출하여 원래의 형태로 되돌아간다. ***d.*** ATP는 마이오신 머리에 결합하여 교차다리를 끊는다. ATP 가수분해는 마이오신 머리를 활동적 상태로 되돌려 주어 교차다리 주기를 다시 시작할 수 있게 한다.

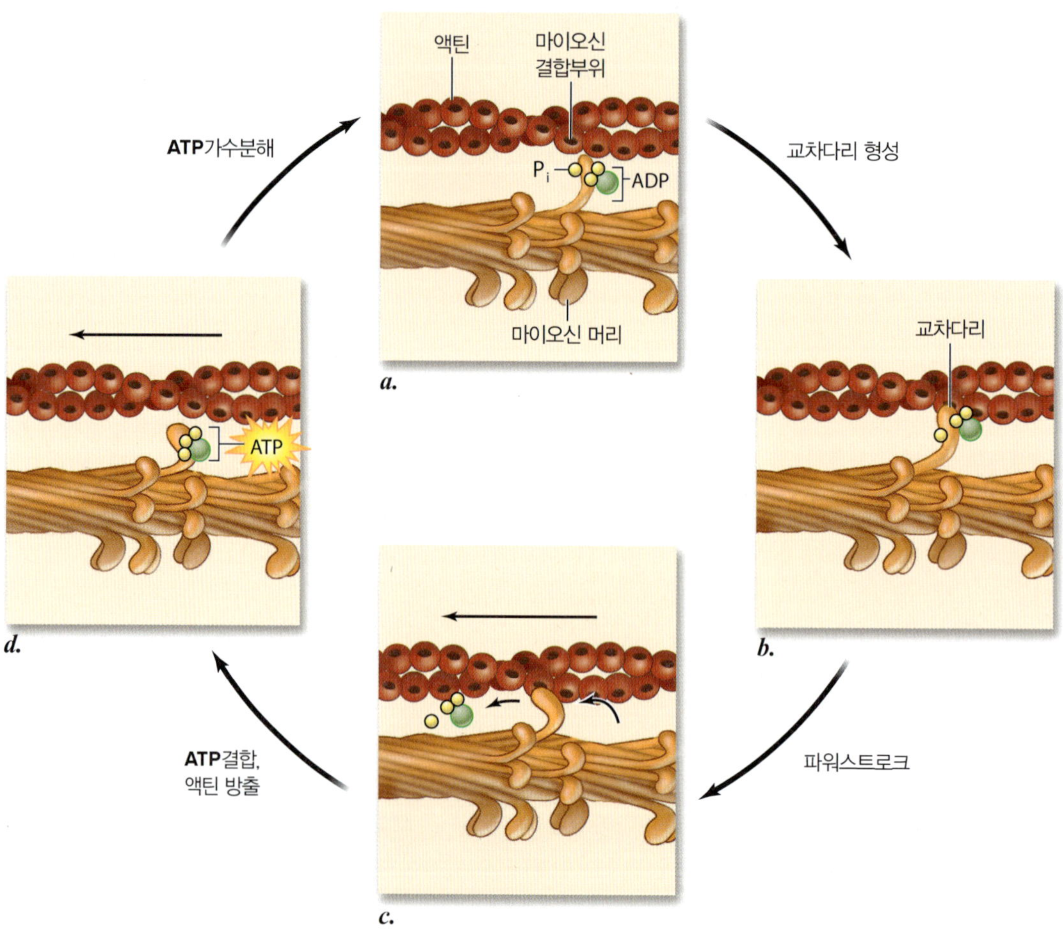

교차다리 주기

마이오신은 ATP 형태로 있는 화학에너지를 기계적 에너지로 바꿀 수 있는 모터 단백질(motor protein)의 한 종류이다. 이것은 교차다리 주기라고 하는 일련의 사건들에 의해 발생한다(**그림 10.12**). 마이오신 머리가 ATP를 ADP와 P_i로 가수분해할 때, 마이오신의 구조가 변하면서 나중에 힘을 제공하기 위해 활성화된다. 이 작용을 스프링으로 된 쥐덫과 유사하게 설명하기도 한다. 이러한 위치에서 마이오신 머리는 액틴과 결합하여 교차다리를 형성할 수 있다. 마이오신 머리가 액틴에 결합할 때, P_i를 떨어뜨리고 또 다른 구조적 변화를 일으킨다. 파워스트로크(power stroke) 과정에서 가는 필라멘트가 근절의 중앙 쪽으로 당겨지며, 이때 ADP를 잃는다. 마지막 단계에서 마이오신 머리는 새로운 ATP 분자와 결합하면서 가는 필라멘트로부터 분리된다. 이러한 교차다리 주기는 근육 수축을 자극하는 한 반복된다. 이러한 일련의 사건들은 로프를 두 손으로 번갈아 가며 당기는 것과 같이 생각될 수 있다. 개체가 죽게 되면 세포는 더 이상 ATP를 생성할 수 없으므로, 교차다리 주기가 끊어지지 않아서 사후강직(rigor mortis)이라고 불리는 근육의 강직 현상을 유발한다.

칼슘 이온의 방출로 조절되는 근수축

근육이 이완된 상태에서 가는 필라멘트의 액틴에 있는 마이오신 머리의 부착 부분은 **트로포마이오신**(tropomyosin)에 의해 물리적으로 차단되어 있다. 수축이 일어나기 위해서 트로포마이오신은 마이오신 머리가 액틴에 결합할 수 있도록 이동해야만 한다. 이를 위해서는 트로포마이오신과 액틴을 함께 잡아주는 조절 단백질 복합체인 **트로포닌**(troponin)의 작용이 필요하다. 트로포닌과 트로포마이오신 사이의 조절작용은 근섬유 세포질의 칼슘 이온(Ca^{2+}) 농도에 의해 조절된다.

세포질의 Ca^{2+} 농도가 낮을 때는 트로포마이오신이 교차다리 형성을 방해한다(**그림 10.13***a*). Ca^{2+} 농도가 올라가면 Ca^{2+}이 트로포닌과 결합하여 트로포닌-트로포마이오신 복합체를 이동시킨다. 이러한 형태의 변화는 액틴의 마이오신 결합 부위를 노출시킨다. 따라서 교차다리가 형성되어 근육 수축이 일어난다(**그림 10.13***b*). 근섬유는 **근소포체**(sarcoplasmic reticulum, SR)라는 변형된 소포체에 Ca^{2+}을 저장한다(**그림 10.14**). 근섬유가 수축하도록 자극되면 근섬유막이 탈분극된다. 이 신호는 세포막의 함입으로 인해 생긴 **가로세관**(transverse tubule,T tubule)을 통해 근섬유로 깊이 전송된다. 가로세관의 탈분극은 근소포체에 있는 Ca^{2+} 채널을 열리게 하여 Ca^{2+}이 세포질로 방출되게 한다. Ca^{2+}은 근원섬유로 확산되어 트로포닌과 결합함으로써 구조를 변화시켜 수축을 유발한다.

운동뉴런으로부터의 신경 자극

골격근을 자극하는 운동뉴런은 체성운동뉴런(somatic motor neuron)이라고 한다. 체성운동뉴런의 축삭돌기는 뉴런의 세포체에서 뻗어 나와 분지를 이룬 후, 여러 개의 근섬유와 시냅스를 형성한다. 이러한 뉴런과 근육세포 사이의 시냅스들을 **신경근접합부**(neuromuscular junction)라고 한다(**그림 10.14**). 몇몇 동물에서 근섬유는 하나 이상의 운동뉴런에 의해 흥분이 될 수 있지만, 사람의 경우 각 근섬유는 하나의 축삭돌기 분지를 가진 하나의 시냅스를 형성한다. 체성운동뉴런이 전기화학적 자극을 전달하여 근섬유의 수축을 일으키는 순서는 다음과 같다.

1. 신경근접합부에서 운동뉴런은 신경전달물질인 아세틸콜린(acetylcholine, ACh)을 방출한다. 아세틸콜린은 근세포막에 있는 수용체와 결합하여 Na^+ 채널을 연다. Na^+의 유입은 근세포막을 탈분극시킨다.

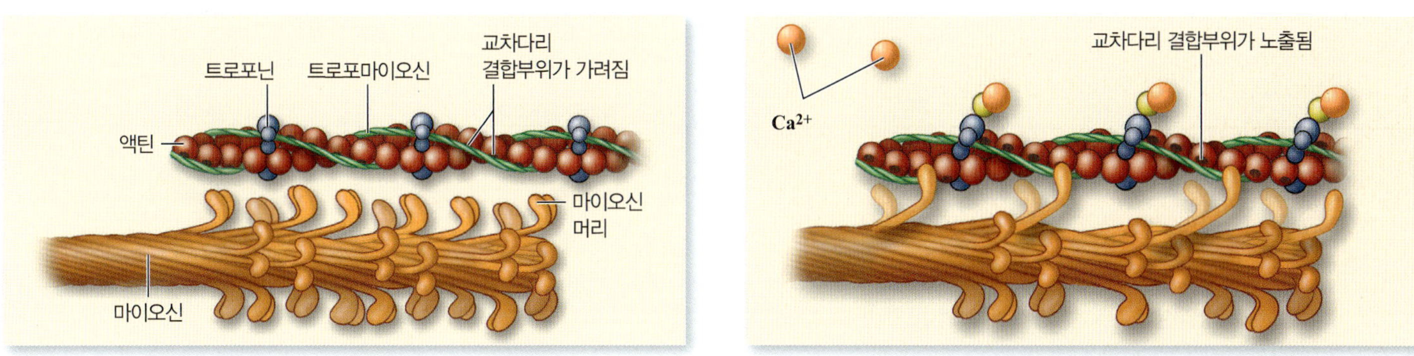

a. *b.*

그림 10.13 Ca^{2+}에 의한 가로무늬근의 수축 조절.
a. 근육이 휴식 상태에 있을 때, 트로포마이오신 단백질의 긴 필라멘트는 액틴 분자에 있는 마이오신 결합 부위를 차단한다. 마이오신은 이 부위에서 액틴과 교차다리를 형성할 수 없기 때문에 근육 수축은 일어날 수 없다. *b.* Ca^{2+}이 트로포닌 단백질에 결합하면, Ca^{2+}-트로포닌 복합체는 트로포마이오신을 옮김으로써 액틴에 있는 마이오신 결합 부위를 노출하여 교차다리가 형성되므로 근육 수축이 일어난다.

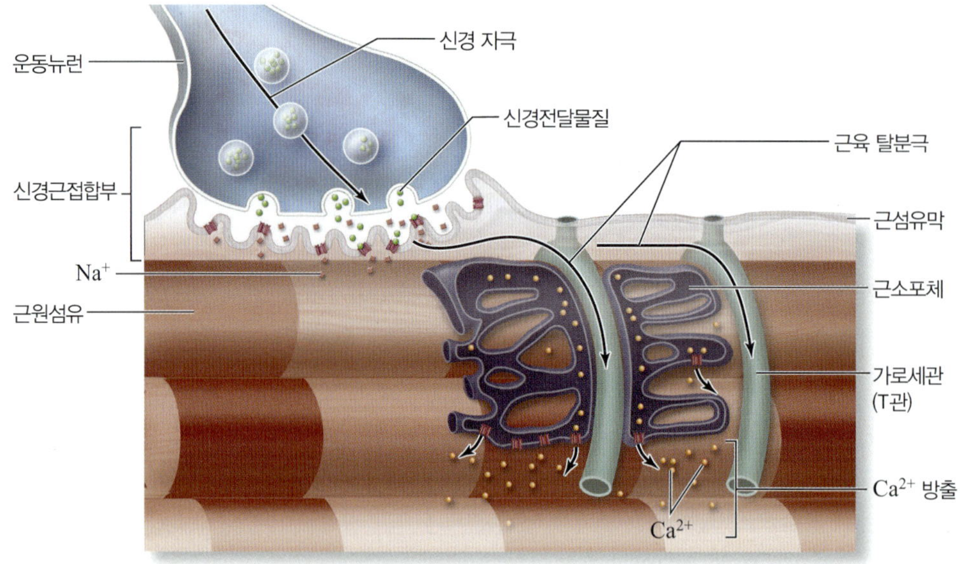

그림 10.14 근원섬유, 가로세관, 근소포체 사이의 관계. 신경근접합부에서 방출된 신경전달물질이 화학개폐성 Na^+ 채널에 결합하여 근육세포막이 탈분극하게 된다. 이 탈분극은 근육세포막과 가로세관을 따라 전달되어 근소포체에서 Ca^{2+}이 방출되도록 자극한다. Ca^{2+}은 세포질을 통해 근원섬유로 확산되어 수축을 일으킨다.

2. 자극은 근섬유막을 따라 퍼지고 가로세관을 통해 근섬유 안으로 이동한다.
3. 가로세관은 자극을 근소포체 쪽으로 전달하고, Ca^{2+} 채널을 열어 Ca^{2+}을 방출한다. Ca^{2+}은 트로포닌과 결합하여 액틴 필라멘트상에 있는 마이오신 결합 부위를 노출시켜 근육 수축을 자극한다.

운동뉴런으로부터의 자극이 중단되면 Ca^{2+}은 능동수송을 통해 근소포체 안으로 다시 들어간다. 따라서 트로포닌은 더 이상 Ca^{2+}과 결합할 수 없으므로, 트로포마이오신은 억제 위치로 돌아가게 되고 근육은 이완한다.

근육의 장력 조절

근육의 장력을 조절하는 것은 전체 근육의 반응에 관여하는 개개 섬유 수와 그들의 장력 정도에 따라 달라진다. 운동단위(motor unit)는 하나의 운동뉴런과 그에 의해 연결된 모든 근섬유 집합이다(**그림 10.15**). 운동뉴런이 자극을 생성할 때마다 운동단위에 있는 모든 근섬유는 함께 수축한다. 근육은 운동단위로 나누어짐으로써 근육의 수축 강도가 미세하게 조절될 수 있으며, 이것은 협동적인 움직임을 가능하게 해준다.

분리된 골격근은 인위적인 전기적 충격으로 자극하며 연구할 수 있다. 한 번의 전기 충격으로 자극받은 근육은 연축(twitch) 반응으로 빠르게 수축하고 이완한다. 두 번째 전기 충격이 첫 번째 충격 바로 직후에 주어지면, 첫 번째 반응에 부분적으로 첨가되어 두 번째 연축이 만들어지게 된다. 이러한 누적된 반응을 **가중**(summation)이라고 한다(**그림 10.16**).

전기 충격의 빈도가 증가하면 수축의 강도가 증가함에 따라 연속적인 연축 사이의 이완 시간이 짧아져서, 결국에는 지속적인 수축이 나타나는 **강축**(tetanus)에 이르게 된다. (tetanus는 파상풍이라고도 하는데, 파상풍 환자들의 근육이 수 분간 경직되는 고통스러운 상태로 되기에 붙여진 이름이다.)

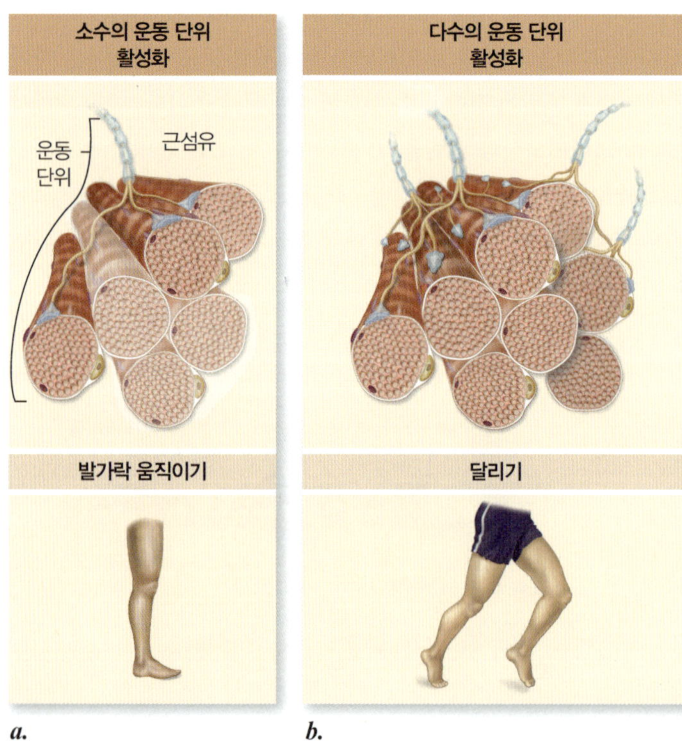

그림 10.15 운동뉴런의 수와 크기. 운동 단위는 운동뉴런과 그것이 연결되어 있는 모든 근섬유들로 구성된다. ***a.*** 정확한 근육 수축은 더 작은 운동 단위를 필요로 한다. ***b.*** 큰 근육 운동은 더 큰 운동 단위를 필요로 한다. 더 많은 운동뉴런이 활성화될수록 더 강한 수축이 일어난다.

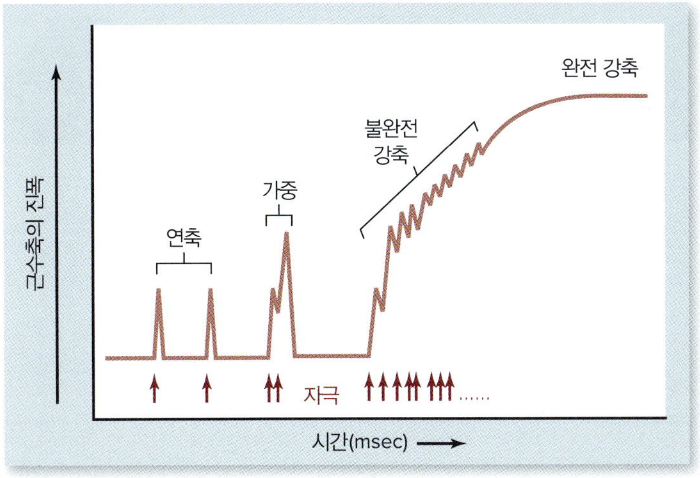

그림 10.16 가중.
근육 연축은 가중되어 지속적인 강직성 수축을 일으킨다. 이러한 유형은 근육이 전기적으로 혹은 자연적으로 뉴런에 의해 자극될 때 만들어진다. 완만하고 지속적인 수축인 강축은 몸에서 일어나는 정상적인 근육 수축 유형이다.

근섬유의 2가지 주요 유형: 느린-연축섬유와 빠른-연축섬유

느린-연축섬유(slow-twitch fiber, 지근섬유, 느린 산화)는 모세혈관이 풍부하고, 수많은 미토콘드리아와 산소호흡 효소 및 고농도의 마이오글로빈(myoglobin) 색소를 가진다. 느린-연축섬유는 높은 마이오글로빈 함유량 때문에 적색섬유(red fiber)라고도 부른다. 이들 섬유는 마이오글로빈의 높은 산소 친화도로 인해 피로감 없이 오랜 기간 계속해서 작동할 수 있다.

빠른-연축섬유(fast-twitch fiber, 속근섬유, 빠른 당분해)는 느린-연축섬유보다 미토콘드리아와 모세혈관이 적으며, 마이오글로빈도 많이 가지고 있지 않다. 그래서 이들 섬유는 백색섬유(white fiber)라고도 부른다. 빠른-연축섬유는 저장되어 있는 많은 양의 글리코젠과 고농도의 해당 효소들을 이용하여 무산소성으로 호흡할 수 있다. 닭과 칠면조에서 볼 수 있는 어두운 색 고기와 흰색 고기는 각각 적색섬유와 백색섬유를 가진 근육으로 구성되어 있다. 빠른-연축섬유는 빠른 힘의 발생에 적합하며, 근력 운동으로 더 두껍고 강하게 만들 수 있다. 그러나 빠른-연축섬유는 느린-연축섬유의 특성인 지구력이 부족하다.

일반적으로 단거리 선수들은 빠른-연축섬유를 더 많이 가지는 경향이 있는 반면, 장거리 선수는 느린-연축섬유를 더 많이 가진다. 이러한 차이는 동물 세계에서도 비슷하다. 생활 방식이 다른 관련 종들을 비교해 보면, 먹이를 잡거나 포식자를 피하기 위해 짧고 빠른 속도로 움직이는 종들은 더 많은 빠른-연축섬유를 가지는 반면, 느리지만 오랫동안 이동하는 종들은 느린-연축섬유를 더 많이 가진다.

근육의 물질대사

운동하는 동안 근육은 혈액으로부터 전달된 포도당과 근육 저장고의 글리코젠을 에너지 공급원으로 이용한다. 세포호흡에 의해 얻은 에너지는 ATP를 만드는 데 사용되고, ATP는 근육 수축 동안 교차다리 움직임과 근육 이완 동안 근소포체 안으로 Ca^{2+} 이온을 운반하는 데 이용된다. 근육피로는 근육의 사용 정도에 따라 힘을 생산하는 능력이 감소하는 것이다. 짧은 시간 내의 극심한 활동의 경우, 피로는 매우 오래 지속되는데, 이는 무산소호흡에 의한 젖산(lactic acid)의 축적에 의한 것으로 여겨지고 있다. 장기간 낮은 강도의 활동에서 오는 피로는 글리코젠의 고갈로 인해 나타난다. 근육 글리코젠의 고갈은 운동의 제한 요인이 되므로 여분의 근육 글리코젠을 저장하는 적응이 신체의 지구력을 증가시킨다. 훈련된 운동선수들은 지방산의 유산소호흡으로부터 유래되는 에너지의 비율이 증가되어, 결과적으로 저장된 근육 글리코젠의 고갈이 늦추어진다.

10.5 행동: 본능과 학습

근육 활동으로 인한 동물의 움직임은 결국 외적 · 내적 자극에 대한 행동으로 나타난다. 동물 행동을 관찰하는 것과 관찰한 것에 대해 결론을 내리는 것은 단순한 것 같지만 심오한 과정이다. 행동은 동물이 하는 그 무엇으로, 동물이 환경적 자극과 먹이, 포식자, 교미 등과 연관된 신호를 추적함으로써 그 환경에 반응하는 가장 직접적 방법이다. 행동은 생각과 인식, 사회적 환경 모니터링 또는 협동적으로 행동할지, 이타적으로 행동할지를 결정하는 것이다. 행동은 동물로 하여금 생존과 생식이 가능하도록 하는 진화 과정에 필수 요소이다.

행동의 자연사

왜 동물은 그 동물 특유의 행동을 할까? 새소리를 생각해 보자. 먼저 새는 어떻게 지저귀는가에 관한 질문을 할 수 있다. 이러한 "어떻게"에 대한 질문은 **근접원인**(proximate causation)에 관한 것으로, 행동을 만들어 내는 기작이다. 새 지저귐의 근접원인을 분석하기 위해서, 호르몬 수준 측정 또는 신호와 관련된 신경회로와 뇌 부분의 발달에 대한 연구를 해야 한다.

또 다른 질문은 "왜" 이 행동이 진화했는가이다. 이 질문에 답하기 위해서, 우리는 새의 지저귐이 생존 또는 번식 성공에 어떠한 영향을 미쳤는가를 결정해야 한다. 한 마리의 수컷 새는 다른 수컷으로부터

그림 10.17 거위에서 보이는 선천적 알 굴림 반응.
알을 둥지로 다시 가져오기 위해 거위가 하는 반복적 행동은 고정된 행동유형이다. 한번 핵심자극이 감지되면(이 경우, 알이 둥지 밖에 있음) 거위는 일련의 움직임을 수행한다. 거위는 알 쪽으로 목을 쭉 뻗고, 일어나고, 부리밑 쪽에 알이 위치하게 하고 반복적으로 좌우로 목을 움직여 알을 둥지로 굴려 가져 온다.

자기 영역을 지키기 위하여, 그리고 생식을 위해 암컷의 호감을 끌려고 지저귄다. 이것은 수컷의 지저귐에 대한 **궁극원인**(ultimate causation)에 대한 질문이며, 이를 통해 적응 가치를 이해할 수 있다.

행동학(ethology)은 동물의 본능 또는 프로그램화된 행동을 중심으로 행동에 대한 자연사(natural history)를 연구하는 것이다. 행동학자들은 대상 종 각각의 개체가 주어진 특정 자극에 반응하는 행동에서 공통으로 보이는 유형, 즉 판에 박은 듯하게 행동하는 것을 관찰하였다. 이러한 행동은 반사(reflex)와 같아서 본능 또는 선천적(innate)인 것으로 받아들여진다. 행동은 신경계에 프로그램화된 것으로 여겨지고 있는데, 즉 다시 말하면 유전적으로 내재되어 경험 없이도 반응이 나타나는 것으로 인식되고 있다. 행동학자들은 거위가 알을 모으는 행위와 같은 간단한 행동 실험 및 관찰에 본능 모델을 적용하고 있다(**그림 10.17**). 이 예는 본능에 대한 전형적인 예로, 행동학자들이 행동기작을 개념화하는 방법을 잘 보여주고 있다. 초기 행동학자들은 신경계가 핵심자극(key stimulus, 알이 둥지 밖에 있음)을 인식하고 **고정된 행동유형**(fixed action pattern, 둥지로 알을 다시 가져오는 것)인 운동 프로그램을 자극하는 신경회로를 통하여 행동을 조절한다고 여겼다. 행동학자들은 핵심자극이 행동을 유발하는 신경활동을 개시하는 환경적 신호 또는 계기라고 일반화하였다. 선천적 방출기작에는 신호를 감지하는 감각기와 고정된 유형의 활동을 만들어 내는 근육 조절 신경회로가 관여된다.

행동의 유전

본능 이론(instinct theory)은 유전자가 행동에서 역할을 할 것이라는 가정에서 출발하였으나, 유전자가 행동과 관련하여 어떤 역할을 하는가를 확정적으로 설명할 수 없었다. 행동학자들과 사회학자들은 행동이 개개의 유전자(본성, nature) 또는 학습과 경험(양육, nurture) 중 무엇에 더 영향을 받는가 등에 대한 끝없는 논란을 벌였다. 본성/양육 논쟁의 문제점 중 하나는 둘 중 하나가 영향을 준다는 틀로서 바라보기 때문에, 본능과 경험 모두 유의미한 역할을 가질 수 있고 종종 복잡하게 상호작용하여 행동유형을 만들어 낸다는 점을 놓칠 수 있다는 것이다.

행동유전학(behavioral genetics)은 유전이 행동을 만든다는 것을 다루는데, 인위선택, 잡종, 쌍생아 연구로부터 행동에 있어서 유전자의 역할이 있음을 알아냈다. 분자생물학 기법을 사용하여 하나의 유전자가 어미의 보살핌과 같은 복잡한 행동에서도 작용할 수 있다는 것을 밝혀냈다.

a.

b.

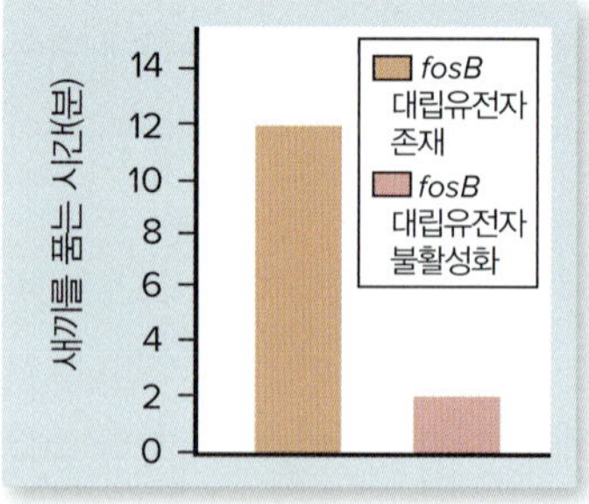

c.

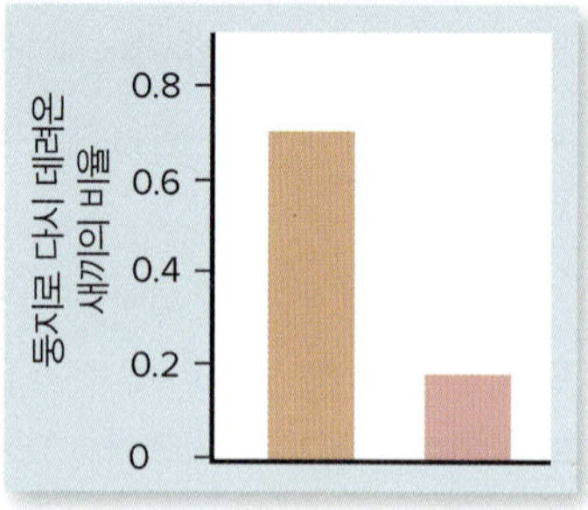

d.

그림 10.18 유전적으로 결함이 있는 어미의 보살핌.
a. 정상적인 생쥐 어미는 새끼를 잘 보호하기 때문에 새끼가 움직여 둥지로부터 멀어지면 다시 둥지로 데려와 품는다. ***b.*** *fosB* 대립유전자에 돌연변이가 있는 어미는 새끼가 둥지에서 멀어져도 보호를 위한 이러한 행동을 하지 않는다. ***c.*** 어미가 새끼를 보호하기 위해 품는 시간의 양. ***d.*** 실험적으로 둥지에서 이탈된 새끼를 다시 둥지로 데려온 비율.

a. *b.* *c.*

그림 10.19 먹을 수 있는 것에 대한 학습.
연합학습은 포식자-피식자 상호 간에도 있다. ***a.*** 무경험의 두꺼비에 호박벌을 먹이로 제공한다. ***b.*** 호박벌에 두꺼비가 쏘이고, ***c.*** 이후 두꺼비는 호박벌을 먹으려 하지 않으며, 검은색과 노란색의 어떤 다른 곤충도 먹으려 하지 않는다. 두꺼비는 곤충의 출현과 통증을 연상함으로써 행동을 바꾸었다.

예를 들면, *fosB* 유전자는 어미의 효과적인 새끼 양육 여부를 결정한다. *fosB* 대립유전자 모두가 이상이 있는 어미는 새끼를 보호하고 방어해 주는 야생형 어미의 행동과는 완전히 다르게 출산 초기에는 새끼를 보살피지만, 이후에는 무시한다(**그림 10.18**). 갓 태어난 새끼를 가진 어미는 청각, 후각, 촉각을 통해 새끼에 관한 감각 정보를 시상으로 전달하여, 이곳에서 *fosB* 유전자를 발현하도록 한다. *fosB* 단백질은 시상하부의 신경회로에 영향을 주는 다른 유전자들을 발현하도록 하는데, 뇌에서의 이러한 신경회로 수정은 어미 행동의 원인이 된다. *fosB* 대립유전자가 없는 어미는 이 과정이 중간 단계에서 멈추기에, 관련 단백질 합성이 없고 관련 신경회로가 형성되지 않아 결국 어미 행동이 없게 된다. 즉, 생쥐의 어미 본능은 유전적으로 규정되는 것이다.

학습

학습 기작은 습관화와 연합 작용을 포함한다. 습관화는 단순한 형태의 학습으로, 긍정적이지도, 부정적이지도 않은 결과를 가져오는 반복적 자극에 대하여 민감도가 점진적으로 줄어든 반응으로 정의한다. 가령, 곤충을 먹이로 하는 새는 시각적으로 복잡한 환경에서 적절한 먹잇감을 찾아야 한다. 새들은 나뭇잎이나 잔가지와 같은 사물을 매우 자주 보기 때문에 그 모습에 습관화되어 있다. 따라서 잔가지나 나뭇잎처럼 보이는 곤충은 새가 공격하도록 자극하지 않아 보호받을 수 있다. 이는 습관화를 이용한 피식자 방어라고 할 수 있다.

보다 복잡한 형태의 학습은 두 자극 간 또는 자극과 반응에 관련된 행동과 연관되어 있다. 예를 들면, 연합학습(associative learning, **그림 10.19**)에서 행동은 연상을 통하여 변형되거나 조건적이 된다. 가령, 고기를 줄 때 종소리와 같은 상관없는 자극을 반복적으로 주면, 곧 개는 종소리만으로도 자극되어 침을 흘리게 된다[파블로프(Ivan Pavlov)의 조건반사].

행동의 발달

행동생물학자는 행동이 유전과 학습으로 구성되어 있음을 인식하고 있다. 이들 두 요인은 행동을 만들어나가는 빌딜 과정 동안 상호작용을 한다.

부모-자식 간의 상호작용

동물이 성숙해 감에 따라, 다른 개체에 대한 사회적 애착이 발달하는데, 이러한 과정을 **각인**(imprinting)이라 한다. 각인의 형성은 특정 기간에 매우 높은데, 이 시간 동안 정상 발달에 필요한 정보가 획득되어야 한다. 예를 들면, 오리와 거위의 새끼는 부화 후 몇 시간 내에 어미를 졸졸 따라가기 시작하고, 이들의 따라가는 반응은 어미와 새끼 간의 사회적 유대가 형성된 결과이다. 어린 새의 초기 경험은 각인을 통하여 이후 삶에서 어떻게 사회적 행동이 발달하는가를 결정한다. 생태학자인 로렌츠(Konrad Lorenz)는 거위가 부화 후 처음 본 물체를, 그것이 어미가 아닐지라도 따라가고 그 물체에 대한 사회적 행동을 이끈다는 것을 증명하였다(**그림 10.20**). 이처럼 부모와 자식 간의 상호작용은 사회 행동의 정상적인 발달을 위해 필수적이다.

그림 10.20 너무 다르게 생긴 엄마.
거위 새끼들이 로렌츠를 마치 어미처럼 열심히 따라가고 있다. 로렌츠는 이들 거위 새끼들이 부화 후 처음 본 대상체로, 그 자신을 각인에 활용한 것이다. 그는 1973년에 이 실험으로 노벨생리의학상을 수상하였다.

a. *b.*

그림 10.21 동물의 사고 능력.
a. 이 침팬지는 잔가지에서 잎을 제거하고 있는데, 이 잔가지는 흰개미 집을 찾는 데 사용된다. 이러한 행동은 침팬지가 이것을 가지고 무엇을 하겠다는 것에 대한 완전히 지식을 가지고 의식적으로 미래를 계획함을 강하게 나타내는 것이다. *b.* 이 바다수달은 조개를 깨서 열기 위해 돌을 모루로 이용한다. 어떤 바다수달은 마음에 드는 돌을 오랫동안 간직하는데, 이는 미래에 이것을 다시 사용할 것이라는 확신을 갖고 있는 것처럼 여겨진다. 이와 같은 행동들은 동물이 사고할 수 있는 능력이 있다는 것을 나타낸다.

그림 10.22 큰까마귀의 문제 해결 능력.
줄에 매달린 고기처럼 새로운 문제 상황에 접했을 때 큰까마귀는 반복적으로 조금씩 줄을 당겨 결국에는 줄 끝에 매달려 있는 고기를 얻는 방법을 고안해 냈다.

인지 행동

지난 수십 년간 동물 행동 연구자들은 인간 이외의 동물은 사고능력이 없다고 생각해왔으나, 현재는 동물도 인지 행동(cognitive behavior)을 할 수 있다는 주장이 광범위하게 지지받고 있다(**그림 10.21**). 야생동물 연구자들은 일본 짧은꼬리원숭이가 감자에서 모래를 털어내는 것을 배우고 모래와 곡식 낟알을 구분하기 위해 물에 띄우는 것을 배우는 것을 관찰하였다. 침팬지는 나뭇가지에서 잎을 훑어내고 이 막대를 흰개미 둥지에 넣어 흰개미를 낚시한다. 침팬지는 또한 나무 조각을 망치와 모루처럼 사용하여 견과를 깨 먹는다. 더 놀라운 것은 새끼에게 견과 깨는 방법을 가르친다는 것이다. 인지능력(cognitive ability)은 영장류에만 국한된 것이 아니다. 큰까마귀 및 근연종인 새들은 특별한 통찰력과 문제 해결 능력을 보여준다(**그림 10.22**).

동물의 의사소통

의사소통은 종족 인식과 생식, 그리고 사회적 행동에 필수적인 상호작용에 중요하다. 행동학과 관련된 많은 연구는 통신 신호의 특성을 분석하여 어떻게 신호를 생산하고 수신하는지를 밝히며, 그 생태학적 역할과 진화적 기원을 규명하고 있다. 의사소통은 시각, 청각, 화학, 전기 및 진동 신호를 포함한 다양한 신호 방식을 포함한다.

성공적인 번식은 적절한 신호와 반응에 달려 있기에, 구애하는 동안 동물들은 잠재적인 짝들과 의사소통하기 위한 신호를 만들어 낸

그림 10.23 꿀벌(*Apis mellifera*)의 흔들이 춤.
a. 먹이 공급원, 벌집, 태양 사이의 각도는 춤추는 벌이 직선으로 춤 추는 부분과 수직선 사이의 각도로 표현된다. 먹이가 태양의 오른쪽으로 30°에 있으면, 벌집에서 벌이 직선으로 춤을 추는 부분은 수직에서 오른쪽으로 30°이다. *b.* 정찰벌은 벌집의 동료들 사이에서 춤을 춘다.

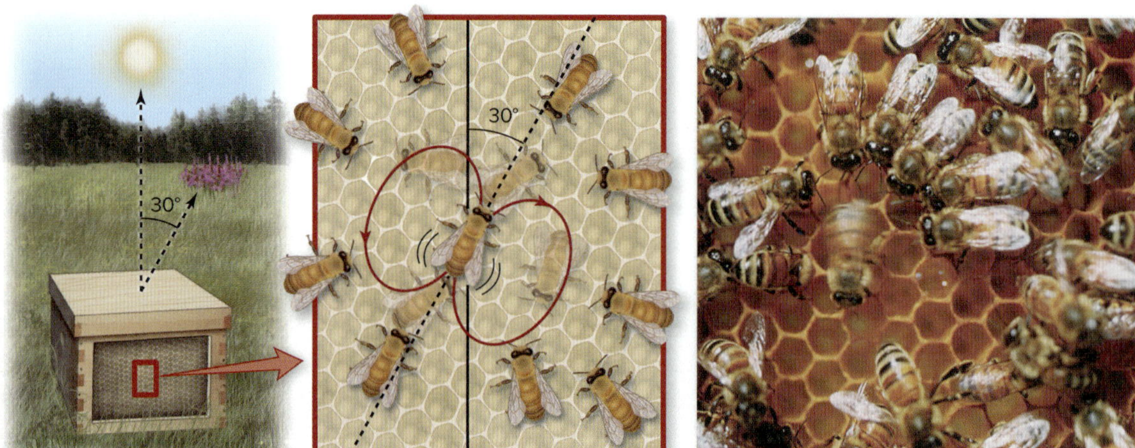

a. *b.*

다. 이러한 신호는 일반적으로 종 특이적이다. 가령 반딧불이는 섬광의 패턴으로 같은 종을 확인하고, 수컷 나방은 암컷이 분비하는 성페로몬을 인식한다. 또한 많은 곤충, 양서류, 새들은 짝을 유혹하기 위해 음향신호를 생성한다. 이러한 종에서 노래는 종은 물론 개체별로도 서로 다르다.

많은 동물은 집단 구성원들 간에 정보가 전달되는 사회적 집단에서 살고 있다. 예를 들어, 포유류 사회의 몇몇 개체는 위험을 경계하며 보초 역할을 한다. 포식자가 나타나면 경보음을 울리고, 집단 구성원은 피난처를 찾아 대응한다(표지 사진, 보초를 서는 미어캣 참조). 일부 동물은 환경으로 분비되어 종 내 개체 사이에 전달되는 화학물질인 **페로몬**(pheromone)을 이용한다. 개미와 꿀벌과 같은 사회적 곤충들은 공격 행동을 유발하는 경보 페로몬을 생성한다. 또한 개미들은 서식지 내 다른 구성원들을 먹이로 유도하기 위해 둥지와 식량원의 사잇길에 페로몬을 뿌린다. 꿀벌들은 벌집 동료들을 화밀원으로 안내하는 매우 복잡한 춤 언어를 가지고 있다(**그림 10.23**).

10.6 행동의 진화: 생식 전략

다른 종류의 표현형과 마찬가지로 행동 형질은 자연선택에 의해 진화할 수 있다. 그리고 다른 유형의 형질들과 마찬가지로, 자연선택에 의한 행동 진화는 3가지 조건을 충족시켜야 한다. 먼저 다양성이 존재해야 하며(일부 개체는 다른 개체와 다르게 행동해야 한다), 이러한 차이들은 **적응도**(fitness)의 차이를 야기해야 하고, 변화는 유전에 근거해야 한다(즉, 유전적이어야 한다). 예를 들어, 어떤 큰뿔야생양은 다른 것들보다 더 대담한데, 사자의 포식 현상이 흔할 때는 용감한 양이 더 많이 살아남았고 더 많은 새끼를 키웠는데, 이것은 한 행동적 형질을 다른 것보다 선호하는 자연선택의 또 다른 예다. 이와 같은 행동의 차이가 유전적 차이의 결과인 경우가 많기에, 그러한 자연선택은 진화적인 변화를 초래할 수 있다.

행동생태학

행동생태학(behavioral ecology)은 자연선택이 어떻게 행동을 형성하는가에 대한 연구이다. 이 분야는 행동의 적응적 중요성 또는 행동이 어떻게 생존과 번식을 증가시킬 수 있는지를 검토한다. 현재의 행동생태학 연구는 행동이 동물의 생식 성공이나 적합성에 어떻게 기여하는가에 초점을 맞추고 있다. 따라서 행동생태학 분야는 2가지 질문에 관련된다. 첫째, "행동은 적응력이 있는가?" 만약 행동에 적응력이 있다면, 다음 질문은 "어떻게 적응이 되는가?"이다. 궁극적인 기준은 생식 성공이지만, 행동생태학자는 어떻게 행동이 생식 성공으로 이어질 수 있는지에 관심이 있다. 행동이 에너지 섭취를 증가시켜 생산되는 자손의 수를 증가시키는가? 아니면 짝짓기 성공을 증가시키는가? 또는 포식될 가능성을 감소시키는가? 행동생태학자의 일은 행동적 형질(예, 효율을 추구하는 것)이 이러한 각각의 활동에 미치는 영향을 알아내고, 그 후에 적응도 증대로 이어지는지를 발견하는 것이다. 이러한 효과의 이익과 비용은 에너지 또는 자손의 측면에서 추정되며, 행동의 적응성을 분석하는 데 종종 사용된다.

가령 **먹이찾기**(foraging) 행동에 대해 살펴보면, 동물에게 큰 먹이는 더 많은 에너지를 제공할 수 있지만 포획하기 더 어렵고 수가 많지 않을 수 있다. 따라서 먹이찾기는 먹이의 에너지 함량과 그것을 얻는 비용 사이에서 절충된다. 각기 다른 크기의 먹이를 먹음으로써 얻는 순에너지는 단순히 먹이를 쫓고 처리하는 데 드는 에너지 비용을 뺀 것이다. 최적섭식이론(optimal foraging theory)에 따르면, 자연선택은 가능한 한 효율적인 포획행위를 하는 개체에게 유리하다. 이러한 행동은 세력권(territoriality)에서도 나타난다. 즉 세력권을 보유함으로써 얻는 이익이 세력권을 지키는 데 드는 비용을 초과할 경우, 세력권 행동이 진화하게 된다.

생식 전략

번식기 동안 동물들은 어떤 짝을 선택할지, 얼마나 많은 짝을 가질지, 얼마나 많은 시간과 에너지를 양육하는 자손에게 사용할지 등과 관련하여 몇 가지 중요한 삶의 역사적 "결정"을 한다. 이러한 결정은 동물의 생식 성공을 극대화하기 위해 진화한 일련의 행동이다.

번식기에 동물이 교미하는 개체의 수는 종마다 다르다. 짝짓기 시스템(mating system)으로는 **1부1처제**(monogamy; 수컷 1마리가 암컷 1마리와 교배함), **1부다처제**(polygyny; 수컷 1마리가 여러 마리의 암컷과 교배함) 및 **1처다부제**(polyandry; 암컷 1마리가 여러 마리의 수컷과 교배함)가 있다. 일반적으로 새들의 경우 모든 종의 90% 이상이 1부1처제이다. 자연선택의 전략은 먹이를 주거나 새끼들을 포식자로부터 방어하는 데 있어 수컷의 도움이 필요한가에 달려 있다. 어떤 종(인간처럼)은 태어난 자손이 만숙성(altricial)이어서, 장기적이고 확대된 보살핌을 필요로 한다. 이러한 종에서는 부모 모두의 보살핌이 필요하기에 수컷이 짝을 버리고 다른 짝을 찾는 경향이 감소한다 . 태어난 후 새끼들이 곧바로 활동할 수 있는 조숙성(precocial)은 양육에 대한 수컷들의 필요성이 매우 낮기에 1부다처제를 지향할 가능성이 더 크다. 포유류는 암컷만이 젖을 먹이기 때문에 수컷은 새끼를 먹이는 문제로부터 자유롭다. 그래서 대부분 포유류는 1부다처제이다.

이타주의

이타주의(altruism)는 행하는 개체가 대가(비용)를 치르고 다른 개체에게 이익을 주는 행동이다. 예를 들어, 많은 새 종들에는 새끼들을 기르는 데 도움을 주는 부모 말고도 둥지에서 일하는 도우미들이 있다. 포유류와 조류에서 포식자를 경계하는 개체는 비록 그러한 행위가 자신의 위치를 포식자에게 드러낼 수 있음에도 불구하고, 그룹의 다른 구성원들에게 탈출할 수 있도록 경고하는 경보음을 제공한다. 그리고 개미와 같은 사회적 곤충에서 일개미들은 서식지의 여왕이 번식하는 것을 도울 뿐 자신들은 번식 능력이 없다.

이타주의의 진화를 설명하기 위해 여러 가지 가설이 제시되었는데, 현재의 연구들은 겉보기에는 이타적인 행위들이 사실 이기적이라고 지적한다. 예를 들어, 둥지의 도우미는 어린 새로서, 종종 기존의 부모 새를 지원함으로써 값진 육아 경험을 얻을 수 있다. 이는 그들이 번식할 때 이점을 줄 수 있다. 더욱이 그들은 새끼를 기르는 짝주위를 어슬렁거림으로써 부모 새들이 죽었을 때 영역을 물려받을 수도 있다.

상호이타주의(reciprocal altruism)에서는 유전적으로 관련이 없는 개체 간의 상호교류가 서로에게 이익이 되기 때문에 "파트너십"을 형성할 수 있다고 말한다. 도움을 받았으나 나중에 보답하지 않는 "사기꾼"은 차별을 받아 향후의 원조를 받을 수 없기에, 파트너십은 안정적이다. 이 가설에 따르면, 사기꾼은 갚지 않아서 생기는 현재의 조그만 이익보다 미래의 원조를 받지 못하여 치러야 하는 잠재적 비용이 훨씬 크기에, 이러한 조건하에서 부정행위는 선택으로 인해 없어진다.

그림 10.24 흡혈박쥐(*Desmodus rotundus*)의 상호 이타주의.
흡혈박쥐는 큰 포유류의 피를 먹고 살지만, 그들은 사람으로 변신하지 않고 관에서 잠도 자지 않는다. 흡혈귀들은 무리를 지어 살며 혈액을 나누어 먹는다. 그들은 어떤 박쥐가 과거에 그들에게 피를 제공했는지 기억하며 이전에 그들과 피를 공유했던 박쥐들과 더 많이 피를 공유할 가능성이 있다. 사진 속 박쥐들은 브라질의 소에서 먹이를 취한다.

흡혈박쥐(vampire bat)는 대사율이 높기에 최근에 먹이를 먹지 못한 개체는 죽을 수도 있다(**그림 10.24**). 숙주를 발견한 박쥐들은 많은 피를 빨아들이기 때문에, 동료가 굶지 않도록 소량의 피를 나누어 주는 것은 큰 부담이 되지 않는다. 이들은 과거에 피를 주었던 개체와 피를 나누는데, 반드시 친척일 필요는 없다. 과거 혈액을 주었던 박쥐에게 혈액을 나눠주지 않은 박쥐는 미래의 피 공유에서 제외된다. 상생은 인간을 포함한 많은 영장류에서 일상적으로 일어난다.

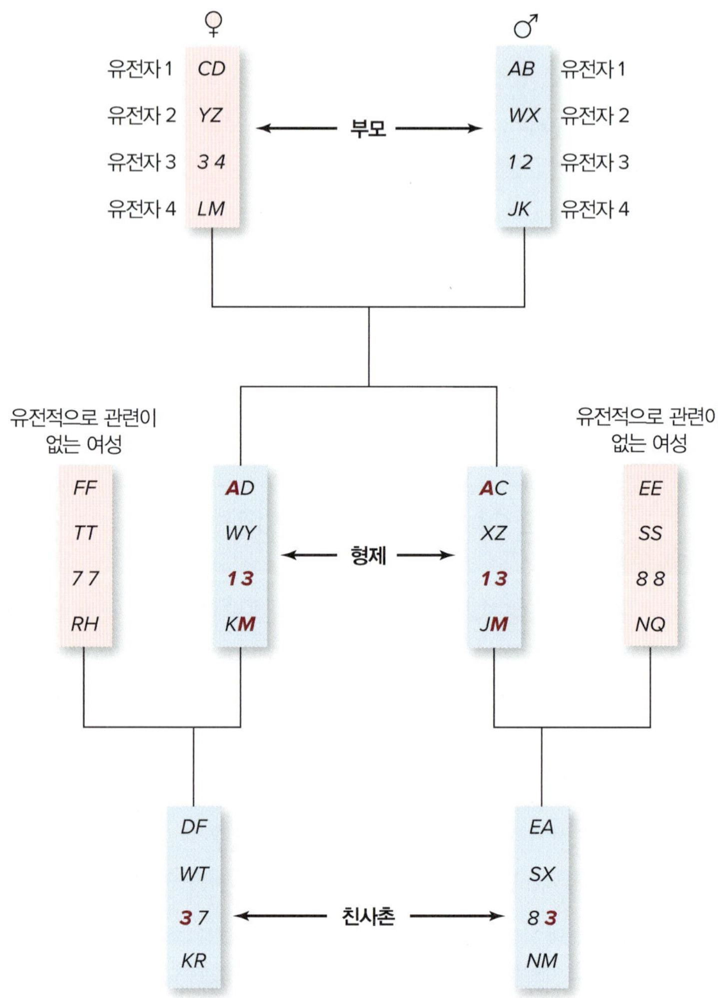

평균 유전적 관계		
부모-자식	=	1/2
모든 형제자매	=	1/2
의붓 형제자매	=	1/4
친사촌	=	1/8

그림 10.25 유전적 관계의 가설적 예시.
평균적으로, 형제자매는 그들의 대립유전자의 반을 공유한다. (이를 설명하기 위해 위 모식도에서 부모는 각각의 유전자에 대해 2개의 서로 다른 대립유전자를 가지고 있다. 예를 들어, 아버지는 유전자 1에 대해 *A*와 *B*를 가지고 있는 반면, 어머니는 *C*와 *D*를 가지고 있다). 반면, 사촌들은 평균적으로 1/8만 공유한다. 각각의 문자와 숫자는 서로 다른 대립유전자를 나타낸다.

혈연선택 이론

이타주의의 혈연적 기원에 대한 가장 설득력 있는 설명은 해밀턴(William D. Hamilton)에 의해 1964년에 제시되었다. 자연선택은 한 개인의 대립유전자를 전파하는 어떠한 행동도 선호하므로 생명의 희생도 포함된다. 해밀턴은 가까운 친족들을 도움으로써 이타주의자는 자신의 적응도 감소를 보상받을 수 있다는 것을 수학적으로 보여주었다. 친족을 향한 이타주의를 선호하는 선택을 **혈연선택**(kin selection) 이론이라고 한다.

해밀턴은 생식 성공을 새로운 개념인 "**포괄적응도**(inclusive fitness)"로 정의했다. 포괄적응도는 직접(개인적 적응도) 또는 간접(친족들의 적응도) 번식을 통한 유전자 전파를 모두 고려한다. 즉, 혈연관계가 가까울수록 자신의 희생으로 인해 친족이 얻을 유전적 보상이 더 커진다는 것이다. 해밀턴은 $rb>c$일 때 이타적인 행위가 선호된다고 말한다. 이 식에서 b와 c는 각각 이타행위의 유익성과 비용이며, r은 두 개인이 공유하는 대립유전자의 비율인 혈연계수이다(**그림 10.25**). 예를 들어, 개인은 자신의 유전자의 1/4을 공유하는 의붓형제자매($r=0.25$)가 5명 이상의 추가 자손($b=5$)을 가질 수 있는 경우, 개인은 자식($c=1$)을 한 명 덜 가질 용의가 있다고 본다.

핵심 개념 요약

10.1 척추동물의 구조

- 척추동물의 주요 조직으로 상피조직, 결합조직, 근육조직, 신경조직이 있다. 기관은 여러 조직의 그룹으로 이루어진 구조적 · 기능적 단위이며, 기관계는 기관들의 그룹으로 이루어지고 집합적으로 하나의 기능을 수행한다.
- 상피조직은 척추동물의 몸을 보호하며 물질을 분비하기도 한다. 결합조직은 풍부한 세포외기질을 가지며, 지방, 인대, 힘줄 등의 일반결합조직과 연골, 뼈, 혈액 등의 특수결합조직으로 구분된다. 근육조직에는 평활근과 가로무늬근인 골격근, 심근이 있으며, 이것은 다시 수의근인 골격근과 불수의근인 평활근, 심근으로 구분할 수 있다. 전기화학적 충격을 전도하는 신경조직은 뉴런과 신경교로 구성된다.
- 척추동물의 기관계는 모두 11개로 구성되어 있고, 환경에 대한 반응, 이동, 조절과 유지, 방어, 생식 등을 담당한다.

10.2 항상성과 조절

- 내부 상태에서의 동적인 불변성을 항상성(homeostasis)이라고 하며, 이것은 주로 음성피드백 기작과 길항작용에 의해 유지된다.
- 양성피드백 기작에서 한 방향의 변화는 같은 방향으로 더 많은 변화를 가져온다.

10.3 뼈와 골격

- 동물의 골격계는 유체골격, 외골격, 내골격의 3가지 유형으로 구분된다.
- 뼈 조직은 조골세포, 골세포, 파골세포에 의해 형성되며, 고도로 구조화되어 있다. 뼈는 2가지 발달 방식에 의해 분류할 수 있는데, 막내 발달에서 뼈는 결합조직층 내에서 형성된다. 연골내 발달에서 뼈는 연골성 모형 안에 채워진다.
- 구와관절은 모든 방향으로 움직일 수 있다. 경첩관절은 제한된 움직임을 할 수 있다. 활주관절은 미끄러질 수 있으며 안정성과 유연성을 제공한다. 조합관절은 회전과 활주를 할 수 있게 해준다.

10.4 근육 수축과 운동

- 근육은 일반적으로 반대 그룹과 함께 작용한다. 굴근은 관절에서 각도를 줄이고 신근은 각도를 넓힌다(길항작용). 대부분의 운동은 원하는 행동을 위해 근육을 켜고 끄는 데 필요한 고도로 조율된 신경 조절이 필요하다.
- 근육은 굵은 미세섬유와 가는 미세섬유로 구성되어 있다. 근육 수축은 액틴과 마이오신 필라멘트가 교차다리를 형성하고 서로 상대적으로 활주할 때 일어난다.
- 트로포닌에 의해 액틴에 부착되어 있는 트로포마이오신은 교차다리 형성을 차단한다. 신경 자극은 근소포체에서 세포질로 Ca^{2+}을 방출시키고, 트로포닌-Ca^{2+} 복합체가 형성되게 한다. 이 복합체는 트로포마이오신의 위치를 바꾸어 줌으로써 교차다리가 형성될 수 있도록 해준다.
- 운동 단위는 하나의 운동뉴런과 그 분지에 의해 작용하는 모든 근섬유들로 구성된다.
- 연축은 단일 근육 자극에서 수축과 이완 사이의 간격이다. 두 번째 연축이 첫 번째 연축에 부분적으로 첨가될 때 가중이 일어난다. 강축은 연축 사이에 이완이 없는 상태이다.

- 골격근 섬유의 주요 2가지 유형은 느린-연축섬유(지구력)와 빠른-연축섬유(순발력)이다.
- 휴식할 때 골격근은 지방산 분해를 통해 에너지를 얻는다. 활성 상태에서는 포도당과 글리코젠으로부터 에너지를 얻는다.

10.5 행동: 본능과 학습

- 근접원인은 "어떻게"라는 행동 기작을 나타내며, 궁극원인은 "왜"라는 행동의 진화적 의미를 검토하는 것이다.
- 선천적 또는 본능적 행동은 학습이 필요하지 않은 환경 자극 또는 촉발에 대한 반응이다. 인위선택, 잡종, 쌍생아 실험을 통해 유전자와 행동의 연계성을 알 수 있는데, 일부 행동은 단일 유전자에 의해 조절될 수 있다.
- 비연합학습(nonassociative learning)의 한 형태인 습관화는 반복적으로 주어지는, 중요하지 않은 자극에 대한 반응이 감소하는 것이다. 연합학습은 두 자극 또는 한 행동과 한 반응의 연결(조건화)에 의한 행동의 변화이다. 고전적(파블로프) 조건 형성은 두 자극이 서로 연관됨으로써 일어난다.
- 각인으로 인해 어린 동물은 다른 개체에 애착(믿음)을 형성하거나 이후의 행동에 영향을 주는 선호도가 발달한다. 이는 부모와 자식 간의 상호작용이 행동 발달에 중요함을 의미한다.
- 본능과 학습은 행동 발달에서 상호작용한다.
- 일부 동물은 인지적 행동을 보이고 새로운 자극에 대한 해결책을 찾을 수 있다.
- 구애 신호는 보통 종 특이적이고 다른 종을 인식하는 생식격리를 가능하게 하며, 의사소통은 그룹 구성원 간의 정보 교환을 가능하게 한다.

10.6 행동의 진화: 생식 전략

- 행동에 대한 자연선택은 변이가 있을 때 진화적인 변화를 이끌 수 있고, 다음 세대에 물려줄 수 있으며, 적응도의 차이를 유발한다.
- 자연선택은 에너지 섭취의 비용을 최소화하면서 성공적 번식을 최대화하는 최적섭식전략을 선호한다. 또한 세력권 보유의 이익이 비용을 초과할 경우, 세력권 행동이 진화한다.
- 짝짓기 시스템은 1부1처, 1부다처, 1처다부 등이 있는데, 부모가 자손을 돌보는 능력을 반영하고 생태계의 영향을 받는다.
- 상호주의 이론은 관련 없는 개체들 사이의 이타성을 설명하는데, 혈연선택 이론은 이타주의에 직접적인 유전적 이점을 제공한다.

연습문제

1단계: 이해력 확인하기

1. 골격근 세포가 전형적인 포유동물 세포와 <u>다른</u> 점은?

① 다핵이다.
② 미토콘드리아를 가진다.
③ 원형질막이 없다.
④ 배아 조직으로부터 유래되지 않았다.

2. 다음 중 신경교세포의 기능으로 옳은 것은?

① 말초신경에서 중추신경으로 신호를 전달한다.
② 뉴런의 지탱과 보호를 한다.
③ 근육 수축을 자극한다.
④ 기억을 저장한다.

3. 다음 중 골격근 세포의 설명으로 옳은 것은?

① 성장으로 인한 다핵성 세포
② 작은 세포들의 융합에 의한 다핵성 세포
③ 간극연결에 의해 연결된 작은 세포
④ 단핵으로 된 큰 세포

4. 두 사람의 X-선 사진을 찍었다. 한 사람은 30년간 무거운 것을 들어올리면서 보디빌더를 해왔고, 다른 사람은 대부분의 삶을 앉아서 생활하며 지내왔다. 이 두 사람의 X-선 사진은 어떻게 다를 것이라고 예상하는가?

① 차이가 없을 것이다. 그들 모두 나이에 비례하여 자연적으로 뼈가 두꺼워져 젊은 사람보다 뼈가 두꺼울 것이 다.
② 차이가 없을 것이다. 생활방식은 뼈 밀도에 영향을 주지 않는다.
③ 물리적 스트레스의 영향으로 앞 사람의 뼈가 더 두꺼울 것이다.
④ 앉아서 생활하는 습관 때문에 뼈에 지방조직이 축적되어 두 번째 사람의 뼈가 더 두꺼울 것이다.

5. 다음 중 근수축의 활주 기작을 가장 잘 설명한 것은?

① 액틴과 마이오신 미세섬유는 짧아지지 않으면서 서로를 활주하여 지나간다.
② 액틴과 마이오신 미세섬유는 짧아지면서 서로를 활주하여 지나간다.
③ 서로를 활주하여 지나며, 액틴 미세섬유는 짧아지고, 마이오신 미세섬유는 짧아지지 않는다.
④ 서로를 활주하여 지나가며, 마이오신 미세섬유는 짧아지고, 액틴 미세섬유는 짧아지지 않는다.

6. 운동뉴런은 무엇을 분비하여 근수축을 자극하는가?

① Ca^{2+}
② ATP
③ 아세틸콜린
④ 호르몬

7. 근수축이 일어나는 과정을 순서에 맞게 나열한 것은?

1. 근소포체가 Ca^{2+}을 방출한다.
2. 마이오신은 액틴과 결합한다.
3. 뉴런으로부터 활동전위가 도달한다.
4. Ca^{2+}이 트로포닌에 결합한다.

① 1, 2, 3, 4
② 3, 1, 2, 4
③ 2, 4, 3, 1
④ 3, 1, 4, 2

8. 다음 중 항상성에 대한 설명으로 옳지 않은 것은?

① 동적인 과정이다.
② 내부 환경을 유지한다.
③ 필수적인 존재이다.
④ ①~③ 모두 옳다.

9. 다음 중 양성피드백의 설명으로 옳은 것은?

① 방 온도가 증가했을 때 난방기가 켜진다.
② 물을 많이 섭취했을 때 소변이 많이 생성된다.
③ 휘발유 값이 올랐을 때 운선사의 이동 거리가 줄어든다.
④ 추울 때 몸을 떤다.

10. Ca^{2+}의 저장에 문제가 생긴다면 근수축에 어떠한 영향을 주는 것일까?

① Ca^{2+}은 트로포마이오신에 결합할 수 없고, 이를 통해 트로포닌이 이동하여 교차 다리를 위한 결합 부위가 드러나지 않는다.
② Ca^{2+}은 트로포닌에 결합할 수 없고, 이를 통해 트로포마이오신이 이동하여 교차 다리를 위한 결합 부위가 드러나지 않는다.
③ Ca^{2+}은 트로포마이오신에 결합할 수 없고, 이를 통해 트로포닌이 ATP를 방출하게 한다.
④ Ca^{2+}은 트로포닌과 결합할 수 없고, 이를 통해 트로포마이오신이 ATP를 방출하게 한다.

11. 골세포는 뼈 속에서 어떻게 살아갈 수 있을까?

① 뼈는 죽은 세포나 휴지기의 세포들로 구성되어 있다.
② 하버스 채널은 골세포에게 기질을 제공하는 혈관을 가진 뼈 구조이다.
③ 골세포는 뼈로부터 튀어나온 막을 연장시켜 주위 체액이 가진 기질을 변화시킨다.
④ 뼈는 중앙이 비어 있고 압력이 낮으므로 혈액으로부터 골세포에 영양분을 공급한다.

12. 아세틸콜린(ACh) 분비가 저해되면 어떤 일이 일어날까?

① 체강의 운동뉴런이 활성화되지 않는다.
② 체강의 운동뉴런 자극이 근섬유 수축으로 이어지지 않는다.
③ 마이오신 분자가 ADP를 방출하지 못한다.
④ Na^{+}의 유입이 근육 세포막의 탈분극을 유도한다.

13. 핵심자극, 선천적 분비 기작, 고정된 행동양식은 무엇인가?

① 학습되는 행동과 관련된 기작이다.
② 본능적인 행동으로 구성된다.
③ 궁극원인이라는 개념으로 설명될 수 없는 행동이 관여한다.
④ 자연선택과는 무관한 행동들이 관여한다.

14. 다음 중 동물의 구애 의사소통에 대한 설명으로 옳은 것은?

① 신호 자체가 항상 종 특이적이다.
② 신호는 종의 정체성을 전달한다.
③ 자극-반응 연합이 관련되어 있다.
④ 구애신호는 수컷에서만 생성된다.

15. 행동생태학은 어떤 특징을 띠는가?

① 모든 행동적 형질은 본능이다.
② 학습은 행동 결정에서 우선적인 것이다.
③ 모든 행동적 형질은 자연선택을 받는다.
④ 행동적 특성은 적응도에 영향을 주지 않는다.

16. 다음 중 최적섭식이론의 설명으로 적절한 것은?

① 개체들은 단위 시간당 에너지 습득을 최소화한다.
② 최적의 먹이 선택에서 유일한 기준은 먹이의 에너지 함량이다.
③ 최적의 먹이 선택에서 유일한 기준은 먹이를 얻는 데 소요되는 시간이다.
④ 먹이가 높은 에너지를 가지지만 얻는 데 시간이 너무 많이 소요된다면 에너지 함량이 적은 것에 비하여 가치가 떨어진다.

17. 혈연선택설에 따르면, 다음 중 누구의 목숨을 구하는 것이 여러분의 포괄적응도가 가장 적게 증가하는 것인가?

① 어머니
② 형제
③ 처제
④ 조카딸

18. 다음 중 이타주의에 대한 설명으로 적절한 것은?

① 상호주의를 통해서만 기능하다.
② 혈연선택을 통해서만 가능하다.
③ 집단선택에 의해서만 설명될 수 있다.
④ 주어진 행동으로 적응도에 대한 이익이 비용에 비해 클 때만 일어난다.

■ 2단계: 분석 및 적용하기

19. 공복통(hunger pange)을 느낄 때, 공복이 양성피드백 자극인가 아니면 음성피드백 자극인가? 이 자극에 대한 반응에 연관된 단계들을 설명하라.

20. 항상성이 동적 과정으로 설명되는 이유는 무엇일까? 이 과정에서 음성 피드백은 어떤 기능을 하는가? 길항적 작동기들이 어떻게 일정한 수준으로 유지되고, 이것이 동적 과정의 개념과 어떻게 연관되는가?

21. 있는 힘껏 달린 다음, 이어서 가벼운 달리기를 했다. 이렇게 운동이 바뀌는 동안 골격근이 이용하는 에너지원은 어떻게 바뀔까? 그리고 그 이유는 무엇일까?

22. 신경가스 사린(methylphosphonofluoridic acid)은 아세틸콜린을 분해하는 데 필요한 아세틸콜린에스터레이스(acetylcholinesterase)의 작용을 억제한다. 이러한 사실에 근거하여, 이 신경가스가 근육의 기능에 미치는 영향은 무엇일까?

23. 침을 쏘거나 독성물질을 가지고 있는 곤충들은 종종 몸 색깔이 검은색과 노란색인 경우가 많고, 결국 많은 곤충 포식자들은 이런 색깔을 가진 곤충들을 잘 먹으려 들지 않는다. 특정 곤충을 회피하는 이러한 행동이 타고난 것인지, 아니면 학습에 의한 것인지 어떻게 결정할 수 있을까? 만약 회피가 학습되는 것이라면, 관련된 학습 기작을 어떻게 결정할 것인가? 피식자 곤충에게 검은색-노란색이 적응에서 어느 정도의 중요성을 가지는 것을 어떻게 측정할 수 있겠는가?

11

동물의 신경계와 내분비계

도입

해면동물을 제외한 모든 동물은 신체의 상태와 외부의 환경에 대한 정보를 수집하고 종합하고 처리하여 몸의 항상성을 유지한다. 이런 항상성 유지에 신경계와 내분비계가 중요한 역할을 한다. 뉴런으로 구성된 신경계는 빠른 통신방을 통해 다양한 피드백 체계를 이룬다. 내분비기관은 호르몬을 생산하여 혈액을 통해 먼 거리의 표적기관을 효과적으로 조절하여 항상성을 유지한다. 두 체계 모두 기관의 세포막 또는 세포내 수용체 단백질에 결합함으로써 작용한다.

11.1 신경계의 구성

동물은 환경의 자극에 대해 반응하기 위해 자극을 감지하는 감각수용기(sensory receptor)와 그 자극에 반응하는 운동 작동기(motor effector)를 가져야 한다. 이들은 서로 소통하기 위해 신경계로 연결되어 있다.

신경계의 세포 유형

신경계의 세포는 **뉴런**(neuron)과 지지세포(supporting cell)로 이루어져 있다. 척추동물의 신경계는 **감각뉴런**(sensory neuron, 또는 구심성 뉴런, afferent neuron), **운동뉴런**(motor neuron, 또는 원심성뉴런, efferent neuron), **연합뉴런**(또는 사이뉴런, association neuron/inter neuron)으로 구성된다(**그림 11.1**).

척추동물의 감각뉴런과 운동뉴런은 함께 말초신경계(peripheral nervous system, PNS)를 구성한다. 골격근이 수축하도록 자극하는 운동뉴런은 체성신경계(somatic nervous system)이고, 평활근, 심근, 분비샘의 활동을 조절하는 운동뉴런은 자율신경계(autonomic nervous system)이다. 자율신경계는 교감(sympathetic) 및 부교감(parasympathetic)신경계로 구분되며, 이들은 기관계의 조절에서 서

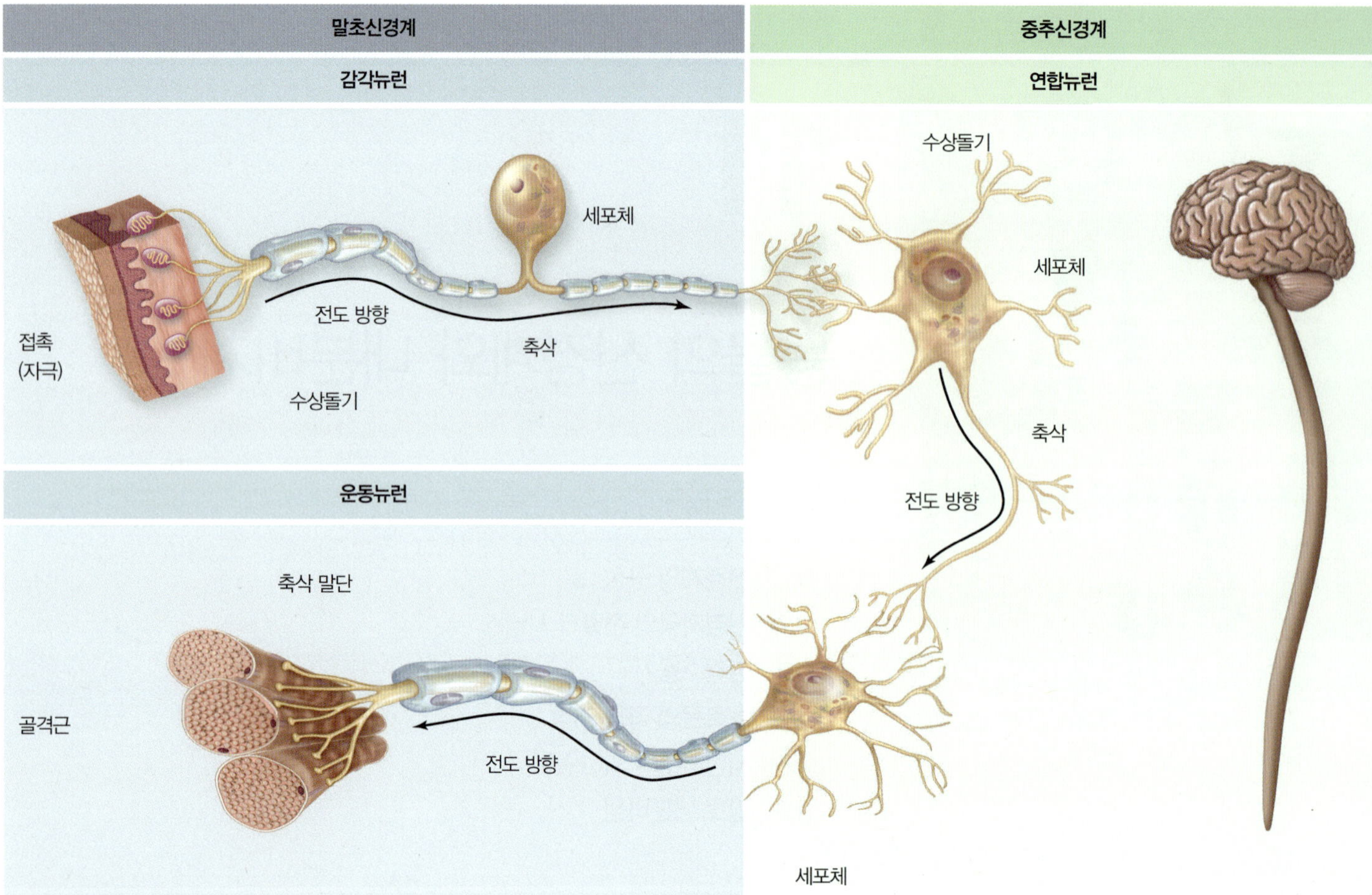

그림 11.1 뉴런의 3종류.
뇌와 척수는 척추동물의 중추신경계(CNS)를 형성하고, 감각뉴런과 운동뉴런은 말초신경계(PNS)를 형성한다. 말초신경계의 감각뉴런은 환경의 정보를 중추신경계로 전달한다. 중추신경계의 연합뉴런은 감각뉴런과 운동뉴런을 연결해 준다. 말초신경계의 운동뉴런은 근육과 분비샘(작동기)으로 자극을 전달하거나 명령을 내린다.

로 균형을 잡아준다(**그림 11.2**).

뉴런은 세포체(cell body)와 세포체에서 뻗어나간 **수상돌기**(dendrite) 및 **축삭**(axon)으로 구성된다. 세포체는 핵을 포함하고 있는 확장된 부분이며, 이곳에서 신호를 받는 여러 개의 수상돌기와 신호를 전달하는 하나의 축삭이 뻗어나간다.

수초를 형성하는 **슈반세포**(Schwann cell)와 **희소돌기아교세포**(oligodendrocyte)는 척추동물에서 뉴런들의 축삭을 감싸는 수초(말이집, myelin sheath)를 만든다. 슈반세포는 말초신경계의 수초를 만들고, 희소돌기아교세포는 **중추신경계**(central nervous system, CNS)의 수초를 만든다. CNS에서 수초화된 축삭은 백질(white matter)을 이루고, 수초화되지 않은 수상돌기와 세포체는 회백질(gray matter)를 이룬다. 수초는 1~2 μm의 간격으로 떨어져 있는데, 이 부분을 **랑비에결절**(node of Ranvier)이라고 부른다(**그림 11.3**). CNS에는 이외에도 뇌-혈관 장벽을 유지하는 성상세포(astrocyte), 면역 반응을 돕고 외래 침입자를 제거하는 **미세아교세포**(microglia), 뇌척수액을 생산하는 **뇌실막세포**(ependymal cell) 등의 **신경교세포**(glial cell)가 존재한다.

중추신경계를 구성하는 뇌와 척수

무체강 무척추동물 중에서 해면동물은 유일하게 신경이 없다. 가장 간단한 신경계는 자포동물(cnidarians)에서 볼 수 있으며, 가장 간단한 연합작용이 나타나는 신경계는 편형동물(flatworms)의 신경계이다. 신경계의 모든 진화적 변화들은 편형동물에서부터 존재한 특징들이 정교화되어 나타난 것이다.

최근에 진화한 척추동물에서 중요해진 전뇌

척추동물에서 중추신경계는 뇌와 척수로 구성되며, 뇌는 전뇌, 중뇌, 후뇌로 구분된다(**표 11.1**). 전뇌는 기능이 뚜렷하게 다른 간뇌(diencephalon)와 종뇌(telencephalon)로 나누어져 있는데, 간뇌는 시상과 시상하부로 구성된다. **시상**(thalamus)은 감각 정보를 통합해

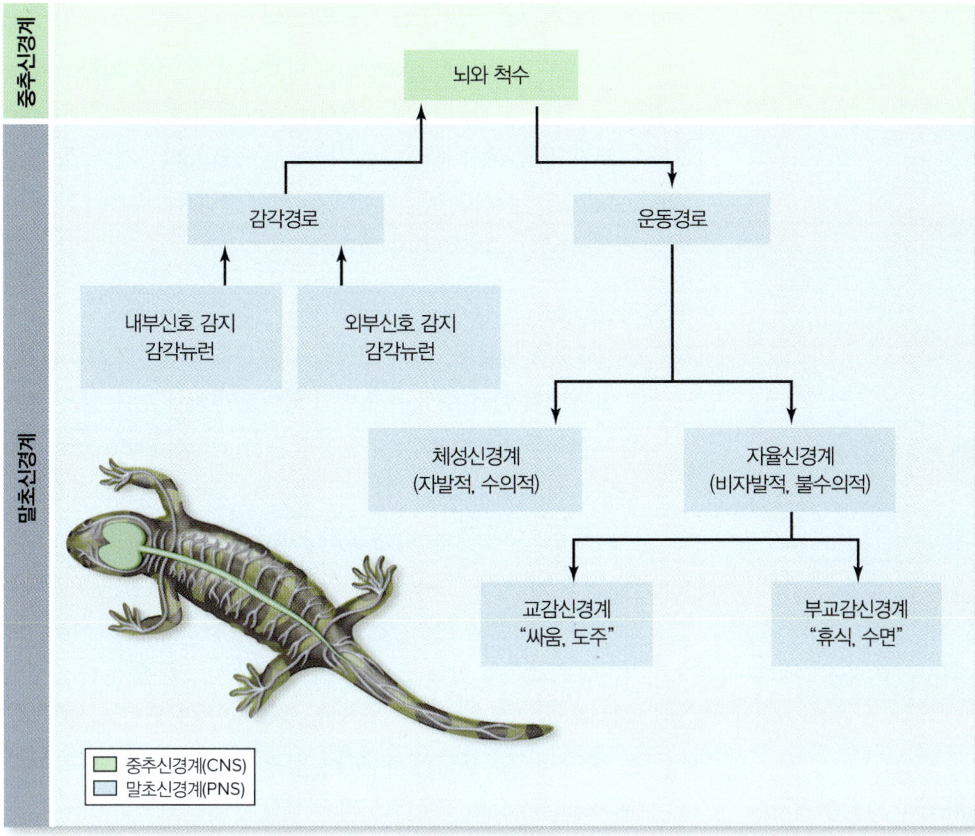

그림 11.2 척추동물 신경계의 구성.
주요 구성은 중추신경계와 말초신경계이다. 뇌와 척수는 중추신경계(CNS)를 구성한다. 말초신경계(PNS)는 중추신경계 이외의 모든 것을 포함하고 감각경로와 운동경로로 구분된다. 감각경로는 외부나 내부의 자극을 감지한다. 운동경로는 수의근을 활성화시키는 체성신경계와 불수의근을 활성화시키는 자율신경계로 구분된다. 교감신경계와 부교감신경계는 서로 반대 작용을 일으키는 자율신경계의 하위 단위이다.

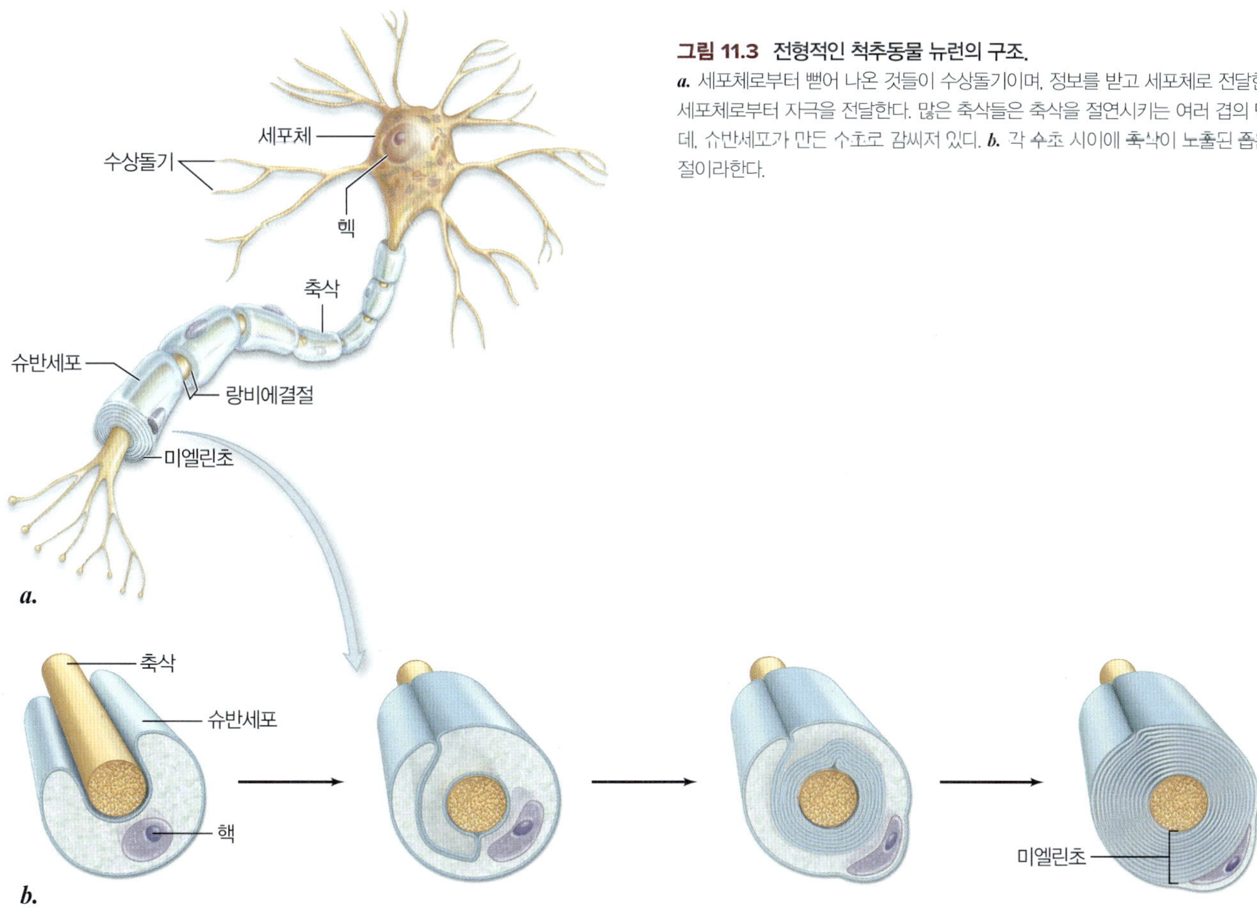

그림 11.3 전형적인 척추동물 뉴런의 구조.
a. 세포체로부터 뻗어 나온 것들이 수상돌기이며, 정보를 받고 세포체로 전달한다. 단일 축삭은 세포체로부터 자극을 전달한다. 많은 축삭들은 축삭을 절연시키는 여러 겹의 막을 지니고 있는데, 슈반세포가 만든 수초로 감싸져 있다. *b.* 각 수초 시이에 축삭이 노출된 좁은 틈을 랑비에결절이라한다.

표 11.1	중추신경계의 하부 단위
주요 부위	**기능**
척수	척수 반사, 감각 정보와 운동 정보의 중계
뇌	
후뇌	
연수	감각핵, 망상체 활성화계, 자율기능
뇌교	망상체 활성화계, 자율기능
소뇌	운동의 조화, 균형
중뇌	눈과 귀의 반사
전뇌	
간뇌	
시상	상행 감각신경과 하행 운동신경의 중계, 자율기능
시상하부	자율기능, 신경 내분비 조절
종뇌(대뇌)	
대뇌 기저핵	운동 조절
뇌량	두 대뇌 반구의 연결 및 정보 중계
해마(변연계)	기억, 감정
대뇌피질	고도의 인지 기능, 감각 정보의 통합 및 해석, 운동 명령의 체계화

대뇌로 보내는 중추이고, 시상하부(hypothalamus)는 본능과 정서에 관여하면서 뇌하수체의 분비작용을 조절한다. 종뇌는 전뇌의 앞쪽 부위이며, 연합 활동을 관장하는데, 포유동물에서는 종뇌(telencephalon)를 대뇌(cerebrum)라고 부른다. 대뇌는 시상에서 감각 자료를 받아 척수에 운동 명령을 전달한다.

우수한 정보처리 능력을 지닌 사람의 전뇌

대뇌는 좌우 반구(hemispheres)로 나뉘어져 있으며, **뇌량**(corpus callosum)으로 연결되어 있다(**그림 11.4**). 대뇌는 전두엽(frontal lobe), 두정엽(parietal lobe), 측두엽(temporal lobe), 후두엽(occipital lobe)으로 구분되는데, 각 반구는 몸의 반대쪽으로부터 감각 입력을 받고 해당 부위의 운동을 조절한다.

대뇌피질(cerebral cortex): 사람의 대뇌피질에는 100억 개 이상의 신경세포가 있는데, 대뇌 활동의 대부분을 담당한다. 대뇌피질은 표면에서 불과 수 mm 두께인 회백질인데, 표면은 많은 굴곡을 나타낸다(**그림 11.5**). 1차 운동피질(primary motor cortex)은 중심구(central sulcus) 앞쪽에 위치하며, 중심구 바로 뒤쪽에는 1차 체성감각피질(primary somatosensory cortex)이 놓여 있다. 이 부위의 각 지점은 신체 특정 부위와 연결된 감각뉴런으로부터 정보를 받고 운동뉴런을 통해 명령을 내린다(**그림 11.6**). 청각피질은 측두엽 안에 있으며, 이 피질의 서로 다른 부위는 서로 다른 음역을 관장한다. 시각 피질은 후두엽 안에 있고, 각 부위는 망막의 각 부분에서 오는 정보를 처리한다. 연합피질(association cortex)은 고도의 정신적 활동을 담당하며, 사람의 경우 대뇌피질 표면의 95%를 차지한다.

대뇌 기저핵(basal ganglia): 대뇌의 백질부 안에 존재하는 뉴런 세포체 집단으로, 감각 정보와 대뇌 혹은 소뇌로부터 운동 명령을 받는 곳이다. 대뇌 기저핵의 특정 부위가 손상되면 파킨슨병의

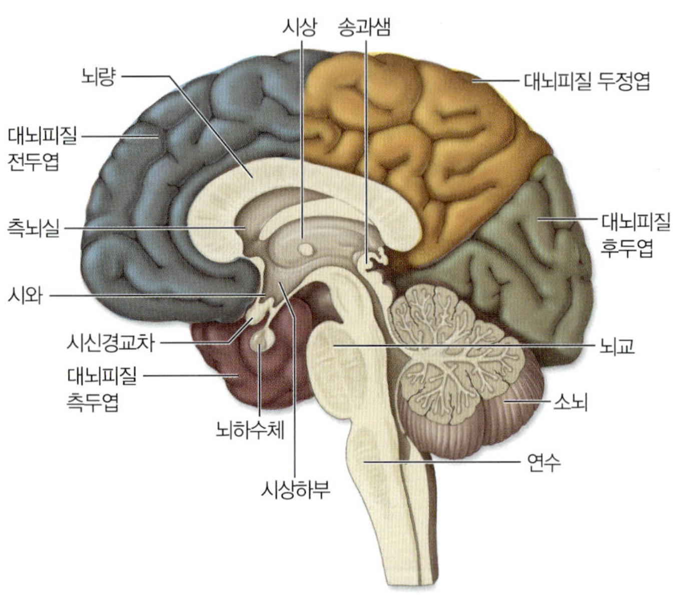

그림 11.4 사람 뇌의 단면.
이 시상 절단면(sagittal section)에서 대뇌 반구와 2개의 대뇌 반구를 연결하는 섬유 다발인 뇌량을 볼 수 있다.

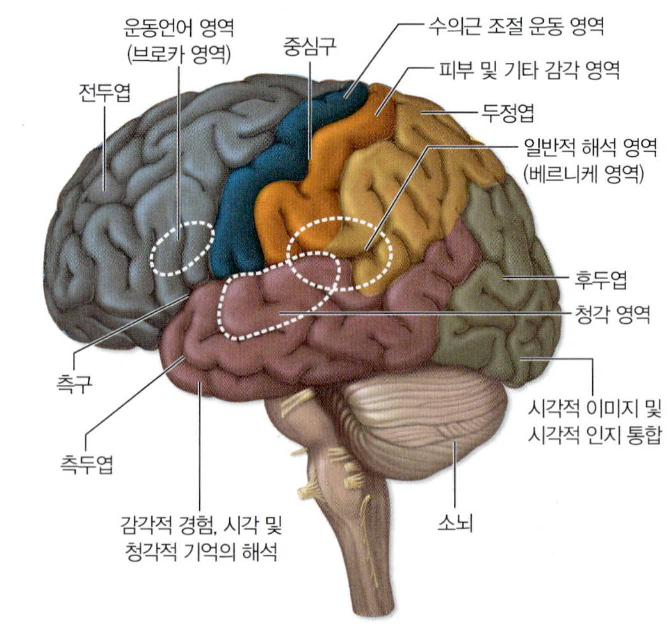

그림 11.5 대뇌.
대뇌에 있는 각 대뇌엽의 위치와 특수화된 기능을 보여준다.

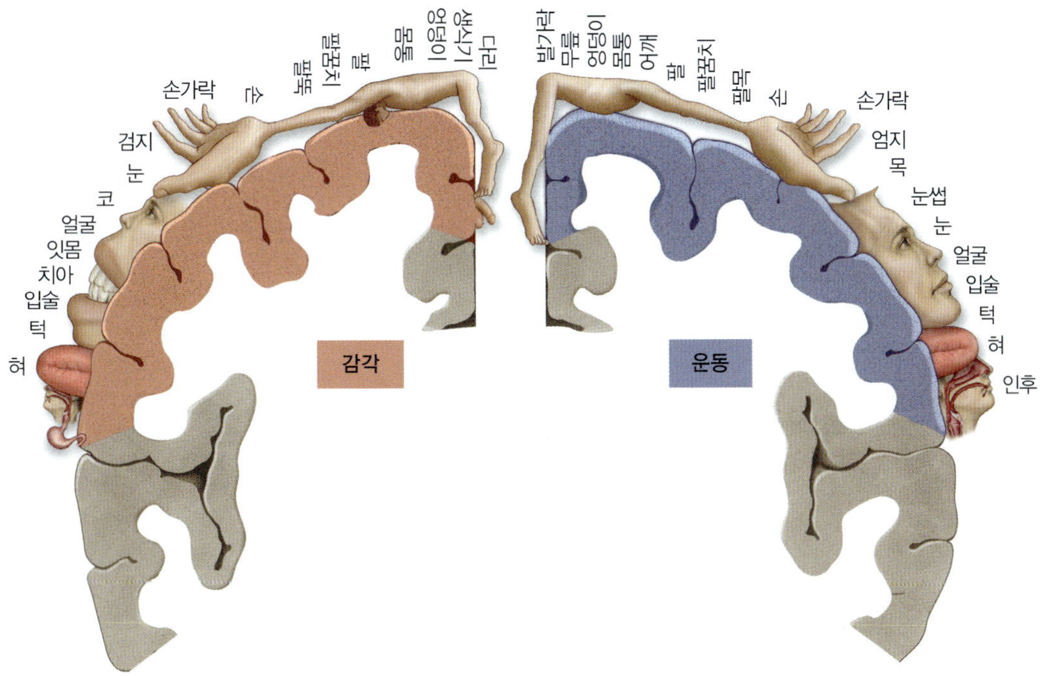

그림 11.6 1차 체성감각피질(왼쪽)과 1차 운동피질(오른쪽).
대뇌피질의 각 부위가 신체 각 부위와 연관되어 있다. 감각과 조절에 관여하는 대뇌피질 부위의 크기에 비례해 신체 부위가 그려져 있다. 예를 들어, 손의 감각과 운동 조절 부위, 인후의 운동 조절 부위는 넓은 부분을 차지하고 있으나, 인후의 감각에 관여하는 부위는 미미하다.

특징인 근육 떨림이 생긴다.

시상과 시상하부: 시상(thalamus)은 뇌의 1차적 감각 통합 부위이다. 시각, 청각, 신체 감각 정보는 시상을 경유하여 대뇌피질의 후두엽, 측두엽, 두정엽으로 각각 중계된다. **시상하부**(hypothalamus)는 뇌하수체를 조절하는데, 뇌하수체는 대뇌피질 및 뇌간(brain stem)의 여러 조절 중추와 연결되어 내장 활동을 통합하고 체온, 배고픔과 포만감, 갈증 및 여러 체내 자극과 감정에 대하여 신경적 · 내분비적 반응을 조정한다.

해마(hippocampus)와 **편도체**(amygdala)는 시상하부와 함께 **대뇌변연계**(limbic system)의 주요 구성 부분으로서, 정서적 반응에 관여하는 부위이다. 해마는 기억의 형성에도 중요하다.

영역별로 기능이 특화된 사람의 뇌

각성과 수면: 망상체의 한 부분인 망상체 활성화계(reticular activating system)에서 조절된다. 뇌의 상태는 뇌전도(electroencephalogram, EEG)를 통해 알 수 있다. 눈을 감은 채 쉬고 있지만 깨어 있는 사람은 α파(alpha wave)라고 부르는 크고 느린 파장을 나타낸다. 눈을 뜨고 경계하고 있을 때 EEG 파장은 더 빠르고(β파, beta wave) 다양한 파장으로 나타나는데, 이는 여러 가지 감각이 입력되기 때문이다. 사람이 눈을 감은 채 빠르게 눈동자를 움직이는 특징으로 나타나는 REM 수면기에 있을 때 측정된 EEG는 각성 상태에서 휴식하고 있는 사람의 것과 유사하다.

언어: 오른손잡이 사람 중 90%, 왼손잡이 사람 중 2/3에서 왼쪽 대뇌반구가 언어능력의 대부분을 지배한다. 두정엽에 있는 **베르니케 영역**(Wernicke's area)과 얼굴 운동 조절 피질 근처의 **브로카 영역**(Broca's area)은 언어능력의 중요 부위이다(**그림 11.5** 참조). 이 부위가 손상되면 실어증(aphasia)을 일으킨다. 특히 베르니케 영역이 손상된 사람은 말을 빠르게 잘하지만, 의미가 없는 단어들을 마구 쏟아낸다.

공간 인지: 대부분 사람의 우뇌는 공간적 논리를 담당하며, 음악적 능력과도 1차적으로 연관이 되어 있다. 좌측 대뇌반구의 브로카 언어영역이 손상된 사람은 말할 수는 없지만, 노래하는 능력은 남아 있을 수도 있다. 하측두피질(inferior temporal cortex)의 손상은 안면인식 장애를 야기하여 얼굴을 떠올리는 능력을 잃게 한다.

기억과 학습: 대뇌피질과 해마(hippocampus), 편도체(amygdala)가 주로 조절한다. 단기기억은 일시적 신경 흥분의 형태로 저장되고, 장기기억은 뇌의 일부 신경 연결이 구조적으로 변화하여 형성된다. 편도체는 감정 및 정서의 기억과 관련되며 해마와 함께 단기기억과 이를 장기기억으로 통합하는 데 관여한다. 이 부위들이 손상되면 최근의 사건을 장기기억으로 저장하지 못한다. 알츠하이머 질환(Alzheimer disease)은 뉴런이 β-아밀로이드(β-amyloid)나 타우(τ, tau) 단백질의 비정상적인 축적으로 인해 죽게 되어, 기억과 사고처리 과정의 기능을 잃는 병이다.

그림 11.7 피부척수반사.
이 반사는 연합뉴런이 관여하지 않는 무릎반사에 비해 더 복잡하다. 왜냐하면 감각뉴런 및 운동뉴런과 함께 연합뉴런도 필요하기 때문이다. 연합뉴런은 근수축을 위해 감각뉴런과 운동뉴런을 연결한다. 다른 연합뉴런들은 반대 작용을 하는 길항근이 이완하도록 운동뉴런들을 억제한다.

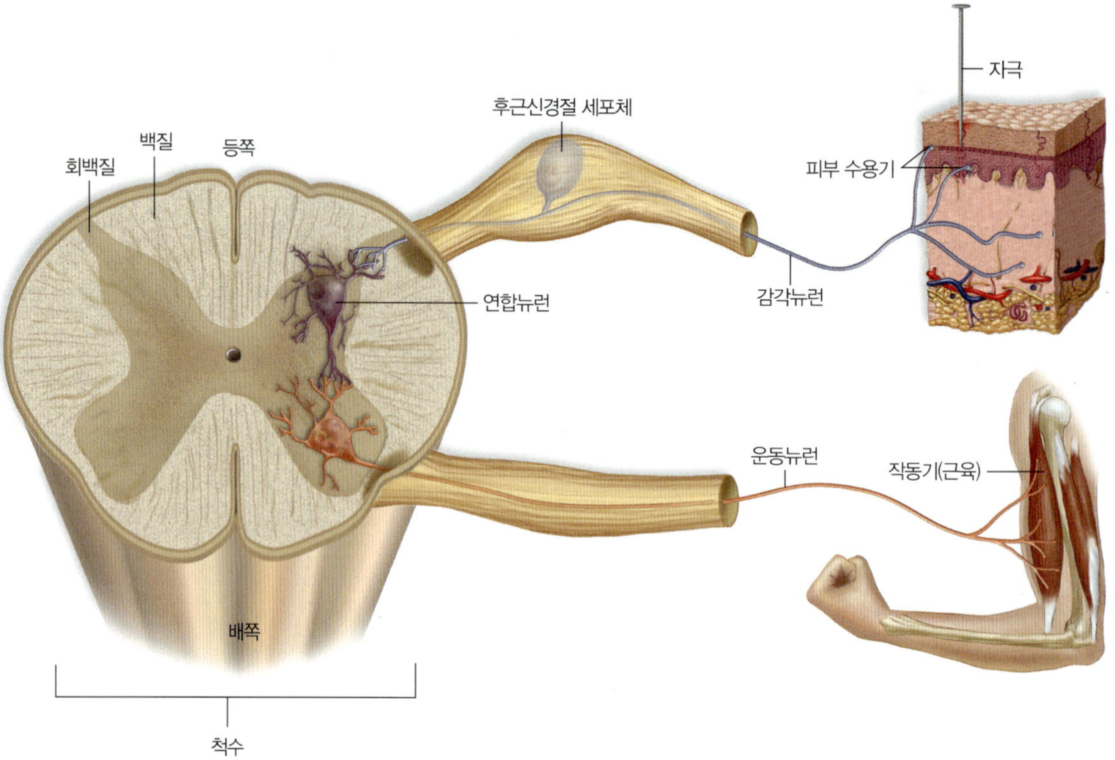

정보를 전달하고 몇 가지 반응들을 직접 조절하는 척수

척수(spinal cord)는 뇌척수막(meninges)으로 싸여 있고, 다시 척주에 의해 둘러싸여 보호된다. 안쪽 구역은 주로 연합뉴런, 운동뉴런, 신경교세포의 세포체가 있는 회백질이고, 바깥쪽 구역은 축삭이 있는 백질이다. 등쪽에는 감각 축삭이, 그리고 배쪽에는 운동 축삭이 달리고 있다. 척수는 근육의 갑작스런 불수의적 운동인 반사(reflex)를 수행한다. 반사는 소수의 뉴런을 통해서 정보를 보내기 때문에 매우 빠르게 진행된다. 척추동물에서 대부분 반사는 정보가 감각뉴런으로부터 한 개 이상의 연합뉴런을 거쳐 운동뉴런으로 전달된다(**그림 11.7**).

말초신경계: 체성신경계와 자율신경계

말초신경계(PNS)는 신경과 신경절(ganglia)로 이루어져 있다. 신경절은 CNS 밖의 뉴런의 세포체들이 모인 부위이다. 척수신경은 감각신경과 운동신경으로 갈라져 구분된다. 감각뉴런들의 세포체는 후근신경절(dorsal root ganglia)을 이루고, 체성 운동뉴런(somatic motor neuron)들의 세포체는 척수 안에 들어 있어 신경절을 이루지 않는다. 체성 운동뉴런은 의식적인 명령에 대해 반응한다. 특정 근육이 자극되어 수축할 때, 이의 길항근은 억제된다.

자율신경계는 원심성 뉴런으로 이루어진 교감신경(sympathetic nerve)과 부교감신경(paras- ympathetic nerve)으로 구성되며, 연수(medulla oblongata)는 이들의 작용을 조절한다(**그림 11.2** 참조).

교감신경에서 신경절이전(preganglionic) 뉴런은 척수의 흉부(thoracic region)와 요추부(lumbar region)에서 나온다(**그림 11.8** 왼쪽). 이 뉴런들의 축삭들 대부분은 척수 바로 밖에 두 줄로 평행하게 있는 신경절에서 시냅스를 이룬다. 그러나 이런 일반적 양상에서 벗어나는 예외들이 있다. 일부 신경절이전 교감뉴런의 축삭은 교감신경절에서 시냅스를 이루지 않고 교감신경절을 지나쳐 부신에서 끝난다. 교감신경의 활동은 부교감신경과는 길항적이다.

부교감신경의 신경절이전(preganglionic) 뉴런은 뇌 및 척수의 천골 부위(엉치뼈, sacral region)에서 나온다(**그림 11.8** 오른쪽). 따라서 부교감신경은 교감신경절연쇄 같은 구조를 이루지 않는다. 그 대신 신경절이전 축삭(그중 다수는 미주신경 안에 있음)이 내부 기관 부근이나 그 안에 있는 신경절에서 끝난다. 그런 다음, 신경절이후(post-ganglionic) 뉴런이 시냅스에서 아세틸콜린을 방출하여 내부 기관을 조절한다. 부교감신경은 심장박동을 느리게 하고, 소화기관의 분비작용과 활동을 증가시킨다. **표 11.2**는 교감신경과 부교감신경의 작용을 비교해 나타냈다.

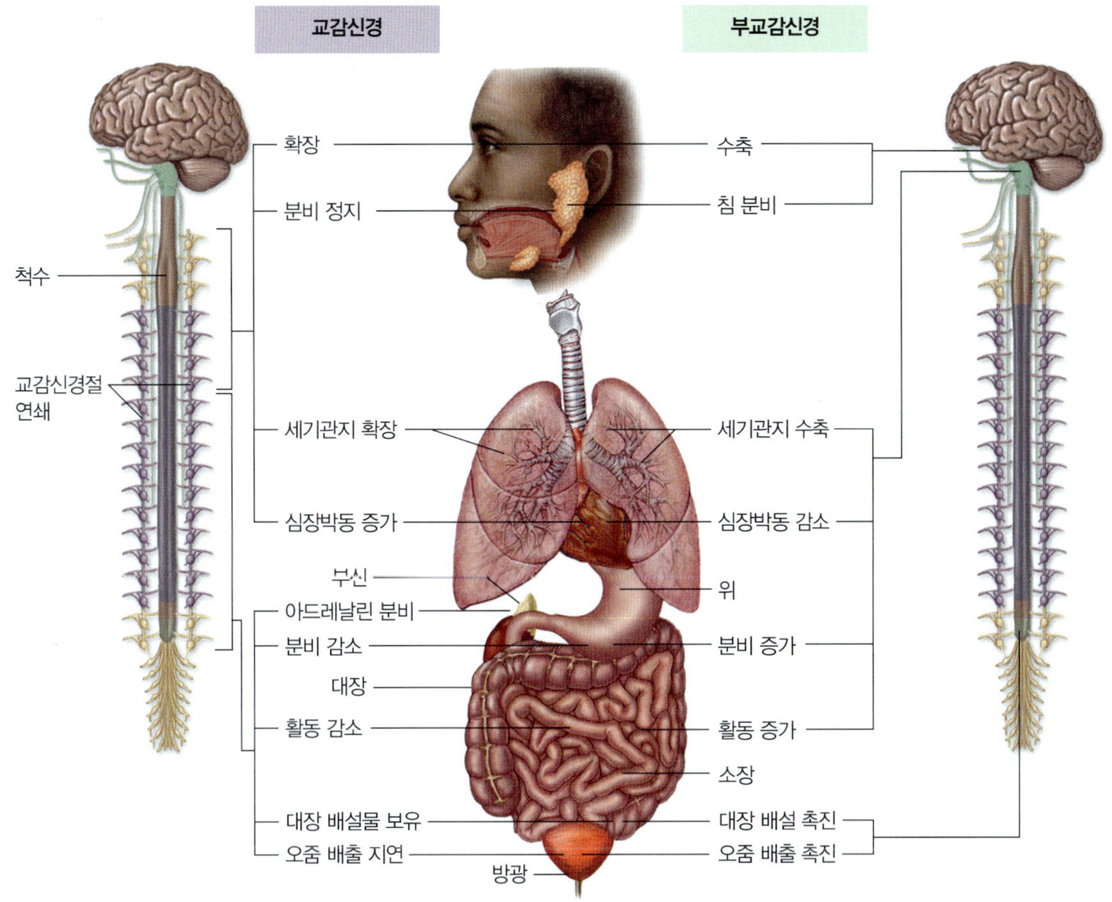

그림 11.8 자율신경계의 교감신경과 부교감신경.
교감신경의 신경절이전 뉴런은 척수의 흉부(가슴)와 요추부(허리)에서 나오고, 부교감신경의 신경절이전 뉴런은 뇌 및 척수의 천골 부위에서 나온다. 교감신경의 신경절은 척수 가까이 위치하고 있는 반면, 부교감신경의 신경절은 작용하는 기관 가까이 위치하고 있다. 대부분의 내부 기관들은 두 신경 모두의 지배를 받는다.

표 11.2 표적 조직의 자율신경 지배

표적 조직	교감신경의 자극	부교감신경의 자극
눈의 동공	확장	수축
샘		
침샘	혈관 수축, 분비 감소	혈관 확장, 분비 증가
위샘	분비 억제	위 활동 자극
간	포도당 분비 자극	포도당 분비 억제
땀샘	땀 분비	없음
위장관		
괄약근	강해짐	약해짐
소화관벽	운동성 감소	운동성 증가
쓸개	이완	수축
방광		
근육	이완	수축
괄약근	수축	이완
심근	박동 및 강도 증가	박동 감소
폐	세기관지 확장	세기관지 수축
혈관		
근육	확장	없음
피부	수축	없음
내장	수축	확장

11.2 신경자극의 전달과 시냅스

전위차는 모든 세포의 원형질막을 가로질러 존재한다. 세포에서 세포질과 접해 있는 막의 안쪽은 음극(−)이고, 바깥쪽은 양극(+)이다. 뉴런이 자극되지 않았을 때, 뉴런은 휴지막전위(resting membrane potential)를 유지하며, 크기는 −40~−90 mV이다. 세포의 안쪽은 3가지 이유로 바깥쪽에 비해 음(−)의 전하를 띤다.

1. 소듐-포타슘 펌프(sodium-potassium pump)는 2개의 K^+을 세포 내부로 운반할 때마다 3개의 Na^+을 세포 외부로 퍼낸다(**그림 2.23** 참조).
2. 세포막에는 K^+ 통로가 Na^+ 통로보다 더 많아서 K^+의 투과성이 더 높다.
3. 막을 중심으로 여러 종류의 이온 및 분자의 분포가 다르다. 특히 음(−)으로 하전된 단백질은 세포 내부에서 훨씬 더 높은 농도로 존재한다.

휴지전위(resting potential)는 가장 먼저 Na^+-K^+ 펌프와 K^+의

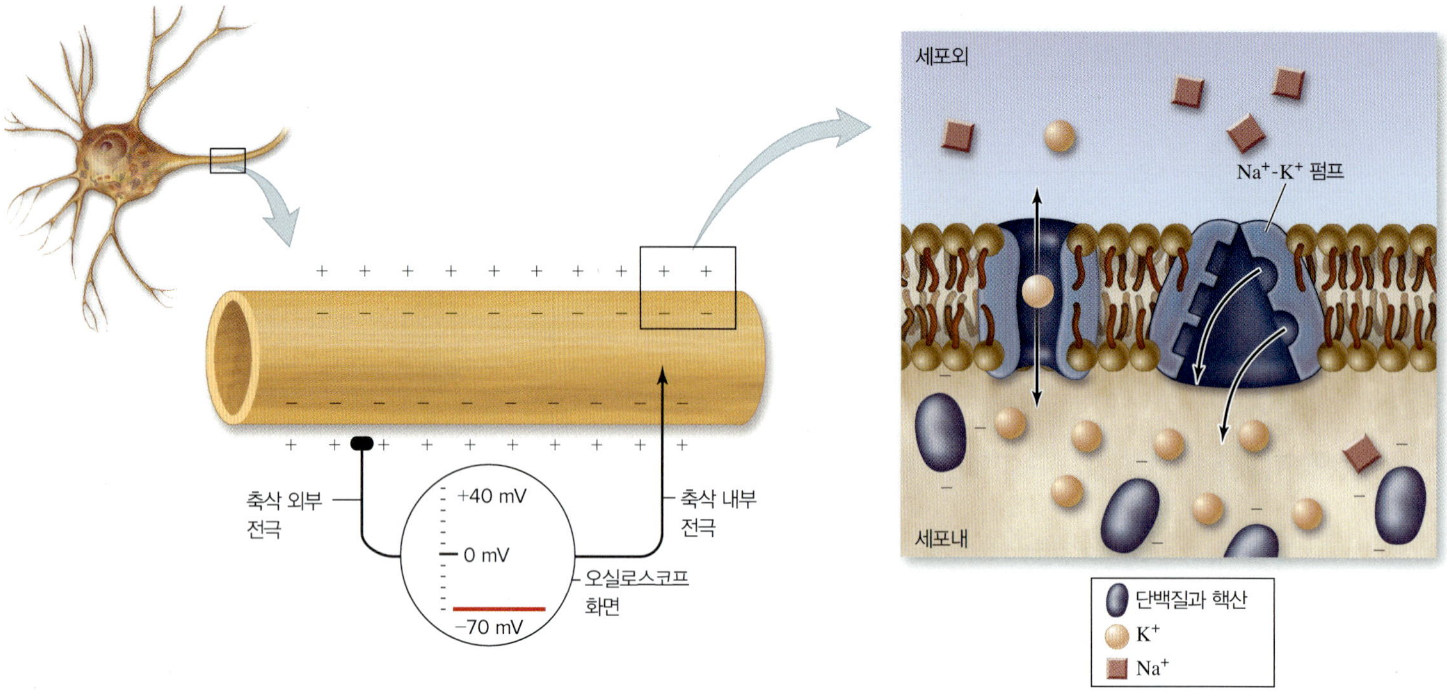

그림 11.9 휴지막전위의 형성.
한 전극은 축삭 내에, 다른 한 극은 막 외부에 위치한 전압계. 막 외부에 대한 내부의 상대적 전위차는 −70 mV이다. K^+는 막 안쪽의 농도가 바깥쪽의 농도보다 높기 때문에 이온통로를 통해 세포로부터 확산되어 나온다. 세포 내의 음전하를 띤 단백질과 핵산은 세포외로 나가지 못하고 K^+ 같은 양이온을 세포 바깥으로부터 끌어당긴다. 이러한 세포의 전기적 평형과 확산력이 휴지막전위를 생성한다. Na^+-K^+ 펌프는 Na^+의 세포 안으로의 유입에 대한 반대 작용으로 세포 평형을 유지하고, 2개의 K^+가 들어올 때마다 3개의 Na^+를 내보냄으로써 휴지막전위에 기여한다.

높은 막투과성 때문에 발생한다. 펌프에 의해 형성된 농도기울기에 의해 휴지 상태에서 K^+의 농도는 세포 바깥보다 안쪽이 훨씬 높아서, 열려 있는 K^+ 통로를 통하여 K^+가 세포 밖으로 확산된다. 원형질막은 음이온에 대한 투과성이 없기에 K^+의 확산은 막 바깥쪽은 양전하(+)를, 막 안쪽은 음전하(−)를 띠게 한다. 이러한 전기적 차이는 K^+를 세포 안으로 다시 당기는 인력으로 작용한다. 확산력과 이 전기력 사이의 균형은 평형전위(equilibrium potential)를 생성한다(**그림 11.9**).

다른 세포들과 비교할 때 뉴런이 가지는 독특한 특징은 자극에 반응하여 휴지막전위가 갑작스럽고 일시적으로 교란되어, **차등전위**(graded potential)와 **활동전위**(action potential)가 생긴다는 것이다. 차등전위는 개폐성 이온통로(gated ion channel)들의 활성화에 의해 생긴다. 대부분의 개폐성 이온통로는 정상 휴지세포에서 닫혀 있다.

활동전위의 발생

대부분 뉴런에서 수상돌기의 개폐성 이온통로는 신호전달 분자의 결합에 반응한다. 이를 화학개폐성 이온통로(chemically gated channel) 또는 **리간드개폐성 이온통로**(ligand-gated channel)라고 한다. 휴지막전위가 양(+)의 값을 향해 변할 때 **탈분극**(depolarization), 음(−)의 값이 커질 때 **과분극**(hyperpolarization) 상태가 된다. 이러한 막전위의 작은 변화는 자극의 강도나 수용체에 결합하는 리간드의 양에 따라 달라지기 때문에 차등전위라고 부른다. 탈분극 전위나 과분극 전위는 함께 작용하여 그 효과를 증폭시키거나 감소시킬 수 있다. 차등전위가 합쳐질 수 있는 능력을 **가중**(summation)이라고 한다(**그림 11.10**).

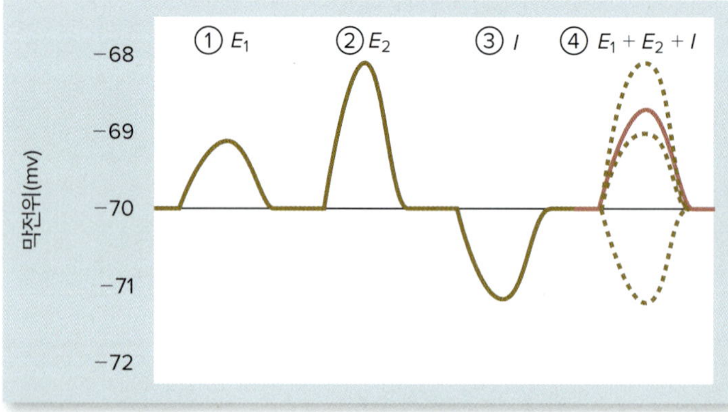

그림 11.10 차등전위.
차등전위는 화학개폐성 통로의 열림에 의해 생성된 역치 이하 전위들을 합친 것이다. (1) 약한 흥분 자극 E_1은 (2) 강한 자극인 E_2보다 작은 탈분극을 일으킨다. (3) 억제 자극 I는 과분극을 만든다. (4) 차등전위는 합해질 수 있으므로 이 3개의 자극이 가까이 일어날 경우 차등전위가 합해져 극성 변화는 3개의 변화가 합해진 것과 같게 된다.

활동전위는 **전압개폐성 이온통로**(valtage-gated ion channels)에 의해 생성되는데, 이 통로는 막전위의 변화에 반응하여 열리고 닫힌다. 활동전위를 만들 수 있는 탈분극 값을 **역치**(threshold)라고 한다.

활동전위는 상승기, 하강기, 과도하강기의 3단계로 구분된다(**그림 11.11**). 역치 이상의 충분한 강도의 탈분극 자극이 신경세포에 주어지면 화학개폐성 Na^+ 통로가 열린다. 역치 전위(threshold potential)가 -55 mV에 도달하면 전압개폐성 통로가 열려 Na^+이 빠르게 세포 안으로 유입된다. 이것을 탈분극이라 하며, 그래프상에서 상승기로 나타난다.

Na^+의 유입이 지속됨에 따라 막전위는 $+35$ mV와 $+40$ mV 사이에 도달하는데, 이것이 활동전위로서 뉴런이 축삭을 따라 신호를 전파시키는 힘으로 작용한다. 그런 후 Na^+ 통로는 빠르게 닫히고, 동시에 K^+ 통로가 열린다. K^+가 세포 밖으로 확산되어 나감으로써 막은 재분극(repolarization)되며 하강기를 맞게 된다. K^+ 통로는 휴지막전위를 복원하는 데 필요한 것보다 더 오랫동안 열려 있어, 과분극(hypolarization) 상태가 된다. 이 단일 활동전위로 인한 전체적인 일련의 단계에는 1/1,000초가 소요된다.

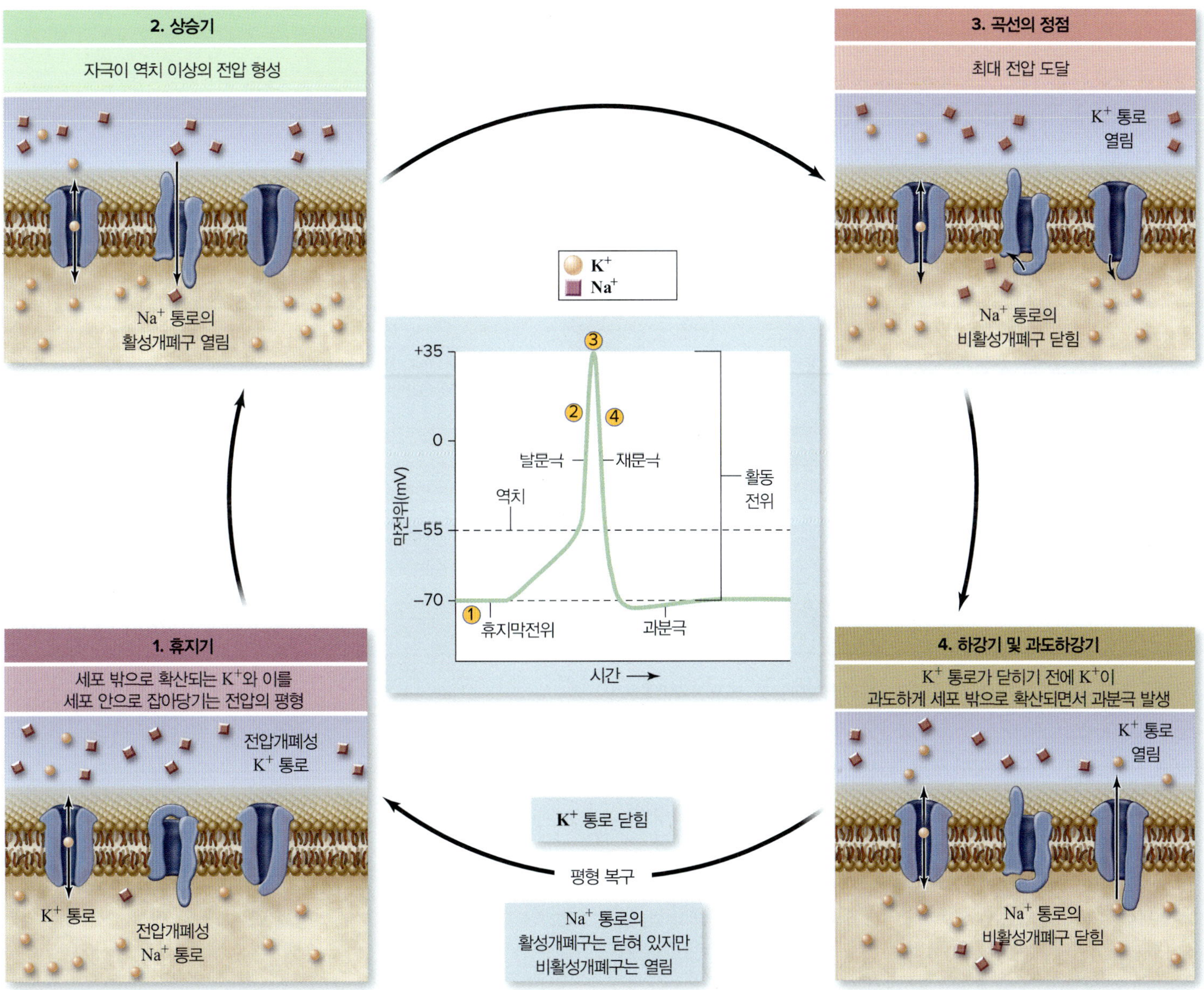

그림 11.11 활동전위.
(1) 휴지막전위에서 전압개폐성 이온통로는 닫혀 있지만 자극에 대해 약간의 K^+ 누출이 일어나고, 세포는 탈분극되기 시작하며, 역치 수준에 도달하면 활동전위가 생성된다. (2) 전압개폐성 Na^+ 통로가 열리므로 Na^+ 이온이 축삭 안으로 확산되고 신속한 탈분극이 일어나게 된다(곡선의 상승기). (3) 곡선의 정점에서 Na^+ 통로는 닫히고, 닫혀 있던 전압개폐성 K^+ 통로가 열리기 시작한다. (4) K^+ 통로가 열린 상태에서 K^+가 축삭 밖으로 확산되므로 재분극이 일어난다. 막이 원래의 휴지막전위로 되돌아가기 전에 과도 하강이 나타난다.

활동전위의 특성

활동전위는 독립적이고, 실무적(all-or-none)이다. Na^+ 통로가 열린 다음, Na^+ 통로는 비활성개폐구가 다시 열릴 때까지 불활성화 상태로 유지되면서 효과의 가중을 방지한다. 이렇게 막이 자극받지 않을 때를 절대 불응기(absolute refractory)라고 한다. 자극이 감소된 진폭의 활동전위를 생성하는 동안 상대 불응기(relative refractory)라는 기간도 존재한다.

활동전위는 축삭 막을 따라 서로 다른 지점에서 발생한다. Na^+의 유입에 의한 양전하는 막의 활동전위 인접 부위를 역치까지 탈분극시켜 활동전위를 생성한다. 한편 막의 이전 부위는 휴지막전위로 재분극된다(**그림 11.12**).

활동전위 전도 속도는 축삭의 직경이 크거나 축삭이 수초화되어 있으면 빨라진다. 축삭 직경의 증가는 저항을 줄여 신경자극의 속도를 증가시킨다. 미엘린화된 축삭은 미엘린화되지 않은 축삭보다 자극을 더 빨리 전도하는데, 이는 미엘린화된 축삭에서는 활동전위가 랑비에결절에서만 생기기 때문이다. 하나의 활동전위는 다음 부위의 탈분극 자극으로 작용하지만, 한 결절에서의 탈분극은 다음 결절로 신속히 퍼져 전압개폐성 통로를 열게 한다. 이처럼 한 결절에서 다음 결절로 도약하는 전도를 **도약전도**(saltatory conduction)라고 한다.

시냅스: 뉴런과 다른 세포 사이의 연결

뉴런의 수상돌기나, 근육세포 또는 분비샘 세포의 연결부위를 **시냅스**(synapse)라고 한다. 시냅스까지 활동전위를 전달하는 뉴런을 시냅스전 세포(presynaptic cell)라고 하고, 신호를 받는 세포를 시냅스후 세포(postsynaptic cell)라고 한다.

동물의 신경계는 전기적 시냅스(electrical synapse)와 **화학적 시냅스**(chemical synapse)가 있다. 전기적 시냅스는 무척추동물 신경계의 특징이며, **간극연접**(gap junction)으로 직접 연결된 경우이다. 척추동물의 시냅스는 대부분 화학적 시냅스이다. 두 세포는 **시냅스틈**(synaptic cleft)이라는 세포 사이를 분리하는 좁은 공간을 가지고 있다. 시냅스전 축삭의 말단에 존재하는 **시냅스소포**(synaptic vesicle)에는 **신경전달물질**(neurotransmitter)이 들어 있다. 활동전위가 축삭의 말단에 도달하면, 전압개폐성 Ca^{2+} 통로가 열려 Ca^{2+}이 축삭 안으로 확산해 들어와 **세포외배출**(exocytosis)로 시냅스소포의 내용물이 방출된다(**그림 11.13**). 신경전달물질들은 시냅스틈에서 효소에 의한 분해, 뉴런에 의한 신경전달물질의 재흡수 혹은 신경교세포(glial cell)에 의한 흡수 등에 의해 제거된다.

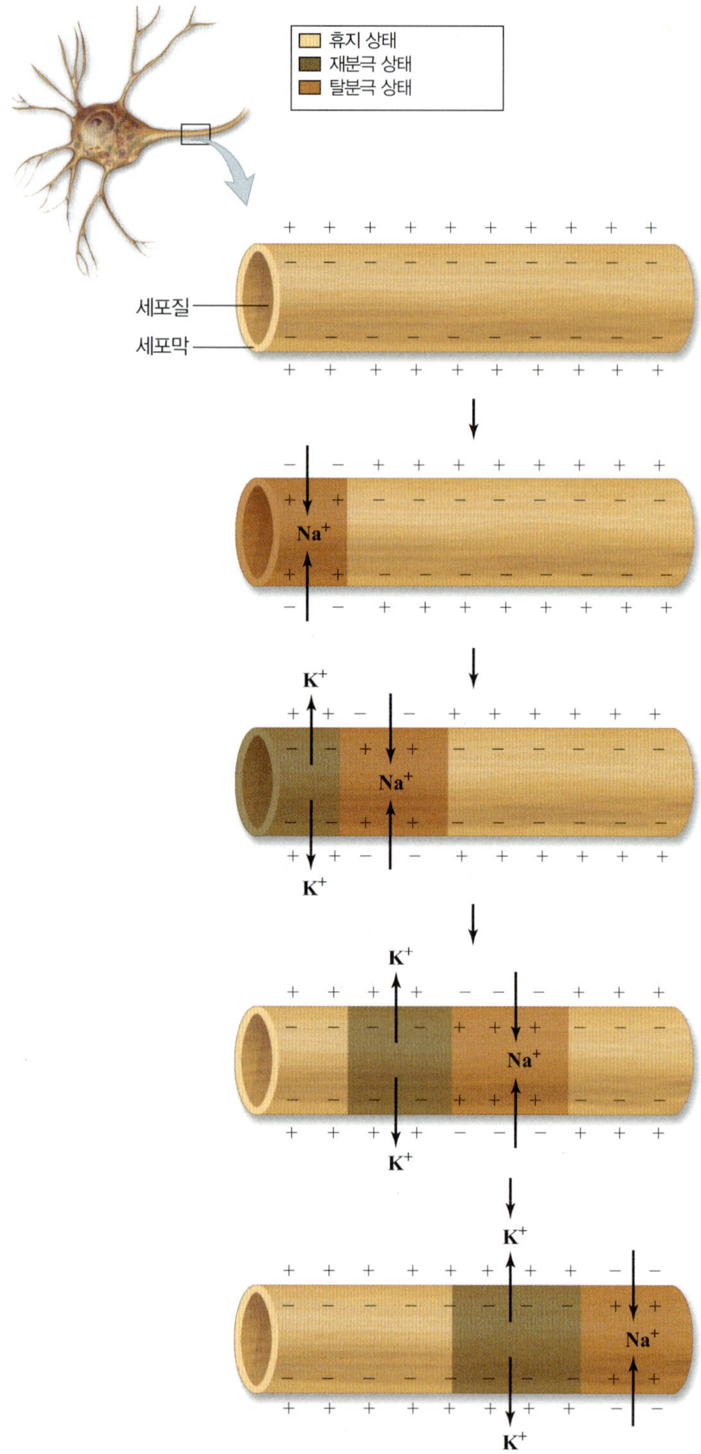

그림 11.12 미엘린화되지 않은 축삭에서 활동전위의 전파.
축삭의 한 부분에서 활동전위가 발생하고 막의 극성이 바뀌게 되면, 이것은 다음 부위의 탈분극 자극으로 작용하게 된다. 이런 식으로 활동전위가 축삭 막을 따라 생겨나게 된다.

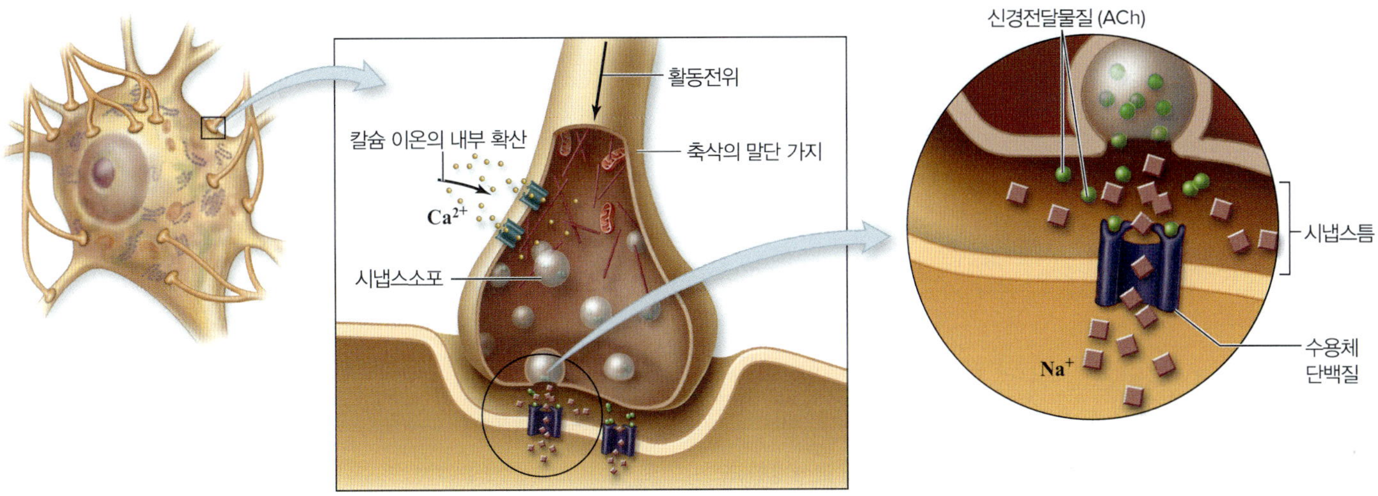

그림 11.13 신경전달물질 방출.
축삭의 말단에 도달한 활동전위는 Ca^{2+}의 유입을 촉진하고, 이는 시냅스소포가 세포막에 융합하도록 만들면서 신경전달물질(이 그림의 경우 아세틸콜린, ACh)의 방출을 일으킨다. 이 신경전달물질은 시냅스틈을 지나 확산하여 시냅스후 막의 리간드개폐성 수용체에 결합한다.

신경전달물질로 이용되는 여러 가지 화합물

아세틸콜린(acetylcholine, ACh): **신경근접합부**(neuromuscular junction)에서 흥분성 시냅스후 전위(excitory postsynaptic potential, EPSP)를 발생시켜 근육 수축을 자극한다. 시냅스후 막에 존재하는 아세틸콜린에스터레이스(acetylcholinesterase, AChE)는 아세틸콜린을 제거한다. 많은 뉴런 사이에서 신경전달물질로 이용된다.

아미노산: 글루탐산(glutamate)은 척추동물의 CNS에서 주요한 흥분성 신경전달물질로서, EPSP를 만든다. 글리신(glycine)과 GABA(gamma-aminobutyric acid)도 아미노산으로, 억제성 신경전달물질이다. 이런 물질은 Cl^-가 농도기울기에 따라 뉴런 내로 확산되어 들어가도록 Cl^-에 대한 리간드개폐성 통로를 개방시켜 과분극 상태를 만든다. 이러한 과분극을 억제성 시냅스후 전위(inhibitory postsynaptic potential, IPSP)라고 부른다.

생체 아민류(biogenic amines): 에피네프린, 노르에피네프린 및 도파민은 아미노산인 타이로신으로부터 생기며, 카테콜아민(catecolamine)으로 분류된다. 세로토닌은 다른 아미노산인 트립토판으로부터 생긴다. 에피네프린(epinephrine)은 혈액으로 분비되는데 비해, 노르에피네프린(norepinephrine)은 자율신경계 뉴런의 시냅스에서 분비된다. 도파민(dopamine)은 몸의 운동이나 다른 기능을 조절하는 뇌의 일부 구역에서 이용되며, 파킨슨병은 도파민을 방출하는 뉴런의 퇴화로 발생한다. 세로토닌(serotonin)은 수면이나 여러 가지 정서 상태 조절과 관련된 신경전달물질이다.

신경펩타이드(neuropeptide): 전형적인 신경전달물질의 기능을 나타내거나 신경조절물질(neuromodulator)의 작용을 하기도 한다. 물질 P는 통증 자극으로 활성화되는 감각뉴런에 의해 CNS 시냅스에서 방출된다. 통증 인지 정도는 엔케팔린(enkephalin)과 엔돌핀(endorphin)이라는 신경펩타이드의 영향에 따라 달라진다. 아편(opium)이나 이의 유도체인 모르핀(morphine)과 헤로인(heroin)은 엔케팔린이나 엔돌핀 수용체에 결합할 수 있는 유사한 화학적 구조를 가지므로 진통 효과를 나타낸다.

일산화질소(NO): 최초로 알려진 신체 조절작용을 하는 기체다. PNS에서 NO는 위장관, 음경, 호흡기 통로, 뇌혈관에 분포된 뉴런에서 방출되어 표적기관의 평활근을 이완시킨다. NO는 뇌에서도 방출되며, 학습과 기억의 과정에도 관여한다.

많은 시냅스로부터 받은 입력을 통합하는 시냅스후 뉴런

각 시냅스후 뉴런에서 EPSP(흥분성 시냅스후 전위)와 IPSP(억제성 시냅스후 전위)는 상호작용을 한다(**그림 11.10** 참조). EPSP들은 합쳐져 막전위를 역치에 가깝게 상승시키고, IPSP는 EPSP들의 탈분극 효과를 상쇄시키는데, 이러한 과정을 시냅스 통합(synaptic intergration)이라고 한다. 막이 역치 전위에 도달하는 2가지 방법이 있다. 서로 다른 수상돌기들이 EPSP를 만들고 역치 전위가 되도록 더해지는 방법과 하나의 수상돌기에서 반복적인 EPSP를 만들어져 역치 전위가 되도록 하는 방법이다. 전자는 공간적 가중(spatial summation)이라고 부르며, 후자는 시간적 가중(temporal summation)이라고 부른다.

11.3 감각수용기

감각수용기는 동물의 생존 및 번성에 결정적인 요인이 된다. **외부수용기**(exteroceptor)는 외부 환경에서 발생하는 자극을 감지하고, 내부수용기(interoceptor)는 체내에서 발생하는 자극을 인지한다. 이들 수용기는 감각뉴런에 의해 접하는 감각 정보를 4단계에 걸쳐 중추신경계(CNS)로 전달한다.

1. **자극**(stimulation): 자극은 감각뉴런 또는 관련된 감각수용기에 영향을 준다.
2. **변환**(transduction): 자극 에너지는 감각뉴런의 수상돌기에서 활동전위로 변환된다.
3. **전송**(transmission): 감각신경 경로를 따라 CNS로 전송된다.
4. **해석**(interpretation): 뇌는 전기화학적 작용들로부터 감각을 만든다. 실제로 5가지 감각은 뇌에서 인지되는 것이다.

대부분 감각자극은 수용기 세포의 탈분극을 유도하며, 이것은 신경전달물질에 반응하여 생성되는 EPSP와 유사하다. 감각수용기에서 발생하는 탈분극은 수용기 전위(receptor potential)라고 부른다. EPSP와 같이 수용기 전위는 차등전위로, 감각자극이 크면 클수록 탈분극의 정도도 커진다. 수용기 전위는 자극의 원점으로부터 멀어질수록 크기가 감소한다. 이것은 감각뉴런의 세포체로 도달하는 작고 무시할 만한 자극들을 막아주게 된다. 수용기 전위가 탈분극의 임계점을 발생시킬 만큼 충분히 크다면, 활동전위가 감각 축삭돌기 따라 중추신경계로 전파된다.

온도수용기, 통증수용기, 전자기수용기: 온도, 통증, 자기장

온도수용기

온도수용기(thermoreceptor)는 온도 변화에 민감하게 반응하는 비특이적 감각수용기(자유신경말단)로 간주된다. 자극을 받았을 때 Na^+와 Ca^{2+} 통로가 서로 다른 수준으로 개방되어 변환을 시작한다. 척추동물은 피부의 표피 바로 아래에 냉수용기가 있고, 진피에 온수용기가 있다. 사람의 냉수용기는 10~25℃에서 가장 활동적이고, 온수용기는 25~45℃에서 가장 활동적이다. 만약 온도가 이 범위를 넘어서면, 잠재적으로 손상을 입어 통증경로가 열리게 된다. 매운 고추는 화학물질인 캡사이신이 온도를 상승시키는 동일한 수용기를 활성화시키기 때문에 열을 감지한다. 만약 캡사이신 농축액의 농도가 충분히 높다면 통증이 유발된다. 반대로 냉수용기를 활성화시키는 멘톨은 차가움을 인식하는 수용기에 반응한다.

어떤 뱀(살모사, 방울뱀을 포함한)은 먹이를 발견하기 위해 온수용기를 이용한다. 이 뱀들은 온도 변화를 감지할 뿐만 아니라 적외선을 통해 열 화상을 형성할 수 있기에, 그들은 "열"을 볼 수 있다. 이것은 어둠 속에서 사냥하는 능력을 제공하는 감각 통합의 놀라운 예이다.

통증수용기

대부분의 **통증수용기**(nociceptor)는 피부 근처에 위치하는 자유신경말단으로 구성되어 있다. 다른 통증수용기는 온도나 강한 충격과 같은 매우 강한 기계적 자극 및 손상된 세포에 의해 분비되는 세포외액에 존재하는 특이한 화학물질에 반응한다. 척추동물의 통증수용기는 물질 P와 글루탐산을 이용해 다른 통증 경로의 감각뉴런과 신호를 주고받는다.

전자기수용기

모든 수중동물은 근육 수축을 통해 전류를 발생시킨다. 어류의 많은 무리가 이러한 전류를 감지할 수 있다. 심지어 전기 물고기는 특화된 전기 기관으로부터 강력한 전기를 생성할 수 있는 능력이 있다. 연골어류(상어, 가오리, 홍어)는 로렌치니 기관(ampullae of Lorenzini)이라고 하는 전기수용기(electroreceptor)를 가지고 있다. 일부 생물(뱀장어, 상어, 꿀벌 및 많은 새)들은 지구의 자기력선을 따라 항해하는데, 이러한 동물에서 자기수용기(magnetic receptor)의 성질은 주요 연구 대상이 되고 있다.

기계수용기 I: 접촉, 압력, 몸의 자세

기계수용기(mechanoreceptor)는 "밀어내기"나 "끌어오기"에서 오는 압력이나 물리적 또는 기계적 힘으로 인한 자극을 받는다. 이러한 수용기는 접촉 감각을 발생시키고 균형 및 신체 위치에 대한 압력을 감지한다.

피부의 감각수용기

피부에는 여러 유형의 기계수용기가 존재하는데, 미세한 접촉에 반응하는 형태적으로 특수화된 수용기들은 대부분 손가락 끝과 얼굴 같은 부위에 밀집되어 있다. 간헐적으로 활성화되는 수용기(phasic receptor)는 모낭수용체와 마이스너소체(Meissner corpuscle)이며, 연속적으로 활성화되는 수용기(tonic receptor)는 진피에 위치하는 루피니소체(Ruffini's corpuscle)와 피부 표면 근처에 위치하는 메르켈판(Merkel's disk)으로 이들은 접촉 정도와 접촉 기간을 감지한다. 파치니소체(Pacician corpuscle)는 압력에 민감한 수용기다(**그림 11.14**).

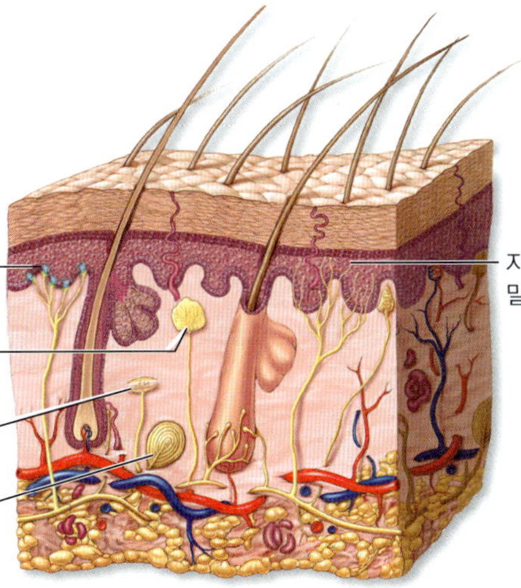

그림 11.14 사람 피부의 감각수용기.
피부수용기는 여러 지지 구조와 관련된 자유신경말단이나 감각 수상돌기일 수 있다.

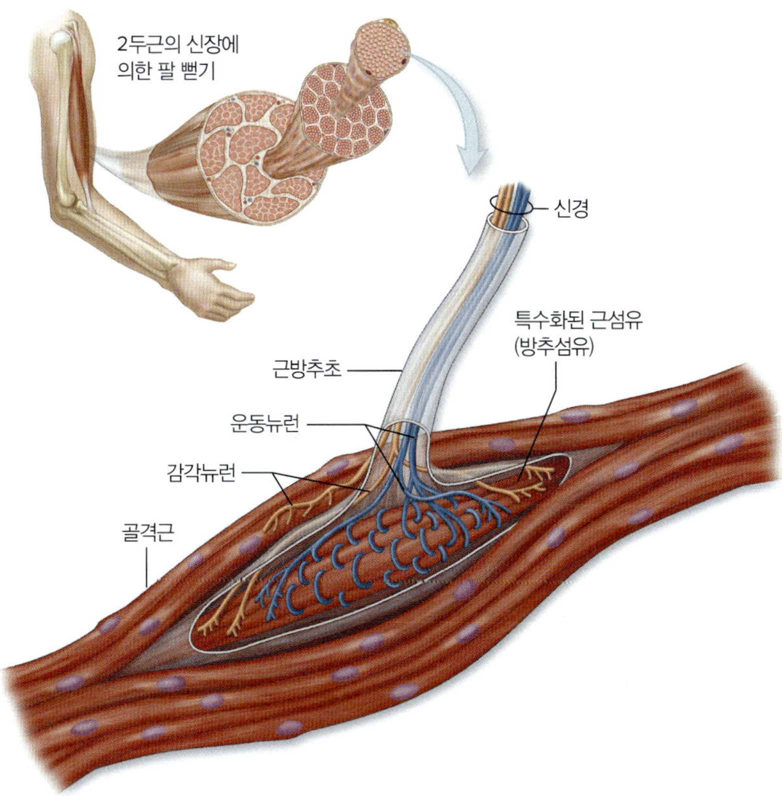

그림 11.15 근방추의 작용.
근방추는 골격근 내에 묻혀 있는 신장수용기(stretch receptor)이다. 근육의 신장은 방추섬유를 길게 하고 그들을 둘러싸고 있는 감각 수상돌기 말단을 자극한다. 이것은 감각뉴런을 연합뉴런 또는 때때로 운동뉴런과 시냅스되어 있는 중추신경계로 자극을 전달하게 해준다.

고유감각기와 압력수용기

모든 동물은 시간과 장소에 대한 지속적인 "감각"이 필요하다. 이것은 고유감각 또는 제6감이라고 알려져 있다. 척추동물의 고유수용기(proprioceptor)는 골격근과 연관되어 있으며 신체 위치에 대한 정보를 제공한다. **근방추**(muscle spindle)는 감각신경에 의해 둘러싸인 여러 개의 얇은 근섬유로 이루어져 있으며, 근육이 신장할 때 활성화된다(**그림 11.15**).

근육이 수축할 때 근육에 붙어 있는 힘줄에 긴장이 가해지며, 다른 종류의 고유수용기인 골지힘줄기관(Golgi tendon organ)은 이러한 긴장을 감지한다. 긴장이 너무 높아지면 근육을 자극하는 운동신경을 억제하여 반사작용을 유도한다. 이러한 반사작용은 근육의 힘줄이 손상을 받을 정도로 강하게 수축하지 않도록 해준다.

압력수용기(baroreceptor)는 혈압을 감지한다. 혈압이 감소할 때 압력수용기에 의해 생성되는 자극의 빈도는 감소하고 교감신경계를 자극함으로써 심장박동수와 혈관 수축이 증가하게 된다. 반대로 혈압이 증가하면 압력수용기가 부교감신경을 자극하여 심장 박동수가 감소하면서 혈압은 낮아진다. 이런 작용은 인체의 항상성 유지에 중요하다.

기계수용기 II: 청각, 진동, 균형

소리는 물이나 공기와 같은 매질을 통해서 전달되는 진동이나 파장의 결과이다. 음파의 감지는 수중동물에서 처음 진화된 특수화된 기계수용기의 작용을 통해 가능하다. 소리의 감지에 관여하는 세포들은 진화적으로 중력 감지 시스템과 관련이 있다.

진동 감지를 위해 특수화된 귀의 구조

귀의 특수화된 구조는 기계수용기를 기반으로 하여 압력 파장을 신경자극으로 전환시킨다. 어류는 소리를 감지하기 위해 다른 밀도를 가진 물체가 필요하며, 이러한 기능은 **이석**(otolith 또는 ear rock)이라고 부르는 탄산칼슘 결정으로 이루어진 평형석에 의해 이루어진다. 이석이 이석기관 안에 있는 모세포를 진동시킬 때 활동전위가 생성된다.

육상 척추동물에서는 공기 중의 진동이 외이(outer ear)를 통해 **고막**(eardrum 또는 tympanic membrane)으로 이동한다(**그림 11.16***a*). 고막의 진동은 중이(middle ear)의 골소강(bony cavity)에 위치하는 한 개 또는 그 이상의 작은 뼈의 움직임을 유발한다. 양서류와 파충류는 등자뼈(stapes)라는 하나의 뼈를, 포유동물은 망치뼈(malleus)와 모루뼈(incus)를 더 가지고 있다(**그림 11.16***b*). 중이는 유스타키오관(귀인두관, Eustachian tube)을 통해 목구멍과 연결되어 있으며, 외부와 중이 사이의 기압을 조절한다. 등자뼈는 내이로 뻗어 있으며, 난원창(oval window)에 진동을 일으킨다. 내이는 **달팽이관**(와우각, cochlea)이라는 미로(labyrinth)를 포함하는 뼈 구조로 이루어져 있

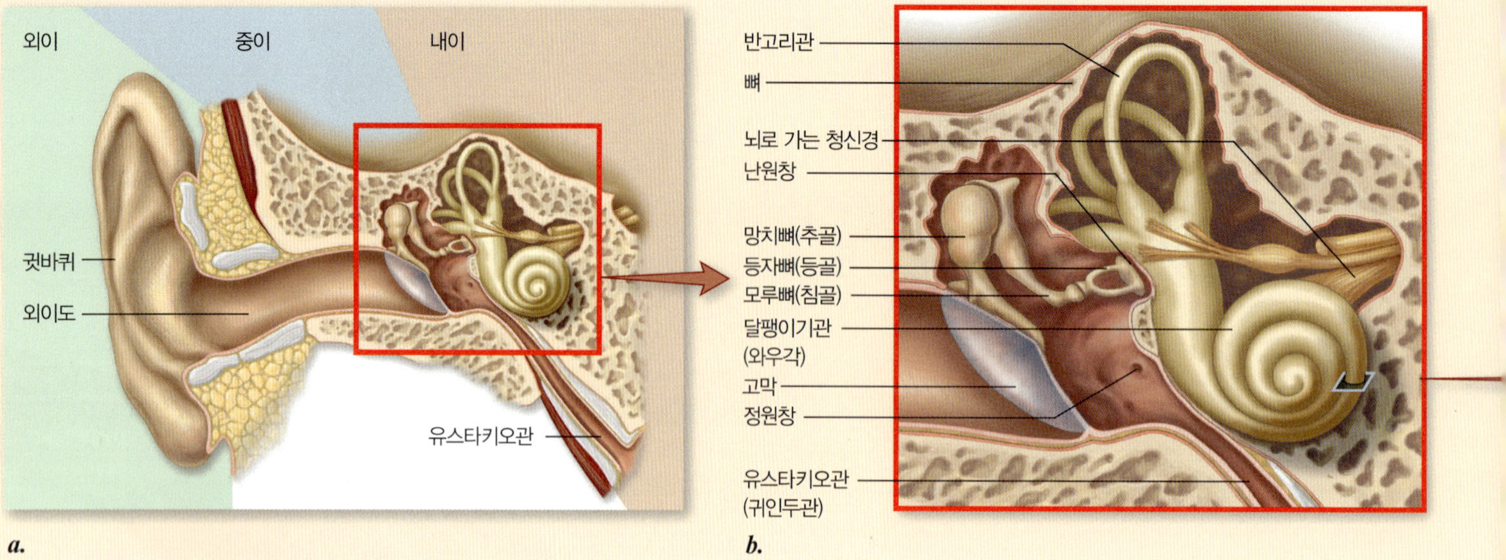

그림 11.16 사람 귀의 구조와 기능.
사람 귀의 구조는 기능적인 부분을 연계하여 확대한 그림으로 나타냈다(*a~d*). 외이도를 통해 지나온 음파는 고막의 진동을 생성하고, 중이의 이소골(추골, 침골, 등골)의 움직임을 유발하여 내막(난원창)으로 전달된다. 이러한 진동은 달팽이기관의 전정관과 고실관 안의 유체를 따라 압력파를 생성한다. 이러한 압력파는 모세포의 섬모를 휘어지게 하고 감각뉴런으로부터 신호를 생성한다.

다. 달팽이관의 상부는 전정관(vestibular canal)이며, 하부는 고실관(tympanic canal)으로 이루어져 있다(**그림 11.16***c*). 난원창은 상단의 전정관으로 열려 있는데, 등자뼈가 진동을 발생시킬 때 액체의 압력파가 생성된다. 이러한 압력파는 아래의 고실관으로 이동하며, 정원창(round window)이라는 또 다른 유동성 있는 막을 밀어냄으로써 다시 중이강으로 압력을 전달한다.

달팽이관에서 나타나는 진동의 변환

압력파가 난원창을 통해 달팽이관에 전달되고, 기저막은 이 압력파에 반응하여 진동한다. 기저막의 감각 모세포에 있는 부동섬모(stereocilia)는 덮개막으로 뻗어 있다. 기저막, 감각신경과 연결된 모세포, 그리고 덮개막은 **코르티 기관**(organs of Corti)을 구성한다(**그림 11.6***d*). 기저막이 진동할 때 모세포의 섬모는 기저막의 움직임에 비례하여 휘어진다. 부동섬모가 한 방향으로 휘어질 때 모세포에 탈분극을, 반대 방향으로 휘어질 때는 재분극되거나 오히려 과분극된다. 모세포는 뇌와 연결된 감각신경에 활동전위의 생성을 자극하고, 뇌에서 소리로 해석되어 감지된다.

달팽이관의 기저막은 악기의 줄과 같이 길이와 강도가 다양한 탄력성 있는 섬유로 구성되어 있다. 난원창 근처 기저막의 섬유는 짧고 견고하며, 먼 쪽에 있는 섬유는 5배 더 길고 100배 더 유동성이 있다. 소리 에너지 파동이 난원창으로부터 달팽이관으로 들어갈 때 음파는 기저막의 길이를 따라 움직이며 상하 운동을 시작한다. 파동은 음파의 주파수와 가까운 공명 주파수를 가진 기저막의 위치에서 최대 편향(deflection)을 나타낸다(**그림 11.17**). 그 결과 모세포의 탈분극화는 그 위치에서 가장 최대가 되며, 이러한 활동전위가 뇌에 도달하게 되면 특정한 주파수 또는 음조로 해석되어 감지된다.

육상 척추동물의 청력 범위는 기저막의 유동성에 따라 제한된다. 어린아이의 경우 약 20~20,000 Hz의 주파수 범위에 해당하는 소리를 들을 수 있다. 개는 사람은 들을 수 없는 40,000 Hz의 소리를 감지할 수 있다.

소리에 의해 방향을 알 수 있는 척추동물들이 있다. 날아다니는 박쥐, 땅속에 사는 두더지, 바다 속에 사는 고래는 소리를 내고, 그것이 물체에 도달하여 다시 돌아오는 데까지 소요된 시간을 측정하여 진행 방향을 설정하는데, 이러한 과정을 반향정위(echolocation)라고 한다.

청각계와 연관된 체계를 통해 감지되는 몸의 위치와 움직임

대부분 무척추동물은 **평형낭**(statocyst)이라는 감각 구조로 인해 중력에 반응하여 적응할 수 있다. 평형낭은 일반적으로 탄산칼슘($CaCO_3$)의 결정이 포함된 젤라틴 막에 파묻혀 있는 섬모를 가진 모세포로 구성되어 있다. 평형석(statoliths)은 동물의 위치가 변화할 때 젤라틴 막의 무게를 증가시킴으로써 섬모를 휘어지게 한다. 척추동물의 내이에 있는 미로는 뼈와 간질액의 이온 성분과 유사한 외림프액(perilymph)에 둘러싸여 있다. 척추동물에서 중력에 대한 수용

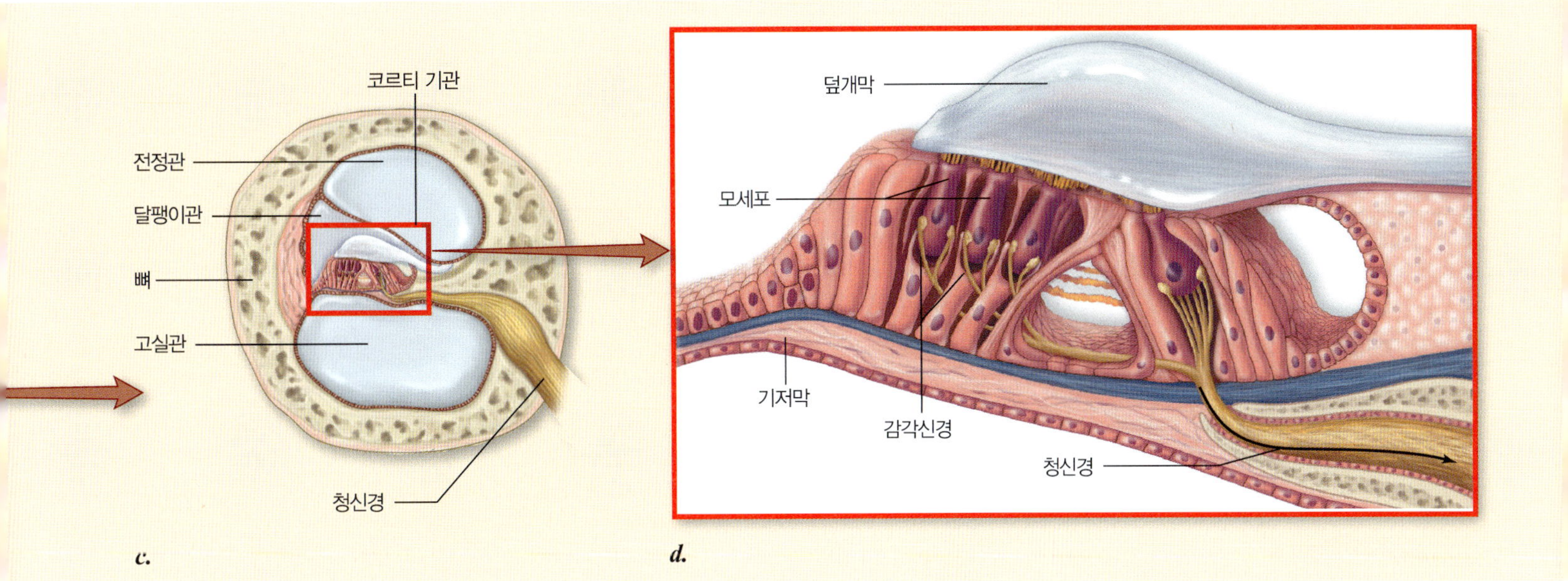

c.　*d.*

그림 11.17 달팽이관에서의 주파수 위치.
펼쳐진 달팽이관을 그림에 나타냈기에 기저막의 전체 길이를 볼 수 있다. 기저막의 섬유는 음높이와 관련하여 서로 다른 음역대에 반응하여 진동한다. 따라서 최대 진동을 발생하는 기저막 부분은 음역대에 따라 달라진다. ***a.*** 고주파음은 기부의 기저막을 진동시키는 반면, 중간주파수(***b***)와 낮은 주파수(***c***)는 정단부 쪽으로 진동을 유발한다.

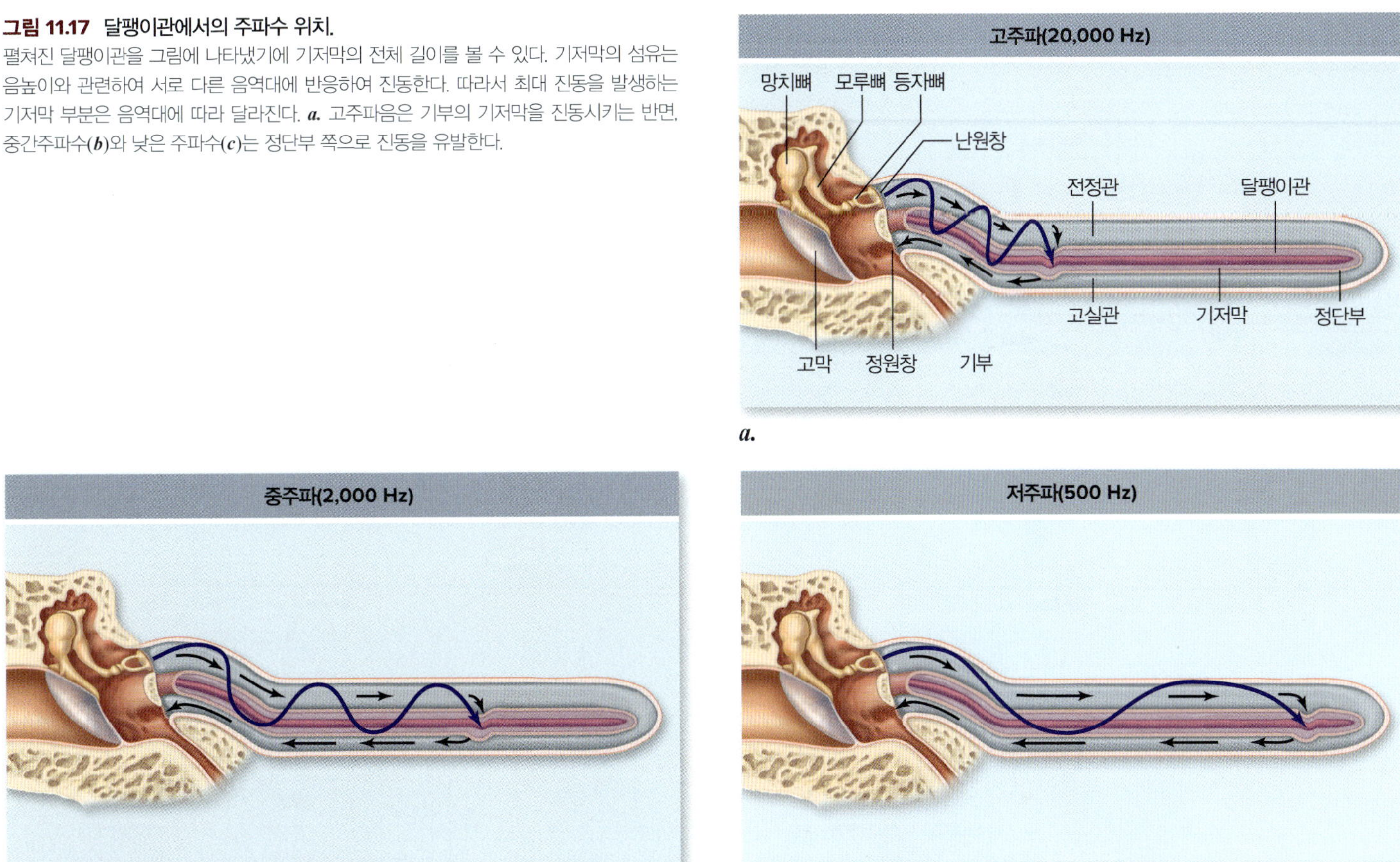

a.　*b.*　*c.*

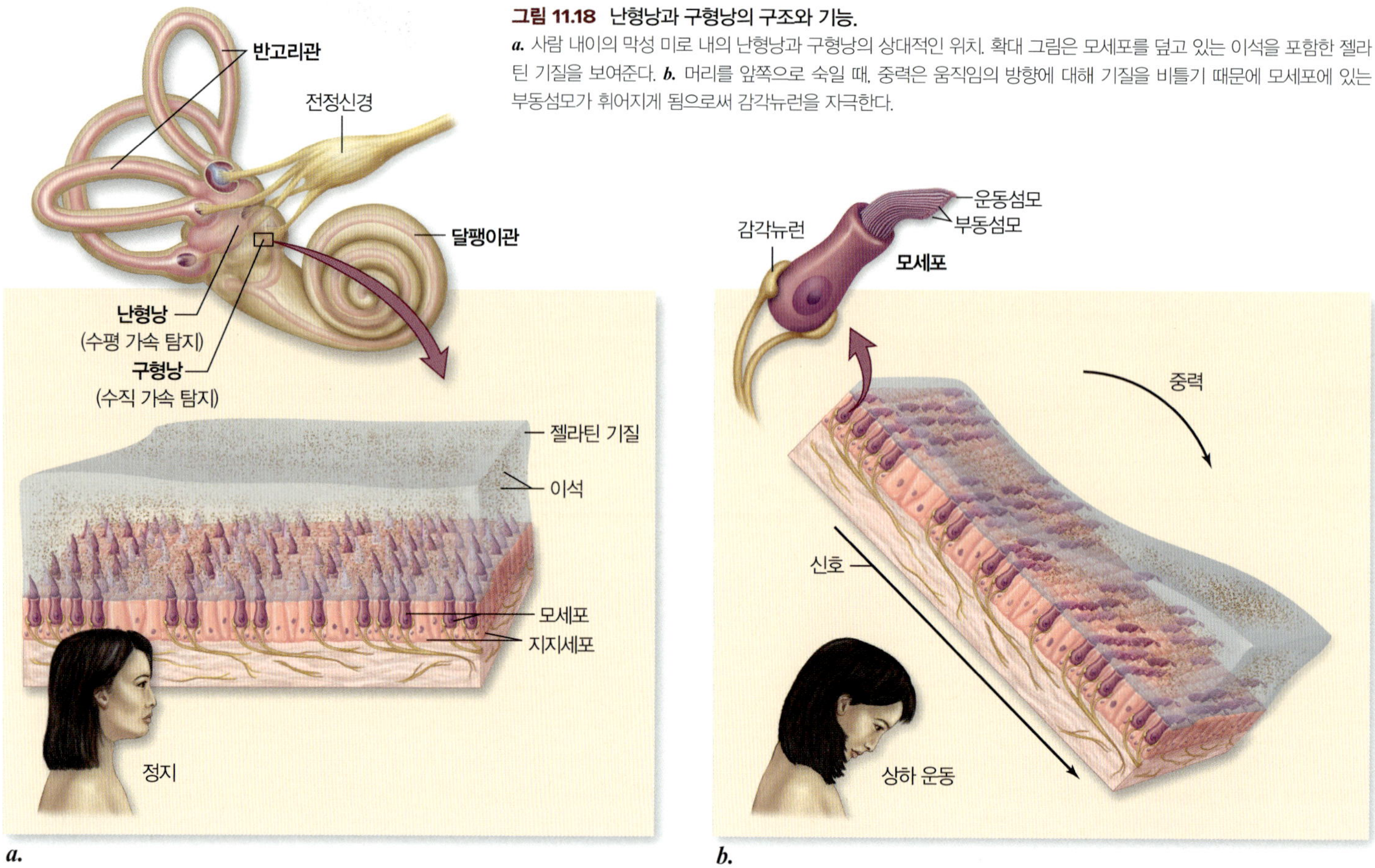

그림 11.18 난형낭과 구형낭의 구조와 기능.
a. 사람 내이의 막성 미로 내의 난형낭과 구형낭의 상대적인 위치. 확대 그림은 모세포를 덮고 있는 이석을 포함한 젤라틴 기질을 보여준다. ***b.*** 머리를 앞쪽으로 숙일 때, 중력은 움직임의 방향에 대해 기질을 비틀기 때문에 모세포에 있는 부동섬모가 휘어지게 됨으로써 감각뉴런을 자극한다.

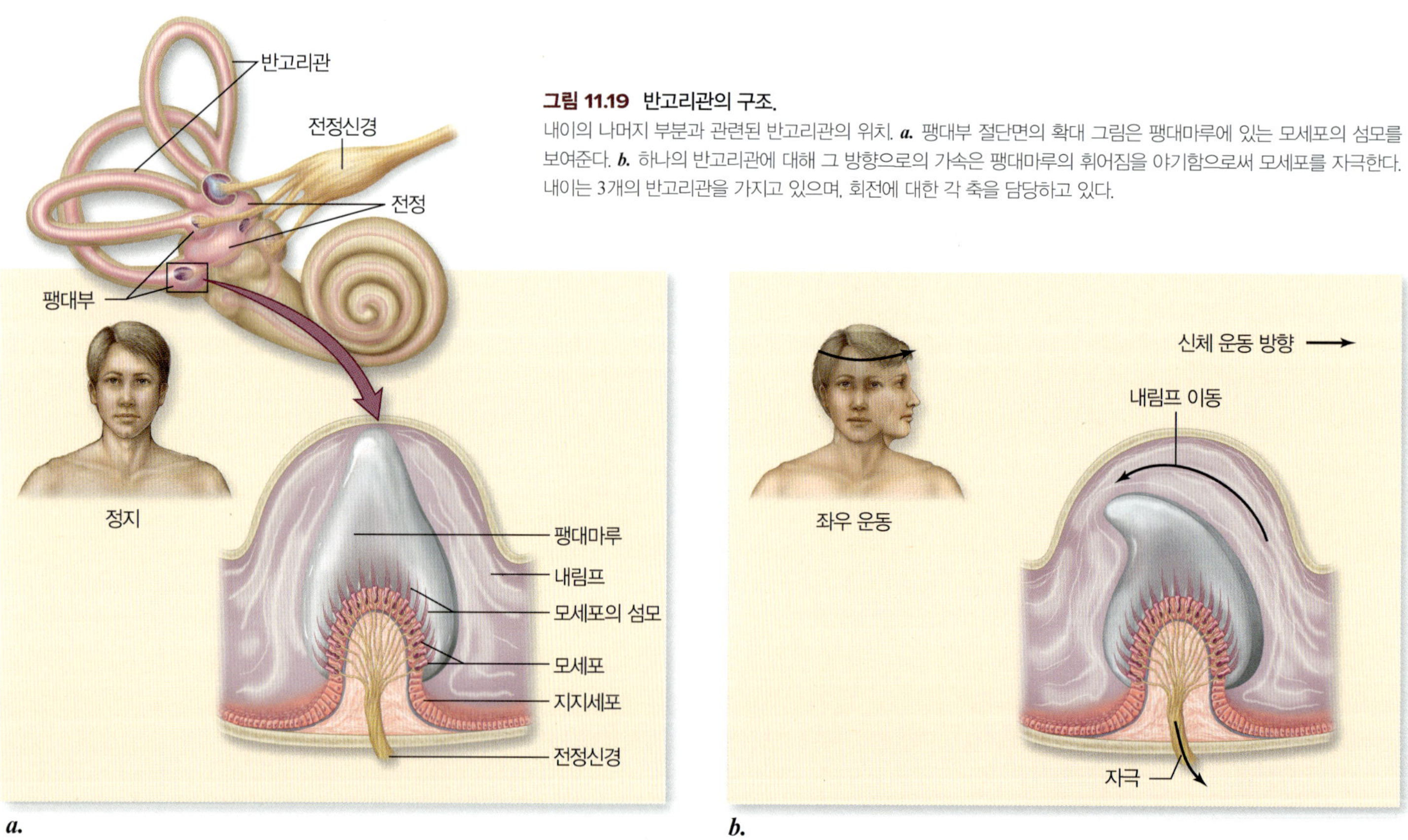

그림 11.19 반고리관의 구조.
내이의 나머지 부분과 관련된 반고리관의 위치. ***a.*** 팽대부 절단면의 확대 그림은 팽대마루에 있는 모세포의 섬모를 보여준다. ***b.*** 하나의 반고리관에 대해 그 방향으로의 가속은 팽대마루의 휘어짐을 야기함으로써 모세포를 자극한다. 내이는 3개의 반고리관을 가지고 있으며, 회전에 대한 각 축을 담당하고 있다.

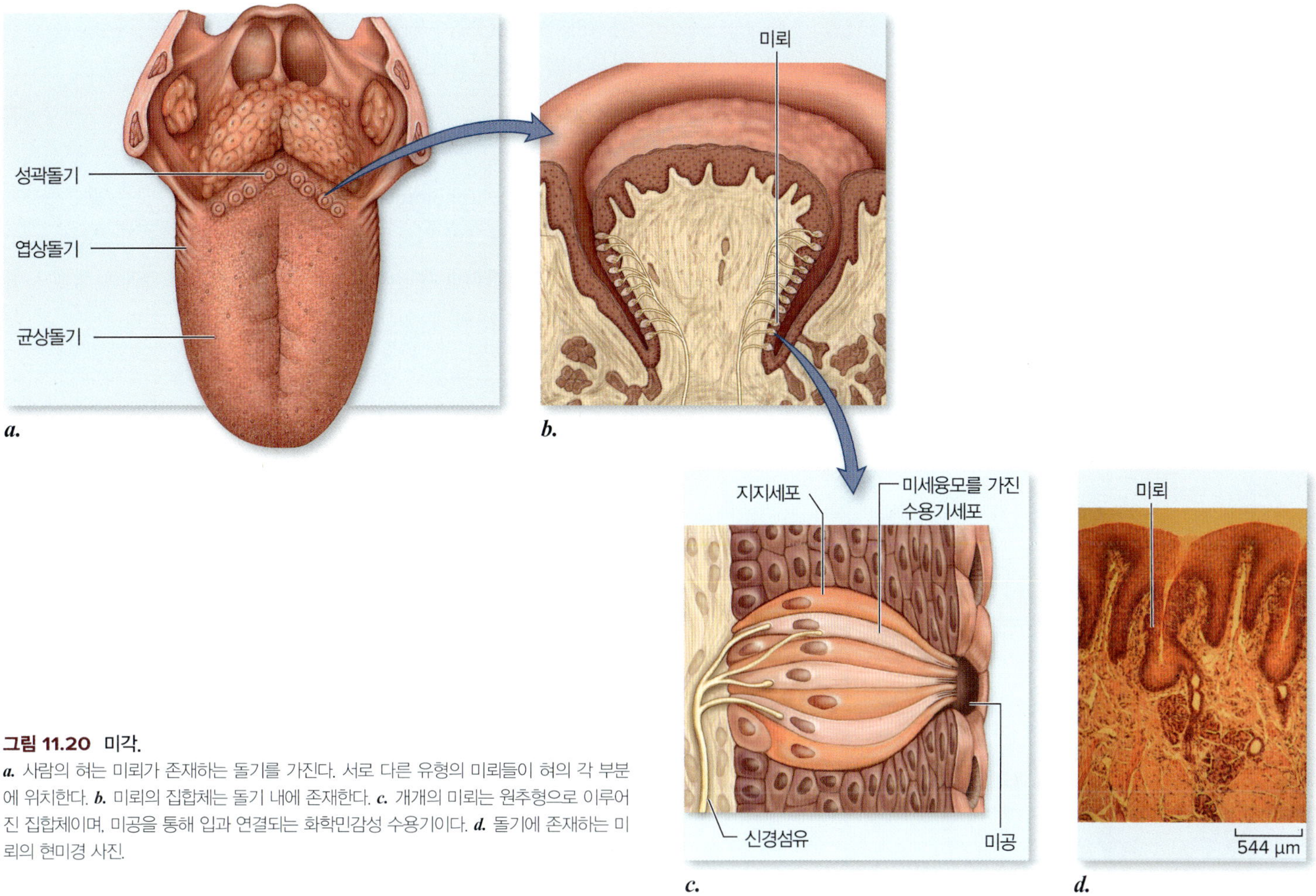

그림 11.20 미각.
a. 사람의 혀는 미뢰가 존재하는 돌기를 가진다. 서로 다른 유형의 미뢰들이 혀의 각 부분에 위치한다. *b.* 미뢰의 집합체는 돌기 내에 존재한다. *c.* 개개의 미뢰는 원추형으로 이루어진 집합체이며, 미공을 통해 입과 연결되는 화학민감성 수용기이다. *d.* 돌기에 존재하는 미뢰의 현미경 사진.

체는 **전정**(vestibule)이라고 하는데, 난형낭(utricle)과 구형낭(saccule)이라고 부르는 미로막을 지닌 2개의 소실로 이루어져 있다(**그림 11.18**). 난형낭은 달리는 차 안에서와 같은 수평적인 가속에 더 민감하고, 구형낭은 엘리베이터 안에서와 같은 수직적인 가속에 더 민감하다. 난형낭과 구형낭의 미로막에는 3개의 **반고리관**(semicircular canals)이 연결되어 있으며, 이들 고리는 어떠한 방향에서의 가속도 감지할 수 있도록 서로 다른 방향으로 자리 잡고 있다(**그림 11.19**).

머리가 회전할 때 반고리관 안의 유체는 팽대마루를 밀고 섬모를 휘어지게 한다. 부동섬모가 운동섬모(kinocillium) 방향으로 휘어지게 되면 수용체 전위가 생성되면서 그에 연결된 감각신경에서 활동전위의 생성을 자극한다. 구형낭과 난형낭 그리고 반고리관은 통합적으로 **전정기관**(vestibular apparatus)이라고 부른다. 뇌는 몸의 위치에 대한 균형과 평형을 유지하기 위해 전정기관으로부터 오는 정보를 이용한다.

화학수용기: 맛, 냄새, pH

화학수용기(chemoreceptor)라고 하는 감각세포들은 세포외액에서 특별한 화학물질 또는 리간드(ligand)가 붙을 수 있는 막 단백질을 지니고 있다. 이러한 화학적 상호작용으로 인해 감각신경 세포막은 탈분극되고 활동전위를 생성한다.

미각은 단맛, 신맛, 짠맛, 쓴맛, 감칠맛의 5개 범주로 구분되는데, 감칠맛(우마미, umami)은 글루탐산염 및 기타 아미노산에서 느껴지는 맛을 의미한다. 미뢰(taste bud)는 척추동물에서 맛에 대한 감각을 매개한다. 어류의 미뢰는 몸 표면 전체에 산발적으로 분포해 있으며, 척추동물 중에서 가장 민감한 화학수용기로서, 특히 아미노산에 민감하게 반응한다.

모든 육상 척추동물의 미뢰는 혀와 구강의 상피조직에 발달하며, 돌기(papillae)라는 솟아 있는 지역 내에 존재한다(**그림 11.20**). 미뢰는 50~100개 정도의 미각세포로 구성된 양파 모양의 구조이다. 짠맛은 Na^+ 이온으로부터 기인하며, Na^+ 채널을 통해 미뢰 내의 수용기세포에서 다른 세포들로 확산된다. Na^+ 이온의 유입은 막을 탈분극시키고, 뇌로 자극을 보내는 감각뉴런을 활성화시켜 주며, 신경전달물질을 방출하도록 유도한다. 신맛은 H^+ 이온이 이온통로를 통해 확산될 때 막을 탈분극시킬 수 있는 양성자의 증가와 관련이 있다.

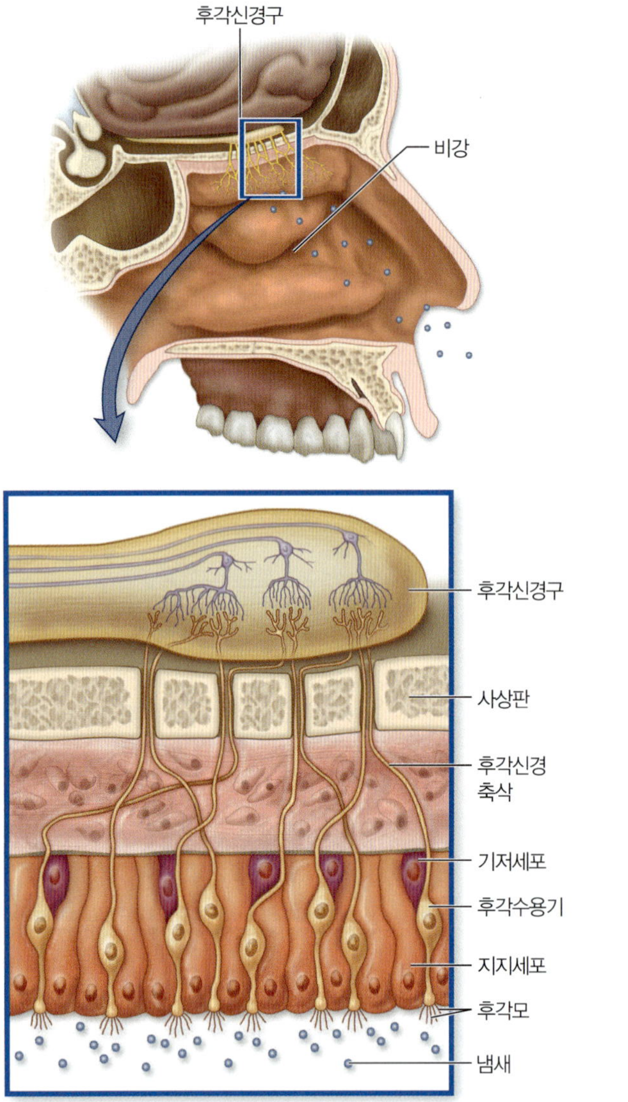

그림 11.21 후각.
인간은 비강 통로에 존재하는 후각뉴런(수용기세포)을 이용해 냄새를 감지한다. 이 뉴런의 축삭은 직접 뇌로 자극을 전달한다. 기저세포는 죽거나 상처 입은 세포를 대체할 새 후각뉴런을 재생시킨다. 후각뉴런의 수명은 약 1달 정도이다.

단맛, 쓴맛, 감칠맛은 **G 단백질연결수용체**(G protein-coupled receptor)의 작용을 통해 얻어진다. 절지동물은 다리에 위치한 감각모(sensory hair)에 미각 수용체를 가지고 있다.

육상 척추동물에서 후각은 비강의 윗부분에 있는 화학수용기가 관여한다(**그림 11.21**). 이러한 수용기들은 수상돌기 끝부분에 있는 섬모가 코의 점막으로 돌출해 있고, 축삭은 대뇌피질로 직접 뻗어 있다. 육상 척추동물은 공기에 둘러싸여 있기에 후각은 공기로 운반되는 입자들을 감지하기 위해 특수화되어 있다. 그러나 이러한 입자들은 후각신경인 수용기를 활성화시키기 전에 먼저 세포외액에서 용해되어야 한다. 수천 가지 냄새를 식별할 수 있는 후각은 여러 포유류에서 극도로 예민해 단 하나의 후각 자극 분자로도 주어진 수용기를 흥분시키기에 충분할 수도 있다. 이 외에도 pH와 다른 특성들을 감지하는 내부 화학수용기도 있다.

시각

빛은 광수용기(photoreceptor)에 의해 포착된다. 모든 광수용기는 빛의 수준과 파장의 변화를 감지하기 위해 시각색소인 옵신(opsin)을 사용한다. 이러한 옵신의 보전은 동물의 진화 초기에 발생했으며, 다른 분자에서는 볼 수 없는 독특한 특성을 가지고 있다.

척추동물의 눈의 구조

인간의 눈은 척추동물 눈의 전형적인 구조이다(**그림 11.22**). 눈의 흰 부분은 공막(sclera)으로 질긴 결합조직으로 이루어져 있다. 빛은 투명한 **각막**(cornea)을 통해 눈으로 들어오며, 눈의 색깔이 있는 부분은 홍채(iris)인데, 홍채 근육은 동공의 크기를 조절한다. 빛은 동공(pupil)을 통해 수정체(lens)를 통과하는데, 수정체는 눈의 뒤쪽에 있는 **망막**(retina)으로 빛의 초점을 맞춰주는 투명한 구조이다. 수정체는 현수인대(suspensory ligament)에 의해 모양체근(ciliary muscle)에 부착되어 있다. 모양체근이 수축했을 때 현수인대는 이완하고 수

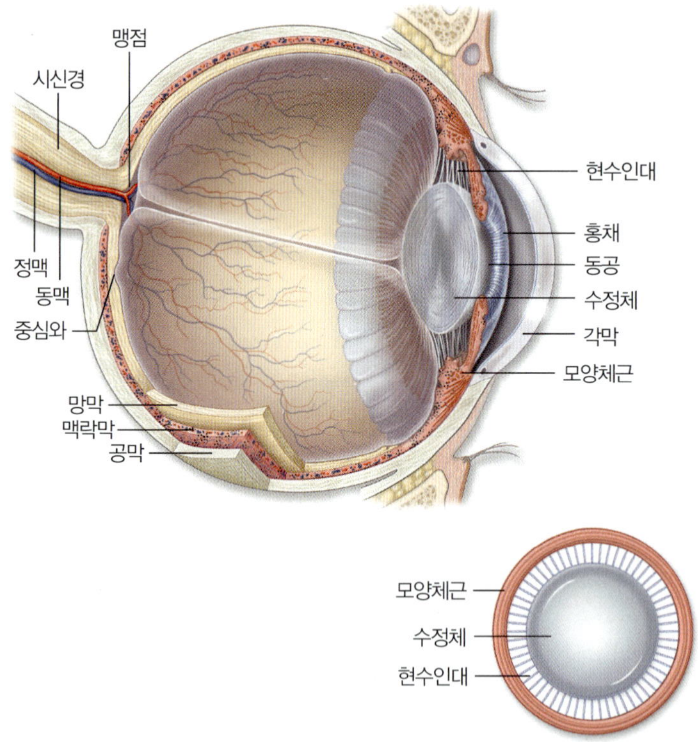

그림 11.22 사람 눈의 구조.
투명한 각막을 통해 들어온 빛은 수정체를 통해 눈 뒤쪽 표면의 망막에 모인다. 망막은 광수용기(간상세포와 원추세포)를 가진다. 각 눈에서 시야의 중심은 중심와에 초점을 맞춘다. 원근 조절은 모양체근의 수축과 이완에 의해 이루어지고, 모양체근은 수정체의 굴절률을 조절해 준다.

정체는 더 볼록해지며 빛을 더 강하게 굴절시켜 주는데, 이 작용으로 인해 가까운 곳의 물체를 볼 수 있게 된다. 흥미롭게도 양서류 또는 어류는 수정체의 모양이 바뀌지 않는 대신에 수정체를 안과 밖으로 이동시켜 원근을 조절한다. 망막과 공막 사이에 맥락막(choroid)이 존재하는데, 이는 눈의 혈관층으로 주변에 산소와 양분을 공급한다. 또한 멜라닌 색소가 있어 빛의 분산을 막는다.

척추동물 광수용기

척추동물의 망막에는 **간상세포**(rod cell)와 **원추세포**(cone cell)라는 두 종류의 광수용기세포가 존재한다. 간상세포는 조명이 흐릿할 때 명암을 인식하고, 원추세포는 빛의 선명도와 색깔의 인지에 관여하며 특히 망막의 중심부인 **중심와**(fovea)에 많이 분포한다(**그림 11.22** 참조).

이들 세포는 기본 구조가 같다. 미토콘드리아가 풍부한 내절(inner segment)은 신경전달물질로 가득 찬 많은 소낭을 가지며, 좁은 관을 통해 외절(outer segment)로 이어진다(**그림 11.23**). 외절은 많은 평평한 디스크가 쌓인 구조로, 빛을 포획하는 광색소(photopigment)는 이 디스크들의 막에 존재한다. 간상세포의 광색소인 **로돕신**(rhodopsin)은 시스-레티날(cis-retinal) 분자에 결합된 옵신(opsin) 단백질로 이루어져 있다. 로돕신에서 시스-레티날의 최대 흡수 파장은 500 nm이다. 원추세포의 광색소는 포톱신(photopsin)인데, 3종류 포톱신의 최대 흡수 파장은 420 nm(청색), 530 nm(녹색) 그리고 560 nm(적색)이다.

눈의 안쪽 표면인 망막은 3층의 세포들로 이루어져 있다. 망막의 바깥 표면에 가장 가까운 층은 간상세포와 원추세포로 이루어져 있으며, 다음 층은 양극세포(bipolar cell)이고, 공동(cavity)에 가장 가까운 층은 신경절세포(ganglion cell)층이다(**그림 11.24**). 따라서 빛이 광수용기에 도달하기 위해서는 신경절세포와 양극세포를 통과해야만 한다. 양극세포는 간상세포와 원추세포를 신경절세포와 연결한다. 신경절세포는 뇌로 활동전위를 보낼 수 있는 망막의 신경 단위이고, 시신경은 망막을 통과해야 하므로 맹점이 형성된다(**그림 11.22** 참조). 연체동물의 눈은 망막 뒤쪽에 결합한 감각신경을 가짐으로써 이러한 문제를 피할 수 있다.

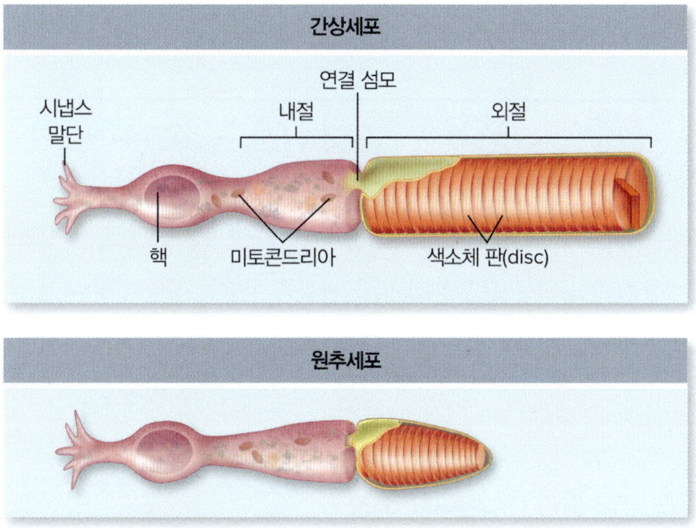

그림 11.23 간상세포와 원추세포.
이 세포에서 색소를 포함하는 외절은 좁은 관인 연결 섬모에 의해 나머지 부분과 구획되어 있다.

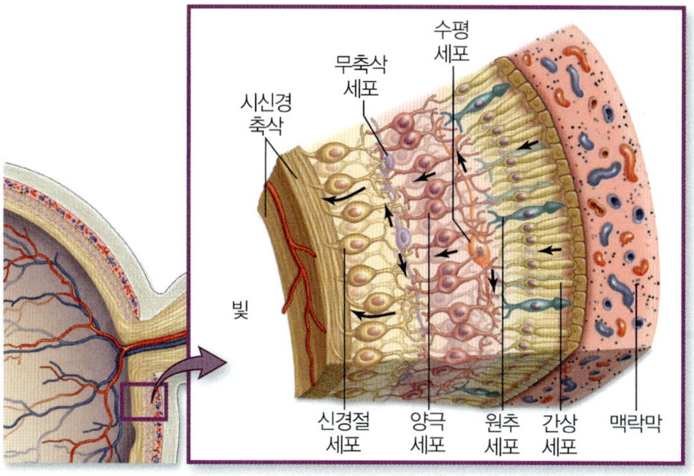

그림 11.24 망막의 구조.
간상세포와 원추세포는 망막의 앞쪽이 아닌 뒤쪽에 있다. 빛이 간상세포와 원추세포에 도달하기 전에 빛은 망막의 신경절세포, 무축삭세포, 양극세포, 수평세포를 통과한다. 광수용기가 활성화되면 그들은 양극세포를 활성화시키고, 그것은 신경절세포를 활성화시킨다. 망막에서 감각 정보 흐름은 빛의 흐름과 반대이다.

또한 망막에는 수평세포(horizontal cell)와 무축삭세포(amacrine cell)가 있다. 망막 중심부의 수평세포가 자극되면 주변부 광수용체의 반응을 억제하는데, 이러한 측면 억제는 대조적이며 선명한 이미지를 나타나게 해준다. 색을 인지하는 모든 동물이 인간이나 영장류처럼 3가지 원추세포를 가지는 것은 아니다. 예를 들어 어류, 바다거북 및 새들은 4종류 또는 5종류의 원추세포를 가진다. 여분의 원추세포는 이러한 동물들이 근자외선을 이용해 색의 음영을 구별할 수 있게 한다. 그에 비해 다람쥐나 개와 같은 많은 포유류는 2종류의 원추세포를 가지고 있다.

광수용기에서의 감각 변환

빛 에너지로부터 신경자극으로의 변환은 다른 감각자극이 인지되는 것과 반대의 순서를 따른다. 어둠 속에서 광수용기세포는 억제성 신경전달물질을 방출하여 양극세포에서 신호전달을 차단한다. 반대로 빛이 존재하면 광수용기세포는 억제성 신경전달물질의 방출을 멈

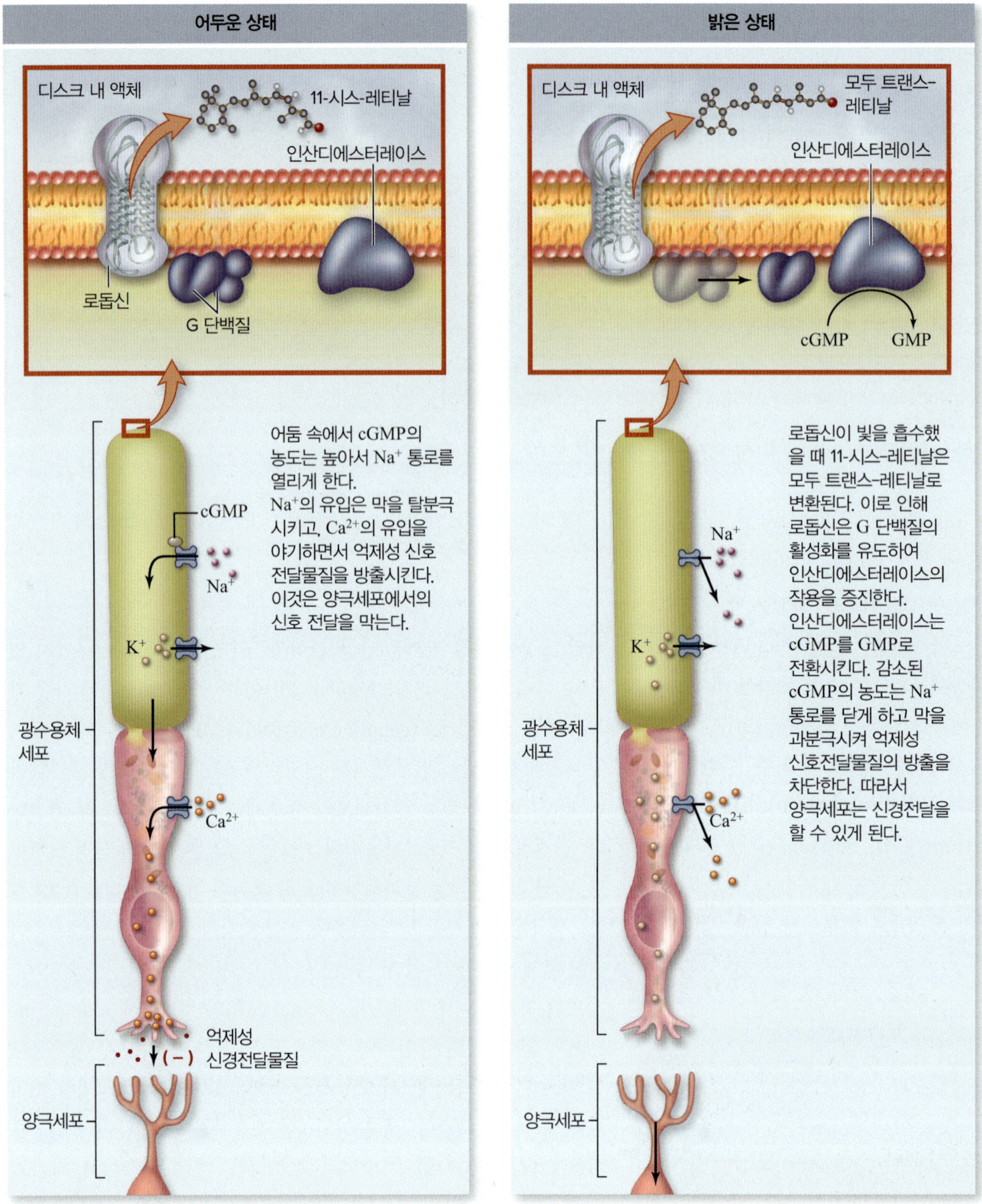

그림 11.25 척추동물 눈에서의 신호 변환. 빛이 없을 때 cGMP는 Na^+ 통로를 열고, Na^+의 유입은 억제성 신호전달물질의 분비를 유도한다. 빛은 로돕신에 있는 레티날에 의해 흡수되고, 그의 구조를 변화시켜 로돕신이 G 단백질과 결합하도록 한다. 활성화된 G 단백질은 cGMP를 GMP로 바꾸어주는 인산디에스터레이스를 자극한다. cGMP의 손실은 Na^+ 통로를 닫게 하고, 억제성 신경전달물질의 방출을 막아주면서 양극세포가 신경절세포를 자극하도록 유도한다.

춤으로써 양극세포가 신호전달을 하도록 한다. 눈에 존재하는 광색소인 로돕신은 사실상 빛 흡수로 인해 활성화되는 G 단백질연결수용체이다(**그림 11.25**). 광색소가 빛을 흡수할 때 시스-레티날은 이성질화되어 수용체 단백질(옵신)로부터 분리되는 표백반응(bleaching reaction)이 일어난다. 그 결과 옵신 수용체 단백질은 형태가 변하고 연결된 G 단백질이 활성화된다. 활성화된 G 단백질은 그들의 효과기 단백질인 인산디에스터레이스(phosphodiesterase, PDE)를 활성화시키고, cGMP를 GMP로 잘라준다. cGMP의 손실은 cGMP 개폐성 Na^+ 통로를 닫게 하고 막을 과분극시킨다. 하나의 빛 광자 흡수는 K^+ 투과도의 변화 없이 백만 개 이상의 Na^+ 유입을 막는다. 양극세포가 억제 상태에서 벗어나면 신경절세포를 활성화시켜 뇌로 자극을 전달한다.

대뇌피질에서 일어나는 시각 과정

신경절세포의 축삭을 따라 이동하는 활동전위는 시상의 외측슬상핵(lateral geniculate nuclei)을 통해 대뇌 후두엽의 시각피질로 전

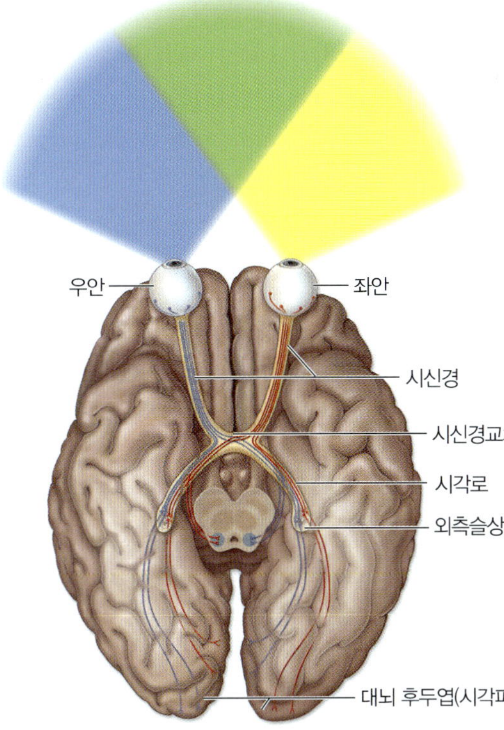

그림 11.26 시각 정보의 경로.
시신경에서 활동전위는 망막에서 외측슬상핵으로, 그리고 그곳에서 후두엽의 시각피질로 전달된다. 시신경의 절반(망막의 안쪽 부위에서 생기는 내측 섬유)은 시신경교차에서 다른 쪽으로 가로질러 가기 때문에 각 대뇌 반구는 두 눈으로부터 정보를 받는다.

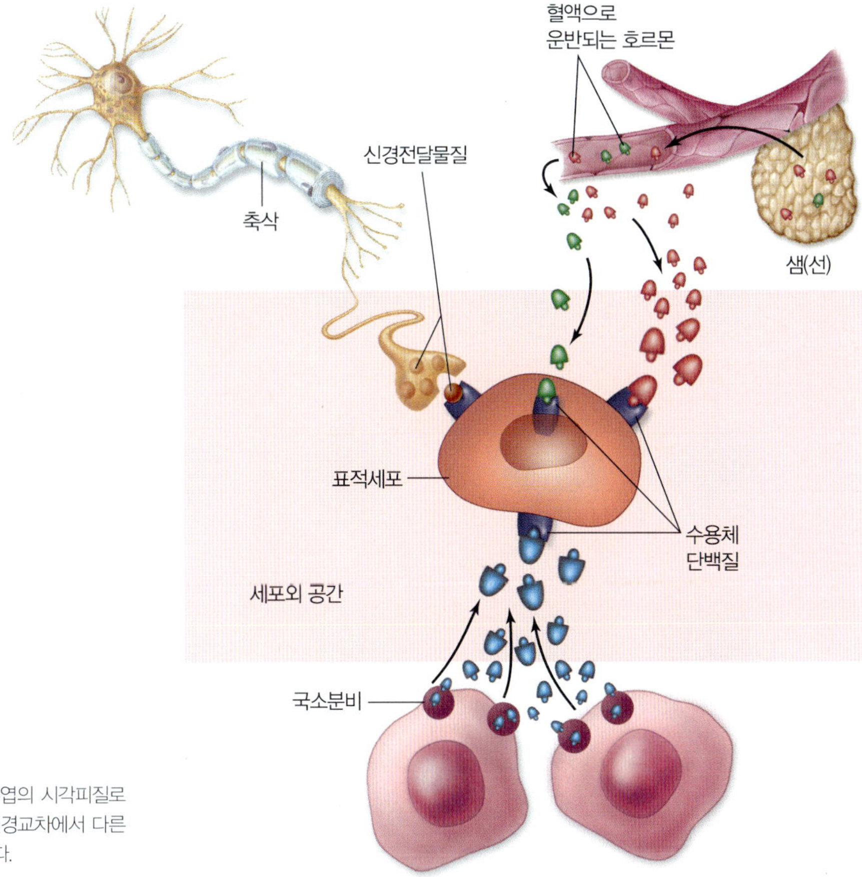

그림 11.27 화학적 전령의 여러 가지 유형.
기관들의 기능은 신경, 국소분비, 내분비 조절인자의 영향을 받는다. 화학적 조절자의 각 유형은 표적기관의 세포 표면이나 세포내 특이적 수용체 단백질에 결합한다.

달된다(**그림 11.26**). 중심와에서 원추세포는 양극세포와 일대일의 관계로 연결되며, 각 양극세포는 1개의 신경절세포와 연접되어 있다. 이러한 관계는 중심와에서 정밀한 시각을 만들어낸다. 중심와의 바깥에서 많은 간상세포는 하나의 양극세포에 연접할 수 있다. 이러한 수렴성은 신경 활성의 가중(summation)을 가능하게 하기에, 시력과 색감을 포기하는 대신에 중심와 외부의 망막 영역은 희미한 빛에 더욱 민감하게 반응한다.

색맹(color blindness)은 유전적으로 하나 이상의 원추세포가 부족하여 생기는 X-연관 열성형질이며, 남성에게서 더 많이 나타난다(4.6절 참조). 예를 들어, 적록색맹인 사람들은 적색 원추세포가 없어서 녹색과 적색을 구별하기 어렵다.

두 눈이 한 물체에 초점을 맞출 때 두 눈의 시선이 조금씩 다른 각도를 가지기 때문에 각각의 눈에 보여지는 상은 조금씩 다르다. **시차**(parallax)라고 부르는 상에 대한 약간의 차이는 3차원적 상을 인지하고 거리를 감지하기 위한 능력인 양안시각(binocular vision)을 가능하게 해준다. 양 눈의 앞쪽에서 겹쳐 보이는 부분을 최대로 하면 입체시(stereoscope)가 발생한다.

11.4 호르몬의 작용 기작

세포 신호전달에는 (1) 직접 접촉(direct contact), (2) 시냅스 신호(synaptic signaling), (3) 내분비 신호(endocrine signaling), (4) 국소분비 신호(paracrine signaling)의 4가지 기작이 관여한다(**그림 11.27**, **그림 2.29** 참조).

호르몬(hormone)은 내분비 신호물질로써 세포외액으로 분비되어 혈액을 통해 이동함으로써 먼 거리까지 역할을 수행할 수 있다. 호르몬을 분비할 수 있도록 특화된 기관을 **내분비샘**(endocrine gland)이라 하고, 호르몬을 생산하는 기관과 조직들을 통칭하여 내분비계(endocrine system)라 부른다(**그림 11.28**, **표 11.3**).

내분비샘에서 생성되어 호르몬으로 사용되는 분자 중 일부가 신경에 의해서도 생성되어 신경전달물질로도 이용된다. 노르에피네프린은 부신에 의해 체내로 분비되지만, 시냅스의 신경 끝에서 신경전달물질로도 분비된다. 많은 내분비샘의 분비 활동은 신경계에 의해

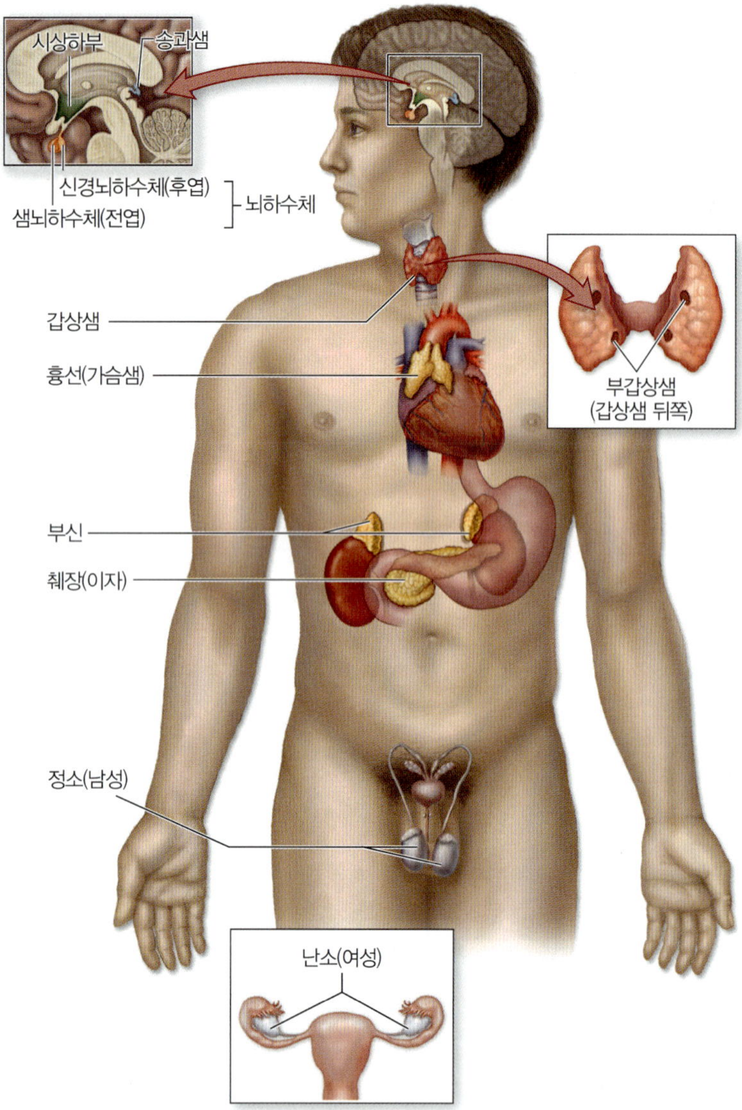

그림 11.28 사람의 내분비계.
주요 내분비샘을 나타냈다. 많은 기관들이 1차적 기능과 함께 호르몬을 분비한다.

조절되는데, 시상하부는 뇌하수체 전엽의 호르몬 분비를 조절하고, 뇌하수체 후엽 호르몬을 생성한다. 하지만 신경조절로부터 독립적인 호르몬 분비 기작도 존재한다.

내분비샘에서 만들어지는 3가지 유형의 호르몬

호르몬은 표적에 정확하게 정보를 전달하기 위해 구조가 복잡하며, 표적세포에 도달하기까지 파괴되지 않기 위해 충분한 안정성을 가지고 있어야 한다(2.4절 참조).

호르몬은 모두 사용되고 나면 보통 파괴되거나 불활성화되어 담즙이나 소변으로 배출된다. 수용성 호르몬이 지용성 호르몬보다 더 빨리 불활성화된다.

- **펩타이드와 단백질**: 펩타이드 호르몬의 예로 항이뇨 호르몬(antidiuretic hormone, ADH), 인슐린(insulin), 생장호르몬(growth hormone)을 들 수 있다. 당단백질로는 갑상샘자극호르몬(thyroid stimulating hormone, TSH)과 황체형성호르몬(lutenizing hormone, LH)이 있다.
- **아미노산 유도체**: 특정 아미노산의 효소적 변형으로 만들어진 호르몬이다. 생체 아민을 포함하며 부신 수질, 갑상샘, 송과샘(pineal gland)에서 분비되는 호르몬이 이에 해당된다. 카테콜아민(catecholamine)으로 알려진 것들로는 에피네프린(아드레날린)과 노르에피네프린(노르아드레날린)이 포함된다. 송과샘은 트립토판에서 유래된 멜라토닌(melatonin)이라는 다른 아민계 호르몬을 분비한다.
- **스테로이드**: 콜레스테롤의 효소적 변형에 의해 만들어진 지질이다. 테스토스테론(testosterone), 에스트라디올(estradiol), 프로게스테론(progesterone), 알도스테론(aldosterone), 코르티솔(cortisol) 등이 포함된다.

표적세포까지의 이동과 특정 수용체와의 결합

호르몬은 지용성(친유성)과 수용성(친수성)으로 구분되며, 이러한 성질은 호르몬의 기능을 제한한다. 수용성 호르몬은 막을 통과할 수 없으므로 막 수용체를 통해 작용해야 하고, 지용성 호르몬은 막을 통과한 후 세포내 수용체에 결합하여 유전자 발현에 영향을 줄 수 있다.

지용성 호르몬의 작용

스테로이드 호르몬과 갑상샘 호르몬 등 지용성 호르몬은 수송단백질에 결합하여 순환한다. 표적세포에 도달하면, 수송단백질로부터 분리된 후 세포막을 통과하여 세포질에서 그들의 수용체와 결합하거나, 호르몬-수용체의 복합체 상태로 핵으로 들어간다(**그림 2.30** 참조). 이 복합체는 호르몬 반응요소(hormone response element)로 알려진 DNA의 특정 부위에 결합하여 전사에 직접적인 영향을 미치거나, 어떤 경우에는 전사를 억제할 수 있다.

수용성 호르몬의 작용

수용성 호르몬(펩타이드, 단백질, 카테콜아민 등)은 지용성 호르몬과 달리 원형질막을 통과할 수 없다. 이들은 세포막의 외부 표면에 있는 수용체 단백질에 결합하여 신호전달 과정을 시작하고 주로 **인산화효소**(kinase)들을 활성화시켜 세포 반응을 일으킨다(**그림 2.31~33** 참조). 인슐린 같은 호르몬의 수용체는 스스로 인산화효소 기능을 하고, 생장호르몬과 같은 다른 펩타이드 호르몬은 수용체에 결합하면 세포 내부의 인산화효소를 활성화시켜 세포 반응이 시작된다.

에피네프린과 같은 많은 수용성 호르몬은 **2차전달자**(second messenger) 체계를 통해 작용한다. 세포 내에는 cAMP, 이노시톨 3인산(inositol triphosphate, IP3), DAG(diacylglycerol) 등의 2차전달자가 있다. 수용성 호르몬들은 2차전달자를 생산하는 G 단백질연결수용체와 결합한다. 호르몬이 수용체와 결합하면, G 단백질이 세포막 내에서 2차전달자 생성 효소를 활성화시키고, 2차전달자는 세포 특이적 인산화반응을 촉매한다. G 단백질의 종류에 따라 호르몬에 대한 세포 반응은 다르게 나타난다. 어떤 수용체들은 2차전달자 생성 효소를 활성화시키는 G 단백질과 연결되어 있고, 또 다른 수용체는 2차전달자 생성을 억제하는 G 단백질과 연결되어 있다. 수용성 호르몬의 수용체 결합은 가역적이고 일반적으로 매우 짧게 일어난다.

조직 내에서 강력한 효과를 발휘하는 국소분비 조절인자

국소분비 조절은 대부분의 기관과 면역계 세포들 사이에서 일어난다. 국소분비(paracrine) 조절인자는 내분비 호르몬과 유사한 방식으로 작동하지만 혈액을 통해 이동하지 않으므로 기관 내의 세포가 같은 기관의 세포를 조절하게 된다. 생장인자는 국소분비 조절인자 중에서 가장 중요하다. 인슐린 유사 생장인자(insulin-like growth factor)는 발달 과정의 뼈에서 세포분열을 자극하고, 다른 조직의 단백질 합성도 촉진시켜 준다. 사이토카인(cytokine, 13장 참조)은 면역계에서 세포분열과 분화를 조절하는 특수화된 생장인자이다.

프로스타글란딘(prostaglandin)은 평활근 수축이 촉진될 때 활성화된다. 프로스타글란딘은 조직의 손상된 부위에서 생성되어 붓고, 아프고, 열이 나는 등의 염증반응을 촉진한다. 아스피린(aspirin)과 같이 프로스타글란딘의 합성을 저해하는 약물은 이러한 증상들을 완화시키는 데 도움을 준다. 아스피린은 세계적으로 가장 널리 사용되는 비스테로이드성 항염증약(nonsteroidal anti-inflammatory drugs, NSAIDs)으로, 이러한 종류의 약에는 인도메타신(indomethacin)과 이부프로펜(ibuprofen)도 포함된다.

11.5 시상하부와 뇌하수체

시상하부는 간뇌의 일부로써 **뇌하수체**(pituitary gland)의 내분비 기능을 조절한다.

뇌하수체는 **샘뇌하수체**(adenohypophysis)를 포함하는 전엽(anterior lobe)과, **신경뇌하수체**(neurohypophysis)인 후엽(posterior lobe)으로 나뉜다. 모든 척추동물에 두 영역이 보전되어 있다.

시상하부

시상하부의 신경세포는 샘뇌하수체의 작용을 조절하는 방출호르몬(releasing hormone)과 억제호르몬(inhibiting hormone)을 분비하며, 이 호르몬들은 시상하부-뇌하수체 문맥계(hypothalamohypophyseal portal system)를 통해 뇌하수체 전엽으로 흘러 들어간다(**그림 11.29**). 방출호르몬은 다른 호르몬의 분비를 자극하는 펩타이드 신경호르몬이다. 갑상샘자극호르몬 방출호르몬(thyrotropin-releasing hormone, TRH), 부신피질자극호르몬 방출호르몬(corticotrophin-releasing hormone, CRH), 생식샘자극호르몬 방출호르몬(gonado-

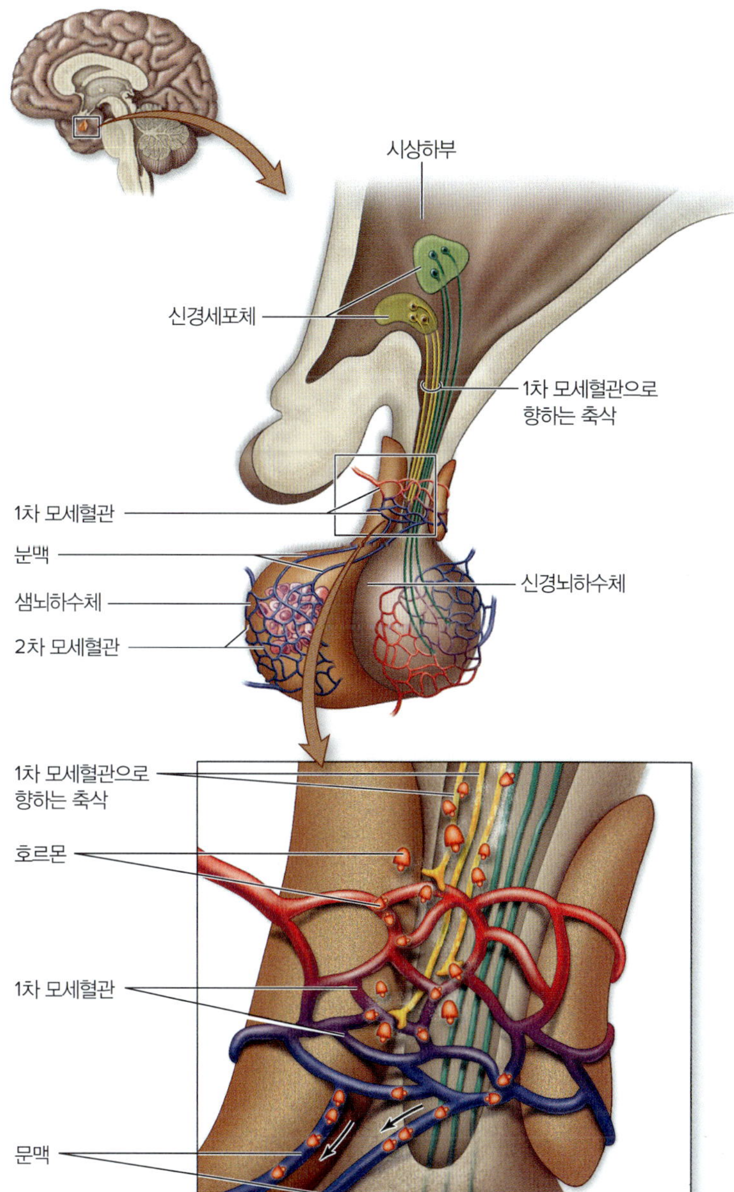

그림 11.29 시상하부에 의한 뇌하수체 호르몬 조절. 시상하부에서 신경세포는 문맥 혈관에 의해 뇌하수체로 직접 운반되는 호르몬을 분비한다. 그곳에서 호르몬들은 샘뇌하수체에서 호르몬의 분비를 자극하거나 억제한다.

tropin-releasing hormone, GnRH), 생장호르몬 방출호르몬(growth hormone-relasing hormone, GHRH), 프로락틴(prolactin)에 대한 방출호르몬 등이 밝혀졌다.

시상하부에서 만들어지는 억제호르몬은 생장호르몬의 분비를 억제하는 소마토스타틴(somatostatin) 혹은 생장호르몬 억제호르몬(growth hormone-inhibiting hormone, GHIH), 프로락틴의 분비와 신경전달물질 도파민을 억제하는 프로락틴 억제인자(prolactin-inhibiting factor, PIF), 멜라닌세포자극호르몬(melanocyte-stimulating hormone, MSH)의 분비를 억제하는 MSH 억제호르몬(MSH-inhibiting hormone, MIH) 등이 있다.

뇌하수체 후엽(신경뇌하수체)

뇌하수체 후엽은 시상하부 안의 세포체에서 뻗어 나오는 축삭을 포함하기 때문에 섬유성 조직의 특성을 나타내며, 시상하부와 뇌하수체 후엽은 직접 연결되어 있다. 뇌하수체 후엽에서 분비되는 호르몬은 신장에서 물의 재흡수를 자극함으로써 이뇨를 억제하는 **항이뇨호르몬**(antidiuretic hormone, ADH)과 자궁수축 및 젖 분출반사를 자극하는 **옥시토신**(oxytocin)이 있다. ADH와 옥시토신은 실제로 시상하부에 위치한 신경세포체에 의해 생성된다. 이들은 적절한 자극에 반응하여 뇌하수체 후엽에서 혈액으로 분비되며, 신경내분비(neuroendocrine) 기작에 의해 조절된다.

시상하부와 뇌하수체 호르몬 조절

시상하부와 뇌하수체 전엽은 그들이 분비하도록 자극하는 다양한 호르몬에 의해 부분적으로 조절된다. 이러한 유형의 조절을 **음성피드백**(negative feedback)이라고 하며, 표적세포에 작용하는 호르몬을 일정한 수준으로 유지하게 해준다. 갑상샘 호르몬의 조절은 음성피드백의 좋은 예이다(**그림 11.30**). 티록신은 그들이 분비하는 TRH와 TSH의 분비를 억제하기 위해서 작용하는데, 이러한 음성피드백 억제는 티록신의 수준을 유지하는 항상성을 위해 필수적이다. 난소의 배란 과정은 **양성피드백**(positive feedback) 조절의 좋은 예로, 난포세포는 스테로이드 호르몬인 에스트로젠의 생성을 증가시키고, 에스트로젠의 수준이 최고에 이르면 시상하부와 뇌하수체에 양성피드백 조절작용이 나타나 뇌하수체 전엽으로부터 LH의 급격한 분비가 일어난다.

뇌하수체 전엽(샘뇌하수체)

뇌하수체 전엽은 독립적인 내분비샘이며, 최소 7개의 필수적인 호르몬을 생성하는데, 이들은 총체적으로 자극호르몬(tropic hormone) 이라고 부른다(**표 11.3** 참조).

그림 11.30 갑상샘종을 가진 여성.
이 질병은 음식에 요오드가 부족해서 발생된다. 그 결과 티록신 분비가 낮아지고, TSH의 음성피드백 억제가 덜 일어난다. 증가된 TSH의 분비는 추가적인 티록신을 생성하기 위해 갑상샘을 확대하도록 자극한다.

7가지의 뇌하수체 전엽 호르몬 중에서 생장호르몬(GH), 프로락틴, MSH는 표적세포에 직접적인 효과를 나타내며 ACTH, TSH, LH, FSH와 같은 자극호르몬은 다른 내분비샘을 표적기관으로 가지고 있다.

거인증은 성장기 어린이에서 과도한 GH의 분비로 인해 발생한다. 성인에서의 과도한 GH 분비는 튀어나온 턱, 길어진 손가락, 두꺼운 피부와 얼굴 모양이 기형으로 나타나는 말단비대증(acromegaly)이라는 거인증으로 나타난다. 반대로 GH의 분비 결핍은 정상적인 키에 도달하지 못하는 뇌하수체 왜소증을 나타낸다. 최근에 식사하는 동안 위에서 생성되는 그렐린(ghrelin)이라고 부르는 펩타이드 호르몬이 GH의 강력한 자극제로서 동정되었다.

프로락틴은 내분비샘이 아닌 기관에 작용하는데, 포유동물에서 젖의 생성을, 새에서는 새끼의 영양 공급(소낭유, crop milk)과 보육조직을 조절(새끼를 품는 포란반)하고, 양서류에서는 성체로의 변태를 촉진시켜 준다. TSH는 갑상샘을, ACTH는 부신 피질을, GnRH인 FSH와 LH는 생식샘에 각각 작용한다(**그림 14.32, 14.34** 참조). FSH와 LH 모두 생식샘에 작용하지만, 남성과 여성의 생식샘에서 각각 다른 표적세포에 작용한다. MSH는 흑색 색소인 멜라닌(melanin)을 포함한 멜라닌 보유세포의 활성을 조절한다.

표 11.3	**포유동물의 주요 내분비샘과 호르몬***		
내분비샘과 호르몬	**표적 조직**	**주요 작용**	**화학적 특성**
시상하부			
방출호르몬	샘뇌하수체 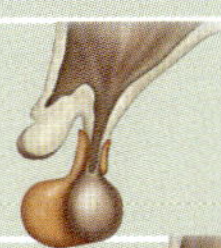	샘뇌하수체 호르몬 방출 촉진	펩타이드
억제호르몬	샘뇌하수체 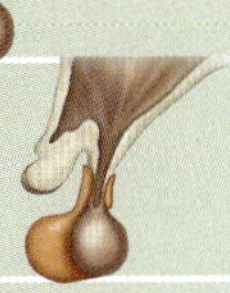	샘뇌하수체 호르몬 방출 억제	펩타이드 (프로락틴 억제인자인 도파민 제외)
신경뇌하수체(후엽)			
항이뇨호르몬 (ADH, 바소프레신이라고도 함)	신장 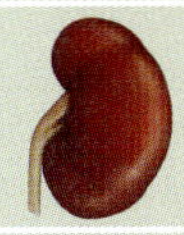	오줌으로부터 물의 재흡수로 수분 보유	펩타이드(9개 아미노산)
옥시토신(OT)	자궁 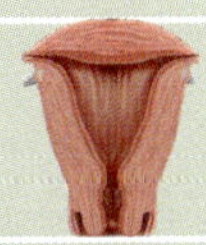	수축 자극	펩타이드(9개 아미노산)
	젖샘(유선) 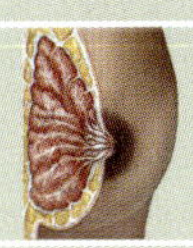	젖 분출 촉진	
샘뇌하수체(전엽)			
부신피질자극호르몬 (ACTH)	부신 피질 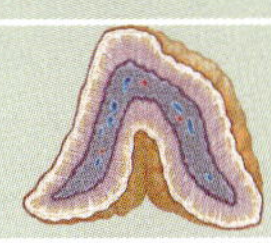	코르티솔과 같은 부신피질호르몬 분비 자극	펩타이드(39개 아미노산)
멜라닌세포자극호르몬(MSH)	피부 	파충류와 양서류의 색 변화 및 포유류의 여러가지 기능 자극	펩타이드(13개와 22개 아미노산의 2가지 유형)
생장호르몬(GH)	여러 기관들 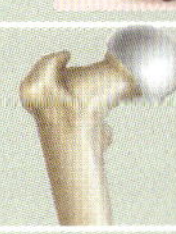	뼈 신장, 단백질 합성, 지방 분해를 통한 생장 촉진	단백질
프로락틴(PRL)	젖샘 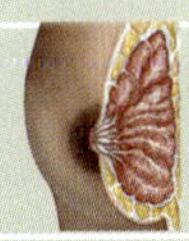	젖 생산 자극	
갑상샘세포자극호르몬(TSH)	갑상샘 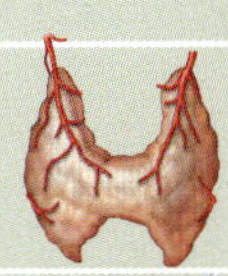	티록신 분비 자극	당단백질
황체형성호르몬(LH)	생식샘 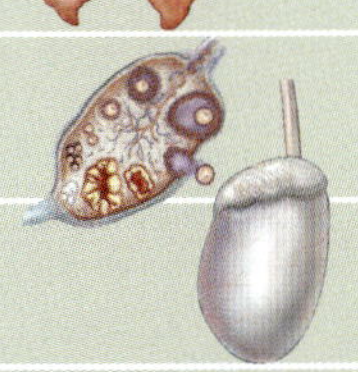	여성의 배란과 황체형성 자극, 남성의 테스토스테론 분비 자극	
난포자극호르몬(FSH)	생식샘	남성의 정자형성 자극, 여성의 난포 발달 자극	
갑상샘			
갑상샘호르몬 (티록신과 트리요오드티로닌)	대부분의 세포 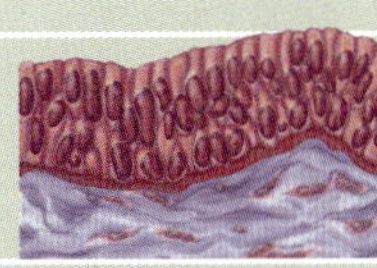	대사율 자극, 정상적인 생장과 발달에 중요	아미노산 유도체(요오드화)
칼시토닌	뼈 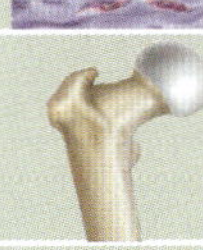	뼈로부터 칼슘 소실 방지	펩타이드(32개 아미노산)

*이들은 내분비샘에서 방출되는 호르몬이다. 호르몬은 또한 간, 신장, 소장과 같은 내분비샘이 아닌 기관에서도 분비될 수 있다.

표 11.3	포유동물의 주요 내분비샘과 호르몬(계속)		
내분비샘과 호르몬	**표적 조직**	**주요 작용**	**화학적 특성**
부갑상샘			
부갑상샘호르몬(PTH)	뼈, 신장, 소화관 	뼈의 분해를 자극하여 혈중 칼슘 농도 증가, 신장에서 칼슘 재흡수 자극, 바이타민 D 활성	펩타이드(34개 아미노산)
부신 수질			
에피네프린(아드레날린), 노르에피네프린(노르아드레날린)	평활근, 심장근, 혈관 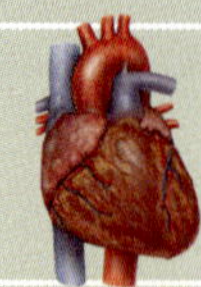	스트레스 반응 개시; 심장박동률, 혈압 및 대사율 증가; 혈관 확장, 지방 사용, 혈당 증가	아미노산 유도체
부신 피질			
당질코르티코이드(예, 코르티솔)	여러 기관들 	장기간 스트레스에 적응, 혈당 증가, 지방 사용	스테로이드
무기질코르티코이드(예, 알도스테론)	신관 	혈액 내 Na^+와 K^+ 평형 유지	
췌장(이자)			
인슐린	간, 골격근, 지방조직 	혈당 저하, 글리코젠, 지방 및 단백질 합성 자극	펩타이드(51개 아미노산)
글루카곤	간, 지방조직 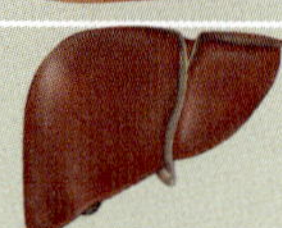	혈당 상승, 간에서 글리코젠 분해 자극	펩타이드(29개 아미노산)
난소			
에스트라디올	다양한 기관	여성의 2차 성징 발달 자극	스테로이드
	여성 생식 구조물 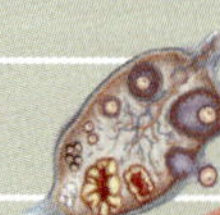	사춘기 생식기관 발달 자극, 매달 임신을 위한 자궁 준비	
프로게스테론	자궁 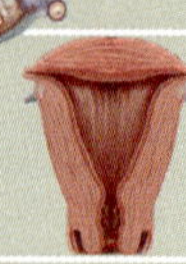	임신을 위한 준비	
	젖샘(유선) 	발달 자극	
정소			
테스토스테론	다양한 기관	남성의 2차 성징 발달 자극, 사춘기에 급성장	스테로이드
	남성 생식 구조물 	생식기관 발달 자극, 정자형성 과정 자극	
송과샘			
멜라토닌	생식샘, 뇌, 색소세포 	생체리듬 조절	아미노산 유도체

11.6 말초 내분비샘

갑상샘: 기초대사와 발달 조절

척추동물의 목 근처 심장 앞쪽에서 발견된다. 사람의 경우 나비넥타이와 유사한 모양으로, 티록신(T_4), 트리요오드티로닌(T_3), 칼시토닌이 합성 분비된다. 갑상샘 호르몬은 핵 수용체에 결합함으로써 작용한다. 갑상샘기능저하증(hypothyroidism)을 가진 사람은 탄수화물과 지방을 이용하는 능력이 감소하여 낮은 대사율을 나타낸다. 그 결과 자주 피로감을 느끼고, 과체중이면서 추위를 탄다. 갑상샘기능항진증(hyperthyroidism)은 반대로 높은 대사율로 인해 몸무게 저하, 신경과민, 흥분 등의 증상이 나타난다.

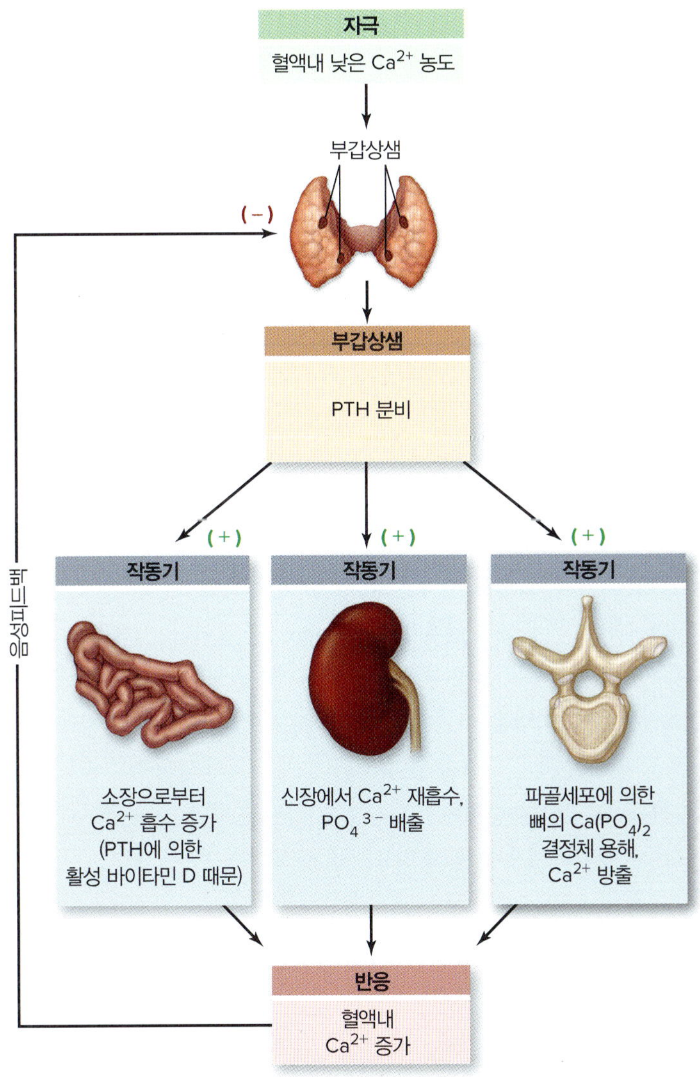

그림 11.31 부갑상샘호르몬(PTH)에 의한 혈액 내의 Ca^{2+} 농도 조절. 혈액 내의 Ca^{2+} 농도가 낮을 때 부갑상샘으로부터 PTH가 분비된다. PTH는 뼈의 직접적인 용해와 신장에서 Ca^{2+}의 재흡수를 자극한다. PTH는 활성 형태의 바이타민 D의 생성을 자극함으로써 Ca^{2+}의 장 흡수를 간접적으로 촉진한다.

갑상샘 호르몬은 탄수화물과 지질대사에 필요한 효소 활성을 조절한다. 사람에서 갑상샘 호르몬은 신경세포의 생장을 촉진하고, 중추신경계의 성숙을 자극한다. 갑상샘기능저하증을 가지고 태어난 아이들은 성장이 더디며, 크레틴병(cretinism)이라는 심각한 정신 장애를 겪는다.

칼슘의 항상성을 조절하기 위해 갑상샘과 부갑상샘은 바이타민 D와 함께 작용한다. 갑상샘은 칼시토닌(calcitonin)을 분비하는데, 칼시토닌은 뼈로 칼슘이 축적되는 것을 자극하여 혈액내 Ca^{2+}의 농도를 낮추어 준다. 부갑상샘(parathroid)은 갑상샘에 붙어 있는 팥알 크기의 4개의 작은 조직이며, 혈중 Ca^{2+} 농도 감소에 반응하여 부갑상샘호르몬(parathyroid hormone, PTH)을 합성한다. PTH는 뼈 기질의 인산칼슘 결정을 용해하기 위해 뼈에 있는 파골세포(osteoclast)를 자극하여 혈액으로 Ca^{2+}이 분비되도록 한다(**그림 11.31**).

바이타민 D는 자외선에 반응하여 콜레스테롤 유도체로부터 피부에서 생성된다. PTH에 의해 활성화된 형태의 바이타민 D는 소장에서 Ca^{2+} 흡수를 자극하여 혈중 Ca^{2+} 농도를 증가시켜 줌으로써 뼈의 적절한 무기질화(mineralization)가 일어나게 해준다. 바이타민 D의 결핍으로 구루병(rickets)이 발생한다.

부신: 스트레스 반응

신장 위쪽에 위치하는 부신은 각각 내부의 부신 수질(adrenal medulla)과 외부의 부신 피질(adrenal cortex)로 이루어져 있다(**그림 11.32**).

부신 수질(adrenal medulla)은 카테콜아민인 에피네프린과 노르에피네프린을 분비한다. 이들 호르몬의 역할은 교감신경절에 의해 유도된 반응과 비슷한 "경고" 반응을 유발하여 인체가 스트레스 상황에 대비하도록 돕는다. 이 호르몬의 효과에는 심장박동수의 증가, 혈압 상승, 기관지 확장, 혈당 상승, 피부와 소화기로 가는 혈류량 감소, 심장과 근육의 혈류량 증가 등이 있다.

부신 피질(adrenal cortex)로부터 유래된 호르몬은 모두 스테로이드이며, 총괄적으로 코르티코스테로이드(corticosteroid)라고 한다. 당질코르티코이드는 근육 단백질을 아미노산으로 분해시켜, 혈액을 통해 간으로 이동하게 한다. 이들은 간을 자극하여 아미노산을 포도당으로 변환시키는 포도당 신생과정(gluconeogenesis)에 필요한 효소들을 생성하게 한다. 스트레스를 받는 동안 이들은 단백질과 지방 합성 대신 포도당의 생성을 활성화한다(**그림 11.32**). 알도스테론(aldosterone)은 미네랄 밸런스의 조절을 돕기 때문에 무기질코르티코이드(mineralcortocoid)로 분류된다. 알도스테론의 분비는 안지오

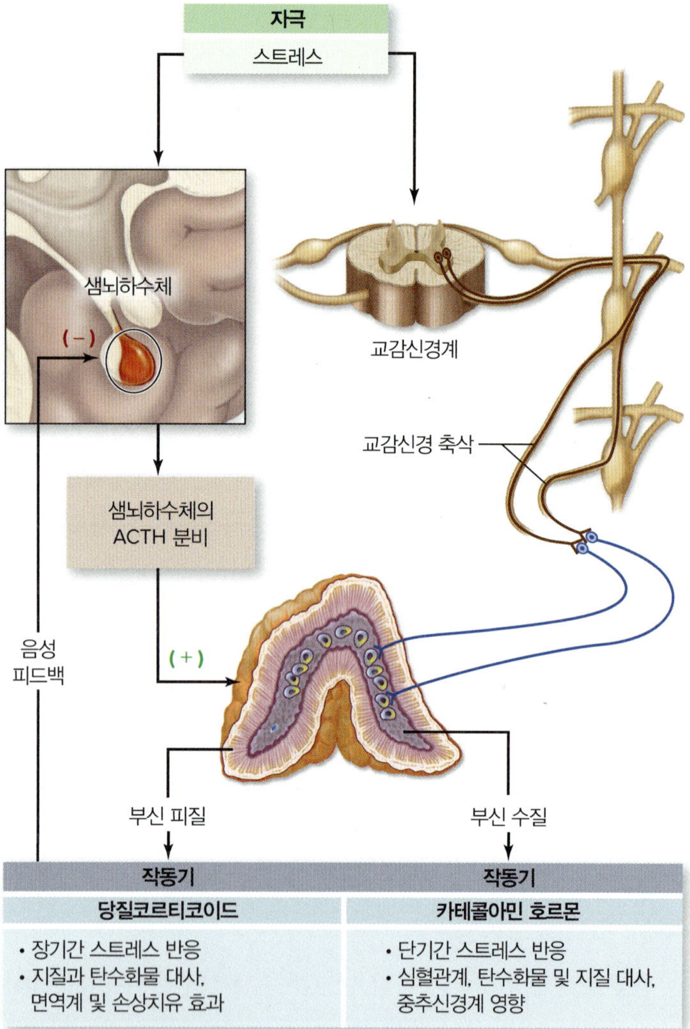

그림 11.32 부신.
부신 수질은 스트레스에 대한 반응을 시작하는 카테콜아민류인 에피네프린과 노르에피네프린을 생산한다. 부신 피질은 당질코르티코이드, 코르티솔을 포함한 스테로이드 호르몬을 생산한다. 스트레스 반응에서 코르티솔 분비는 포도당의 생산을 증가시키고, 면역 반응을 활성화한다.

텐신 II와 혈액 내의 높은 K^+ 농도에 의해 활성화된다(**그림 12.35** 참조). 알도스테론의 1차적인 역할은 신장을 자극하여 오줌으로부터 Na^+을 재흡수시키는 것이다. 소변으로부터 Na^+의 알도스테론-유도성 재흡수는 소변으로 K^+의 분비를 유도하여 신경과 근육의 전기적 신호 이상을 가져오는 K^+의 혈액내 축적을 막아 준다.

췌장: 탄수화물 대사 조절

1869년 독일 의과대학 학생 랑게르한스(Paul Langerhans)는 췌장에 흩어져 있는 몇몇 특이한 세포 다발을 발견하였는데, 그 다발은 그의 이름을 따서 **랑게르한스섬**(islets of Langerhans)이라 명명되었다. 여기서 생성되는 **인슐린**(insulin)은 혈당을 저하시키며, 랑게르

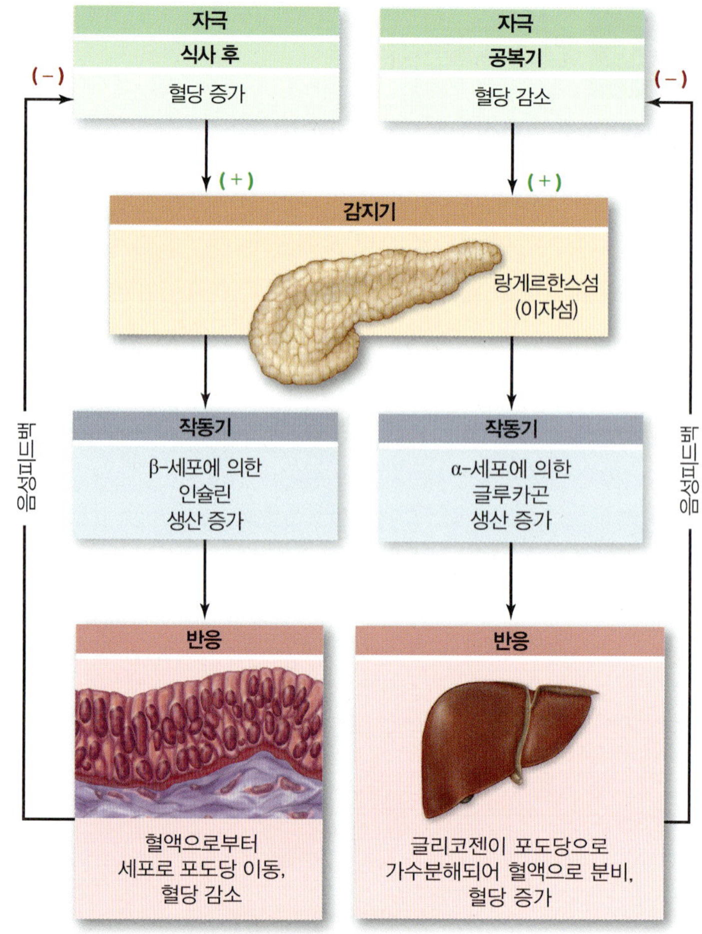

그림 11.33 혈당에 대한 인슐린과 글루카곤의 길항적 작용.
인슐린은 식사 후 혈당을 골격근, 지방세포, 간의 세포에 제공한다. 공복시에는 글루카곤이 간에서 글리코젠의 가수분해를 촉진시켜, 당이 혈액으로 분비될 수 있게 한다. 이러한 길항적 작용을 통해 혈당 농도의 항상성이 유지된다.

한스섬의 β-세포에서 분비된다. 랑게르한스섬의 α-세포는 인슐린과 길항적으로 작용하는 **글루카곤**(glucagon)을 분비한다(**그림 11.33**).

인슐린을 분비하는 β-세포가 결핍된 제1형 또는 인슐린 의존성 당뇨병을 가진 사람은 인슐린을 생성하지 못한다. 이러한 환자들은 치료를 위해 인슐린 주사를 맞아야 한다. 대부분의 당뇨병 환자들은 제2형 또는 인슐린 비의존성 당뇨병을 가지고 있다. 이러한 사람들은 식이요법이나 운동을 통해 당뇨병을 조절한다.

기타 내분비샘

생식샘: 생식과 발생 조절

난소와 정소는 성스테로이드 호르몬을 생성하는 중요한 내분비샘이다. 에스트로젠과 프로게스테론은 1차적인 여성 스테로이드이고, 테스토스테론과 그의 유도체는 1차적인 남성 스테로이드 또는 안드로젠이다. 포유동물에서 성스테로이드는 사춘기의 2차성징 발달에

필수적이다. 여성에서 성스테로이드는 성주기 유지에 특히 중요하다.

송과샘: 생체주기 조절

척추동물의 송과샘은 뇌 속 깊이 묻혀 있으면서 **멜라토닌**(melatonin)을 분비하여 내분비샘으로 기능한다(**그림 11.4** 참조). 멜라토닌의 분비는 시상하부의 시교차상핵(suprachiasmatic nucleus)의 활성에 의해 조절된다. 멜라토닌 분비의 일주기는 수면/각성(sleep/wake)을 조절한다. 멜라토닌은 특정 시기에 짝짓기를 하는 몇몇 척추동물 종에서 생식주기를 조절한다.

기관에서 분비되는 호르몬

다양한 호르몬들이 내분비샘이 아닌 기관에서 분비된다. 가슴샘(흉선, thymus)은 많은 척추동물에서 T세포를 생성하고 포유류에서는 T세포를 성숙시키는 곳으로, 면역계를 조절하는 기능을 하는 많은 호르몬들을 분비한다(**그림 13.20** 참조). 심장의 우심방은 심방나트륨이뇨호르몬(atrial natriuretic hormone, ANH)을 분비하는데, 알도스테론과 반대로 작용한다. 신장은 적혈구생성소(erythropoietin)를 분비하며, 피부에서는 바이타민 D가 만들어진다.

핵심 개념 요약

11.1 신경계의 구성

- 뉴런은 세포체, 정보를 받는 수상돌기 및 세포로부터 신경자극을 전달하는 긴 축삭을 가진다.
- 중추신경계(CNS)는 뇌와 척수로 구성되며, 이곳에서 입력된 감각이 통합되고 반응이 생성된다.
- 대뇌는 우반구와 좌반구로 나누어지며, 언어와 학습의 중추이다. 변연계는 시상하부, 해마 및 편도체로 구성되며, 감정적인 상태를 조정한다. 뇌간에 있는 망상활성화계는 의식과 각성을 제어한다.
- 말초신경계는 자극을 CNS로 전달하는 감각뉴런과 CNS로부터 작동기로 자극을 전달하는 운동뉴런으로 구성되어 있다.
- 감각축삭(들어가는)은 척수신경의 후근을 형성하며, 세포체는 후근신경절에 존재한다. 운동축삭(나가는)은 척수신경의 전근을 형성하며, 세포체는 척수에 위치한다.
- 체성신경계는 주로 골격근에 작용하며, 수의적이다. 자율신경계는 불수의적이며, 서로 길항적인 교감신경계와 부교감신경계로 구성된다.

11.2 신경자극의 전달과 시냅스

- Na^+-K^+ 펌프는 Na^+를 세포 외부로, K^+를 세포 안으로 이동시킨다. 또한 K^+의 누출은 세포 외부로 양전하를 이동시키는데, 세포 밖으로 확산되는 K^+와 세포질의 음전하에 의해 끌어당겨지는 K^+ 사이의 균형으로 휴지막전위가 형성된다.
- 자극을 받으면 신경세포는 막의 Na^+ 통로가 열려 탈분극 상태가 된 후, K^+ 통로에 의해 재분극된다. 이때 활동전위가 생성되어 축삭을 따라 전파된다. 활동전위는 실무율(all-or-none)을 따른다.
- 신경자극의 전도속도는 축삭의 지름이 증가함에 따라 빨라지고, 결절에서 결절로 뛰어넘는 도약전도가 일어날 때 빨라진다.
- 시냅스는 축삭돌기와 다른 세포 사이의 틈새를 말하는데, 전기적 시냅스는 간극연접으로 이루어지고, 화학적 시냅스는 신경전달물질을 방출하여 시냅스를 가로지른다.
- 신경전달물질 분자에는 아세틸콜린, 아미노산, 생체 아민, 신경 펩타이드 및 NO와 같은 가스가 포함된다.
- 흥분성 시냅스후 전위(EPSP)는 막을 탈분극시키고, 억제성 시냅스후 전위(IPSP)는 막을 과분극시킨다. 합산된 효과는 활동전위를 생성할 수도, 생성하지 않을 수도 있다.

11.3 감각수용기

- 외부수용기는 외부 환경으로부터의 자극을 감지하는 반면, 내부수용기는 내부 환경으로부터의 자극을 감지한다. 감지된 감각 정보는 자극, 변환, 전송 및 해석의 4단계로 전달된다. 수용기는 온도, 통증, 전자기, 기계(촉각, 청각), 화학(미각, 후각), 광수용기(시각)의 6가지로 분류될 수 있다.
- 온도수용기는 감각뉴런의 노출된 수상돌기 말단으로, 추위 또는 열에 반응한다. 통증수용기는 피부에 위치한 자유신경말단으로, 손상으로 인한 자극에 반응하며 통증으로 인식된다. 전기수용기는 전류를 감지하며, 많은 동물은 시각 및 신경계에서 자기적으로 민감한 요소를 사용하여 자기력선을 따라 이동하는 것으로 보인다.
- 피부의 다양한 기계수용기는 막의 기계적 뒤틀림에 반응하여 접촉을 전달한다. 고유수용기는 신체 부위의 상대적 위치 또는 움직임과 근육의 신장 정도에 대한 정보를 제공한다.

■ 육상 척추동물의 외이는 고막으로 소리를 보낸다. 진동은 중이뼈를 통해 난원창과 달팽이관으로 옮겨져, 코르티 기관이 이를 변환한다. 균형과 운동은 평형석을 포함하는 젤라틴 막에 파묻힌 모세포의 섬모에 의해 감지된다. 구형낭과 난형낭은 신체 위치와 일정한 움직임을 감지하며, 반고리관은 각 방향의 가속도를 감지한다.

■ 미뢰는 돌기에 위치한 화학민감성 상피세포들의 집합체이다. 냄새 또는 후각은 비강의 상부에 위치한 화학수용기가 관여한다.

■ 망막에서 광수용기는 양극세포와 시냅스를 이루고, 이는 다시 신경절세포와 시냅스로 연결된다. 신경절세포는 활동전위를 뇌로 보낸다. 영장류와 대부분의 포식자들은 양안시로 각 눈의 이미지를 겹쳐 3차원 이미지를 만든다.

11.4 호르몬의 작용 기작

■ 호르몬은 혈액에 의해 운반되는 신호 분자이며, 먼 곳에 표적기관을 갖는다. 국소분비 조절자는 인접부위에 작용하며, 환경으로 방출되는 페로몬은 같은 종의 개체 간에 의사소통을 담당한다.

■ 내분비 호르몬의 3가지 부류는 TSH 같은 펩타이드 및 단백질, 티록신과 같은 아미노산 유도체, 에스트로젠 및 테스토스테론과 같은 스테로이드이다.

■ 지용성 호르몬은 세포막을 통과하여 세포내 수용체를 활성화시킨다. 호르몬-수용체 복합체는 프로모터 상에 있는 호르몬 반응요소에 결합하여 전사를 조절한다. 일반적으로 지용성 호르몬은 느리지만 긴 시간 동안 작용할 수 있다.

■ 수용성 호르몬은 세포막을 통과할 수 없기에 세포막 수용체를 통해 신호를 전달한다. 수용체의 타이로신 부위가 자가인산화되면, 세포내 단백질들이 인산화된 타이로신 잔기에 결합함으로써 세포내 신호전달이 이루어진다. 또한 G 단백질연결수용체는 반응 단백질을 활성화시켜 2차 신호전달자를 생성한다. 수용성 호르몬들은 지용성 호르몬들보다 빠르지만 짧게 작용한다.

11.5 시상하부와 뇌하수체

■ 뇌하수체 전엽은 상피조직에서 유래하며 샘조직으로 이루어져 있고, 뇌하수체 후엽은 신경조직에서 유래하며 섬유상 형태를 지닌다.

■ 뇌하수체 후엽은 ADH와 옥시토신을 분비한다. 뇌하수체 전엽에서는 7종류 호르몬이 분비되는데, GH, 프로락틴, MSH는 표적세포에 직접적으로 작용하고, ACTH, TSH, LH, FSH는 자극호르몬으로서 표적기관인 내분비샘을 갖는다.

■ 시상하부에서 생성되는 방출, 억제호르몬들은 문맥을 통해 뇌하수체 전엽으로 들어와 뇌하수체 전엽 호르몬의 생산에 영향을 미친다. 시상하부와 뇌하수체 전엽의 활성은 음성피드백으로 조절된다.

11.6 말초 내분비샘

■ 갑상샘과 부갑상샘은 기초대사율과 Ca^{2+} 항상성 조절에, 신장은 교감신경의 작용 및 포도당과 무기질대사 조절에, 췌장은 혈당 조절에 중요한 작용을 하는 호르몬을 각각 생성, 분비한다.

■ 성스테로이드는 생식기관의 발달과 기능 조절에, 멜라토닌은 일주기 조절에 중요한 역할을 한다.

연습문제

■ 1단계: 이해력 확인하기

1. 다음 중 휴지기 신경세포의 상태를 가장 올바르게 기술한 것은?

① 신경세포의 내부가 외부보다 더 많은 음전하를 가지고 있다.
② 신경세포의 외부가 내부보다 더 많은 음전하를 가지고 있다.
③ 신경세포의 내부와 외부는 같은 전하량을 가지고 있다.
④ K^+은 휴지기에 신경세포 안으로 들어간다.

2. 싸움-도주 반응(fight or flight response)은 무엇에 의해서 조절되는가?

① 교감신경계
② 부교감신경계
③ 신경절이후 세포에서 분비되는 아세틸콜린
④ 체성신경계

3. 신경전도 억제물질의 역할은?

① 신경절이후 세포막을 과분극시킨다.
② 신경절이전 세포막을 과분극시킨다.
③ 신경절이후 세포막을 탈분극시킨다.
④ 신경절이전 세포막을 탈분극시킨다.

4. 다음 중 활동전위가 일어나는 과정에 대한 설명으로 옳은 것은?

① 상승기는 Na^+의 유입에 기인한다.
② 하강기는 K^+의 유입에 기인한다.
③ 하강기는 K^+의 유출에 기인한다.
④ ①과 ③ 모두 옳다.

5. 다음 중 신경세포의 막을 통과하는 이온의 이동에 관한 실험을 할 때, 이온 농도의 평형을 결정하는 데 기여하는 요소는?

① 이온 농도 기울기
② 이온 pH 기울기
③ 이온 전기 기울기
④ ①과 ③ 모두 옳다.

6. 다음 중 Na^{+}-K^{+} 펌프에 대한 설명으로 옳은 것은?

① 활동전위 시작에 필요하지 않다.
② 휴지막전위의 장기간 유지에 중요하다.
③ 시냅스에서만 중요하다.
④ 차등전위를 생성하는 데 사용된다.

7. 감각수용기에 의해 내 · 외적 환경에 대한 정보를 받는 방법이 <u>아닌</u> 것은?

① 압력의 변화 감지
② 빛 또는 열의 변화 감지
③ 분자 농도의 변화 감지
④ ①~③ 모두를 한꺼번에 감지

8. 다음 중 시각 정보를 인지하고 해석하는 뇌엽은?

① 전두엽
② 두정엽
③ 측두엽
④ 후두엽

9. 다음 중 귀에서 움직임에 의해 음파를 감지하는 것은?

① 기저막
② 덮개막
③ 유스타키오관
④ 반고리관의 유체

10. 육상 척추동물의 전정기관의 모세포가 하는 일은?

① 몸 안의 온도변화를 측정한다.
② 매우 낮은 범위에서 소리를 감지한다.
③ 가속이나 균형의 감각을 감지한다.
④ 혈압의 변화를 감지한다.

11. 다음 중 눈의 간상세포와 원추세포 내에 포함된 광색소는?

① 카로틴
② 시스-레티날
③ 피토크롬
④ 클로로필

12. 다음 중 호르몬에 대해 가장 잘 설명한 것은?

① 생성되는 분비샘에 인접한 지역에서만 작용한다.
② 호르몬은 분비샘에서 분비되고, 효과가 오래 지속되는 화학물질이다.
③ 모든 호르몬은 소수성이다.
④ 호르몬은 혈액으로 이동하는 화학적 전령이다.

13. 다음 중 2차전달자를 활성화시키는 것은?

① 스테로이드 호르몬
② 티록신
③ 펩타이드 호르몬
④ 모두 해당

14. 뇌하수체에서 분비되는 호르몬은 두 가지 서로 다른 근원을 가진다. 시상하부의 신경에 의해 생성된 것은 ________ 을(를) 통해 분비되고, 뇌하수체 내에서 생성된 것은 ________ 을(를) 통해 분비된다.

① 시상; 해마
② 신경뇌하수체; 샘뇌하수체
③ 우측 뇌하수체; 좌측 뇌하수체
④ 피질; 수질

15. 다음 중 지용성 호르몬에 대해 바르게 설명한 것은?

① 혈액 내에서 자유롭게 녹을 수 있다.
② 혈류 내에서 수송단백질이 필요하다.
③ 표적세포 내로 들어갈 수 없다.
④ 수용체에 결합 후 빠르게 불활성화된다.

16. 식사 사이의 공복기가 길어질 때, 인체는 무엇을 생성할 것인가?

① 혈당 증가를 위한 인슐린
② 혈당 증가를 위한 글루카곤
③ 혈당 감소를 위한 인슐린
④ 혈당 감소를 위한 글루카곤

17. 가벼운 바이타민 D 결핍은 골다공증 및 뼈의 미네랄 밀도의 감소를 유발한다. 이것은 무엇의 증가된 농도와 관련되어 발생하는?

① 혈청 Ca^{2+} 증가 및 뼈 손실을 유발하는 칼시토닌
② 혈청 Ca^{2+} 증가 및 뼈 손실을 유발하는 부갑상샘호르몬(PTH)
③ 혈압을 낮추고 뼈 손실을 일으키는 항이뇨호르몬(ADH)
④ 혈당과 뼈 손실을 감소시키는 인슐린

■ 2단계: 분석 및 적용하기

18. 탈분극, 재분극, 과분극 상태에서 Na^+ 통로와 K^+ 통로의 상태를 기술하라.

19. 흥분성 시냅스후 세포막전위(EPSP)를 일으키는 데 요구되는 과정을 기술하라. 억제성 시냅스와는 어떻게 다른가?

20. 척추동물의 눈의 기능은 몸 안에서 발견되는 다른 과정들과 비교해서 평범하지 않다. 예를 들어, 감각정보의 흐름 방향은 망막을 통해서 받아들이는 빛의 통로와 실제로는 반대이다. 눈의 구조를 통해 빛과 정보의 이동을 포함하는 일련의 과정들을 설명하고, 왜 그들이 반대 방향으로 이동하는지 설명하라.

21. 우주 비행사의 이석기관이 어떻게 무중력을 감지하는가? 우주 비행사는 움직임에 대한 주관적인 판단을 가지는가? 반고리관이 무중력에서 각가속도를 동일하게 잘 인지하는가?

22. 혈중 Ca^{2+} 농도와 혈당과 같은 여러 가지 생리적 요소들은 길항작용을 나타내는 2개의 호르몬에 의해 조절된다. 한 방향으로 생리적 요소들을 변화시키는 단일 호르몬을 사용하는 대신 이러한 방식의 조절이 얻을 수 있는 이점은 무엇인가?

12

동물의 조절 및 유지

도입

동물은 종속영양생물로, 다른 생물체로부터 유기물을 섭취한 후 소화를 거쳐 체내로 흡수한다. 소화 산물은 세포호흡에 필요한 에너지와 조직을 구성하는 거대분자를 만드는 데 이용된다. 이를 위해서는 대기 중의 산소를 이용하는 것이 효율적이며, 동물은 호흡을 통해 산소를 얻고 대사산물인 이산화탄소를 배출한다. 또한 체중의 대부분이 물이지만, 생물들은 매우 건조한 환경에서 생존할 수 있는데, 그 이유는 혈액과 세포외액 사이의 삼투압을 정교하게 조절하기 때문이다. 체액과 그 성분을 조절하는 것은 항상성의 한 예이다.

12.1 소화계의 구조와 기능

종속영양생물(heterotroph)은 먹이원에 따라 식물만 먹는 초식동물(herbivore), 다른 동물을 먹는 육식동물(carnivore), 식물 및 다른 동물을 모두 먹는 동물인 잡식동물(omnivore)의 3가지로 구분된다. 척추동물의 소화계는 식습관에 의해 형성된 고도의 특수구조를 가지며, 관 모양의 위장관(tubular gastrointestinal tract)과 부속기관으로 구성된다(**그림 12.1**).

입과 치아: 먹이의 포획과 처리

척추동물의 치아는 먹이 종류에 따라 적응되었다. 많은 척추동물은 먹이를 잘게 부수고 액상의 분비물과 혼합하는 저작(mastication 또는 chewing) 기능을 하는 치아를 가진다(**그림 12.2**). 육식 포유동물의 이는 자르고 찢기에 적합한 구조를 지니며, 종종 먹이를 뜯어 먹지만 씹지는 않는다. 그에 비해 초식동물은 소화관에 있는 세균들이 풀을 분해하기 전에 먼저 식물 조직의 셀룰로스 세포벽을 분쇄해야 하므로, 갈기에 적합한 많은 융기를 가진 크고 편평한 치아를 가진다. 잡식인 사람의 치아는 앞니는 육식동물과 유사하고 뒤쪽의 치

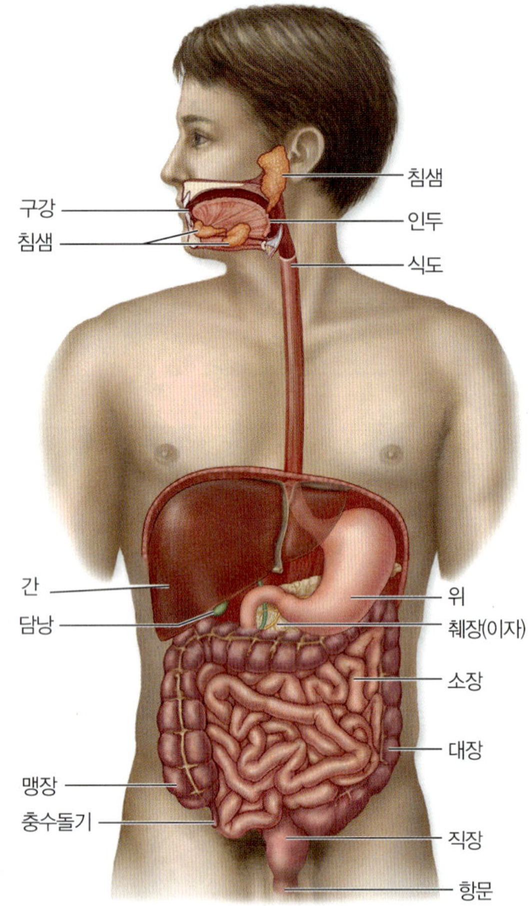

그림 12.1 사람의 소화계.
사람의 소화계는 구강, 식도, 위, 소장, 대장, 직장, 항문으로 이루어지고 부속기관의 도움을 받는다.

아는 초식동물과 유사하다. 위턱과 아래턱에 있는 앞니 4개는 날카로워서 물어뜯는 데 사용되고, 앞니 양옆에 있는 송곳니는 음식을 찢는 데 이용된다. 송곳니 뒤쪽에 있는 2개의 작은어금니와 3개의 어금니는 표면이 납작하고 융기가 있어 음식을 갈고 부수는 역할을 한다.

입안의 혀는 음식물과 침을 섞어준다. 사람은 3쌍의 침샘(salivary gland)이 있고, 점막층에 있는 관을 통해 침이 입 안으로 분비된다. 침은 음식을 축축하고 매끄럽게 하여 쉽게 삼킬 수 있게 하고, 식도의 조직에 걸리지 않고 잘 지나가도록 해준다. 침에는 가수분해효소인 아밀레이스(amylase)가 있어 다당류(polysaccharide)인 녹말을 2당류(disaccharide)인 엿당(맥아당, maltose)으로 분해한다.

소화의 시작: 식도와 위

식도를 통한 이동

삼킴 과정(연하, swallowing)은 자발적인 행동으로 시작되지만, 불수의적 조절을 받으며 지속된다. 혀가 입 뒤로 음식을 보내면 연구개(soft palate)가 올라가며 인두(pharynx)의 후벽을 밀면서 삼킴 과정이 시작된다(**그림 12.3**). 연구개가 올라가면서 비강을 막아 음식이 비강 쪽으로 들어가지 않는다. 인두에 대한 압박이 가해지면 삼킴 반사(swallowing reflex)가 유도된다. 식도는 음식 덩어리를 근육의 작용으로 잘 이동시켜 소화의 초기 단계를 수행하는 위로 운반한다.

성인 식도의 길이는 약 25 cm이며, 삼킴중추는 이러한 근육을 자극하여 연속해서 한 방향으로 수축하는 **연동운동**(peristalsis)을 통해 음식물을 식도에서 위로 이동시킨다. 많은 척추동물에서, 식도에서 위까지 음식의 이동은 고리 모양의 평활근인 **괄약근**(조임근, sphincter)에 의해 조절된다. 괄약근은 음식으로 인한 압력에 반응하여 열리게 되고, 괄약근의 수축은 위 속의 음식이 식도로 역류하는 것을 막아준다. 음식을 삼킬 때를 제외하고 식도는 보통 닫혀 있다.

위의 작용

위(stomach)는 소화관 중 주머니 모양의 부분이다(**그림 12.4**). 사람의 위는 음식으로 가득 채우면 2~4 L까지 담을 수 있다. 팽창 능력이 큰 위를 가지는 것은 한 번에 많은 먹이를 간헐적으로 먹는 육식동물에게 중요한 생존 전략이다. 위는 3중으로 된 평활근층을 가지며, 이는 점막의 위분비샘에서 분비되는 산성의 위액(gastric

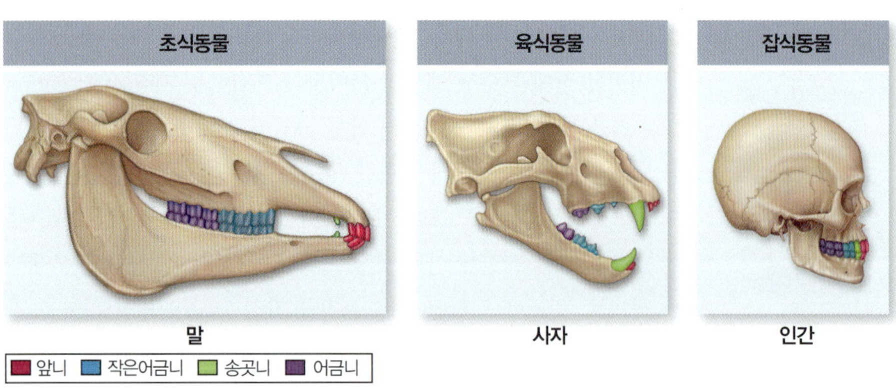

그림 12.2 식습관에 따른 치아.
초식동물, 육식동물 및 잡식동물의 치아는 그들의 식습관에 적합하도록 진화하였다.

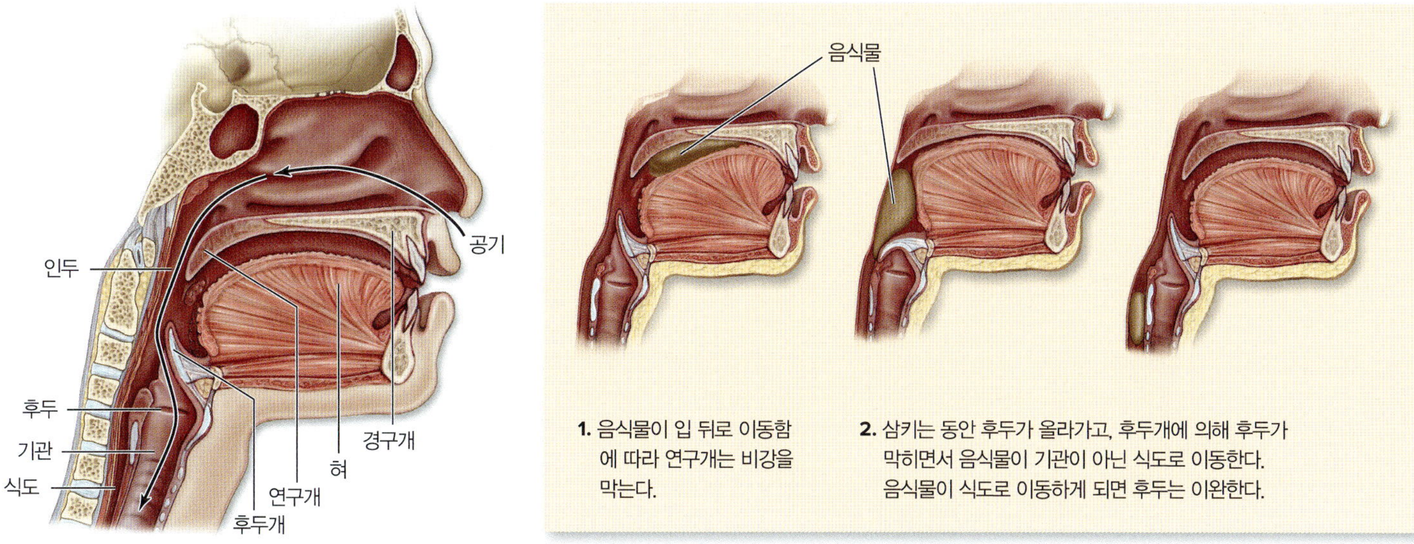

그림 12.3 삼킴 작용.
머리부터 인후까지의 횡단면(왼쪽). 음식물을 삼키는 동안(오른쪽) 혀가 입천장을 밀어 올리고 연구개는 비강을 막는다. 후두가 올라감으로써 후두개는 기관을 막아 음식이 기도로 들어가는 것을 방지한다.

juice)과 음식물을 혼합한다. 외분비샘에는 점액분비세포, 염산(HCl)을 분비하는 벽세포(parietal cell), 펩시노겐(pepsinogen)을 분비하는 주세포(chief cell) 등 3종류의 분비 세포가 있다.

펩시노겐은 단백질분해효소의 일종인 펩신(pepsin)의 불활성화 형태로서, 염산은 펩시노겐의 44개 아미노산을 제거하여 활성 부위가 노출된, 단백질분해효소인 펩신을 생성한다. 펩신으로의 전환은 주세포 밖에서 이뤄지며, 점액이 내벽을 둘러싸 위벽이 소화되는 것을 막아준다. 벽세포는 염산 외에도 장에서 적혈구 생산에 필요한 비타민 B_{12} 흡수에 필요한 내인인자(intrinsic factor)를 분비한다. 따라서 충분한 내인인자가 없는 사람은 악성 빈혈(pernicious anemia)이 발생할 수 있다.

사람의 위는 매일 2 L의 염산과 기타 물질들을 분비하여 강한 산성의 위액을 생성한다. 위액의 염산 농도는 pH 2 정도로, 정상 pH가 7.4인 혈액보다 약 25만 배 높은 산성을 띠게 된다. 이로 인해 음식물 속의 세균 대부분이 죽을 뿐만 아니라 단백질이 소화되기 쉽게 변성되며, 펩신이 최대로 활성화된다. 활성화된 펩신은 단백질을 짧은

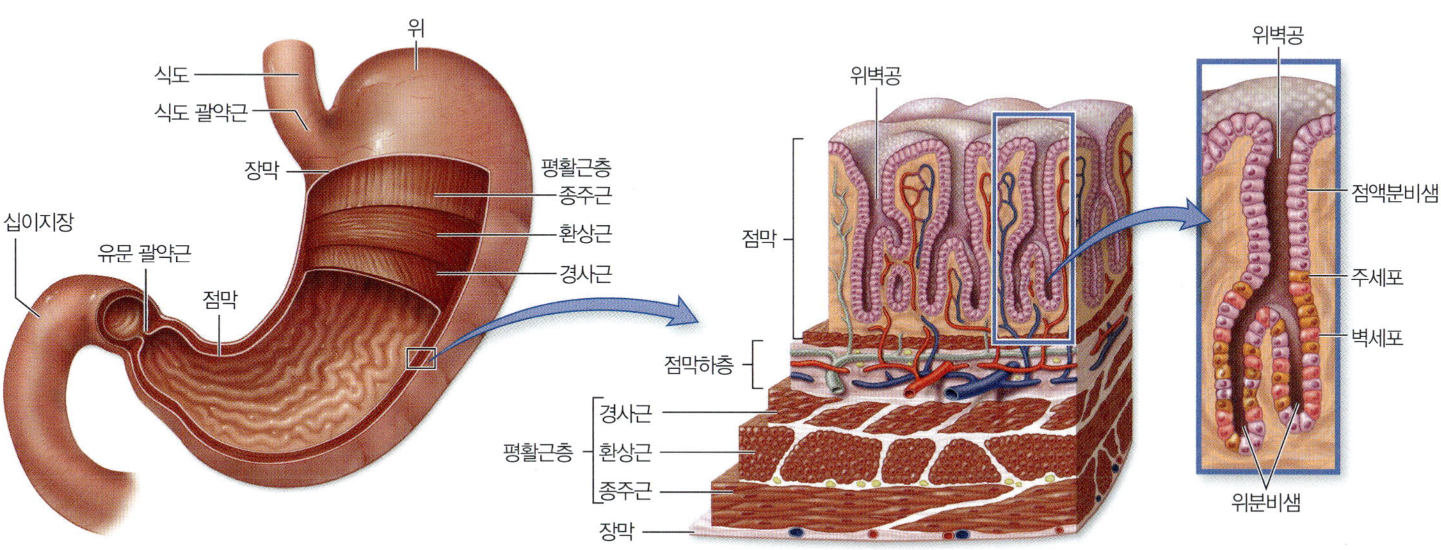

그림 12.4 위와 십이지장.
음식물은 식도에서 위로 들어가고, 유문 괄약근이라는 고리 모양의 평활근은 소장의 윗부분인 십이지장으로 음식이 내려가는 것을 조절한다. 위의 상피벽에는 위분비샘을 포함하는 깊은 주름인 위벽공(gastric pit)이 산재해 있다. 위분비샘은 점액분비세포와 펩시노겐을 분비하는 주세포, 염산을 분비하는 벽세포로 이루어져 있다. 위벽공은 위분비샘의 입구 부분이다.

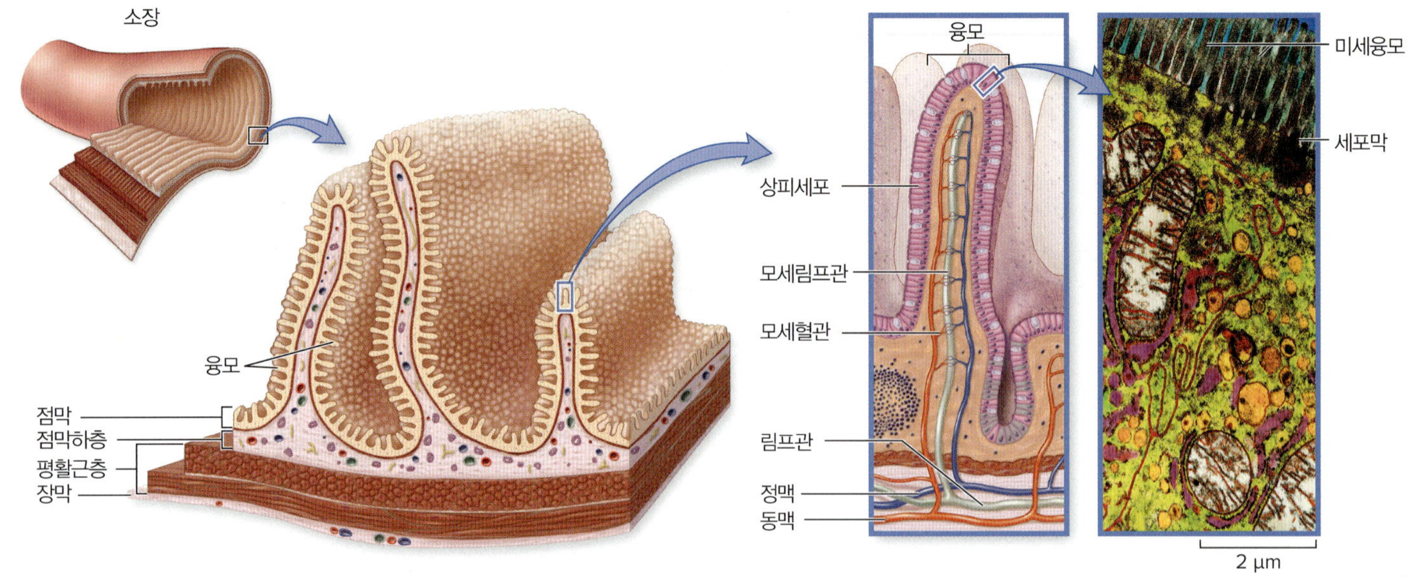

그림 12.5 소장.
융모가 많은 주름진 상피는 표면적을 증가시킨다. 현미경 사진은 많은 미세융모를 가진 상피세포를 보여준다.

폴리펩타이드 사슬로 분해한다. 이렇게 부분적으로 소화된 음식과 위액의 혼합물을 유미즙(chyme)이라 한다. 사람의 위에서 단백질은 부분적으로 소화되고, 탄수화물이나 지방은 거의 소화되지 않는다.

소장과 부속기관의 작용

소장

유미즙은 유문 괄약근(pyloric sphincter)을 통과하여 위를 떠나 소장으로 들어간다. 소장에서는 탄수화물, 지방, 단백질의 최종 소화가 일어나며, 소화 산물인 아미노산과 포도당 등은 혈액으로 흡수된다. 소장의 용량은 제한적이기에 소화에 많은 시간이 소요된다. 따라서 효율적인 소화를 위해 위에서 소장으로 한 번에 비교적 소량의 유미즙만 이동해야 한다. 이는 신경과 호르몬에 의해 조절된다.

사람의 소장 길이는 약 4.5 m 정도로, 앞쪽 25 cm 부위를 십이지장(duodenum), 나머지 부분은 공장(jejunum)과 회장(ileum)으로 구분한다. 십이지장은 위로부터 산성의 유미즙을 받고, 췌장으로부터 소화효소와 중탄산염(HCO_3^-)을, 그리고 담낭으로부터 담즙(bile)을 받는다.

소장의 상피벽에는 융모(villi)라는 작은 손가락 모양의 돌기들이 있다(**그림 12.5**). 융모를 구성하고 있는 상피세포의 정단면은 원형질막이 접힌 **미세융모**(microvilli)로 덮여 있다(브러시 보더, brush border). 이 전자현미경적 크기의 미세융모는 소장의 표면적을 넓혀 소화 산물을 효과적으로 흡수하게 한다. 사람 소장의 표면적은 300 m^2 정도로, 테니스장 면적보다 크다. 많은 소화효소는 상피세포의 원형질막 안에 들어 있으며, 이 효소 중에 2당류인 젖당이나 설탕 및 엿당을 가수분해하는 효소가 있다. 대부분의 성인은 젖당분해효소의 생산 능력을 상실하여 젖당을 소화할 수 없게 되는데, 이를 젖

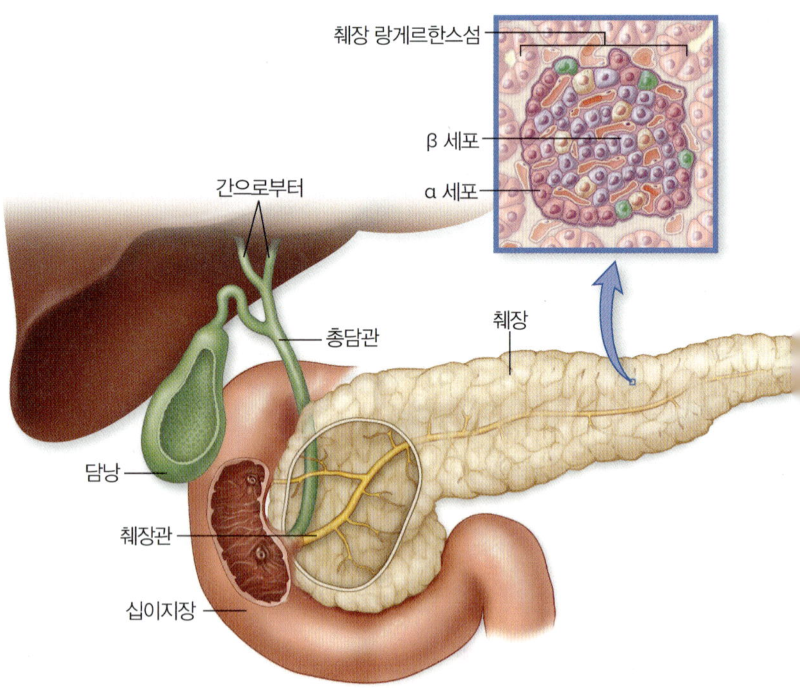

그림 12.6 췌장.
췌장관과 담관은 십이지장으로 연결되어 있다. 췌장은 췌장관을 통해 췌장액을 분비하고 췌장의 랑게르한스섬은 혈중으로 호르몬(α세포는 글루카곤, β세포는 인슐린)을 분비한다. 간은 담즙 색소(간에서 나온 노폐물)와 담즙염을 포함한 담즙을 분비한다. 담즙염은 지방을 분해하는 데 관여한다. 담즙은 농축되어 담낭에 저장되어 있다가 십이지장에 지방성 음식이 들어오면 분비된다.

당불내성(lactose intolerance)이라 한다.

췌장

췌장(이자, pancreas, **그림 12.6**)은 위와 소장의 경계부에 위치한 큰 샘(gland)으로, 췌장관을 통하여 십이지장으로 췌장액을 보낸다. 여기에는 단백질을 분해하는 트립신(trypsin)과 키모트립신(chymotrypsin), 녹말을 분해하는 췌장 아밀레이스(pancreatic amylase), 지방을 분해하는 라이페이스(lipase, 지질가수분해효소) 등을 포함한 다수의 효소가 들어 있다. 이들 효소는 주로 비활성 형태로 십이지장으로 분비된 후, 트립신(트립신은 장의 효소에 의해 먼저 활성화됨)에 의해 활성화된다.

췌장의 효소는 단백질을 폴리펩타이드로, 다당류를 작은 당류로, 지방을 지방산과 모노글리세라이드로 분해한다. 췌장액의 HCO_3^-은 위로부터 온 염산을 중화하여 유미즙이 십이지장에서 약알칼리성을 띠도록 한다. 췌장에서 분비된 트립시노겐(trypsinogen, 비활성형)은 엔테로카이네이스(enterokinase, 장의 효소)에 의해 절단되어 활성을 띤 트립신이 된다. 트립신은 특정 아미노산 잔기에서 폴리펩타이드 사슬을 절단함으로써, 단백질을 큰 단편 조각으로 자르는 단백질분해효소이다. 폴리펩타이드는 장의 효소인 카복시펩티데이스(carboxypeptidase) 및 아미노펩티데이스(aminopeptidase)에 의해 추가로 분해된다. 최종적으로 단일 아미노산과 짧은 사슬 아미노산은 촉진확산을 통하여 상피조직으로 흡수되어 순환계로 들어간다.

췌장은 이 외에도 내분비샘으로 작용하여 혈당량을 조절하는 인슐린과 글루카곤 등의 호르몬을 혈관으로 분비한다(**그림 11.33** 참조).

간

간(liver)은 신체에서 가장 큰 장기이며, 축구공 크기에 무게는 약 1.5 kg이다(**그림 12.1** 참조). 간은 해로운 물질의 해독, 단백질 합성 및 글리코젠 저장 등 많은 역할을 한다. 간의 주요 분비액인 담즙은 담즙 색소(bile pigment)와 **담즙염**(bile salt)으로 구성된 액체 혼합물로, 음식을 소화시킬 때 십이지장으로 분비된다. 담즙 색소는 간에서 파괴된 적혈구로 인한 노폐물로서, 소화에 관여하지 않고 궁극적으로 대변으로 제거된다. 담즙염은 부분적으로 지용성이자 수용성이라서 세제처럼 작용할 수 있는데, 큰 방울의 지방을 분산시켜 미세한 작은 방울의 현탁액으로 만든다. 이런 유화작용(emulsification)은 라이페이스(lipase)의 작용 표면적을 크게 하여 지방의 소화가 빠르게 일어나도록 한다. 지방질이 많은 음식물이 십이지장에 도달하면 신경 및 내분비 반사 작용을 일으켜 담낭이 수축되고, 담즙이 총담관(common bileduct)을 통해 십이지장으로 분비된다.

간문맥(hepatic portal vein)을 통해 혈액은 위와 소장으로부터 직접 간으로 운반되며, 소장에서 흡수된 물질은 간에서 화학적으로 변형된 후, 신체의 나머지 부분에 도달한다. 예를 들어, 섭취한 알코올

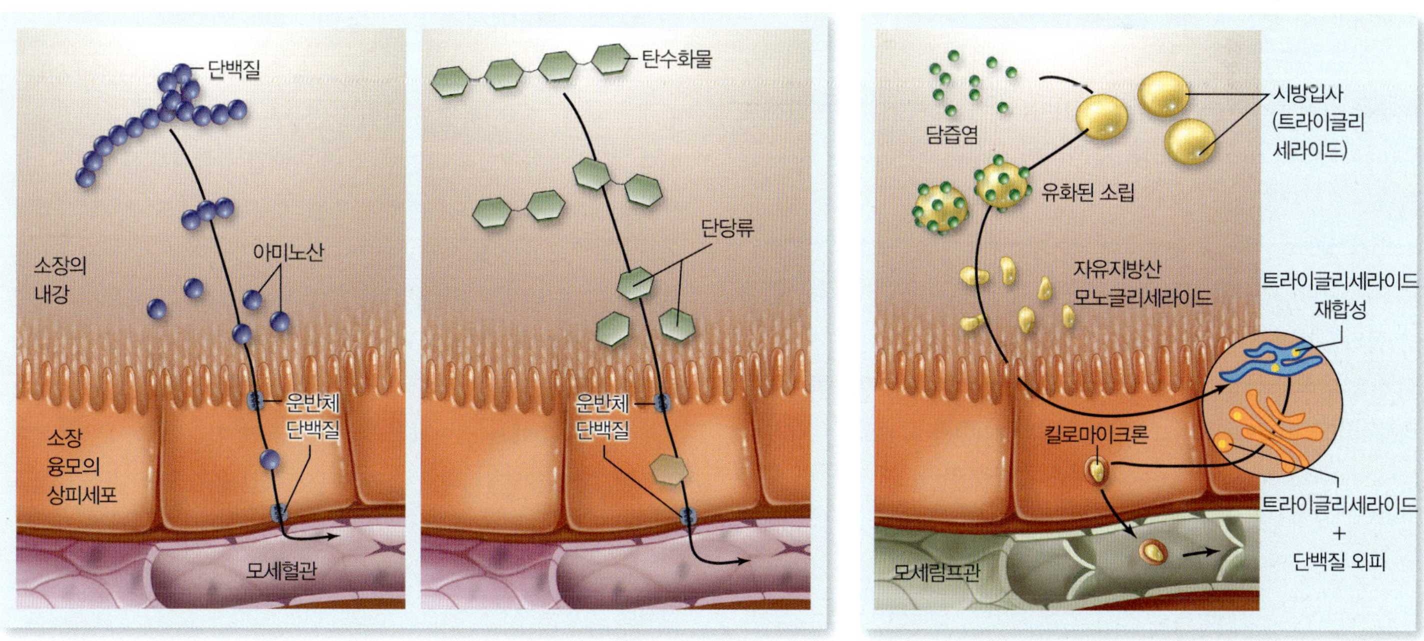

그림 12.7 소화 산물의 흡수.
a. 단당류와 아미노산은 모세혈관으로 흡수된다. *b.* 지방산과 모노글리세라이드는 장 상피세포에서 흡수된 후, 다시 트라이글리세라이드로 전환되어 단백질로 싸인다. 그 후 킬로마이크론을 형성하여 모세림프관으로 들어간다.

및 기타 약물은 간세포로 흡수되어 대사되기 때문에, 알코올 및 약물 남용은 흔히 간을 손상시킨다.

간은 또한 독성 물질, 살충제, 발암 물질 및 기타 독극물을 덜 유독한 형태로 전환한다. 예를 들어, 간은 장내 세균에 의해 생성된 독성 암모니아(NH_3)를 혈액에 고농도로 녹아 있어도 안전한 요소[urea, $CO(NH_2)_2$]로 전환한다. 또한 간은 체내에서 생성되는 많은 화합물의 농도를 조절하는데, 예를 들어 스테로이드 호르몬은 간에서 활성이 낮고 수용성인 형태로 바뀐 후, 담즙에 포함되어 대변을 통해 제거되거나 혈액에 의해 신장으로 운반되어 소변으로 배설된다.

간은 혈장에서 발견되는 대부분 단백질을 생산한다. 혈장 단백질의 총 농도는 혈액과 조직액(interstitial fluid) 사이의 삼투 균형을 유지하기 위해 일정한 농도로 유지되어야 한다. 혈장 단백질의 농도가 너무 낮아지면 간경변(cirrhosis)과 같은 간질환이 발생할 수 있으며, 이때 체액은 조직에 축적되어 부종(edema)을 일으킨다.

소화 산물의 흡수와 이동 및 배출

흡수된 영양소는 혈관이나 림프관으로 이동한다. 단백질과 탄수화물은 효소의 작용으로 각각 아미노산과 단당류로 분해되어 흡수되는데, 능동수송 및 촉진확산을 통해 소장의 상피세포 내로 들어간다(**그림 12.7***a*). 포도당은 소듐 이온(Na^+)과 함께 공동수송(2차 능동수송이라고도 함)된다. 대부분 과일에 존재하는 과당은 촉진확산에 의해 수송되고, 대부분 아미노산은 다양한 운반체를 통하여 능동수송되는데, 일부 운반체 단백질은 아미노산을 소듐 이온과 함께 공동수송(cotransport)하고, 일부는 아미노산만을 운반한다. 상피세포의 정단면을 통과하여 들어온 단당류와 아미노산은 세포질을 거쳐 기저측막(basolateral membrane)을 통과하여 융모내 모세혈관으로 이동한다.

소화 산물은 혈액을 통해 운반되는데, 장에서 간문맥을 통해 간으로 이동한다. 소장은 간문맥에 의해 간과 연결되어 있고, 간은 지방을 제외한 대부분의 소화 산물이 거치는 1차 기관이다.

지방의 소화 산물은 다른 방식으로 흡수된다(**그림 12.7***b*). **트라이글리세라이드**(triglyceride)는 지방산(fatty acid)과 모노글리세라이드(monoglyceride)로 분해된다. 이들은 극성을 띠지 않으며 단순 확산을 통해 상피세포로 이동된다. 이들은 소장의 상피세포 안에서 다시 트라이글리세라이드로 재조립되어 단백질과 결합해 **킬로마이크론**(chylomicron)이라는 작은 입자를 형성한다. 킬로마이크론은 부피가 커서 소장의 모세혈관으로 들어가지 못하기 때문에, 간문맥으로 들어가는 대신 모세림프관으로 흡수되어 목 근처의 쇄골하정맥을 통해 혈액으로 운반된다.

하루에 소장을 통과하는 액체는 대단히 많은 양으로 약 9 L에 이른다. 이 액체의 대부분은 흡수되는데, 이 중 약 8.5 L가 소장에서 흡수되고 350 mL는 대장에서 흡수되며, 약 50 g의 고형물과 100 mL의 액체만이 배설물로 배출된다.

대장(large intestine 또는 colon)은 소장보다 훨씬 짧으며, 소화관의 마지막 약 1 m 부위를 차지한다. 소장과 대장이 만나는 부위의 맹장(cecum)과 충수돌기(appendix)는 흔적 구조로 남아 있다. 대장에서는 소화가 일어나지 않으며 소장에서 온 액체의 4% 정도만 흡수하는데, 수분과 남은 전해질, 그리고 바이타민 K와 같은 세균 대사산물을 흡수한다. 대변은 대장의 연동 수축으로 인해 직장(rectum)으로 이동하여 항문(anus)을 통해 배출된다. 항문에는 2개의 괄약근이 있는데, 하나는 평활근으로 이루어져 있으며, 직장 내면의 압력에 반응하여 불수의적으로 열린다. 다른 괄약근은 가로무늬근으로 되어 있고, 대뇌에 의해 수의적으로 조절되므로 의식적으로 배변을 지연시킬 수 있다.

12.2 소화계의 조절

신경계와 내분비계에 의한 조절

위장관의 활동은 신경계와 내분비계에 의해 조절된다(**표 12.1**). 신경계는 시각, 후각, 음식의 섭취에 반응하여 침과 위액 분비를 자극한다. 음식이 위에 도달하면 음식 내 단백질이 위에서 분비되는 가스트린(gastrin)이라는 호르몬의 분비를 자극하고, 이어서 가스트린은 위샘으로부터 펩시노겐과 염산의 분비를 자극한다. 분비된 HCl은 위액의 pH를 낮추고, 낮아진 pH는 음성피드백 순환(negative feedback loop)에 따라 가스트린이 더 이상 분비되지 않도록 억제한다. 이러한 방식으로 위액의 분비는 긴밀하게 조절된다.

유미즙이 위에서 십이지장으로 넘어가면 위의 수축이 억제되어, 넘어간 유미즙이 처리되기 전까지 추가적인 유미즙이 십이지장으로 유입되지 못한다. 이와 같은 위 활동의 억제는 신경 반사 및 혈액으로 분비된 십이지장 호르몬에 의해 매개된다. 이러한 호르몬들을 통칭하여 엔테로가스트론(enterogastrone)이라 하는데, 콜레시스토키닌(cholecystokinin, CCK), 세크레틴(secretin), 위억제펩타이드(gastric inhibitory peptide, GIP)가 있다.

지방 함량이 많은 유미즙은 CCK와 GIP 분비를 강하게 자극하고

표 12.1	호르몬과 소화효소				
			호르몬		
호르몬	**종류**	**분비장소**	**자극원**	**작용**	**비고**
가스트린	폴리펩타이드	위의 유문부	위 내로 음식물 유입	위에서 염산과 펩시노겐의 분비를 자극	분비기관과 작용기관이 동일함
CCK	폴리펩타이드	십이지장	십이지장 내 지방성 유미즙	담낭의 수축 및 췌장의 소화 효소 분비 자극	가스트린과 구조적으로 유사함
GIP	폴리펩타이드	십이지장	십이지장 내 지방성 유미즙	위의 음식물 배출 억제	인슐린 분비도 자극함
세크레틴	폴리펩타이드	십이지장	십이지장 내 산성 유미즙	췌장의 $NaHCO_3$ 분비 자극	최초로 발견된 호르몬(1902년)
			소화효소		
분비 장소		**효소**		**기질**	**소화 산물**
침샘		아밀레이스		녹말, 글리코겐	2당류
위		펩신		단백질	짧은 펩타이드
췌장		라이페이스		트라이글리세라이드	지방산, 모노글리세라이드
		트립신, 키모트립신		단백질	펩타이드
		DNA 분해효소		DNA	뉴클레오타이드
		RNA 분해효소		RNA	뉴클레오타이드
소장(브러시 보더)		펩티데이스		짧은 펩타이드	아미노산
		핵산내부가수분해효소		DNA, RNA	당, 핵산 염기
		락테이스, 말테이스, 수크레이스		2당류(젖당, 엿당, 설탕)	단당류

산도가 높은 유미즙은 주로 세크레틴 분비에 영향을 미친다. 3가지 엔테로가스트론은 모두 위 운동성과 위액 분비를 억제하므로, 지방을 함유한 음식은 지방이 없는 음식에 비해 오랫동안 위에 머물 수 있도록 하여 소장에서 거대한 지방 분자의 소화에 좀 더 많은 시간을 할애하도록 한다. 또한 CCK는 췌장의 소화효소 분비를 자극하고 담낭 수축을 촉진한다. 담낭이 수축하면 많은 담즙이 십이지장으로 흘러 나와 지방의 유화작용을 촉진하여 지방의 소화를 돕는다. 세크레틴은 췌장으로부터 $NaHCO_3$를 방출하게 하여 유미즙의 산도를 떨어뜨린다(**그림 12.8**).

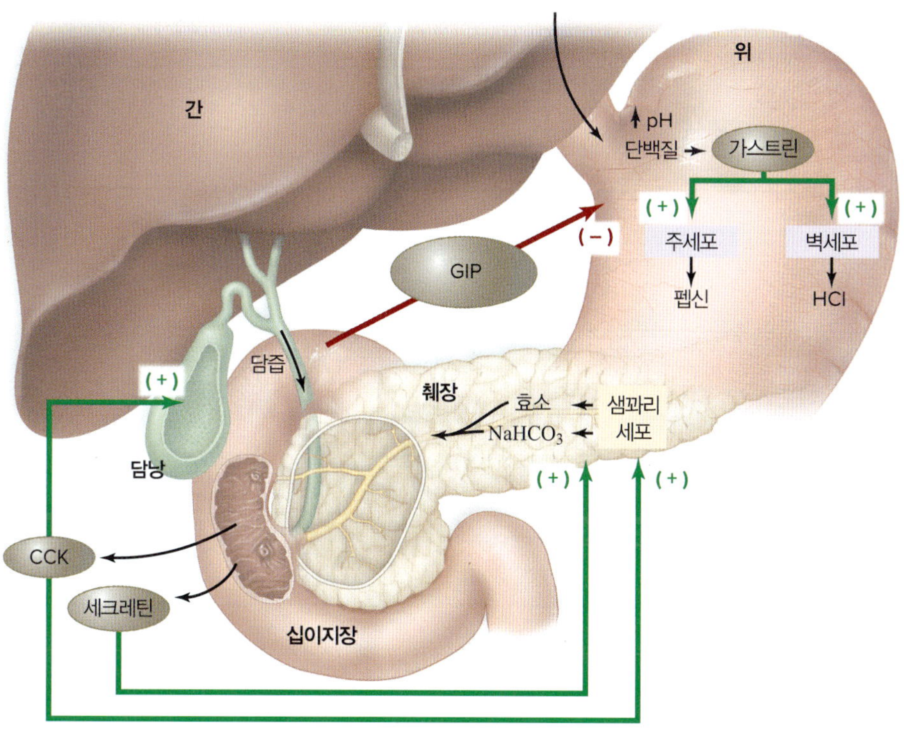

그림 12.8 위장관에 대한 호르몬 조절.
위 점막에서 분비되는 가스트린은 펩시노겐과 염산의 분비를 자극한다. 십이지장은 3가지 호르몬, 콜레시스토키닌(CCK, 담낭 수축과 췌장효소 분비 자극), 세크레틴(췌장의 $NaHCO_3$ 분비 자극), 위억제펩타이드(GIP, 위액 분비 억제)를 분비한다.

표 12.2 사람에게 필요한 주요 바이타민

바이타민	기능	주요 함유식품	결핍 증상
바이타민 A(레티놀)	시각색소를 만들고 상피조직 유지에 이용됨	녹색채소, 유제품, 간	야맹증, 거친 피부
바이타민 B 복합체			
B_1	세포호흡 시 CO_2 제거에 필요한 조효소	육류, 곡류, 콩류	각기병, 심장 쇠약, 부종
B_2(리보플라빈)	대사에 필요한 조효소 FAD, FMN의 일부분	여러 가지 식품	피부 악화 및 감염, 눈의 염증
B_3(나이아신)	조효소 NAD^+와 $NADP^+$의 일부분	간, 저지방 육류, 곡류	펠라그라(홍반병), 신경 염증, 정신질환
B_5(펜토텐산)	탄수화물 대사와 지방 대사를 연결해주는 조효소 A의 일부분	여러 가지 식품	드물게 피로, 신체 조정 소실
B_6(피리독신)	아미노산 대사의 여러 단계의 조효소	곡류, 야채, 육류	빈혈, 경련, 신경과민
B_{12}(시아노코발라민)	핵산 합성의 조효소	적색육류, 유제품	악성 빈혈
바이오틴	아미노산 및 지방 대사의 조효소	육류, 야채	드물게 우울증 및 구역질
엽산	아미노산 및 핵산 대사의 조효소	녹색채소	빈혈, 설사
바이타민 C	콜라겐, 뼈 및 치아의 시멘트질, 혈관의 결합조직 합성에 중요하며, 감염에 대한 저항력 유지	과일, 녹색잎 채소	괴혈병, 피부 및 혈관 악화
바이타민 D(칼시페롤)	칼슘 흡수 및 뼈 형성 촉진	유제품, 대구간유	구루병, 골격 기형
바이타민 E(토코페롤)	지방산과 세포막의 산화 방지	마가린, 씨앗, 녹색잎 채소	드묾
바이타민 K	혈액 응고	녹색잎 채소	심한 출혈

필수 영양소와 에너지 균형

음식 섭취의 역할은 에너지의 제공과 체내에서 합성 불가능한 바이타민 등의 필수 영양소의 공급에 있다(**표 12.2**). 동물은 휴식을 취할 때에도 대사를 위한 에너지가 필요한데, 이를 최소한의 에너지 소모율, 즉 기초대사율(basal metabolic rate, BMR)이라 한다. 기초대사율은 한 개체에서 비교적 일정하게 나타나며 나이, 성별, 체격에 따라 다르다. 만약 하루에 섭취한 에너지가 소모한 에너지보다 많으면 여분의 에너지는 글리코젠이나 지방으로 전환되어 저장된다. 글리코젠으로 저장될 수 있는 에너지는 한계가 있기에 과잉의 음식 에너지는 주로 지방으로 축적된다. 사람의 하루 에너지 소비량은 1,300~5,000 kcal인데, 이는 개인의 BMR과 신체 활동의 정도에 따라 다르다. 섭취한 에너지가 필요한 대사율을 초과하게 되면 지방이 축적되어 비만(obesity)을 일으킨다.

신경과 내분비계는 음식 섭취를 조절하는데, 최근 쥐를 대상으로 한 실험에서 렙틴, 인슐린, 장 호르몬(엔테로가스트론) 중 GIP와 CCK, 그렐린(ghrelin) 등의 호르몬이 포만인자로 작용하여 시상하부 등의 신경계와 함께 식욕의 유발과 섭식행동을 조절하는 것으로 밝혀졌다.

12.3 소화계의 다양성

단세포생물이나 해면동물은 먹이를 세포 내에서 소화한다. 다세포생물은 먹이를 소화강(digestive cavity) 내의 세포 밖에서 소화한다.

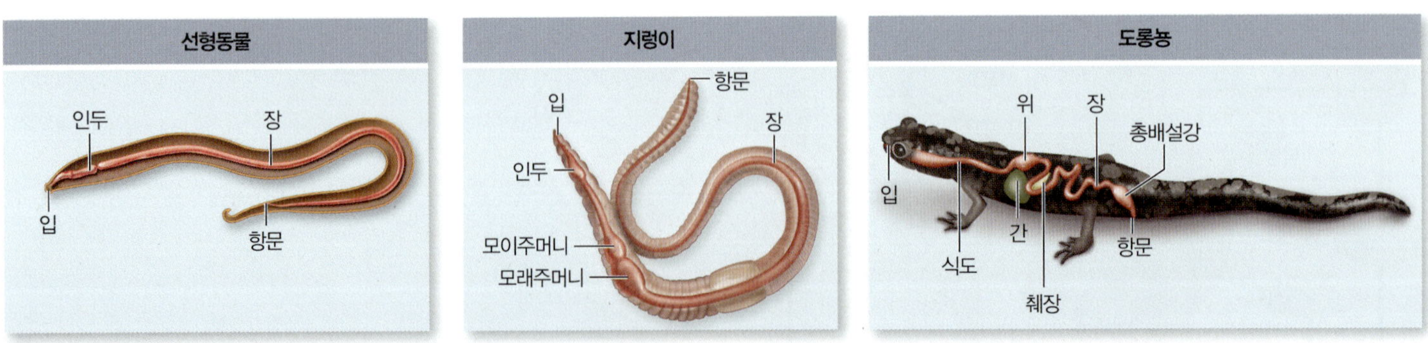

그림 12.9 선형동물, 지렁이, 척추동물의 소화관.
먹이가 소화관을 따라 한쪽 방향으로 이동하며, 각 부위마다 다른 기능을 하도록 특수화되어 있다.

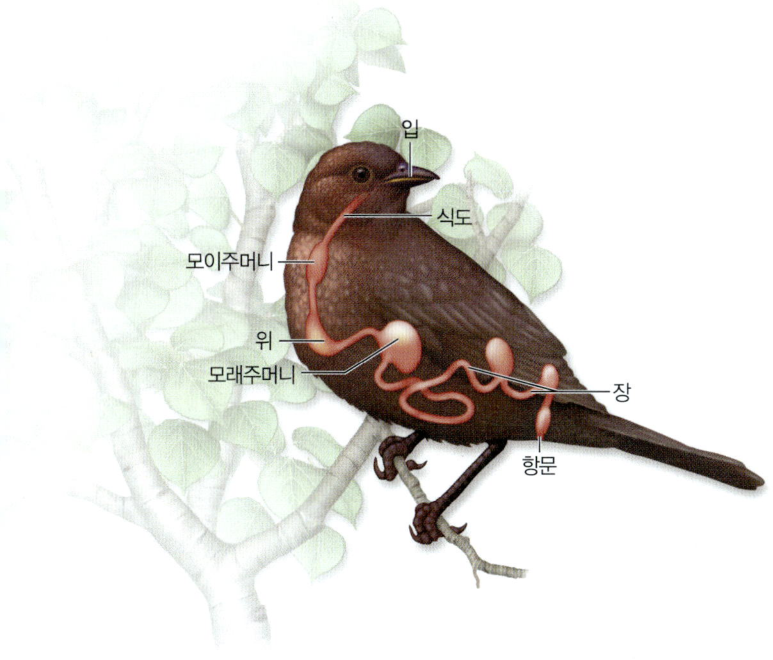

그림 12.10 조류의 소화관.
조류는 이가 없지만 모래주머니라 부르는 근육 주머니를 가지고 있어 먹이를 부수는 역할을 한다. 조류는 모래나 조약돌을 삼켜 모래주머니에 저장하여 장에 들어가기 전의 먹이를 분쇄한다. 먹이는 모이주머니에 저장된다.

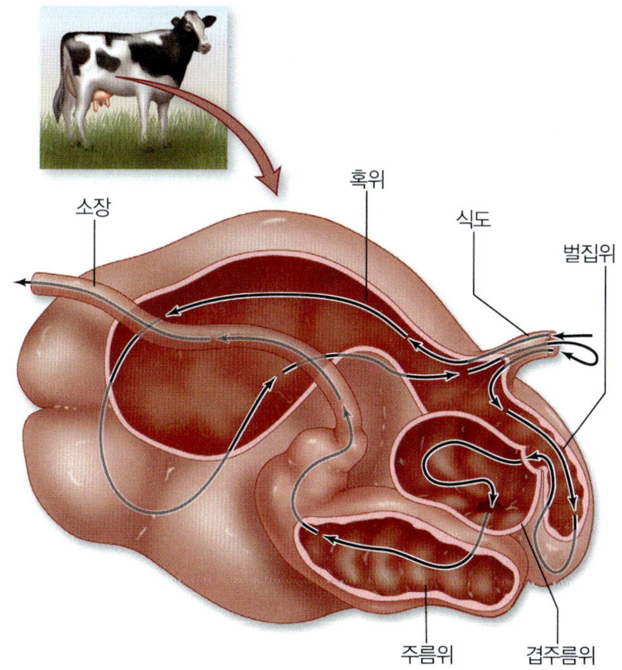

그림 12.11 4개의 방으로 이루어진 반추동물의 위.
반추동물이 먹은 식물은 혹위로 들어가 부분적으로 소화된다. 혹위는 세균을 포함하고 있어 셀룰로스를 분해한다. 두 번째 방인 벌집위로 이동하기 전에 음식물은 역류되어 되새김되고, 그 후 뒤쪽 방인 겹주름위와 주름위로 이동된다. 주름위만 사람의 위처럼 위액을 분비한다.

무척추동물의 소화계

자포동물과 편형동물은 입과 항문의 역할을 함께하는 하나의 개구부를 지닌 소화강을 가진다. 위수강(gastrovascular cavity)이라 부르는 이 소화계는 특수화되어 있지 않으며, 모든 세포가 전체 소화 과정에 관여한다. 입과 항문이 구분되어 먹이가 한 방향으로만 이동하는 소화관 중 가장 원시적인 소화관은 선형동물에서 볼 수 있는데 단순히 상피 막으로 둘러싸인 관 모양의 장(gut)을 가진다. 지렁이(환형동물문)는 섭취, 저장, 분쇄, 소화, 흡수를 담당하는 각기 다른 부위의 특수화된 소화관을 가진다. 모든 척추동물을 비롯한 많은 고등동물에서 이와 유사한 특수화를 보인다(**그림 12.9**).

척추동물의 소화계

척추동물에서 소화계의 특수화는 이들이 살아가는 방식을 반영한다. 조류는 이가 없지만 음식을 부수는 2개의 방으로 구분된 위를 가지고 있다(**그림 12.10**). 그중 모래주머니(gizzard)는 삼킨 모래와 근육 운동으로 씨앗이나 딱딱한 식물조직을 소화하기 쉬운 작은 덩어리로 마쇄(grinding)한다.

대부분 동물은 셀룰로스 소화에 필요한 효소가 없지만, 일부 동물은 소화관에 셀룰로스를 숙주동물이 흡수할 수 있는 물질로 전환시키는 세균이나 원생생물을 가지고 있다. 흰개미나 바퀴벌레와 같은 곤충과 일부 초식동물에서는 위장관 내 미생물이 영양에 필수적이며, 숙주와 미생물 사이에 이익을 주고받는 공생의 대표적인 예이다.

소나 사슴 같은 반추동물은 4개의 방으로 된 위를 가지고 있다(**그림 12.11**). 처음 3개의 방은 혹위(rumen), 벌집위(reticulum), 겹주름위(omasum)로 구성되어 있고, 이어서 사람의 위처럼 소화액을 분비하는 진짜 위에 해당하는 주름위(abomasum)가 있다. 혹위(rumen)는 발효가 일어나는 장소로서, 장내 세균과 원생생물이 셀룰로스나 다른 분자를 보다 단순한 화합물로 분해한다. 혹위는 4개의 방 중 가장 앞쪽에 위치하며 음식을 역류시키고 다시 씹도록 하는데, 이 과정을 "반추" 또는 "되새김질"이라 한다. 이를 통해 음식물의 억센 섬유질이 더 작은 입자로 분해되어 미생물의 접촉 표면적이 넓어진다. 되새김질한 음식물은 소화를 위해 다시 삼켜져 벌집위로 이동한 다음 겹주름위, 주름위로 이동한다. 음식물은 주름위에서 위액과 섞인다. 이러한 과정은 셀룰로스를 소화하는 데 있어, 말과 같이 혹위가 없는 비반추 초식동물에 비해 훨씬 효과적이다.

설치류나 말, 사슴이나 토끼 등의 동물에서는 셀룰로스의 소화가 커다란 맹장에 있는 미생물에 의해 이루어진다(**그림 12.12**). 일부 동물은 식분(coprophagy)이라는 대변을 먹는 방법을 이용하여 음식물이 다시 소화관을 통과하게 되어 맹장 내의 세균에 의해 생산된 영양분을 흡수하도록 한다. 따라서 식분 동물이 대변을 먹는 것을 막으면 건강을 해치게 된다.

그림 12.12 먹이에 따른 포유류의 소화계
토끼와 사슴 같은 초식동물은 식물을 분해하기에 특화된 구획을 포함한 긴 소화관을 갖는다. 셀룰로스가 없는 동물성 물질은 상대적으로 소화되기 쉬워서 곤충을 먹는 들쥐나 여우 같은 육식동물은 특화된 주머니가 많지 않은 짧은 소화관을 갖는다.

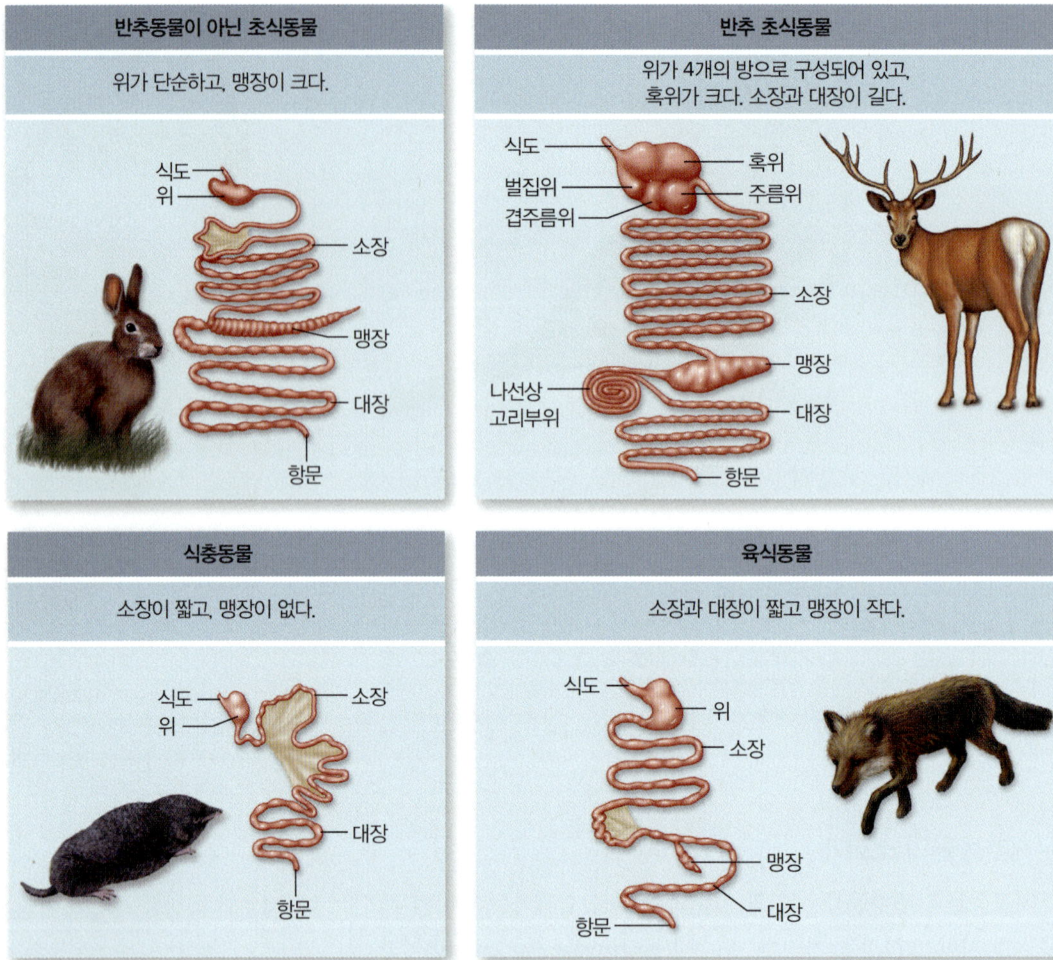

12.4 호흡 표면을 통한 기체 교환

모든 다세포동물의 주요한 생리적인 과제는 효율적인 대사활동을 위해 충분한 산소 획득과 과잉의 이산화탄소를 처리하는 것이다. 대부분의 무척추동물은 **상피**(epithelium), **기관**(trachea)과 아가미를 포함한 여러 종류의 호흡기관을 통해 산소를 혈액으로 확산시키고 이산화탄소를 혈액 밖으로 배출한다(**그림 12.13**).

가장 넓은 의미에서 호흡은 생물체가 대사 과정을 위해 고에너지 분자(주로 ATP)를 만드는 것을 말한다. 이에 대해 **외호흡**(external respiration)은 환기(ventilation)라고도 불리며, 기체를 교환하기 위해 산소를 운반하는 매개체(공기 또는 물)가 생물체의 호흡막을 통과하는 과정을 뜻한다. **내호흡**(internal respiration)은 호흡기관과 모든 조직 사이의 혈액내 산소와 이산화탄소의 수송이다. 산소는 궁극적으로 **세포호흡**(cellular respiration)에 사용된다.

막을 통한 기체의 확산

원형질막은 안정화를 위해 수분으로 둘러싸여 있기에, 기체 교환의 외부 환경은 항상 물이다. 기체의 확산 과정은 수동적이며, 산소와 이산화탄소의 농도차에 의해서만 일어난다. 용해되는 기체의 농도는 압력으로 나타낼 수 있는데, 두 부위의 확산 속도는 피크의 확산법칙(Fick's Low of Diffusion)에 의해 결정된다. 기체의 확산 속도(R)는 막 내외의 압력 차이(Δp; 액체에 녹아 있을 경우, 농도차)와 확산이 일어나는 부위의 면적(A)에 정비례하며, 확산 거리(d)와는 반비례한다. 특정 분자의 확산 상수 D(diffusion constant)는 분자의 크기, 막 삼투성(membrane permeability), 온도와 관련이 있다. 피크 법칙의 공식은 다음과 같다.

$$R = \frac{DA\,\Delta p}{d}$$

호흡기관의 진화 과정에서 주요 변화는 확산 속도를 최대화하는 것이다. 확산 속도는 (1) 표면적(A)의 증가, (2) 거리(d)의 감소, (3)

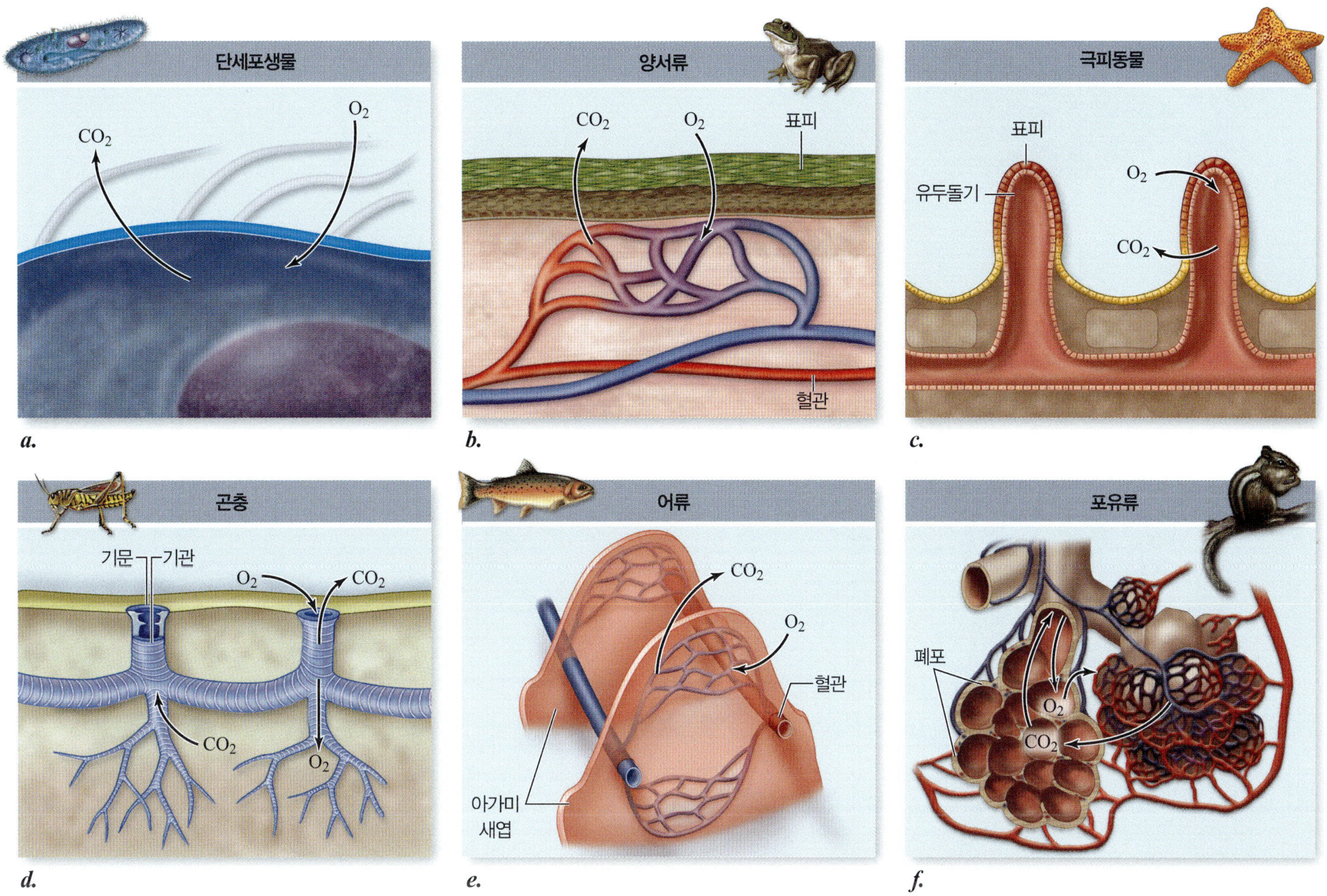

그림 12.13 동물에서 볼 수 있는 여러 가지 기체 교환 체계.
a. 기체는 단세포생물에서 직접 확산된다. *b.* 양서류 등 여러 동물에서 볼 수 있는 피부호흡. 양서류는 폐를 통한 호흡도 한다. *c.* 극피동물은 유두돌기를 통해 호흡 표면적을 증가시킨다. *d.* 곤충의 기관계. *e.* 어류의 아가미에서 볼 수 있는 표면적 증대와 역류 교환. *f.* 포유동물 폐의 폐포는 표면적 증대는 있으나 역류 교환은 없다. 들이마신 공기는 약간의 CO_2를 함유하지만, 폐에서의 농도가 더 높기에 내쉴 때 더 많은 CO_2가 배출된다. O_2는 들이마시는 공기에서 농도가 높아 산소의 유입으로 이어진다.

농도차(Δp)의 증가로 최적화될 수 있다.

산소 농도차의 증가

대부분의 무척추동물은 특별한 호흡기관이 결여되어 있지만, 확산을 향상시키는 방법을 발전시켜 왔다. 이들 중 다수는 섬모를 이용해 수류(water current)를 만들고, 호흡기 표면이 지속적으로 새로운 물에 접촉하도록 함으로써 외부 산소 농도가 감소되지 않도록 한다. 이는 피크의 확산법칙에서 농도차(Δp)를 최대화하여 확산 속도를 증가시키는 방법이다.

표면적의 증가와 확산 거리 감소

연체, 절지, 극피동물과 같은 일부 무척추동물과 척추동물은 확산이 쉽도록 표면적을 증가시킨 아가미나 기관, 폐와 같은 얇은 상피를 지닌 호흡기관을 가진다. 따라서 호흡기관은 표면적을 최대화하고 확산 거리를 감소시켜 확산 속도를 증가시킨다.

12.5 포유류 호흡기관의 구조와 조절

어류의 호흡기관

어류의 **아가미**(gill)는 물속에서보다 많은 산소를 얻을 수 있도록 표면적을 넓혀 확산 속도를 증가시킨다. 평생을 물속에서 사는 수생 양서류처럼 외부 아가미를 가진 경우에는 산소가 풍부한 맑은 물과 접촉하기 위해 끊임없이 움직여야 하며, 많이 갈라진 아가미는 움직일 때 거센 저항을 받게 되어 손상될 수 있으므로 작은 동물을 제외하고는 이런 형태의 호흡은 효과적이지 못하다. 따라서 아가미가 있는 대부분 생물은 몸 안의 보호구역에 아가미를 보유한다. 보통 경골어류의 아가미는 구강(oral cavity)과 덮개방(opercular cavity) 사이에 위치하는데, 2개의 방이 펌프처럼 작용하여 물을 입속으로 넣은 후, 움직일 수 있는 유연한 **아가미덮개**(operculum)를 통해 밖으로

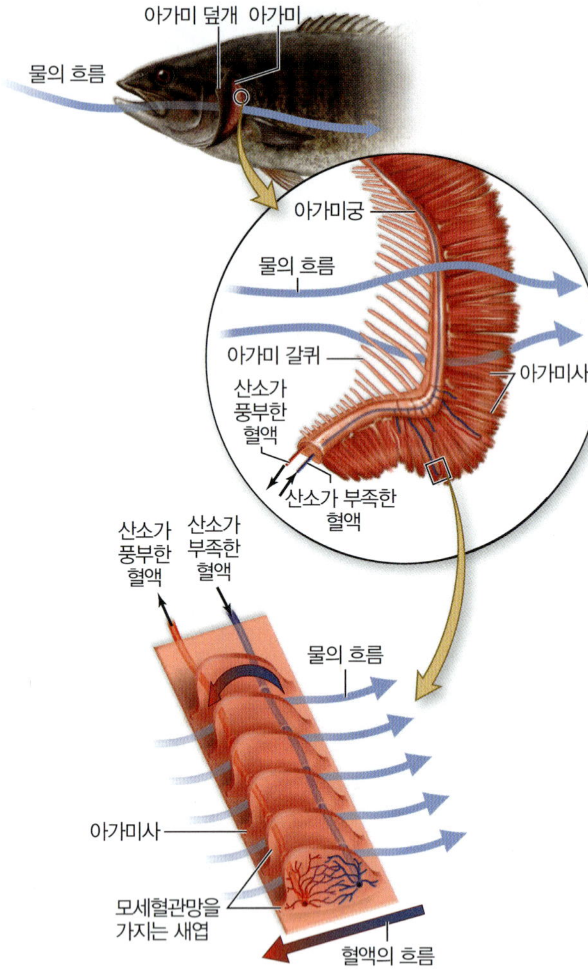

그림 12.14 어류 아가미의 구조.
물은 아가미궁에서 아가미사를 지나간다(그림에서 왼쪽에서 오른쪽으로). 물은 항상 새엽을 통과하는 혈액의 방향과 반대로 흐른다. 물과 혈액의 역류에 의해 아가미의 작용이 성공적으로 이루어졌다.

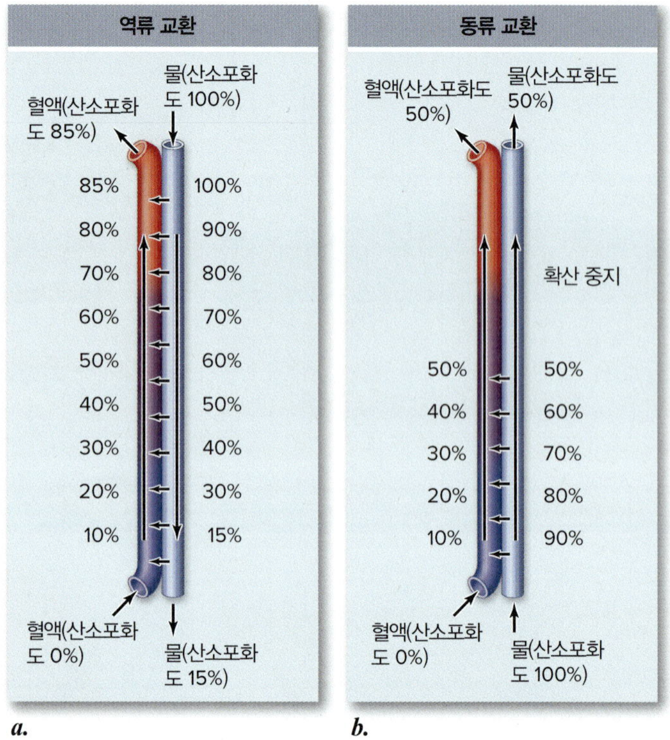

그림 12.15 역류 교환.
이 과정은 혈액에 산소를 공급하는 데 가장 효율적이다. ***a.*** 혈액과 물의 흐름이 반대 방향일 때, 물과 혈액 사이의 초기 산소 농도차는 크지 않지만 물에서 혈액으로 산소를 확산시키기에 충분하다. 혈액 속으로 산소가 확산되어 혈액의 산소 농도가 증가할 때도 혈액은 더 높은 산소 농도를 가진 물과 만난다. 항상 물속의 산소 농도가 더 높기 때문에 확산은 계속된다. 이 예에서 혈액은 85%의 산소 농도를 획득한다. ***b.*** 혈액이 물과 같은 방향으로 흐르면 산소는 처음에는 빠르게 물에서 혈액내로 확산되지만 확산율은 확산이 진행될수록 점점 느려지게 되고 결국 물과 혈액의 산소 농도는 같아지게 된다. 이 예에서 혈액의 산소 농도는 50%를 넘을 수 없다.

이동시킨다. 어류의 머리 양쪽에는 3~7개의 아가미궁(gill arch)이 있으며, 아가미궁은 두 줄의 아가미사(gill filament)로 구성되고, 각 아가미사는 얇은 막상의 판(새엽, lamellae)을 가진다(**그림 12.14**). 물은 항상 새엽을 통과하는 혈액의 방향과 반대로 흐르므로 같은 방향의 흐름인 동류교환보다 이러한 역류교환에 의해 산소의 흡수가 효율적으로 이루어진다(**그림 12.15**).

포유류의 호흡기관

척추동물의 폐는 어류의 아가미보다 육상에서의 공기 호흡을 위해 특화되어 있다. 첫째, 물보다 부력이 작은 공기에서는 구조적인 강도가 약한 아가미보다 몸이 구조적 지지 역할을 하는 폐가 더 유리하다. 둘째, 매우 건조한 육상에서는 아가미보다 가지 친 관상 통로를 따라 공기를 이동시키는 폐가 수분 증발을 최소화할 수 있다. 이는 육상 절지동물의 기관계에서도 볼 수 있는 구조이다. 척추동물 중 조류의 호흡계는 모든 육상 척추동물의 호흡계 중 가장 효율적인 독특한 구조이다. 양서류, 파충류, 포유류의 폐는 완전히 비어 있는 경우가 없기에, 육상 척추동물에서는 신선한 공기가 산소가 없는 공기와 섞이게 된다. 그러나 조류에서는 신선한 공기만 폐의 측기관지로 들어가고 산소가 없는 공기는 다른 통로를 통해 빠져나간다. 즉 기낭의 작용으로 공기가 일방통행을 하기 때문에, 호흡의 효율성이 증가한다(**그림 12.16**).

기체의 분압차에 의한 확산

건조한 공기는 질소 78.09%, 산소 20.95%, 아르곤 0.93%와 불활성 기체 그리고 이산화탄소 0.03%를 포함하고 있다. 고도가 높아지면 공기량은 감소하지만, 이 조성은 대류로 인해 100 km의 고도 이하에서는 일정하다.

해수면의 기압은 760 mmHg이고 이 압력을 1기압이라 한다. 전체 기압은 대기 중에 존재하는 각 기체의 분압(partial pressure)을

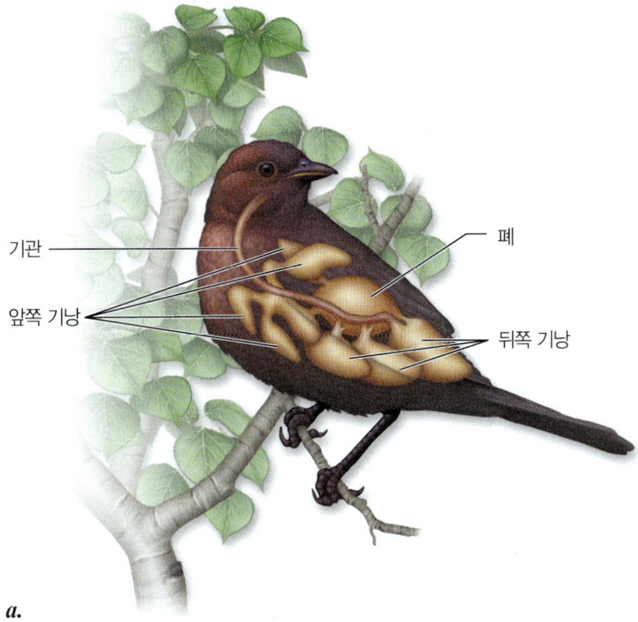

a.

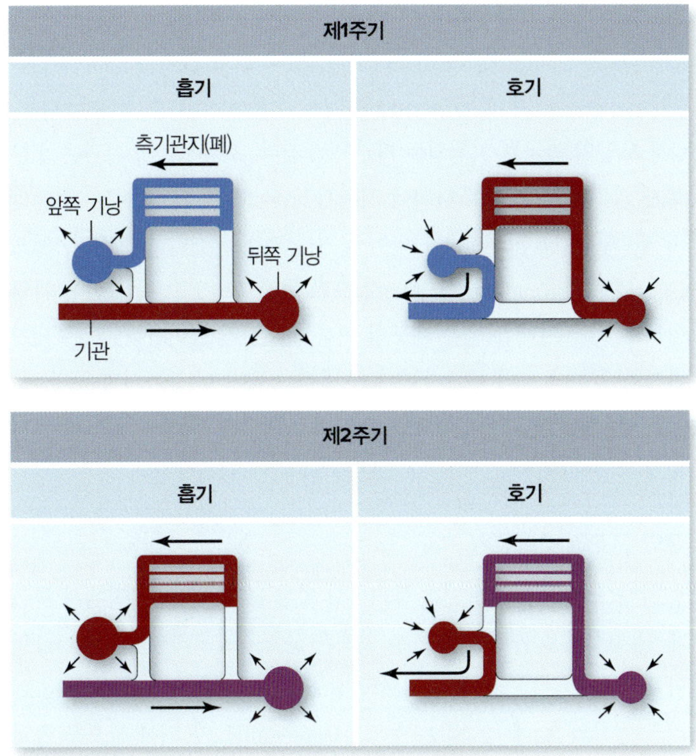

b.

그림 12.16 조류의 호흡.
a. 조류는 앞쪽과 뒤쪽으로 나누어진 기낭을 가진다. 이 기낭은 내부 기관들 사이의 뼈 안으로 뻗어 있다. *b.* 호흡은 2주기로 이루어진다. 제1주기: 들이마신 공기(붉은색으로 표시)는 기관으로부터 뒤쪽 기낭으로 들어간 다음(뒤쪽 기낭이 공기로 확장된다) 폐로 들어간다(뒤쪽 기낭이 공기가 빠져 오므라든다). 제2주기: 폐로부터 공기가 앞쪽 기낭으로 들어간 다음 기관을 통해 밖으로 나간다. 폐를 통과하는 공기는 항상 뒤쪽에서 앞쪽으로(그림에서는 오른쪽에서 왼쪽으로) 이동한다. 이러한 주기는 항상 동시에 일어난다. 들이마시는 공기가 뒤쪽 기낭으로 들어가고 동시에 이전에 호흡했던 폐 안의 공기가 앞쪽 기낭으로 들어간다. 숨을 내쉴 때는 뒤쪽 기낭에 있던 새로운 공기가 폐로 이동하고 동시에 앞쪽 기낭에 있던 공기가 몸 밖으로 배출된다. 동시에 또 다른 들이마신 공기(보라색)가 제1주기를 통해 이동한다.

합한 것과 같으므로, 해수면에서 N_2, O_2, CO_2의 분압은 P_{N_2}, P_{O_2}, P_{CO_2}로 나타내며 다음과 같다.

$$P_{N_2} = 760 \times 78.09\% = 593.5 \text{ mmHg}$$
$$P_{O_2} = 760 \times 20.95\% = 159.2 \text{ mmHg}$$
$$P_{CO_2} = 760 \times 0.03\% = 0.2 \text{ mmHg}$$

외기와 호흡기관에서의 기체의 교환은 각 기체의 분압차에 따른 확산으로 이루어진다. 포유류의 폐는 수백만 개의 포도 모양을 한 작은 주머니 형태의 **폐포**(alveolus, 복수는 alveoli)가 세기관지 끝에 모여 있기에, 표면적이 매우 크며 혈액과의 기체 교환이 효율적으로 일어나게 된다(**그림 12.17**). 각 폐포는 한 층의 상피세포로 구성되어

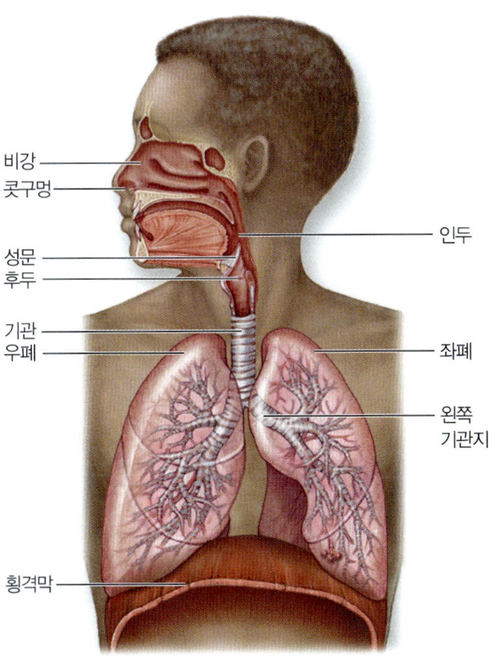

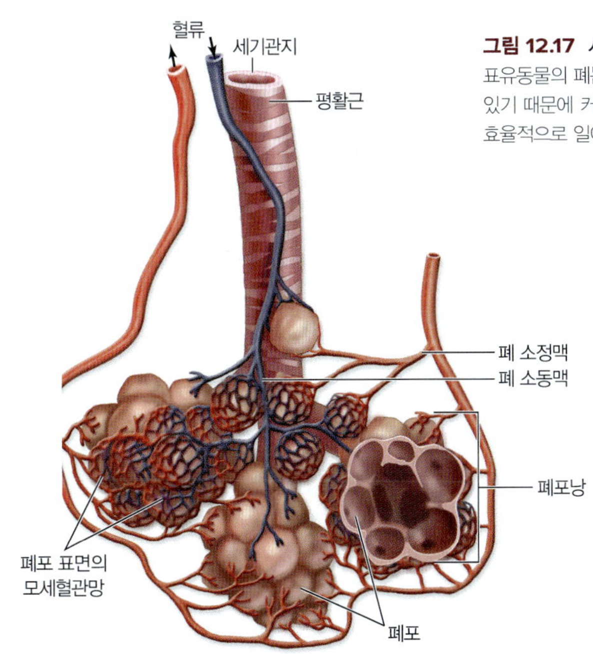

그림 12.17 사람의 호흡계와 포유동물 폐의 구조.
표유동물의 폐는 수백만 개의 폐포가 세기관지 끝에 모여 있기 때문에 커다란 표면적을 가져 혈액과의 기체 교환이 효율적으로 일어나게 된다.

있고, 한 층의 모세혈관으로 둘러싸여 있다. 따라서 기체 확산 거리(d)는 0.5~1.5 μm 정도로 매우 작다. 입과 코로 들어온 공기는 **인두**(pharynx)를 거쳐 후두(larynx)로 가서 성문(glottis)을 통과한 다음, C자 모양의 연골로 지탱되는 기관으로 간다. 포유동물의 기관은 오른쪽과 왼쪽의 두 갈래로 나뉘어 **기관지**(bronchi)가 되고, 이는 더 갈라져 세기관지(bronchiole)가 되어 공기를 폐포로 전달하게 된다. 폐포는 모세혈관망(capillary network)으로 둘러싸여 있으며, 모든 공기와 혈액 사이의 기체 교환은 폐포의 벽을 가로질러 일어난다. 많은 세기관지와 엄청난 양의 폐포가 호흡 표면적을 훨씬 더 증가시켜 준다. 사람은 각 폐에 약 3억 개의 폐포를 가지고 있으며, 확산이 일어나는 전체 면적은 80 m^2이고, 이는 몸 표면적의 42배에 해당한다.

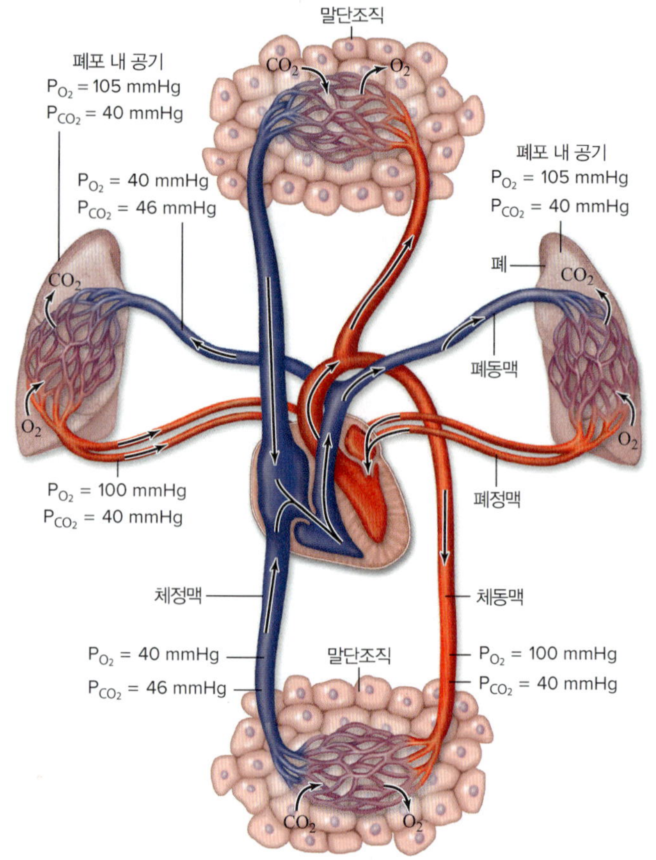

그림 12.18 폐와 순환계의 모세혈관에서의 기체 교환.
폐에서의 기체 교환으로 산소를 공급받은 혈액이 체동맥에 의해 운반된다(이때 CO_2의 농도는 낮다). 조직에 산소를 공급하고 정맥으로 들어온 혈액은 산소 농도가 낮고 CO_2 농도가 높다. 폐포 내의 O_2 및 CO_2는 대기 중의 O_2 및 CO_2와 상당히 다르다. 이러한 차이는 해부학적 사강(dead space)과 각 호흡과 교환되는 비교적 적은 양의 신선한 공기 때문이다(1회 호흡 공기량과 폐활량을 비교하여).

폐의 구조와 호흡주기

기체 교환은 폐포와 이를 둘러싸고 있는 모세혈관의 접점에서 빠르게 일어난다. 순환계를 돌고 온 혈액은 산소를 소모하여 약 40 mmHg의 분압을 갖는다. 반대로 폐포의 산소분압(P_{O_2})은 약 105 mmHg로, 피크 법칙의 Δp에 해당하는 농도차는 65 mmHg가 되어 산소를 혈액 쪽으로 이동하게 한다. 기체 교환 결과 폐를 떠나는 혈액의 P_{O_2}는 약 100 mmHg가 된다(**그림 12.18**).

사람 및 다른 포유동물의 경우 폐의 바깥쪽은 장측 흉막(visceral pleural membrane, 흉막강의 안쪽 막)이라는 얇은 막으로 덮여 있고(**그림 12.19**), 흉강 내벽은 체측 흉막(parietal pleural membrane, 흉막강의 바깥쪽 막)으로 싸여 있으며, 두 막 사이의 공간은 흉막강(pleural cavity)이라 한다. 흉막강은 정상적일 경우 매우 작고 체액으로 채워져 있다. 체액은 두 막 사이에서 폐와 흉강을 효과적으로 연결하게 된다. 흉막은 각 폐를 따로 싸고 있어 하나의 폐의 막에 구멍이 생겨 손상되더라도 다른 폐는 여전히 기능할 수 있다.

흡기(inhalation) 동안 외늑간근(external intercostal muscle)과 **횡격막**(diaphragm)의 근육수축으로 가슴 내의 용적이 증가된다. 늑골 사이의 외늑간근의 수축은 늑골을 들어올리고 흉곽을 확장한다. 복강과 흉강을 구분하는 가로무늬근인 횡격막의 수축으로 횡격막은

그림 12.19 흉막강.
흉막 사이의 공간을 흉막강이라고 한다. 왼쪽과 오른쪽에 각각 하나씩 존재한다.

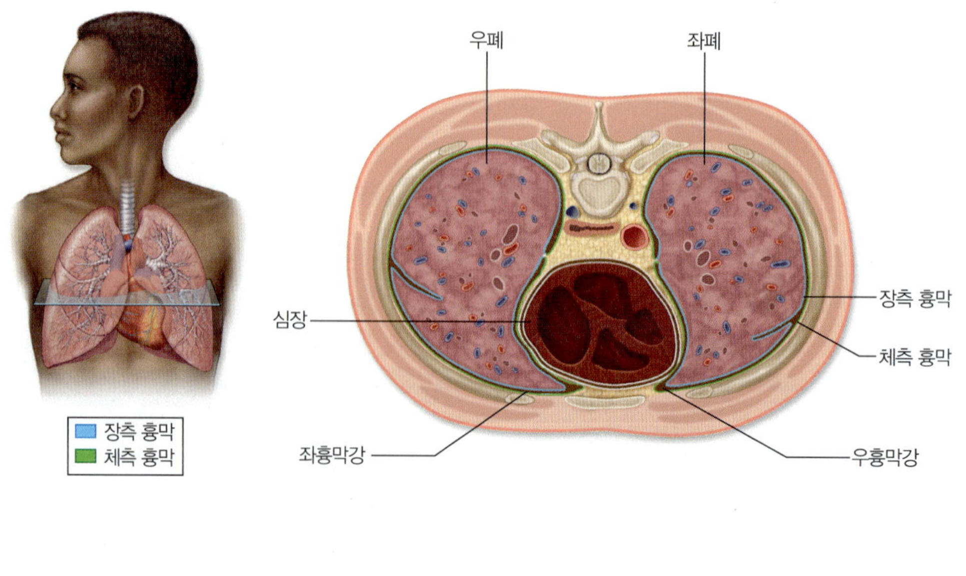

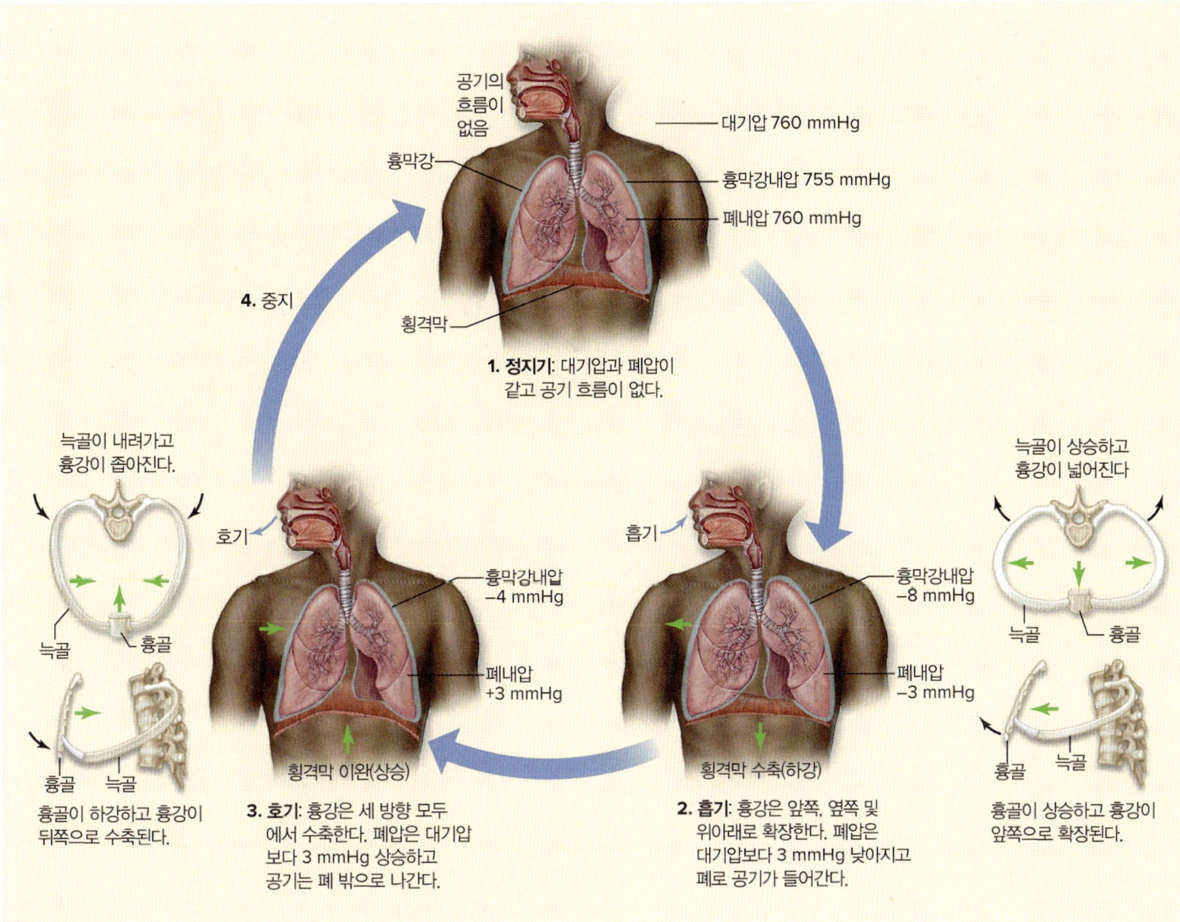

그림 12.20 호흡주기.
호흡주기는 흡기(들숨)와 호기(날숨)를 포함한다. 각각 호흡기 근육과 공기 압력 차이를 이용하여 일어난다. 횡격막이 수축되면 흡기가 발생한다. 이것은 폐의 팽창을 유발하여 대기압 이하로 압력이 떨어지면서 공기가 유입된다. 반대의 경우 호기가 발생한다. (역자 주: 흡기와 호기 동안 흉막강내압과 폐내압의 +, − 기호는 대기압을 기준으로 한 압력의 증감을 나타낸다.)

내려가고 더 편평한 모양이 된다. 이는 흉곽과 폐의 용적을 크게 하여 음압식 호흡을 가능하게 하고, 복부 기관에는 압력을 가하게 된다(**그림 12.20**).

호흡용적 및 호흡량

휴식 중인 사람의 경우, 각 호흡 동안 폐로 들어오고 나가는 공기의 양을 1회 호흡량(tidal volume)이라고 하는데, 건강한 성인의 평균 1회 호흡량은 약 500 mL이다(**그림 12.21**). 1회 호흡량 중 약 150 mL는 관상 통로(기관, 기관지 및 세기관지)에 들어 있기에 그만큼은 기체 교환을 하지 못한다. 이렇게 해부학적 사강(anatomical dead space)에 있는 공기는 흡기 때 신선한 공기와 섞인다.

흡기예비량(inspiratory reserve volume, IRV)은 1회 호흡량 이상으로 흡입할 수 있는 공기의 양이다. **호기예비량**(expiratoryreserve volume, ERV)은 1회 호흡량을 초과하여 내쉴 수 있는 공기의 양이다. 1회 호흡량과 더불어 IRV와 ERV는 함께 **폐활량**(vital capacity), 즉 폐에 들어갔다가 다시 나올 수 있는 최대 공기 양을 구성한다. 폐활량은 젊은 남성에서 평균 4.6 L이고 젊은 여성에게서는 평균 3.1 L이다. 폐의 총 평균 용량은 폐활량보다 더 큰데, 이는 항상 배출되지 않는 공기, 즉 잔류량(residual volume)이 있기 때문이다.

호흡의 속도와 깊이는 일반적으로 혈액 P_{O_2}와 P_{CO_2}를 정상 범위 내로 유지한다. 만일 호흡이 충분치 않아 정상적인 혈액내 산소분압을 유지하지 못하면 호흡 저하가 발생하고, 과도한 호흡으로 이산화탄소의 분압이 비정상적으로 낮아지게 되면 과호흡(hyperventilating)이 나타난다.

호흡중추

호흡은 연수(medulla oblongata)에 위치한 호흡 조절중추(respiratory control center)의 뉴런에서 시작된다. 이 뉴런은 횡격막과 외늑간근에 신호를 보내 수축하도록 자극함으로써 숨을 들이쉬게 한다. 이 뉴런의 자극을 중지하면 근육은 이완되고 숨을 내쉬게 된다.

그림 12.21 호흡용적 및 호흡량.
폐용량에는 1회 호흡량, 흡기예비량, 호기예비량, 잔류량이 포함된다. 폐활량은 1회 호흡량, 흡기예비량, 호기예비량의 합이다. 총 폐용량(total lung capacity)은 폐활량과 잔류량의 합이다.

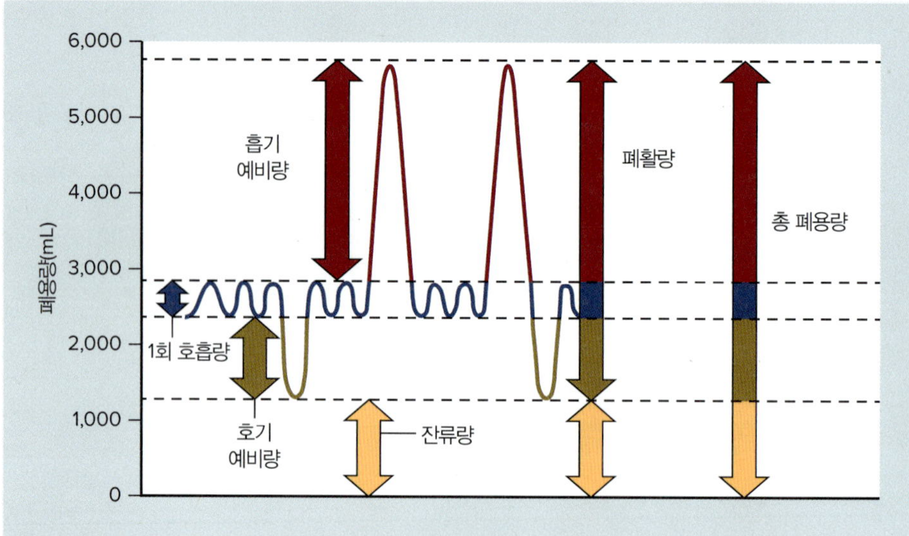

호흡근육은 골격근이지만 이 근육들은 보통 자율신경의 지배를 받는다. 그러나 수의적으로 이 근육들을 멈추거나 움직여서 호흡을 정지시키거나 빠르게 할 수도 있다. 연수의 뉴런은 혈액내 산소와 이산화탄소 농도를 항상 일정하게 유지하도록 반응한다. 숨을 한참 동안 참은 뒤에는 숨을 가쁘게 쉬게 되는데, 이는 혈액내 기체의 변화로 인해 유도되며, 이는 산소 농도의 하락보다는 이산화탄소 농도의 증가 때문에 일어난다. 즉, 포유류의 혈액 내에서 이산화탄소는 제한적 기체로 작용한다.

다시 말해서 포유류의 호흡 개시는 혈액내 이산화탄소의 증가가 주요 원인이다. P_{CO_2}의 상승은 탄산(H_2CO_3)의 증가를 야기하는데, 탄산은 혈액의 pH를 낮추는 작용을 한다. 혈액의 pH 하락은 대동맥소체(aortic body)와 경동맥소체(carotid body)의 화학감지뉴런을 자극하여 호흡조절중추에 신호를 보내 호흡하도록 한다. 실제로 정상적인 폐를 가진 사람의 경우 P_{O_2}는 높은 산에 올라갔을 때만 중요한 호흡 자극 요인이 된다.

혈액을 통한 기체의 운반

포유동물의 폐를 떠나는 혈장은 이론적으로 볼 때 거의 공기의 P_{O_2} 만큼 용존산소를 가진다. 산소는 물에 잘 녹지 않기 때문에 혈장은 1 L당 최대 3 mL의 산소만 함유할 수 있다. 그러나 혈액은 1 L당 200 mL의 산소를 함유한다. 이는 산소가 혈장이 아니라 적혈구 안의 헤모글로빈 분자에 결합하여 운반되기 때문이다.

호흡색소

호흡색소인 **헤모글로빈**(hemoglobin)은 4개의 폴리펩타이드와 헴 그룹(heme group)이라는 4개의 유기화합물로 구성된 단백질이다. 각 헴 그룹의 중심에는 1개의 철(Fe) 원자가 있으며, 철 원자는 산소 한 분자와 결합할 수 있다. 따라서 각 헤모글로빈 분자는 4개의 산소 분자를 운반할 수 있다.

폐에서 산소와 결합한 산소헤모글로빈(oxyhemoglobin)은 밝은 적색을 띠고, 산소를 방출한 디옥시헤모글로빈(deoxyhemoglobin)은 암적색을 띤다. 절지동물과 연체동물은 산소 결합 원자로 철이 아닌 구리(Cu)를 가진 헤모사이아닌(hemocyanin)을 사용한다.

산소의 운반

폐포를 떠난 혈액 내의 P_{O_2}는 100 mmHg로, 이때의 적혈구 안의 약 97%의 헤모글로빈은 산소헤모글로빈 상태이다(산소헤모글로빈 포화도 97%). 휴식 상태에서 정맥에 있는 산소분압은 약 40 mmHg

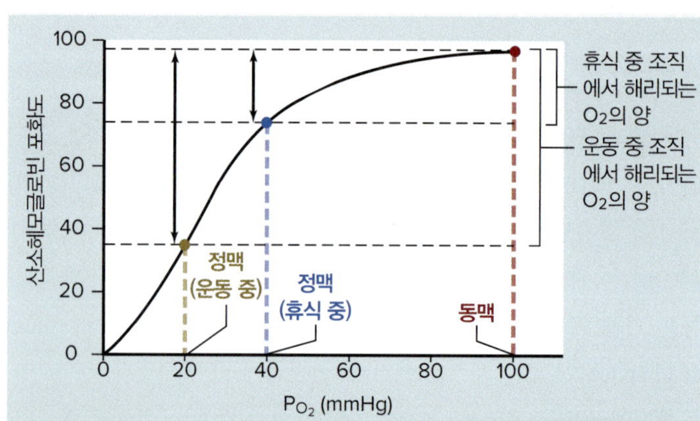

그림 12.22 산소헤모글로빈 해리곡선.
폐에서 헤모글로빈은 산소와 결합하고, 산소를 공급받은 혈액은 동맥에 의해 몸의 세포로 운반된다. 세포호흡으로 인해 혈액으로부터 산소가 소모된 뒤, 정맥으로 들어가는 혈액은 적은 양의 산소를 함유하게 된다.

로, 헤모글로빈의 포화도는 75%가 된다. 따라서 쉬고 있는 사람은 산소헤모글로빈 중 22%(97−75)는 조직으로 산소를 방출한 셈이 된다. 이러한 변화를 그래프로 나타낸 것을 산소헤모글로빈 해리곡선(oxyhemoglobin dissociation curve)이라 한다(**그림 12.22**). 예를 들어 운동할 때 정맥혈의 P_{O_2}가 20 mmHg로 감소하면 헤모글로빈 포화도는 35%가 되므로, 62%(97−35)의 산소가 조직으로 해리된다.

두 번째 산소 저장고는 근육에 존재하는 산소 결합 분자인 마이오글로빈(myoglobin)이다. 마이오글로빈은 산소와 결합하는 철 원자를 가진 단량체이며, 산소와의 친화력이 헤모글로빈보다 높다. 깊은 바다에서 잠수하는 코끼리물범은 근육에 높은 농도로 산소를 저장해 둔 마이오글로빈을 가지고 있어 오랫동안 물속에 머물 수 있다.

헤모글로빈의 산소 친화력

혈액내 산소 수송은 온도와 pH를 포함하여 여러 조건에 의해 영향을 받는다. 조직에서 생긴 CO_2는 물(H_2O)과 결합하여 탄산(H_2CO_3)으로 되고, 탄산은 해리되어 탄산수소 이온(HCO_3^-)과 H^+로 되면서 혈액의 pH를 낮추어준다. 이 반응은 주로 적혈구 안에서 일어나며, 낮은 pH는 헤모글로빈의 산소 친화력을 감소시켜서 산소가 쉽게 떨어져 나가게 한다. **보어효과**(Bohr effect)로 알려진 헤모글로빈의 산소 친화력에 대한 pH의 효과는 헤모글로빈에 대한 H^+와 CO_2의 결합 때문에 생기며, 산소헤모글로빈 해리곡선이 오른쪽으로 밀려가는 양상으로 나타난다(**그림 12.23***a*).

온도 상승도 헤모글로빈의 산소 친화력에 대해 비슷한 영향을 끼친다(**그림 12.23***b*). 운동할 때 골격근은 이산화탄소를 빨리 만들어내고 열을 내므로, 헤모글로빈에서 분리되는 산소의 비율을 더 높여준다.

이산화탄소의 운반

혈액내 CO_2의 약 8%는 단순히 혈장에 녹아 있고, 20%는 헤모글로빈에 결합되어 있다. 나머지 72%의 CO_2는 적혈구 안으로 확산해 들어가며, 여기에서 탄산무수화효소(carbonic anhydrase)의 작용으로 물과 결합하여 탄산(H_2CO_3)을 만든다. 탄산은 탄산수소 이온(HCO_3^-)과 수소 이온(H^+)으로 해리된다. H^+는 디옥시헤모글로빈에 결합하고 HCO_3^-는 적혈구막의 운반체를 통한 Cl^-과의 교환으로 적혈구를 빠져나와 혈장으로 간다(**그림 12.24***a*).

탄산(H_2CO_3)의 형성은 혈액내 산-염기 균형을 유지하는 데 매우 중요하며, HCO_3^-는 혈장내 주요한 완충제로서 역할을 한다. 폐포 내에서는 공기의 낮은 P_{CO_2}로 인해 탄산무수화효소의 작용이 역방향으로 진행되어 H_2CO_3를 H_2O와 CO_2로 전환시킨다(**그림 12.24***b*). CO_2는 적혈구에서 빠져나와 몸 밖으로 배출된다.

헤모글로빈은 다른 용존 기체도 운반하는데, 그중 일산화질소(NO)는 혈관을 확장시키는 기능을 하고, 일산화탄소(CO)는 산소보다 헤모글로빈에 훨씬 강하게 결합하여 일산화탄소 중독을 일으킨다.

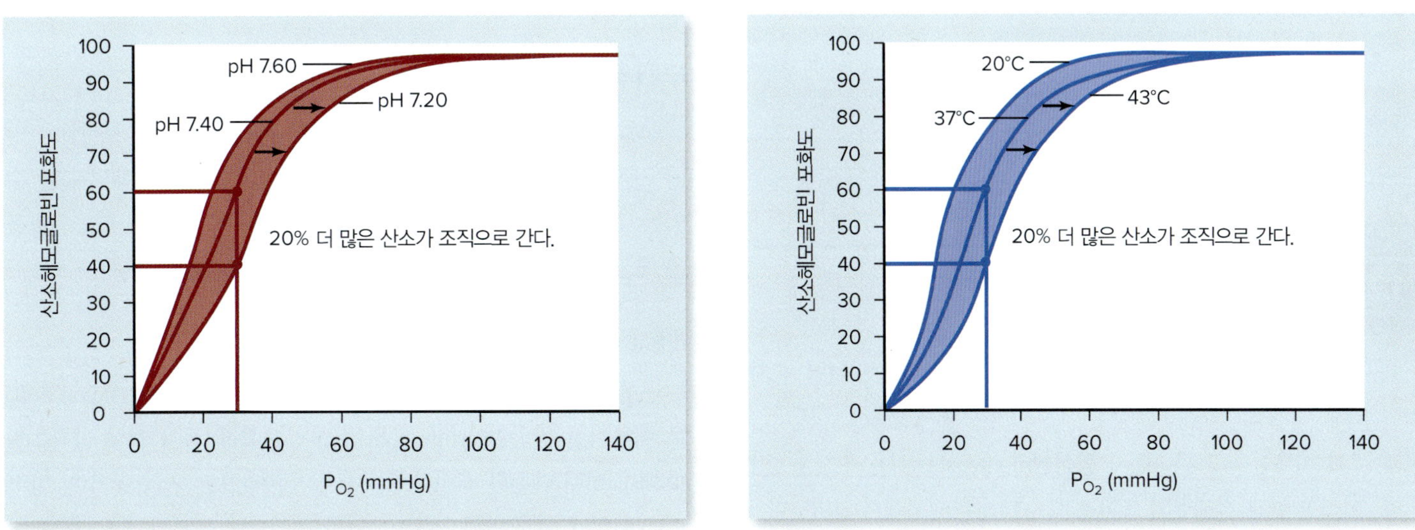

a. pH 영향 ***b.*** 온도 영향

그림 12.23 산소헤모글로빈 해리곡선에 끼치는 pH와 온도의 영향.
혈액의 낮은 pH(*a*)와 높은 온도(*b*)는 산소헤모글로빈 해리곡선을 오른쪽으로 이동시키며 산소의 해리를 촉진한다. 위의 예에서 산소헤모글로빈의 포화도는 60%에서 40%로 낮아지면서 20% 더 많은 산소가 조직으로 운반된다.

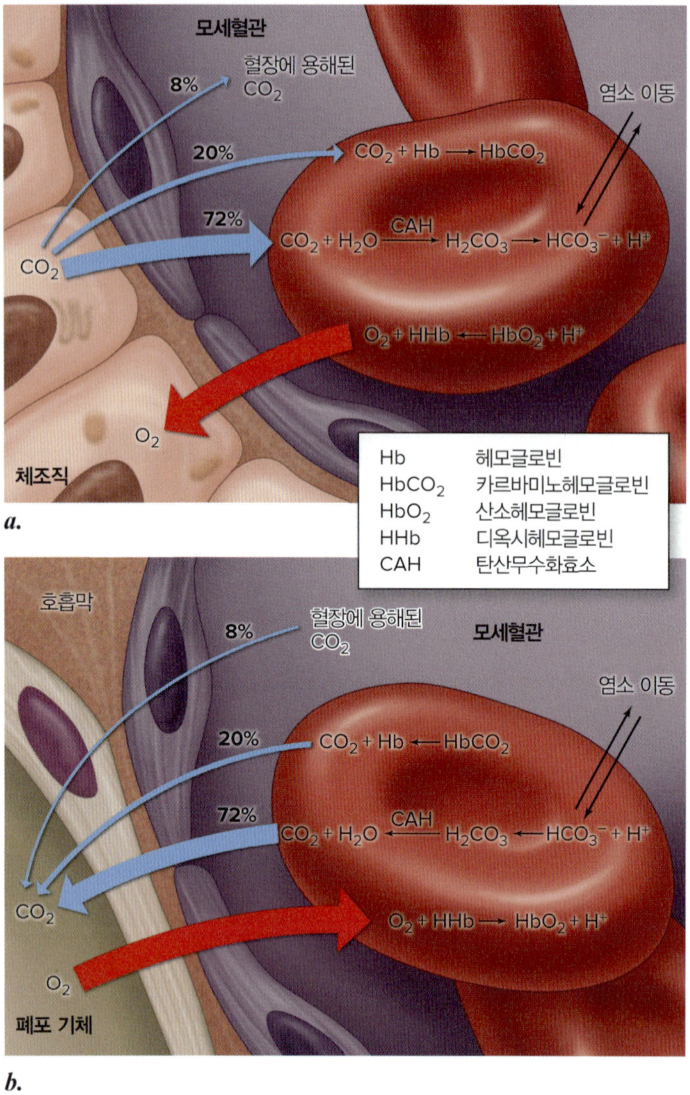

그림 12.24 혈액에 의한 CO_2의 운반.
a. 혈류 내로 들어감. CO_2는 혈장에 녹거나, 헤모글로빈에 직접 결합하거나, 적혈구 내에서 생성하는 HCO_3^-의 형태(이 반응은 적혈구 내에서 탄산무수화효소가 CO_2와 H_2O의 결합을 촉진하여 H_2CO_3를 형성한다)로 운반된다. ***b.*** 혈류로부터의 제거. 혈액이 폐의 모세혈관을 통과할 때 이 반응은 가역적으로 일어나며, CO_2가 형성된 다음 몸 밖으로 나간다.

12.6 삼투조절과 다양성

다세포동물에서 물은 세포의 내외에 분포한다. 삼투평형을 유지하기 위해, 동물의 혈장을 포함한 세포외액은 대사활동에 수반되는 물과 무기 이온들을 교환하면서 **항상성**(homeostasis)을 유지해야만 한다. 이러한 물과 전해질의 교환은 특수한 상피세포에서 일어난다.

삼투농도와 삼투평형

대부분의 해양 무척추동물에서 체액의 **삼투농도**(osmolarity)는 해수와 같은데, 이러한 생물을 **삼투순응자**(osmoconformer)라고 한다. 이러한 동물들은 주변의 환경과 삼투평형을 이루고 있다. 다른 모든 척추동물은 주변 환경과 농도 차이가 나도 상대적으로 일정한 혈중 삼투농도를 유지하는 삼투조절자(osmoregulator)이다. 체액의 삼투농도를 일정하게 유지함으로써 척추동물들은 다양한 서식지에서 생존할 수 있지만, 이러한 항상성을 유지하기 위해서는 지속적인 조절이 필요하다.

질소 노폐물의 배설: 암모니아, 요소, 요산

체액의 항상성을 유지하기 위해서는 삼투농도 유지 외에 아미노산과 핵산의 분해 과정에서 생기는 질소 노폐물(nitrogenous wastes)을 배출해야 한다. 아미노산과 핵산 대사의 첫 단계는 **탈아미노반응**(deamination)으로, 간에서 아미노기($-NH_2$)를 제거한 후 H^+와 결합시켜 암모니아(NH_3)로 만드는 것이다. 암모니아는 세포에 상당한 독성을 나타내기 때문에 매우 낮은 농도로 존재해야 안전하므로, 경골어류는 대부분을 아가미를 통해 확산으로 배출하고, 일부는 매우 묽은 **오줌**(urine)으로 배출한다.

연골어류, 양서류, 포유류에서 질소 노폐물은 간에서 훨씬 독성이 적은 요소(urea)로 만들어 신장을 통해 배출되는데, 물에 잘 녹기에 다량으로 배출될 수 있다. 파충류, 조류, 곤충류는 용해도가 매우 낮아 침전되는 **요산**(uric acid)으로 배출한다. 이런 동물들은 요산을 만드는 능력이 중요한데, 그 이유는 알이 껍질로 싸여 있고, 알 속에서 배아가 자라면서 질소 노폐물이 쌓이기 때문이다. 요산의 생성은 에너지가 필요한 긴 과정이지만, 물이 거의 없는 결정인 침전되는 물질이 만들어진다.

무척추동물의 배설계

동물에서 질소 노폐물과 수분 균형의 문제에 대처하기 위한 다양한 기작들이 진화되었다. 단세포 원생생물은 스펀지처럼 수축할 수 있는 **수축포**(contractile vacuole)를 이용하며, 다른 다세포 동물들은 배설 세뇨관계를 이용하여 체액과 노폐물을 배출한다.

편형동물과 환형동물의 배설계

편형동물(flatworms)에서는 전구 같이 생긴 **불꽃세포**(flame cell)로 이루어진 원신관(protonephridia)이 온몸에 걸쳐 뻗어 있다(**그림 12.25**). 이런 단순한 배설구조는 생체의 바깥으로 열려 있지만, 안쪽으로는 열려 있지 않다. 불꽃세포 안의 섬모의 움직임은 몸으로부터 체액을 끌어들이면서 물과 대사물질은 다시 재흡수되고, 노폐물은 배설공을 통해 바깥으로 나간다.

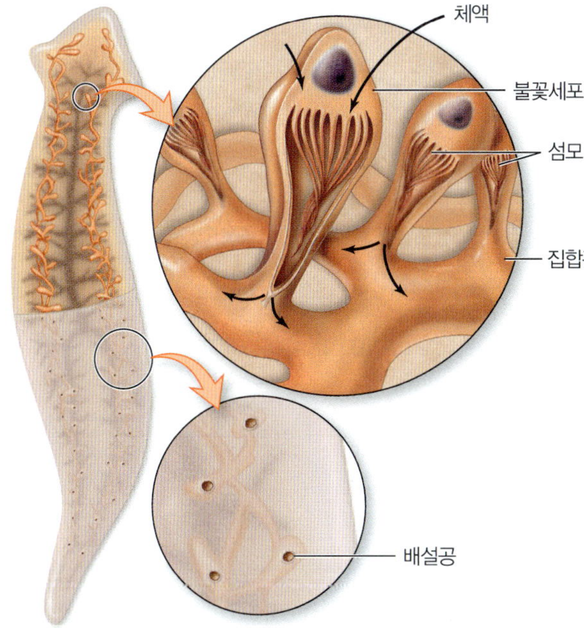

그림 12.25 편형동물의 원신관.
그물처럼 뻗은 세뇨관, 전구 모양의 불꽃세포, 배설공이 원신관을 구성한다. 불꽃세포 내부의 섬모가 움직여 몸으로부터 체액을 흡수한다. 배설물은 몸 밖으로 나 있는 구멍을 통해 배출된다.

다른 무척추동물들은 몸의 안과 밖으로 다 열려 있는 세관(tubule)을 가지고 있다. 지렁이에서 이 세관을 **신관**(nephridium)이라고 한다(**그림 12.26**). 신관은 깔때기 모양의 **신구**(nephrostome)를 통해 체강으로부터 체액을 여과한다. 여과(filtration)라는 용어가 사용되는 이유는 체액에 압력을 가해 구멍을 통과시키는데, 구멍보다 더 큰 물질은 체액에 남게 되기 때문이다. 이렇게 여과된 액체는 신관의 세관을 통과하면서 NaCl이 능동수송으로 재흡수된다.

세관으로부터 체액으로 물질이 이동되는 것을 재흡수(reabsorption)라고 한다. 여과액으로부터 염이 재흡수되기 때문에 배출되는 오줌은 체액보다 더 묽은 저장액이다. 촉각선(antennal gland)이라고 부르는 연체동물의 신장이나 갑각류의 배설기관도 여과로 인해 오줌을 만들고 이온을 재흡수한다.

곤충의 배설계

곤충의 배설기관은 **말피기관**(Malphighian tubule, **그림 12.27**)으로, 이는 후장(hindgut)의 앞쪽에서 갈라져 나온 소화관의 돌출부이다. 체상의 혈액과 말피기관 사이에는 압력차가 없기에, 말피기관에서는 오줌이 여과로 만들어지지 않는다. 대신 노폐물과 K^+이 능동수송에 의해 관속으로 분비된다.

분비(secretion)는 재흡수와 반대 방향으로 발생하는데, 이온이나 분자들이 체액에서 관 속으로 이동한다. K^+의 분비는 삼투농도 기울기를 만들고, 이로 인해 물이 삼투에 의해 체내의 개방순환계로부터 말피기관 안으로 들어가게 된다. 대부분의 물과 K^+은 후장의 상피를 통해 순환계로 재흡수되고, 작은 분자들과 노폐물만 직장에서 배출되기 때문에 곤충에서 말피기관은 매우 효율적인 수분 보전 수단이다.

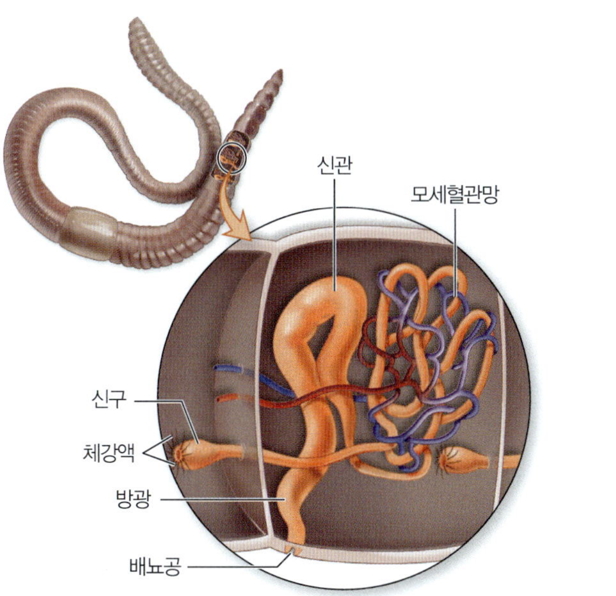

그림 12.26 환형동물의 신관.
환형동물과 같은 대부분의 무척추동물은 신관(주황색)을 가지고 있다. 체강액에서 거른 여과액은 깔때기 모양의 신구를 통해 관으로 구성되어 있는 신관으로 들어간다. 염분은 신관에서 재흡수될 수 있으며, 남겨진 체액인 오줌은 배뇨공을 통해 밖으로 배출된다.

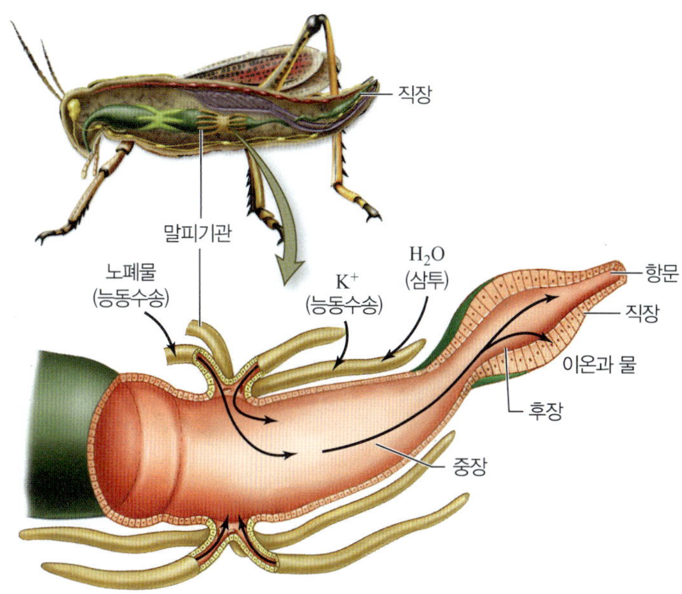

그림 12.27 곤충의 말피기관.
곤충의 말피기관은 소화관의 돌출부위로, 순환계로부터 물과 노폐물을 모은다. K^+가 말피기관으로 분비되고 물은 삼투 작용에 의해 관 안으로 들어온다. 이 물(화살표)의 상당량이 후장벽을 통해 재흡수된다.

척추동물 신장의 진화

모든 척추동물의 신장은 기본적인 구조는 동일하지만, 다른 환경 요인들에 의해 일부 차이가 생기도록 진화되었다. 원래 **사구체 여과액**(glomerular filtrate)은 혈액과 등장액이기 때문에, 모든 척추동물은 이온과 물을 동일한 비율로 재흡수하여 오줌을 등장성으로 만들 수 있다. 또는 상대적으로 물을 적게 재흡수하여 혈액보다 저장액의 오줌을 만들 수도 있다. 조류와 포유류만이 사구체 여과액에서 상대적으로 많은 물을 재흡수하여 혈액보다 고장성인 오줌을 만든다. 신장은 다양한 삼투 환경에서 척추동물이 살아갈 수 있게 해주는 놀라운 삼투 기계이다.

척추동물의 신장(콩팥)은 압력으로 혈액을 여과하여 세뇨관액을 만든다. 여과액은 모두 단백질 분자보다 작은 수용성 물질들이며, 여과액에는 포도당, 아미노산, 바이타민과 같은 작은 분자들이나 Na^+, K^+, Cl^-과 같은 중요한 이온들이 포함되어 있다. 대부분 물과 함께 이런 분자나 이온들은 세뇨관에서 혈액으로 재흡수되고 노폐물만 남게 된다. 추가적인 노폐물이 세뇨관의 여과액에 더해져서 최종적으로 만들어진 오줌이 몸에서 배출된다(**그림 12.28**).

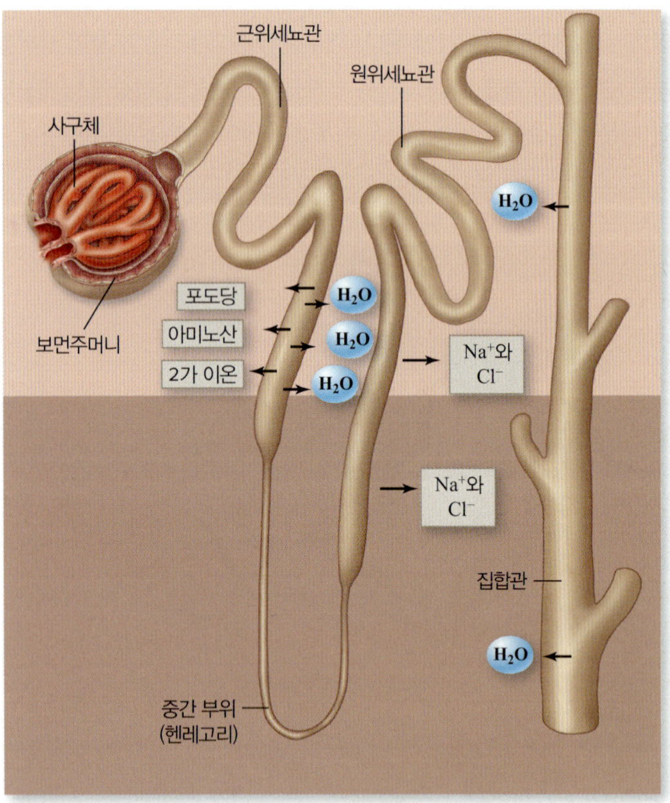

그림 12.28 척추동물의 네프론 구조.
네프론 세뇨관은 척추동물 신장의 기본 구조이다. 당, 아미노산, 물, 주요 1가 이온과 2가 이온은 근위세뇨관에서 재흡수되고, 물과 Na^+, Cl^-와 같은 1가 이온들은 헨레고리에서 재흡수된다. 원위세뇨관과 집합관에서도 호르몬의 영향을 받아 물과 1가 이온(Na^+, Cl^-)들이 재흡수될 수 있다.

담수어류와 해수어류의 조절

담수어류는 전해질은 보전하고 물은 배출해야 한다. 신장은 담수 경골어류(bony fishes)에서 진화한 것으로 추측하고 있다. 담수어류의 체액은 주변의 물보다 고장액이기 때문에 2가지 심각한 문제를 안고 있다. (1) 주변 환경으로부터 물이 체내로 들어오려는 경향과 (2) 전해질이 몸 바깥으로 빠져나가려는 경향을 보인다는 것이다. 담수 경골어류는 첫 번째 문제의 해결을 위해 물을 마시지 않고 체액보다 저장성의 묽은 오줌(암모니아)을 다량 배설한다. 두 번째 문제는 네프론의 세뇨관을 통해 이온을 재흡수함으로써 해결한다. 또한 아가미 표면을 통해 주변의 물에서 이온들을 혈액으로 능동수송한다(**그림 12.29**, 왼쪽).

이와 반대로 해수 경골어류는 전해질은 배출하고 물은 보전해야 한다. 해수 경골어류는 담수어류 조상으로부터 진화한 것으로 추정되는데, 담수에서 바다로 서식처를 옮기면서 몸의 체액이 해수보다 저장액이기에 심각한 문제에 직면하게 되었다. 삼투로 인해 물이 계속 손실되는 것을 보상하기 위해 해수어류는 다량의 바닷물을 마시고, 몸 안에 들어온 이온들은 능동수송을 통해 배출한다(**그림 12.29**, 오른쪽). 해수어류가 배출하는 오줌은 체액과 등장성으로, 담수어류의 오줌보다 고장성이지만, 조류나 포유류의 오줌보다는 저장성이다.

상어나 가오리 등의 연골어류 또한 해수에 비해 저장성의 체액을 가지고 있다. 그러나 이들은 경골어류와 달리 요소를 생성하고 네프론 세뇨관에서 재흡수하여, 포유류보다 100배나 높은 혈중 요소 농도를 유지한다. 이 고농도의 요소는 혈액을 주변 해수와 거의 등장액으로 만들어주기에, 물이 소실되지 않는다. 따라서 연골어류는 삼투 평형을 맞추기 위해 해수를 마시거나 아가미나 신장을 통해 다량의 이온들을 배출할 필요가 없다.

양서류와 파충류

최초의 육상 척추동물은 양서류이며, 양서류의 신장은 담수어류의 신장과 같다. 양서류는 대부분 시간을 담수에서 보내고, 뭍에서는 주로 습지에 머물기 때문에 이런 현상은 놀라운 것이 아니다. 양서류는 매우 묽은 오줌을 만들고, 피부를 통해 주위의 물에서 Na^+을 능동수송으로 흡수하여 보충한다.

파충류는 다양한 환경에서 서식하는데, 주로 담수에서 사는 것들은 담수어류나 양서류와 비슷한 신장을 가지고 있다. 악어, 바다거북, 바다뱀, 바다도마뱀 등의 해양 파충류는 담수에 사는 파충류와 비슷한 신장을 가지고 있지만, 이들과는 반대의 문제에 직면하고 있다. 해양 파충류는 해수 경골어류처럼 바닷물을 마시고 등장성의 오줌을 배설한다. 해양 파충류는 코나 눈 주위에 있는 염류샘을 통해

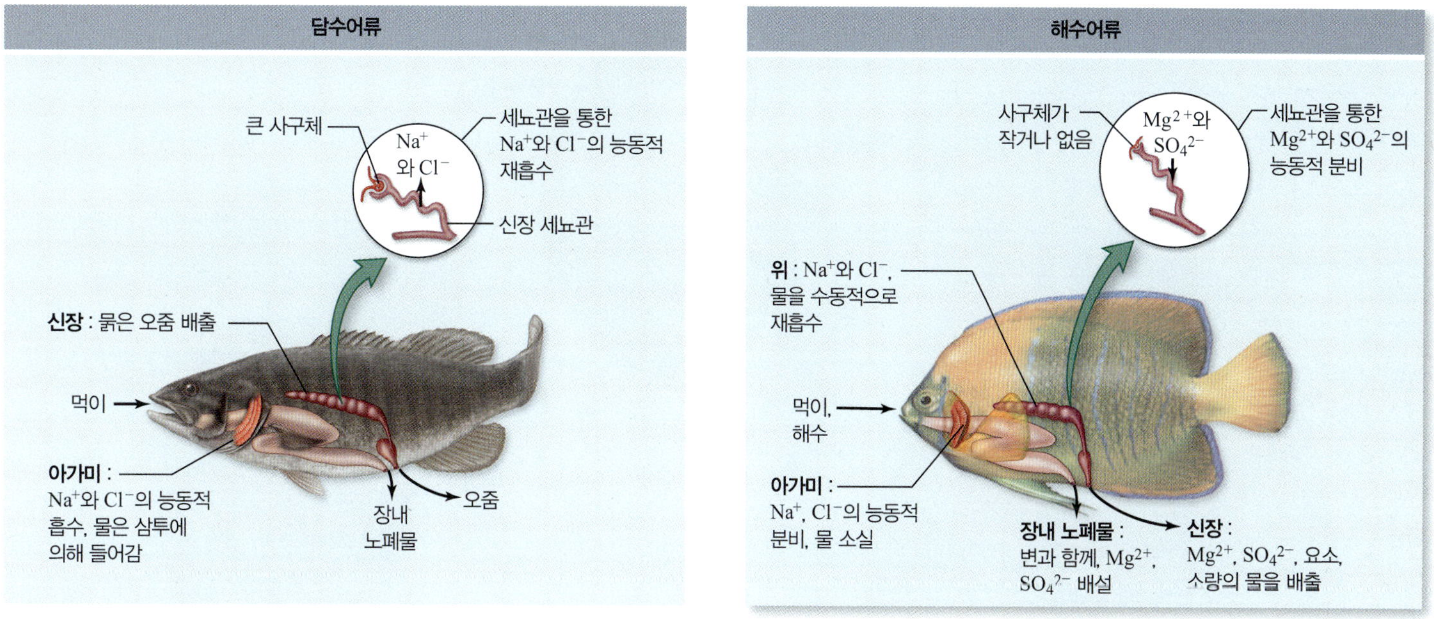

그림 12.29 담수와 해수 경골어류의 삼투 조절.
담수 경골어류의 체액은 주변에 비해 고장성인 반면 해수 경골어류는 바닷물에 비해 저장성이다. 담수 경골어류는 물의 유입과 이온의 손실을 보상하기 위해 묽은 오줌을 배설하고 물을 마시지 않으며, 네프론 세뇨관을 통해 이온들을 재흡수한다. 해수 경골어류는 삼투현상으로 물이 손실되는 것을 보상하기 위해 해수를 마시고, 아가미와 신장의 상피조직을 통해 능동수송으로 과다한 이온들을 배출한다.

여분의 염분을 배출한다.

육상 파충류의 신장은 네프론 세뇨관을 통해 많은 물과 염분을 재흡수하여 건조한 환경에서 혈액량을 유지한다. 어류나 양서류와 마찬가지로 이들도 혈장보다 진한 오줌을 만들지는 않는다. 그러나 실제로는 오줌을 배설하지 않고 소화관과 배설관의 공통 출구인 **총배설강**(cloaca)으로 보낸 다음, 그곳에서 추가적으로 물을 재흡수하고 노폐물을 변과 함께 배출한다.

12.7 포유류의 신장 구조와 조절

포유류와 조류는 체액보다 농축된 오줌을 배출하고 수분을 보전할 수 있다. 사람의 신장은 혈장보다 4.2배나 더 높은 농도의 오줌을 만들 수 있고 낙타, 모래쥐, 주머니쥐는 혈장보다 각각 8배, 14배, 22배 높은 오줌을 만들 수 있다. 사막에 사는 캥거루쥐의 신장은 매우 효율이 높아 물을 전혀 마시지 않아도 되며, 음식과 세포의 산소호흡에서 나오는 물만으로 필요한 양을 충분히 공급받는다.

이러한 고장성 오줌의 생산은 포유류와 조류에만 있는 네프론의 헨레고리 부위에서 이루어진다(**그림 12.28** 참조). 농도의 정도는 헨레고리의 길이에 따라 달라지는데, 대부분 포유동물은 짧은 고리를 가진 네프론과 긴 고리를 가진 네프론을 모두 가지고 있다. 그러나 조류는 긴 고리를 가진 네프론이 거의 없기에 기껏해야 혈장보다 2배 정도 농도가 높은 오줌을 만들 수 있다. 해양 조류는 물의 손실을 막기 위해 바닷물을 마시고, 눈 주위에 있는 염류샘을 통해 여분의 염분을 배출한다.

사람의 신장 구조

사람의 **신장**(kidney)은 몸의 뒤쪽 아래에 위치한 주먹 크기의 기관으로, 신동맥(renal artery)으로부터 혈액을 공급받고, 이 혈액을 이용하여 오줌을 만든다. 오줌은 요관(ureter)을 통해 각각의 신장으로부터 흘러나와 방광(urinary bladder)으로 전달되며, 방광에서 요도(urethra)를 거쳐 몸 밖으로 배출된다(**그림 12.30***a*). 신장에서 요관의 입구는 깔때기 형태의 구조를 가지는 신우(콩팥깔대기, renal pelvis)에 연결되어 있다. 신우는 컵 모양의 공간을 가지고 있어 신장 조직에서 나온 오줌을 받는다. 신장 조직은 바깥쪽인 신피질(콩팥겉질, renal cortex)과 안쪽인 신수질(콩팥속질, renalmedullar)로 구분된다(**그림 12.30***b*).

오줌 생성 과정의 원리와 각 구조의 기능

네프론은 사구체, 보먼주머니, 세뇨관으로 이루어진 신장의 오줌 생성 단위이다. 현미경 수준에서 볼 때, 각각의 신장은 기능적 단위

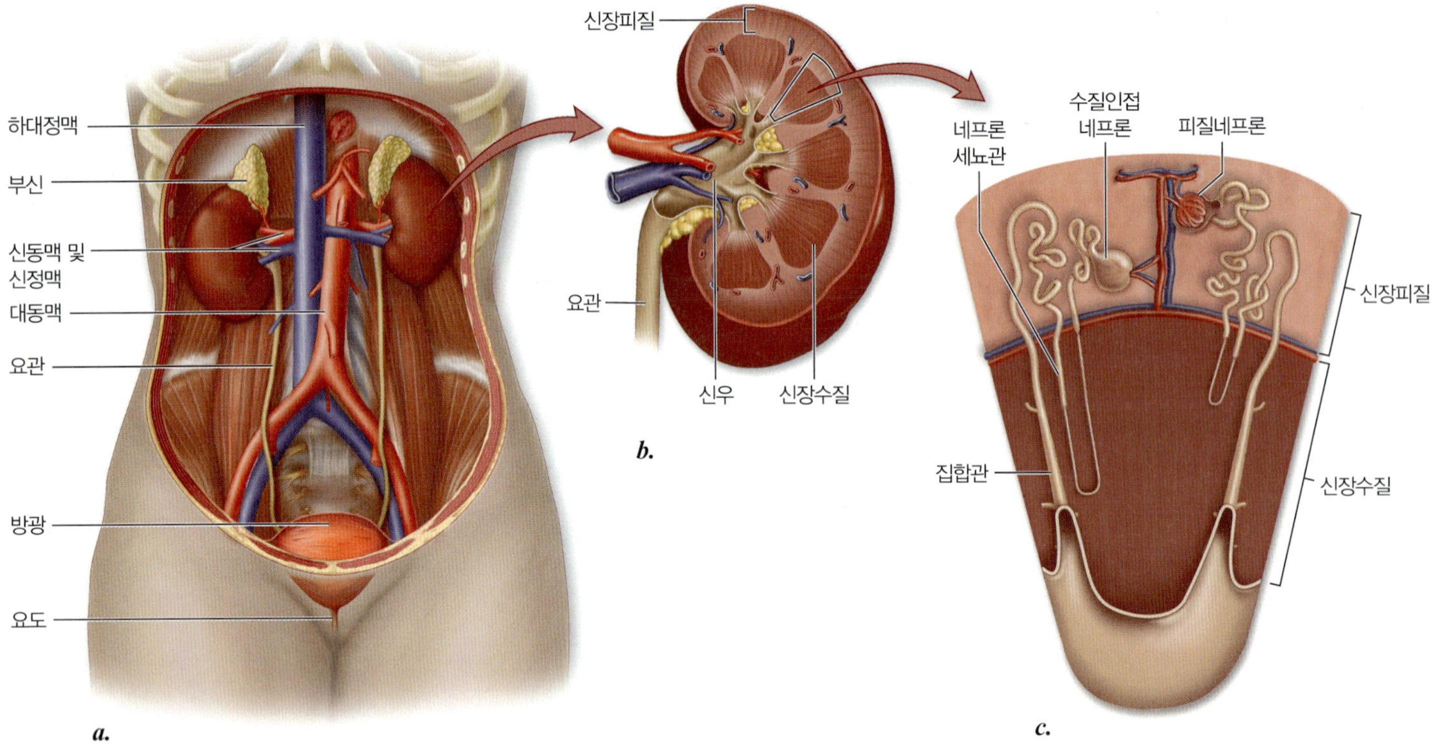

그림 12.30 사람의 신장.
a. 비뇨계의 각 기관의 위치. *b.* 내부 구조를 보여주는 신장의 단면. *c.* 포유류 신장에서 네프론의 위치. 피질 네프론은 주로 신장의 피질에 위치하며, 수질인접 네프론은 신장 수질 안으로 깊게 뻗어 있는 긴 고리를 가지고 있다.

인 **네프론**(nephron)을 약 100만 개 정도 가진다. 포유류의 신장은 수질 내부로 깊게 들어간 긴 고리를 가지는 수질인접 네프론(juxtamedullary nephron)과 짧은 고리의 피질 네프론(cortical nephron)이 있다(**그림 12.30***c*). 오줌은 크게 여과, 재흡수, 분비 과정을 거쳐 형성된다.

여과액의 생성

각 네프론은 긴 세뇨관과 작은 혈관들로 구성되어 있다(**그림 12.31**). 혈액은 구심성 세동맥(afferent arteriole)을 따라 흘러서 피질에 있는 모세혈관 다발인 **사구체**(glomerulus)로 들어간다. 여기에서 혈압에 의해 혈액이 다공성 모세혈관벽을 통과하여 여과된다. 혈구세포와 혈장 단백질들은 크기가 너무 커서 이 사구체 여과액으로 들어갈 수 없지만, 물과 혈장에 용해된 대부분 물질은 여과되어 바로 네프론 세뇨관의 가장 앞부분인 **보먼주머니**(Bowman's capsule)로 들어간다. 보먼주머니는 사구체를 감싸고 있으며, 좁은 구멍을 가지고 있어 사구체 여과액이 네프론 세뇨관 시스템으로 들어갈 수 있다.

여과되지 않은 혈액 구성 성분들은 원심성 세동맥(efferent arteriole)을 따라 흘러 세뇨관을 둘러싸고 있는 세뇨관주위 모세혈관(peritubular capillary)으로 들어가게 된다. 여과액은 보먼주머니로 들어간 후, 피질에 존재하는 **근위세뇨관**(proximal convoluted tubule)으로 들어간다. 피질 네프론에서 여과액은 **헨레고리**(loop of Henle)를 따라 흐르는데, 헨레고리는 수질 안으로 조금 내려갔다가(하행) 피질 쪽으로 올라온다(상행). 수질인접 네프론에서는 헨레고리가 수질 안으로 더 깊게 들어갔다가 피질 쪽으로 다시 올라온다.

재흡수

재흡수는 세뇨관 내에 있는 여과액으로부터 포도당, 아미노산 및 다양한 종류의 무기염류와 같은 중요한 용질을 세뇨관주위 모세혈관으로 보내는 선택적인 이동으로, 이 용질들은 다시 혈류로 돌아간다. 사람은 약 5 L 정도의 혈액을 가지고 있으며, 하루에 약 1~2 L의 오줌을 생산하기 때문에 혈액은 하루에 여러 번 여과된 후 재흡수된다. 물은 근위세뇨관과 헨레고리의 하행 부분 및 집합관을 통과하면서 재흡수되는데, 집합관에서는 헨레고리에 의해 만들어진 삼투농도차로 재흡수가 일어난다.

체내에 필요한 물질의 재흡수는 능동수송과 2차 능동수송(공동수송)에 의해 일어나는데, 모든 운반체-매개 수송(carrier-mediated transport)에서처럼 매개체가 포화되었을 때 최대 수송률에 도달하게 된다. 근위세뇨관에서 포도당 수송체의 경우 혈액내(나중에는 사

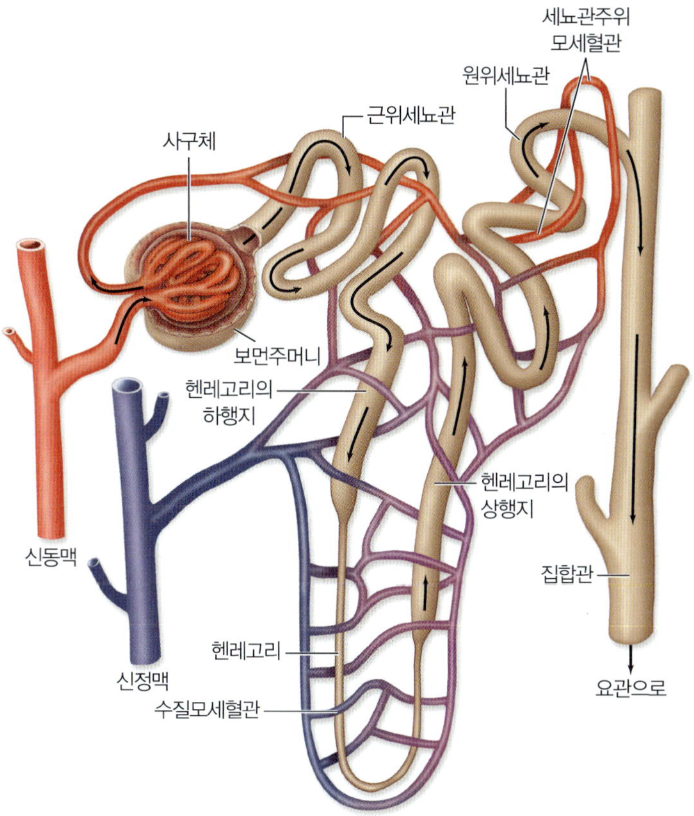

그림 12.31 포유류 신장의 네프론.
네프론 세뇨관은 피질에서 세뇨관주위 모세혈관에 의해 둘러싸여 있으며, 수질모세혈관은 수질에서 헨레고리를 둘러싸고 있다. 이 모세혈관계는 여과액으로부터 재흡수된 분자와 이온을 운반한다.

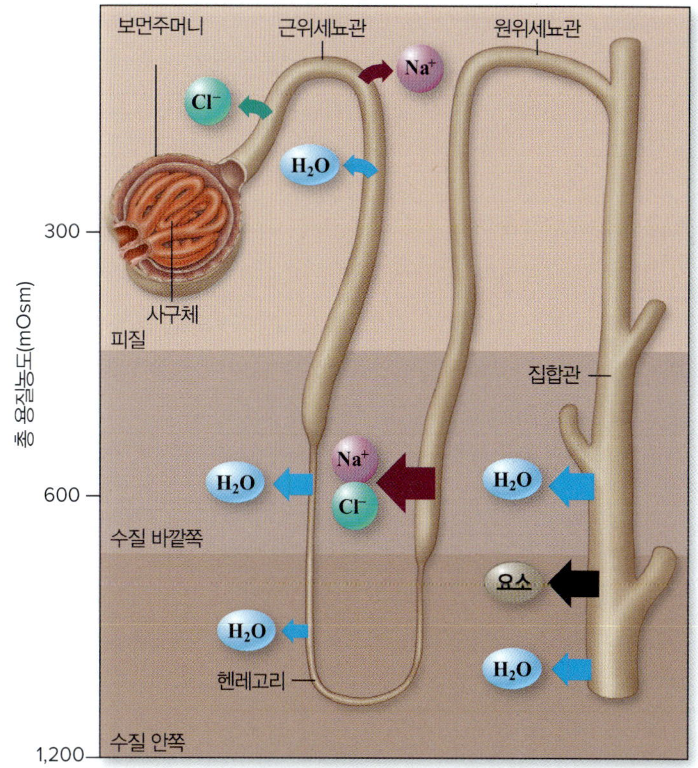

그림 12.32 포유류 신장에서 염과 물의 재흡수.
근위세뇨관의 밖으로 Na^+의 능동수송이 일어나면서 Cl^-과 물도 수동적으로 이동하게 된다. 헨레고리의 상행지에서 NaCl이 능동적으로 배출되면서 헨레고리의 하행지와 집합관에서 물의 재흡수를 위해 필요한 삼투기울기가 만들어진다. 헨레고리의 상행지와 하행지는 삼투기울기를 증가시키는 역류증폭계를 형성한다. 신장의 피질에서 수질까지의 삼투농도의 변화는 그림의 왼쪽에 수치로 표시하였다.

구체 여과액에서) 혈당치가 약 180 mg/100 mL가 되는 경우 포화된다. 혈당이 이 양을 초과하게 되면, 여과액에 남아 있는 포도당은 오줌으로 배출된다.

근위세뇨관: 여과액에 있는 거의 대부분 영양분은 근위세뇨관을 통해 다시 혈액으로 재흡수된다. 보먼주머니로 여과된 물과 NaCl의 약 2/3가 근위세뇨관 벽을 통해 바로 재흡수된다. 이 재흡수는 먼저 세뇨관주위 모세혈관으로 Na^+의 능동수송으로 인해 일어난다. Cl^-는 Na^+을 따라 수동적으로 이동하고, 물은 삼투압 때문에 이 둘을 따라 이동한다. 여과액으로부터 NaCl과 물이 비례적으로 제거되기 때문에, 세뇨관에 남아 있는 여과액은 여전히 혈장과 등장액이 된다.

헨레고리: 헨레고리의 기능은 피질과 수질 사이에 더 큰 삼투기울기를 형성하여 집합관에서 삼투로 인해 물이 재흡수되도록 해준다. 헨레고리의 상행지와 하행지는 구조뿐 아니라 이온과 물에 대한 투과성이 다르며, 일종의 역류증폭계로 작용하여 피질과 수질내 조직액의 삼투농도의 차이가 증가되도록 해준다(**그림 12.32**).

전반적으로 상행지는 물을 통과시키지 않으며, 상행지의 두꺼운 부분은 세뇨관 밖으로 Na^+을 능동수송한다. 이에 반해 하행지는 얇으며 물은 통과시키지만, NaCl은 통과시키지 않는다. 상행지로부터 나온 Na^+와 Cl^- 때문에 조직액의 삼투농도는 하행지 내부의 삼투농도보다 높아서 물은 삼투압에 의해 하행지에서 빠져나간다. 따라서 헨레고리가 바닥을 돌아 올라오면 세뇨관 안의 삼투농도가 증가하기에, 상행지의 얇은 부분에서는 확산으로 Na^+와 Cl^-이 빠져나간다.

이와 같은 물의 재흡수로 하행지 내 여과액의 농도는 고리를 내려갈수록 더욱 높아진다. 헨레고리의 길이가 길면 길수록 결국 여과액의 농도는 더 높아진다. 헨레고리의 상행지에서 빠져나온 Na^+와 Cl^-는 주변의 조직액에서 수질모세혈관으로 재흡수된다. 그러나 헨레고리에 의해 형성된 삼투기울기가 파괴되지 않도록 해주기 때문에, 선택적으로 물을 재흡수하는 집합관의 능력에 아무런 영향을 미치지 않는다.

원위세뇨관과 집합관: NaCl이 상행지에서 빠져나오기 때문에 원위세뇨관(distal convoluted tubule)에 도달해서 신장 피질에 있는 집합관으로 들어가는 여과액은 저장액이 되며, 이 묽은 용액이

들어 있는 집합관(collecting duct)은 수질 안으로 빠르게 내려간다. 신장 수질의 고장성 조직액 때문에 생기는 큰 삼투기울기에 의해서 물은 집합관에서 빠져나와 주변의 혈관으로 들어가게 된다.

재흡수의 조절과 분비

신장은 수분의 평형 조절 이외에도 재흡수와 분비를 통해 혈액내 전해질의 균형을 조절한다. 예를 들어, 삼투기울기는 보통 일정하게 유지되지만, 원위세뇨관과 집합관에서의 물의 투과성은 **항이뇨호르몬**(antidiuretic hormone, ADH)에 의해 조절된다.

신장은 근위세뇨관에서 K^+을 재흡수하고 원위세뇨관에서 항상성을 유지하는 데 필요한 양만큼 K^+을 분비한다(**그림 12.33**). 또한 신장은 오줌으로 H^+을 배출하고 HCO_3^-을 재흡수해서 산-염기 평형을 유지한다. 원위세뇨관과 집합관에서 NaCl의 재흡수는 우리 몸의 필요에 따라 결정되며, 이는 호르몬인 알도스테론(aldosterone)의 조절을 받는다. NaCl에 관해서는 알도스테론이 더 중요하지만, ADH와 알도스테론 모두 원위세뇨관과 집합관에 영향을 준다.

분비는 혈액에서 세포외액으로의 용질의 이동으로, 이물질과 체내 특정 노폐물은 모세혈관과 신장 세뇨관 막을 통과해 여과액으로 분비된다. 분비는 체내 물질을 유지하는 재흡수와는 달리 반대 방향으로 진행되는데, 아미노산과 핵산의 대사 과정 산물인 질소 노폐물과 과다한 K^+, H^+ 그리고 혈액으로부터 제거된 여러 이온이 분비된다. 일반적으로 오줌의 높은 H^+ 농도(pH 5~7)로 인해 혈액의 산-염기 평형이 좁은 범위(pH 7.35~7.45)에서 유지된다. 또한 오줌에서 물의 배출은 혈액량과 혈압을 유지하는 데 기여하며, 배설하는 오줌의 양이 많을수록 혈액량은 감소한다.

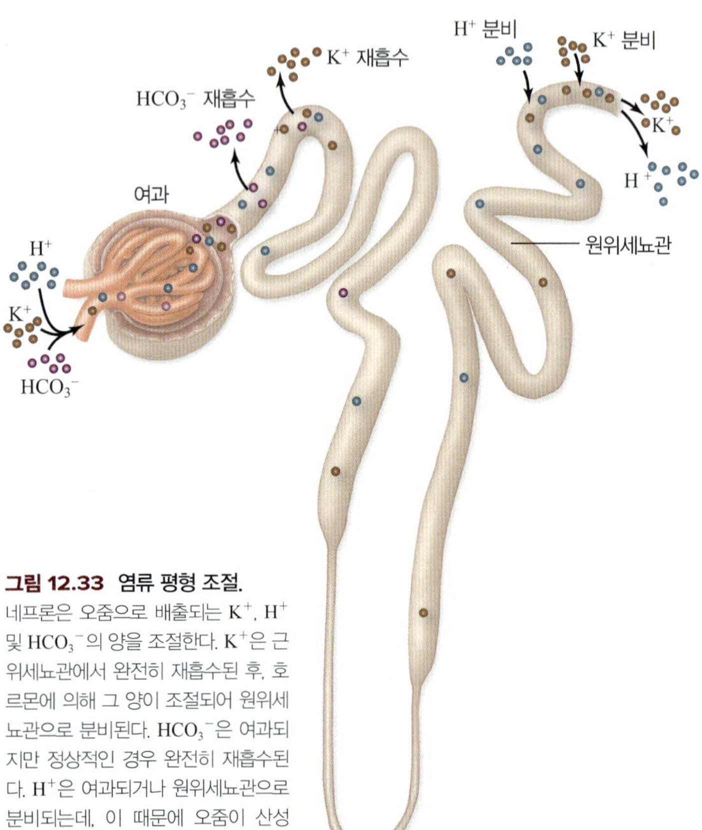

그림 12.33 염류 평형 조절. 네프론은 오줌으로 배출되는 K^+, H^+ 및 HCO_3^-의 양을 조절한다. K^+은 근위세뇨관에서 완전히 재흡수된 후, 호르몬에 의해 그 양이 조절되어 원위세뇨관으로 분비된다. HCO_3^-은 여과되지만 정상적인 경우 완전히 재흡수된다. H^+은 여과되거나 원위세뇨관으로 분비되는데, 이 때문에 오줌이 산성 pH를 나타낸다.

호르몬에 의한 삼투조절 기능의 제어

포유류와 조류에서 오줌으로 분비되는 물의 양, 즉 오줌의 농도는 우리 몸의 변화하는 요구에 따라 다양해진다. 신장은 우리 몸이 물을 보전해야 할 필요가 있을 때 고장성 오줌을 배출한다. 동물이 물을 많이 마시면 신장은 저장성 오줌을 배출한다.

그 결과 혈액의 양, 혈압 및 혈장의 삼투농도는 아무리 많은 물을 마셔도 신장에 의해 비교적 일정하게 유지된다. 신장은 혈장의 K^+와 Na^+ 농도, 혈액의 pH를 매우 좁은 범위 내에서 조절해준다. 신장의 이와 같은 항상성 기능은 주로 호르몬에 의해 조절된다.

항이뇨호르몬

혈장의 삼투농도가 증가하면 항이뇨호르몬(ADH)은 시상하부에서 생성되어 뇌하수체 후엽에서 분비된다. 사람이 탈수 상태가 되거나 짠 음식을 먹었을 때 혈장의 삼투농도는 증가한다. 시상하부에 있는 삼투수용기는 이 정보를 통합 중추로 보냄으로써 증가한 혈액 삼투농도에 반응해, 결국 갈증을 느끼게 하고 ADH 분비를 증가시킨다(**그림 12.34**).

ADH는 신장의 원위세뇨관과 집합관 벽이 물을 더 잘 투과시킬 수 있도록 만든다. **아쿠아포린**(aquaporin)이라는 물 수송 통로 단백질은 원위세뇨관과 집합관의 상피에 있는 세포내 소낭의 막에 존재하는데, ADH는 세포외배출과 비슷하게 세포막과 소낭막의 융합이 활발히 일어나도록 해준다. 세포막에 위치하는 아쿠아포린은 신장 수질의 고장성 상태에 반응하여 세뇨관 바깥으로 물이 빠져나가도록 하며, 이 물은 혈액으로 재흡수된다.

ADH의 분비가 감소하면, 세포막의 아쿠아포린은 떨어져 나와 새로운 세포소낭을 형성한다. 이 작용으로 원위세뇨관과 집합관의 세포막에서 아쿠아포린은 제거되며, 이로 인해 이들의 물에 대한 투과성은 낮아지기 때문에 더 많은 물이 오줌으로 배출된다.

ADH가 최대로 분비될 때 사람은 하루에 매우 농축된 오줌 약 600 mL를 배출한다. 뇌하수체의 손상으로 ADH가 부족한 사람은 요붕증(diabetes insipidus)을 겪으면서 매우 희석된 오줌을 다량으

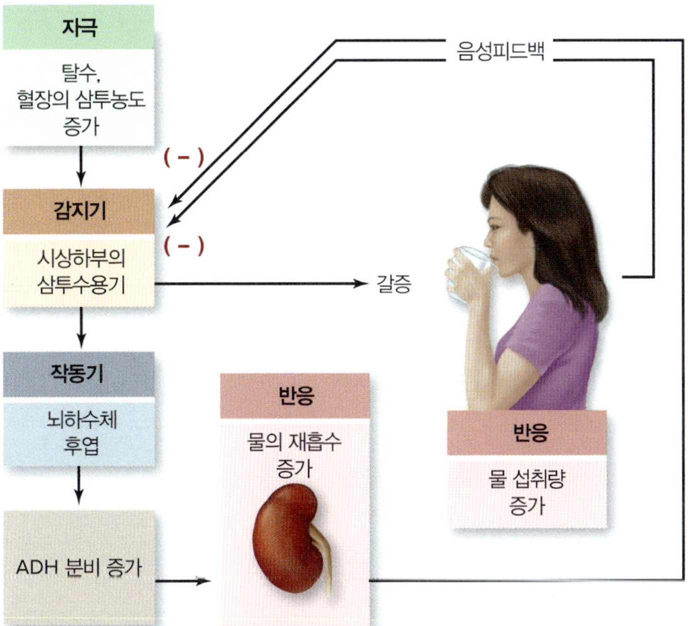

그림 12.34 **항이뇨호르몬에 의한 신장에서의 물의 재흡수 촉진.**
이 작용은 음성피드백 조절을 따르며, 이는 혈류량과 삼투농도의 항상성을 유지하는 데 도움을 준다.

로 끊임없이 배출한다. 이런 사람은 매우 심각한 탈수 증세를 겪으며, 혈압이 위험한 수준으로 떨어지게 된다. ADH 작용을 통한 항상성은 ADH의 분비를 억제하는 일반적인 약물인 에탄올과 카페인에 의해서도 영향을 받는다. 이것이 과음으로 인해 탈수 증세가 나타나는 이유가 된다.

알도스테론과 심방나트륨이뇨호르몬

이들은 Na^+ 농도를 조절한다. Na^+이 혈장의 주된 용질이기 때문에, 혈중 Na^+의 농도가 낮아지면 혈액의 삼투농도 또한 낮아진다. 이와 같은 삼투농도의 감소는 ADH의 분비를 억제하여, 이로 인해 집합관에 많은 물이 남게 되어 오줌으로 배출된다. 그 결과 혈액의 양과 혈압은 감소하게 된다. Na^+가 과도하게 부족해지면 혈류량이 너무 낮아져 혈압이 생명을 유지하기에 부족한 상태가 된다. 이러한 이유로 염은 생명을 유지하는 데 중요하다.

혈중 Na^+ 농도의 감소는 부신 피질에서 분비되는 알도스테론의 영향으로 신장에 의해 정상적으로 보상된다. 알도스테론은 원위세뇨관과 집합관에서 Na^+를 재흡수할 수 있도록 자극하여 오줌으로 배출되는 Na^+의 양을 감소시킨다. Na^+의 재흡수에 이어 Cl^-와 물도 재흡수되기 때문에 알도스테론은 염분과 물의 유지를 촉진하는 효과를 가진다. 이를 통해 알도스테론은 혈류량과 삼투농도, 그리고 혈압의 유지를 돕는다.

혈중 Na^+ 감소는 혈류량의 감소를 동반하기 때문에, 사구체인접장치(juxtaglomerular apparatus)라고 부르는 세포 집단을 지나는 혈액의 흐름도 줄어들게 된다. 사구체인접장치는 신장에서 원위세뇨관과 구심성 세동맥 사이에 위치한다(**그림 12.35**). 혈류가 감소되면 사구체인접장치는 레닌(renin)이라는 효소를 혈중으로 분비한다. 레

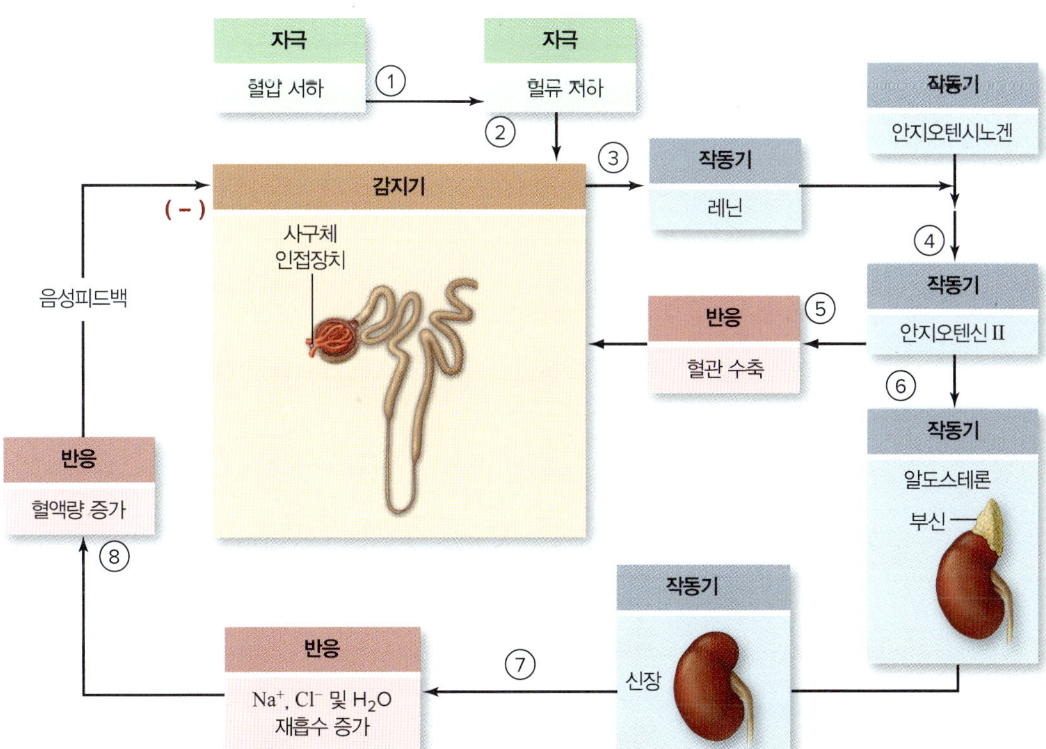

그림 12.35 **혈액량 감소에 의한 레닌-안지오텐신-알도스테론 시스템의 활성화.**
(1) 낮은 혈류량과 혈중 Na^+ 농도의 감소는 혈압을 낮춘다. (2) 감소된 혈류는 사구체인접장치를 지나며, (3) 이는 안지오텐시노겐으로부터 안지오텐신 I으로의 생산을 촉매하는 레닌을 혈액으로 분비하도록 촉진한다. (4) 안지오텐신 I은 활성화 형태인 안지오텐신 II로 전환된다. (5) 안지노텐신 II는 혈관 수축을 촉진하며, (6) 부신 피질에서 알도스테론의 분비를 촉진한다. (7) 알도스테론은 원위세뇨관에서의 Na^+의 재흡수를 촉진시킨다. Na^+의 재흡수가 증가하면 그에 따라 Cl^-과 물의 재흡수가 일어난다. (8) 이것은 혈액량을 증가시킨다. 혈액량의 증가는 알도스테론의 분비를 억제하는 심방나트륨이뇨호르몬의 분비를 촉진한다. 위와 같은 두 시스템이 항상성을 유지하기 위해 함께 작용한다.

닌은 안지오텐시노겐(angiotensinogen)단백질로부터 폴리펩타이드인 안지오텐신 I(angiotensin I)의 생성을 촉매하며, 안지오텐신 I은 다른 효소에 의해 안지오텐신 II(angiotensin II)로 바뀌는데, 이것은 혈관을 수축시키고 부신 피질로부터 알도스테론이 분비되도록 자극한다. 결국 알도스테론의 분비는 간접적으로 일어나는 것이다.

따라서 혈류량과 혈압의 항상성은 위와 같이 레닌-안지오텐신-알도스테론 시스템의 활성화에 의해 유지될 수 있다. 또한 알도스테론은 Na^+의 재흡수를 자극하면서, 원위세뇨관과 집합관으로의 K^+ 분비를 촉진하기도 한다. 결과적으로 알도스테론은 혈중 K^+ 농도를 일정하게 유지할 수 있도록 도와준다. 알도스테론을 생성할 수 없는 사람들은 오줌을 통한 염분과 물의 과다손실과 함께 혈중 K^+의 증가 때문에 죽음에 이를 수도 있다.

염과 물의 보전을 촉진하는 알도스테론은 심방나트륨이뇨호르몬(atrial natriuretic hormone, ANH)과 반대로 작용한다. 심장의 우심방에서 분비되는 이 호르몬은 심방을 팽팽하게 만드는 혈류량의 증가에 반응하여 분비된다. 이런 상태에서는 부신 피질에서 분비되는 알도스테론은 감소하며, ANH의 분비는 증가하기 때문에 오줌을 통한 염과 물의 배출은 증가하고 혈액량은 감소하게 된다.

핵심 개념 요약

12.1 소화계의 구조와 기능

- 척추동물의 치아는 먹이 종류에 따라 적응되었고, 침샘은 아밀레이스를 포함하여 탄수화물을 분해한다.
- 식도는 연동운동을 통해 음식물을 이동시키며, 위에서는 단백질 분해효소인 펩신이 분비된다.
- 소화 부속기관으로, 췌장은 소화효소 및 HCO_3^-을 분비하고, 간은 담즙을 분비하여 지방 분해를 돕는다.
- 대장은 물을 흡수하고 노폐물을 농축하여 보관한다.
- 아미노산과 단당류는 혈관으로 유입되며, 지방산과 모노글리세라이드는 상피세포 내로 들어가 킬로마이크론 형태로 다시 조립된 후 림프순환계로 유입된다.

12.2 소화계의 조절

- 지방이 많이 함유된 유미즙은 CCK와 GIP의 분비를 자극하고, 유미즙의 낮은 pH는 세크레틴의 분비를 촉진한다. 이어서 CCK는 췌장 소화효소 및 담즙의 분비를 자극하고 세크레틴은 HCO_3^-의 분비를 촉진한다.
- 필수 영양소는 동물이 합성할 수 없는 영양소를 말하며, 사람은 13개의 바이타민, 필수 아미노산, 필수 미네랄, 필수 지방산이 필요하다.

12.3 소화계의 다양성

- 반추동물의 위는 혹위, 벌집위, 겹주름위, 주름위로 구성되어 있고, 혹위에서 음식물을 되새김질한다.
- 일부 초식동물에서는 맹장에서 세균에 의한 셀룰로스의 소화가 일어난다.

12.4 호흡 표면을 통한 기체 교환

- 호흡은 생물체가 에너지를 만드는 방법을 나타내는데 외호흡, 내호흡, 세포호흡으로 구분할 수 있다.
- 확산은 수동적 과정이다. 확산 속도(R)는 농도차와 표면적이 클수록 증가하지만, 거리가 멀수록 감소한다(피크의 확산법칙).
- 대부분의 무척추동물에는 특화된 호흡 기관이 없지만, 산소 농도 차이를 증가시키는 방법으로 진화됐다. 그 외 대부분의 다른 동물은 호흡기를 가지고 있다.

12.5 포유류 호흡기관의 구조와 조절

- 아가미는 기체 교환을 위해 호흡 표면적을 증가시킨다. 경골어류에서는 아가미의 혈액이 물의 흐름과 반대 방향으로 흐르는 역류 교환에 의해 기체의 확산이 극대화된다.
- 많은 양서류와 몇몇 파충류는 기체 교환을 위해 피부호흡을 한다. 조류의 호흡기 시스템은 공기가 한 방향으로 흐르도록 한다. 공기는 2주기 과정으로 호흡기 시스템을 통과하므로 신선한 공기와 사용된 공기가 혼합되지 않는다.
- 기체 분압은 각 기체에 대한 대기압의 비율을 나타내며, 기체 교환을 일으키는 압력 차이를 제공한다.
- 포유류 폐의 표면적은 수많은 폐포로 인해 매우 넓으며, 폐에서 기체 교환은 부분 압력의 차이에 의해 일어난다. 폐는 횡격막과 외부 늑간 근육의 수축으

로 음압을 생성한다.

- 호흡은 호흡조절중추의 뉴런, 주로 이산화탄소 농도를 감지하는 뉴런에 의해 시작된다.
- 헤모글로빈에 의해 운반되는 대부분 산소는 혈액에 남아 있으며, 필요할 때 이용된다. 또한 근육세포의 마이오글로빈 분자는 헤모글로빈보다 더 낮은 분압에서도 산소를 간직하므로 여분의 산소 보유고가 된다.
- 산소에 대한 헤모글로빈의 친화도는 pH가 감소하고 온도가 증가함에 따라 감소한다. 따라서 더 낮은 pH와 더 높은 온도에서 더 많은 산소가 방출된다.
- 대부분 이산화탄소는 적혈구로 확산되어 들어가고, 탄산무수화효소의 촉매로 물과 결합하여 탄산수소 이온을 형성한다.

12.6 삼투조절과 다양성

- 삼투압은 물을 흡수하려는 용액의 성질이다. 삼투순응자들은 주변 환경과 삼투 평형을 이루고 있다. 대부분의 해양 무척추동물은 삼투순응형 동물이다
- 담수 척추동물의 조직은 주위 환경에 비해 고장성이며 해양 척추동물의 조직은 저장성이기 때문에, 이들은 모두 삼투농도를 유지해야 한다. 육상 척추동물은 모두 삼투조절자이며, 물을 보전하기 위한 적응력을 가지고 있다.
- 동물이 아미노산과 핵산을 대사할 때 유독한 질소 노폐물을 만든다. 어류와 양서류는 아가미를 통해 암모니아를 빠르게 제거한다. 조류와 육상 파충류는 암모니아를 불용성 요산으로 전환시키며, 포유류는 암모니아를 독성이 적은 요소로 전환시킨다.
- 편형동물은 불꽃세포와 연결된 관형의 원신관을 이용하여 노폐물을 배출하며, 곤충은 요산과 노폐물을 말피기관을 통해 분비한다.

12.7 포유류의 신장 구조와 조절

- 네프론은 사구체, 보먼주머니, 세뇨관으로 이루어진 신장의 오줌생성 단위이다. 신장의 기능은 여과, 분비, 재흡수로 구분된다.
- 혈액은 혈압에 의해 사구체의 모세혈관을 통해 여과된다. 여과액은 보먼주머니, 근위세뇨관, 헨레고리, 원위세뇨관 및 집합관을 통과한다.
- 포도당, 아미노산 및 많은 다른 분자들은 능동수송으로 재흡수된다. 물은 근위세뇨관과 집합관에서 삼투기울기로 재흡수된다. 이물질과 일부 노폐물은 모세혈관에서 세뇨관 쪽으로 능동수송을 통해 분비된다.
- 영양소와 NaCl의 재흡수는 근위세뇨관에서 일어난다. 헨레고리는 피질에서 수질로 가면서 삼투농도를 증가시켜 농도기울기를 만든다. 농도기울기는 집합관에서 물을 선택적으로 재흡수할 수 있도록 한다. 헨레고리가 길수록 더 농축된 오줌을 만든다.
- 시상하부에서 생성되는 항이뇨호르몬(ADH)은 집합관의 투과도를 증가시켜 물의 재흡수를 증가시킨다.
- 낮은 Na^+ 농도는 ADH 분비를 억제하고, 알도스테론은 원위세뇨관에서 Na^+의 재흡수를 촉진한다. 심방나트륨이뇨호르몬(ANH)는 알도스테론과 반대로 작용한다.

연습문제

1단계: 이해력 확인하기

1. 소화계에서 위가 주된 역할을 한다고 여겨지지만, 실제로 대부분의 화학적 소화가 일어나는 부위는?

① 입
② 맹장
③ 십이지장
④ 대장

2. 소장 점막을 통해 흡수된 포도당과 아미노산은 어떻게 되는가?

① 림프계로 직접 흡수된다.
② 조직세포로 이동하기 전에 글리코젠과 펩타이드로 바뀐다.
③ 간문맥을 통해 간으로 직접 수송된다.
④ 순환되기 전에 담즙에 의해 추가적인 소화가 일어난다.

3. 단백질, 지방, 탄수화물을 소화하는 데 필요한 화학물질을 합성하는 부위는 어디인가?

① 간과 췌장(이자)
② 신장과 맹장
③ 간과 담낭(쓸개)
④ 췌장과 담낭

4. 다음 중 소장에 대한 설명으로 옳은 것은?

① 소화계의 마지막 부분으로 음식물을 가장 오래 보유한다.
② 음식물을 모으는 주머니 모양으로 확장되어 있다.
③ 배출구가 없어서 음식물이 오랜 시간 남아 있다.
④ 큰 표면적을 가지고 있어 음식물과 접촉면이 크다.

5. 대장은 배설물을 고형 상태로 농축시켜 몸 밖으로 배출시키는 기능을 한다. 어떤 방법으로 이 기능을 수행하는가?

① 점액층에서 새로운 세포를 추가함으로써
② 물을 흡수함으로써
③ 염분을 방출함으로써
④ ①~③ 모두 옳다.

6. 숨을 오랫동안 참는다면 몸 안의 CO_2 농도는 ＿＿＿＿＿＿, 체액의 pH는 ＿＿＿＿＿＿.

① 증가하고, 증가한다
② 증가하고, 감소한다
③ 감소하고, 증가한다
④ 감소하고, 감소한다

7. 다음 중 이산화탄소가 폐로 수송되는 방법은?

① 혈장에 직접 용해되어
② 헤모글로빈과 결합하여
③ HCO_3^-으로 전환되어
④ ①~③ 모두 옳다.

8. 다음 중 과호흡이 발생한 경우로 적절한 것은?

① 급하게 호흡한 결과
② 산소 농도가 낮을 경우
③ 1회 공기 호흡량이 낮을 경우
④ 이산화탄소의 분압이 낮을 경우

9. 사람이 높은 고도에서 호흡에 어려움을 느끼는 직접적인 이유는?

① 산소 분압이 낮아지기 때문이다.
② 이산화탄소가 많이 발생하기 때문이다.
③ 공기의 조성 성분의 비율이 달라지기 때문이다.
④ 낮은 온도로 인해 산소의 신진대사 활동을 제한하기 때문이다.

10. 운동 중에 더 많은 산소가 근육으로 운반되는 이유는?

① 움직이는 근육은 더 많은 이산화탄소를 생성하여 혈액의 pH를 낮추기 때문에
② 움직이는 근육은 열을 생산하기 때문에
③ ①과 ② 모두 옳다.
④ ①과 ② 모두 옳지 않다.

11. 상어의 혈액은 주위의 바닷물에 대해 등장성이다. 혈액의 여과액에서 무엇이 재흡수되기 때문인가?

① 암모니아
② 요소
③ 요산
④ 염화나트륨

12. 신장의 주요 기능은 무엇인가?

① 신장은 몸으로부터 유해한 물질을 제거한다.
② 신장은 몸이 물을 이용할 수 있도록 보전한다.
③ 신장은 혈액에서의 염 농도를 조절한다.
④ 위의 모든 것들이 신장의 기능이다.

13. 어떤 바이러스에 감염될 때, 사구체를 통해 여과된 체액으로부터 이온의 재흡수가 억제된다면, 이 바이러스는 어디에 있는 세포를 공격한다고 생각되는가?

① 보먼주머니
② 세뇨관
③ 사구체
④ 집합관

14. 이뇨제는 소변 생산량을 증가시킴으로써 고혈압 치료에 사용되는 약물이다. 이뇨제의 신장에서의 작용 기작은 무엇이겠는가?

① ADH 분비를 증가시킴
② 근위세뇨관에서 NaCl의 재흡수를 증가시킴
③ 집합관의 투과성을 증가시킴
④ 근위세뇨관이나 헨레고리에서 NaCl의 재흡수를 억제시킴

15. 혈압이 떨어질 때 Na^+의 재흡수를 조절하는 경로를 그리고자 한다. 다음의 일들이 일어난 순서로 옳은 것은?

1. 알도스테론이 분비된다.
2. 신장의 세뇨관에서 Na^+을 재흡수한다.
3. 레닌이 분비된다.
4. 사구체인접장치가 혈압이 떨어지는 것을 인식한다.
5. 안지오텐신 II가 생성된다.

① 1, 3, 5, 2, 4
② 4, 2, 3, 1, 5
③ 4, 3, 5, 1, 2
④ 2, 4, 3, 1, 5

16. 아주 다른 환경에서 발견되는 서로 다른 종의 포유류에서 신장의 기능을 연구하기 위하여 사막에서 온 종과 열대환경에서 온 종을 비교하고 있다. 사막에서 온 종은 어떨 것으로 생각되는가?

① 열대에서 온 것보다 헨레고리가 더 짧다.
② 열대에서 온 것보다 헨레고리가 더 길다.
③ 열대에서 온 것보다 근위세뇨관이 더 짧다.
④ 열대에서 온 것보다 원위세뇨관이 더 길다.

17. 피크의 법칙은 확산 속도가 무엇에 정비례한다고 나타내고 있는가?

① 혈관과 조직의 단면 사이의 면적차
② 막 안과 밖의 압력차 및 확산이 일어나는 면적
③ 생물체의 내부와 외부 간의 압력차
④ 기체 분자의 온도

■ 2단계: 분석 및 적용하기

18. 포유동물과 달리 조류는 모이주머니를 가지는데, 이러한 차이를 가지는 이유는 무엇인가?

19. 육식동물과 초식동물의 이는 달리 진화되었다. 먹이에 따른 구조의 차이점을 설명하라.

20. 위나 이자는 불활성 상태의 소화효소들을 분비한다. 그 이유는 무엇일까?

21. 물고기 아가미와 조류와 포유류의 폐의 작동과 효율성을 비교하여 설명하라.

22. 운동을 할 때 조직에서 산소 요구량이 크게 증가하는데, 우리 몸에서 무슨 일이 발생하는가?

23. 조류와 포유류에만 존재하는 역류증폭계의 구조적 · 기능적 특성을 설명하라.

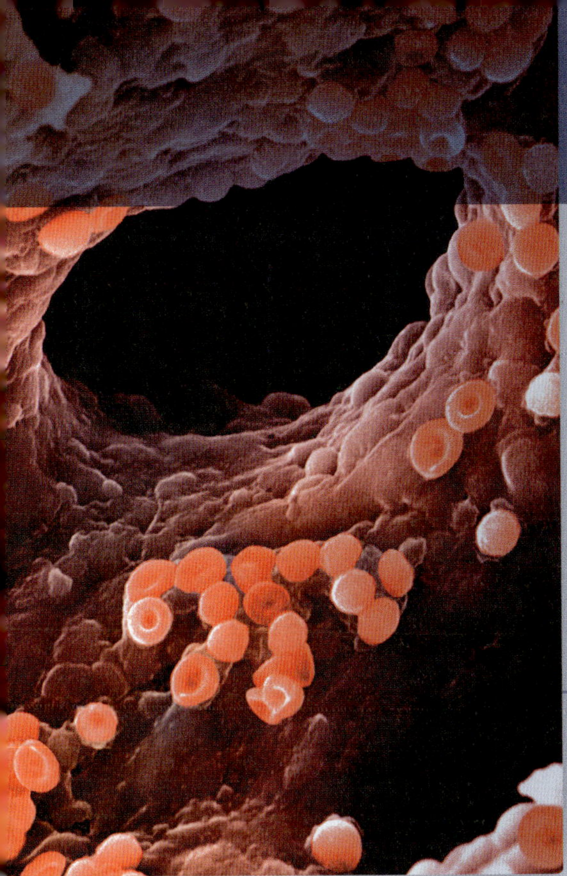

13

동물의 순환 및 면역

도입

다세포동물은 호흡계에서 얻어진 산소와 소화계를 거친 영양소를 몸 전체의 세포로 전달하여야 한다. 반대로 이산화탄소와 기타 세포 내에서 만들어진 노폐물은 몸에서 배설되기 위해 호흡기, 소화기 및 비뇨기 계통으로 보내져야 한다. 이 과정에 순환계가 중요한 역할을 한다. 또한 다세포동물은 미생물들로부터 자기 자신을 방어하기 위해 매우 효과적이며 다양한 방어 시스템인 면역계를 발달시켰다. 대부분의 면역계 세포는 순환계에 존재한다.

13.1 동물의 순환계

무척추동물의 순환계

다세포 무척추동물의 순환계의 특성은 개체의 크기, 복잡성 및 생활 습성에 따라 다르게 나타난다. 해면동물(sponges)과 대부분의 자포류(cnidarian)는 주위에 있는 물을 순환액으로 사용한다. 해면동물에서는 물이 몸 안에 있는 일련의 수로를 통해 이동하며, 히드라속 및 자포류 동물들에서는 물이 위수강(gastrovascular cavity)을 통해 순환한다(**그림 13.1***a*). 회충이나 윤충 같은 의체강 무척추동물(pseudocoelomate)은 체강액을 순환액으로 사용한다. 이러한 무척추동물의 체강액은 몸 안의 조직 및 장기와 직접 접촉되어 있다. 그러나 더 큰 동물들은 여러 층으로 된 조직이 있어, 많은 세포가 주위 환경과 물질을 직접 교환하기에는 너무 멀리 떨어져 있다. 그래서 산소 및 영양소가 순환계에 있는 내액(internal fluid)에 의하여 주위 환경과 소화강에서 몸의 세포로 운반된다.

순환계는 개방형과 폐쇄형으로 구분된다. 대부분의 연체동물과 절지동물의 **개방순환계**(open circulatory system)에는 순환액과 체조직의 세포외액 사이에 구분이 없다(**그림 13.1***b*). 따라서 이러한 액체를 **혈림프**(hemolymph)라고 부른다. 문어 같은 두족류, 연체동물 및 환형동물 등의 몇몇 무척추동물 그리고 모든 척추동물은 **폐쇄순환계**(closed circulatory system)를 갖고 있다(**그림 13.1***c*).

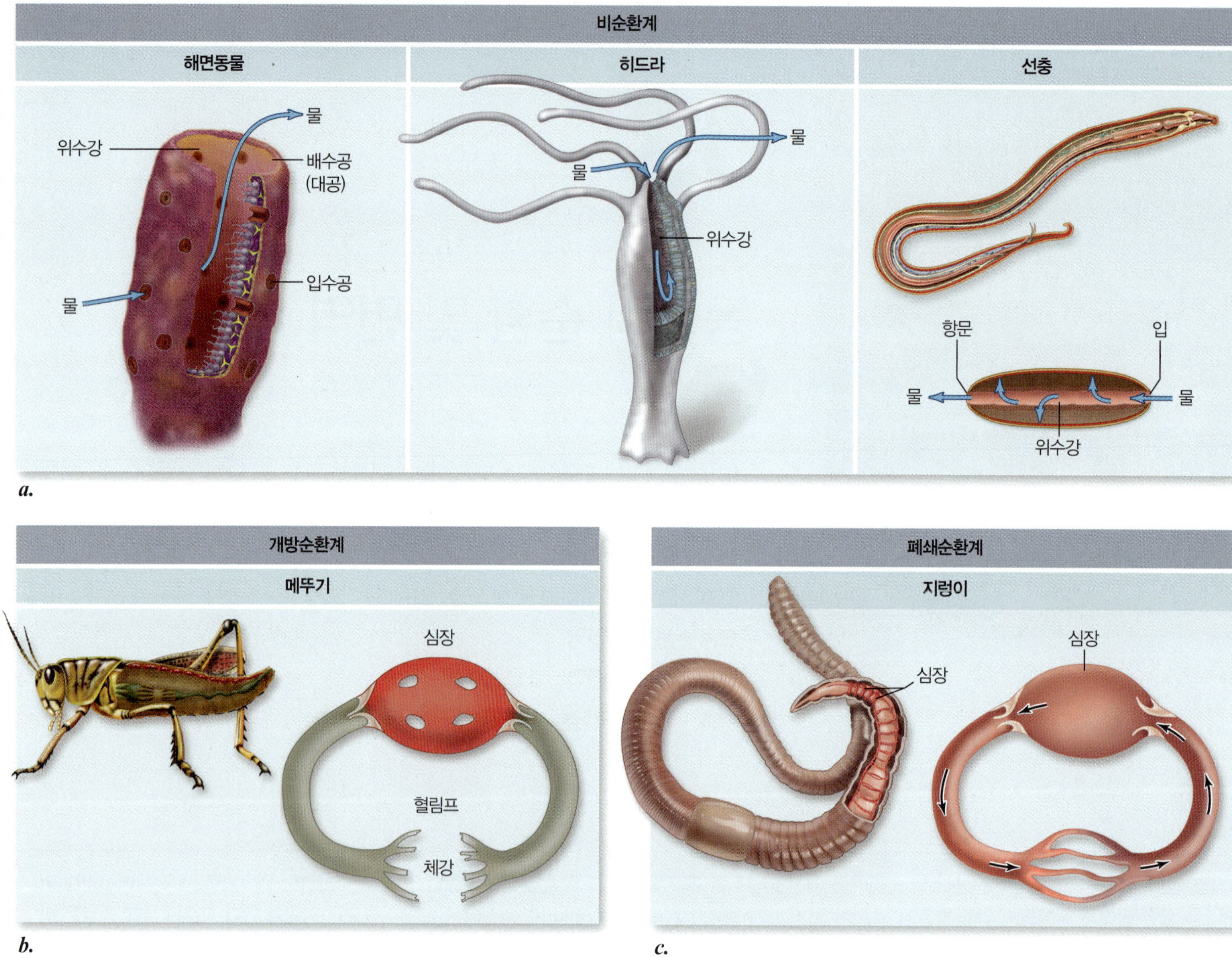

그림 13.1 동물계의 순환계.
a. 해면동물(왼쪽)은 분리된 순환계를 갖고 있지 않고, 많은 입수공과 하나의 배수공을 통해서 물을 순환시킨다. 히드라(가운데)의 위수강은 소화강에서 확산에 의해 조직세포에 직접 영양분을 보내는 소화계 및 순환계의 두 기능을 한다. 선충류(오른쪽)는 아주 가늘어 소화관이 순환계로도 이용될 수 있다. 동물의 크기가 커지면서 영양분을 조직으로 보내고 조직에서 노폐물을 받아들이는 분리된 순환계가 필요해졌다. *b.* 곤충의 개방순환계에서 혈림프는 관형 심장에서 체강으로 밀려가고, 혈관으로 돌아오는 재순환을 한다. *c.* 지렁이의 폐쇄순환계에서 심장에서 밀려나온 혈액은 혈관계에 머무르다가 심장으로 가게 된다. 모든 척추동물은 폐쇄순환계를 갖는다.

척추동물의 순환계

척추동물은 크고 복잡한 심장과 폐쇄순환계의 진화로 효율적인 순환이 이루어지게 되었다. 이에 따라 물에 사는 동물과 육지에 사는 동물들의 다양화와 몸 크기의 진화가 일어났다.

아가미를 통한 어류의 순환계

어류의 심장은 실제로 4개의 구조가 차례로 배열되어 2개의 펌프실(pumping chamber)을 가진 관(tube) 모양이다(**그림 13.2**). 앞의 2개의 구조인 **정맥동**(sinus venosus)과 심방(atrium)은 첫 번째 펌프실이 되고, 다른 2개의 구조인 **심실**(ventricle)과 **동맥원추**(conus

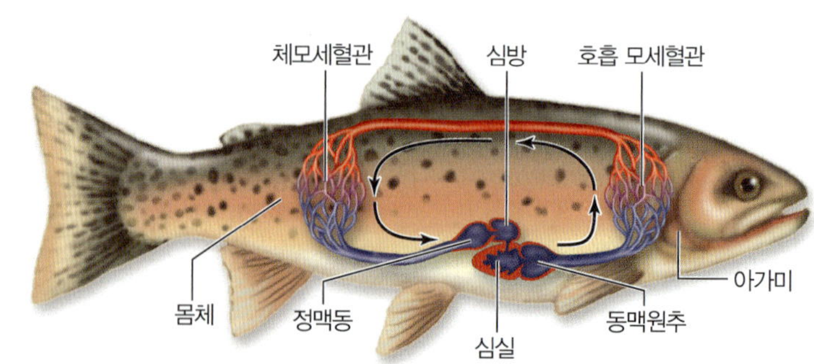

그림 13.2 어류의 심장과 순환.
정맥동, 심방, 심실 및 동맥원추의 순으로 되어 있는 어류의 심장은 심방 및 심실의 두 곳에서 혈액을 펌프한다. 혈액은 심장을 떠나 아가미를 지나서 전신으로 간다. 산소가 풍부한 혈액은 붉은색으로, 산소가 부족한 혈액은 푸른색으로 표시하였다.

arteriosus)는 두 번째 펌프실을 이룬다. 정맥동이 수축하면, 이어서 심방, 심실, 그리고 동맥원추 순으로 수축한다. 모든 척추동물에서 심장 구조를 비교해 보면 위치 차이에도 불구하고, 이 심박동의 순서는 그대로 유지되고 있다. 어류에서 수축을 일으키는 전기 자극은 정맥동에서 시작되고, 다른 척추동물에서 전기 자극은 정맥동과 유사한 구조인 **동방결절**(sinoatrial node, SA node)에서 시작된다.

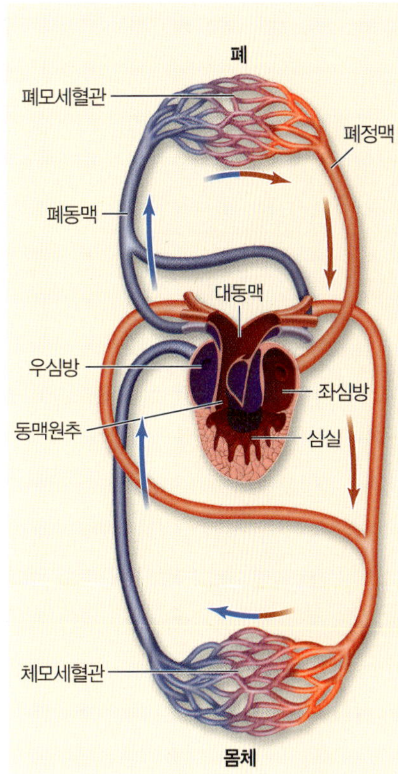

그림 13.3 **양서류의 2중순환.** 개구리는 2개의 심방과 하나의 심실로 된 3방 심장으로 혈액을 폐와 전신으로 보낸다. 산소를 얻은 혈액(붉은색 선)과 산소를 잃은 혈액(푸른색 선)은 온몸을 돌아 폐로 갈 때 심방 및 동맥원추의 판막으로 인해 거의 섞이지 않는다. 또한 피부를 통한 기체교환으로 혈액은 추가적인 산소를 얻게 된다.

동맥원추에서 나온 혈액은 아가미를 지나면서 산소와 결합한다. 아가미를 지난 혈액은 동맥의 네트워크를 통해서 몸의 다른 부위로 흐르고, 최종적으로 정맥동으로 돌아온다. 이 단순한 순환에는 심각한 문제가 있는데, 혈액이 아가미에 있는 모세혈관을 지나면서 혈압이 급격히 떨어진다는 것이다. 혈압이 떨어지면 아가미에서 몸의 다른 곳으로 가는 순환이 지연되어 조직으로의 산소 공급이 제한될 수 있다.

2중순환계를 가진 양서류와 파충류

양서류의 폐(lung)는 두 번째의 펌핑 회로를 형성함으로써 혈액순환 형태에 큰 변화를 가져 왔다. 혈액이 심장에 의해 폐동맥(pulmonary artery)을 통해 폐로 들어간 후 폐정맥(pulmonary vein)을 통하여 심장으로 다시 돌아온다. 혈액은 다시 심장을 떠나 몸의 다른 조직을 순환하게 된다. 이것을 2중순환(double circulation)이라고 한다. **폐순환**(pulmonary circulation)에 의해 혈액은 심장과 폐 사이를 순환하고, **체순환**(systemic circulation)을 통해 온몸을 순환한다.

양서류의 순환: 폐에서 산소를 얻은 혈구는 다른 조직에서 돌아오는 산소를 잃은 혈구와 심장에서 섞이지 않고 직접 조직으로 간다. 양서류의 심장은 현저하게 이러한 혼합을 줄일 수 있는 구조적 특성을 지니고 있다(**그림 13.3**). 먼저, 심방이 2개의 방으로 나누어져 있어 우심방은 체순환에서 산소를 잃은 혈액을 받아들이고, 좌심방은 폐로부터 산소를 얻은 혈액을 받아들인다. 따라서 이 두 종의 혈액은 심방에서 섞이지 않는다. 그러나 양서류의 심장에는 하나의 심실이 있기에 폐순환과 체순환의 분리가 완전하지 않다. 각 방의 혈액이 심실로 들어가면서 섞이는 정도는 심실벽에 있는 판과 판막에 의해 감소한다. 동맥원추가 판막에 의하여 부분적으로 분리되어 산소를 잃은 혈액을 폐동맥으로 가게 하고, 산소를 얻은 혈액을 체순환에서 중요한 대동맥으로 흐르게 한다.

물에 사는 양서류는 표피를 통한 확산으로 추가적인 산소를 얻을 수 있다. 따라서 양서류는 혈액을 폐와 피부로 보낼 수 있는 폐피부회로(pulmocutaneous circuit)를 가진다. 피부호흡은 거북 같은 많은 수생 파충류에서도 볼 수 있다.

파충류의 순환: 악어류를 제외한 파충류는 2개의 분리된 심방 이외에 심실을 부분적으로 나누는 격벽(septum)을 가지기에 심장에서 혈액이 섞이는 것이 더 감소되었다. 파충류 순환계의 또 다른 진화는 동맥원추가 심장을 떠나는 큰 동맥에 연결되어 있는 것이다.

2개의 완전히 분리된 순환계를 지닌 포유동물, 조류 및 악어류

포유류, 조류 및 악어류는 2개의 분리된 심방과 2개의 분리된 심실로 구성된 4개의 방으로 이루어진 심장을 갖고 있다(**그림 13.4**). 4개의 방은 "2중 펌프"에 의해 혈액의 역류가 방지된다. 심방은 2개의 큰 정맥인 상대정맥(superior vena cavae)과 하대정맥(inferior vena cavae)에서 산소가 부족한 혈액을 받는다. 그런 다음 3첨판[tricuspid valve 또는 right atrioventricular(AV) valve, 우측 방실판]을 통해 우심실로 혈액을 밀어넣는다. 우심실의 혈액은 폐판막을 통해 좌우로 분기되는 폐동맥으로 밀어넣어지고, 이후 각각 오른쪽 및 왼쪽 폐로 혈액을 운반한다. 폐에서 이산화탄소를 배출하고 산소를 흡수한 혈액은 다시 심장으로 돌아온다. 왼쪽 및 오른쪽 폐정맥은 혈액을 왼쪽 심방으로 전달한다. 혈액은 2첨판(bicuspid, 좌측 방실판)을 통과해 좌심실로 들어간다. 의학적으로 2첨판은 승모판(mitral valve)으로 알려져 있다. 좌심실의 혈액은 대동맥 판막(반월판, aortic valve)을 통해 가장 큰 전신 동맥인 **대동맥**(aorta)으로 들어간다. 이후 이들 산소가 풍부한 혈액은 모든 신체 조직으로 전달되고

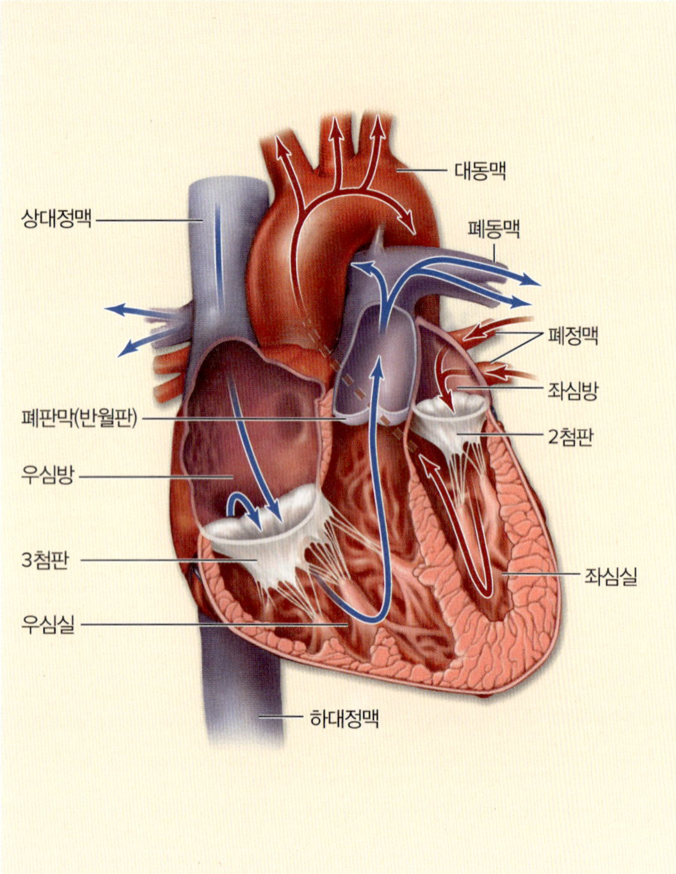

a.

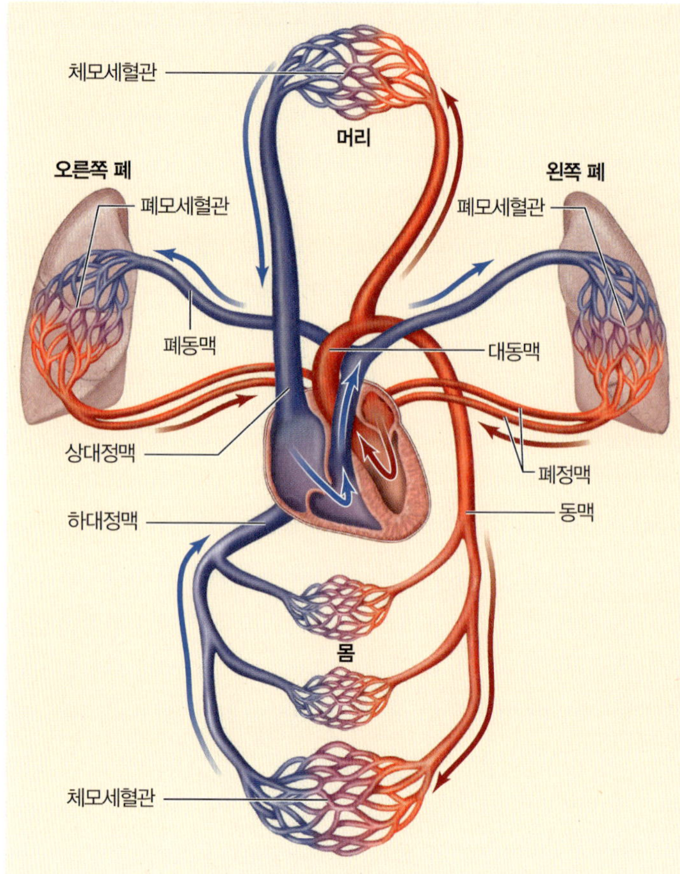

b.

그림 13.4 포유류와 조류의 심장과 순환.
a. 4방체계 심장을 흐르는 혈액의 경로. *b.* 우측 심장은 산소를 잃은 혈액을 받아 폐로 보낸다. 좌측 심장은 산소를 얻은 혈액을 받아서 온몸으로 보낸다. 이 과정에서 폐순환과 체순환은 완전히 분리되어 있다.

기체 교환이 다시 일어난다. 산소는 조직에서 해리되고 세포호흡으로 인해 생긴 이산화탄소는 혈장과 적혈구로 들어간다. 그런 다음 혈액은 전신의 정맥을 통해, 즉 상대정맥과 하대정맥을 통해 다시 우심방으로 이동함으로써 혈액 순환이 완성된다.

13.2 혈류와 혈압의 조절

포유류, 조류 그리고 악어류의 심장은 2번의 수축 주기로 혈액을 밀어낸다. 하나는 심방의 수축으로 혈액을 심실로 보내는 것이고, 다른 하나는 심실의 수축으로 혈액을 폐순환 및 체순환으로 보내는 것이다. 심박동에 의해 진행되는 2번의 수축기 및 휴식기를 합쳐 심장주기(cardiac cycle)라고 한다.

심장주기와 심혈관계

일반적으로 심장주기는 사람에서 분당 평균 70회 발생한다. 심장주기는 4개의 방 모두에서 일어나는 심장근육의 수축기(systole)와 확장기(diastole)로 정의할 수 있다. 심장주기는 혈액이 심방으로 들어오면서 시작된다. 심방의 압력이 올라가면 방실판막이 열리고 혈액은 심실로 흘러간다. 이러한 현상은 심실이 이완되는 동안 일어나기 때문에 이 기간을 심실 이완기(diastole)라고 부른다. 잠시 지체한 다음 심실이 수축하는데, 이때를 심실 수축기(systole)라고 한다.

또한, "룹-둡"이라고 하는 2가지 주요 소리가 심장박동과 관련되어 있는데, 이들 소리는 판막을 닫는 동안 발생하는 혈액의 난기류 때문이다. 첫 번째 소리인 "룹"은 방실판(2첨판 및 3첨판)이 닫혔음을 나타낸다. 이 소리는 두 소리 중 더 깊고 부드러운데, 심실 비우기의 시작과 일치한다(**그림 13.5**). 그다음에 더 크고 짧은 "둡" 소리는 폐 및 대동맥 판막의 닫힘 및 심실 채우기의 시작과 관련이 있다.

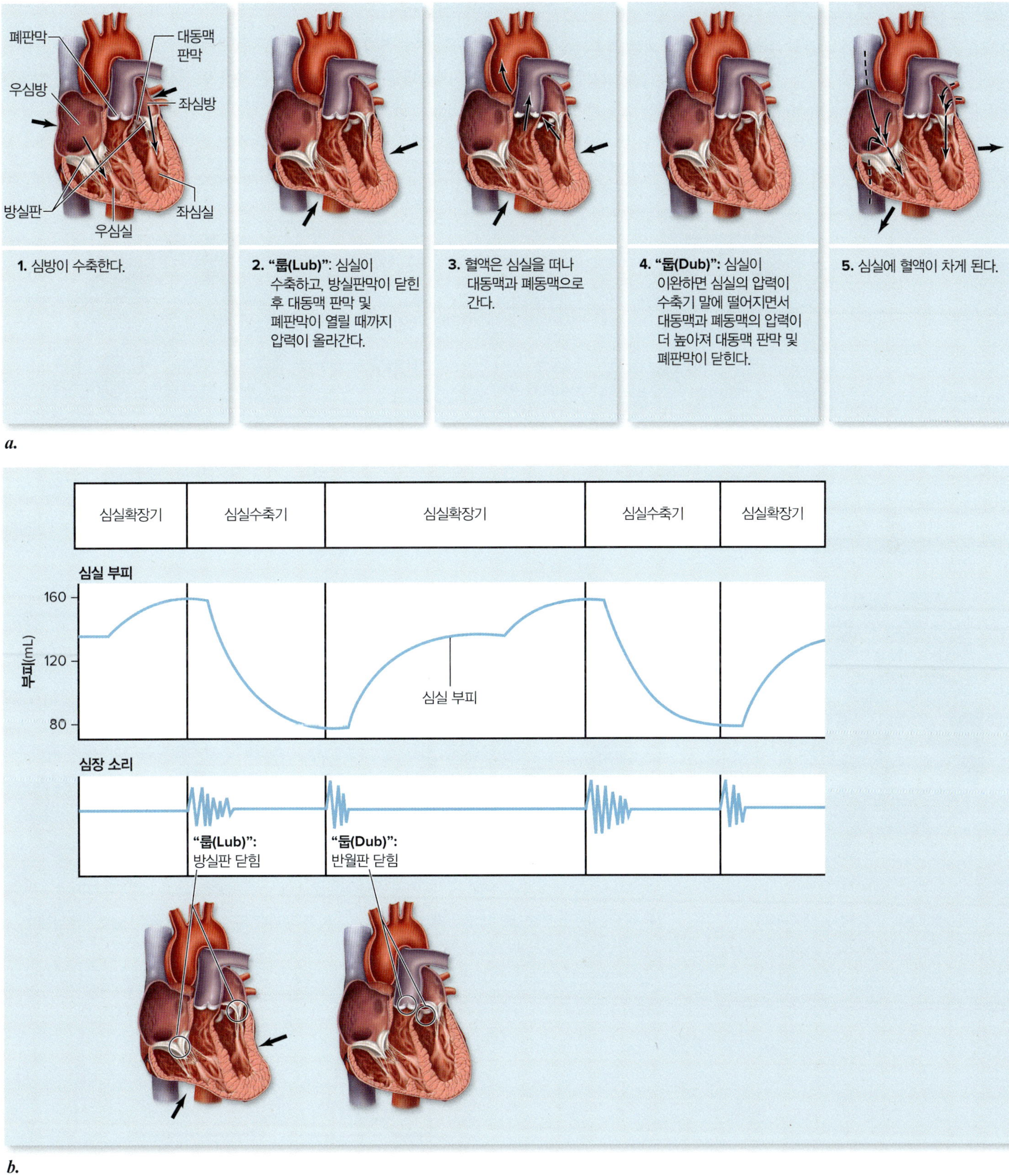

그림 13.5 심장주기.

a. 심방 및 심실의 수축과 이완에 의해 심장을 통해 혈액이 흐른다. *b.* 좌심실의 심장주기 동안의 혈압 및 혈류량의 변화.

자동박동 세포에 의한 심근 수축

다른 형태의 근육처럼 심근의 수축은 탈분극에 의해 촉진된다. 골격근은 운동 신경세포에서 온 신경자극만이 탈분극을 시작하지만, 심장은 자율박동섬유(autorhythmic fiber)라고 하는 특이한 "자기-흥분" 근육세포를 갖고 있어 신경의 활성화가 없이도 주기적으로 작동한다. 자동박동 세포 중에 가장 중요한 것은 동방결절(SA node)이다(**그림 13.6**).

우심방의 벽에 있는 동방결절은 자동적으로 활동전위를 만들어 다른 자율박동 세포보다 더 빠른 속도로 심장의 운동을 위한 **박동원**(pacemaker) 역할을 한다. 이러한 활동전위는 막을 자극하는 Na^+이 계속 세포로 흘러가도록 해주어 막의 탈분극을 야기한다. 박동원에 의해 시작된 탈분극(depolarization)은 좌심방의 심근 섬유로, 또

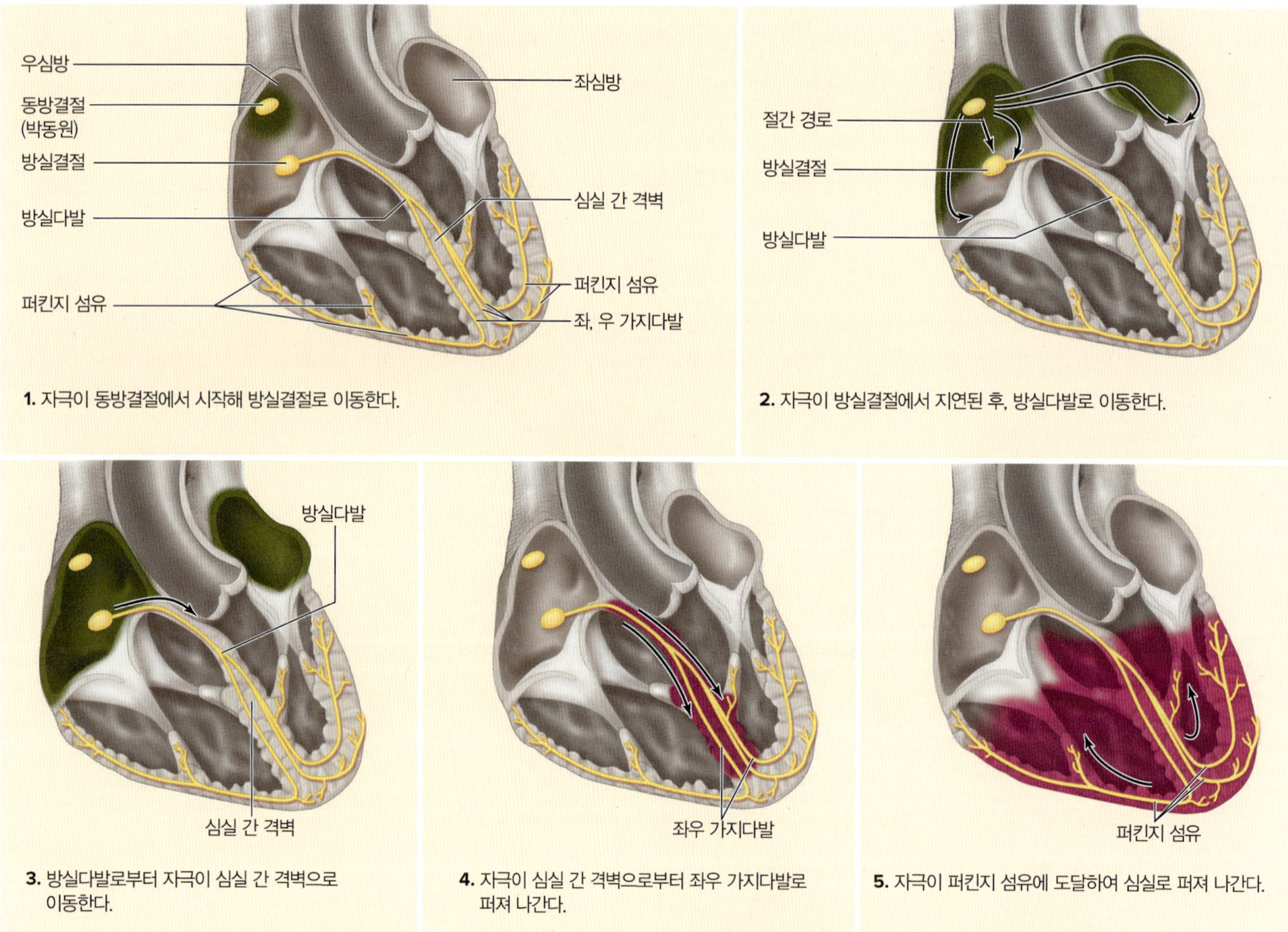

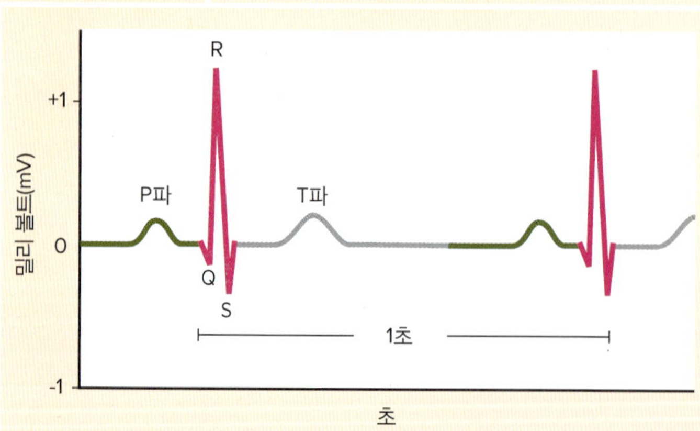

그림 13.6 심장에서 전기적 흥분의 경로.
심장이 수축하고 있는 동안 일어나는 반응들은 심전도(ECG 또는 EKG라고도 함)로 전기적 활동을 측정하는 것과 상관관계가 있다. 심방의 탈분극/수축은 초록색으로 표시했고, 심전도는 P 파형(초록색)에 해당한다. 심실의 탈분극/수축은 붉은색으로 표시했고, 심전도는 QRS 파형(붉은색)에 해당한다. 심전도의 T 파형은 심실의 재분극에 해당한다. 심방이 재분극되어 생기는 파형은 QRS 파형에 가려진다.

는 우심방과 **방실결절**(atrioventricular node, AV node)로 전달된다. 탈분극은 시작되면 우측과 좌측의 심방을 거의 동시에 싸면서 한 근육섬유에서 다른 근육섬유로 아주 빠르게 퍼져나간다. 그 이유는 특별한 전도성의 섬유가 있고 심장 세포가 개재판(intercalated disk) 내에 있는 간극연접(gap junction)으로 결합되어 있기 때문이다.

심방과 심실을 분리하는 얇은 결합조직은 근육섬유를 통하여 한 방에서 다른 방으로 흥분이 퍼지는 것을 막아주므로, 방실결절이 신경자극을 심방에서 심실로 전도하는 유일한 경로이다. 방실결절의 섬유가 탈분극의 전도 속도를 낮추어 심실의 수축을 약 0.1초 지연시키는데, 이러한 지연으로 인해 심방은 심실이 수축하기 전에 혈액을 보내게 된다. 방실결절에서 탈분극은 방실다발(atrioventricular bundle) 또는 히스다발(bundle of His)을 따라 두 심실로 빠르게 전도되는데, 방실다발은 탈분극을 퍼킨지 섬유(Purkinje fibers)로 중계하고, 퍼킨지 섬유는 좌우측 심실에 있는 심장근육 세포를 직접 자극하여 거의 동시에 수축이 일어나게 한다.

심근세포(myocardial cell)의 수축은 골격근육과 비슷하게 Ca^{2+} 및 트로포닌/트로포마이오신에 의하여 조절되지만(**그림 10.13** 참조), 활동전위의 형태는 다르다. 전압개폐성 Na^{+} 통로에서 Na^{+}의 유입이 증가함에 따라 지속적인 수축이 일어나면서 Ca^{2+} 통로가 열리게 된다. Ca^{2+}이 유입되면, Na^{+} 통로가 비활성화되고 막의 탈분극 상태가 유지된다. 이는 근소포체에 있는 더 많은 Ca^{2+} 통로가 열리게 하며, 세포질 내에 추가된 Ca^{2+}은 지속적인 수축을 야기한다. 세포질에서 Ca^{2+}은 골격세포에서와 마찬가지로 근소포체에 있는 펌프에 의하여 제거되고, 원형질막에 있는 운반체가 Ca^{2+}을 세포 밖으로 퍼낸다.

심장의 전기적 활동을 측정할 수 있는 ECG

ECG(electrocardiogram, 심전도)는 심장주기 동안 심방 및 심실에서 심장근육의 전기적 활동을 나타낸 것이다. ECG에는 3가지 뚜렷한 파동이 있다(**그림 13.6** 참조). P파는 심방이 수축 직전에 탈분극되거나 수축기 상태로 들어가는 시간을 나타낸다. QRS 복합체(QRS complex)는 심실 수축기 이전의 심실 탈분극을 나타낸다. 심실, 특히 좌심실이 두껍고 훨씬 더 큰 힘으로 수축하므로 P파보다 상당히 크다. 이 시점에서 심방은 현재 확장기에 있지만, 재분극은 QRS 복합체에 의해 가려져 있다. T파는 심실 재분극의 결과이며, 또한 4개의 방 모두가 이완 상태(확장기)인 시간이다. 흥미롭게도, 심실로 들어오고 나가는 혈액의 대부분은 T파 도중에 발생한다. ECG는 매우 중요한 진단도구로, 이를 분석함으로써 심장의 이상 여부를 알아낼 수 있다.

신경계와 심장박동

심장박동은 자율신경계에 의하여 조절되는데, **연수**(medulla oblongata; 후뇌의 한 부위)의 심장 중추는 심장박동수를 조절하는 2개의 신경 중추로 이루어져 있다. 심장촉진중추(cardioacceleratory center)는 교감 심장촉진 신경을 통해 동방결절(SA), 방실결절(AV) 및 심근으로 신호를 보낸다. 이 신경은 심장박동수를 증가시키는 노르에피네프린을 분비한다. 교감신경계 자극은 또한 심장근육의 수축력을 증가시켜 수축할 때마다 더 많은 혈액(1회 박출량, stroke volume)을 분출하게 해준다. 심장억제중추(cardioinhibitory center)는 미주신경(vagus nerve)에 있는 부교감신경섬유를 통해 신호를 동방결절 및 방실결절로 보낸다. 미주신경은 아세틸콜린을 분비하고 아세틸콜린은 활동전위의 발생을 억제하여 심장박동수를 낮추어 준다.

혈압

혈액은 동맥을 통해 심장에서 빠져나간다. 이 혈액은 세동맥(arteriole)을 거쳐 **모세혈관**(capillary)으로 들어간다. 모세혈관은 매우 좁고 얇은 관으로 이루어진 격자 모양의 망을 이룬다. 모세혈관을 통과한 후, 혈액은 세정맥(venule)으로 모여 정맥(vein)이라는 더 큰 혈관으로 이어지고, 그 혈액은 심장으로 되돌아간다.

혈압 측정

혈액이 혈관을 통과함에 따라 혈관 벽에 힘이 가해진다. 이것을 혈압(blood pressure, BP)이라고 하며, 이론적으로 모든 혈관에서 측정할 수 있다. 그러나 임상에서의 혈압은 좌심실이 수축하고 이완될 때 대동맥 벽에 가해지는 힘을 나타낸다. 손목이나 목에서 감지할 수 있는 맥박은 혈류의 압력 변화로 인해 탄력적인 동맥이 주기적으로 수축하고 확장함으로써 발생한다.

대동맥에 쉽게 접근할 수 없으므로 혈압은 청진 방법을 통해 간접적으로 측정할 수 있다. 혈압계(sphygmomanometer)는 팔꿈치 위의 팔 안쪽에 있는 상완 동맥의 혈압을 측정한다(**그림 13.7**). 팔 윗부분을 죄고 있던 가압대(cuff)가 천천히 풀리면서 동맥을 통해 혈액이 흐르기 시작하는 시점이 심실의 최고 압력 또는 **수축기 혈압**(systolic pressure)이며, 가압대의 압력이 혈압보다 낮아지는 시점에서 맥박 소리가 더 이상 들리지 않을 때가 심장 박동 사이의 최소 압력 또는 심실이 이완되는 **확장기 혈압**(diastolic pressure)이다. 혈압은 수축기 혈압 대 확장기 혈압의 비율로 기록되며, 건강한 20대의 평균 혈압은 120/80 mmHg이며, 정상 범위는 110~140/70~80 mmHg이다. 고혈압(hypertension)은 수축기 혈압이 140 mmHg보다 크거나 확장기 혈압이 90 mmHg보다 클 때로 정의한다.

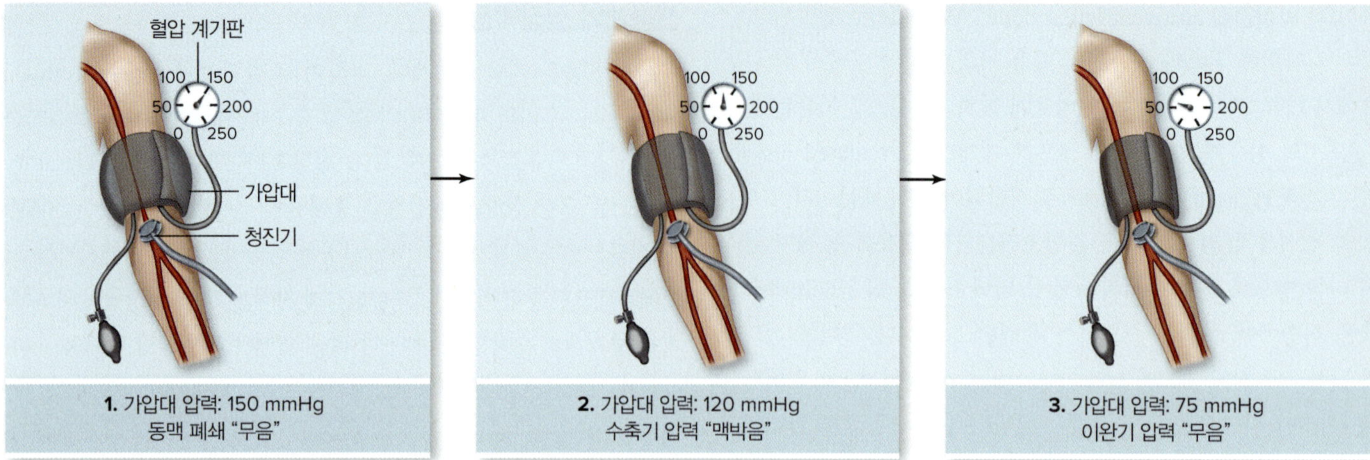

a.

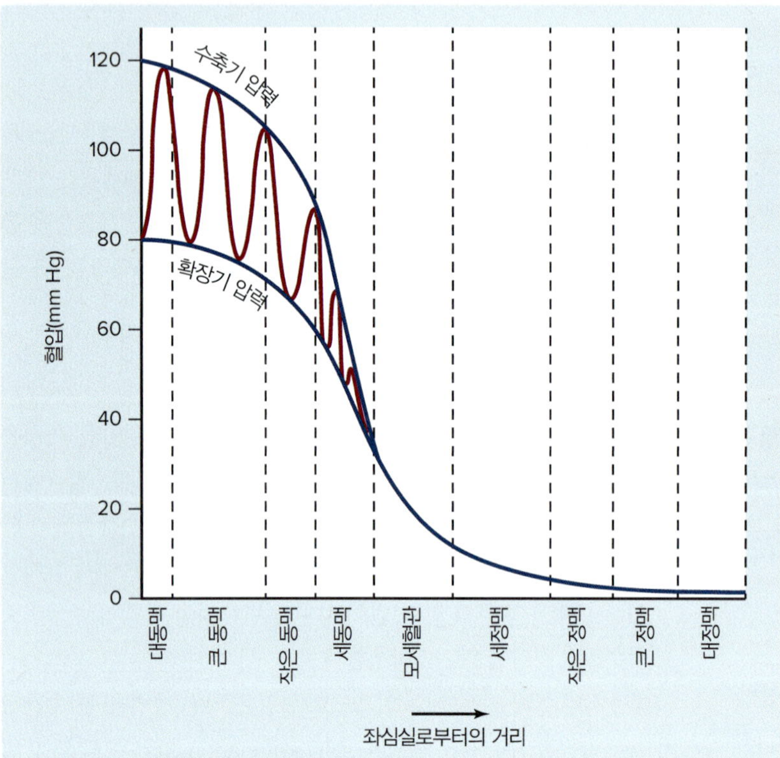

b.

그림 13.7 혈압의 측정.
가압대를 단단히 묶어 위쪽 팔의 동맥에 흐르는 혈류를 멈추게 한다. 가압대를 서서히 풀면, 최고혈압(수축기)이 가압대 압력보다 크게 되면서 혈액은 순간적으로 통과하여 청진기로 들을 수 있는 맥박음이 발생한다. 이때의 압력이 수축기 압력으로, 최고혈압으로 기록된다. 가압대 압력은 계속 떨어지지만 혈압은 한동안 가압대 압력보다 더 크게 나타난다. 결국 가압대 압력보다 조금 더 높은 혈압에서 마지막 맥박 소리를 듣게 되고, 그 이후엔 소리가 사라지게 된다. 소리가 들리지 않을 때의 압력이 확장기 압력으로 최저혈압으로 기록된다.

압력수용기 반사에 의한 혈압의 항상성 유지

동맥의 혈압은 심박출량(cardiac output, CO) 및 혈류에 대한 저항(resistance, R)에 따라 좌우되며, 다음과 같이 표현할 수 있다.

$$BP = CO \times R$$

따라서 혈압의 증가는 심박출량 또는 혈액량 중의 어느 하나가 증가하거나, 혈관 수축으로 생길 수 있다. 혈관이 수축되면 혈류의 마찰 저항이 증가한다. 반대로 심장박동수가 줄거나, 탈수 또는 과도한 출혈로 혈액량이 감소하면 혈압은 낮아진다.

동맥 혈압의 변화는 대동맥궁 및 경동맥에 있는 **압력수용기**(baroreceptor)에 의하여 감지된다(11장 참조). 압력수용기가 혈압이 떨어지는 것을 감지하면, 심장 중추로 가는 자극의 수가 감소하여 심장 및 다른 표적기관에 대한 교감신경 자극이 증가하고 부교감신경 자극이 감소하게 된다. 이렇게 되면 심박출량을 증가시키기 위해 심박동수와 박출량이 증가하며, 피부와 내장에 있는 혈관이 수축되면서 마찰 저항이 높아진다. 이러한 여러 가지 요인들이 함께 작용하여 혈압이 상승하게 되는 것이다(**그림 13.8**).

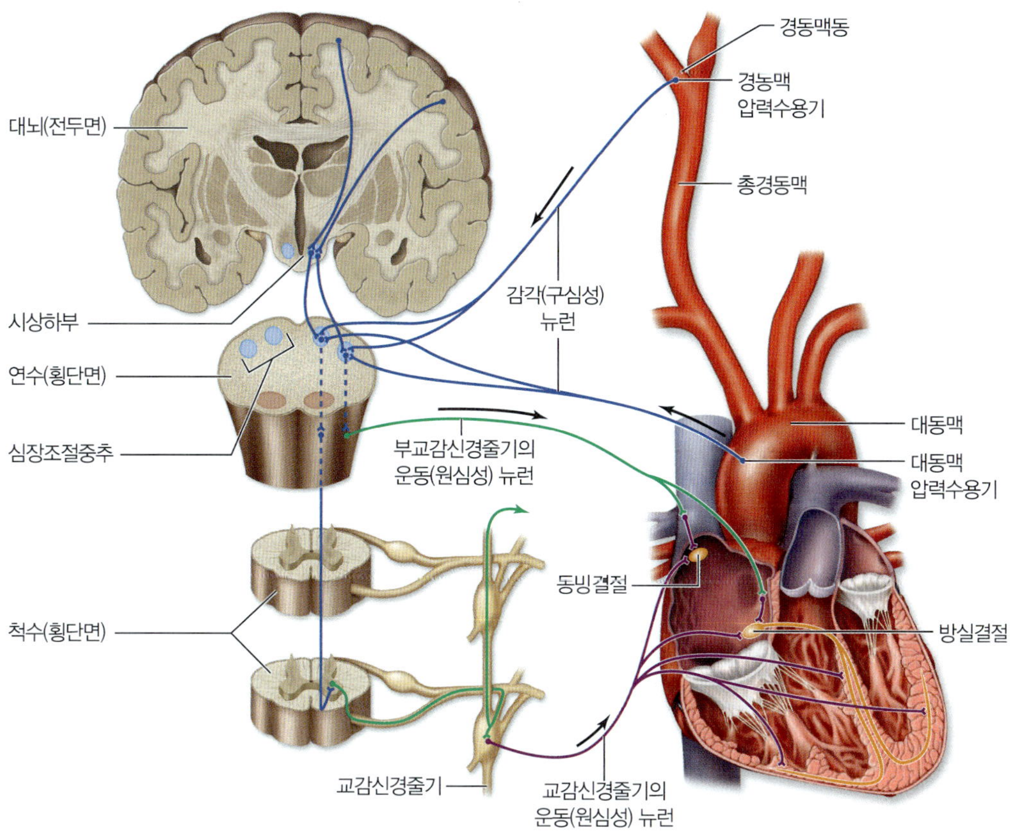

그림 13.8 압력수용기 반사. 자율감각 자극(파란색)이 곧바로 수용체에서 중추신경계로 보내진다. 자율운동 신호는 방실결절 및 동방결절과 심장근육으로 전달된다. 부교감 신경 자극은 심박수를 감소시켜 혈압을 감소시킨다. 심박수와 혈압의 증가는 교감자극에서 비롯된다. 신경절이전 뉴런은 초록색, 신경절이후 뉴런은 보라색으로 나타냈다.

압력수용기가 혈압 상승을 감지하면 심장조절중추에 대한 자극이 증가한다. 이로 인해 혈압이 감소할 때와는 반대의 작용이 일어나서 심박출량을 줄이고, 혈관 확장을 유발하는 신호를 보내 저항을 낮춘다. 따라서 압력수용기 반사(reflex)는 혈압 변화에 반응하는 음성피드백 고리를 형성한다.

호르몬에 의한 혈류량과 혈압 조절

혈압은 총 혈액량이 심박출량에 영향을 줄 수 있기에 부분적으로 총 혈액량에 따라 변한다. 다른 요인들이 동일한 수준으로 유지될 경우, 혈액량이 감소하면 혈압은 낮아진다. 혈액량 조절에는 (1) 항이뇨호르몬, (2) 알도스테론, (3) 심방나트륨이뇨호르몬 및 (4) 일산화질소 등이 영향을 끼친다(11장 참조).

항이뇨호르몬(antidiuretic hormone, ADH)은 바소프레신(vasopressin)이라고도 부르며, 혈장의 삼투압 증가 또는 혈액량의 감소에 반응하여 갈증을 유발하고 소변을 더 적게 배출하게 함으로써 혈액량을 증가시킨다. 또한 혈류가 감소하면 **알도스테론**(aldosterone)이 분비되어 혈액에서 Na^+과 물의 보유를 촉진시킨다. 반대로 과량의 Na^+이 존재하면 **심방나트륨이뇨호르몬**(atrial natriuretic hormone, ANH)에 의해 신장에서 소변으로 Na^+ 배출을 촉진하게 된다. **일산화질소**(nitric oxide, NO)는 평활근 이완으로 혈관을 확장시킴으로써 혈류량을 증가시킨다.

혈관의 특성

4가지 조직층으로 이루어진 혈관

동맥, 세동맥, 정맥 및 세정맥은 같은 기본 구조를 지니고 있다(**그림 13.9**). 가장 안쪽에는 내피(endothelium)가 있으며, 이 내피를 얇은 탄력 섬유층, 평활근육층 그리고 결합조직층이 둘러싸고 있다. 이와 같이 혈관벽은 혈액과 조직 사이에 물질 교환을 최소화할 수 있을 만큼 충분히 두터운 구조를 이루고 있다. 그에 비해 모세혈관벽은 내피세포로만 구성되어 있어서, 혈장의 분자와 이온이 세포 사이의 구멍을 통해 여과되어 혈관 밖으로 나갈 수 있다. 따라서 혈액 및 조직액 사이의 기체와 대사산물의 교환은 모세혈관을 통해 일어난다.

압력을 견딜 수 있도록 진화된 동맥과 세동맥

동맥은 혈관벽에 다른 혈관보다 더 탄력 있는 섬유를 지녀 심박동에 의하여 밀려 나오는 혈액이 있을 때마다 이완되었다가 수축한다. 세동맥은 대동맥에 비해 탄력이 낮지만 비교적 두꺼운 평활근육층을 지녀 혈관이 터지는 것을 막아준다. 혈관이 좁으면 좁을수록 혈액의 흐름에 대한 마찰 저항은 더 커진다. **세동맥**(arteriole)의 평활근층이 수축하면 혈관수축(vasoconstiriction)이 일어나고, 혈관수축은 마찰

그림 13.9 혈관의 구조. 동맥(*a*)과 정맥(*b*)은 같은 조직층을 지니고 있으나, 동맥의 평활근층이 더 두껍고, 2개의 탄력층이 있다. 모세혈관(*c*)은 내피세포로 된 1개의 층만 갖는다(그림은 실제 크기가 아니다).

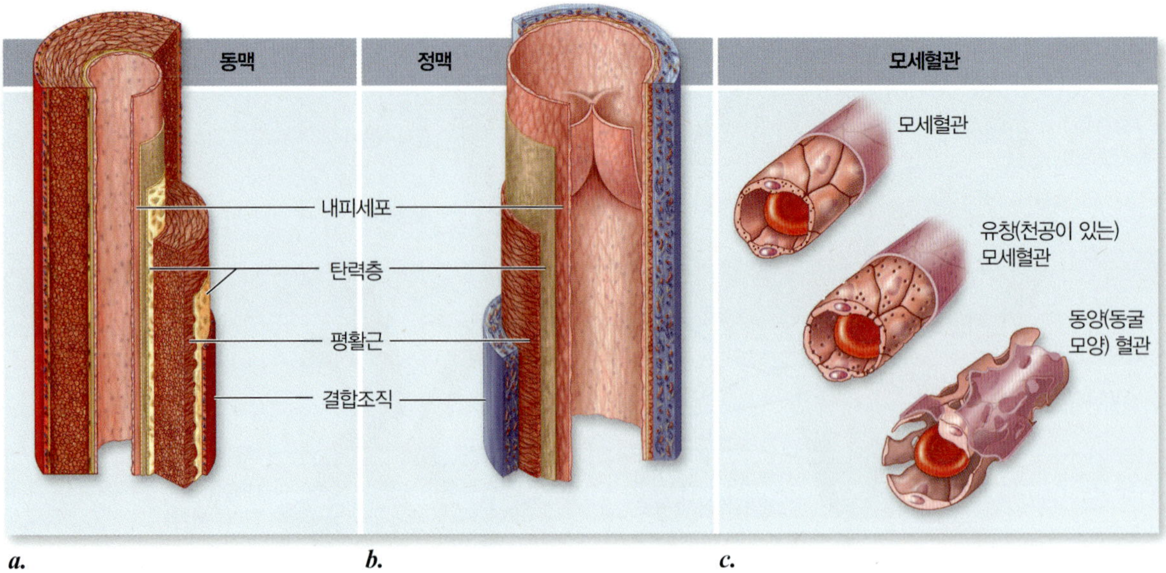

저항을 크게 증가시켜 혈류량을 감소시킨다. 세동맥의 평활근층이 이완하면 혈관이완(vasodilation)이 일어나, 마찰 저항이 감소되면서 조직으로 가는 혈류량이 증가된다. 세동맥의 만성적 혈관수축은 고혈압의 원인이 된다.

혈관수축과 혈관이완은 동물에서 체온조절의 중요한 수단이 된다. 동물은 피부의 혈류량을 늘려 외부와의 열 교환 속도를 증가시킴으로서 체온을 낮추며, 반대로 체온을 유지할 필요가 있을 때는 피부로 가는 혈류량을 줄여 열 교환 속도를 감소시킨다(**그림 13.10**).

모세혈관

각 모세혈관은 매우 좁지만 아주 많기에 다른 어떤 혈관보다 총 단면적이 가장 크다. 따라서 모세혈관을 흐르는 혈액은 서서히 흘러 주위에 있는 세포외액과 물질을 교환하는 시간을 더 많이 갖게 된다. 모세혈관 끝에 도달한 혈액은 산소와 영양소를 방출하고 이산화탄소와 다른 노폐물을 얻게 된다. 혈액이 세동맥과 모세혈관을 지날 때 압력과 속도가 줄어들지만, 정맥에서는 단면적이 감소하면서 혈류 속도가 증가하게 된다.

세정맥과 정맥

세정맥과 정맥은 동맥과 같은 조직층을 갖고 있으나, 더 얇은 평활근을 지니고 있다. 정맥의 압력은 동맥의 약 1/10밖에 되지 않기에 많은 근육이 필요하지 않다. 심혈관계(cardiovascular system)에

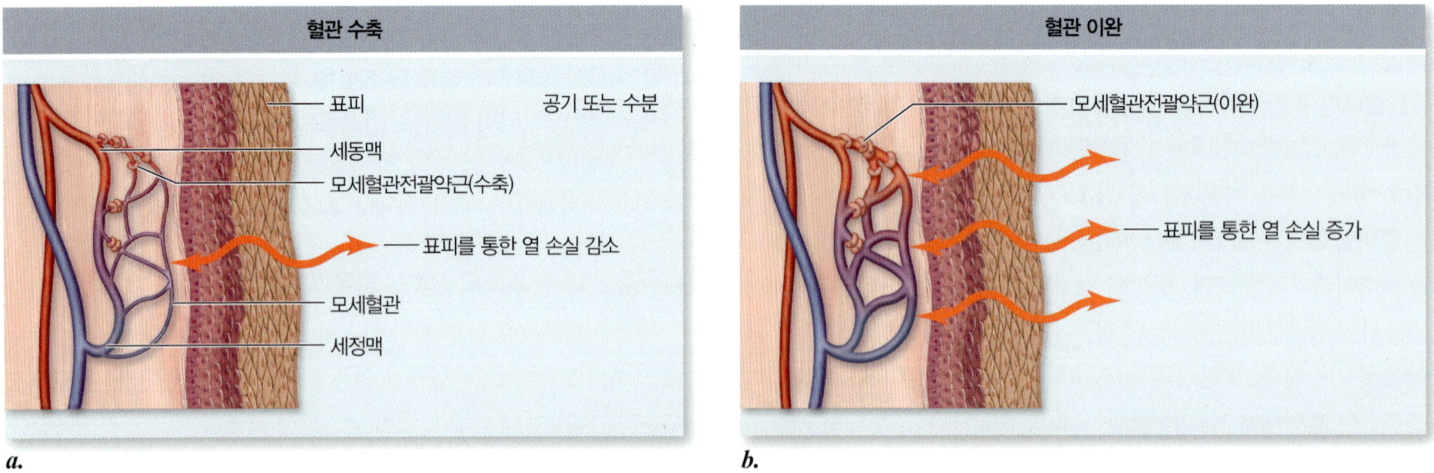

그림 13.10 열 교환 조절.
체표면에서 열을 획득하거나 발산하는 양은 체표면을 흐르는 혈류량에 의해 조절된다. ***a.*** 동물의 체온이 주위 온도보다 낮으면 체표면의 혈관을 수축함으로써 혈류량을 제한하여 열손실을 최소화한다. ***b.*** 동물의 체온이 주위 온도보다 높으면 체표면의 혈관이 이완되어 혈류량과 열 교환이 증가한다.

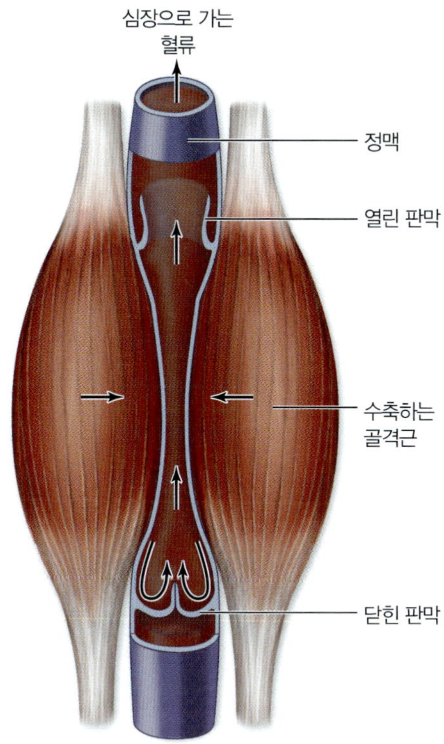

그림 13.11 한 방향으로 흐르는 정맥혈. 정맥 판막이 혈액을 정맥의 한쪽 방향으로 흘려 심장으로 가도록 한다.

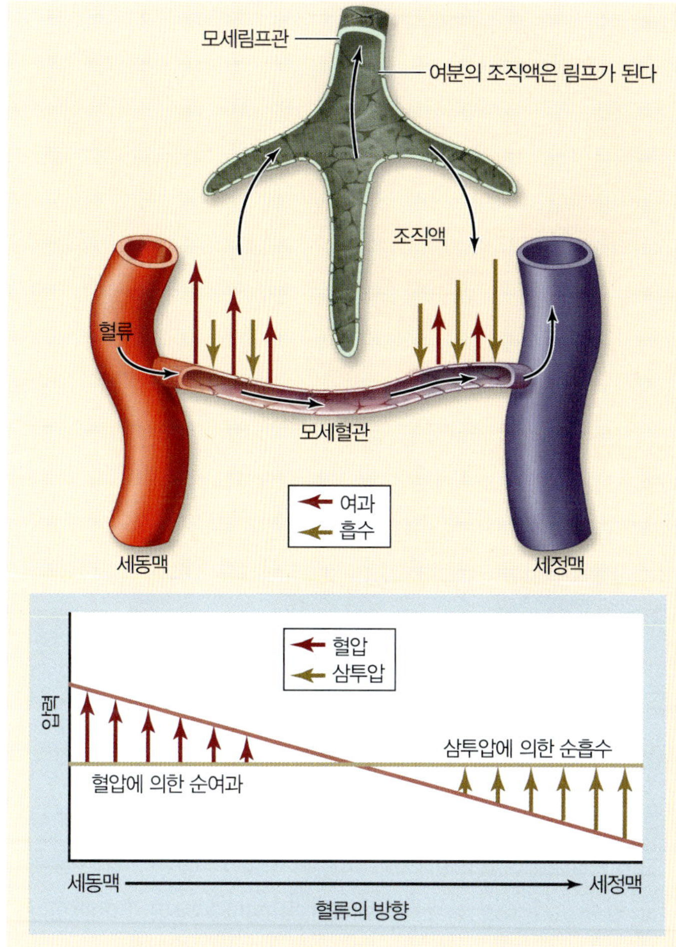

그림 13.12 혈액, 림프 및 조직액의 관계. 동맥 쪽 모세혈관에서는 혈압이 혈장삼투압보다 크므로 단백질이 없는 혈장이 여과되어 모세혈관 밖으로 나가 조직을 감싸는 조직액이 된다. 정맥 쪽 모세혈관에서는 혈장삼투압이 혈압보다 크므로 조직액이 혈관으로 흡수된다. 여분의 조직액은 개방된 모세림프관으로 가서 최종적으로는 순환계로 간다.

서 대부분 혈액은 정맥에 있다. 정맥은 확장되어 추가로 혈액을 더 가지고 있을 수 있는데, 오랫동안 서 있으면 다리의 정맥이 확장되는 것을 볼 수 있다.

정맥의 압력만으로는 혈액을 팔과 다리에서 심장까지 보내기에 충분하지 않기 때문에 압력을 도와주는 다른 요인들이 있다. 그 실례로 정맥 주위에 있는 골격근이 수축하여 정맥을 눌러 혈액 이동을 도와주는데, 이를 정맥 펌프(venous pump)라고 한다. 정맥 판막(venous valve)은 혈액을 한 방향으로만 이동시켜 심장으로 되돌아가게 해준다(**그림 13.11**). 정맥이 너무 심하게 확장되면 정맥 판막은 더 이상 작동하지 못하여 혈액이 정맥에 몰리게 되는데, 이 상태를 하지정맥류(varicose vein)라고 한다.

림프계

심혈관계는 모든 혈관이 서로 연결되어 있기에 폐쇄계라고 부른다. 그러나 혈장에 있는 많은 양의 물과 용질은 모세혈관벽을 통해 여과되어 조직(간질)액이 된다. 대부분 조직액은 혈압이 높은 세동맥 말단 근처에 있는 모세혈관에서 분비되는데, 그 모세혈관은 세정맥 말단에 있는 모세혈관과 연결되어 있다(**그림 13.12**). 유동액(fluid)은 삼투로 인해 돌아오지만, 대부분 혈장 단백질은 크기가 커서 모세혈관의 구멍을 통하여 빠져나갈 수 없다. 따라서 혈장의 단백질 농도는 조직액보다 높게 되어 물이 조직액에서 모세혈관으로 이동하게 하는 삼투기울기를 만들어 준다. 모세혈관의 혈압이 높으면 많은 조직액이 축적되는 부종(edema)이 생긴다.

정상적인 상태에서는 모세혈관에서 여과된 유동액 양이 삼투압에 의해 모세혈관으로 돌아오는 유동액의 양보다 더 많으며, 나머지 양은 **림프계**(lymphatic system)라고 부르는 개방순환계에 의해 최종적으로 심혈관계로 돌아간다. 림프계는 모세림프관, 림프관, 림프절(lymphatic node) 및 비장(spleen, 지라)과 갑상샘을 포함하는 림프기관으로 이루어져 있다. 조직에 있는 과량의 유동액은 침투성이 높은 모세림프관으로 흘러 들어가며, **림프**(lymph)라고 부르는 이 유동액은 림프관으로 이동하여, 최종적으로 쇄골(collarbone) 밑에 있는 좌측 및 우측 쇄골하정맥으로 가게 된다. 포유류에서 림프관은 정맥과 유사하여 한쪽 방향으로 향한 판막을 갖고 있으며, 정맥 펌프와 유사하게 골격근이 림프관을 누를 때 림프가 이동한다.

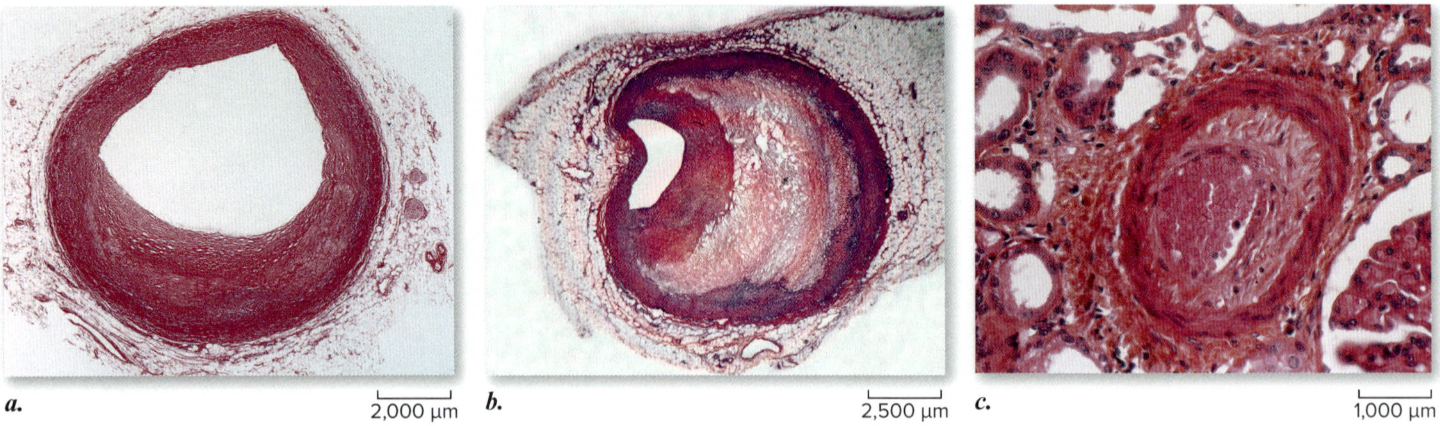

그림 13.13 동맥경화증.
a. 관상동맥이 약간 막혀 있다. *b.* 동맥이 심한 동맥경화증을 보인다. 동맥의 내측 벽이 심하게 막혀 있다. *c.* 관상동맥이 완전히 막혀 있다.

혈류 흐름에 영향을 주는 심혈관 질환

동맥경화증(atherosclerosis)은 동맥에 지방, 콜레스테롤 또는 섬유소나 세포의 잔해가 축적되어 동맥 혈관이 굳어져 발생하는 질환으로, 이러한 축적물들은 혈관의 마찰 저항을 증가시켜 혈액의 흐름을 막게 된다(**그림 13.13**). 콜레스테롤은 지질단백질 복합체의 형태로 운반되는데, 밀도의 차이에 따라 "나쁜 콜레스테롤"이라고 부르는 저밀도지질단백질(low-density lipoprotein, LDL)과 "좋은 콜레스테롤"이라고 부르는 고밀도지질단백질(high-density lipoprotein, HDL)으로 구분된다. 심장마비(heart attack, 심근경색증)는 혈관이 막히면서 이 부위의 심근세포가 죽게 되어 발생한다. 협심증(angina pectoris)은 흉통(chest pain)을 의미하는데, 심장에 혈액 공급이 불충분하지만, 아직 심근세포가 죽을 정도는 아니라는 위험을 알리는 신호이다. 뇌졸중(stroke)은 혈전이나 동맥경화증으로 뇌에 있는 혈관이 파열되어 발병한다.

13.3 혈액의 기능 및 구성 요소

혈액은 척추동물의 결합조직으로, 혈장이라는 액상 기질과 혈소판 및 그 밖의 다양한 유형의 세포를 포함하고 있다(**그림 13.14**).

혈액의 기능

순환하는 혈액은 다음과 같이 여러 가지 기능을 지니고 있다.

- **수송**: 세포의 대사에 필수적인 모든 물질은 혈액을 통하여 운반된다. 적혈구는 헤모글로빈에 결합되어 있는 산소를 운반하

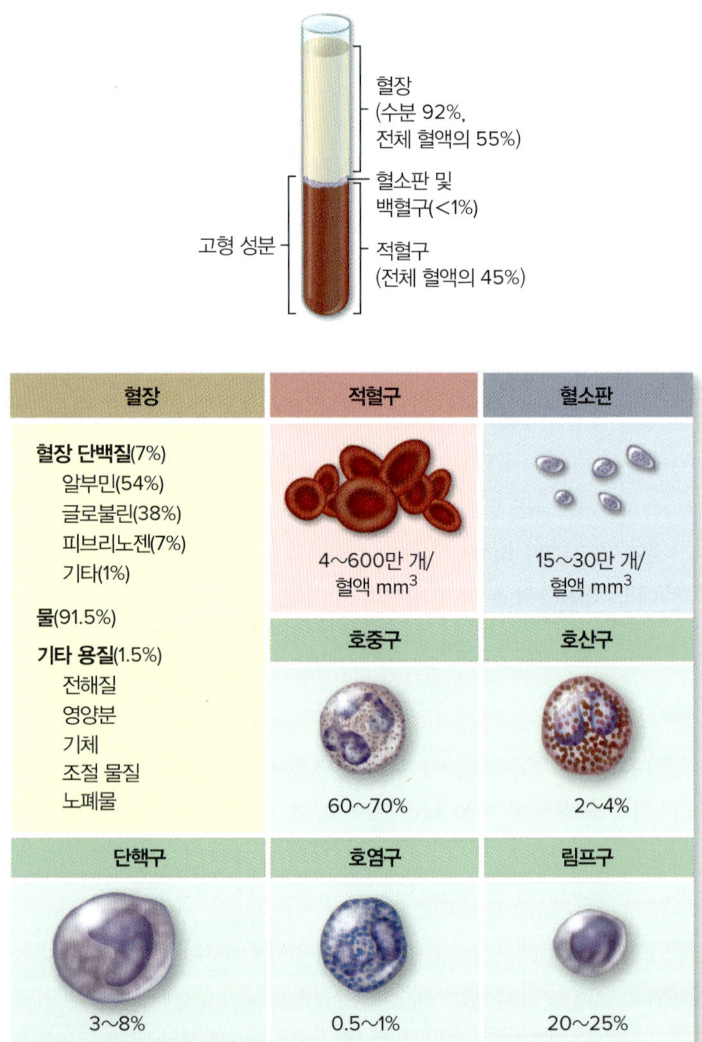

그림 13.14 포유류 혈액의 구성.

고, 영양분은 혈장에 의해 때로는 운반체에 실려 운반된다. 대사작용에서 만들어진 노폐물은 혈액이 간과 신장을 통과할 때 제거된다.

- **조절**: 순환계는 내분비샘에서 만들어진 조절 호르몬을 운반하고, 체온조절에도 관여한다.
- **방어**: 순환계는 외상 및 몸 안으로 들어오는 미생물 또는 독소에 대항하여 몸을 방어한다. 혈액응고는 혈관이 파손되었을 때 혈액의 손실을 막아준다.

혈액의 구성 성분

혈액의 주요 구성 성분은 다음과 같다.

- **혈장**(blood plasma)은 혈액 속의 고형성분인 혈구와 혈소판이 섞여 있는 액상 기질이다. 세포외 유동액은 혈장에 있는 유동액에서 유래한다. 고형성분인 혈구(blood cell)와 세포 조각에는 적혈구, 백혈구 및 혈소판이 포함된다.
- **적혈구**(red blood cell 또는 erythrocyte)는 가운데가 움푹 파인 도넛 모양이다. 척추동물의 적혈구는 산소와 결합하여 이를 운반하는 단백질인 **헤모글로빈**(hemoglobin)을 함유하고 있다(12장 참조). 무척추동물은 적혈구와 헤모글로빈은 갖고 있지 않으나 헤모사이아닌(hemocyanin)이란 단백질이 산소를 운반한다.
- **백혈구**(white blood cell 또는 leukocyte)는 사람의 혈액 세포 중 1% 미만이며, 적혈구 1,000개당 하나 또는 2개의 백혈구가 있다. 백혈구는 적혈구보다 크며 핵을 가지고 있고, 적혈구처럼 혈액 내에 한정되어 있는 것이 아니라 모세혈관에서 나와 세포 사이 공간을 통해 주위의 조직액으로 이동할 수 있다. 백혈구의 형태는 다양하며, 몸 안에 침입한 미생물 및 이물질에 대항하는 역할을 한다. 과립형 백혈구(granular leukocyte)에는 **호중구**(neutrophil), **호산구**(eosinophil), **호염구**(basohil)가 있다. 이들의 이름은 세포질 내에 있는 과립의 염색 특성에 따라 붙여진 것이다. 무과립형 백혈구(nongranular leukocyte)에는 **단핵구**(monocyte)와 **림프구**(lymphocyte)가 있다. 사람 백혈구의 경우 호중구가 가장 많고, 이어서 림프구, 단핵구, 호산구 및 호염구의 순으로 존재한다.
- **혈소판**(platelet)은 골수(bone marrow)에 있는 거핵세포(megakaryocyte)가 핵을 잃어 만들어진 세포 조각을 일컫는다. 혈소판은 상처에 대한 반응으로 방출되며, 혈액 응고 과정에 필수적이다. 피브린과 함께 작용하여 혈소판 마개를 형성하고, 상처의 가장자리를 수축하여 당긴다.

혈액 내 세포의 분화 과정

혈액의 세포는 모두 일정한 수명이 있어 계속 보충되어야 한다. 노화된 세포 조각들은 비장(지라, spleen)에 있는 식세포(phagocytic cell)에 의하여 분해되고, 새로운 세포는 골수에서 생성된다. 모든 세포는 전분화능 줄기세포(pluripotent stem cell)에서 발생한다(14장 참조). 골수에서 혈구가 만들어지는 과정을 혈구생성(hematopoiesis)이라고 부르는데, 이 과정에서 제한적 운명을 갖는 2종류의 줄기세포가 만들어진다. 림프줄기세포(lymphoid stem cell)에서는 림프구가 만들어지고, 골수줄기세포(myeloid stem cell)에서는 림프구 이외의 다른 혈구가 만들어진다.

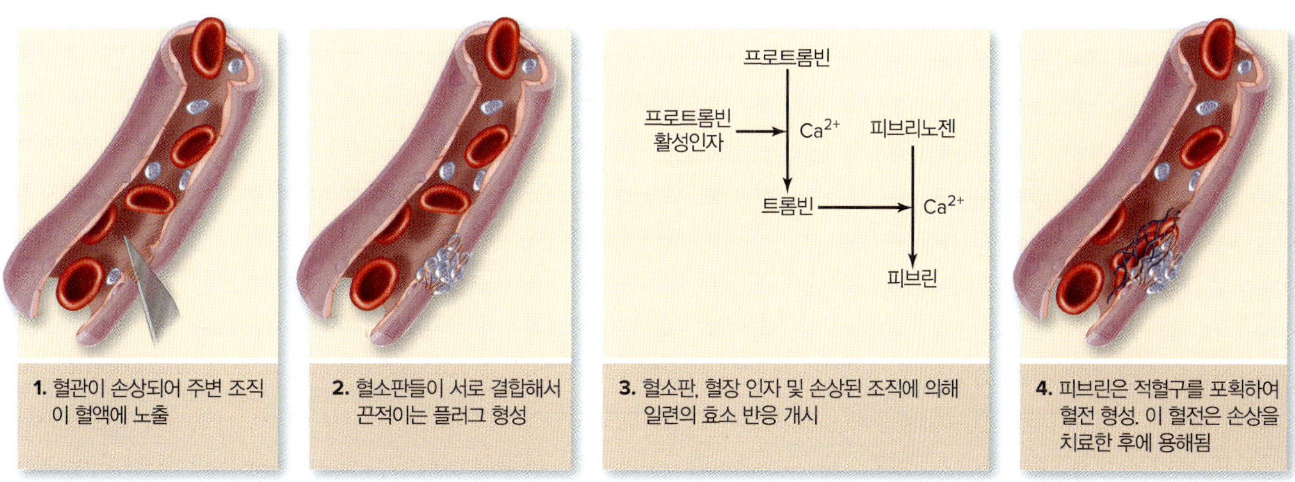

그림 13.15 혈액 응고.
피브린은 혈장에서 수용성 단백질인 피브리노젠으로부터 형성된다. 이 반응은 효소인 트롬빈에 의해 촉매되며, 트롬빈은 혈소판, 혈장 인자 및 손상된 조직에서 방출된 분자의 존재하에 프로트롬빈이라는 비활성 효소로부터 전환된다. 트롬빈의 활성화는 혈관이 손상될 때 혈전을 생성하는 일련의 효소 반응의 마지막 단계이다.

혈액 내에 이용 가능한 산소의 양이 감소하면, 신장에서 당단백질인 **적혈구생성소**(erythropoietin)가 분비되어 적혈구생성(erythropoiesis) 과정을 통해 골수줄기세포에서 적혈구 생성을 촉진시킨다. 포유동물에서 적혈구는 성숙하면서 핵을 잃는 반면, 다른 척추동물의 성숙한 적혈구에서는 핵이 그대로 존재한다.

혈액 응고 과정

혈액 응고 과정은 효소 연쇄반응에 의한다. 즉 혈관이 터지거나 상처가 나면, 혈관벽의 평활근이 수축하여 혈관이 수축하게 되고, 그에 따라 혈소판이 상처 부위에 축적된다. 그 후 혈소판이 서로 결합하여 주위 조직에 붙으면서 마개(플러그, plug)를 형성한다(**그림 13.15**). 혈소판, 혈장에 있는 응고인자 그리고 손상된 조직에서 방출되는 물질에 의해 효소 연쇄반응이 시작되면 혈장에 녹아 있는 피브리노젠(fibrinogen)이 트롬빈(thrombin)에 의해 불용성인 피브린(fibrin)으로 된다. 혈소판 마개 및 피브린망에 갇힌 적혈구에 의해 혈전(blood clot)이 생성된다.

13.4 선천성 면역

면역체계 기능의 핵심은 비자기(nonself) 세포와 자기(self) 세포를 구별하는 능력이다. **선천성 면역**(innate immunity)은 그람음성균이 가지고 있는 지질다당류(lipopolysaccharide)처럼 특정 병원체에 보전된 특이적 분자를 인지한다. 이 시스템의 특징은 매우 빠르게 작동해서 세포들을 감염된 부위로 불러 모으고, 수용성 항미생물 단백질로 하여금 병원균에 대항하도록 한다. 선천성 면역은 매우 오래 전부터 진화되어 왔으며, 그중 어떤 단백질들은 최근에 자포동물에서 발견되었다. 이를 종합해볼 때 모든 좌우대칭동물의 조상은 선천성 면역계를 가지고 있었다는 것을 알 수 있다.

물리적 장벽

물리적 장벽이란 인간의 신체 중에서 감염체가 침투할 수 없는 장벽을 만들어 몸을 보호하는 것을 의미하며, 표면은 화학적 무기로 무장되어 있는 부분을 말한다.

피부

신체에서 가장 큰 기관으로, 성인 체중의 15%를 차지한다. 피지샘과 땀샘은 피부의 표면을 pH 3~5 정도의 산성으로 만들어 병원성 미생물의 생장을 억제한다. 땀에는 라이소자임(lysozyme)이라는 효소가 있어 박테리아의 세포벽을 분해한다. 표피세포는 다양한 항미생물(antimicrobial) 펩타이드를 생성한다. 피부는 몸 여러 부위의 피부 조건에 잘 적응하고 있는 많은 비병원성 세균이나 곰팡이와 같은 상재균총(normal flora)의 서식처로도 제공되는데, 일반적으로 피부에 서식하려는 병원균은 상재균총과 경쟁할 수 없다.

피부 외 물리적 장벽

소화관이나 호흡관, 비뇨생식관의 점막들은 피부와 마찬가지로

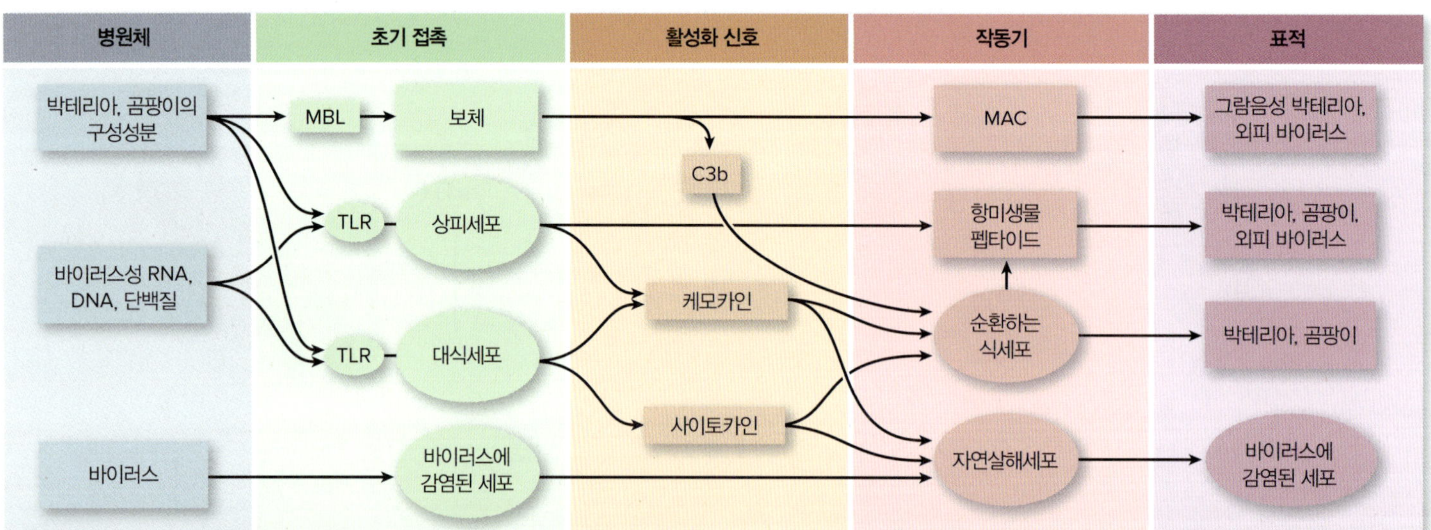

그림 13.16 선천성 면역의 개요.
병원체는 막에 결합한 Toll 유사수용체(TLR) 또는 수용성 만노스 결합 렉틴(MBL) 수용체에 결합하는 분자를 가진다. 이로 인해 식세포를 유인하는 사이토카인과 케모카인, 항미생물 펩타이드, 보체 경로의 막공격복합체(membrane attack complex, MAC)의 생산과 자연살해세포(NK 세포)의 활성화를 일으킨다.

계속 재생되는 표피세포로 이루어져 있다. 표피의 점액층은 감염체를 가두고 제거한다. 음식에 존재하는 미생물은 라이소자임을 가지고 있는 침이나 위장의 강산성, 소장의 소화효소에 의해 죽게 된다. 더구나 위장관에는 다양한 비병원균인 상재균총이 있어 병원균의 생장을 억제한다. 이들 비병원균은 해로운 병원균을 죽일 수 있는 물질들을 분비하기도 한다. 기관지의 표피세포에는 섬모가 있어서 점액을 목구멍 쪽으로 계속 쓸어낸다. 호흡 시 침입한 병원균은 점액에 갇히고 목으로 삼켜져 위장관에서 분해된다. 담배를 피우면 니코틴이 호흡기의 섬모를 마비시켜 공기 통로가 청소되지 않기에 위험하다. 질 분비액은 끈적끈적한 산성액으로 상재균총의 생장을 촉진하여 외부 침입자들을 방지해준다. 남성과 여성 모두에서 산성인 오줌은 생식기로부터 병원균을 계속 씻어낸다. 병원균 침입에 대한 물리적이고 화학적인 장벽 외에도 신체는 병원균을 제거하기 위해 구토, 설사, 기침, 재채기와 같은 방어 기작을 병행한다.

감염체의 분자 패턴에 대한 인식

선천성 면역은 감염체에 대한 반응으로 수용성 인자와 다양한 혈구세포가 관여한다. 감염체에 대한 선천성 면역반응은 감염체 특이적인 분자를 인지하는 것이 기본이다. 이러한 감염체 특이적 분자들의 인지는 병원체 연관분자패턴(pathogen-associated molecular pattern, PAMP)이라고 한다. 그 실례로는 그람음성균의 세포벽에 있는 지질다당류(lipopolysaccharide, LPS), 모든 박테리아 세포벽에 있는 펩나이노글리칸, 바이러스의 DNA와 RNA 등을 들 수 있다. 이러한 PAMP는 혈액 세포의 막에 있거나 혹은 수용성인 패턴 인지 수용체(pattern recognition receptor, PRR)에 의해 감지된다.

가장 잘 연구된 PRR은 초파리에 있는 Toll 수용체와 여러 종에서 발견되는 Toll-유사 수용체(Toll-like receptor, TLR)이다. 초파리에서 Toll은 원래 등-배축 형성 경로의 한 부분으로 발견되었는데, 후에 곰팡이 감염에 대한 반응을 매개한다는 것이 밝혀지게 되었다. TLR은 병원균의 생존에 중요한 특이적인 표적들에 결합하는데, 그 표적들에는 그람음성균의 LPS, 박테리아 지방단백질, 박테리아 펩타이도글리칸, 효모의 세포벽 성분들, 박테리아 DNA의 메틸화 되지 않은 CpG 모티프, 바이러스 RNA 등이 있다. Toll과 TLR 이외에 혈청에 존재하며 순환하는 다른 수용성 수용체가 발견되었는데 이는 세균 세포벽의 만노스 결합 렉틴(mannose-binding lectin, MBL)이다.

선천성 면역계의 수용체가 활성화되면 신호전달체계를 작동하여 선천성 면역과 적응성 면역을 연결한다. 이런 반응에는 염증반응, 항미생물 펩타이드의 생산, 면역세포를 유인하는 사이토카인의 생산이

표 13.1 면역계 세포

세포 유형	기능	
보조T세포 (T_H세포)	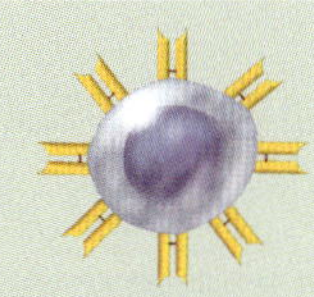	항원제시세포의 외부 펩타이드를 특이적으로 인식하여 B세포 또는 대식세포를 활성화하는 사이토카인 분비를 유도한다.
세포독성T세포 (T_C세포)	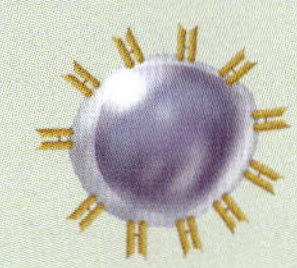	바이러스로 감염된 세포 또는 암세포와 같은 "변형된 자기" 세포를 특이적으로 인식하여 제거한다.
B세포	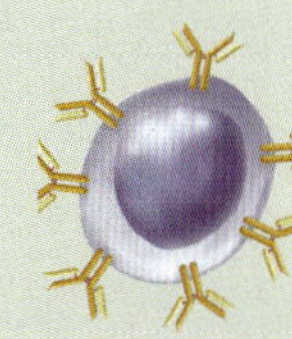	막에 결합한 항체를 이용하여 수용성 항원에 특이적으로 결합한다. T_H세포에 대한 항원제시세포로 작용한다. 활성화되어 형질세포와 기억세포로 분화된다.
형질세포		활성화된 B세포로부터 분화한다. 항원에 특이적인 항체를 분비하는 기능을 수행한다.
자연살해세포		바이러스로 감염된 세포 또는 암세포를 신속히 인식하고 제거한다.
단핵구	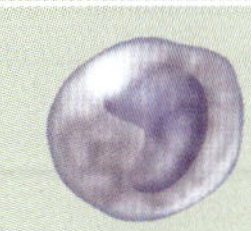	대식세포의 전구세포로 혈액에 존재한다.
대식세포	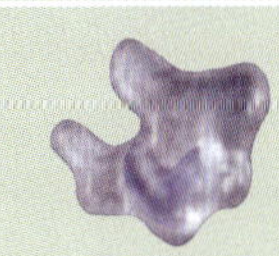	인체 방어를 담당하는 첫 번째 조직에 존재하는 식세포이다. T_H세포에 대한 항원제시세포로 기능한다.
호중구		인체 방어를 담당하는 첫 번째 식세포이다. 염증 조직으로 이동하기 전까지 대부분 혈액에 존재한다.
호산구		기생충 제거에 중요하며, 만성 염증성 질환에 관여한다.
호염구	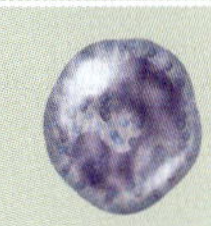	염증을 촉진하는 히스타민과 같은 매개물을 분비하는 순환계 세포이다.
비만세포	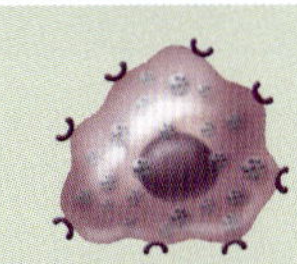	점막 표면 아래 존재하며, 염증을 촉진하는 히스타민과 같은 매개물을 분비한다. 염증 반응과 알레르기 반응을 모두 촉발한다.
수지상세포	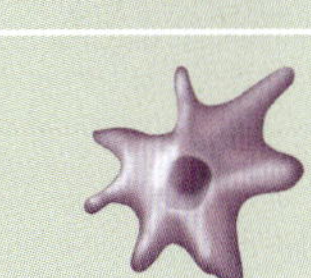	항원과 접촉한 적이 없는 T_H세포에 대한 주요 항원제시세포이다. 항원 경험이 없는 T_C세포의 활성을 돕는다.

있다. 이 모두가 감염에 대한 선천성 면역반응을 구성한다.

선천성 면역계의 활성화

TLR 같은 선천성 면역 수용체가 병원체를 인식하면 조율된 반응을 유도하는 신호전달체계(2장 참조)가 작동한다. 이에는 신호전달 분자의 생성, 항미생물 펩타이드의 방출, 보체의 활성화를 들 수 있다(**그림 13.16**).

항미생물 펩타이드 중 잘 연구된 것이 디펜신(defensin)이다. 디펜신의 시스테인은 병원체 표면의 양전하를 띤 아미노산과 상호작용하여 그람음성균의 외막에 결합하여 막을 파괴하고 식세포작용을 촉진한다. 이 반응으로 유도된 항미생물 효소 라이소자임도 세균의 세포벽을 분해한다.

인체 방어의 중요한 역할을 하는 선천성 면역으로 유도되는 또 다른 단백질은 인터페론(interferon)이다. 분비되는 인터페론은 다양한 기능을 갖는 중요한 신호 분자이다. 2종류의 인터페론(1형과 2형)은 각각 수용체가 달라 서로 다른 신호전달체계를 활성화한다. 1형 인터페론은 바이러스가 세포를 감염할 때 주변의 감염되지 않은 정상 세포를 보호하는 신호전달자로 작용한다. 바이러스는 여전히 주변세포로 침투할 수 있지만, 인터페론은 RNA 분해를 유도하여 세포의 단백질 합성을 억제한다. 이로써 세포는 죽게 되지만, 바이러스의 합성과 전파 또한 억제된다. 2형 인터페론, 즉 사람의 감마 인터페론(IFN-γ)은 T림프구와 자연살해세포 같은 특정 백혈구에서만 생산된다. IFN-γ의 분비는 감염과 암에 대한 면역 방어의 일부이다.

선천성 면역계 세포

선천성 면역에서 가장 중요한 것은 체내를 순환하고 조직 내에서 비특이적으로 병원체를 공격하는 몇몇 백혈구(leukocyte)이다(**표 13.1**).

- **대식세포**(macrophage, 일명 "대식가"): 크고 불규칙한 모양을 한 세포로 식세포작용으로 미생물을 삼켜서 죽인다. 일단 대식세포 내부로 들어오면, 막으로 싸인 포식소체(phagosome)는 라이소솜(lysosome)과 융합한다. 이로 인해 미생물을 죽이고 분해하는 라이소솜 효소가 활성화된다. 세균 외에도 대식세포는 바이러스, 세포 찌꺼기, 폐의 먼지 입자를 삼킨다. 대식세포는 조직을 적시고 있는 세포외액을 끊임없이 돌아다닌다. 혈액에 있는 미분화된 대식세포인 단핵구는 감염에 반응하여 모세혈관의 내피세포 사이를 빠져나와 결합조직으로 들어간다. 감염 부위에서 단핵구는 활성화되고, 포식 기능이 있는 대식세포로 성숙한다.

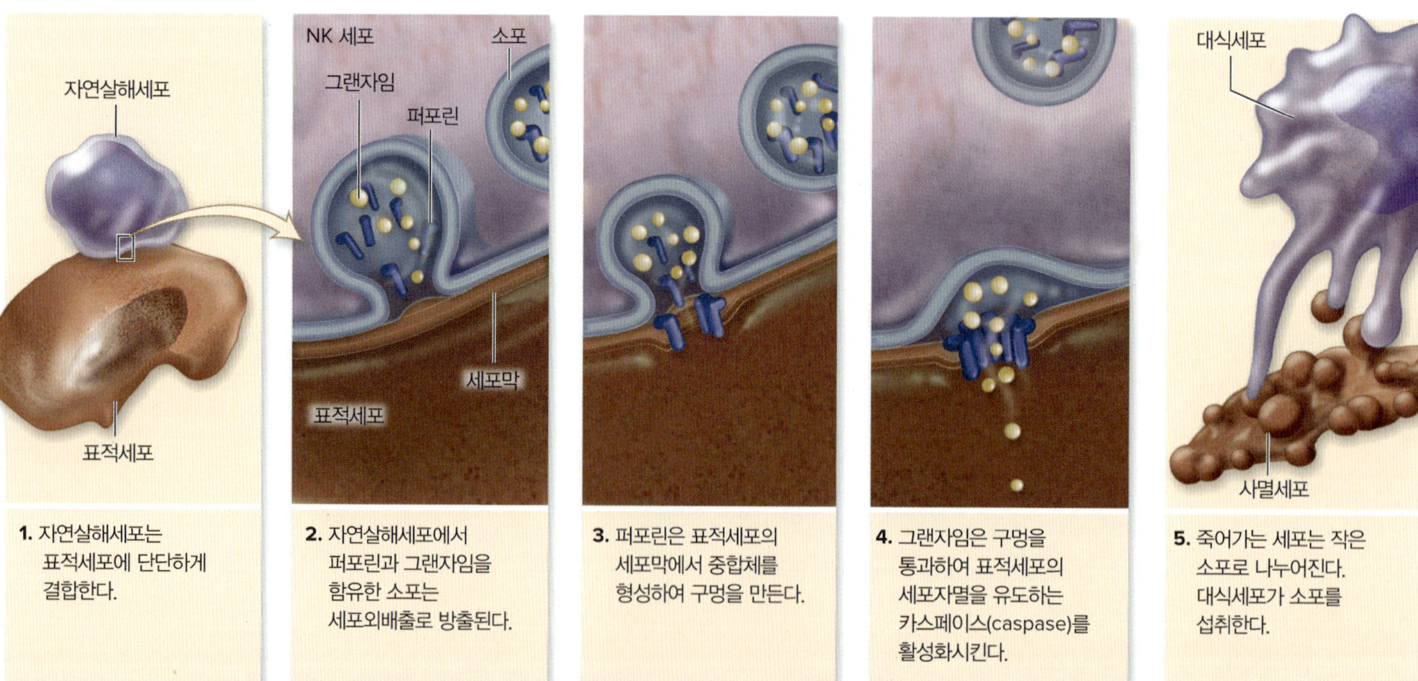

그림 13.17 자연살해세포가 표적세포를 제거하는 방법.
자연살해세포는 바이러스로 감염된 세포를 세포예정사, 즉 세포자멸로 죽인다. 죽게 될 세포에 구멍을 만드는 단백질을 분비하고, 이 구멍으로 물질을 확산시켜 세포자멸을 일으키게 된다.

- **호중구**(neutrophil): 순환하는 백혈구 중 가장 많으며, 말초혈액 백혈구의 50~70%를 차지한다. 손상되거나 감염된 조직에 첫 번째로 나타나는 세포이다. 대식세포처럼 모세혈관의 내피세포 사이를 빠져나와 감염된 조직으로 이동한 뒤, 식세포작용으로 다양한 병원체를 섭취한다. 병원체를 파괴하는 메커니즘은 대식세포와 유사한데, 활성산소종(reactive oxygen radical)을 더 많이 만든다. 호중구는 또한 디펜신 펩타이드를 생산한다.
- **자연살해세포**(natural killer cell, NK cell): 침입한 미생물을 공격하지 않는 대신 바이러스로 감염된 인체 세포를 죽인다. 식세포작용으로 죽이지 않고, 표적세포의 세포자멸(apoptosis)을 유도한다. NK 세포로부터 분비된 퍼포린(perforin)이란 단백질은 표적세포의 막에 구멍을 만든다. 다른 NK 생산 단백질인 그랜자임(granzyme)은 이 구멍으로 들어가 표적세포에서 세포자멸을 유도하는 단백질을 활성화한다(**그림 13.17**). 대식세포는 세포자멸로 생성된 막으로 싸인 세포 찌꺼기를 섭취한다. 또한 NK 세포는 종양세포를 공격하기에 암에 대한 인체의 가장 강력한 방어 중 하나이다.

염증반응

염증반응(inflammatory response)에 인체의 몇몇 기관계가 관여하기도 하므로 염증반응은 국소적(localized) 또는 전신적(systemic)일 수 있다. 급성 반응은 일반적으로 빠르게 시작하지만, 상대적으로 짧은 기간 동안 지속된다. 감염되거나 손상된 어떤 세포는 히스타민(histamine), 프로스타글란딘(prostaglandin), 브래디키닌(bradykinin) 같은 화학적 경고 신호를 내보낸다. 이들은 국소 혈관의 확장을 일으킨다. 이는 염증 부위로 혈류를 증가시켜 발적과 발열 및 부종을 일으킨다.

모세혈관 투과도의 증가는 호중구가 혈액에서 조직액으로 이동하는 것을 촉진하고, 이동한 호중구는 병원체를 섭취하고 분해하여 고름을 형성한다. 호중구는 또한 몇 시간 뒤 유인되는 단핵구에 대한 신호분자도 분비한다. 단핵구가 대식세포로 분화하면 마찬가지로 병원체와 죽은 세포의 찌꺼기를 섭취한다(**그림 13.18**). 염증반응은 체온의 상승, 즉 발열을 동반하는 급성기 반응을 유발한다. TLR을 가진 대식세포가 침입한 병원체에 결합하면, 인터루킨-1(interleukin-1, IL-1)이라는 사이토카인이 분비되어 혈액을 따라 뇌로 운반된다.

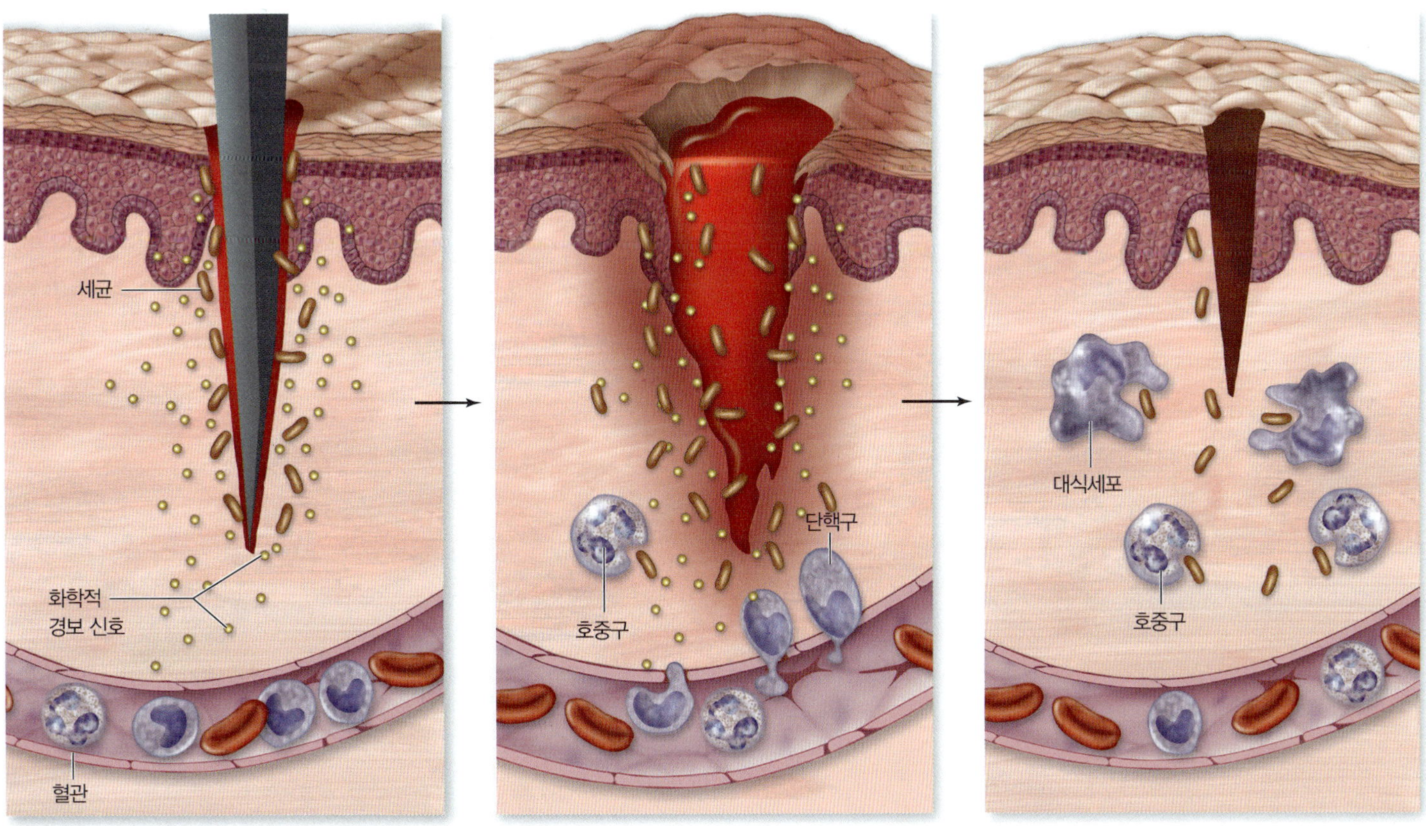

그림 13.18 국소적 염증반응.
침입한 병원체가 상피 표면을 뚫으면, 히스타민과 프로스타글란딘 같은 화학적 경고 신호가 손상된 세포로부터 발생하여 주변 혈관이 확장되고 투과도가 증가한다. 혈류의 증가로 붓고, 호중구에 이어 대식세포와 같은 식세포가 집결하여 침입한 병원체를 공격하고 포식한다.

IL-1은 시상하부의 신경세포가 체온을 37℃보다 조금 올리도록 한다. 체온의 상승은 식세포의 활동을 촉진하고 몇몇 미생물의 생장을 저해한다. 그러나 39.4℃ 이상은 인체에 유해하며, 40.6℃ 이상은 치명적이다.

염증반응 동안 간세포에서는 급성기 단백질이 분비되는데, 때로는 정상 혈청 농도의 1,000배 이상에 이르기도 한다. 이 단백질들은 여러 종류의 미생물에 결합하여 호중구와 대식세포 같은 식세포의 포식을 촉진한다.

보체의 활성화

척추동물의 세포성 방어는 혈장에서 자유롭게 움직이는 약 30종의 단백질로 이루어진 **보체계**(complement system)라는 효과적인 화학적 방어로 인해 촉진된다. 대체로 비활성화 상태이지만 염증반응 동안에는 조직으로 이동할 수 있다. 보체는 선천성 면역의 수용성 감지자 중 하나인 만노스 결합 렉틴 단백질(MBL)에 의해 활성화되거나, 병원체 표면의 전하를 띤 물질이 관련된 일련의 반응을 통해 활성화된다.

보체계가 활성화되면 보체 단백질은 응집하여 막공격복합체(membrane attack complex, MAC)를 형성하는데, 이는 병원체의 원형질막 또는 외피를 갖는 바이러스의 지질막에 박혀 구멍을 형성한다. 세포외액이 이 구멍을 통해 병원체 내부로 유입되어 병원체는 부풀어 오르고 터지게 된다. 일부 보체 단백질은 비만세포와 호염구로부터 히스타민과 기타 매개체를 분비하여 모세혈관을 확장하고, 투과도를 증가시킨다. 다른 보체 단백질은 투과도가 더 높은 혈관을 통해 호중구와 같은 식세포를 감염 부위로 유인한다.

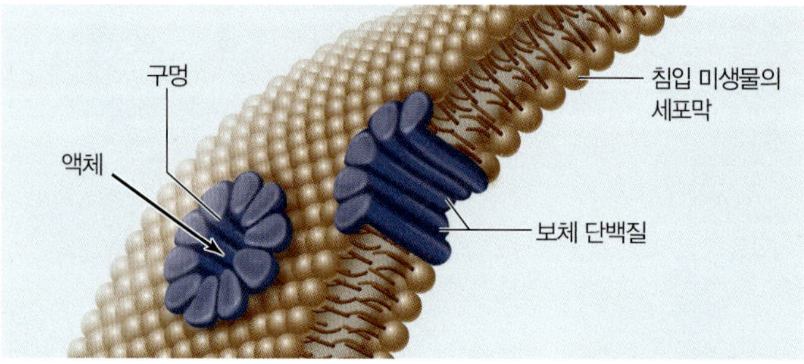

13.5 적응성 면역

감염성 질병을 겪지 않고 어린 시절을 보낸 사람은 거의 없다. 효과적인 백신이 만들어진 1991년 이전에는 대부분 아이가 10대가 되기 전에 수두(chicken pox)를 앓았다. 수두와 몇몇 질병은 한번 회복되면 다시 걸리지 않았는데, 이들은 수두를 유발하는 바이러스인 수두대상포진바이러스(*varicella-zoster* virus)에 면역이 생겼기 때문이다. 이 면역력은 획득면역이라는 적응성 면역의 방어 메커니즘으로 생긴다. 선천성 면역은 새로운 병원체에 의한 감염 초기에 주로 작동하는데 반해, 적응성 면역은 감염 후기에 주로 작동한다. 적응성 면역의 특징은 다음과 같다.

1. 항원 인식의 특이성
2. 특이적으로 인식할 수 있는 항원의 다양성
3. 항원에 대해 다시 노출되었을 때 처음보다 더 빠르고 강하게 반응하도록 하는 기억
4. 자기 항원을 비자기 항원과 구별하는 능력

특이적 면역반응을 유도하는 항원

항원(antigen)은 특이적 면역반응을 일으키는 분자이다. 가장 효과적인 항원은 단백질 같이 크고 복잡한 분자이다. "이질성(foreignness)"이 클수록, 즉 숙주로부터 계통분류학적으로 거리가 멀수록, 유도되는 면역반응은 더 강하다.

항원은 미생물 또는 바이러스의 성분일 수도 있고, 수혈된 적혈구 또는 이식된 조직의 단백질이나 당단백질일 수도 있으며, 음식 또는 꽃가루의 성분일 수도 있다. 커다란 항원은 많은 항원 결정부위(antigenic determinant) 또는 항원결정기(epitope)를 가지고 있어

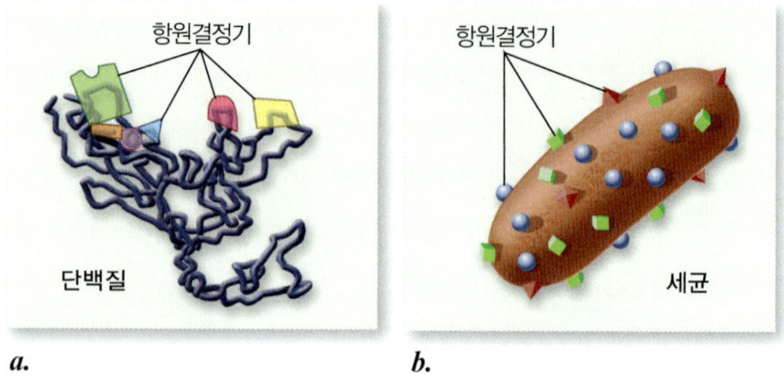

그림 13.19 항원 하나에 여러 항원결정기가 존재한다.
a. 결합한 탄수화물을 갖는 단백질은 항원결정기라 불리는 항원 결정부위를 여러 개 가지며, 각각은 독특한 면역반응을 일으킨다. *b.* 세균과 같은 병원체는 표면에 많은 단백질을 가지며, 동일한 것이 여러 개일 수 있다. 단백질과 세균이 같은 척도에서 그려져 있지 않음에 주의한다.

각각은 독특한 면역반응을 일으킬 수 있다(**그림 13.19**).

적응 면역반응을 실행하는 림프구

적응성 면역에는 여러 종류의 림프구가 관여한다. 항원을 한 번도 만난 적이 없는 림프구를 항원 경험이 없는 림프구(naive lymphocyte)라 한다. 항원 경험이 없는 림프구가 외부 항원에 결합하면, 활성화되고 분열하여 동일한 항원 특이성을 갖는 세포 클론을 만드는데, 이 과정을 **클론선택**(clonal selection)이라 한다. 이들 세포 일부는 항원에 즉시 반응하고, 나머지는 기억세포(memory cell)가 되어 수년간 또는 남은 평생 체내에 존재한다. 동일한 항원에 다시 노출되면 기억세포는 쉽고, 빠르게 활성화된다.

B세포의 항원 인식: B림프구(B lymphocyte), 즉 **B세포**(B cell)는 골수(bone marrow)에서 생식, 성숙한다. 이들은 항원에 반응하여 **항체**(antibody), 즉 **면역글로불린**(immunoglobulin, Ig)이라는 단백질을 분비한다. 항원이 B세포의 막에 있는 면역글로불린에 결합하면 항원 인식이 발생한다. 항원에 대한 결합은 다른 신호들과 함께 신호체계를 활성화하여, B세포의 막에 있는 항체에 의해 인식된 항원결정기에 특이적인 항체를 분비하는 **형질세포**(plasma cell)를 생성한다. 항체 분비를 유도하는 B세포 매개 반응을 **체액성 면역**(humoral immunity)이라 한다.

T세포의 항원 인식: T림프구(T lymphocyte) 또는 **T세포**(T cell)는 골수에서 생성된 후 흉선(thymus)에서 성숙한다. 이들은 항체를 분비하지 않는 대신, 다른 세포들의 면역반응을 조절하거나 특이적인 항원을 운반하는 세포를 직접 공격한다. 이 세포들이 적응성 면역의 또다른 유형인 **세포매개면역**(cell-mediated immunity)에 관여한다.

면역 기관

면역체계의 기관은 골수와 흉선의 **1차 림프기관**(primary lymphoid organ)과 림프절, 비장, 점막연관림프조직(mucosa-associated lymphoid tissue, MALT)의 2차 림프기관(secondary lymphoid organ)으로 구성된다(**그림 13.20**).

1차 림프기관

줄기세포가 있는 골수는 B세포가 성숙하는 곳이기도 하다. 조혈작용으로 가장 미성숙한 B세포인 선조 B세포가 만들어진 후, 이 세포는 골수에서 성숙한다. 골수에서 면역글로불린 유전자의 DNA 재배열이 일어나 B세포 각각의 특이성이 결정된다. 모든 B세포는 표면에 항원결정기 결합의 특이성이 같은 약 10^5개의 Ig 분자를 갖는데, 이 특이성은 각 B세포마다 다르다.

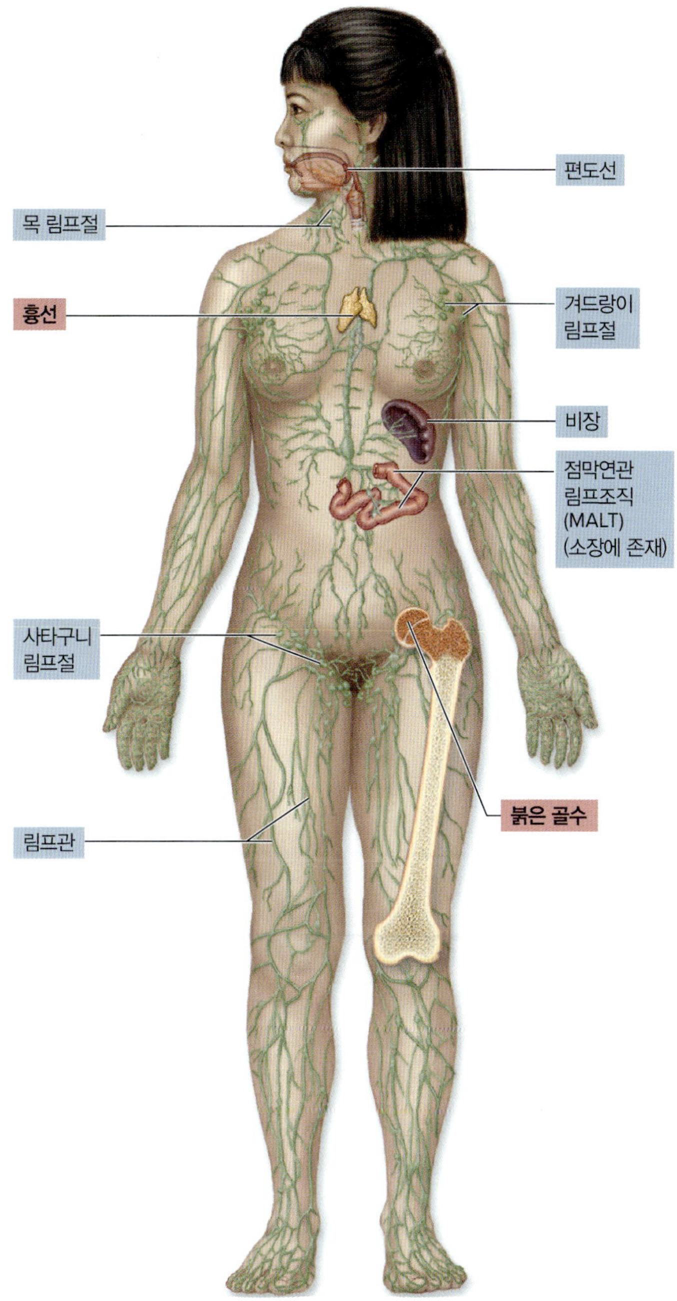

그림 13.20 특이적 면역체계의 기관.
면역체계 기관에는 2종류가 있다. 1차 림프기관(붉은색)에서는 B림프구와 T림프구가 성숙하여 특이적 수용체를 갖고, 2차 림프기관(파란색)에서는 항원을 수집하여 항원 경험이 없는 성숙한 림프구와 만나게 함으로써 림프구를 자극한다.

자기 자신의 세포를 공격하지 않도록, 자기 항원에 결합하는 B세포는 세포자멸을 하게 된다(**그림 13.21*a***). 나머지 림프구는 골수에서 나와 혈액과 림프를 순환하며 2차 림프기관을 거치는데, 여기에서 항원을 만난다. 선조 T세포는 골수에서 생성된 후, 심장 바로 위에 있는 흉선(가슴샘, thymus)으로 이동한다.

그림 13.21 1차 림프기관에서 자기물질과 반응하는 림프구의 선별.
B림프구와 T림프구가 특이적 수용체를 획득한 후, 자기와 반응하는 세포는 세포자멸에 의해 제거된다. ***a.*** 성숙 중인 B세포 표면의 Ig가 골수기질세포의 항원결정기에 결합하면 세포는 세포자멸을 하게 된다. B세포 중 10%는 Ig가 기질세포의 항원결정기를 인식하지 못하여 골수로부터 방출된다. ***b.*** 흉선에서 성숙 중인 T세포의 TCR이 수지상세포의 자기 MHC/자기 펩타이드 복합체와 너무 강하게 결합하면 T세포는 세포자멸을 하게 된다. MHC와 전혀 결합하지 않는 세포 또한 제거된다. 성숙 중인 T세포의 2~5% 정도가 MHC-펩타이드 복합체와 적절한 친화도로 결합하여 흉선으로부터 방출된다. 이 세포들은 자기 MHC/외부 펩타이드 복합체와 높은 친화도로 결합한다.

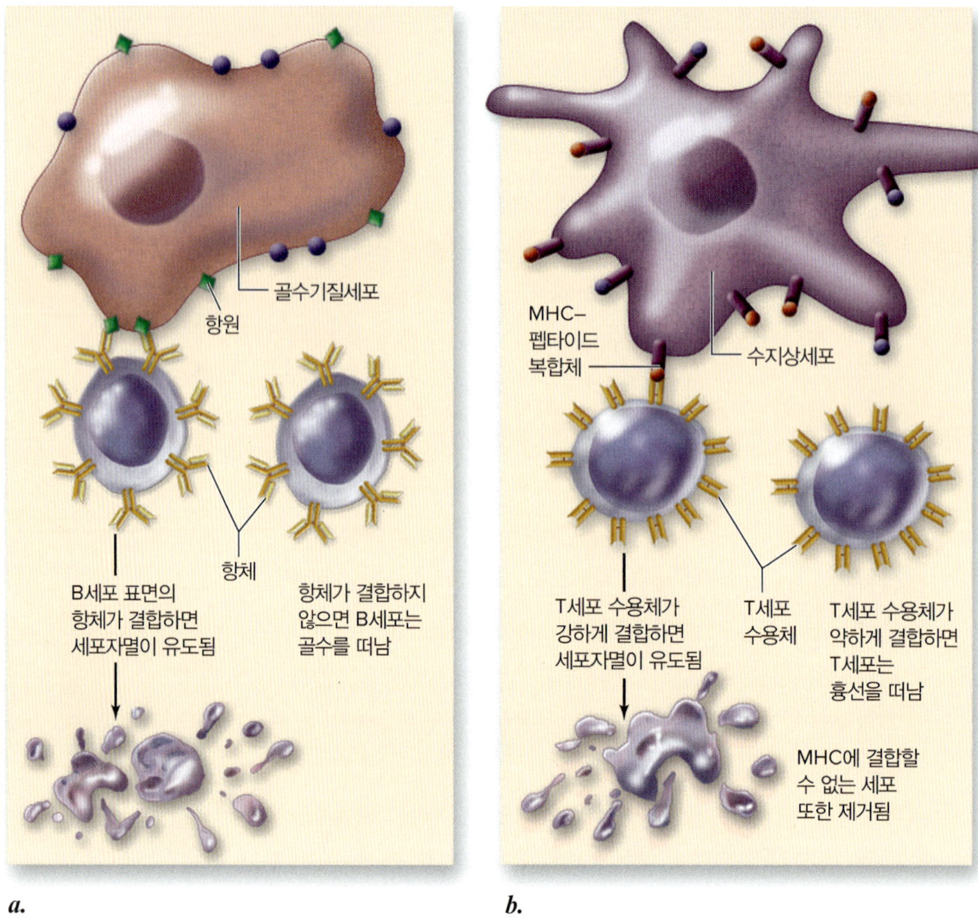

T세포의 항원 수용체를 **T세포 수용체**(T-cell receptor, TCR)라 한다. TCR은 T세포가 흉선에서 성숙할 때 선조 B세포의 Ig 유전자에서처럼 유전자 재배열로 생산된다. T세포는 세포 하나당 10^5개의 동일한 TCR을 갖는데, TCR은 T세포마다 다르다.

B세포는 온전한 항원의 항원결정기를 인식하는데, 항원결정기는 단백질일 수도 있고 아닐 수도 있다. 반면에 T세포는 단백질의 펩타이드 절편만 인식하는데, 이 펩타이드 절편은 인체의 거의 모든 세포 표면에 존재하는 자기 MHC 단백질과 결합해 있어야 한다. 이 단백질은 **주조직적합성복합체**(major histocompatibility complex, MHC) 유전자에 암호화되어 있다.

흉선에서 선별되는 동안 T세포는 흉선 내의 **수지상세포**(dendritic cell)와 만나는데, 흉선 세포 표면에는 모든 자기 MHC 단백질이 발현된다. T세포의 TCR이 자기 펩타이드와 결합한 자기 MHC 단백질 복합체에 너무 강하게 결합하면, 자기 분자를 인식하는 이 T세포는 세포자멸을 하게 된다(**그림 13.21***b*). 반대로 MHC 복합체에 결합하지 않는 T세포도 제거된다. 흉선으로 이동한 선조 T세포의 약 5% 정도만이 엄격한 두 단계 선별을 통과하여 세포자멸을 피한다.

2차 림프기관

2차 림프기관은 인체의 모든 항원을 거르는 것을 촉진한다. 1차 림프기관을 떠나 림프절에 들어온 항원 경험이 없는 성숙한 B림프구와 T림프구 또는 림프절에 있던 기억세포가 항원을 만나면 활성화된다. 활성화된 B세포와 T세포의 클론 후손 및 활성화된 B세포에서 분비된 항체는 림프절을 떠나 심장 근처 혈관으로 나간다.

어떤 림프절에서는 항원에 반응한 림프구가 들어가기에, "부은 림프절(swollen gland)"이 나타나게 된다. 즉, 감염에 따른 국소적인 림프절 비대는 림프구의 방대한 유입에 따른 것이다.

어떤 항원은 주로 혈액에서 발견되거나, 조직과 혈액 모두에서 나타난다. 이런 항원에 대한 면역반응은 비장(spleen)에서 일어난다. 비장의 기본조직으로 이동한 항원은 소동맥을 둘러싼 백색 수질에 있는 B세포와 T세포에 의해 인식된다.

마지막으로 중요한 2차 림프기관은 **점막연관림프조직**(mucosaassociated lymphoid tissue, MALT)으로 편도선, 맹장과 점막 표면 아래의 결합조직에 있는 많은 소포(follicle)를 포함한다. 소포는 림프구(주로 B세포이고 T세포가 일부 있음)와 대식세포로 구성된다. 점막을 통과한 항원은 즉시 소포의 림프구와 만나기에 체내 깊은 곳까지 침투되지 못한다.

침입한 생물이 점막 표면의 선천성 면역 방어와 MALT림프구의 특이적 반응을 피해도 여전히 다른 2차 림프기관의 반응 때문에 통제될 수 있다.

세포매개면역

T세포에는 **세포독성T세포**(cytotoxic T cell, T_C)와 **보조T세포**(helper T cell, T_H)가 있다. 이들은 세포 표면의 표지자로 구분할 수 있다. T_C세포는 세포 표면에 CD8 단백질을 가지고 있어서 $CD8^+$세포라고 하며, T_H세포들은 표면에 CD4 단백질을 가지고 있어서 $CD4^+$세포가 된다. 활성화되기 위해서는 2가지 유형의 T세포 모두 주조직적합성복합체(MHC 단백질)에 결합한 펩타이드 절편을 인지해야 하지만, 2가지 유형은 (1) 서로 다른 종류의 MHC 단백질을 인식한다는 점, (2) 활성화되고 난 후의 역할이 다르다는 점에서 구별된다.

자기와 비자기를 구별하는 MHC

대부분의 척추동물 세포 표면에는 마치 개체의 인식표처럼 MHC에 의해 암호화되는 당단백질이 발현된다. 사람에서 이 단백질을 인체백혈구항원(human leukocyte antigen, HLA)이라고 한다. MHC 단백질을 암호화하는 유전자는 대립유전자가 매우 많이 존재하는 다형성(polymorphic) 유전자이기에, 사람마다 지문처럼 차이가 있다.

조직세포의 MHC 단백질은 개인의 면역체계, 특히 T세포를 구별하는 표지자로, 자기(self)와 비자기(nonself)를 구분하는 능력을 가지고 있다. MHC 단백질에는 두 종류가 있다. 1형 MHC 단백질(MHC class I protein)은 핵을 가진 모든 세포에 존재한다. 그러나 2형 MHC 단백질(MHC class II protein)은 항원제시세포(1형 MHC 단백질도 가지고 있음)에서만 존재한다. 이에는 대식세포, B세포, 수지상세포가 포함된다(**표 13.2**). T_C세포는 1형 MHC 단백질에 결합한 펩타이드에 반응하고, T_H세포는 2형 MHC 단백질에 결합한 펩타이드에 반응한다.

대부분 MHC에 결합한 펩타이드는 자신의 자기 단백질에서 유래한다. 이런 이유로 T세포는 흉선에서 선택되는데, 자기 MHC의 자기 단백질에 강하게 결합하는 세포는 개체 자신의 세포를 공격할 가능성 때문에 제거된다. 이런 방식으로 T세포는 성숙하는 1차 림프기관 밖에서 바이러스 감염 또는 암처럼 자기 MHC에 외부 단백질의 펩타이드를 만났을 때 정상적으로 활성화된다.

바이러스 감염세포와 종양세포를 제거하는 세포독성T세포

활성화된 세포독성T세포는 바이러스로 감염된 세포 또는 종양세포 같은 "변형된 자기(altered-self)" 세포를 인식한다. 세포독성T세포는 1형 MHC 단백질에 결합한 내부 항원의 펩타이드를 인식한다. 내부 항원은 자기 단백질, 바이러스에 감염된 세포에서 생산된 바이러스 단백질, 또는 암세포에서 생산된 비정상적인 단백질을 말한다. T_C세포는 자기 1형 MHC에 결합한 비정상적인 단백질의 펩타이드에만 반응하며, 2차 림프기관에서 항원제시세포(antigen-presenting cell)를 만나 활성화된다. 특히 수지상세포는 T_C세포를 활성화하는 항원을 제시한다.

모든 바이러스가 수지상세포를 감염시키지는 않기 때문에 수지상세포는 반드시 바이러스 또는 종양 세포를 섭취하고, 교차제시(cross-presentation)란 메커니즘에 의해 바이러스 또는 종양 펩타이드를 1형 MHC 상에 제시한다. T_C세포의 TCR과 CD8이 수지상세포에 결합하면 T_C세포의 클론 증식(clonal expansion)을 유도하여 활성화된 T_C세포와 기억T_C세포를 생산한다(**그림 13.22**). 그 뒤 활성화된 T_C세포는 체내를 순환하며 자기 1형 MHC에 동일한 외부 펩타이드를 제시하는 표적 숙주세포에 결합하여 세포자멸을 유도한다.

면역반응을 조절하는 보조T세포

활성화된 보조T세포(T_H cell)는 **사이토카인**(cytokine)을 분비한다. 많은 종류의 사이토카인이 알려져 있는데, 다수가 T_H세포에 의해 분비된다. 사이토카인은 많은 세포(특히 면역체계의 세포)의 막에 있는 특이적 수용체에 결합함으로써 세포의 활성화와 분화를 촉진한다(**그림 13.23**).

표 13.2 림프구의 항원 인식

구분	수용성 또는 입자 항원의 항원결정기를 인식함	자기 MHC 단백질에 결합한 항원을 인식함	인식되는 MHC 단백질 유형	인식되는 MHC가 발현된 세포의 유형
B세포	예	아니오	없음	해당 없음
$T_H(CD4^+)$세포	아니오	예	2형	항원제시세포: 수지상세포, B세포, 대식세포
$T_C(CD8^+)$세포	아니오	예	1형	핵을 가진 모든 세포

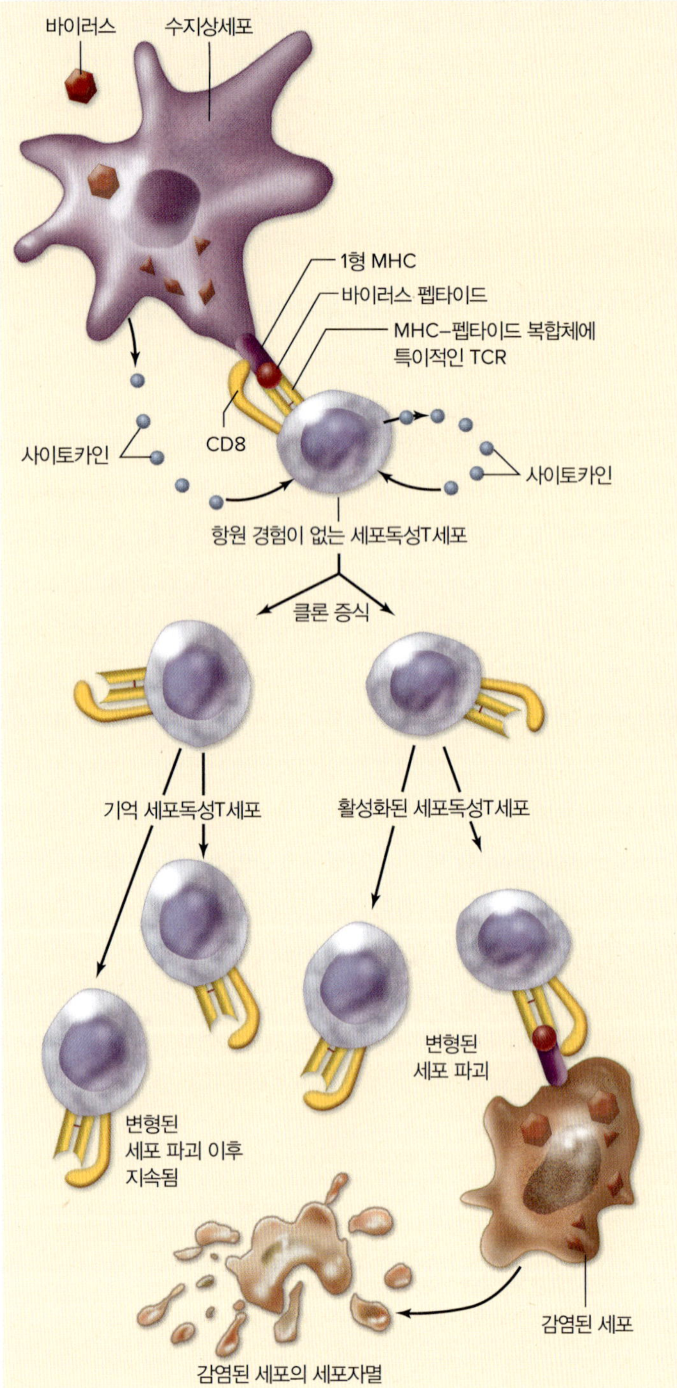

그림 13.22 세포독성T세포는 "변형된-자기" 세포의 세포자멸을 유도한다. 항원 경험이 없는 세포독성T세포는 2차 림프기관의 수지상세포에서 자기 1형 MHC 단백질에 제시된 외부 항원을 인식하여 활성화된다. 이로 인해 클론은 증식하고 기억세포와 활성화된 세포로 분화한다. T_C세포의 활성화된 후손은 동일한 자기 1형 MHC–펩타이드를 가진 (2차 림프기관 밖의) 주변의 세포 모두에서 세포자멸을 유도한다. 이들은 대체로 바이러스에 감염된 세포 또는 암세포이다.

사이토카인은 매우 강력하기에 극소량으로 분비되어 대체로 주변 세포에만 결합한다. IL-1은 예외적으로 시상하부까지 이동하여 발열 반응을 유도한다. 서로 다른 T_H세포가 세포 수용체에 특이적인 사이토카인을 분비하는데, T_H세포와 여기서 분비된 사이토카인이 면역 반응의 체액성 또는 세포매개 여부를 결정한다.

T_H세포는 항원제시세포로 들어온 외부 항원에 반응한다. 대식세포 또는 수지상세포는 식세포작용 또는 세포내섭취로, B세포는 수용체매개 세포내섭취(receptor-mediated endocytosis)로 항원을 획득한다. 일단 세포 안으로 들어온 항원은 강한 산성을 지닌 엔도솜(endosome) 또는 라이소솜에서 분해된다. 항원의 펩타이드는 2형 MHC 단백질과 결합하고, 2형 MHC–펩타이드 복합체는 항원제시세포의 세포 표면으로 이동하여 제시된다. T_H세포는 2차 림프기관에서 항원제시세포를 만나 이 복합체와 결합한다. T_H세포의 CD4 단백질은 2형 MHC의 보존 영역에도 결합한다.

항원 경험이 없는 T_H세포는 CD28 단백질을 발현하는데, 이 T세포가 활성화되면 B7 단백질과 결합한다. B7은 항원제시세포에만 있는데, 수지상세포에서 고농도로 존재한다. T_C세포처럼, 활성화된 T_H세포는 동일한 TCR 특이성을 갖는 작동(effector) T_H세포와 기억 T_H세포의 클론을 만든다. 대부분의 작동세포는 림프기관을 떠나 체내를 순환한다.

AIDS 환자의 HIV는 T_H세포를 감염시켜 파괴함으로써 환자의 면역체계가 작용하지 못하게 한다(8.2절 참조).

체액성 면역과 항체 생산

항원에 대한 B세포 수용체는 원형질막에 내재한 단백질로 존재하는 면역글로불린 분자이다. 항원 경험이 없는 B세포는 2차 림프기관에서 항원을 만난다. B세포의 면역글로불린 분자가 항원의 특이적 항원결정기에 결합하고 B세포가 T_H세포로부터 분비된 사이토카인 같은 추가 정보를 받으면, B세포는 활성화되어 항원에 대해 항체를 분비하는 형질세포(plasma cell)와 기억세포(memory cell)로 분화한다(**그림 13.23** 참조).

항체의 구조

각각의 면역글로불린(Ig) 분자는 2개의 동일한 짧은 폴리펩타이드인 경쇄(light chain)와 2개의 동일한 긴 폴리펩타이드인 중쇄(heavy chain)로 구성된다(**그림 13.24***a*). 면역글로불린 분자의 4개의 사슬은 2황화결합(disulfide bond)으로 연결되어 Y 모양의 분자를 형성한다(**그림 13.24***b*). 각 분자에서 "가지"는 Fab(Fragment antigen binding) 부위로, "줄기"는 Fc(Fragment crystallizable) 부위로 불린다. 동일한 유형의 항체 모두에서 Fc 부위는 사실상 같지만, Fab 부위는 각 항체마다 독특하다.

항체 특이성(가변부위): 항원결정기에 대한 면역글로불린의 특이성

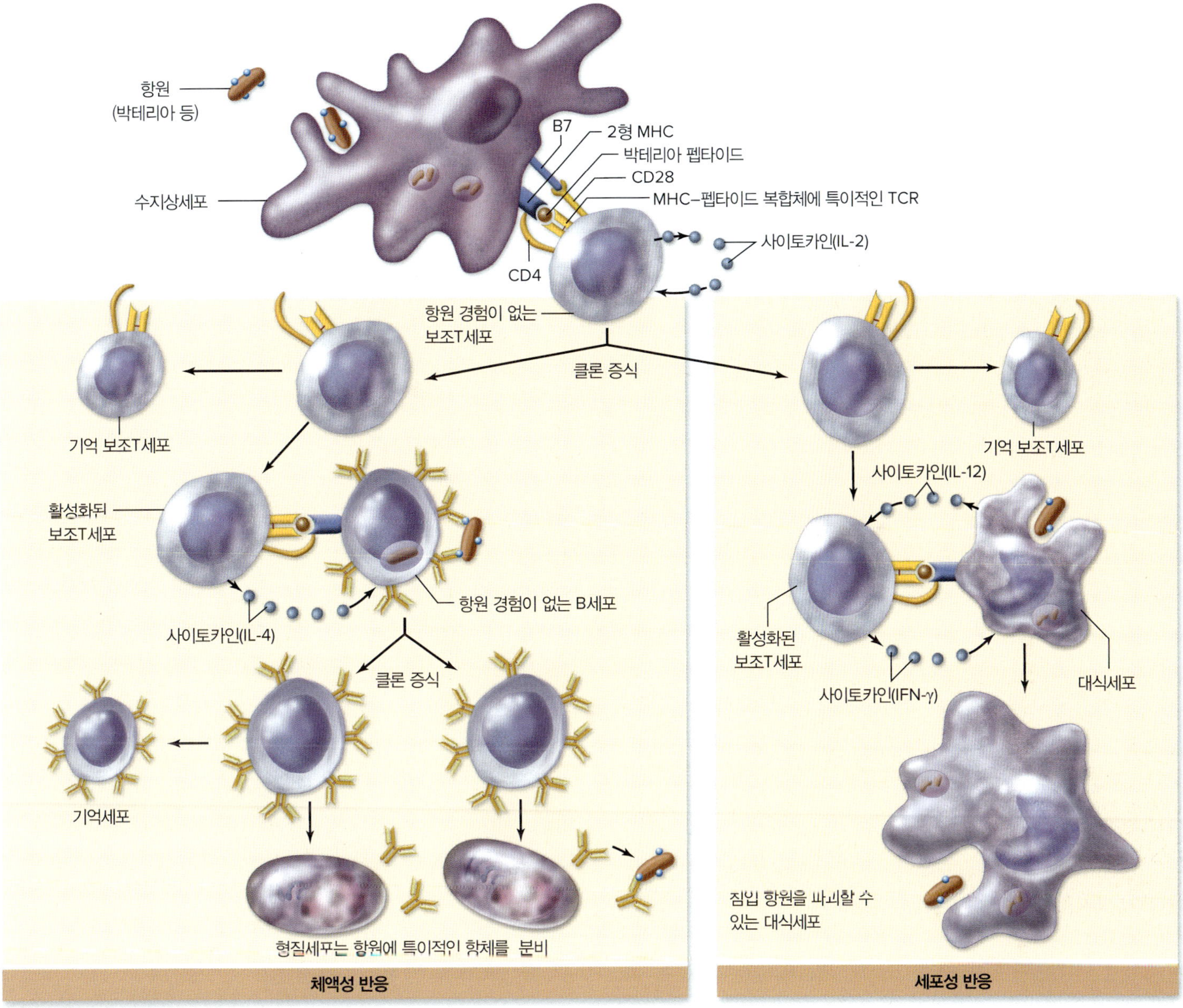

그림 13.23 보조T세포는 세포매개 면역반응과 체액성 면역반응을 촉진하는 사이토카인을 분비한다.
항원 경험이 없는 보조T세포는 수지상세포의 자기 2형 MHC 단백질에 제시된 외부 펩타이드에 결합한 TCR에 의해 활성화된다. 이로 인해 클론은 증식하고 기억세포와 활성화된 세포로 분화한다. T_H세포는 B세포에 의해 제시된 동일한 항원을 인식하면 체액성 면역반응을 촉진한다. T_H세포로부터 인터루킨-4(IL-4) 같은 사이토카인이 분비되면 B세포를 자극하여 기억세포와 항원에 대해 항체를 분비하는 형질세포를 생산한다. T_H세포는 또한 인터페론-γ(IFN-γ)를 분비하여 대식세포와 같은 세포 반응에 관여하는 세포를 자극한다. 대식세포는 다른 사이토카인을 분비하여 T_H세포를 자극한다.

은 Fab 부위의 아미노 말단 절반에 위치한다. 이 부위는 면역글로불린마다 아미노산 서열이 달라 가변부위(variable region)라고 한다. 경쇄와 중쇄 모두 가변부위를 갖는다. 면역글로불린의 나머지 부위는 아미노산 서열이 면역글로불린마다 상대적으로 일정하여 불변부위(constant region)라 한다(**그림 13.24** 참조). 경쇄와 중쇄 모두 불변부위를 갖는다. 포유류 면역글로불린 경쇄의 불변부위는 기능이 동일한 2개의 아미노산 서열 κ(카파)와 λ(람다)를 갖는다. 중쇄의 불변부위는 μ(뮤), δ(델타), γ(감마), α(알파), ε(입실론)의 5개 서열로 구성된다. 각각의 중쇄가 특정 유형의 경쇄와 결합하면 IgM, IgD, IgG, IgA, IgE와 같은 한 종류의 면역 글로불린이 만들어진다.

항체와 항원의 결합: 중쇄와 경쇄의 가변부위는 함께 접혀 항원결합부위(antigen binding site)를 형성한다. 항원결합부위 표면의 아미노산뿐만 아니라 그 크기와 모양이 항원에 대한 면역글로불린의 특이성을 결정한다. 하나의 면역글로불린은 2개의 동일한 반쪽으로 구성되기 때문에 면역글로불린 하나는 2개의 동일한

그림 13.24 면역글로불린 분자의 구조.
a. 면역글로불린(Ig) 분자의 구조에서 펩타이드 사슬의 아미노산은 작은 구로 표현된다. Ig는 2개의 중쇄(갈색)와 2개의 경쇄(노란색)로 구성된다. 4개의 사슬은 Y형을 이루는데, Y의 팔에 있는 2개의 동일한 항원결합부위(Fab)와 Fc 부위로 구분된다. 2개의 Fab 부위는 유연한 연결부위에 의해 Fc 부위와 결합하고 있다. *b.* 좀 더 간단한 그림에서는 중쇄(갈색)와 경쇄(노란색)를 막대 모양으로 표현했다. 동일한 구조를 갖는 절반의 분자 각각은 2황화결합으로 연결되어 있고, 중쇄와 경쇄도 2황화결합으로 연결되어 있다. *c.* 막 단백질로 나타낸 Ig 분자. 이 그림에서는 중쇄와 경쇄의 구조를 자세히 나타내었다. 각 사슬은 면역글로불린 접힘 모티프를 가진 약 110개의 아미노산으로 구성된 영역 여러 개로 이루어져 있다. 이 영역들은 구형 구조가 2황화결합으로 유지되는 루프로 표현하였다. 각 Fab의 아미노 말단 부위는 항원결정기에 결합하는 가변부위(파란색)이고, 나머지 부위는 불변부위이다.

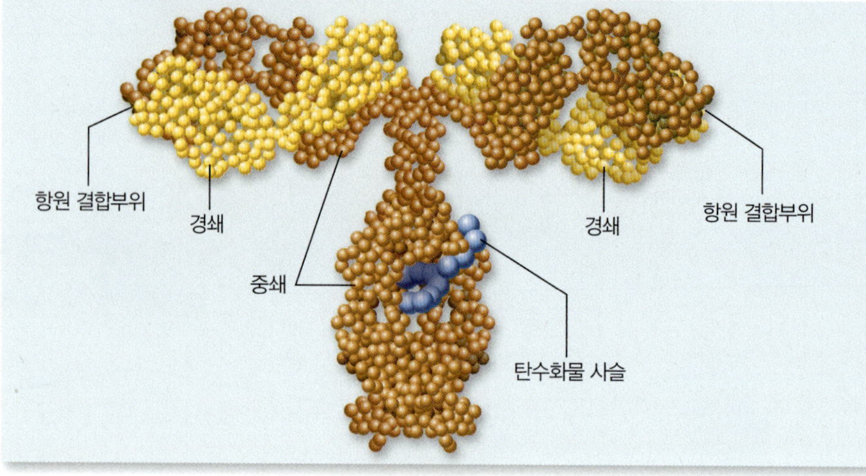

a.

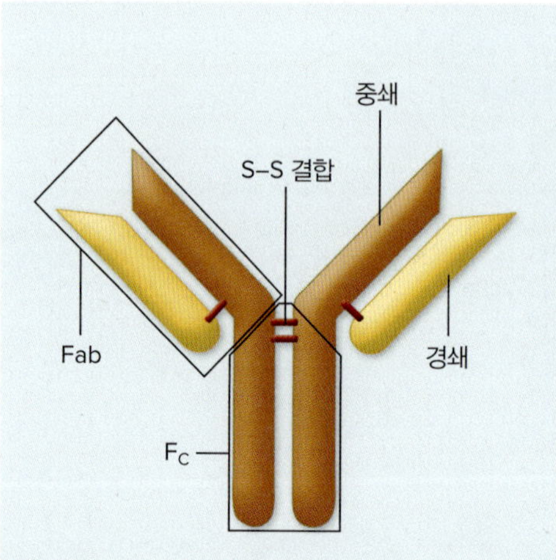

b.

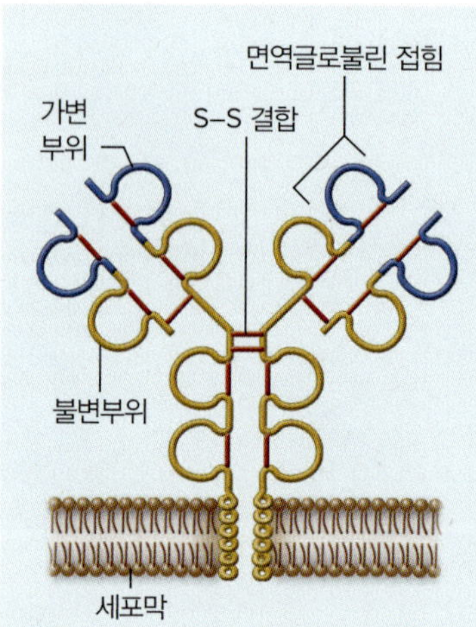

c.

항원결정기에 결합하지만, 공간제약 때문에 일반적으로 하나의 항원에 2개가 동시에 결합하지는 않는다(**그림 13.25***a*).

항체의 종류별 기능(불변부위): 각 면역글로불린의 특이성은 가변부위에 의해 결정되지만, 면역글로불린의 기능은 Fc 부위의 불변부위에 의해 결정되는 항체의 종류에 의존한다. 많은 세포는 Fc 수용체를 가지고 있어 면역글로불린의 특정 종류에 결합한다. 그러므로 면역글로불린이 항원결합부위를 통해 항원에 결합하면 식세포와 같은 또 다른 세포가 면역글로불린의 Fc 부위에 결합하여 항원 가까이 이동함으로써 활성화된다(**그림 13.25***c*). 이런 방식으로 특이적 면역글로불린은 비특이적 세포를 항원과 결합해 항원을 제거하도록 한다.

항체의 종류

항체의 5가지 종류는 중쇄의 불변부위의 서열과 구조에 따라 구분된다. 이러한 5가지 종류는 개체를 보호하는 데 있어 서로 다른 기능을 한다(**표 13.3**). 항체는 침입한 병원체를 직접 죽이는 것이 아니라 비특이적 세포 또는 활성화된 보체계의 표적이 되게 함으로써 병원균을 파괴한다.

5량체인 IgM은 항원 경험이 없는 성숙한 B세포의 표면에 있는 수용체이고, 면역반응 동안 첫 번째로 분비되는 항체이다. IgD 또한 항원 경험이 없는 B세포에 존재하지만, 정상적인 환경에서 IgD는 분비되지 않는다. IgG는 혈장(blood plasma)에 있는 항체의 주 형태로 혈장 항체의 약 75%를 차지하며, 2차 면역반응에서 생산되는 항체의 가장 흔한 형태이다. IgG는 모태로부터 태반을 가로질러 수송되기 때문에 태아에 수동면역을 제공하는 데도 중요하다. IgA는 주로 침, 눈물 또는 위장관, 기관지, 비뇨생식기관을 덮고 있는 점액과 같은 분비물에 존재하는 항체이다. IgA는 이러한 기관 표면의 보호에 중요한 역할을 하며, 대개 2량체(dimer)로 분비된다. 또한 IgA는 모유에 존재하기 때문에 아기에서 수동면역을 제공한다. IgE는 혈장 안에 매우 낮은 농도로 존재하며, 항원과 결합하면 콧물이 흐르

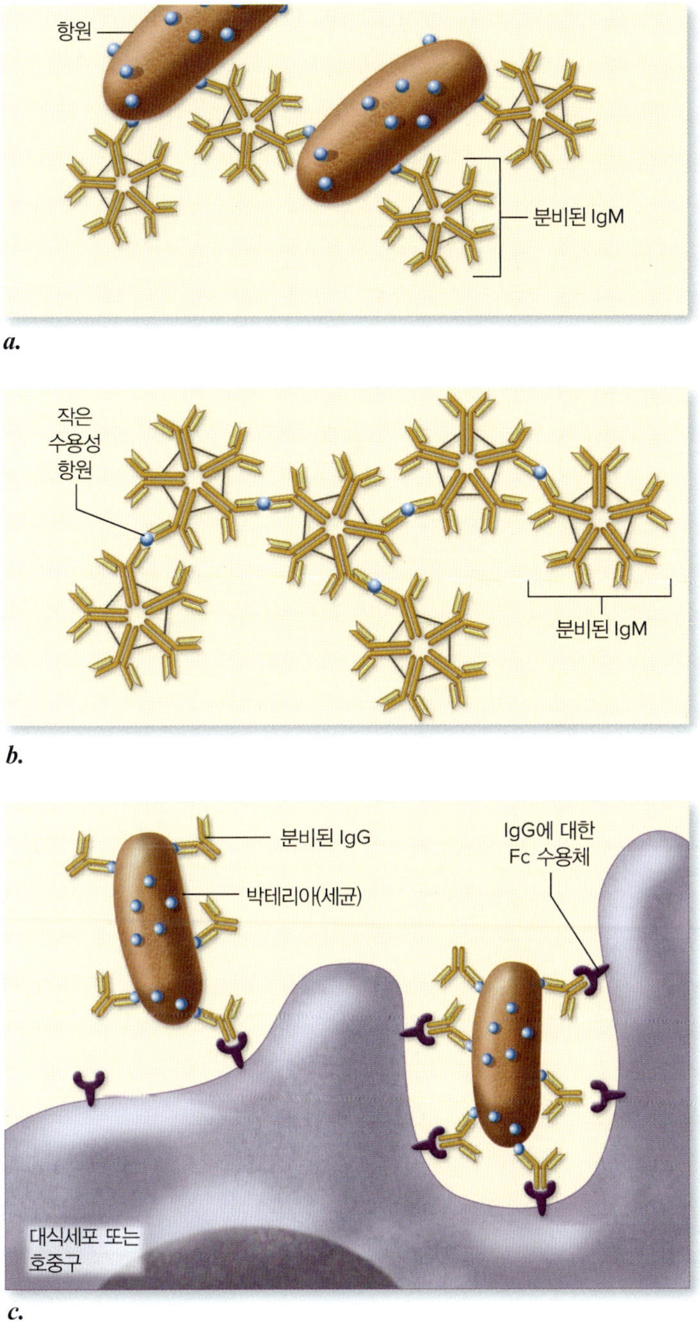

그림 13.25 항체가 항원에 결합하면 항원의 응집, 침강, 중화가 일어난다.
a. 분비된 IgM이 큰 입자형 항원에 결합하면 항원의 뭉침, 즉 응집이 일어난다. *b.* 분비된 IgM이 작은 수용성 항원에 결합하면 침강이 일어난다. 높은 농도(혈장 Ig의 75%)로 인해 분비된 IgG 또한 항원을 응집시키거나 침강시킨다. 그러나 IgG는 5량체인 IgM만큼 침강에 효율적이지는 않다. *c.* 분비된 IgG는 항원을 감싸, 즉 중화하여 숙주와의 결합을 방해한다. IgG에 대한 Fc 수용체(FcR)가 있는 대식세포와 호중구는 항원-항체 복합체에 결합하여 포식하고 파괴한다.

고, 눈이 가려운 것과 같은 알레르기 증상을 초래한다. IgE는 종종 기생충 감염에 반응하여 분비되기도 한다.

표 13.3 5종의 면역글로불린

종류		기능
IgM	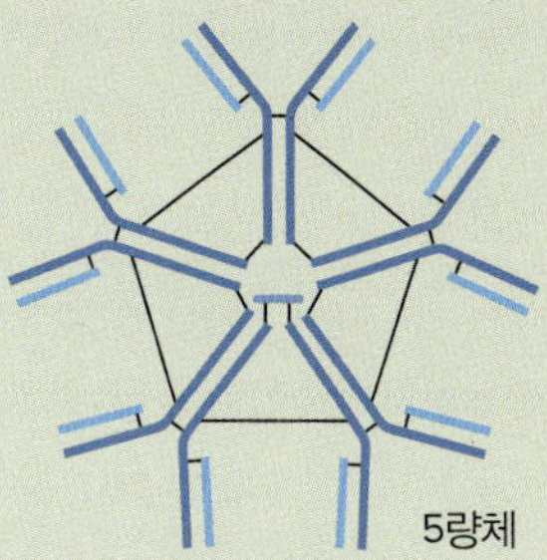 5량체	1차 면역반응 동안 분비되는 첫 번째 항체로서 응집반응과 침강반응을 촉진하고 보체를 활성화한다.
IgD	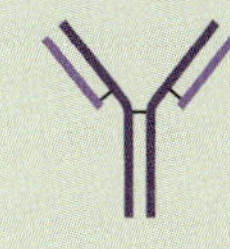 단량체	B세포 표면에만 존재하며, 항원 수용체로 작용한다.
IgG	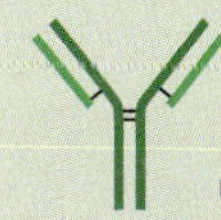 단량체	2차 반응 동안 분비되는 주요 항체로서, 항원을 중화하고, 식세포작용을 촉진하고, 보체를 활성화한다.
IgA	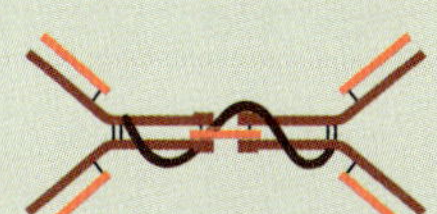 2량체	인체 분비물에 존재하는 항체의 주요 유형으로서 점막연관림프조직(MALT)의 형질세포에서 분비되는 주요 항체이다.
IgE	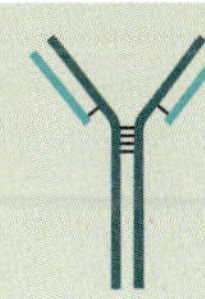 단량체	Fc는 비만세포와 호염구에 결합한다. 가변부위에 알레르겐이 결합하면 알레르기 반응을 유발하는 매개체가 분비된다.

DNA 재조합에 의한 항체와 T세포 수용체(TCR)의 다양성

척추동물의 면역체계는 제시된 거의 모든 비자기 분자를 외부 물질로 인식할 수 있다. 사람이나 생쥐의 B세포는 10^{10}개 이상의 다양한 항원결합부위를 생산할 수 있다. 척추동물은 어떻게 항원 인식의 다양성을 만드는가? 해답은 가변부위의 독특한 유전자 방식에 있다. 면역글로불린의 각 사슬에 있는 가변부위는 하나의 DNA 부위에 암호화되지 않고, 대신에 가변부위를 만들어내는 2~3개의 분리된 DNA 절편을 결합하여 합성된다. 이 과정을 DNA 재배열이라 하는데, 감수분열에서 일어나는 교차와 비슷하지만 동일한 염색체의 유전자 자리(locus)에서 일어나고, 부위 특이적(site-specific)이라는 차이가 있다.

선조 B세포가 골수에서 성숙할 때, 중쇄와 경쇄의 가변부위는 재배열된다. 재배열된 DNA가 전사될 때, 유전자 자리에 따라 중쇄 또는 경쇄의 면역글로불린 폴리펩타이드로 번역되는 mRNA가 만들어진다. 세포는 한 쌍의 상동염색체를 가지지만, DNA 재배열은 하나의 상동염색체에서만 일어나며, 이를 대립유전자 배제(allelic exclusion)라 한다. 따라서 B세포 하나는 하나의 특이성만 갖는 면역글로불린을 만든다.

가변부위 DNA 재배열: 중쇄 유전자에는 약 50개의 V 절편, 약 30개의 D 절편, 6개의 J 절편이 순서대로 있다. 비록 이들 절편은 대략 같은 크기이지만, 뉴클레오타이드 서열은 모두 달라 암호화하는 아미노산은 다르다. 면역글로불린 DNA 재배열은 부위 특이적 재조합(site-specific recombination)으로 D 절편 하나를 J 절편 하나와 연결하는 것으로 시작한다(**그림 13.26**). 중간에 있는 DNA는 결실된 후 분해된다. 이렇게 형성된 DJ 절편은 또 하나의 부위 특이적 재조합으로 V 절편에 결합한다. V, D, J의 선택은 세포마다 무작위로 일어나서, 약 9,000개의 중쇄 가변부위 서열이 생성된다. 비슷한 방식으로 경쇄 가변부위가 형성되는데, 경쇄 가변부위는 V 절편과 J 절편으로만 구성된다. 또한 DNA 절편이 서로 결합할 때, 몇 개의 뉴클레오타이드가 각 절편의 끝에서 삽입되거나 결실되기에 다양성이 증가하게 된다. 마지막으로, 체세포 과다변이(somatic hypermutation)로 인해 돌연변이 비율이 높다. 이 모든 것을 고려하면 10^{10}개 이상의 가변부위가 만들어진다.

전사와 번역: DNA 재배열이 끝나면, pre-mRNA 전사체 형성은 재배열된 가변부위의 5′ 말단에서 시작하여 불변부위 엑손(exon)으로 진행된다. 그다음, RNA 전사체의 대체 스플라이싱(alternative splicing)으로, 재배열된 VDJ의 3′에 남아 있는 불필요한 J 절편이 제거되고 δ 또는 μ 중 하나의 서열이 제거되어 최종 전사체를 만든다. 번역 후 μ 또는 δ 중쇄 폴리펩타이드가 경쇄 폴

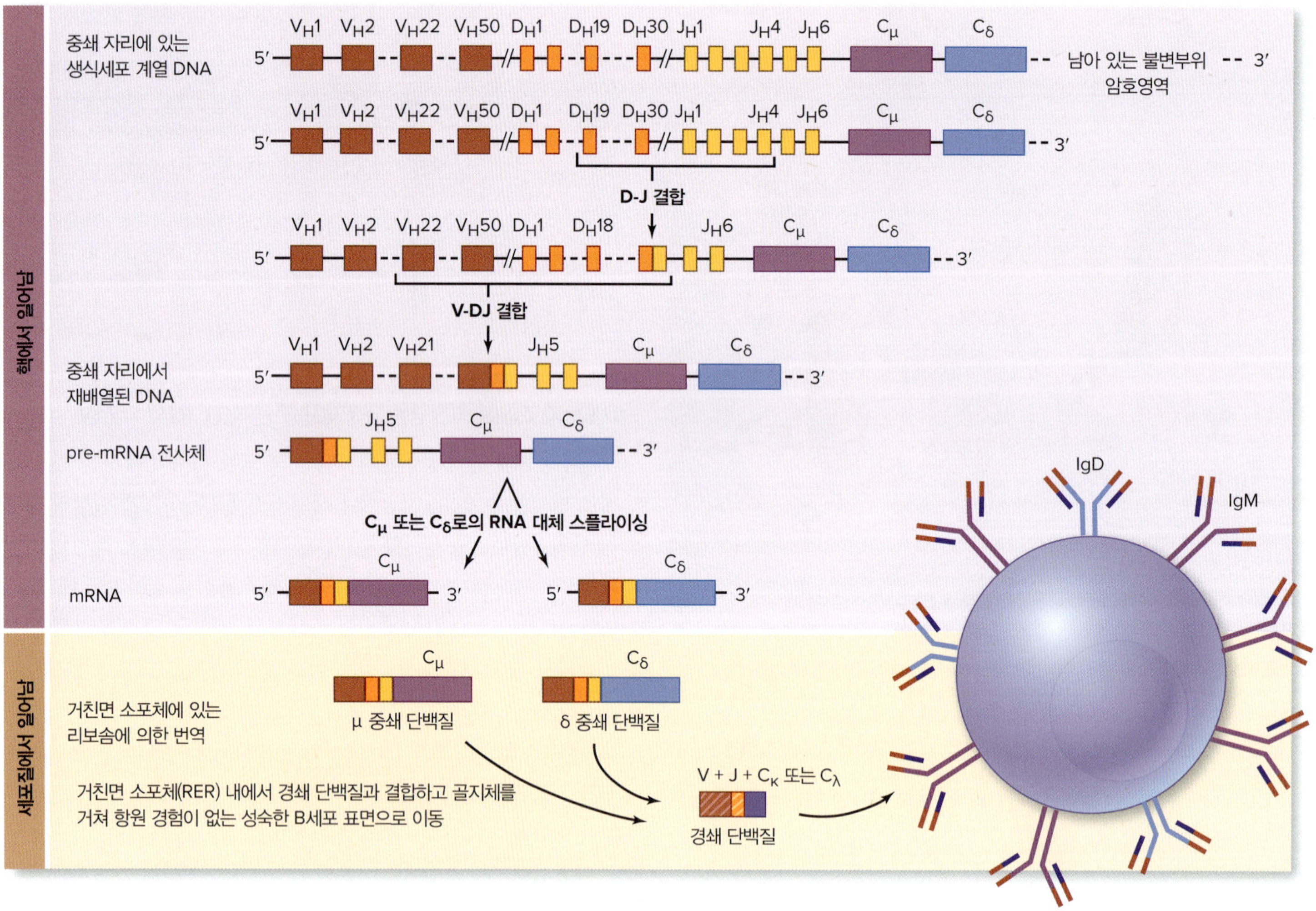

그림 13.26 면역글로불린 다양성은 DNA 절편의 재배열로 형성된다.
면역글로불린(Ig) 단백질은 DNA의 여러 절편인 V, D, J 절편과 불변부위에 의해 암호화되어 있다. 골수에서 성숙하는 동안 DNA는 정확한 순서대로 재배열되고 결합한다. 먼저 D 절편과 J 절편이 결합하고, 이후 DJ는 V 절편에 결합한다. 다른 세포는 다른 V, D, J 절편을 선택하여 Ig 다양성이 나타난다. 전사는 재배열된 VDJ에서 시작하여 불변부위까지 진행된다. Pre-mRNA 스플라이싱으로 가변부위는 μ 또는 δ 불변부위와 결합한다. 이 전사체가 RER 표면의 리보솜에 의해 번역되어 만들어진 중쇄 폴리펩타이드는 경쇄 폴리펩타이드(V, J, C로 암호화됨)와 결합한다. 형성된 단백질은 세포 표면으로 수송되어 항원 경험이 없는 성숙한 B세포는 IgM(μ 불변부위)과 IgD(δ 불변부위)를 갖는데, 가변부위가 같아 항원 특이성도 같다.

리펩타이드와 결합한다.

T세포 수용체: TCR의 구조는 본질적으로 면역글로불린 분자의 Fab 부위와 같다(**그림 13.27**). TCR은 2개의 단위체를 갖는 단백질로, 약 95%의 TCR은 α 사슬 하나와 β 사슬 하나로 구성된다. 두 폴리펩타이드의 아미노 말단 절반이 자기 MHC-펩타이드 복합체에 결합하는 가변부위이고 막 쪽 절반은 불변부위이다. TCR의 가변부위 유전자 자리 또한 다양한 DNA 절편(V, D, J 또는 V, J)을 가지며, 면역글로불린 유전자 절편과 비슷한 방식으로 효소에 의해 연결된다. 구조와 DNA 재배열의 유사성은 면역글로불린처럼 다양한 TCR을 생산한다.

능동 면역과 수동 면역

면역은 여러 가지 방식으로 획득된다. 첫째, 병원체에 감염되어 질병에 걸렸을 때, 또는 병원체의 일부나 병원성이 약한 병원체로 면역 접종(vaccination)을 받았을 때 면역을 획득할 수 있다. 이 두 경우는 능동면역(active immunity)을 유도하여 특이적 림프구를 활성화하고 기억세포를 생산한다. 둘째, 다른 사람으로부터 항체를 얻어 면역을 획득할 수 있다. 모체에서 생산된 항체가 태반을 통해 태아에게 전달되는 것이 그 예이다. 이런 방식으로 얻은 면역을 수동면역(passive immunity)이라 하는데, 이 경우 기억세포가 만들어지지 않는다. 이 면역은 항체가 체내에 존재하는 동안에만 유지된다. 항체도 다른 단백질들처럼 시간이 지나면 파괴된다.

기억세포의 생성 과정

천연두를 물리치게 한 1790년대 제너(Edward Jenner)의 종두법의 성공은 능동면역을 통해 기억세포의 형성을 촉진한 데서 비롯되었다. 특정 항원이 체내로 들어오면, 적절한 수용체를 가진 항원 경험이 없는 림프구와 우연히 만나 면역반응을 일으킨다. 병원체가 처음 침입하면 몇 개의 B세포 또는 T세포만이 수용체로 병원체의 항원 결정기 또는 자기 MHC에 결합한 외부 펩타이드를 인식한다. 따라서 단지 몇 개의 세포가 면역반응을 일으키는 첫 번째 접촉에서는 질병의 증상이 나타난다. T세포와 B세포의 클론 증식이 일어나고 IgM 항체가 분비되기까지 며칠이 소요된다(**그림 13.28**).

1차 반응 동안 많은 기억세포가 만들어지기 때문에 2차 면역반응은 1차 면역반응보다 빠르게 시작되고 정점에 이른다. 클론 증식이 추가로 일어나 대량의 항체가 분비되는데, 일반적으로 IgG이지만 IgA와 IgE 또한 분비될 수 있다. 생산될 면역글로불린의 종류는 2차 반응 동안 B세포에 결합하는 활성화된 기억 T_H세포에서 유래한 사이토카인에 의해 결정된다.

기억세포는 수십 년을 생존할 수 있는데, 이것이 백신 접종 후 수두에 걸린 경우가 드문 이유이다. 백신은 1차 반응을 유도하여 이후 병원체에 노출될 때 빠르고 강한 2차 반응을 일으켜 질병 증상이 나타나기 전에 감염을 종료시킨다. 유년기에 질병을 일으키는 바이러스는 해가 지나도 변화가 거의 없는 표면 항원을 가지기 때문에 동일한 항체가 수십 년 동안 효과적이다.

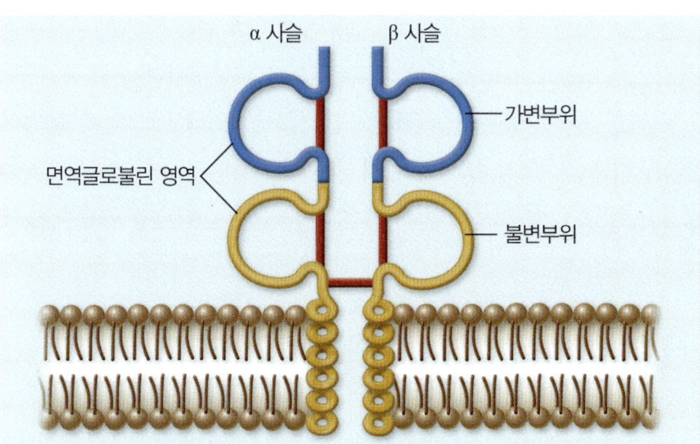

그림 13.27 면역글로불린 Fab와 유사한 TCR의 구조.
TCR은 2황화결합(붉은색)으로 연결된 2개의 사슬(일반적으로 α와 β)로 구성된다. 각 사슬은 Ig Fab에서처럼 2개의 면역글로불린 영역을 갖는다. 각 사슬의 아미노 말단은 가변부위로 MHC-펩타이드 복합체에 결합하고, 막 쪽에는 불변부위가 있다. Ig와는 달리 TCR은 분비되지 않는다.

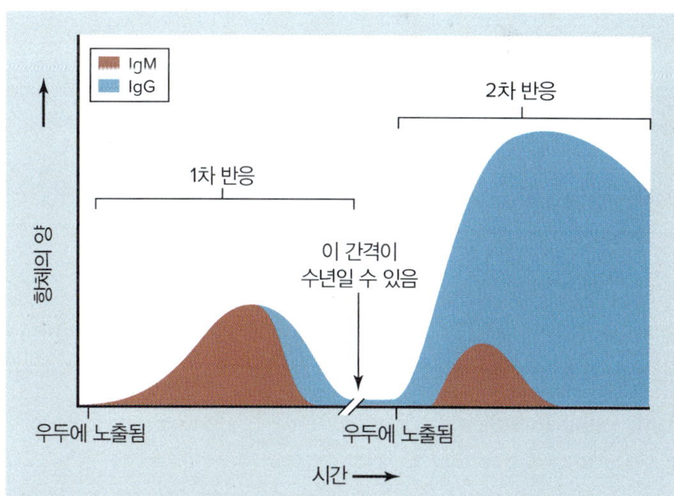

그림 13.28 능동면역의 개발.
제너의 환자에게 형성된 천연두에 대한 면역은 우두 접종으로 인해 우두뿐만 아니라 천연두 항원에도 결합하는 수용체를 가진 기억세포를 포함하는 림프구 클론이 형성되었기 때문이다. 2차 노출은 기억세포를 자극하여 동일한 특이성을 갖는 항체를 1차 면역 때보다 대량으로 빠르게 생산한다. 1차 반응 동안 생산된 첫 번째 항체는 IgM(붉은색)이지만, 1차 반응 말기에는 IgG(파란색)가 분비된다. 2차 반응 동안 분비되는 항체 대부분은 IgG이지만, MALT에서 항원 자극으로 활성화된 B세포에서 분비되는 항체는 IgA이고, 알레르기와 같은 상황에서 분비되는 항체는 IgE이다.

13.6 자가면역질환과 과민반응

때로 면역체계는 치료가 아닌 질병의 원인이 된다. 외부 항원에 대한 부적절하거나 과도한 반응뿐만 아니라 자기 항원에 대한 부적절한 반응이 일어나 조직 손상을 일으키기도 한다. 성숙한 동물의 면역체계는 정상적으로는 자기 자신의 조직에 반응하지 않는다. 자기 세포에 대한 수용성을 **면역내성**(immunological tolerance)이라 한다. 면역계는 자신의 조직에는 반응하지 않는데, 이를 **면역학적 관용**(immunnological tolerance)이라고 한다. 태아의 면역계는 발생이 진행되는 동안 자신의 분자에 반응하지 않기 위해 관용 과정을 거친다.

1차 림프기관에서 선택되는 동안 자기 반응성이 있는 모든 T세포와 B세포가 세포자멸을 하는 것은 아니다. 건강한 정상인도 잠재적으로 자기 반응성인 성숙한 림프구를 갖는 것으로 알려져 있다. 그러나 이 세포들의 활성은 조절되고 억제되어 자기 항원에 반응하지 않는다. 이러한 조절과 억제가 무너지면, 자기 항원에 대한 체액성 또는 세포매개 면역반응이 나타나 심각하거나 때로는 치명적인 질병을 일으킨다. 또한 외부 항원에 대한 면역반응이 항원을 제거하는 것보다 더 강하게 일어나는 경우, 국소적 염증반응 대신에 강력한 조직 손상이 일어나 때론 죽음에 이른다.

자가면역질환

자가면역질환은 면역내성의 실패로 일어난다. 자기반응 T세포가 활성화되면 자기반응 B세포는 자가항체를 분비하여 염증과 장기 손상을 일으킨다. 자가면역질환으로 알려져 있거나 자가면역질환으로 의심되는 80가지 이상의 질병이 있으며, 이는 인구의 8%에 영향을 준다. 이유는 모르지만 자가면역질환자의 78%는 여성이다.

자가면역질환은 다양한 메커니즘으로 일어난다. 정상 상황에서 자기항원은 면역체계로부터 숨겨져 있는데, 나중에 노출되면 외부 물질로 간주된다. 예를 들어, 갑상선 소포 안에 있던 단백질은 갑상선의 자가면역 파괴를 일으키며(하시모토 갑상선염, Hashimoto thyroiditis), 눈에서 분비되는 항원에 의해서는 교감성 안염(sympathetic ophthalmia)이 일어난다. 면역 공격은 염증을 유발하여 조직과 기관 손상을 일으키기 때문에, 자가면역질환의 증상을 완화하기 위해 면역체계는 억제되어야만 한다. 면역억제는 일반적으로 코르티코스테로이드(corticosteroid)와 아스피린 같은 비스테로이드성 항염증제를 투여하여 이루어진다.

과민반응

알레르기(allergy)는 알레르겐(allergen)으로 불리는 항원에 반응하여 IgE가 과도하게 생산되는 가장 흔한 형태의 즉시형 과민반응이다. 이런 알레르겐에는 다양한 음식, 곤충의 독소, 이끼, 동물 털, 꽃가루 등이 있다. 가장 흔한 알레르기로는 꽃가루 알레르기가 있다.

알레르겐에 노출되면 첫 번째 또는 처음 몇 번 동안 알레르겐은 B세포에 결합하여 알레르겐 특이적 면역글로불린을 분비하도록 한다. 활성화된 T_H세포가 IL-4와 같은 사이토카인을 분비하여 B세포와 결합하면 IgE 항체가 분비된다. B세포는 IgG 분비에서 IgE 분비로 빠르게 전환한다. IgG와 다르게 IgE는 빠르게 비만세포와 호염구에 결합한다. 동일한 알레르겐에 다시 노출되면, 세포는 히스타민(histamine), 프로스타글란딘(prostaglandin), 기타 화학적 매개물을 분비하여 알레르기 증상을 일으킨다.

전신적 아나필락시스(systemic anaphylaxis)을 일으키는 알레르기 반응은 심각하고 치명적이다. 혈압이 급격히 떨어지고, 목이 부어 기도를 막고, 세기관지가 수축한다. 이런 증상을 아나필락시스 쇼크(anaphylactic shock)라 한다. 즉각적인 의학적 치료가 없으면 20~30분 이내에 사망할 수도 있다. 다행히도 알레르기가 있는 사람 대부분은 가려운 두드러기 또는 가벼운 천식의 호흡기 수축 같은 국소적 아나필락시스(local anaphylaxis)만을 경험한다.

알레르기는 전통적으로 항히스타민제로 치료되는데, 수용체에 결합하여 비만세포로부터 분비되는 히스타민을 억제한다. 알레르기가 있는 사람에게 수개월 동안 농도를 높여가며 알레르겐을 주사하는 저과민성(hyposensitization) 치료는 또 다른 선택이다.

지연형 과민반응은 T_H세포와 대식세포에 의해 매개되어 항원에 대한 2차 노출 후 약 48시간 안에 증상이 나타난다. 지연형 과민반응 중 하나가 접촉성 피부염인데, 덩굴옻나무(poison ivy), 귀금속의 니켈, 몇몇 화장품 성분과 같은 다양한 물질에 의해 야기된다.

핵심 개념 요약

13.1 동물의 순환계

- 개방순환계는 단일 방향으로 유체가 이동하며 순환액과 세포외액의 구분이 없다. 폐쇄순환계는 혈액과 같은 순환액이 혈관 내로 운반된다.
- 어류는 아가미를 통한 혈류 효율을 높이기 위해 2개의 방으로 구성된 선형 심장을 가지고 있다. 혈액은 아가미로부터 신체의 나머지 부분으로 순환한다.
- 양서류와 대부분의 파충류는 분리된 순환계인 폐를 가진다. 양서류의 심장에는 폐와 신체로의 혈류를 분리하는 2개의 심방과 1개의 심실이 있다. 대부분의 파충류 심장에는 심실을 부분적으로 분리하여 심방에서 나온 혈액의 혼합을 감소시키는 격벽이 있다.
- 포유류, 조류 및 악어류는 2심방 2심실의 4방체계를 가지고 있다. 포유류의 심장과 조류의 심장 사이의 극단적인 유사성은 수렴진화의 예이다.

13.2 혈류와 혈압의 조절

- 심장을 통한 단일 방향 혈액의 흐름은 2개의 방실판에 의해 유지된다. 확장기 동안 심실은 이완되고 심방은 수축되며, 수축기 동안 심실은 수축된다. 수축은 박동원인 동방결절에 의해 시작되고, 그 자극은 방실결절로 이동한다.
- ECG는 P, QRS, T 등 3가지 파동으로 구성되어 심장의 전기적 활동을 측정한다. 파동의 이상은 심장의 건강에 이상이 있음을 의미한다.
- 심박출량은 매 심박동마다 좌심실에서 내보내는 혈액의 양을 나타낸다. 심박출량은 체내 혈류 요구의 정도에 따라 변한다.
- 동맥과 정맥은 내피, 탄성섬유, 평활근, 결합조직으로 구성된다. 동맥과 세동맥은 혈액 흐름을 제어하고 혈압 변화를 조절하기 위해 두꺼운 근육층과 탄성섬유를 가지고 있다. 모세혈관에는 한 층의 내피세포만 있다.
- 압력수용기 반사는 혈압의 항상성을 유지하며, 혈액의 양과 압력은 항이뇨호르몬, 알도스테론, 심방나트륨이뇨호르몬에 의해 조절된다.

13.3 혈액의 기능 및 구성 요소

- 혈장은 92%의 물과 영양소, 호르몬, 이온, 혈장 단백질 및 노폐물로 구성된다. 혈액세포는 적혈구, 백혈구 및 혈소판을 포함한다. 적혈구는 산소 수송을 위한 헤모글로빈이 포함되어 있으며, 백혈구는 면역계의 일부이다. 혈소판은 혈액 응고를 시작하는 데 도움을 준다.
- 모세혈관에서 여과된 혈장액은 별도의 단일 방향 림프계를 통해 되돌아온다. 림프계는 쇄골하정맥의 혈액 순환과 연계된다.
- 동맥경화증은 동맥에 지방이 축적되어 나타나는 질환이다. 심장마비는 심장 근육에 혈액의 공급이 부족하기 때문에 발생한다. 뇌졸중은 뇌로의 혈액 공급이 차단되어 발생한다.

13.4 선천성 면역

- 선천성 면역계에 해당하는 세포는 감염체에 의한 초기 감염에 염증 반응을 유발하고, 비특이적으로 병원체를 공격하며, 적응성 면역계 세포의 활성을 유발한다.
- 물리적 장벽으로도 작용하는 피부는 낮은 pH, 땀으로 분비되는 라이소자임, 비병원성 생물 집단을 가지고 있어 병원체를 물리친다. 소화관, 호흡관, 비뇨생식관의 상피는 점액을 분비하여 미생물의 침입을 막는다.
- Toll 유사수용체는 LPS와 펩타이도글리칸과 같은 분자를 인식한다. 병원체 특이적 분자와의 결합은 항미생물 펩타이드와 사이토카인의 생산, 보체 활성화 및 기타 반응을 자극한다.
- 대식세포와 호중구는 식세포작용과 관련 있다. 자연살해세포는 세포자멸을 유도한다.
- 염증반응은 감염 또는 조직 손상에 대한 비특이적 반응이다. 보체는 침입한 병원체에 구멍을 형성하고, 파괴되도록 세포를 인식시킨다.

13.5 적응성 면역

- 적응성 면역계에 해당하는 세포는 선천성 면역계에 해당하는 주요 항원제시세포에 의해 활성이 유발되며, 항체나 사이토카인을 분비하거나, 감염체를 직접 죽이는 역할을 한다
- 림프구는 적응성 면역반응을 실행한다. 항원 경험이 없는 림프구는 외부 항원에 결합한 후 분열하여 활성화된 세포 클론과 기억세포를 생산한다
- 체액성 면역은 B세포에 의한 면역글로불린의 생산이다. 세포매개면역은 다른 세포의 면역반응을 조절하거나 세포를 직접 공격하는 T세포가 관여한다.
- 세포 대부분은 MHC에 의해 인식되는 당단백질을 가진다. 1형 MHC 단백질은 핵이 있는 모든 세포에서 발견되며, 식세포작용으로 세포 안으로 유입된 항원을 제시한다. 2형 MHC 단백질은 항원제시세포에서만 발견된다.
- T_C세포는 바이러스에 감염된 세포와 종양세포를 인식한다. NK 세포와 유사한 방식으로 세포를 파괴한다.
- T_H세포는 외부 항원에 반응하여 사이토카인을 분비하고 세포매개반응과 체액성 면역반응 모두를 촉진한다. 활성화된 T_C세포와 T_H세포는 그 기능을 실행하는 작동세포와 기억세포 모두를 생산한다.
- B세포는 항원의 특이적 항원결정기에 결합한 막 Ig 분자에 의해 활성화된다. 활성화된 B세포는 항체를 분비하는 형질세포와 기억세포를 생산한다.
- 면역글로불린은 2개의 경쇄와 2개의 중쇄 폴리펩타이드로 구성되며, Fab에 결합부위가 있다. 항체는 항원을 응집하거나, 침강하거나, 중화한다.
- Ig 다양성은 DNA 재배열로 만들어진다. T세포 수용체(TCR)는 Ig의 Fab 하나와 유사하다. 이들 다양성 또한 DNA 재배열의 결과이다.

- 병원체에 대한 두 번째 노출에서, 신속한 2차 면역반응은 기억세포에 의한 것이다.

13.6 자가면역질환과 과민반응

- 자기 세포에 대한 수용을 면역내성이라 한다. 자가면역은 면역내성의 실패이다.
- 즉시형 과민반응은 알레르겐과 IgE의 결합으로 인한 히스타민 분비로 일어난다. 아나필락시스는 신속한 염증과 화학물질을 분비하는 심각한 반응이다. 지연형 과민반응은 T_H세포와 대식세포에 의해 매개된다.

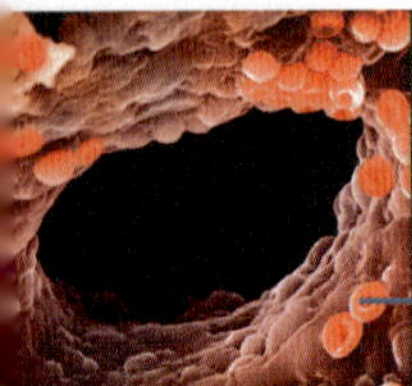

연습문제

1단계: 이해력 확인하기

1. 심전도는 무엇을 측정하는가?

① 심장주기 동안의 전위 변화
② 이완기의 심실 Ca^{2+} 농도
③ 수축기의 심방 수축력
④ 수축 주기동안 밀려나가는 혈액량

2. 심장의 기능에 중요한 수축기는 무엇으로부터 시작되는가?

① 방실결절의 활성화
② 동방결절의 활성화
③ 전압개폐성 칼슘 통로의 열림
④ 반월판의 열림

3. 다음 중 혈액순환에서 혈액의 이동 순서로 옳은 것은?

① 심장 → 동맥 → 소동맥 → 모세혈관 → 정맥 → 림프 → 심장
② 심장 → 동맥 → 소동맥 → 모세혈관 → 정맥 → 소정맥 → 심장
③ 심장 → 동맥 → 소동맥 → 모세혈관 → 소정맥 → 정맥 → 심장
④ 심장 → 소동맥 → 동맥 → 모세혈관 → 정맥 → 림프 → 심장

4. 다음 설명 중 옳지 않은 것은?

① 동맥만이 산소를 얻은 혈액을 운반한다.
② 동맥 및 정맥 모두 평활근 층을 갖는다.
③ 동맥 및 정맥 모두 모세혈관으로 분지된다.
④ 모세혈관전괄약근은 모세혈관을 통한 혈류를 조절한다.

5. 림프계와 순환계의 유사점으로 옳은 것은?

① 병원체를 여과하는 결절을 갖는다.
② 동맥의 망상조직을 갖는다.
③ 모세혈관을 갖는다.
④ 폐쇄되어 있다.

6. 다음 중 구조와 기능이 옳게 짝지어진 것은?

① 적혈구: 산소 운반
② 혈소판: 혈액응고
③ 혈장: 노폐물 운반
④ ①~③ 모두 옳다.

7. 양서류와 포유류의 심장의 차이점은?

① 양서류의 심장에서 산소를 지닌 혈액과 산소를 잃은 혈액이 하나뿐인 심실에서 완전히 합쳐진다.
② 양서류의 심장에는 2개의 동방결절이 있어 수축이 심장 전체를 통해 동시에 일어난다.
③ 양서류 심장의 심실에서 안에 있는 통로가 혈액이 혼합되는 것을 감소시킨다.
④ 양서류의 심장에서는 대동맥이 피부를 통과해 확산으로 얻은 산소를 펌핑한다.

8. 혈압은 언제 측정되는가?

① 수축기 혈압이 가압대에 의한 압력보다 높아 동맥을 통해 맥박이 될 때
② 혈압이 수축기 혈압 아래로 떨어져 맥박이 멈출 때
③ 가압대 압력이 최고 혈압보다 높아 동맥을 통해 혈액이 이동하지 않을 때
④ 수축기 압력과 같아 가압대의 압력 감소가 멈출 때

9. 척추동물의 심장에서는 심방이 상부 쪽에서 수축하고 심실은 하부 쪽에서 수축하는데, 이것은 어떻게 이루어지는가?

① 동방결절로부터의 탈분극은 위에서부터 심방을 가로질러 진행되고, 방실결절로부터의 탈분극은 심실 조직 위로 방출되기 전에 심실의 바닥으로 전달된다.
② 동방결절의 탈분극은 뇌에서 내려오는 운동뉴런에서 시작되고, 방실결절에서 탈분극은 척수에서 나오는 운동뉴런에서 시작된다.

③ 중력은 동방결절로부터의 탈분극을 심장의 꼭대기에서 아래로 전달하고, 횡격막의 수축은 방실결절에서 아래에서 위로 탈분극을 전달한다.
④ 이 문제는 옳지 않다. 동방결절과 방실결절 모두 아래로부터 수축된다.

10. 다음 세포 중 바이러스에 감염된 인체 세포를 탐색하고 죽이는 세포는?

① 대식세포
② 단핵구
③ 자연살해세포
④ 호중구

11. 다음 중 적응성 면역체계에 의해 인식되는 것은?

① 항원
② 인터루킨
③ 항체
④ 림프구

12. 선천성 면역반응을 촉진시키는 수용체에 관한 설명으로 옳은 것은?

① 특정 항원을 인식하는 항체이다.
② 특정 항원을 인식하는 T세포 수용체이다.
③ 병원체 연관분자 패턴을 인식한다.
② 전혀 특이적이지 않다.

13. 유전공학으로 알레르기 반응에 관여하는 항체를 작동하지 못하도록 조작하여 알레르기를 치료하기 원한다면, 다음 중 표적으로 삼아야 할 것은?

① IgG
② IgA
③ IgE
④ IgD

14. 면역체계를 억제시키는 새로운 질병이 발견되었다고 가정해 보자. 다음 중 이 질병이 보조T세포나 세포독성T세포보다는 B세포에 특이적으로 영향을 미친다는 것을 알 수 있는 것은?

① 인터루킨-2 생산 감소
② 인터페론 생산 감소
③ 형질세포의 수 감소
④ 인터루킨-1의 생산 감소

15. 다음 중 면역체계가 자신의 MHC 단백질을 인식하지 <u>못하는</u> 질병은?

① 알레르기
② 자가면역질환
③ 즉시형 과민반응
④ 지연형 과민반응

16. T세포 수용체와 면역글로불린을 비교한 것으로 옳은 것은?

① 단백질의 구조는 다르지만, 다양성은 유사한 메커니즘으로 생성됨
② 단백질의 구조는 같지만, 다양성은 다른 메커니즘으로 생성됨
③ 단백질의 구조는 같으며, 다양성은 유사한 메커니즘으로 생성됨
④ 단백질의 구조는 다르며, 다양성은 다른 메커니즘으로 생성됨

■ 2단계: 분석 및 적용하기

17. 사람은 혈압이 너무 낮게 떨어졌을 때, 혈압을 유지하는 데 도움이 되는 많은 기작을 지니고 있다. 신장 및 내분비계가 어떻게 혈압을 유지하는 데 도움을 주는지 설명하라.

18. 4개의 방을 가진 심장의 진화는 내온성의 진화와 어떤 관련성이 있는가?

19. 누군가에게 인공심장박동기를 외과적으로 이식해야 할 정도의 임상적 증상이 있다면 이 증상에 대해 어떻게 생각하는가?

20. Toll 유사수용체는 다양한 생물에서 발견되는데, 선구동물, 후구동물, 자포동물이 그 예이다. 더욱이 신호체계 일부는 보체계 일부처럼 다양한 생물에서 발견된다. 선천성 면역의 진화와 관련하여 알 수 있는 사실은 무엇인가?

21. 고양이에게 긁혔을 때, 피부는 붉어졌고 따갑고 건드리면 아프다. 선천적인 방어체계와 관련하여 피부에 실제로 무슨 일이 일어났는지 설명하라.

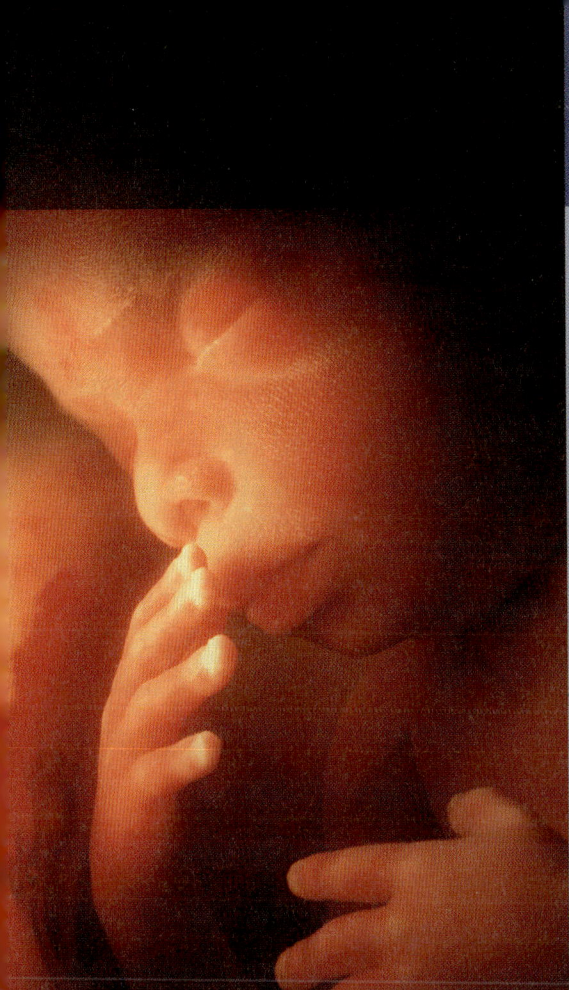

14

생식과 발생

도입

다양한 종류의 줄기세포를 이용한 최근 연구가 대중들의 희망과 상상력을 사로잡고 있다. 오랜 기간 인간은 생명체들이 어떻게 발생하여 자라고 변하고 성숙해가는지에 관심을 가져왔으며, 현재 오랫동안 궁금하게 여기던 질문들에 대한 해답과 함께 재생의학에 대한 새로운 가능성이 열리고 있다. 지금까지는 개개 세포에 중심을 두고 유전자 발현을 탐구해 왔으나, 여기에서는 수정란이라는 단일 세포로부터 다세포 생명체로 발달하는 과정을 중심으로 발생 과정에 대해 알아본다. 발생 과정 동안 특정 세포들의 유전자 발현 양상은 다양한 경로를 따라 결정되며, 이러한 발생 프로그램은 놀랍도록 정확하게 일어난다.

14.1 발생의 분자세포학적 기작

발생(development)은 일생 동안 연속적인 유전자 조절로 인해 생명체가 변화하는 체계적인 과정으로 정의할 수 있다. 발생학 연구를 통해 지구상에 있는 생명체의 다양성과 유사성을 함께 이해할 수 있다. 전체적인 발생 과정은 다음과 같이 4개의 하위 과정으로 구분할 수 있다.

- **세포분열**: 식물과 동물의 발생은 새로운 개체를 생성하기 위해서 세포분열을 거치는 수정란 혹은 접합자(zygote)에서 시작한다. 모든 경우 발생 초기에는 광범위한 세포분열이 진행되지만, 많은 경우 알세포 자체가 매우 크기 때문에 세포분열로 인한 성장은 거의 이루어지지 않는다.
- **분화**: 세포가 분열함에 따라 조율된 유전자 발현의 변화로 인해 궁극적으로 서로 다른 세포로 되는 세포 간의 차이를 유발한다. 분화된 세포에서 특정 유전자는 특정 시기에 발현되지만, 어떤 유전자들은 전혀 발현되지 않을 수도 있다.
- **패턴형성**: 발생 중인 **배아**(embryo) 세포는 해당 생명체의 체

제로 편입되어 일부가 되어야 한다. 패턴형성은 **위치 정보**(positional information)를 감지하는 세포의 능력으로 인해 세포의 최종 운명이 결정되는 과정을 포함한다.

- **형태형성**: 발생이 진행됨에 따라 몸의 형태를 보여주는 기관과 해부학적 특징이 형성된다. 형태형성은 세포사멸 및 세포분열과 분화를 포함할 수 있다.

식물과 동물 그룹 간의 명백한 차이에도 불구하고, 대부분의 다세포 생명체들은 근본적으로 매우 유사한 분자적 기작으로 발생한다. 이러한 관찰은 이들 기작이 다세포 생명의 역사에서 매우 초기에 진화된 것임을 보여주는 것이다.

세포분열로 시작하는 발생

동물의 배아에서 수정 후 바로 시작되는 수정란의 세포분열을 **난할**(cleavage)이라고 부른다. 난할 동안 커다란 수정란은 **할구**(blastomere)라고 부르는 수많은 작은 세포로 나누어진다. 따라서 난할은 배아 전체 크기가 증가하지 않으며, 세포주기에서 세포가 성장하는 G_1기와 G_2기는 난할 동안에는 극히 짧아지거나 일어나지 않는다(**그림 14.1**).

이렇게 2개의 간기(gap phase) 없이 빠르게 진행되는 난할은 동물의 일생에서 다시는 일어나지 않는다. 예를 들어 제브라피시(zebrafish)의 할구는 난할 동안 수분에 한 번씩 분열하여 3시간 내에 1,000개의 세포를 가지는 배아가 형성된다. 반면에 성인의 장내 상피세포는 평균적으로 19시간에 한 번씩 분열한다. 외부로부터 영양이 공급되면 딸세포는 세포질분열 후에 크기가 증가하며, 더 많은 세포가 생성됨으로써 전체적으로 몸이 커진다.

세포분화

진핵생물에서 유전자 발현을 조절하는 과정은 다세포 생물의 발달에 있어서 매우 중요한데, 이들 생물의 기능은 서로 다른 조직과 기관들에 의해 수행되기 때문이다. 발생 과정 동안 세포들은 차별적으로 발현하는 유전자들로 인해 서로 다른 시간에, 그리고 배아의 다른 위치에서 서로 다른 세포로 **분화**(differentiation)된다.

분화되기 전에 결정되는 세포의 운명

인간의 몸은 210종류 이상의 분화된 세포를 가지고 있다. 이 세포들은 그들이 합성하는 특정한 단백질과 세포 형태 그리고 특이적 기능으로 인해 구별된다. 특정 유형의 분화된 세포가 되기 위한 분자적 결정은 세포가 분화되어 변하기 전에 일어난다. 이러한 분자적 결정 과정을 **세포 운명결정**(cell determination)이라고 하며, 이로 인해 세포가 특정 경로로 발생하게 된다.

세포의 운명결정

세포의 운명결정은 세포 내에서는 쉽게 보이지 않고 실험으로 인해서만 알아낼 수 있다. 공여(donor) 세포를 숙주(host; recipient, 수여자) 배아의 다른 위치로 이식하는 실험을 통해 세포 또는 세포 집단의 운명이 이미 결정된 것인지를 알아볼 수 있다. 만일 이식된 세포가 이식되기 이전 유형의 세포로 발생한다면, 이미 세포의 유형이

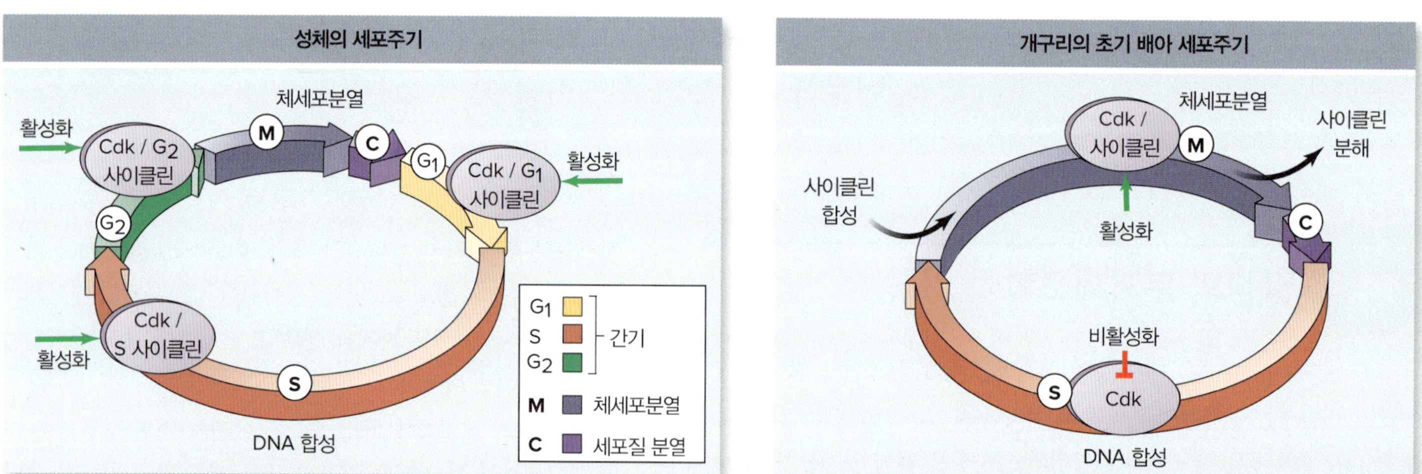

a. *b.*

그림 14.1 성체 세포와 배아 세포의 세포주기.
성체 체세포의 세포주기(***a***)와는 대조적으로 초기 개구리 배아의 세포분열은 G_1과 G_2 단계가 없기 때문에(***b***), 난할 단계의 핵은 DNA 합성과 체세포분열을 빠르게 반복한다. 수정되지 않은 난자에는 수많은 사이클린 mRNA가 저장되어 있다. 사이클린 단백질의 주기적 분해는 체세포분열에서 벗어나는 것과 연관되어 있다. 사이클린의 분해와 Cdk의 불활성화로 인해 세포는 체세포분열을 끝내고, 다음 단계의 DNA 합성을 시작한다.

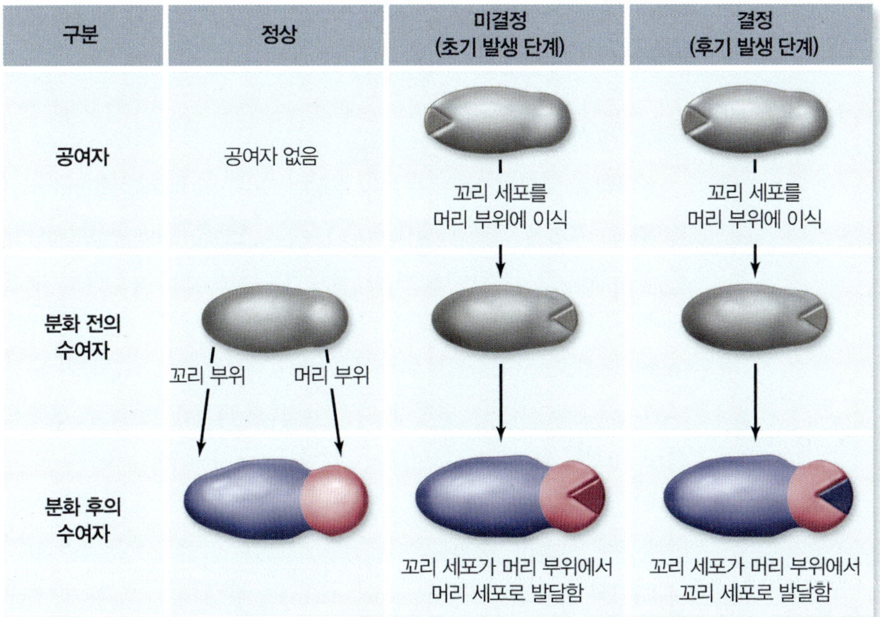

그림 14.2 세포의 운명 결정을 알아보는 일반적인 실험. 회색의 타원형은 발생의 초기 단계에 있는 배아를 나타내는데, 세포의 오른쪽은 정상적으로는 머리 구조로 발달하고, 세포의 왼쪽은 보통 꼬리 구조를 형성한다. 초기 배아에서 꼬리가 될 세포를 떼어내 수여자 배아의 머리가 될 부분 위에 이식하면, 이식된 세포는 새로운 위치에 따라 머리 구조로 발달한다. 이 경우 이들 세포의 운명은 결정되지 않은 것이다. 후기 발생 단계에서 꼬리 세포를 수여자 배아의 머리가 될 부위에 이식하면 꼬리 구조로 발달하는데, 이 경우에 꼬리 세포의 운명은 이미 결정되어 있는 것이다.

결정된 것으로 판단할 수 있다(**그림 14.2**). 세포 운명결정은 시간에 따라 일어나는데, 그 결정은 세포가 지닌 본질적 요인이나 외부 요인에 의존하고 있다. 예를 들어, 양서류 배아의 초기 낭배(gastrula) 단계에서 장차 뇌가 될 부분의 세포를 배아의 다른 부위에 이식한다면, 이들 세포는 이식된 부위의 세포로 발달할 것이다. 그러나 후기 낭배 단계에서는 추가적인 세포 상호작용으로 인해 세포의 운명이 이미 결정되어 있기에, 이 세포는 어떤 위치에 이식해도 신경계 조직으로 발달하게 된다.

세포는 유전자 발현 양상을 변화시키는 전사인자를 이용하여 발생을 시작한다. 이들 전사인자를 암호화하는 유전자들의 활성이 강화되면, 특정한 발생 경로가 시작됨으로써 운명이 결정된다. 일단 처음 "스위치(switch)"가 켜지면 세포는 예정된 발생 경로를 진행하게 되는데, 세포들은 (1) 모계에서 생성되어 **난자형성과정**(oogenesis) 동안 난자로 공급되는 **세포질 결정인자**(cytoplasmic determinant)를 차별적으로 물려받거나, (2) 세포 간의 상호작용을 통해서 특이적인 발생 과정을 거치게 된다.

세포분화를 이끄는 유도

세포들은 다양한 방법을 사용하여 서로 소통하는데, 이와 같이 세포 간의 상호작용은 발생에서 특정 세포 집단의 분화를 유도하는 중요한 기작이다. 초기 개구리 배아 세포를 분리하여 서로 독립적으로 발생하게 함으로써 유도의 중요성을 증명할 수 있다. 개구리 배아의 위쪽 반구를 **동물극**(animal pole)이라고 부르는데, 이 부분은 **외배엽**(ectoderm)으로 발달하고, 반대쪽 극인 **식물극**(vegetal pole)의 할구는 **내배엽**(endoderm)으로 발달한다. 만약 배아를 둘로 나누어 배양한다면, 어느 쪽도 **중배엽**(mesoderm)으로 발달하지 않는다. 그러나 동물극의 세포와 식물극의 세포가 서로 붙어 있다면, 두 세포 사이의 상호작용으로 인해 일부 동물극의 세포들은 중배엽 세포로 발달한다. 이러한 작용을 **유도**(induction)라고 하는데, 인접한 세포와의 상호작용 때문에 일어난다. 즉 식물극 세포에서 나오는 신호전달 물질이 일부 동물극에 있는 표적세포의 유전자 발현을 바꾸어 중배엽을 유도하는 것이다.

패턴형성

다세포 생명체에서 세포는 적절한 세포 유형으로 분화하기 위해 신체에서 상대적 위치에 관한 정보를 얻어야만 한다. 이러한 위치 정보로 인해 유전자 활성의 본질적 변화가 일어나며, 세포는 결국 그들의 위치에 적합한 운명을 받아들이게 된다. **패턴형성**(pattern formation)은 나중 단계에서 기관의 **형태형성**(morphogenesis)으로 이어질 수 있지만, 발생의 초기 단계에서 기본 체제에 대한 앞-뒤(anterior-posterior, 머리-꼬리)축과 등-배(dorsal-ventral)축의 발달 양상을 결정한다. 따라서 패턴형성은 서로 직각인 2개의 축을 정함으로써 기본 체제를 형성하는 과정으로 여겨진다. 발생학자는 발생하는 개체에서 축의 방향과 연관하여 **극성**(polarity)이라는 용어를 사용한다.

초파리(*Drosophila melanogaster*)는 초기 패턴형성에서 유전자 조절이 가장 잘 알려진 동물이다. 모체로부터 시작되는 유전자 발현

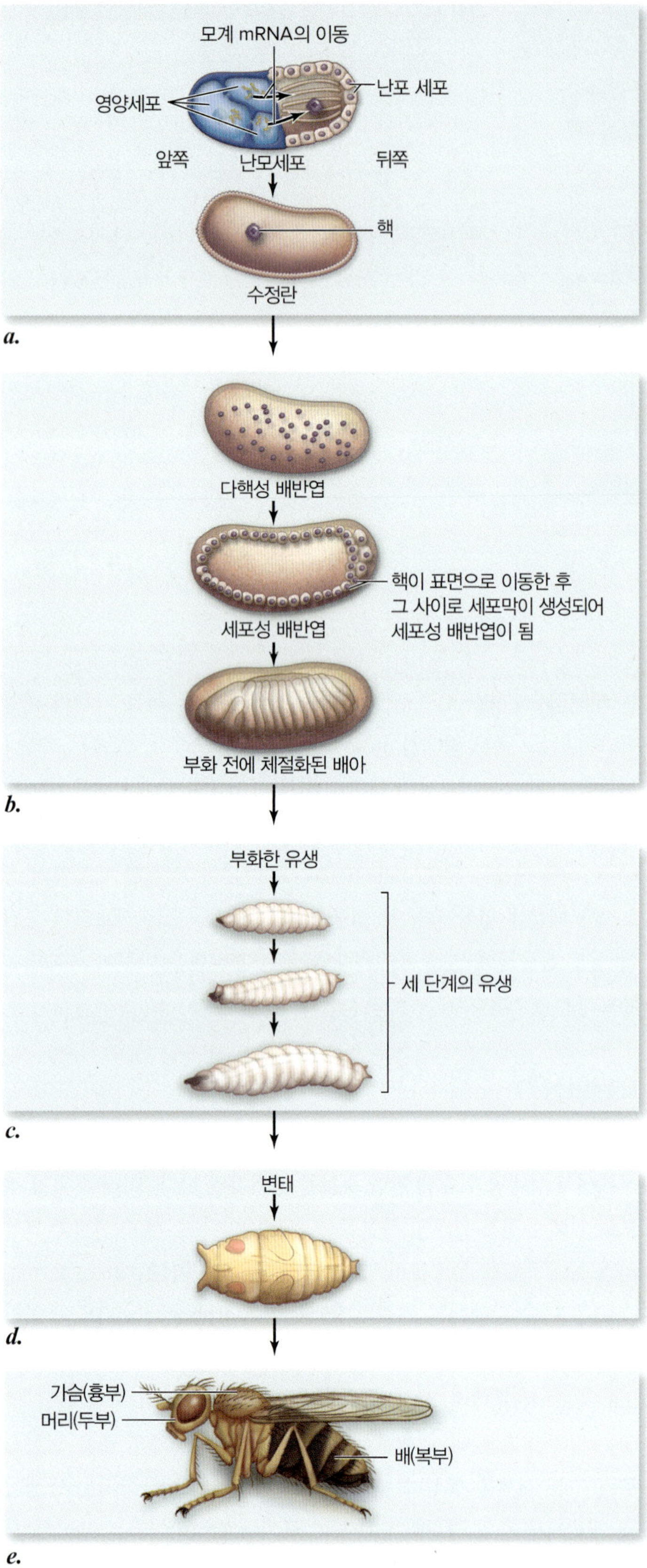

그림 14.3 초파리 발생 경로.
초파리 발생의 주요 단계에는 (***a***) 수정란, (***b***) 다핵성 배반엽과 세포성 배반엽, (***c***) 유충, (***d***) 번데기와 변태, 그리고 (***e***) 성적으로 성숙한 성체 형성이 있다.

체계는 초파리의 발생을 조절해 주는데, 이러한 유전자 상호작용을 이해하기 위해서는 초파리의 발생 단계를 알아볼 필요가 있다.

초파리의 배아발생

초파리를 포함한 많은 곤충은 수정란으로부터 **배아발생**(embryogenesis) 과정을 거쳐 유충(larva)이 되고, **변태**(metamorphosis)를 통해 성체로 발생한다(**그림 14.3**). 초파리와 같은 곤충의 발생은 수정 전에 난자를 형성할 때 시작된다. 난자의 성장을 도와주는 **영양세포**(nurse cell)가 모계 mRNA를 성숙 중인 난모세포로 전달하여 수정 후에 필요한 단백질을 합성하도록 한다(**그림 14.3***a*). 수정 후 대략적으로 10회의 핵분열이 일어나기 전까지는 배아의 핵은 유전자를 전사하지 않으므로, 모계 유전자의 활성이 초파리의 초기 발생을 결정하게 된다. 초파리 수정란은 처음에 세포질분열 없이 핵분열만 일어나 **다핵성 배반엽**(syncytial blastoderm)을 형성한다. 그 후 핵이 배반의 표면으로 이동하고, 세포질분열이 동시에 진행되어 **세포성 배반엽**(cellular blastoderm)을 형성한다(**그림 14.3***b*). 이때, 난자에 저장된 모계 mRNA는 세포질에 골고루 분포하지 않고 특정 부위에 모여 있다. 따라서 배반엽의 핵은 어디에 위치하는지에 따라 서로 다른 모계 단백질에 접하게 된다. 이들 모계 단백질은 대부분이 전사인자로서 핵에서 연쇄적인 유전자 활성을 유도한다.

형태형성물질의 농도기울기에 따른 축 형성

초파리에서 앞-뒤축의 형성은 난모세포의 성숙 과정 동안에 시작되며, 모계에서 생산된 **바이코이드**(Bicoid)와 **나노스**(Nanos)라는 2개 단백질의 상반된 농도기울기에 의존하여 만들어진다. 미세소관을 따라 난모세포의 앞쪽으로 이동한 바이코이드 mRNA와 뒤쪽으로 이동한 나노스 mRNA는 수정 후에 단백질로 번역되어 각각 배아의 앞쪽과 뒤쪽 극에서 가장 많이 분포하게 된다(**그림 14.4***a*). 이와 같이 배아의 축을 따라 형성된 단백질의 농도기울기로 인해 세포의 운명이 다르게 결정될 수 있는데, 이런 단백질을 **형태형성물질**(morphogen)이라고 부른다. 바이코이드 단백질은 앞쪽에서 **코달**(Caudal)을 억제하고, 나노스 단백질은 뒤쪽에서 **헌치백**(Hunchback)을 억제하기에(**그림 14.4***b*), 수정 직후에 이들 단백질의 농도기울기가 **그림 14.4***c*처럼 형성된다. 헌치백과 코달은 모두 전사인자로서 각각 앞쪽과 뒤쪽 구조물의 형성을 위해 필요한 유전자를 활성화시킨다.

초파리에서 등-배축은 난포세포(follicle cell)에서 합성된 걸킨(*gurken*) mRNA로부터 시작된다. 이 mRNA는 난모세포로 전달되어 장래에 배아의 등쪽(dorsal side)이 될 부분에 축적된다(**그림 14.5***a*). 그 후 이 지역에서 단백질로 번역되어, 등쪽 난포세포의 막에 있는 수용체와 결합한다(**그림 14.5***b*). 반대쪽에서는 걸킨 단백질

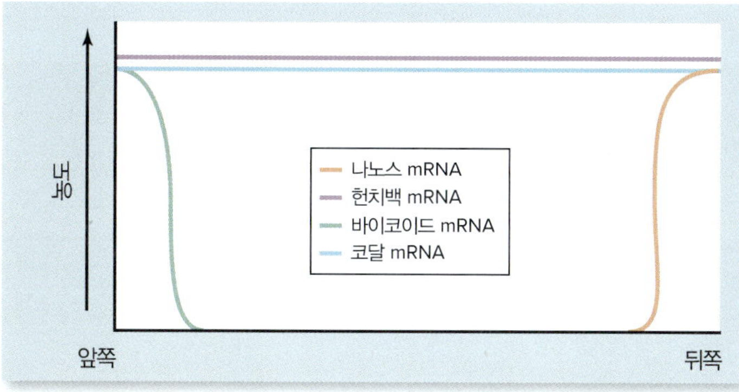

a. 난모세포 mRNA

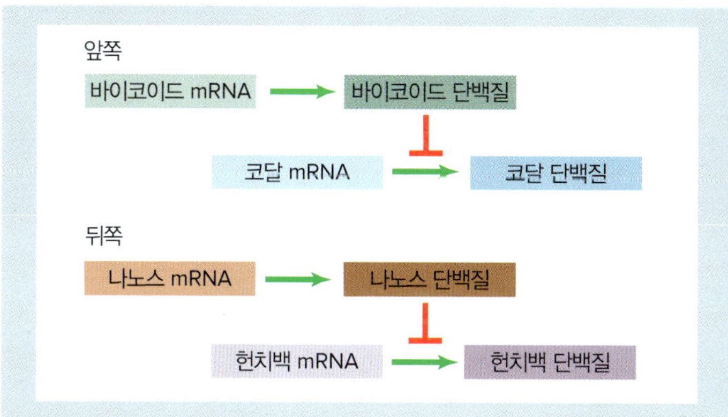

b. 수정 후

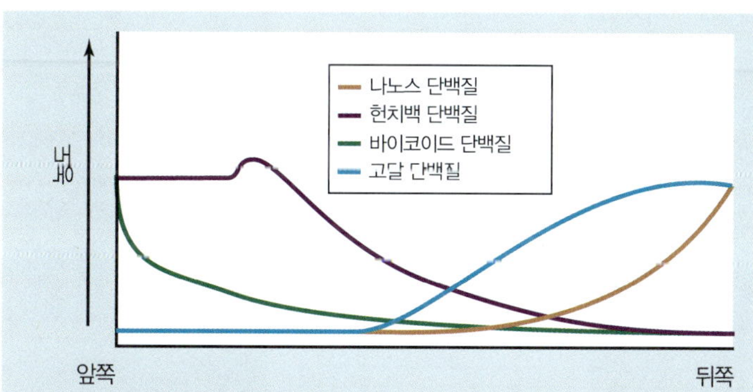

c. 초기 난할 배아의 단백질

그림 14.4 초파리 배아에서 앞-뒤(A/P) 축의 결정.
a. 바이코이드 및 나노스 mRNA와는 달리, 헌치백과 코달 mRNA는 난모세포의 세포질에 걸쳐 균등하게 분포한다. *b.* 수정 후 바이코이드와 나노스 mRNA는 번역되어 난모세포에서 서로 반대의 농도기울기를 보인다. 바이코이드 단백질은 수정란의 앞쪽 부위에 있는 코달 mRNA에 결합하여 코달의 번역을 억제한다. 나노스 단백질은 수정란의 뒤쪽 부위에 있는 헌치백 mRNA에 결합하여 헌치백의 번역을 억제한다. *c.* 수정란의 앞쪽 부위에서 헌치백 mRNA의 번역으로 인해 헌치백 단백질의 농도기울기가 바이코이드 단백질의 농도기울기와 유사하게 만들어진다. 배아의 뒤쪽 부위에서 코달 mRNA의 번역은 나노스 단백질의 기울기와 유사하게 코달 단백질의 농도기울기를 형성한다.

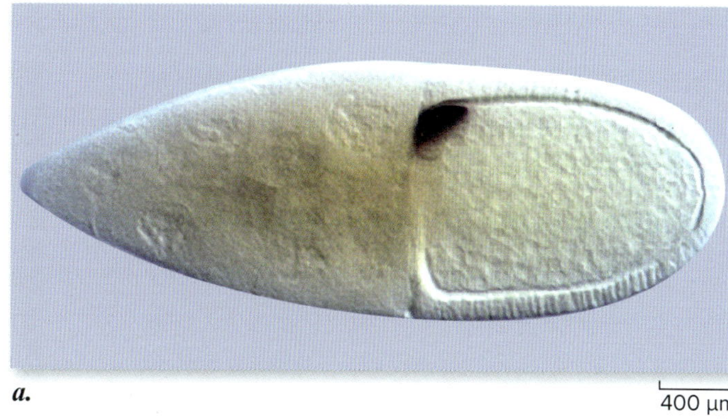

a.

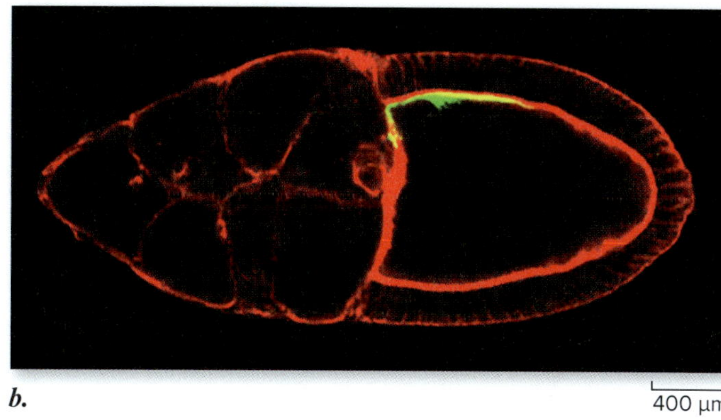

b.

c.

그림 14.5 초파리 배아에서 등-배(D/V) 축의 결정.
a. 걸킨 mRNA(어둡게 염색된 부위)는 난모세포의 핵(보이지 않음)과 등쪽의 앞 표면 사이에 농축되어 있다. *b.* 더 성숙한 난모세포에서 걸킨 단백질(노란색)은 난모세포의 등쪽 앞 표면에서 분비되어 수정란의 등쪽 표면을 따라 농도기울기를 형성한다. 이후 걸킨 단백질은 위에 놓인 난포세포의 막 수용체에 결합한다. 액틴(붉은색)의 염색으로 난모세포, 영양세포, 그리고 난포세포의 경계가 보인다. *c.* 배아 표면의 세포핵을 보기 위해 세포성 배반엽 단계의 배아를 횡단면으로 절단한 사진이다. 야생형 배아(왼쪽)에서 배반엽의 배쪽 표면의 핵에 도살 단백질(어둡게 염색된 부위)이 위치한다. 오른쪽의 도살 돌연변이체는 배쪽 구조물을 형성하지 않으며, 배쪽 핵에서는 도살 단백질이 존재하지 않는다.

이 합성되지 않으며, 그 결과 수정 후 복잡한 일련의 신호전달경로를 거쳐 전사인자인 도살(Dorsal) 단백질은 배쪽(ventral side) 세포에서만 차등적으로 활성화된다(**그림 14.5***c*). 결국 도살 단백질은 등-배 축을 따라 농도기울기를 형성하며, 배쪽 구조를 만들게 된다.

결론적으로 초파리 축을 결정하는 유전자는 모두 모계로부터 전달된다. 즉 배아의 극성은 모계의 유전정보에 근거한, 배아에서의 형태형성물질 농도기울기로 인해 성립되며, 이러한 기울기는 접합자에서 특정 유전자의 발현을 유도하여, 실제로 배아의 패턴을 결정한다. 이러한 조절 유전자의 체계는 모든 발생 과정에서 관찰된다.

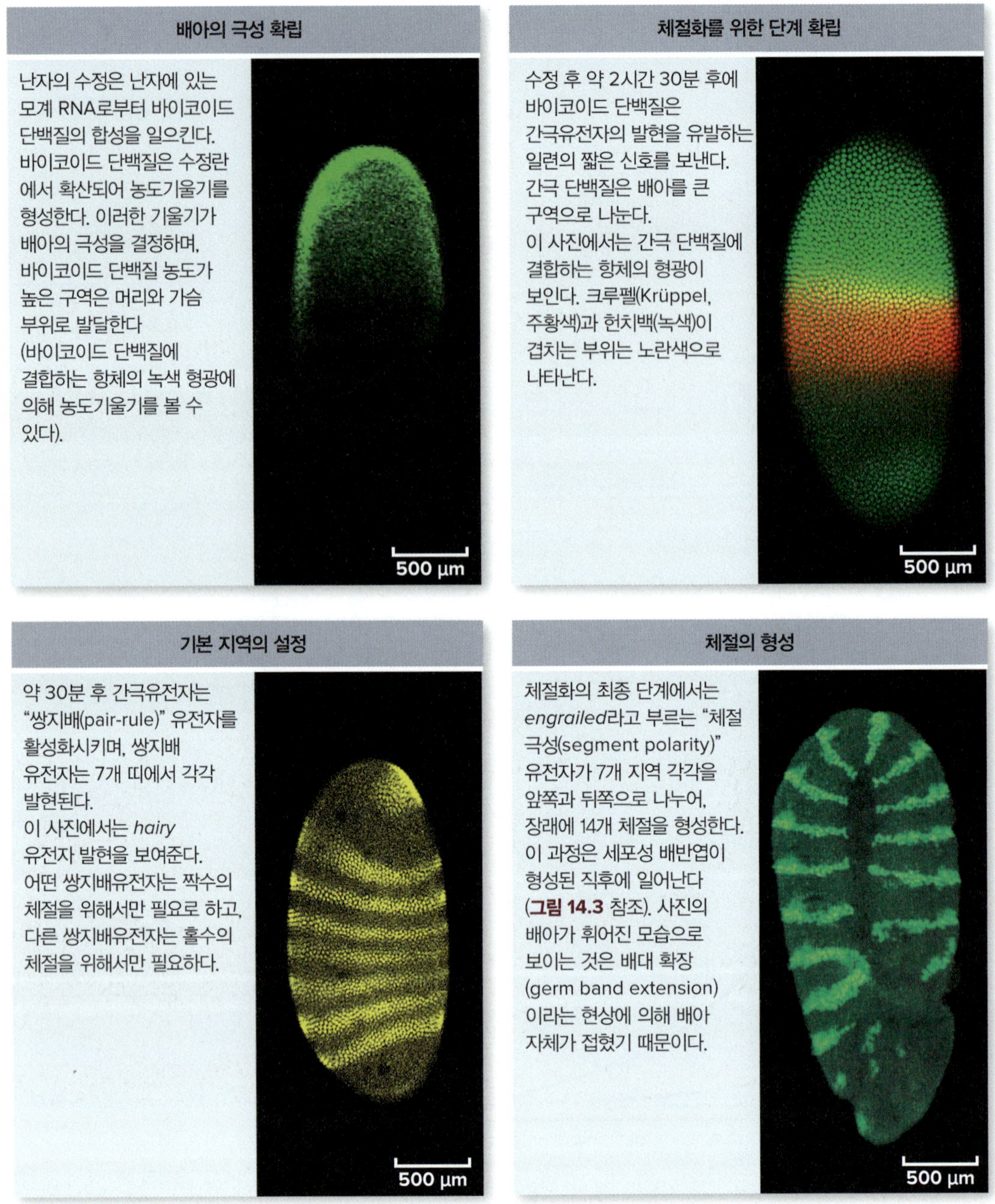

그림 14.6 초파리의 초기 배아에서 체제의 조직화.
이 형광현미경 사진들은 1995년에 노벨상을 받은 뉘슬라인-폴하르트와 캐롤(Sean Carroll)에 의한 것이다. 초파리의 수정란은 배아의 기본 체절 패턴이 확립되는 발생의 초기 단계를 거친다. 사진에서의 단백질들은 각각에 대한 형광 항체가 결합하여 다양한 색으로 보인다.

체절형성유전자의 순차적 활성

축 형성이 결정된 후, 초파리는 **체절형성유전자**(segmentation gene)의 활성화로 인해 3개의 머리 체절, 3개의 가슴 체절, 8개의 복부 체절로 이루어진 체제를 만들어낸다. 이 과정을 살펴보면, 먼저 **간극유전자**(gap gene)가 **쌍지배유전자**(pair-rule gene)의 발현을 활성화시켜 넓은 간극 부위를 14개 체절로 세분한다. 각 체절은 **체절극성유전자**(segment polarity gene)가 작용하여 앞쪽과 뒤쪽 부분으로 더 세분화된다(**그림 14.6**). 요약하면 수정 후 3시간 이내에 매우 조화된 일련의 체절형성유전자 활성으로 인해 초기 배아가 일정 간격의 체절화된 구조로 전환되며, 앞-뒤와 등-배 극성을 가지게 된다는 것이다.

호미오유전자의 작용

기본적인 체제가 만들어진 후, 다음 단계는 배아의 체절에 정체성(identity)을 부여하는 것인데, 이를 **호미오유전자**(homeotic gene)가 담당한다. 이 유전자들은 모두 호미오박스(homeo box)라 부르는 잘 보전된 180개의 염기서열을 가지고 있는데, 이로부터 60개의 아미노산으로 구성된 호미오도메인(homeo domain)이 형성되어 특정 DNA 염기서열과 결합한다. 이 유전자들은 머리 구조 형성에 관여

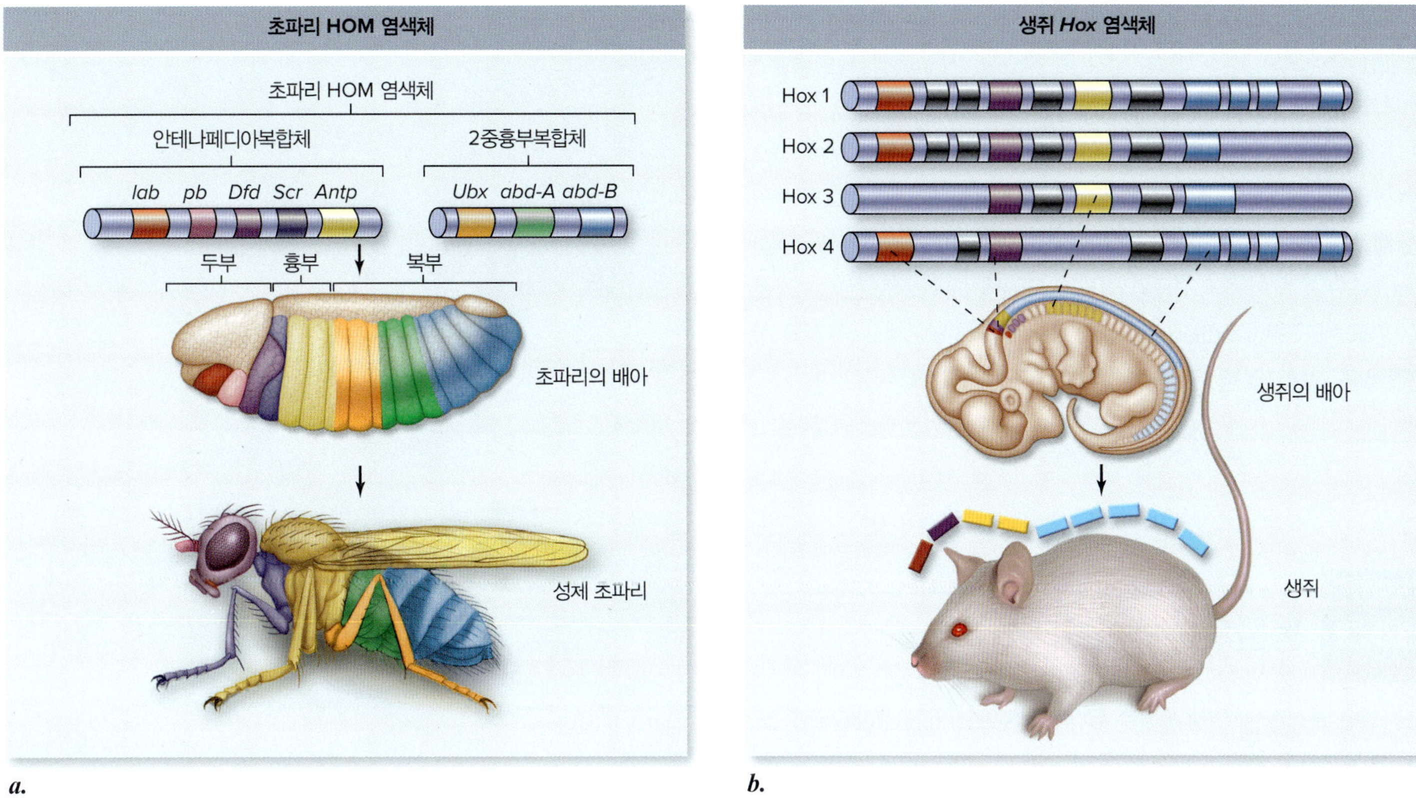

그림 14.7 초파리와 생쥐에서 호미오유전자 집단의 비교.
a. 초파리의 호미오유전자들은 호미오유전자 복합체(HOM complex)라고 부르는 그룹으로 나누어지는데, 안테나페디아복합체(앞쪽)와 2중흉부복합체(뒤쪽)로 구성되어 있다. *b.* 초파리의 HOM 유전자들과 쥐의 *Hox*(혹스) 유전자들은 서로 관련되어 있는데, 이들 유전자는 두 동물에서 신체 각 부위의 지역적 분화를 조절한다. 초파리에서 이들 유전자는 단일 염색체에 위치하고, 포유동물에서는 4개의 염색체에 존재한다. 이 그림에서는 유전자들의 색깔과 앞-뒤(A/P)축을 따라 각 유전자가 발현되는 신체 부위의 색깔을 일치시켰다. 염색체에서 유전자의 순서는 초파리의 배아에서 발현 패턴 및 성체 구조의 순서와 같다는 것을 주목하자.

하는 **안테나페디아복합체**(Antennapedia complex)와 흉부 및 배의 구조에 영향을 주는 **2중흉부복합체**(bithorax complex)의 2그룹으로 나누어져 있다(**그림 14.7***a*).

척추동물에는 4개의 *Hox* 유전자 집단이 있으며, 초파리처럼 *Hox* 유전자의 발현은 염색체상의 유전자 순서와 상관관계를 가진다(**그림 14.7***b*). 이런 사실은 호미오유전자의 구조와 기능이 진화적으로 잘 보전되어 있음을 나타내며, 과학자들은 이 유전자의 궁극적 표적은 기관 형태형성과 관련된 세포 행동을 조절하는 것이라고 생각하고 있다.

형태형성

배아발생의 다음 단계는 정렬된 형태와 구조를 이루는 형태형성이다. 형태형성이 일어나는 동안에는 세포분열의 횟수와 시기 및 방향, 세포의 생장과 확장, 세포 모양의 변화, 세포의 이동, 세포사멸 등의 과정이 조절된다.

진핵생물에서 세포분열면은 방추사의 방향으로 인해 결정되는데, 방추사가 분열하는 세포의 중앙에 위치할 경우 정확히 같은 크기의 딸세포 2개가 만들어지고, 방추사가 한쪽으로 치우쳐 있다면 서로 다른 크기의 딸세포가 만들어지게 된다. 동물의 배아에서 난할 패턴의 다양성은 방추사 위치의 차이로 인해 결정되는데, 많은 경우 세포의 운명은 난할 동안 배아에서의 세포 위치에 의해 결정된다.

동물에서의 세포분화는 종종 세포의 크기와 모양의 변화를 수반한다. 예를 들면 신경세포는 축삭돌기(axon)라는 긴 돌기를 가지고 있고, 근육세포는 근육모세포(myoblast)로부터 분화되어 최종적으로 포유동물의 골격근을 구성하는 크고 여러 개의 핵을 가진 근육섬유(muscle fiber)로 전환된다.

또한 형태형성과정에 작용하는 중요한 기작으로 세포예정사를 들 수 있다. 발생 중 생성된 모든 세포가 생존하는 것은 아니다. 예를 들어 인간의 배아는 발생 초기 단계에는 물갈퀴 모양의 손가락과 발가락을 가지지만, 정상적인 형태형성과정 중에 물갈퀴를 구성하는 세포들은 사멸된다. 손상에 의한 갑작스런 세포의 죽음을 괴사(necrosis)라고 하는데, 일반적으로 부풀어 오르고 터져서 세포의 내용물이 방출되어 죽는다. 이와 달리 세포예정사(세포자멸, apoptosis)는 프로그램된 죽음으로, 세포가 오그라들어 죽는다. 세포예정사는 적합한 발생과 형태형성을 위해 실제로 필요한 죽음이다.

마지막으로, 세포 이동은 동물의 다양한 발생 과정에서 매우 중요하다. 세포가 장소를 옮기려면 부착력이 변해야 하기에, 세포의 이동은 세포와 기질의 상호작용을 포함하며, 세포외기질(extracellular matrix)은 세포 이동의 경로와 정도를 조절해 준다. 세포간 상호작용은 흔히 캐드헤린(cadherin)으로 인해 매개되지만, 세포-기질의 상호작용은 인테그린과 세포외기질의 상호작용이 연계되어 있다.

14.2 동물의 생식전략

사람을 포함한 대부분 동물은 **유성생식**(sexual reproduction)을 한다. 유성생식은 감수분열을 통해 반수체 배우자(haploid gamete)인 정자와 난자를 생성하는 과정이 필요하다. 배우자의 수정으로 생성되는 **접합자**(zygote)는 체세포분열을 통해 새로운 다세포 개체로 발생한다. **무성생식**(asexual reproduction)은 하나의 부모세포로부터 체세포분열을 통해 유전적으로 동일한 세포가 만들어지는 과정이다. 무성생식은 박테리아, 고세균, 원생생물 그리고 자포동물 등 여러 종의 동물에서 중요하며, 여기에는 분열(fission)과 출아(budding)가 포함된다.

특이한 생식방법

단성생식(parthenogenesis)은 암컷이 생산한 미수정란으로부터 자손이 생겨나는 방식을 일컫는다. 어떤 종은 전적으로 단성생식만을 하지만, 어떤 종은 유성생식과 단성생식을 번갈아 하면서 2배체와 반수체 자손을 만든다. 그 예로 꿀벌에서 여왕벌은 단 한 번의 짝짓기를 통해서 정자를 몸속에 보관하고, 정자의 방출을 조절할 수 있다. 여왕벌이 정자를 방출하지 않는다면 알은 단성생식을 해서 반수체인 수벌이 되지만, 정자를 방출하여 수정된 알은 2배체인 암컷 일벌로 발생한다. 척추동물 중 몇몇 종의 어류와 도롱뇽도 단성생식을 한다.

생식전략의 또 다른 유형은 한 개체 내에 정소와 난소가 모두 있는 **자웅동체**(hermaphroditism)이다. 자웅동체는 자가수정이 가능하지만, 대부분은 생식을 위해 다른 개체가 필요하다. 그 예로 지렁이는 생식을 위해 수컷의 역할을 하는 지렁이와 암컷의 역할을 하는 지렁이가 필요하며, 교미 후에는 각각 수정된 알을 가지고 헤어진다.

그림 14.8 자웅동체와 자성선숙.
무지개양놀래기(*Thalassoma bifasciatium*) 암컷은 때때로 수컷으로 전환하는 자성선숙 동물이다. 사진의 작은 암컷 물고기 무리 중에서 성전환 전에 암컷이었던 커다란 수컷 물고기가 보인다.

성전환이 일어나는 어류도 있는데, 이를 순차적 자웅동체(sequential hermaphroditism)라고 한다. 예를 들어 산호초 물고기 중에는 자성선숙(protogyny, 태어날 땐 암컷이었지만, 수컷으로 성전환됨)과 웅성선숙(protandry, 수컷으로 태어났지만, 암컷으로 성전환됨)을 일으키는 종도 있다. 자성선숙을 하는 어류(**그림 14.8**)의 경우, 성전환은 사회적 조절하에 일어나게 된다. 이 어류의 경우 보통 떼를 지어 생활하며, 생식은 한 마리나 몇 마리의 커다란 수컷으로 인해 이루어진다. 이 집단에서 수컷이 제거되면, 집단 내에서 가장 큰 암컷이 빠르게 우성의 수컷으로 성전환된다.

일부 동물의 성은 배아의 발생 과정 동안 결정되는데, 그 방법은 종에 따라 다양하다. 많은 종의 어류와 파충류에서 성은 발생 과정에서 온도로 인해 결정된다. 이들 종에서 성을 결정하는 분자적 기작이 밝혀지기는 했으나, 진화 과정에서 이런 형질이 종종 나타나는 이유는 아직 정확하게 밝혀내지 못하고 있다.

척추동물의 수정과 발생

척추동물의 유성생식은 육지로 이주하기 전 바다에서 진화하기

a. *b.* *c.*

그림 14.9 포유류의 생식.
a. 단공류는 둥지에 알을 낳는다. 사진은 오리너구리(*Ornithorhynchus anatinus*)가 방금 부화한 새끼와 같이 있는 모습이다. *b.* 붉은 캥거루(*Macropus rufus*)와 같은 유대류는 주머니 속에서 발생을 마치는 작은 크기의 자손을 낳는다. *c.* 새끼 사슴에게 젖을 먹이는 점박이 암사슴(*Axis axis*) 같은 태반 포유류의 경우, 새끼는 오랜 기간 동안 어미의 자궁 내에서 자라기 때문에 좀 더 발생된 상태로 태어난다.

시작했다. 해양 경골어류에서 대부분 암컷은 한꺼번에 많은 알을 산란하는데, 수컷이 정자를 방출하면 수정이 일어난다. 이러한 과정을 **체외수정**(external fertilization)이라고 한다. 척추동물이 육지로 올라오면서 작고, 연약한 배우자는 건조라는 견디기 어려운 새로운 위험 요인에 노출되었다. 이러한 문제를 해결하기 위해 육상의 척추동물(일부 어류도 포함됨)은 암컷의 생식기관으로 수컷의 배우자(정자)를 직접 주입시키는 **체내수정**(internal fertilization)으로 진화가 일어나도록 선택압(selective pressure)이 강하게 작용하였다. 그래서 성체는 육지 환경에 완전히 적응하였지만, 수정은 여전히 건조하지 않은 환경에서 이루어지는 것이다.

체내수정을 하는 척추동물의 3가지 수정 방법

체내수정을 하는 척추동물은 배아와 태아의 발생을 위한 난생, 난태생, 태생의 3가지 전략을 가지고 있다.

1. **난생**(oviparity): 일부 경골어류, 대부분 파충류와 일부 연골어류, 일부 양서류 그리고 일부 포유류와 모든 조류의 생식 방법으로, 체내수정 후 알은 모체의 외부로 방출되어 발생한다.
2. **난태생**(ovoviviparity): 일부 경골어류(몰리, 거피, 모기물고기 포함)와 일부 연골어류 그리고 많은 종의 파충류의 생식 방법으로, 수정란은 모체에 남아 난황으로부터 공급되는 영양분을 이용해 발생하게 된다. 발생이 완전히 끝난 후, 어린 새끼가 부화되어 모체로부터 나오게 된다.
3. **태생**(viviparity): 대부분 연골어류와 일부 양서류, 일부 파충류 그리고 대부분 포유류의 생식 방법으로, 수정란은 어미의 몸속에서 발생하며, 난황 대신 모체의 혈액을 통해 직접 영양분을 공급받는다.

파충류와 조류의 알은 **양막**(amnion)으로 둘러싸인, 액체로 꽉 찬 공간 안에서 배아가 발생하기 때문에 **양막란**(amniotic egg)이라고 한다. 양막란의 또 다른 배외막(extraembryonic membrane)으로는 외피의 바로 안쪽에 있는 장막과 난황낭 및 요막이 있다. 배외막과 함께 석회질의 딱딱한 외피는 건조한 곳에서도 알이 발생을 할 수 있도록 보호해 주는 역할을 한다. 조류와 달리 어류와 양서류의 알은 단 한 개의 배외막인 난황낭만을 가지고 있기에, 알은 건조해지는 것을 막기 위해서 반드시 수중 환경에 있어야 한다.

새끼를 낳는 포유류

포유류는 1년에 한 번만 생식을 하는 계절형 번식동물이 있는 반면, 연중 여러 번의 생식주기를 갖는 동물도 있다. 후자 가운데 암컷의 경우 일반적으로 생식주기를 갖지만, 수컷은 일생 동안 거의 일정한 생식력을 갖는다.

암컷의 **생식주기**(reproductive cycle)는 난소에서 성숙한 난자를 주기적으로 방출하는 **배란**(ovulation) 과정을 포함하고 있다. 대부분 포유류 암컷은 "교미기(in heat)"라고 부르는 배란기에만 수컷을 받아들인다. 이러한 성적 수용 시기를 **발정기**(estrus)라고 하며, 이러한 생식주기를 발정주기라고 부르기도 한다. 생식주기는 임신이 될 때까지 계속된다.

가장 원시적 포유류인 **단공류**(monotreme, 오리너구리와 바늘두더지)는 진화적으로 이들보다 이전 단계인 파충류와 마찬가지로 난생이다. 단공류의 알은 둥지 혹은 특수화된 주머니에서 부화하며, 부화한 새끼는 어미의 피부에 있는 젖샘을 핥아서(젖꼭지가 없음) 젖을 먹는다(**그림 14.9***a*).

그 외의 모든 포유류는 태생이며, 새끼를 양육하는 방법에 따라 크게 두 집단으로 나눌 수 있다. 주머니쥐와 캥거루가 포함된 집단인 **유대류**(marsupial)의 경우 크기가 매우 작은 불완전한 태아를 출산하며, 태아는 어미의 피부 주머니 속에서 젖꼭지가 있는 어미의 젖샘으로부터 영양 공급을 받으면서 완전한 태아로 발생한다(**그림 14.9***b*). **태반포유류**(placental mammal)의 태아는 오랜 기간 어미의 자궁 안에서 발생한다(**그림 14.9***c*). 태아는 배외막(장막)과 어미의 자궁내벽에서 기원된 **태반**(placenta)으로부터 영양분을 공급받는다. 태반에는 태아의 혈관과 모체의 혈관이 가까이 근접해 있기에, 태아는 모체의 혈액으로부터 확산되는 영양분을 공급받게 된다.

14.3 수정

수정(fertilization)은 암수 배우자가 2배체인 접합자를 만들기 위해 결합하는 과정이다. 수정은 정자 진입과 막 융합, 난자의 활성화 그리고 핵융합의 3단계로 일어난다.

정자의 난자 원형질막 관통

수정되지 않은 난자는 하나 이상의 보호막으로 둘러싸여 있어 정자가 진입하는 데 어려움이 있다. 이 보호막에는 곤충 알의 장막, 성게와 개구리 알의 젤리층(jelly layer)과 **난황막**(vitelline envelope), 그리고 포유류 알의 **투명대**(zona pellucida)와 이를 둘러싼 과립세포가 포함된다(**그림 14.10**). 따라서 수정의 첫 번째 난관은 정자가 난자의 원형질막에 도달하기 위해 외부 층을 관통해야만 한다는 것이다.

정자 머리의 핵과 원형질막 사이에 있는 **첨체**(acrosome)라는 세포소기관은 정자가 난자의 바깥층에 도달했을 때, **세포외배출**(exocytosis) 작용으로 분해효소를 방출한다. 이들 효소는 보호막에 구멍을 형성하여 정자가 난자의 원형질막으로 들어갈 수 있는 길을 만들어 준다. 성게의 정자에서는 원형질막 바로 아래에서 액틴 단량체가 세포골격 섬유를 형성하여 길고 가느다란 **첨체돌기**(acrosomal process)를 만든다. 첨체돌기는 난황막을 지나 난자의 원형질막으로 길게 확장한 후 정핵을 난자 속으로 침투시킨다. 그러나 생쥐는 첨체돌기가 형성되지 않으므로 정자 머리 전부가 투명대를 뚫고 알에 도달하게 된다. 정자와 난자의 막 융합은 정자의 핵이 난자의 세포질로 직접 들어가도록 한다(**그림 14.11**).

막 융합에 의한 난자의 활성화

대부분 종에서 정자가 난자의 원형질막과 접촉한 직후, 난자 세포질 내의 Ca^{2+} 농도가 급격히 높아진다. 이는 소포체에서 Ca^{2+}의 방출이 일어나기 때문인데, 정자의 진입 지점에서부터 알의 반대편까지 진행된다(**그림 14.12**). 방출된 Ca^{2+}는 알의 세포질 내에서 여러 단백질의 활성을 변하게 하는 2차전달자로서 작용한다. 막 융합으로 인해 일어나는 이런 많은 사건을 난자의 활성화(egg activation)라고 한다.

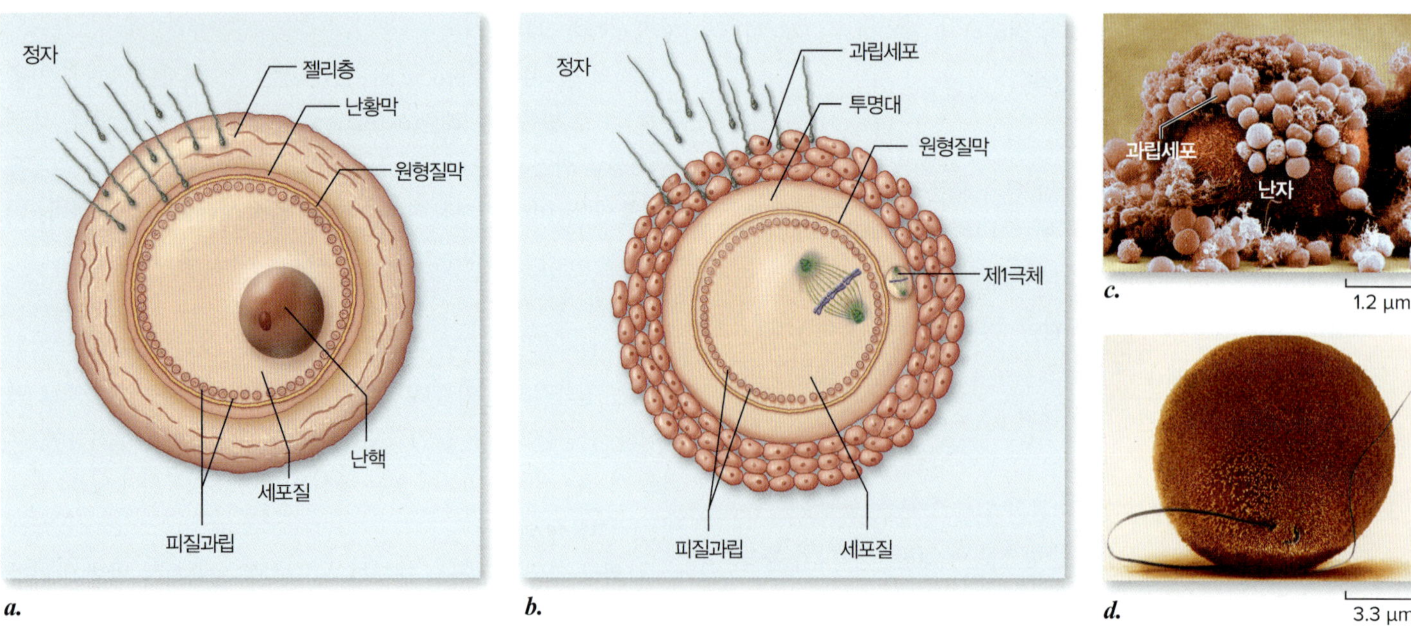

그림 14.10 동물의 생식세포.
a. 수정 당시 성게의 알(난자) 구조. 이 그림은 또한, 정자와 난자의 상대적 크기도 보여주고 있다. ***b.*** 포유류의 정자는 난자의 원형질막에 도달하기 전에 과립세포층과 투명대라고 불리는 당단백질층을 통과해야만 한다. 햄스터 난자 주변의 많은 과립세포(***c***)와 사람 난자 표면의 정자(***d***)를 보여주는 주사전자현미경 사진.

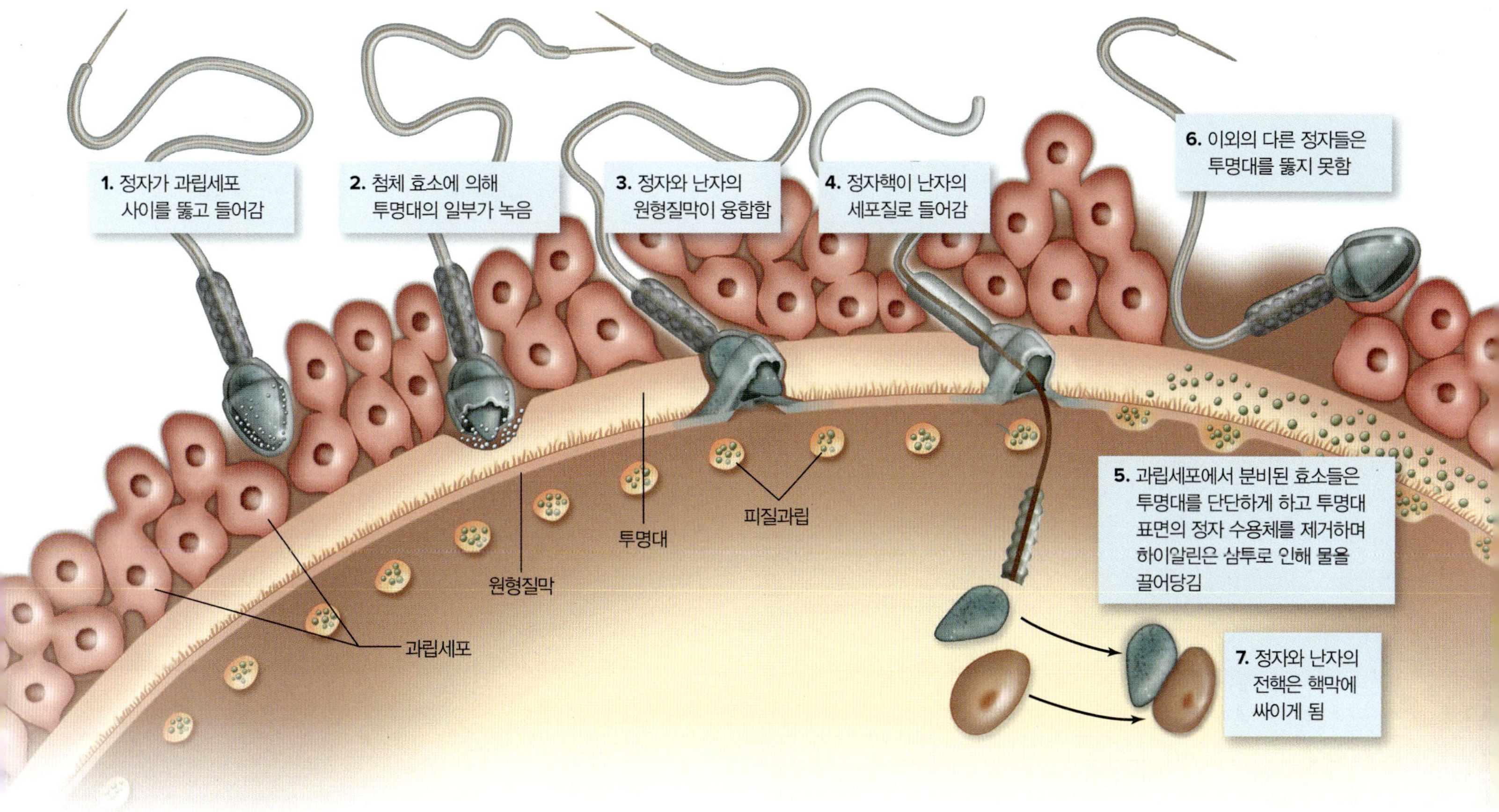

그림 14.11 정자 관통과 융합.
정자와 난자의 원형질막 융합이 진행되기 전에 정자는 난자를 둘러싸고 있는 주변 외층들을 관통해야만 한다. 원형질막 융합은 난자를 활성화시키고, 다정자수정을 방지하는 일들이 순차적으로 진행되도록 한다.

다정자수정의 방지

산란 또는 사정 동안에 방출되는 다수의 정자로 인해 하나의 난자에 여러 개의 정자가 수정을 시도한다. **다정자수정**(polyspermy)은 배수성으로 알려진 3벌 이상의 염색체를 가지는 접합자를 생성하게 되어, 동물 발생에 치명적인 영향을 미친다.

이를 막기 위해 성게는 첫 번째 정자가 알의 원형질막과 접촉하면 순간적으로 빠르게 알의 막전위를 변화시켜, 다른 정자가 알의 원형질막과 융합하는 것을 방지한다. 많은 동물은 수정 후 다른 정자들이 난자의 외막을 통과하는 것을 방지하기 위해 알 외막의 조성을 영구히 변화시킨다.

성게와 포유류에서 난자의 원형질막 바로 아래에 있는 **피질과립**(cortical granule)은 그 속의 내용물들을 세포외배출 작용을 통해 원형질막과 난황막 또는 투명대 사이에 있는 공간으로 방출한다. 피질과립 효소는 알의 외막으로부터 정자와 결합하는 수용체를 제거한다. 또한 피질과립으로부터 하이알린(hyalin)이 분비되어 단단하고 두꺼운 **수정막**(fertilization envelope)을 형성함으로써 추가적인 정자의 진입을 방지한다.

정자의 진입에 의한 효과

정자의 진입은 다정자수정 방지 외에도 난자에 대해 다음과 같은 3가지 영향을 준다. 우선, 대부분 동물에서 미수정란의 핵은 아직 감수분열이 완전히 끝나지 않았는데, 정자의 원형질막 융합으로 난자는 감수분열이 끝나도록 유도된다. 두 번째로 대부분 동물에서 정자 진입은 난자의 세포질 이동을 일으킨다. 그 예로 몇몇 개구리에서는 정자의 진입으로 인해 난자 세포질의 바깥쪽 색소대가 회전하여 진입 지점 반대쪽에 있는 내부 세포질의 **회색신월환**(gray crescent)이 드러나게 된다(**그림 14.13**). 이 회색신월환의 위치는 첫 세포분열의 방향을 결정짓는다. 세 번째로 난자의 활성화는 일반적으로 단백질 합성과 대사 활성의 급격한 증가를 야기한다. 활성화된 난자에서의 단백질 합성은 난자형성 동안 난자의 세포질에 축적된 mRNA를 사용함으로써 이루어진다. 몇몇 동물에서는 정자의 진입 없이 난자의 세포막을 찌름으로써 난자를 인위적으로 활성화시킬 수도 있다.

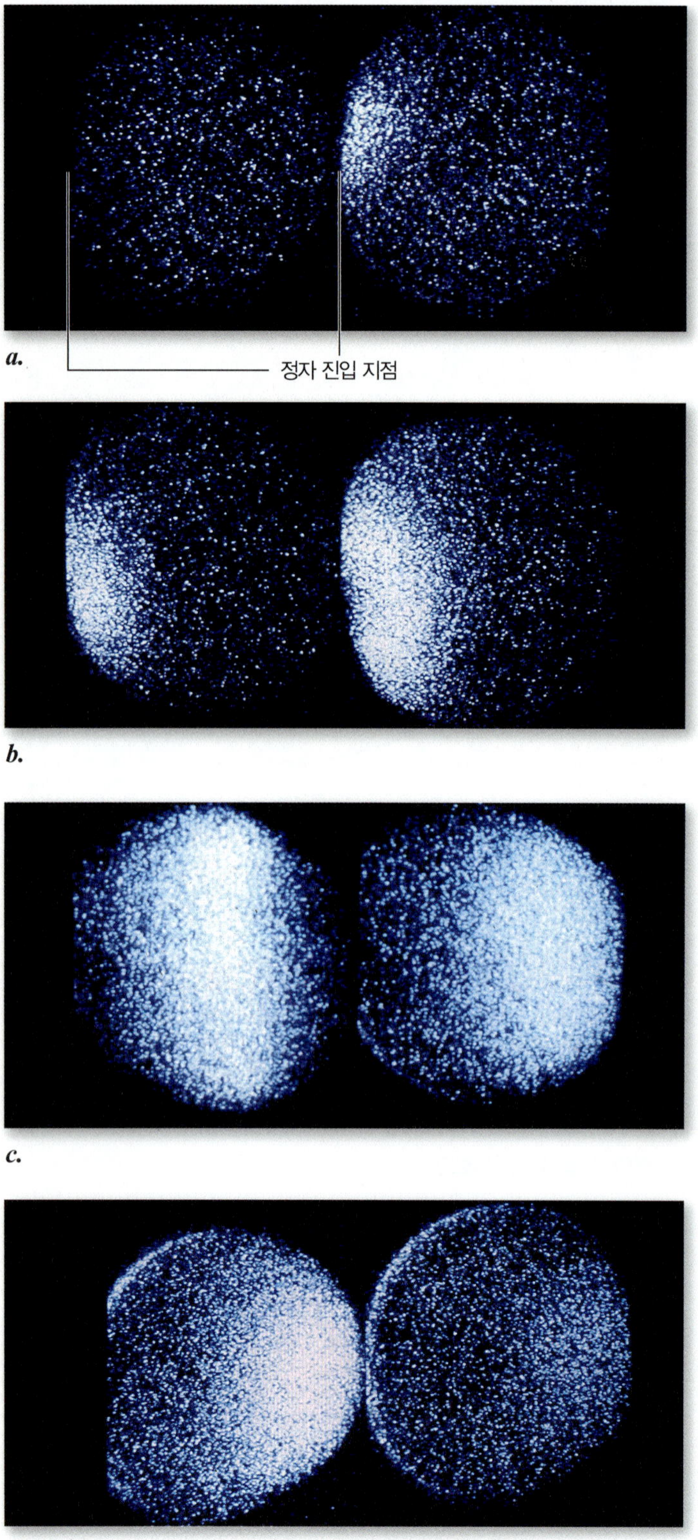

그림 14.12 성게 난자에서 정자 접촉 후 알 전체에 걸친 Ca^{2+} 분비의 파동.
밝게 빛나는 하얀 점들은 염색약 분자들로, Ca^{2+}에 결합하여 형광을 발한 것이다. 이 두 난자에서 Ca^{2+} 파동은 왼쪽으로부터 오른쪽으로 이동한다(***a-d***). 오른쪽에 있는 난자는 왼쪽 것보다 몇 초 앞서서 수정된 것이다. Ca^{2+} 파동은 난자 전체를 가로지르는 데 약 30초가 소요된다.

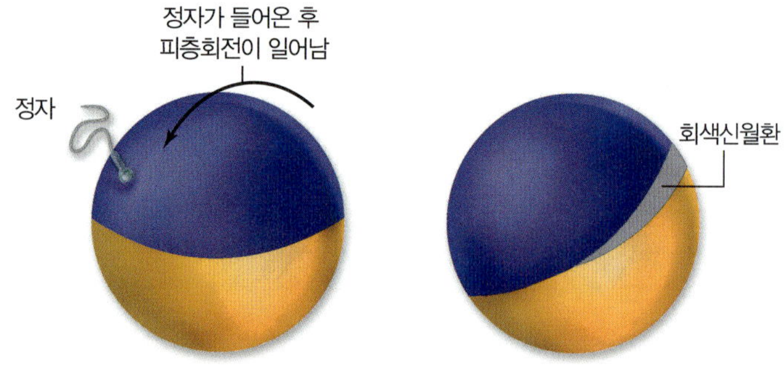

그림 14.13 개구리 알에서 회색신월환의 형성.
회색신월환이 알에서 정자가 들어온 지점의 반대쪽 면에서 형성된다.

핵융합에 의한 2배체 상태 회복

수정의 마지막 단계에서 반수체 핵을 가진 정자는 반수체의 난핵과 융합하여 2배체 접합자 핵을 만든다. 이 과정은 성상체의 미세소관을 따라 두 핵이 서로를 향해 이동함으로써 이루어진다. 정자의 핵과 함께 난세포로 들어가는 중심립(centriole)은 난자 세포질에 저장된 튜불린으로부터 미세소관 집합체를 구성한다.

14.4 난할, 포배기 및 낭배기

발생은 역동적인 과정이기에 이들 발생 단계를 구분하는 것은 일정 부분 인위적이지만, 대부분 동물은 공통으로 진행되는 단계, 즉, 수정, 난할, 낭배형성, 기관형성 단계를 거친다(**표 14.1**). 수정 후에 접합자는 신속히 분열하는 난할로 인해 많은 수의 세포를 가진 포배를 만들어낸다. 포배에서 상대적으로 세포분열이 활발한 동물반구의 할구들은 외배엽을 만들고, 난황이 있는 식물반구의 할구들은 주로 내부 조직을 형성한다.

다양하며 독특한 난할 양상

난할의 유형은 매우 다양해서 동물의 문(phyla)에 따라 난자의 세포질이 분열하는 방법이 다르지만, 몇 가지의 유형으로 일반화할 수 있다(**표 14.2**). 난할 양상에 가장 큰 영향을 주는 요인은 배아에 있는 난황(yolk)의 상대적 양인데, 난황이 많은 부위는 세포분열이 느리게 일어난다.

곤충의 난할

곤충은 알의 중심에 많은 양의 난황을 가지고 있다. 곤충의 다핵성 배반엽에서는 핵을 분리하는 세포막이 없기에, 난자의 세포질에

표 14.1 동물 발생 단계(포유류의 예)

수정	반수체 수컷 생식세포와 암컷 생식세포가 융합하여 2배체 접합자인 수정란 형성	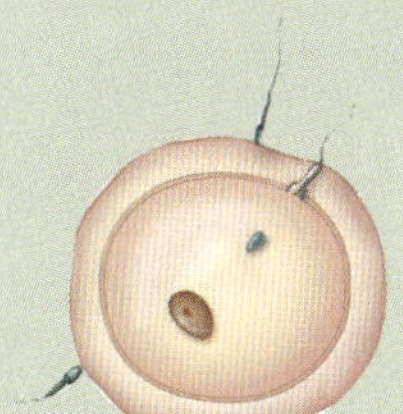
난할	수정란은 빠르게 분열하여 많은 세포를 가진 초기 배아가 되는데 전체적인 크기 변화 없이 진행된다. 대부분 동물에서 서로 다른 할구들은 수정란 세포질의 서로 다른 부분을 가지고 있어 세포질 결정인자가 다르기에, 이러한 분열은 향후 발생에 영향을 미친다. 난할은 포배(포유동물에서는 배반포라 표기함)의 형성과 함께 종결되며, 동물 종에 따라 그 구조는 다양하다.	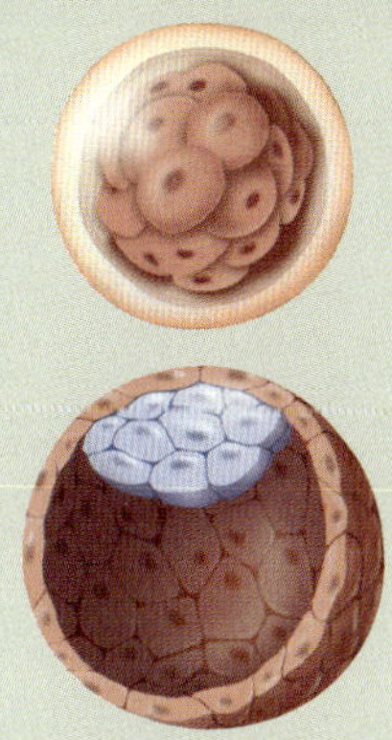
낭배형성	포배의 세포는 이동하여 3개의 기본 배엽인 외배엽, 중배엽, 내배엽을 형성한다.	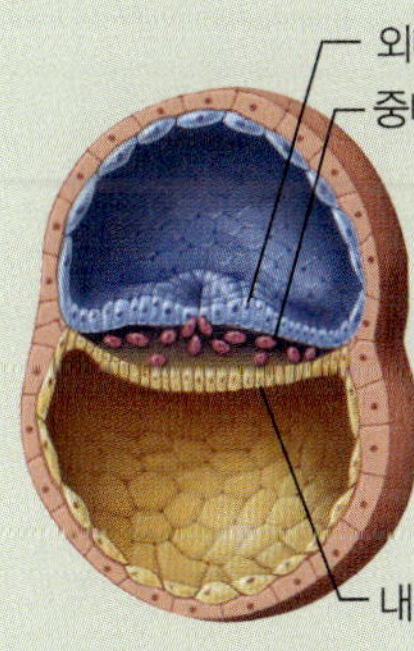
기관형성	3개의 기본 배엽을 구성하는 세포들은 서로 다양한 방법으로 상호작용하여 신체를 구성하는 기관을 형성한다. 척삭동물에서 기관형성은 척삭의 형성 및 신경형성과정에서 속이 빈 등쪽 신경삭의 형성과 함께 시작된다.	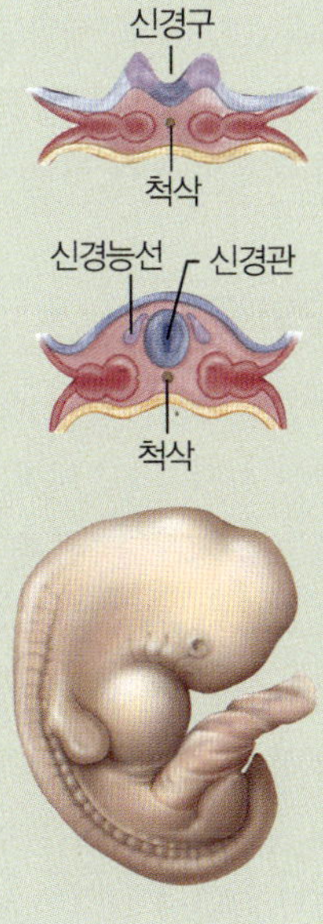

표 14.2 동물 배아의 주된 난할 유형

완전난할(전할)	
등황란(적은 양의 난황이 고루 분포)	
방사형 난할 극피동물	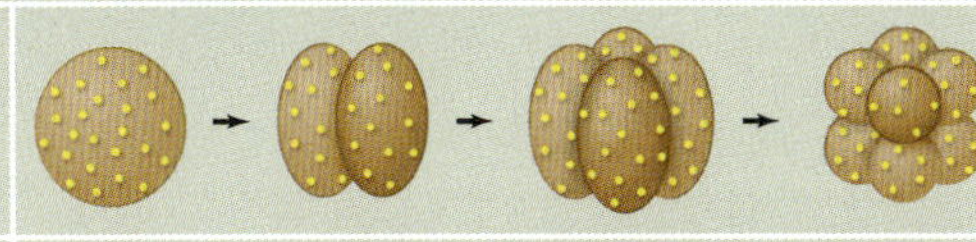
나선형 난할 환형동물 연체동물 편형동물	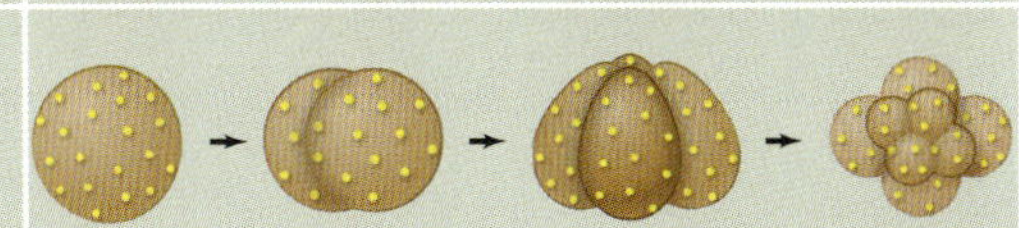
회전형 난할 포유류 선충류	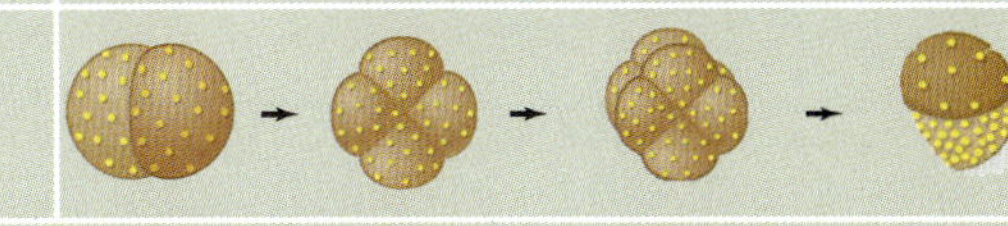
중황란(중간 정도의 난황이 식물극 쪽에 치우쳐 분포)	
불균등방사형 난할 양서류	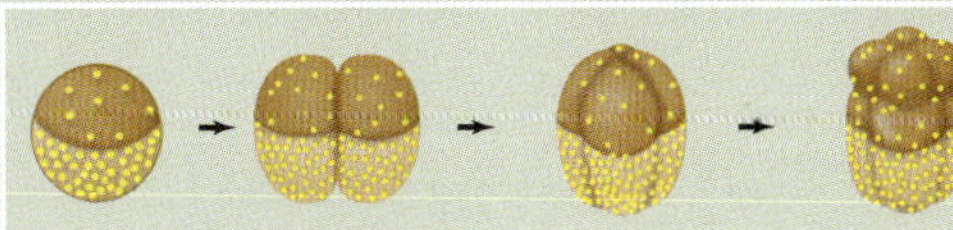
불완전난할(부분할)	
단황란(많은 양의 난황이 난자 대부분에 걸쳐 분포)	
원반형 난할 어류 파충류 조류	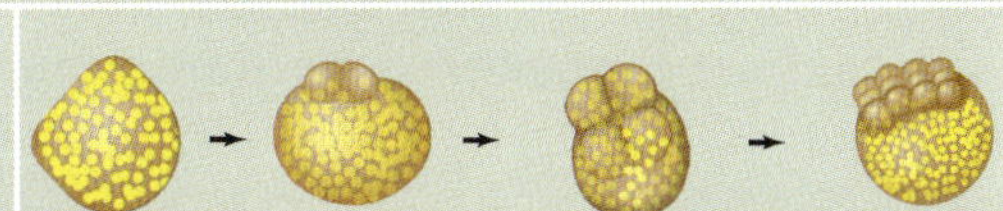
중심황란(난황이 난자 중심부에 분포)	
표할 대부분의 곤충	

그림 14.14 전할.
이 유형의 난할은 상대적으로 적은 난황을 가지는 난자에서 보이는 특징으로, 세포분열이 알 전체에서 일어난다.

있는 형태형성물질은 배아 핵의 활성에 직접적으로 영향을 미친다. 핵은 난자의 주변부로 이동하여 세포성 배반엽을 형성하는데, 이 시기에 중심 난황을 둘러싸고 있는 세포층을 가지게 된다.

a. 333.3 μm

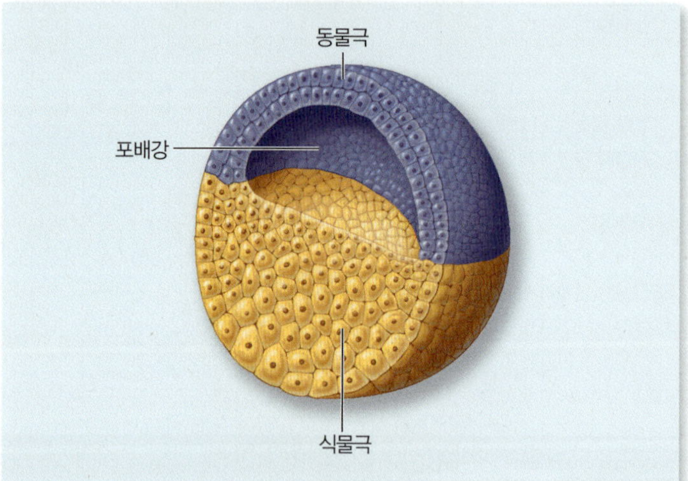

b.

그림 14.15 개구리의 난할과 포배 형성.
a. 이 사진에서 보이는 쪽의 세포(동물극 근처)는 식물극(동물극 밑쪽) 세포에 비해 더 빨리 분할하여 더 작다. ***b.*** 개구리 포배의 횡단면으로, 포배강이 한쪽으로 치우쳐 있는 것을 볼 수 있다. 식물극 쪽 세포는 난황이 많고 동물극 쪽 세포는 난황이 적어서 상대적으로 크기가 작다.

난황이 적거나 거의 없는 난자의 난할

난황이 적거나 거의 없는 경우 난할은 알 전체에 걸쳐 일어나는데, 이런 난할 양상을 **전할**(holoblastic cleavage)이라고 한다(**그림 14.14**). 등황란인 성게는 같은 크기의 할구를 가지는 반면, 중황란인 양서류의 알은 동물반구보다 식물반구에 더 많은 세포질 난황을 가지기 때문에, 수평으로 분열하는 면이 동물극 쪽에 치우쳐서 생기게 된다(**그림 14.15***a*). 따라서 개구리 알의 전할은 식물극에서 난황이 많은 큰 세포들을, 동물극에서는 난황이 적은 작은 세포들을 가지는 매우 비대칭적인 포배를 만든다(**그림 14.15***b*).

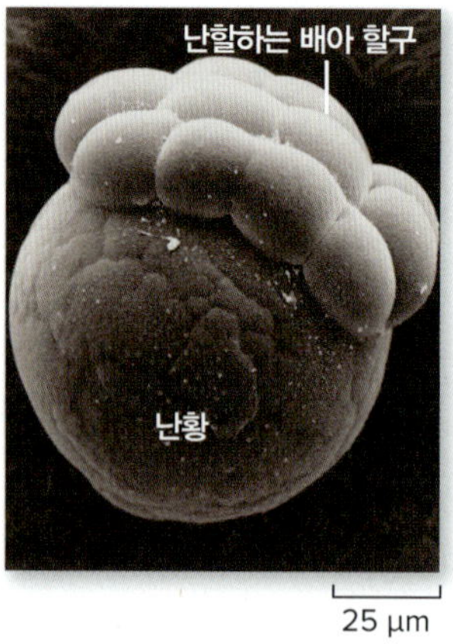

그림 14.16 부분할.
이 유형의 난할에서는 알의 일부분에서만 활발히 분할한다. 이런 유형은 상대적으로 매우 많은 난황을 가지고 있는 알에서 일어난다.

많은 양의 난황을 가지는 난자의 난할

파충류, 조류 및 일부 어류들은 많은 양의 난황이 알 전체를 차지하고 있고, 한쪽 끝에 **배반**(blastodisc)이라고 부르는 소량의 세포질이 있다. 이런 알들의 난할은 배반 쪽에서만 일어난다. 이런 유형의 난할을 **부분할**(meroblastic cleavage)이라고 하며(**그림 14.16**), 이로 인해 배아는 구형이 아니라 난황 위에 놓인 얇은 모자의 모양을 형성한다.

포유류의 난할

포유류의 난자들은 매우 적은 양의 난황을 가지지만, 포유류의 배아발생은 파충류 및 조류의 배아발생과 매우 유사하다. 포유동물의 난할은 난황으로 인해 방해받지 않는 전할이며, 단층의 세포들이 포배강을 둘러싼 **배반포**(blastocyst)라는 구조를 형성한다. 포배강의 한쪽 끝에는 **내세포덩어리**(inner cell mass, ICM)가 있는데, ICM은 파충류나 조류의 배반과 유사하며 배아를 형성한다. 바깥층 세포는 나중에 태반을 형성할 **영양막**(trophoblast)인데, 이는 파충류 알의 단단한 외피 안쪽의 막을 형성하는 세포들과 유사하다(**표 14.1** 참조).

할구의 운명

바깥쪽에서 보면 난할 단계의 배아는 유사한 모양의 세포들로 이루어진 것처럼 보이지만, 대부분 동물에서 각 할구는 서로 다른 발생 경로를 진행한다. 예를 들어, 척삭동물 중 피낭류에 속하는 멍게의 배아에서 세포질 결정인자는 불균등하게 분포하고 있어서 각 할구의 운명은 서로 달라진다. 그와는 대조적으로 포유류의 초기 할구들은 아직 특정 운명이 정해지지 않은 상태로, 높은 **조절발생**(regulative development) 능력을 보여준다. 예를 들어 초기 8 세포기의 사람 배아에서 하나의 할구가 제거된 채로 여성의 자궁 속에 착상되었다면,

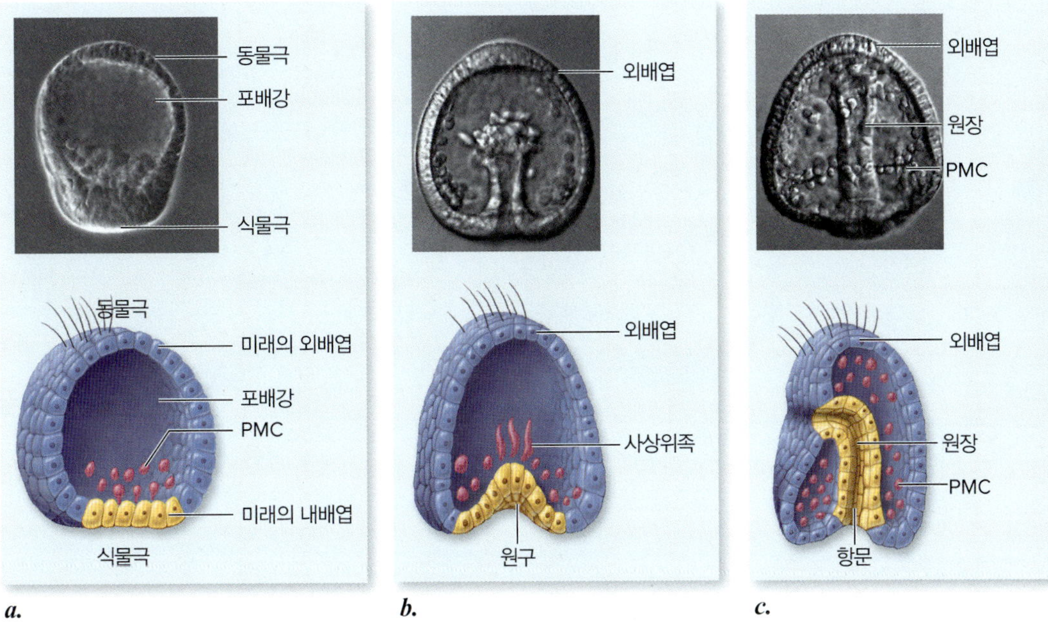

그림 14.17 성게의 낭배형성. *a.* 낭배형성은 식물판과 1차 간충직 세포가 포배강 내로 이입하는 것으로 시작된다. *b.* 이후에 나머지 식물극판 세포가 함입하면서 내배엽이 형성되고 세포성 관의 확대로 원시 장인 원장을 형성한다. *c.* 표면에 남아 있는 세포들은 외배엽을 형성한다.

이 배아의 남아 있는 7개의 세포는 "조절"을 통해 완전한 개체로 발생한다. 따라서 모계로부터 전달된 결정인자는 포유류의 발생에서 그리 중요하지 않으며, 몸체의 형성은 세포와 세포 간의 상호작용으로 인해 결정되는 것이다.

포배: 속이 빈 세포 덩어리

대부분의 동물 배아에서 난할 동안 만들어진 공 모양의 세포 덩어리에서 가장 바깥쪽의 할구들은 **밀착연접**(tight junction)으로 다른 할구들과 밀접하게 연결되어 있다. 이어서 덩어리의 내부에 있는 세포들은 세포 사이의 공간으로 Na^+를 내보내기 시작한다. 이런 삼투 기울기는 배아의 중심으로 물을 이동시켜 내부에 빈 공간을 만들게 된다. 그 결과 속이 빈 공 모양의 세포를 **포배**(blastula, 포유류에서는 blastocyst)라고 하며, 포배 안의 액체로 채워진 공간은 **포배강**(blastocoel)이라고 한다.

낭배형성으로 의한 3종류의 배엽 형성

세포 모양의 변화와 세포 이동 등의 복잡한 연쇄적 과정에서 포배의 세포들은 배아의 기본적인 몸을 형성하기 위해 재배치된다. 이러한 조직적인 이동을 **낭배형성**(gastrulation)이라고 한다. 낭배형성을 통해 3종류 **배엽층**(germ layer)인 외배엽, 내배엽, 중배엽이 만들어지는데, 각 배엽의 세포들은 매우 다른 발생 운명을 가지게 된다. 배아의 안쪽으로 이동하여 원장을 형성하는 내배엽의 세포들은 장과 췌장, 폐, 간 등을 형성한다. 바깥쪽에 있는 외배엽 세포들은 표피와 신경조직으로 되고, 내배엽과 외배엽 사이로 이동하는 중배엽 세포들은 척삭, 혈관, 결합조직, 근육 그리고 신장과 생식샘과 같은 내부기관으로 분화된다.

난할의 양상처럼 난황의 양은 낭배형성 시 일어나는 세포의 이동에도 영향을 미친다. 난황의 양에 따라 달라지는 낭배형성에 관해 4종류의 대표적 동물을 예로 들어 알아본다.

성게의 낭배형성

성게와 같은 극피동물은 난황이 비교적 적은 알에서 발생하며, 속이 빈 대칭적인 포배를 형성한다. 낭배형성은 포배의 식물극 표면에 있는 세포들이 납작한 **식물판**(vegetal plate)으로 형성될 때 시작된다. **이입**(ingression)의 한 예로, 식물판의 일부 세포들은 포배 벽으로부터 떨어져 나와 포배강 속으로 이동한다. 이들 1차 간충직 세포(primary mesenchyme cell, PMC)들은 중배엽 세포가 되며, 그들은 포배강을 관통하기 위해 **사상위족**(filopodia)을 이용한다(**그림 14.17**). 식물판에 남아 있는 세포들은 내배엽을 형성하기 위해 포배강 속으로 **함입**(invagination)하여 **원장**(archenteron)이 되며, **원구**(blasto- pore)는 항문이 되고 입은 나중에 생기는데, 이런 동물들을 **후구동물**(deuterostome)이라 한다.

양서류의 낭배형성

양서류의 포배에는 난황이 비대칭적으로 분포하는데, 난황이 많은 식물극 세포들은 수는 적지만 난황이 없는 동물극의 세포보다 크다. 그래서 낭배형성은 성게의 낭배형성보다 매우 복잡하게 일어난다. 개구리에서 표면 세포층이 먼저 함입하여 작은 초승달 모양의 틈을 형성하는데, 이곳에 원구가 형성된다. 이어서 동물극의 세포들이

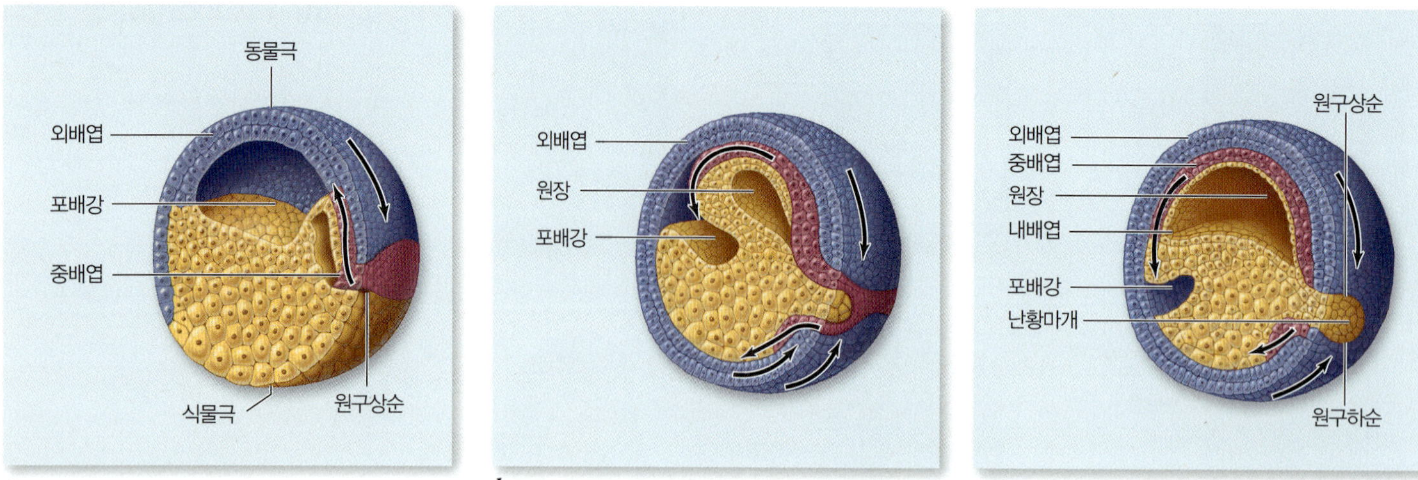

그림 14.18 개구리의 낭배형성.
a. 세포층이 식물극 쪽으로 이동하여 결국 원구상순부에서 회절한다. *b.* 그리고 원구상순부 부위의 세포는 비어 있는 안쪽, 즉 포배강으로 회절하여 결국 반대쪽 벽으로 이동한다. 이로 인해 1차적인 배엽조직(외배엽, 중배엽, 내배엽)이 구분된다. 외배엽은 파란색으로, 중배엽은 붉은색으로, 내배엽은 노란색으로 나타냈다. *c.* 원구를 통한 세포의 이동은 새로운 내부 공간을 만드는데, 이를 원장이라 하고, 이것이 포배강이 있던 공간을 대체한다. *d.* 신경관형성 동안에 등쪽 외배엽이 신경판을 만들면서 기관형성을 시작한다. *e.* 신경판은 신경고랑(neural groove)을 형성한 후 신경관을 형성한다. 신경외배엽 세포들은 보라색으로 표시하였다.

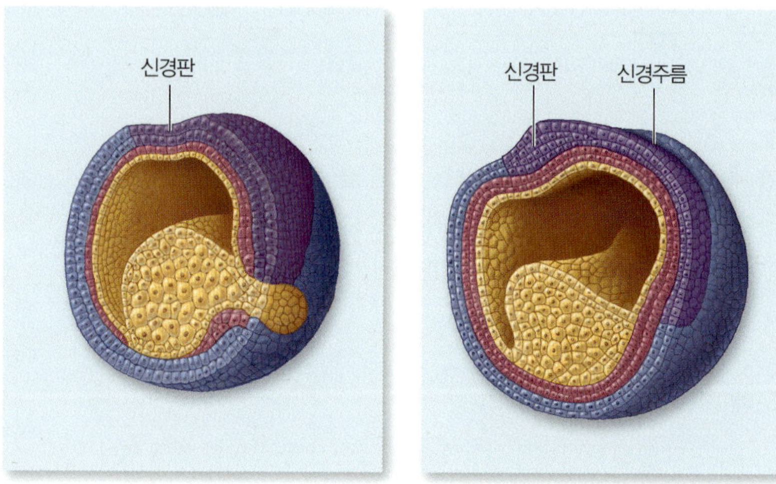

원구의 **등쪽 입술**(dorsal lip, 회색신월환이 있는 위치)로 말려 들어가는 **회절**(involution)이 일어난다. 회절되는 세포층은 결국 포배강을 밀어내고 원장을 형성한다. 이들 세포의 이동으로 생긴 안쪽 세포층은 중배엽과 내배엽을, 바깥에 남아 있는 세포층은 외배엽을 이룬다(**그림 14.18**).

조류의 낭배형성

조류나 파충류의 배아는 커다란 난황 위에 놓인 세포들로 구성된 작은 모자 모양의 배반엽(blastoderm)을 형성한다. 조류에서 배반엽은 먼저 2개의 층으로 분층(delamination)되고, 그 사이에 포배강이 형성된다. 2중층으로 된 배반엽의 아래층(하배엽)은 배아의 배외 조직으로만 되며, 배아의 모든 세포들은 위층(상배엽)으로부터 파생된다. 표면 세포 중 몇몇은 중앙선에 난 홈을 따라 포배강으로 이입되기 시작한다. 이 홈을 **원조**(primitive streak)라고 부르며, 가늘고 긴 원구와 유사하다. 원조를 통해 아래층으로 이동한 세포들은 내배엽을 형성하고, 중간 지역으로 이동한 세포들은 중배엽을 만들며, 표면에 남아 있는 세포들은 외배엽을 형성한다(**그림 14.19**).

포유류의 낭배형성

포유류의 낭배형성은 조류의 낭배형성과 비슷하게 진행된다. 이 두 종류의 배아는 난황의 양은 다르지만, 납작한 세포들의 집단(조류에서는 배반엽, 포유류에서는 내세포덩어리)으로부터 발생한다. 포유류의 배아는 착상 후 모체의 자궁벽으로부터 영양물질을 얻지만, 배아는 난황 위에 놓인 것처럼 낭배형성을 한다. 포유류도 조류와 마찬가지로 원조를 통한 세포 이동으로 3개의 주요 배엽층이 형성된다(**그림 14.20**).

건조한 육상 생활에 대해 적응된 배외막

육상 생활에 대한 적응으로 파충류, 조류 그리고 포유류들의 배아는 액체로 채워진 양막 내에서 발생한다. 양막을 비롯해 장막, 난황

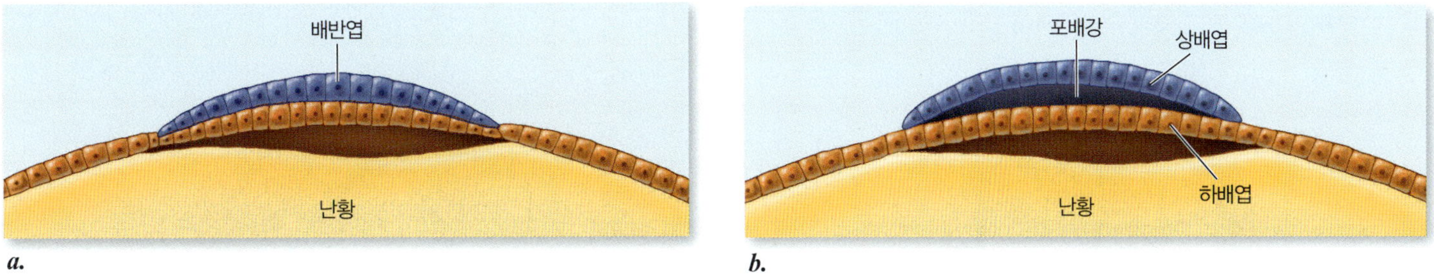

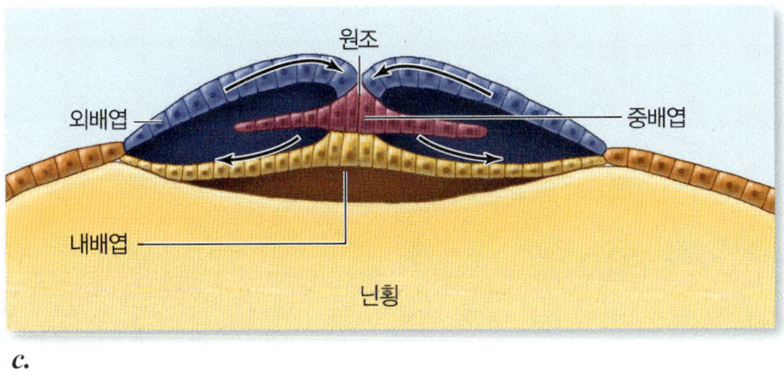

그림 14.19 조류의 낭배형성.
a. 조류의 포배는 커다란 난황덩어리 위쪽에 원반형 세포들로 구성된다. *b.* 낭배형성은 배반엽이 두 세포 층(위층의 상배엽과 아래층의 하배엽)으로 분층되면서 진행된다. 3개의 모든 배엽층이 상배엽으로부터 유래한다. *c.* 원조를 통하여 배아 내부로 이동한 세포는 내배엽 또는 중배엽 세포가 된다. 윗 층에 남아 있는 세포는 외배엽이 된다.

낭, 요막을 **배외막**(extraembryonic membrane)이라고 부르며, 배아의 몸 바깥쪽에 위치하게 된다. 조류에서 양막은 배아를 둘러싸서 양수(amniotic fluid) 안에 떠 있게 하는 안쪽 막인데, 그렇게 함으로써 어류와 양서류 배아의 수중 환경과 유사한 환경을 만들게 된다. **장막**(chorion)은 난각의 바로 안쪽에 있으며, 배외체강(extraembryonic coelom)으로 인해 다른 막들과는 분리되어 있다(**그림 14.21***a*).

난황낭(yolk sac)은 조류와 파충류 배아의 영양에 매우 중요한 역할을 하며, 포유류에도 존재하기는 하지만 배아에 영양을 공급하지는 않는다. 조류의 **요막**(allantois)은 오줌으로 배설된 요산을 저장하는 역할을 하며, 난각 바로 아래에 있는 장막과 융합한다. 요막과 장막의 융합은 요막에 있는 배아의 혈관이 가스교환을 위해 구멍이 있는 난각 가까이 위치하도록 만드는 하나의 기능적 단위가 된다. 따라서 장뇨막(chorioallantoic membrane)은 조류 배아의 호흡에 중요한 기능을 한다. 포유류에서는 배반포의 영양막 세포들이 모체 자궁내막의 안쪽으로 끼어들어 장막이 된다(**그림 14.21***b*). 자궁내막 조직과 접촉한 장막의 일부는 태반이 된다. 포유류의 요막은 탯줄에 혈관을 제공하여 태아의 혈액을 가스교환을 위해 태반으로 운반한다.

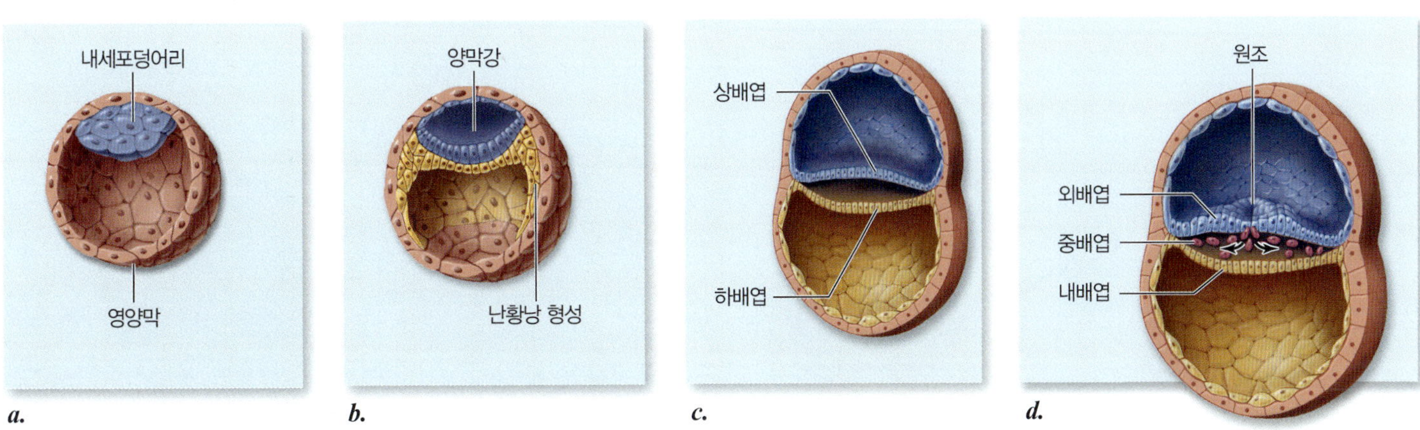

그림 14.20 포유류의 낭배형성.
a. 난할이 끝난 포유동물 배반포의 단면. *b.* 양막강이 내세포덩어리와 배아의 극 사이에 형성된다. 이 시기에 내세포덩어리는 평평해지고 2개의 세포층으로 나뉘며 상배엽과 하배엽이 된다. *b*와 *c*, 하배엽(아래층) 세포들은 포배강으로 이동하여 난황낭을 형성한다. *d.* 상배엽(외배엽) 층에 원조가 형성되고 조류에서처럼 세포가 이곳을 통하여 이동하여 중배엽 또는 내배엽 세포가 된다.

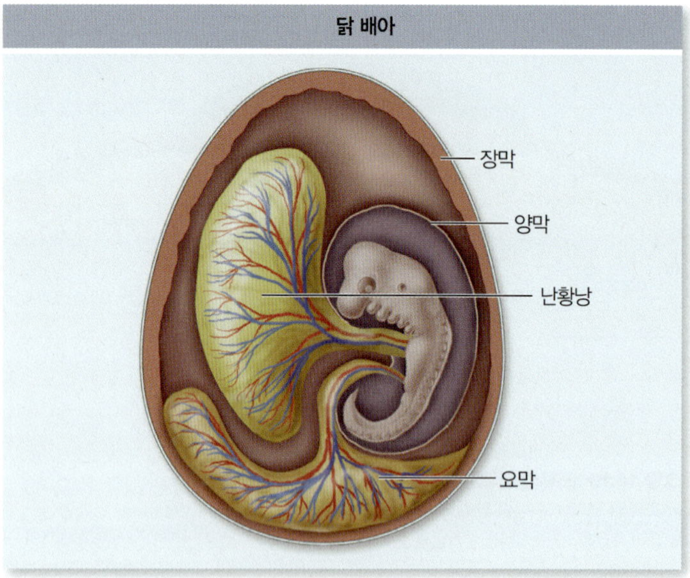

a.

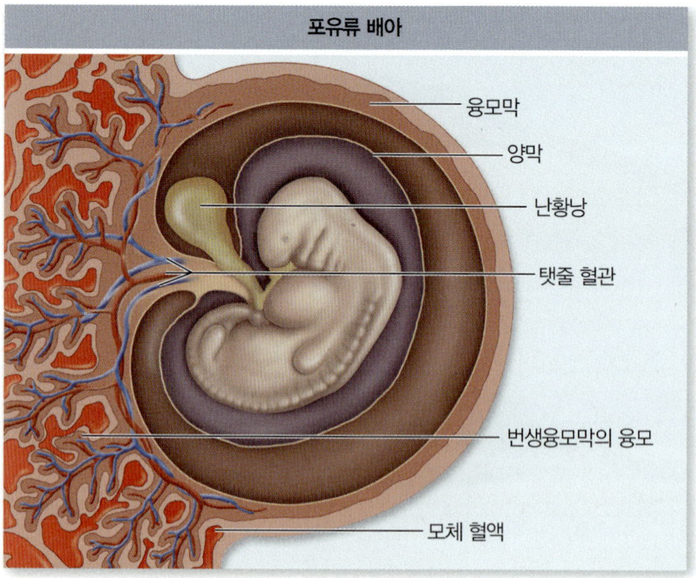

b.

그림 14.21 배아외막.
닭 배아(***a***)와 포유류 배아(***b***)의 배외막은 일부 동일한 특징을 갖는다. 닭에서는 요막이 계속 자라 난각 바로 밑에 있는 장막과 결합하여 기체 교환에 참여한다. 포유류 배아에서 요막은 제대(탯줄) 발생에 필요한 혈관형성에 관여한다.

14.5 기관형성과정

낭배형성 후, 배엽들 사이에서 세포들의 상호작용으로 일어나 적절한 위치에 기관을 형성할 준비를 한다. 따라서 **기관형성과정**(organogenesis)은 낭배형성 직후 빠르게 일어나며, 대부분 동물에서 낭배형성이 완전히 끝나기 전에 시작되기도 한다. 그 후의 발생 동안에 조직은 기관으로 발달하며, 동물 배아는 그들 고유의 몸체를 만들게 된다(**표 14.1** 참조).

세포 운명결정을 유도하는 유전자 발현 변화

핵이 없는 일부 세포를 제외한 모든 세포는 전체 유전정보를 똑같이 가지고 있지만(유전체 등가성), 동물의 성체를 구성하는 수십에서 수백 종류의 세포들은 각각 전체 유전자 정보 중에서 특정한 유전자만을 발현한다(차등적 발현). 이는 다른 유형의 세포를 만드는 정보가 소실된 것은 아니지만, 발생 중인 개체에서 대부분 세포는 점진적으로 많은 유전자를 발현시킬 수 있는 능력을 잃어버리게 된 것이다. 무엇이 특정 세포에서 발현되는 유전자를 결정하는 것일까?

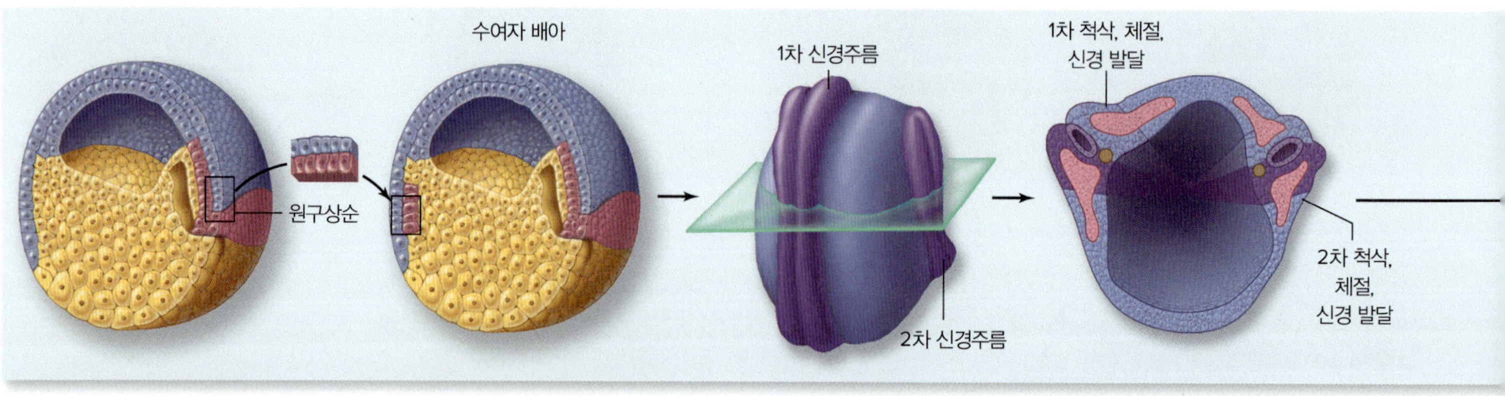

그림 14.22 슈페만과 망골트의 원구상순부 이식 실험.
공여자 배아의 원구상순 조직은 수여자 배아의 배쪽이 될 부분에서 제2의 축 형성을 유도하였다.

발생 중인 배아에서 세포의 위치는 세포들의 운명을 결정짓는다. 그러나 이것은 세포 발생의 어느 시점까지만 가능하다. 어떤 시기가 되면 모든 세포의 운명이 결정되는데, 이 과정을 세포 운명결정(cell determination)이라고 한다. 한 세포의 운명은 세포질 결정인자를 물려받거나 이웃한 세포들의 상호작용으로 인해 결정될 수 있다. 하나의 세포 또는 세포 집단이 이웃한 세포에게 특정한 발생학적 운명을 가지도록 영향을 주는 과정을 유도라고 하는데, 유도하는 세포는 표적 조직의 세포에 결합할 수 있는 신호분자를 분비하여 표적세포에서 유전자 발현 양상을 변화시킬 수 있다.

척추동물의 축과 패턴형성

동물 발생에서 특정 배엽에 있는 세포들의 상대적 위치는 이 배엽으로부터 생기는 기관을 결정하는 데 큰 영향을 준다. 앞에서 초파리의 다핵성 배반엽에서 형태형성물질의 농도기울기는 배아의 앞-뒤 축과 등-배축을 형성한다는 것을 살펴본 바 있다. 척추동물의 *Hox* 유전자 복합체의 기능은 초파리의 호미오유전자들과 기능이 비슷하며, 앞-뒤축을 따라 기관의 위치를 결정한다. 그렇다면 척추동물에서 어떻게 등-배축을 따라 세포의 운명 선택이 일어나는 것일까?

등-배 축을 결정하는 슈페만 형성체

일반적으로 낭배형성 중인 양서류 배아의 등쪽 입술(원구상순부)에서 유래된 세포들은 척삭이 된다. 슈페만(Hans Spemann)과 망골트(Hilde Mangold)는 배아의 상순에서 세포들을 제거하여 다른 배아의 복부가 될 부위에 이식하였는데, 이식받은 배아에서 2개의 척삭, 즉 정상적인 등쪽의 척삭과 복부에 생긴 두 번째 척삭을 발생시켰다(**그림 14.22**). 즉 이식된 상순 세포들은 **형성체**(organizer)처럼 작용하여 복부 구조가 형성될 세포를 등쪽 축 구조가 되도록 유도한 것이다. 형성체는 확산성 신호분자를 분비하는 세포 집단으로, 다른

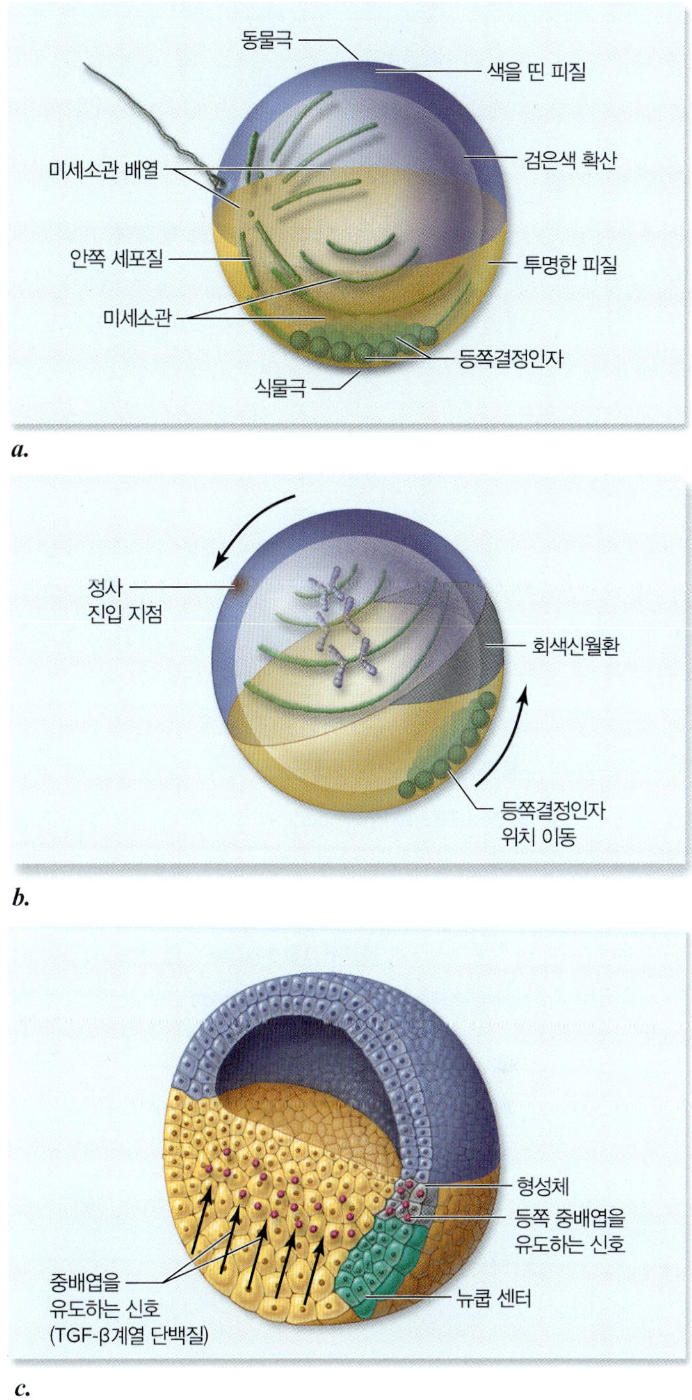

그림 14.23 슈페만 형성체의 형성 과정.
a. 등쪽결정인자가 미수정란의 식물극에 위치한다. 수정 시 정자가 들어온 지점에서 미세소관 배열이 형성된다. 이들 미세소관은 난자의 식물극 부분에서 피질과 세포질 사이에 나란히 배열한다. *b.* 피질의 세포질과 등쪽결정인자가 평행하게 배열된 미세소관을 타고 정자가 들어온 반대 방향으로 이동한다. *c.* 이들 이동한 등쪽결정인자를 갖는 할구는 뉴큡 센터를 형성하고, 뉴큡 센터에서는 위쪽에 있는 세포가 형성체가 되도록 하는 신호전달 분자를 분비한다. 형성체는 수정 시 세포질 재배치로 인해 나타나는 회색신월환 부위에서 형성된다.

세포에게 위치 정보를 전달해준다. 형성체와 가까이 있는 특정 세포일수록 더 높은 농도의 형태형성물질에 노출되는데, 이로 인해 척추동물의 발생 동안 세포 운명과 상대적 위치가 결정되는 것이다.

형성체의 기원

개구리의 원구상순부 세포들이 어떻게 슈페만 형성체가 되었으며, 그들이 등–배축을 따라 어떻게 세포 운명을 결정해주는 능력을 가진 것일까? 초파리처럼 개구리에서 이 과정은 모체의 난자형성 과정 동안 시작된다. 이때 모계로부터 만들어진 등쪽 결정인자들은 발생 중인 난모세포에 들어가고, 수정되지 않은 알의 식물극에 축적된다. 수정 후 세포질 재배열이 일어날 때, 이 결정인자는 알의 예정 등쪽 면에 위치하게 된다.

처음에 정자 진입 지점으로부터의 신호는 미세소관 배열의 조립을 시작해 난자의 원형질막과 그 아래에 있는 피층 세포질이 회전할 수 있도록 해준다. 이런 물리적 회전은 모계에서 암호화된 등쪽 결정인자를 정자 진입 지점의 반대편으로 이동시킨다(**그림 14.23***a*, *b*). 몇몇 종의 개구리에서는 정자 진입 반대편에 회색신월환이 형성되는데, 이 부분이 장래의 등쪽 원구상순 부위가 된다. 난할 동안 이 지역의 아래쪽인 **뉴큽 센터**(Nieuwkoop center)에 형성된 세포들은 피질 회전 시 이동한 등쪽 결정인자를 받게 된다. 등쪽 결정인자들은 이들 세포에서 유전자 발현을 변화시켜, 위쪽에 있는 세포들을 원구상순부로 유도하는 신호분자를 생산한다(**그림 14.23***c*). 형성체는 모든 척추동물에 존재하는데, 조류에서 **헨센 결절**(Hensen's node)이라는 원조의 앞쪽 부분에 있는 세포 집단은 양서류의 원구상순과 비슷한 기능을 한다.

슈페만이 발견한 유도 과정은 척추동물 발생의 기본적인 방식으로 보인다. 3가지 배엽층인 내배엽, 중배엽, 외배엽 사이의 유도를 **1차 유도**(primary induction)라고 하고, 특정 발생 양상에 따라 이미 발생한 조직들 사이의 유도를 **2차 유도**(secondary induction)라고 한다. 이와 같이 이웃한 세포 사이의 신호전달경로를 통한 상호작용으로 세포의 운명이 결정되고, 조직의 분화 및 기관형성이 일어나게 된다.

신경관형성과 체절형성과정으로 시작되는 척추동물의 기관형성

척추동물의 기관형성은 척삭동물에서만 발견되는 2가지의 형태학적 특징인 척삭(notochord)과 속이 빈 **등쪽 신경삭**(dorsal nerve cord)의 형성으로 시작된다. 등쪽 신경삭의 발생을 **신경관형성**(neurulation)이라고 한다.

신경관의 발생

척삭은 중배엽에서 형성되며, 낭배형성이 끝난 직후 보이기 시작한다. 척삭은 유연성이 있는 막대 모양으로, 모든 척삭동물 배아의 등쪽 중앙선을 따라 위치한다. 척삭이 생긴 후 척삭 위에 있는 등쪽 외배엽 세포 부분은 점차 두꺼워져 **신경판**(neural plate)을 형성한다. 그 후 **신경고랑**(neural groove)과 신경주름이 형성되고, 신경고랑의 가장자리는 서로 가까워진 후 융합하여 원통 모양의 긴 **신경관**(neural tube)을 형성한다(**그림 14.24**). 결국 신경관은 표면 외배엽으로부터 떨어져 나와 배아의 등쪽 표면 아래에 위치하게 되며, 나중에 척수(spinal cord)와 뇌(brain)로 분화된다.

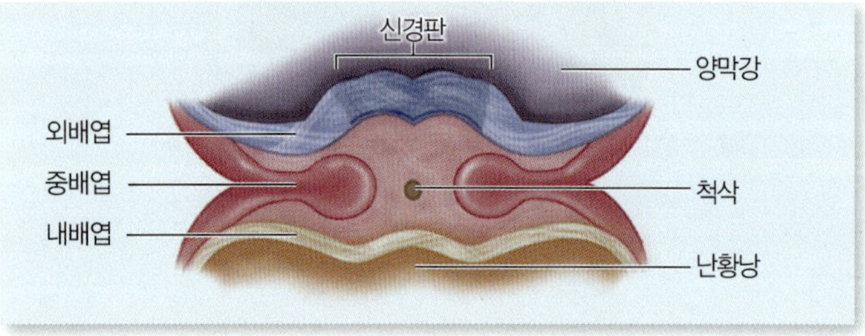

a.

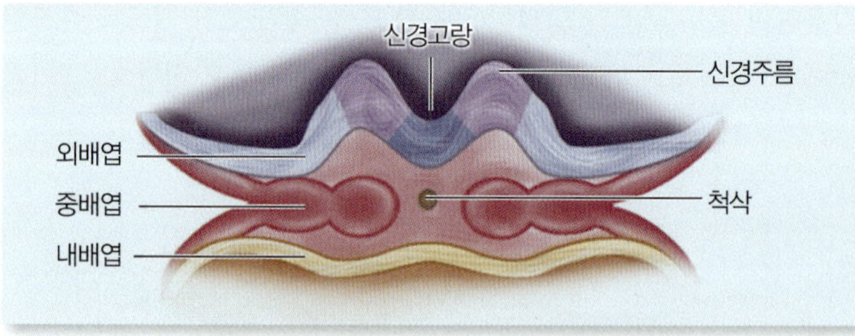

b.

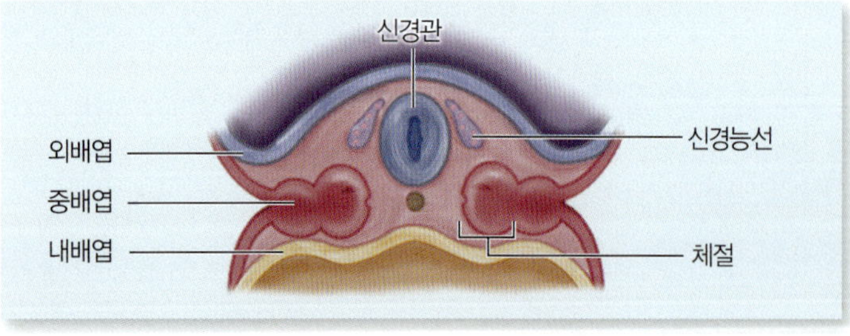

c.

그림 14.24 포유류의 신경관형성.
a. 신경판이 척삭 위쪽에 있는 외배엽으로부터 형성된다. ***b.*** 신경판의 세포들은 서로 접혀 신경고랑을 형성한다. ***c.*** 신경고랑이 닫히면서 속이 비어 있는 관인 신경관이 형성되며, 이는 뇌와 척삭이 된다. 신경관이 닫히면서 신경관의 등쪽 모서리에서 일부 세포가 신경능선으로 분화하고 이동하여 척추동물의 특징인 다양한 구조를 형성한다.

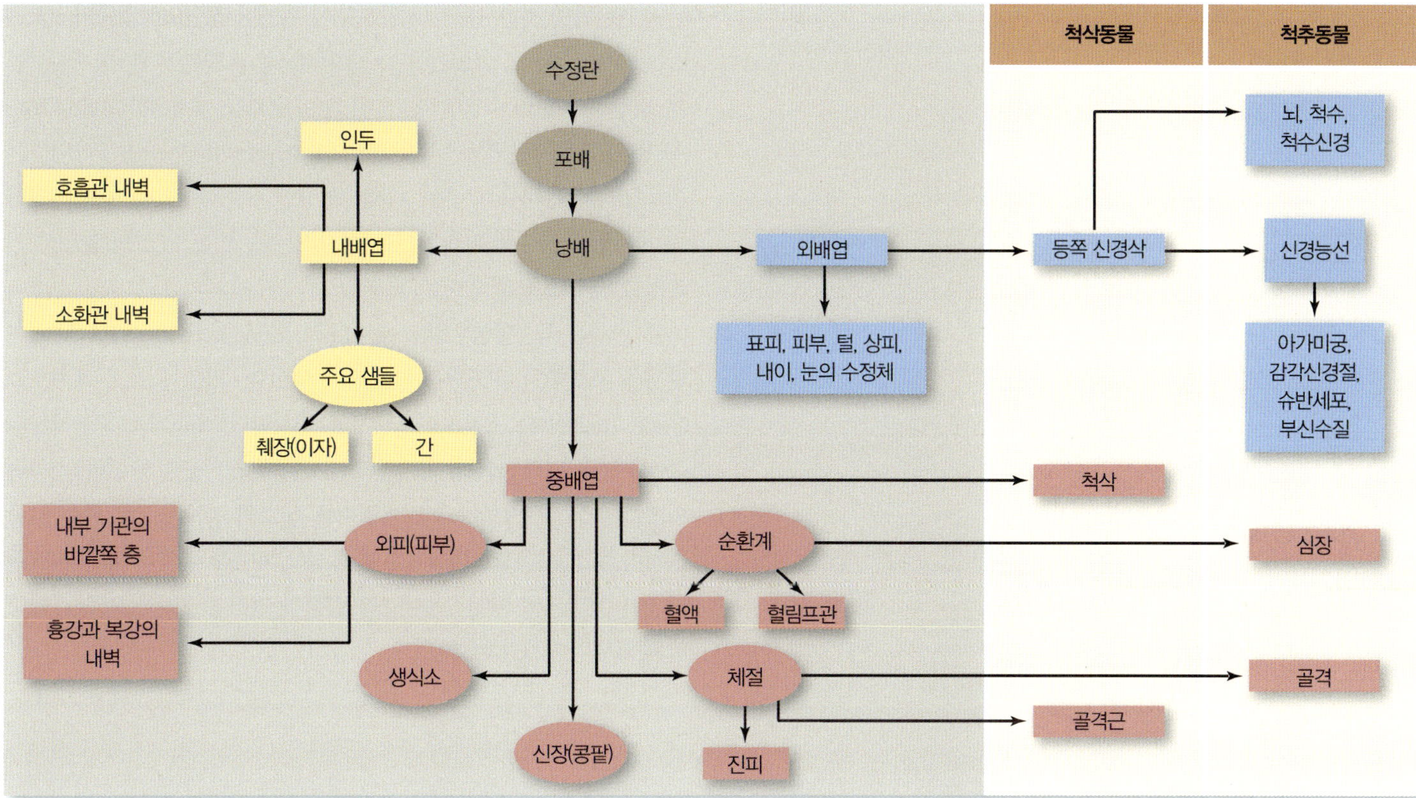

그림 14.25 동물의 배엽으로부터 유래하는 주된 조직 유형.
낭배기 동안에 형성된 3개의 배엽은 신체의 모든 기관과 조직이 되나, 외배엽 조직에서 유래한 신경능선세포는 척추동물에서 일반적인 아가미궁, 안면골 및 두개골과 같은 구조를 만든다.

체절의 발생

등쪽 외배엽에서 신경관이 형성되는 동안, 몸의 나머지 기본 구조는 중배엽의 변화로 인해 신속하게 결정된다. 발생 중인 척삭의 양옆에 있는 중배엽층은 일련의 둥근 모양인 **체절구**(somitomere)로 분리된다. 체절구는 각각 **체절**(somite)로 분리되는데(**그림 14.24***c*), 이로부터 뼈와 근육 및 결합조직이 형성된다.

신장, 부신, 생식소를 포함한 일부 신체 기관은 체절을 따라 형성되는 중배엽에서 발생한다. 가장 배쪽에 위치한 중배엽의 나머지 부분은 내배엽 주위를 돌아 결국 내배엽을 완전히 둘러싸게 된다. 이로 인해 중배엽은 두 층으로 나뉘게 되는데, 바깥층은 안쪽 체벽 그리고 안쪽 층은 장의 외벽과 맞닿게 된다. 이들 두 층 사이를 **체강**(coelom)이라고 하며, 성체 몸의 빈 공간이 된다. **그림 14.25**는 배엽으로부터 유래한 주요 조직을 나타냈다.

4지 발생

패턴형성은 3차원적 공간에서 다른 구조체와의 적절한 상대적 위치에 해부학적 구조가 형성되는 것으로, 척추동물의 4지 발생은 패

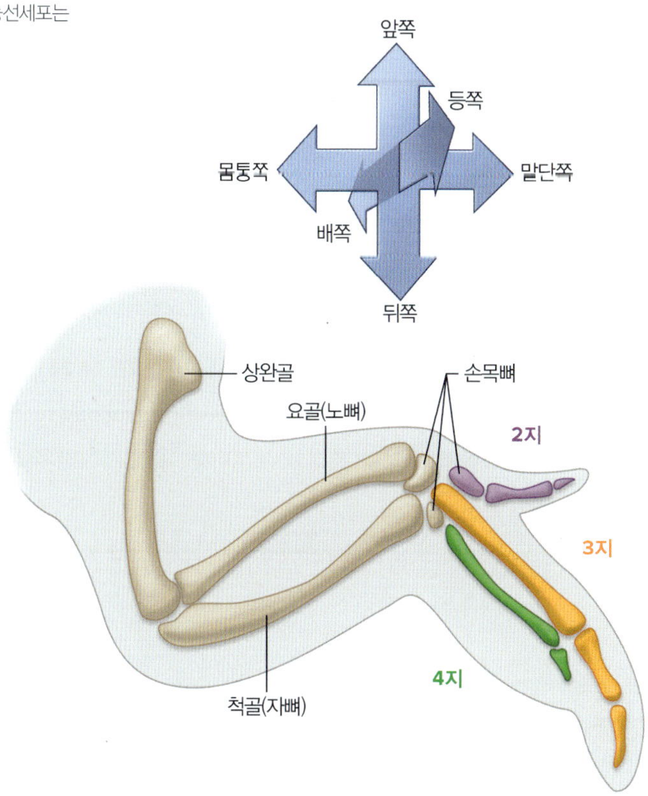

그림 14.26 닭 배아에서의 패턴형성.
4지의 모든 구조는 해부학적으로 맞아야 하고, 온전한 기능을 할 수 있도록 다른 구조와의 상대적 위치에서 발생해야만 한다. 4지는 몸통–말단축, 앞–뒤축, 등–배축을 따라 정확하게 위치하도록 발달해야 한다.

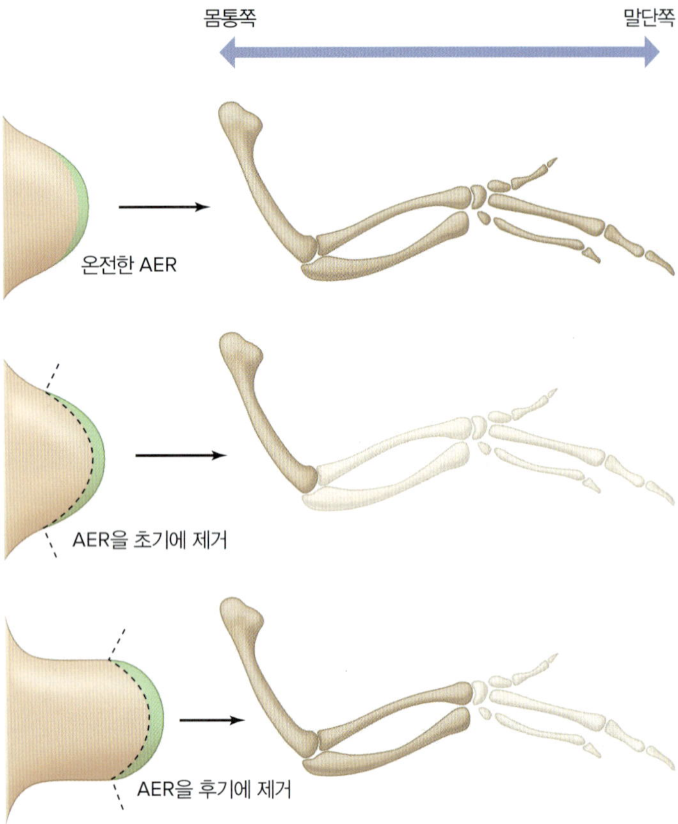

그림 14.27 AER의 기능.
정단외배엽융기(AER)는 몸통-말단축을 따라 발생하는 4지의 성장에 중요한 형성 부위이다. AER 제거 실험의 결과는 4지가 완전히 발생하지 못하였음을 보여주고 있다. AER을 나중에 제거할수록 4지 형성이 더 많이 진행되었다는 것은 AER이 전 과정에 걸쳐 필요하다는 것을 나타낸다.

턴형성 연구에서 오랫동안 이용되어 왔다. 4지(날개와 다리)는 3차원적 구조를 만드는 3개의 해부학적 축인 앞-뒤축(2지에서 4지 방향), 등-배축(손등에서 손바닥 방향), 몸통-말단축(어깨에서 손 방향)을 쉽게 추적할 수 있는 가장 현실적인 모델이다(**그림 14.26**).

발생하는 4지싹(limb bud) 내 2개의 형성부위(organizing region)는 유도작용을 통하여 적합한 패턴을 형성하는 데 절대적인 작용을 한다. 첫 번째 것은 4지싹의 끝부분에 위치한 **정단외배엽융기**(apical ectodermal ridge, AER)이다. 실험적으로 AER을 제거한 경우 몸통-말단축을 따라 4지가 성장하지 않는 결과를 가져온다(**그림 14.27**). AER은 섬유아세포생장인자(fibroblast growth factor, FGF)라는 신호단백질 분비를 통하여 4지의 성장을 유도한다. AER을 제거하는 시기를 늦출수록 4지가 더욱 성장하는데, 이는 FGF의 활동이 전 과정 동안 필요함을 의미한다.

두 번째는 **극성활성부위**(zone of polarizing activity, ZPA)로, 4지 발생을 조절하고 유도하는 간충직 부위이다. ZPA는 소닉 헤지호그(sonic hedgehog, Shh) 신호분자를 생성한다. Shh의 농도는 앞-뒤축에 따른 4지의 발달을 조율한다. ZPA에 가까울수록 뒤쪽 손가락이 발달하고, ZPA로부터 멀어질수록 신호의 강도가 감소하여 앞쪽 손가락 형성을 유도한다. 이는 발생 중인 4지싹 부위에 다른 ZPA를 이식한 실험으로 밝혀졌는데, 이 실험의 결과는 거울상으로 손가락이 배열되었다(**그림 14.28**).

14.6 인간의 생식

수정 후 40일까지의 태아는 여성과 남성의 생식계가 비슷하다. 이 시기 동안 정자나 난자가 될 세포는 배아의 생식소로 이동하여 여성의 경우에는 난소를, 남성의 경우에는 정소를 형성한다. 이와 같은 역할을 하는 배아의 생식소를 "미분화(indifferent)" 생식소라고 한다. 남성으로 될 배아의 경우, Y 염색체상에 위치한 SRY(sexetermdining region of the Y chromosome) 유전자가 미분화 생식소를 정소(testis)로 분화시킨다. 여성의 경우에는 이 유전자가 없기에 난소(ovary)가 된다. 모든 포유류에서 SRY 유전자가 존재하지 않는 경

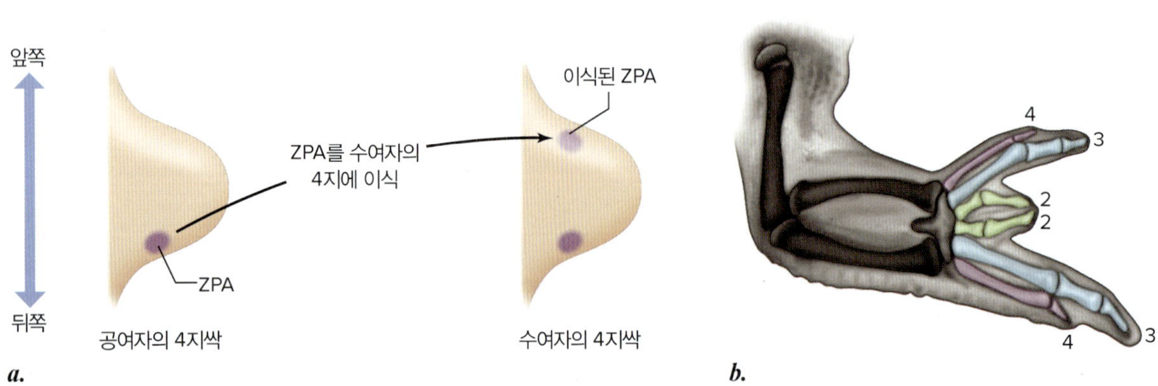

그림 14.28 ZPA.
ZPA는 앞-뒤축에 따른, 주로 손가락의 위치와 관련된 4지 발생을 조절한다. 이는 ZPA를 추가적으로 수여자의 4지싹으로 이식하는 이식 실험을 통하여 밝혀졌다. 결과는 거울상으로 추가적인 손발가락이 발생하는 것이었다.

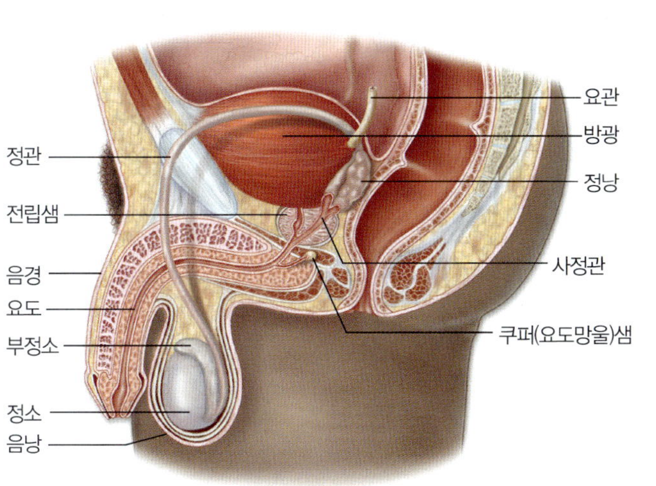

그림 14.29 **남성 생식기관의 구성.**
음경과 음낭은 외부 생식기이고, 정소는 생식소이다. 다른 기관은 정액의 생산과 사정을 돕는 부속 생식기관이다.

우 배아는 암컷의 생식기관을 형성하게 된다.

남성 생식기관의 구조와 기능

남성의 생식계 구조는 전형적인 포유류 수컷의 생식기관과 유사하다(**그림 14.29**). 배아에서 정소가 형성될 때 정자를 형성하는 **세정관**(seminiferous tubule)이 만들어지는데, 세정관 사이의 간질조직에 **레이디히 세포**(leydig cell)가 위치하고, 여기에서 남성 호르몬인 **테스토스테론**(testosterone 또는 androgen)이 분비된다. 배아발생 동안 테스토스테론이 분비되면 미분화 생식소가 **음경**(penis)과 **음낭**(scrotum)을 포함한 남성 외부 생식기로 분화되며, 테스토스테론이 분비되지 않으면 여성의 외부 생식기가 만들어진다. 테스토스테론은 남성의 2차 성징을 유도하여, 수염이 나거나 굵은 목소리, 체모를 만들게 해준다.

성인의 정소는 심하게 꼬인 세정관으로 구성되어 있다. 정소는 복강에서 만들어지지만, 출산 직전 복강 밖에 있는 음낭 속에 들어간다. 음낭은 정소의 온도를 체온인 37℃보다 낮은 34℃로 유지하도록 해주는데, 이는 낮은 온도에서 정상적인 정자 형성이 이루어지기 때문이다.

정자의 생성 및 구조

세정관의 벽에는 **정원세포**(spermatogonium) 혹은 생식세포와 이를 지지하는 세르톨리 세포(sertoli cell)가 존재한다. 2배체인 생식세포는 감수분열을 통해 배우자를 형성하는데, 발생 중인 배우자 세포는 세정관 안쪽으로 이동한다(**그림 14.30**). 성인 남성은 평균적으

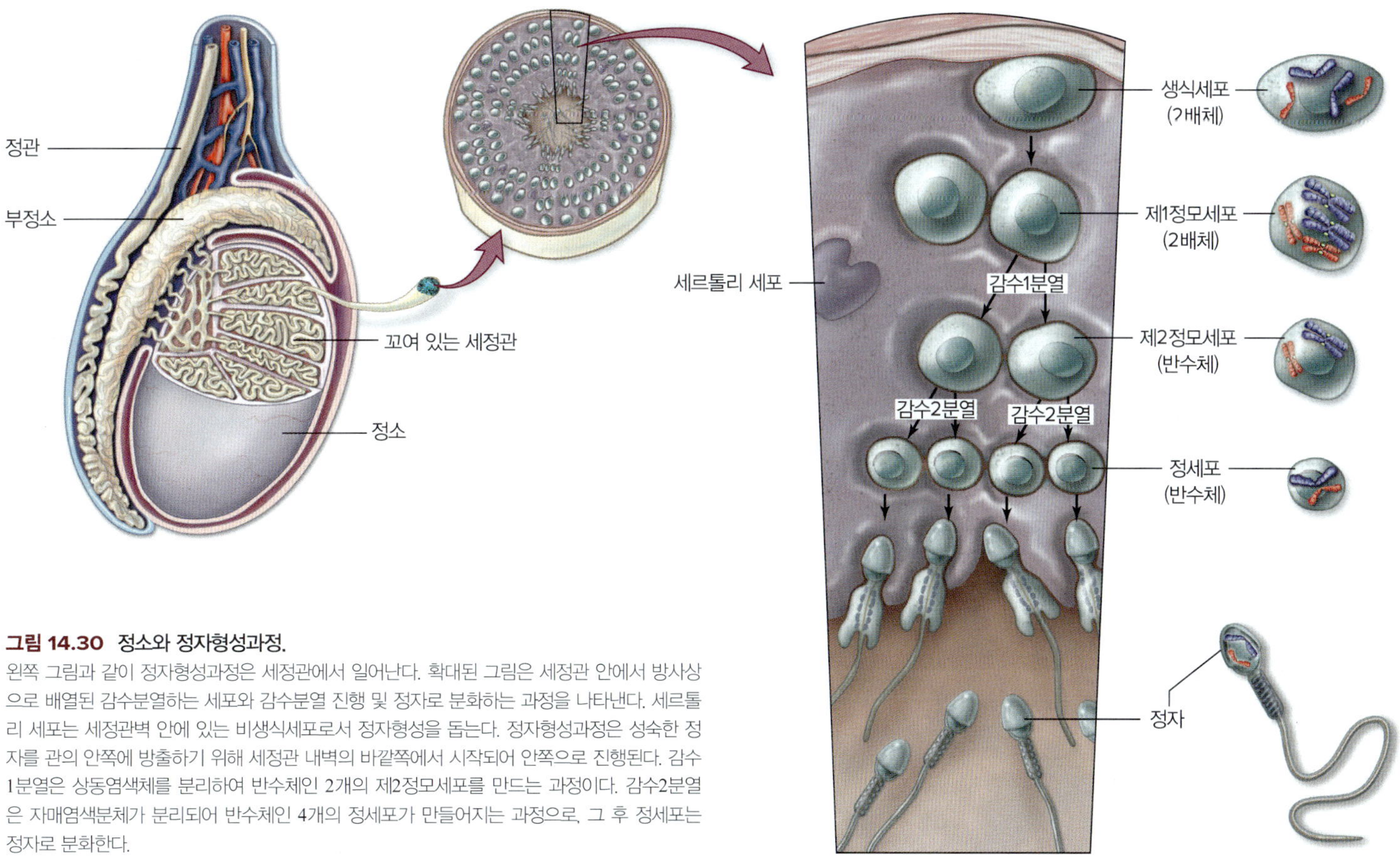

그림 14.30 **정소와 정자형성과정.**
왼쪽 그림과 같이 정자형성과정은 세정관에서 일어난다. 확대된 그림은 세정관 안에서 방사상으로 배열된 감수분열하는 세포와 감수분열 진행 및 정자로 분화하는 과정을 나타낸다. 세르톨리 세포는 세정관벽 안에 있는 비생식세포로서 정자형성을 돕는다. 정자형성과정은 성숙한 정자를 관의 안쪽에 방출하기 위해 세정관 내벽의 바깥쪽에서 시작되어 안쪽으로 진행된다. 감수1분열은 상동염색체를 분리하여 반수체인 2개의 제2정모세포를 만드는 과정이다. 감수2분열은 자매염색분체가 분리되어 반수체인 4개의 정세포가 만들어지는 과정으로, 그 후 정세포는 정자로 분화한다.

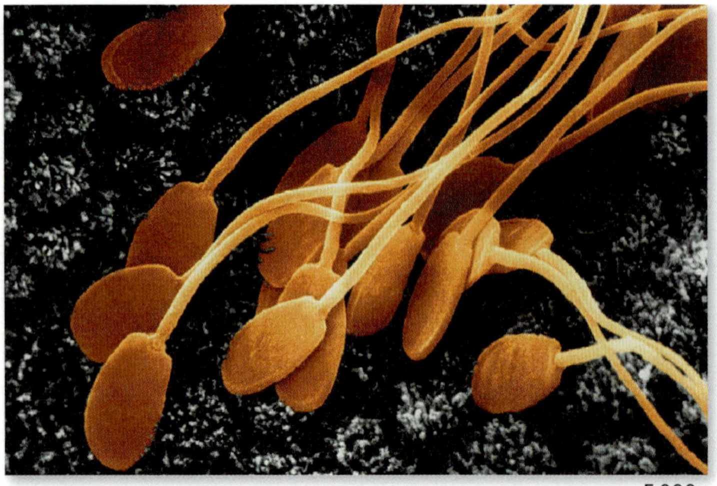

a. 5,000×

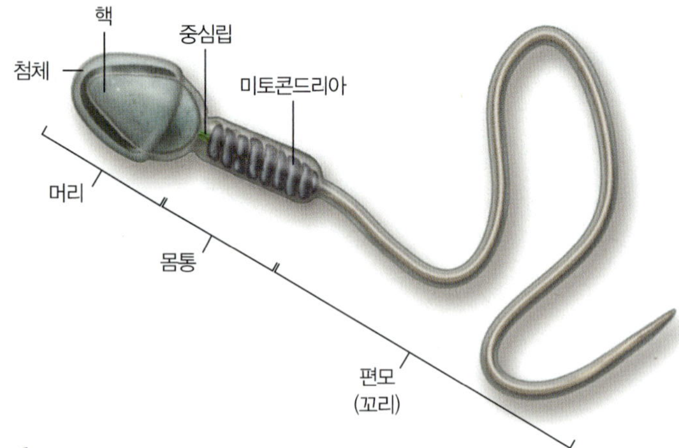

b.

그림 14.31 사람의 정자.
a. 정자(노란색)를 보여주는 주사전자현미경 사진. *b.* 정자의 주요 구성.

로 매일 1억~2억 마리의 정자를 평생 동안 생성한다. 세정관의 내벽에 있는 세르톨리 세포는 **정자형성과정**(spermatogenesis)에 필요한 물질을 분비하며, 정자가 지닌 여분의 세포질을 흡수함으로써 정세포를 정자로 바꾸어주는 역할을 한다.

정자는 머리, 몸통, 꼬리(편모)의 비교적 단순한 구조로 이루어져 있다(**그림 14.31**). 머리에는 핵이 들어 있으며, 골지체로부터 유래한 **첨체**(acrosome)가 이 부분을 덮고 있다. 첨체에는 난자를 둘러싼 보호층을 뚫기 위한 효소가 들어 있다. 몸통과 꼬리는 운동성을 제공한다. 꼬리에는 편모가 있고, 몸통 안에는 편모를 만드는 데 작용하는 중심립과 편모운동에 에너지를 제공하는 미토콘드리아가 들어 있다.

남성의 부속 생식기관

세정관에서 정자가 만들어진 후, 정자는 길게 꼬인 관인 **부정소**(epididymis)로 이동하여 여기에 머무르는 동안 운동성을 가진다. 정자는 다시 부정소에서 복강으로 연결된 **정관**(vas deferens)을 통해 정낭으로 이동한다(**그림 14.29** 참조).

정낭은 정액(semen)의 약 60%를 차지하는 과당이 풍부한 액체를 생산한다. 이 지점에서 정관은 사정관으로 연결되고, 방광의 밑에 붙어 있는 **전립샘**(prostate gland)으로 들어간다. 사람의 경우 전립샘은 해면조직으로 구성되어 있으며, 크기는 골프공 정도이고, 정액의 30% 정도를 만들어낸다. 전립샘에서 나온 요도는 정액을 몸 밖으로 배출시키는 역할을 한다. 완두콩만한 한 쌍의 **쿠퍼샘**(Cowper's gland)은 정액의 나머지 10%를 만들어내는데, 이는 요도를 통해 분비하여 성교 전에 음경의 끝부분을 매끄럽게 만들어 준다.

음경은 발기 조직인 2개의 해면체로 구성되어 있다. 음경의 발기(erection)는 자율신경계의 부교감신경으로 인해 산화질소(NO)가 방출되면서 음경의 소동맥이 확장되어 일어난다. 발기 조직은 충혈이 되어 단단해지고, 발기 조직의 압력이 증가하면 정맥을 누르게 되어, 혈액이 음경으로 들어올 수는 있으나 나가지는 못하게 된다.

발기와 지속적인 성적 자극으로 사정(ejaculation)이 되면서 3억 개 정도의 정자가 들어 있는 2~5 mL의 정액이 방출된다. 정자의 수가 mL당 2천만 마리 이하인 남성은 일반적으로 불임인 것으로 알려져 있다. 많은 수의 정자이지만, 사정된 정액의 약 1% 부피에 불과하다.

남성 생식기관의 기능을 조절하는 호르몬

뇌하수체 전엽에서는 2종류의 생식샘자극호르몬인 **난포자극호르몬**(follicle stimulating hormone, FSH)과 **황체형성호르몬**(luteinizing hormone, LH)이 분비된다. 이 호르몬들은 여성의 몸에서 작용하는 역할에 따라 이름이 붙여진 것이지만, 남성에서도 생식기관의 기능을 조절한다(**표 14.3**). 남성에서 FSH는 세르톨리 세포를 자극하여 정자 발달을 촉진시키고, LH는 레이디히(Leydig) 세포에서 테스토스테론을 분비하도록 해준다.

FSH와 LH 분비 조절은 음성 피드백억제(negative feedback inhibition) 원리를 통해 이루어진다(**그림 14.32**). 시상하부 호르몬인 **생식샘자극호르몬 방출호르몬**(gonadotropin releasing hormone, GnRH)은 뇌하수체 전엽을 자극하여 FSH와 LH를 분비하도록 한다. FSH는 세르톨리 세포에서 **인히빈**(inhibin)을 방출하도록 해주며, 이 호르몬은 FSH가 분비되지 못하도록 한다. 이와 유사하게 LH는 테스토스테론의 분비를 유도하며, 테스토스테론은 뇌하수체 전엽

표 14.3	포유류의 생식 호르몬
남성	
난포자극호르몬(FSH)	세르톨리 세포를 통해 정자형성을 자극한다.
황체형성호르몬(LH)	레이디히 세포에 의해 테스토스테론의 분비를 자극한다.
테스토스테론	남성의 2차 성징, 부속 생식기관, 정자형성과정의 유지 및 발달을 자극한다.
여성	
난포자극호르몬(FSH)	난포의 성장과 에스트라디올의 분비를 자극한다.
황체형성호르몬(LH)	배란, 난포의 황체 전환, 황체에서 에스트라디올과 프로게스테론의 분비를 자극한다.
에스트라디올(에스트로젠)	여성의 2차 성징 유지와 발달을 자극하고, 매달마다 임신을 위한 자궁의 준비를 촉진한다.
프로게스테론	임신을 위한 자궁 준비를 완료하고, 여성의 2차 성징 유지를 돕는다.
옥시토신	자궁 수축과 젖분출반사를 자극한다.
프로락틴(젖분비자극호르몬)	젖 생산을 자극한다.

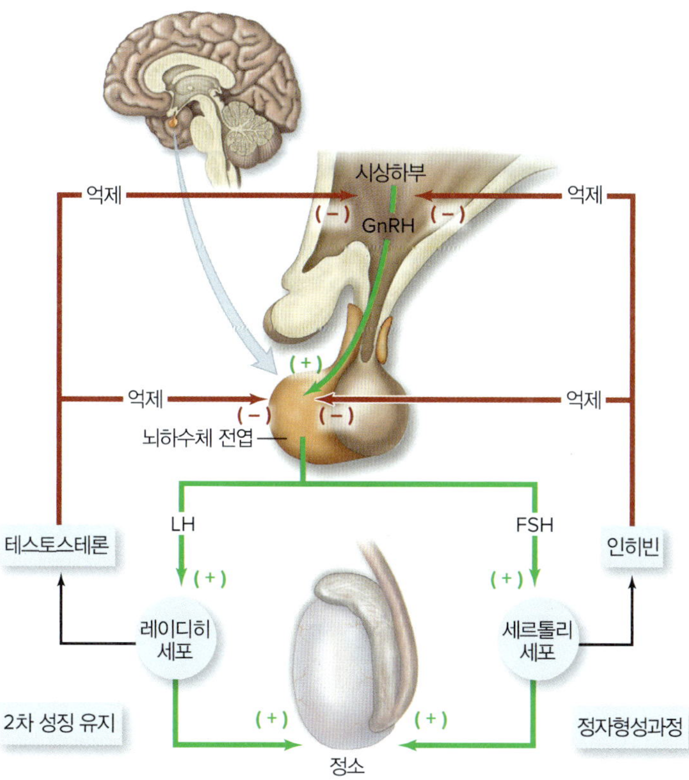

그림 14.32 정소와 뇌하수체 전엽 사이의 호르몬의 상호작용.
시상하부에서 GnRH가 분비되면 뇌하수체 전엽에서 LH와 FSH를 생산하도록 자극한다. LH는 레이디히 세포를 자극하여 테스토스테론을 분비한다. 테스토스테론은 2차 성징의 유지와 발달에 관여하고 정자형성을 자극한다. 또한 FSH는 세르톨리 세포를 자극하여 인히빈을 분비하도록 한다. 테스토스테론과 인히빈은 음성피드백 억제 기작에 의해 각각 LH와 FSH의 분비를 억제한다.

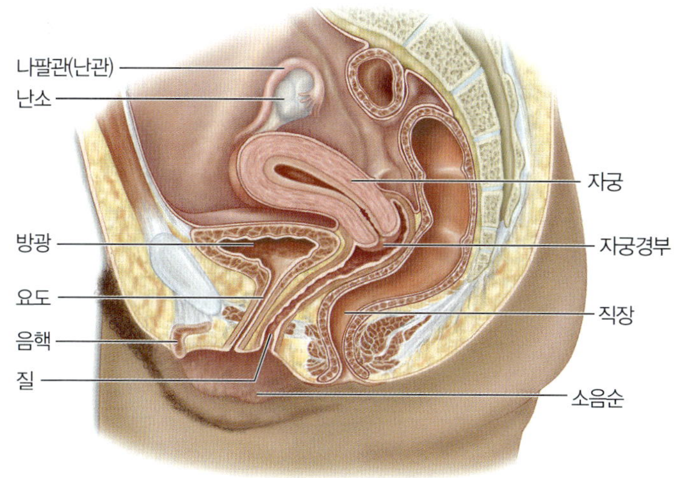

그림 14.33 여성 생식기관의 구성.
난소는 생식소이고, 나팔관은 배란된 난자를 받으며, 자궁은 수정된 난자가 배아로 발생하는 장소이다.

에 직접 작용하거나, 간접적으로는 시상하부에서 분비되는 GnRH의 분비를 감소시킴으로써 LH 분비를 억제한다.

여성 생식기관의 구조와 기능

사실상 여성의 생식기관은 남성과 구조적으로 상동인데, 테스토스테론이 분비되지 않는 여성은 남성에서 음경과 음낭이 만들어지는 부분이 **음핵**(clitoris)과 **대음순**(labia majora)으로 발달한다.

난소는 난포(ovarian follicle)라고 부르는 미세구조를 지니는데, 난포는 난자가 될 **제1난모세포**(primary oocyte)와 작은 **과립세포**(granulosa cell)로 구성되어 있다. 사춘기가 되면 과립세포에서 **에스트라디올**(estradiol, 또는 에스트로젠)이라는 여성호르몬이 분비되기 시작하면서 월경주기가 시작된다. 에스트라디올은 유방의 발달과 음모 등 여성의 2차 성징이 일어나도록 자극한다. 또한 에스트라디올은 다른 스테로이드계 호르몬인 **프로게스테론**(progesterone)과 함께 나팔관(fallopian tube), 자궁(uterus), 질(vagina)과 같은 부속 생식기관을 유지하는 데 도움을 준다(**그림 14.33**).

월경주기와 난자 배출

출생 시에 여성의 난소에는 감수1분열 전기까지 진행된 제1난모세포를 가진 100만 개 정도의 난포가 있다. 제1난모세포가 들어 있는 난포 가운데 일부는 매 주기마다 발달하도록 자극을 받는다. 여성의 월경주기는 약 한 달(평균 28일)이며, 난소의 활성도에 따라 **난포기**(follicular phase)와 **황체기**(luteal phase)의 두 시기로 구분되고, 두 시기는 배란(ovulation)을 기준으로 나뉜다(**그림 14.34**).

난포기 동안 단 하나의 난포만이 성숙하여 배란되며, 에스트라디

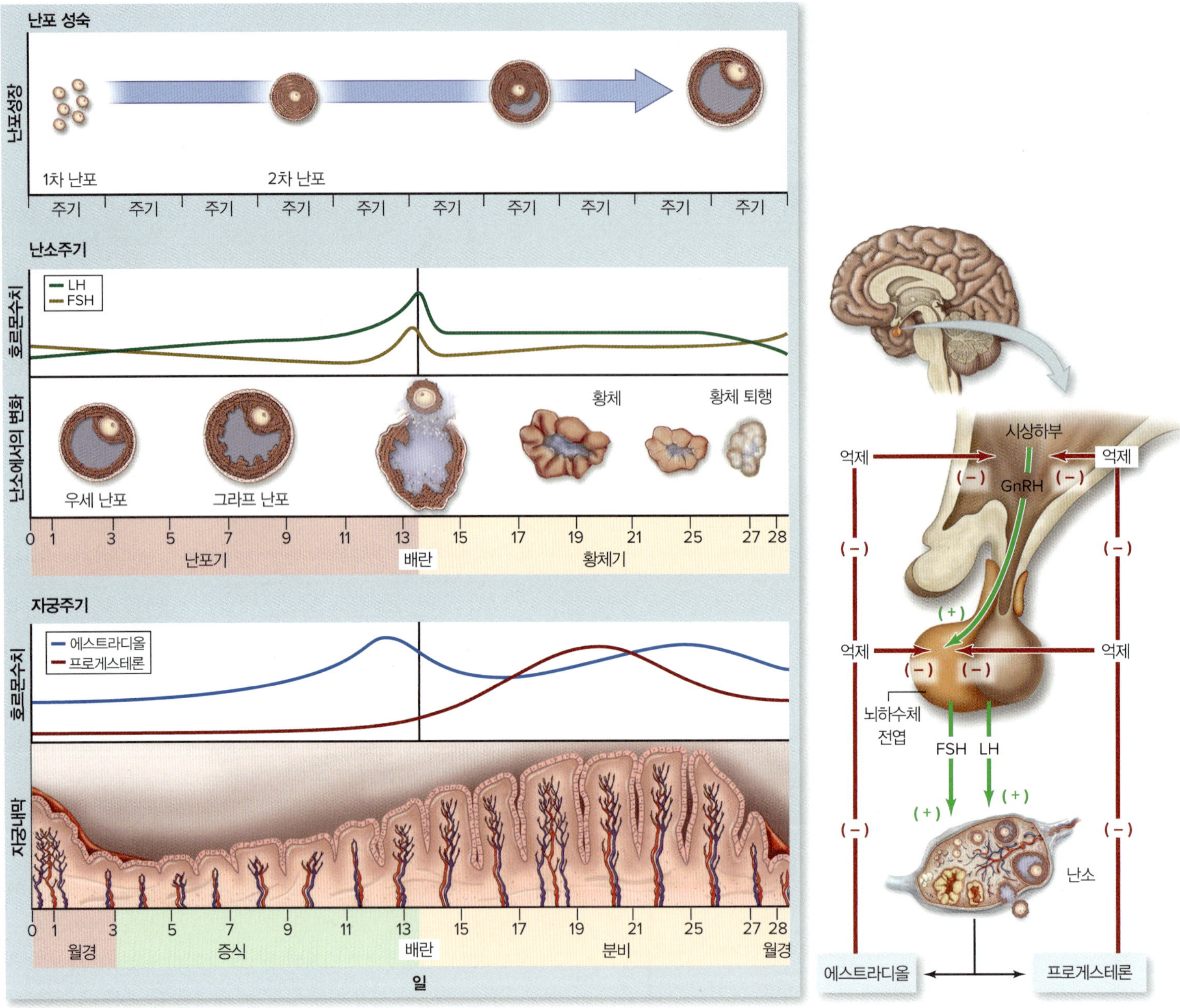

그림 14.34 사람의 월경주기.
왼쪽: 월경주기 동안 호르몬 양의 변화는 배란(중간) 및 자궁내막의 성장(아래)과 관련이 있다. 자궁내막이 두꺼워지는 것은 증식기 동안의 에스트라디올에 의한 자극 때문이다. 에스트라디올과 프로게스테론은 분비기 동안에 자궁내막을 조절하고 유지한다. 이 두 호르몬 양의 감소에 의해 월경이 시작된다. 배란 준비가 되기 전까지 난포는 발달하는 데 수개월이 걸린다(위).
오른쪽: 뇌하수체 전엽에서의 에스트라디올과 프로게스테론의 생산은 음성피드백에 의해 조절된다.

올은 자궁내막을 증식시켜 준다. 난포 안의 제1난모세포는 난포기 동안 감수1분열을 끝내고, **제2난모세포**(secondary oocyte)와 **극체**(polar body)를 만든다. 제2난모세포는 제1난모세포의 세포질을 거의 대부분 받는 반면, 극체는 붕괴된다. 그 후 제2난모세포는 감수2분열을 시작하지만, 감수2분열 중기에서 머무른 채 배란된다.

배란

난포기 동안 혈액 내에 에스트라디올의 양이 증가하면, 뇌하수체 전엽에서 황체형성호르몬(LH)이 분비되도록 자극한다. 급격하게 분비된 황체형성호르몬은 배란기에 완전히 성숙한 난포를 터뜨려 제2난모세포를 방출하게 한다. 방출된 난모세포는 나팔관 입구를 둘러싼 섬모 근처의 복강으로 들어간다. 나팔관 내벽의 섬모들은 난모세포를 나팔관을 따라 자궁으로 이동시켜 주는 역할을 한다. 수정되지 않은 난모세포는 배란 후 하루 이내에 퇴화하며, 수정이 되면 완전하게 감수2분열을 끝내면서 성숙한 난자와 제2극체가 형성된다(**그림**

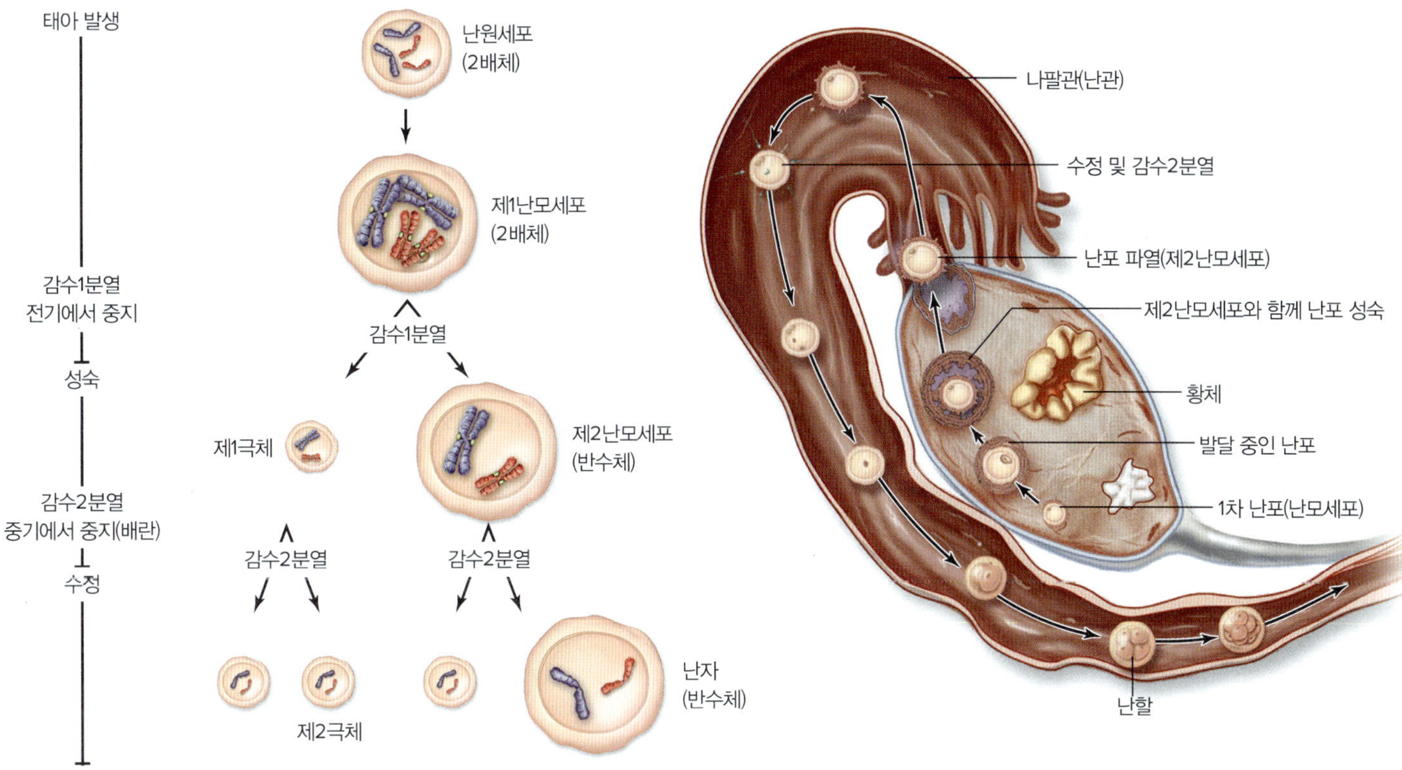

그림 14.35 사람의 난자형성과정에서의 감수분열.
제1난모세포는 2배체이다. 감수1분열이 끝나면 극체는 분해되고, 제2난모세포는 배란기에 방출된다. 제2난모세포는 수정 후에 감수2분열을 마치고, 제2극체와 반수체인 난자를 만든다. 반수체 난핵과 반수체 정핵은 융합하여 2배체 접합자를 만든다.

14.35). 보통 나팔관의 상단 1/3 지점을 통과하는 동안 수정이 이루어지며, 사람의 경우 접합자는 약 3일 내에 자궁에 도착하고, 그 후 2~3일 안에 자궁 내벽에 착상(implantation)하게 된다.

황체기

배란 후 LH의 자극으로 난포가 황체(corpus luteum)로 변하게 된다. 이런 이유로 월경주기의 후반부를 황체기(luteal phase)라고 한다. 황체에서 분비한 에스트라디올과 프로게스테론의 높은 혈중 농도는 음성피드백 작용을 하여 뇌하수체 전엽에서 분비되는 FSH와 LH의 분비를 억제해 준다(**그림 14.34** 참조). 배란 후 에스트라디올과 프로게스테론의 억제 효과는 자연적인 피임 과정으로 작용해 더 이상의 난포가 발달하는 것을 막는다.

황체기 동안 에스트라디올과 프로게스테론의 분비는 자궁내벽에서 혈관과 샘(glandular) 조직 발달 및 글리코젠의 축적이 일어나도록 한다. 이 시기를 분비기(secretory phase)라고도 하며, 이런 변화는 자궁에 배아가 착상할 수 있도록 도와준다. 수정이 일어나지 않으면 황체기가 끝날 무렵에 LH와 FSH의 분비가 감소하여 황체가 퇴화한다. 황체의 소멸은 황체기 말기에 에스트라디올과 프로게스테론의 혈중 농도를 급격히 감소시켜 출혈과 함께 자궁내막이 떨어져 나가도록 한다. 이 과정이 월경이며, 이 시기를 **월경기**(menstrual phase)라고 한다.

배란된 난모세포가 수정되면, 배아는 장막에서 LH와 유사한 **인간 융모성생식샘자극호르몬**(human chorionic gonadotropin, hCG)을 분비함으로써 황체의 퇴화를 막아서 월경이 일어나지 않도록 한다. 황체를 지속시킴으로써 hCG는 에스트라디올과 프로게스테론의 농도를 높게 유지하도록 하고 월경이 일어나는 것을 막아준다. hCG는 모체가 아닌 태아의 융모막에서 분비되므로, 모든 임신 진단에 사용되고 있다.

여성의 부속 생식기관

나팔관은 난자를 난소로부터 자궁까지 이동시켜 준다. 사람의 자궁은 근육질이고, 자궁경부를 거쳐 질로 이어진다(**그림 14.33** 참조). 질의 입구는 **처녀막**(hymen)으로 덮여 있으며, 이 막은 격렬한 운동이나 성관계로 인해 파열된다. 성적 자극으로 인해 **소음순**(labia minora)과 음핵 그리고 질은 남성의 발기 조직처럼 혈액이 가득 차게 된다. 음핵은 감각뉴런이 많이 분포하고 있어 매우 민감하기 때문에 여성의 성적 자극에 중요한 역할을 한다. 성적 자극이 주어지면 질 입구 부분에 있는 바르톨린샘(Bartholin's gland)이 점액을 분비하여 음경의 삽입을 용이하게 해준다.

인간의 발생 과정

수정에서 출생까지 사람의 발생은 평균 266일 정도로 약 9개월이 걸린다. 이 시기는 일반적으로 3개월씩 3개의 기간으로 구분된다.

첫 3개월의 발달 과정

수정 후 약 30시간 후 접합자는 첫 난할을 하며, 두 번째 난할은 그 후 약 30시간 후에 일어난다. 수정 후 6~14일에 배아가 자궁에 도달할 때, 배아는 배반포(blastocyst)로 분화된다. 앞에서 살펴본 것처럼 배반포는 배아의 몸이 될 내세포덩어리와 이를 둘러싼 영양막 세포층으로 구성되어 있다. 배반포의 영양막 세포들은 자궁내막의 안쪽 면을 분해하면서 뚫고 들어가는데, 이를 착상이라 한다. 배반포는 빠르게 자라 양막과 장막을 형성하기 시작한다.

수정 후 두 번째 주 동안 발생 중인 장막과 모체의 자궁 내 조직들은 태반(placenta)을 형성하기 시작하며, 낭배형성도 일어나서 3개의 배엽층이 형성된다. 3주가 되면 신경관이 형성되고, 혈관과 장이 발생하기 시작하며, 배아의 길이는 약 2 mm 정도가 된다. 4주째에는 기관형성이 시작된다(**그림 14.36***a*). 눈이 형성되고, 관상형 심장이 4개의 방을 만들어 주기적으로 박동하기 시작한다. 4주가 끝날 무렵이 되면 팔과 다리의 원기가 형성되기 시작하며, 배는 약 5 mm 정도로 자란다. 배아의 발생이 상당히 진행되었는데도 불구하고, 이때까지 대부분 여성은 임신했다는 사실을 여전히 알지 못하는 경우가 많다. 배아의 결함으로 인한 대부분의 자연유산은 이 기간에 일어난다.

기관형성은 2개월째에도 계속해서 일어난다(**그림 14.36***b*). 배아의 팔, 다리, 무릎, 팔꿈치, 손가락과 발가락이 보이고, 짧은 꼬리뼈도 보인다. 진화의 유물인 배아의 꼬리뼈는 나중에 융합하여 미추골을 형성한다. 복강 안에는 간과 췌장 그리고 쓸개를 포함한 주요 기관들이 뚜렷해진다. 2개월째가 끝날 무렵 배아는 25 mm 정도로 자라며, 약 1 g 정도의 체중으로 분명하게 사람처럼 보이기 시작한다. 9주째는 배아가 태아(fetus)로 되는 전환기이다. 이때 몸의 모든 주요 기관들이 생겨난다.

3개월째에는 신경계가 발달하고, 팔과 다리가 움직이기 시작한다(**그림 14.36***c*). 태아는 얼굴 표정을 짓기 시작하고, 깜짝 놀라거나 빠는 등의 원시적인 반사를 하기 시작한다. 10주경에는 태반의 hCG 분비가 감소하여 황체가 퇴화하지만, 태반에서 에스트라디올과 프로게스테론을 분비하기 때문에 월경은 일어나지 않는다.

3개월 이후의 발달 과정

4개월째에 뼈가 활발히 성장하며(**그림 14.36***d*), 4개월 말기에 산모는 아기가 발로 차는 것을 느낄 수 있다. 빠르게는 10주째부터 모니터로 태아의 심장박동을 들을 수 있고, 5개월 말기에는 청진기로 심장박동을 들을 수 있다. 6개월째에는 태아가 급속히 성장해 6개월 말이 되면 체중은 600 g이 되고 300 mm 정도로 자란다.

마지막 3개월은 성장이 일어나는 시기로, 기관들이 성숙한다. 태아의 체중은 몇 배로 증가하는데, 이때 크기의 증가는 성장만을 의미하는 것이 아니다. 많은 새로운 뉴런뿐만 아니라 뇌에서 대부분 주요 신경망이 이 기간에 형성된다. 뇌는 출생 후에도 몇 개월 동안 지속적으로 발달한다.

출산

태아의 코티솔(cortisol) 분비는 임신 후기에 증가하는데, 이는 태반에서 에스트라디올 분비를 촉진하는 것으로 보인다. 높은 농도의 에스트라디올은 산모의 자궁에서 **프로스타글란딘**(prostaglandin)을 방출하게 하고, 많은 양의 **옥시토신**(oxytocin) 수용체를 생산하도록 자궁을 자극한다. 옥시토신과 프로스타글란딘은 함께 자궁 수축을 더 자극하여 태아를 아래로 밀어낸다. 이 양성피드백 기작은 분만 시 더 가속화된다. 출산 후 자궁의 지속적인 수축으로 인해 태반과 부속

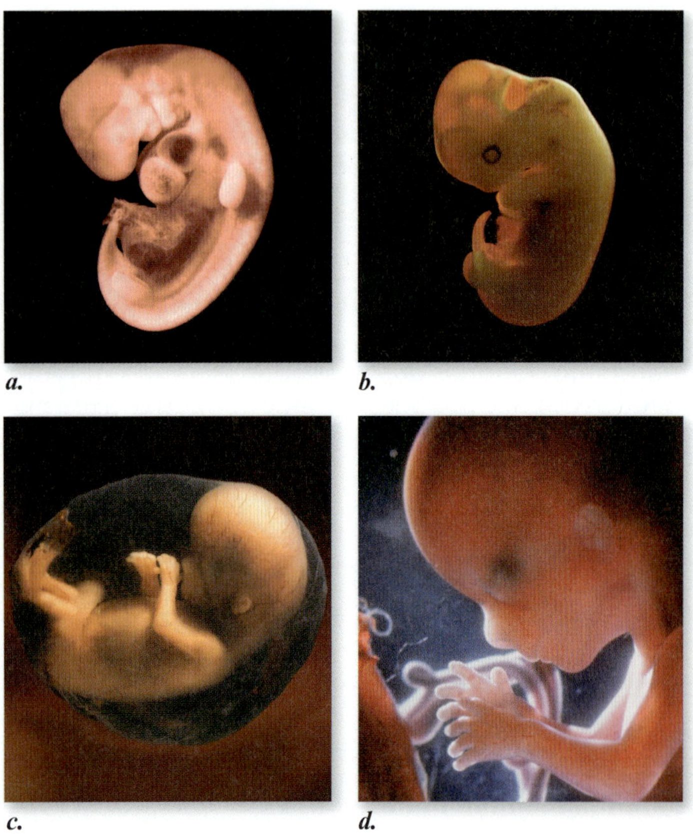

a. *b.* *c.* *d.*

그림 14.36 사람의 발생.
(a) 4주, *(b)* 5주차 말, *(c)* 3개월, *(d)* 4개월

막이 나오게 되는데, 이를 **후산**(afterbirth)이라고 한다.

신생아에게 젖을 먹이는 포유류

젖의 생산과 분비는 뇌하수체 전엽 호르몬인 **프로락틴**(prolactin)이 젖샘꽈리를 자극하여 일어난다. 젖샘꽈리에서 나온 젖은 평활근으로 둘러싸인 젖샘꽈리관을 거쳐 젖꼭지로 나온다. 임신기간 동안 프로게스테론의 높은 농도는 젖샘의 젖샘꽈리 발달을 촉진하고, 높은 농도의 에스트라디올은 젖샘꽈리관의 발달을 자극한다. 그러나 에스트라디올은 젖샘에 대한 프로락틴의 작용을 막고, 시상하부에서 프로락틴 억제호르몬의 분비를 촉진시킴으로써 프로락틴의 분비를 억제한다. 따라서 임신 중에 젖샘에서 젖의 분비를 준비하지만, 실제 젖의 분비는 억제된다. 출산 후 태반이 배출될 때, 산모의 혈액에서 에스트라디올과 프로게스테론의 농도는 급격히 감소한다. 이들 호르몬의 농도 감소는 뇌하수체 전엽에서 프로락틴 분비를 허용해, 프로락틴은 젖샘꽈리를 자극하여 젖을 생산하게 한다. 아기가 젖을 빨아 생긴 감각 충격은 뇌하수체 후엽이 옥시토신을 분비하도록 한다. 옥시토신은 젖샘꽈리관을 둘러싸는 평활근의 수축을 자극하여 젖이 분출되게 한다. 이 경로를 젖분출반사(milk let-down reflex)라고 하며, 이것은 다른 포유동물에서도 발견된다. 수유기간 동안 옥시토신의 분비는 분만 시와 같이 자궁의 수축을 일으켜, 젖을 먹이는 산모의 자궁 근육을 이전 상태로 회복되도록 도와준다.

사람의 출산 후 발달

유아의 생장은 빠르게 지속되어 출생 후 2개월 이내에 태어날 때 체중의 2배가 된다. 기관마다 자라는 속도가 다르고, 생장이 정지되는 시기도 각기 다르기에, 유아 몸의 비율은 성인과 다르다. 예를 들어 머리는 갓 태어났을 때 불균등하게 매우 크지만, 출생 후에는 신체의 다른 부위보다 느리게 자란다. 서로 다른 구성요소가 다른 생장률을 보이는 이와 같은 양상을 **상대생장**(allometric growth)이라고 한다.

피임과 불임 치료

모든 커플이 성행위를 할 때마다 임신이 되기를 바라는 것은 아니지만, 성적 행위는 사람의 정서 생활에 있어서 반드시 필요하며, 중요한 부분이다. 역사적 사실을 살펴보면, 옛날부터 사람들은 성행위를 계속하면서도 생식을 조절하기 위해 다양한 시도를 했다는 것을 알 수 있다.

표 14.4 피임 방법

장치	작용	실패율*	장점	단점
경구 피임약	주로 배란을 억제하는 호르몬(프로게스테론 유사제를 단독으로 쓰거나 다른 호르몬과 복합 처방함)	유형에 따라 9%	편리, 고효율, 난소암과 자궁내막암 방지	정기적 복용, 경미한 부작용(신약은 줄어듦), 여성(특히 35세 이상의 흡연 여성)에게 부적절
콘돔	음경을 둘러싸는 얇은 막. 질벽을 둘러싸는 여성용 콘돔	18%	간편, 효율, 저비용, 성병 예방	남성의 협조 필요, 성감 감퇴
피임용 격막	자궁 입구를 막는 부드러운 고무캡. 정자가 난자로 전달되는 것을 차단, 살정제 포함	12%	위험한 부작용 없음, 제대로 사용 시에는 신뢰할 수 있음, 자궁경부암과 성병 예방	착용 시 주의 필요, 삽입과 제거가 불편함, 성교 시에 빠질 가능성 있음
자궁내 피임장치(IUD)	자궁내 플라스틱 혹은 철로 된 재질 사용, 착상 방지. 일부 제품은 구리 함유 또는 호르몬 방출	1%	편리, 고효율, 반영구적	월경 시 과다출혈 및 통증 가능, 천공, 감염, 분리, 골반염, 불임의 위험이 있음, 임신을 원하는 사람에게 부적절, 임신 시 위험
경부 덮개	피임용 격막의 축소판으로 정자가 난자로 전달되는 것을 차단, 살정제 포함	피임용 격막 사용시와 유사	위험한 부작용 없음, 상당히 효과적, 피임용 격막보다 오래 착용 가능	삽입과 착용 시 문제, 크기 제한
거품, 크림, 젤리형의 질 삽입용 좌약	성교 전에 질 안으로 살정제를 삽입하여 정자가 자궁으로 들어가는 것을 방지	10~28%	알레르기 반응이 없는 사람 사용 가능, 성병 예방, 부작용 없음	비교적 신뢰도가 낮음, 때때로 지저분함, 반드시 성관계 5~10분 전에 사용해야 함
이식용 피임제	외과적으로 피하에 호르몬을 방출하는 캡슐을 이식하여 배란 방지	0.05%	매우 안전, 편리, 효과적, 오래 지속, 경구 피임약과 같은 효과	불규칙적인 기간, 삽입과 제거에 외과 수술 필요, 작은 흉터 발생
주사용 피임제	매 3개월마다 호르몬을 주사하여 배란 방지	6%	편리, 고효율. 때때로 월경 시 출혈이 심한 것 외에는 심각한 부작용 없음	때때로 월경 시 심한 출혈

* 실패율은 매년 100명의 사용자당 임신 횟수로 계산하였음.
출처: Data from American College of Obstetricians and Gynecologists: Contraception, Patient Education Pamphlet No. AP005. ACOG, Washington, D.C., 1990

다양한 피임 방법

수정이나 착상을 막는 것을 피임이라 한다. 일반적으로 사용되는 **피임**(contraception)은 자궁내벽에 수정란이 착상되기 전에 이루어진다. 피임 방법은 매우 다양한데, 콘돔이나 페미돔, 또는 경부 덮개나 **피임용 격막**(diaphragm)을 사용하여 정자가 자궁으로 이동하지 못하도록 막는 장치를 사용하기도 하고, 자궁내 피임기구(intrauterine device, IUD)를 삽입하거나 성교 후 경구피임약(morning-after pill)을 복용하여 배아의 착상을 막을 수도 있다(**표 14.4**). 여성들이 널리 사용하는 방법으로 피임약을 복용하여 배란을 억제하거나, 살정제를 사용하여 사정 후 정자를 제거할 수도 있다. 그러나 이런 피임 방법은 일시적이고 부작용을 초래할 수도 있으므로, 영구적인 방법으로 불임시술(sterilization)을 하기도 한다. 이 방법은 생식세포가 이동하는 관의 일부를 제거하는 수술로, 남성에게 하는 정관절제술(vasec- tomy)과 여성에게 시술하는 난관결찰술(tubal ligation)이 있다.

남성과 여성의 불임

피임하지 않은 상태에서 성관계를 가지면서 12개월 동안 임신이 되지 않는다면 불임(infertility)으로 판정된다. 여성들에게 불임은 난모세포의 생성 과정부터 접합자의 착상 과정까지 여러 단계 중 어느 한 단계에서 잘못되는 경우에 생긴다. 가장 흔한 경우는 배란이 잘못되거나, 수정이나 착상에 실패하여 불임이 일어나기도 한다. 남성 불임은 주로 정자의 수가 적거나 정자의 생존성과 운동성이 떨어지기 때문에 생겨난다. 불임은 감염에서부터 호르몬 불균형까지 다양한 원인으로 생긴다.

불임 치료와 인공수정

여성 불임의 경우 배란에 문제가 생겨 나타나는 경우가 대부분이기 때문에 정상 월경주기의 한 시점에서 FSH와 LH의 농도를 높여주는 것으로 치료할 수 있다. 생식을 돕는 가장 단순한 기법은 인공수정(artificial insemination)인데, 이는 수정이 일어나도록 여성의 생식관 내 적절한 위치에 정자와 난자를 주입하는 기술이다. 체외수정의 기본 원리는 시험관 수정(in vitro fertilization, IVF)이고, 발생 중인 배아를 착상시키는 것을 배아 이식(embryo transfer, ET)이라고 한다. 시험관 내에서 정자가 난자와 성공적으로 수정하지 못할 경우에는 정자를 난자에 직접 삽입하는 세포질 내 정자주입(intracytoplasmic sperm injection, ICSI) 방법을 사용한다.

14.7 줄기세포와 핵의 재프로그래밍

지속적으로 분열할 수 있으며 분화된 세포를 생성할 수 있는 세포를 **줄기세포**(stem cell)라고 한다. 이 세포들은 그들의 운명이 얼마나 결정되었는가에 따라 특징지어진다. 생명체의 어떤 조직으로도 될 수 있는 세포를 **전능성**(totipotency)이 있다고 한다. 포유동물에서 수정란 및 몇 번의 세포분열로 생긴 초기 할구가 배아와 배외막을 만들 수 있는 유일한 세포들이다. 생명체의 몸(배아)에 있는 모든 종류의 세포로 될 수 있는 줄기세포는 **전분화능**(pluripotency) 세포라고 한다. 그에 비해 일부 제한된 종류의 세포, 예를 들어 여러 종류의 혈구 세포로 분화할 수 있는 능력을 가진 줄기세포는 **다분화능**(multipotency) 세포라고 부르며, 수컷의 정자를 만드는 세포처럼 한 종류의 세포만을 생성하는 줄기세포는 **단분화능**(unipotency) 세포라고 부른다.

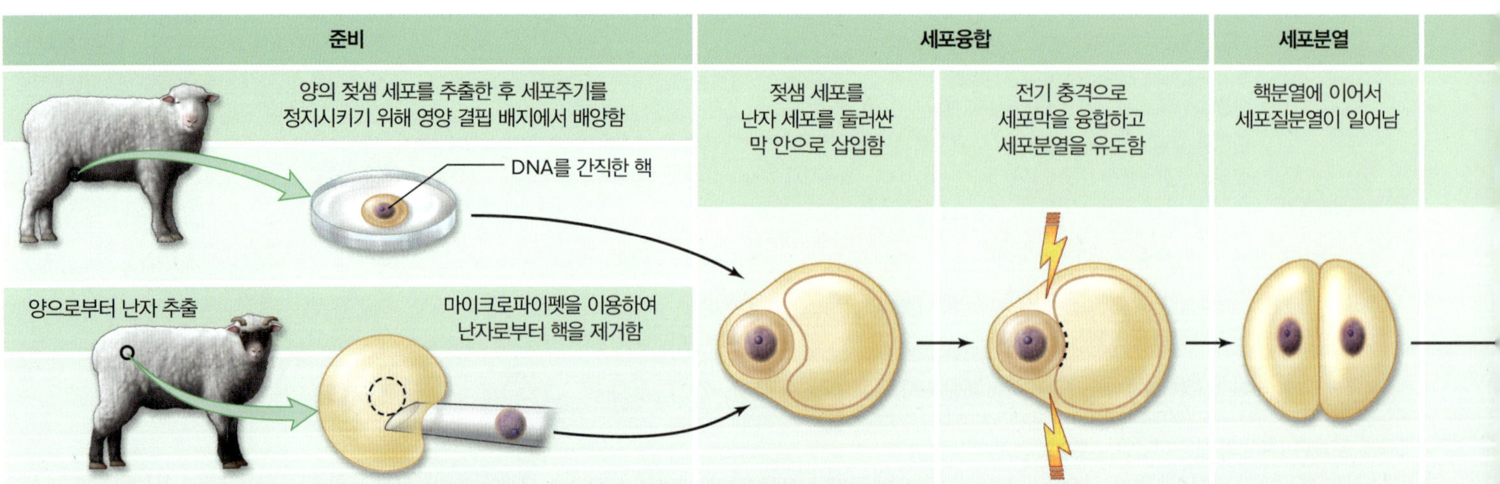

배아줄기세포: 배아로부터 유래한 전분화능 세포

실험실에서 만들어진 전분화능을 지닌 세포는 **배아줄기세포**(embryonic stem cell, ES 세포)라고 하며, 포유동물의 배반포(blastocyst)로부터 만들어진다. 배반포는 바깥쪽에 위치하는 태반이 될 영양외배엽(trophectoderm)과 배아가 될 내세포덩어리로 이루어져 있다. 배아줄기세포는 배반포의 내세포덩어리로부터 분리되어 배양할 수 있다. 이들 세포는 성체에 있는 어떤 형태의 세포로도 분화될 수 있지만, 발생 과정 중에 생기는 배아 밖의 조직은 만들 수 없다. 그래서 이들 세포는 전능한 세포가 아닌 전분화능 세포이다.

쥐를 이용한 연구에서 이들 세포가 발견되자, 인간의 ES 세포에 관한 연구도 빠르게 진행되었다. ES 세포는 치료 목적으로의 이용 가능성과 함께, 세포배양을 통한 분화 과정 연구에 길을 열어주고 있다. 예를 들어, 인간 ES 세포가 배양 중 다양한 종류의 혈액세포로 분화되는 것이 확인되었으며, 혈액세포가 손상된 환자들의 세포를 대체하기 위해 조혈모세포를 배양하여 생산하는 작업이 진행 중이다. 그러나 이들 세포는 기원이 배아이므로 원천에 따른 논란과 윤리 문제가 제기되고 있다.

세포의 운명결정과 분화 과정에 관한 연구는 이 과정을 거꾸로 거슬러 갈 수 있는지에 관한 질문을 갖게 하였다. 이는 질병이나 외상으로 손상된 세포를 대체할 수 있는 환자-특이적인 세포의 생산 가능성 때문에 많은 관심을 받아왔다.

운명결정의 가역성

포유동물에서 초기 난할 단계의 세포는 자연적으로 둘로 나뉘면서 1란성 쌍둥이가 만들어질 수 있다. 개개의 할구가 나누어지면 각 세포는 완전히 정상적인 개체로 성장할 수 있으며, 실제로 이러한 과정은 특별한 가치가 있는 가축 계통의 상업적 교배를 통해 4~8마리의 동일한 자손을 생산하는 데 사용되어 왔다.

양서류에서의 초기 연구

발생생물학의 초기 질문은 발생 동안 분화된 세포는 비가역적 변화를 포함하는가에 대한 것이었다. 양서류를 이용한 초기 연구는 올챙이의 장 상피세포 핵이 재프로그래밍되어 성체 개구리를 생산할 수 있음을 보여주었다. 하지만 성체의 분화된 세포로부터 분리된 핵의 경우 단지 올챙이만을 생산하도록 재프로그램되는 것이지, 생존 가능하고 생식력을 갖는 성체는 생산할 수 없었다. 따라서 이러한 연구 결과는 성체의 핵이 전능성 세포로 재프로그램될 수는 없지만, 놀라운 발생 잠재력을 가지고 있다는 것을 보여준다.

포유동물에서의 성공적인 핵 이식

스코틀랜드의 로슬린 연구소(Roslin Institute)에 있는 유전학자들은 분화된 성체 세포의 핵을 사용하여 최초로 복제 양을 만드는 데 성공했다. 그들은 양에서 분리한 난자로부터 핵을 제거한 후, 6년 미만의 양으로부터 분화된 젖샘세포를 분리하여 **체세포핵치환**(somatic cell nuclear transfer, SCNT) 기술을 사용하여 젖샘세포와 난자세포를 융합시켰다. 이 배아들을 대리모의 자궁에 착상시킨 후, 약 5개월 후인 1996년 7월 5일 최초의 복제 양인 돌리(Dolly)가 탄생하였다(**그림 14.37**). 돌리는 동물에서 완전히 분화된 세포의 핵이 전능성으로 재프로그램될 수 있다는 것을 보여준 것이다.

생식복제에 내재된 문제점

생식복제(reproductive cloning)는 체세포핵치환 기술을 사용하여 유전적으로 동일한 동물을 생산하는 것이다. 돌리의 탄생 이후 고양이, 토끼, 쥐, 생쥐, 소, 염소, 돼지와 노새 등의 동물이 성공적으로 복제되었다. 그러나 생식복제의 효율은 매우 낮다. 복제동물이 성

그림 14.37 동물에서 세포 운명결정이 가역적일 수 있다는 증거. 과학자들은 성체의 젖샘 세포로부터 분리된 핵과 핵이 제거된 난자를 결합시켜 복제 양인 돌리를 성공적으로 탄생시켰다. 돌리는 정상적으로 자라 건강한 자손을 생산하였다. 성체 동물 복제의 첫 번째 성공 사례인 이 실험은 분화된 성체 세포가 모든 발생을 위해 사용될 수 있다는 것을 보여준다.

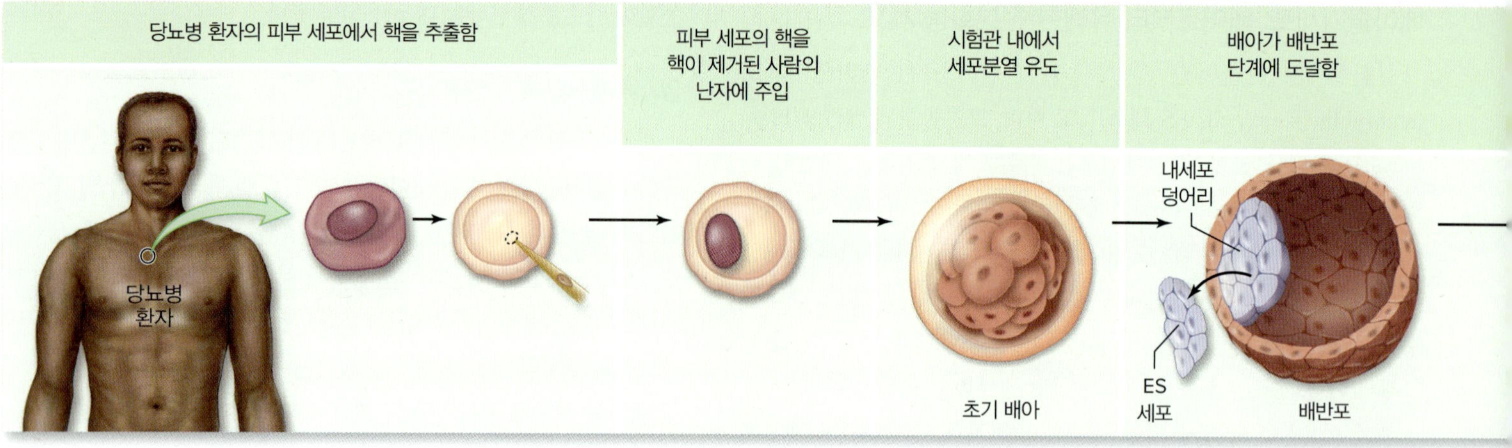

공적으로 많이 태어난다고 해도, 간 기능부전과 감염으로 인해 곧 사망하는 경우가 많았다.

이와 같은 문제들의 원인 중 하나는 **유전체 각인**(genome imprinting) 현상 때문이다. 각인된 유전자는 부계 또는 모계 출처에 따라 차별적으로 발현되는데, 이들 유전자는 정자 혹은 난자에서 발현되지 않으며, 이러한 "설정(setting)"은 수정 후 성체가 되어서도 지속적으로 유지된다. 정상적인 포유동물의 발달은 유전체 각인뿐만 아니라 염색질 상태 및 구조도 포함하는 후성유전학 프로그래밍의 정확한 조절에 달려 있다.

전사인자들을 이용한 핵의 재프로그래밍

ES 세포의 발견과 포유동물의 생식복제 성공에 자극을 받아 배아를 사용하지 않고 성숙한 세포를 재프로그래밍하여 전분화능 세포를 만드는 방법을 개발하기 위한 많은 연구가 진행되어 왔다. 그중 하나는 전사인자들을 이용하여 핵을 재프로그래밍하는 것이다. 2006년에 와서야 Oct4, Sox2, c-Myc 그리고 Klf4라는 4종류의 전사인자를 섬유아세포(fibroblast)에 도입하여 전분화능 세포를 만들었다. 이렇게 만들어진 세포를 **유도만능줄기세포**(induced pluripotent stem cell, iPSC)라고 부른다.

전분화능 세포는 치료 목적의 이용에 대한 많은 가능성을 가지고 있다. 예를 들어 당뇨병 환자의 피부세포 핵을 이미 핵이 제거된 난자에 집어넣은 후, 배아줄기세포를 만들어서 손상된 조직에 이식하였다(**그림 14.38**). 즉, 환자 맞춤형 배아줄기세포를 생산함으로써 환자의 조직에서 일어날 수 있는 이식 거부반응의 문제를 해결할 수 있는 것이다.

성체 세포로부터 전분화능 세포를 생산하는 치료복제(therapeutic cloning)는 배아의 파괴에 따른 윤리적 문제와 난자 사용에 대한 사회적인 문제를 피할 수 있으나, 세포를 재프로그래밍하기 위해 도입한 c-Myc과 같은 유전자는 발암유전자로 알려져 있기에, 이런 기술을 적용하는 데는 신중한 판단이 요구된다.

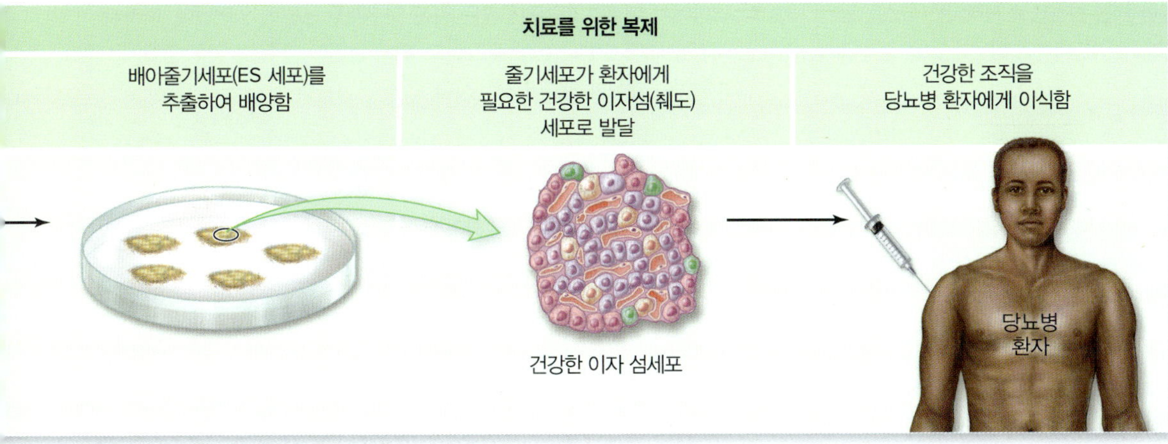

그림 14.38 치료 목적의 복제에 사용할 수 있는 인간의 배아. 치료 목적 복제에서는 생식복제의 초기 단계 후에 배아로부터 배아줄기세포를 추출한다. 배아줄기세포를 배양하여, DNA를 제공했던 사람의 질병에 걸린 조직을 대체하기 위해 사용한다. 줄기세포는 유전적으로 환자와 동일하기 때문에 이 방법은 해당 질병이 유전병이 아닌 경우에만 유용하다.

핵심 개념 요약

14.1 발생의 분자세포학적 기작

- 발생은 세포분열, 분화, 패턴형성 및 형태형성과정을 거치면서 일어난다.
- 난할은 세포의 성장 없이 DNA 복제와 분열이 계속되는 과정으로, 빠르게 진행된다.
- 세포의 운명이 결정된 후 세포분화가 일어나는데, 이 과정에서 전사인자의 영향을 받아 각 세포에서 유전자 발현이 다르게 나타난다.
- 난자의 세포질에는 모체에서 만든 mRNA가 저장되어 초기 발생 과정에 사용되는데, 이런 물질을 세포질 결정인자라고 하며, 이 물질은 난자의 세포질에 불균등하게 퍼져 있다.
- 형태형성은 세포분열의 횟수와 시기 및 방향, 세포의 성장과 확장, 세포 모양의 변화, 세포의 이동, 세포예정사 등의 기작으로 개체의 형태를 만들어가는 과정이다.

14.2 동물의 생식전략

- 감수분열로 배우자를 만드는 것을 유성생식이라고 하며, 체세포분열로 번식하는 것을 무성생식이라고 한다.
- 물속에서 사는 동물들은 주로 체외수정을 하며 배아는 양막이 없는데 반해, 육상 생활을 하는 동물들은 체내수정을 하며 배아는 양막으로 둘러싸인 양수로 보호된다.
- 체내수정을 하는 척추동물은 난생, 난태생, 태생의 발생 전략을 가지고 있다.

14.3 수정

- 수정을 하려면 정자는 난자를 둘러싸고 있는 여러 겹의 막을 뚫고 들어가야 하는데, 성게 정자의 첨체에서는 가수분해효소가 분비되어 난황막을 분해한다. 정자와 난자의 막이 융합하면 난자의 세포질이 활성화된다.
- 성게에서 다정자수정을 방지하기 위해 2가지 방법을 사용하는데, 빠른 차단은 수정 후 난자의 세포막 전위가 탈분극되는 것이고, 느린 차단은 소포체로부터 나온 Ca^{2+}으로 인해 피질과립이 방출되어 수정막을 형성하는 것이다.
- 양서류에서 정자가 진입하면, 세포질이 재배열되면서 그 반대쪽에서 회색신월환이 노출된다. 이 부위는 초기 난할면을 결정하고, 나중에 등쪽 구조를 만든다.

14.4 난할, 포배기 및 낭배기

- 난할의 유형은 동물 종마다 다른데, 주로 난황의 양과 분포로 인해 결정된다. 난황이 있는 부위에서 세포분열은 억제된다.
- 낭배기에 함입, 회절, 분층, 이입 등의 기작으로 인해 바깥쪽의 세포들이 안으로 밀려들어 가면서 원구와 원장을 형성한다. 밖에 남아 있는 세포들은 외배엽이 되고, 안으로 들어간 세포들은 내배엽이 된다.
- 포유류의 포배기 배아는 내세포덩어리와 이를 둘러싼 영양막 세포로 나누어지는데, 배아 자체는 내세포덩어리에서 유래하며, 영양막 세포는 양막, 요막, 난황막, 장막 등의 배외막을 형성한다.

14.5 기관형성과정

- 낭배형성 직후 몸의 각 조직과 기관이 적합한 장소에서 만들어지기 위해서는 세포가 그들의 위치정보를 정확히 인식하고 있어야 한다.
- 양서류의 원구상순부는 형성체로 작용하여 등-배축을 유도하는데, 조류에서는 원조가 형성체로서 작용한다.

- 척추동물의 기관형성은 신경관 형성과 체절 형성으로 시작되는데, 신경관은 척삭 바로 위의 외배엽에서 형성되고, 체절은 척삭의 양옆에 있는 중배엽에서 만들어진다.
- 태아에서 대부분의 기관형성은 임신 첫 3개월 동안에 일어난다. 따라서 이 시기는 태아 발생에 매우 중요하고, 이때 흡연과 음주 및 약물 중독에 의한 기형아가 발생할 확률이 가장 높다.

14.6 인간의 생식

- 정자형성과정은 세정관에서 일생 동안 연속적으로 일어나는데, 뇌하수체 전엽에서 분비된 FSH는 세르톨리 세포를 자극하여 정자 발달을 촉진시키고, LH는 레이디히 세포에서 테스토스테론을 분비하도록 해준다.
- 난자는 태아기에 감수1분열 전기까지 진행되어 멈춘 제1난모세포가 사춘기 때 호르몬의 영향으로 성숙하여 감수2분열 중기에서 다시 멈춘 상태로 배란되는데, 수정이 되면 감수분열이 재개된다.
- 수정이 되면 난포는 황체로 변하고, 황체에서 프로게스테론을 분비하여 자궁내막을 두텁게 유지한다. 태반에서 분비되는 hCG 호르몬은 황체의 퇴화를 막아서 다음 월경이 일어나는 것을 차단하고 임신 상태를 유지하도록 한다.

14.7 줄기세포와 핵의 재프로그래밍

- 줄기세포는 지속적으로 분열하며 분화된 세포를 만들어 낼 수 있는데, 그 능력에 따라 전능, 전분화능, 다분화능, 단분화능 줄기세포로 구별한다.
- 배아줄기세포는 전분화능을 가지고 있는 내세포덩어리를 말하며, 전능성은 배반포 이전의 초기 할구들이 가지고 있다.
- 체세포핵치환 기술을 사용하여 분화된 핵으로부터 복제동물을 만드는 것이 가능한데, 복제동물에서 유전체 각인에 의한 여러 문제점이 나타날 수 있다. 발생 초기에 발현되는 전사인자를 분화된 성체 세포로 주입하여 역분화를 유도할 수 있다. 이렇게 만든 만능유도줄기세포는 치료 목적으로 사용할 수 있지만, 암 발생 또는 돌연변이 생성 등과 같은 문제가 생길 수 있다.

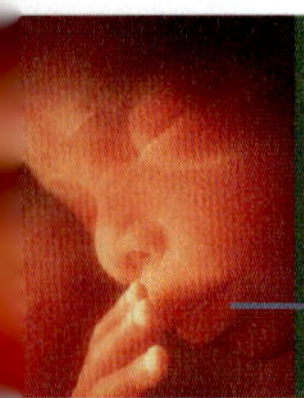

연습문제

■ 1단계: 이해력 확인하기

1. 세포 운명결정은 무엇으로 인해 일어날 수 있는가?

① 세포질에 있는 운명 결정인자들의 작용
② 다른 세포에 의한 유도
③ 세포분열 시 염색체의 손실
④ ①과 ② 모두

2. 유도 혹은 세포질 결정인자에 의한 세포 운명결정의 공통적인 주제는?

① 전사인자들의 활성
② 세포분열의 활성
③ 유전자 발현의 변화
④ ①과 ② 모두

3. 발생 초기에 세포분열이 빠르게 진행되는 이유는 무엇이 짧아졌기 때문인가?

① M기
② S기
③ G_1기와 G_2기
④ ①~③ 모두

4. 패턴형성은 세포가 배아 내에서 자신의 위치를 결정하게 한다. 이것이 가능할 수 있는 기작은?

① 유전 물질의 상실
② 염색체 구조의 변화
③ 형태형성물질의 농도기울기
④ 세포주기의 변화

5. FSH와 LH가 생성되는 장소는?

① 난소
② 정소
③ 뇌하수체 전엽
④ 뇌하수체 후엽

6. 배우자 형성은 감수2분열이 끝나야 완성되는데, 여성에서는 언제 일어나는가?

① 태아 발생 동안
② 사춘기가 시작될 때
③ 수정 후
④ 착상 후

7. 첨체에 있는 단백질에 돌연변이가 일어났다면, 다음 중 어떤 것에 영향을 주는가?

① 수정 ② 정자의 운동
③ 감수분열 ④ 정액 생성

8. 다음 중 정자형성과정과 난자형성과정의 가장 큰 차이점은?

① 정자형성과정에서는 체세포분열이 일어나지만, 난자형성과정에서는 감수분열이 일어난다.
② 정자형성과정은 연속적이지만, 난자형성과정은 그렇지 않다.
③ 전구세포당 만들어지는 배우자 수는 정자형성과정이 난자형성과정보다 더 적다.
④ ①~③ 모두 정자형성과정과 난자형성과정의 중요한 차이점이다.

9. 체내수정과 체외수정을 하는 종에 대한 설명으로 옳은 것은?

① 양막란을 만드는 모든 종은 체내수정을 한다.
② 양막란을 만들지 않는 모든 종은 체외수정을 한다.
③ 체내수정을 하는 모든 종은 음경 혹은 다른 삽입기관을 가지고 있다.
④ 알을 낳는 모든 종은 체외수정을 한다.

10. 다음 중 수정 직후 일어나는 현상은?

① 난자 활성
② 다정자수정 방지
③ 세포질 변화
④ ①~③ 모두

11. 난할 동안 세포질분열이 어떻게 일어날지 결정하는 데 중요한 역할을 하는 것은?

① 염색체의 수
② 난황의 양
③ 식물극의 방향
④ 접합체의 성

12. 포유류의 낭배형성은 다음 중 누구와 유사한가?

① 도마뱀붙이
② 참다랑어
③ 독수리
④ 없음; 포유류의 낭배형성은 특별함

13. 약물과 술에 노출될 경우, 태아의 신경계 발달에 가장 심각한 영향을 주는 시기는?

① 착상 전
② 첫 번째 3개월
③ 두 번째 3개월
④ 세 번째 3개월

14. 다음 중 양막류 배아의 축 형성에 영향을 주는 것은?

① 원구상순 세포에서의 돌연변이
② 원조 세포에서의 돌연변이
③ ①, ② 모두
④ ①, ② 모두 아님

15. 전분화능(pluripotent) 세포는 무엇을 할 수 있는 세포인가?

① 배외막과 배아의 어떤 세포라도 될 수 있다.
② 한 가지 세포 종류를 무제한 생산한다.
③ 특별한 종류의 세포를 한정적으로 생산할 수 있다.
④ 여러 가지 유형의 세포를 생산할 수 있다.

16. 다음 중 핵의 재프로그래밍 과정은?

① 패턴형성의 정상적인 부분이다.
② 세포의 분화 시기 동안 일어나는 변화의 순서에 역행한다.
③ 새로운 DNA의 도입이 요구된다.
④ 포유동물에서는 가능하지 않다.

■ 2단계: 분석 및 적용하기

17. 성체 세포를 재프로그램하기 위해 필요한 인자와 어떤 종류의 세포로든 분화를 유도하는 데 필요한 인자들을 가지고 있다고 할 때, 환자의 손상된 특정 조직을 대체하기 위해 이들 인자를 어떻게 사용할 수 있는가?

18. 포유류의 수컷과 암컷에서 FSH 작용과 LH 작용의 유사성은 무엇인가? 또 차이점은 무엇인가?

19. hCG 수용체(receptor)를 차단함으로써 피임하는 방법을 개발하려고 한다. 이것이 가능할까? 가능하다고 생각한 이유는?

20. 만약 발생 기작에 대해 보고된 적이 없는 신종을 발견했다면, 세포 운명을 결정짓는 시기가 언제인지를 어떻게 알 수 있을까?

15

생태학

도입

근대 생태학의 범위는 생물학적 주요 수준(군집 · 개체군 · 개체 · 기관 · 세포 · 유전자 등)과 물리적 환경(에너지 및 물질)과의 상호관계가 기능적 계(system)를 이루는 생물계를 인식하는 방향으로 진전되었다. 최근의 생태학은 기존의 연구뿐만 아니라, 앞으로 지구 전체의 인구 증가에 따른 식량 확보, 자원의 합리적 이용, 인간의 생존을 위협하는 많은 오염 문제의 해결 등 여러 응용 분야에 이용되고 있다.

15.1 환경의 도전

생태학은 생물과 생물 또는 생물과 환경의 관계를 연구하는 학문 분야로서, 그들 간의 상호작용을 이해하기 위해선 먼저 환경 요소를 고려해야 한다. 물리적 환경과 그 특징은 한 지역에 사는 생물들의 종류를 결정하는 요인이 되는데, 중요한 물리적 환경 요소로 다음과 같은 것들을 들 수 있다.

1. **온도**: 대부분 생물은 좁은 온도 범위에 적응되어 있기에, 그 온도 범위보다 높거나 낮은 온도에서는 잘 살지 못한다. 생장기의 식물은 특히 온도에 민감하다.
2. **물**: 모든 생물의 생활에는 물이 필요하나 많은 육상환경은 물이 풍부하지 않기 때문에, 강수량은 생물의 서식 환경을 결정하는 주요 요인이 된다.
3. **햇빛**: 생태계 내부에 최초로 에너지를 공급하는 것은 거의 대부분이 식물의 광합성이기 때문에, 식물들이 얻을 수 있는 태양광의 양이 생태계가 가질 수 있는 생물량을 결정한다고 볼 수 있다.
4. **토양**: 토양의 물리적 안정성, pH, 질소나 인과 같은 무기질의 조성 등은 식물의 생장을 좌우할 수 있는 중요한 요인이다.

그림 15.1 수분 획득을 위한 노력.
서남 아프리카의 나미브(Namib) 사막에 서식하고 있는 딱정벌레의 일종인 *Onymacris unguicularis*가 복부를 위로 들어올려 주변 안개로부터 수분을 모으고 있다. 이렇게 모은 수분은 방울이 되어 몸을 타고 내려와 입으로 들어간다.

환경 변화에 따른 적응

생물 개체는 다양한 환경을 접해도 체내 환경을 큰 변화 없이 일정하게 유지할 수 있는 항상성(homeostasis)을 가진다. 즉, 생물은 능동적으로 생리적·형태적·행동적 과정을 변화시켜 항상성을 유지하고 있다. 예를 들어 딱정벌레는 주위 수분의 양이 급격히 변화하는 환경에서 항상성을 유지하기 위해 특이한 행동을 한다(**그림 15.1**). 어떤 생물들은 주변의 온도, 염도 등 환경 변화에 맞춰 스스로 자신의 몸과 생리적 기능을 적응시키는데, 이런 생물들을 순응자(conformer)라고 한다.

환경 변이에 대한 반응은 단기적일 수도, 장기적일 수도 있다. 여기서 단기적이란 개체가 짧게는 몇 분에서 길게는 살아가는 내내 환경 변화에 대처하는 방식을 말한다. 장기적이란 주어진 환경에 더욱 잘 적응하는 개체가 살아남아 이들만의 개체군이 만들어지는 자연선택의 과정을 의미한다.

15.2 개체와 개체군의 생태학

모든 생물은 같은 시간 같은 지역에 존재하는 단일 종 개체들의 모임인 **개체군**(population)의 일원으로서 살아간다. 개체군이란 좁은 의미와 넓은 의미로 정의될 수 있다. 지구의 인구, 흰개미의 소화기관에 서식하는 원생생물의 집단, 어떤 숲에 사는 사슴 집단 등을 모두 개체군으로 정의할 수 있다. 또한 호수에 서식하는 송어 집단처럼 경계가 분명한 경우가 있고, 이 숲과 저 숲을 쉽게 뛰어다니는 사슴들처럼 경계가 불분명한 경우도 있다. 개체군 생태학에서 중요한 3가지 특징은 (1) 개체군이 차지하는 범위, (2) 범위 내에서 개체군이 차지하는 분포 양상, 그리고 (3) 개체군의 크기와 시간에 따른 변화이다.

개체군 내에서 개체들의 공간 점유 방식

개체군 구조의 또 다른 주요 특징은 개체들의 분포 방식으로, 그 방법은 다음과 같이 다양하다.

1. **무작위적 분포**: 개체군 내에서 개체 간에 또는 개체들과 환경 사이에 강한 상호작용이 없는 경우, 개체들은 무작위로 분포할 수 있다. **무작위적 분포**(random spacing)는 자연계에 그리 흔한 현상은 아니지만, 파나마 우림지역에 사는 몇 종의 목본식물은 무작위적 분포 양상을 보인다.
2. **균등 분포**: 개체군 내에서의 **균등 분포**(uniform spacing)는 일반적으로 자원 확보를 위한 경쟁의 결과로 나타나는데, 분포를 만드는 경쟁의 종류는 생물군에 따라 매우 다양하다. 동물의 경우 균등 분포는 대개 행동적 상호작용의 결과로 나타나며, 식물에서도 자원을 위한 경쟁 결과 균등 분포가 생기는 일이 흔하게 나타난다.

그림 15.2 식물 종자의 적응.
종자들은 여러 가지 산포 방법을 진화시켜 왔다. 일부 종자는 바람에 날려 먼 거리를 날아가 정착하며, 부착 과일이나 육질과에 들어 있는 종자는 동물에 의해 산포되기도 한다.

3. **군상 분포**: 개체들은 자원의 불균등한 분포 때문에 무리를 이루면서 분포하는 경우가 있는데, 이를 **군상 분포**(clumped spacing)라고 한다. 특정 토양이나 습도 등의 환경 요소를 가진 서식지를 선호하는 생물의 경우, 이런 분포를 가지는 경우가 흔하다.

분산의 기작

개체들이 다른 지역으로 이동하는 방식은 여러 가지가 있다. 대륙에서 멀리 떨어진 외딴섬에 사는 도마뱀들은 어떻게 그곳에 정착하였을까? 놀랍게도 알 자체가 물에 떠서 이주했거나 식물체가 알들을 그 섬으로 이주시킨 예도 있다. 포유류인 박쥐들은 날아서 다른 섬에 정착할 수 있다.

식물의 종자는 대체로 분산에 아주 적합한 형태를 가지고 있는데, 바람을 타고 이동할 수 있는 종류가 있는가 하면, 동물의 가죽이나 깃털에 잘 붙어 멀리까지 이동할 수 있는 종류도 있다(**그림 15.2**). 겨우살이(*mistletoes, Arceuthobium*)의 경우 열매의 아래쪽이 터지면서 튕겨 나가는 방식으로 분산할 수 있다. 종자가 아주 먼 지역까지 퍼지면서 새로운 곳에서 성공적으로 집단을 번성시킬 확률은 그리 높지 않지만, 긴 시간을 고려한다면 이러한 방식으로 이주에 성공한 몇몇 종자들이 번성하여 현존하는 많은 식물의 분포를 만들었을 가능성은 충분하다.

개체군의 특성과 역학

시간이 흐르면서 개체군의 역학적 특성은 여러 가지 요인에 의한 영향을 받게 된다. 그중에서 가장 중요한 요인은 성체(adult)와 어린 개체(juvenile), 그리고 미성숙 개체(young)의 비율을 나타내는 연령분포(age distribution)이다. **개체군통계학**(또는 인구통계학, demography)이란 개체군의 양적인 특성과 변화에 관해 통계적인 연구를 하는 분야이다. 시간에 따른 개체군 변화 양상은 하나의 개체군 전체를 포괄적으로 분석하거나, 개체군을 여러 부분으로 쪼개어 분석하는 2가지 측면에서의 연구가 가능하다. 포괄적 수준에서 개체군의 특성을 알아보려면, 전체 개체군이 커지는지, 작아지는지 또는 일정한 상태로 유지되는지를 측정하는 것이 연구의 시작이다. 쉽게 말해 출생자 수가 사망자 수를 능가하면 개체군은 생장하고, 그 반대이면 줄어든다. 그러나 개체군을 여러 부분으로 쪼개어 살펴보고 싶다면, 개체군을 연령별로 나누어 출생률(birth rate)과 사망률(death rate)을 별도로 조사하는 방법을 취해야 한다.

개체군 생장 속도에 영향을 주는 성비와 세대기간

개체군의 성비(sex ratio)는 개체군의 생장에 중요한 영향을 미친다. 한 개체군의 출생률은 보통 암컷의 수와 직접적인 관련이 있는데, 특히 하나의 수컷이 여러 암컷과 교배하는 1부다처제 종의 개체군에서 출생률은 수컷의 수보다는 암컷의 수가 매우 중요하게 작용한다. 이는 일부의 수컷만이 암컷을 차지할 수 있는 특권을 누리기 때문이다. 이 경우 수컷들은 끊임없이 경쟁으로 인해 제거되기 때문에, 암컷에 치우친 성비는 개체군의 변화에 별다른 영향을 미치지 않는다. 이와는 달리 1부1처제의 종에서는 수컷의 수적 감소가 직접 출생 수의 감소로 연결될 수 있다.

세대기간(generation time)은 한 개체의 출생과 그 자손의 출생 사이의 평균 간격으로, 개체군 생장 속도에 중요한 요소이다. 종마다 세대기간은 큰 차이를 보이는데, 일반적으로 몸이 클수록 세대기간은 길어진다(코끼리의 한 세대는 대략 생쥐 100세대에 해당함). 세대가 짧은 개체군이 증가하는 속도는 세대가 긴 개체군보다 빠르다. 이와 반대로 세대기간과 수명(life span)은 보통 밀접하게 관련되어 있으므로 짧은 세대기간을 가지는 개체군에서 출생률이 갑자기 감소한다면 개체군 크기가 빨리 줄어들 수도 있다.

개체들의 상대적인 수에 의해 결정되는 연령구조

동일 연령의 개체들을 **동령군**(cohort)이라고 하며, 대부분 종에서 한 개체가 생식하거나 사망할 확률은 연령에 따라 다르게 나타난다. 그 결과 한 개체군 내에서 각 동령군은 각기 다른 출생률과 사망률을 갖는다. 출생률은 생식력(fecundity)과 같은 의미로 단위 시간 내에 생산된 자손의 수로 나타낼 수 있으며, 사망률은 이 기간에 사망한 개체수로 나타낼 수 있다.

각 동령군의 상대적 개체수를 개체군의 연령구조(age structure)라 한다. 서로 다른 동령군은 서로 다른 출생률과 사망률을 가지므로 연령구조는 개체군의 생장 속도에 중대한 영향을 준다. 젊은 개체의 비율이 높은 개체군은 신속히 생장하는데, 그 예로 여러 개발도상국을 들 수 있다. 반대로 만약 한 개체군에서 상대적으로 늙은 개체들의 비율이 높다면, 현재의 서부유럽 국가들이나 일본과 같이 개체군의 크기가 감소하게 된다.

연령에 따라 달라지는 생존곡선

주어진 연령까지 생존하는 원래 개체군의 비율을 **생존율**(survival rate)이라고 한다. 개체군의 연령 분포 양상을 나타내는 한 가지 방법은 생존곡선을 이용하는 것이다(**그림 15.3**). 히드라(hydra)는 모든 연령에서 개체들의 사망 확률이 동일하여 생존곡선이 직선으로 나타난다(II형). 굴(oyster)은 막대한 수의 자손을 낳고 이 중 소수만 살아남아 생식하기 때문에 개체가 한 번 살아남아 생식 연령에 도달하면 사망률은 매우 낮게 나타난다(III형). 사람은 여러 동물이나 원생생

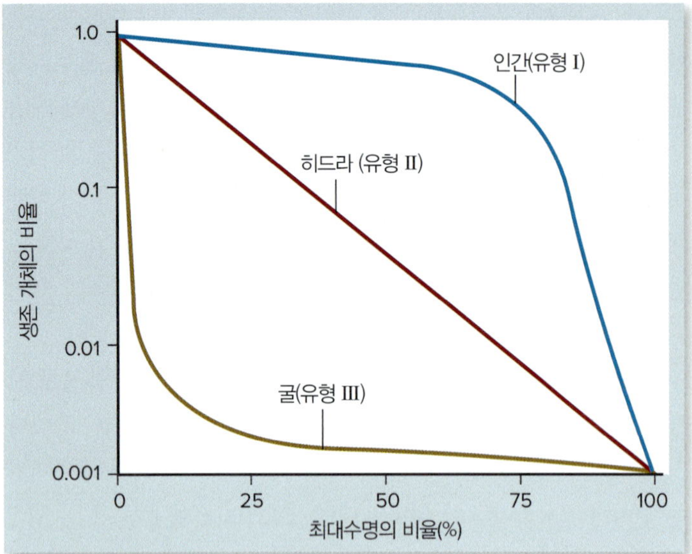

그림 15.3 생존곡선.
Y축의 생존자 빈도는 로그 값으로 표시한 것이며 이것이 일반적인 방법이다. 인간은 유형 I, 히드라는 유형 II, 굴은 유형 III의 생활 주기를 갖는다.

물처럼 태어난 이후, 생애의 마지막에 사망률이 급격히 높게 나타난다(I형). 이들 3가지 유형은 대표적인 예에 불과하며, 많은 생물은 이보다 더 복잡한 양상을 나타낸다.

생활사와 생식비용

자연선택은 다음 세대에 생존하는 자손의 수를 최대화할 수 있는 형질이 선택되는 진화적 과정을 의미한다. 이는 얼마나 오랫동안 살 수 있을지와 얼마나 많은 자손을 생산할 수 있을지에 영향을 받는다.

한 생물의 완전한 생활주기를 생활사(life history)라고 한다. 생물체는 제한된 자원을 사용하기에, 모든 생활사에서 생식과 생존 사이에서 **절충**(trade-off)이라는 것이 매우 중요하다. 현재의 생식을 증가시키기 위해 어떠한 투자(자원의 사용)가 있었다면 생존율과 장래의 생식은 당연히 감소될 것이다. 많은 열매를 맺는 전나무는 현재의 생식은 성공적일지 몰라도 생장 속도는 느려지며, 그로 인해 장래에 생산할 솔방울의 수도 감소하게 된다. 이와 유사하게 매년 더 많은 자손을 생산하는 새는 그해에 사망 가능성이 증가하며, 이듬해에 지금보다 더 적은 수의 알을 생산하게 될 가능성이 커진다(**그림 15.4**). 반대로 생식을 늦추는 개체는 생장 속도가 빠를 수 있고, 장래의 생식력이 높아질 가능성이 크다.

생식비용

생태학자들은 현재의 생식 노력 때문에 장래의 생식잠재력이 감소하는 것을 생식비용(cost of reproduction)이라고 한다. 자원이 풍부할 때 생식비용이 낮아지며, 생식비용이 낮으면 낮을수록 개체는 많은 자손을 생산할 수 있다.

생식비용이 높을 때는 현재의 생식을 최소화하고, 생장과 생존율을 높임으로써 일생 중 후반부의 번식 성공을 높여 생애 평균 번식 성공도를 높이는 것이 가장 효율적인 방법으로, 많은 동물이 취하는 전략이다. 이러한 상황은 생식비용이 개체의 생존 능력에 심각하게 영향을 주고 장래 생산될 자손의 수를 감소시킬 경우에 일어나게 된다.

자손의 수와 자손당 자원 투입량의 절충

자연선택의 관점에서 태어난 자손의 수보다는 생식할 때까지 생

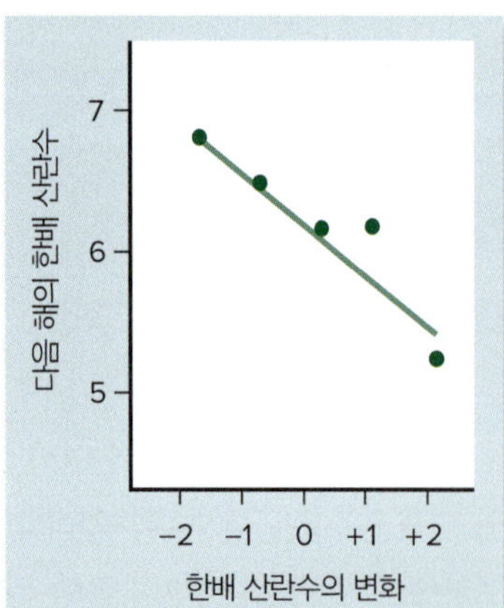

그림 15.4 일생 동안 생식의 횟수.
목도리딱새(*Ficedula albicollis*)의 둥지에 알을 추가시키면, 새끼를 돌보는 암컷의 생식 노력이 증가하지만, 이듬해에 낳는 알의 수는 줄어든다. 이 실험으로 현재의 생식 노력과 장래의 번식성공도 사이에는 절충이 이루어진다는 것을 알 수 있다.

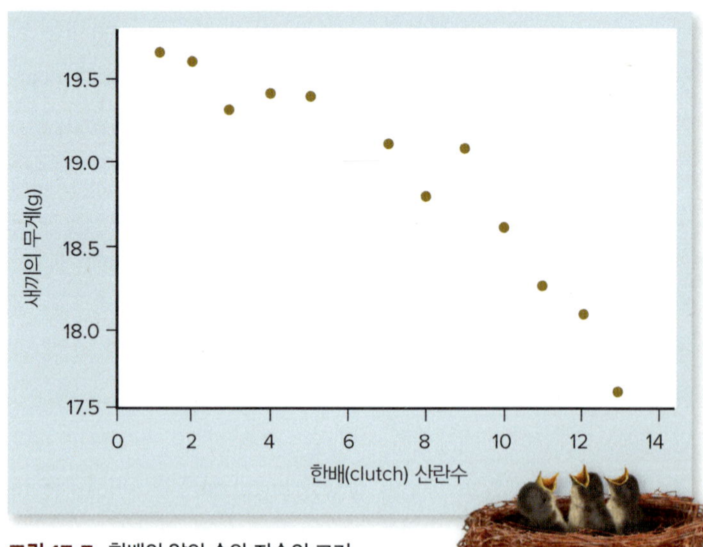

그림 15.5 한배의 알의 수와 자손의 크기 사이의 관계.
박새(*Parus major*)에게 새끼의 크기와 낳는 알의 수는 반비례한다. 먹여 길러야 할 새끼의 수가 많을수록 새끼 한 마리당 돌아가는 먹이는 적어지게 된다.

존하는 수가 더 중요한데, 자손에 투입할 자원이 한정되어 있기에 자손의 수와 각 자손의 크기 사이에는 어느 정도 절충이 있어야 한다(**그림 15.5**). 이 절충은 얼룩도마뱀(side-blotched lizards)에서 실험적으로 증명된 바 있다. 이 도마뱀은 한 번에 평균 4.5개의 알을 낳는데, 생식주기 초기에 일부 알을 외과적으로 제거하면 암컷은 1~3개의 알만 산란한다. 이 알들은 많은 난황을 가지고 있어서 부화되어 나온 새끼의 크기는 정상보다 커진다.

얼룩도마뱀뿐만 아니라 다른 여러 종에서 입증된 것처럼 자손의 크기는 생존율에 결정적으로 영향을 주어 몸이 클수록 생존 가능성이 커진다. 생존 가능성이 적은 자손을 많이 낳는 것이나, 한 마리의 강한 자손만 낳는 것이 자손을 많이 남기기 위한 최고의 전략으로 보기는 어렵다. 오히려 평균보다 조금 크면서, 상대적으로 적은 수의 알을 낳는 것이 생존 자손 수를 최대화하는 길이 될 수 있다.

개체군의 생장과 환경적 제한

개체군 내에 아무리 많은 자손이 생겨나도 개체군은 변하지 않고 거의 일정한 크기를 유지하는 경우가 흔하다. 이는 많은 자손을 생산하지만, 자손 모두 생식이 가능한 연령까지 생존하는 것은 아니기 때문이다. 개체군의 특성을 보다 잘 이해하기 위해서는 일단 개체군이 어떻게 생장하며 어떤 환경적 요인들이 이를 제한하는지 살펴볼 필요가 있다.

지수적 생장 모델

가장 간단한 생장 모델은 개체군이 제한 없이 최대 속도로 생장하고 이입 속도와 이출 속도가 동일하다고 가정할 때이다. 이와 같은 증가 속도를 생물적 잠재능(biotic potential)이라고 하며, 한 종의 개체군이 제한 없이 생장하는 속도를 지칭하는데, 수학적으로는 다음과 같은 식으로 나타낸다.

$$\frac{dN}{dt} = r_i N$$

이 식에서 N은 개체군 내의 개체수이고, dN/dt는 시간에 따른 개체수의 변화 속도이며, r_i는 해당 개체군의 내재적 자연 증가 속도(생장률)이며, (출생률−사망률)+(이입률−이출률)의 값이다. 한 개체군의 생물적 잠재능은 지수적으로 나타나는데(**그림 15.6**의 붉은색 선), 지수적 생장(exponential growth)의 결과는 개체군의 폭발로 나타난다.

환경수용력

개체군이 아무리 빠르게 생장해도 결국은 공간, 햇빛, 수분, 양분 등의 중요한 환경요소의 결핍으로 더 이상 생장하기 어려운 한계가 생기게 된다. 따라서 개체군은 서식지의 환경수용력(carrying capacity) 수준에서 더 이상 증가하지 않고 안정을 유지하게 된다. 환경수용력은 K로 표시하며, 일정한 서식지 환경이 지탱할 수 있는 최대 개체수를 의미한다.

로지스트형 생장모델

개체군이 환경수용력에 도달하면서 새로운 개체가 이용할 수 있는 자원이 점점 부족해지므로 개체군의 생장 속도는 확연히 느려진다. 이러한 개체군의 생장 곡선은 다음과 같은 로지스트형 생장등식(logistic growth equation)으로 요약될 수 있다.

$$\frac{dN}{dt} = rN\left(\frac{K-N}{K}\right)$$

이 개체군 생장 모델에서 개체군 생장 속도(dN/dt)는 자연적 증가 속도($r \times N$, 어느 시기에 존재하는 개체수)와 같고, 이용할 수 있는 자원의 양에 의해 조절되는데, 이 조절은 아직 이용되지 않은 환경수용력의 비율, 즉 $(K-N)/K$와 rN의 곱으로 이루어진다. 개체군의 크기가 증가하여 N이 증가하게 되면, r에 곱해지는 비율(남아 있는 이용 가능한 자원)이 점점 적어지므로 개체군 생장 속도는 감소하게 된다.

시간에 따른 개체수의 변화를 그래프로 나타내면 S자형 곡선을 얻을 수 있는데, 이 곡선은 대다수 생물 개체군의 특징을 나타낸다. 이 곡선을 S자형 생장곡선(sigmoidal growth curve)이라고 부른다. 개체군의 크기가 환경수용력에서 안정화되면 생장 속도는 느려지게 되면서 결국 멈추게 된다(**그림 15.6**의 푸른색 선). 개체군은 그 초기 개체수가 환경수용력보다 많거나 적은 것에 관계없이 시간이 지남에 따라 환경수용력으로 수렴되는 경향을 보인다.

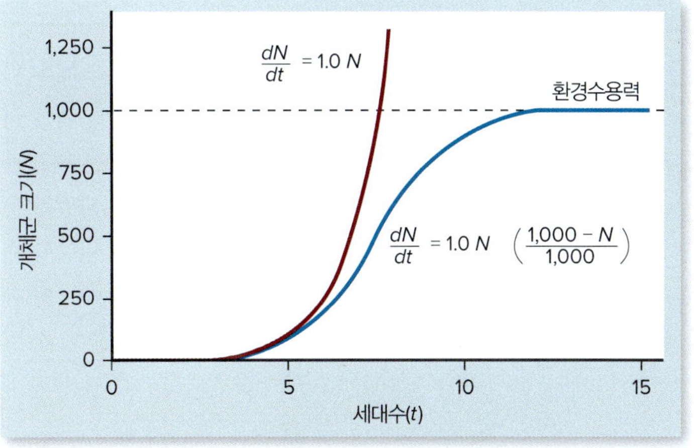

그림 15.6 개체군 생장의 2가지 모델.
붉은색 선은 생장률(r)이 1인 개체군의 지수생장 모델이다. 푸른색 선은 환경수용력이 1,000, 생장률이 1인 개체군의 로지스트형 생장 모델이다.

표 15.1	*r*-선택 생활사 적응과 *K*-선택 생활사 적응	
적응	*r*-선택 개체군	*K*-선택 개체군
최초 생식 연령	이르다	늦다
수명	짧다	길다
성숙 시간	짧다	길다
사망률	대개 높다	대개 낮다
한 번의 생식으로 생산되는 자손의 수	많다	적다
일생 동안의 생식 횟수	적다	많다
어버이 양육	없다	대개 오래 한다
자손이나 알의 크기	작다	크다

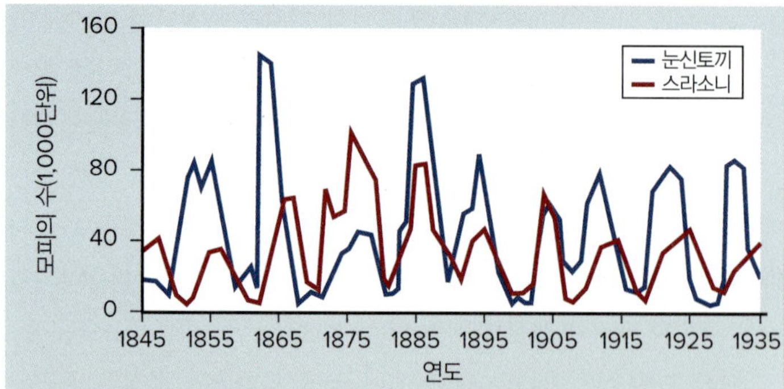

그림 15.7 눈신토끼와 스라소니의 개체군 주기.
이 자료는 캐나다 허드슨만 지역에서의 모피 생산량 기록에 기초를 둔 것이다. 스라소니 개체군 변동은 눈신토끼의 개체군 변동을 뒤따라가고 있다.

앞에서 살펴본 것처럼 자원이 제한되어 있으면 생식비용은 매우 높아지게 되며, 이러한 상황에서는 효율적으로 경쟁하고 효과적으로 자원을 이용하는 개체들만이 선택될 것이고, 개체들은 전체적으로 낮은 생식률을 가지게 된다. 이러한 개체군의 개체들은 환경수용력(*K*) 부근에서 생존을 위해 심하게 경쟁하고 있다고 볼 수 있으므로 소위 ***K*-선택**(*K*-selected)되었다고 말할 수 있다(**표 15.1**).

이와는 달리 환경수용력에 훨씬 못 미치는 개체군에서는 자원이 항상 풍부하다. 이 경우에는 생식비용이 낮으므로 많은 자손을 생산할 수 있는 개체들이 1차적으로 선택되는데, 이러한 개체군을 ***r*-선택**(*r*-selected) 개체군이라고 한다. 완전한 *r*-선택이나 완전한 *K*-선택의 특징을 나타내는 개체군은 사실상 없다고 할 수 있으며, 대부분의 자연 개체군은 2가지 선택 사이의 중간 단계의 생활사를 보인다.

개체군을 조절하는 요인

개체군의 크기가 시간이 흐름에 따라 변화하는 데는 많은 요인이 영향을 준다. 몇몇 요인들이 개체군의 크기와 밀접한 관계가 있으면 밀도 의존적이라 하고, 이와 관계없는 천재지변 등의 외부요인에 의해 개체군의 크기가 변한다면 밀도 비의존적이라고 한다.

많은 개체군의 크기는 주기적으로 증감하게 되는데, 이는 밀도 의존적 또는 비의존적 요인들의 상호작용에 따른 것이다. 예를 들어 캐나다 삼림의 눈신토끼와 스라소니의 개체군은 조사가 시작된 1820년대부터 10년을 주기로 대략 10~30배 변동하는 것으로 나타났는데, 이러한 개체군의 주기적인 증감은 초식동물인 눈신토끼의 먹이의 증감과 이에 따른 눈신토끼의 증감, 이를 주로 포식하는 스라소니의 관계에서 비롯된 것이다(**그림 15.7**).

15.3 군집생태학

군집의 개념

군집(community)의 기본 구조와 기능을 보는 2가지 관점이 있다. 군집에 대한 개별적 개념은 군집을 한 장소에 함께 공존하고 있는 종들의 단순한 집합으로 보는 관점이다. 그에 비해 군집에 대한 총론적 개념은 군집을 하나의 통합적 단위로 본다. 이 관점에서는 군집을 구성하는 종들이 동물의 몸에서 신장, 심장, 폐 등과 같이 함께 작용하는 기관으로 공진화하여 전체의 일부분으로서 작동하고 있는 초개체(superorganism)로 본다.

생태적지위

생태계 내의 모든 생물은 살아가면서 여러 가지 도전에 직면한다. 어떤 생물이 생태계에서 차지하는 **생태적지위**(ecological niche)는

그림 15.8 **따개비 두 종의 경쟁.**
조무래기따개비는 얕은 곳이나 깊은 곳 모두에서 살 수 있으나, 깊은 곳에서는 북방따개비가 조무래기따개비를 몰아낸다.

그들이 사는 환경 내의 자원을 이용하는 모든 방법의 총합이다. 한 종의 생태적지위는 공간 이용, 먹이 소비, 온도 범위, 짝짓기를 위한 적절한 조건, 수분 요구량 등의 여러 가지 요소로 설명할 수 있다. 이때 한 종이 이용할 수 있는 전체 생태적지위를 기본 생태적지위라고 하고, 두 종이 실질적으로 차지할 수 있는 지위를 실제 생태적지위라고 한다.

때때로 생물종들은 다른 종들의 존재 여부에 따라 그 지역의 모든 생태적지위를 차지하지 못하기도 한다. 종들은 다양한 방법으로 다른 종들과 상호작용을 하는데, 그 방법은 긍정적일 수도 있고, 부정적일 수도 있다. 일반적으로 두 종이 동일한 자원을 서로 이용하려고 시도하는 현상을 **종간경쟁**(interspecific competition)이라고 한다. 이 경쟁은 두 종이 요구하는 자원이 충분하지 못할 때 같은 자원을 이용하기 위해 싸우는 것이다. 자원을 둘러싼 싸움을 **간섭경쟁**(interference competition)이라고 하며, 공동 자원을 소비하는 경쟁을 **소비경쟁**(exploitative competition)이라고 한다.

생태적지위의 차지를 위한 종 간의 경쟁

캘리포니아 대학의 코넬(Joseph Connell)은 스코틀랜드의 해안에 사는 2종의 따개비 사이에서의 종 간의 경쟁을 조사하였다. 따개비는 유생이 자유 유영하다가 적당한 지점을 찾아 부착하여 평생 살아간다. 코넬이 연구한 따개비 중 조무래기따개비(*Chthamalus stellatus*)는 간조 시 노출되는 얕은 물에 서식하고, 북방따개비(*Semibalanus balanoides*)는 간조 시에도 노출되지 않는 조하대 부위에 서식한다(**그림 15.8**). 이러한 지역에서는 살 수 있는 공간을 얻기가 매우 어렵다. 물이 깊은 부위에서는 북방따개비가 조무래기따개비를 바위에서 떨어뜨리거나 경쟁에서 항상 앞서게 되는데, 이는 간섭경쟁에 따른 것이다.

경쟁배타의 원리

러시아의 생태학자 가우스(Georgii Gause)는 1934~1935년에 짚신벌레(*Paramecium*)의 배양 실험을 통해 **경쟁배타**(competitive exclusion)의 원리를 창안하였다. 이는 만약 두 종이 한정된 자원을 두고 경쟁한다면 자원을 더 효율적으로 이용하는 종이 다른 종을 제거하게 된다는 이론이다. 실험에서 짚신벌레들은 시험관 안의 배양액 속에서 세균과 효모를 먹으며 자란다(**그림 15.9***a*). 그러나 *P. aurelia*와 *P. caudatum*을 같은 시험관에서 배양하면, 항상 *P. caudatum*은 멸종하고 *P. aurelia*만 살아남는데(**그림 15.9***b*), 이는 *P. aurelia*가 경쟁자인 *P. caudatum*보다 한정된 자원을 더 잘 이용하여 6배나 더 빨리 생장하기 때문이다. 이는 자원이 한정되어 있을 때는 동일한 생태적지위를 갖는 어떤 두 종도 공존할 수 없다는 것을 보여준다.

그러나 *P. caudatum*을 제3의 종인 *P. bursaria*와 함께 배양한 실험에서는 예상과 달랐다. 산소와 세균의 밀도가 높은 시험관 위쪽에서는 세균을 먹이로 더 잘 이용하는 *P. caudatum*이 우점하였고, 낮은 산소 농도로 효모가 번식하기에 알맞은 시험관 아래쪽에서는 효

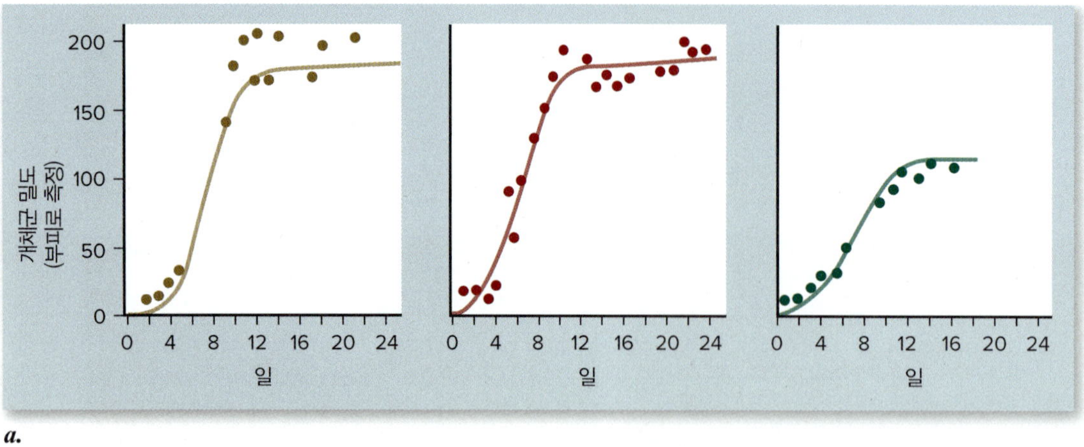

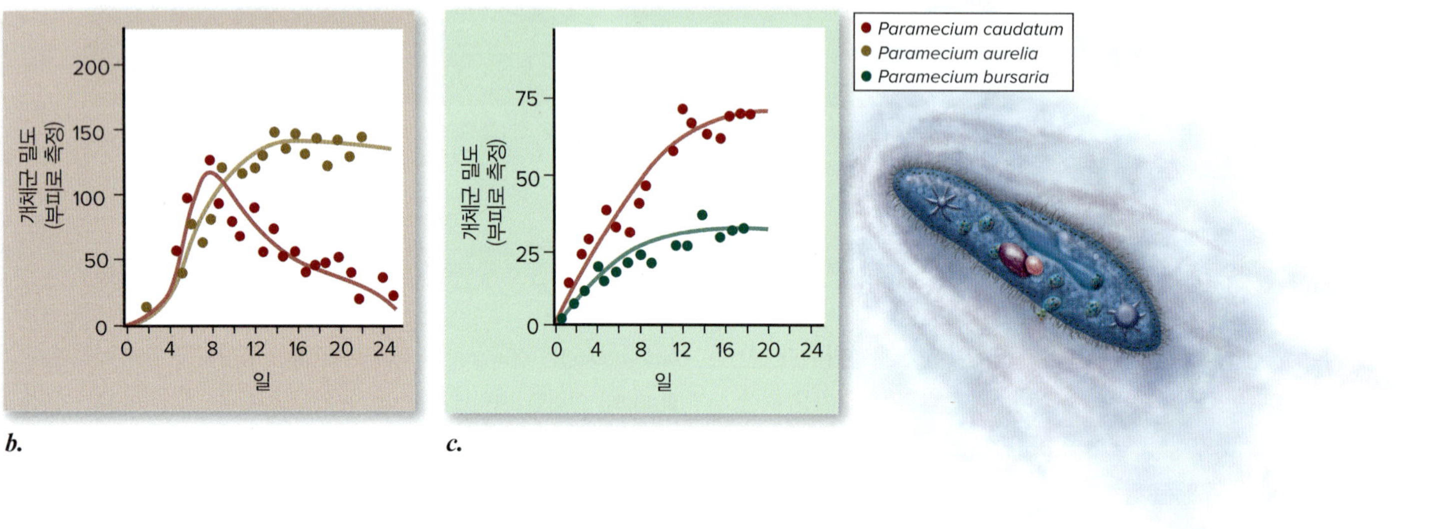

그림 15.9 짚신벌레 3종 사이의 경쟁배타.
짚신벌레는 작은 원생생물을 잡아먹는 맹렬한 포식자이다. ***a.*** 짚신벌레 3종은 시험관 배양액 속에서 단독으로 있을 때 잘 자란다. ***b.*** 그러나 실제 생태적지위가 동일한 *P. caudatum*과 *P. aurelia*를 함께 배양하면 먹이 자원 때문에 *P. caudatum*은 사라진다. ***c.*** *P. caudatum*과 *P. bursaria*는 실제 생태적지위가 달라서 경쟁을 피할 수 있기에 공존할 수 있다.

모를 먹이로 더 잘 이용하는 *P. bursaria*가 우점하였다. 즉, 두 종은 생태적지위가 겹치지 않기 때문에 서로 살아남을 수 있다(**그림 15.9***c*). 그들은 서로 직접적인 경쟁을 피하기 위해 틈새 시장을 세분화한 셈인데, 이는 일종의 자원 분할(resource partitioning)이라 할 수 있다.

포식-피식의 상호관계

포식(predation)은 어떤 생물이 다른 생물을 소비하는 것을 의미한다. 포식에는 표범이 영양을 잡아먹는 것부터 사슴이 봄에 풀을 뜯어 먹는 것 등이 모두 포함된다. 짚신벌레를 잡아먹는 포식자 디디늄(*Didinium*)을 실험실 조건에 놓아두면, 피식자인 짚신벌레를 모두 잡아먹고 나면 자신도 굶어 죽고 만다(**그림 15.10**). 그러나 짚신벌레를 위한 은신처를 제공하게 되면 멸종하지는 않는다. 적은 수의 짚신벌레 개체군은 포식자 개체군인 디디늄의 개체수를 감소시키므로, 피식자 개체군은 복구될 수 있다.

인위적으로 포식자를 한 지역에 놓아주거나 제거할 때, 군집에 큰 영향을 미치게 된다. 한 예로 미국 동부에서 대형 육식동물을 제거했

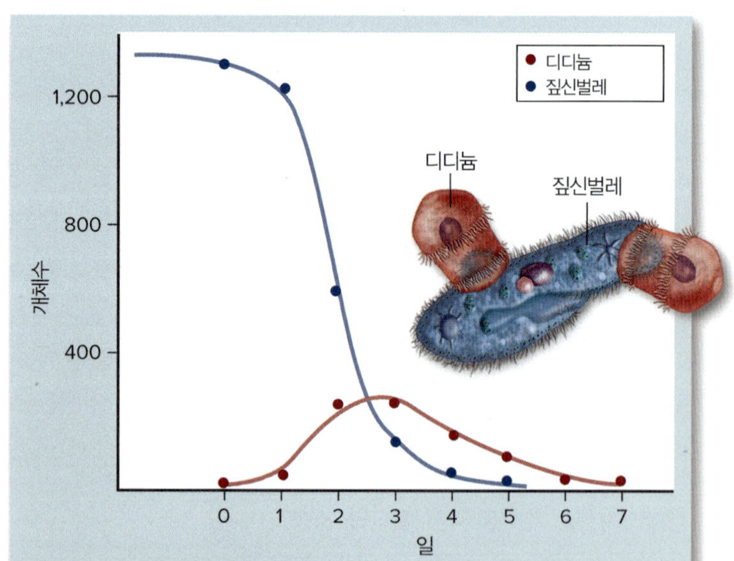

그림 15.10 시험관 안의 포식자와 피식자.
짚신벌레 개체군이 들어 있는 시험관에 디디늄을 넣으면 처음에 디디늄은 증가하고 짚신벌레는 계속적으로 감소한다. 그러나 짚신벌레 개체군이 사라지고 나면 디디늄 개체군도 사라진다.

을 때, 흰꼬리사슴 개체군이 폭발적으로 증가하여 식생이 파괴된 적이 있다. 반면에 포식자가 섬에 유입되면, 토종 동물상의 파괴가 일어난다. 그 예로 갈라파고스 군도의 여러 섬에 쥐, 개, 고양이가 유입되자 거북이가 멸종위기에 처했는데, 이들이 거북이의 알과 어린 새끼들을 잡아먹었기 때문이다.

포식과 공진화

포식은 피식자 개체군에 강한 선택압(selective pressure)을 가하여, 피식될 가능성을 줄여주는 형질이 강하게 선택된다. 또한 이러한 형질은 포식자 개체군의 적응을 불러일으킨다. 즉, 방어 효율을 높이는 자연선택과 포식 효율을 높이는 자연선택이 함께 **공진화**(coevolution)를 일으킨다. 공진화적인 군비경쟁은 포식자와 피식자가 보다 나은 방어와 이러한 방어를 피하는 효과적인 수단을 지속적으로 진화시킨 결과이다.

포식자에 대한 방어

식물은 초식동물로부터 자신을 방어하기 위한 여러 가지 기작을 진화시켜 왔다. 그중 가장 뚜렷한 것은 가시나 바늘 모양의 돌기와 같은 형태적인 방어이다. 분비샘, 끈적끈적한 말단부 등을 가진 식물의 털은 초식동물의 접근을 막는다. 잔디 같은 식물들은 잎에 규소를 침적시켜 동물이 먹기에 너무 질기도록 만들어 스스로를 보호한다.

화학적 방어: 벌, 말벌, 육식성 노린재류, 전갈, 거미 등의 절지동물은 자신을 방어하고 먹잇감을 죽이기 위해 화학물질을 사용한다. 그 외 해양동물, 독사, 도마뱀, 어류 등에서도 여러 가지 화학적 방어 방법이 진화해 왔다.

독을 뿜는 열대 개구리는 피부가 밝은색을 띠며, 피부 점막에는 알칼로이드(alkaloids) 독소가 들어 있다(**그림 15.11**). 이 알칼로이드 독소는 매우 유독하여 소량의 주사로 사람도 죽일 수 있다. 200여 종 이상의 알칼로이드가 이러한 개구리에서 추출되었고, 일부는 신경근 연구에 이용하고 있다. 또한 해양 동물, 독성 있는 파충류, 조류, 식물들은 암 등 질병을 치료하기 위한 신약의 발견 혹은 항생물질로 이용하기 위해 연구 중이다.

그림 15.11 척추동물의 화학적 방어.
중남부 아메리카의 삼림에 많이 서식하는 독개구리과(Dendrobatidae)의 개구리는 척추동물에게 매우 유독하다. 이 개구리류는 화려한 색으로 자신이 유독하다는 사실을 알린다. 포식자는 본능과 학습으로 이러한 화려한 색깔의 개구리류를 먹지 않는다.

그림 15.12 은폐색과 형태.
자벌레(*Menophra abruptaria*)의 유충은 나뭇가지와 구별하기 힘들다.

보호색: 박주가리를 먹는 곤충들은 대개 밝은 **경고색**(warning coloration)을 띠어 독이 있음을 나타낸다. 선명한 색은 포식자에게 독과 침의 존재를 알리는 일반적인 특징인데, 화학적 방어 전략이 없는 동물은 화려한 색을 띠지 않는다. 이들은 **은폐색**(cryptic coloration)을 이용하여 주위 환경과 조화를 이루어 포식자로부터 몸을 숨긴다(**그림 15.12**). 은폐색을 가진 동물들은 대개 무리 지어 살지 않는데, 발견된 한 개체가 다른 개체의 존재를 알리는 단서가 될 수 있기 때문이다.

의태를 통한 종의 보호 전략

진화과정 동안 많은 종은 경고색을 나타내는 혐오스러운 것과 닮게 된다. **의태**(mimic, **그림 15.13**)는 혐오스러운 것을 닮음으로써 이득을 얻는 것으로, 피식되기 쉬운 종이 포식자가 꺼리는 종의 형태적인 특징을 모방하는 **베이츠의태**(Batesian mimicry)와 포식자가 꺼리는 종들이 서로 비슷한 형태적 특성을 가져 피식을 피하는 **뮐러의태**(Mullerian mimicry)의 2가지 유형이 있다.

군집 내 종 간의 상호작용 유형

군집을 이루어 함께 사는 생물들은 수백만 년 이상 계속 변화하고 서로 적응해 왔다. 예를 들어 많은 식물의 특징은 동물에 의한 식물

a. 베이츠 의태

b. 뮐러 의태

그림 15.13 의태.
a. 베이츠 의태. 미국호랑나비는 유충 시기에 먹이로 먹은 식물에서 강심성 배당체를 얻어 몸에 축적시켜 포식자로부터 몸을 보호한다. 미국호랑나비는 자신이 유독함을 알리는 경고색을 나타낸다. 산호랑나비는 미국호랑나비의 베이츠 의태종이다. ***b.*** 뮐러 의태. *Heliconius erato*와 *H. melpomene* 그리고 *H. sapho*와 *H. cydno*는 동소종이다. 이 나비류는 모두 맛이 나쁘다. 이들 동소종들은 유사한 체색 양상을 진화시켜 포식을 최소화한다. 즉, 포식자는 한 종만 경험하여도 비슷한 모든 종을 회피하는 학습을 하게 된다.

의 배우자 분산과 연관되어 진화해 왔다. 동물들도 마찬가지로 그들이 찾는 꽃으로부터 먹이나 다른 자원을 효율적으로 얻을 수 있는 특징을 진화시켜 왔다.

장기간의 상호작용과 관련된 공생

공생(symbiosis)은 공진화의 한 유형으로, 둘 이상의 생물이 상호작용하면서 거의 영구적인 관계를 갖게 되는 경우를 일컫는다. 지의류(lichens)는 공생의 대표적인 예로, 균류가 녹조류나 남세균과 연합하여 공생하고 있는 경우이다. 식물의 뿌리와 균류와의 연합인 균근(mycorrhizae)도 공생의 예이다. 균류는 식물이 특정 영양분을 흡수하게 돕고, 식물은 균류에게 탄수화물을 제공한다. 콩과식물의 뿌리에 공생하여 대기 중의 질소를 고정하는 뿌리혹박테리아는 숙주식물이 공기 중의 질소를 이용할 수 있게 해준다.

편리공생(commensalism): 한 종은 이익을 얻으나 상대방 종은 어떤 영향도 받지 않는 것으로, 자연계에서는 가끔 한 종이 다른 종에 달라붙는 경우를 볼 수 있다. 예를 들면 스페인 이끼 같은 착생식물(epiphytes)은 다른 식물의 가지에 붙어 자란다. 이 경우 숙주식물에 해가 없는 반면, 착생식물은 이익을 얻는다.

상리공생(mutualism): 종 사이의 공생관계에서 두 종 모두 이익을 얻는 것으로, 생물군집의 구조를 결정하는 데 중요한 역할을 한다. 이에 대한 예는 속씨식물과 이 식물을 찾은 동물 사이에 발생하며, 속씨식물의 진화 과정에서 꽃의 특징은 화분을 옮겨주는 수분매개자(pollinator)의 특징과 연계되어 공진화하였다.

다른 종의 희생으로 이익을 취하는 기생

기생(parasitism)은 피식자에게는 해롭고, 기생생물에게는 이익이 되는 경우를 일컫는다. 많은 경우에 기생충은 숙주를 죽이기 때문에 기생의 생태적 효과는 포식과 유사하다고 볼 수 있다.

외부 기생: 한 생물의 표면에서 기생하는 기생자를 외부 기생생물(ectoparasite)이라고 한다. 외부 기생은 동물과 식물에서 모두 잘 알려져 있다. 포식 기생충(parasitoid)은 살아 있는 숙주에 알을 낳는 곤충이다. 포식기생은 말벌(wasps)에서 흔하며, 말벌의 유충은 숙주의 몸을 먹고 자라며 죽이기도 한다.

내부 기생: 동물의 몸속에서 기생하는 동물은 내부 기생생물(endoparasite)이다. 내부 기생은 일반적으로 외부 기생보다 더 특수화된 양상을 보인다. 기생생물과 숙주의 생활이 밀접하게 연관되어 있을수록 기생생물은 형태적으로 행동적으로 더 많은 변이를 일으키며 진화하는 것으로 여겨진다. 생물의 몸속은 외부보다 훨씬 안정된 환경을 유지하는데, 그 결과 내부 기생자의 몸은 보통 단순화되어 있어 불필요한 구조가 소실되어 있다.

기생충과 숙주의 행동: 여러 가지 기생충은 한 가지 이상의 숙주를 거쳐야 생장하고 생식할 수 있는 복잡한 생활주기를 가진다. 최근에 기생충이 숙주의 행동을 변화시켜 다음 숙주로의 이동을 쉽게 한다는 사실이 밝혀졌다. 그 예로 여러 기생충은 숙주가 포식자에게 먹히기 쉽도록 만들고, 숙주가 이 포식자에게 먹히면 포식자를 감염시킨다. 가장 유명한 예의 하나가 기생성 편충류(*Dicrocoelium dendriticum*)인데, 이 기생충은 개미를 중간 숙주로 삼으며, 소나 사슴과 같은 대형 초식동물을 최종 숙주로 삼는다. 정상적으로 소가 개미를 먹지는 않기 때문에 개미에서 소로 기생충이 전달되기는 어렵다. 그러나 이 편충류는 특별한 적응 능력을 진화시켰는데, 편충류 중 하나가 개미의 뇌로 들어가서 개미로 하여금 해질 무렵에 풀의 끝으로 올라가 아래턱으로 풀에 몸을 고정하도록 한다. 그렇게 되면 이 개미는 풀을 뜯는 소에게 쉽사리 먹히게 된다.

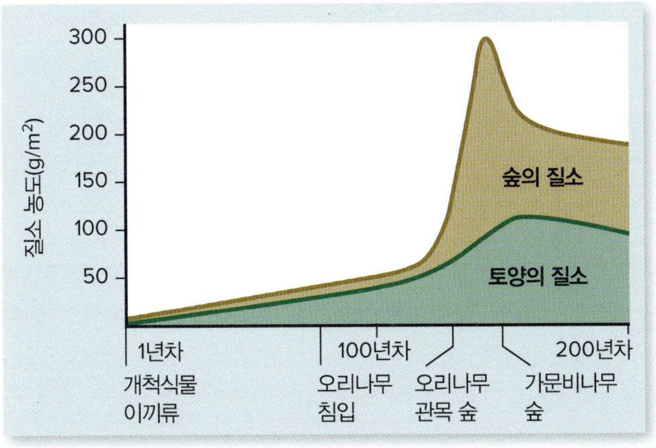

a.

그림 15.14 알래스카의 글래시어 베이(Glacier Bay) 공원의 1차 천이. ***a.*** 초기에 알래스카 빙하의 빙퇴석에는 토양 질소가 거의 없다. ***b.*** 이처럼 노출된 토양에 처음 진입하는 개척자는 질소를 고정하는 공생성 미생물을 가지는 이끼(지의류 등)이다. ***c.*** 20년 이내에 어린 오리나무 관목들이 정착하면서 질소고정이 급격하게 이루어진다. 그리고 곧 울창한 오리나무 관목 숲을 이룬다. ***d.*** 가문비나무가 성숙한 오리나무들을 몰아내고 숲을 이루게 된다.

b.

c.

d.

생태적 천이

한 지역의 기후가 계속 일정해도 군집은 점점 복잡해져 가는데, 이 과정을 **천이**(succession)라고 한다. 이 과정은 증가하는 종에 의해 공터나 식생이 없는 곳이 천천히 점령되어 가는 과정을 일컫는다.

삼림이 벌채된 후 그대로 두면 식물은 점차 그 지역을 메워간다. 이처럼 기존의 군집은 교란되었으나 토양이 남아 있는 지역에서 나타나는 천이를 **2차 천이**(secondary succession)라고 한다. 이와 달리 **1차 천이**(primary succession)는 바위처럼 생물체가 없는 불모지에서 시작된다. 1차 천이는 빙하의 퇴조 후 남은 호수, 해양에서 솟아오른 화산섬 등에서 시작된다.

천이의 과정

빙하가 물러간 뒤에 일어나는 1차 천이에 대해 알아보자. 빙하가 물러난 뒤 토양의 pH는 바위 속의 탄산염 때문에 염기성이고 질소 농도가 낮다(**그림 15.14***a*). 이러한 조건에서 자랄 수 있는 최초의 식물은 지의류(lichens)이다. 지의류는 산을 분비하여 암석을 부수고 pH를 낮추며, 토양의 입자가 생기게 만든다. 그 후 새로 생긴 토양에 이끼류가 자라게 되며, 이끼는 토양에 양분을 축적시켜서 초본과 오리나무속 관목이 자랄 수 있는 조건을 만들어 준다(**그림 15.14***b*). 대기 중의 질소를 고정할 수 있는 공생세균을 가지는 오리나무류는 100여 년이 지나는 동안 토양에 질소를 농축하고, 낙엽의 분해로 토양의 pH는 더욱 낮아진다(**그림 15.14***c*). 이 상태에서는 가문비나무가 번창하게 되고, 결국에는 오리나무류를 몰아내고 울창한 가문비나무숲을 이루게 된다(**그림 15.14***d*).

천이의 원인

천이는 어느 한 종이 서식지를 변화시켜 다른 종들이 살기에 좋은 상태를 만들기 때문에 일어난다. 천이 과정에는 다음과 같은 3가지 동적 개념이 있다.

1. **정착**: 천이 초기에는 불모지에서 특징적으로 견딜 수 있는 *r*-선택을 하는 잡초 식물이 생육한다.
2. **촉진**: 초기의 잡초는 다른 식물이 서식할 수 있도록 서식지 변화를 일으킨다.
3. **억제**: 한 종에 의한 서식지 변화는 다른 종에겐 좋으나, 이 종의 생육은 억제된다.

천이 과정을 통하여 환경이 더 우호적으로 되므로 종의 수는 증가한다. 그러나 어떤 경우에는 생태계가 성숙하면서 *r*-선택종에서 *K*-선택종으로 대체되고, 우세 경쟁자가 다른 종을 밀어내어 종 다양성을 감소시키기도 한다.

15.4 물질의 순환과 에너지의 흐름

지구는 물질에 대해 상대적으로 폐쇄된 시스템이지만, 에너지 면에서는 개방된 체계이다. 왜냐하면 지구는 태양으로부터 에너지를 받고 적외선 형태로 열에너지를 안정적으로 우주로 내보내기 때문이다. 생태계의 생물들은 물질의 순환에 연계하여 에너지를 획득하고 소비하면서 복잡한 방식으로 상호작용한다. 종 간 상호작용은 물질과 에너지가 생태계를 통해 어떻게 이동하고 군집이 어떻게 구성되는지를 결정한다.

생태계 내에서 화학물질의 순환

물질이 생물학적 과정을 거치는 동안 탄소와 산소 같은 원자가 결합하여 새로운 화합물을 형성하고, 그 화합물들은 분해되어 이용된다. 지구에는 근본적으로 생물학적으로 중요한 정해진 수의 원소들이 분포해 있는데, 이 원자들은 재순환된다.

다양한 물질의 원자들은 **생물지구화학적순환**(biogeochemical cycle)을 통해 생태계 내에서 이동하는데, 이는 물질의 순환이 생물학적 유기체와의 과정뿐만 아니라 무생물적인 지질계의 과정도 포함한다는 것을 말해준다.

탄소의 순환

탄소순환(carbon cycle, **그림 15.15**)은 복잡하지 않다. 육상 생태계에서 식물과 광합성생물들은 탄소를 포함한 유기화합물을 합성하기 위해서 이산화탄소를 활용하는데, 이 과정을 **탄소고정**(carbon fixation)이라고 한다.

동물들은 광합성생물의 섭취를 통해 유기화합물을 흡수하여 탄소원자를 사용함으로써 자신의 조직을 만든다. 광합성생물과 동물들은 그들이 사는 동안 산소 세포호흡(aerobic cellular respiration)을 통해 유기화합물을 분해함으로써 에너지를 획득하고 CO_2를 생성한다.

그림 15.15 **탄소 순환.**
식물과 조류는 광합성을 통해 탄소를 유기화합물의 형태로 획득한다. 생물의 호흡과 인간의 연료 소비에 의해 탄소는 이산화탄소(CO_2)나 탄산수소 이온(HCO_3^-) 형태로 되돌아간다. 산소가 없는 연못 바닥의 진흙 속에 사는 미생물인 메테인생성균은 메테인(CH_4) 가스를 생성하여 대기 중으로 방출하며, 이 메테인 가스는 무생물적으로 이산화탄소로 산화된다(초록색 원으로 표시).

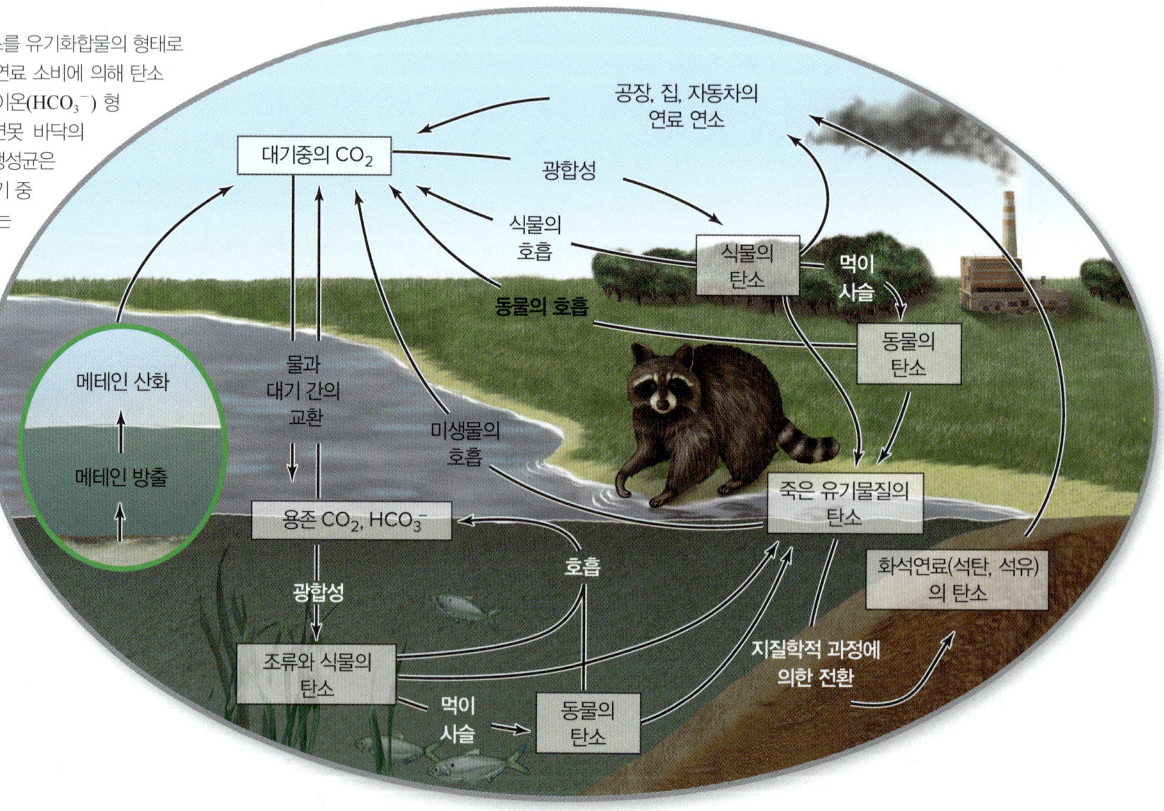

수생 생태계에서 탄소 순환은 기본적으로 육상과 유사하지만, 무기 탄소가 수중에 용존 CO_2와 중탄산염(HCO_3^-)의 형태로 존재하며, 이들은 조류와 수중식물의 광합성을 위해 탄소의 원천으로 이용된다.

미생물은 무산소 세포호흡(anaerobic cellular respiration)에 의해 유기화합물을 분해하여 전 지구적인 탄소 순환에 관여한다. 그 예로 메테인을 만드는 미생물인 메테인생성균(metanogen)은 CO_2 대신에 메테인(methane, CH_4) 기체를 생성한다.

물의 순환

물 순환의 핵심 부분은 지구 표면에서 액체 상태의 물이 대기 중으로 증발하는 것이다. 증발은 태양, 호수, 강의 표면에서 직접 발생하지만, 지구상의 생태계에서는 물의 약 90%가 식물의 증산작용을 통하여 대기로 증발되는 것이다. 식물은 뿌리를 통해 토양으로부터 물을 얻으며, 그 물은 잎과 다른 표면을 통해 증발되는데, 그러한 과정을 **증산**(transpiration)이라고 한다. 물은 증발되어 대기 중에 기체 상태로 존재하지만, 액체 형태로 다시 응축되어 작은 물방울과 결정이 되어 구름을 형성하고, 물방울과 결정이 충분히 커지면 눈이나 비로 변해 지구 표면으로 떨어진다.

육상 생태계에서의 물의 이용성

물 순환은 모든 생물지구화학적순환 중에서 가장 중요한 순환이다(**그림 15.16**). 모든 생물은 물에 의존하며, 쉬고 있는 상태에서도 물 없이는 살아남을 수 없다. 성인의 몸은 몸무게의 60%가 물로 이루어져 있으며, 이용 가능한 물의 양은 그곳에 존재하는 생물체의 다양성과 양을 결정한다.

생물지구화학적 순환의 유형들은 독특한 특징을 가지는데, 물 순환의 독특한 특징은 물이 원소가 아니라 화합물이기 때문에 합성되고 분해될 수 있다는 것이다. 물은 산소 세포호흡이 진행되는 동안 합성되며, 광합성 동안 화학적으로 분해된다. 이러한 과정의 비율은 일반적으로 동일하기 때문에, 결과적으로 생물권을 통해 순환하는 물의 양은 상대적으로 일정하게 유지된다.

물 순환의 변화에 따른 생태계의 변화

물은 생태계의 본질을 바꿀 수 있는 중요한 결정적 요인이다. 이러한 변화는 지구의 지질 역사 중에 수시로 계속 생겨나는데, 그 예로 오늘날의 반건조한 목초지인 세렝게티는 2천 5백만 년 전에는 열대우림 지역이었다. 습기의 원천인 열대우림과 인노양 사이에 킬리만자로산이 솟아오르면서 이러한 산의 존재가 인도양에서 부는 바람을 위쪽으로 밀어냈고, 이것은 공기가 열대우림에 도달하기 전에 냉각시키는 원인이 되었다. 그 결과 땅은 더 건조해지고 숲은 초원으로 변하게 되었다.

오늘날 인류 활동은 물의 순환을 심하게 변화시켜 생태계를 완전히 바꿀 수 있다. 그 한 예로 벌채에 의한 열대우림의 변화를 들 수 있다. 열대우림과 같은 밀도가 높은 삼림 생태계에서는 비의 90% 이상이 식물에 의하여 흡수되고 대기로 증산된다. 열대우림 속의 매우 많은 식물이 증산작용을 통해 자신이 필요로 하는 비를 만드는 셈이

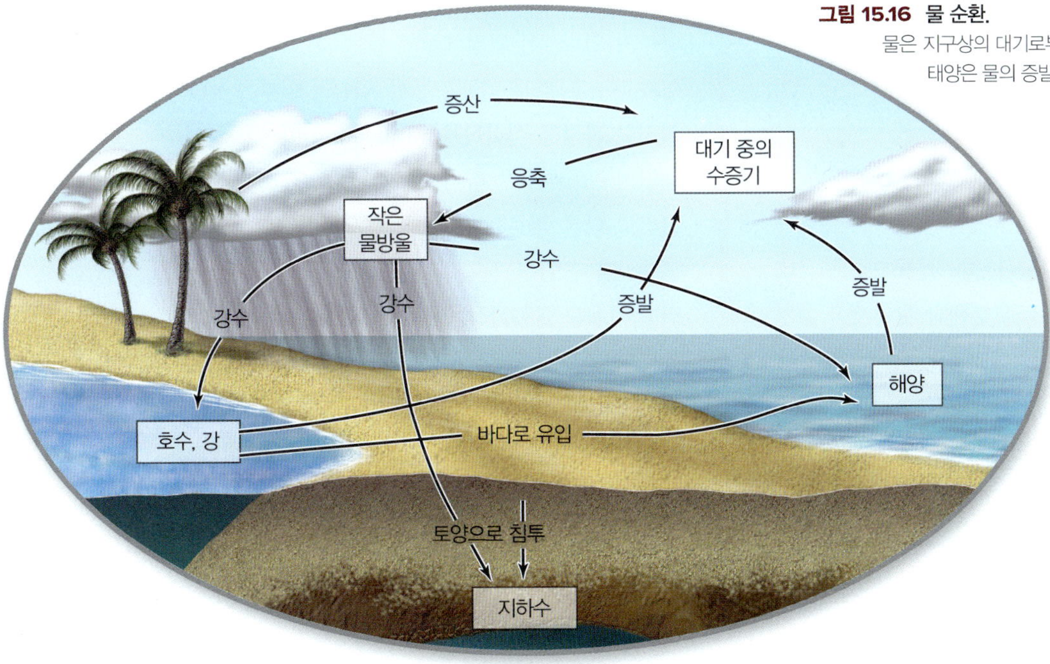

그림 15.16 물 순환.
물은 지구상의 대기로부터 지표면으로 순환하며, 그 역으로도 순환한다. 태양은 물의 증발에 필요한 많은 에너지를 제공해준다.

그림 15.17 **질소 순환.**
질소 순환은 질소의 화학적 상태가 다양하게 변하기 때문에 복잡하다. 어떤 원핵생물들은 대기에 있는 질소(N_2)로부터 식물들이나 조류가 이용할 수 있는 NH_3와 NO_3^- 형태로 전환시킨다. 다른 원핵생물들은 질소 화합물인 NH_3와 NO_3^-를 분해하여 생물이 직접 이용할 수 없는 N_2로 전환한다. 암모니아 가스는 토양으로부터 직접 대기 중으로 들어갈 수도 있다.

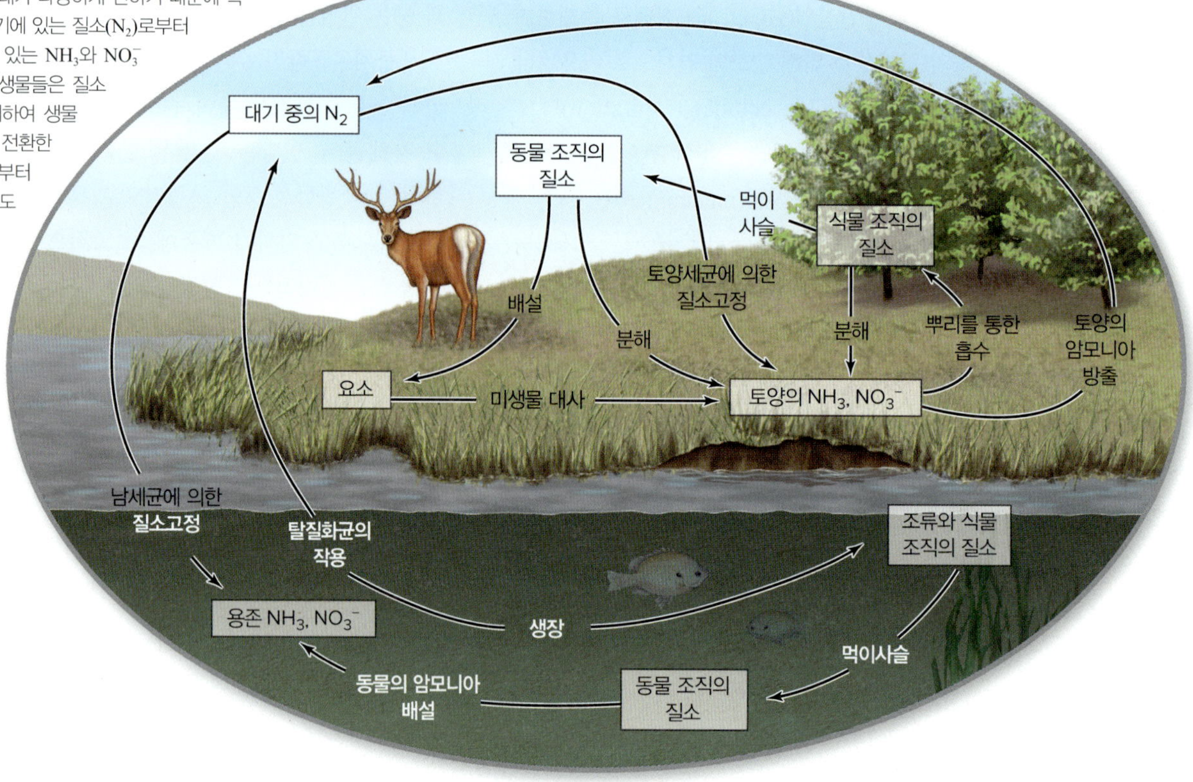

다. 삼림이 벌채되면 물 순환이 파괴되면서, 수분은 대기로 돌아가지 않게 된다. 물은 구름으로 올라가서 삼림으로 다시 떨어지는 대신 바다로 유출되어 버린다.

질소고정 미생물에 의존하는 질소 순환

질소는 모든 단백질과 핵산 등의 유기화합물 구성 성분으로, 단백질 무게의 16%는 질소이다. 많은 생태계에서 질소는 생물체가 필요로 하는 원소 중 탄소, 수소, 산소보다는 적지만 대기의 78%는 질소가 차지하고 있다.

질소의 유용성

대기에는 많은 양의 질소가 포함되어 있지만, 모든 식물과 동물들은 기체 상태의 질소를 사용할 수 없다. 동물에서 궁극적인 질소 원천은 식물이나 조류 혹은 다른 미생물에 의해 합성된 질소함유 유기화합물들로서 초식동물은 이들을 먹고 아미노산으로 분해한 후, 자신이 필요한 단백질을 합성한다.

식물과 조류는 그들의 조직과 단백질을 합성하기 위해 다수의 간단한 질소함유 화합물을 사용하는데, 중요한 2가지 질소원은 암모니아(NH_3)와 질산염(NO_3^-)이다. 원핵생물은 대기의 질소 분자(N_2)로부터 암모니아와 질산염을 합성할 수 있다. 이로 인해 대기의 질소를 식물과 조류가 이용할 수 있게 된다(**그림 15.17**). 또 다른 원핵생물은 NH_3와 NO_3^-를 다시 N_2로 전환한다. 이러한 미생물의 2가지 활동의 균형이 식물과 조류의 질소 이용 가능성을 결정해준다.

미생물의 질소고정, 질산화 그리고 탈질화

N_2로부터 질소 화합물의 합성은 **질소고정**(nitrogen fixation)으로 알려져 있다. 이 과정에서의 첫 번째 단계는 N_2로부터 NH_3의 합성이다. 이 후 다른 원핵생물이 NH_3의 일부를 NO_3^-로 산화시키는데, 이러한 과정을 **질화작용**(nitrification)이라고 한다. 대부분 미생물은 독립적으로 생활을 하지만, 일부 종들은 콩과식물, 오리나무, 도금양 그리고 다른 식물의 뿌리에서 공생관계를 가진다. 또한 박테리아와 고세균을 포함한 원핵생물은 NO_3^-를 N_2로 전환시킬 수 있는데, 이러한 작용을 **탈질화작용**(denitrification)이라고 한다.

육상 및 수생 생태계를 통한 인의 순환

인(phosphorus, P)은 생물체에서 핵산, 인지질, ATP 등의 구성 성분으로, 탄소 및 질소와 달리 기체 상태가 아닌 생태계에서 얻은 산화 상태인 인산이온(PO_4^{3-})의 상태로만 순환한다. 식물과 조류는 토양이나 물에 용해된 PO_4^{3-}을 유기화합물로 전환하고, 동물은 이를 먹이로 삼아 자신에게 필요한 화합물을 만든다. 동식물이 분해되면

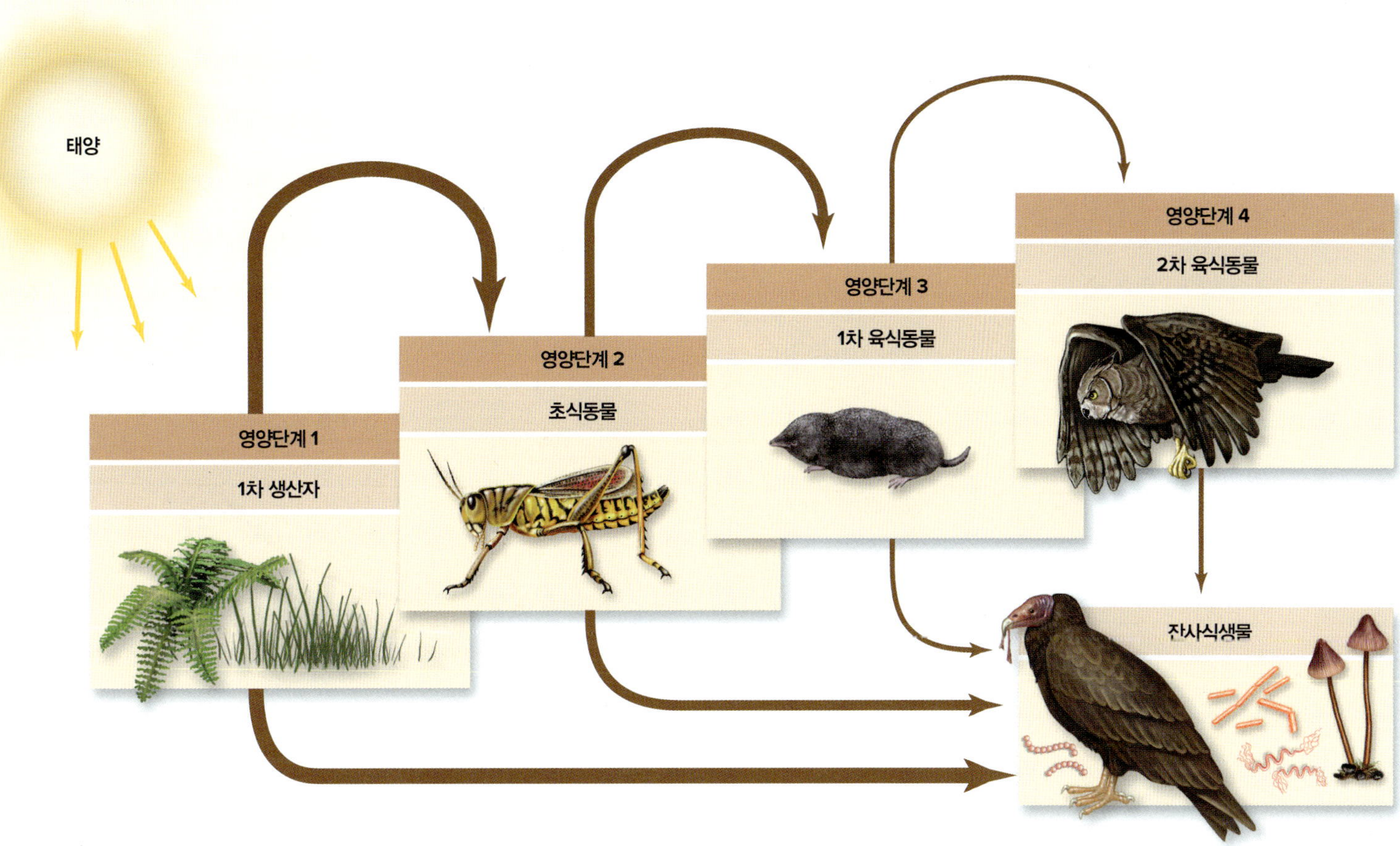

그림 15.18 생태계 내 영양단계.
1차 영양단계에 위치한 식물은 태양으로부터 직접 에너지를 얻는다. 메뚜기처럼 식물을 먹는 초식동물은 2차 영양단계에 속한다. 초식동물을 먹는 뾰족뒤쥐 같은 육식동물은 1차 육식동물로 3차 영양단계에 속한다. 부엉이와 같은 육식동물을 먹는 상위 육식동물은 2차 육식동물로 4차 영양단계에 속한다. 잔사식생물은 모든 영양단계 생물을 먹이로 한다.

이온으로 방출되어 다시 식물이나 조류에 이용되는데, 이용되지 못하고 씻겨나간 PO_4^{3-}은 하천을 통해 바다로 흘러나가 해저에 침전하게 된다.

생태계의 구성요소

독립영양생물(autotroph)은 이산화탄소, 물, 질소와 같은 무기물을 이용하여 유기물을 합성한다. 몇몇 독립영양생물은 에너지원으로 빛을 사용하는데, 이들을 광독립영양생물(photoautotroph)이라고 하며 식물, 조류, 남세균이 포함된다. 다른 독립영양생물로는 **화학독립영양생물**(chemoautotroph)을 들 수 있는데, 심해의 열수구에 사는 화학독립영양생물은 황화수소(H_2S)를 산화하여 에너지를 얻으며, 모두 원핵생물이고 생태계에서 물질생산을 담당하므로 **생산자**(primary producer)라고 한다.

종속영양생물(heterotroph)은 무기물로부터 유기물을 합성하지 못하기 때문에 유기물을 먹으며 살아가는 데 필요한 에너지를 얻는다. 동물, 균류 그리고 많은 미생물이 종속영양생물에 포함되며, 이를 **소비자**(consumer)라고 한다. 생산자를 먹이로 하는 소비자를 1차 소비자라 하며, 대부분 초식동물(herbivore)이 포함된다. 초식동물을 먹이로 하는 종속영양생물은 총괄하여 1차 육식동물(primary carnivore), 1차 육식동물을 먹이로 하는 동물들은 2차 육식동물(secondary carnivore)이라고 한다.

소비자 단계에 추가되는 것은 **잔사식생물**(detritivore) 영양단계이다. 잔사식생물은 생태계의 폐기물을 먹고 산다. 잔사식생물의 하위 범주는 **분해자**(decomposer)로서 대부분이 미생물이며, 죽은 생물체에서 유기물을 분해하며 살아간다.

자연환경에서 이들은 서로를 먹는 순서대로 정렬된다. 곤충류는 식물을 먹고, 뾰족뒤쥐류는 곤충을 먹으며, 매는 뾰족뒤쥐를 잡아먹는다. 이때 먹이는 식물 → 곤충 → 설치류 → 매의 순서로 4단계로 이동하게 되는데, 이러한 먹고 먹히는 생물 종의 순서를 **먹이사슬**(food chain)이라고 한다.

전체 생태계에서 많은 종이 유사한 역할을 하는데, 그 예로 한 식물을 먹는 동물은 한 종의 곤충이 아니라 약 30여 종의 곤충과 포유동물들이다. 생태학자들은 이러한 복잡한 특징들을 체계화시켜 형성된 제한된 수의 먹이단계를 영양단계(tropic level)로 나타내고 있다(**그림 15.18**).

그림 15.19 생태계를 통한 에너지의 흐름. 파란색 화살표는 빛으로 생태계에 들어온 에너지의 흐름을 나타내며, 화학에너지로 연속적인 영양단계를 거친다. 각 단계의 에너지가 전환되는 것은 각 영양단계에서 사용 가능한 에너지가 그 전 단계에서 사용 가능한 에너지보다 적다는 것을 의미한다. 붉은색 화살표는 열로 전환되는 에너지를 나타낸다. 갈색 화살표는 잔사식생물에만 유용한 배설물이나 다른 유기물로의 에너지 전환을 나타낸다. 잔사식생물은 육식동물에 먹힐 수도 있기 때문에 일부 화학결합에너지는 상위 영양단계로 되돌아간다.

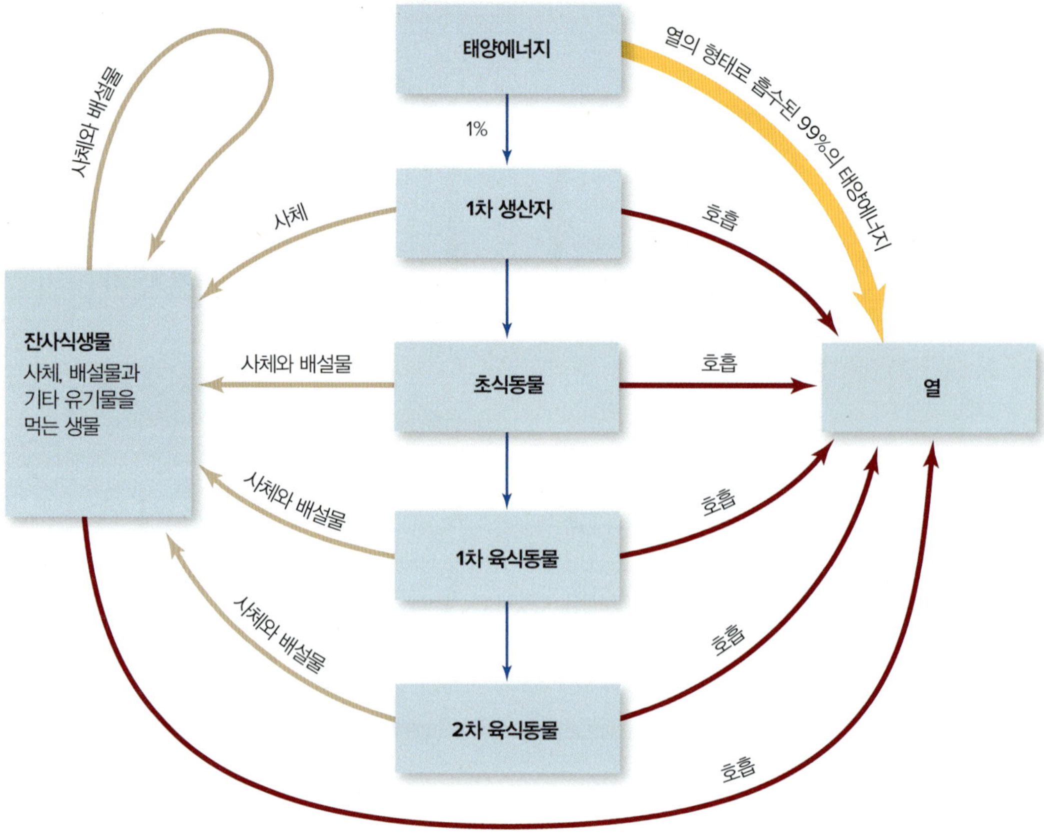

생태계 내의 에너지 흐름

지구상으로 들어오는 태양에너지 중에서 1차 생산자에게 포획되는 양은 매우 작아서 연중 숲이나 해양에 도달하는 에너지의 약 1% 정도이다. 이를 이용하여 생산자에 의해 유기물로 합성된 화학에너지는 영양단계를 따라 이동할수록 점점 감소하게 된다. 그 이유는 식물의 잎을 먹는 초식동물이 먹이를 섭취한 후에 배설할 때, 배설물의 화합물에 있는 화학에너지는 1차 육식동물 영양단계를 따라 이동하지 않기 때문이다. 초식동물이 사용한 음식물의 화학에너지는 손상된 조직의 복구, 몸의 움직임 및 다른 기능을 위한 세포호흡에 의해 방출된다. 이때 상당량의 에너지는 열로 전환되면서 육식동물의 영양단계에 따라 이동되지 않는다. 결과적으로 잎에서 획득한 초기 화학에너지의 일부만이 다음 영양단계로 넘어가는데, 이러한 과정은 일련의 영양단계에 있는 각 단계에서 반복된다(**그림 15.19**).

생태학자들은 영양단계에 따른 화학에너지의 이용률은 약 10% 정도로 추정하고 있는데, 어떤 경우에는 그 이용률이 30%에 이르기도 한다. 그러나 근본적으로 생태계에서 광합성에 의해 포획된 모든 화학에너지는 여러 영양단계에서 사용되면서 열로 방출된다.

생태 피라미드

생태계에서의 영양단계를 구조화하면 피라미드 모양이다. 이를 **생태 피라미드**(ecological pyramid)라고 한다. 생태계의 에너지 흐름이 상위 단계로 가면서 줄어들기 때문에, 아래쪽보다 위쪽이 더 좁게 나타난다. 이를 에너지 흐름 피라미드 또는 생산량 피라미드라고 한다(**그림 15.20***a*).

생태 피라미드에는 여러 가지 유형이 있으며, 생산량뿐만 아니라 곡물의 현존량이나 개체의 수를 나타내는 데 이용될 수 있다. 생체량 피라미드(pyramid of biomass)에서 상자의 넓이는 현존량으로 그려지는데, 낮은 생산량을 가진 영양단계는 같은 기간에 상대적으로 적은 생체량을 가지게 된다. 결국 생체량 피라미드의 단계별 상자의 폭은 위로 올라갈수록 좁아지게 된다(**그림 15.20***b*). 일부 생태계에서의 생체량 피라미드는 역전되는 형태를 보이기도 하는데, 이는 한 영양단계가 그 아래의 영양단계보다 높은 생체량을 가지고 있음을 보여준다(**그림 15.20***c*). 개체수의 피라미드에서 상자의 넓이는 다양한 영양단계에 존재하는 개체수에 비례하며(**그림 15.20***d*). 이러한 피라미드들은 항상은 아니지만, 대개 위쪽이 좁은 모양으로 나타난다.

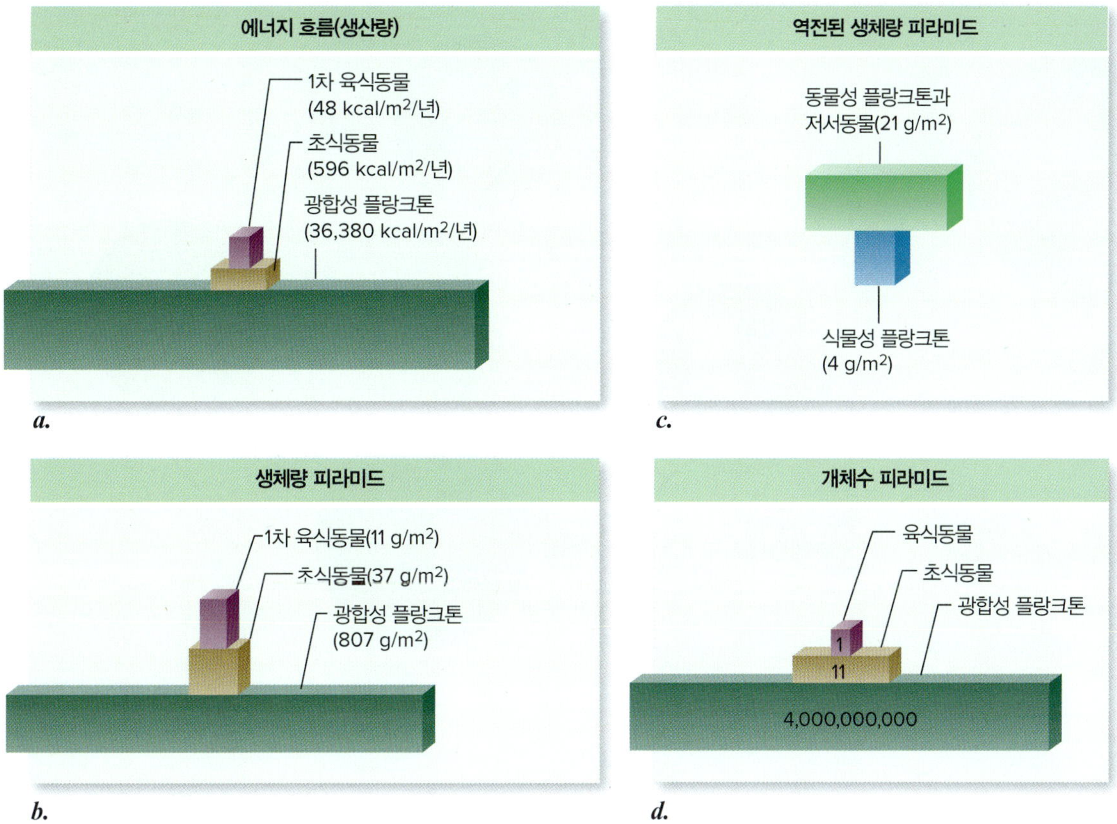

그림 15.20 생태 피라미드. 생태 피라미드에서 연속적인 영양단계는 쌓여 있는 상자로 나타냈으며, 상자의 넓이는 다양한 영양단계 안에서의 생태적 특성의 규모로 나타냈다. 생태 피라미드는 몇 가지 다양한 특성들을 보일 수 있다 ***a.*** 에너지 흐름(생산량) 피라미드, ***b.*** 일반적인 형태의 생체량 피라미드, ***c.*** 역전된 생체량 피라미드, ***d.*** 개체수의 피라미드. (역자 주: 식물성 플랑크톤은 매우 빠른 속도로 증식하지만, 그만큼 동물성 플랑크톤이 먹어치우면서 개체수가 증가하기에 역전된 생체량 피라미드가 생길 수 있다.)

15.5 생물권

지구상의 생물 분포 유형은 (1) 지구의 여러 부분에 도달하는 태양광의 양 및 복사의 계절적 변화와 (2) 지구 대기 순환의 패턴 및 그에 따른 해양 순환의 패턴에 크게 영향을 받는다. 토양 유형 및 토지의 고도와 같은 지역적 특성은 태양광, 바람 및 해류의 전지구적 패턴과 상호작용하여 생명체가 존재하는 조건과 생태계의 분포를 결정한다.

대기 순환에 미치는 태양에너지와 지구 자전의 영향

지구는 가시광선 및 가시광선에 가까운 파장에서 전자기 복사의 형태로 태양으로부터 빠른 속도로 에너지를 받는다. 태양 복사에너지가 대기를 통과함에 따라 그 강도와 파장 구성이 변경된다. 에너지의 약 절반은 대기 중에 흡수되고 절반은 지구 표면에 도달한다. 대기의 기체는 일부 파장을 강하게 흡수하고 다른 파장은 자유롭게 통과시킨다. 예를 들어, UV-B로 알려진 자외선 파장은 대기의 오존(O_3)에 강하게 흡수되므로, 이 파장은 지구 표면에 도달하는 태양에너지에서 크게 감소한다.

기후에 대한 태양 복사의 영향

지표면의 일부 지역은 다른 곳에 비해 태양으로부터 더 많은 에너지를 받게 되며, 이런 차이는 기후에 크게 영향을 미친다. 지구에 유입되는 태양에너지 복사가 지역적으로 차이를 보이는 주요 원인은 지구가 구형(**그림 15.21**)으로 되어 있다는 사실에 기인한다. 열대지방은 태양광이 적도 근처 지역의 지표면에 거의 수직으로 도달하기 때문에 특히 더 따뜻하며, 극지방에 근접할수록 태양광이 도달하는 각도(입사각)가 커져 태양에너지가 더 넓은 지표면으로 분산되고, 이는 상대적으로 지표면적당 더 낮은 에너지를 전달하게 된다.

태양에 대한 지구 공전 및 지구의 축에 따른 자전은 태양 복사에너지와 기후 패턴을 결정하는 중요한 요인이 된다. 지구의 자전축은 지구 궤도 평면에 대해 약 23.5° 정도 기울어져 있기에 지구의 모든 지역에서 계절 변화가 뚜렷하게 나타난다.

지구 순환 패턴

더운 공기는 차가운 공기에 비해 상대적으로 위로 뜨는 성향을 보이는데, 이는 온도 상승 시 공기를 이루는 분자들의 밀도가 낮아지면서 가벼워지기 때문이다. 따라서 적도 인근 위도에서는 지표면에 닿

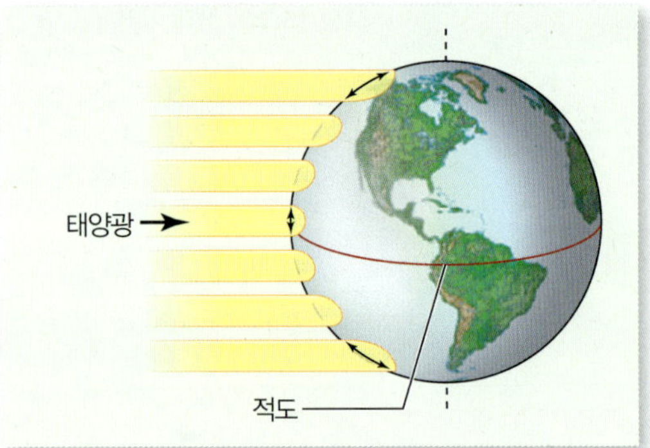

a.

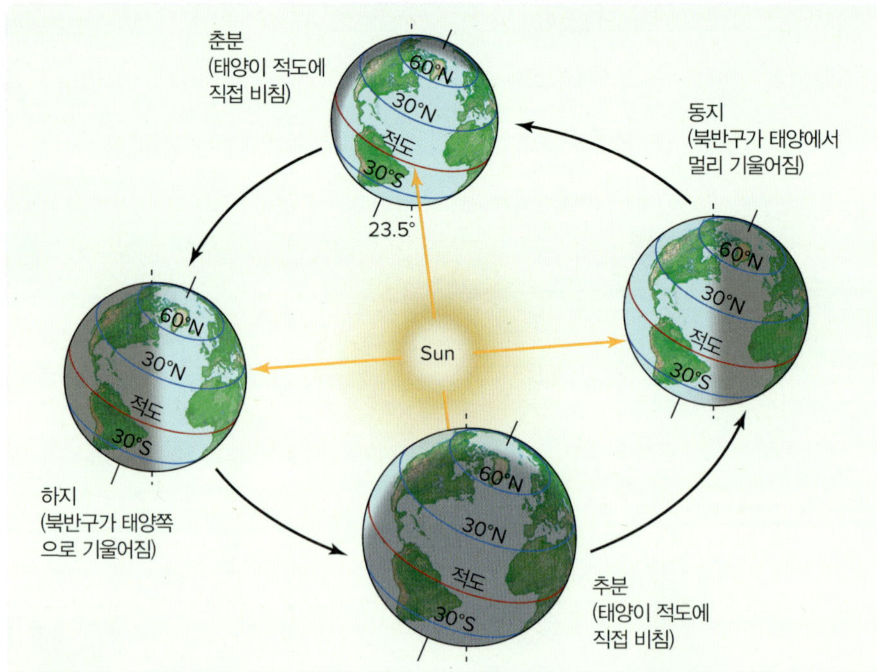

b.

그림 15.21 지구의 생물 분포 및 특성의 결정에 중요하게 작용하는 지구와 태양 사이의 상호 관계.
a. 북반구와 남반구의 중위도 부분에서 지구에 입사되는 태양에너지 광선은 적도 지역에 조사되는 동일량의 광선보다 더 넓은 면적을 조사한다. ***b.*** 지구가 매년 태양을 중심으로 궤도를 돌고 있다는 사실은 기후에 큰 영향을 미치고 있다. 북반구와 남반구에서는 지구의 축이 그 궤도 평면에 수직으로 위치해 있지 않기 때문에 1년 주기로 대기온도가 변한다. 따라서 각 반구의 한쪽은 어떤 기간 동안에는 태양을 향해 있고, 다른 기간에는 태양의 반대로 기울어져 있게 된다.

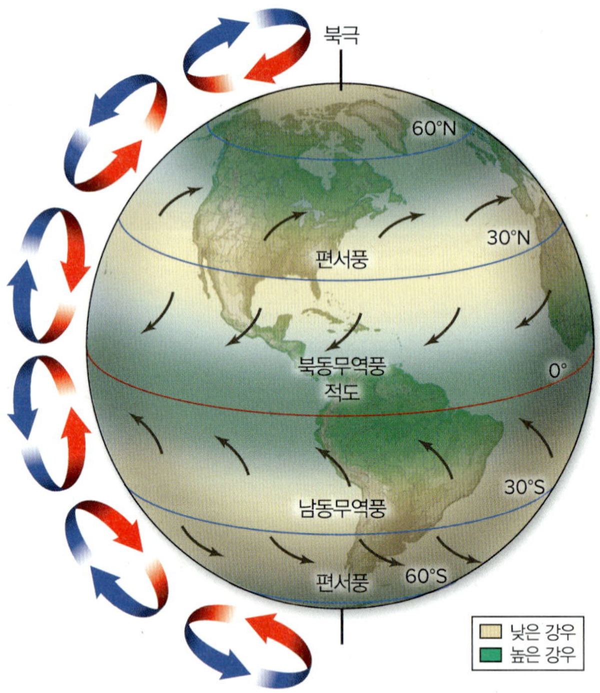

그림 15.22 대기 순환의 일반적 유형.
이 그림은 주간 및 월간에 일어나는 대기 순환의 패턴을 보여준다. 상승 공기는 점점 냉각되면서 적도 부근에서 그리고 60°N과 60°S에서 상대적으로 높은 강우량을 나타내는 지역을 형성한다. 고도가 높은 곳에서 대부분의 수증기를 소실한 공기는 30°N과 30°S 근처의 위도에서 상대적으로 낮은 강수량을 보이며 지표면으로 하강하는 경향을 보인다. 빨간색 화살표는 지표면에서 부는 방향을 나타낸다. 파란 화살표는 고도가 높은 곳에서 부는 바람의 방향을 나타낸다. 바람은 지표면에 비해 상대적으로 곡선 형태로 움직여 가는데, 이는 지구가 축을 중심으로 자전하고 있기 때문이다(코리올리 효과).

는 강한 태양열이 공기를 지표면에서 대기 상층부로 상승하게 만든다. 이렇게 상승한 공기는 수증기를 많이 포함하고 있는데, 그 첫 번째 이유는 적도 인근의 강한 태양 복사에너지로 인해 많은 양의 물이 증발하기 때문이다. 더워진 이후 습한 공기는 지표로부터 상승하며, 떠오른 공기가 높이 약 10 km의 고도에 이르면 적도로부터 멀리 밀려나게 된다. 이렇게 떠오른 공기로 인해 비워진 공간으로 찬 공기가 적도를 향해 지표면을 따라 남쪽과 북쪽으로부터 밀려 들어오게 된다(**그림 15.22**). 이러한 대기의 흐름은 지구 자전의 영향을 받는다. 이렇게 형성된 바람은 해수의 흐름에 영향을 주어 다양한 한류 및 난류를 생성하고, 이는 곧 그 지역의 생물상을 결정하는 중요한 요인으로 작용한다.

육상생태계에 대한 지역 및 국지적 차이의 영향

특정 지역의 환경 상태는 태양 복사량, 대기 순환 및 해류 순환의 지역적 및 국지적 영향을 받는다. 육상생태계에 영향을 주는 요인으로는 비그늘 효과(rain shadow effect), 몬순풍(monsoon wind), 고도 및 미세 기상학적 요소들을 들 수 있다.

비그늘 효과

육지의 사막은 습기가 많은 바다의 바람을 산맥이 가로챔으로써 형성되기도 한다. 바다에서 육지로 흐르는 공기가 산맥을 만나면 상승하고, 높은 고도에서 차가워지기 때문에 수분 보유 능력이 감소하

그림 15.23 캘리포니아에서 비그늘 효과.
태평양으로부터 수분을 함유한 바람은 시에라 네바다 산맥을 만나면서 상승하고 냉각된다. 좀 더 차갑고 높은 고도에서 공기의 수분 함유력은 감소하게 되어 비를 뿌리고, 이는 산맥의 바다면 경사지에 수분을 공급한다. 이 경사지에서는 나무가 잘 자라는 숲이 형성되어 큰 거목(*Sequoiadendron giganteum*)도 발견된다. 이 공기는 산맥 동쪽 지역으로 하강하게 되면서 수분 함유력이 다시 증가하게 되고, 공기는 주변으로부터 수분을 빼앗는다. 이로 인해 산맥의 동쪽 지역은 건조해지고, 비그늘 효과에 의해 종종 사막도 형성된다.

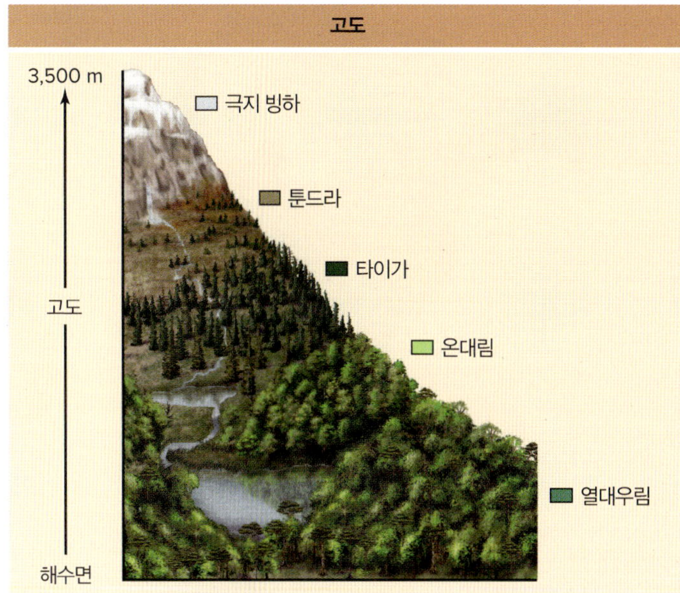

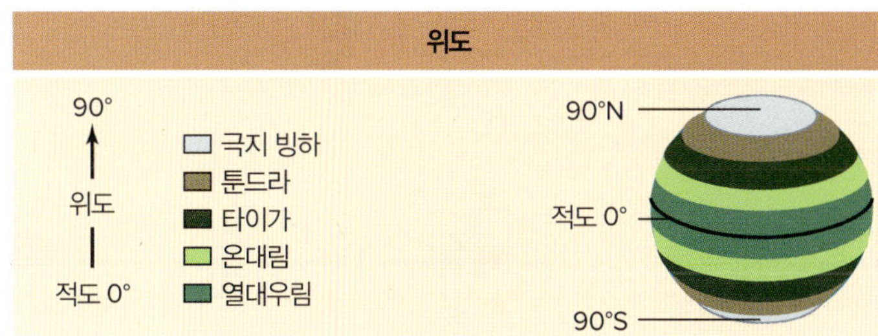

그림 15.24 생물군계 분포에 영향을 미치는 해발 고도.
해수면에서 적도와 멀리 떨어진 북쪽에서 일반적으로 생성되는 생물군계는 열대지역의 고산지대에서도 나타난다. 열대지방의 고산지대에서는 위의 그림에서 보여주는 것처럼 생물군계의 연속성을 볼 수 있다. 북미에서 해발 고도가 1,000 m 상승되면서 나타나는 온도 감소는 위도가 880 km 증가할 때와 동일한 효과를 갖는다.

여 바다를 향한 산 경사면에 비가 내리게 된다(**그림 15.23**). 이 공기가 산맥 반대편으로 내려갈 때 따뜻하고 건조한 상태로 인해 수분 보유력이 증가함으로 토양과 식물에서 수분을 쉽게 흡수하게 된다. 그 결과, 산맥의 두 경사면에서 수분 함유량이 극적으로 달라지게 된다. 이를 비그늘(rain shadow) 효과라고 한다.

몬순의 영향

아시아 대륙은 너무 커서 계절이 지나면서 지표면을 가열하고 냉각하면 바람 패턴이 지역적으로 크게 변한다. 여름에는 아시아 대륙의 표면이 주변 바다보다 더 많이 뜨거워지지만, 겨울에는 육지가 바다보다 더 많이 냉각된다(바다와 육지의 비열 차이로 인함). 그 결과 여름에 특히 인도양과 서부 열대 태평양 지역에서 바람이 아시아 대륙의 내부로 물을 이동시키는 경향이 있다. 겨울에는 반대로 대륙에서 해양으로 바람이 불게 된다. 계절에 따라 변화하는 이러한 바람을 몬순이라고 한다. 몬순은 강우 형태와 기간 및 강도에 영향을 미치며, 매년 이 지역에서 수억 명의 식량 문제와 기근에 영향을 끼친다.

해발 고도 효과

또 다른 지역적 패턴은 산악 지역에서 해발 고도(elevation)에 따른 온도 변화 등에 의해 나타난다. 일반적으로 특정 위도에서 대기 온도는 해발 고도가 매 1,000 m 상승할 때마다 약 6℃씩 떨어진다. 해발 고도에 따른 기온 변화의 생태학적 중요성은 위도 변화에 따른 온도 변화와 유사하다(**그림 15.24**).

미세 기후

환경은 아주 작은 공간적 규모에서도 시시각각 변한다. 그 예로 탁 트인 숲에 앉아 있는 새는 강한 태양에너지를 받는다. 그에 비해 3 m 높이의 나무 아래 숨어있는 생쥐는 그늘지고 시원한 온도 그리고 수증기를 가득 머금은 공기에 노출되어 있다. 이렇게 국부적으로 다양하게 나타나는 기후를 미세 기후(microclimate)라고 한다. 어떤 경우에 생물종은 서로 다른 미세 기후를 이용하면서 적응하고 경쟁을 피하기도 한다. 그 예로 동일 지역에 서식하는 도롱뇽들은 서로 다른 서식지에서 서로 다른 습도에 맞게 적응되어 있다.

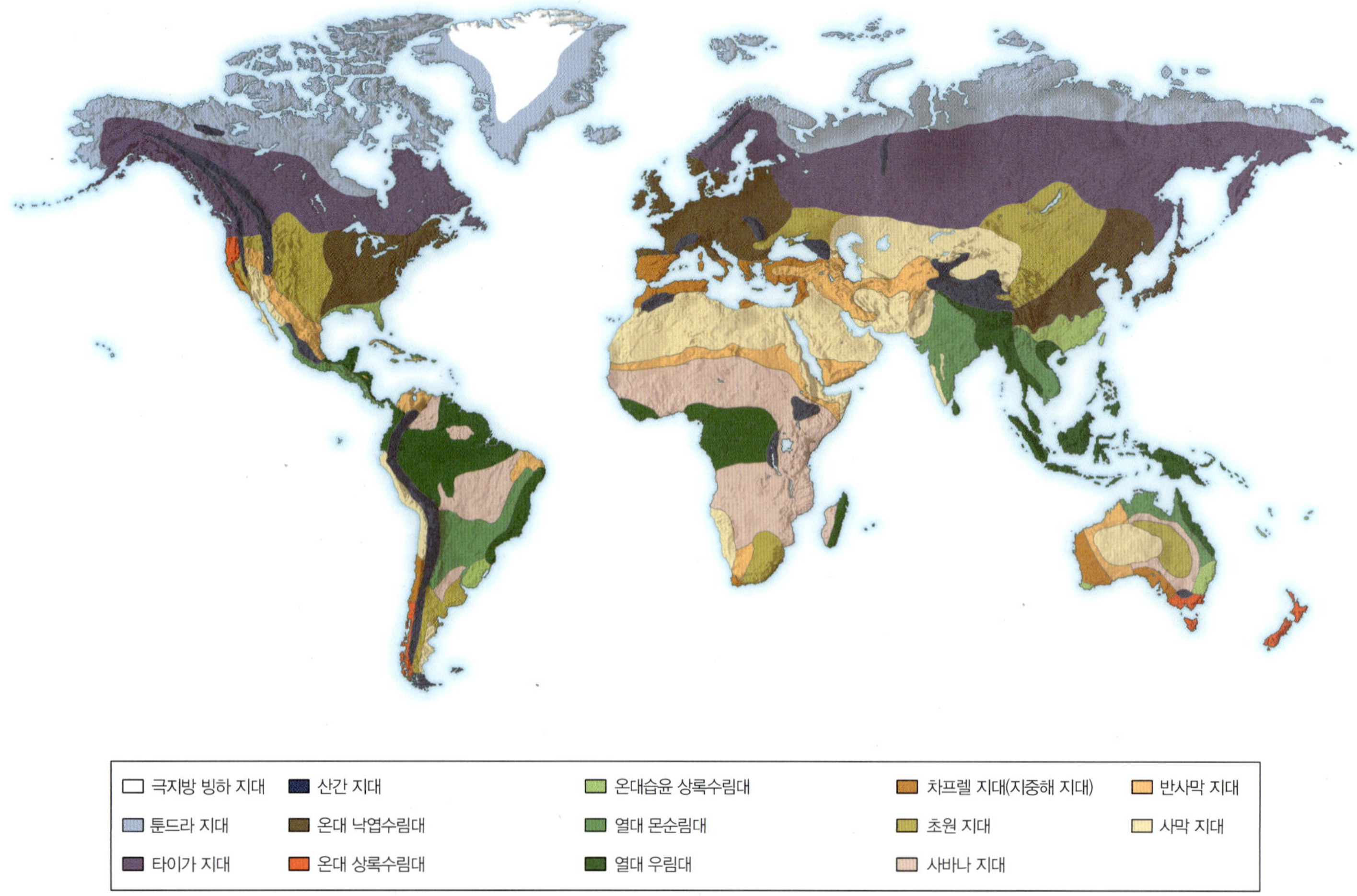

그림 15.25 생물군계의 분포.
각 생물군계는 자체 내의 고유한 식생 구조 및 외형적 특성을 갖는다.

지구의 생물군계

생물군계(biome)는 육상 생태계의 주요 유형을 일컫는다. 각각은 특징적인 외형을 가지고 있으며, 지역적으로 뚜렷한 기후 차이를 보인다. 생물군계들은 그들의 식물 분포 구조에 기반하여 명명되었으나, 각 생물군계는 현존하는 동물들을 포함하고 있다.

기본적인 생물군계의 8가지 유형은 (1) 열대우림, (2) 사바나, (3) 사막, (4) 온대성 초원, (5) 온대성 낙엽수림, (6) 온대성 상록수림, (5) 타이가, (8) 툰드라이다. 일부 생태학자들이 인정하는 6가지 추가 생물군계는 극지 빙하, 고산지대, 수풀, 온대습윤 상록수림, 열대 계절풍림 및 반사막 등이다. 다른 생태학자들은 이 6개를 8개의 주요 생물군계와 함께 묶어 구분한다. **그림 15.25**는 14개의 모든 생물군계의 분포를 보여준다.

생물군계는 특정 식물종의 존재 유무보다는 그들의 특징적인 식생 구조 및 관련 기후 조건에 의해 정의된다. 따라서 동일한 생물군계에 할당된 두 지역은 경관 특성을 지배하는 종에 따라 다를 수 있다. 예를 들어, 전 세계의 열대우림은 모두 크고 무성한 초목으로 구성되어 있지만, 남미 열대우림을 지배하는 수종은 인도네시아 열대우림과 다르다.

기온과 습도에 의한 생물군계 결정

어떤 생물군계가 어디에 분포되어 있는가를 결정해주는 2가지 핵심 환경요인은 기온과 습도이다. **그림 15.26**에서 보는 바와 같이 육상 지역에서는 연평균 기온과 연평균 강수량을 알고 있다면, 우점하고 있는 생물군계를 쉽게 예상할 수 있다. 기온과 습도는 생태계에 다양한 영향을 주는데, 이들이 1차 생산력과 아주 높은 상관관계를 보이기 때문이다(**그림 15.27**).

연평균 기온과 연평균 강수량이 아주 유사하지만 서로 다른 장소에서 서로 다른 생물군계가 나타날 수 있는데, 기온과 습도 외에 토양 구조와 미네랄 성분도 영향을 줄 수 있기 때문이다. 또한 현존하는 생물군계는 기온과 강수량의 계절적 분포와 일정한 정도에 의해 좌우되기도 한다.

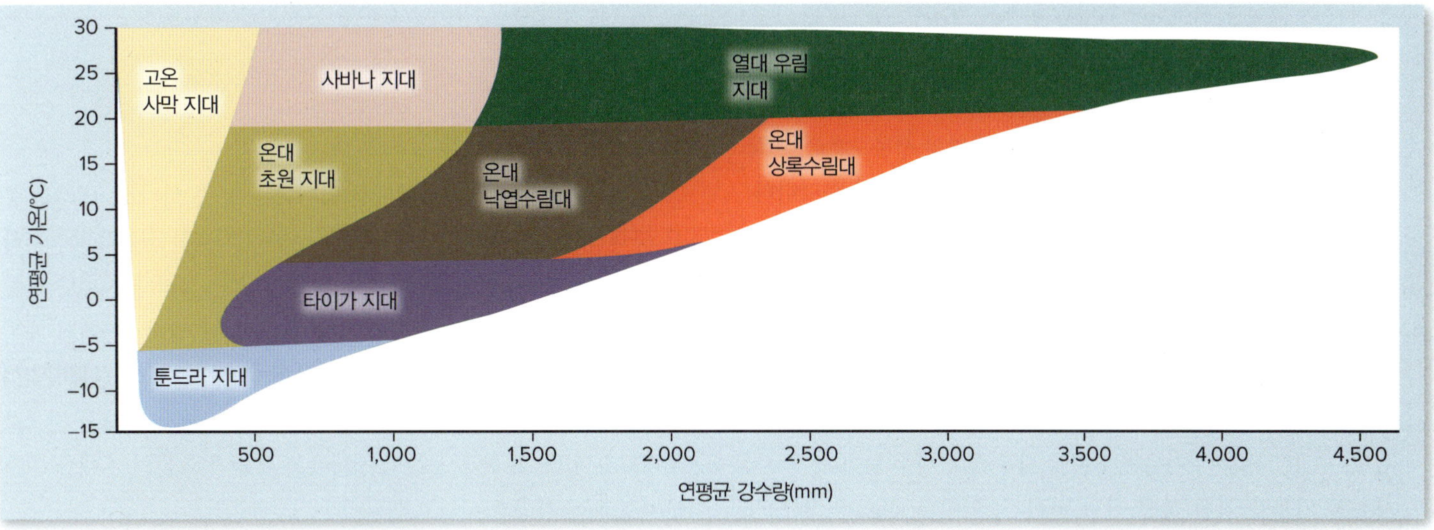

그림 15.26 생물군계 분포에 영향을 주는 요인들.
때때로 여러 요인들이 생물군계 분포에 중요한 역할을 하지만, 온도 및 강수량이 가장 큰 영향을 주는 요인이다.

1. **높은 생산력을 지닌 적도 열대우림**: 연평균 강수량이 약 1,400~4,500 mm에 이르는 열대우림(tropical rain forest)은 지구상에서 가장 풍부한 생태계로, 강우량이 많고 기온이 높아 생산력이 매우 높은 지역이다. 이 군계는 매우 높은 생물다양성을 보여주며, 세계에 존재하는 모든 지상 식물 및 동물의 절반에 이르는 2백만 종 이상이 존재하는 지역이다.

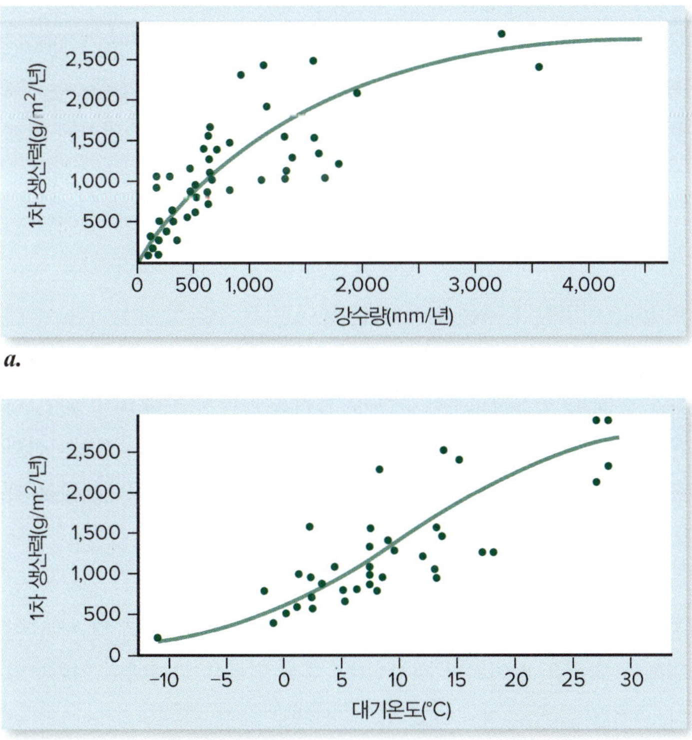

그림 15.27 강수량과 기온에 따른 1차 생산력의 변화.
지구상의 52개 지점에서 1차 생산력은 ***a.*** 연평균 강수량과 ***b.*** 연평균 기온과 뚜렷한 상관관계를 보인다.

2. **계절적 강우를 보이는 열대 초원 사바나**: 사바나(savanna)는 열대 또는 아열대 초원 지역으로, 광활한 지역에 키가 작은 관목들이 산재되어 분포하는 지역이다. 사바나는 열대우림과 사막 사이의 전이적 생태계(transition ecosystem)이다. 이 군계는 연평균 강수량이 500~1,250 mm로 난대성 특징을 지닌 지역이지만, 연중 강수량이 너무 적어 우림 생물들을 지탱하게 할 수 없으나, 사막 환경을 조성할 만큼 비가 적게 내리지는 않는다.
3. **강우가 거의 없는 사막**: 사막(desert)은 건조한 지역으로, 연평균 강수량은 250~400 mm 이하이며, 예측이 불가능하다. 따라서 식물과 동물이 1년 동안 심한 경우 단 한 차례도 비를 경험하지 못할 수도 있다. 거대한 사막의 대부분은 북위 30°와 남위 30° 부근에 존재하는데, 이는 지구의 대기 순환 패턴 때문에 나타난다(**그림 15.22** 참조). 그러나 어떤 사막들은 비그늘 효과에 의해 형성되기도 한다(**그림 15.23** 참조).
4. **비옥한 토양을 가진 온대성 초원**: 온대성 초원(temperate grassland)은 적도와 극지방의 중간에 위치하며, 풀들이 잘 자라는 지역이다. 이러한 초지지역을 평원(prairie)이라고 하며, 북미 내륙지방에 먼저 분포한 이래 유라시아 대륙 및 남미 대륙으로 널리 퍼져나갔다. 다년생 초본의 뿌리는 특징적으로 토양 깊숙이 들어갈 수 있으며, 초지의 토양은 표토층이 깊고 비옥하다. 자연적인 온대성 초원은 주기적인 화재에 적응한 생물군계 중의 하나이기 때

문에 생물 번성을 위해서는 적당한 화재가 필요하다.

5. **계절 변화에 따라 적응된 온대성 낙엽수림**: 온대성 낙엽수림(temperate deciduous forest)은 강우가 충분하고, 여름에 따뜻하고 겨울에 추운 계절적 기후 특성을 나타내는 지역의 생물군계로, 미국 동부지역, 캐나다 동부지역 및 유라시아 대륙이 이에 해당한다. 낙엽수는 겨울철에 잎을 떨어뜨리는 나무를 의미한다. 이런 생물군계에 주로 서식하는 동물들은 사슴, 곰, 비버 및 너구리 등이다.
6. **해안가의 온대성 상록수림**: 온대성 상록수림(temperate evergreen forest)은 미국 북서부 같은 온대성 기후를 가지는 해안선을 따라 형성되어 있다. 우점하는 식물들은 잎을 떨어뜨리지 않는 상록수들로, 주요 우점종은 가문비나무, 소나무 및 삼나무 등이다.
7. **겨울철 기후가 거친 북방 산림 타이가**: 타이가(taiga)와 툰드라(tundra)는 서로 다른 특성을 가지고 있다. 타이가는 항상 뾰족한 바늘모양의 잎을 가진 침엽수(전나무, 잣나무)가 우점하고 있으며, 북부 산림지대에 많이 분포하고 있다. 타이가는 지구상에서 가장 그게 분포히는 생물군계 중 하나이다. 타이가에서의 겨울은 아주 길고, 추위가 극심하며, 강우는 대부분 하절기에 국한되어 있다. 이 군계에 서식하는 동물들로는 엘크나 무스, 사슴과 같은 많은 초식동물과 늑대, 곰, 스라소니와 같은 육식동물을 들 수 있다.
8. **툰드라**: 툰드라 지역은 타이가보다 높은 북쪽 위도에 위치하며, 거의 나무가 자라지 않는 지역을 일컫는다. 툰드라는 개방된 공간이며, 바람이 휩쓸고 지나가는 공간으로, 때로는 늪지대를 이루고 있다. 지구상 대륙의 1/5을 차지하고 있는 이 툰드라 생물군계에는 비나 눈이 거의 내리지 않는다. 영구동토대(permafrost)는 지표면 1 m 하부까지 1년 내내 토양이 얼어 있다. 툰드라 지역의 나무들은 크기가 작고, 대부분 하천이나 호숫가에 제한되어 분포한다. 순록같은 커다란 초식동물과 늑대, 이리 등의 육식동물이 툰드라 지역에 살고 있다. 설치류 군집은 그들을 포식하는 동물들에 따라 그 수가 심하게 변동된다.

15.6 보전생물학

생물권이 직면한 커다란 도전 중 가장 심각한 것은 생물 멸종이 가속화되고 있다는 것이다. 이러한 문제는 보전생물학의 필요성을 나타내고 있다. 보전생물학은 어떻게 종과 군집, 생태계를 보전하는지를 다루는 응용과학 학문 분야이다. 이 학문은 종풍부도가 감소하는 원인을 연구하고 이러한 감소를 방지하는 방법을 찾는 것을 목표로 한다.

생물다양성의 위기

멸종(extinction)은 생물계에서 일어나는 일 중 하나로, 대부분 종은 궁극적으로 멸종의 길을 걷게 된다. 화석 자료를 살펴볼 때, 과학계에 알려진 종의 99% 이상은 이미 멸종했다. 그러나 현재도 멸종 속도는 놀랍도록 높게 나타나고 있는데, 오늘날 열대지방에서 매우 빠르게 가속화되는 서식지 소실을 감안해 볼 때, 전 세계 **생물다양성**(biodiversity)의 20% 정도는 이번 세기의 중반까지 사라질 것으로 추정되고 있다. 또한 생물종의 상당수는 우리가 그들의 존재를 인지하기도 전에 사라져 버리고 있다.

45억 년의 지구 역사에서 인류 역사는 20만 년밖에 되지 않으며, 인류가 농경을 시작한 지 1만 년밖에 안 된다는 것을 고려해볼 때 이러한 사실은 매우 충격적이다.

유사 이래 계속 진행되어 온 멸종

역사적으로 멸종 비율은 개체의 크기가 비교적 큰 조류와 포유류들을 통해 잘 알려져 있다. 1600년 이래 85종의 포유류와 113종의 조류가 멸종한 것으로 보이는데, 이는 현재 알려진 포유류의 1.7%, 조류의 1.1%에 해당한다. 대다수의 멸종은 최근 150년 동안에 일어났는데, 현재 불행하게도 상황은 더 악화되고 있다. 1996~2000년까지 4년 동안에 심각한 멸종위기 종으로 지정된 조류의 종수는 8% 증가하였고, 최근 연구는 식물 종들의 절반 이상이 멸종위기에 처해 있음을 보여준다.

역사적으로 볼 때 대부분의 멸종은 주로 섬 지역에서 일어났다. 그 예로 최근 400년 동안 멸종한 포유류 중 60%가 섬에 사는 동물이었다. 이러한 결과는 섬에 사는 종이 가진 취약성 때문이다. 섬에 사는 생물종들은 흔히 포식자가 없는 상태에서 진화해왔기 때문에, 외부의 도입 포식자로부터 도망칠 능력을 지니지 못하고 있었다. 더욱이 인간은 질병도 도입시켰는데, 그 예로 말라리아는 하와이섬의 조류 군집을 황폐화시켰다. 섬 지역의 개체군 크기는 상대적으로 작기에, 멸종에 대해 특별히 취약하다.

최근에는 멸종위기가 섬에서 대륙으로 이동하고 있다. 일부는 인류가 멸종에 관해 관심을 가질 필요가 없다고 주장하고 있는데, 이 견해는 멸종은 자연적인 현상이며, 대량 멸종은 과거에도 일어났었다는 점을 근거로 제시하고 있다. 실제로 대량 멸종은 지난 5억 년 동안 몇 번 발생했다. 그러나 현대의 대규모 멸종 사건은 몇 가지 점에서 주목할 만하다. 첫째, 이러한 사건은 단일 종인 인류에 의해서 촉발되었다. 둘째, 이전의 대량 멸종 이후에는 새로운 종들이 새롭게 사용 가능한 자원을 이용하는 쪽으로 진화했지만, 오늘날 인간이 서식지를 파괴하고 스스로 이익을 위해 자원을 갈취함으로써 이러한 자원은 아쉽게도 얼마 남지 않게 되었다.

종 관심지역

관심지역은 고유종이 많지만 빠르게 사라지는 지역을 의미하며, 이에 해당하는 지역은 마다가스카르, 다양한 열대우림, 동부 히말라야, 캘리포니아, 남아프리카, 오스트레일리아 등이다(**그림 15.28**). 또한 일부는 뉴질랜드, 뉴칼레도니아 그리고 하와이섬과 같은 고립된 섬들인데, 이런 외딴 섬들은 오랜 기간의 진화적 다양화의 결과로, 다른 곳에서 발견되지 않는 특이한 식물과 동물 종들로 이루어진 풍부한 생물상을 보여준다.

그러나 불행하게도, 이런 관심지역에서 인구도 함께 증가하는 현상이 나타나고 있으며, 이 지역의 인구 분포를 분석해보면 출산율이 사망률보다 높고, 인구밀도가 빠르게 증가하고 있다는 것이다.

종풍부도의 파괴를 야기하는 서식지의 감소

서식지의 소실은 오늘날 멸종의 가장 중요한 원인이다. 이러한 원인 외에 전 세계적 기후 변화가 여러 요인과 연계하여 작용하게 된다. 기후 변화에 따라 서식지는 일부 변하거나, 모두 사라질 수 있다. 이에 대한 사례로 북극곰(*Thalarctos maritimus*)을 들 수 있다. 북극곰은 바다물개를 사냥하기 위해서 떠다니는 얼음이 필요한데, 지구 온난화에 따라 현재는 떠다니는 얼음의 수가 상당히 줄었다. 몇몇 연구에서는 지구 온난화가 모든 생물종의 30%를 위험에 빠뜨리게 될 것이라고 추정하고 있다.

서식지의 파괴

특정한 종들이 이용할 수 있는 서식지는 쉽게 파괴될 수 있다. 이

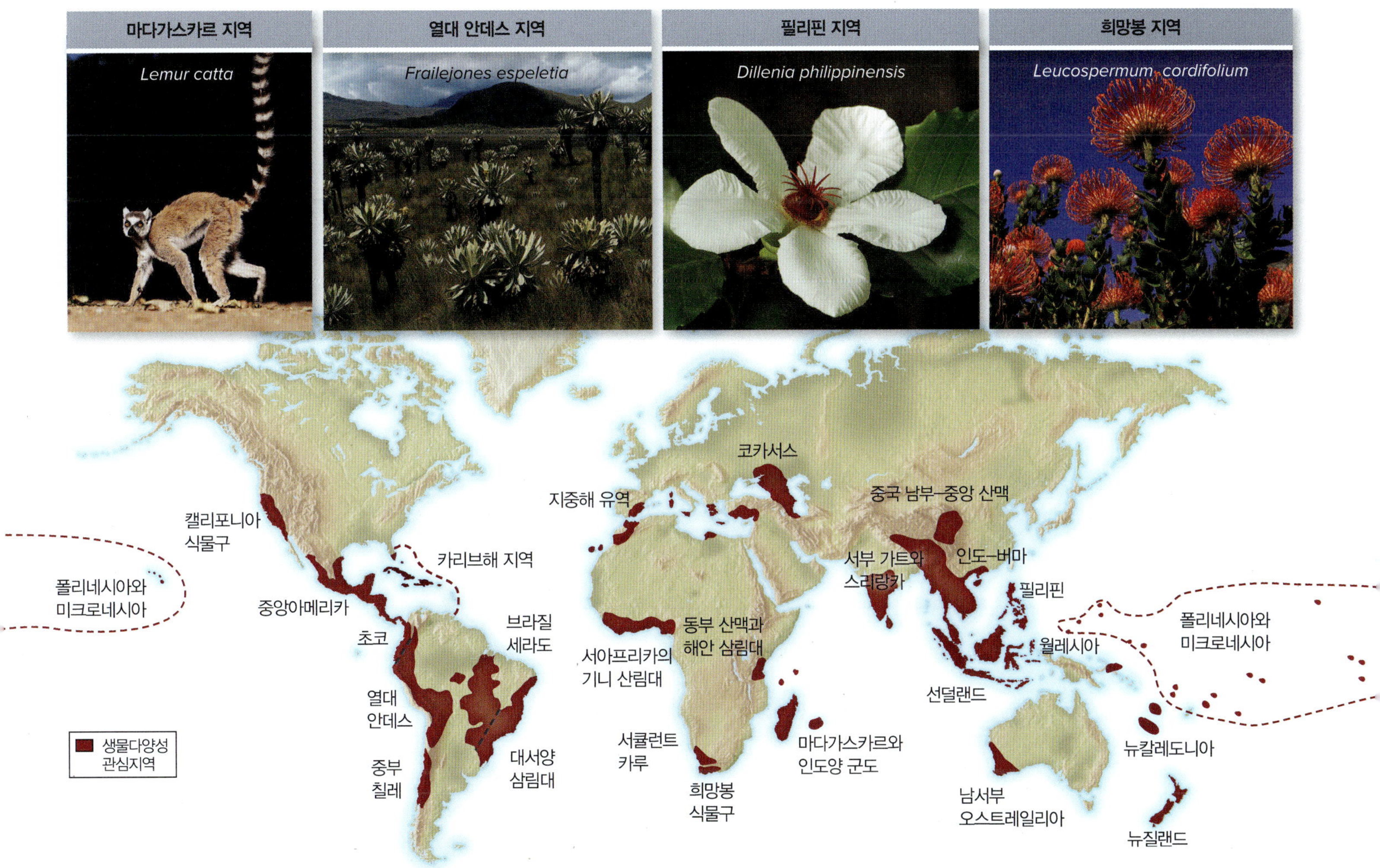

그림 15.28 고유종들이 많이 분포하는 관심지역.
이 지역들은 고유종이 풍부하지만, 대개 멸종 위기에 처해 있다.

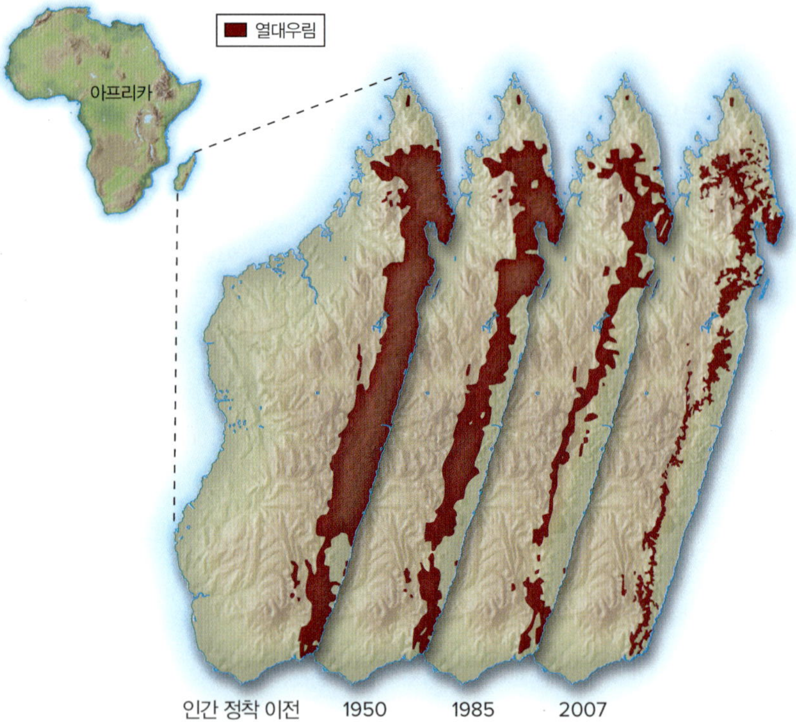

그림 15.29 멸종 및 서식지 파괴.
동아프리카 연안의 섬인 마다가스카르 동부 해안을 덮고있는 열대우림은 섬의 인구가 증가함에 따라 점차적으로 파괴되고 분열되었다. 이제 동부 해안의 원래 숲의 90%가 사라진 상태다. 마다가스카르의 31종의 영장류 중 16종을 포함하여 많은 종들이 멸종되었고, 다른 많은 종들이 멸종 위기에 처해 있다.

는 산림 벌채, 목초지 조성을 위한 열대림의 불에 의한 파괴, 도시 확장 및 산업 발달로 흔히 발생한다. 계속되는 산림 벌채는 가장 만연한 형태의 서식지 파괴이다(**그림 15.29**). 많은 열대림은 연간 1% 혹은 그 이상 벌채되거나 불에 타서 사라지고 있다.

생물종들이 이용할 수 있는 서식지 감소의 결과를 추정하기 위해 생물학자들은 "서식지의 면적이 커질수록 생물 종의 수는 증가한다"는 잘 알려진 원리를 이용한다. 이러한 연관성은 지리적인 위치, 생물의 종류, 지역의 유형 등에 따라 다르게 나타나지만, 일반적으로 서식지의 면적 크기가 10배 증가하면 대략 종의 수가 2배가 된다. 다시 말해 서식지 크기의 90%가 줄어들면, 절반의 종들이 사라지게 된다는 것이다.

오염

서식지는 오염에 의해 종들이 살 수 없는 정도에 이르기까지 질적으로 저하가 된다. 서식지의 질적 저하는 산성비에서부터 살충제에 이르기까지 많은 오염의 결과로 발생한다. 수생 환경은 특히 취약한데, 유럽과 북미의 북부에 있는 많은 호수는 산성비에 의해 큰 피해를 입고 있다.

교란

인간의 활동은 서식지를 계속 교란하면서 생물들이 살 수 없게 만든다. 예를 들어 앨라배마(Alabama)와 테네시(Tennessee)에 있는 동굴에 사는 박쥐는 그곳을 찾는 관광객 때문에 지난 8년 동안 거의 100%까지 개체가 감소되었다. 매달 사람들의 방문 횟수가 1회 이하인 동굴에서는 20% 미만의 개체군이 사라졌지만, 매달 방문 횟수가 4회 이상일 때 박쥐의 개체는 86~95%까지 감소했다. 일반적으로 인간은 생물종들 사이의 상호관계를 변화시킨다. 꽃가루를 운반해 주는 곤충들이 살충제에 의해 모두 죽어버린다면, 식물은 생식할 수 없어, 씨앗을 먹이로 하는 모든 식물 의존성 동물들에게 영향을 미친다.

그림 15.30 서식지 단편화에 대한 연구.
브라질 마나우스의 토지 소유자들은 다양한 크기의 열대우림을 보전하여 구획 크기가 멸종에 미치는 영향을 조사하기로 합의했다. 생물다양성은 벌목 전후의 격리된 구획에서 모니터링되었다. 서식지 분할은 구획 내에서 중요한 종 손실을 가져왔다. 작은 구획에서 사라진 대표적인 종 중의 하나가 군대개미이다.

서식지 단편화

서식지의 소실은 흔히 어떤 개체군의 개체수의 감소를 가져올 뿐만 아니라 개체군을 분할하여 개체군 간의 연결고리를 끊어 패치(patches) 형태의 조각을 만든다(**그림 15.30**). 서식지는 도로나 주거지가 숲을 침범하여 조각으로 단편화될 수도 있다. 이런 결과는 서식지에 살고 있는 개체군을 일련의 더 작은 개체군으로 만들어 심각한 결과를 가져오는데, 이는 종의 멸종률이 서식지의 면적 감소와 관련이 있기 때문이다.

서식지가 단편화되고 크기가 감소하면서, 서식지의 상대적인 경계 혹은 가장자리 면적은 증가한다. **가장자리 효과**(edge effect)는 개체군의 생존 기회를 상당히 감소시킬 수 있다. 주변의 미세 기후 변화(기온, 바람, 습도)는 많은 생물종들이 살아갈 수 있는 좋은 서식지를 감소시키는데, 이것은 물리적인 서식지 단편화보다 더 큰 영향을 준다.

그림 15.31 생태통로는 종의 생존을 촉진할 수 있다.
생태통로는 동물들이 극복할 수 없는 장벽들을 안전하게 건너게 하여 개체군이 서로 고립되는 것을 막을 수 있다.

멸종위기종과 생태계 보전 방안

종의 멸종위기에 대한 원인이 밝혀지면, 복원 계획을 수립하는 것이 가능해진다. 그 원인이 상업적인 것이라면, 수확을 제한하여 위협받는 종을 보호하고 규제하는 것이 가능하고, 서식지 교란에 의한 것이라면 서식지를 복원하는 쪽으로 계획을 수립하면 된다. 고립된 소규모 개체군에서 유전적 변이의 감소를 막으려면, 다른 개체군을 이식하는 방식으로 해결할 수 있다. 멸종위기에 직면한 개체군은 그 속의 개체를 포획하여 인위적 교배 프로그램을 통해 다시 다른 적절한 서식지에 재도입시키면 된다.

이러한 문제의 해결에는 막대한 재정적 지원이 필요한데, 사건 발생 후 해결하는 것보다 사건 발생 전에 환경적인 연쇄 파괴를 막는 것이 훨씬 경제적이다. 즉, 위기 상황이 발생하기 전에 생태계를 보호하고 생물을 모니터링하는 것이 환경을 보전하고 멸종을 방지하는 데 있어서 가장 효과적이라는 것이다.

파괴된 서식지의 복원 가능성

보전생물학(conservation biology)은 전형적으로 멸종 위기에 처해 있거나 혹은 감소 추세에 있는 개체군 및 종의 보전에 대해 다룬다. 그러나 보전을 위해서는 어떤 종이나 군집 전체가 회복 불가능할 정도로 교란되지 않아야 한다. 만약 심각하게 교란되었다면, 보전보다 복원이 더 필요하게 된다. 서식지 교란의 원인에 따라 다음에 제시되는 3가지의 서식지 복원 프로그램이 선택될 수 있다.

1. **원상태 복구**: 생태계의 복원을 위해서는 원래의 종을 원래 분포 비율에 맞게 재건하는 것이 원칙이다. 따라서 군집의 재건을 위해서는 먼저 원래 서식하던 생물들의 실체를 알아야 하며, 각 종에 대한 생태 특성을 알아야 한다.

   복원생물학자(restoration biologist)들은 같은 군집의 구성을 재창조하려고 노력하기보다는 생태계의 기능을 복원하는 것에 초점을 맞추고 있다. 이런 접근 방식은 과거처럼 단순한 종 복원 방식이 아니라 종들이 살아가는 자연 상태의 서식지에서 일어나는 과정 및 생태기능을 재건하는 데 초점을 맞추는 것이다.
2. **외래 도입종 제거**: 서식지는 단 하나의 외래종 도입으로 파괴되기도 한다. 이런 경우의 서식지 복원 방법은 외래종을 제거하는 것이다. 외래종의 퇴치가 결정되면 신속한 조치를 취하는 것이 중요하다. 아주 공격적인 아프리카 벌(살인벌)이 우연히 브라질에 전파되었을 때, 초기에는 그 지역의 일부 계절에 국한되었지만, 현재는 서쪽 반구의 대부분 지역을 점유하고 있다.
3. **정화와 복원**: 화학적 오염에 의해서 심각하게 훼손된 서식지는 오염물질이 정화되어야만 복원이 가능하다. 뉴잉글랜드에 있는 나슈아강(Nashua River)은 한때 염료 제조 공장으로부터 배출되는 화학물질에 의해 오염되었지만 이제는 맑게 바뀌었고, 그에 따라 여가 활동에도 잘 이용되고 있다.

서식지 단편화에 대한 대책 중 하나로 생태통로를 활용할 수 있다. 생태통로는 원래 잘 보전된 지역들이 서로 떨어져 있을 때, 이런 지역들을 서로 연결해 생물들의 확산에 도움을 준다(**그림 15.31**). 이는 어떤 개체군이 재난에 의해 소실되었을 때 효과적으로 생물의 개체군을 증가시키고, 개체군의 재정착을 가능하게 한다. 생태통로는 일년 내내 장거리를 이동하는 생물종도 보호해 줄 수 있다.

핵심 개념 요약

15.1 환경의 도전

- 한 지역에 사는 생물의 종류를 결정하는 중요한 물리적 환경 요소는 온도, 물, 햇빛, 토양이다.
- 환경 변화에 따른 적응은 궁극적으로 주어진 환경에 잘 적응하는 개체가 살아남아 이들만의 개체군이 만들어지는 자연선택의 과정을 의미한다.

15.2 개체와 개체군의 생태학

- 개체군은 단일 종 개체들의 모임이며, 이들의 분산에는 식물의 경우 종자의 형태에 따라 다양한 방식을 나타낸다. 군집은 서식지의 환경에 따라 다른 분포 형태를 보인다.
- 성비와 세대기간은 개체군의 생장 속도에 영향을 주는데, 성비는 종의 배우자 선택 방식에 따라 달라진다.
- 개체군의 연령구조는 개체의 상대적인 수에 의해 결정된다. 어떤 개체군에서는 생존율이 노년에 도달할 때까지 높은 경우도 있고, 어린 개체일 때 생존율이 아주 낮은 경우도 있다.
- 자연선택의 관점에서 볼 때 자원은 제한되어 있으므로 생활사의 절충은 매우 중요하다. 생식비용이 높은 경우에는 번식을 늦추거나, 크기가 크고 생존 가능성이 더 큰 새끼를 적게 낳는 것이 유리하다.
- 지수적 생장은 개체군이 자원이나 다른 종에 의해 제한을 받지 않을 때 발생한다. 로지스트형 생장은 개체군이 환경수용력에 도달하면서 개체군의 생장 속도가 현저히 느려지는 것을 뜻한다.
- 밀도 의존적 효과는 개체군 사이의 경쟁 증가나 질병의 영향과 관계가 있으며, 밀도 비의존적 요인은 개체군 크기에는 상관없이 자연적인 환경 변화가 개체군 수를 줄이는 것을 말한다.
- 환경수용력 부근에 있는 개체군은 제한된 자원을 차지하기 위한 경쟁에 적응한다. 환경수용력보다 훨씬 적은 개체군은 풍부한 자원을 쉽게 이용할 수 있어서 높은 생식력을 나타낸다.

15.3 군집생태학

- 군집은 주어진 생태적지위를 차지하는 다양한 종의 그룹을 말한다.
- 생태적지위는 종이 환경 자원을 사용하는 모든 방법의 총합이다. 기본 생태적지위는 간섭 없이 어떤 종이 사용할 수 있는 전체적인 지위이다. 실제 생태적지위는 안정적인 집단을 형성할 수 있는 실제의 환경 조건이다. 일부 자원에 대한 생물 종의 사용이 종간 상호작용으로 제한되기 때문에, 실제 생태적지위는 대개 기본 생태적지위보다 더 작다.
- 경쟁배타의 원리는 생태적지위가 같은 두 종이 한정된 자원을 두고 경쟁한다면, 자원을 더 효율적으로 이용하는 종이 다른 종을 제거하게 된다는 이론이다.
- 포식은 한 생물체가 다른 생물체에 의해 소비되는 것을 말하는 것으로, 먹이 종은 포식되는 것을 막기 위해 자연선택을 통해 적응해왔다. 반대로 포식자는 대항 적응을 진화시켜, 결국에는 진화론적인 "군비 경쟁"으로 이어진다.
- 식물은 초식동물로부터 회피하기 위해 2차 화합물을 생산한다. 동물의 적응에는 화학 방어 및 경고색 또는 은폐색과 같은 방어색이 포함된다.
- 베이츠 의태에서 무독성 종은 유독한 종과 유사한 경고색을 나타낸다. 한편, 뮐러 의태에서는 모두 독성이 있는 두 종이 유사한 경고색으로 진화하는 것을 말한다.
- 개체군 사이의 상호작용의 대표적인 예로 기생과 공생이 있다.
- 생태계에서 1차 천이는 생물이 없는 불모의 환경에서 시작되는 반면에, 2차 천이는 화재, 또는 기타의 사건으로 인해 기존 군집이 파괴된 후에 발생한다.

15.4 물질의 순환과 에너지의 흐름

- 생태계의 물질순환 과정 중에서 생물은 자신이 필요로 하는 형태의 물질을 획득하고 이용한다.
- 탄소 순환은 보통 호흡과 광합성을 통해 고정되는 이산화탄소를 포함한다. 물은 증발과 증산을 통해 대기로 유입된 후 강우로 지표면에 되돌아간다. 질소는 일반적으로 공급이 가장 어려운 원소여서 질소고정 미생물에 의해 사용 가능한 형태로 전환되어야 한다. 인은 이온의 상태로 대기를 제외한 수생 및 육상생태계에서 순환되며, 이용되지 않으면 해저에 침전된다.
- 생태계 내에서 영양단계를 통한 에너지 흐름은 일련의 순서를 가지는 먹이사슬에 따라 이루어진다. 에너지 흐름, 생물체 또는 생체량을 기반으로 한 생태 피라미드는 일반적으로 위로 갈수록 좁아진다.

15.5 생물권

- 육상생태계의 주요 유형을 생물군계(biome)라 하며, 이들은 각각 특징적인 형태를 가지고 있고 뚜렷한 기후적인 차이를 보인다.
- 지구 표면에 도달하는 태양 복사의 양과 기울어진 자전축을 가진 지구의 공전으로 계절에 따라 기후가 변하게 된다.
- 바람은 지구가 축을 중심으로 회전하기 때문에 지구 표면을 기준으로 곡선 경로를 따라 이동한다. 바람의 방향에 따라 해류가 이동한다.
- 기온과 습도는 생물군계를 형성하는데 가장 큰 영향을 미치는데, 이는 이들이 1차 생산력과 아주 밀접한 관계를 보이기 때문이다.

15.6 보전생물학

- 인간의 활동으로 인해 서식지는 급격히 감소하게 되었고, 이는 멸종위기를 초래했다.

- 생물다양성을 파괴하는 서식지 감소의 가장 큰 요인으로는 서식지의 파괴, 오염, 교란, 단편화 등이 있다.
- 최근에는 생물다양성을 유지하기 위하여 서식지의 보전에 많은 에너지와 재원을 투입하고 있다.

연습문제

1단계: 이해력 확인하기

1. 개체들이 사회적으로 상호작용할 수 있는 능력은 개체군 내에서 개체가 어떻게 분포할 때 최대로 발휘될 수 있는가?

① 그들이 서식 환경에서 무작위적으로 분포할 때
② 그들이 서식 환경에서 균등하게 분포할 때
③ 그들이 서식 환경에서 군상으로 분포할 때
④ ①~③ 모두 정답이 아니다.

2. 자손의 수와 몸 크기 사이의 생활사 절충에 관한 설명으로 옳은 것은?

① 자손의 수가 많아지면 자손의 크기는 증가한다.
② 자손의 수가 많아지면 자손의 크기는 감소한다.
③ 자손의 수가 많아지면 성체의 크기는 증가한다.
④ 자손의 수가 많아지면 성체의 크기는 감소한다.

3. 인간이 포식자들을 제거하면 어떤 일이 발생할까?

① 새로운 포식자가 그 서식지로 들어오기 전에는 피식자 개체군들이 지수생장을 계속할 것이다.
② 서식지의 환경수용력이 높아질 것이다.
③ 피식자 개체군의 크기는 증가할 것이다.
④ 개체수 조절이 안 되어 피식자는 멸종위기에 처할 것이다.

4. 만약 두 종이 자원을 무한히 공유하고 실제 생태적지위가 매우 유사하다면, 어떻게 될까?

① 두 종은 공존할 것이다.
② 두 종은 멸종할 것이다.
③ 제한된 자원을 가장 능률적으로 사용하는 종은 다른 종이 멸종하도록 만든다.
④ 두 종은 다른 종보다 더 유사해질 것이다.

5. 포식으로부터 보호하는 의태는 반드시 무엇을 포함해야 하는가?

① 맛있는 종의 경우에는 맛없는 종처럼 보인다.
② 보호색을 가진다.
③ 보고 따라서 행동한다.
④ 오직 독이 있거나 위험한 종에게만 발생한다.

6. 어느 개체군의 주변에 포식자가 많아진다면 어떤 현상이 일어날까?

① 개체는 생존율을 최대화하기 위해 생식에 대한 투자를 줄일 것이다.
② 개체들은 적은 수의 새끼를 낳을 것이고 새끼에 대한 투자도 줄일 것이다.
③ 다음 번식기까지 생존할 확률이 적기 때문에 생식에 집중 투자를 할 것이다.
④ 개체들은 모두 생식을 중단할 것이다.

7. 지수적 생장과 로지스트형 생장의 차이점은?

① 지수적 생장은 출생률과 사망률에 따라 달라지지만 로지스트형 생장은 그렇지 않다.
② 로지스트형 생장에서 이입과 이출은 별로 중요하지 않다.
③ 둘 다 밀도의 영향을 받지만 로지스트형 생장은 아주 천천히 영향을 받는다.
④ 로지스트형 생장만 출생과 사망이 밀도에 의해 영향을 받는다.

8. 질소가 종종 생태계에서 제한 양분인 이유는?

① 대기 중에 탄소보다 더 적은 양의 질소가 있기 때문이다.
② 질소는 매우 빠르게 대부분 생물에 의해서 사용되기 때문이다.
③ 질소 유용성이 비료 사용으로 인한 오염에 의해 줄었기 때문이다.
④ 대부분의 생물체는 질소를 원소 형태로 사용하지 못하기 때문이다.

9. 영양 연쇄반응에 따르면, 생태계 내에서 육식동물의 제거로 나타나는 결과는?

① 초식동물과 초목의 수가 줄어들 것이다.
② 초식동물의 수는 줄고, 초목의 수는 늘어날 것이다.
③ 초식동물과 초목의 수는 늘어날 것이다.
④ 초식동물은 늘고, 초목은 줄어들 것이다.

10. 생물군계 분포에 영향을 주는 가장 중요한 요인 두 가지는?

① 기온과 위도
② 강수량과 기온
③ 위도와 강수량
④ 기온과 토양 유형

11. 다음 중 보전 관심지역을 가장 잘 기술한 것은?

① 빠르게 사라지고 있는 고유종들이 많은 지역
② 적극적으로 종 다양성을 지키려고 노력하는 사람들이 사는 지역
③ 멸종률이 높은 섬 지역
④ 토착종이 도입종으로 대체된 지역

12. 야생에 방류하는 포획-번식 프로그램에 대한 설명으로 옳은 것은?

① 멸종위기에 처한 종을 반드시 구할 수 있다.
② 야생 개체군의 유전적 다양성이 매우 낮을 때만 성공할 수 있다.
③ 서식지 복원 및 개체군 조절 둘 다를 적절히 결합했을 때 성공적이다.
④ ①~③ 모두 옳지 않다.

13. 생태계에 외래 포식자를 도입하는 것은 어떤 이유에 의해 멸종을 초래할 수 있는가?

① 상부에서 하부로 영양단계 연쇄작용에 의해
② 토착 포식자와의 과도한 경쟁에 의해
③ 고유종들이 적응하지 못한 기생충의 전파에 의해
④ ①~③ 모두 옳다.

14. 서식지 단편화 현상이 개체군에 끼치는 해로운 영향은?

① 이전에 연속적이던 유전자 흐름이 차단되었기 때문이다.
② 적절한 서식지에서 경계면이 상대적으로 증가했기 때문이다.
③ 번식하기에 서식지가 너무 작기 때문이다.
④ ①~③ 모두 해당된다.

15. 생태학에서 생식비용의 정의로 옳은 것은?

① 현재 생식에 대한 투자로 인한 미래에 얻을 수 있는 생식 산물의 감소
② 성공적인 생식을 위한 모든 활동에 들어가는 칼로리의 양
③ 알과 자손에 들어가는 칼로리의 양
④ ①~③ 모두 옳지 않다.

16. 포식자와 피식자 간의 공진화의 개념에 따르면, 피식자 종이 포식자에 대항하여 방어법을 진화시킬 때, 이후에 진행되는 과정은?

① 포식자는 멸종될 것이 기대된다.
② 피식자 집단은 증가한다.
③ 포식자 집단은 증가할 것이다.
④ 포식자는 자연선택에 의해 진화할 것이다.

■2단계: 분석 및 적용하기

17. 한 부모가 생산할 수 있는 자식의 수는 종종 자식의 크기와 절충이 될 수 있는 형질인데, 많은 환경에서 적절한 수 그리고 적절한 크기의 자손이 선호된다. 만약 자손의 개체 크기가 그 개체의 질적인 면(개체의 생존율)과 전혀 관계가 없다면 부모는 자손의 수를 어떻게 조절할 수 있는가? 현재의 최적 자손의 수가 늘어날 것인가 아니면 줄어들 것인가?

18. 지구가 과거에도 여러 차례에 걸쳐 지구 온난화를 경험했는데, 현재 다시 발생하고 있는 온난화에 관심을 가져야 하는 이유는 무엇인가?

19. 생태계를 복원하는 일은 항상 비용이 소요되고, 혜택도 있다. 보통 혜택은 사회의 각 분야로 흘러 들어가고, 소요 비용은 사회 전체가 부담한다. 따라서 언제, 어떻게 생태계를 변화시킬 것인가를 결정하는 것은 어려운 일이다. 그러나 우리가 오늘날 이해하는 방식으로 생태계를 바꾸는 것은(예, 맹그로브 숲에서 새우 양식장으로 전환) 문제가 되는가? 이런 결정을 할 때 지표가 될 만한 다른 예가 있는가?

연습문제 정답

1장

1단계: 이해력 확인하기

1. ③ 2. ④ 3. ① 4. ① 5. ④ 6. ④ 7. ② 8. ③ 9. ② 10. ④
11. ③ 12. ② 13. ② 14. ② 15. ④ 16. ② 17. ④ 18. ④

2단계: 분석 및 적용하기

19. • 핵산: 2중나선의 가닥 사이에 상보적인 염기쌍은 수소결합으로 인해 생긴다. 상보적 염기쌍은 RNA 분자의 단일 핵산 가닥 내에서도 발생할 수 있다. 이웃한 염기 사이의 소수성 상호작용도 2중나선을 안정화시킨다.
    • 단백질: 2차구조의 α-나선 및 β-병풍구조는 아미노산 골격의 아미노기와 카복실기 사이의 수소결합으로 인해 안정화된다. R 그룹 사이의 수소결합 형성은 3차구조 수준에서 단백질의 3차원 접힘을 안정화시키는데 도움이 된다. 소수성 상호작용 또한 3차구조를 안정화시킨다.
    • 탄수화물: 탄수화물에서 수소결합은 덜 중요하다. 그러나 이러한 결합은 식물 세포벽을 구성하는 셀룰로스 섬유의 형성에 관여한다.
    • 지질: 지질은 수소결합을 형성하지 않지만 소수성 상호작용이 중요하다. 지방산의 소수성 특성으로 인해 막 구조가 형성된다.

20. 물은 지구 생명체의 진화에 중요한 분자로 간주한다.
    • 물의 용매로서의 능력: 살아있는 생명체에서 발견되는 것과 같이 물에 용해된 분자는 더 크고 복잡한 분자를 형성할 수 있는 방식으로 움직이고 상호작용할 수 있다.
    • 물의 높은 비열: 물은 온도를 조절하고 유지할 수 있기에, 다른 행성의 중요한 특징인 극한 온도로부터 그 안에 있는 분자나 생명체를 보호할 수 있다.
    • 얼음과 물의 밀도 차이: 얼음이 떠 있다는 것은 살아있는 생물체가 얼음 표면 아래에서 보호되면서 머물 수 있기에, 이는 물 환경의 단순하지만 중요한 특징이다. 목성의 위성인 유로파에서 최근에 얼음으로 덮인 바다가 발견되었다는 점에서 이 가능성은 특히 흥미롭다.

21. 생물체에서 발견되는 4가지 거대분자는 모두 구조와 기능이 다르다. 탄수화물, 핵산, 단백질을 비교할 때 이들은 각각 서로 다른 단량체를 가진 고분자이다. 탄수화물의 경우 고분자는 모두 단순당인 포도당이다. 탄수화물은 에너지 저장 분자(많은 C−H 결합 포함) 및 질긴 섬유를 만드는 셀룰로스와 같은 구조 분자를 포함하고 있다.
    핵산은 뉴클레오타이드 단량체로 구성되며, 각각 리보스, 인산염 및 질소염기로 구성된다. 이 분자들은 염기서열로 정보를 암호화하는 정보 분자이다. 염기는 특정 방식으로 상호작용하는데, A는 T와 염기쌍을 이루고, G는 C와 염기쌍을 이룬다. 이것이 정보 저장의 기본이다.
    단백질은 아미노산 중합체로 형성된다. 아미노산은 20종류가 있어서, 엄청난 종류의 다른 단백질을 만들 수 있다. 단백질은 거의 무제한의 기능을 가질 수 있는데, 이러한 기능은 단백질 사슬 구조의 놀라운 유연성에서 비롯된다.

2장

1단계: 이해력 확인하기

1. ④ 2. ① 3. ③ 4. ③ 5. ② 6. ① 7. ② 8. ② 9. ③ 10. ④
11. ② 12. ③ 13. ② 14. ② 15. ②

2단계: 분석 및 적용하기

16. 모든 신호전달은 수용체에 결합하는 리간드로 시작된다. 수용체는 궁극적으로 세포 행동의 변화로 이어지는 일련의 사건을 개시한다. 몇몇의 경우에는 변화가 즉시 일어난다(예, 이온통로 개방). 다른 경우에는 변화가 생기기 전에 더 많은 시간이 필요한데, 예로 MAP 카이네이스 경로가 활성화될 때 여러 카이네이스가 활성화 및 비활성화되는 것을 들 수 있다. 일부 신호는 짧은 시간 동안만 세포에 영향을 주지만(예, 통로 단백질), 다른 신호는 유전자 발현을 변화함으로써 세포를 영구적으로 변경할 수 있으므로 세포에서 발견되는 단백질의 수와 종류가 달라진다.

17. 인지질 분자는 매끈면 소포체에서 합성된 후 골지체를 거쳐 최종적으로 원형질막으로 이동한다. 두 세포내막 구획 사이의 이동은 인지질 2중층으로 되어 있는 작은 수송소포(transport vesicle)에 의해 매개된다.

18. 지질은 지질 2중층의 한쪽 면으로만 끼워 넣어져 비대칭성을 초래할 수 있다. 지질이 매끈면 소포체에서 합성된 후 비대칭적으로 막에 조립될 수 있다. 또한 지질 2중층의 한쪽 면에서 다른 쪽으로 지질을 옮기는 효소에 의해 비대칭이 초래될 수 있다.

19. 이 세포소기관이 자유 유영 세균이었다면 세균에 있는 특징을 나타낼 것이다. 미토콘드리아와 엽록체는 모두 DNA를 가지고 있지만, 핵과 세포소기관을 가지고 있지 않다. 세포내공생이 일어났다면, 이 세포소기관의 내막은 공생세균의 원형질막으로부터 유래되었으며 외막은 초기 숙주세포의 원형질막일 것이다. 현존 세균과 이 소기관에 있는 DNA를 비교한 결과 세포내공생설을 뒷받침하는 유사성이 발견되었다.

20. 원핵세포와 진핵세포의 편모는 상사적 특징의 예이다. 편모는 두 종류의 세포에서 모두 화학에너지를 기계적 힘으로 변환하여 세포를 이동시키는 기능을 한다. 중요한 차이점은 편모의 구조에 있다. 원핵세포의 편모는 원형질막에 박혀 있는 기저체로부터 나온 하나의 단백질로 구성되어 있으며 양성자의 농도기울기를 회전 운동에 이용한다. 반면, 진핵세포의 편모는 많은 단백질로 구성되어 있으며, 이 단백질들은 하나의 축사

(axoneme)라는 복합체를 이루고 ATP를 이용하여 편모의 파동 운동을 유발한다.

21. 원종양유전자는 주로 세포분열을 조절하는 신호전달경로의 단백질을 지정한다. 이 단백질의 조절이 잘못되거나 돌연변이에 의해 이 단백질이 항상 활성화된 상태로 되면 암이 유발될 수 있다. 종양억제유전자는 세포분열을 활성화하는 대신 억제하는 단백질을 주로 지정하고 있다. 종양억제유전자의 기능이 없어지면 암이 발생한다.

3장

▪1단계: 이해력 확인하기

1. ② 2. ① 3. ④ 4. ② 5. ① 6. ② 7. ② 8. ① 9. ② 10. ④
11. ② 12. ①

▪2단계: 분석 및 적용하기

13. ① 속도가 증가한다.
② 속도가 감소한다.
③ ATP가 효소의 다른자리입체성 부위에 결합하여 효소의 활성부위의 모양이 변한다.

14.

분자	해당과정	세포호흡
포도당	반응의 시작 물질	직접 사용되지는 않지만, 포도당에서 유래한 피루브산이 사용된다.
피루브산	최종산물	반응의 시작 물질
산소	필요하지 않음	산소호흡에는 필요하고, 무산소호흡에서는 필요하지 않다.
ATP	기질수준 인산화로 생성됨	산화적 인산화로 생성된다.
CO_2	생성되지 않음	피루브산 산화와 시트르산 회로에서 생성된다.

15. 전자전달계에 의해 형성된 양성자기울기가 열발생 단백질을 통해 막간공간에서 내막으로 이동할 때, 양성자기울기에 의한 퍼텐셜에너지는 열로 방출된다.

16. 그림 3.27 참조. 광합성에 의해 생성된 산소는 호흡에서 전자전달을 위한 최종 전자 수용체로 사용된다. 포도당(또는 지방산)의 산화로 인해 발생하는 CO_2는 캘빈 회로를 통해 유기화합물에 통합된다. 호흡은 또한 물을 생산하고 광합성은 물을 소비한다.

17. 필요하다. 광반응에 의해 생성된 ATP와 NADPH는 캘빈 회로에서 사용된다. 캘빈 회로에서 생성된 G3P로부터 만들어진 포도당은 세포호흡에 사용된다. 즉 세포의 생명 활동에 필요한 일반적인 에너지 사용을 위해 미토콘드리아가 필요하다.

18. C_3 식물에서 CO_2는 리불로스 1,5-2인산(RuBP)과 반응하여 2분자의 PGA를 생성한다. 이 반응은 루비스코(rubisco)에 의해 촉매되는데, 이 효소는 또한 RuBP의 산화를 촉매하기도 한다. 어떤 반응이 우세한지는 반응물의 상대 농도에 따라 다르다. 캘빈 회로의 반응은 PGA를 G3P로 생성하여 RuBP를 포함한 다양한 당을 만드는 데 사용할 수 있다. C_4 및 CAM 식물에서 초기 고정 반응은 CO_2를 말산에 통합한다. 그런 다음 말산은 탈카복실화되어 피루브산을 만드는데, 국부적으로 높은 수준의 CO_2를 생성할 수 있다. 높은 수준의 CO_2는 루비스코에 의한 RuBP의 산화를 억제한다. C_4 식물에서 말산은 한 세포에서 생산된 다음 기공이 없는 인접한 세포로 이동하여 높은 수준의 CO_2를 생산한다. CAM 식물은 기공이 열려 있는 밤에 탄소를 말산으로 고정한 다음 낮에 이것을 사용하여 캘빈 회로에 연료를 공급한다. 둘 다 탄소를 보다 효율적으로 고정하고 건조를 방지하기 위해 덥고 건조한 기후에서 발생한 진화적 혁신이다.

4장

▪1단계: 이해력 확인하기

1. ③ 2. ② 3. ① 4. ② 5. ④ 6. ② 7. ③ 8. ④ 9. ④ 10. ①
11. ③ 12. ③ 13. ③ 14. ③ 15. ②

▪2단계: 분석 및 적용하기

16. 노새는 말로부터 32개의 염색체와 당나귀로부터 31개의 염색체를 받아 모두 63개의 염색체를 갖는다. 즉 노새의 핵상은 2n=63, n=31.5인데, 만약 노새의 감수분열과정에서 말과 당나귀의 염색체가 서로 짝을 찾아 상동염색체 결합을 한다고 해도, 1개의 염색체는 짝이 없어서 노새의 배우자는 이수성이 나타날 수밖에 없기에 불임이다.

17. ① 비분리 현상은 염색체가 양극으로 끌려가는 후기 I과 후기 II 모두에서 나타난다.
② 감수1분열에서 비분리가 1회 일어나면 1개 또는 3개의 염색체를 갖는 배우자가 형성되고, 감수2분열에서 비분리가 1회 일어나면 2개의 배우자는 정상이나, 나머지 2개의 배우자는 0개 혹은 4개의 염색체를 갖게 된다.

18. 노란색 털을 발현하는 대립유전자가 검은색 털을 발현하는 대립유전자에 대해서 우성이지만, 이 대립유전자가 동형접합인 경우 치사작용을 일으키면 문제에서 제시한 비율이 나타난다. 이 경우 노란색 생쥐는 항상 이형접합이므로, 열성 동형접합인 검은색 쥐와 교배하면 노란색 대 검은색이 항상 1:1로 나타나게 된다.

19. 한 유전자가 다른 유전자에 대해 상위성을 보이는 경우이다. 첫 번째 유전자는 무색 대립유전자(a)와 유색 대립유전자(A)의 2가지가 있고, 두 번째 유전자는 검은색(B)과 갈색(b)의 2가지 대립유전자가 있다. 이런 경우 유색 대립유전자가 발현된 다음에 두 번째 유전자가 발현되어야 검은색 또는 갈색이 나타난다. 만약 유색 대립유전자가 동형접합인 경우에는 두 번째 유전자가 어떤 대립유전자든지 상관없이 백색증이 나타난다. 따라서 검은색은 A_B_(9)이고, 백색은 aaB_(3) 또는 aabb(1)인 경우고, 갈색은 A_bb(3)일 때 나타난다.

20. 노란색과 초록색 대립유전자를 각각 Y와 y라고 하고, 둥근 모양과 주름진 모양 대립유전자를 각각 R과 r이라고 하자. 자손의 표현형으로부터 개체 수가 많은 것이 교차가 일어나지 않은 염색체이다. 따라서 이형접합 부모의 유전자형은 RY가 같은 염색체에 있고, ry가 다른 쪽 상동염색체에 있는 RrYy이며, 두 유전자 사이의 교차율은 (36+29)/(645+36+29+590)=0.05, 즉 5%이므로 지도 거리는 5 cM이다.

21. 캘리코 고양이의 털색 변이는 X 염색체 불활성화에 의해 생긴 것이다. 따라서 수컷은 1개의 X 염색체를 가지므로 캘리코 털색 변이를 만들 수 없는데, 드물기는 하지만 핵형이 XXY이고 X 염색체가 털색 유전자에 대해 이형접합일 경우 나타날 수도 있다.

5장

■ 1단계: 이해력 확인하기

1. ③ 2. ② 3. ③ 4. ③ 5. ④ 6. ④ 7. ② 8. ③ 9. ③ 10. ④
11. ① 12. ② 13. ③ 14. ② 15. ④ 16. ② 17. ② 18. ②

■ 2단계: 분석 및 적용하기

19. ① 복제원점에서부터 2중나선이 풀려서 DNA 중합효소가 진행하는 방향으로 초나선구조가 생긴다. DNA 자이레이즈가 없을 경우 초나선구조를 풀어줄 수가 없기에 복제는 일정 부분 이상 진행되지 못한다.
② DNA 연결효소는 오카자키 단편을 연결시키는 데 사용된다. 만약 이 효소가 없으면 DNA 단편이 연결되지 못하여 DNA 구조가 불안정하게 되고, 핵산분해효소에 의해 분해되기 쉬워진다.
③ 새로운 DNA 가닥이 형성되지 못하여 복제 자체가 일어나지 않는다.
④ RNA 프라이머가 그대로 남아 있게 되어 복제된 DNA 가닥은 DNA와 RNA의 혼성체가 된다.

20. ① mRNA 염기서열: 5′−GCA AUG GGC UCG GCA UGC UAA UCC−3′
② 아미노산 서열: N−말단부터 Met−Gly−Ser−Ala−Cys−stop

21. ① mRNA 염기서열: 5′−GCA AUG GGC UCG GCA UUG CUA AUC C−3′
아미노산 서열: N−말단부터 Met−Gly−Ser−Ala−Leu−Leu−Ile−으로 종결코돈이 없다. 굵은 글씨의 염기가 삽입되어 틀이동돌연변이를 만들었다.
② mRNA 염기서열: 5′−GCA AUG GGC UAG GCA UGC UAA UCC−3′
아미노산 서열: N−말단부터 Met−Gly−Ser−stop으로, 굵은 글씨의 염기가 치환되어 종결돌연변이를 만들었다.
③ mRNA 염기서열: 5′−GCA AUG GGC UCG GCA AGC UAA UCC−3′
아미노산 서열: N−말단부터 Met−Gly−Ser−Ala−Ser−stop으로, 굵은 글씨의 염기가 치환되어 Cys을 Ser으로 변형시킨 과오돌연변이를 만들었다.

22. 진핵세포에서만 나타나는 조절의 예는 선택적 스플라이싱, 염색질 구조조정, 핵에서 세포질로 mRNA를 운반할 때 핵공을 통한 조절, 작은 RNA에 의한 번역 조절, mRNA와 단백질 분해 조절 등이 있다. 원핵세포는 이 기작 중에서 작은 RNA에 의한 번역 조절과 단백질 분해 조절을 이용할 수 있다.

6장

■ 1단계: 이해력 확인하기

1. ④ 2. ② 3. ① 4. ④ 5. ③ 6. ④ 7. ① 8. ② 9. ② 10. ④
11. ③ 12. ③ 13. ② 14. ②

■ 2단계: 분석 및 적용하기

15. 내막계가 없는 대장균과 같은 박테리아는 번역 후에 소단위체가 결합하여 기능적 헤모글로빈을 만드는 과정이 제대로 작동하지 않아서, 성숙한 헤모글로빈 분자는 형성되지 않을 수 있다. 또한 헤모글로빈의 작용에는 4개의 철 원자가 필요한데, 과다발현된 단백질에 사용할 철이 충분하지 않을 수 있고, 단백질의 올바른 접힘에 필요한 2황화결합이 형성되지 않을 수도 있다. 효모와 같은 비동물성 진핵세포조차도 올바른 접힘을 보장할 수 없다.

16. APP 유전자에 돌연변이를 만들어서 생쥐에 삽입할 수 있다. 이 생쥐를 활용하여 특정 돌연변이로 인한 표현형의 변화에 대해 분석할 수 있다. 또한 정상 및 돌연변이 APP를 대장균, 효모 또는 배양된 인간 세포에서 발현시켜 비정상적인 구조(덩어리)가 얼마나 생기는지 평가할 수 있다.

17. 계통발생학적 분석은 일반적으로 내부분의 유전적 변이와 표현형 변이가 변형(수직적 전달)을 가진 계통에서 발생한다고 가정한다. 유전적 형질과 표현형 형질이 수평적으로 전달할 수 있는 경우(즉, 유전적 계통을 통해 수직이 아닌), 계통 관계를 추론하기 위해 공유파생형질의 변이 양상을 사용하면 잠재적으로 심각한 오류가 발생할 수 있다. 수평적 전달(HGT) 비율이 더 높은 생물체는 신뢰하기 힘든 계통발생 가설을 가지거나, 적어도 깔끔하게 분기된 계통수로 나타나지 않을 것이다.

7장

■ 1단계: 이해력 확인하기

1. ① 2. ② 3. ② 4. ② 5. ④ 6. ② 7. ④ 8. ① 9. ④ 10. ④
11. ④ 12. ④ 13. ④ 14. ① 15. ② 16. ① 17. ③

■ 2단계: 분석 및 적용하기

18. 검은 용암이 흘렀던 지역이라면 주변 환경이 온통 검은색으로 뒤덮였을 것이고 이러한 환경에서는 검은색의 몸을 가진 개체들이 포식을 피할 수 있기 때문에 상대적 적응 이득을 가질 수 있었을 것이다. 하지만, 용암이 흐르지 않았던 지역은 그러한 선택압이 작용하지 않기 때문에, 포식을 잘

피하는 종류의 적응 이득을 얻기는 어려울 것이다.

19. 많은 생리적 그리고 내부 구조의 유사성에서 이러한 사실을 엿볼 수 있듯이, 파충류와 조류는 최근의 공통조상을 공유한다. 하지만 현 파충류(깃털이 없고, 날 수 없는 외온성동물)의 경우 조류와의 차이가 극명한 형질이 많아, 분류학적으로 같은 위치에 놓기는 상당히 어려운 점이 많다. 다만, 조류 내의 계통적 유연관계나 방향성 설정에 파충류가 많은 도움이 될 수는 있지만, 계통적 분류 이외 다른 부분에서 파충류와 조류의 계통적 유연관계가 큰 도움이 되는 것은 아니다.

20. • 턱 - 턱을 가진 척추동물, 즉 상어, 도롱뇽, 도마뱀, 호랑이, 고릴라, 인간
  • 폐 - 육상 사지동물, 즉 도롱뇽, 도마뱀, 호랑이, 고릴라, 인간
  • 양막 - 양막사지류, 즉 도마뱀, 호랑이, 고릴라, 인간
  • 털 - 포유류, 즉 호랑이, 고릴라, 인간
  • 꼬리 소실 - 유인원, 즉 고릴라, 인간
  • 직립보행 - 인간

8장

■1단계: 이해력 확인하기

1. ② 2. ③ 3. ② 4. ② 5. ① 6. ③ 7. ① 8. ③ 9. ② 10. ①
11. ② 12. ①, ④ 13. ④ 14. ③ 15. ④ 16. ③ 17. ③ 18. ①
19. ① 20. ④ 21. ③ 22. ④ 23. ① 24. ③ 25. ④ 26. ②

■2단계: 분석 및 적용하기

27. 계통수는 한 가지에 편형동물을 포함해야 하고, 두 번째 가지에는 선형동물이 있어야 하며, 세 번째 가지에는 환형동물과 유형동물이 있어야 한다. 이것은 그림 27.5의 정보와 일치하지 않는다. 따라서 몇몇 유형의 체강 중 일부는 여러 번 진화했으며, 체강은 계통발생 관계를 추론하기에 좋은 형질이 아니다.

28. 동물에는 세포벽이 전혀 없는 반면에 균류는 세포벽을 가지고 있다. 그러나 이 세포벽의 구성은 식물의 구성과 다르다. 동물은 주요 특징으로 이동성을 가지고 있지만, 균류는 움직이지 않는다(병꼴균 제외). 또한 균사체는 구조적으로 다르지만, 뿌리 모양을 가질 수 있다.

29. 이점은 식물 종이 특정 수분매개자와의 관계를 발전시킴으로써 꽃가루가 수분을 위해 같은 종의 다른 개체에게 옮겨질 가능성이 커진다는 것이다. 일반적인 수분매개자라면 같은 종의 다른 개체로 이동하지 않을 수도 있는데, 그러면 수분이 일어나지 않는다. 단점은 수분매개자에게 어떤 일(멸종 또는 개체 수 감소)이 발생하면, 식물 종은 수분할 수단이 감소하거나 존재하지 않게 되는 것이다.

30. 모든 박테리아를 죽일 수 있다면 여러 항생제의 사용은 나쁘지 않다. 몇몇 끈질긴 감염병의 경우 이것은 효과적인 전략이다. 그러나 항생제 혼용은 한 박테리아 종이 다중내성을 가지도록 하는 희귀한 유전적 사건을 야기하는 매우 강력한 선택압을 제공한다. 이러한 이유로 항생제를 혼용하여 처방하는 것은 좋은 생각이 아니다. 다중내성의 선택을 받는 박테리아가 많을수록 다중내성이 발생할 가능성이 커진다. 항생제 혼용 조건에서 박테리아가 우연히 생존하여 증식할 수 있고 각 세대가 새로운 돌연변이의 기회를 제공할 수 있기 때문에, 전체 항생제를 복용하지 않는 것이 환자에게 도움을 된다. 다중내성은 또한 저항성 플라스미드를 통한 저항 유전자의 수평적 전달과 DNA의 한 부분에서 다른 부분으로 유전자를 이동할 수 있는 전이인자의 존재로 인해 복잡해진다.

9장

■1단계: 이해력 확인하기

1. ④ 2. ④ 3. ④ 4. ③ 5. ② 6. ① 7. ① 8. ③ 9. ① 10. ④
11. ① 12. ④ 13. ② 14. ② 15. ③ 16. ② 17. ① 18. ③ 19. ①

■2단계: 분석 및 적용하기

20. 자가수분의 장점으로는 적은 수의 꽃가루만을 만들어서 에너지 사용을 적게 할 뿐만 아니라, 수분매개체를 유인할 필요가 없고 개척지에서 생존이 쉽다. 단점으로는 근친교배로 환경변화에 있어 생존 가능성의 확률이 낮아지며, 열성유전자에 의한 후손의 확률이 높아지게 된다.

21. 이는 양분의 이동통로인 체관이 제거되어 포도당 등 유기물의 이동이 정지되었기 때문이다. 환상박피에 의해 잎에서 만들어진 양분은 아래쪽으로 더 이상 이동하지 못해 위쪽에 쌓이게 되어 줄기 윗부분이 두꺼워지게 된다. 과일나무의 경우 환상박피를 하면 자라는 도중에 떨어지는 과실이 적으며, 과실의 크기가 크고 빨리 자라게 하는 효과가 있다. 하지만 뿌리쪽으로 연결된 양분통로가 없기에 그만큼 나무가 약해질 수 있다.

22. 뿌리세포 외부의 용질 농도가 세포 내부보다 크다. 따라서 수분퍼텐셜은 내부가 더 크기에 물은 뿌리세포(내부)에서 토양(외부)으로 이동한다. 물이 없으면 식물이 시들게 된다.

23. 이 과정은 황백화 현상이다. 황백화 현상은 에너지 보존 전략으로 어두운 상태에서 생장하는 식물이 죽기 전에 빛에 이르는 것을 도와준다. 빛을 받기 전까지는 잎은 식물은 녹색으로 변하지 않으며, 에너지를 절간 신장에 이용한다. 이 전략은 어린식물이 땅속이나 나무 밑에서 싹이 나올 때 유리하다.

24. 포인세티아는 단일식물이다. 고속도로의 차에서 나오는 불빛이 포인세티아의 개화에 필요한 장암 조건을 차단하여 꽃을 피우지 못하였다.

10장

■1단계: 이해력 확인하기

1. ① 2. ② 3. ② 4. ③ 5. ① 6. ③ 7. ④ 8. ④ 9. ① 10. ②
11. ② 12. ② 13. ② 14. ① 15. ③ 16. ④ 17. ③ 18. ④

■ **2단계: 분석 및 적용하기**

19. 배고픔은 음성피드백을 자극한다. 배고픔은 식욕을 자극하여 먹는 것을 유도하여 포만감을 야기한다. 배고픔은 자극원이며, 먹는 것은 이 자극원을 없애는 반응이다.

20. 내부 환경은 끊임없이 변화한다. 하루 동안 활동할 때, 근육 활동은 체온을 올리지만, 밥을 먹거나 쉴 때는 온도를 낮춘다. 신체는 지속적으로 활동 또는 환경의 변화에 적응해야만 한다.

21. 근육 활동의 처음 90초 동안 세포들은 ATP를 만들어 내기 위해 크레아틴 인산 또는 젖산 발효를 이용하여 무산소(혐기성)호흡을 한다. 그 후, 호흡계와 혈액 순환계에 의해 산소가 전달되어 산소(호기성)호흡을 통해 더욱 많은 ATP를 효율적으로 생성하게 된다.

22. 아세틸콜린에스테라아제(에스터 가수분해효소)가 억제되어 있다면, 아세틸콜린은 근육이 수축하도록 자극을 계속해서 줄 것이다. 그 결과, 근육 경련과 심지어 근육 마비까지 일으킬 것이다. 1995년 3월, 사린은 도쿄의 지하철에서 방출되었고, 그 결과 12명의 사람이 죽고 수많은 사람이 다쳤다.

23. 특정 색깔 패턴의 먹이 회피 여부를 결정하기 위한 최선의 실험은 포식자를 회피에 대해 배울 기회 없이 키운 후, 다른 패턴을 가진 먹이를 포식자에게 제시하는 것이다. 포식자가 예상보다 더 자주 검은색과 노란색의 착색을 피한다면 회피는 타고난 것이다. 포식자가 처음에는 선호도가 없다가, 특정 색을 가진 먹이로부터 상처를 받은 후 특정 색에 대한 선호도를 나타내기 시작하면 회피는 학습된 것일 가능성이 크다. 이 경우 학습은 조작적 조건화인데, 즉 포식자는 색깔을 고통과 연관시키는 법을 학습했으므로, 그 색깔의 먹이를 피하게 된다. 검은색과 노란색 착색의 적응적 중요성을 측정하기 위해 독성(또는 침)을 가진 먹이와 독성이 없는 먹이를 착색 패턴이 있거나 없는 상태에서 포식자에게 제시할 수 있다. 포식자가 해롭거나 해롭지 않은 먹이를 모두 피한다면, 착색은 진화적으로 중요하다고 할 수 있다.

11장

■ **1단계: 이해력 확인하기**

1. ① 2. ① 3. ① 4. ④ 5. ④ 6. ② 7. ④ 8. ④ 9. ① 10. ③
11. ② 12. ④ 13. ③ 14. ② 15. ② 16. ② 17. ②

■ **2단계: 분석 및 적용하기**

18. • 탈분극: Na^+ 통로 열림, K^+ 통로 닫힘
• 재분극: Na^+ 통로 닫힘, K^+ 통로 열림
• 과분극: Na^+ 통로 닫힘, K^+ 통로 닫힘

19. (1) 활동전위는 축삭의 끝에 도달하고, Ca^{2+} 통로가 열린다.
(2) Ca^{2+}는 시냅스에서 시냅스소포가 축삭의 막과 융합되도록 한다.
(3) 시냅스소포는 신경전달물질을 방출한다.
(4) 신경전달물질 분자는 시냅스틈을 통해 확산된다.
(5) 시냅스 후 수용체 단백질은 신경전달물질과 결합한다.
(6) 시냅스 후 막이 탈분극된다.
(7) 이것이 억제성 시냅스라면 수용체 단백질과 신경전달물질은 시냅스후 막이 과분극되게 한다.

20. 망막에 도달하여 시신경에 활동전위를 생성하기 위해서는 빛이 먼저 신경절과 양극세포를 통과하여 양극성 세포와 시냅스를 이루는 간상세포와 원추세포에 도달해야 한다. 양극세포는 신경절 세포와 시냅스를 이루고 있다. 이들은 차례로 활동전위를 뇌에 보낸다. 망막은 3개의 층으로 구성되어 있으며, 간상세포와 원추세포는 동공에서 가장 멀리 위치하기 때문에 빛은 가장 깊게 이동하여 반응을 시작한 후, 이 반응은 더 표면으로 이동하여 광학 신호를 생성하게 된다.

21. 이석이 모세포 쪽으로 내려가게 하는 중력이 없으면 이석 기관이 제대로 기능하지 않는다. 이석 막은 모세포에 안착하지 않으며 중력의 당김에 대해 수평 혹은 수직으로 움직이는 신체에 반응하여 이동하지 않을 것이다. 결과적으로, 모세포는 구부러지지 않아 수용체 전위를 생성하지 않을 것이다. 우주 비행사는 볼 수 있기에 움직이는 느낌을 받을 수 있다. 주변 물체와 관련하여 자신이 움직이는 것을 볼 수 있지만, 눈을 감으면 주변 환경과 관련하여 움직이는지 알 수 없을 것이다. 그들의 자기수용기는 여전히 작용할 것이기 때문에 팔이나 다리를 움직일 때 감지할 수 있겠지만, 공간을 통해 움직이는 신체의 감각을 갖지 못할 것이다.
반고리관은 무중력의 조건에서 제대로 작동하지 않는다. 반고리관의 유체는 여전히 움직일 수 있어서 각운동의 일부 감각은 작용하겠지만, 반고리관의 완전한 기능을 위해서는 유체의 방향 이동을 돕기 위한 중력이 필요하다. 후자의 관점이 현재까지의 설명이다.

22. 효과가 느리고 작용 범위가 더 넓은 티록신과 같은 호르몬의 경우 하나의 호르몬을 사용하는 음성피드백 시스템으로 적절히 조절할 수 있다. 그러나 범위가 매우 좁고 해당 범위 내에서 지속적으로 변하는 특정 매개 변수의 경우 상하로 조절하는 시스템이 바람직하다. 예를 들면 혈액 내 Ca^{2+} 또는 포도당이 너무 많거나 너무 적으면 신체에 치명적인 영향을 미칠 수 있으므로, 이러한 경우는 매우 좁은 범위 내에서 수준이 조절되어야 한다. 만약 음성피드백 고리에만 의존한다면 매우 좁은 범위 내에서 적정 한도를 유지하는 데 필요한 빠른 "켜짐" 및 "꺼짐" 응답이 제대로 실행되기 어렵다.

12장

■ **1단계: 이해력 확인하기**

1. ③ 2. ③ 3. ① 4. ④ 5. ② 6. ② 7. ④ 8. ④ 9. ① 10. ③
11. ② 12. ④ 13. ② 14. ④ 15. ③ 16. ② 17. ②

■ **2단계: 분석 및 적용하기**

18. 새는 주변 환경에서 얻은 먹이를 새끼에게 먹인다. 어미 새는 먹이를 모이주머니에 저장하여 둥지로 돌아왔을 때, 음식을 역류시켜 새끼들의 입으로 가져간다. 반면에 포유류는 어미의 젖샘에서 생산되는 젖을 새끼에게 먹인다. 새끼들은 어미의 젖꼭지를 물고 젖을 빨면서 먹는다. 포유류는 새끼에게 액체를 먹이기 때문에 소화계에 모이주머니가 필요하지 않다.

19. 일반적으로 초식동물의 이는 셀룰로스로 구성된 질긴 풀을 잘게 분쇄해야 한다. 이를 위해 앞어금니와 어금니들은 크고 평평한 반면에, 육식동물들은 먹이가 되는 동물을 사냥하고 사냥한 동물의 조직을 자르고 찢기 위해 뾰족한 송곳니와 날카로운 앞어금니를 가진다. 또한 육식동물은 먹이를 잘게 씹을 필요가 없는데, 이는 먹이가 되는 육식동물의 세포는 소화하기 어려운 셀룰로스 세포벽이 없기에 소화효소의 작용이 식물보다 쉽기 때문이다.

20. 위나 이자의 효소 분비세포들이 소화효소를 생합성할 때 일반적으로 불활성 전구효소의 형태로 합성한 후 내강으로 분비한다. 이는 분비세포가 소화효소로부터의 효소작용에 의한 손상을 방지하기 위함이다. 내강으로 분비된 불활성의 효소는 대부분 간단한 화학반응에 의해 효소의 일부분이 잘려나가면서 활성형의 효소가 된다.

21. 어류의 아가미는 넓은 호흡면을 가지고 있으며, 역류계를 통해 가스교환을 위한 큰 산소농도기울기를 형성할 수 있어서 매우 효율적인 산소 교환을 할 수 있다. 조류의 폐도 매우 효과적인 산소 및 가스교환을 할 수 있는데, 이는 조류의 폐도 넓은 표면적과 단일 방향의 공기흐름을 만들기 때문이다. 이에 반해, 포유류의 폐는 넓은 표면을 가지고 있지만, 기체 농도기울기를 강하게 유지하는 기작이 없다.

22. 운동 중의 세포호흡은 많은 양의 이산화탄소를 배출하므로 혈액의 pH가 떨어진다. 또한, 증가된 세포호흡으로 인해 열이 생성되고 체온이 올라간다. 떨어진 pH와 체온 상승은 헤모글로빈에서 조직으로 전달되는 산소의 양(약 20%)을 증가시킨다.

23. 역류증폭계는 조류와 포유류에만 존재하는 헨레고리가 있기 때문에 형성될 수 있으며, 역류증폭계의 기능을 위해서는 헨레고리의 하행지는 물만 투과해야하며, 상행지는 Na^+ 등의 이온만 통과해야한다. 이를 통해 신장의 수질쪽으로 깊어감에 따라 큰 삼투몰농도를 형성할 수 있으며, 수질의 큰 삼투몰농도 구배 때문에 오줌이 배출되기 전에 집합관에서 물이 재흡수되어 농축된 오줌이 배설된다. 이는 수분 손실 방지에 큰 역할을 한다.

13장

▪1단계: 이해력 확인하기

1. ① 2. ② 3. ③ 4. ① 5. ③ 6. ④ 7. ③ 8. ① 9. ① 10. ③
11. ① 12. ③ 13. ③ 14. ③ 15. ② 16. ③

▪2단계: 분석 및 적용하기

17. 항이뇨호르몬(ADH)은 뇌하수체 후엽에서 분비되지만, 표적세포는 신장에 있다. ADH의 존재에 반응하여 신장은 재흡수되는 물의 양을 증가시킨다. 이 물은 결국 혈장으로 돌아가 부피가 증가하고 그에 따라 혈압이 증가하게 된다. 다른 호르몬인 알도스테론은 또한 신장이 Na^+을 유지하도록 하여 혈압을 증가시킴으로써, 물을 혈액으로 다시 끌어들이는 농도 기울기를 설정한다.

18. 많은 사람은 내온성의 진화가 일정한 내부 온도를 유지하기 위한 적응이라기보다는 산소가 낮은 환경에서 기능에 대한 적응이라고 주장한다. 이것이 사실이라면 4개의 방으로 된 심장의 진화는 신체 조직에서 산소 가용성을 높이고 산소가 부족한 환경에서 매우 유익한 적응일 것이고, 그리고 내온성의 진화와 관련이 있을 것이다. 즉, 이 2가지 적응은 또한 더 효율적인 심장이 내온성에 수반되는 대사 활동 증가에 필요한 산소를 제공할 수 있다는 점에서 관련이 있다고 볼 수 있다.

19. 동방결절(sinoatrial node, SA node)은 자연스러운 심박조율기 역할을 하기에, 오작동하는 경우 임상적 증상으로 심방과 심실 사이에 느리거나 불규칙한 심장 박동 또는 불규칙한 심전도가 예상된다.

20. 이러한 자료는 선천면역이 매우 오래된 방어 기작이라는 것을 암시한다. 자포동물문에서 이러한 단백질의 존재는 이 단백질이 다세포성 생물이 진화한 직후에 발생했음을 나타낸다.

21. 상처가 염증 반응을 일으켰다. 일부 병원균이 피부의 상처를 통해 몸에 들어갔을 가능성이 매우 크지만 실제로는 조직 손상으로 인해 반응이 발생한다. 발적은 히스타민의 방출로 인해 혈관이 확장된 결과이다. 이것은 또한 따뜻한 혈액을 표면에 더 가깝게 보내 피부 온도를 증가시킨다. 혈관에서 액체가 누출되면 상처 부위가 부어오르고 피부의 통증 센서에 압력이 가해질 수 있다. 이 모든 것들은 방어 세포와 분자를 부상 부위로 끌어당겨 감염으로부터 방어하는 데 도움이 된다.

14장

▪1단계: 이해력 확인하기

1. ④ 2. ④ 3. ③ 4. ③ 5. ③ 6. ③ 7. ① 8. ② 9. ① 10. ④
11. ② 12. ③ 13. ② 14. ② 15. ④ 16. ②

▪2단계: 분석 및 적용하기

17. 환자의 성체 세포는 핵을 전분화능(pluripotent) 세포로 재프로그래밍하는 인자와 함께 배양한다. 그다음 이러한 세포는 특정 세포 유형으로 분화를 유도하는 데 필요한 인자와 함께 배양하여 환자에게 이식될 수 있다. 이 방법은 간과 같이 재생하는 조직에 가장 쉽지만, 이론적으로 다양한 세포 유형에 사용될 수 있다.

18. FSH와 LH는 둘 다 성호르몬 생성에 필수적이다. FSH는 정자형성과정 및 난자형성과정을 촉진시키는 반면에, LH는 남성에서는 테스토스테론을, 여성에서는 에스트라디올 생성을 촉진한다.

19. 접합자로부터 분비되는 hCG는 황체의 퇴화를 막아서 다음 월경이 일어나지 않도록 한다. 따라서 hCG 수용체를 차단하면, hCG가 분비되더라도 작용하지 못하므로 황체는 퇴화되고 자궁내막은 떨어져 나온다. 결국 착상이 오래 유지되지 못하므로 사후 피임약으로 사용 가능하다.

20. 배아발생 단계별로 배아의 일부 세포를 제거한 후, 정상 발생이 되는지를 관찰한다. 아직 세포 운명이 결정되지 않았다면, 비어 있는 부분만큼 다른

세포들이 조절작용을 해서 정상 발생이 되지만, 운명이 결정된 후에는 제거한 부위에 해당하는 부분이 보충되지 않고 비정상적 발생을 할 것이다.

15장

■ 1단계: 이해력 확인하기

1. ③ 2. ② 3. ③ 4. ① 5. ① 6. ③ 7. ④ 8. ④ 9. ④ 10. ②
11. ① 12. ③ 13. ④ 14. ④ 15. ① 16. ④

■ 2단계: 분석 및 적용하기

17. 자손의 크기가 자손의 질(생존율)에 영향을 주지 않는다면, 당연히 부모의 관심사는 가능한 한 많은 작은 자손을 생산하는 것이다. 그렇게 함으로써 다음 세대에 친족 개체수를 늘려 적응도를 극대화할 수 있을 것이다.

18. 과거에 있었던 온난화의 결과로 인해서도 생물다양성(biodiversity)에는 큰 영향을 미쳤었다. 하지만 현재 발생하는 지구 온난화의 경우 인간의 활동으로 인해 인위적으로 생기는 것이며, 그 규모 또한 이전의 것에 비해 크다고 할 수 있다. 이전의 온난화의 결과로도 수많은 생물종의 멸종과 소실을 가져왔는데, 이보다 규모도 클 뿐만 아니라 급격한 온난화는 생물다양성에 더욱더 큰 악영향을 미칠 것이다.

19. 오늘날에 있어 생태계를 변화시키는 것은 인간의 경제활동과 가장 큰 관련이 있다. 생태계를 변화시켜 단기적으로는 경제적 · 물질적 이익을 취할 수 있기에 생태계 변화에 따른 손해를 실감하기는 어렵다. 하지만 세대를 거침에 따라 그로 인한 손해는 가시적으로 나타날 것이다. 예를 들어 호랑이, 늑대, 여우 등의 대형 육식동물로 인한 인명 · 가축 피해를 우려하여 무분별하게 포획한 결과, 중간 포식자의 해방으로 인해 기형적인 생태계 피라미드가 형성된다. 자연적인 생태계 조절을 위해 최상위 포식자를 복원하고자 현재 엄청난 돈과 시간을 투입하고 있는 실정이다.

용어해설

ㄱ

가계도 pedigree 알비노나 혈우병과 같은 특정 유전형질에 대해 여러 세대에 걸친 교배와 자손을 나타내는 모식도.

가로무늬근(횡문근) striated muscle 골격성 수의근과 심장근육.

가로세관 transverse tubule, T tubule 신경근접합부에서 생성된 탈분극 자극을 근섬유 곳곳으로 빠르게 전달하는 가느다란 관.

가수분해반응 hydrolysis reaction 물이 첨가되어 결합을 끊는 반응. 물이 제거되면서 분자가 결합하는 탈수반응의 역반응.

가장자리 효과 edge effect 서식지가 분할될수록 서식지의 가장자리 면적은 증가하는데, 이로 인해 개체군의 생존 기회가 감소하는 것을 의미함.

가중 summation 근육이 최대한 수축 상태를 유지하도록 하는 운동신경 세포의 반복적인 활성화.

각막 cornea 척추동물 눈의 투명한 외층.

각인 imprinting 동물이 본능적으로 가지는 학습 양식의 하나로, 태어난 지 얼마 안 되는 임계기에 환경 또는 자극으로부터 습득하여 영속성을 가지게 되는 행동.

각피(큐티클) cuticle 표피세포 외부 표면의 왁스 또는 지방층(큐틴이라고 불리는 물질로 형성됨).

간극연접 gap junction 동물세포에서 물질을 전달하는 인접한 세포 사이의 접합부.

간극유전자 gap gene 초파리의 체절형성 과정에서 배아를 큰 구획으로 나눌 수 있는 특정 유전자; *hunchback*은 간극유전자임.

간기 interphase 각 체세포분열 또는 감수분열 사이의 기간; 세포가 성장하고 DNA가 복제됨; G_1, S 및 G_2 단계를 포함.

간문맥 hepatic portal vein 위장관 등으로부터의 정맥이 하나로 합쳐져 간의 모세혈관으로 이어지는 혈관.

간상세포 rod 척추동물 망막에 있는, 빛에 민감한 신경세포; 매우 희미한 빛에 민감해서 야간 시각 담당.

간섭경쟁 interference competition 같은 자원을 이용하기 위해 물리적인 충돌이 있는 경쟁.

감각(구심성)뉴런 sensory (afferent) neuron 감각 수용기에서 중추신경계 또는 중추신경절로 신경자극을 전달하는 뉴런.

감수분열 meiosis 생식세포의 형성을 위한 분열, 염색체 수가 반감된 반수체의 세포를 만듦.

감수1분열 meiosis I 감수분열 중 첫 번째 세포분열; 상동염색체가 분리되기 때문에 'reduction division'이라고도 불림. 딸세포는 반수체의 염색체를 가짐.

감수2분열 meiosis II 감수분열의 두 번째 단계, 감수1분열로부터 얻은 2개의 세포가 DNA 복제 없이 체세포분열과 유사한 분열을 거쳐 반수체 핵을 가진 4개의 딸세포를 생산함.

강 class 문과 목 사이의 분류학적 범주. 강은 하나 이상의 목으로 구성되며, 특정 문에 속함.

강모 seta, pl. setae 환형동물에서 이동하는 도중 또는 굴을 뚫을 때 몸체를 고정시키는 데 도움이 되는 키틴질의 억센 털.

강축 tetanus 근육에 빠르게 반복 자극을 줄 때, 거듭된 연축으로 생기는 지속성 수축.

강화 reinforcement 종 분화에서 두 개체군 구성원 간의 교배를 억제하는 선택으로 인해 개체군 간의 부분적인 생식 격리가 증가하여 궁극적으로 완전한 생식 격리를 일으키는 과정.

거친면 소포체(조면소포체) rough ER (RER) 리보솜이 부착되어 있는 소포체로, 외부로 분비되는 단백질이나 막단백질을 합성함.

개방순환계 open circulatory system 혈액이 체강 내로 흘러 들어가서 체액과 혼합되어 다른 위치의 혈관으로 다시 들어가는 순환 시스템.

개시코돈 start codon AUG는 mRNA 번역의 시작 부위를 나타냄; 이 코돈은 또한 아미노산 메싸이오닌을 암호화함.

개체군(집단) population 같은 시기에 특정 지역을 점유하는 한 종의 개체 무리.

개체군통계학(인구통계학) demography 개체군(인구) 증가율과 연령 구조의 특성을 나타냄.

검정교배 testcross 유전자형을 모르는 우성 표현형 개체를 열성 동형접합 개체(tester)와 교배하는 것으로, 관련 유전자가 동형접합인지 또는 이형접합인지를 알아내기 위해 사용함.

결실 deletion 염색체의 일부가 손실되는 돌연변이. 너무 많은 양이 손실될 경우 치명적임.

경고색 aposematic coloration 밝은색을 이용하여 독성이 있음을 알리는 일부 생물체의 생태 전략.

경쟁배타 competitive exclusion 생태학적 요구가 같은 두 종은 동일 지역에 무한정 같이 살 수 없으며, 가용한 희소 자원을 활용하는 데 있어 효율이 높은 종이 다른 종을 제외시킨다는 사실. 가우스의 원리로도 알려져 있음.

경쟁적 억제제 competitive inhibitor 효소에서 기질이 붙는 부위에 결합하여 기질과 경쟁하는 억제자

곁눈(액아) axillary bud 식물에서 줄기와 잎의 엽액에서 발견되는 싹. 액아가 새로운 싹으로 발달하거나 꽃이 될 수 있음.

계 kingdom 분류 범주의 두 번째로 높은 단계.

계통 phylogeny 기원과 관련된 종의 진화 역사로, 계통과 분지 관계를 나타낸 모식도가 계통수임.

계통분류학 systematics 진화론적 관계의 재구성 및 연구하는 학문.

계통수 phylogenetic tree 생물체 간의 유사점과 차이점을 분석하여 생성된 자손들의 계보 패턴. 현대 유전자 시퀀싱 기술은 개개 유전자의 진화적 이력을 나타내는 계통수를 만들어냄.

고막 tympanum 일부 곤충의 소리 수용기. 기관낭과 관련된 얇은 막으로, 복부의 양 측면에 쌍으로 존재.

고세균 archaea 원핵생물과 진핵생물의 특징을 갖고 있는 세균으로, 극한 환경을 포함한 고도로 다양한 서식지에서 발견됨.

고장성(의) hypertonic 세포보다 높은 농도의 용질이 함유된 용액. 고장액 내의 세포는 삼투로 인해 물을 잃는 경향이 있음.

고정된 행동유형 fixed action pattern 동물의 정형화된 행동 반응. 생태학자들은 프로그램화된 신경회로에 기반한 행동으로 간주함..

골격근 skeletal muscle 골격에 부착되어 팔다리와 몸의 자세나 운동에 관여하는 근육으로, 마이오신과 액틴 필라멘트로 구성됨.

골다공증 osteoporosis 골조직의 생화학적 조성은 정상이지만, 단위부피당

의 골량이 감소하는 대사성 골 질환.

골세포 osteocyte 성숙한 조골세포.

골지체 Golgi apparatus (Golgi body) 진핵세포의 세포질에 존재. 납작한 막이 평평하게 포개진 구조로 세포에서 합성된 물질의 수집, 포장 및 분배 기능을 함.

공동수송체 symporter 막을 가로질러 같은 방향으로 2개의 분자 또는 이온을 운반하는 세포막의 운반단백질.

공동우성 codominance 어떤 유전자에서 2개 이상의 대립유전자 각각은 서로에 대해서는 우성이 아니지만 다른 대립유전자들에 대해서는 우성인 경우. 공동우성 대립유전자에 대한 이형접합체의 표현형은 각각의 동형접합체 특징을 나타냄. 예를 들어, 사람의 혈액형에서 AA형과 BB형 사이에서는 AB형이 나옴.

공변세포 guard cell 식물의 기공을 둘러싸는 소시지 모양의 세포; 공변세포는 기공을 열고 닫음.

공생 symbiosis 둘 이상의 서로 다른 생물체가 밀접하게 함께 사는 상태; 기생(생물체 중 어느 한쪽에 해로움), 편리공생(한쪽은 이익을 얻는 반면에, 다른 쪽은 영향이 없음), 상리공생(양쪽에 유익함)을 포함.

공업암화 industrial melanism 자연선택의 결과로 처음에 밝은색이었던 개체가 어두운색을 가진 개체로 되는 진화적 과정을 설명하는 용어.

공역수송 coupled transport 한 분자의 농도기울기로부터 저장된 에너지를 사용하여 다른 분자가 농도기울기를 거슬러 수송되는 경우.

공진화 coevolution 서로 밀접하게 상호작용하는 2개 이상의 개체군 또는 종에서 각 집단은 다른 집단에 대해 강력한 선택압으로 작용하여 동시에 적응이 발생하는 현상.

공통원시형질 symplesiomorphy 분기학에서, 공통 조상의 형질에 대한 또 다른 용어.

공통파생형질 synapomorphy 분류학에서 집단(여러 종)에 의해 공유되나 조상의 형질과 다른 형질 상태.

과 family 속 수준 이상의 유사한 종의 분류학적 체계.

과립세포 granulosa cell 난포 내의 세포로 에스트라디올(estradiol, 또는 에스트로젠)을 분비함.

과민반응 hypersensitive response 병원균에 대응하는 식물의 반응으로, 병원균의 확산을 막기 위해 자신의 세포를 선택적으로 죽임.

과분극 hyperpolarization 휴지전위보다 낮은 음전하를 띠는 막 전위 상태.

과오돌연변이 missense mutation 단일 아미노산의 변경을 초래하는 염기치환 돌연변이.

관다발형성층 vascular cambium 관다발식물에서 원형의 분열조직 세포층으로, 이의 분열은 바깥쪽으로 2차적인 체관부를 생성하고 안쪽으로 2차적인 물관부를 생성함; 관다발형성층은 줄기 또는 뿌리 지름을 증가시킴.

괄약근(조임근) sphincter 척추동물에서 수축으로 인해 관 모양의 구멍을 막을 수 있는 고리 모양의 근육(예: 위와 소장 사이, 항문).

광계 photosystem 엽록소 및 다른 색소와 여기된 전자로 빛 에너지를 모으는 단백질의 조직화된 복합체. 식물은 엽록체의 틸라코이드막에 2개의 연결된 광계를 가짐. 광계 II는 NADPH로 전달된 전자를 보충하기 위해 여기된 전자를 전자전달계를 통해 광계 I으로 보냄. 광계 II에서 손실된 전자는 물의 산화로 인해 대체됨.

광비의존성 반응(암반응) light-independent reaction 광의존성 반응에서 생성된 ATP와 NADPH를 이용하여 CO_2에서 포도당과 같은 유기물을 만드는 캘빈 회로 반응. 탄소고정, 즉 무기 탄소(CO_2)에서 유기 탄소(최종적으로는 탄수화물)로의 전환을 포함.

광의존성 반응(명반응) light-dependent reaction 식물의 광합성에서 빛 에너지를 이용하여 ATP와 NADPH를 만들어내는 반응. 서로 연결된 2개의 광계 작용을 포함.

광합성 photosynthesis 빛을 에너지원으로 사용하여 무기물인 이산화탄소와 물로부터 유기물을 합성하는 반응.

광형태형성 photomorphogenesis 식물의 빛에 의해 촉발되는, 방향성이 없는 발생.

교차 crossing over 감수분열 동안 상동염색체 간의 서로 상응된 염색체 분절의 교환을 의미하며, 상동염색체의 유전자 재조합을 담당함.

교차점 chiasm, pl. chiasmata 교차가 일어나는 상동염색체들 사이의 부착 지점.

구성적 이질염색질 constitutive heterochromatin 염색체 일부가 단단히 꼬여 간기 때에도 전사되지 않는 부분으로, 주로 동원체나 말단소체에 존재함.

국소분비(측분비) paracrine 효과가 국소적이고 짧은 시간 동안 작용하는 세포 사이의 화학적 신호전달 유형.

군상 분포 clumped spacing 생물의 서식 분포 형태 중 하나로서, 멀리 퍼져 있기 보다는 어느 지역에 모여 있는 분포형.

군집 community 공통적인 환경에 살면서 서로 상호작용하는 모든 종.

굴광성 phototropism 식물에서 빛 자극에 대한 생장 반응.

굴성 tropism 외부 자극에 대한 반응.

굴중성 gravitropism 식물에서 중력에 대한 생장 반응; 이전에는 굴지성(geotropism)이라 불렀음.

균근 mycorrhiza, pl. mycorrhizae 곰팡이와 식물 뿌리와의 공생체.

그라나 granum, pl. grana 엽록체 틸라코이드막 시스템의 일부분으로, 서로 연결된 평평한 디스크(틸라코이드)가 차곡차곡 쌓인 원기둥 모양의 구조.

그람염색 Gram stain 바이올렛 염료를 유지하는지 여부에 따라 박테리아를 그람음성 또는 그람양성으로 나누는 염색기술. 착색의 차이는 세포벽 구조 때문임.

궤도 orbital 원자핵 주위를 도는 전자들이 위치한 영역.

극성 polarity (1) 물과 같은 분자에서 전하 분포가 불균일한 것으로, 전체적으로 중성이지만 양전하의 영역과 음전하의 영역을 가짐. (2) 좌우대칭동물의 발생 중인 배아에서 축 방향의 차이를 의미하며, 이로 인해 앞-뒤축과 등-배축이 형성됨.

극성공유결합 polar covalent bond 원자의 전기음성도의 차이로 인해 전자가 불균등하게 분포하는 결합. 분자는 전기적으로 중성이나, 한 원자는 부분적으로 음전하를, 다른 원자는 부분적으로 양전하를 띤다.

극성활성부위 zone of polarizing activity (ZPA) 척추동물에서 발달하는 사지 싹의(뒤쪽) 영역으로, 앞-뒤축을 따라 손가락이 정확하게 생기도록 지시함.

극체 polar body 척추동물의 배우자 형성을 위한 감수분열 과정에서 생성된 작고 기능이 없는 세포.

극한세균 extremophile 극한 환경에서 살아가는 고세균으로, 서로 다른 고세균에 속하는 종들이 온천(호열성 세균), 매우 높은 염분(호염 세균), 강한 산성 또는 염기성 환경, 심해와 같은 매우 높은 압력 하에서 생존함.

근계 root system 식물을 고정하고, 무기염류와 물을 흡수하는 식물체 부분.

근방추 muscle spindle 골격 근육 내에서 수축 상태를 모니터링하는 감각기.

근섬유 muscle fiber 자극을 받으면 수축하는 수많은 근원섬유가 포함된 긴 원통형의 다핵세포.

근소포체 sarcoplasmic reticulum 근육세포의 소포체. 각 근원섬유 주위를 감싸는 막으로 구성됨.

근육 muscle 힘줄과 살을 통틀어 이르며, 동물의 운동을 맡은 기관으로, 기능적으로 수의근인 골격근과 불수의근인 내장근이 있으며, 구조적으로는 가로무늬근과 민무늬근이 있음.

근위세뇨관 proximal convoluted tubule 콩팥 세뇨관의 앞쪽 부분으로, 물과 중요한 용질의 재흡수가 일어남.

근절 sarcomere 골격근 수축의 기본단위; 2개의 Z선 사이에 나타나는 액틴과 마이오신의 반복되는 띠.

근필라멘트 myofilament 근육 내에서 주로 액틴과 마이오신으로 구성된 수축성 미세섬유.

글루카곤 glucagon 척추동물의 호르몬으로, 췌장에서 생성됨. 글리코겐을 포도당으로 분해하는 작용을 개시함.

글리코젠 glycogen 동물성 전분; 동물, 박테리아, 균류에서 양분을 저장하는 분지형 다당류.

기공 stoma, pl. stomata 식물에서 잎과 줄기의 표피에 있는 공변세포로 둘러싸인 작은 개구부; 물은 주로 기공을 통해 식물 밖으로 나옴.

기관 organ 구조 및 기능 단위로 묶인, 여러 조직으로 구성된 체내 구조.

기관 trachea, pl. tracheae 호흡관; 육상 척추동물에서 후두와 기관지 사이에 공기를 운반하는 기관(폐로 이어짐); 곤충 및 기타 육상 절지동물에서는 키틴질로 된 기관 체계.

기관계 organ system 화학적·물리적으로 서로 상호작용하여 공통의 업무를 수행하는 둘 이상의 기관

기관지 bronchus, pl. bronchi 기관(호흡기관)의 아래쪽 끝에서 어느 한쪽 폐로 분기하는 호흡관 한 쌍.

기관형성과정 organogenesis 3개 배엽 사이의 세포간 상호작용으로 적절한 장소에서 기관이 형성되는 과정.

기능유전체학 functional genomics 단지 유전자의 서열을 확인하는 것을 넘어서서 유전자와 그 생성물의 기능에 대해 연구하는 학문.

기본분열조직 ground meristem 식물체(표피와 관다발 조직 제외)를 형성하는 1차 분열조직 또는 분열조직.

기생 parasitism 어떤 생물체가 다른 종의 생물체 표면이나 체내에 살면서 영양분을 얻는 생활 형태.

기저체 basal body 편모 또는 섬모가 뻗어 나오는 세포질 소기관으로, 자가생산이 가능한 9개의 3중체로 이루어진 원통형 미세소관을 의미함.

기질 matrix 미토콘드리아에서 크리스타로 둘러싸인 내부 공간의 용액으로, 산화적 호흡반응에 관여하는 효소 및 다른 분자들을 포함함; 보다 일반적으로는 한 기관의 조직 혹은 반응이 일어나는 조직의 일부분.

기질 substrate (1) 생물체가 부착하는 토대. (2) 효소가 작용하는 분자.

기화열 heat of vaporization 물질 1g을 액체에서 기체로 바꾸는 데 필요한 에너지의 양.

긴 말단반복서열 long terminal repeat (LTR) 특정 유형의 레트로트랜스포존(RNA 유래 전이인자). 끝부분에 반복적인 염기서열을 가짐.

긴 산재전이인자 long interspersed element (LINE) 인간과 기타 영장류에서 발견되는 커다란 전이인자의 유형으로, 전이에 필요한 모든 생화학적 장치를 포함.

ㄴ

나노스 유전자 nanos 초파리에서 배아의 앞-뒤축을 예정화하는 유전자. 앞-뒤축은 바이코이드(bicoid)와 나노스(nanos) 단백질의 서로 반대되는 농도 기울기에 의해 형성됨.

나선-꺾임-나선 모티프 helix-turn-helix motif 조절단백질에서 흔히 발견되는 DNA-결합 모티프; 2개의 α-helix가 비나선(turn) 부분으로 연결됨.

나선형 난할 spiral cleavage 배아의 극축에 대해 비스듬한 각도로 분열이 일어나는, 일부 선구 동물의 난할 패턴; 분열하는 세포를 따라서 그려진 선은 나선을 형성함.

난자형성과정 oogenesis 다세포동물의 발생과정 중 난소 내의 원시생식세포가 난원세포를 거쳐 성숙된 난자가 되기까지의 과정.

난포기 follicular phase 월경일부터 배란일까지의 기간으로, 성 호르몬의 영향으로 난포가 성숙는 시기.

난포자극호르몬 follicle stimulating hormone (FSH) 생식소에 작용하는 뇌하수체 전엽에서 분비되는 것으로, 난포의 성장과 성숙을 유도함.

난할(분할) cleavage 척추동물에서 수정란이 연속적으로 빠르게 분열하는 과정으로, 속이 비어 있는 포배를 형성함.

난황 yolk 배아의 발생 동안에 필요한 영양분.

난황낭 yolk sac 알의 난황을 둘러싸는 막으로, 혈관을 통해 영양분이 풍부한 난황을 배아에 연결함.

난황막 vitelline envelope 난세포를 둘러싸서 보호하는막. 수정 직후 수정막을 형성함.

남세균 cyanobacteria 광합성 박테리아 그룹으로 "청록색 조류"라고도 하는데, 식물과 조류에 가장 풍부한 엽록소뿐만 아니라 다른 색소도 포함하고 있음.

낭배형성 gastrulation 포배를 내배엽, 중배엽, 외배엽의 3개의 배엽을 가진 배아로 발생시키는 과정; 속이 빈 구조를 3층의 구조로 바꾸기 위해 수많은 세포 이동이 일어남.

낫모양적혈구빈혈증 sickle cell anemia 적혈구의 헤모글로빈 단백질을 만드는 유전자에 이상이 생겨 산소가 부족한 환경에서 적혈구 모양이 낫모양으로 변형되는 유전병.

내배엽 endoderm 척추동물 배아 초기의 3가지 배엽 중 하나로, 내부 구조의 상피조직 및 대부분 소화관과 호흡관을 형성함.

내분비샘 endocrine gland 도관 없이 세포 외부로 호르몬을 분비하는 샘으로, 호르몬은 순환계로 확산됨.

내세포덩어리 inner cell mass (ICM) 포유류의 포배(blastocyst) 내에 있는 작은 세포 집단으로, 융모막(장막)을 제외한 배외막과 배아를 형성함.

내생포자 endospore 매우 저항력이 강한 두꺼운 벽을 가진 박테리아의 포자. 열이나 건조와 같은 가혹한 환경 스트레스를 견딜 수 있으며, 조건이 좋아지면 발아가 가능함.

내온성 endothermic 동물의 체온이 주로 체내에서 발생하는 대사열에 의해서 유지되는 상태 또는 특성. 이러한 동물을 내온동물이라고 함.

내장근 visceral muscle 척추동물에 있어 내장기관의 구성요소가 되는 근육.

내피 endodermis 관다발식물에서, 뿌리와 일부 줄기에서 피층의 가장 안쪽 층을 형성하는 세포층.

내호흡 internal respiration 생물체 내의 기체 수송.

네프론 nephron 척추동물 콩팥의 기능적 단위; 혈액의 여과 및 선택적 재흡수에 관여하는 다수의 관 중 하나; 각 네프론은 보먼주머니와 이에 둘러싸인 사구체 및 길게 부착된 관으로 이루어짐. 사람에서는 이 관을 세뇨관이라고 부름.

녹말 starch 포도당의 불용성 중합체; 식물의 주요 양분 저장 물질.

뇌량 corpus callosum 인간 및 다른 영장류에서 2개의 뇌반구를 연결하는 신경섬유 띠.

뇌실막세포 ependymal cells 중추신경계에서 발견되는 신경교세포로, 뇌척수액을 생산함.

뇌하수체 pituitary gland 시상하부 기저부의 내분비선으로 전엽과 후엽으로 구성됨. 뇌하수체 호르몬은 척추동물에 다양한 영향을 줌.

눈(싹) bud (1) 무성생식에 의해 뻗어 나온 싹으로, 새로운 개체로 발생함. (2) 식물에서의 배아 싹으로, 종종 어린 잎에 의해 보호됨.

뉴런(신경세포) neuron 신호전달에 특화된 신경세포; 세포체, 수상돌기 및 축삭을 포함.

뉴클레오솜 nucleosome 8개의 히스톤 단백질이 중심을 이루고, 이 주위를 DNA 2중나선이 감싸 이루어진 복합체.

뉴클레오사이드 nucleoside 인산염을 제외한 5탄당(리보스 또는 디옥시리보스)과 퓨린 또는 피리미딘으로 구성된 핵산의 단위.

뉴클레오타이드 nucleotide 인산염, 5탄당(리보스 또는 디옥시리보스)과 퓨린 또는 피리미딘으로 구성된 핵산의 단위.

뉴콥 센터 Nieuwkoop center 양서류 배아의 식물반구에 있는 세포 중에서 등쪽 구조를 만드는 형성체를 유도할 수 있는 세포들이 모인 지역으로, β-카테닌이 많이 분포함.

느린-연축섬유(지근섬유) slow-twitch fiber 마이오글로빈 함유량이 높은 적색섬유로, 피로감 없이 오랜 기간 작동함.

능동수송 active transport 저농도 영역에서 고농도 영역으로 세포막을 가로지르는 이온 또는 분자의 이동(즉, 농도기울기를 거슬러 일어남). 이 수송 과정에는 에너지가 필요함.

니코틴아미드 아데닌 디뉴클레오타이드 nicotinamide adenine dinucleotide (NAD) NADH로 환원되는 분자. 산화된 분자로부터 고에너지 전자를 운반하여 세포의 ATP 생성경로로 전달함.

ㄷ

다계통군 polyphyletic group 수렴 혹은 평행진화에 의해 2가지 이상의 서로 다른 조상혈통에서 유래한 하나의 분류학적 무리를 지칭함.

다당류 polysaccharide 많은 수의 단당류 소단위체가 긴 사슬로 연결된 탄수화물; 예를 들어, 글리코젠, 전분 및 셀룰로스가 있음.

다량영양소 macronutrient 식물이 상대적으로 많은 양을 필요로 하는 영양분으로, 탄소, 수소, 산소, 질소, 포타슘, 마그네슘, 칼슘, 인산, 황이 포함됨.

다른자리입체성 부위 allosteric site 활성부위에서 떨어져 있는 효소의 일부분으로, 효소의 기능을 위한 스위치 역할을 함.

다른자리입체성 억제인자 allosteric inhibitor 효소의 다른자리입체성 부위에 결합하여 효소가 활성 상태로 되는 것을 방지하는 비경쟁적 억제제.

다른자리입체성 활성인자 allosteric activator 효소의 다른자리입체성 부위에 결합하여 효소를 활성 상태로 유지하는 물질.

다면발현성 pleiotropic 개별 대립유전자가 하나 이상의 표현형을 발현하는 상태.

다분화능 multipotent 여러 종류의 서로 다른 세포를 발생시킬 수 있는 줄기세포의 특징.

다운증후군 Down syndrome 추가로 1개 더 존재하는 21번 염색체(3염색체성)에 의해 발생하는 유전 질환으로, 이는 또한 21번 염색체의 전좌에 기인하기도 함. 이 증후군은 성장 감소, 특이한 안면 구조, 비교적 경미한 지적 장애 등을 나타냄.

다이서 dicer 2중가닥 RNA를 절단하여 세포에 작은 RNA 분자를 생성하는 효소. 다이서는 miRNA와 siRNA를 생성.

다인자유전 polygenic inheritance 인간의 키와 같이, 어떤 형질에 하나 이상의 유전자가 영향을 주는 유전 방식; 다인자유전은 불연속적인 값이 아닌 연속적인 표현형 범위를 나타냄.

다정자수정 polyspermy 하나의 난자에 2개 이상의 정자가 수정된 것으로, 정상적인 발생을 하지 못함.

다핵성 배반엽 syncytial blastoderm 초파리와 같은 곤충의 배아발생 과정에서 하나의 큰 세포질에 약 4,000개의 핵을 포함하는 구조.

다효소복합체 multienzyme complex 일련의 반응에서 각 단계를 촉매하는 여러 효소로 구성된 집합체. 이를 이용하면 전체 반응속도가 빨라져 더욱 효율적임.

단계통군 monophyletic group 공통조상으로부터 갈라진 모든 종과 조상종을 포함하는 분류군.

단공류(동물) monotremes 알을 낳는 포유류.

단궁류 synapsids 안와 뒤쪽의 두개골에 한 쌍의 측두창(temporal opening)이 있는 초기 파충류 종류; 이 개구부에 턱 근육이 붙어 있음. 포유류의 초기 조상이 이 종류에 속함.

단당류 monosaccharide 더 작은 당으로 분해될 수 없는 간단한 당.

단백질 protein 펩타이드 결합으로 연결된 아미노산 사슬.

단백질체 proteome 특정 게놈에 암호화된 모든 단백질.

단백질체학 proteomics 단백질체에 대해 연구하는 학문. 이것은 기능유전체학과 관련이 있는데, 단백질체가 게놈에 암호화된 기능의 대부분을 담당하기 때문.

단복상 haplodiploidy 말벌처럼 반수체(수컷)와 2배체(암컷)인 개체가 모두 발생하는 특정 생물체에서 일어나는 현상.

단분화능 unipotency 줄기세포가 한 종류의 세포만을 생성할 수 있을 때를 말함.

단성생식(단위생식) parthenogenesis 진딧물, 꿀벌, 개미 및 일부 도마뱀처럼 수정 없이 난자가 발생하는 것.

단일수송체(단일운반체) uniporter 한 종류의 분자 또는 이온만을 운반하는 세포막의 운반 단백질.

단일염기변이 single nucleotide variation (SNV) 집단에서의 DNA 변이로, DNA의 단일 지점(염기)에 영향을 줌.

단핵구 monocyte 조직으로 이동한 후 식세포(대식세포)가 되는 백혈구의 한 유형.

달팽이관(와우각) cochlea 귀의 가장 안쪽인 내이에서 청각을 담당하는 구조.

담자기 basidium, pl. basidia 담자균류에서 곤봉 모양의 특수 생식세포로서, 핵융합과 감수분열이 일어남.

담즙염(쓸개즙염) bile salts 척추동물의 간에서 분비되어 담낭에 임시 저장되는 유기염의 용액. 소장에서 지방을 유화시킴.

대뇌변연계 limbic system 시상하부와 이를 대뇌피질의 일부 영역과 연결하는 뉴런의 네트워크를 함께 일컬음. 척추동물에서 통증, 분노, 성, 식욕과 갈증, 쾌락 등 내면에 깊숙이 자리한 동기와 정서를 담당함.

대동맥 aorta 척추동물에서 혈액 순환의 주요 동맥. 포유류는 산소로 포화된 혈액을 심장으로부터 폐를 제외한 신체의 모든 부위까지 운반.

대립유전자 allele 2개 또는 그 이상의 변이 형태로 존재하는 유전자에서, 그 중의 하나.

대립유전자 빈도 allele frequency 집단에서 어떤 대립유전자의 출현에 대한 척도로서, 전체 집단에서의 비율로 나타냄. 예를 들어, 출현 빈도 0.84(84%).

대사과정 metabolism 살아 있는 세포나 생물체 내에서 발생하는 모든 화학작용의 총합.

대식세포 macrophage 분해된 세포의 잔해와 침입한 박테리아를 삼키고 소화할 수 있는 거대한 세포.

대음순 labia majora 여성 외음부의 바깥 테두리를 이루며, 좌우로 갈라진 피부 융기.

도메인 domain 식별 가능한 단백질의 모듈 부분으로, DNA 결합 도메인 혹은 조절 도메인처럼 단백질의 작용에서 특정 기능을 제공함.

도약전도 saltatory conduction 매우 빠른 형태의 신경 충격 전도. 신경 충격이 절연된 부분을 건너 결절에서 결절로 도약하며 전도됨.

독립영양생물 autotroph 먹이원으로 단순한 무기 화합물만을 이용하여 필요한 모든 복잡한 유기 분자를 만들 수 있는 생물체.

독립의 법칙 Law of Independent Assortment 멘델의 두 번째 유전법칙. 비상동염색체 상의 유전자는 각각 독립적으로 조합을 이룸.

돌연변이 mutation 세포 DNA의 영구적인 변화; 뉴클레오타이드 서열의 변화, 유전자 위치의 변경, 유전자 손실 또는 중복 및 외래 염기서열의 삽입을 포함.

돌연변이(유발)원 mutagen DNA의 변화(돌연변이)를 유도하는 작용제; DNA를 손상시키는 물리적 제제(製劑)와 DNA의 염기를 바꾸는 화학적 제제가 포함됨.

동계교배 inbreeding 유전적으로 연관성이 높은 식물 또는 동물끼리의 교

배: 근친교배는 동질성을 증가시키는 경향이 있음.

동령군 cohort 동일 연령의 개체군.

동류교배 assortative mating 표현형이 유사한 개체가 더 자주 짝짓기를 하는 비무작위 짝짓기의 일종.

동맥원추 conus arteriosus 척추동물의 배아 심장에서 가장 앞쪽에 있는 방.

동물극 animal pole 난황이 비대칭적으로 분포하는 어류 및 수생 척추동물에서 상대적으로 난황이 적게 들어 있는 세포들로 구성된 포배기의 반구.

동반세포 companion cell 식물의 체관부에 있는 각각의 체관 세포와 연결된 특수한 유세포.

동방결절 sinoatrial node (SA node) 상대정맥의 우심방 개구부에 있는 특수한 심근 세포군으로, 심장박동을 일으키는 전기 자극이 시작되는 장소.

동소성 sympatric 같은 지리적 범위 내에서 서식하는 개체군.

동원체 centromere 염색체의 잘록한 부위로서, 특정 단백질에 결합하는 DNA 염기서열이 반복되어 있음. 이 단백질들은 세포분열 동안 미세소관이 부착하는 동원체를 구성함.

동위원소 isotope 양성자 수는 같지만 중성자 수는 다른 원소.

동형접합성 homozygous 하나의 유전자에 대해 동일한 대립유전자를 2개 갖는 경우, 대개 하나 이상의 특정 유전자 좌위에 적용됨; *W* 좌위에 대해 동형접합의 유전자형은 *W*/*W*, *w*/*w*

동화작용 anabolism 물질대사에서 물질을 합성하는 과정으로, 생합성과 관련된 화학 반응.

두화(두부형성) cephalization 동물의 앞쪽 끝부분에 머리와 뇌 영역을 갖도록 진화한 것. 좌우대칭 체제의 결과라 간주됨.

등장성(의) isotonic 세포와 같은 용질 농도를 갖는 용액. 등장액에 있는 세포는 동일한 양의 물을 얻거나 잃음.

등쪽 신경삭 dorsal nerve cord 척삭동물의 특징으로, 배아의 등쪽 표면 아래에 길게 형성된 구조로서, 척추동물에서는 뇌와 척수로 분화된다.

등쪽 입술 dorsal lip 회색신월환이 있는 위치의 동물극 세포들이 형성하는 구조이며, 형성체로 작용하여 주변의 세포들을 등쪽 구조가 되도록 유도하는 능력이 있음.

디디옥시뉴클레오타이드 dideoxynucleotide 2번 및 3번 탄소 위치의 OH기가 모두 결핍된 뉴클레오타이드. DNA 염기서열결정법에서 종결자로 사용됨.

디옥시리보핵산 deoxyribonucleic acid (DNA) 모든 생물체의 유전물질로, 2개의 상보적 뉴클레오타이드 사슬이 2중나선을 형성함.

디펜신 defensin 항균성을 지닌 시스테인이 풍부한 작은 펩타이드.

땅속줄기(지하경) rhizome 관다발식물에서, 다소 수평적으로 신장하는 땅속줄기; 양분의 저장을 위해 확대되거나 식물 생식기능을 수행함.

ㄹ

라이보자임 ribozyme 효소처럼 작용할 수 있는 RNA 분자로, 때로는 자기 자신을 조립하는 과정을 촉매(역자 주: 예로, 인트론 제거); rRNA는 단백질 합성을 위한 아미노산의 중합과정에서 리보자임으로 작용.

라이소솜 lysosome 진핵세포에서 골지체에 의해 생성된 소화효소를 함유한 막-결합 소포.

랑게르한스섬 islets of Langerhans 이자에 있는 내분비 조직으로, β-세포에서는 인슐린이, α-세포에서는 글루카곤이 분비되어 포도당의 대사에 중요한 역할을 함.

랑비에결절 nodes of Ranvier 2개의 슈반세포 사이의 공백 지점으로, 축삭이 주변 조직액과 직접 접촉하는 마디를 의미함.

류신지퍼 leucine zipper 2개의 단백질 소단위체가 류신('지퍼')을 포함하는 소수성 영역 사이의 작용에 의해 연결되는 구조로, 주로 전사인자에 존재함.

레이디히 세포 leydig cell 세정관 사이에 있는 세포로, LH의 자극으로 테스토스테론을 생성함.

레트로바이러스 retrovirus RNA 바이러스. 레트로바이러스가 세포에 들어가면 바이러스의 효소(역전사 효소)가 바이러스 RNA를 2중나선 DNA로 전사하고, 세포는 이를 마치 자신의 것처럼 복제하고 전사함.

로돕신 rhodopsin 망막의 간상세포가 갖는 광색소. 시스-레티날(cis-retinal)분자에 결합된 옵신(opsin)단백질로 이루어짐

리간드개폐성 이온통로 ligand-gated channel 세포막에 존재하는 단백질로, 리간드(또는 화학물질)가 결합하면 열려서 특정 이온을 통과시킴.

리보솜 ribosome 단백질 합성을 수행하는 분자 기계; 세포에서 가장 복잡한 단백질의 응집체로, 3개의 rRNA 분자를 함유함.

리보솜 결합서열 ribosome-binding sequence (RBS) 원핵생물에서, mRNA의 5′말단의 잘 보존된 염기서열. 이는 작은 소단위체에 있는 rRNA의 3′말단에 상보적이며, 번역 개시 과정에서 리보솜이 부착하는 데 도움을 줌.

리보솜 RNA ribosomal RNA (rRNA) 리보솜 단백질과 함께 리보솜에서 발견되는 RNA 분자; 인(nucleolus)에 있는 DNA로부터 전사

리보핵산(RNA) ribonucleic acid (RNA) 리보스 당 및 피리미딘 우라실의 존재를 특징으로 하는 핵산의 부류; mRNA, tRNA 및 rRNA를 포함.

리불로스-1,5-2인산 ribulose 1,5-bisphosphate (RuBP) 캘빈 회로에서 루비스코(rubisco) 효소에 의해 CO_2가 첨가되는 5탄당으로, 탄소고정이 수반됨.

리불로스 2인산 카복실화효소/산소화효소(루비스코) ribulose bisphosphate carboxylase/oxygenase (rubisco) 엽록체 스트로마에서 발견되는 효소. CO_2와 RuBP를 결합시키는 탄소고정 반응을 촉매함.

리플리솜 replisome DNA 복제와 관련된 효소의 고분자 집합체. 단백질 합성에서 리보솜과 유사.

림프 lymph 동물에서 혈액으로부터 유래된 무색의 액체. 조직의 모세혈관 벽을 통한 여과로 인해 생성됨.

림프계 lymphatic system 동물에서 혈류(림프)로부터 조직 사이로 들어간 물을 회수하는 개방된 관류 시스템; 림프절, 비장, 가슴샘(흉선) 및 편도를 포함.

림프구 lymphocyte 백혈구의 한 종류로, 림프구는 면역을 담당; B세포와 T세포 두 부류가 있음.

ㅁ

마디(절) node 줄기에서 잎이 달리는 곳.

마디사이(절간) internode 슈트에서 2개의 인접한 마디 사이의 지역.

마이오신 필라멘트 myosin filament 근육의 A대에 있는 직경 10~12 nm의 굵은 필라멘트.

마이크로바이옴 microbiome 인간의 장내 미생물총과 같이 특정 환경에 존재하고 있는 미생물들과 이들의 유전정보 전체를 말하는 것.

막간 공간 intermembrane space 미토콘드리아에서 2개의 막 사이에 있는 외부 구획.

막횡단경로 transmembrane route 식물 뿌리에서 세포막과 세포 내부의 액포막을 가로 지르는 물과 무기염류의 이동 경로.

말단소체(텔로미어) telomere 전사되지 않는 염색체 양 말단 부분의 특화된 구조.

말피기관 Malpighian tubules 육상 절지동물에서 한쪽 끝은 막히고 다른 쪽은 후장 부위로 열려 있는 관으로, 배설기관 기능.

망막 retina 척추동물 눈의 감광층; 신경 및 빛 수용체(간상 및 원추)의 여러 층을 포함; 수정체에 의해 형성된 이미지를 받아서 시신경을 통해 뇌로 전달됨.

먹이찾기 foraging 동물의 먹이 획득 방법과 먹이의 종류에 관해 영향을 주는 복잡하게 진화된 행동의 총칭.

먹이사슬 food chain 생태계에서 생산자인 식물이 생산하는 유기물을 바탕으로 군집 내에 구성되는 피식자-포식자 상호 관계에 의한 연결 고리.

매끈면 소포체(활면소포체) smooth ER (SER) 리보솜이 결합하지 않은 소포체로, 탄수화물과 지질(스테로이드 호르몬)의 합성에 관여함.

메테인생성균 methanogens 메테인을 생성하는 무산소성(혐기성) 고세균.

메틸화(반응) methylation DNA의 염기(주로 시토신)에 메틸기가 첨가된 것. 시토신 메틸화는 발현되지 않은 DNA와 관련이 있음.

멘델 비(比) Mendelian ratio 멘델이 그의 유전학 실험에서 관찰한 특징적인 우성-열성 표현형의 비율. 예를 들어 단성잡종교배에서 F_2의 생성은 3:1의 비율로 나타나고, 양성잡종교배에서는 9:3:3:1의 비율로 나타남.

멜라토닌 melatonin 송과선에 의해 분비되는 호르몬으로, 아미노산인 트립토판으로부터 합성됨.

면역글로불린 immunoglobulin 항체를 구성하는 단백질.

면역내성 immunological tolerance 면역계가 자기 항원에 반응하지 않는 것을 인식하는 과정.

면역학적 관용 immunnological tolerance 자가 자신의 조직에 대해서 면역반응을 일으키지 않는 경우.

멸종 extinction 생물의 진화과정에서 어떤 종이 자손을 남기지 못하고 사라짐.

모계유전 maternal inheritance 모계로부터 유전자를 물려받는 단성(uniparental) 유전의 한 형태; 예를 들어, 인간의 미토콘드리아와 그들의 게놈은 어머니로부터 물려받음.

모세혈관 capillary 가장 작은 혈관으로, 모세혈관의 매우 얇은 벽은 많은 분자에 대해 투과성이며, 혈액과 조직 사이의 교환을 담당함. 동맥과 정맥을 연결하는 혈관.

모티프 motif 기능에 관여하는 단백질의 하부구조로, 여러 단백질에서 찾을 수 있음. 예로 DNA에 결합하는 단백질에는 나선-꺾임-나선 모티프(helix-turn-helix motif)가 있음.

목 order 과(family) 수준보다 위에 있고, 강(class) 수준보다 아래에 있는 분류 범주.

무기 인산 inorganic phosphate 유기 분자의 일부가 아닌 인산염 분자; 무기 인산염 그룹은 ATP의 합성과 분해 및 다른 많은 세포내 반응에서 추가되거나 제거됨.

무산소호흡(무기호흡) anaerobic respiration 양성자 기울기를 만들기 위한 전자전달계에서 산소가 아닌 무기물을 최종 전자 수용체로 사용하여 화학삼투를 통해 ATP를 합성하는 과정.

무성생식 asexual reproduction 부모와 유전적으로 동일한 개체를 만드는 과정으로, 개체의 모든 염색체는 단일 부모로부터 물려받고 감수분열 없이 오직 체세포분열만 일어남.

무작위적 분포 random spacing 생물의 서식 분포 형태 중 하나로서, 일정한 규칙 없이 분포하고 있는 분포형.

무질서도 degree of disorder 일하는 데 사용할 수 없는 에너지를 나타낸 하나의 척도로, 엔트로피(entropy)라고 함.

문 phylum, pl. phyla 강(class)과 계(kingdom) 사이에 있는 분류학의 주요 범주.

물관(도관) vessel 속씨식물의 수분 통도조직으로, 양끝의 천공이 분명함.

물관부 xylem 관다발식물에서, 길고 두꺼운 세포벽을 가진 도관세포로 구성되어 있으며, 물과 용질을 운반하는 특수화된 조직.

물관요소 vessel element 관다발식물의 물관부에서 물과 용질을 운반하는 기다란 세포. 성숙 시에 죽음.

물리지도 physical map 염색체 또는 게놈에서 DNA 내의 실제 표식을 기반으로 만든 DNA 서열 지도.

뮐러 의태 Müllerian mimicry 서로 관련이 없는 두 종이 닮아있어 일종의 집단 방어를 이루는 현상. (역자 주: 예로 독성이 있는 생물체끼리 서로 닮은 체색을 가지게 되는 뮐러 의태를 하면 포식자들은 회피 학습을 빠르게 할 수 있기에 결국 피식자들에게 이익이 된다.)

미량영양소 micronutrient 철, 염소, 구리, 망간, 아연, 몰리브덴 및 붕소와 같이 식물 성장에 필요한 미량의 무기염류.

미세소관 microtubule 진핵세포에서 튜불린 단백질로 구성된 길고 속이 빈 원통형 단백질; 세포의 모양 유지, 세포분열 시 염색체의 이동, 섬모와 편모의 기능적 내부 구조를 제공함.

미세아교세포 microglia 중신경계에서 대식세포 역할을 하는 신경교세포.

미세융모 microvillus 상피세포의 세포질 돌출부로서, 미세융모는 소장의 표면적을 크게 증가시킴.

미세화석 microfossil 현미경적 크기의 생물이 화석화된 형태.

미토콘드리아 mitochondrion 세포의 발전소라고 불리는 세포소기관. 전자전달계와 ATP의 화학삼투적 합성을 담당하는 정교한 내막, 크렙스 회로의 효소를 포함하는 기질, 그리고 외막으로 구성됨.

밀착연접 tight junction 인접한 2개의 동물세포 사이에서 세포막이 실제로 융합된 것으로, 조직에서 물질이 새어 나오는 것을 방지함.

밑씨(배주) ovule 속씨식물에서 암(자성)생식세포를 생성하는 포자체(2배체) 구조.

ㅂ

바소체 Barr body 하나 이상의 X 염색체가 있는 세포의 간기 핵에서 강하게 염색된 소체로서, 응축되어 불활성화된 X 염색체를 나타냄. 초기 배아의 발생 후에 각 세포에는 오직 하나의 X 염색체만이 활성화됨.

바이러스 virus 단백질로 둘러싸인 유전물질로 구성된 복잡한 생화학적 개체; 바이러스는 살아 있는 숙주 세포에서만 증식할 수 있음.

바이로이드 viroid 염색체의 온전한 상태를 파괴함으로써 식물에 질병을 일으킬 수 있는 작고 나출된 RNA 분자.

바이리온 virion 단일 바이러스 입자.

바이코이드 bicoid 초파리에서 앞-뒤축 예정화에 관여하는 유전자. 앞-뒤축은 바이코이드와 나노스(nanos) 단백질의 서로 반대인 농도기울기에 의해 형성됨.

박동원 pacemaker 심장 박동을 시작하는 척추동물 심장의 흥분성 조직.

박테리오파지 bacteriophage 박테리아 세포를 감염시키는 바이러스. 파지라고도 함.

반고리관 semicircular canal 액체로 채워진 내이의 3개의 관. 평형 유지에 도움을 줌.

반수체 haploid 2배체($2n$)와는 대조적으로 한 세트의 염색체(n)만 존재.

반응중심 reaction center 안테나 복합체에서 에너지를 받아 수용체 분자로 전달되는 전자를 여기시키는 광계의 막관통단백질 복합체.

발정기 estrus 암컷의 최대 성 수용 기간. 난자의 배란과 관련됨.

발현서열표지 expressed sequence tags (EST) 전사체로부터 만들어진 cDNA의 한쪽 끝 또는 양쪽 끝의 서열을 결정하여 표지자로 사용하는 방법.

발효 fermentation 산소의 관여 없이 유기물에서 에너지를 추출하는 효소촉매 추출법.

방사대칭 radial symmetry 원형 평면을 갖는 구조 대칭의 한 유형으로, 중심을 지나도록 하여 어떤 방향으로 나누어도 동일한 두 부분이 얻어짐.

방사상난할 radial cleavage 후구동물의 난할 패턴. 세포가 극축에 대하여 평행과 직각으로 분열함.

방사성 동위원소 radioactive isotope 불안정하며 방사성 붕괴를 통해 에너지를 방출하는 동위원소.

방실결절 atrioventricular node (AV node) 동방결절로부터 심장 박동 자극

을 받는 가늘고 긴 심근세포로서 히스속 다발을 통해 자극을 전도함.

방추사 확인점 spindle checkpoint 모든 염색체가 방추사에 부착되는 것을 점검하는 세 번째 세포분열 확인점. 이 확인점을 통과하면 후기가 진행됨.

방추사부착점 kinetochore 체세포분열이나 감수분열 시 방추사가 부착되는 동원체 내의 디스크 모양의 단백질 구조. 동원체 참조.

방추체 spindle apparatus 세포분열 동안 염색체의 분리를 수행하는 조립체; 미세소관(방추사)으로 구성되며, 전기에 세포의 적도면에서 조립됨.

방향성 선택 directional selection 일련의 표현형 중에서 한쪽의 극단적인 형태를 제거하는 선택이 작용하는 경우.

배란 ovulation 동물의 난소에서 난자의 방출.

배반 blastodisc 조류 발생에서 커다란 난황의 표면에서 나타나며, 난할을 거쳐 배아가 되는 원반형 지역.

배반포 blastocyst 포유동물의 초기 발생과정 중 포배기에 해당하는 구조로, 배아(embryo)를 형성하는 내세포덩어리(inner cell mass)와 착상 후에 태반이 되는 영양막(trophoblast)로 구성됨.

배아 embryo 접합자에서 세포분열이 일어나 다세포로 발생하는 단계.

배아발생 embryogenesis 생물체에서 배아가 형성되는 과정을 종합하여 부르는 용어.

배외막 extraembryonic membrane 양막류 배아가 물이 없는 육상에서 발생의 한계를 극복하기 위해 발달시킨 4종류의 막 구조물로, 배아의 조직이 아님.

배아줄기세포 embryonic stem cell (ES cell) 초기 배아에서 생성된 줄기세포로, 여러 성체 조직으로 분화될 수 있으며, 배반포에 이식하면 성체로 발생할 수 있음.

배엽층 germ layers 낭배 형성기에 만들어지며, 향후 형성될 조직을 만드는 3개의 세포층. 바깥쪽부터 외배엽, 중배엽, 내배엽이라고 함.

배우자 gamete 반수체 생식세포.

배우자낭 gametangium, pl. gametangia 생식세포가 형성되는 세포 또는 기관.

배우체 gametophyte 식물에서 단상(n)인 배우체를 생성하는 세대로, 복상($2n$)의 포자체 세대와 번갈아 나타남.

배젖(배유) endosperm 속씨식물의 종자의 특성을 나타내는 저장조직, 배낭에서 극핵과 정핵이 수정되어 형성됨. 종자의 성숙 전이나 발아 동안에 포자체가 성숙함에 따라 분해됨.

번역 translation 아미노산 순서를 지정하는 mRNA를 이용하여 리보솜에서 단백질을 조립하는 과정.

번역틀 reading frame 번역 시 아미노산을 지정하는 트리플렛 코돈에서 뉴클레오타이드의 올바른 연속체. 유전자 코드에 공백이 없기에, 서열의 첫 번째 코돈에 의해 번역틀이 확립됨.

베이츠 의태 Batesian mimicry 먹기 좋고 독성이 없는 생명체가 맛없고 독성이 있는 다른 종류의 생명체를 닮는 생존 전략. 두 종 모두 경고색을 보임.

베르니케 영역 Wernicke's area 뇌의 좌반구에 위치하는 특정부위로 청각피질과 시각피질로부터 전달된 언어 정보의 해석을 담당함.

벽공 pit 2차 세포벽을 갖는 고등식물의 세포에서, 부분적으로 2차벽이 형성되지 않아서 안쪽에 구멍이 생긴 부분.

변이 variation 같은 종의 생물 개체에 나타나는 서로 다른 특성 또는 형질.

변성 denaturation 과도한 열, 극단적인 pH, 화학물질에 의한 변형, 또는 물질 사이의 소수성 상호작용을 방해하는 용매 내의 이온 세기나 극성의 변화로 인해 단백질 또는 핵산의 구조가 파괴되는 현상으로, 대개 생물학적 활성이 상실됨.

변태 metamorphosis 올챙이에서 개구리로 변하는 것처럼 배아 발생 이후의 발달과정 중에 형태의 두드러진 변화가 일어나는 과정.

병목효과 bottleneck effect 집단의 크기가 급격하게 줄어들 때 발생하는 유전적 다양성의 상실.

보강세포 sclereid 후벽세포의 일종으로, 형태는 다양하며 간혹 가지를 내기도 하는데, 구조적 지지를 담당함.

보먼주머니 Bowman's capsule 척추동물 콩팥에서, 사구체를 둘러싼 네프론의 공 모양의 단위.

보어효과 Bohr effect CO_2 농도 증가로 인해 나타나는 헤모글로빈에서의 산소 방출.

보인자 carrier 열성 이형접합 유전자를 가져서, 겉으로는 표현형이 나타나지 않는 사람.

보조T세포 helper T cell 세포 매개 면역반응과 체액성 면역반응을 동시에 일으키는 백혈구의 종류; 보조T세포는 AIDS바이러스(HIV)의 표적임.

보조인자 cofactor 효소의 작용을 위해 필요한 하나 이상의 비단백질 성분으로, 대부분의 보조인자는 금속 이온이고, 또 다른 보조인자는 유기 조효소임.

보체계 complement system 박테리아와 곰팡이의 세포벽에 의해 활성화되는 단백질 집단으로 구성된 척추동물의 화학적 방어 체계.

복제단위 replicon DNA 복제원점과 이 원점에 의해 복제가 조절되는 DNA. 원핵생물 복제에서, 염색체와 복세원점은 단일 복세단위로 구성됨; 진핵세포의 염색체는 다수의 복제단위로 구성됨.

복제분기점 replication fork 복제 중인 DNA 분자에서 점점 커지는 복제기포의 Y자형의 끝부분.

복제원점 replication origin 세포주기의 S기에 DNA 복제가 시작되는 지점.

부분할 meroblastic cleavage 파충류, 조류 및 일부 어류의 알에서 일어나는 난할의 한 종류. 오로지 배반에서 발생함.

부식토 humus 표토에 존재하는 일부 분해된 유기 물질.

부신 수질 adrenal medulla 부신의 안쪽을 차지하는 부분으로, 교감 신경계의 신경자극에 의해 에피네프린과 노르에피네프린을 분비함.

부신 피질 adrenal cortex 부신의 겉부분으로, 무기질코르티코이드와 당질코르티코이드를 분비해 스트레스 반응을 조절하며, 안쪽 층에서는 안드로겐을 합성함.

부정소 epididymis 정자를 저장하는 곳, 정소 근처에 있는 수정관이 꼬인 부분.

부착연접 anchoring junction 세포의 세포골격을 인접한 세포의 세포골격 또는 세포외기질에 기계적으로 부착시키는 세포 접합의 한 유형

분기군 clade 한 조상과 그로부터 파생된 모든 후손으로 구성된 분류학적 집단.

분단성 선택 disruptive selection 중간 유형을 제거하는 방향으로 선택이 작용하는 경우.

분류군 taxon 종 또는 속이나 과 등의 상위 분류군.

분류학 taxonomy 생물을 분류하는 과학. 분류학자들 사이의 합의로 두 생물체는 같은 이름을 가질 수 없으며, 모든 이름은 라틴어로 표기.

분리의 법칙 Law of Segregation 각 대립유전자는 배우자 형성 시 서로 분리된다는 멘델의 첫 번째 유전법칙.

분열구 cleavage furrow 주로 동물세포의 세포질분열 과정에서 1개의 세포가 2개의 딸세포로 분리될 때 형성되는 홈.

분열조직 meristem 새로운 세포가 발생하는 미분화된 식물조직.

분자클로닝 molecular cloning 특정 DNA 서열의 분리 및 증폭.

분지도 cladogram 한 무리의 종 간 또는 다른 분류군 간의 진화적 관계를 나타내는 그림.

분지론 cladistics 생명체의 진정한 계통발생 관계와 혈통을 나타내는 계층구조를 만드는 데 사용되는 분류학 기법.

분화 differentiation 비교적 덜 특화된 세포가 보다 특화된 형태나 기능을 갖도록 점진적인 변화를 겪는 발달 과정.

불꽃세포 flame cell 편형동물 체내의 관의 망상구조에서 발견되는 특화된 세포로, 노폐물의 배출과 수분 조절에 관여.

불수의근 involuntary muscle 의지가 개입되지 않은, 즉 불수의적으로 작용하는 근육으로, 민무늬근(평활근)과 심장근이 이에 해당됨.

불완전우성 incomplete dominance 2개 이상의 대립유전자가 명확한 우위를 보이지 않는 경우. 이형접합의 표현형은 동형접합 표현형의 중간형임. 예를 들어 붉은색 분꽃을 흰색과 교배했을 때 F_1에서 나타나는 분홍색.

불포화지방 unsaturated fat 1개 이상의 지방산이 탄소와 결합할 수 있는 수소의 최대 수보다 적게 결합한 지방 분자.

분해자 decomposer 생태계에서 생물의 사체나 배설물 중에 있는 유기물을 분해하는 미생물.

브로카 영역 Broca's area 얼굴 운동 피질 근처에 있으며, 언어 소통에 필요한 운동 명령을 만드는 데 관여함.

비극성 공유결합 nonpolar covalent bond 전기음성도가 같은 두 원자가 전자쌍을 공유하여 이루어진 결합으로, 전하의 분리가 일어나지 않아 극성이 없는 결합.

비무작위적 교배 nonrandom mating 어떤 유전자형을 가지는 개체들이 다른 개체보다는 자신과 유사한, 또는 다른 유전자형을 가지는 개체와의 교배를 선호하는 경우.

비만세포 mast cell 염증반응을 일으키는 분자가 포함된 과립을 가진 백혈구.

비분리 nondisjunction 상동염색체 또는 자매염색분체가 체세포분열 또는 감수분열 중 분리되지 못하여 이수성의 세포 또는 배우자를 형성.

비순환적 광인산화 noncyclic photophosphorylation 식물의 2가지 광계의 광의존적 반응체계. 여기된 전자가 2개의 광계 사이를 이동하며 양성자 기울기를 형성하고, 이는 ATP의 화학삼투적 합성에 이용됨. 전자는 NADP를 NADPH로 환원시키고, 손실된 전자는 O_2를 생성하는 물의 산화로 보충됨.

비열 specific heat 물질 1 g을 1℃ 높이거나 낮추기 위해 흡수되거나 손실되는 열의 양.

빈도의존적 선택 frequency-dependent selection 표현형이 모집단에서 얼마나 자주 또는 드물게 발생하는지에 따라 달라지는 선택 유형. (역자 주: 포식자가 흔한 표현형의 개체를 잡아먹는 경우 드문 표현형의 적응도가 높아지는 선택이 일어나기에 음성 빈도의존적 선택이라고 하고, 반대로 포식자가 드문 표현형의 개체를 잡아먹는 경우엔 흔한 표현형이 증가하므로 양성 빈도의존적 선택이라고 함.)

빠른-연축섬유(속근섬유) fast-twitch fiber 미토콘드리아와 마이오글로빈이 적은 백색섬유로, 빠른 힘의 발생에 적합하나 지구력은 약함.

뿌리골무 root cap 식물의 뿌리가 토양을 통과할 때 뿌리 정단분열조직을 보호하는 뿌리 끝의 조직; 뿌리골무의 세포는 지속적으로 손실되고 교체됨.

뿌리혹 nodule 식물에서 질소고정세균을 가지고 있는 콩과식물의 뿌리혹과 같이, 유익한 박테리아를 둘러싸고 수용하는 특수한 조직.

ㅅ

사구체 여과액 glomerular filtrate 각 사구체의 모세혈관을 통과하여 빠져나간 액체.

사구체 glomerulus 보먼주머니에 둘러싸인 모세혈관의 덩어리.

사상위족 filopodia 이동 중인 간충조직세포가 만드는 가늘고 긴 돌기.

사이클린 의존성 카이네이스 cyclin-dependent kinase (Cdk) 세포주기의 진행을 조절하는 단백질 카이네이스 효소 집단으로, 사이클린과 결합할 때만 활성화됨. *cdc2* 유전자에 의해 생성된 cdc2 단백질은 최초로 발견된 Cdk 효소임.

사이클린 cyclin 세포주기에 따라 동시에 생성되는 단백질 집단으로, 세포분열 동안에 특정 시점에서 사이클린 의존성 카이네이스라 부르는 특정 단백질 카이네이스와 결합함.

사이토카인 cytokine 면역세포에 의해 분비되는 신호 분자로서, 다른 면역세포에 영향을 줌.

사이토크롬 cytochrome 광합성 및 세포호흡의 전자전달계에서 전자운반체 역할을 하는 철 함유 단백질 색소.

사이토크롬 b_6-f 복합체 cytochrome b_6-f complex 틸라코이드막에서 발견되는 양성자 펌프. 이 복합체는 스트로마에서 틸라코이드 내부로 양성자를 보내기 위해 들뜬 전자의 에너지를 사용함.

산 acid 물에서 해리되어 수소 이온(H^+) 농도를 증가시켜 pH를 낮추는 모든 물질.

산소호흡(유기호흡) aerobic respiration 산소를 최종 전자 수용체로 사용하여 포도당을 완전히 산화시키는 과정. 산소는 ATP의 화학삼투 합성을 위한 양성자 농도기울기를 만드는 전자전달계에서 최종 전자 수용체로 작용함.

산성생장설 acid growth hypothesis 옥신으로 인해 세포벽의 수소 이온 농도가 증가하여 셀룰로스가 느슨해지고 세포가 팽창함.

산화 oxidation 원자 또는 분자에 의한 전자의 손실; 물질대사에서 종종 산소의 획득 또는 수소의 손실과 관련됨.

산화-환원 oxidation-reduction, redox 한 원자가 산화되면 다른 원자가 환원되는, 항상 함께 일어나는 반응.

삼투 osmosis 선택적으로 투과성인 막(물의 자유로운 통과는 허용하나 용질의 통과는 방지 또는 지연시키는 막)을 가로지르는 물의 확산; 압력이나 부피의 변화가 없는 상태에서 물은 저농도의 용질이 있는 쪽에서 고농도 쪽으로 이동함.

삼투농도 osmolarity 용액 1 L당 용질에 들어 있는 삼투적으로 활성화된 몰수의 측정법.

삼투순응자 osmoconformer 체액의 삼투 농도를 배지와 거의 같은 수준으로 유지하는 동물.

삼투압 osmotic pressure 선택적 투과성막에 의해 순수한 물과 분리된 용액에 의해 발생하는 압력 퍼텐셜. 용질 농도가 높을수록 용액의 삼투압이 커짐; 삼투퍼텐셜이라고도 불림.

상대생장 allometric growth 몸의 각 부분이 서로 다른 속도로 성장하는 패턴.

상동구조 homologous structure 발생학 또는 진화학적으로 비교한 생물의 기관 등이 공통조상형 생물에서 유래하는 것으로 인정할 수 있는 성질.

상동염색체 homologue 2배체 세포에 있는 쌍을 이룬 염색체; 각 염색체는 각 배우자로부터 유래함.

상동염색체(의) homologous 2배체 세포에서 같은 종류의 염색체 쌍을 나타냄.

상보적 complementary 유전정보에 대한 설명으로, 각각의 뉴클레오타이드 염기는 상보적인 염기와 쌍을 이룬다는 것.

상사성 homoplasy 분류학에서 공통 조상으로부터 물려받지 않은 공유 형질; 수렴진화 또는 진화론적 반전에서 비롯됨. 예로 수렴 구조인 새의 날개와 박쥐의 날개.

상염색체 autosome 진핵생물에서 성염색체가 아닌 염색체를 말하며, 상염색체는 그 종의 수컷과 암컷 모두 같은 수와 종류로 존재함.

상위 epistasis 2개의 비대립 유전자 사이의 상호작용으로, 하나의 유전자가 다른 유전자의 표현형 발현을 변화시킴.

상피 epithelium 동물에서 외부에 노출된 표면을 덮거나 도관 또는 빈 공간(강, cavity)을 덮는 조직의 한 형태.

상호교배 reciprocal cross 단일 형질과 관련된 유전적 교배. 부모의 성별이 바뀔 경우, 예를 들어, 흰색 꽃식물의 꽃가루가 보라색 꽃식물을 수정하는 데 사용된다면, 상호교배는 보라색 꽃식물의 꽃가루를 흰색 꽃식물을 수정하는 데 사용하는 것.

상호이타주의 reciprocal altruism 베푼 호의를 돌려받을 거라는 기대를 가지고 이타적인 행위를 하는 경우. 사회적 행동의 진화를 다루는 많은 이론에서 핵심적이고 매우 논쟁적인 가정.

샘뇌하수체 adenohypophysis 호르몬을 생성하고 분비하는 뇌하수체 전엽을 의미함.

생물군계 biome 기후 및 토양 조건에 따른 주요 육지 생태계 중 하나. 가장 큰 생태 단위.

생물군집 biological community 한 장소에서 함께 사는 서로 다른 종의 모든 개체군. 예를 들어 산의 초원에 서식하는 모든 개체군.

생물권 biosphere 생명체가 살고 있는 지구의 수권, 지권 및 기권을 포함하는 모든 지역.

생물다양성 biodiversity 한 지역에서 발견되는 종들의 수 및 각 종의 행동, 생태, 생리 및 기타 적응 범위를 나타내는 것.

생물정보학 bioinformatics 생물학적 데이터베이스를 구축하고 활용하는 연구 분야.

생물정화 bioremediation 오염된 환경을 미생물, 곰팡이, 식물 또는 그 효소를 이용하여 원래의 상태로 복구시키는 방법.

생물지구화학적순환 biogeochemical cycle 생물과 지각의 무기물 환경과의 상호 관련된 물질 순환.

생물지리학 biogeography 종의 지리적 분포에 관한 연구.

생물학적 종개념 biological species concept (BSC) 같은 그룹 내에서는 교배할 수 있으나 다른 그룹과는 생식적으로 격리된 개체의 집단으로 종을 정의하는 개념.

생산자 primary producer 태양에너지를 이용해 유기물을 합성하는 생물체.

생식계통 세포 germ-line cell 나중에 생식세포가 될 세포들로, 발생 초기부터 체세포와 분리되어 발생함.

생식샘자극호르몬 방출호르몬 gonadotropin releasing hormone, GnRH 시상하부에서 분비되어 뇌하수체 전엽의 LH와 FSH를 분비하도록 자극하는 호르몬.

생식적 격리 reproductively isolated 집단 내 개체가 서로 교배하지 않거나 생식 가능한 자손을 생산할 수 없는 경우.

생식적 격리 기작 reproductive isolating mechanism 종 간의 유전교환을 막는 장벽.

생식주기 reproductive cycle 암컷의 난소에서 성숙한 난자가 배란되는 반복적인 주기.

생존율 survival rate 원래의 개체군이 주어진 연령까지 생존하는 비율.

생장상 변화 phase change 꽃을 피우는 능력을 가진 식물에서 나타나는 발생상의 변화.

생태 피라미드 ecological pyramid 먹이 사슬의 각 영양 단계별로 생체량, 에너지량, 개체수를 나타낸 피라미드.

생태계 ecosystem 생물체와 무생물 환경을 포함하는 주요 상호작용 시스템.

생태적 지위 niche 환경 내에서 특정 종의 역할.

생태학 ecology 생물체 간의 상호작용과 물리적 환경에 관한 연구.

서열표지부위 sequence-tagged site (STS) 유전체에서 고유한, 즉 하나밖에 없는 짧은 DNA 서열; 유전체 지도 작성에 물리적 표지자로 사용함.

선구동물 protostome 입이 먼저 발생하고 항문이 나중에 생기는 좌우대칭 동물; 편형동물, 선형동물, 연체동물, 환형동물 및 절지동물.

선도가닥 leading strand 복제 원점으로부터 연속적으로 합성할 수 있는 DNA 가닥. 지연가닥과 비교.

선모 pilus, pl. pili 박테리아 세포에서 밖으로 길게 돌출된 부분으로, 유전물질을 한 세포에서 다른 세포로 옮기거나 기질에 부착하는 것을 가능하게 함.

선택적 투과성 selectively permeable 어떤 막이 일부 물질에 대해 투과성이 있지만 다른 물질에는 투과성이 없는 경우.

선천성 면역 innate immunity 진화적으로 오래된, 면역 반응 초기에 비특이적으로 반응하는 면역 체계.

선캄브리아기 precambrian 현생이언 이전의 지질 시대를 의미하며, 약 46억 년 전 지구가 형성된 때부터 약 5억 4천 2백만 년 전 고생대 캄브리아기의 시작 이전까지를 말함.

선택적 스플라이싱 alternative splicing 하나의 유전자로부터 여러 종류의 단백질을 생산할 수 있는 기작으로, 특정 엑손을 건너뛰면서 스플라이싱이 일어날 수 있음.

섬모 cilium 진핵세포의 표면에서 뻗어 나온 짧은 돌기. 편모와 같이 내부는 미세소관의 9+2 배열로 동일한 구조를 가짐.

섬유아세포 fibroblast 평평하고 불규칙한 가지 모양의 결합조직 세포로서 구조적으로 강한 단백질을 세포 사이로 분비함.

성숙대 zone of maturation 식물에서 신장대 뒤쪽에 있는 뿌리 부분; 이 영역의 세포는 특정 세포 유형으로 분화됨.

성선택 sexual selection 교배할 수 있는 짝에 대한 경쟁.

성숙된 mRNA mature mRNA 1차 전사체에 5′ 캡과 3′ 폴리-A 꼬리가 붙고, 스플라이싱 과정을 거치면서 엑손끼리 연결된 mRNA.

성-연관 sex-linkage X 염색체에 있는 유전자를 의미하며, 이런 유전자의 형질 발현은 성에 따라 다른 양상을 나타냄.

성염색체 sex chromosome 성에 관련된 염색체; 인간에서 성염색체는 X와 Y 염색체임.

성적이형성(性的異形性) sexual dimorphism 어떤 종의 성별에 따른 형태학적 차이.

세균 bacteria 막으로 구획된 핵 또는 세포소기관이 없는 원핵생물.

세균역 Domain Bacteria 분류체계의 3역에서, 광대한 그룹의 단세포 원핵생물인 박테리아만 포함하는 영역.

세대기간 generation time 한 개체의 출생과 그 자손의 출생 사이의 평균 간격.

세동맥 arteriole 동맥에서 모세혈관으로 이어지는 더 작은 동맥.

세정관 seminiferous tubule 정소 안에 있으며 정자의 생성과 수송에 관여하는 가느다란 관.

세포 cell 모든 생물체의 구조적·기능적 기본 단위이며, 막으로 둘러싸인 세포질로 구성되어 있음.

세포골격 cytoskeleton 진핵세포의 세포질 내에 있는 단백질 미세섬유와 미세소관의 네트워크로, 세포의 모양을 유지하고, 세포소기관을 고정하며, 동물세포의 운동성에 관여함.

세포내공생설 theory of endosymbiosis 서로 다른 종류의 원핵세포 사이의 공생 과정을 통해 진핵 세포로 진화되었다는 이론.

세포내섭취 endocytosis 원형질막의 함입을 통해 물질을 세포 안으로 흡수하는 것으로, 고형 물질의 경우는 식세포작용, 용해된 물질은 음세포작용이라 함.

세포독성T세포 cytotoxic T cell 세포매개 면역반응 동안에 활성화되는 T세포로서, 감염된 세포를 인식하고 파괴함.

세포매개면역 cell-mediated immunity T세포에 의해 매개되는 적응면역체계로서, 세포독성T세포 및 면역체계의 나머지 부분을 돕는 세포가 관여함.

세포모(毛) trichome 식물의 표피세포에서 외부로 자라는 털 모양의 구조; 세포모의 일종인 분비모(glandular trichomes)는 곤충을 억제하는 기름이나 다른 물질을 분비.

세포벽 cell wall 식물, 일부 원생생물, 그리고 대부분의 박테리아 세포의 가장 바깥의 단단한 층으로, 세포벽이 원형질막을 둘러쌈.

세포분열대 zone of cell division 식물에서, 뿌리의 정단분열조직과 바로 뒷부분의 세포를 포함하는 어린 뿌리의 부분; 이 부분의 세포는 12~36시간마다 분열함.

세포성 배반엽 cellular blastoderm 곤충의 배아 발생에서 다핵성(합포체) 배반엽의 핵이 세포막 형성을 통해 세포로 분리되는 단계.

세포소기관 organelle 세포에서 특수화된 부분; 말 그대로 작은 세포질 기관.

세포연접 cell junction 세포 간의 연결을 의미하며, 밀착연접, 부착연접, 소통연접 등이 있음.

세포외배출 exocytosis 액포가 원형질막과 융합하여 액포의 내용물을 외부로 배출하는 용적수송의 일종.

세포운명결정 cell determination 세포가 특정한 발생 경로로 가도록 하는 분자적 "결정" 과정. 이 과정은 분화 전에 발생하며 단계별로 진행됨.

세포주기 cell cycle 세포가 각 세대를 거칠 때마다 반복되는 성장과 분열.

세포질 cytoplasm 핵을 제외한 세포 안의 물질로 원형질이라고도 함.

세포질 cytosol 세포질의 액체 부분으로 용해된 유기분자 및 이온을 함유함.

세포질 결정인자 cytoplasmic determinant 세포질에 있는, 세포의 운명을 결정하는 단백질.

세포질분열 cytokinesis 핵분열 후에 일어나는 세포질의 분열.

세포판 cell plate 분열 중인 식물세포와 일부 녹조류에서 말기 동안 방추사의 적도면에서 형성되는 구조.

세포호흡 cellular respiration 물질대사 중 산화에 의한 에너지 획득과정으로, 궁극적으로 산소 분자에 의존하며, 시트르산 회로와 산화적 인산화에 의해 수행됨.

셀룰로스 cellulose 모든 녹색식물, 일부 녹조, 그리고 몇몇 다른 생물체에서 세포벽의 주요 성분. 포도당이 섬유상으로 결합된 불용성 탄수화물 복합체.

소듐-포타슘 펌프 sodium-potassium pump K^+와 Na^+을 교환하는 능동수송(ATP 이용)에 관여하는 막관통 채널로서, 두 이온은 각 농도기울기에 역행하여 이동함; 신경세포 및 기타 세포의 휴지막전위를 유지함.

소비경쟁 exploitative competition 같은 자원을 소비하는 경쟁.

소비자 consumer 생산자가 생산한 유기물을 이용하는 초식성 동물 및 이 동물을 포식하는 육식성 동물 모두를 포함함. 분해자와의 경계는 애매하며 또한 편의적이기 때문에 널리 종속영양생물 전체를 지칭하는 데 사용되기도 함.

소수성 hydrophobic 문자 그대로 "물을 두려워하는 것"으로, 물에 녹지 않는 비극성 물질을 말함. 물속에 있는 비극성 분자는 서로 결합하여 방울(액적)을 형성.

소수성배제 hydrophobic exclusion 비극성 분자가 물속에 있을 때 함께 응집하는 경향을 말하며, 배제는 이러한 비극성 분자들을 강제로 합치는 물의 작용을 말함.

소음순 labia minora 대음순 안쪽에 지방조직과 점막으로 구성된 기관으로, 상단부에 음핵이 위치함.

소포체 endoplasmic reticulum (ER) 진핵세포의 세포질 내에서 그물 모양으로 배열된 통로와 내부적 연결을 형성하는 내막체계. 소포체는 거친면(조면) 소포체(RER)와 매끈면(활면) 소포체(SER)로 나누어짐.

속 genus, pl. genera 과 아래, 종 위에 있는 분류학적 집단.

속씨식물 angiosperms 종자식물의 다섯 문 중 하나인 현화식물을 의미함. 속씨식물에서는 수분 시 밑씨(배주)가 조직에 의해 완전히 둘러싸여 있음.

수 pith 줄기 또는 뿌리에서 관다발에 둘러싸인 중심부를 구성하는 기본조직.

수동수송 passive transport 에너지 소비 없이 세포막을 가로지르는 물질의 이동방식.

수렴진화 convergent evolution 직접 관련이 없는 생물체 사이에서 유사한 구조가 독립적으로 발달한 것을 의미하며, 유사한 환경에 사는 생물체에서 종종 발견됨.

수베린 suberin 식물에서 뿌리 내피의 카스파리안 대에 불투과성 장벽을 형성하는 지방산 사슬.

수분(授粉) pollination 꽃밥에서 암술머리로 꽃가루가 이동하는 것.

수분퍼텐셜 water potential 물 분자의 위치에너지. 수분퍼텐셜에 대한 원인(예를 들어, 중력, 압력, 용질 입자의 농도)과 관계없이, 물은 수분퍼텐셜이 높은 장소에서 낮은 데로 이동.

수상돌기 dendrite 자극을 전달하기 위해 뉴런의 세포체로부터 뻗어 나온 가지.

수소결합 hydrogen bond 수소와 극성 공유결합으로 형성된 약한 결합. 극성 공유결합에서 부분적으로 양전하를 띤 수소는 부분적으로 음전하를 띤 다른 원자에 끌림. 물 분자에서는 산소와 수소가 각각 서로 다른 물 분자와 수소결합 형성.

수술 stamen 꽃가루를 생산하는 꽃의 기관; 보통 꽃밥과 수술대로 이루어짐; 수술은 웅예군을 구성함.

수용체-매개 세포내섭취 receptor-mediated endocytosis 특정 거대 분자가 특정 세포의 표면 수용체에 결합한 후, 클라트린으로 코팅된 홈(pit)에서 세포로 운반되는 과정.

수용체타이로신카이네이스 receptor tyrosine kinase (RTK) 활성화되었을 때 카이네이스 효소로 작용하는 막 수용체의 다양한 그룹으로, 타이로신을 인산화시킴. 이들의 활성화는 다양한 세포 반응을 유도함.

수의근 voluntary muscle 척추동물에서 체성신경계의 직접적인 지배를 받아 자발적인 운동에 관여할 수 있는 근육.

수정 fertilization 2개의 반수체 배우자 핵이 융합하여 2배체의 접합자 핵을 형성하는 과정.

수정막 fertilization envelope 성게 알에서 피질과립반응 후 형성되는 구조물로, 물을 흡수해 세포막과 수정막 사이의 공간을 팽창시켜 다정자수정을 차단함.

수지상세포 dendritic cell 선천면역과 적응면역 사이를 연결하며, 항원제시 세포로 작용하는 중요한 면역세포.

수축기 혈압 systolic pressure 심장 수축 정도 측정. 혈압 측정 중에 심실수축기에 모니터링됨.

수축포 contractile vacuole 원생동물과 일부 동물에서 액체로 채워진 투명한 주머니로서, 주기적으로 세포 내부의 물을 흡수한 후에 수축하여 구멍을 통해 외부로 방출하며, 주로 삼투 조절과 배설과정에서 작용함.

수평적 유전자전달 horizontal gene transfer (HGT) 종 간의 유전자 이동. 생명체의 역사에서 초기에 많이 일어남.

순계 pureline 어떤 유전자에 대하여 동형접합인 계통.

순환적 광인산화(반응) cyclic photophosphorylation 반응중심 엽록소에서 전자를 들뜨게 하는 빛의 흡수로부터 시작하는 반응. 들뜬 전자가 광계로 되돌아가는 과정에서 화학삼투에 의해 ATP를 생성함. 이 과정은 박테리아의 광계와 식물의 광계 I에서도 일어남.

슈반세포 Schwann cell 말초신경계를 구성하는 모든 신경세포에서 뻗어 나온 축삭과 결합하여 지지하는 세포. (역자 주: 말초신경계 뉴런의 미엘린초를 형성하는 세포.)

슈트계 shoot system 지상부의 줄기와 잎으로 구성.

스트로마 stroma 엽록체에서 틸라코이드계를 둘러싸는 반액체형 물질. CO_2로부터 유기분자를 생성하는 데 필요한 효소를 함유.

스트로마톨라이트 stromatolite 200만 년 이상 오래전에 만들어진 고대 박테리아의 화석화된 매트로, 현대의 박테리아와 비슷한 모습으로 남아 있음.

스플라이시오솜(이어맞추기복합체) spliceosome 진핵생물에서 1차 전사체를 성숙한 mRNA로 전환하기 위해 인트론의 절단 및 엑손의 결합을 담당하는 다수의 snRNP 및 다른 관련 단백질로 구성된 복합체.

스플라이싱 splicing 진핵세포에서 1차 전사체로부터 성숙된 mRNA를 만들기 위해 인트론을 제거하는 과정.

시냅스 synapse 뉴런과 다른 뉴런 또는 근육세포 사이의 연결점; 두 세포는 접촉하지 않고, 그 사이의 틈은 신경전달물질 분자에 의해 연결됨.

시냅스소포 synaptic vesicle 뉴런의 축삭 말단에서 신경전달물질을 포함하고 있는 주머니 모양의 구조물.

시냅스틈 synaptic cleft 인접한 두 뉴런 사이의 공간.

시냅시스복합체 synaptonemal complex 감수1분열의 전기에 2개의 상동염색체 사이에 형성되는 격자 모양의 단백질 복합체; 상동염색체를 서로 정확히 밀착 고정함으로써 비자매염색분체들에 있는 같은 유전자끼리 염기 사이에 쌍을 이루어 교차가 일어나도록 함.

시상(視床) thalamus 대뇌 바로 뒤쪽에 있는 척추동물 전뇌의 부분; 신경계의 다른 모든 부분에서 대뇌로 들어오는 정보의 흐름을 제어.

시상하부 hypothalamus 대뇌 반구 바로 아래, 시상 밑의 척추동물의 뇌 부위로, 신경 및 내분비 기능의 통합과 상관관계를 담당하는 자율신경계의 중추.

시스터네 cisternae 골지체를 구성하는 각각의 쌓인 막 구조물로서, 말단으로부터 떨어져 나와 물질을 이동시키는 운반 소낭을 형성함.

시차 parallax 관측 위치에 따른 물체의 위치나 방향의 차이.

시트르산 회로 citrate cycle 산소호흡을 하는 생물에서 아세틸-CoA를 CO_2로 산화시키는 과정에서 방출되는 에너지를 ATP/GTP에 일부 저장하고, 나머지 에너지를 NADH/$FADH_2$에 저장하는 일련의 화학 반응.

시험관내 돌연변이유발 *in vitro* mutagenesis 이떤 기능에 대한 돌연변이의 영향을 알아보기 위해 복제된 유전자의 각 부위에서 돌연변이를 만들어냄.

식물극 vegetal pole 난황이 풍부한 세포로 이루어진 접합자의 반구.

식물판 vegetal plate 포배의 식물극에 있는 두꺼운 세포층.

식물환경정화 phytoremediation 토양이나 물의 오염 물질을 제거하기 위해 식물을 이용하는 과정.

식세포작용 phagocytosis 고형물의 내포작용(세포내섭취); 세포막은 입자(다른 세포 포함) 주위를 에워싸고 접힌 후 섭취하여 소낭을 형성함.

신경고랑 neural groove 외배엽 세포층에 의해 배아의 장축을 따라 형성되는 긴 홈.

신경관 neural tube 신경판으로부터 형성되어 뇌와 척수로 분화되는 등쪽의 관.

신경관형성(신경배) neurulation 외배엽의 등쪽 띠가 두꺼워지면서 신경관으로 발달하는 초기 배아 발생 과정.

신경교세포 neuroglia 뉴런과 밀접하게 연결되어 있으며 뉴런에 영양을 공급함; 신경 전도와 무관함.

신경근접합부 neuromuscular junction 축삭의 끝부분이 근섬유에 접촉하여 형성된 구조.

신경뇌하수체 neurohypophysis 섬유상인 뇌하수체 후엽을 의미하며, 시상하부의 세포체에서 합성된 호르몬이 축삭을 통해 후엽에서 분비됨.

신경삭 nerve cord 척삭동물의 뚜렷한 특징으로, 배아의 등쪽 표면 바로 아래에서 길게 위치함; 척추동물에서는 뇌와 척수로 분화됨.

신경전달물질 neurotransmitter 시냅스 틈을 가로질러 이동하는 뉴런의 축삭말단에서 방출되는 화학물질로, 멀리 떨어진 특정 수용체와 결합하고 수용체의 성질에 따라 다음 뉴런이나 근육 또는 선세포를 탈분극시키거나 과분극시킴.

신경판 neural plate 신경 외배엽이 되기로 예정된 등쪽 외배엽 부위.

신관 nephridium 담수 무척추동물의 여과 시스템으로, 물과 노폐물이 막을 통해 체내에서 수집 기관으로 이동한 후, 구멍을 통해 외부로 배출됨.

신구(腎口) nephrostome 연체동물의 배설기관인 신관으로 이어지는 깔때기 모양의 구멍.

신장(콩팥) kidney 척추동물에서 혈액을 여과하여 질소성 노폐물을 제거하고 혈장 내 물과 용질의 균형을 조절하는 기관.

신장대 zone of elongation 식물에서 세포분열대 바로 뒤에 있는 어린뿌리 부분; 이 영역의 세포가 길어지면서 뿌리가 길어짐.

신장인자 elongation factor (EF-Tu) 대장균의 단백질 합성에서 GTP 및 충전된 tRNA와 결합하는 인자로, 리보솜의 A자리에 충전된 tRNA를 결합하는 기능을 수행함. 그 결과로 폴리펩타이드 사슬이 신장됨.

신터니 보존 conservation of synteny 유연관계가 밀접한 종에서 DNA 분절의 배열이 진화적 시간에 따라 보존된 현상.

심근 cardiac muscle 심장의 벽을 구성하는 가로무늬 근육으로 심장근이라고도 함.

심방나트륨이뇨호르몬 atrial natriuretic hormone (ANH) 심방으로부터 분비되는 펩타이드 호르몬으로, 혈중 Na^+ 농도를 낮추고 혈액량을 감소시킴. 레닌-안지오텐신-알도스테론계와 길항적 작용을 함.

심실 ventricle 심장의 근육으로 된 공간으로, 심방에서 혈액을 받아 폐나 몸의 조직으로 혈액을 공급함.

심플라스트 경로 symplast route 식물 뿌리에서 세포를 연결하는 원형질연락사(plasmodesmata)를 통해 세포질 내로 물과 무기염류를 이동시키는 통로.

심피 carpel 속씨식물에서 1개 이상의 배주(胚珠)를 둘러싼 잎 모양의 기관.

쌍지배유전자 pair-rule gene 간극유전자에 의해 조절되는 초파리 발생의 특정 유전자로, 체절형성 과정에서 배아를 세분화하는 줄무늬로 나타남.

ㅇ

아가미 gill 수생 동물의 호흡 기관으로, 대개 신체 표면의 일부에서 외부로 돌출된 얇은 층으로 구성되고 풍부한 모세혈관을 가지고 있으며 표면적이 큼.

아가미덮개 operculum 어류의 아가미방을 덮는 납작하고 뼈가 있는 외부 보호 덮개.

아데노신 3인산(ATP) adenosine triphosphate (ATP) 아데닌, 리보스, 3개의 인산염 그룹으로 구성된 뉴클레오타이드. ATP는 모든 생물체에서 세포 대사의 에너지 단위임.

아미노산 amino acid 단백질 구성의 단위체로서, 중심 탄소 원자에 카복실기(−COOH), 아미노기(−NH_2), 수소 및 측면사슬(R 그룹)이 결합되어 있음. 오직 측면사슬만이 아미노산 종류마다 다름.

아미노산수용 말단 acceptor stem 아미노산이 부착하는 tRNA의 3′ 말단을 의미함.

아미노아실-tRNA 합성효소 aminoacyl tRNA synthetase tRNA 충전반응 동안 특정한 아미노산을 올바른 tRNA에 부착시키는 효소. 20종류의 아미노산 각각에 상응하는 효소가 있음.

아연집게 모티프 zinc finger motif 조절 단백질의 DNA 결합 모티프의 한 유형으로, 그 구조에 아연 원자를 포함함.

아쿠아포린 aquaporin 물을 통과시키는 막 통로로서, 확산에 의한 것보다 더 쉽게 통과할 수 있음.

아포플라스트 경로 apoplast route 식물 뿌리에서 세포벽 및 세포 사이를 통해 물과 무기염류를 이동시키는 통로.

악(萼) calyx 꽃 윤생체의 가장 바깥쪽에 있는 모든 꽃받침.

안점 stigma 빛에 민감한 일부 조류(algae)의 눈.

안정화 선택 stabilizing selection 일련의 다양한 표현형에서 양 극단의 표현형을 모두 제거하는 자연선택.

안테나복합체 antenna complex 광자를 모으고 빛에너지를 반응 센터로 공급하는 광계에서 수백 개의 색소분자로 이루어진 복합체.

안테나페디아 복합체 Antennapedia complex 초파리에서 처음 발견된 호미오 유전자 집단으로, 앞쪽 체절의 정체성을 결정함.

안티코돈 고리 anticodon loop mRNA 코돈을 읽도록 상보적인 서열(안티코돈)이 위치하는 부위.

알도스테론 aldosterone 부신 피질에서 분비되는 호르몬으로, 체내의 물과 전해질의 균형에 기여함.

암 cancer 세포의 제한 없는 생장과 분열. 암은 세포분열 조절의 실패로 인해 발생함.

암술 pistil 씨방(ovary), 암술대(style), 암술머리(stigma)로 구성된 꽃의 중심기관; 암술은 하나 이상의 합쳐진 심피(carpel)로 구성되며, 기술적으로는 암술군(gynoecium)으로 더 많이 알려짐.

암술군(자예군) gynoecium 종자식물의 꽃에 있는 심피의 집합체.

암술대 style 꽃에 있는 얇고 가느다란 관모양의 조직으로, 씨방의 위쪽으로 자라며, 이곳을 통해 꽃가루관이 내려옴.

암술머리(주두) stigma 현화식물에서 꽃가루가 달라붙는 심피의 부위.

암호가닥 coding strand DNA 2중가닥 중 유전자에 의해 암호화된 RNA 서열과 동일한 가닥으로, 주형가닥과 상보적이며, 전사에서 주형으로 사용되지 않음.

압력수용기 baroreceptor 대동맥과 경동맥의 혈관벽에 가하는 혈압에 반응하는 수용기로, 심박수를 조정함.

압류설 pressure-flow hypothesis 식물에서 원천(source)으로부터 배출구까지 체관의 양분 이동을 설명하는 가설. 원천과 배출구의 수분퍼텐셜의 차이가 팽압을 유발시키고, 이것이 체관의 부피유동(용적수송, bulk flow)을 일으킴.

액틴 필라멘트 actin filament 세포 골격을 구성하는 3가지 요소 중 하나. 미세섬유라고도 함. 액틴과 마이오신은 근육 섬유에서 발견됨.

액포 vacuole 세포질에 있는 막으로 둘러싸인 주머니로, 저장 또는 분해 목적으로 사용됨; 식물세포에서는 종종 물, 단백질 및 노폐물을 저장하는 큰 중심 액포를 포함.

앱시스산(ABA) abscisic acid (ABA) 환경 스트레스에 대한 반응 및 종자나 새싹의 휴면 상태를 제어하는 식물호르몬.

양막 amnion 양막류 알의 배외막 중 가장 안쪽에 있는 막으로, 배아 주위에 액체가 채워진 주머니를 형성함.

양막란 amniotic egg 다소 불투명한 껍질에 의해 환경으로부터 격리되고 보호된 알로서, 발생하는 동안 외부로부터 물질 공급 없이 오직 산소만 필요로 하는 알.

양막류 amniote 양막을 포함하여 4개의 막으로 둘러싸인 알을 낳는 척추동물. 양막류에는 파충류, 조류, 포유류가 있음.

양성잡종교배 dihybrid cross 예를 들어 꽃 색과 식물의 키와 같이, 2개의 다른 형질이 동시에 관여하는 교배

양성조절 positive control DNA에서 전사 개시의 빈도를 증가시켜 전사량을 억제하는 조절 유형; 활성자 단백질이 양성조절을 매개함.

양성피드백 positive feedback 어떤 활성에 의하여 변화된 내부 환경의 상태가 그 변화를 촉진시키는 반응을 유발하는 되먹임 기작.

양수검사 amniocentesis 간접적으로 태아를 검사하는 방법으로, 양수 시료에서 얻은 태아 세포를 배양하여 검사하거나 양수 자체를 검사함.

양육투자 parental investment 각각의 성이 자손 생산 및 양육에 투자하는 에너지와 시간.

양이온 cation 양전하를 띤 이온.

양자 quantum 불연속적 값을 가지고 있는 어떤 물질의 양을 그것의 정수배로 표시하는 물질량의 최소단위.

양적 형질 quantitative trait 하나 이상의 유전자의 영향에 의해 결정되는 형질; 대개 연속적인 변이를 나타낸다.

억제 repression 일반적으로 전사를 방지하여 유전자 발현을 조절. 특히, 대장균과 같은 세균에서는 억제인자 단백질에 의해 매개됨. 동화작용 오페론에서 억제인자는 보조억제인자가 있는 경우에 DNA에 결합하여 오페론을 억제함.

억제인자 repressor RNA 중합효소가 프로모터에 붙어서 구조 유전자를 전사하는 것을 방지함으로써 DNA로부터 전사를 조절하는 단백질. 작동유전자(operator) 참조.

에너지준위 energy level 원자 내의 전자가 가진 불연속적 에너지준위 혹은 양자(퀀텀) 에너지준위. 이를 바꾸기 위해 전자는 에너지를 흡수하거나 방출해야 함.

에스트라디올 estradiol 에스트로젠 군의 스테로이드 호르몬으로, 여성의 주된 성호르몬.

에틸렌 ethylene 식물 호르몬의 일종으로, 과일의 성숙을 촉진하고 방어 기작을 활성화시킴.

엑손 exon RNA로 전사되고 단백질로 번역되는 DNA 분절. 인트론 참조.

엔탈피 enthalpy 화학 반응에서 분자 내 화학 결합에 포함된 에너지를 말하며, H로 나타냄. 세포 반응에서 자유에너지는 반응 분자의 엔탈피와 같음.

엔트로피 entropy 계(시스템)의 무질서도를 나타내는 척도. 계(시스템)에서 얼마나 많은 에너지가 분산(대개 고르게 퍼진 열로)되어 더이상 일을 할 수 없는지를 나타냄.

역 domain 생물의 분류 체계 중 가장 상위에 있으며, 세균역, 고세균역, 진핵생물역으로 구분됨.

역수송체 antiporter 2개의 분자를 서로 반대 방향으로 운반하는 세포막의 운반 단백질.

역위 inversion 염색체의 한 분절에서 유전자 순서가 뒤바뀐 것; 해면의 배아 발생 단계에서 나타나는 것처럼 내부가 뒤집힌 것 또는 자포동물에서 자포의 발사.

역전사효소 reverse transcriptase 레트로바이러스에서 발견되는 바이러스 효소로, RNA 게놈을 DNA 사본으로 변환할 수 있음.

역치 threshold 뉴런이 탈분극하는 데 필요한 최소한의 자극.

연관 linkage 같은 염색체 위에 존재한 유전자들의 관계를 의미하며, 재조합이 일어나지 않으면 함께 유전됨.

연골 cartilage 척추동물의 골격에 있는 결합조직. 연골은 배아, 매우 어린 척추동물, 그리고 상어 및 그들의 친척과 같은 일부 성체 척추동물 골격의 대부분을 형성함.

연동운동 peristalsis 동물에서 관의 길이 방향을 따라 수축 및 이완이 교대로 일어나는 근육 운동. 난관 또는 소화관과 같이 관에서 난자 또는 음식물을 통과시킴.

연수 medulla oblongata 전체 뇌의 구조에서 가장 아래에 있는 부분으로, 척수와 곧바로 연결되어 있으며 호흡이나 혈액 순환을 조절함.

연속변이 continuous variation 사람의 키와 같이 연속적으로 일어나는 형질 변이를 의미하며, 하나 이상의 유전자에 의해 형질이 결정될 때 종종 발생함.

연합뉴런 interneuron (association neuron) 감각뉴런과 운동뉴런 사이의 기능적 연결고리 역할을 하는 척수의 중간에서만 발견되는 신경 세포.

열린번역틀 open reading frame (ORF) 번역틀 내에 종결코돈이 없는, 일련의 아미노산 서열을 암호화하는 DNA 영역.

열성 recessive 동형접합 조건일 때만 발현되며, 이형접합 조건에서는 우성 대립유전자의 발현으로 인해 "숨겨진" 대립 유전자.

열역학 thermodynamics 에너지 변환을 연구하는 학문으로, 에너지를 측정하는 가장 편리한 방법으로 열을 사용함.

염기 base 수소 이온(H^+)을 흡수하기 위해 물에서 해리되는 물질로서, H^+ 농도를 낮춤으로써 pH를 상승시킴.

염기치환 돌연변이 base substitution mutation 한 염기가 다른 염기로 바뀌는 돌연변이.

염색질 chromatin 진핵생물의 염색체를 구성하는 DNA와 단백질의 복합체. 염색질은 간기의 핵에 풀어져서 퍼져 있다가 전기에 응축하여 염색체를 형성함.

염색질재구성복합체 chromatin-remodeling complex 히스톤과 DNA를 변형시키는 대형 단백질 복합체. 염색질의 구조를 변화시킴으로써 뉴클레오솜을 이동 또는 전달함.

염색체 chromosome 한 세대에서 다음 세대로 유전정보를 물리적으로 전달

하는 운반체. 박테리아에서 염색체는 하나의 원형 DNA로 구성되나, 진핵 생물에서 각 염색체는 단일 선형 DNA 분자와 관련 단백질로 구성됨.

염색체돌연변이 chromosomal mutation 염색체 구조에 영향을 미치는 모든 돌연변이.

염색체설 chromosomal theory of inheritance 유전형질이 염색체에 의해 전달된다는 이론.

염증반응 inflammatory response 감염에 대한 일반적인 비특이적 반응. 미생물로 감염된 부위 및 죽은 조직 세포를 제거하여 조직을 재생할 수 있음.

엽록소 chlorophyll 광합성에서 빛을 흡수하는 색소의 주요 유형. 엽록소 *a*는 가시광선 스펙트럼의 보라색-파란색 및 적색 범위에서 빛을 흡수함. 엽록소 *b*는 엽록소 *a*의 부속 색소로, 청색과 적색 범위 내에서 빛을 흡수함. 두 색소 모두 녹색 범위인 500~600 nm의 빛을 흡수하지 못함.

엽록체 chloroplast 조류(藻類)와 식물에 존재하는 세포 형태의 소기관. 엽록소 및 다른 색소를 함유하고 광합성을 함.

엽육조직 mesophyll 잎의 표피 아래에 위치한 광합성 유조직.

엽흔 leaf scar 잎이 달려 있었던 자리를 나타내는 흔적.

영양막(층) trophoblast 척추동물 배아에서, 배반포의 바깥 외배엽층; 포유동물에서는 융모막의 일부로, 자궁벽에 부착.

영양세포 nurse cell 초파리의 난자형성과정에서 4번의 분열로 생긴 16개 세포 중 난자로 발달하는 세포를 제외한 나머지 15개의 세포를 의미하며, mRNA와 단백질을 합성하여 난자로 전달함.

오줌 urine 콩팥에 의해 혈액에서 여과된 후 요도를 통해 제거되기까지 방광에 저장되는 액체 노폐물.

오카자키 절편 Okazaki fragment 지연가닥에서 불연속 복제로 인해 생성된 짧은 DNA 조각으로, 복제기구의 이동 방향과 반대로 멀어지는 방향으로 합성됨.

오페론 operon 인접한 구조 유전자들의 집단이 한 단위로, 하나의 mRNA 분자로 전사됨.

옥시토신 oxytocin 출산 중 자궁 수축에 영향을 주며, 젖분비를 자극하는 뇌하수체 후엽의 호르몬.

옥신 auxin 세포의 신장을 조절하는 식물의 호르몬.

와블 염기쌍 wobble pairing tRNA 안티코돈의 5′말단 염기와 mRNA 코돈의 3′말단 염기 사이의 쌍 형성의 유연성. 이러한 유연성은 단일 tRNA가 하나 이상의 mRNA 코돈을 읽을 수 있게 함.

완충액 buffer pH 변화에 저항하는 물질. 염기가 첨가되면 수소이온(H^+)을 방출하고, 산이 첨가되면 H^+을 흡수함.

외군 outgroup 연구하는 대상과 밀접한 관련이 있지만, 그 구성원이 아닌 종 또는 종 그룹.

외배엽 ectoderm 척추동물 배아 초기의 3가지 배엽 중 하나로, 외배엽은 신체의 외부 상피(피부, 모발, 손톱)와 감각 기관, 뇌 및 척수를 포함한 신경 조직을 형성함.

외부수용기 exteroceptor 외부 자극으로 인해 흥분되는 수용체.

외호흡 external respiration 생물체와 환경 사이의 기체 교환.

요막 allantois 양막류의 알에 있는 막으로, 조류와 파충류에서 호흡과 배설 기능을 하고, 대부분 포유류에서 태반의 발달에 중요한 역할을 함.

요산 uric acid 파충류, 조류 및 곤충에서 주로 생성되는 불용성 질소성 노폐물.

용균 lysis 세포막의 파열에 의한 세포의 분해.

용균회로 lytic cycle 바이러스 복제 후에 숙주 세포가 죽어서(용해되어) 바이러스 입자를 방출하는 바이러스 주기.

용원 파지 lysogenic phage 바이러스가 지신의 유전체를 숙주 세포(세균)의 유전체에 통합시킨 파지를 의미함.

용원 lysogen 프로파지를 가진 세포.

우성 dominant 이형접합 또는 동형접합 상태에 있을 때 발현되는 대립유전자.

운동(원심성)뉴런 motor (efferent) neuron 신경자극을 중추신경계에서 반응기(근육이나 분비샘)로 전달하는 뉴런.

운동에너지 kinetic energy 운동의 에너지.

운반 RNA transfer RNA (tRNA) 2개의 기능적 부위를 갖는 작은 RNA(약 80개 뉴클레오타이드로 구성)의 부류; 한 부위에서, 활성화 효소에 의해 특정 아미노산이 첨가되는 반면, 다른 부위는 그 아미노산에 특이적인 안티코돈을 갖음.

운반단백질 carrier protein 막을 통과할 수 없는 특정 분자와 결합하여 막을 통과하게 하는 막단백질.

원구 blastopore 척추동물 발생에서, 낭배기 배아의 원장과 외부를 연결하는 구멍.

원생생물 protists 균류, 식물 또는 동물로 분류할 수 있는 특징이 없는 진핵생물로, 매우 다양하고 공통된 특징이 없음.

원시형질 plesiomorphy 분기학에서 조상의 형질 상태를 나타내는 또 다른 용어.

원자 atom 해당 원소의 모든 특성을 포함하는 최소단위로, 물질의 구성 요소.

원장 archenteron 척추동물 배아의 낭배기에서 형성되는 주요 공간으로, 나중에 소화관으로 발달함. 내배엽 세포로 이루어져 있고, 바깥쪽으로 열린 구멍이 있음.

원조 primitive streak 조류, 파충류, 포유류의 초기 배아에서 외배엽과 중배엽의 등쪽에 길게 생긴 줄 모양의 선. 다른 생물체에서는 원구에 해당.

원종양유전자 proto-oncogene 돌연변이 되었을 때 암을 유발할 수 있는 유전자.

원추세포 cone cell 눈의 망막에 있는 시세포로, 색상을 감지함.

원핵생물(원핵세포) prokaryote 막으로 둘러싸인 핵 또는 세포소기관이 없는 세포 또는 생물.

원형질막 plasma membrane 세포질을 둘러싸고 있는 막. 단백질이 삽입된 인지질 2중층으로 구성.

원형질연락사 plasmodesmata 식물에서 인접 세포 간의 세포질 연결.

월경기 menstrual phase 황체기 동안 착상이 이루어지지 않았을 때 자궁 내막이 탈락하는 시기.

위상이성질체효소 topoisomerase DNA가 풀려서 생기는 비틀림을 완화하기 위해 DNA의 위상 상태를 바꿀 수 있는 효소군.

위족 pseudopod 세포체에서 일시적인 세포질 돌출부.

위치 정보 positional information 어떤 세포가 각 위치에서 적절하게 분화하기 위해서 필요한, 신체에서의 상대적 위치에 관한 정보.

위치에너지(퍼텐셜에너지) potential energy 지금 사용하지는 않지만 쓸 수 있는 에너지; 잠재적으로 사용 가능한 형태의 에너지; 종종 '위치의 에너지(energy of position)'라고 불림.

유대류 marsupial 새끼가 발생 초기, 때로는 수정 후 8일 이내에 태어나 주머니 속에서 자라는 포유동물.

유도(작용) induction (1) 기질에 반응하는 효소의 생산; 유도자가 억제자에 결합함으로써 오페론의 전사가 일어나는 기작. 이화작용 오페론에서 볼 수 있으며, 유도작용의 결과로 화합물을 분해하는 효소를 생산함. (2) 배아 발생과정에서, 한 세포의 발달이 인접한 세포와의 상호작용으로 인해 영향을 받는 과정.

유도만능줄기세포 induced pluripotent stem cell (iPSC) 이미 분화된 세포를 전사인자들을 이용하여 재프로그래밍해 얻어진 줄기세포.

유도적합 induced fit 활성부위에 기질이 붙은 후 효소의 모양이 변하여 기질이 더 잘 부착하도록 하는 것.

유동 모자이크 모델 fluid mosaic model 막단백질이 인지질 2중층에 떠 있는 것처럼 고정되지 않고 유동적이라는 세포막 모델.

유사분열(체세포분열) mitosis 복제된 염색체가 2개의 유전적으로 동일한 딸핵으로 분리되는 과정을 의미함.

유성생식 sexual reproduction 수정(2배체 세포 생성)과 염색체 수의 감소(반수체 세포 생성)를 통해 자손을 생산하는 과정.

유전상담 genetic counseling 자손의 유전적 결함에 대한 위험성 평가 및 태아 시기의 검사 등을 통해, 부모에게 이러한 위험과 상태에 대한 정보를 제공하는 과정.

유전자 gene 유전의 기본 단위; 단백질, tRNA 또는 rRNA 분자를 암호화하거나 그러한 서열의 전사를 조절하는 염색체상의 DNA 염기서열. 운명지어져 있음.

유전자 제거 생쥐 knockout mice 재조합 DNA 및 배아줄기 세포를 사용하여 알려진 유전자를 불활성화시킨('녹아웃'된) 생쥐.

유전자 좌위(유전자자리) locus 유전자가 존재하는 염색체의 위치.

유전자 흐름 gene flow 한 개체군에서 다른 개체군으로 대립유전자가 이동하는 것.

유전자량 보정 dosage compensation 세포에서 어떤 유전자 수가 다르더라도 발현량이 일정하게 조절되는 현상.

유전자발현 gene expression 유전자형에서 표현형으로의 전환; DNA가 RNA로 전사된 후, 단백질 산물로 번역되는 과정.

유전자지도 genetic map 재조합빈도에 따라 염색체상에 유전자의 상대적 위치를 나타낸 지도.

유전자형 genotype 단일 형질 또는 집합적 형질의 바탕이 되는 유전적 구성.

유전적 모자이크 genetic mosaic X 염색체에 있는 대립유전자가 이형접합인 포유류 암컷의 경우, 무작위적인 X 염색체 불활성화로 인해 각 세포에서 발현되는 대립유전자가 다른 경우.

유전적 부동 genetic drift 시간 경과에 따른, 우연에 의한 무작위적 대립유전자의 비율 변동.

유전적 재조합 genetic recombination 서로 다른 2개의 DNA 분자 사이에서 DNA 단편을 교환하는 것.

유전체(게놈) genome 한 생물체의 전체 DNA 서열.

유전체 각인 genomic imprinting 멘델 유전법칙의 예외로, 일부 포유류에서 어떤 대립유전자에 의한 표현형이 그 대립유전자를 부모 중 한쪽에서 받은 경우에만 나타나고 다른 쪽에서 받았을 경우에는 나타나지 않는 현상.

유전체 라이브러리 genome library 한 생물의 DNA 절편들의 집합체로, 이를 모두 포함하면 완전한 유전체를 형성함.

유조직세포 parenchyma cell 식물세포의 가장 일반적인 유형; 얇은 벽, 큰 액포 및 기능성 핵의 특징을 가짐.

유주자(遊走子) zoospores 운동성 포자.

융모막시료채취 chorionic villus sampling 태반의 융모막에서 태아 세포를 채취하는 기법. 덜 침습성인 이 기법은 양수검사보다 임신 초기에 사용될 수 있음.

은폐색 cryptic coloration 화학적 방어 전략이 없는 동물이 포식자로부터 몸을 숨기기 위해 주위 환경과 조화를 이루는 체색을 띠는 경우.

음경 penis 소변을 배설하고 정액을 사정하는 요도를 감싸고 있는 수컷 외부 생식기.

음낭 scrotum 대부분의 포유동물에서 고환이 들어 있는 주머니.

음성조절 negative control DNA에서 전사 개시의 빈도를 감소시켜 전사량을 억제하는 조절 유형; 억제 단백질이 음성조절을 매개함.

음성피드백 negative feedback 어떤 물질의 양이나 활동의 증가로 인해, 증가하는 과정을 저해하는 항상성 조절 메커니즘; 되먹임억제라고도 함.

음(세포)작용 pinocytosis 세포에서 내포작용(endocytosis)으로 인한 액체 흡수 과정.

음이온 anion 음으로 하전된 이온.

음핵 clitoris 여성의 외부 생식기관에 있는 작은 발기성 조직체.

의사유성생식 parasexuality 어떤 균류에서, 서로 다른 반수체 핵의 융합 및 분리로 인해 재조합된 핵을 만드는 것.

의체강 pseudocoelom 중배엽과 내배엽 사이에서 발생하는 체강으로서, 성체에서는 중배엽과 내배엽 유래 조직 사이에서 발생함.

의태 mimicry 어떤 개체가 더 강하거나 보호받는 개체(모델)의 형태, 색깔, 특정 행동을 닮는 것.

이류교배 disassortative mating 표현형이 서로 다른 개체가 더 자주 짝짓기를 하는 비무작위 짝짓기의 일종.

이수성 aneuploidy 염색체를 잃거나 얻은 세포를 가진 개체의 상태. 인간의 다운증후군은 21번 염색체가 추가되어 나타나는 이수성의 예.

이석 otolith (ear rock) 어류에서 음파를 탐지하기 위한 탄산칼슘 결정으로 이루어진 평형석.

이소성 allopatric 지리적으로 분리된 서식지.

이입 ingression 배아의 표피층에서 개별 세포가 내부로 떨어져 나와 이동하는 현상.

이타주의 altruism 다른 사람의 이익을 위해 자기를 희생하는 것. 이타적인 개인의 적합도는 감소하는 반면, 받는 사람의 적합도를 증가시키는 행동.

이형접합(의) heterozygous 동일한 유전자에 대해 서로 다른 2개의 대립유전자를 갖는 경우, 대개 하나 이상의 특정 유전자 좌위에 적용됨; 예를 들어, *W* 좌위에 대해 이형접합의 유전자형은 *W*/*w*.

이형접합자 우세 heterozygote advantage 이형접합자는 동형접합자에 비해 선택적 이점이 있음. 예를 들어, 말라리아에 저항성을 가지는 이형접합 낫모양적혈구 빈혈증.

이화물질활성화단백질 catabolite activator protein (CAP) cAMP에 결합한 후 DNA에 결합하여 전사를 활성화하는 단백질. cAMP의 수치는 포도당 수치와 역관계에 있으며, 대장균의 CAP/cAMP는 락(락토스)오페론을 활성화함. cAMP 반응단백질(CRP)이라고도 함.

이화작용 catabolism 세포에서 복잡한 분자가 더 단순한 화합물로 분해되는 결과를 가져오는 물질대사 반응으로, 종종 에너지의 방출과 함께 일어남.

인 nucleolus 진핵세포에서 rRNA를 합성하는 장소; 여러 벌의 rRNA 유전자로부터 전사된 rRNA로 구성된 구형체.

인간면역결핍바이러스 human immunodeficiency virus (HIV) 레트로바이러스의 일종으로 사람의 보조 T 림프구를 파괴하여 면역결핍 현상을 유발하는 바이러스.

인간융모성생식샘자극호르몬 human chorionic gonadotropin (hCG) 배아의 영양막 세포가 분비하는 호르몬으로, 임신 3개월 동안 황체가 퇴화하지 않도록 유지시킴.

인공염색체 artificial chromosome 플라스미드의 운반 능력에는 한계가 있으므로, 큰 DNA 절편을 클로닝하여 분석하기 위해 인공적으로 만든 염색체.

인두 pharynx 많은 동물에서 입의 뒷부분에 놓인 근육구조; 소화관으로 음식을 밀어 넣는 데 도움이 됨.

인두낭 pharyngeal pouch 수생 및 해양 척삭동물 및 척추동물에서 인두열이 되는 배아의 한 부분으로, 육상 척추동물은 외부로 열린 개구부를 발생시키지 않음.

인두열 pharyngeal slit 척삭동물의 특징 중 하나; 인두와 식도에서 외부로 연결된 통로를 형성하는 앞쪽 부분의 양 측면에 있는 개구부.

인산디에스터결합 phosphodiester bond 핵산 분자의 골격에 있는 2개의 당 사이의 결합; 인산기는 1쌍의 에스터 결합을 통해 5탄당을 연결함.

인산디에스터 골격 phosphodiester backbone DNA에서 인산디에스터결합으로 이어진, 인산과 당이 반복된 사슬.

인산화효소 kinase ATP와 같은 고에너지 분자의 인산기를 특정한 기질에 전달하여 인산화반응을 촉매하는 효소.

인슐린 insulin 포도당을 글리코겐으로 변환시켜 혈당을 낮추는, 물질대사 과정에 중요한 역할을 하는 호르몬.

인위선택 artificial selection 인간의 선택적 번식으로 인한 개체군의 유전적 구조의 변화. 많은 동물 품종과 작물의 변종이 인위선택을 통해 생산됨.

인지질 phospholipid 지방과 구조가 비슷하지만 글라이세롤 골격에 붙어 있는 지방산이 2개이고, 골격의 나머지 부분에 인산화된 분자가 연결됨; 극성을 띠는 친수성 '머리'(인산염 그룹)와 비극성 소수성 '꼬리'(지방산)를 포함.

인지질 2중층 phospholipid bilayer 세포막의 주요 구성 요소; 인지질은 자연스럽게 2중층을 형성하는데, 소수성 지방산은 내부를 향하고 친수성 인산기는 양쪽의 바깥을 향함.

인자 factor 어떤 생물학적 현상을 일으키는 원인이나 조건이 되는 요소.

인트론 intron 진핵세포에서 DNA로부터 전사는 되지만 단백질로 번역되기 전에 효소에 의해 제거되는 mRNA 부분. 엑손 참조.

인핸서 enhancer 조절 단백질이 결합하는 DNA 부위로서, 프로모터로부터 떨어져 있으며 유전자의 전사를 위한 시작 부위.

인히빈 inhibin FSH의 분비를 억제하는 호르몬.

일반전사인자(보편전사인자) general transcription factor 프로모터에서 RNA 중합효소 II에 의한 개시복합체의 형성에 필요한 전사인자로, 기본 수준의 전사를 담당함.

일산화질소 nitric oxide (NO) 기체 상태의 신호전달 물질로, 혈관을 확장시킴.

잎겨드랑이(엽액) axil 식물에서 잎자루와 줄기 사이의 각.

잎맥 vein 식물에서 줄기와 잎의 관다발. 줄기와 잎을 지탱하고 물질을 전달하는 틀 구조.

잎새(엽신) blade 잎의 넓고 확장된 부분. 라미나(lamina)라고도 함.

잎자루(엽병) petiole 잎의 줄기.

ㅈ

자가불화합성 self-incompatibility 자가수정을 방지하여 타가교배를 촉진하는 식물의 유전체계.

자가수정 self-fertilization 하나의 자웅동체로부터 생성된 난자와 정자의 결합.

자궁 uterus 포유류에서 임신 중에 발생하는 배아를 수용하고 양육하는 방 모양의 구조.

자낭 ascus, pl. asci 자낭균류의 특성을 가진 특화된 세포로, 2개의 반수성 핵이 융합한 후 감수분열로 즉시 분열하는 접합체를 생산함. 성숙기에 자낭포자를 생성함.

자낭균류 ascomycetes 진정한 균류를 구성하는 커다란 집단. 격벽으로 분리된 균사를 가짐. 무성적으로 분생포자(conidiospore)를 생성하고 유성적으로 자낭 내에 자낭포자(ascospore)를 생성함.

자매염색분체 sister chromatid 동원체로 연결된 각 염색체의 복제 사본 중 하나로, 체세포분열 중 염색체 복제로 형성됨; 이와 유사하게, 감수분열에서 4분염색분체(2가염색체)의 각 상동염색체를 구성하는 2개의 동일한 복사본.

자이레이즈 gyrase 복제분지 앞에서 생성되는 초나선꼬임을 제거하는 DNA 위상이성질체 회전효소의 일종.

자연선택 natural selection 서로 다른 비율로 유전자형을 재생산(생식)함; 환경 요인으로 인해 생기며, 진화적인 변화를 가져옴.

자웅동체 hermaphroditism 수컷과 암컷의 기능적 생식기관을 모두 가지고 있는 상태.

자웅이숙(雌雄異熟) dichogamous 꽃의 암술과 수술이 다른 시기에 성숙하는 식물.

자유에너지 free energy 일을 할 수 있는 에너지.

자유에너지감소성 exergonic 반응물보다 생성물에 더 적은 자유에너지가 포함되어 있어 반응 동안에 자유에너지가 방출됨.

자유에너지증가성 endergonic 생성물이 반응물보다 많은 에너지를 포함하는 화학 반응. 외부 에너지원으로부터 자유에너지가 유입되어야 반응이 진행됨.

작동자 operator 원핵생물의 오페론에서 특정한 상황에 필요한 유전자의 발현 여부를 조절하기 위해 단백질 인자가 결합하는 DNA 부위.

잔사식생물 detritivore 생물체의 배설물 또는 폐기물 등의 유기물 조각을 먹고 사는 생물.

장막(융모막) chorion 파충류, 조류, 포유류의 배아를 둘러싸고 있는 2중막의 외막. 태반 포유류에서는 태반의 구조를 형성함.

장애 가설 handicap hypothesis 수컷들은 생존에는 불리하지만 과장되고 부풀린 형질을 진화시키고, 암컷은 그런 큰 결함을 가진 수컷을 선택함으로써 그들의 자손이 이 우수한 유전자를 물려받는다는 것을 확신한다는 가설. (역자 주: 생존에 불리함에도 살아남았기에 우수하다고 표현함.)

장일식물 long-day plant 하루의 일조시간이 일정시간 이상 되어야 꽃눈을 형성하는 식물을 의미하지만, 사실상 밤의 길이가 짧을 때 꽃이 피는 식물.

재조합소결절 recombination nodule 상동염색분체의 분리와 재부착에 필요한 효소 장치를 지니고 있는 구조물.

재조합빈도 recombination frequency 검정교배에서 재조합 자손의 수를 전체 자손으로 나눈 값. 이 값은 백분율로 변환되고 각 1%는 지도단위라고 함.

저장성(의) hypotonic 세포보다 용질 농도가 낮은 용액. 저장액 내의 세포는 삼투로 인해 물을 흡수하는 경향이 있음.

적응도 fitness 한 개체가 다음 세대에 유전적으로 기여한 것. 상대적응도란 집단 내의 다른 개체와 비교한, 한 개체의 적응도를 말함.

적응방산 adaptive radiation 분화되지 않은 형질을 가진 원시조상으로부터 파생된 다양한 형태의 진화.

적혈구 erythrocyte 붉은색의 혈액 세포로, 산소를 운반하는 헤모글로빈으로 구성됨.

적혈구생성소 erythropoietin 골수에서의 혈액 세포의 생성을 촉진하는 단백질.

전기음성도 electronegativity 원자가전자에 대한 핵의 친화도를 나타내는 성질; 전기음성도가 큰 핵은 전기음성도가 작은 핵보다 전자를 더 강하게 당김.

전능성 totipotent 완전한 유전적 잠재력을 가진 세포. (역자 주: 포유류의 경우 태반과 태아를 형성할 수 있는 포배 초기의 세포들이 이에 해당되며, 내세포덩어리(ICM)는 태반을 형성할 수 없기에 '전능한' 대신에 '전분화능' 줄기세포라고 함.)

전령 RNA messenger RNA (mRNA) 구조 유전자에서 전사된 RNA; 단백질을 합성하기 위해 리보솜에서 번역되는 RNA 분자. DNA의 한 가닥에 대해 상보적임.

전류(轉流) translocation 식물에서, 수용성 양분의 원거리 수송(대부분 설탕)으로, 주로 체관에서 일어남.

전립샘 prostate gland 포유류 수컷의 요도 기저부에 있는 분비선으로, 정자가 방출될 때 자극 효과를 주는 알칼리성 액체를 분비함.

전분체 amyloplast 식물의 색소체의 일종으로, 전분(녹말) 저장을 목적으로 함.

전분화능 pluripotent 개체를 구성하는 세포 중 어떤 것이라도 만들어낼 수 있는 세포를 일컫는 말. 대개 줄기세포의 능력을 말할 때 사용함.

전사 transcription 효소-촉매 반응으로 DNA 가닥에 상보적인 RNA 분자를 생산하는 것.

전사기포 transcription bubble RNA 중합효소, DNA 주형 및 RNA 전사물을 함유하는 지역으로, DNA의 일부가 풀어져 '기포' 모양을 형성.

전사단위 transcription unit 프로모터와 종결자 사이의 DNA 영역.

전사복합체 transcription complex RNA 중합효소II 복합체에 필수 활성자, 보조활성자, 전사인자 및 또 다른 인자들이 더해져 활발히 DNA를 전사시키는 복합체.

전사인자 transcription factor RNA 중합효소가 진핵세포 프로모터 영역에 결합한 후 안정화되어 전사 과정을 시작하는 데 필요한 일련의 단백질.

전사체 transcriptome 특정 시기에 세포 또는 조직에 존재하는 모든 RNA.

전사후 조절 posttranscriptional control 유전자 발현을 조절하는 기작이 mRNA의 전사가 완료된 후에 작동하는 것.

전신획득저항성 systemic acquired resistance (SAR) 식물에서 며칠~몇 주까지 지속되는 병원체 또는 해충의 공격에 대한 장기적인 반응. 식물이 이후의 다양한 병원체에 의한 공격에도 신속하게 대응할 수 있음.

전압개폐성 이온통로 voltage-gated ion channel 이온의 막 투과 경로로, 세포막 내외의 전압 또는 전하 차이의 변화로 인해 열리거나 닫힘.

전이인자 transposable element 염색체의 한 위치에서 다른 위치로 이동할 수 있는 DNA 조각. 또한, 트랜스포존(transposon) 또는 이동성유전인자(mobile genetic element)라고도 함.

전자운반체 electron carrier 생체 산화 환원 반응 시 전자를 가역적으로 얻거나 잃게 하는 전자 공급체와 전자 수용체를 모두 이르는 말로, NADH와 FADH2 등이 있음.

전자전달계 electron transport chain 생명체의 광합성과 호흡과정 중 고에너지 전자가 연쇄적인 산화-환원을 거치며 이동하는 반응계로 미토콘드리아와 엽록체에 존재함.

전좌다운증후군 translocation Down syndrome 21번 염색체가 14번 염색체로 전좌되어 나타나는 다운증후군.

전정기관 vestibular apparatus 척추동물에서 머리의 균형과 방향을 제시하는 내이의 복잡한 감각기.

전좌 translocation 유전학에서, 비상동염색체 사이의 염색체 분절이 상호교환되는 것.

전표피(前表皮) protoderm 피부조직을 만드는 1차 분열조직.

전할(완전난할) holoblastic cleavage 척추동물에서 배아 전체에 걸쳐 동일하게 일어나는 난할로, 그 결과 포배기에서 균일한 크기의 세포를 만듦.

전(前)형성층 procambium 관다발식물에서 1차 관다발조직을 만드는 1차 분열조직.

절충 trade-off 자손에게 투입할 자원이 한정되어 있기에 자손의 수와 자손의 크기 사이에서 어떤 것을 취할지 결정하는 과정.

점돌연변이 point mutation 염색체 DNA 분자에서 1개 뉴클레오타이드의 변경.

점막연관림프조직 mucosaassociated lymphoid tissue, MALT 2차 림프기관 중 하나로, 편도선 및 맹장과 같은 조직의 점막 표면 아래에 림프구와 대식세포로 구성됨.

접촉형태형성 thigmomorphogenesis 물리적 스트레스(예, 일정한 바람)로 인한 식물의 발달 변화.

접합 conjugation 유전물질이 한 세포에서 다른 세포로 옮겨지는 동안 2개의 단세포 생물이 일시적으로 결합하는 것으로, 박테리아, 원생생물 및 특정 해조류와 균류에서 나타남.

접합자(접합체) zygote 수컷 및 암컷 배우자의 융합(수정)으로 생긴 2배체($2n$) 세포.

접합전격리기작 prezygotic isolating mechanism 접합자가 형성되기 전에 일어나는 생식적 격리의 유형; 이러한 기작은 서로 다른 서식지의 지리적 격리에서부터 결합이 불가능한 생식세포 자체에 의한 것까지 다양할 수 있음.

접합후격리기작 postzygotic isolating mechanism 접합자가 만들어지지만 생식 능력이 있는 성체로 발달할 수 없는 생식 격리 유형. 이들 기작은 접합자 또는 배아가 생존하지 못하는 것에서부터 불임의 성체에 이르기까지 다양함.

정20면체 icosahedron 20개의 정삼각형으로 구성된 구조; 바이러스에서 흔히 볼 수 있으며, 바이러스 캡시드의 한 종류를 형성.

정관 vas deferens 포유류의 정소에서 요도로 정자를 운반하는 관.

정단분열조직 apical meristem 관다발(유관속)식물에서 뿌리 또는 줄기의 끝에서 자라는 지점.

정단외배엽융기 apical ectodermal ridge 척추동물 발생에서 4지싹을 몸 축에 대해 먼 쪽으로 성장시키는 부위.

정맥 vein 동물의 조직에서 심장으로 혈액을 운반하는 혈관.

정맥동 sinus venosus 정맥의 통로로 뇌의 경막층 사이에서 발견됨. 어류의 심장에서 전기자극이 시작되는 장소.

정원세포 spermatogonium 동물의 정소에 있는 생식세포로, 유사분열을 거듭하여 여러 정모세포를 형성함.

정자 경쟁 sperm competition 암컷의 난자와 수정하는 정자 간의 경쟁.

정자형성과정 spermatogenesis 정원세포로부터 정자를 만드는 과정.

제1난모세포 primary oocyte 감수1분열을 통해 제2난모세포와 제1극체를 만드는 세포.

제2난모세포 secondary oocyte 감수2분열을 통해 하나의 난자와 제2극체를 만드는 세포.

제이콥 증후군 jacob syndrome 성염색체가 XYY인 성염색체 이상 증후군.

제한효소절단위치 restriction site 제한효소가 인식하는 DNA 서열.

제한효소 restriction enzyme 회문 구조를 가진, 혹은 그 근처의 특정 염기서열을 인식하여 DNA 2중나선을 절단하는 효소; 또한 제한효소라고도 불림.

젤 전기영동 gel electrophoresis 아가로스나 폴리아크릴아미드로 만든 젤에 전류를 흘려주어 DNA 또는 단백질을 크기별로 분리하는 방법.

조상형질 apomorphy 조상 분류군이 가지고 있는 형질.

조절단백질 regulatory protein 프로모터에 결합하여 DNA 전사를 시작하는 RNA 중합효소의 활성을 조절하는 단백질 집단.

조절발생 regulative development 할구의 운명이 미리 결정되지 않고 나중에 주위 세포들과의 상호작용으로 결정됨.

조직 tissue 구조적 및 기능적 단위로 조직화된 유사한 세포의 집단.

조직배양 tissue culture 식물조직에서 분리된 각 세포에 효소를 처리하여 세포벽을 분해하여 원형질체(protoplast)를 얻은 후 이를 배양하여 완전한 식물체의 발생을 유도하는 방법.

조효소 coenzyme 효소 촉매 과정에서 보조 역할을 하는 NAD와 같은 비단백질 유기분자를 의미하며, 종종 전자공여자 또는 수용자로 작용함.

종 species, pl. species 생물체의 일종; 종은 이탤릭체로 쓴 이명법으로 표기함. (역자 주: 상호교배로 생식이 가능한 집단, 그러나 다른 집단의 구성원과는 생식적 격리가 일어남.)

종간경쟁 interspecific competition 서로 다른 종의 개체군에서 일어나는 경쟁.

종결돌연변이 nonsense mutation 한 코돈이 종결코돈으로 변경되는 염기치환 돌연변이로, 조기 종결로 인해 끝이 잘린 짧은 단백질이 생산됨.

종결자 terminator 전사를 마치기 위한 DNA 서열.

종결코돈 nonsense codon tRNA에 의해 인식되지 않는 3개의 코돈(UAA, UAG 및 UGA)으로, mRNA에서 '정지' 신호로 작용하여 번역을 종료함.

종분화 speciation 한 종을 다른 종으로 변화시키거나, 하나의 조상 종으로부터 2개의 종을 나눔으로써 새로운 종이 발생함.

종속영양생물 heterotroph 광합성이나 무기물을 통해 스스로 에너지를 얻을 수 없는 생물체로, 다른 식물이나 동물을 섭취하여 그 유기물 분해하여 화학 에너지를 얻음.

종양억제유전자 tumor-suppressor gene 정상적으로는 세포분열을 억제하는 기능을 가진 유전자; 돌연변이 형태는 암의 무제한적인 세포분열을 유도할 수 있지만, 유전자의 두 복제본 모두가 돌연변이일 때만 가능.

종양유전자 oncogene 생장 조절 유전자에서 돌연변이가 일어난 것을 의미하며, 그 결과 "활성화된(on)" 유전자는 무제한으로 세포 성장과 분열을 유발함.

종피 seed coat 식물에서 밑씨(배주)의 외층. 휴면 중인 배를 보호하고 양분을 저장하는 비교적 불투과성인 장벽.

좌우대칭 bilateral symmetry 생명체를 반으로 나누었을 때 구조적으로 서로 거울 이미지를 형성함.

주조직적합성복합체 major histocompatibility complex (MHC) 면역체계가 '자기'를 식별하기 위해 사용하는 세포막과 결합된 세포 표면 표지 단백질. 각 개인의 모든 세포는 MHC 단백질이라고 불리는 동일한 '자기' 표지를 가지고 있음.

주축세포 collumella cell 뿌리골무의 분열조직 안쪽의 세포.

주형가닥 template strand 전사에서 주형으로 사용되는 DNA 가닥. 이 가닥은 상보적인 mRNA 전사물을 만들기 위해 복사됨.

주홈 major groove DNA 나선의 2개의 홈 중 큰 부분으로, 쌍을 이룬 뉴클레오타이드의 수소결합에 접근할 수 있음; 조절 단백질은 큰 홈에 있는 주홈 내의 부분을 인식하고 결합할 수 있음.

줄기세포 stem cell 비교적 미분화된 동물 조직세포. 더 분화된 세포를 생성할 수 있음.

중간섬유 intermediate filament 섬유상의 라민 단백질로 이루어진 세포 골격 요소. 미세섬유과 미세소관 사이의 중간 크기.

중배엽 mesoderm 낭배에서 형성되는 3개의 배엽층 중 하나; 근육, 뼈 및 기타 결합조직, 복막, 순환계, 그리고 대부분의 배설과 생식계를 발생시킴.

중복 duplication 염색체 일부분이 복제되는 돌연변이로서, 복제된 부분이 유전자 내에 있지 않다면 복제는 아무런 효과가 없을 수 있음.

중복수정 double fertilization 알세포와 정핵이 수정하여 접합자인 $2n$의 수정란을 형성함과 동시에 또 다른 정핵이 극핵과 수정하여 $3n$의 배젖을 형성함. 속씨식물의 독특한 특징.

중심립 centriole 핵막 밖에 있는 세포질 소기관으로, 기저체와 구조가 동일함. 동물세포 및 다른 그룹의 편모 세포에서 발견됨. 체세포분열과 감수분열 중 방추사를 나누고 조직함.

중심와 fovea 원추세포가 고도로 밀집되어 선명한 시각을 형성하는 망막의 작은 함몰 부위.

중심원리 central dogma 유전정보가 DNA에서 RNA를 거쳐 단백질로 이어진다는 정보 경로의 개념.

중심체 centrosome 방추사(미세소관)의 조립이 일어나는 중심 센터.

중일식물 day-neutral plant 광주기성과는 관련 없이 정상적인 성장에 필요한 빛을 받으면 개화하는 식물로, 온도 등의 다른 요인에 의해 개화가 촉진됨.

중첩성 degenerate 가능한 코돈 조합은 64개이고 아미노산은 20개이므로, 하나의 아미노산을 지정하는 코돈이 여럿 존재한다는 의미.

중추신경계 central nervous system (CNS) 대부분의 신경 연합이 일어나는 신경계의 부분. 척추동물에서는 뇌와 척수로 이루어지고, 무척추동물에서는 일반적으로 하나 이상의 신경삭 및 이와 연결된 신경절로 구성됨.

증산(작용) transpiration 식물의 수증기 손실; 대부분의 증산은 기공을 통해 발생.

지도단위 map unit 2개의 유전자 자리(유전좌위) 사이의 재조합빈도; 단위는 센티모건(cM) 또는 간단히 지도단위(m.u.)로 나타냄.

지연가닥 lagging strand DNA 복제에서 불연속적으로 합성되는 가닥. DNA 중합효소의 $5'-3'$ 방향성 및 DNA의 역평행성으로 인해 생김. 선도가닥 참조.

지베렐린 gibberellin 식물 호르몬의 일종으로 생장과 양분 이용을 촉진함.

지질 lipid 물(극성)에서는 불용성이지만 비극성 유기 용매에는 쉽게 용해되는 비극성인 소수성 유기 분자; 지방, 기름, 왁스, 스테로이드, 인지질, 카로티노이드 등이 포함됨.

진정후생동물 eumetazoa 진정한 조직을 가지는 동물 분기군. 해면동물과 일부 다른 무리를 제외한 모든 동물은 모두 진정후생동물임.

진체강 coelom 오직 중배엽으로부터 유래된 조직에 의해 완전히 둘러싸인 체강.

진핵생물역 Domain Eukarya 분류체계의 3역에서, 원생생물, 곰팡이, 식물, 동물 등 진핵생물을 포함하는 영역.

진핵세포 eukaryotic cell 막으로 싸인 세포소기관 및 DNA와 단백질 복합체로 된 염색체를 담고 있는 핵을 가진 세포.

진화 evolution 생명체 집단의 유전적 변화; 대개 진화는 단순한 것에서 복잡한 것으로 점진적 변화를 가져옴.

질소고정 nitrogen fixation 공기 중에 다량으로 존재하는 질소 분자를 반응성이 높은 다른 질소 화합물(암모니아, 질산염 등)으로 변환하는 과정.

질화작용 nitrification 질산화작용이라고도 하며, 암모니아 또는 아질산염이 산화되어 식물에 의해 흡수되는 질소의 형태인 질산염을 생산함; 일부 박테리아는 질산화 가능.

집단유전학 population genetics 인구 집단의 유전자 특성을 연구하는 학문.

짧은 산재전이인자 short interspersed element (SINE) 인간 및 다른 영장류에서 발견되며, 전이에 필요한 생화학적 체계를 포함하지 않는 모든 유형의 레트로트랜스포손.

ㅊ

차등전위 graded potential 수상돌기 또는 세포체에서 자극의 강도에 따라 달라지는 막전위로, 연속적 변화를 나타냄.

창발성 emergent properties 각각의 구성 요소가 상호작용하는 방식에서 야기되는 새로운 특성. 창발성은 종종 개별 구성 요소에 대한 지식만으로는 추론할 수 없음.

창시자효과 founder effect 희귀한 대립유전자 또는 대립유전자의 조합이 새로운 집단에서 강화되는 효과.

책상엽육조직 palisade mesophyll 식물의 잎에서 엽록체를 함유한 엽육의 유세포 조직. 울타리조직이라고도 함.

처녀막 hymen 질 입구의 가장자리를 둘러싼 얇은 점막.

척삭 notochord 척추동물에서 몸체의 종축을 따라 뻗어나간 등쪽의 연골 막대로, 모든 척삭동물의 배아에서 원시 축 골격을 형성함.

척삭동물문 phylum chordata 발생의 일정 시기에 척삭을 가지고 있는 모든 동물.

척수 spinal cord 척추동물에서 뇌와 함께 중추신경계를 구성하는 신경세포 집합체.

척주 spinal column 몸통의 종축으로 척추뼈들이 모여 기둥을 이룬 상태.

천이 succession 생태학의 관점에서, 시간이 지남에 따라 군집 내에서 일어나는 느리고 순차적인 변화.

첨체 acrosome 정자의 머리 끝에 위치하며, 정자가 알의 세포외기질을 뚫고 들어갈 수 있도록 단백질분해효소를 함유하고 있는 구조.

첨체돌기 acrosomal process 정자의 첨체 끝에 존재하며 난황막을 지나 난자의 원형질막으로 정핵을 침투시키기 위해 길게 확장하는 구조.

체강 coelom 동물에서 전적으로 중배엽에서 발생하는 액체로 가득 찬 몸의 내강.

체관부 phloem 관다발식물에서 양분을 이동하는 조직. 기본적으로 체요소와 다양한 종류의 유조직세포, 후벽섬유, 후막세포 등으로 구성됨.

체관요소 sieve-tube member 속씨식물에서 양분의 이동 통로인 체관세포를 의미함.

체내수정 internal fertilization 암컷의 체내에서 이루어지는 수정으로, 수컷의 외부 생식기를 통해 정자가 암컷의 몸속으로 들어가 수정함.

체세포 somatic cell 배우자를 형성하도록 예정된 세포(생식계열세포)를 제외한 다세포 생물의 세포.

체세포(사관세포) sieve cell 관다발식물의 체관에서 비교적 분화되지 않은 체역(sieve area) 및 체판(sieve plate)이 없고 끝이 뾰족한 세포벽을 가진 길고 가느다란 요소를 말하며, 주로 양치식물과 겉씨식물에 존재함.

체세포분열(유사분열) mitosis 체세포의 분열; 유전적으로 동일한 2개의 딸핵을 형성하기 위해 복제된 염색체가 분리되는 핵분열을 포함함.

체세포 핵치환 somatic cell nuclear transfer (SCNT) 체세포의 핵을 핵이 제거된 난자 세포로 이식 후 발생을 진행하는 기법. 배아줄기세포 및 복제된 동물을 만드는 데 사용.

체순환 systemic circulation 혈액이 심장을 통해 온몸을 순환함.

체액성 면역 humoral immunity B세포를 포함하는 적응면역 체계로, B세포는 외래 항원에 특수하게 작용하는 용해성 항체를 생성함.

체역 sieve area 체관요소의 양 끝부분에 구멍들이 밀집하여 모여 있는 곳.

체외수정 external fertilization 암컷의 체외에서 이루어지는 수정으로, 물속에 정자와 난자를 방출하여 수정이 이루어짐.

체절 somite 척추동물의 배아가 분화하는 동안 중배엽으로부터 나눠지는 구획이나 분절.

체절구 somitomere 척추동물 발생에서 척삭의 양쪽에 있는 중배엽에서 나타나는 불완전한 체절 구조물.

체절극성유전자 segment polarity gene 초파리의 체절형성과정에서 쌍지배유전자에 의해 형성된 부분을 더 세분화하여 띠 모양으로 발현되는 유전자.

체절형성유전자 segmentation gene 곤충의 체절화된 체제의 발생을 통제하는 3종류의 유전자로, 간극유전자, 쌍지배유전자, 체절극성유전자를 포함.

체절화 segmentation 발생 중인 동물체에서 반복적으로 구획된 단위; 체절은 체계가 중복되어 있어, 효율적인 운동을 가능하게 함.

체판 sieve plate 2개의 체관요소 말단 벽이 만나는 지역에 나타나는 큰 구멍을 가진 체역을 말함.

초나선꼬임 supercoiling 비틀림 변형(torsional strain)에 기인한 DNA 2중가닥의 공간적 꼬임. (역자 주: 2중가닥이 원래보다 더 많이 꼬이거나 덜 꼬였을 때(풀렸을 때) 축을 중심으로 발생하는 위상적 변화.)

촉매작용 catalysis 효소가 커다란 유기화합물의 소단위에 결합하여 화학 결합을 끊음으로써 작은 소단위로 분해하는 과정. 종종 에너지를 방출함.

촉수담륜동물 lophotrochozoa 원구가 입으로 발생하는 선구동물 중에서 나선형 난할을 하는 동물군.

촉진확산 facilitated diffusion 운반단백질 또는 이온통로를 이용한 분자 또는 이온의 확산. 농도기울기가 필요하지만 에너지는 투입되지 않음.

총배설강 cloaca 몇몇 동물의 소화계, 생식계 및 비뇨기계의 산물이 공통으로 빠져나가는 공간. 다른 동물에서는 총배설강이 호흡관 역할을 할 수도 있음.

최소화 원칙 principle of parsimony 과학자들은 최소한의 가정(전제)만을 요구하는 가설을 선호해야 한다는 원칙.

축삭(돌기) axon 자극을 신경세포체로부터 멀리 전달하기 위해 뉴런에서 뻗어 나온 가지.

춘화처리 vernalization 식물과 종자에서 싹이 트거나 꽃을 피우는 데 필요한 저온 기간.

충전반응 charging reaction 아미노아실-tRNA 합성효소가 ATP의 에너지를 사용하여 tRNA에 특정 아미노산을 정확히 부착시키는 반응.

측계통군 paraphyletic group 어떤 분기군의 구성원이 공통 조상을 포함하고 있지만, 공통 조상의 모든 자손을 포함하지는 않는 경우.

측생분열조직 lateral meristem 관다발식물에서 2차 조직을 형성하는 분열조직; 관다발 형성층과 코르크 형성층.

친수성 hydrophilic 문자 그대로 "물을 좋아하는 것"으로, 물에 용해되는 물질을 말함. 극성을 띠거나 대전된 것(이온)이어야 함.

침묵돌연변이 silent mutation 염기가 치환되었지만, 아미노산 서열에는 영향이 없는 돌연변이.

ㅋ

카스파리띠 Casparian strip 식물에서 뿌리 내피세포의 세포벽을 둘러싸는 띠. 인접 세포의 띠가 연결되어 물이 통과할 수 없는 층을 형성. 따라서 뿌리에 들어가는 모든 물은 세포막과 세포질을 통과해야 함.

카탈레이스 catalase 과산화 수소를 물과 산소로 바꾸는 효소로, 활성산소를 분해하며 해독시키는 작용을 함.

캐스9 Cas9 (CRISPR-associated protein 9) 크리스퍼-연관단백질 9. 세균 면역의 CRISPR 시스템과 연관된 핵산분해효소. 이들은 DNA 서열을 편집하는 유전자 조작을 위해 변형됨.

캘러스 callus 미분화된 조직. 조직 배양, 이식 및 상처 치유에 사용되는 용어.

캘빈 회로 Calvin cycle C_3 광합성의 암반응. 캘빈-벤슨회로라고도 함.

캡시드 capsid 바이러스의 가장 바깥쪽 단백질 덮개.

코달 Caudal 초파리에서 배아의 뒤쪽 구조물 형성을 위해 필요한 유전자들을 활성화시키는 전사인자.

코돈 codon 유전암호의 기본 단위로서, DNA 및 mRNA에서 하나의 아미노산을 암호화하는 인접한 3개의 뉴클레오타이드 서열.

코르크 형성층 cork cambium 주피(periderm)를 형성하는 측면 분열조직. 식물의 표면(바깥쪽)을 향한 코르크 조직과 안쪽을 향한 코르크 피층을 생산함.

코르티 기관 organs of Corti 청각을 담당하는 내이의 달팽이관에서 기저막, 감각신경과 연결된 모세포, 그리고 덮개막으로 구성된 장치.

크리스퍼 CRISPR Clustered Regular Interspersed Short Palindromic Repeats의 약자로서, 원핵생물의 DNA에서 발견되는 반복서열로 cas 효소와 함께 바이러스에 대응하는 적응면역의 기초를 형성함. 또한 분자 도구로서 유전체를 편집하는 데 사용함.

쿠퍼샘 Cowper's gland 남성의 생식 기관 중, 2개의 조그마한 외분비 기관인 쿠퍼샘은 정자가 지나가기 쉽게 요도를 매끄럽게 해주고 중화시키는 작용을 함.

큐틴 cutin 각피(cuticle)를 형성하는 밀랍층.

크리스테 cristae 미토콘드리아의 내막의 주름.

클라인펠터 증후군 klinefelter syndrome 성염색체 비분리로 XXY를 갖는 남자에게서 나타나는 지능, 생식샘, 신체 발달 저하 등의 이상 발생 증후군.

클로닝 cloning 모든 세포가 동일한 뉴클레오타이드 서열의 복사본을 가지고 있도록 세포주 또는 배양물을 생산하는 과정으로, 유전공학의 필수 요소.

클론선택(법) clonal selection 항원 인식으로 인해 개시되는 면역세포 클론의 증식.

키틴 chitin 견고하고 내성이 강한 질소 함유 다당류로서, 특정 곰팡이의 세포벽, 절지동물의 외골격 및 다른 무척추동물에서 표면 구조의 외배엽 표피를 형성함.

킬로마이크론 chylomicron 지방 소화 과정에서 암죽관으로 흡수되는 일종의 지질단백질.

ㅌ

타가수정 cross-fertilization 다른 계통과의 수정으로 자가수정에 대비되는 수정방법.

타감작용 allelopathy 한 식물의 뿌리에서 방출된 물질이 근처에 있는 다른 종자의 발아를 막거나 이웃 식물의 생장을 억제하는 것.

탄산무수화효소 carbonic anhydrase 이산화탄소와 물이 결합하여 탄산을 생성하는 반응을 촉매하는 효소로 정반응과 역반응에 모두 관여함.

탄소고정 carbon fixation 광합성 과정에서 CO_2가 유기화합물로 전환되는 과정. 광합성 암반응의 첫 단계로, 공기 중의 이산화탄소가 리불로오스 1,5-이인산과 결합함.

탄수화물 carbohydrate 탄소 원자에 수소와 산소 원자가 약 2 : 1의 비율로 결합되어 있는 선형 또는 원형의 유기화합물. 일반식으로 $(CH_2O)_n$을 갖는 화합물. 탄수화물에는 당류, 전분, 글리코겐 및 셀룰로스가 포함됨.

탈리(이층현상) abscission 관다발 식물에서 전문화된 세포(탈리대)층 형성과 호르몬(에틸렌) 작용으로 인해 성장기의 마지막에 잎, 꽃, 과일 또는 줄기가 떨어지는 것.

탈분극 depolarization 원형질막을 통과하는 이온의 이동으로, 국소적으로 전위차를 제거함.

탈수반응 dehydration reaction 두 분자가 결합하여 하나의 큰 분자를 형성하는 동시에 물 분자를 방출하는 화학 반응의 한 유형. 한 분자는 수소 원자를, 다른 하나는 하이드록실기(−OH)를 내놓아, H 및 −OH는 결합하여 물 분자를 형성할 수 있음.

탈수소반응 dehydrogenation 수소 원자가 손실되는 화학 반응. 이것은 전자와 양성자의 손실을 동반한 산화 작용임.

탈아미노반응 deamination 아미노기를 제거하는 반응으로, 단백질이 분해되어 크렙스 회로에 사용될 수 있는 화합물로 전환됨.

탈질화작용 denitrification 질소화합물에서 질소를 이탈시키거나 질산염을 단순 화합물로 환원시켜 질소는 떼어내는 작용.

탈피동물 ecdysozoa 선구동물 중 탈피를 하는 동물군으로, 대부분은 변태를 함.

태반 placenta, pl. placentae 포유류에서 자궁 내막과 다른 막의 일부분으로부터 형성된 조직으로, 배아(나중에 태아로 됨)에 영양을 공급하거나 노폐물을 제거함.

태빈류 placentals 태빈 포유류.

태반포유류 placental mammal 태반으로부터 새끼에게 양분을 공급하는 포유류.

턱잎(탁엽) stipule 일부 현화식물의 잎이나 줄기의 기저부에서 발생하는 잎 모양의 부속기.

터너 증후군 turner syndrome 성염색체 비분리로 인해 X 염색체가 하나 뿐인 여성으로, 난소 형성 부전, 작은 키, 2차성징 결여, 불임 등의 다양한 이상이 발생함

테스토스테론 testosterone (androgen) 정소의 레이디히 세포가 분비하는 스테로이드 성호르몬으로 남성의 2차 성징을 촉진함.

통로단백질(이온통로) channel protein (ion channel) 친수성의 내부를 갖는 막관통단백질로서 막을 통과할 수 없는 물질이 이동할 수 있도록 수용성 통로를 제공함. 대개 K^+, Na^+ 또는 Ca^{2+}와 같은 특정 이온을 통과시킴.

통증수용기 nociceptor 통증 자극에 반응하여 수용체 역할을 하는 수상돌기.

투명대 zona pellucida 포유류의 난자를 둘러싸는 외막.

튜불린 tubulin 미세소관의 실린더를 형성하는 구형 단백질의 소단위체.

트라이글리세라이드 triglyceride (triacylglycerol) 지방 분자로, 글리세롤과 3개의 지방산으로 구성됨.

트로포닌 troponin 골격근의 액틴 필라멘트를 따라 간격을 두고 위치한 구형 단백질 복합체; 근육 수축에서 칼슘-의존성 '스위치' 작용을 할 것으로 추정.

트로포마이오신 tropomyosin 가로무늬근의 액틴 필라멘트를 둘러싼 저분자량 단백질.

트랜스 지방산 trans-fatty acid 불포화지방산인 식물성 기름을 가공식품으로 만들 때 산패를 억제하기 위해 수소를 첨가하는 과정에서 생기는 지방산.

특수전사인자 specific transcription factor 기본 수준 이상으로 DNA 전사량을 증가시키기 위해 시간-조직 의존적 방식으로 작용하는 많은 수의 전사인자.

틀이동돌연변이 frameshift mutation DNA 염기배열에서 염기가 추가되거나 삭제되는 돌연변이. 이 변화는 돌연변이가 일어난 아래부분의 염기로부터 해독틀을 변화시킴.

틸라코이드막 thylakoid membrane 엽록체에서 광합성의 명반응에 관여하는 광계를 포함하는, 평평한 디스크로 구성된 복잡하고 조직화된 내부 막.

ㅍ

파골세포 osteoclast 골조직의 기질을 파괴시키는 세포.

파생형질 derived character 원시 형질로부터 유래한 형질로서, 분류학적 분석에 사용되는 형질.

퍼넷 사각형 Punnett square 유전 교배에서 나타날 수 있는 모든 유전자형과 표현형을 도식적으로 보여줌.

퍼옥시솜 peroxisome 지방산을 산화시키는데 사용되는 효소를 포함하는 미소체로, 카탈레이스도 포함하고 있음.

퍼텐셜에너지 potential energy 위치에 따라 잠재적으로 가지는 에너지. 위치에너지라고도 함.

패턴형성 pattern formation 발생 중인 배아 세포들이 해당 생명체의 각 부위가 되는 과정.

페레독신 ferredoxin 전자전달계에서 사용되는 전자운반체로서, 철-황 단백질로 구성됨.

페로몬 pheromone 같은 종에서 다른 개체의 행동 또는 생리적 과정에 영향을 미치는 한 개체에 의해 방출되는 화학물질로, 성적 유인, 길잡이, 경보의 기능을 수행함.

펩타이도글리칸 peptidoglycan 세균 세포벽의 구성 요소로, 단백질 교차결합으로 연결되어 있는 탄수화물 고분자로 구성됨.

펩타이드결합 peptide bond 단백질에서 탈수반응을 통해 아미노산을 연결하는 결합 유형.

펩타이드기전달효소 peptidyl transferase 번역과정에서, 신장하는 폴리펩타이드 사슬에서 새로운 아미노산과 이전 아미노산 사이의 펩타이드 결합의 형성을 촉매하는 효소. (역자 주: rRNA가 담당함.)

편도체 amygdala 대뇌변연계에 존재하는 아몬드 모양의 뇌 부위로, 감정조절, 공포와 불안에 대한 학습 및 기억에 중요한 역할을 함.

편모 flagellum 세포의 표면에서 돌출되어 운동에 사용되는 긴 실 모양의 구조물.

평형낭 statocyst 중력과 움직임에 민감한 감각 수용체.

평형상수 equilibrium constant 화학 평형의 법칙으로부터 유도된 것으로 생성물의 몰농도 곱과 반응물의 몰농도 곱의 비로 정의되며, 평형상수가 크면 정반응이 활발함.

평활근 smooth muscle 3가지 주요 근육 형태의 하나로서, 소장벽에서 보이며 의지대로 움직일 수 없음.

폐렴균 Streptococcus pneumoniae 폐에 염증을 일으키는 세균으로, 형질전환 실험에 사용되었음.

폐순환 pulmonary circulation 심장으로부터 산소가 제거된 혈액을 폐로 보내 산소로 포화시킨 다음 다시 심장으로 보내는 순환.

폐쇄순환계 closed circulatory system 혈액이 다른 체액과 물리적으로 분리된 순환계.

폐포 alveolus, pl. alveoli 세기관지의 말단에 있는 작고 얇은 벽을 가진 기낭.

폐활량 vital capacity 최대한 들이마신 후 내쉴 수 있는 최대 공기량.

포괄적응도 inclusive fitness 한 개체의 자손으로 직접 전달된 유전자의 수와 이타주의에서 비롯된 친족(자손이 아님)에 의해 간접적으로 전달된 유전자 수의 총합으로 나타냄. (역자 주: 한 개체의 유전자를 퍼뜨리는 총체적 효과를 의미함.)

포도당 glucose 일반적인 6탄당($C_6H_{12}O_6$); 대부분의 생물체에서 가장 일반적인 단당류.

포배 blastula 척추동물에서 액체로 채워진 공간을 가진 공 모양의 초기 배아단계. 난할 이후 낭배형성 전의 척추동물 배아를 의미함.

포배강 blastocoel 척추동물 배아의 포배기 단계에서 중앙의 비어 있는 공간.

포자체 sporophyte 세대교번이 이루어지는 식물의 생활사에서 2배체($2n$) 시기이며, 포자를 생산함.

포화지방 saturated fat 1개 이상의 지방산이 탄소와 결합할 수 있는 수소의 최대 수만큼 결합한 지방 분자.

표면장력 surface tension 액체 분자의 응집에 의한 액체 표면의 팽팽함. 물은 표면장력이 매우 높음.

표면적 대 부피 비율 surface area-to-volume ratio 세포와 같은 구조물의 표면적과 체적의 관계.

표피 epidermis 가장 바깥 세포층; 식물에서 잎, 어린 줄기 및 뿌리의 외부 1차 조직; 척추동물에서 혈관이 없는 외배엽 기원의 피부의 외층; 무척추동물에서 외배엽 상피.

표피조직계 epidermal tissue system 표피세포, 뿌리털, 공변세포 등으로 구성되며, 식물체를 보호하고 수분 출입을 조절함.

표현형 phenotype 유전자형의 실질적 발현을 뜻하며, 형질의 물리적 외관 또는 기능적 표현을 의미함.

풀기효소 helicase DNA 두 가닥 사이의 수소결합을 해제하여 단일가닥으로 분리하는 효소.

퓨린 purine DNA와 RNA에서 발견되는 2가지 일반적인 종류의 뉴클레오타이드 염기 중 큰 것; 아데닌 또는 구아닌과 같은 2중 고리 구조를 갖는 질소성 염기.

프라이머 primer DNA 복제를 위해 필요한 짧은 길이의 RNA로, 복제원점에서 DNA 뉴클레오타이드가 부착할 수 있도록 3′ —OH기를 제공함.

프로게스테론 progesterone 황체와 태반에서 분비되는 스테로이드 호르몬으로, 임신유지에 중요한 호르몬.

프로락틴 prolactin 뇌하수체 전엽에서 분비되어 산후 여성의 젖 분비를 자극하는 호르몬.

프라이메이스 primase DNA 중합효소의 작용에 필요한 RNA 프라이머를 합성하는 효소.

프로모터 promoter 유전자로부터 전사를 시작하기 위해 RNA 중합효소가 인식하고 부착하는 DNA 서열; 전사 개시점으로부터 위쪽(상류) 부분에 위치함.

프로스타글란딘 prostaglandin 화학적 신호전달 기능을 하는 변형된 지방산 그룹.

프로파지 prophage 숙주세포의 게놈에 안정적으로 통합된 바이러스 게놈.

프리온 prion 감염력이 있는 단백질성 입자.

플라빈 아데닌 디뉴클레오타이드 flavin adenine dinucleotide (FAD, $FADH_2$) 수용성(막에 결합하지 않은) 전자 운반체(가역적으로 산화 및 환원될 수 있음)로 작용하는 보조인자.

플라스미드 plasmid 염색체 외 DNA의 작은 원형 단편으로, 염색체 DNA에서 유래되었을지라도 염색체 DNA와는 독립적으로 복제됨.

플라스토시아닌 plastocyanin 엽록체에서 전자전달을 매개하는 구리 함유 단백질.

플라스토퀴논 plastoquinone 광합성의 광의존적 반응에서 전자전달계에 관여하는 전자운반체.

플라젤린 flagellin 박테리아 편모를 구성하는 단백질로, 수용성 환경에서 세포를 이동하게 함.

피드백 억제 feedback inhibition 어떤 분자의 농도가 증가하여 그 분자의 합성을 저해하는 조절 기작.

피리미딘 pyrimidine DNA와 RNA에서 발견되는 2가지 일반적인 종류의 뉴클레오타이드 염기 중 작은 것. 사이토신, 티민 또는 우라실과 같은 단일 고리 구조를 갖는 질소성 염기.

피막(박막) pellicle 유글레나류와 섬모류의 견고하면서 유연한 덮개.

피루브산 탈수소효소 pyruvate dehydrogenase 미토콘드리아 기질 내에서 피루브산으로부터 아세틸-CoA와 CO_2를 생성하는 산화적인 탈카복실화반응을 진행하는 효소 복합체.

피임 contraception 수정이나 착상을 막는 방법.

피임용 격막 diaphragm 일시적으로 자궁 입구를 차단하여 성교 중에 정자가 들어가지 않도록 하는 피임 도구.

피질과립 cortical granule 성게와 포유류 난자의 원형질막 바로 아래에 있으며 수정 후 단단하고 두꺼운 수정막(fertilization envelope)의 형성에 관여함.

피토크롬 phytochrome 빛의 흡수와 관련된 식물 색소; 적색~적외선 광에 대한 광수용체.

ㅎ

하디-바인베르크 평형 Hardy-Weinberg equilibrium 임의교배(무작위교배) 집단에서 근친교배, 자연선택, 혹은 다른 진화적 원동력이 없는 상태에서 대립유전자와 유전자형의 빈도는 일정하게 유지된다는 수학적 표현. 대립인자 a의 빈도가 p이고 대립인자 b의 빈도가 q라면, 한 세대의 무작위 교배 후 유전자형의 빈도는 항상 $p^2+2pq+q^2=1$.

할구 blastomere 포배기의 각 세포.

합의 법칙 rule of addition 2개의 독립적인 사건에 대해 두 사건이 각각(따로따로) 발생할 확률은 개별 확률의 합으로 나타냄.

항상성 homeostasis 상대적으로 안정적인 체내 생리적 환경의 유지; 보통 피드백 조절로 인해 자가 조절됨.

항원 antigen 면역반응을 자극하는 이물질, 대개 단백질 또는 다당류.

항이뇨호르몬(ADH) antidiuretic hormone (ADH) 콩팥을 자극하여 물을 재흡수하는 뇌하수체 호르몬.

항체 antibody 림프구가 이물질(항원)에 반응한 후 생성되어 혈류로 방출되는 면역 글로불린 단백질.

해당과정 glycolysis 포도당의 혐기적 분해; 이 효소 촉매작용은 2분자의 순 ATP와 2분자의 피루브산을 생성.

해면엽육조직 spongy mesophyll 엽록체를 가진 느슨하게 배열된 세포로 구성된 잎 조직. 책상엽육조직(울타리조직) 참조.

해마 hippocampus 대뇌변연계의 양쪽 측두엽에 위치한 뇌의 일부분으로 장기적인 기억과 공간개념, 감정적인 행동을 조절하는 역할을 함.

핵 nucleus 원자에서는 양전하를 띤 양성자와 전기적으로 중성인 중성자(수소 제외)를 포함한 중심핵; 진핵세포에서는 염색체 DNA를 저장하는 세포소기관; 중추신경계에서는 신경세포가 모여 있는 곳.

핵공 nuclear pore 핵 내외로 단백질과 핵산이 선택적으로 통과할 수 있게 하는, 작지만 복잡한 구멍.

핵막 nuclear envelope 진핵세포에서 핵의 경계선을 나타내는 구조. 인지질 2중층의 2중막 중에서 외막은 소포체와 연결됨.

핵산 nucleic acid 뉴클레오타이드 중합체를 말하며, 2중가닥인 디옥시리보핵산(DNA)과 전형적으로 단일가닥인 리보핵산(RNA)의 2종류로 구성됨.

핵산내부가수분해효소 endonuclease DNA 가닥의 안쪽에 위치한 뉴클레오타이드 사이에 포스포디에스터 결합을 끊을 수 있는 효소.

핵산말단가수분해효소 exonuclease DNA 가닥의 끝에 위치한 뉴클레오타이드 사이의 포스포디에스터 결합을 절단할 수 있는 효소. DNA 말단에서 뉴클레오타이드를 순차적으로 제거할 수 있게 함.

핵양체 nucleoid 대개 원핵세포의 중심 부분에 존재하며, 단백질과 함께 응축된 DNA 형태의 게놈을 포함.

핵형 karyotype 광학 현미경으로 본 어떤 생물체의 염색체 형태.

행동생태학 behavioral ecology 행동이 어떻게 자연선택으로 인해 형성되는지에 대한 연구.

행동학 ethology 자연에서의 동물 행동 패턴에 대한 연구.

헌치백 Hunchback 배아의 앞쪽 구조물 형성을 위해 필요한 유전자들을 활성화시키는 전사인자.

헛물관(가도관) tracheids 식물의 물관부에서 끝이 점점 가늘어지고 서로 겹쳐진 죽은 세포.

헤모글로빈 hemoglobin 척추동물의 적혈구에서 산소와 이산화탄소를 운반하는 구형 단백질; 무척추동물에서는 혈장에 존재.

헨레고리 loop of Henle 조류와 포유동물의 콩팥 세뇨관의 헤어핀 모양 부분. 사구체 여과액의 물과 염류가 확산으로 인해 재흡수됨.

헨센 결절 Hensen's node 조류에서 원조 앞쪽 끝이 국부적으로 두꺼워진 부분으로, 양서류 원구상순부(형성체), 어류의 배방패와 기능적으로 동등함.

혈림프 hemolymph 연체동물과 절지동물의 개방순환계에서 순환액과 체조직의 세포외액 사이에 구분이 없는 액체.

혈연선택 kin selection 친족 선택; 집단에서 친족과 관련된 개체의 빈도가 증가하여 친족집단의 구성원이 공유하는 대립유전자의 상대적 빈도가 증가함.

혈우병 hemophilia 혈액 응고와 관련된 단백질에 영향을 미치는 X염색체 연관 열성 유전 질환. 적절한 혈액 응고가 이뤄지지 않아 과다 출혈 유발.

형성체 organizer 확산성 신호분자를 분비하여 주변의 다른 세포들에게 위치 정보를 전달하므로써 유도하는 세포 집단.

형질도입 transduction 바이러스가 유전물질을 한 박테리아 숙주에서 다른 박테리아 숙주로 옮기는 과정.

형질세포 plasma cell 활성화되어 항체를 분비하는 B 림프구.

형질전환 생물체 transgenic organism 유전자를 조작하여 형질이 바뀐 생물체.

형질전환 transformation 원핵생물이 DNA를 받아들여 유전적인 성질이 변하거나 진핵세포가 암세포화 되는 것. 배양된 진핵세포의 형질전환은 형질주입(transfection)이라고 함.

형질전환체 transgenic organism 교배에 의하지 않고, 유전공학 기법을 통해 유전자가 도입된 생물체.

형질치환 character displacement 다른 종에서는 사용하지 않는 자원을 사용하는 종에서 개체를 자연선택하는 과정. 이것은 사용하는 자원에 따라서 종의 차이를 가져오는 진화적 변화로 이어짐.

형태형성 morphogenesis 생물체의 체형, 즉 기관과 그 해부학적 특징의 발생; 세포분열, 분화, 세포 형태의 변화뿐만 아니라 세포예정사(apoptosis)까지 포함.

형태형성물질 morphogen 서로 다른 농도에 따라 선택적으로 세포운명을 결정하는 단백질로, 배아의 특정 장소에서 만들어진 후 확산되어 농도기울기를 형성함.

호기예비량 expiratory reserve volume 1회 호흡량 이상으로 더 내쉴 수 있는 공기의 양.

호르몬 hormone 생물체의 한 부분에서 생산되어 멀리 떨어져 있는 표적 조직과 기관에서 특정 세포 반응을 일으키는 분자로, 대개 펩타이드 또는 스테로이드로 구성됨.

호미오도메인 homeodomain 호미오유전자에서 발견되는 약 60개 아미노산으로 구성된 DNA 결합 모티프로, 나선-꺾임-나선 구조를 가짐.

호미오유전자 homeotic gene 발생 중인 배아에서 체절의 형태를 결정하는 일련의 주요 유전자 중 하나.

호산구 eosinophil 과립형 백혈구이며, 기생충이 있거나 만성 염증성 질환이 있을 때 작용하는 중요한 선천성 면역계 세포.

호염구 basophil 백혈구의 일종으로, 염증 반응을 촉진하는 화학물질이 포함된 과립을 가지고 있음. 알레르기 반응에 중요함.

호중구 neutrophil 미생물 및 다른 이물질을 흡수하는 과립이 풍부한 백혈구; 호중구는 총 백혈구 수의 약 50~70%를 차지함.

화관 corolla 꽃잎 전체를 말함. 눈에 띄는 색깔을 가진 꽃의 윤생체.

화분관 pollen tube 꽃가루의 발아 후 형성된 관; 수(웅성)배우체를 밑씨로 운반함.

화학독립영양생물 chemoautotroph 암모니아나 황과 같은 환원 상태의 무기 화합물로부터 전자를 받아 CO_2를 사용 가능한 유기물로 환원시키는 생물체.

화학삼투 chemiosmosis 미토콘드리아와 엽록체에서 ATP가 생성되는 반응. 빛에 의해 흥분되거나(엽록체에서) 크렙스 회로(미토콘드리아에서)에 의해 산화되어 추출되는 에너지 전자는 양성자 펌프를 구동하여 양성자 농도기울기를 생성하는 데 사용됨. 양성자는 막을 가로질러 되돌아올 때 채널(ATP 합성효소)을 통과하여 ATP를 합성한다.

화학적 시냅스 chemical synapse 뉴런 간의 화학적 소통을 가능하게 하는 밀접한 연결. 첫 번째 뉴런에 의해 방출된 화학 신호(신경 전달 물질)는 두 번째 뉴런의 막 수용체에 결합함.

확산 diffusion 용해된 분자나 물질이 고농도 부위에서 저농도 부위로 이동하는 것.

확장기(이완기) 혈압 diastolic pressure 사람의 혈압 측정에서 심장 박동 사이의 최소 압력(심실의 재분극). 수축기 혈압 참조.

환상박피 girdle 수피를 관다발형성층까지 둥글게 띠 모양으로 제거하는 것.

환원 reduction 원자가 전자 혹은 수소를 획득하는 것.

환원대기 reducing atmosphere 수소, 메테인, 암모니아 등 환원성 기체로 이루어진 원시 대기를 의미함.

활동전위 action potential 막을 따라 전달되는 막전위로서 일시적이고, 가역적이며 실무율이 적용됨. 뉴런에서 활동전위는 신경 자극의 전달로부터 시작됨.

활성부위 active site 기질이 결합하는 효소 표면의 영역으로, 화학 반응에 필요한 활성화 에너지를 낮추고 이를 촉진함.

활성인자 activator 유전자의 전사를 증가시키는 단백질로, 대개 DNA 결합 단백질이며 인핸서나 프로모터에 결합함.

활성화 에너지 activation energy 화학 반응을 하기 위해 반응물 분자에 가해지는 에너지.

황체기 luteal phase 여성 생식주기의 두 번째 단계. 성숙한 난자가 배란을 통해 나팔관으로 방출됨.

황체형성호르몬 luteinizing hormone (LH) 뇌하수체 전엽에서 분비되는 생식소 자극 호르몬으로, 여성에서는 배란을 촉진하며, 남성에서는 레이디히 세포를 자극함.

회문 palindrome 상보적인 가닥에서도 동일하게 읽히는 뉴클레오타이드 서열.

회색신월환 grey crescent 양서류의 수정란에서 정자 진입 지점의 반대편에 나타나는 반월형의 무늬로, 이후의 발생 분화에 매우 중요하게 작용함.

회절 involution 확장 중인 표피세포층이 원구를 통해 안쪽으로 말려들어가는 현상.

획득형질유전 inheritance of acquired characteristics 라마르크주의로도 알려짐; 개체의 일생 동안에 발달시킨 육체적 및 행동적 변화가 자손에게 유전적으로 전달된다는 이론으로, 이제는 받아들여지지 않음.

횡격막 diaphragm 포유류에서 복부와 흉강을 분리하고 호흡 기능을 하는 근육조직.

효소-기질 복합체 enzyme-substrate complex 효소가 기질과 결합하여 형성된 복합체. 이 복합체는 기질과 결합되지 않은 효소와 비교하여 종종 변형된 구조를 가짐.

후각조직세포 collenchyma cell 식물에서 후각조직이라는 지지 조직을 형성하는 세포로서, 줄기와 잎의 1기 생장 지역에서 종종 발견됨.

후구동물 deuterostome 좌우대칭 동물 중에서 항문이 먼저 생기고 입이 나중에 발생하는 동물. 극피동물과 척추동물은 후구동물임.

후벽조직세포 sclerenchyma cell 식물 조직을 강화하는 견고하고 두꺼운 벽의 세포.

후산 afterbirth 출산 후 자궁이 계속해서 수축하여 태반과 부속막이 나오는 것.

후성유전학 epigenetics DNA 서열은 변하지 않은 채 DNA 매틸화, 히스톤 변형, 유전체 각인 등에 의해 유전자 기능이 변하는 것을 연구하는 학문.

후항문 꼬리 postanal tail 척삭동물의 특징으로 발생 중 일정 시기에 항문 후방에 꼬리를 가짐.

흡기예비량 inspiratory reserve volume 1회 호흡량 이상으로 흡입할 수 있는 공기의 양.

희소돌기아교세포 oligodendrocyte 중추신경계에서 미엘린를 생산하는 신경교세포.

기타

1부1처제 monogamy 수컷 한 마리와 암컷 한 마리가 짝을 이루는 방식.

1부다처제 polygyny 수컷이 둘 이상의 암컷과 짝을 이루는 교미 선택 방식.

1염색체성(의) monosomic 감수분열 중 상염색체 쌍의 비분리로 인해 그 염색체가 소실된 상태. 그 결과, 2배체 배아에선 그 염색체가 오직 1개만 존재함.

1차구조 primary structure 어떤 단백질의 특정 아미노산 서열.

1차유도 primary induction 3종류의 주요 1차 조직(내배엽, 중배엽, 외배엽) 사이의 유도.

1차 림프기관 primary lymphoid organ 면역세포의 생성 장소인 골수와 흉선.

1차 천이 primary succession 생물이 존재하지 않았던 곳에 생물이 정착하여 일어나는 천이.

1처다부제 polyandry 한 암컷이 둘 이상의 수컷과 짝을 이루는 상태.

2기 생장 secondary growth 관다발식물에서 측생분열조직의 세포분열로 인한 줄기와 뿌리의 직경이 증가함.

2가염색체 bivalent 감수1분열 동안에 접합하는 상동염색체의 쌍.

2당류 disaccharide 2개의 당이 공유결합으로 연결된 탄수화물.

2배체 diploid 한 쌍의 염색체($2n$)를 가지는데, 반수체(n)와는 대조적으로 동물에서의 염색체 수는 생식세포의 2배이고, 식물에서는 포자체 세대의 염색체 수임.

2분법 binary fission 하나의 세포 또는 몸을 동일하거나 거의 동일한 2개의 부분으로 나누는 무성생식.

2점교배 two-point cross 두 유전자 사이의 교차율을 구하는 교배 방식으로, 유전적 거리를 구하는 데 사용함.

2중나선 double helix 2개의 상보적 폴리뉴클레오타이드 가닥이 공통의 나선 축 주위를 감싸는 DNA의 구조.

2중흉부복합체 bithorax complex 초파리의 뒤쪽 체절을 특성화하는 데 관여하는 호미오유전자 집단 중 하나. 이 집단의 유전자에서 호미오박스가 발견됨.

2차 유도 secondary induction 이미 분화된 조직 사이의 유도.

2차구조 secondary structure 단백질에서, 1차 구조의 —CO와 —NH기 사이의 수소결합 상호작용으로 형성되는 구조.

2차대사물질 secondary metabolite 생물체의 생장, 발달 또는 번식에 직접적으로 관여하지 않는 분자; 식물의 니코틴, 카페인, 탄닌, 멘톨 등의 분자들은 초식 동물이 식물을 먹는 것을 억제할 수 있음.

2차 성징 secondary sexual characteristic 사춘기 때 성호르몬의 영향으로 남녀의 신체적 특징이 드러나는 것.

2차 천이 secondary succession 기존의 군집이 자연재해 및 인간의 활동에 의해 대부분 파괴된 후 일어나는 천이.

2차전달자 second messenger 표적세포의 막에 있는 수용체로부터 신호를 받아 세포질로 전달하는 작은 분자 또는 이온.

3배엽성 triploblastic 발생과정에서 내배엽, 중배엽, 외배엽이 모두 형성되는 동물.

3염색체성 trisomic 감수분열 중 비분리로 인해 추가 염색체가 생겨 2배체 배아에 3개의 상염색체가 있는 상태. 인간에서, 상염색체의 크기가 작으면 생존할 수 있음. 다운증후군은 21번 염색체가 3개임.

3자암호 triplet code 단백질을 구성하는 각 아미노산은 3개의 뉴클레오타이드에 의해 암호화됨.

3점교배 three-point cross 유전자지도를 작성하기 위해 3개의 유전자를 대상으로 교차율을 구하는 교배 방식.

3차구조 tertiary structure 물과의 소수성 상호작용, 상이한 아미노산의 측쇄 사이의 이온결합과 공유결합, 그리고 반데르발스 힘으로 인해 생성된 단백질의 접힌 모양; 단백질이 변성으로 인해 비활성화되기도 함.

4분염색체 tetrad 감수1분열 동안에 상동염색체 쌍이 이루어져 총 4개의 염색분체가 있는 것.

4차구조 quaternary structure 하나 이상의 폴리펩타이드 사슬로 구성된 단백질의 구조적 수준을 나타내는 용어로, 각 폴리펩타이드 사슬은 자체적으로 3차구조를 갖고 있음; 각각의 사슬은 소단위(subunit)이라고 불림.

5′ 캡 5′ cap 진핵세포에서 mRNA의 5′ 말단에 5′—5′결합으로 부착된 메틸화된 GTP로 구성된 구조. 5′ 캡은 mRNA 말단이 분해되지 않도록 하며 번역의 시작에 관여함.

ADP adenosine diphosphate 아데노신2인산, AMP에 무기인산이 1개 더 결합한 상태.

ATP 합성효소 ATP synthase 산화적 인산화 과정에 의해 ATP를 생성하는 막단백질 복합체 효소로서, 양성자의 농도기울기 에너지를 사용하여 ADP+Pi → ATP 반응을 촉매함. 원핵생물뿐만 아니라 미토콘드리아와 엽록체에서도 발견됨.

B세포 B cell 적합한 항원을 만났을 때, 특정 항체 단백질을 분비할 수 있는 림프구 유형.

C_3 광합성 C_3 photosynthesis CO_2가 리불로오스 1,5-이인산(RuBP)과 결합하여 2개의 PGA(3-carbon phosphoglycerate) 분자를 형성하는 광합성 암반응의 주요 회로.

C_4 식물 C_4 plant CO_2 고정의 첫 번째 생성물이 4-탄소 화합물인 광합성 과정을 수행하는 식물. 옥수수, 사탕수수, 기장 및 많은 초본류가 C_4 식물에 속함.

CAM 식물 crassulacean acid metabolism (CAM) 밤에 기공을 통해 흡수된 CO_2가 낮 동안 광합성에 사용되는 이산화탄소 고정의 한 방식. 수분의 손실을 막기 위해 낮에는 기공을 닫음.

cAMP 반응 단백질(CRP) cAMP response protein (CRP) 이화물질활성화단백질(CAP) 참조.

DNA 마이크로어레이 DNA microarray 작은 고형 지지물에 고정된 DNA 절편을 배열하여 시료에 상보적인 염기서열이 존재하는지를 확인하는 방법.

DNA 중합효소 DNA polymerase 주형으로부터 DNA를 합성하는 효소로, 모두 5′에서 3′ 방향으로만 합성하며, 프라이머가 필요함.

DNA-결합 모티프 DNA-binding motif DNA의 특정 염기서열에 결합하는 조절단백질의 한 부분.

F_1 세대(잡종 제1세대) first filial (F_1) generation 부모 세대(P)의 교배로 얻어진 자손; 교배 실험에서 부모는 대개 다른 표현형을 가짐.

F_2 세대 second filial (F_2) generation 잡종 제1대(F_1)의 구성원들 간의 교배에서 나온 잡종 제2대 자손.

G 단백질연결수용체 G protein-coupled receptor (GPCR) 반응 단백질(effector protein, 작동기라고도 함)을 활성화하기 위해 이종3량체(3가지 요소) G 단백질을 통해 작용하는 수용체. 반응기 단백질은 cAMP나 IP_3와 같은 2차 전령을 생산하는 효소로 작용.

G_1/S기 확인점 G_1/S checkpoint 세포가 분열할지 여부를 "결정"하는 1차 제어 지점. 출발(START) 및 제한 지점이라고도 함.

G_2/M기 확인점 G_2/M checkpoint DNA가 제대로 복제되지 않았거나 손상되었을 경우 세포분열을 지연할 수 있는 2차 제어 지점.

***K*-선택** *K*-selected 환경수용력 부근에서 생존을 위해 심하게 경쟁하기 때문에, 적은 수의 자손을 생산하는 개체가 선택됨. 즉 개체군의 크기가 환경수용력에서 안정된 경우 생식률이 낮고 몸집이 크며 수명이 긴 고밀도의 개체군을 형성함.

MAP 카이네이스 mitogen-activated protein (MAP) kinase 유전자의 발현을 변화시키는 전사인자를 활성화시키는 모든 종류의 단백질 카이네이스. 미토겐은 세포분열을 자극하는 모든 분자를 말함. MAP 카이네이스는 카이네이스 연쇄반응으로 인해 활성화된다.

NADH 탈수소효소 NADH dehydrogenase 미토콘드리아 내막에 위치한 효소로, NAD^+에 의해 피루브산에서 아세틸 CoA로의 산화를 촉매함. 이 반응은 해당작용과 시트르산 회로를 연결함.

NADP 환원효소 NADP reductase 광합성의 전자전달계에서 페레독신으로부터 전자를 받아 $NADP^+$에 전달하여 NADPH를 생성하는 효소.

***r*-선택** *r*-selected 환경수용력에 훨씬 못 미치는 자원이 풍부한 환경에서는 생식비용이 낮기 때문에 많은 자손을 생산하는 개체들이 선택됨. 즉 환경 변동이 큰 곳에서 생식률이 높고 몸집이 작으며 수명이 짧고 개체수가 쉽게 조절되는 종이 선택됨.

RNA 간섭 RNA interference 짧은 2중가닥의 RNA가 상보적인 염기서열을 가지는 RNA 가닥과 결합하여, 이 RNA를 분해하거나 번역을 억제하는 기작.

RNA 중합효소 RNA polymerase 주형으로 사용되는 DNA 분자에 상보적인 서열을 갖는 mRNA 분자를 만드는 효소. 전사 참조.

RNA-유도침묵복합체 RISC (RNA-induced silencing complex) 번역을 억제하거나 mRNA를 분해함으로써 유전자 발현에 영향을 줄 수 있는 단백질과 RNA의 복합체.

RT-qPCR reverse transcription quantitative PCR 추출한 mRNA를 역전사효소를 사용해서 cDNA를 합성한 후 유전자 특이적 프라이머를 활용해 PCR로 특정 cDNA를 증폭시킴.

snRNP small nuclear ribonucleoprotein particles 소형 핵리보핵산단백질입자 진핵생물에서 snRNA와 단백질로 구성된 복합체로, 다른 snRNP와 함께 스플라이시오솜을 형성하여 1차 전사체에서 인트론을 제거함.

TALE transcription activator-like effectors 특정 염기서열에 결합할 수 있는 단백질들로, 식물 병원균 산토모나스속에서 분리됨. DNA 결합 도메인과 핵산분해효소를 결합하여 DNA 편집에 사용(TALEN).

Taq 중합효소 Taq polymerase 호열성 세균인 Thermus aquaticus(Taq)로부터 분리된 DNA 중합효소; 이 중합효소는 고온에서 기능하며, DNA의 PCR 증폭에 사용.

TATA 박스 TATA box 진핵생물에서 전사 개시 부위의 위쪽에 위치한 서열. TATA 박스는 RNA 중합효소 II를 위한 진핵세포 핵심 프로모터의 한 요소.

T세포 T cell 세포-매개 면역 및 B 세포와의 상호작용에 관여하는 림프구 유형. 'T'는 T 세포가 가슴샘(흉선, thymus)에서 생산된다는 사실을 의미.

T세포 수용체 T-cell receptor (TCR) T세포의 항원 수용체.

X 염색체 X chromosome 2개의 성염색체 중 하나; 포유류와 초파리에서 암컷은 2개의 X 염색체를 가짐.

Y 염색체 Y chromosome 2개의 성염색체 중 하나; 포유류와 초파리에서 수컷은 Y 염색체와 X 염색체를 가지고 있음; Y가 수컷을 결정함(역자 주:인간은 Y 염색체에 의해 성이 결정되지만, 초파리는 X 염색체와 상염색체의 비율로 인해 결정됨).

α-나선구조 α-helix 단백질의 2차구조. 아미노산이 반복적으로 이루어진 폴리펩타이드 골격에서 아미노기와 카복실기가 물 분자 또는 다른 아미노산과 수소결합을 하여 형성됨.

β-병풍구조 β-sheet 단백질의 2차구조. 서로 인접한 펩타이드가 서로 같은 방향 또는 반대 방향으로 배열되는지에 따라 평행 혹은 역평행 구조를 가짐.

찾아보기(한글)

ㄱ

ㄴ

ㄷ

ㄹ

ㅁ

ㅂ

ㅅ

ㅇ

ㅈ

ㅊ

ㅋ

ㅌ

ㅍ

ㅎ

기타

찾아보기(영문)

A

B

C

D

E

F

G

H

I

J

K

L

M

N

O

P

Q

R

S

T

U

V

W

X

Y

Z

기타

역자 소개

강규호
충북대학교 생명과학부

고관수
성균관대학교 의과대학 기초의학

김명옥
경상대학교 생명과학부

김석준
조선대학교 의생명과학과

김영숙
동국대학교 의생명공학과

김영효
단국대학교 생명과학부

김정수
조선대학교 의생명과학과

김창섭
영남대학교 생명과학과

김 혁
동국대학교 한의약연구소

김홍자
경상대학교 생명과학부

문용환
부산대학교 분자생물학과

박동선
한국교원대학교 생물교육과

박선주
영남대학교 생명과학과

박준호
서울과학기술대학교 정밀화학과

석호영
영남대학교 생명과학과

송민석
영남대학교 생명과학과

엄안흠
한국교원대학교 생물교육과

유시욱
영남대학교 생명과학과

이경열
전북대학교 치의예과

이종구
인천대학교 생명과학부

이진성
경기대학교 생명과학전공

이철상
군산대학교 생물학과

이혜령
경상대학교 생명과학부

이효정
군산대학교 생물학과

장갑수
영남대학교 생명과학과

전용필
성신여자대학교 생명과학화학부

전정선
충북대학교 생명과학부

전택중
조선대학교 생명과학과

정효원
동국대학교 한의예과

진한준
단국대학교 생명과학부

차현철
단국대학교 생명과학부

최연자
동국대학교 생명신소재융합학부

태건식
단국대학교 생명과학부

피재호
단국대학교 생명과학부

허성운
군산대학교 생물학과

홍철암
영남대학교 생명과학과

12판
RAVEN
생명과학
아토즈

2021년 8월 17일 12판 1쇄 인쇄
2021년 8월 31일 12판 1쇄 발행
지은이 Peter H. Raven 외
편역자 유시욱
펴낸이 류원식
펴낸곳 교문사

편집팀장 김경수
책임편집 성혜진
표지디자인 신나리
본문편집 다함

주소 (10881) 경기도 파주시 문발로 116(문발동 536-2)
전화 031-955-6111~4 | 팩스 031-955-0955
등록 1968. 10. 28. 제406-2006-000035호
홈페이지 www.gyomoon.com | E-mail genie@gyomoon.com
ISBN 978-89-363-2211-3 (93470)
값 33,000원